石油化工自控工程设计与施工常用标准手册

（上册）

中国石油化工集团有限公司自动控制设计技术中心站　编

中国石化出版社
HTTP://WWW.SINOPEC-PRESS.COM

图书在版编目(CIP)数据

石油化工自控工程设计与施工常用标准手册：上、下册／中国石化集团有限公司自动控制设计技术中心站编．—北京：中国石化出版社，2022.9
ISBN 978-7-5114-6815-4

Ⅰ．①石… Ⅱ．①中… Ⅲ．①石油化工－化工生产－自动控制系统－标准－中国－手册 Ⅳ．①TE9-65

中国版本图书馆 CIP 数据核字（2022）第 142967 号

中国石化出版社出版发行
地址:北京市东城区安定门外大街 58 号
邮编:100011　电话:(010)57512500
读者服务部电话:(010)57512575
标准编辑部电话:(010)57512451
http://www.sinopec-press.com
E-mail:press@sinopec.com
北京科信印刷有限公司印刷
全国各地新华书店经销
*
880×1230 毫米 16 开本 85 印张 2552 千字
2023 年 3 月第 1 版　2023 年 3 月第 1 次印刷
上下册定价:498.00 元

前　言

近年来，国内新建了不少大型石油化工炼化一体化装置，对环境保护、节能减排、安全生产的要求不断提升，自控工程建设标准也随着装置要求的提高及信息化、数字化、功能安全等技术的发展而不断升级，新颁布实施和修订的标准不断增多。为适应自控工程建设新形势的需求，加强标准化设计与施工建设，方便广大技术人员查阅和使用自控工程建设标准，中国石油化工集团有限公司自动控制设计技术中心站组织编辑了《石油化工自控工程设计与施工常用标准手册》(以下简称《手册》)。

《手册》分上、下两册，上册汇编了石油化工行业自控工程建设方面的基础标准、计量标准、通用标准和专用标准，下册汇编了和自控工程建设相关的安全、防爆、职业卫生、施工验收等领域的标准。手册全面系统地反映了与石油化工工程建设相关的国家标准和行业标准的最新情况，可为技术人员提供最新的工程建设标准信息。

读者在阅读使用这些标准时，其属性以《手册》标明的年号为准(标准正文中“引用标准”的属性请读者查对)。

鉴于《手册》收录的标准发布年号不尽相同，汇编时对标准所用的计量单位、符号、格式未做改动；标准发布后的有关勘误附在标准正文的后面。

《手册》可供石化、化工、油气、造纸等行业的自控工程技术人员使用。

《手册》编写人员：张同科　王发兵　葛春玉　范咏峰

上 册 目 录

1. 基础标准

2. 计量标准

3. 通用标准

4. 专用标准

下 册 目 录

5. 安全类标准

6. 防爆标准

7. 职业卫生标准

8. 施工及验收标准

ICS 01.080
P 72
备案号：J2577-2018

SH

中华人民共和国石油化工行业标准

SH/T 3105—2018
代替SH/T 3105—2000

石油化工仪表管线平面布置图图形符号及文字代号

Instrument layout drawing symbols and identification for petrochemical industry

2018-02-09 发布　　2018-07-01 实施

中华人民共和国工业和信息化部　发布

目　次

Contents

前　言

根据中华人民共和国工业和信息化部《2014 年第二批工业行业标准制修订计划》(工信厅科〔2014〕114 号文)的要求，规范编制组经广泛调查研究，认真总结实践经验，参考有关国际标准和国外标准，并在广泛征求意见的基础上，修订本规范。

本规范共分 5 章和 3 个资料性附录。

本规范的主要技术内容是：石油化工仪表管线平面图所采用的图形符号；石油化工仪表管线平面图所采用的文字代号。

本规范是在 SH/T 3105—2000《炼油厂自动化仪表管线平面布置图图例及文字代号》的基础上修订而成，修订的主要技术内容是：

——修改和补充部分图形符号；

——修改和补充部分文字代号；

——在标注示例中，将仪表回路构成由电动单元组合仪表升级到了 DCS 控制回路。

本规范由中国石油化工集团公司负责管理，由中国石油化工集团公司自动控制设计技术中心站负责日常管理，由中国石化工程建设有限公司负责具体技术内容的解释。执行过程中如有意见和建议，请寄送日常管理单位和主编单位。

本规范日常管理单位：中国石油化工集团公司自动控制设计技术中心站

通讯地址：上海市徐汇区中山南二路 1089 号徐汇苑 12 层

邮政编码：200030

电　　话：021-64578936

传　　真：021-64578936

本规范主编单位：中国石化工程建设有限公司

通讯地址：北京市朝阳区安慧北里安园 21 号

邮政编码：100101

本规范主要起草人员：李　明　冯　欣　杨　刚　叶向东

本规范主要审查人员：裴炳安　徐伟清　王发兵　林　融　宋　燕　杨　晨　杨金城　伍锦荣　魏剑萍　宋志远　林洪俊　孙　旭　郭章顺　高　欣

本标准于 1982 年首次发布，2000 年第 1 次修订，本次为第 2 次修订。

石油化工仪表管线平面布置图图形符号及文字代号

1 范围

本规范规定了石油化工仪表管线平面图工程设计所应采用的图例符号及文字代号。

本规范适用于石油炼制、石油化工以及以煤为原料制取燃料和化工产品的工厂新建、扩建和改建工程的仪表管线平面图工程设计。

2 规范性引用文件

下列文件对于本规范的应用是必不可少的。凡是注日期的引用文件，仅注日期的版本适用于本规范。凡是不注日期的引用文件，其最新版本(包括所有的修改单)适用于本规范。

HG/T 20505—2014　过程测量与控制仪表的功能标志及图形符号

SH/T 3101—2016　石油化工流程图图例

ANSI/ISA-5.1　Instrumentation Symbols and Identification

3 缩略语

下列缩略语适用于本规范：

缩略语	英文全称	中文名称
DCS	Distributed Control System	分散控制系统

4 图形符号

4.1 一次取源部件及管道安装仪表

4.1.1　一次取源部件及管道安装仪表的图例应符合表4.1.1的规定。

表 4.1.1　一次取源部件及管道安装仪表图例

序号	名　称	图　例	备　注
1	热电偶 热电阻	 外$\phi4$ 内$\phi2$	1. 工艺管线、设备外轮廓线线宽定义为基数1 2. 仪表外轮廓线宽基数×2 3. 线宽定义下同
2	测量点 引出点	 $\phi2$	包括取压点、在线分析仪取样点、伴热取汽点、回水点、冲洗液点、净化风点等
3	通用节流装置	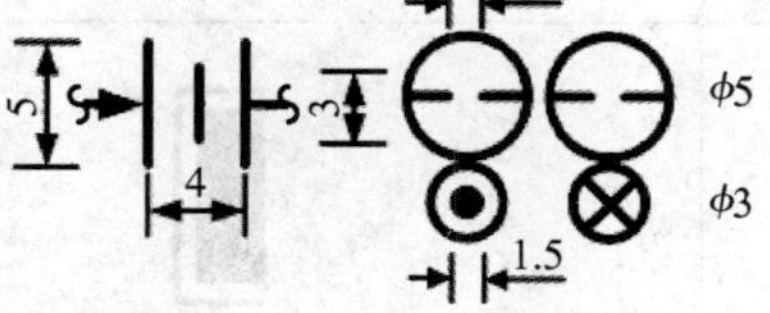	⊙　表示流向向上 ⊗　表示流向向下

表 4.1.1　一次取源部件及管道安装仪表图例(续)

序号	名　称	图　例	备　注
4	文丘里管	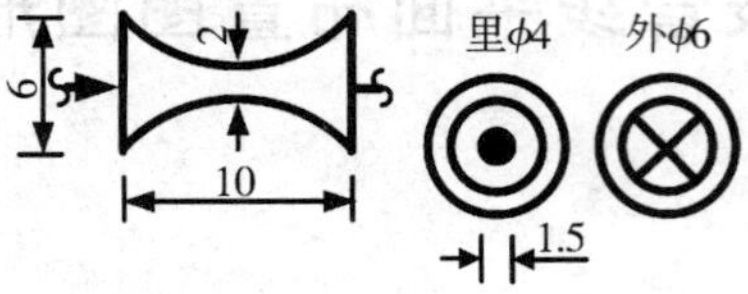	 表示流向向上  表示流向向下
5	管道安装流量传感器	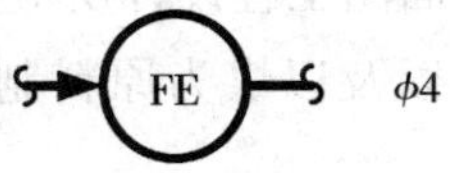	
6	变送器		T、P、F、L
7	开关	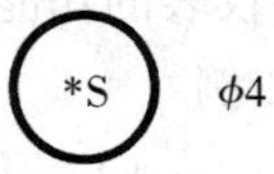	*：T、P、F、L
8	气动控制阀	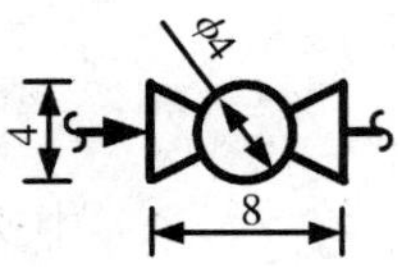	
9	液动调节阀	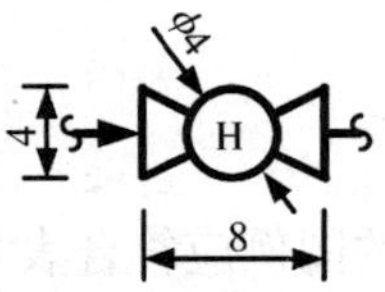	
10	电动调节阀	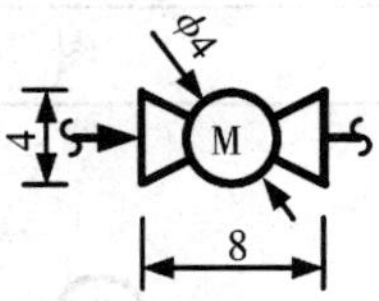	
11	电磁阀	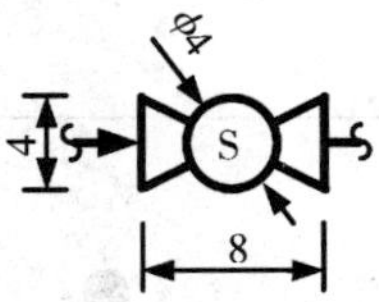	两位两通电磁阀
12	风门		
13	永磁调速型耦合器		

4.2 室外安装仪表

4.2.1 室外安装仪表的图例应符合表 4.2.1 的规定。

表 4.2.1 室外安装仪表图例

序号	名 称	图 例	备 注
1	不装防护箱仪表	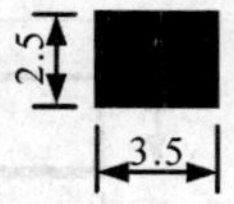	1. 包括液位计及其他不装箱变送器、阀位开关等 2. 工艺管线、设备外轮廓线线宽定义为基数 1 3. 仪表外轮廓线宽基数×2 4. 粗线线宽基数×4 5. 线宽定义下同
2	装防护箱仪表	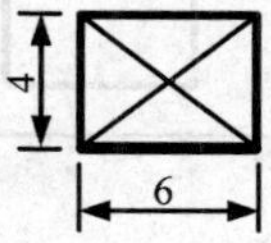	粗线表示箱门
3	仪表架 仪表盘 现场机柜		双线表示柜面和开门 尺寸按比例画
4	阀门附件		包括： 阀门定位器、阀位开关、气路控制用电磁阀等
5	接线箱	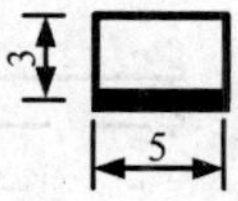	粗线表示开盖位置

4.3 室内安装仪表

4.3.1 室内安装仪表的图例应符合表 4.3.1 的规定。

表 4.3.1 室内安装仪表图例

序号	名 称	图 例	备 注
1	仪表盘		1. 尺寸按比例画，双线表示盘面 2. 当仪表盘有边时，另按比例画 3. 包括液位计及其他不装箱变送器、阀位开关等 4. 设备外轮廓线线宽定义为基数 1 5. 仪表外轮廓线宽基数×2 6. 粗线线宽基数×4 7. 线宽定义下同

表 4.3.1　室内安装仪表图例(续)

序号	名　称	图　例	备　注
2	机柜		尺寸按比例画，包括分散控制系统、安全仪表系统等各类控制系统机柜，以及安全栅柜、继电器柜、端子柜等辅助机柜，需要注明型号或具体柜名时，可在横线下方标明
3	配电箱 继电器箱	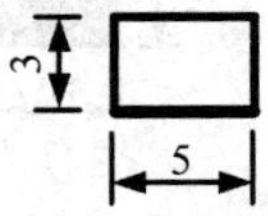	1. 尺寸按比例画，粗线表示箱门 2. 当继电器箱为一仪表回路中的组成部分时，应按回路编号
4	操作站 工程师站 控制、管理机操作台	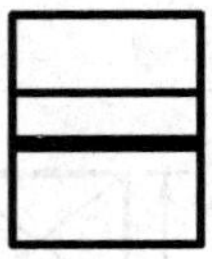	1. 尺寸按比例画 2. 粗线表示屏幕

4.4　室内外安装仪表管线及其他图例符号

4.4.1　室内外安装仪表管线及其他图例符号应符合表 4.4.1 的规定。

表 4.4.1　室内外安装仪表管线及其他图例符号

序号	名　称	图　例	备　注
1	仪表引线		1. 包括穿管电线、电缆、气动管线、管缆、测量引线等，虚线表示被遮盖的引线 2. 线宽基数×2
2	工艺管线 设备轮廓线 建构筑轮廓线	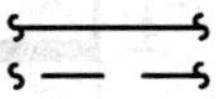	1. 虚线表示被遮盖的引线 2. 线宽基数×1
3	装置边界线 单元边界线		线宽基数×1
4	一般标高	 或EL	
5	中心标高	 或COP EL	
6	顶标高	 或TOP EL	
7	底标高	 或BOP EL	
8	地面		引自 SH/T 3101《石油化工流程图图例》

表 4.4.1 室内外安装仪表管线及其他图例符号(续)

序号	名 称	图 例	备 注
9	平台	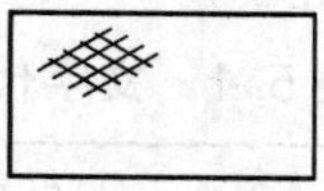	
10	单管向下		线宽定义同 4.4.1 的序号 1 和序号 2
11	单管向上		线宽定义同 4.4.1 的序号 1 和序号 2
12	单管向上分支		线宽定义同 4.4.1 的序号 1 和序号 2
13	单管向下分支		线宽定义同 4.4.1 的序号 1 和序号 2
14	电缆槽(管束)		1. 敷设在管架、槽盒或管沟里的管束 2. 线宽基数×2
15	电缆槽、沟(管束)向下	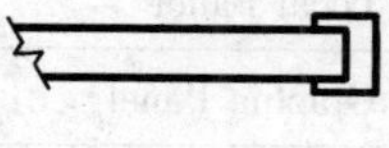	1. 可在安装图上适当放大比例 2. 线宽基数×2 3. 以下 16、17、18 同
16	电缆槽、沟(管束)向上		
17	电缆槽、沟(管束)向上分叉平走	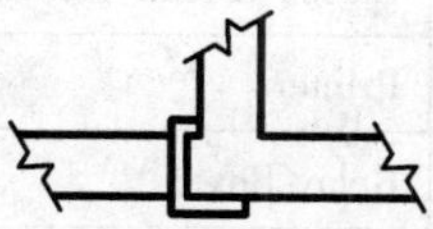	
18	电缆槽、沟(管束)向下分叉平走	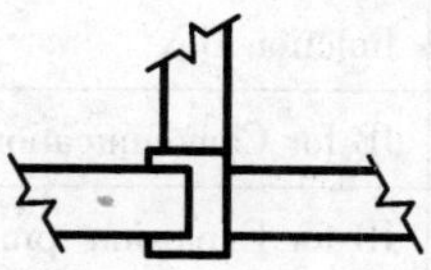	
19	电气弯通、三通、四通	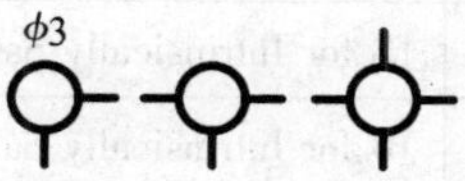	线宽基数×2
20	分工界面	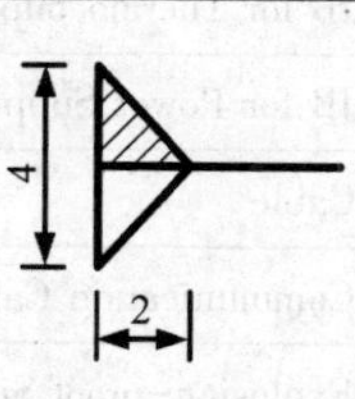	线宽基数×2

5 文字代号

5.1 石油化工仪表平面布置图的有关名称及文字代号见表5.1。

表5.1 文字代号

序号	名称	代号	英文名称	备注
1	安全接地	SG	Safety Grounding	
2	保护接地	PE	Protective Earthing	
3	工作接地	WE LG	Working Earthing Logic Grounding	
4	辅助机柜	AUC	Auxiliary Cabinet	
5	端子柜	MRC	Marshalling Cabinet	
6	网络柜	NEC	Network Cabinet	
7	供电柜	PSC	Power Supply Cabinet	
8	继电器柜	RC	Relay Cabinet	
9	安全栅柜	SBC	Safety Barrier Cabinet	
10	服务器柜	SEC	Server Cabinet	
11	系统机柜	SYC	System Cabinet	
12	端子排	TS	Terminal Strip	
13	直流配电端子排	DPTS	DC Power Terminal Strip	仪表盘、柜二次直流配电用
14	仪表盘	P	Panel	控制室内安装
15	就地仪表盘	LP	Local Panel	
16	模拟盘	GP	Graphic Panel	
17	工程师站	EWS	Engineer Working Station	
18	操作站	OWS	Operator Working Station	
19	智能设备管理器	IDM	Intelligent Device Management	
20	工业电视	CCTV	Closed Circuit Television	
21	打印机	PRT	Printer	
22	继电器箱	RB	Relay Box	
23	开关箱	SB	Switch Box	
24	接线箱	JB	Junction Box	
25	通信信号接线箱	CJB	JB for Communication Signal Cable	
26	隔爆信号接线箱	EJB	JB for Explosion-proof Signal	
27	现场总线接线箱	FJB	JB for Fieldbus Signal	
28	本安模拟信号接线箱	IAJB	JB for Intrinsically Safe Analog Signal	
29	本安开关量信号接线箱	ISJB	JB for Intrinsically Safe On-off Signal	
30	热电偶信号接线箱	TJB	JB for Thermocouple Signal	
31	电源接线箱	PJB	JB for Power Supply Cable	
32	电缆	C	Cable	
33	通信电缆	CC	Communication Cable	
34	隔爆信号电缆	EC	Explosion-proof Signal Cable	

表 5.1 文字代号(续)

序号	名称	代号	英文名称	备注
35	现场总线电缆	FC	Fieldbus Signal Cable	
36	本安信号电缆	IC	Intrinsically Safe Signal Cable	
37	非本安信号电缆	NIC	Non-Intrinsically Safe Signal Cable	
38	电源电缆	PC	Power Supply Cable	
39	补偿导线缆	TC	Thermocouple Extention Cable	
40	管缆	TB	Tubing Bundle	
41	电缆保护管	cd	conduit for cable	包括电线
42	电缆槽	CD	Cable Duct	包括汇线槽
43	梯形桥架	CL LF	Cable Ladder Ladder-type Frame	
44	电源	PS	Power Supply	
45	电铃	BL	Bell	
46	蜂鸣器	BZ	Buzzer	
47	熔断器	FS	Fuse	
48	信号(闪光)灯	L	Lamp	
49	按钮	PB	Push Button	
50	开关	SW	Handed Switch	
51	空气开关	ASW	Air Switch	仪表盘、柜二次交流配电用
52	分析小屋	AH	Analyzer House	
53	伴热回水点	CPR	Condensate Return Point	避免代号重复,字母倒换
54	伴热回水管	CRP	Condensate Return Piping	
55	液压管线	HP	Hydraulic Piping	
56	气源	IA	Instrument Air Supply	
57	气源管线	IAP	Instrument Air Supply Piping	
58	测量管线	MP	Measuring Piping /Impulse Piping	
59	气动引线	PL	Pneumatic Lead	
60	冲洗液管	PLP	Purge Liquid Piping	
61	采样管	SL	Sample Line	
62	隔离液管	SLP	Sealing Liquid Piping	
63	取样点	SP	Sampling Point	
64	样品返回管	SRL	Sample Return Line	
65	伴热蒸汽管	STP	Steam Tracing Piping	
66	净化风取气点	TAS	Tap for Air Supply	
67	取冲洗液点	TPL	Tap for Purge Liquid	
68	取隔离液点	TSL	Tap for Sealing Liquid	
69	伴热取汽点	TST	Tap for Steam Tracing	
70	伴热取热水点	TWT	Tap for Hot Water Tracing	
71	伴热热水管	WTP	Hot Water Tracing Piping	

附　录　A
（资料性附录）
标注原则及示例图形符号一

示例中仪表功能号前的“110-”用于区分联合中心控制室或联合现场机柜室中的不同装置或单元。

凡在“工艺管道及仪表流程图”中已经编号的仪表及控制回路，其单体仪表功能符号和位号不得改变，对所属仪表的功能必须标注准确。

A.1　例1

110-TIC-10101	回路组成
110-TE-10101	检测元件
110-TIB-10101	输入安全栅
110-TT-10101	温度变送器
110-TIC-10101	DCS 调节器
110-TOB-10101	输出安全栅
110-TY-10101	电/气阀门定位器
110-TV-10101	调节阀

A.2　例2

110-PIC-20102	回路组成
110-PT-20102	压力变送器
110-PIB-20102	输入安全栅
110-PIC-20102	DCS 调节器
110-PU-20102A	DCS 运算器 A
110-PU-20102B	DCS 运算器 B
110-POB-20102A	输出安全栅 A
110-POB-20102B	输出安全栅 B
110-PY-20102A	电/气阀门定位器 A
110-PY-20102B	电/气阀门定位器 B
110-PV-20102A	调节阀 A
110-PV-20102B	调节阀 B

附 录 B
（资料性附录）
标注原则及示例图形符号二

示例中仪表功能号前的“110-”用于区分联合中心控制室或联合现场机柜室中的不同装置或单元。

凡在“工艺管道及仪表流程图”中没有编号的控制设备、公用设备及设施，可按下述原则编号。

B.1 控制室或机柜室内的仪表盘、箱、柜、台，当有两个或两个以上时可按装置或单元编顺序号。如：

仪表盘	110-P1、110-P2、110-P3……
半模拟盘	110-GP1、110-GP2、110-GP3……
操作站	110-OWS1、110-OWS2、110-OWS3……

B.2 控制室或机柜室内盘、箱、台上安装的仪表或设备，可在各盘、箱、台编号的基础上加再编顺序号。如：

开关箱：	（110-P1）SB1-1，SB1-2……
	（110-P2）SB2-1，SB2-2……
端子排：	（110-P3）TS3-1，TS3-2……
	（110-P4）TS4-1，TS4-2……
直流配电端子：	（110-P5）DPTS5-1，DPTS 5-2……
	（110-P6）DPTS6-1，DPTS 6-2……

B.3 控制室或机柜室外就地安装的设备或仪表引线按装置、区域分别编号，也可不分区域编顺序号。如：

电缆：	110-C-101、110-C-102、110-C-103……
	110-C-201、110-C-202、110-C-203……
	或 110-C-1、110-C-2、110-C-3、110-C-4……
隔爆信号接线箱：	110-EJB-101、110-EJB-102……
	110-EJB-201、110-EJB-202……
	或 110-EJB-1、110-EJB-2、110-EJB-3……
补偿导线缆：	110-TC-101、110-TC-102……
	110-TC-201、110-TC-202……
	或 110-TC-1、110-TC-2、110-TC-3、110-TC-4……

B.4 测量管线、冲洗液管、隔离液管、伴热蒸汽管、伴热热水管、伴热回水管、采样管等不编号。

B.5 取汽点、取冲洗液点、取隔离液点、伴热取汽点、伴热取热水点、伴热回水点、样品返回管等分别在各图上按自身的顺序编号。同一张图中的不同类型的点、各张图上的同类型点其编号均互不关联。如：

图 DWX1-XXXX2	取汽点：	TAS-1、TAS-2、TAS-3……
	取冲洗液点：	TPL-1、TPL-2、TPL-3……
	伴热取汽点：	TST-1、TST-2、TST-3……
	伴热取热水点：	TWT-1、TWT-2、TWT-3……
	伴热回水点：	CRP-1、CRP-2、CRP-3……
图 DWY1-YYYY2	取汽点：	TAS-1、TAS-2、TAS-3……

取冲洗液点：	TPL-1，TPL-2，TPL-3……
伴热取汽点：	TST-1，TST-2，TST-3……
伴热取热水点：	TWT-1，TWT-2，TWT-3……
伴热回水点：	CRP-1，CRP-2，CRP-3……

附　录　C
（资料性附录）
标注原则及示例图形符号三

C.1　测量元件、一次取源部件及管线上安装的仪表应标注：所属仪表的参量、功能及回路号，并标注所属工艺管号、安装标高。应符合表C.1的规定。

表C.1　取源部件及管线上安装仪表标注

名称	标注说明	标注示例
热电偶 热电阻	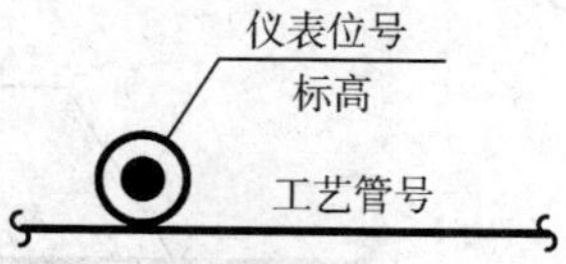	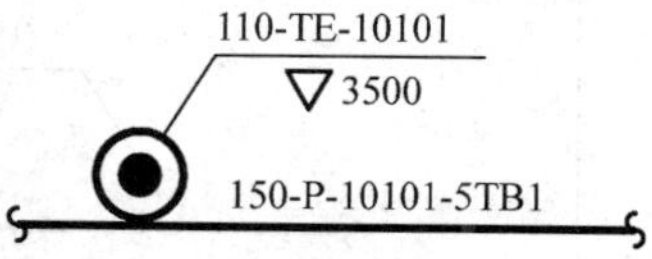
孔板	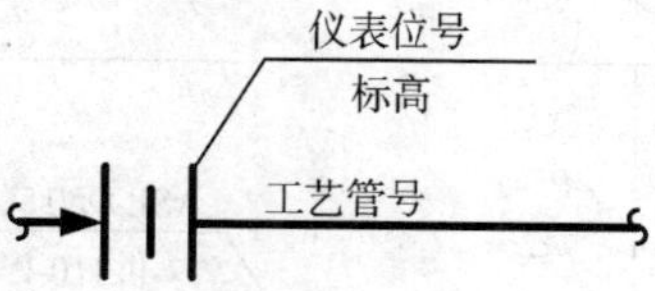	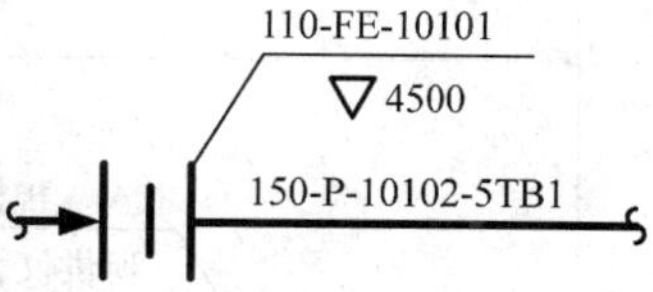
调节阀	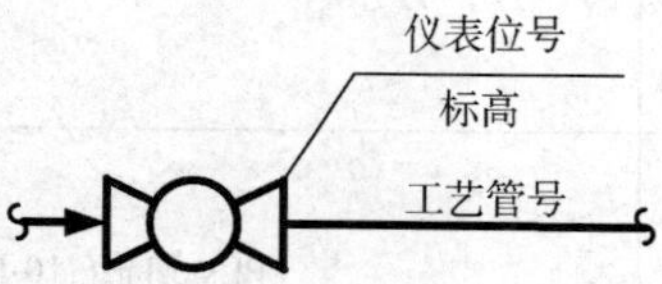	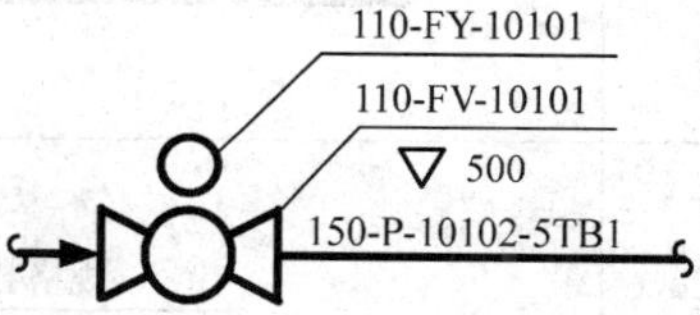

C.2　电缆槽、汇线槽、梯型管架、电缆沟应标注：电缆槽沟名称或代号、敷设在内的缆线代号、数量及其编号和电缆槽（沟）标高。应符合表C.2的规定。

表C.2　电缆槽（沟）标注

名称	标注说明	标注示例
电缆槽	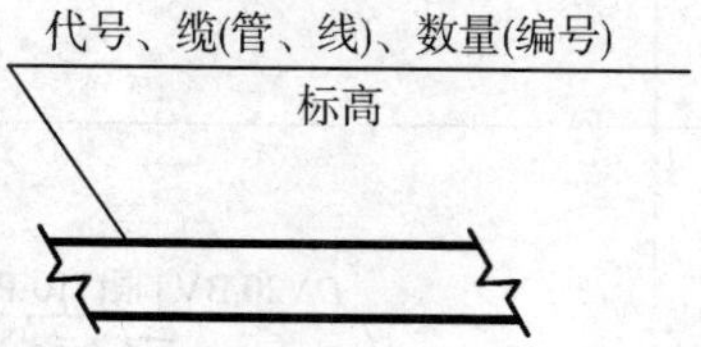	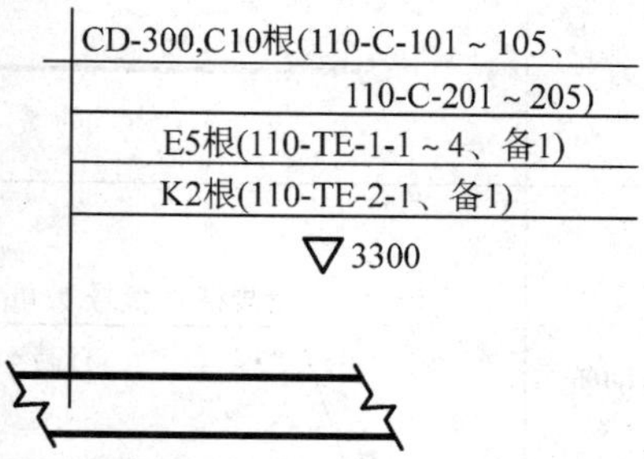
电缆沟	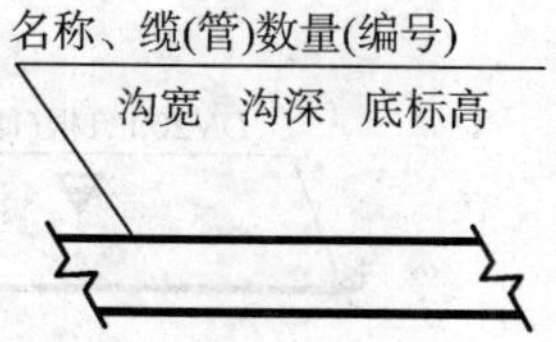	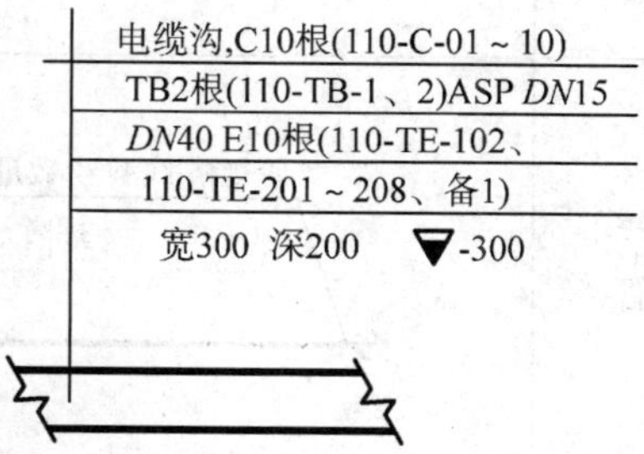

C.3 保护管、其他管束和管线应标注：代号或管号、规格、数量、标高。对于有两根以上的管束，应在局部图上分别编号后分别标注。图纸上编号、管内线型号、数量顺序一般从左至右或从下至上。应符合表 C.3 的规定。

表 C.3 保护管和其他管线

名称		标注说明	标注示例
气源管线	总管	代号 管号 规格 标高 (外专业敷设)	ASP405-*DN*80 ▼4100
		代号 规格 标高 (本专业敷设)	ASP *DN*15 ▽4100
	分支管	代号 规格 标高 所供仪表位号	ASP *DN*15 ▼5000 供110-PV-10101
气动引线		代号 规格数量(编号) 标高	PL *ϕ*6,1根(110-PV-10101) ▼8000
隔离液管		代号 规格 标高	SLP,*DN*15 ▼3000
电线保护管		管规格,线型号,数量(编号) 标高	*DN*20,BV,1根(110-PV-01) ▼4800
补偿导线保护管		管规格,线型号,数量(编号) 标高	*DN*20,E,1根(110-TE-01) ▼4800

表 C.3 保护管和其他管线(续)

<table>
<tr><th>名称</th><th>标注说明</th><th>标注示例</th></tr>
<tr><td>管束</td><td>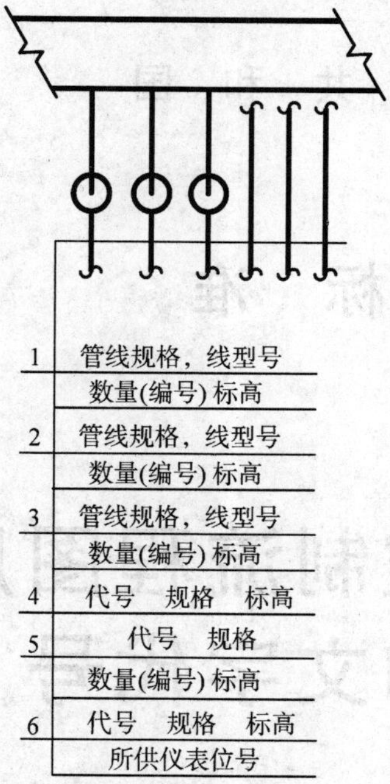
</td><td>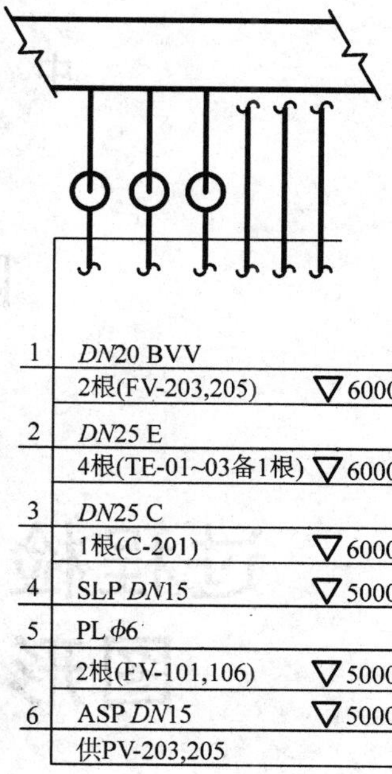
</td></tr>
</table>

中 华 人 民 共 和 国

国 家 标 准

过程检测和控制流程图用图形符号和文字代号

GB 2625—81

北 京

1982

中　华　人　民　共　和　国

国　家　标　准

过程检测和控制流程图用图形符号和文字代号

GB 2625—81

1. 引言

1.1　本标准适用于化工、石油、冶金、电力、轻工、纺织、建材和其他工业，旨在为过程检测和控制流程图所用的仪表装置规定统一的表示方法。

本标准所规定的图形符号和文字代号还可供其他设计文件和技术文件之需。

1.2　仪表装置的标志是由图形符号和文字代号组成的。

1.3　在不违反本标准规定的条件下，各部门可作出补充规定。

2. 定义

下列定义仅适用于本标准。

2.1　过程　process

能使能量状态、成分、尺寸或可用数据定义的其他特性产生变化的任何操作或一系列操作。

2.2　功能　function

仪表所完成的目的或动作。

2.3　回路　loop

用来测量、控制或测量和控制过程变量的一个或多个相关仪表的组合。

2.4　仪表圆圈　ballon

用来表示仪表或仪表标志的圆形符号。

2.5　测量点　point of measurement

对过程变量可进行测量的点。

2.6　测试点　test point

仪表并不永久接于其上的测试接头，它是为临时、间歇或今后连接仪表之用。

2.7　检测元件　detecting element, sensor, primary element

直接响应被测变量之值，并将它转换成适于测量形式的元件。

2.8　变送器　transmitter

借助检测元件接受被测变量，并将它转换成标准输出信号的仪表。变送器可包括亦可不包括检测元件。

2.9　继动器　relay

接受一个或多个仪表信号形式的信息，需要时，可以改变信息，并输出一个或多个输出信号的仪表。它是转换器、计算器、信号选择器、放大器等的总称，但不包括开关、调节器等。

2.10　计算器　computing instrument

完成一种或多种计算、逻辑或计算和逻辑功能，并输出一个或多个信号的仪表。

2.11　转换器　signal converter

接收仪表信号形式的信息，改变信息的形式，并输出一个信号的仪表。

2.12　信号选择器　signal selector

国家标准总局　发布　　1982年3月1日　实施
国家仪器仪表工业总局　提出　　上海工业自动化仪表研究所　起草

在两个或多个输入信号中自动选择最高或最低输入信号的仪表。

2.13 报警 alarm

当存在不正常状态时，发出声、光或二者的信号，以引起注意。

具有上述功能的仪表称为报警器。

2.14 扫描 scan

顺序地对若干输入信号进行自动采样。

2.15 指示灯 pilot light

表示过程或设备处于某种正常状态的灯。它不同于表示非正常状态的报警灯。

注：指示灯可伴随声响信号。

2.16 开关 switch

接通、断开或变换一个或多个线路的装置，但不是指调节器、继电器或调节阀。

本术语亦适用于开关所完成的功能。

2.17 调节器 controller

自动操作以控制某个被控变量的仪表。

2.18 操作器 control station

能手动选择控制回路的手动或自动控制方式的仪表。

2.19 手动操作器 manual loading station

仅有人工调整的输出，用来操作一个或多个远程装置的仪表。

2.20 设定点 set point

用来设定被控变量预期值的输入变量。这输入变量值可以是手动、自动或程序设定的。

2.21 执行器 final control element，correcting unit

响应信号以改变操纵变量值的仪表。它是由执行机构和调节机构组成的。

2.22 调节阀 control valve

响应信号以改变流体流量的执行器。

2.23 执行机构 actuator，actuating element

执行器的一部分，它响应例如调节器来的信号，以调整调节机构。

2.24 调节机构 correcting element

执行器的一部分，它用来直接改变操纵变量之值。

2.25 仪表盘，盘 board

由一个或几个安装仪表的屏、柜、台或架组成的构件。

2.26 盘面安装 board-mounted

仪表安装在正常使用时操作人员可接近的盘面上称为盘面安装。

2.27 盘后安装 mounted behind the board

仪表安装在正常使用时操作人员不能接近的仪表盘区域之内称为盘后安装。

注：盘后安装包括盘内安装。

2.28 就地 local

既不在盘上亦不在盘后的仪表的位置，通常指测量点或操纵点附近。

2.29 就地盘 local board

通常是指过程设备分系统或分区附近的仪表盘。

2.30 多笔记录仪 multiple-pen recorder(多针指示仪 multiple-pointer indicator)

适用于多个输入信号的记录仪(指示仪)，每个输入信号供有单独的记录笔(指针)或其他记录装置(指示装置)。

2.31 多点记录仪(指示仪) multiple-channel recorder(indicator)

适用于多个输入信号的记录仪(指示仪)，不同的输入信号顺序地接到记录仪(指示仪)的测量线路上，因此记录仪(指示仪)按顺序记录(指示)输入信号的值。

3. 图形符号

3.1 测量点

3.1.1 测量点是由过程设备轮廓线或管道线引到仪表圆圈的线的起点。一般无特定的图形符号，如图1所示。

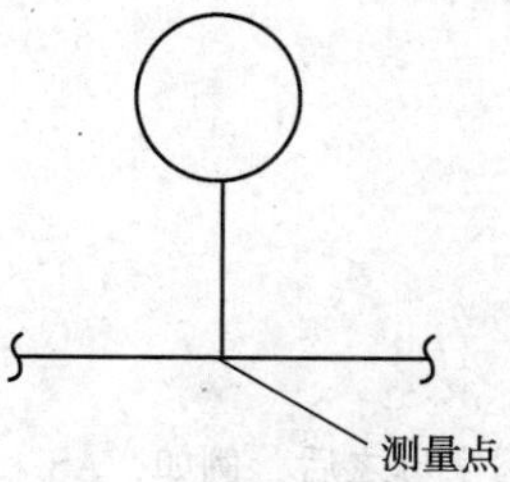

图1

3.1.2 当有必要标出测量点在过程设备中的位置时，线应引到过程设备轮廓线内的适当位置上，并在线的起点加一个直径为约2mm的小圆符号，如图2所示。

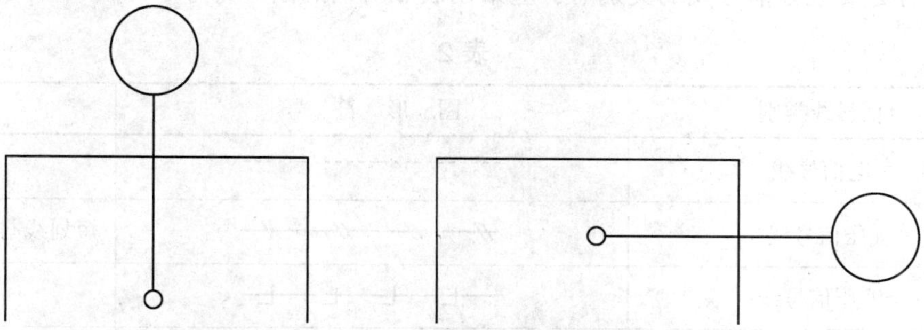

图2

3.1.3 测量点的位置在功能和过程顺序上应正确，但并不表示其确切的位置。

3.2 检测元件

在流程图上，检测元件一般无需表示。必要时，可用仪表圆圈和仪表位号或表1所列的图形符号表示。

表1 常用检测元件图形符号

序号	检测元件名称	图 形 符 号	备 注
1	热电偶		
2	热电阻		
3	嵌在管道中的检测元件*	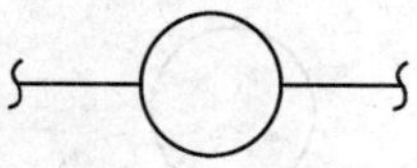	圆圈内应标志仪表位号
4	取压接头(无孔板)		
5	孔板	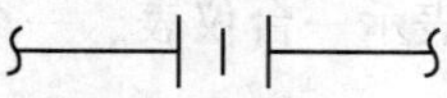	
6	文丘里管及喷嘴		

*嵌在管道中是指检测元件占有一段管道。

3.3 线

3.3.1 机械连接线、仪表能源线(包括冲洗流体源)的符号为细实线。

注：① 当有必要区分仪表能源类别时，可在仪表能源线符号之上标注下列缩写字母：

AS 空气源
ES 电源
FS 其他冲洗液源
GS 气源
HS 液压源
NS 氮气源
SS 蒸汽源
WS 水源

② 仪表能源额定值可加注在能源缩写字母之后，例如，AS 1.4 为 1.4kgf/cm^{2}的空气源，ES 24DC 为 24V 的直流电源。

3.3.2 仪供仪表标志用的仪表圆圈，其连接到过程设备轮廓线或管道线上的线为细实线。

3.3.3 通用的不分类的信号线为细实线。

3.3.4 当有必要区分信号线的类别时，应采用表 2 所列的图形符号。

表 2

序号	信号线类别	图形符号	备注
1	电信号线		
2	气压信号线*		短划线与细实线成 60°角
3	液压信号线		
4	毛细管		
5	电磁或声信号**		

* 如不是采用空气作为气压信号线的介质，应在气压信号线之上或用其他方式注明所用的气体。

** 电磁现象包括热、无线电波、核辐射和光等。

3.3.5 由测量点或检测元件符号引到表示仪表的仪表圆圈的线，除表示机械连接的线外，应为信号线。

3.3.6 当有必要标明信息传输的方向时，应在信号线上加箭头，如图 3 所示(以通用信号线为例)。

图 3

3.4 仪表圆圈

3.4.1 仪表圆圈是直径为 10mm 的细实线圆，必要时可适当放大或缩小。

当仪表位号字数较多，圆圈不能容纳时，可以断开，如图 4 所示。

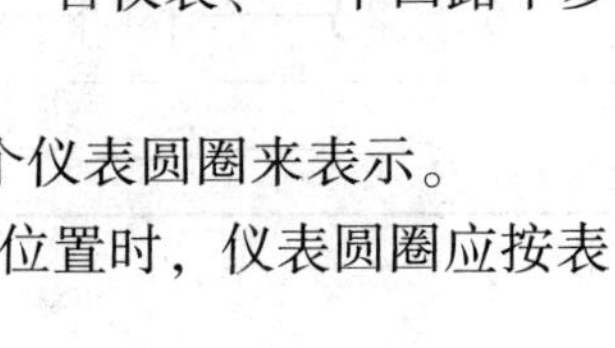

图 4

3.4.2 一个仪表圆圈可用来表示一台仪表、一个回路中多个仪表的组合、仪表连同其附件，或者仅用来标志测量点位号。

有时，一台仪表也会用两个或多个仪表圆圈来表示。

3.4.3 当有必要区别仪表的安装位置时，仪表圆圈应按表 3 所示方法表示。

表 3

序号	安装位置	图 形 符 号	备 注
1	就地安装		
		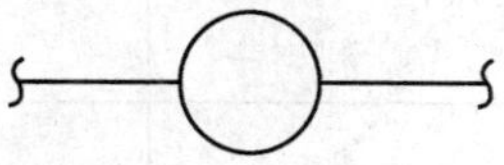	嵌在管道中
2	盘面安装	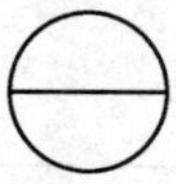	
3	盘后安装	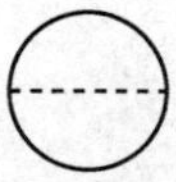	
4	就地盘面安装		
5	就地盘内安装	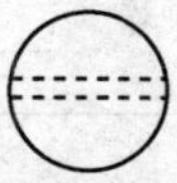	

注：多级控制要求区别不同控制级别的仪表盘或有必要标志盘号时，可在仪表圆圈外中间位置上标志文字或数字。

3.4.4 处理两个或多个变量(不采用多变量字母 U 时)的仪表(例如多笔记录仪或多点记录仪)或处理一个变量但有多个功能的仪表，可用两个或多个相切的仪表圆圈表示，如图 5 所示。

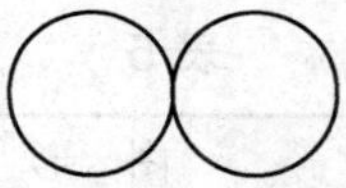

图 5

3.4.5 上述 3.4.4 的情况，当两个测量点在图纸上距离较远，或不在同一张图纸上，需要时，可在两测量点附近分别如图 6 所示用两个相切的实线圆圈和虚线圆圈表示。

图 6

3.5 执行器

3.5.1 执行器的图形符号是由执行机构和调节机构的图形符号组合而成的。

3.5.2 执行机构

3.5.2.1 不区别型式的通用的执行机构图形符号是直径约 5mm 的细实线圆和与调节机构图形符号相连接的细实线，如图 7 所示。

图 7

3.5.2.2 当有必要区分执行机构型式时，应采用表 4 所列的图形符号。

表 4

序号	执行机构型式	图形符号
1	带弹簧的薄膜执行机构	
2	不带弹簧的薄膜执行机构	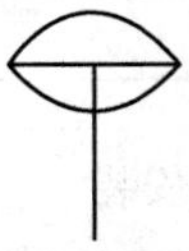
3	活塞执行机构	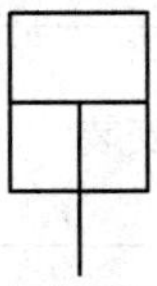
4	电动机执行机构	
5	电磁执行机构	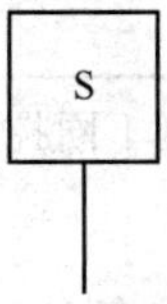

3.5.2.3 当有必要表示执行机构的附加装置时，应采用表 5 所列的图形符号。

表 5

序号	附加装置名称	图 形 符 号	附 注
1	执行机构与手轮组合(以带弹簧的薄膜执行机构为例)	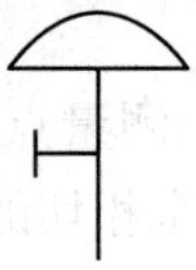	顶装或侧装均用同样方法表示
2	执行机构与阀门定位器组合(以带弹簧的薄膜执行机构为例)	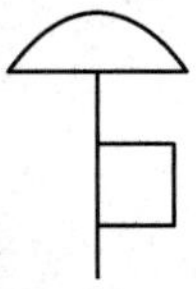	
3	执行机构与带转换的阀门定位器组合(以带弹簧的薄膜执行机构为例)	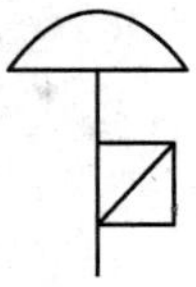	
4	带人工复位装置的执行机构(以电磁执行机构为例)	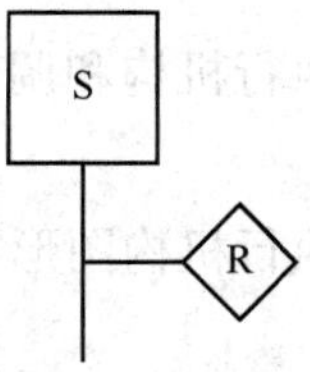	
5	带远程复位装置的执行机构(以电磁执行机构为例)	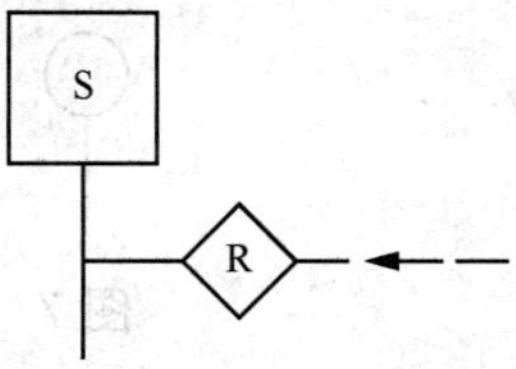	

3.5.3 调节机构

3.5.3.1 不区别型式的通用的调节机构图形符号是边长约 5mm 的等边三角形，如图 8 所示。

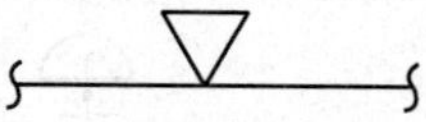

图 8

3.5.3.2 当调节机构为阀时，各种型式的阀的图形符号应符合国家标准的有关规定。

在阀的图形符号国家标准发布之前，各种常用的阀可采用表 6 的图形符号或各部门的有关规定。

表 6

序号	阀的型式	图形符号
1	二通阀	
2	三通阀	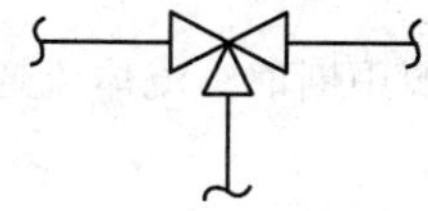
3	四通阀	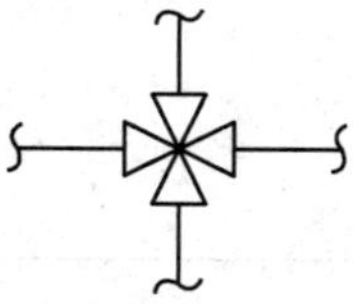
4	其他型式的阀*	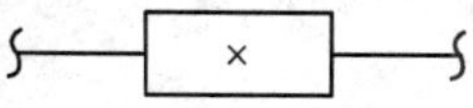

各种常用的二通阀可采用表 7 的图形符号或各部门的有关规定。

表 7

序号	阀的型式	图形符号
1	球形阀、闸阀等直通阀	
2	角形阀	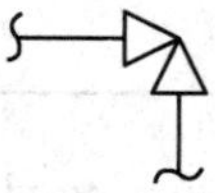
3	蝶阀、风门、百叶窗	
4	旋塞、球阀	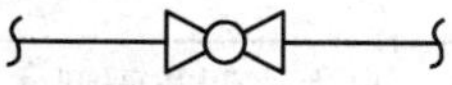

*应在图例中说明阀的型式。

3.5.4 当有必要表示仪表能源中断时调节阀的状况，可采用表 8 的附加图形符号。

表 8

序号	调节阀状况	图形符号	备注
1	能源中断时，阀开启	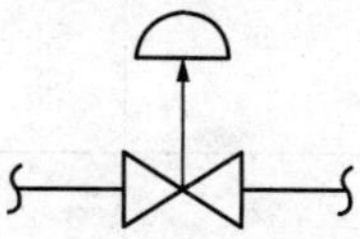	以薄膜两通调节阀为例
2	能源中断时，阀关闭	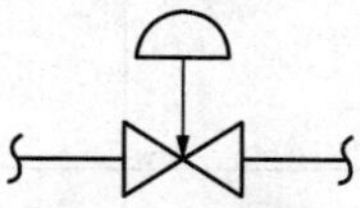	以薄膜两通调节阀为例
3	能源中断时，阀保持原位置	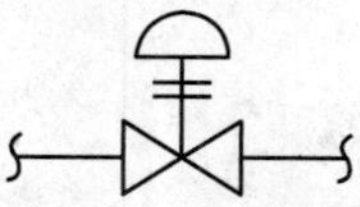	以薄膜两通调节阀为例

表 8(续)

序号	调节阀状况	图形符号	备注
4	能源中断时，阀保持原位置，允许向开方向漂移	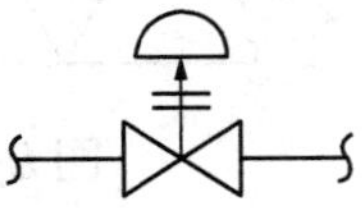	以薄膜两通调节阀为例
5	能源中断时，阀保持原位置，允许向关方向漂移	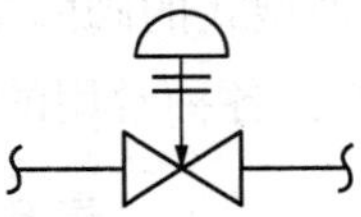	以薄膜两通调节阀为例
6	三通阀能源中断时，流体流通方向	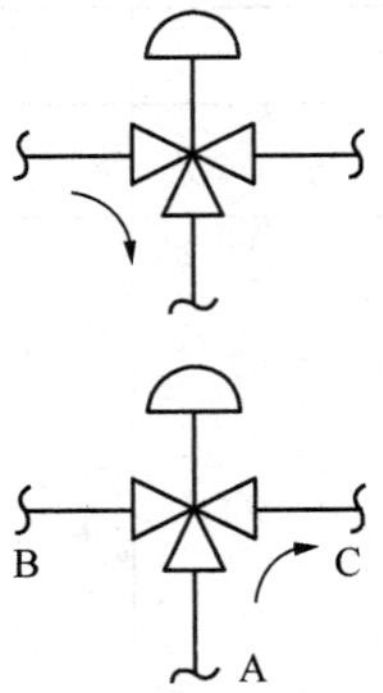	以薄膜三通调节阀为例。箭头示流体流通方向。需要时，可在各通路符号旁注 A、B、C，以资识别，并注明接通的通路，如 A—C 通
7	四通阀能源中断时，流体流通方向	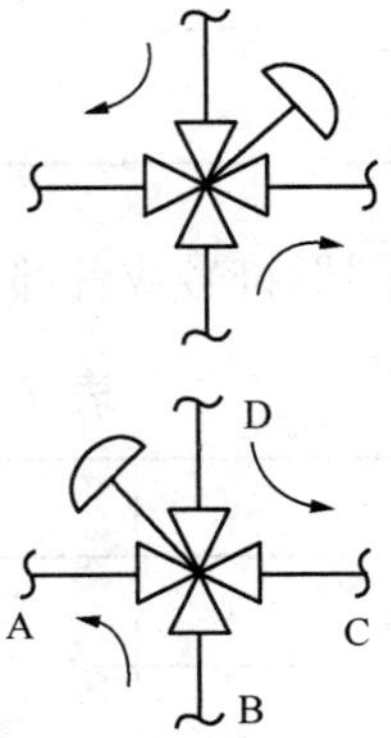	以薄膜四通调节阀为例。箭头示流体流通方向。需要时，可在各通路符号旁注 A、B、C、D，以资识别，并注明接通为通路，如 B—A，D—C 通

3.5.5　自力式调节阀的图形符号示于表 9。

表 9

序号	自力式调节阀型式	图形符号
1	自力式液位调节阀(机械联接)	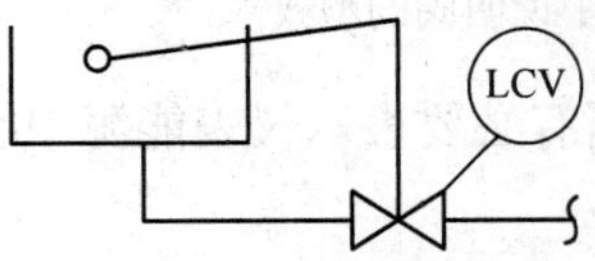
2	自力式压力调节阀	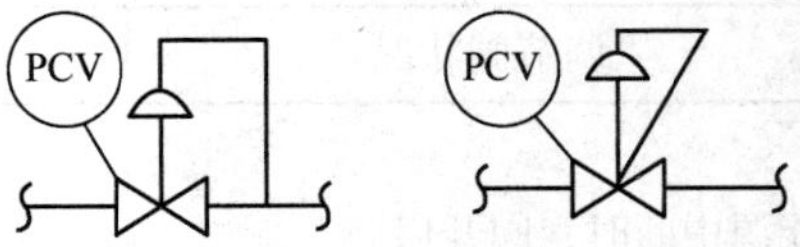
3	自力式差压调节阀	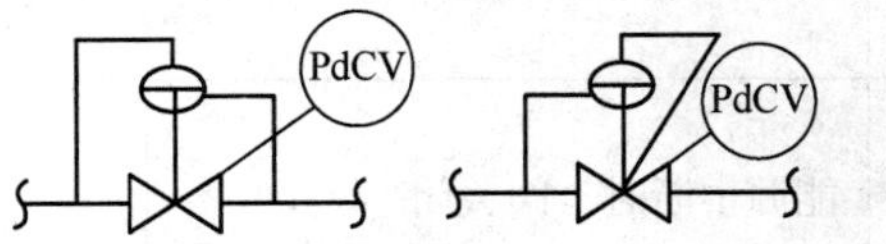
4	自力式温度调节阀	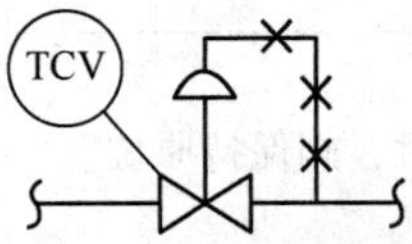

3.6 其他

3.6.1 其他仪表和装置的图形符号示于表 10。

表 10

序号	仪表和装置名称		图 形 符 号	备 注
1	指示灯		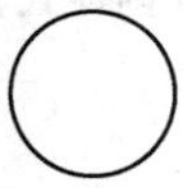	圆圈直径约 10mm
2	线路板或矩阵接线板		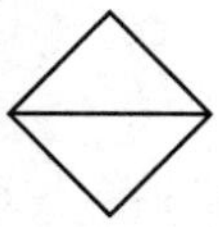	边长约 10mm
3	吹气装置或冲洗装置			边长约 8mm
4	复位装置			
5	联锁用	逻辑元件(与门)		
6	联锁用	逻辑元件(或门)		
7	联锁用	未确定或复杂的逻辑元件		方框内数字(如 1-3)为详图号
8	隔离装置		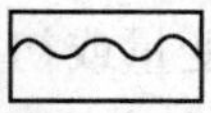	

3.6.2 当有必要区别物位仪表的联接形式时，可采用表 11 的图形符号。

表 11

序号	物位仪表型式	图 形 符 号
1	整体安装的液位仪表	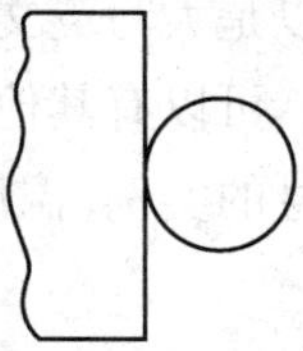
2	有两根联接管的液位仪表(外浮式)	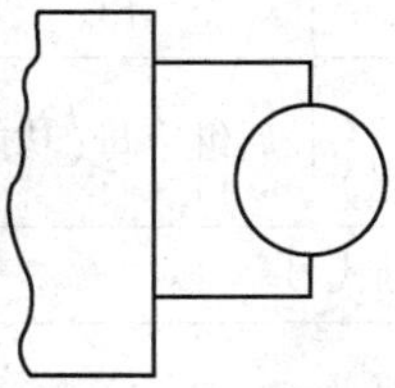

表 11(续)

序号	物位仪表型式	图形符号
3	有单根联接管的液位仪表(内浮式)	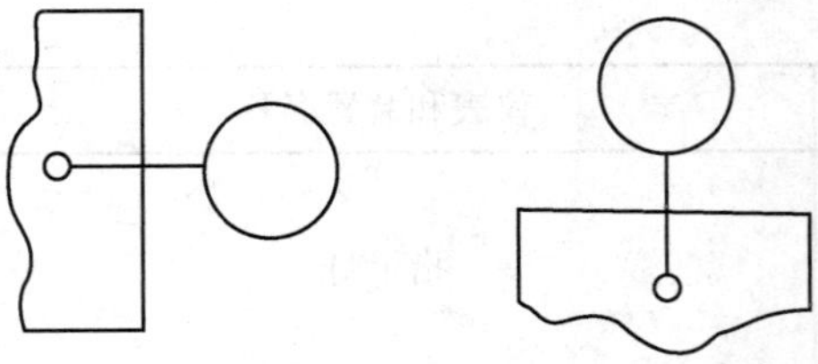
4	差压式液位仪表	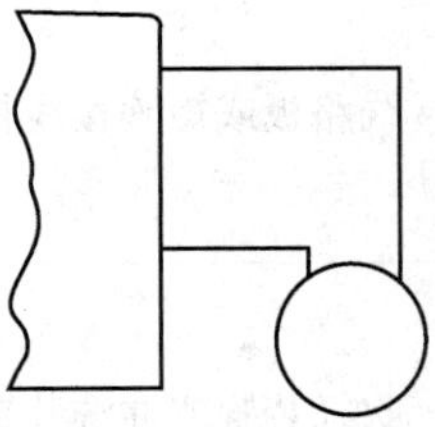
5	差压式液位仪表(带平衡管的单法兰仪表)	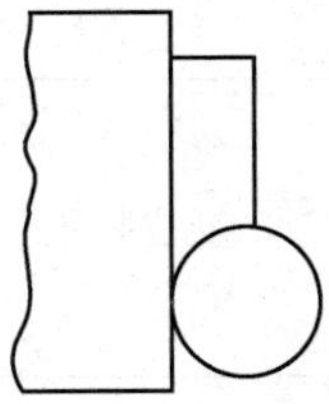
6	料位仪表	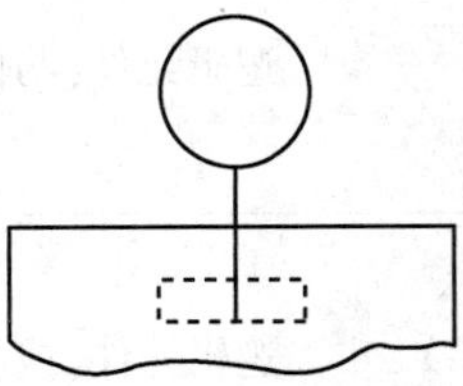

4 文字代号

4.1 仪表位号

4.1.1 仪表位号由字母代号和数字编号两部分组成，两部分之间用一短划隔开。需要时，数字编号之后尚可附加尾缀。

4.1.2 字母代号由表示被测变量或初始变量的第一位字母和表示功能的后继字母组成。

除非是 4.2.1 表 13 注释(4)所述的情况，字母均为大写英文字母。

4.1.3 数字编号由区域编号和回路编号组成。一般情况下，区域编号为一位数字，回路编号为二位数字。必要时，区域编号和回路编号的数字位数可增减。某些情况下，亦可省略区域编号。

数字编号为阿拉伯数字。

注：区域编号可表示车间、工段、装置、系统、设备，甚至可兼表示其中二者。

4.1.4 尾缀可以是大写英文字母或短划之后的阿拉伯数字。

4.1.5 必要时，可以有其他编排形式的数字编号和尾缀。

4.1.6 仪表位号的实例(温度记录调节仪)如表 12 所示。

表 12

<table>
<tr><td>T</td><td>RC</td><td>—</td><td>3</td><td>02</td><td>A 或—2</td></tr>
<tr><td>第一位字母
(被测变量或初始变量)</td><td>后继字母(功能)</td><td rowspan="2"></td><td>区域编号</td><td>回路编号</td><td rowspan="2">尾缀
(通常不需要)</td></tr>
<tr><td colspan="2">字母代号</td><td colspan="2">数字编号</td></tr>
<tr><td colspan="6">仪表位号</td></tr>
</table>

4.2 字母代号

4.2.1 字母代号应选用表13所规定的字母。

表13

字母	第一位字母		后继字母③⑪
	被测变量或初始变量	修饰词	功能
A	分析⑤		报警⑫
B	喷嘴火焰		供选用①
C	电导率		控制(调节)⑩
D	密度或比重	差④	
E	电压(电动势)		检测元件
F	流量	比(分数)④	
G	尺度(尺寸)		玻璃
H	手动(人工触发)		
I	电流		指示⑨⑫
J	功率	扫描	
K	时间或时间程序		操作器
L	物位		灯⑨
M	水分或湿度		
N	供选用①		供选用①
O	供选用①		节流孔
P	压力或真空		试验点(接头)
Q	数量或件数	积分，累计④	积分、累计
R	放射性		记录或打印⑫
S	速度或频率	安全	开关或联锁⑩⑫
T	温度		传送
U	多变量⑥		多功能
V	黏度		阀、风门、百叶窗
W	重量或力		套管
X	未分类②		未分类②
Y	供选用①		继动器⑩
Z	位置		驱动、执行或未分类的执行器

注：括号中的数字为表13注释的序号。

表13的注释：

① “供选用”的字母适用于在一个设计中多次使用而表13未予规定的被测变量或功能。当采用“供选用”的字母时，它作为第一位字母和后继字母应有不同的意义。例如，作为第一位字母时，可规定其意义为“弹性模数”；作为后继字母，可为“示波器”。

“供选用”字母的意义应在图例中予以说明。

② “未分类”的字母“X”适用于在一个设计中仅一次或几次使用而表13未予规定的被测变量或功能。当采用“X”时，不论作为第一位字母或后继字母，它在不同地点各均可有不同的意义。例如，XR-2可以是应力记录仪，XR-3可以是振动记录仪，而XX-4则可以是应力示波器。

应在仪表圆圈之外注明“X”在该处使用的意义。

③ 后继字母所表示的意义可以是名词、动词或形容词。例如，“I”可以是指示仪、指示或指示的；“T”可以是变送器、传送或传送的。

④ 第一位字母的修饰词字母“d”（差）、“f”（比）、“q”（积分、累计）之一与被测变量（或初始变量）的字母组合起来构成另一种意义的被测变量，因此应视为一个字母。例如：TdI 和 TI 分别为温差指示和温度指示。修饰字母应为小写。在不致造成混淆时，也可以大写。

⑤ 第一位字母“A”（分析）包括表 13 未予规定的分析项目。当有必要表明具体的分析项目时，仪表圆圈中仍写“A”，在圆圈外上方写出所分析的项目。例如，氢的分析，应在圆圈外上方写出“H_2”，不能用“H_2”代替圆圈中的“A”。

⑥ 第一位字母“U”（多变量）用来代替多个表示被测变量（或初始变量）的字母，即用“U”这一个字母表示多变量。

⑦ 后继字母“U”（多功能）用来代替多个表示功能的字母，即用“U”这一字母表示多个功能。

⑧ “I”（指示）仅适用于实际测量的读出。它不适用于无被测量输入仅供手动调整变量的标尺。

⑨ L（灯）与 A（报警）的区别见定义（2.18 和 2.1）。

如灯是回路的一部分，则 L 应与第一位字母组合应用。例如，指示时间周期的指示灯应为 KL。

如灯并非回路一部分，可单标志一个字母“L”，也可按上述方法与一个选定的被测变量的第一位字母组合起来，例如电动机的运行灯可假定电压是它的被测变量，标为 EL；或者假定它是由电动机启动器的辅助电接点触发的，标为 XL。

⑩ 应正确区别和选用后继字母 C（控制）、S（开关）、V（阀）和 Y（继动器）。

开关、继动器、位式控制器和调节阀都能接通、断开或变换一个或多个线路。

调节阀是用来控制过程流体的。开关、继动器和位式控制器不能用于接通、断开和变换流体线路。

凡手动操作的是开关（S）。

凡自动且又是回路中的第一个这种装置则是开关（S）或位式控制器，其中开关（S）通常用于报警、指示灯、选择、联锁或安全；而位式控制器（C）则通常用于正常操作控制。

凡自动且又不是回路中的第一个这种装置（例如，是由开关或位式控制器操作的），则是继动器（Y）。

继动器包括计算器、转换器、选择器和放大器等（见定义 2.9）。

⑪ 后继字母应按下述顺序书写：

IRCTQSA

⑫ 当仪表同时具有指示和记录功能时，字母代号只写出 R（记录），不必再写出 I（指示）。

S 是指开关或联锁。在一个仪表圆圈中，SA 是专指联锁加报警，如果是通过开关触发报警，则 S 可省略，仅写 A。

4.2.2 字母代号常见的各种组合示例见附录 B。

4.2.3 表示被测变量（或初始变量）的第一位字母必须在字母代号的起始（4.2.1 表 13 注释（9）所述的“L”为唯一例外），其后有一个或多个表示功能的后继字母。

4.2.4 第一位字母是按被测变量（或初始变量），不是按仪表的结构确定的。例如用于测量流量的差压记录仪应写为 FR，而不是 PdR。

4.2.5 表示功能的后继字母是按读出或输出功能而不是按被操纵的变量选用的。例如，接受液位调节器来的信号以改变流量的调节阀，应标志 LV，而不是 FV。

4.3 仪表位号的书写规则

4.3.1 在仪表圆圈中，仪表位号的书写方法是：字母代号写在圆圈的上半圆中，数字编号和尾缀写在下半圆中，如图 9 所示。

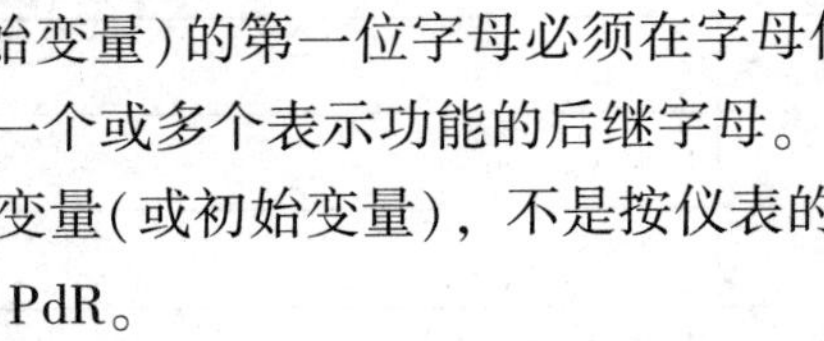

图 9

4.3.2 数字编号中的区域编号和回路编号一般均自 1 开始，按顺序编列，但允许中间有空号。

4.3.3 如两个或多个回路共用一台仪表时，这一台仪表应有分属于各回路的位号。

4.3.4 仪表应按被测变量（或初始变量）编数字编号，即同一区域的同一被测变量（或初始变量)的仪表，其回路编号应自 1 开始按顺序编列，中间允许有空号。

不同被测变量(或初始变量)的仪表，不合在一起连续给出回路编号。

注：必要时，不同被测变量(或初始变量)的仪表可以合在一起统一连续编排回路编号。

4.3.5 带有修饰词“d”、“f”、“q”的被测变量(或初始变量)应与不带修饰词的被测变量(或初始变量)合在一起编数字编号，不作为单独的被测变量(或初始变量)另行编列数字编号。例如，温差指示仪 TdI-105 应与温度指示仪 TI-106 按统一顺序编数字编号。

4.3.6 检测仪表只有在必要时才加修饰词“d”、“f”、“q”，例如与 TdI 相联接的检测元件 TE—105A 和 TE—105B，无需加表示温差的修饰词字母“d”。

4.3.7 如一个回路中有一个以上相同字母代号(即被测变量或初始变量和功能相同)的仪表，应在回路编号之后加大写英文字母的尾缀，以示区别。例如，用 FT—201A、FT—201B 表示一个回路中的两台流量变送器；用 FV—311A，FV—311B 表示一个回路中的两台流量调节阀。

4.3.8 不同区域的多个检测元件共用一台仪表(不是多笔或多针仪表)时，检测元件可略去区域编号，并在回路编号之后隔以短划，加阿拉伯数字顺序编号，作为尾缀。例如，TE—25—1、TE—25—2、TE—25—3……等。

4.3.9 具有两个或多个功能的仪表应按其全部功能给出仪表位号。例如，附有压力记录 PR—4 的流量记录仪 FR—2，在明细表中应写为 FR—2/PR—4，亦可写作 UR—7，两笔压力记录仪应写作 PR—7/8。

4.3.10 流程图上无需标明仪表附件，如吹洗用转子流量计、空气过滤减压器等。如需有一个仪表位号时，可采用其所属仪表的位号，但注明其名称。例如，配有孔板 FE—7 的法兰组件可标为“FE—7 法兰”；配用于压力表 PI—8 的吹洗用转子流量计—自力式调节阀组可标为“PI—8 吹洗”。

4.3.11 大量采用的简单的就地指示仪表，如压力表、温度计等，必要时可不按上述规定编写仪表位号，仅给出被测变量的字母代号，并在区域编号后加上按顺序排列的回路编号。也可不加区域编号。例如，压力表为 P—301、P—302……；温度计为 T—01、T—02……等。

4.3.12 当有必要表示高、中、低时(例如高位报警、高高位联锁等)，可在仪表圆圈外的右上方、右下方和右方中部写 H(高)、L(低)、M(中)，或 HH(高高)、LL(低低)。

HH 或 LL 表示有 H(高)和 HH(高高)或 L(低)和 LL(低低)。但在一个仪表圆圈上则略去 H 或 L，只标注 HH 或 LL。

H、L、M 应与被测变量值而不是与信号值相对应。例如，反作用液位变送器提供的高液位报警应在标志 LA 的仪表圆圈外左上方写出 H，虽然报警是在信号降低到某一低值时触发的。

H(高)、L(低)亦可用来表示阀或其他开关装置的位置：H 是指阀位于或趋于全开的位置；L 是指阀位于或趋于全闭的位置。

4.4 继动器的附加符号和代号

继动器如需进一步表示其功能时，可在仪表圆圈外的右上方加注表 14 所列符号或代号。

表 14

序号	符号或代号	所表示的意义
1	1-O 或 ON-OFF	自动接通、断开或变换一个或多个线路，同时在回路中不是第一个这种装置
2	Σ 或 ADD	加或总计(加和减)**
3	Δ 或 DIFF	减**
4	± + [−]	偏置*

表 14(续)

序号	符号或代号	所表示的意义
5	AVG.	平均
6	%或 1∶3 或 2∶1(举例)	增益或衰减(输入：输出)*
7	[×]	乘**
8	÷	除**
9	√ 或 SQ. RT.	开平方
10	X^n 或 $X^{1/n}$	n 或 1/n 次幂
11	F(X)	特性、函数
12	1∶1	功率放大
13	>或 H. S.	高选：选择最高(较高)的被测变量(除非另有说明，不是指信号)
14	<或 L. S.	低选；选择最低(较低)的被测变量(除非另有说明，不是指信号)
15	REV.	反向
16	a) E/P 或 P/I(举例)	转换 按输入/输出的顺序，采用的字母代号的意义如下： 字母代号 — 信号 E — 电压 H — 液压 I — 电流 O — 电磁或声 P — 气压 R — 电阻 F — 频率
	b) A/D 或 D/A	按输入/输出的顺序，采用的字母代号的意义如下： 字母代号 — 意义 A — 模拟 D — 数字
17	∫	积分(时间积分)
18	D 或 d/dt	微分或速率
19	I/D	反微分

* 用于一个输入的继动器。

* * 用于两个或多个输入的继动器。

4.5 常用缩写

当有必要在流程图上标志文字时，可用表 15 所列的缩写。

表 15

序号	缩　写	英　文	中　文
1	A	Analog Signal	模拟信号
2	AC	Alternating current	交流电
3	ADAPT.	Adaptive control mode	自适应调节方式
4	A/M	Automatic/manual	自动/手动

表 15(续)

序号	缩写	英文	中文
5	AND	AND gate	"与"门
6	AS	Air supply	空气源
7	AVG.	Average	平均
8	C	Patchboard or matrix board connection	线路板或矩阵接线板
9	CHR.	Chromatograph	色谱
10	D	Derivative control mode	微分调节方式
		Digital signal	数字信号
11	DC	Direct current	直流电
12	DIFF.	Subtract	减
13	DIR.	Direct-acting	正作用
14	E	Voltage signal	电压信号
		Electric signal	电信号
15	FF	Feedforward control mode	前馈调节方式
16	FS	Flushing supply	冲洗源
17	GS	Gas supply	气体源
18	H	Hydraulic signal	液动信号
		High	高
19	HH	Highest(higher)	最高(较高)
20	HS	Hydraulic supply	液压源
21	H. S.	Highest select	高选
22	I	Electric current signal	电流信号
		Interlock	联锁
		Integrate	积分
23	IN	Input	输入
		Inlet	入口
24	L	Low	低
25	LB	Local board	就地盘
26	LL	Lowest(lower)	最低(较低)
27	L. S.	Lowest select	低选
28	M	Motor actuator	电动机执行机构
		Middle	中
29	MAX.	Maximum	最大
30	MIN.	Minimum	最小
31	NOR.	Normal	正常
32	NOR	NOR gate	"或非"门
33	NOT	NOT gate	"非"门
34	NS	Nitrogen supply	氮源

表 15(续)

序号	缩　写	英　文	中　文
35	O	Electromagnetic or sonic signal	电磁或声信号
36	ON-OFF	Connect-disconnect(automatically)	通-断(自动地)
37	OPT.	Optimizing control mode	最佳调节方式
38	OR	OR gate	"或"门
39	OUT.	Output	输出
		Outlet	出口
40	P	Pneumatic signal	气动信号
		Proportional control mode	比例调节方式
		Instrument board	仪表盘
		Purge or Flushing device	吹气或冲洗装置
41	R	Automatic-reset control mode	自动再调调节方式
		Reset of fail-locked device	能源中断锁住复位装置
		Resistance(signal)	电阻(信号)
42	RAD.	Radio	无线电
43	REV.	Reverse-acting	反作用
44	RTD	Resistance temperature detector	热电阻
45	S	Selenoid actuator	电磁执行机构
46	S. P.	Set-point	设定点
47	SQ. RT.	Square root	平方根
48	SS	Steam supply	蒸汽源
49	T	Trap	疏水器
50	T. V. C.	Television camera	电视摄像机
51	T. V. R.	Television receiver	电视接收机
52	WS	Water supply	水源

附 录 1

图形符号和仪表位号示例

变量	内 容	方 法 一*	方 法 二
温度	1. 自力式温度调节阀	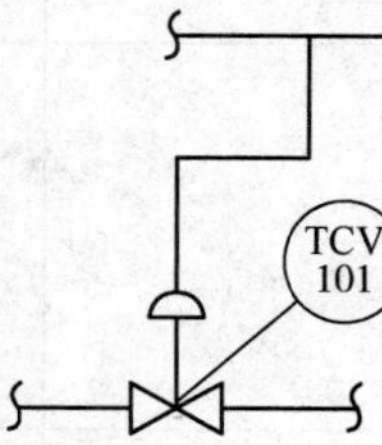	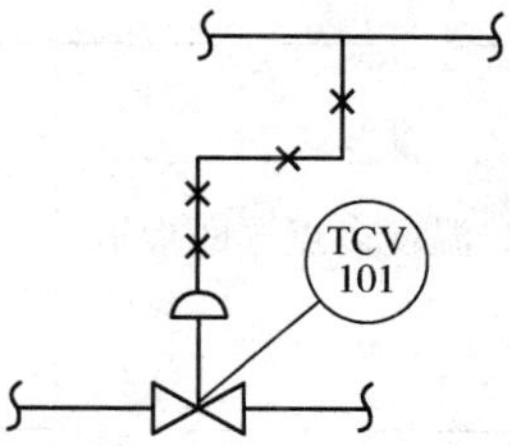
	2. 带测温套管的测试接头	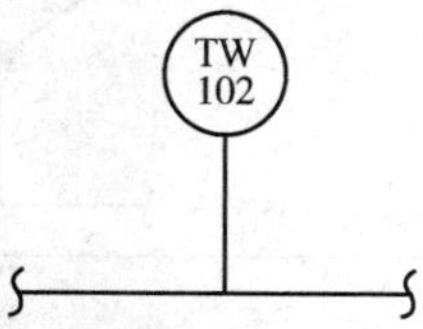	
	3. 温度指示	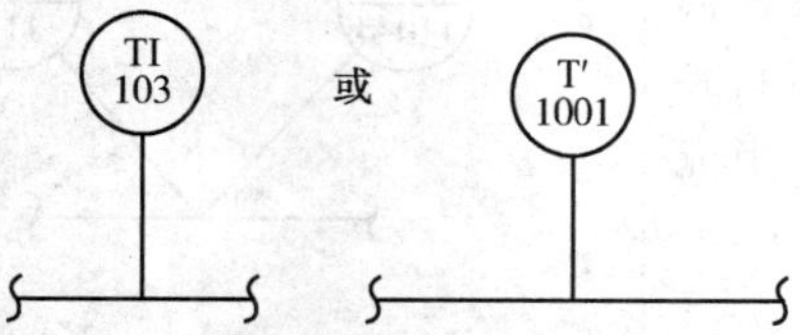	
	4. 温度指示报警(方法一中，表示变量报警点上、中、下限的 H、M、L 可以不写出)	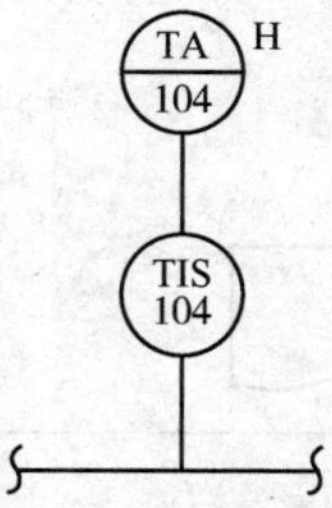	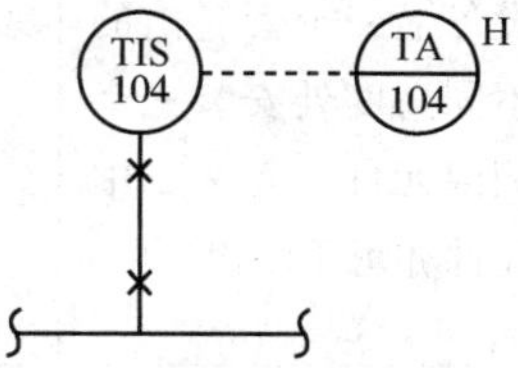
	5. 温度指示(热辐射式)	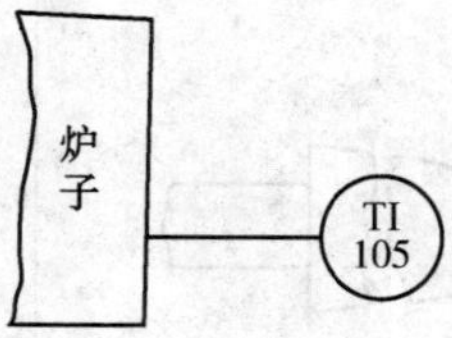	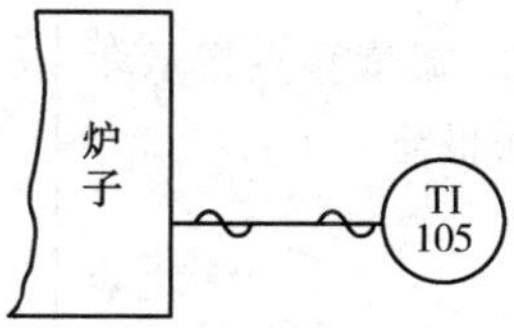
	6. 温度记录(热辐射式)	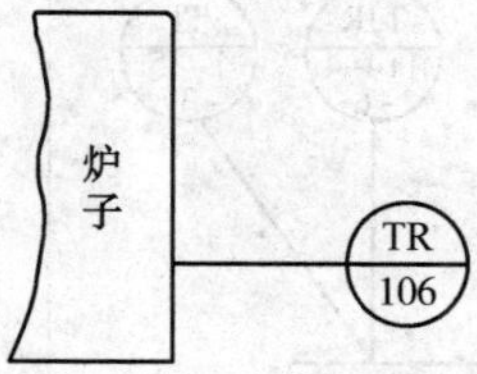	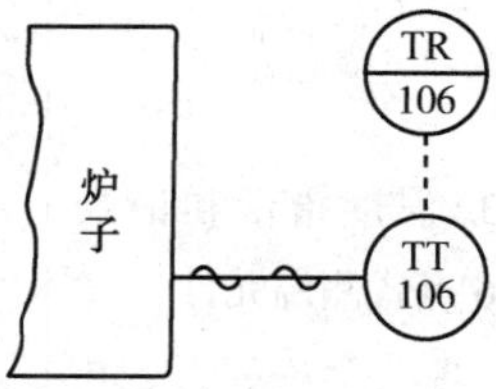

* 方法一为简单的表示法，方法二为详细的表示法。

图形符号和仪表位号示例(续)

变量	内 容	方 法 一	方 法 二
温度	7. 温度指示(手动多点切换开关位号 TS—107)	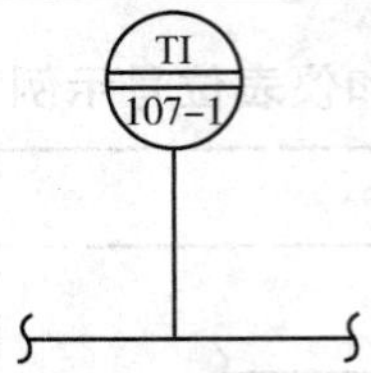	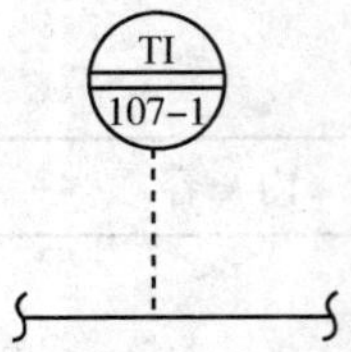
	8. 温度多点巡回指示	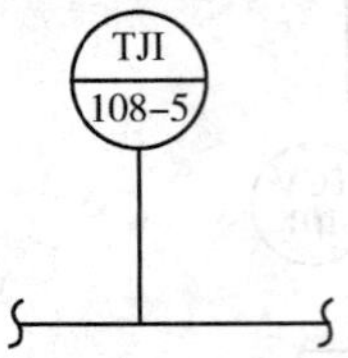	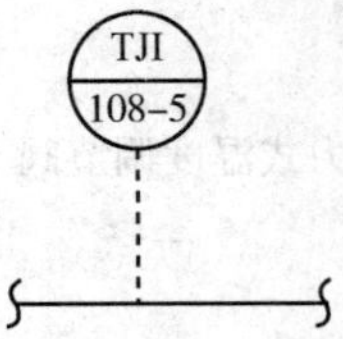
	9. 温度指示和记录(单支测温元件位号 TE-1-15/109-3)	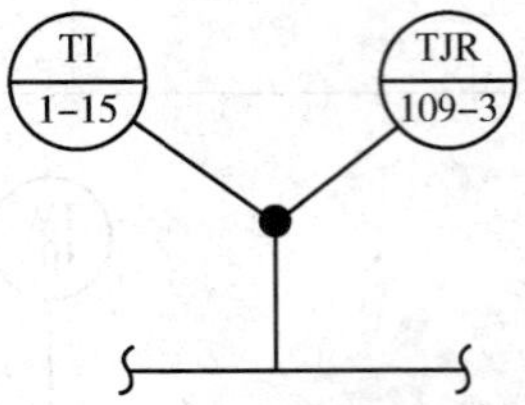	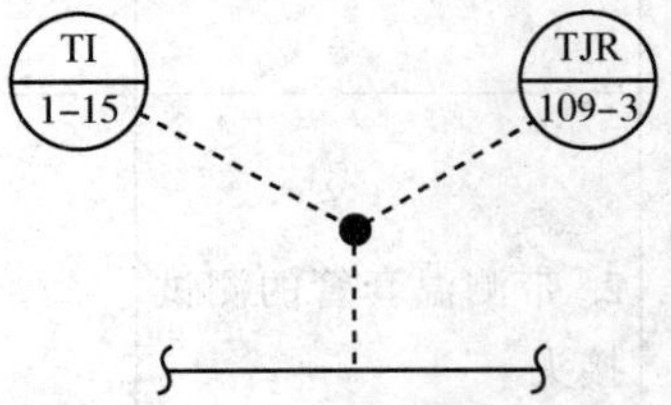
	10. 温度记录和指示联锁报警(双支测温元件，位号 TE-110-4/111，方法二中元件可不画出)	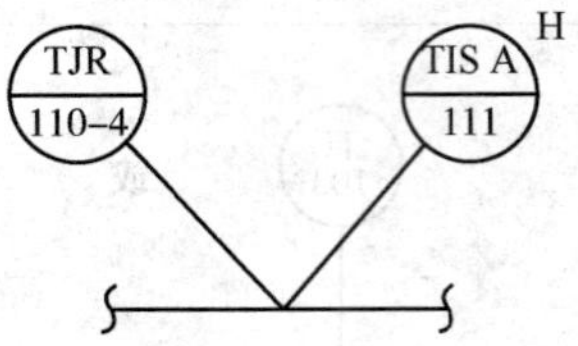	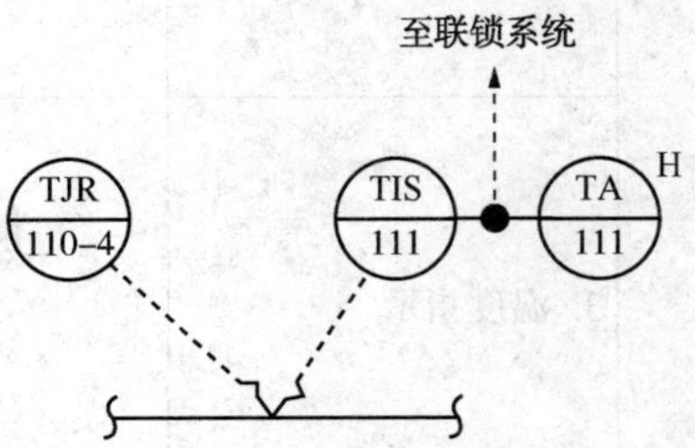
	11. 温度多点记录(在设备上一个套管内的不同高度处安装三个测温元件，方法二中元件亦可不画出)	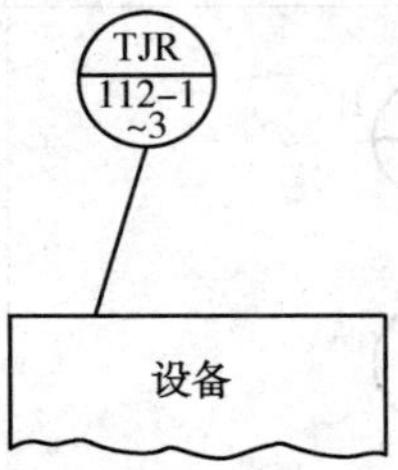	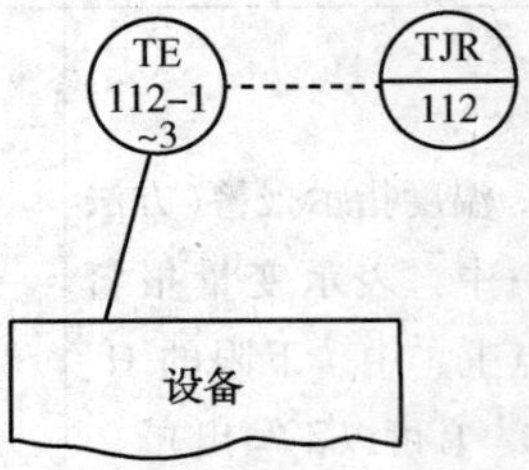
	12. 温度多点指示联锁报警	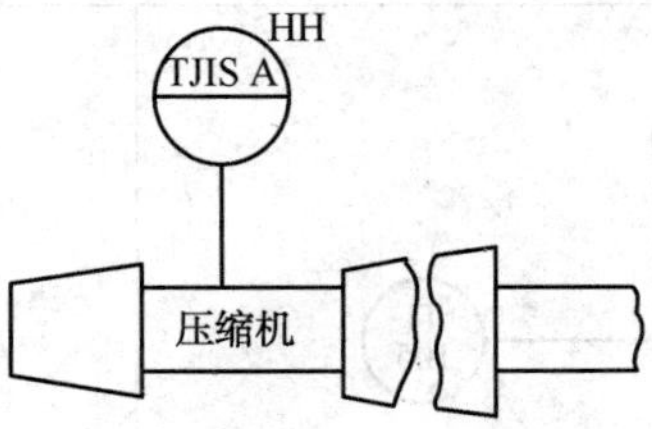	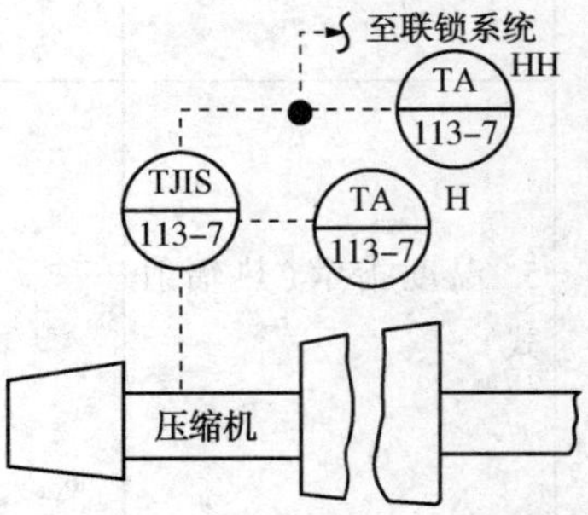
	13. 温度指示和记录(6 点式测温元件)	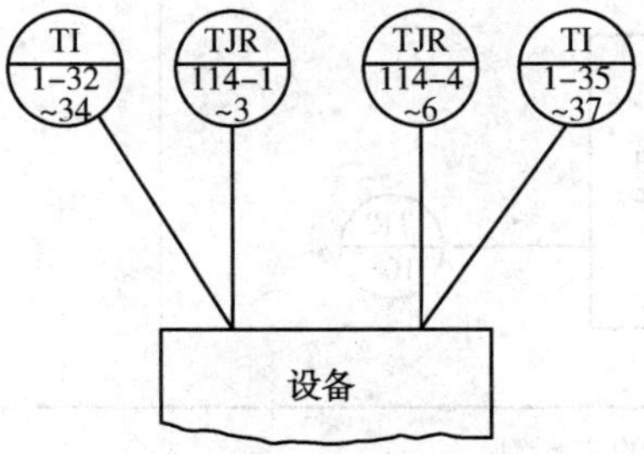	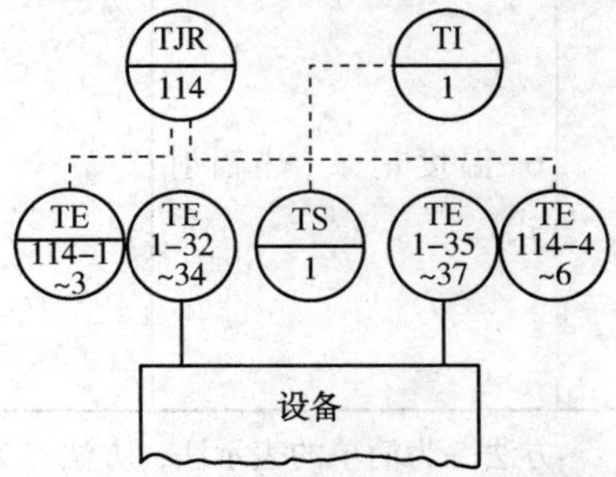

图形符号和仪表位号示例(续)

变量	内 容	方 法 一	方 法 二
温度	14. 温度指示和记录报警(多个双支测温元件)	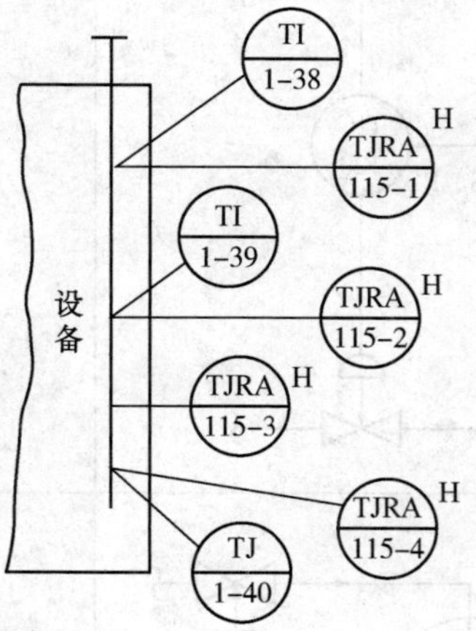	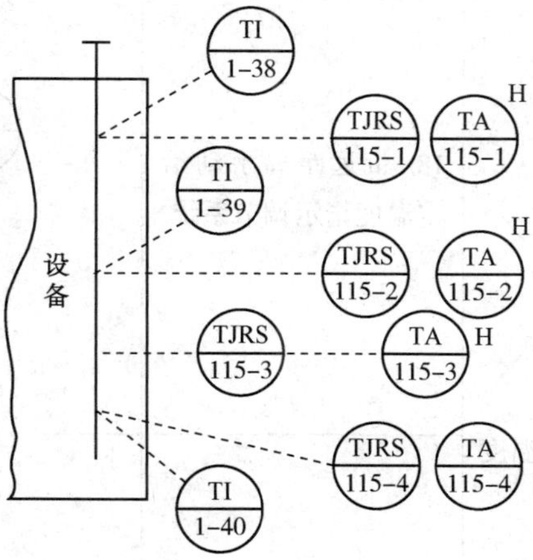
	15. 温差指示报警	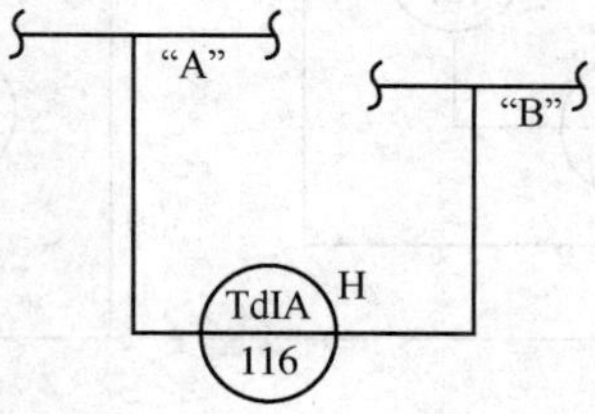	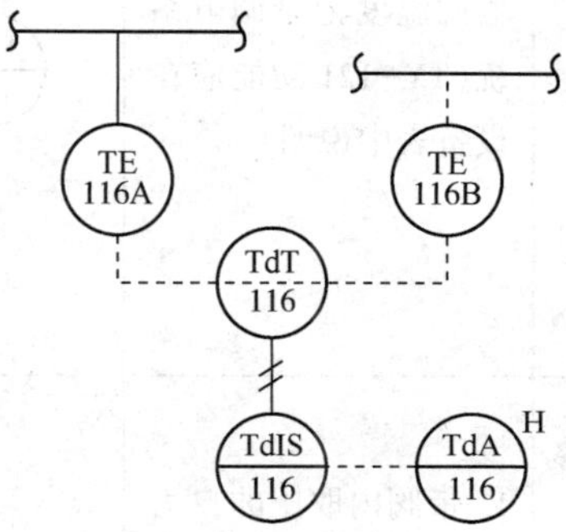
	16. 温度指示报警和记录调节系统	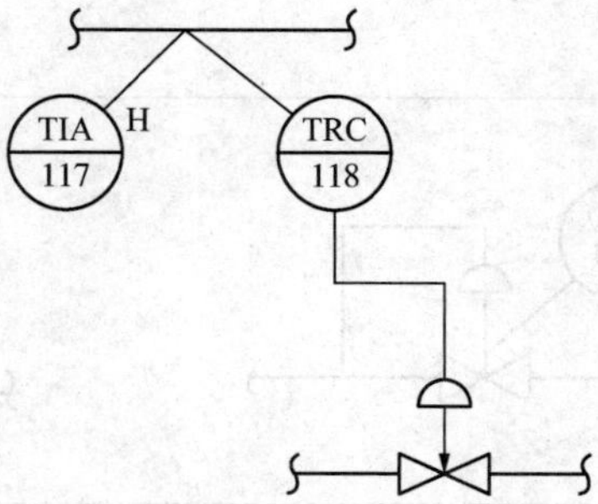	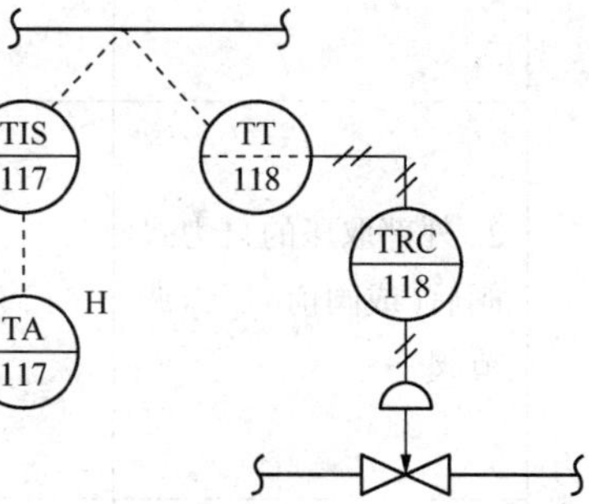
	17. 带手动切换的温度指示调节系统	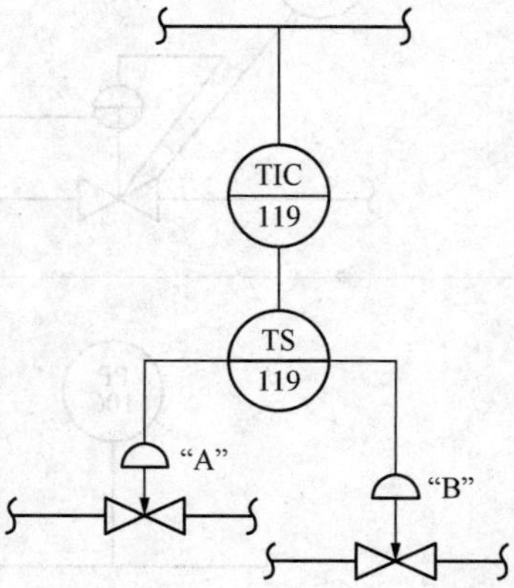	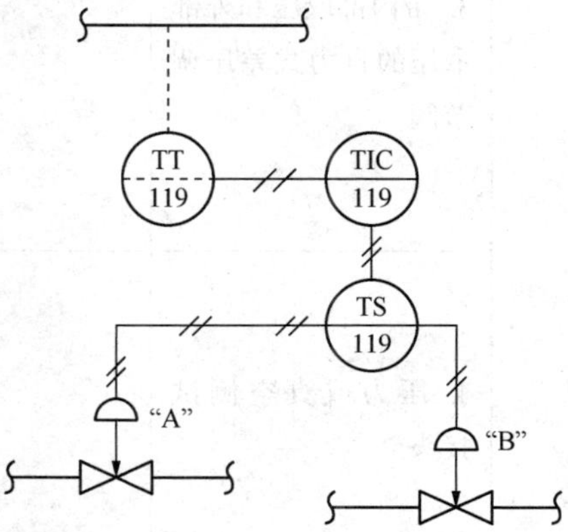

图形符号和仪表位号示例(续)

变量	内 容	方 法 一	方 法 二
温度	18. 带远距离手动给定温度指示调节系统	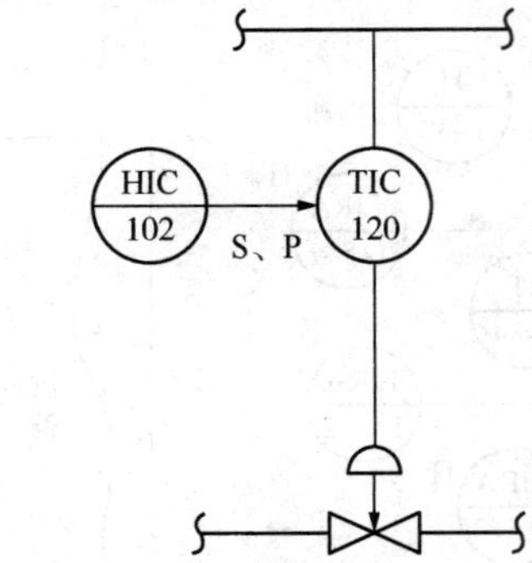	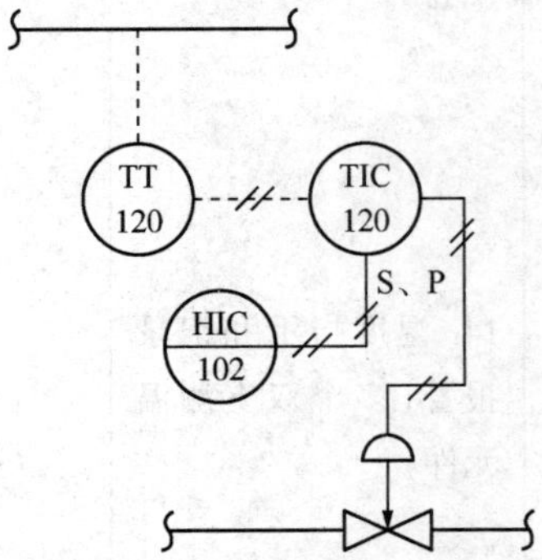
	19. 带流量超前继动器的温度记录调节系统(TY-121 功能应在设备表中说明)	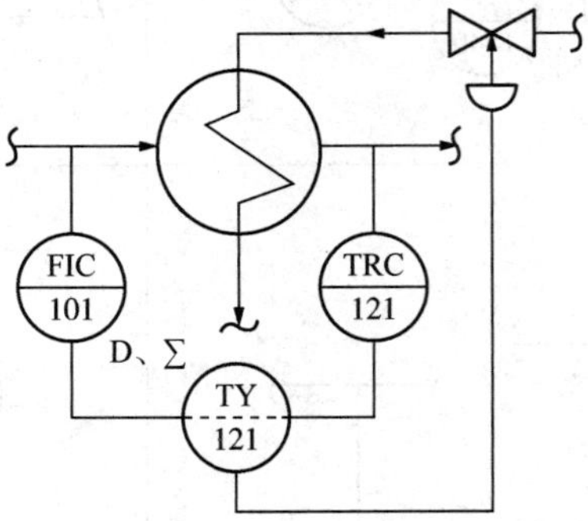	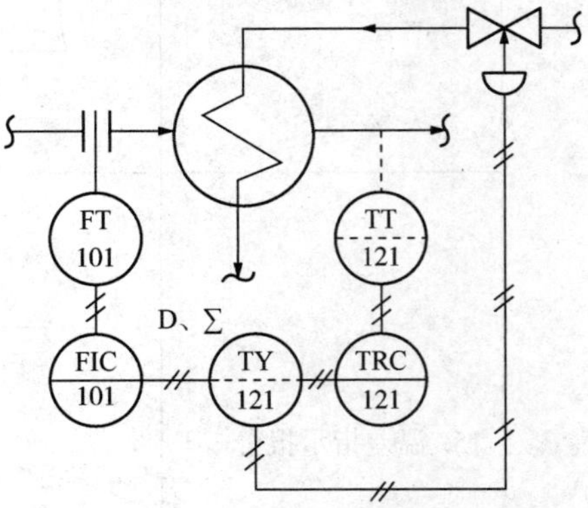
压力或真空	1. 带阀内取压的自力式阀后(或阀前)压力调节阀	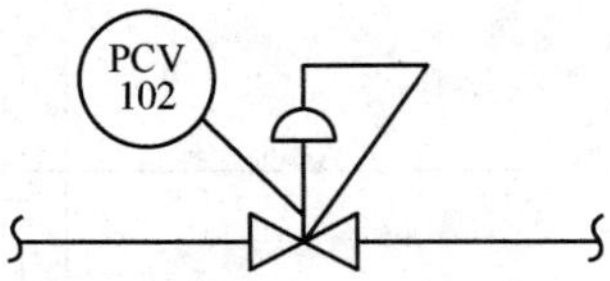	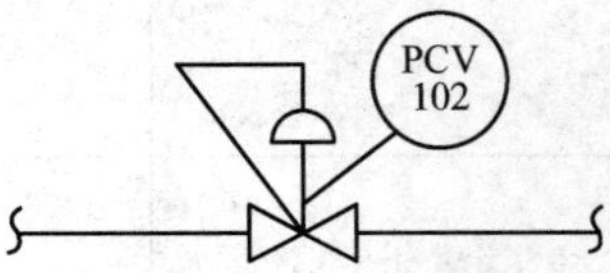
	2. 外部取压的自力式阀后(或阀前)压力调节阀	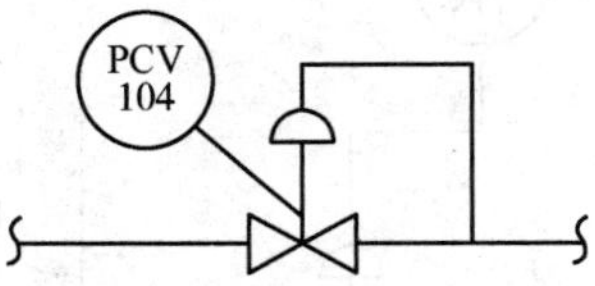	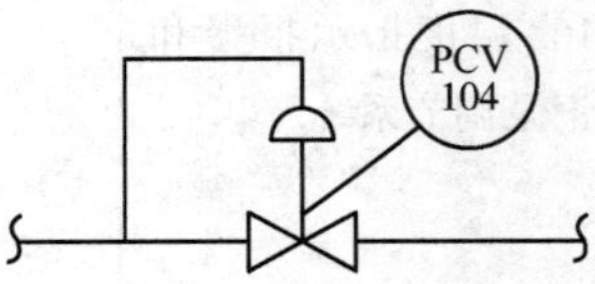
	3. 带内部取压和外部取压的自力式差压调节阀	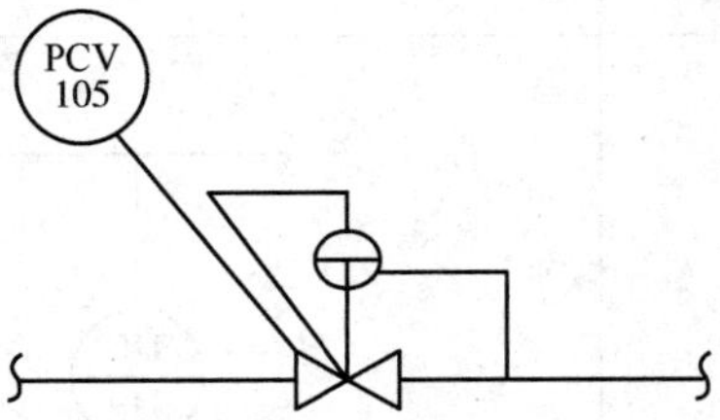	
	4. 压力或真空测试接头	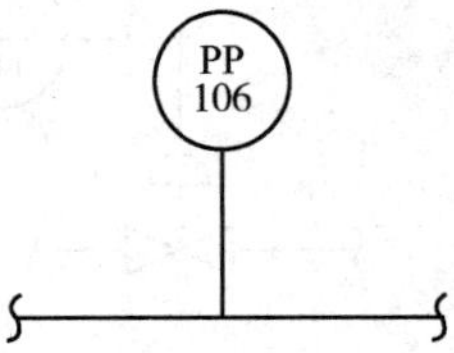	

图形符号和仪表位号示例(续)

<table>
<tr><th>变量</th><th>内　容</th><th>方　法　一</th><th>方　法　二</th></tr>
<tr><td rowspan="6">压力
或
真空</td><td>5. 压力或真空指示</td><td>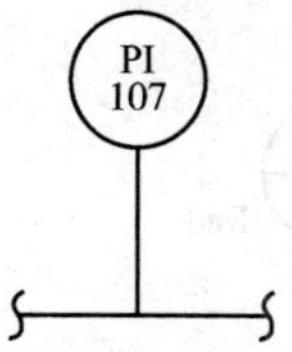
</td><td>或 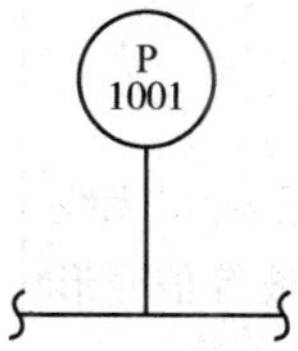
</td></tr>
<tr><td>6. 压力或真空指示集中报警</td><td>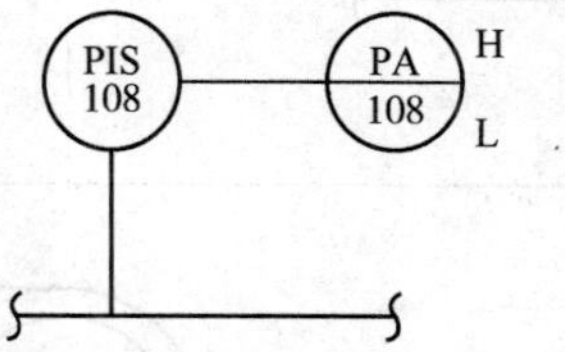
</td><td>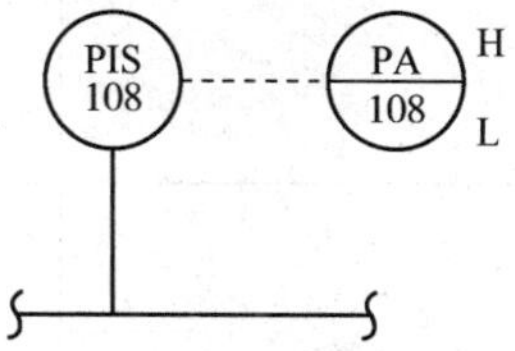
</td></tr>
<tr><td>7. 压力指示报警和压力联锁报警</td><td>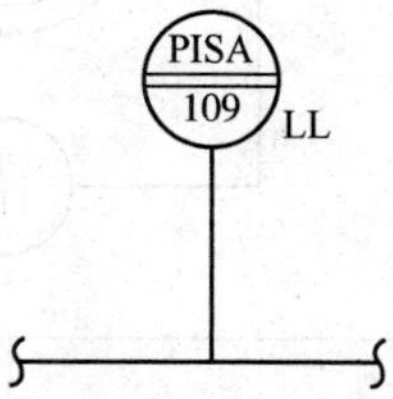
</td><td>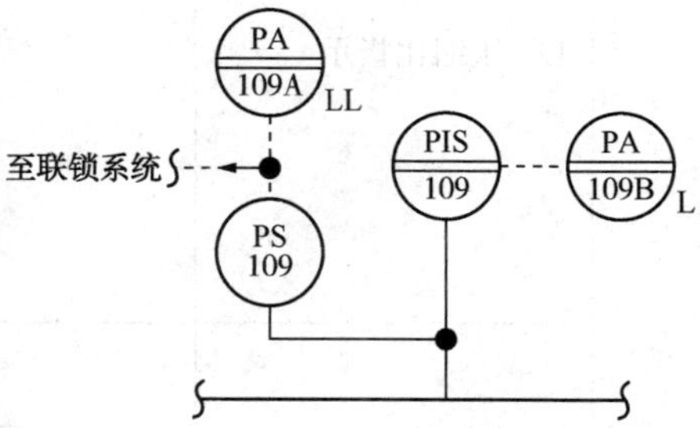
</td></tr>
<tr><td>8. 压力指示集中记录报警</td><td>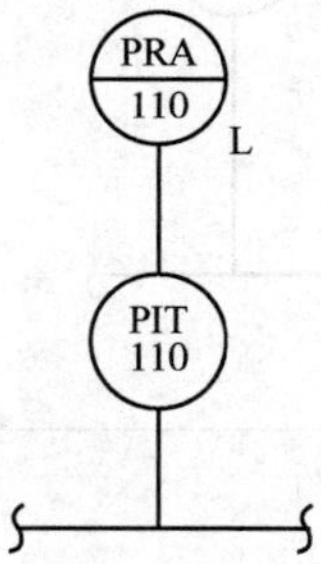
</td><td>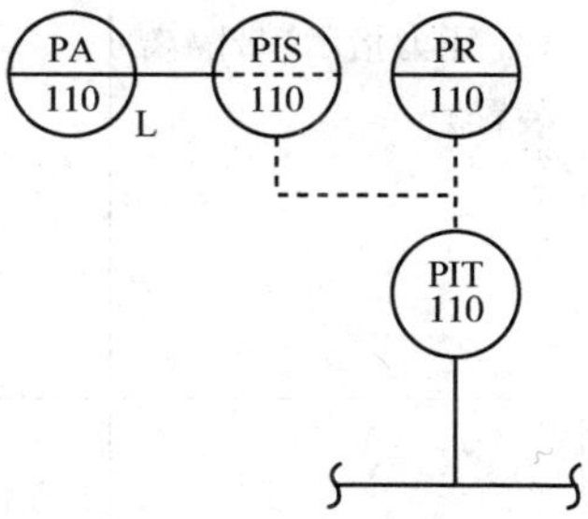
</td></tr>
<tr><td>9. 差压记录报警</td><td>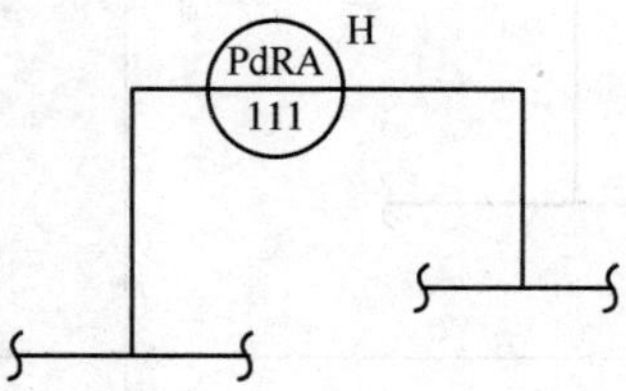
</td><td>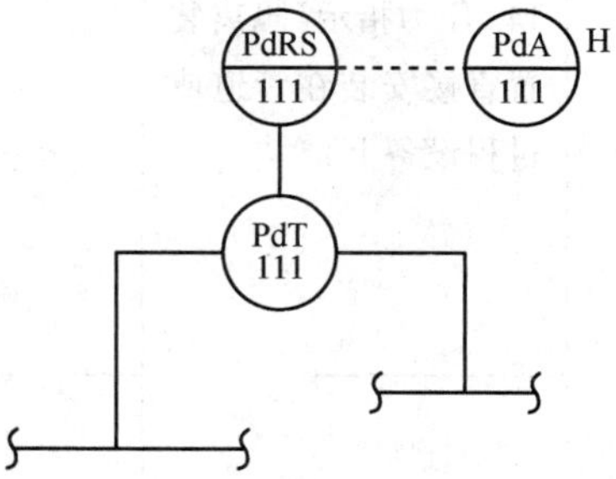
</td></tr>
<tr><td>10. 压力双笔记录(位号 PR-112/113)</td><td>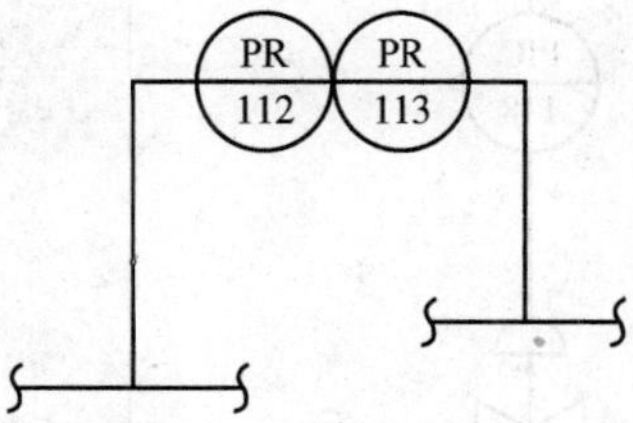
</td><td>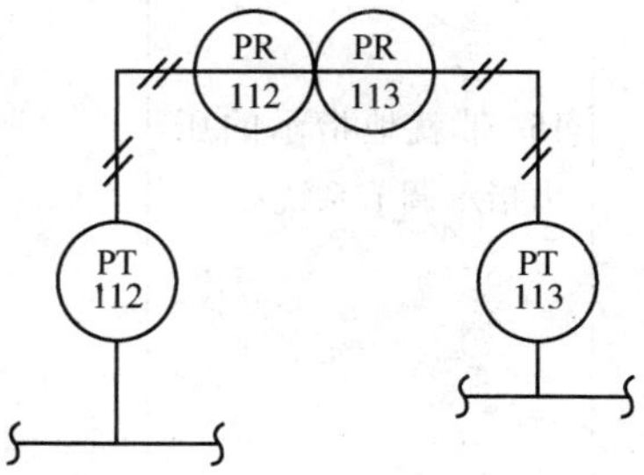
</td></tr>
</table>

图形符号和仪表位号示例(续)

变量	内　容	方　法　一	方　法　二
压力或真空	11. 压力记录(以无线电波或光波等信号形式传送)	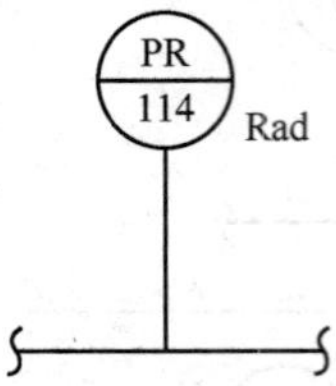	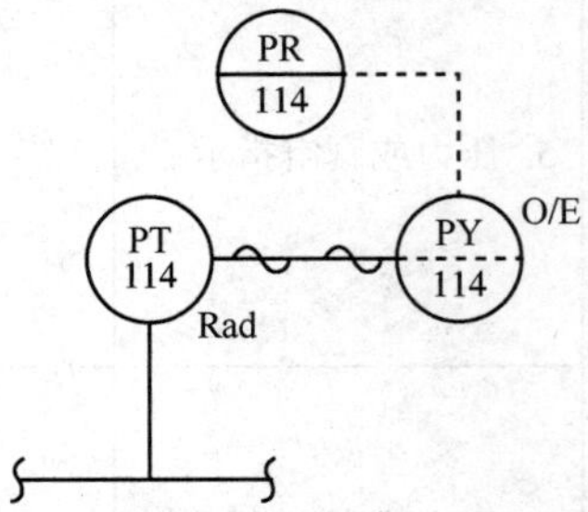
	12. 压缩比指示	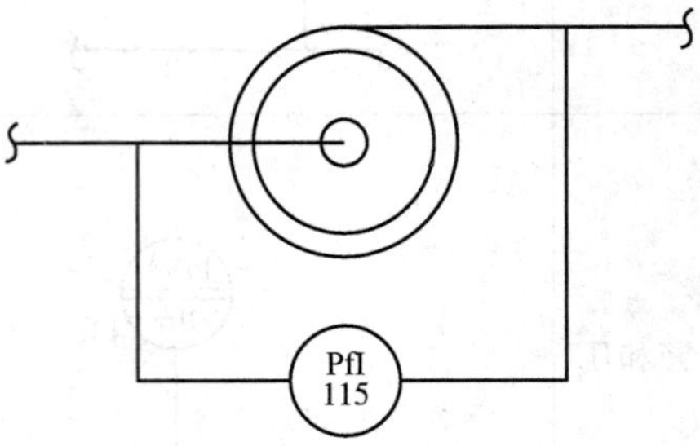	
	13. 压力指示(带隔离装置)	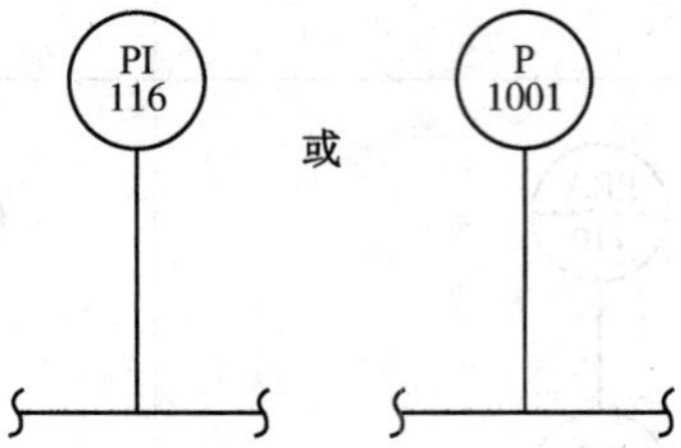	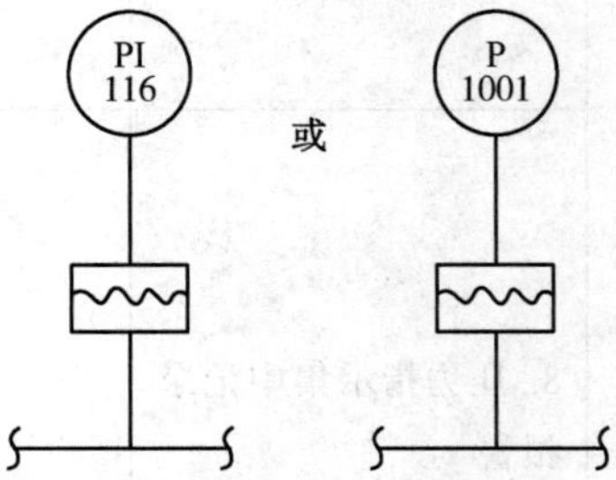
	14. 压力指示(隔离装置直接安装在管道或过程设备上)	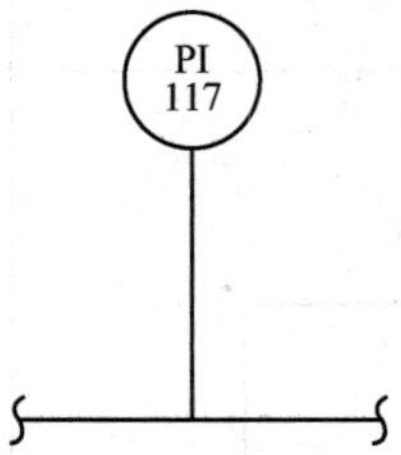	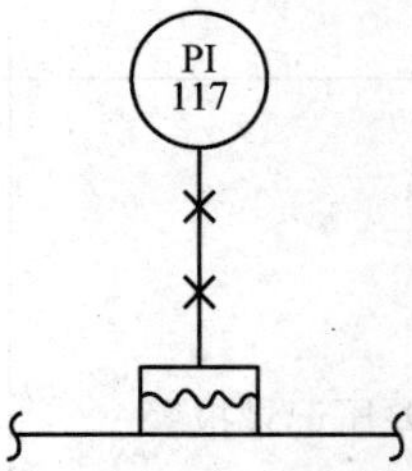
	15. 带就地指示的压力指示调节系统	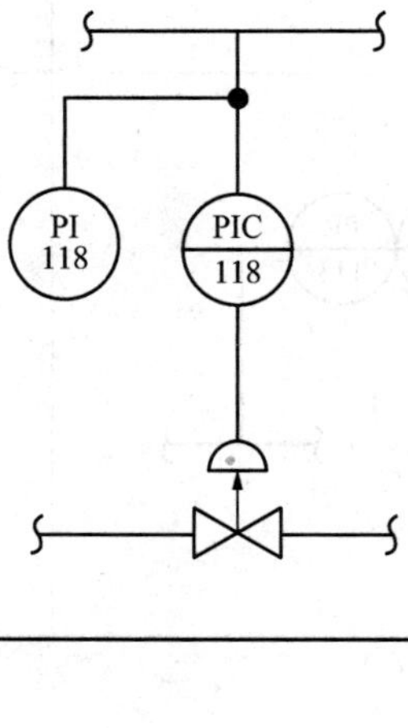	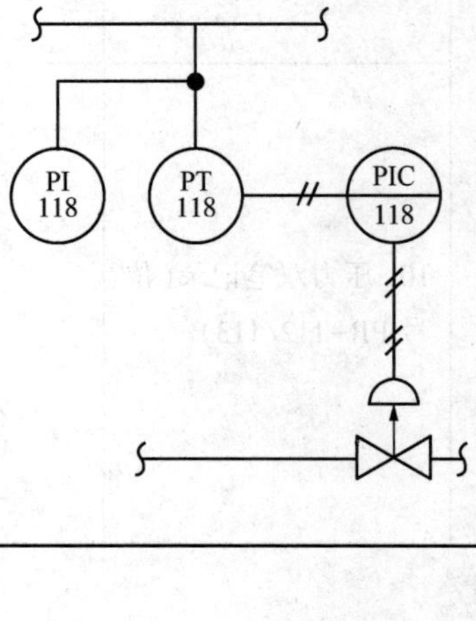

图形符号和仪表位号示例(续)

变量	内容	方法一	方法二
压力或真空	16. 压力记录调节系统(调节泵的冲程)	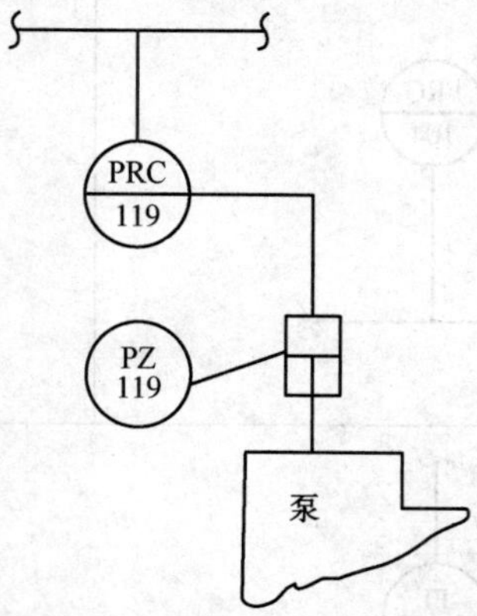	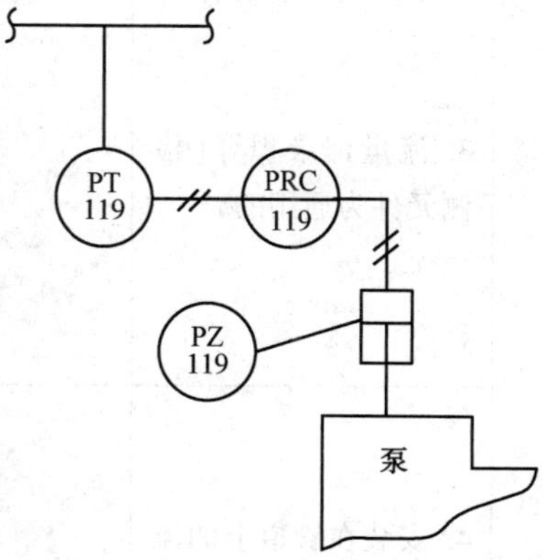
	17. 温度压力串级调节系统	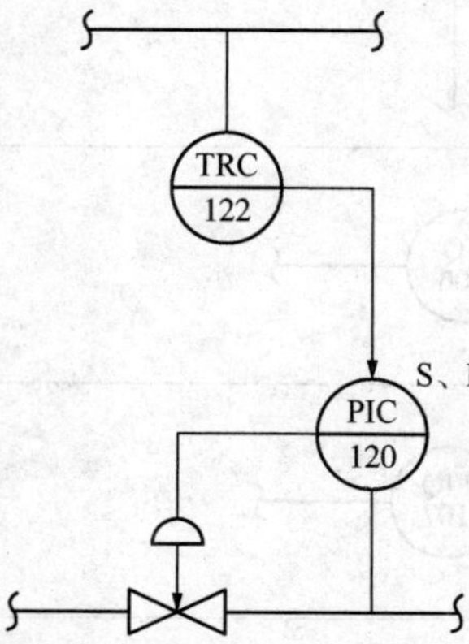	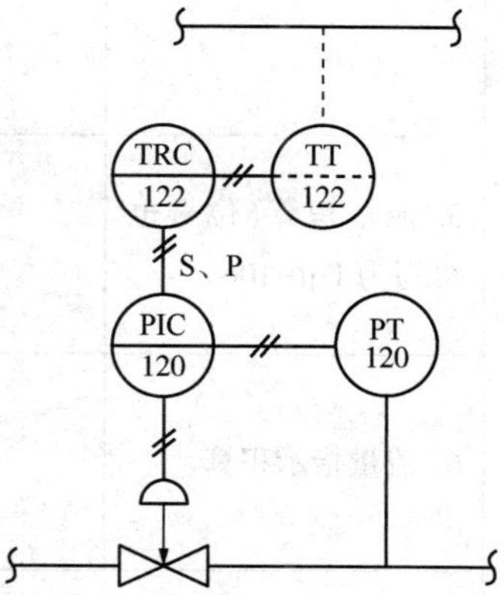
	18. 带集中指示，自动-手动操作器的就地压力调节系统(四管系统)	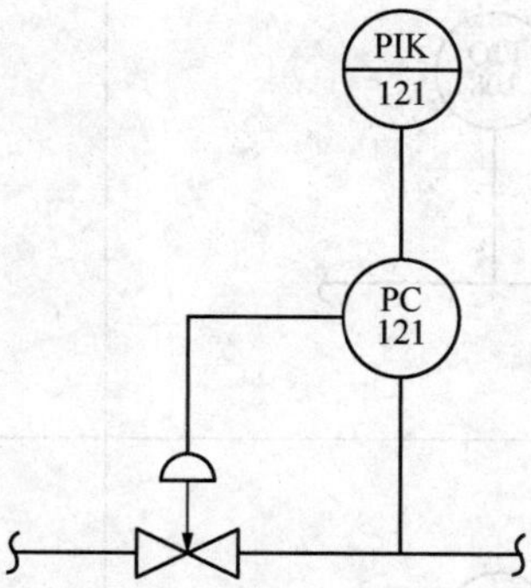	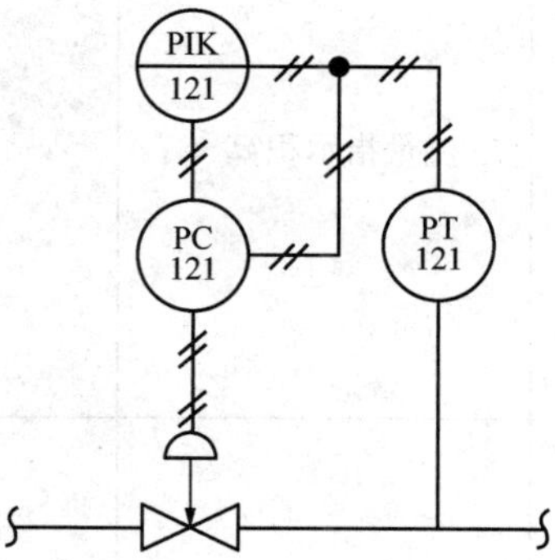
流量	1. 限流孔板	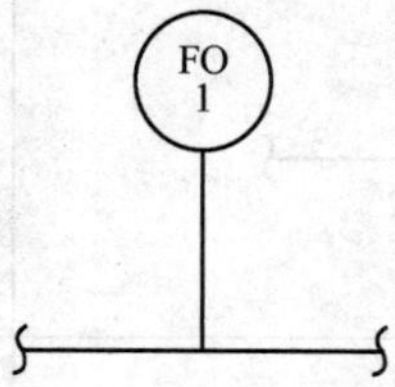	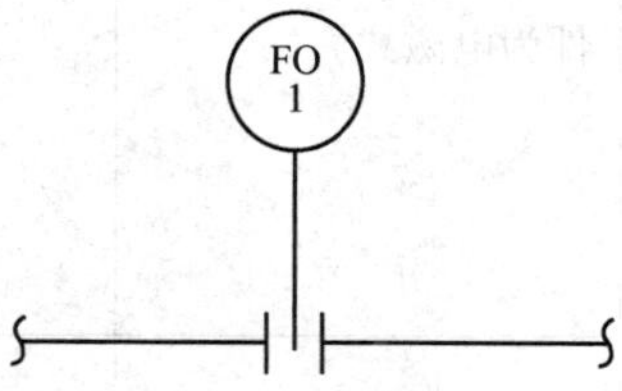
	2. 流量记录(检测元件为文丘里管或喷嘴)	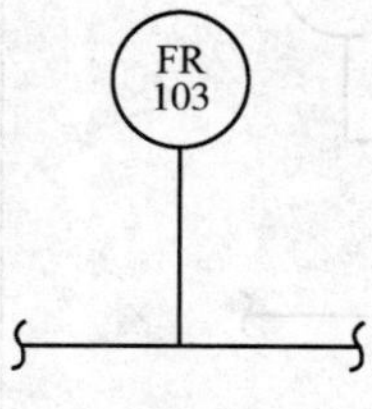	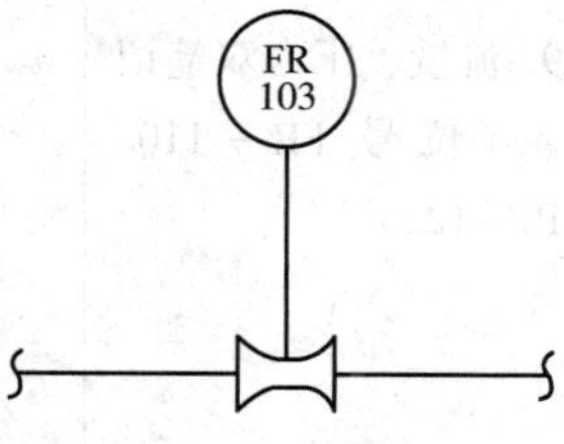

图形符号和仪表位号示例(续)

变量	内　容	方　法　一	方　法　二
流量	3. 流量记录积算(检测元件为通用的)	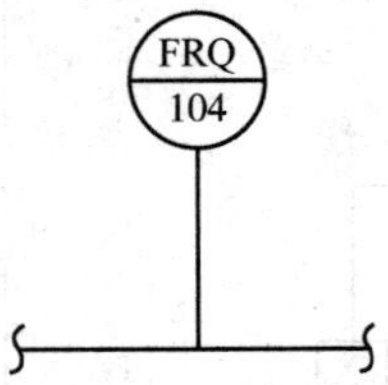	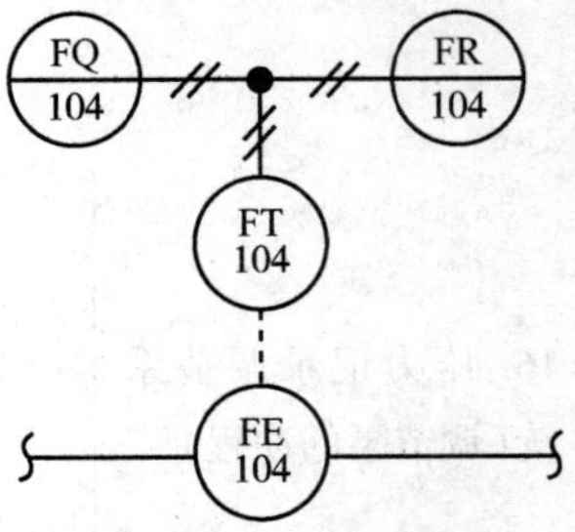
	4. 安装在管道上的流量指示		
	5. 流量积算(位号也可写为 FqI-106)	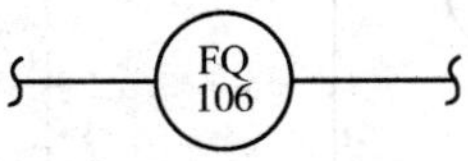	
	6. 流量指示积算		
	7. 流量指示积算	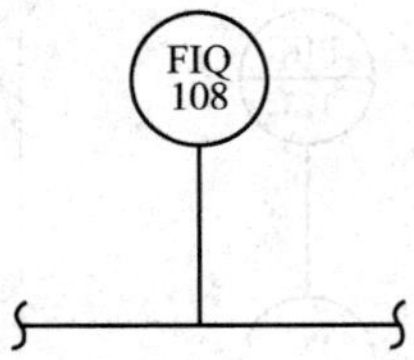	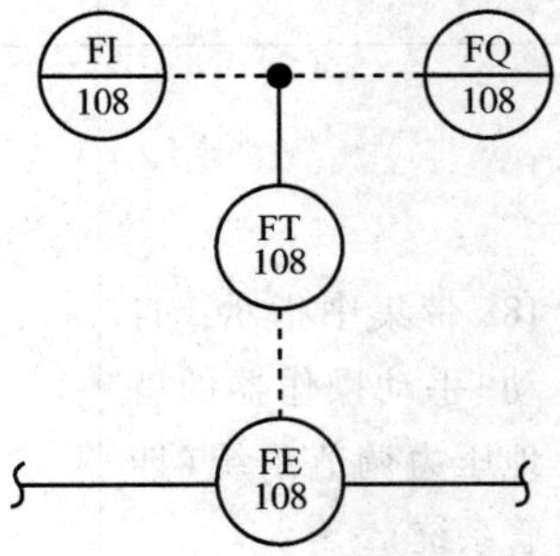
	8. 流量记录(检测元件为电磁式)	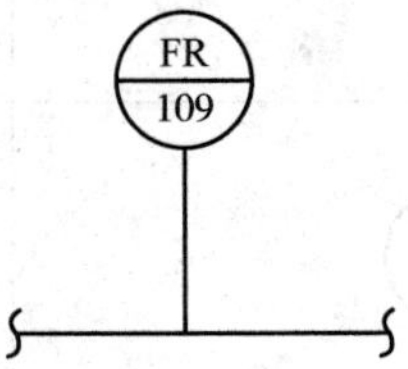	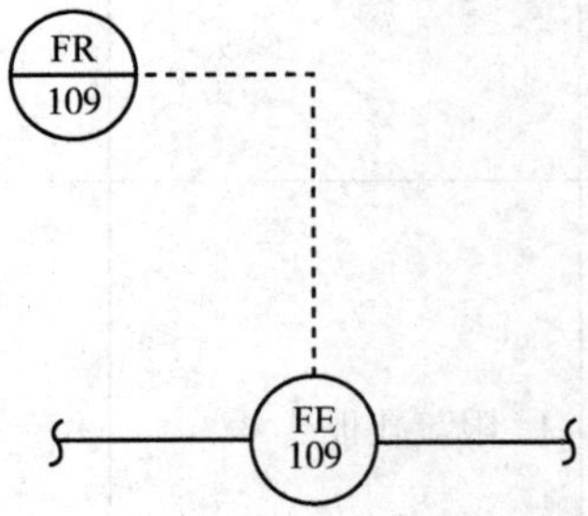
	9. 流量、压力双笔记录(位号 FR-110/PR-122)	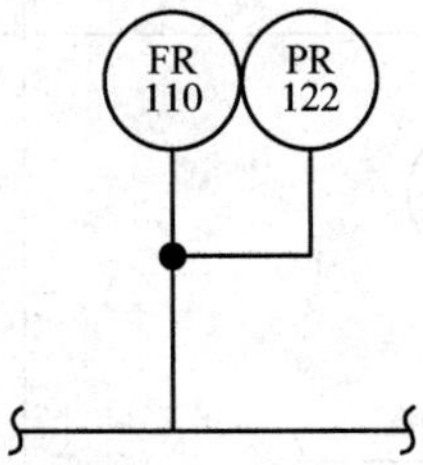	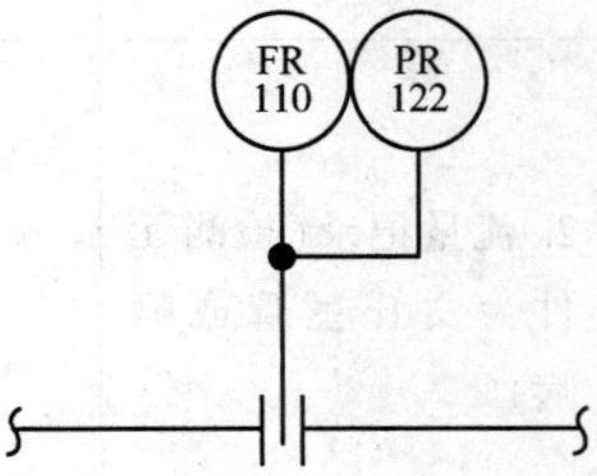

图形符号和仪表位号示例(续)

变量	内 容	方 法 一	方 法 二
	10. 流量双笔记录(位号 FR－111/112，两个检测元件在图纸上相距较远，或不在同一张图上的表示方法)	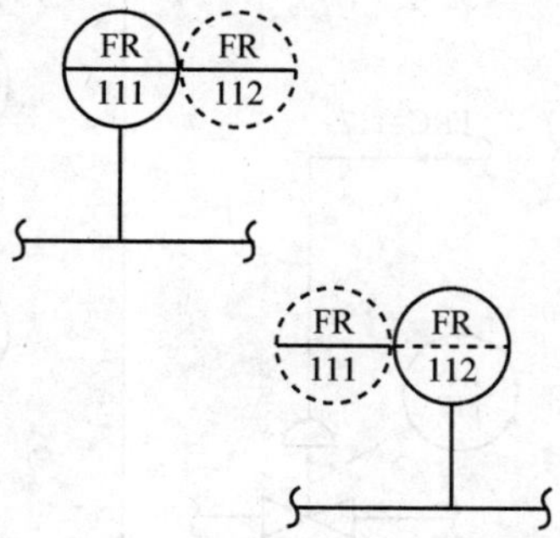	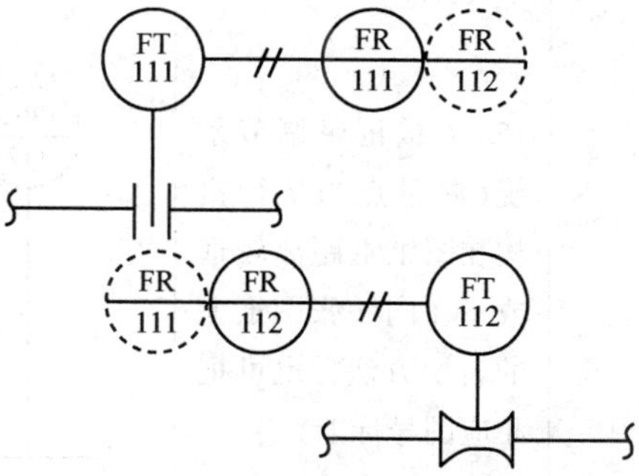
	11. 带两个冲洗接头的流量指示	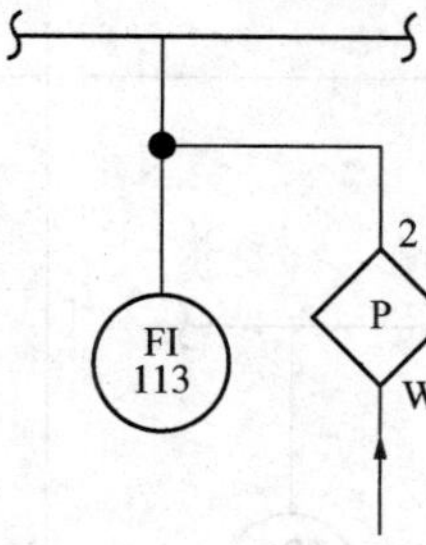	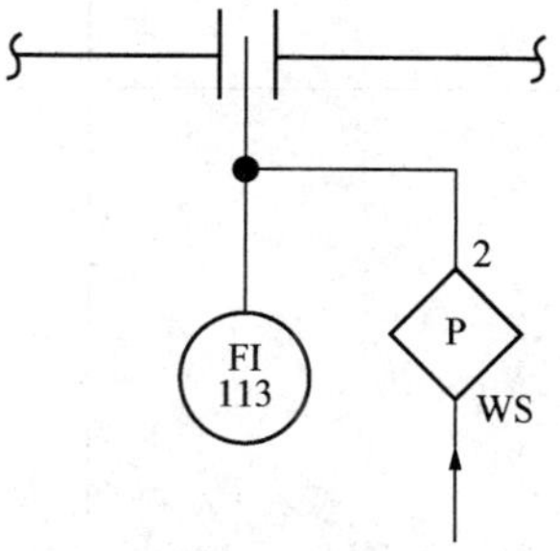
流量	12. 流量记录联锁报警	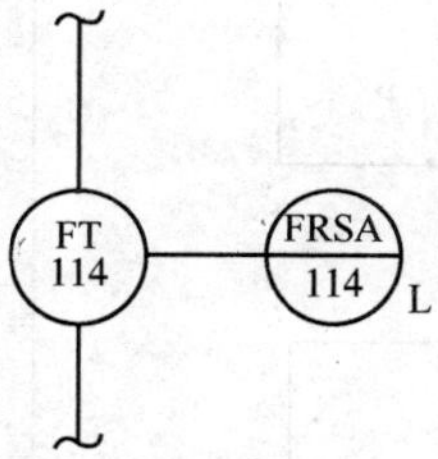	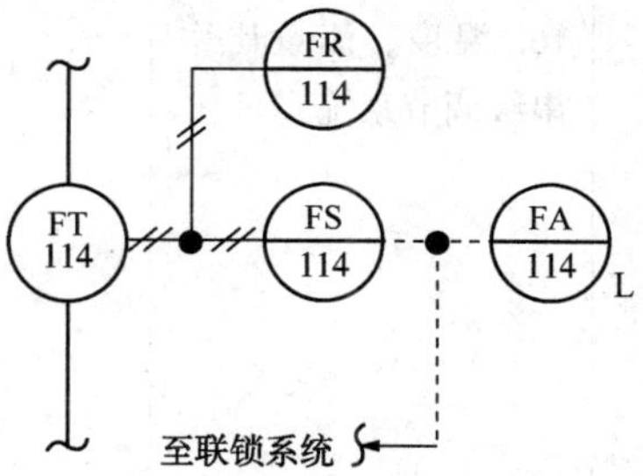
	13. 流量、压力双笔记录(位号 FR－115/PR－123)	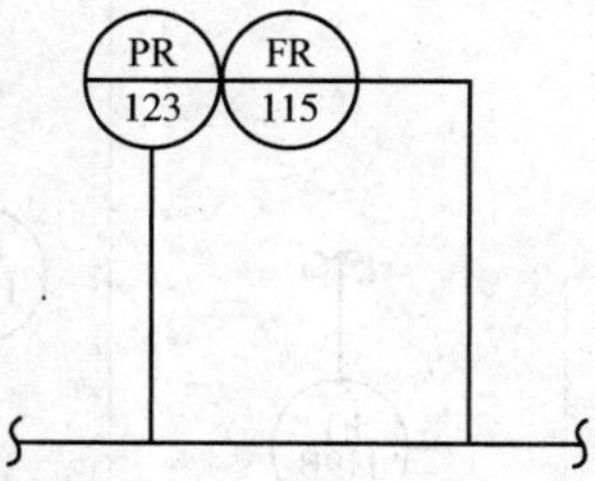	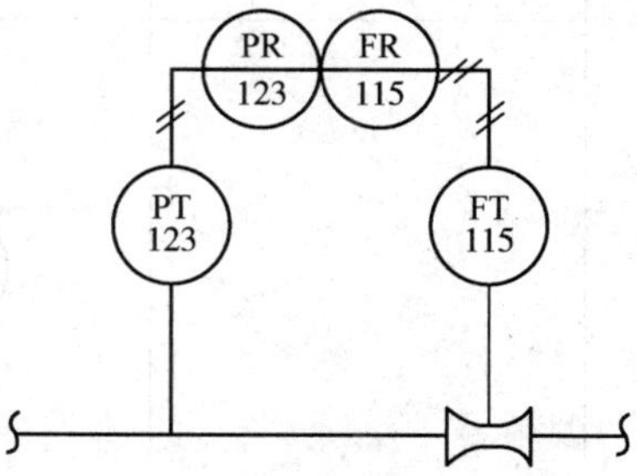
	14. 带温度补偿的流量记录、积算	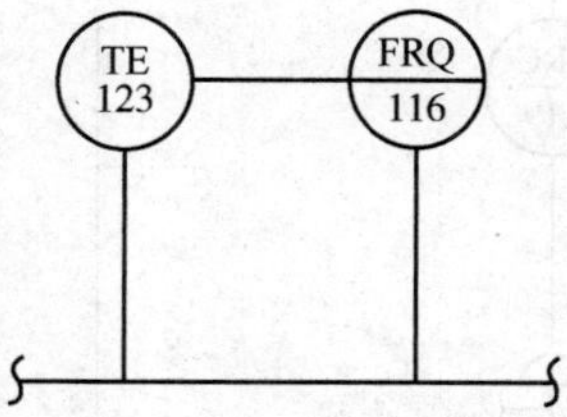	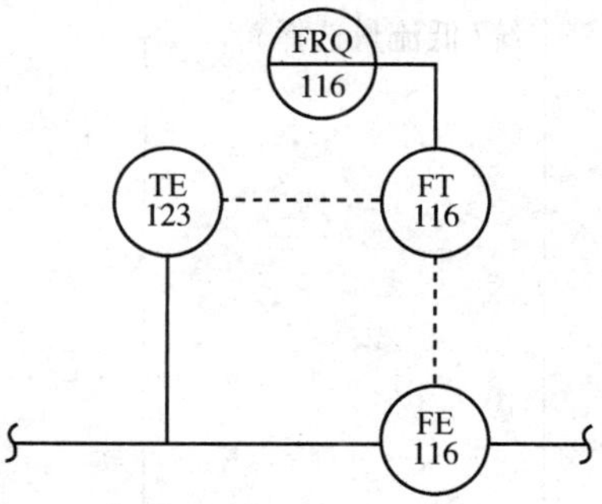

图形符号和仪表位号示例(续)

变量	内　容	方　法　一	方　法　二
流量	15. 流量记录调节系统(测量点与执行机构在图纸上距离较远或不在同一张图纸上的表示方法，也可把相应图号标上)	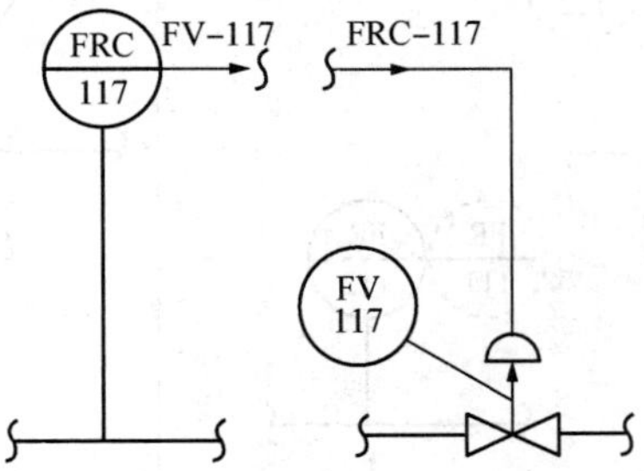	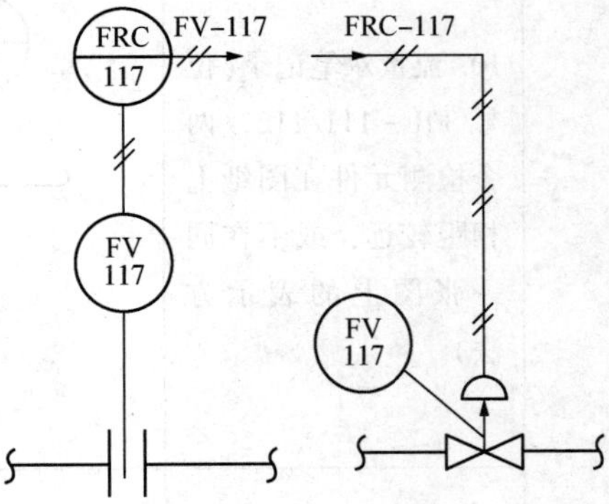
	16. 温度、流量比率串级调节系统	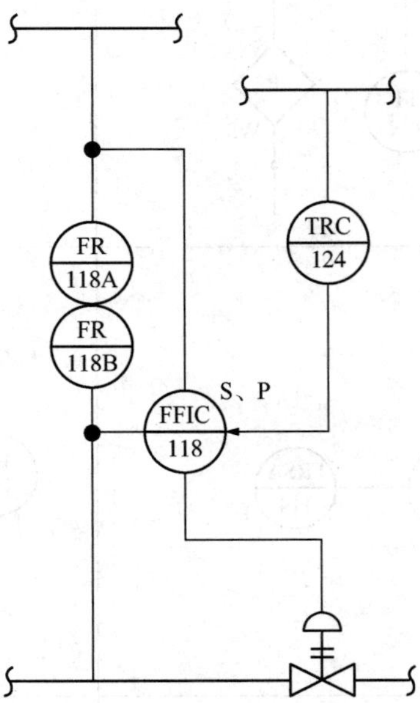	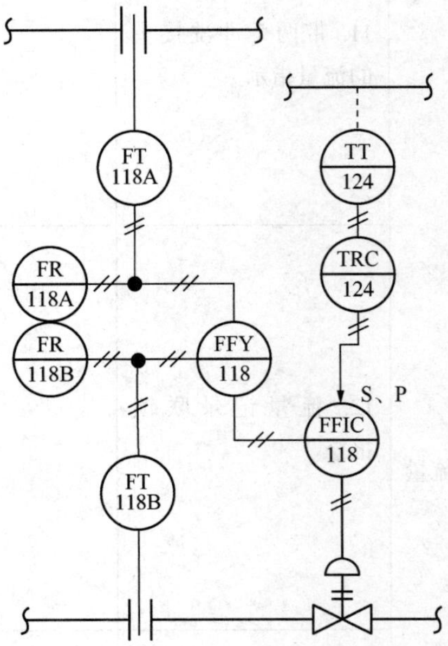
	17. 选择流量调节系统(低流量选择)	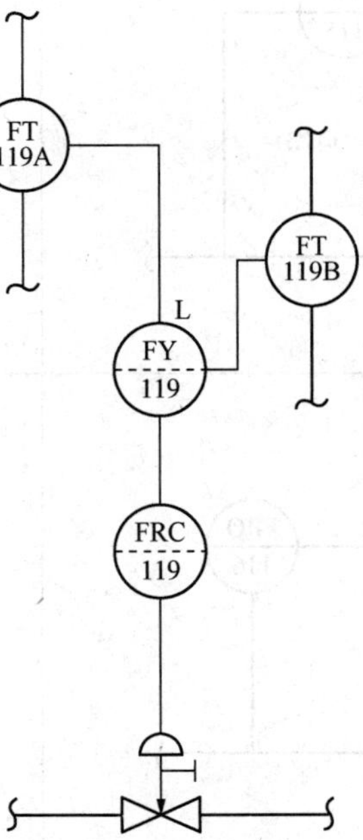	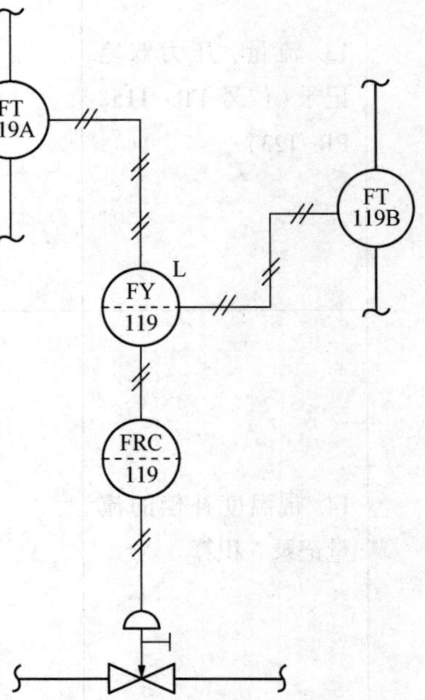

图形符号和仪表位号示例(续)

<table>
<tr><th>变量</th><th>内　容</th><th>方　法　一</th><th>方　法　二</th></tr>
<tr><td rowspan="3">流量</td><td>18. 带压力、温度补偿的流量记录调节系统</td><td>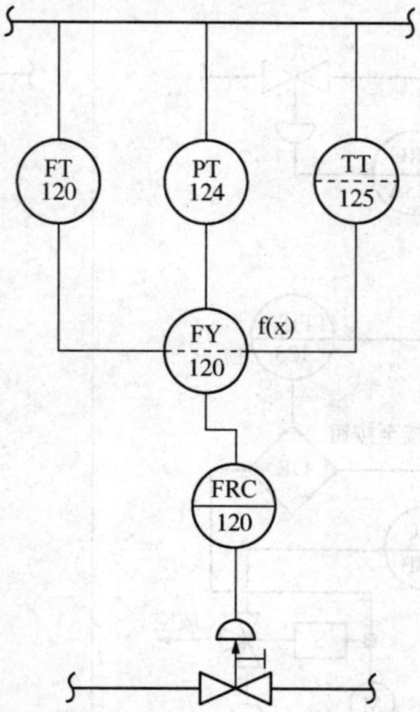
</td><td>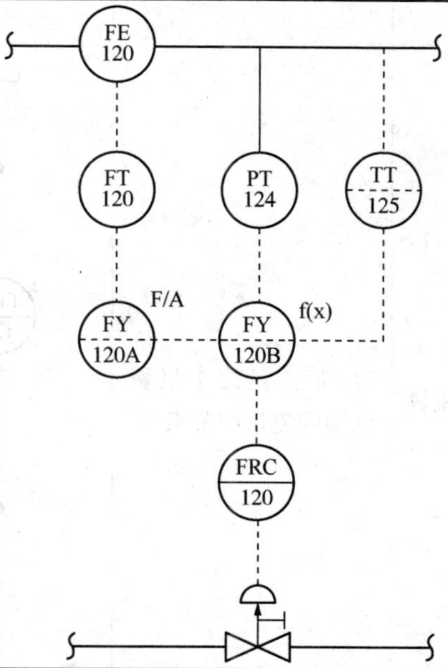
</td></tr>
<tr><td>19. 流量记录调节系统(电信号经电-气转换器转换为气信号)</td><td>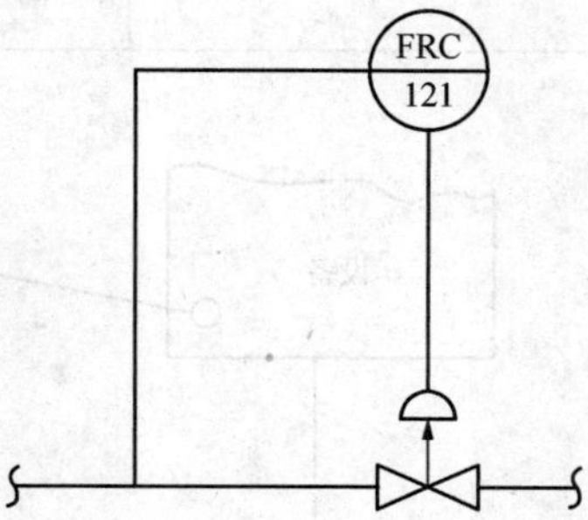
</td><td>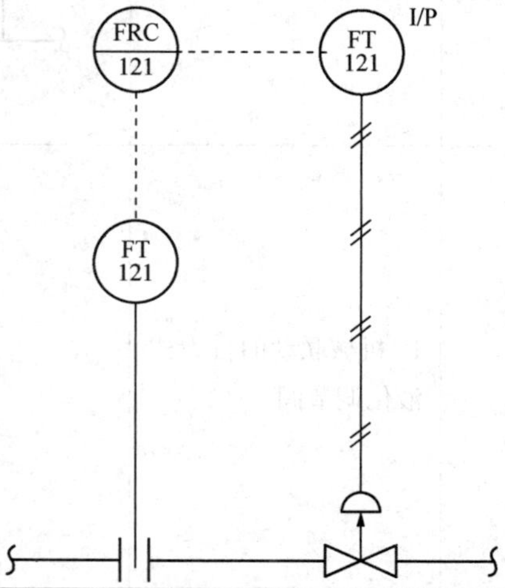
</td></tr>
<tr><td>20. 多功能流量显示仪表(FU 多功能记录调节流量，流量低限开关，流量再传送至主盘记录两个累计流量，高限开关，操作电磁阀，高高限开关操作报警器)</td><td>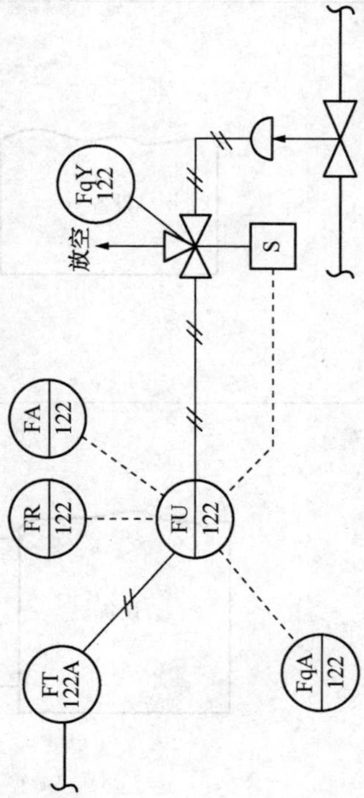
</td><td>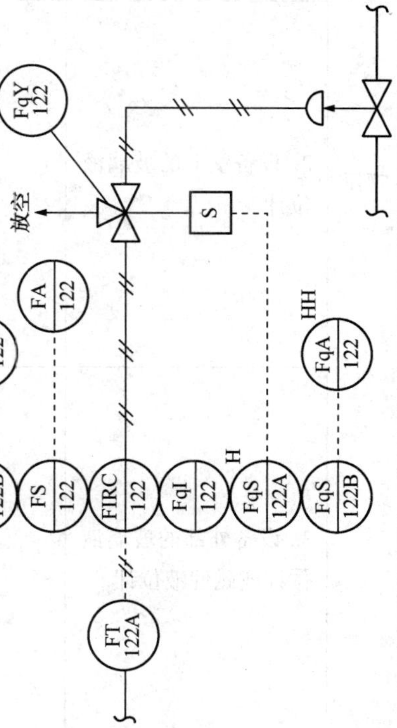
</td></tr>
</table>

图形符号和仪表位号示例(续)

变量	内容	方法一	方法二
流量	21. 带流量比率报警联锁的流量调节系统	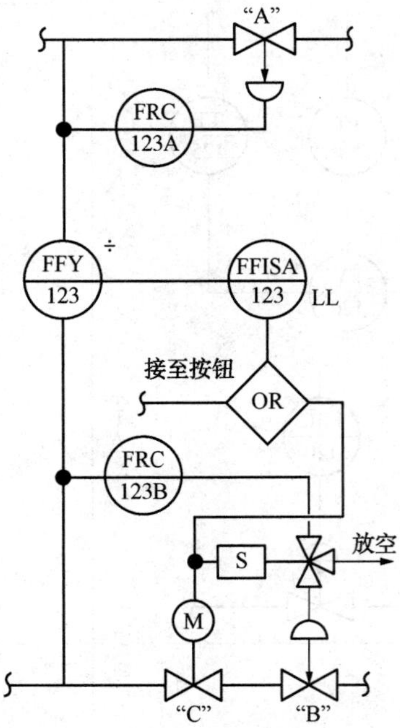	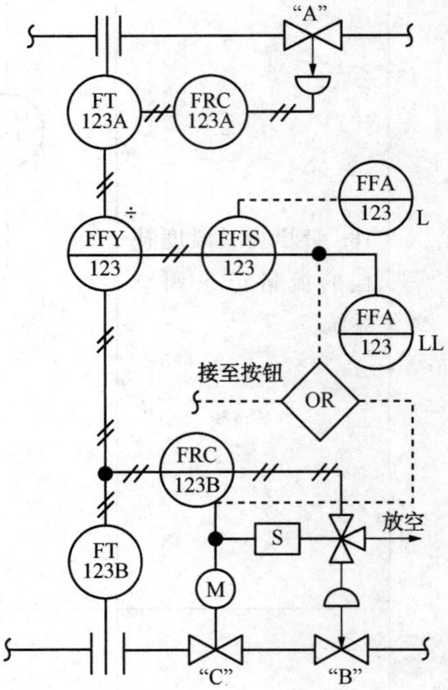
物位	1. 机械联动的自力式液位调节阀	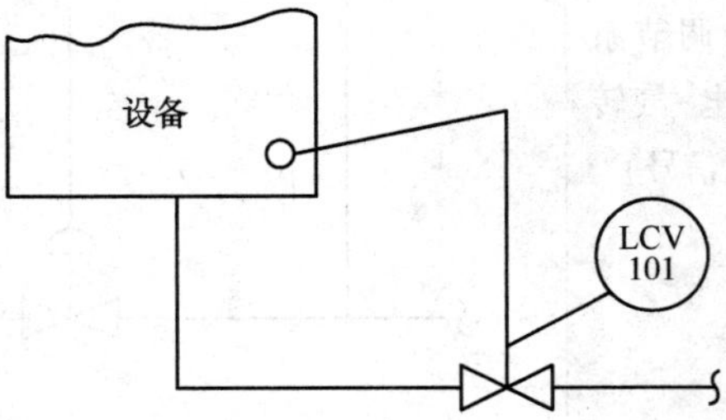	
	2. 设备壁上的玻璃液位计		
	3. 设备外部的玻璃液位计或磁性液位计	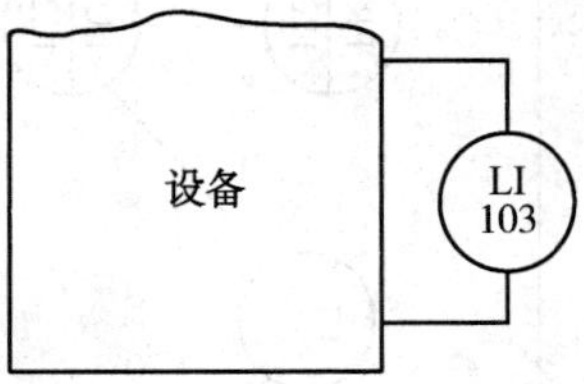	

图形符号和仪表位号示例(续)

<table>
<tr><th>变量</th><th>内 容</th><th>方 法 一</th><th>方 法 二</th></tr>
<tr><td rowspan="5">物位</td><td>4. 液位指示报警</td><td>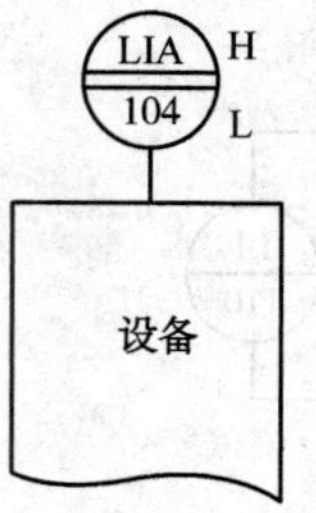
</td><td>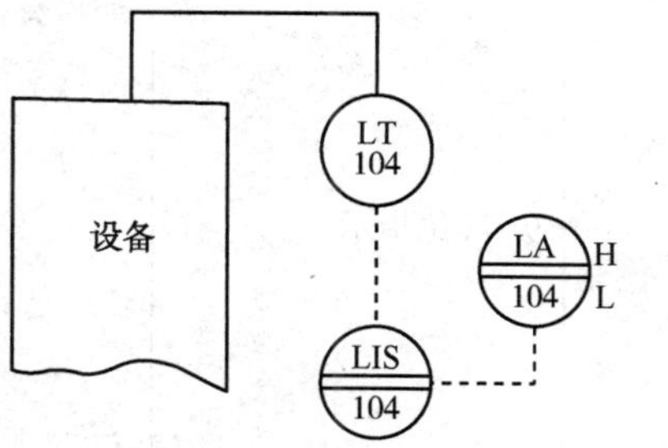
</td></tr>
<tr><td>5. 用电视机监视液位计</td><td>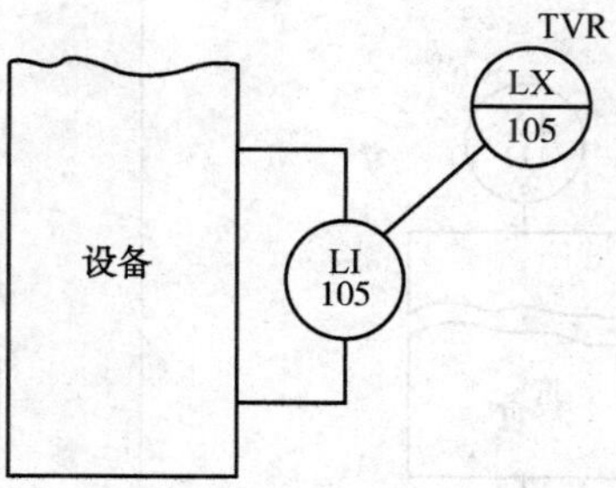
</td><td>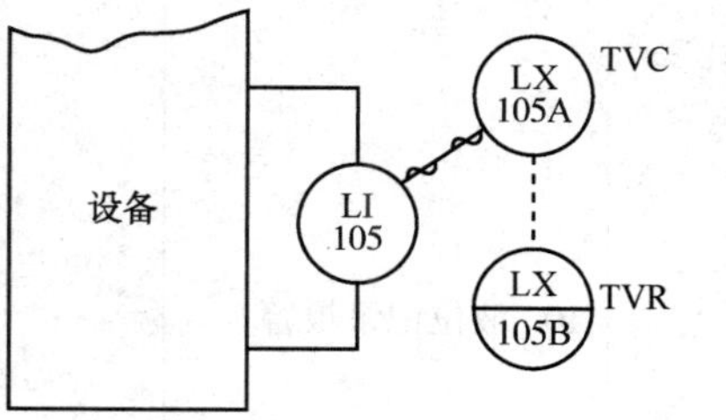
</td></tr>
<tr><td>6. 液位指示报警</td><td>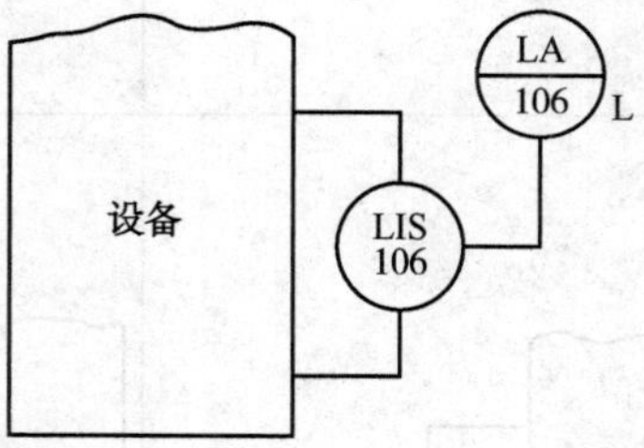
</td><td>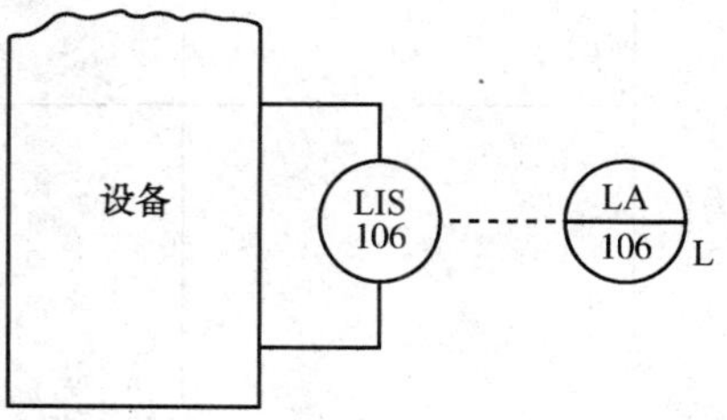
</td></tr>
<tr><td>7. 液位报警</td><td>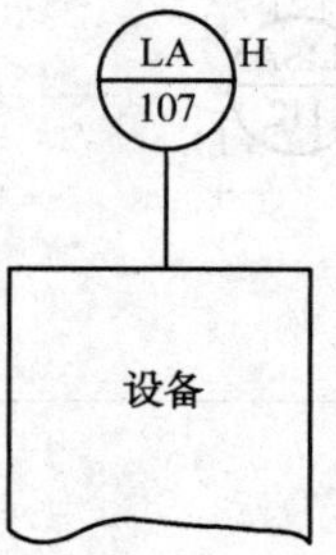
</td><td>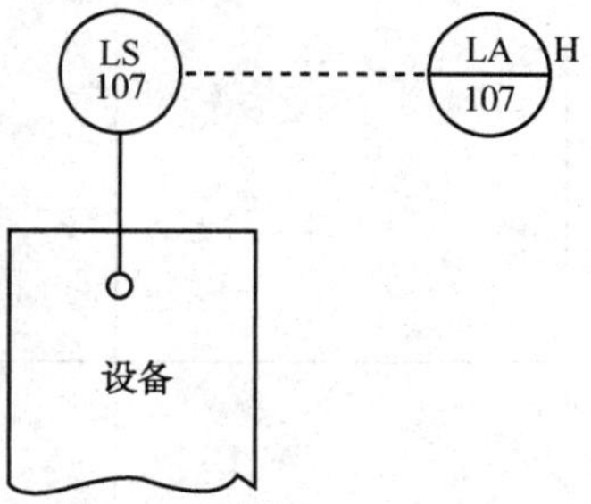
</td></tr>
<tr><td>8. 液位联锁报警</td><td>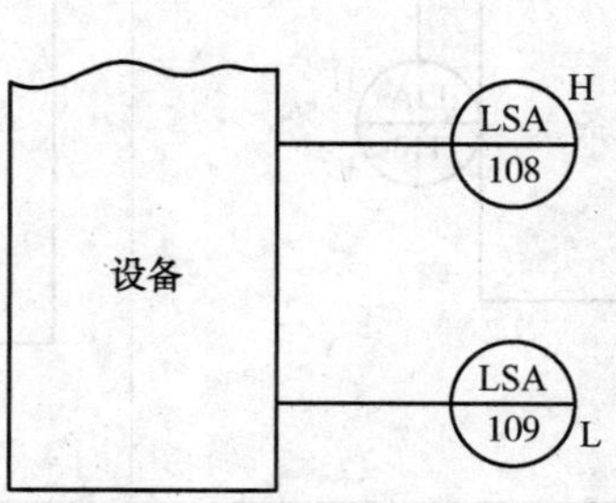
</td><td>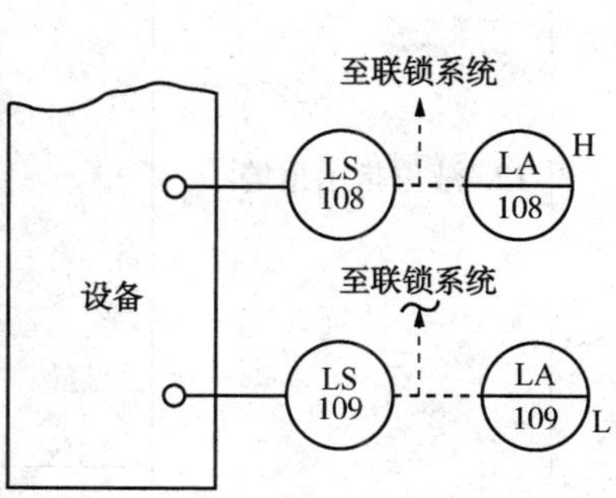
</td></tr>
</table>

图形符号和仪表位号示例(续)

变量	内容	方法一	方法二
	9. 液位指示	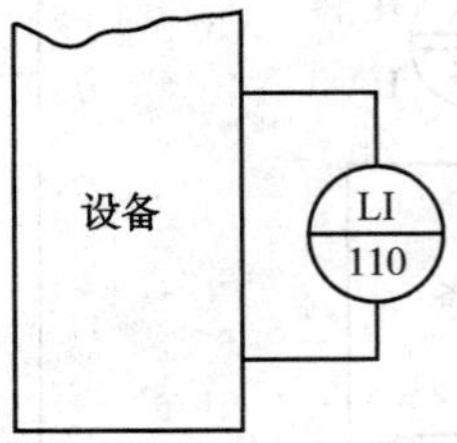	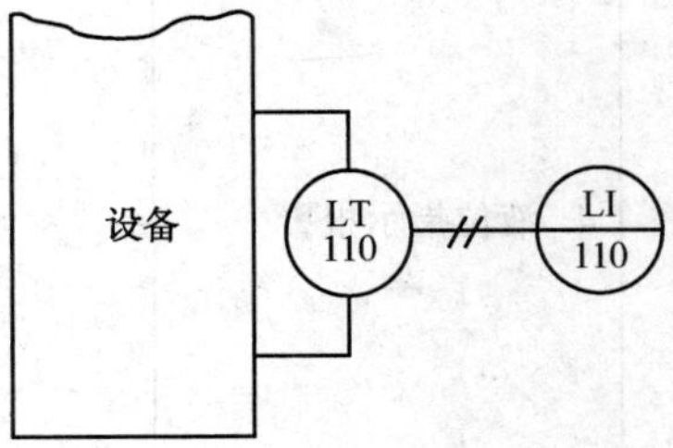
	10. 液位记录报警		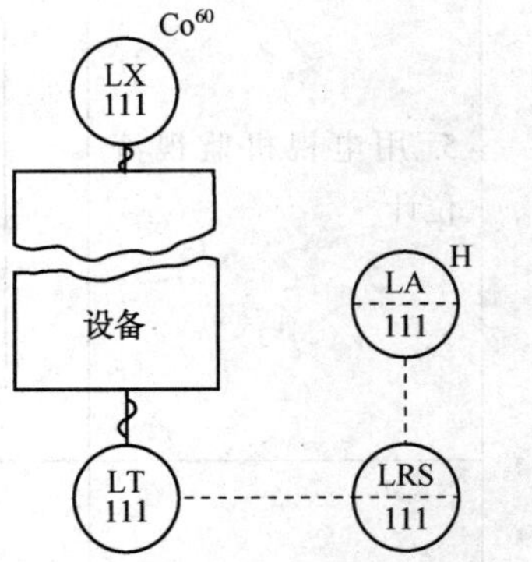
物位	11. 液位指示报警联锁	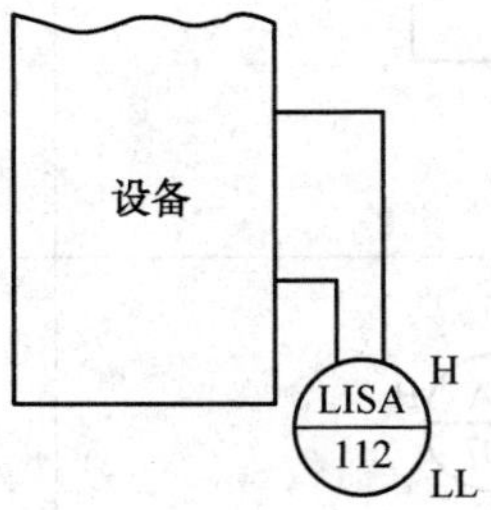	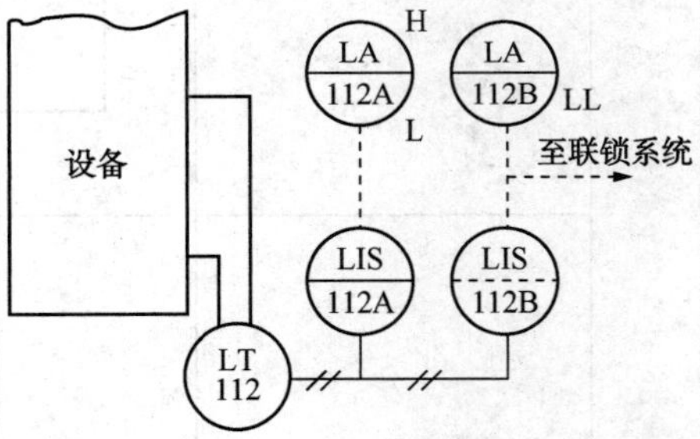
	12. 液位指示报警	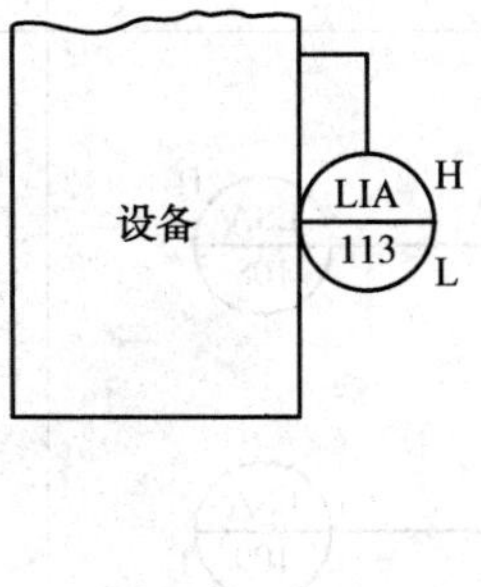	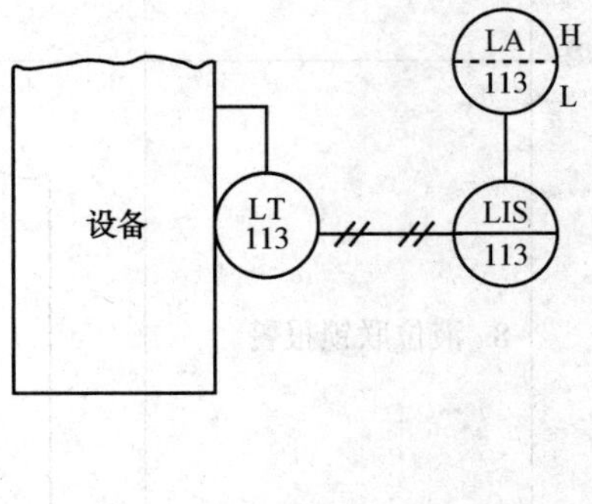
		常压设备时则无平衡管	

图形符号和仪表位号示例(续)

<table>
<tr><th>变量</th><th>内　容</th><th>方　法　一</th><th>方　法　二</th></tr>
<tr><td rowspan="5">物位</td><td>13. 液位高度指示灯(液位高于取源口时灯亮)</td><td>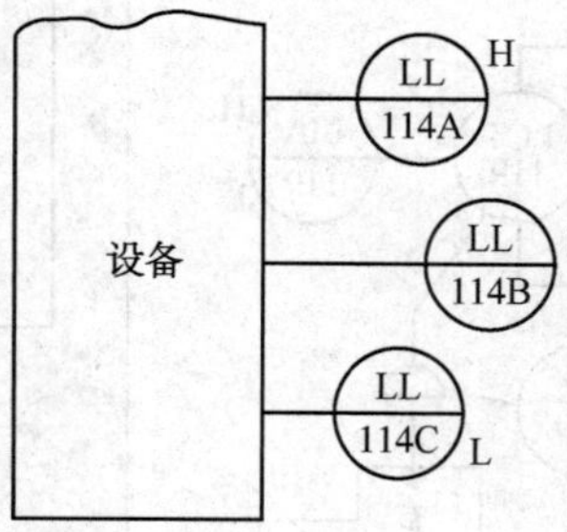
</td><td>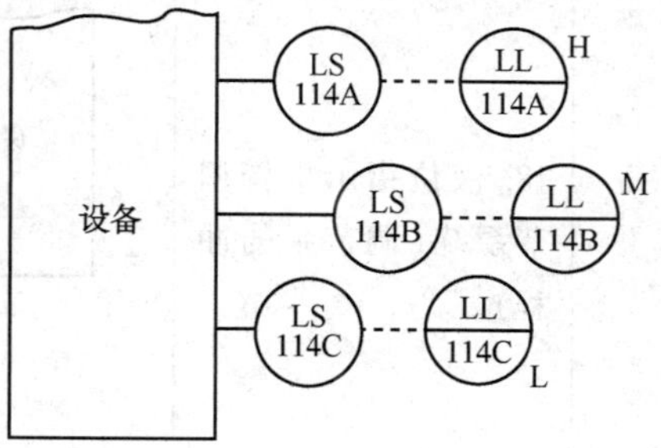
</td></tr>
<tr><td>14. 液位指示(吹气式，适用于常压设备)</td><td>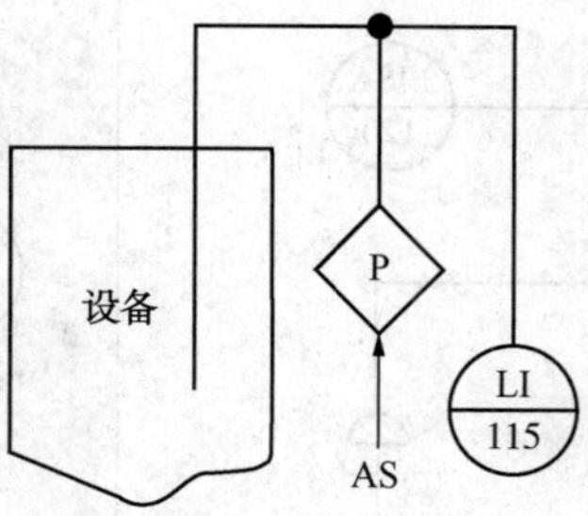
</td><td>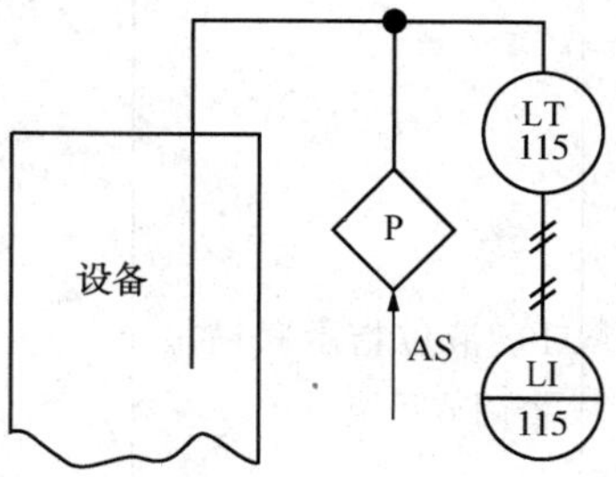
</td></tr>
<tr><td>15. 液位记录(吹气、冲洗式，适用于常压或低压设备)</td><td>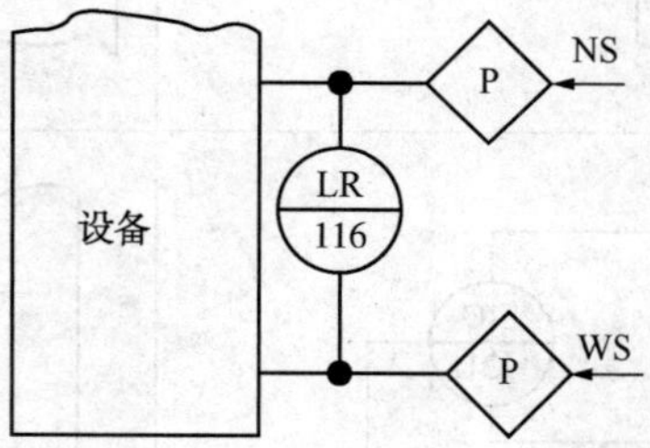
</td><td>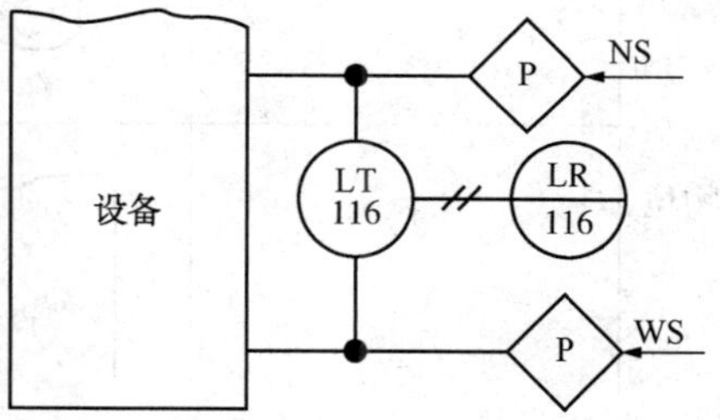
</td></tr>
<tr><td>16. 料位指示报警</td><td>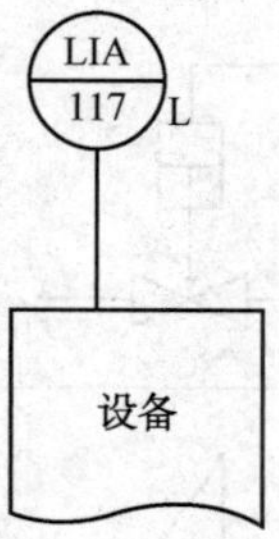
</td><td>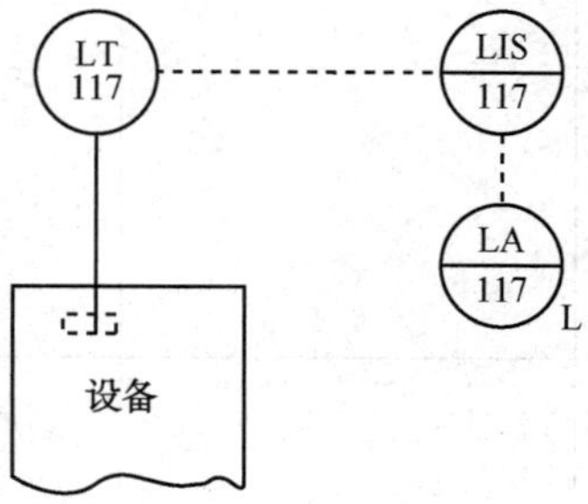
</td></tr>
<tr><td>17. 液位指示调节系统</td><td>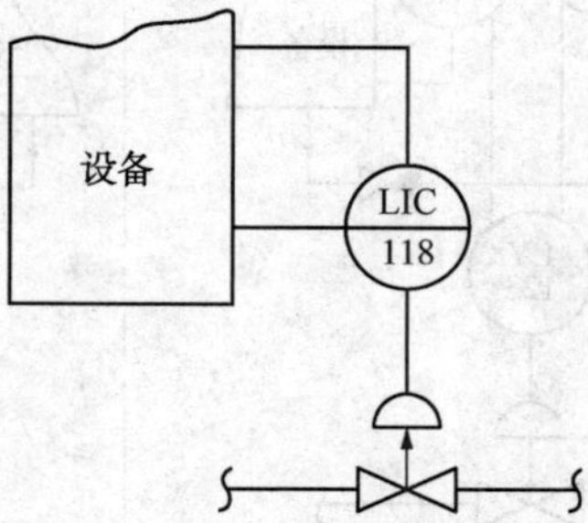
</td><td>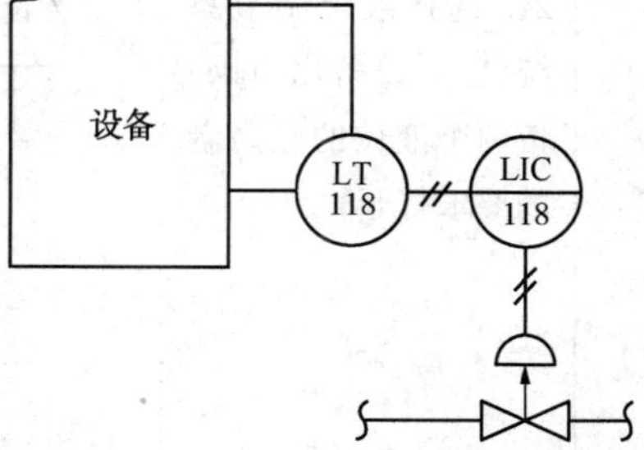
</td></tr>
</table>

图形符号和仪表位号示例(续)

变量	内容	方法一	方法二
物位	18. 液位指示报警调节系统(调节泵的冲程)	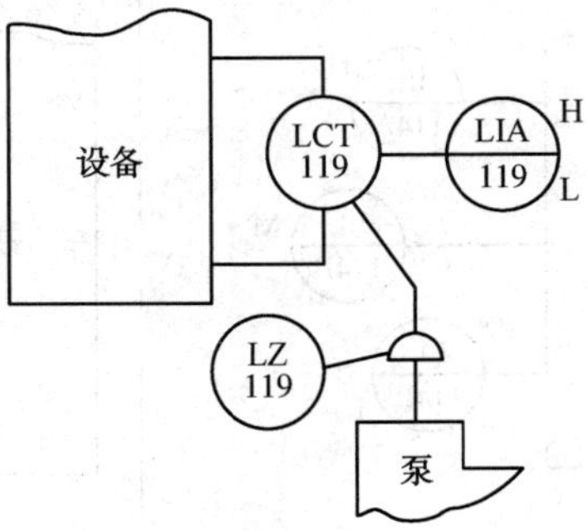	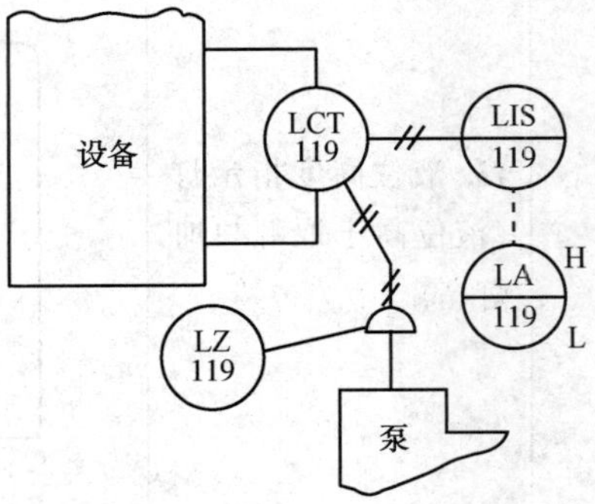
	19. 液位指示联锁报警调节系统	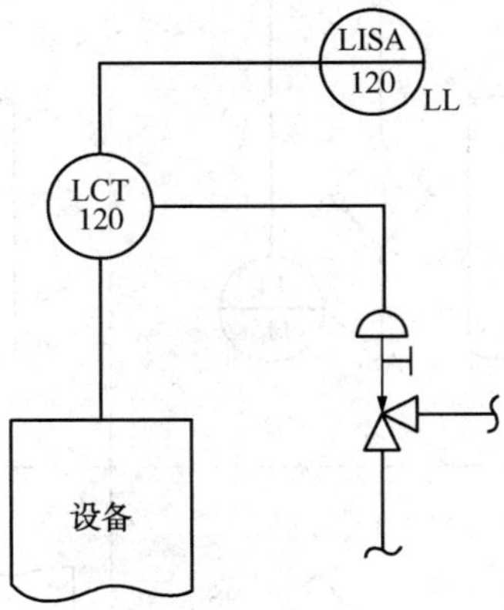	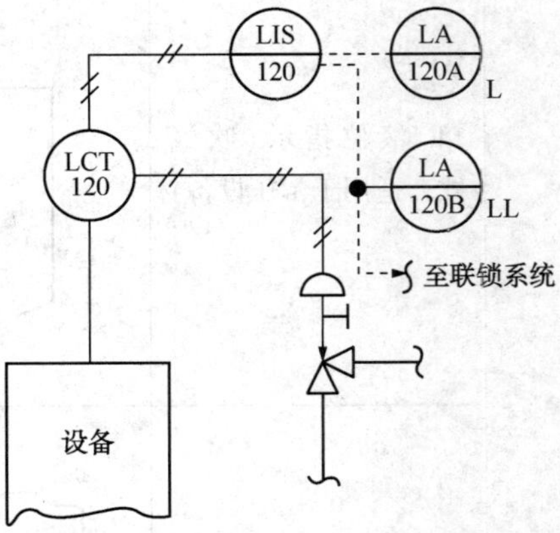
	20. 液位、流量均匀调节系统	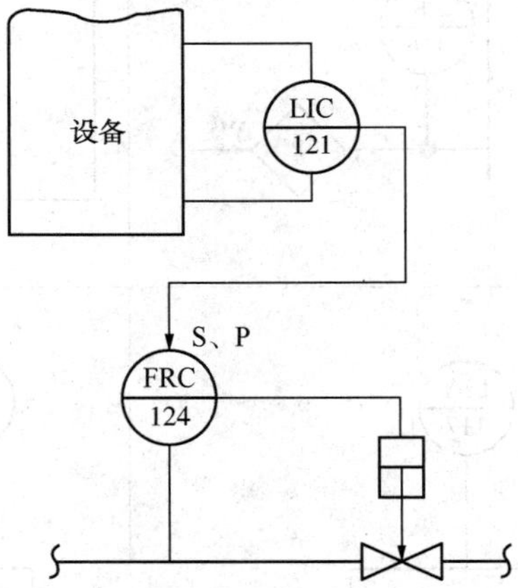	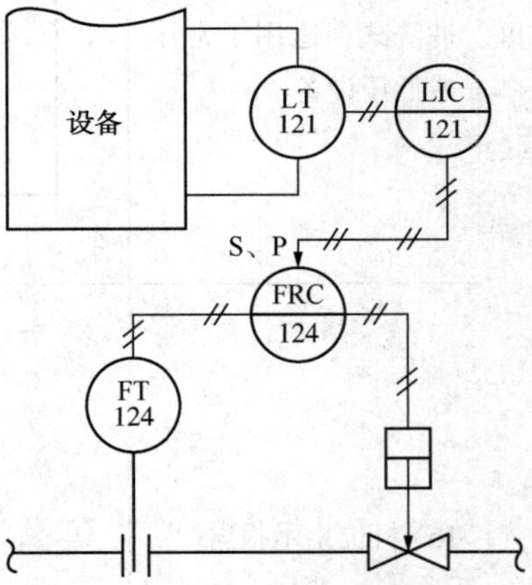
	21. 选择液位调节系统(注：设备出口阀，按两个液位的较高者的要求打开)	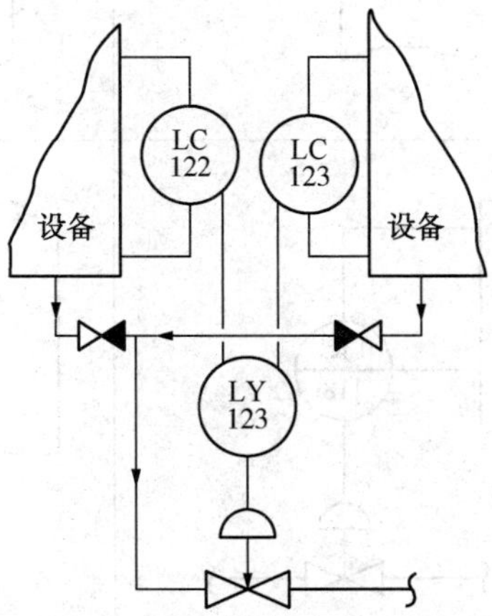	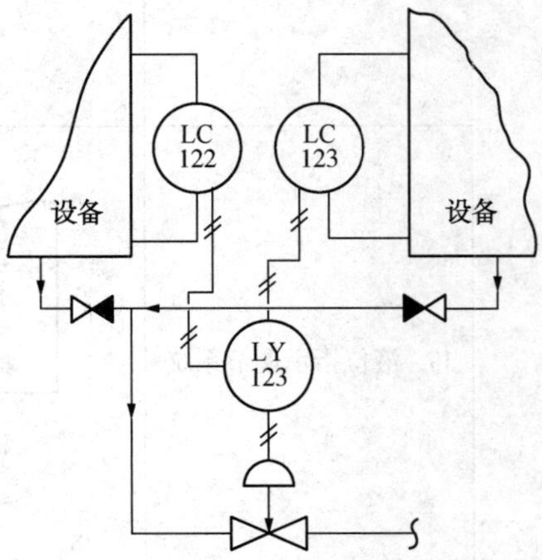

图形符号和仪表位号示例(续)

变量	内 容	方 法 一	方 法 二
分析	1. 自动分析记录	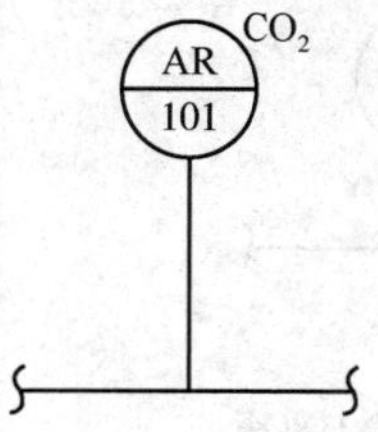	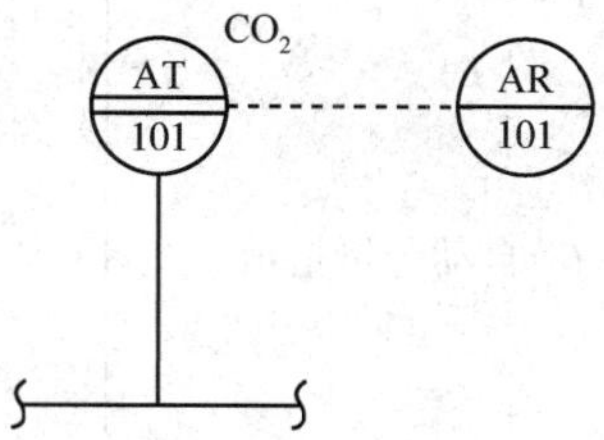
	2. 自动分析记录、联锁、报警	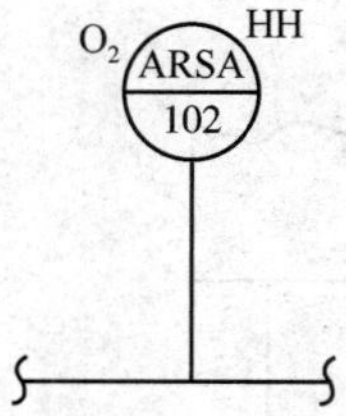	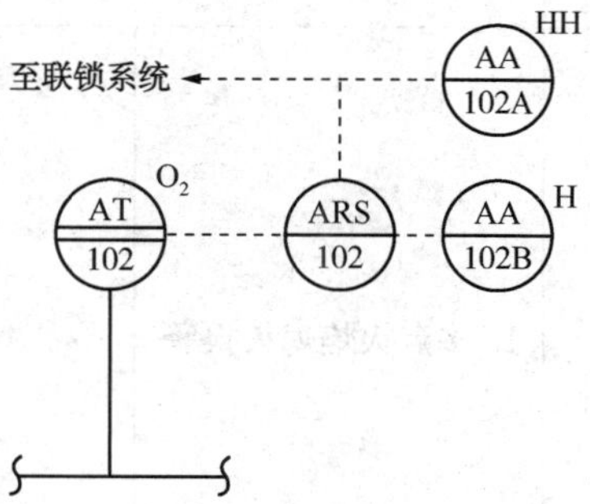
	3. 工业色谱分析记录(多流路分析)	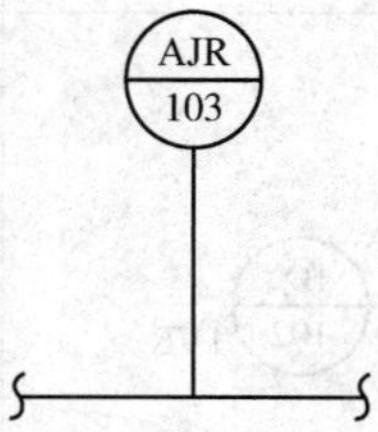	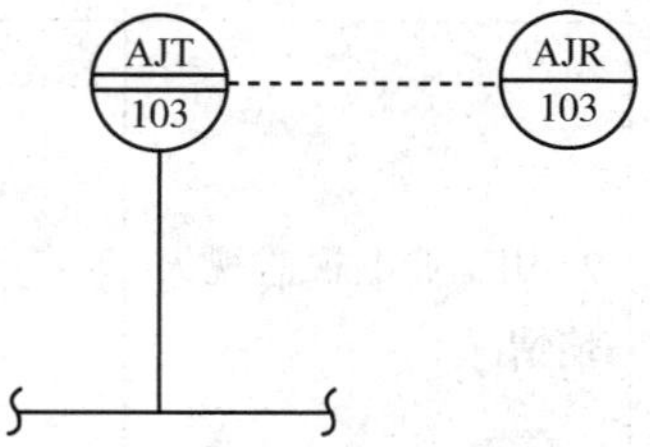
	4. 大气检测(对大气中的有害气体或可燃性气体进行检测、报警)	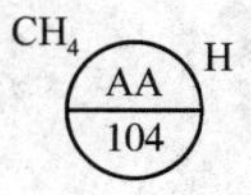	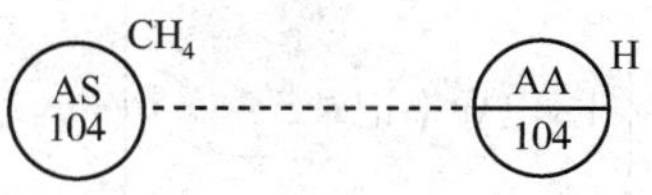
	5. 自动分析记录、调节系统	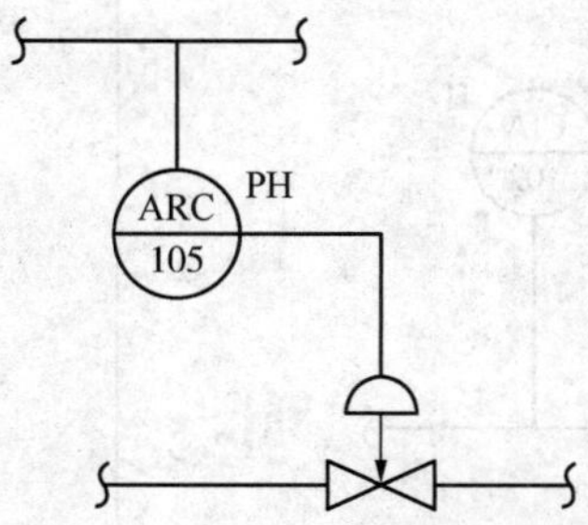	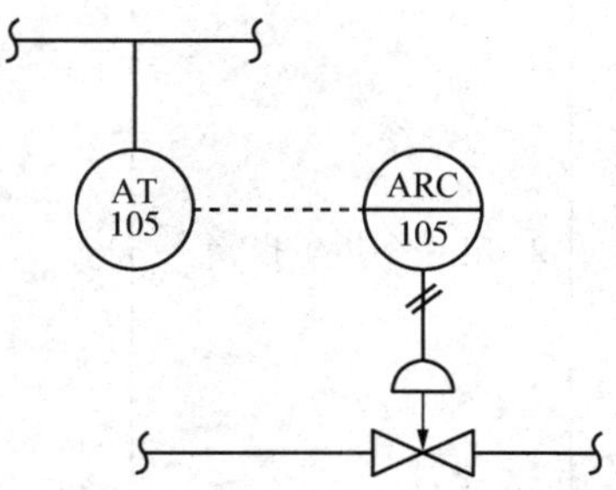

图形符号和仪表位号示例(续)

<table>
<tr><th>变量</th><th>内 容</th><th>方 法 一</th><th>方 法 二</th></tr>
<tr><td>分析</td><td>6. 自动分析指示</td><td>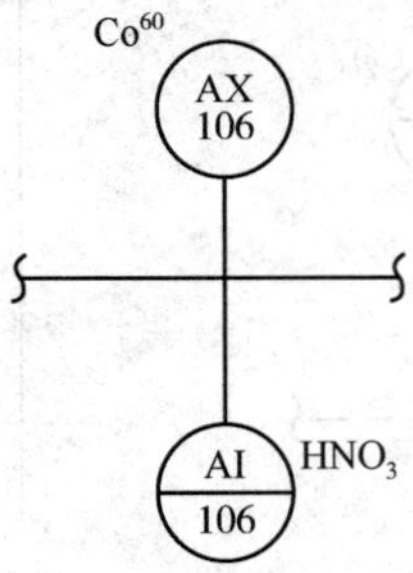
</td><td>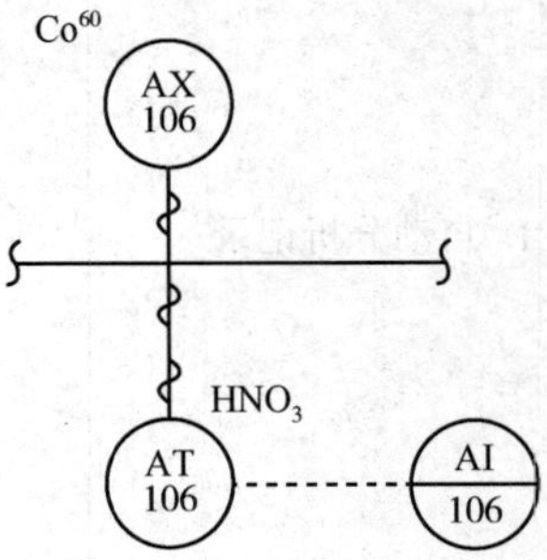
</td></tr>
<tr><td rowspan="2">火焰</td><td>1. 多点火焰熄火报警</td><td>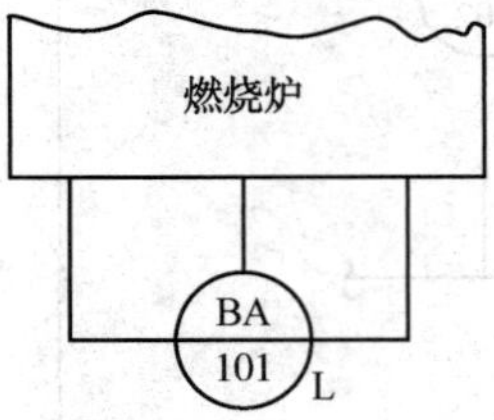
</td><td>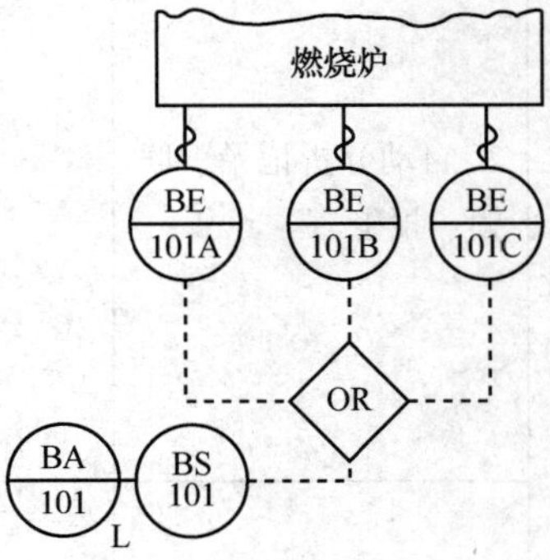
</td></tr>
<tr><td>2. 用工业电视监视火焰情况</td><td>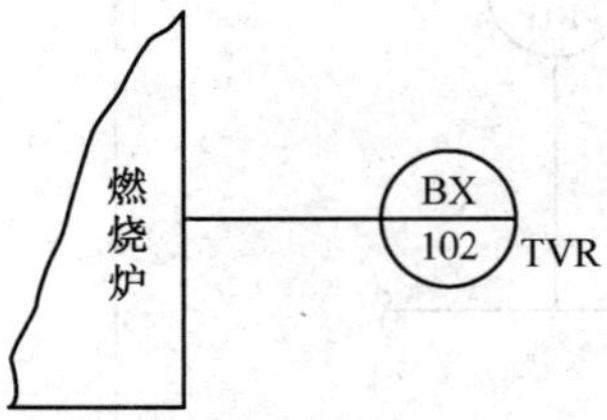
</td><td>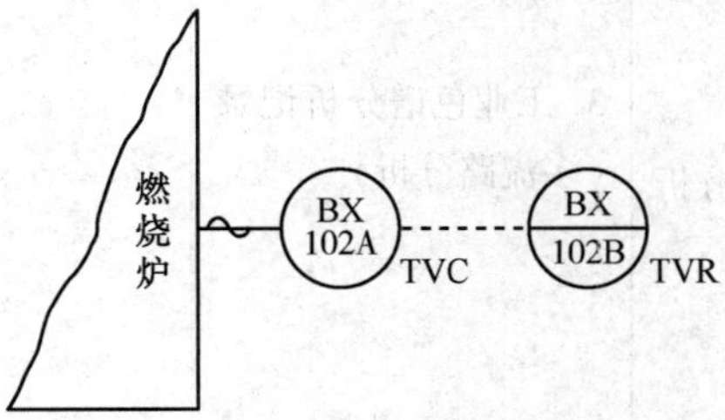
</td></tr>
<tr><td rowspan="2">电导率</td><td>1. 电导率记录</td><td>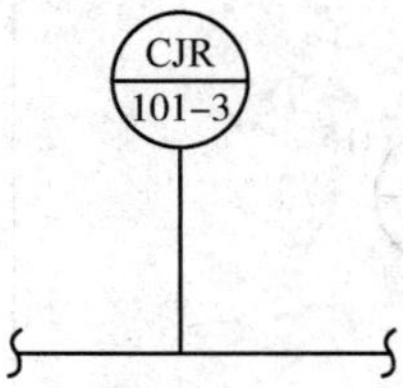
</td><td>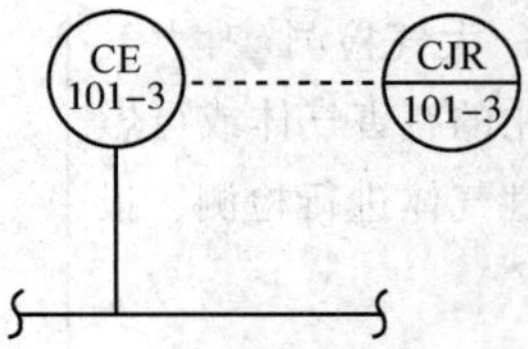
</td></tr>
<tr><td>2. 电导率指示报警</td><td>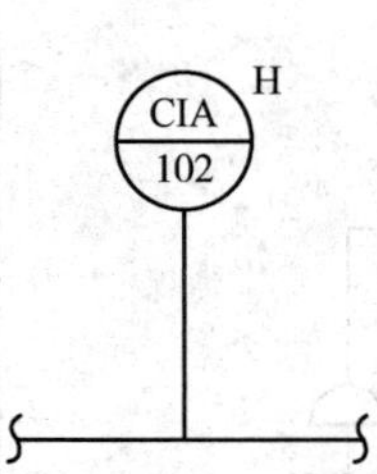
</td><td>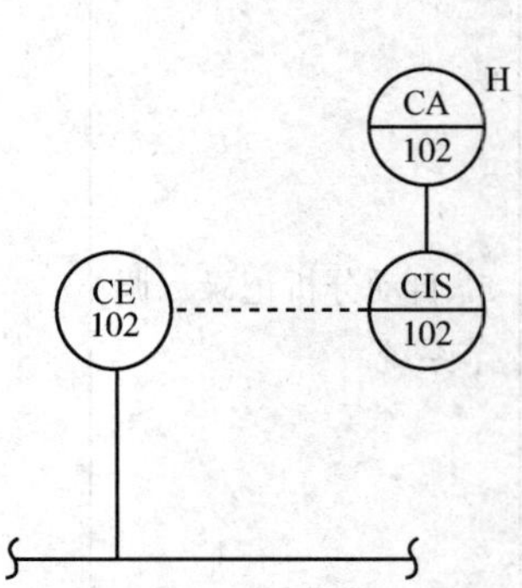
</td></tr>
</table>

图形符号和仪表位号示例(续)

<table>
<tr><th>变量</th><th>内　容</th><th>方　法　一</th><th>方　法　二</th></tr>
<tr><td rowspan="3">密度
或
比重</td><td>1. 比重指示报警</td><td>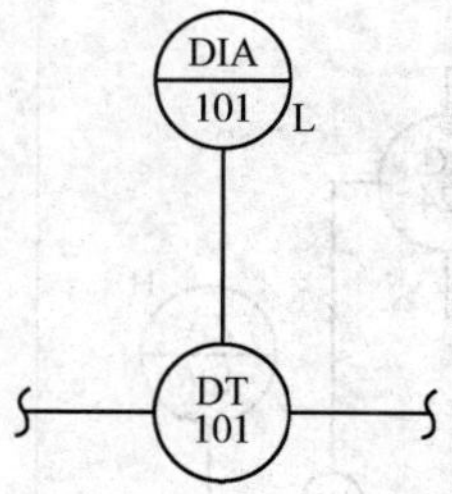</td><td>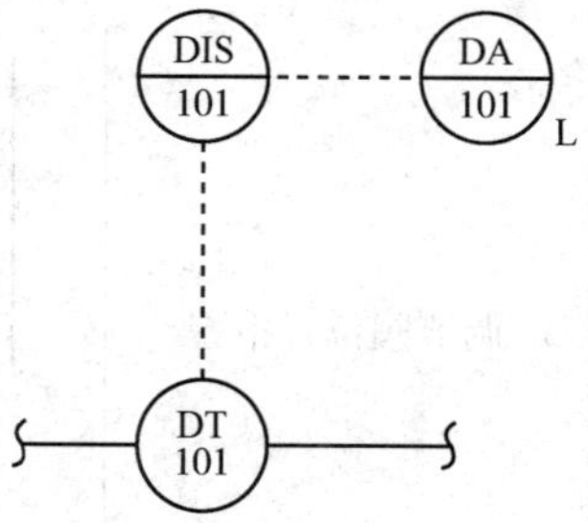</td></tr>
<tr><td>2. 密度指示</td><td>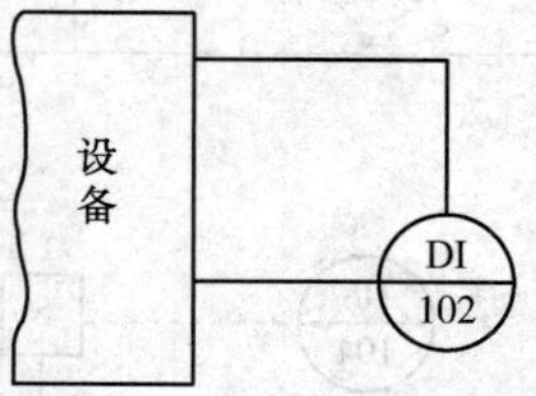</td><td>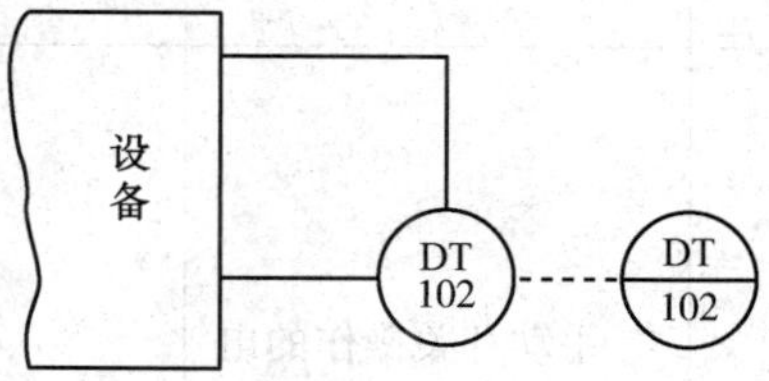</td></tr>
<tr><td>3. 密度记录</td><td>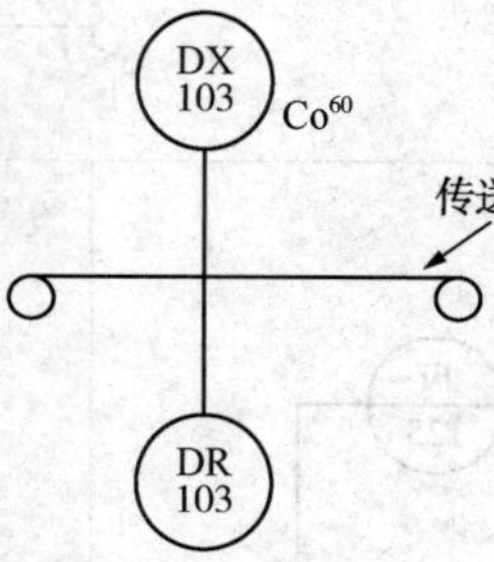</td><td>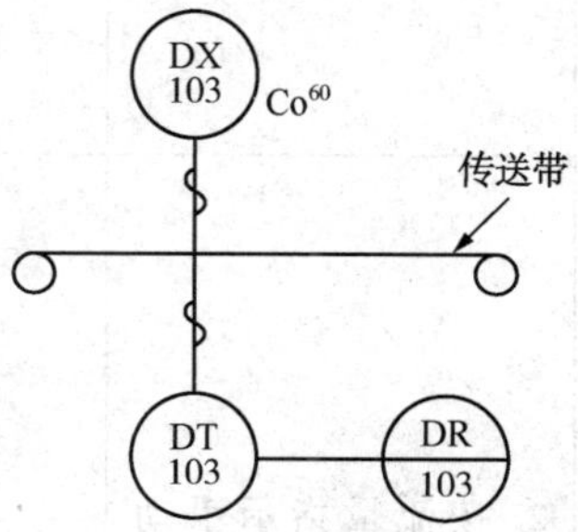</td></tr>
<tr><td rowspan="2">位置</td><td>1. 轴位移指示、联锁、报警</td><td>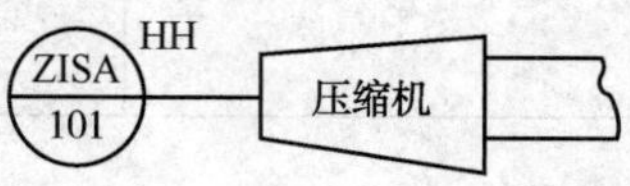</td><td>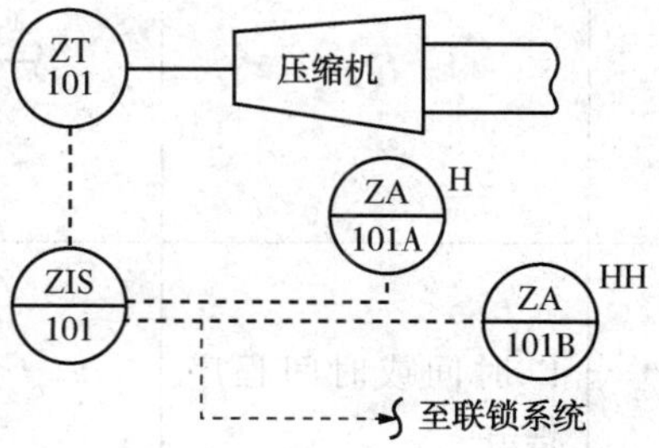</td></tr>
<tr><td>2. 轴振动指示、报警(圆圈可不与设备相切)</td><td>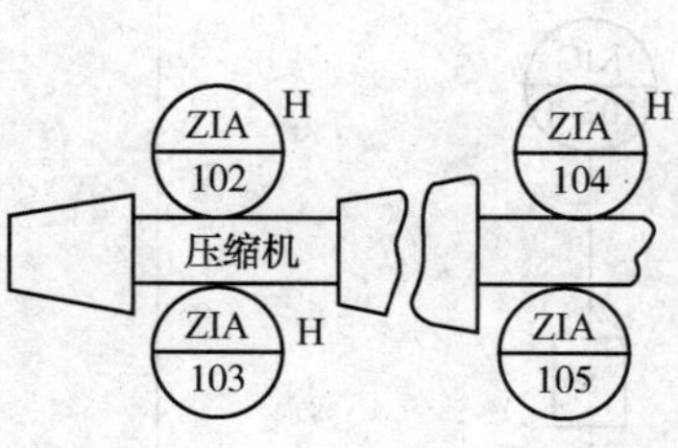</td><td>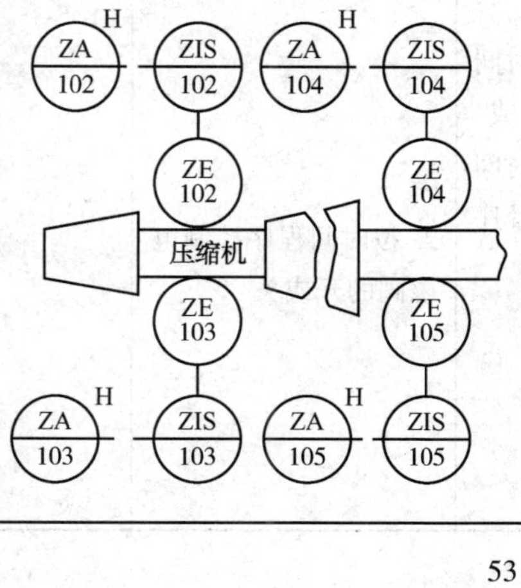</td></tr>
</table>

图形符号和仪表位号示例(续)

变量	内　容	方　法　一	方　法　二
位置	3. 调节阀位置报警	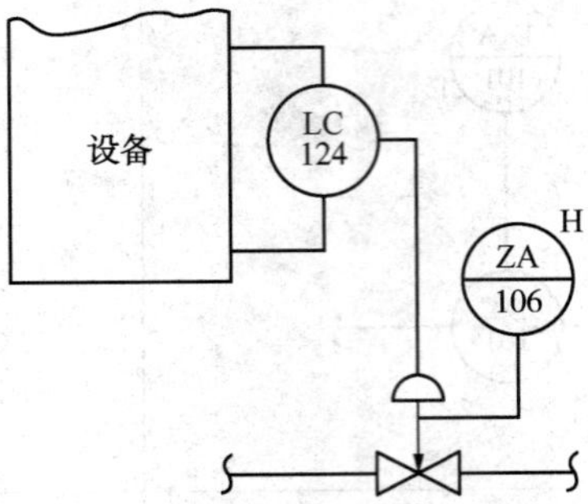	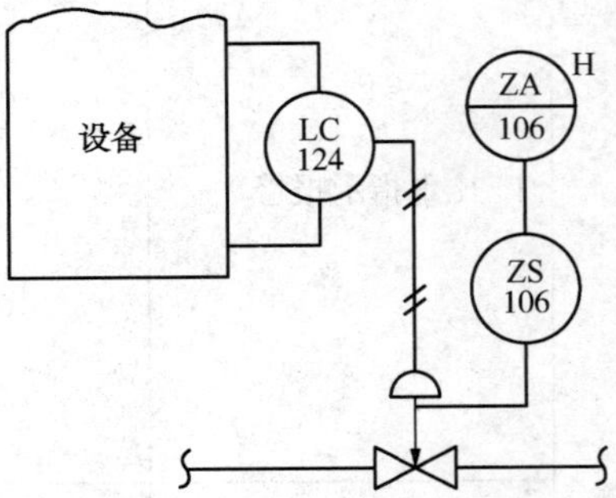
手动	1. 手动开关操作的电磁指挥阀	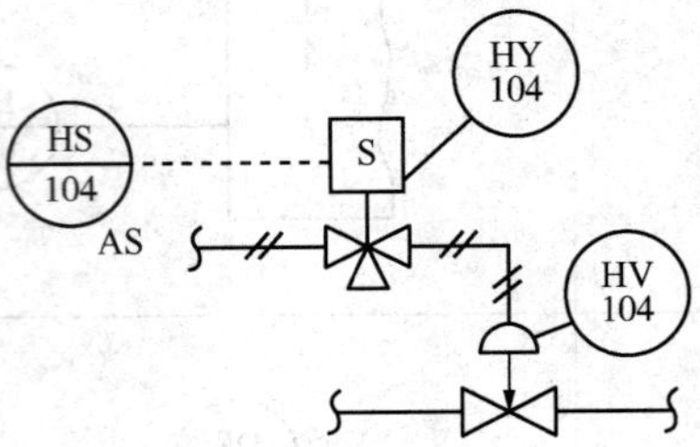	
	2. 按流量指示手动遥控	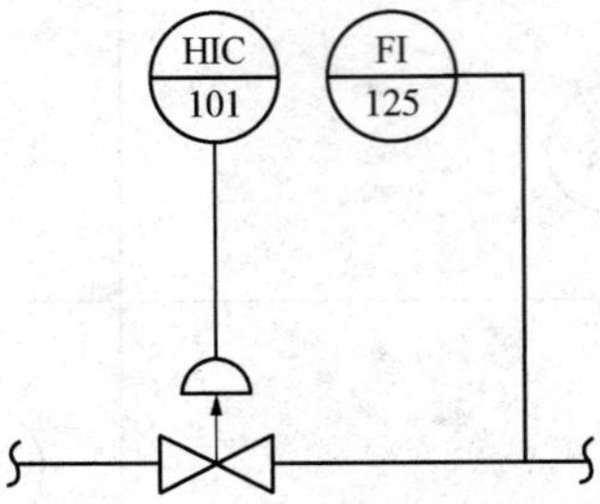	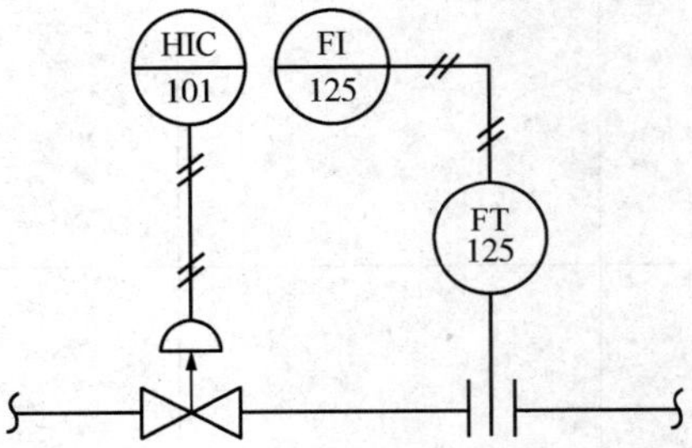
时间或时间程序	1. 时间或时间程序指示	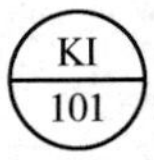	
	2. 按时间程序控制电磁阀的开或关	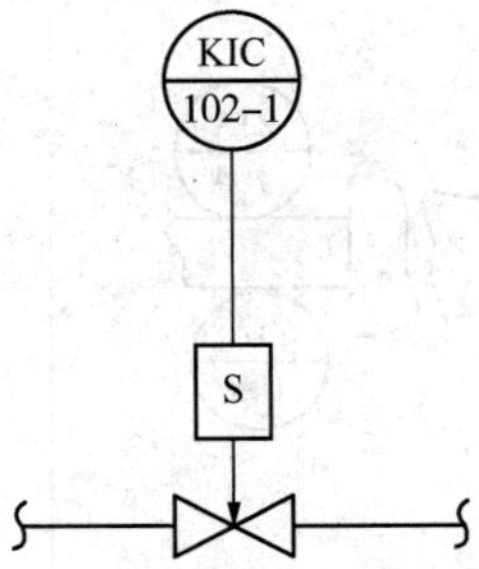	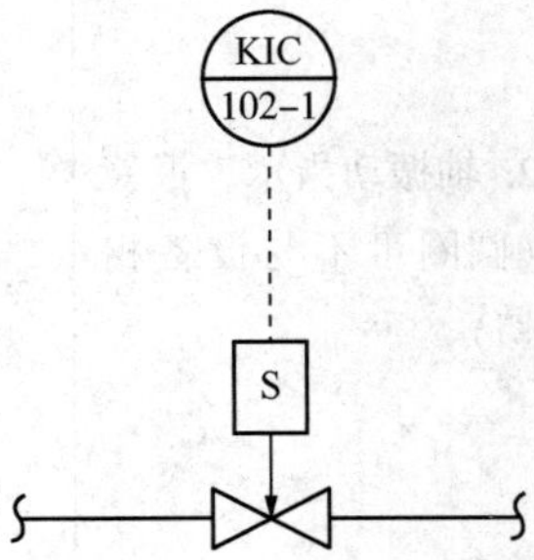

图形符号和仪表位号示例(续)

变量	内 容	方 法 一	方 法 二
水分或湿度	1. 水分或湿度自动分析记录	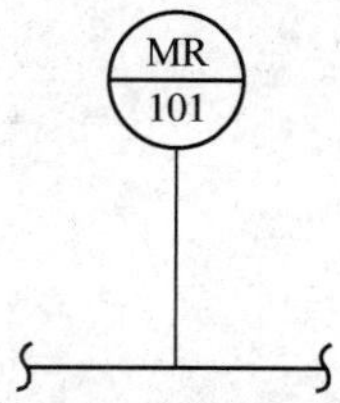	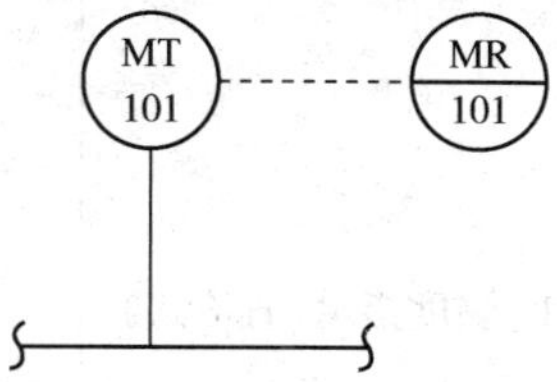
	2. 室内湿度指示、调节系统	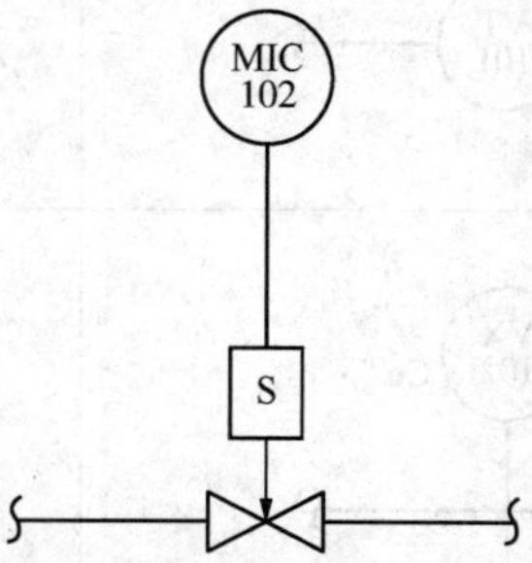	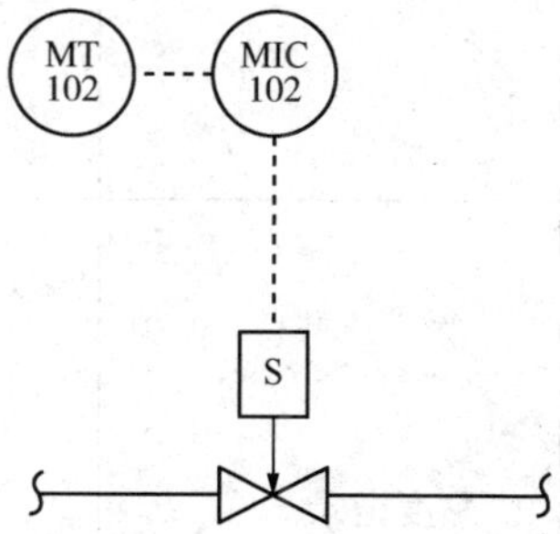
数量或件数	1. 计数积算指示(机械式)	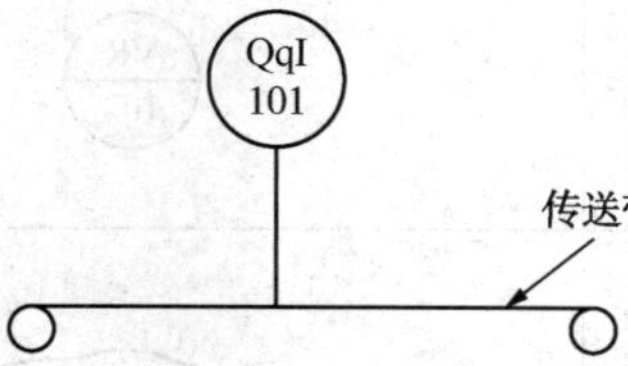	
	2. 计数积算指示、集中联锁报警	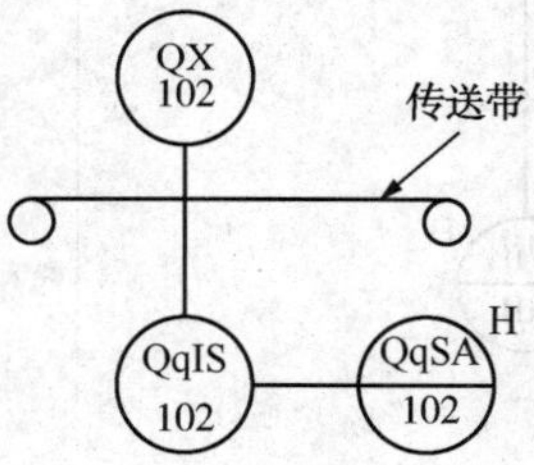	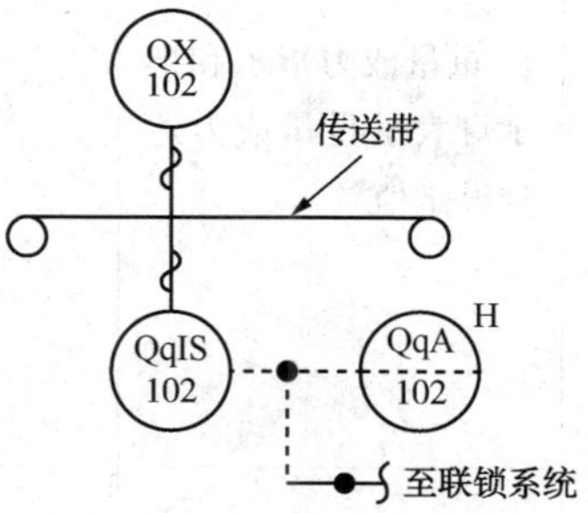
		QX 是光源	
速度或频率	1. 速度或频率指示	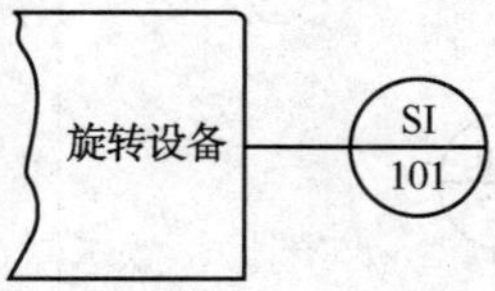	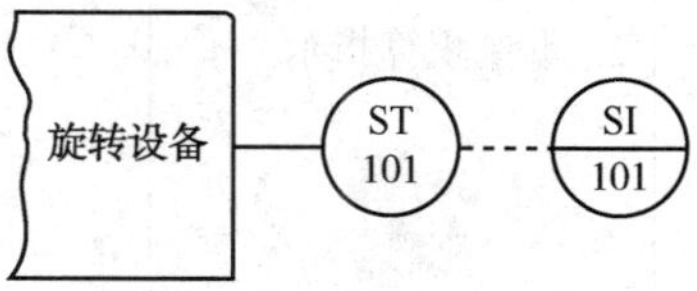
多变量	1. 多变量报警(一般流程图不出现)		
	2. 多变量记录	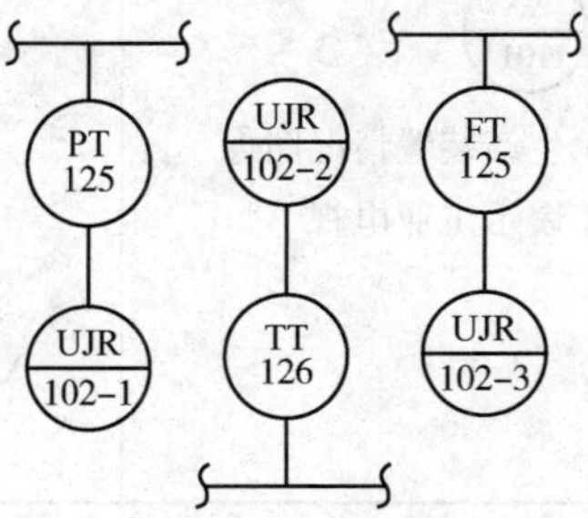	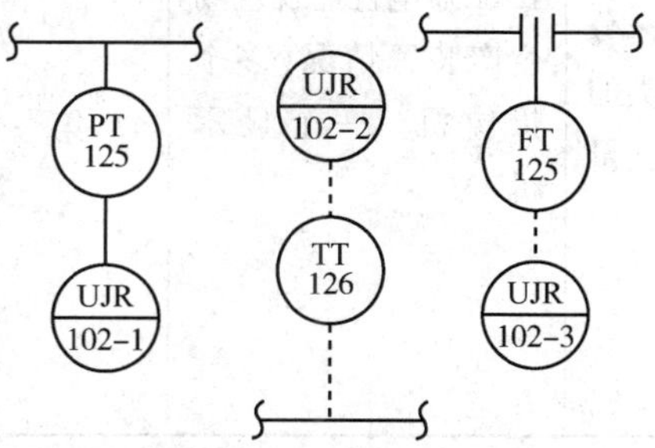

图形符号和仪表位号示例(续)

<table>
<tr><th>变量</th><th>内　容</th><th>方　法　一</th><th>方　法　二</th></tr>
<tr><td rowspan="2">黏度</td><td>1. 黏度指示(直流式)</td><td>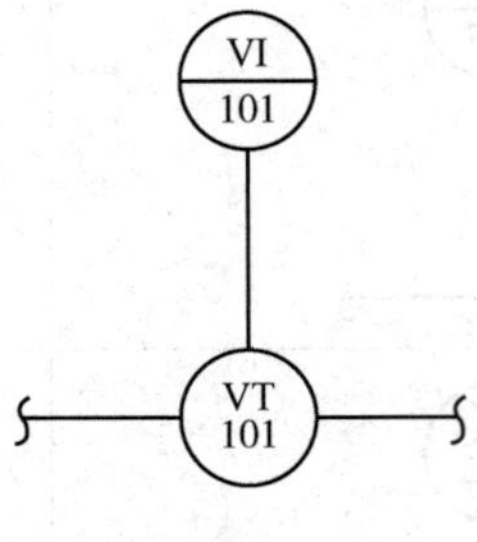</td><td>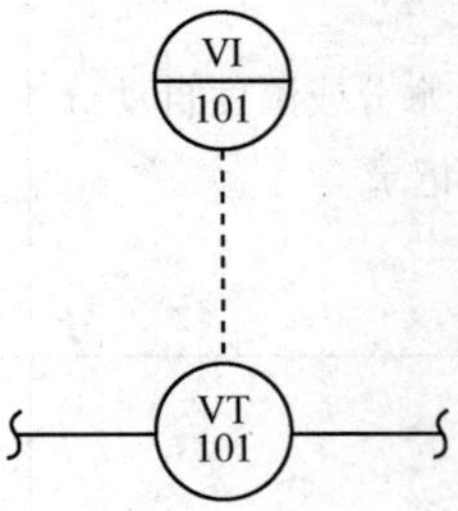</td></tr>
<tr><td>2. 黏度记录</td><td>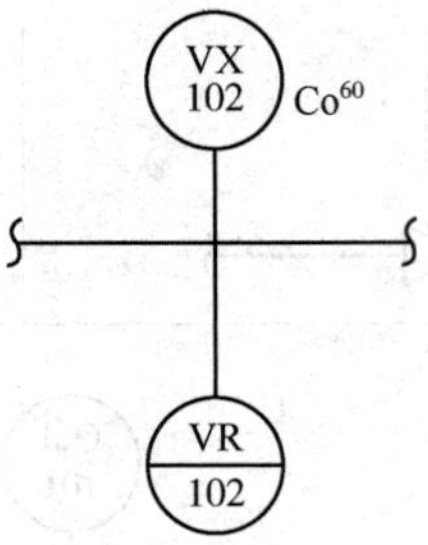</td><td>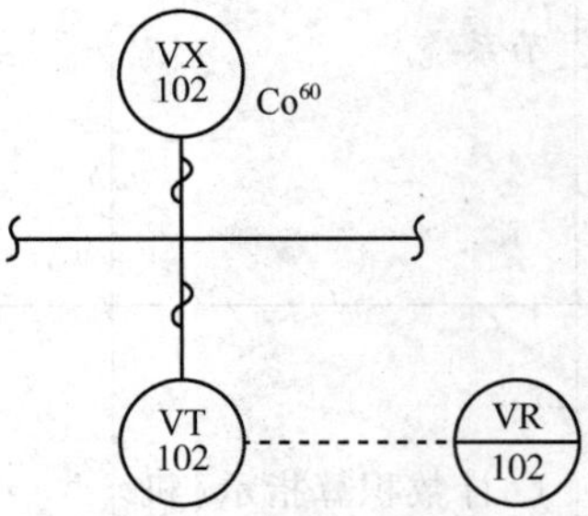</td></tr>
<tr><td rowspan="2">重量或力</td><td>1. 重量或力指示和指示灯表示重量或力达到设定值</td><td>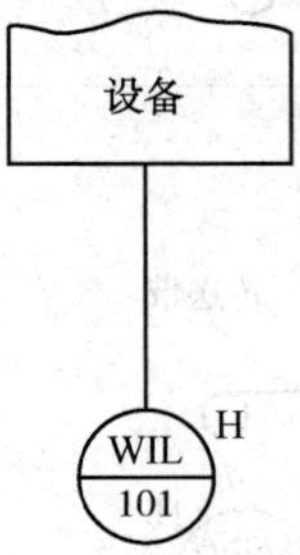</td><td>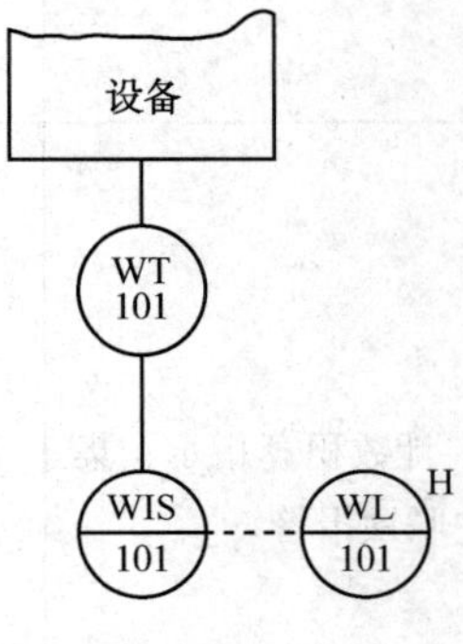</td></tr>
<tr><td>2. 重量积算指示</td><td>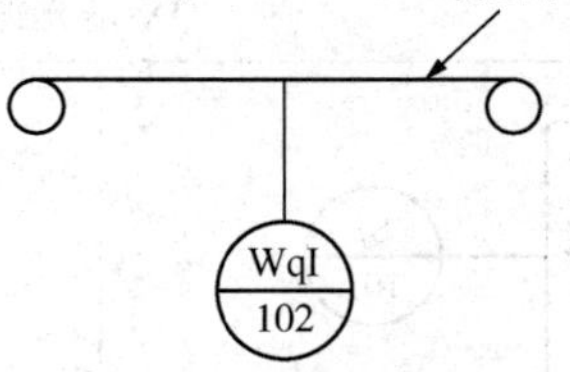</td><td>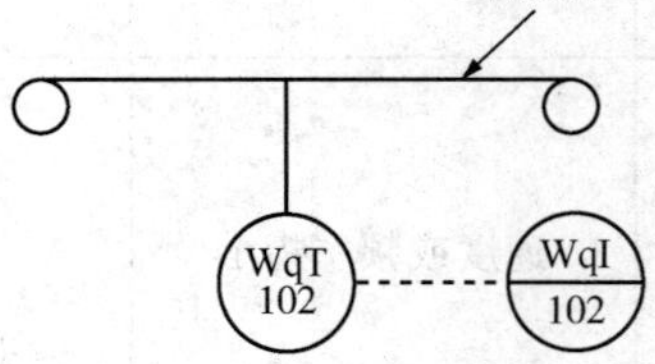</td></tr>
<tr><td>未分类的变量</td><td>1. 工业电视监视现场生产装置情况(多个摄像机，一个显示机)</td><td>
第一个 X 表示生产装置情况图像
第二个 X 表示工业电视</td><td>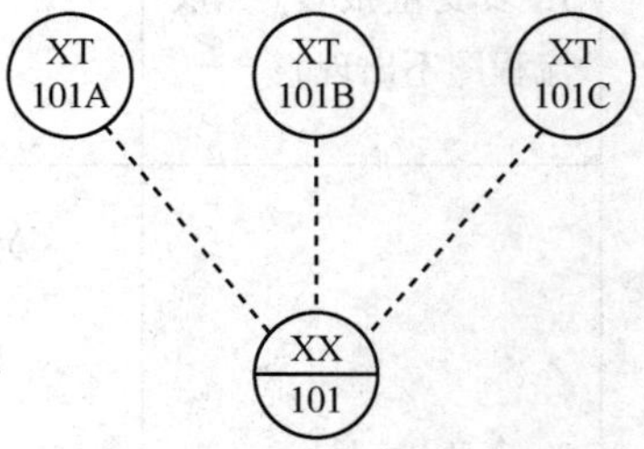
XT 工业电视摄像机
XX 生产装置情况图像电视显示机</td></tr>
</table>

附 录 2

字母代号

仪表功能 \ 被测变量	温度	温差	压力或真空	压差	流量	流量比率	液位或料位
检测元件	TE		PE		FE		LE
变送	TT	TdT	PT	PdT	FT		LT
指示	TI	TdI	PI	PdI	FI	FfI	LI
扫描指示	TJI	TdJI	PJI	PdJI	FJI	FfJI	LJI
扫描指示、报警	TJIA	TdJIA	PJIA	PdJIA	FJIA	FfJIA	LJIA
指示、变送	TIT	TdIT	PIT	PdIT	FIT	FfIT	LIT
指示、调节	TIC	TdIC	PIC	PdIC	FIC	FfIC	LIC
指示、报警	TIA	TdIA	PIA	PdIA	FIA	FfIA	LIA
指示、联锁、报警	TISA	TdISA	PISA	PdISA	FISA	FfISA	LISA
指示、开关	TIS	TdIS	PIS	PdIS	FIS	FfIS	LIS
指示、积算					FIQ		
指示、自动-手动操作	TIK	TdIK	PIK	PdIK	FIK	FfIK	LIK
指示、自力式调节阀	TICV	TdICV	PICV	PdICV	FICV		LICV
记录	TR	TdR	PR	PdR	FR	FfR	LR
扫描记录	TJR	TdJR	PJR	PdJR	FJR	FfJR	LJR
扫描记录、报警	TJRA	TdJRA	PJRA	PdJRA	FJRA	FfJRA	LJRA
记录、调节	TRC	TdRC	PRC	PdRC	FRC	FfRC	LRC
记录、报警	TRA	TdRA	PRA	PdRA	FRA	FfRA	LRA
记录、联锁、报警	TRSA	TdRSA	PRSA	PdRSA	FRSA	FfRSA	LRSA
记录、开关	TRS	TdRS	PRS	PdRS	FRS	FfRS	LRS
记录、积算				PdC	FRS		
调节	TC	TdC	PC	PdC	FC	FfC	LC
调节、变送	TCT	TdCT	PCT	PdCT	FCT		LCT
自力式调节阀	TCV	TdCV	PCV	PdCV	FCV		LCV

组合示例

分析	密度或比重	位置	数量或件数	速度或频率	多变量	黏度	重量或力	未分类的变量
AE	DE	ZE	QE	SE		VE	WE	XE
AT	DT	ZT	QT	ST		VT	WT	XT
AI	DI	ZI	QI	SI		VI	WI	XI
AJI	DJI	ZJI	QJI	SJI	UJI	VJI	WJI	XJI
AJIA	DJIA	ZJIA	QJIA	SJIA	UJIA	VJIA	WJIA	XJIA
AIT	DIT	ZIT	QIT	SIT		VIT	WIT	XIT
AIC	DIC	ZIC	QIC	SIC		VIC	WIC	XIC
AIA	DIA	ZIA	QIA	SIA		VIA	WIA	XIA
AISA	DISA	ZISA	QISA	SISA		VISA	WISA	XISA
AIS	DIS	ZIS	QIS	SIS		VIS	WIS	XIS
			QIQ				WIQ	XIQ
AIK	DIK	ZIK	QIK	SIK		VIK	WIK	XIK
				SICV			WICV	XICV
AR	DR	ZR	QR	SR		VR	WR	XR
AJR	DJR	ZJR	QJR	SJR	UJR	VJR	WJR	XJR
AJRA	DJRA	ZJRA	QJRA	SJRA	UJRA	VJRA	WJRA	XJRA
ARC	DRC	ZRC	QRC	SRC		VRC	WRC	XRC
ARA	DRA	ZRA	QRA	SRA		VRA	WRA	XRA
ARSA	DRSA	ZRSA	QRSA	SRSA		VRSA	WRSA	XRSA
ARS	DRS	ZRS	QRS	SRS		VRS	WRS	XRS
			QRQ				WRQ	XRQ
AC	DC	ZC	QC	SC		VC	WC	XC
ACT	DCT	ZCT	QCT	SCT		VCT	WCT	XCT
				SCV				

<table>
<tr><th colspan="2">被测变量
仪表功能</th><th>温度</th><th>温差</th><th>压力或真空</th><th>压差</th><th>流量</th><th>流量
比率</th><th>液位或
料位</th></tr>
<tr><td colspan="2">报警</td><td>TA</td><td>TdA</td><td>PA</td><td>PdA</td><td>FA</td><td>FfA</td><td>LA</td></tr>
<tr><td colspan="2">联锁、报警</td><td>TSA</td><td>TdSA</td><td>PSA</td><td>PdSA</td><td>FSA</td><td>FfSA</td><td>LSA</td></tr>
<tr><td colspan="2">积算指示</td><td></td><td></td><td></td><td></td><td>FqI(FQ)</td><td></td><td></td></tr>
<tr><td colspan="2">开关</td><td>TS</td><td>TdS</td><td>PS</td><td>PdS</td><td>FS</td><td>FfS</td><td>LS</td></tr>
<tr><td colspan="2">指示灯</td><td>TL</td><td>TdL</td><td>PL</td><td>PdL</td><td>FL</td><td>FfL</td><td>LL</td></tr>
<tr><td colspan="2">多功能</td><td>TU</td><td>TdU</td><td>PU</td><td>PdU</td><td>FU</td><td>FfU</td><td>LU</td></tr>
<tr><td colspan="2">阀、挡板</td><td>TV</td><td>TdV</td><td>PV</td><td>PdV</td><td>FV</td><td>FfV</td><td>LV</td></tr>
<tr><td colspan="2">未分类的功能</td><td>TX</td><td>TdX</td><td>PX</td><td>PdX</td><td>FX</td><td>FfX</td><td>LX</td></tr>
<tr><td colspan="2">继动器</td><td>TY</td><td>TdY</td><td>PY</td><td>PdY</td><td>FY</td><td>FfY</td><td>LY</td></tr>
<tr><td rowspan="7">其他</td><td>TW</td><td colspan="3">带有套管的测试接头</td><td>F_qA</td><td colspan="3">流量积算报警</td></tr>
<tr><td></td><td colspan="3"></td><td>F_qY</td><td colspan="3">流量积算继动器</td></tr>
<tr><td>HS</td><td colspan="3">手动开关</td><td>BE</td><td colspan="3">火焰检测元件</td></tr>
<tr><td>HIC</td><td colspan="3">带指示的手动操作器</td><td>BS</td><td colspan="3">火焰检测开关</td></tr>
<tr><td>PP</td><td colspan="3">压力或真空试验点</td><td>BA</td><td colspan="3">火焰报警</td></tr>
<tr><td>PfI</td><td colspan="3">压缩比指示</td><td>CI</td><td colspan="3">电导率指示</td></tr>
<tr><td>FO</td><td colspan="3">限流孔板</td><td>CE</td><td colspan="3">电导率检测元件</td></tr>
</table>

续表

分析	密度或比重	位置	数量或件数	速度或频率	多变量	黏度	重量或力	未分类的变量
AA	DA	ZA	QA	SA	UA	VA	WA	XA
ASA	DSA	ZSA	QSA	SSA	USA	VSA	WSA	XSA
			QqI(QQ)				WqI(WQ)	XqI(XQ)
AS	DS	ZS	QS	SS		VS	WS	XS
AL	DL	ZL	QL	SL		VL	WL	XL
AU	DU	ZU	QU	SU	UU	VU	WU	XU
AV	DV	ZV	QV	SV		VV	WV	XV
AX	DX	ZX	QX	SX	UX	VX	WX	XX
AY	DY	ZY	QY	SY	UY	VY	WY	XY
CJR	电导率扫描记录			MR	水分或湿度记录			
CIA	电导率指示报警			MIC	水分或湿度指示调节			
CIS	电导率指示开关			MRC	水分或湿度记录调节			
KI	时间或时间程序指示			QqIS	数量或件数积算指示开关			
KIC	时间程序指示控制			QqSA	数量或件数积算联锁报警			
MT	水分或湿度变送			QqX	数量或件数积算未分类的功能			
MI	水分或湿度指示			WqT	重量积算变送			

ICS 13.260
K 09

中华人民共和国国家标准

GB/T 4208—2017/IEC 60529:2013
代替 GB/T 4208—2008

外壳防护等级（IP代码）

Degrees of protection provided by enclosure（IP code）

（IEC 60529:2013,IDT）

2017-07-31 发布　　2018-02-01 实施

中华人民共和国国家质量监督检验检疫总局
中国国家标准化管理委员会　发布

前　言

本标准按照 GB/T 1.1—2009 给出的规则起草。

本标准代替 GB/T 4208—2008《外壳防护等级(IP 代码)》;本标准与 GB/T 4208—2008《外壳防护等级(IP 代码)》相比,除编辑性修改外主要技术变化如下:

——4.1,IP 代码配置中增加第二位特征数字 9;

——4.2,增加第二位特征数字 9 的含义;

——4.3,增加 IPX5/IPX7/IPX9 的外壳标注 3 重标志的示例;

——第 6 章,修订第二位特征数字高于 6 时的应用范围;

——表 8,增加第二位特征数字 9 的防水试验方法和主要试验条件;

——14.2.9,增加第二位特征数字 9 的喷水试验;

——增加图 7——扇形喷嘴尺寸;

——增加图 8——用于检测的扇形喷嘴喷孔尺寸;

——增加图 9——不同表面光滑度的扇形喷嘴示例;

——增加图 10——测量喷水冲击力,防 IPX9 高温/高压喷水的装置;

——增加图 11——冲击力分布;

——增加图 12——检验小型外壳 IPX9 防护等级,防高温/高压喷水;

——增加附录 B 中 B.25。

本标准使用翻译法等同采用 IEC 60529:2013《外壳防护等级(IP 代码)》(英文版)。

与本标准中规范性引用的国际文件有一致性对应关系的我国文件如下:

——GB/T 311.2—2013　绝缘配合　第 2 部分:使用导则(IEC 60071-2:1996,MOD)

——GB/T 2900.71—2008　电工术语　电气装置(IEC 60050-826:2004,IDT)

——GB/T 2900.73—2008　电工术语　接地与电击防护(IEC 60050-195:1998,MOD)

本标准由全国电气安全标准化技术委员会(SAC/TC 25)提出并归口。

本标准主要起草单位:机械工业北京电工技术经济研究所、杭州之江开关股份有限公司、上海电动工具研究所、威凯检测技术有限公司、苏州电器科学研究院股份有限公司、上海电器设备检测所、广东产品质量监督检验研究院、东莞市广安电气检测中心有限公司、浙江正泰电器股份有限公司、东莞市科翔试验设备有限公司、天水二一三电器有限公司、北京 ABB 低压电器有限公司、南京曼奈柯斯电器有限公司、施耐德电气(上海)有限公司、北京突破电气有限公司。

本标准主要起草人:郭汀、马红、马雪峰、潘顺芳、刘功桂、张敏、王爱国、曾雁鸿、马桂芬、袁小娴、陈建兵、方凤枢、车汉生、柯昌正、倪玺、王中丹、梁俊、张萍、金卫东。

本标准所代替标准的历次版本发布情况为:

——GB 4208—1984,GB 4208—1993,GB/T 4208—2008。

引　言

本标准阐述了由电气设备外壳提供的防护等级的分级系统。尽管这个系统适用于多数型式的电气设备，但对特定型式的电气设备来说，不一定应用所有的防护等级。应建议设备的制造者确定适用的防护等级以及应用该等级的设备部件。

应用本分级系统将尽可能使外壳提供的防护等级的叙述方式、相应等级的试验方法得到统一。这将使试验设备适用的产品范围更宽，也将减少所需试验设备的数量。

IEC 60529 的第二版考虑到了第一版的经验，阐明了要求。当实际上防止人接近危险部件的等级高于第一位特征数字表示的等级时，本标准通过附加字母 A、B、C、D 提供了可选择的扩展范围。

本次修订只增加第二位特征数字 9 的防护等级，对 GB/T 4208—2008 已规定防护等级未做修改。因此，现有试验方法不做修改。

一般来说，按上一版标注某 IP 代码的外壳，将适合本版规定的同样等级。

外壳防护等级(IP 代码)

1 范围

本标准适用于额定电压不超过 72.5kV，借助外壳防护的电气设备的防护分级。

本标准的目的如下：

a) 规定电气设备下述内容的外壳防护等级：

1) 对人体触及外壳内的危险部件的防护；

2) 对固体异物进入外壳内设备的防护；

3) 对水进入外壳内对设备造成有害影响的防护。

b) 防护等级的标识。

c) 各防护等级标识的要求。

d) 按本标准的要求对外壳作验证试验。

各类产品引用外壳防护等级的程度和方式，以及采用何种外壳，留待产品标准决定，对具体的防护等级所采用的试验应符合本标准的规定，必要时，在有关产品标准中可增加补充要求。可在有关产品标准中作具体规定的细则参见附录 B。

对特殊型式的设备，产品标准可以规定不同的要求，但至少要保证相同的安全水平。

本标准仅考虑在各方面都符合有关产品标准规定的外壳，在正常使用条件下，外壳的材料和工艺应保证达到所需要的防护等级。

如果某类设备满足试验一般要求而且所选择的防护等级适用于该设备型式，则本标准也适用于该型式设备的空外壳。

有关机械损坏、锈蚀、腐蚀性溶剂(如切削液)、霉菌、虫害、太阳辐射、结冰、潮湿(如凝露引起的)、爆炸性气体等外部影响或环境条件对外壳和壳内设备破坏的防护措施以及防止与外壳外部危险运动部件(如风扇)的接触由有关产品标准规定。

不与外壳连接的隔板以及专门为人身安全设置的阻挡物，不看作外壳的一部分，本标准不予研究。

2 规范性引用文件

下列文件对于本文件的应用是必不可少的。凡是注日期的引用文件，仅注日期的版本适用于本文件。凡是不注日期的引用文件，其最新版本(包括所有的修改单)适用于本文件。

GB/T 2421.1—2008 电工电子产品环境试验 概述和指南(IEC 60068-1:1988,IDT)

GB/T 2423.37—2006 电工电子产品环境试验 第 2 部分：试验方法 试验 L：沙尘试验(IEC 60068-2-68:1994,IDT)

IEC 60050-195:1998 国际电工术语 第 195 部分：接地与电击防护

IEC 60050(826):1982 国际电工术语 第 826 章：建筑物电气装置

IEC 60071-2:1996 绝缘配合 第 2 部分：使用导则

3 术语和定义

下列术语和定义适用于本文件。

3.1

外壳　enclosure

能防止设备受到某些外部影响并在各个方向防止直接接触的设备部件。

注：本条定义来自现行国际电工词汇(IEV)，在本标准的范围内作如下解释：

1) 外壳提供人或畜接近壳内危险部件的防护。

2) 防止或限制本标准规定的试具进入的隔板、形成孔洞或其他开口的部件，不论是附在外壳上的还是包覆设备的，都算作外壳的一部分，不使用钥匙或工具就能移除的部件除外。

[IEC 826-03-12]

3.2

直接接触　direct contact

人或畜与带电部分的接触。

注：根据IEV定义给出的信息，本标准中"直接接触"被"接近危险部件"取代。

[IEC 826-03-05]

3.3

防护等级　degree of protection

按标准规定的检验方法，确定外壳对人接近危险部件、防止固体异物进入或水进入所提供的保护程度。

3.4

IP代码　IP code

表明外壳对人接近危险部件、防止固体异物或水进入的防护等级，并且给出与这些防护有关的附加信息的代码系统。

3.5

危险部件　hazardous part

接近或接触时有危险的部件。

3.5.1

危险带电部分　hazardous live part

在某些条件下能造成伤害性电击的带电部分。

[IEC 60050-195，定义195-06-05]

3.5.2

危险机械部件　hazardous mechanical part

接触会有危险的运动部件。光滑旋转轴除外。

3.6

外壳对接近危险部件的防护　protection provided by an enclosure against access to hazardous parts

外壳对人体：

——接触危险的低压带电部件的防护；

——接触危险的机械部件的防护；

——在外壳内没有足够空间情况下防止接近危险高压带电部件。

注：这种防护可借助于：

——外壳本身；

——作为外壳一部分的隔板或借助于壳内距离来达到。

3.7

防止接近危险部件的足够间隙　adequate clearance for protection against access to hazardous parts

防止触及试具接触或接近危险部件的距离。

3.8

触及试具　access probe

能方便地模仿人体的一部分或模仿工具或类似物，由人手持来检验距离危险部件是否有足够间隙的检验工具。

3.9

物体试具　object probe

模仿固体异物检验其进入外壳的可能性的检验工具。

3.10

开口　opening

外壳本身存在的或通过试具施加规定的外力后形成的孔洞或缝隙。

4　标识

外壳提供的防护等级用 IP 代码以下述方式表示。

4.1　IP 代码的配置

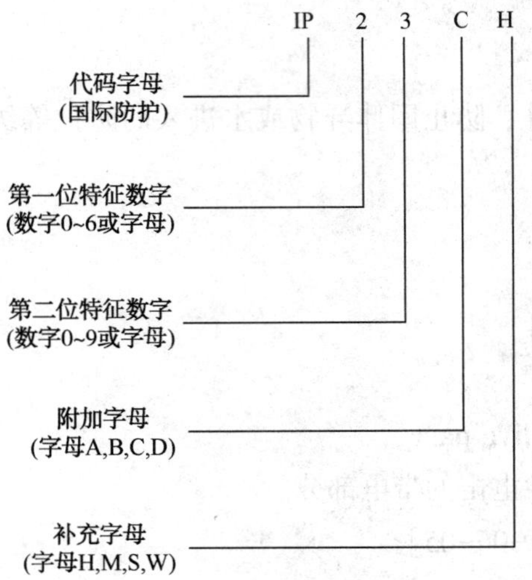

不要求规定特征数字时，由字母“X”代替(如果两个字母都省略则用“XX”表示)。

附加字母和(或)补充字母可省略，不需代替。

当使用一个以上的补充字母时，应按字母顺序排列。

当外壳采用不同安装方式提供不同的防护等级时，制造厂应在相应安装方式的说明书上表明该防护等级。

外壳的标志方法详见第 10 章。

4.2　IP 代码的各要素及含义

IP 代码各要素的简要说明见下表。详细说明见表中最后一栏所标明的章条。

组成	数字或字母	对设备防护的含义	对人员防护的含义	参照章条
代码字母	IP	—	—	—
第一位特征数字		防止固体异物进入	防止接近危险部件	第5章
	0	无防护	无防护	
	1	≥直径50 mm	手背	
	2	≥直径12.5 mm	手指	
	3	≥直径2.5 mm	工具	
	4	≥直径1.0 mm	金属线	
	5	防尘	金属线	
	6	尘密	金属线	
第二位特征数字		防止进水造成有害影响	—	第6章
	0	无防护		
	1	垂直滴水		
	2	15° 滴水		
	3	淋水		
	4	溅水		
	5	喷水		
	6	猛烈喷水		
	7	短时间浸水		
	8	连续浸水		
	9	高温/高压喷水		
附加字母(可选择)		—	防止接近危险部件	第7章
	A		手背	
	B		手指	
	C		工具	
	D		金属线	
补充字母(可选择)		专门补充的信息	—	第8章
	H	高压设备		
	M	做防水试验时试样运行		
	S	做防水试验时试样静止		
	W	气候条件		

4.3 IP 代码应用举例

以下是 IP 代码的应用及字母配置示例。更多的示例见第 9 章。

IP44——无附加字母，无可选字母。

IPX5——省略第一位特征数字。

IP2X——省略第二位特征数字。

IP20C——使用附加字母。

IPXXC——省略两位特征数字，使用附加字母。

IPX1C——省略第一位特征数字，使用附加字母。

IP3XD——省略第二位特征数字，使用附加字母。

IP23S——使用补充字母。

IP21CM——使用附加字母和补充字母。

IPX5/IPX7/IPX9——外壳标注 3 重标志(表示满足可防喷水、防短时间浸水又能防高温/高压喷水三种防护等级的要求)。

5 第一位特征数字所表示的防止接近危险部件和防止固体异物进入的防护等级

标识第一位特征数字表示 5.1 和 5.2 两个条件都能满足。

第一位特征数字意指：

外壳通过防止人体的一部分或人手持物体接近危险部件对人提供防护；

外壳通过防止固体异物进入设备对设备提供防护。

当外壳也符合低于某一防护等级的所有各级时，应仅以该数字标识这一个等级。

如果试验明显地适用于任一较低防护等级时，则低于该等级的试验不必进行。

5.1 对接近危险部件的防护

表1给出对接近危险部件的防护等级的简短说明和含义。

表中仅由第一位特征数字规定防护等级，简要说明和含义不作为防护等级的规定。

根据第一位特征数字的规定，试具与危险部件之间应保持足够的间隙。

试验见第12章。

表1 第一位特征数字所表示的对接近危险部件的防护等级

第一位特征数字	防护等级		试验条件参见章条
	简要说明	含 义	
0	无防护	—	—
1	防止手背接近危险部件	直径50mm球形试具应与危险部件有足够的间隙	12.2
2	防止手指接近危险部件	直径12mm、长80mm的铰接试指应与危险部件有足够的间隙	12.2
3	防止工具接近危险部件	直径2.5mm的试具不得进入壳内	12.2
4	防止金属线接近危险部件	直径1.0mm的试具不得进入壳内	12.2
5	防止金属线接近危险部件	直径1.0mm的试具不得进入壳内	12.2
6	防止金属线接近危险部件	直径1.0mm的试具不得进入壳内	12.2

注：对于第一位特征数字为3、4、5和6的情况，如果试具与壳内危险部件保持足够的间隙，则认为符合要求。足够的间隙由产品标委会根据12.3做规定。

由于同时满足表2的规定，所以表1规定"不得进入"。

5.2 对固体异物进入的防护

表2给出对防止固体异物(包括灰尘)进入的防护等级的简短说明和含义。

表中仅由第一位特征数字规定防护等级，简要说明和含义不作为防护等级的规定。

防止固体异物进入，当表2中第一位特征数字为1或2时，指物体试具不得完全进入外壳，意即球的整个直径不得通过外壳开口。第一位特征数字为3或4时，物体试具完全不得进入外壳。

数字为5的防尘外壳，允许在某些规定条件下进入数量有限的灰尘。

数字为6的尘密外壳，不允许任何灰尘进入。

注：通常情况下，当第一位特征数字为1至4时，物体三个垂直方向的尺寸超过表2第3列规定的相应数字时，无论是规则或不规则的物体试具都不能进入外壳。

试验见第13章。

表2 第一位特征数字所表示的防止固体异物进入的防护等级

第一位特征数字	防护等级		试验条件参见章条
	简要说明	含 义	
0	无防护	—	—
1	防止直径不小于50mm的固体异物	直径50mm球形物体试具不得完全进入壳内[a]	13.2
2	防止直径不小于12.5mm的固体异物	直径12.5mm的球形物体试具不得完全进入壳内[a]	13.2

表 2　第一位特征数字所表示的防止固体异物进入的防护等级(续)

第一位特征数字	防护等级		试验条件参见章条
	简要说明	含　义	
3	防止直径不小于 2.5mm 的固体异物	直径 2.5mm 的物体试具完全不得进入壳内[a]	13.2
4	防止直径不小于 1.0mm 的固体异物	直径 1.0mm 的物体试具完全不得进入壳内[a]	13.2
5	防尘	不能完全防止尘埃进入，但进入的灰尘量不得影响设备的正常运行，不得影响安全	13.4 13.5
6	尘密	无灰尘进入	13.4 和 13.6

[a] 物体试具的直径部分不得进入外壳的开口。

6　第二位特征数字所表示的防止水进入的防护等级

第二位特征数字表示外壳防止由于进水而对设备造成有害影响的防护等级。

第二位特征数字的试验用清水进行。如果清洁操作用超过特征数字 9 要求的高温/高压喷水和(或)溶剂时，将可能影响实际的防护等级。

表 3 给出了第二位特征数字所代表的防护等级的简要说明和含义。简要说明和含义不作为防护等级的规定。

试验见第 14 章。

第二位特征数字为 6 及低于 6 的各级，其标识的等级也表示符合低于该级的各级要求。因此，如果试验明显地适用于任一低于该级的所有各级，则低于该级的试验不必进行。

仅标志第二位特征数字为 9 的外壳考虑了是否适合喷水(第二位特征数字为 5 或 6)和浸水(第二位特征数字为 7 或 8)，因此不必符合数字为 5、6、7 或 8 的要求，除非有下示的多标志。

外壳通过如下试验		标识和标志	应用范围
喷水 第二位特征数字	短时/持续浸水 第二位特征数字		
5	7	IPX5/IPX7	多用
5	8	IPX5/IPX8	多用
6	7	IPX6/IPX7	多用
6	8	IPX6/IPX8	多用
9	7	IPX7/IPX9	多用
9	8	IPX8/IPX9	多用
5 和 9	7	IPX5/IPX7/IPX9	多用
5 和 9	8	IPX5/IPX8/IPX9	多用
6 和 9	7	IPX6/IPX7/IPX9	多用
6 和 9	8	IPX6/1PX8/IPX9	多用
—	7	IPX7	受限
—	8	IPX8	受限
9		IPX9	受限
5 和 9	—	IPX5/IPX9	多用
6 和 9	—	IPX6/IPX9	多用

“多用”指外壳应满足可防喷水又能防浸水的要求。

“受限”指仅适用于所规定的试验条件。

表 3 第二位特征数字所表示的防止水进入的防护等级

第二位特征数字	防护等级		试验条件参见章条
	简要说明	含 义	
0	无防护	—	—
1	防止垂直方向滴水	垂直方向滴水应无有害影响	14.2.1
2	防止当外壳在 15°倾斜时垂直方向滴水	当外壳的各垂直面在 15°倾斜时，垂直滴水应无有害影响	14.2.2
3	防淋水	当外壳的垂直面在 60°范围内淋水，无有害影响	14.2.3
4	防溅水	向外壳各方向溅水无有害影响	14.2.4
5	防喷水	向外壳各方向喷水无有害影响	14.2.5
6	防强烈喷水	向外壳各个方向强烈喷水无有害影响	14.2.6
7	防短时间浸水影响	浸入规定压力的水中经规定时间后外壳进水量不致达有害程度	14.2.7
8	防持续浸水影响	按生产厂和用户双方同意的条件(应比特征数字为 7 时严酷)持续潜水后外壳进水量不致达有害程度	14.2.8
9	防高温/高压喷水的影响	向外壳各方向喷射高温/高压水无有害影响	14.2.9

7 附加字母所表示的防止接近危险部件的防护等级

附加字母表示对人接近危险部件的防护等级。

附加字母仅用于：

——接近危险部件的实际防护高于第一位特征数字代表的防护等级；

——第一位特征数字用“X”代替，仅需表示对接近危险部件的防护等级。

例如，这类较高等级的防护是由挡板、开口的适当形状或与壳内部件的距离来达到的。

表 4 列出了能方便地代表人体的一部分或人手持物体以及对接近危险部件的防护等级的含义等内容，这些内容均由附加字母表示。

表 4 附加字母所表示的对接近危险部件的防护等级

附加字母	防护等级		试验条件参见章条
	简要说明	含 义	
A	防止手背接近	直径 50mm 的球形试具与危险部件应保持足够的间隙	15.2
B	防止手指接近	直径 12mm，长 80mm 的铰接试指与危险部件应保持足够的间隙	15.2
C	防止工具接近	直径 2.5mm，长 100mm 的试具与危险部件应保持足够的间隙	15.2
D	防止金属线接近	直径 1.0mm，长 100mm 的试具与危险部件应保持足够的间隙	15.2

如果外壳适用于低于某一等级的各级，则仅要求用该附加字母标识该等级。如果试验明显地适用于任何低于该级的所有各级，则低于该等级的试验不必进行。

试验见第 15 章。

IP 代码的示例见附录 A。

8 补充字母

在有关产品标准中，可由补充字母表示补充的内容。补充字母放在第二位特征数字或附加字母之后。

补充的内容应与本标准的要求保持一致，产品标准应明确说明进行该级试验的补充要求。

补充内容的标识字母及含义如下：

字母	含　义
H	高压设备
M	防水试验在设备的可动部件(如旋转电机的转子)运动时进行
S	防水试验在设备的可动部件(如旋转电机的转子)静止时进行
W	提供附加防护或处理以适用于规定的气候条件

注：GB 4208—1984 规定 W 置于 IP 与特征数字之间与本版规定的 W 置于特征数字或附加字母之后含义相同。

其他字母可在产品标准中使用。为了避免重复使用补充字母，产品标准引用新字母的要求参见 B.8。

若无字母 S 和 M，则表示防护等级与设备部件是否运行无关，需要在设备运行和静止时都做试验。但如果试验在另一条件下明显地可以通过时，一般做一个条件的试验就足够了。

9 IP 代码的标识示例

9.1 未使用可选择字母的 IP 代码

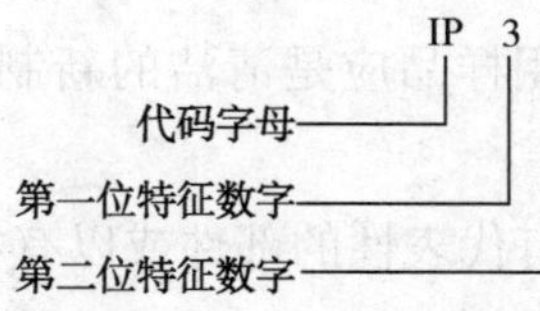

外壳带有上述 IP 代码，其中：

(3) ——防止人手持直径不小于 2.5mm 的工具接近危险部件；

——防止直径不小于 2.5mm 的固体异物进入设备外壳内。

(4) ——防止由于在外壳各个方向溅水对设备造成有害影响。

9.2 使用可选择字母的 IP 代码

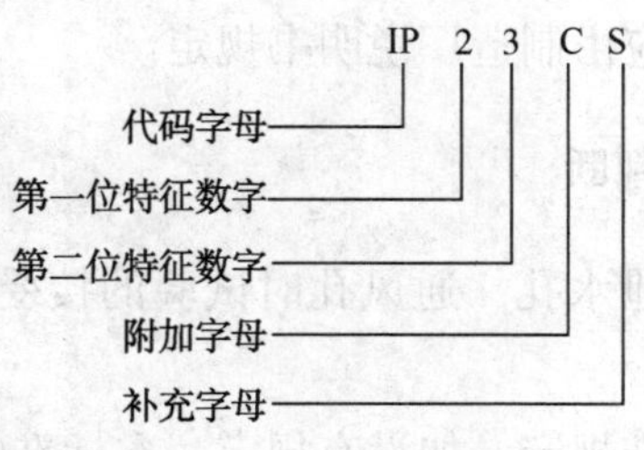

外壳带有上述 IP 代码，其中：

(2) ——防止人用手指接近危险部件；

——防止直径不小于 12.5mm 的固体异物进入外壳内。

(3) ——防止淋水对外壳内设备的有害影响。

(C)——防止人手持直径不小于2.5mm长度不超过100mm的工具接近危险部件(工具应全部穿过外壳，直至挡盘)。

(S)——防止进水造成有害影响的试验是在所有设备部件静止时进行。

10 标志

产品标准应对标志的要求做出规定。

对于下述情况，产品标准应对标志方法也做出适当规定：

——当外壳的一部分与另一部分的防护等级不同时；

——安装位置对防护等级有影响时；

——须说明最大潜水深度和时间时。

11 试验一般要求

11.1 防水防尘试验的环境条件

除非有关产品标准另有规定，试验应在GB/T 2421.1—2008规定的标准环境条件下进行。

试验时，推荐的环境条件如下：

温度范围：15℃~35℃；

相对湿度：25%~75%；

大气压力：86kPa~106kPa(860mbar~1060mbar)。

11.2 试样

本标准规定的试验是型式试验。

除非产品标准另有规定，每次试验用样品应是清洁的新制品。所有部件应按制造厂指定的状态安装就位。

如试验不能以整台设备进行，应以有代表性的部件或以有相同比例设计的较小的设备进行。

有关产品标准应对以下类似细节做出规定：

——试样数量；

——试样安装、组合、定位的条件(如天花板、地板或墙上安装)；

注：这也用于设备计划与其他相关设备一起使用时，比如器件单独使用或组合使用时。

——预处理的方法(如有)；

——试验时带电与否；

——试验时部件运转与否。

如果产品标准没有规定细节，应由制造厂说明书规定。

11.3 试验要求的应用与试验结果判断

试验一般要求的应用及设备有泄水孔、通风孔时试验的接受条件由有关产品标准规定。如无这些规定，应按本标准的规定进行。

试验结果的判断由有关产品标准规定。如没有规定，本标准的接受条件应作为最低要求。

11.4 第一位特征数字试验条件的组合

标识第一位特征数字意味着满足该数字的所有试验条件。

第一位特征数字的试验条件见表5。

表 5　第一位特征数字所表示的防护等级试验条件

第一位特征数字	防护试验	
	防止接近危险部件	固体异物
0	不要求试验	不要求试验
1	直径 50mm 的球不得完全进入外壳，并与带电部分保持足够的间隙	
2	铰接试指可进入 80mm 长，但应与带电部分保持足够的间隙	直径 12.5mm 的球不得完全进入外壳
3	直径 2.5mm 的试棒不得进入外壳，并与带电部分保持足够的间隙	
4	直径 1.0mm 的试验金属线不得进入外壳，并与带电部分保持足够的间隙	
5	直径 1.0mm 的试验金属线不得进入外壳，并与带电部分保持足够的间隙	按表 2 规定的防尘
6	直径 1.0mm 的试验金属线不得进入外壳，并与带电部分保持足够的间隙	按表 2 规定的尘密
注：第一位特征数字为 1 和 2 中，"不得完全进入"即球的直径部分不得通过外壳开口。		

11.5　空外壳

如果被试外壳内部没有设备，外壳的制造厂应在说明书中详细说明危险部件或者会因异物或水进入而造成影响的部件所在的位置及预留的空间。

最后组装的生产厂应能保证电气设备封装进外壳后满足最终产品的防护等级的要求。

12　第一位特征数字所表示的对接近危险部件防护的试验

12.1　试具

接近危险部件防护试验的试具见表 6。

12.2　试验条件

试具被推入或(当第一位特征数字为 2 试验时)插入外壳的任何开口所用的力由表 6 规定。

进行低压设备的试验时，在试具与壳内危险部件之间串接一个指示灯，并供以 40V～50V 之间的安全特低电压[1)]。如果危险带电部件表面有一层漆膜或氧化层或有其他类似方法的保护，则试验时包覆一层金属箔，并与正常工作时带电的部件作电联结。

本指示灯电路也可用于高压设备的危险运动部件。

如有可能，应使外壳内的运动部件缓慢运动。

12.3　接受条件

如果试具与危险部件之间有足够的间隙，则防护合格。

第一位特征数字为 1 的试验，直径 50mm 的试具不得完全进入开口。

第一位特征数字为 2 的试验，铰接试指可进入 80mm 长，但挡盘(ϕ50mm×20mm)不得进入开口。从直线位置开始，试指的两个接点应绕相邻面的轴线在 90°范围内自由弯曲。应使试指在每一个可能的位置上活动。

示例参见附录 A。

本标准中"足够的间隙"指：

---

1)　从安全角度考虑，试指与壳内带电部分之间所接指示灯的电源电压应为安全特低电压，IEC 60529：1989 规定此电源电压在"40V～50V 之间的特低电压"。

12.3.1 对于低压设备(额定电压：交流不超过 1kV，直流不超过 1.5kV)

试具不能触及危险带电部件。

表 6 防止人接近危险部件的触及试具

第一位特征数字	附加字母	试 具 mm	试验用力 N
1	A	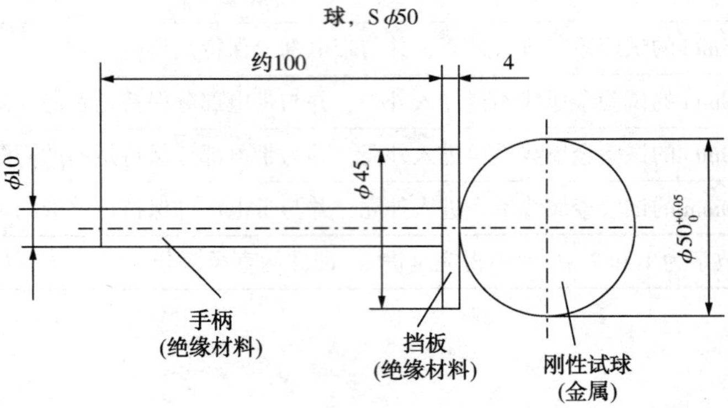	50±5
2	B	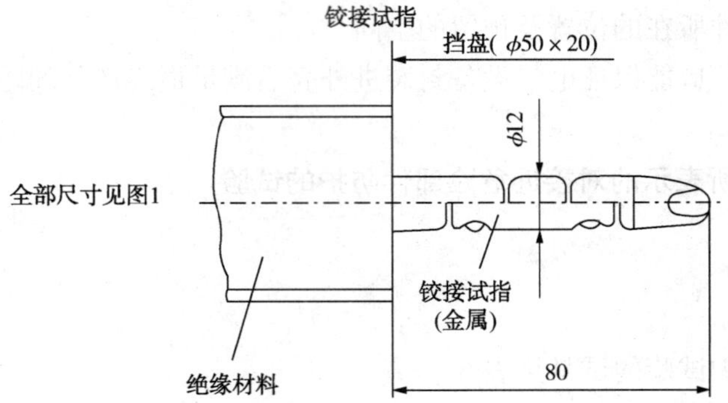	10±1
3	C	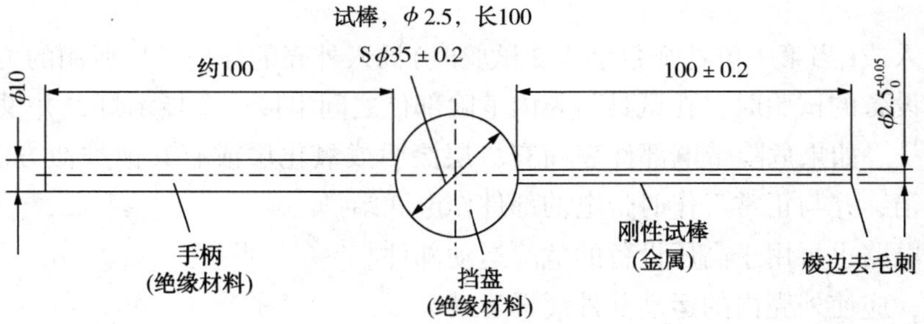	3±0.3
4，5，6	D	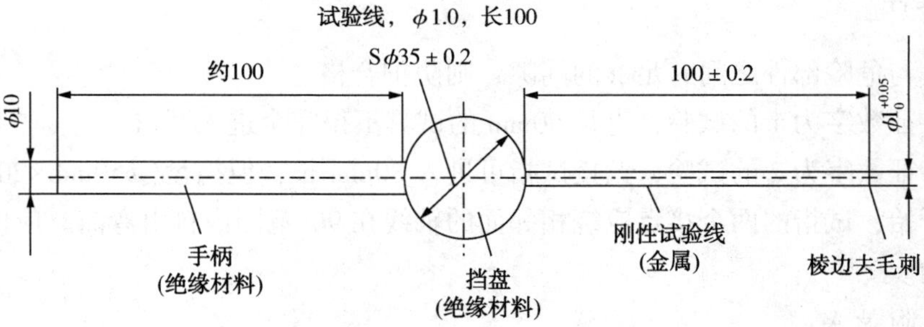	1±0.1

如果足够的间隙是通过试具与危险部件间的指示灯电路来检验，试验时指示灯应不亮。

注：某些型式的电气设备内部产生的最高电压(工作电压的方均根值或直流值)比设备的额定电压值要高。产品标准在确定耐电压试验的电压和足够的间隙时，应考虑这个最大电压值的影响。

12.3.2 对于高压设备(额定电压，交流超过1kV，直流超过1.5kV)

当试具放在最不利的位置时，设备应能承受有关产品标准规定的适用于该设备的耐电压试验。

检验还可通过观察规定的空气中的间隙尺寸来确定。这个间隙应能保证在最不利的电场分布下通过耐电压试验(见IEC 60071-2)。

如果外壳包括有不同电压等级的几个部分，应对每一部分确定足够间隙的适当验收条件。

注：某些型式的电气设备内部产生的最高电压(工作电压的方均根值或直流值)比设备的额定电压值要高。产品标准在确定耐电压试验的电压和足够的间隙时，应考虑这个最高电压值的影响。

12.3.3 对有危险的机械部件的设备

试具不得触及危险的机械部件。

如果足够的间隙是通过试具与危险部件之间的指示灯电路来检验，试验时指示灯应不亮。

13 第一位特征数字所表示的防止固体异物进入的试验

13.1 试验方法

试验方法和主要试验条件见表7。

13.2 第一位特征数字为1、2、3、4的试验条件

物体试具推入外壳开口所用的力由表7规定。

表7 防止固体异物进入的试验方法

第一位特征数字	试验方法(物体试具和防尘箱)	试验用力	试验条件参见章条
0	不要求试验	—	—
1	没有手柄和护板的直径 $50_{0}^{+0.05}$mm 的刚性球	50N±5N	13.2
2	没有手柄和护板的直径 $12.5_{0}^{+0.2}$mm 的刚性球	30N±3N	13.2
3	边缘无毛刺的直径 $2.5_{0}^{+0.05}$mm 的刚性钢棒	3N±0.3N	13.2
4	边缘无毛刺的直径 $1.0_{0}^{+0.05}$mm 的刚性钢线	1N±0.1N	13.2
5	图2防尘箱，加或不加负压	—	13.4 和 13.5
6	图2防尘箱，加负压	—	13.4 和 13.6

13.3 第一位特征数字为1、2、3、4的接受条件

如果表7中试具的直径不能通过任何开口，则试验合格。

注：表7中第一位特征数字为3和4的试具用来模仿球形异物，对于必须检验的开口所使用的物体试具，如果外壳开口的孔道不贯通或者是弯曲的，对可运动的球形物体能否进入有怀疑，可检查图纸或对待检查处设计一个专用通道，并用物体试具以规定的力推向该处。

13.4 第一位特征数字为5和6的防尘试验

试验应在防尘箱中进行，其基本原理如图2所示。密闭试验箱内的粉末循环泵可用能使滑石粉悬浮的其他方法代替。滑石粉应用金属方孔筛滤过。金属丝直径50μm，筛孔尺寸为75μm。滑石粉用量为每立方米试验箱容积2kg，使用次数不得超过20次。

注：滑石粉的选用应符合人体健康与安全的各项规定。

外壳类型须为下列二者之一：

第一种类型：设备正常工作周期内壳内的气压低于周围大气压力，例如因热循环效应引起的。

第二种类型：外壳内气压与周围大气压力相同。

对于第一种类型的外壳：

被试外壳放在试验箱内，壳内压力用真空泵保持低于大气压。抽气孔应连到专为试验设置的孔上。如果专门的产品标准没有规定，这个孔应设在紧靠易损部件的位置。

如果不能设置专门的孔，抽气管应连在电缆入口上。如还有其他的孔(如更多的电缆入口或泄水孔)，这些孔应保持正常使用状态。

试验目的是利用压差把箱内空气抽入被试设备内，抽气量为80倍被试外壳容积，抽气速度每小时不超过60倍外壳容积。任何情况下压差不得超过2kPa(20mbar)，如图2中压力表所显示。

如抽气速度为每小时40倍~60倍外壳容积，则试验进行2h。

如最大压差为2kPa(20mbar)，而抽气速度低于每小时40倍外壳容积，则应连续抽满80倍容积或抽满8h后，试验才可停止。

对于第二种类型的外壳：

被试外壳按正常工作位置放入试验箱内，但不与真空泵连接。在正常情况下开启的泄水孔，试验期间应保持开启。试验持续8h。

对于上述两种类型的外壳，如不能将整台设备置于试验箱内做试验，可选用下列方法之一进行：

a) 用外壳的各个封闭部分做试验；
b) 用外壳有代表性的部件试验，包括组件(如门、通风孔、接头、轴封等)，试验时这些部件应安装就位；
c) 用具有相同结构、按比例缩小的设备进行试验。

对于后两种情况，试验时抽出设备的空气体积，应与整台设备时规定相同。

13.5 第一位特征数字为5的特殊条件

13.5.1 第一位特征数字为5的试验条件

除了有关产品标准规定外壳为第二种以外，外壳都看作第一种。

13.5.2 第一位特征数字为5的接受条件

试验后，观察滑石粉沉积量及沉积地点，如果同其他灰尘一样，不足以影响设备的正常操作或安全，即认为试验合格。除非有关产品标准明确规定了特例，在可能沿爬电距离导致电痕化处不允许有灰尘沉积。

13.6 第一位特征数字为6的特殊条件

13.6.1 第一位特征数字为6的试验条件

无论外壳内压力是否减至低于大气压力，都看作是第一种外壳。

13.6.2 第一位特征数字为6的接受条件

试验后壳内无明显的灰尘沉积，即认为试验合格。

14 第二位特征数字所表示的防止水进入的试验

14.1 试验方法

试验方法和主要试验条件见表8。

表 8　防水试验方法和主要试验条件

第二位 特征数字	试验方法	水流量	试验持续时间	试验条件 参见章条
0	不需要试验	—	—	—
1	使用图 3 滴水箱，外壳置于转台上	$1_0^{+0.5}$ mm/min	10min	14.2.1
2	使用图 3 滴水箱，外壳在四个固定的位置上倾斜 15°	$3_0^{+0.5}$ mm/min	每一个倾斜位置 2.5min	14.2.2
3	使用图 4 摆管，与垂直方向±60°范围淋水，最大距离 200mm 或使用图 5 淋水喷嘴，与垂直方向±60°范围内淋水	每孔(0.07±0.0035)L/min 乘以孔数(10±0.5)L/min	10min $1min/m^2$ 至少 5min	14.2.3a 14.2.3b
4	同数字为 3 的试验，角度为与垂直方向±180°范围淋水	同数字 3		14.2.4
5	使用图 6 喷嘴，喷嘴直径 6.3mm，距离 2.5m～3m	(12.5±0.625)L/min	$1min/m^2$ 至少 3min	14.2.5
6	使用图 6 喷嘴，喷嘴直径 12.5mm，距离 2.5m～3m	(100±5)L/min	$1min/m^2$ 至少 3min	14.2.6
7	使用潜水箱，水面在外壳顶部以上至少 0.15m，外壳底面在水面下至少 1m	—	30min	14.2.7
8	使用潜水箱，水面高度由用户和制造厂协商	—	协议由用户和 制造厂协商	14.2.8
9	扇形喷嘴 图 7 在转台上对小型外壳进行试验 图 12 转速(5±1)r/min 在 0°、30°、60°、90°方向喷射 或者 按预期使用对大型外壳进行试验 从距离(175±25)mm 的位置喷射	(15±1)L/min	每个方向 30s $1min/m^2$ 至少 3min	14.2.9(a) 14.2.9(b)

14.2　试验条件

主要试验条件见表 8。

防护等级的细节，特别是第二位特征数字为 5/6/9(喷水)和 7/8(浸水)见第 6 章。

试验用清水进行。

进行 IPX1 至 IPX6 的试验，水温与试验时试样的温差应不大于 5K。如果水温低于试样超过 5K，应使外壳内外保持压力平衡。14.2.7 和 14.2.9 中分别给出了 IPX7 和 IPX9 的试验水温。

试验时，壳内水分可能有部分冷凝。凝露水的沉积不要误以为是进水。

外壳表面积的计算误差应在 10%以内。

设备在带电情况下试验时，要采取足够的安全措施。

14.2.1　第二位特征数字为 1 的滴水箱试验

试验用设备应能在外壳整个面上产生均匀水流。这种设备的示例如图 3a)。

外壳置于转速为 1r/min 的转台上，偏心距(转台轴线与试样轴线的距离)大约为 100mm。

外壳在滴水箱下面置于正常工作位置，滴水箱底部应大于俯视图面。除安装在墙上或天花板上的设备外，被试外壳的支承物应比外壳底部小。

对安装在墙上或天花板上的设备，应按正常使用位置安装在木板上，木板的尺寸等于设备在正常使用时与墙或天花板的接触面积。

试验进行 10min。

注：当滴水箱底部比被试外壳小时，被试外壳可分成几部分，每部分外壳表面的大小应能使滴水设备足以将其覆盖。试验进行到把外壳的全部表面滴水至规定时间止。

14.2.2 第二位特征数字为 2 的滴水箱试验

滴水箱的规定同 14.2.1。调节水流速度，使其符合表 8 规定。

不同于第二位特征数字为 1 的试验，支承外壳的台不旋转。

被试外壳在四个倾斜的固定位置各试验 2.5min，这四个位置在两个互相垂直的平面上与垂线各倾斜 15°(见图 3b)。

试验总持续时间为 10min。

14.2.3 第二位特征数字为 3 的摆管或淋水喷头试验

试验(按相关产品标准的规定)用图 4 和图 5 示意的两种试验设备之一进行。

a) 使用图 4 试验设备(摆管)的条件。

按表 9 规定调节总的水流量，并用水流计测量。

摆管中点两边各 60°弧段内布有喷水孔。支承物不必打孔。

被试外壳放在摆管半圆中心。摆管沿垂线两边各摆动 60°，共 120°，每次摆动(2×120°)约需 4s，试验持续时间 5min。然后把外壳沿水平方向旋转 90°，再试验 5min。

摆管最大允许半径为 1600mm。

如果某些型式的设备试验时外壳所有部分不能全部淋湿，可上下调整外壳支承物。这种情况应优先使用图 5 所示手持试验设备(淋水喷头)。

b) 使用图 5 试验设备(淋水喷头)的条件。

本试验应安装带平衡重物的挡板。

调节水压，使达到规定出水量。所需压力在 50kPa~150kPa 的范围。试验期间压力应维持恒定。

试验时间按外壳表面积计算 1min/m^2(不包括安装面积)，最少 5min。

14.2.4 第二位特征数字为 4 的摆管或淋水喷头试验

a) 使用图 4 试验设备(摆管)的条件。

喷水孔布满于摆管半圆 180°内。按表 9 规定调节水流量，并用流量计测量。

表 9 按 IPX3 和 IPX4 试验条件的总水流量 q

(每孔平均水流速度 q_{v1}=0.07L/min)

管半径 R mm	IPX3		IPX4	
	开孔数 N[a]	总水流量 q_v L/min	开孔数 N[a]	总水流量 q_v L/min
200	8	0.56	12	0.84
400	16	1.1	25	1.8
600	25	1.8	37	2.6
800	33	2.3	50	3.5

表 9　按 IPX3 和 IPX4 试验条件的总水流量 q
(每孔平均水流速度 q_{v1}=0.07L/min)(续)

管半径 R mm	IPX3		IPX4	
	开孔数 N[a]	总水流量 q_v L/min	开孔数 N[a]	总水流量 q_v L/min
1000	41	2.9	62	4.3
1200	50	3.5	75	5.3
1400	58	4.1	87	6.1
1600	67	4.7	100	7.0
[a]根据规定距离布置开孔，实际开孔数 N 可增加 1 个。				

摆管沿垂线两边各摆动 180°，共约 360°，每次摆动(2×360°)约需 12s。

试验进行 10min。

如果有关产品标准未做规定，被试外壳的支承物应开孔，以避免成为挡水板。将摆管在每一方向摆动到最大限度，使外壳在各方向都受到溅水。

b)　使用图 5 试验设备(淋水喷头)的条件。

从喷头上除去平衡重物的挡板，使外壳在各个可能的方向都受到溅水。

水流速度和每单位面积的溅水时间如 14.2.3 规定。

14.2.5　第二位特征数字为 5 的 6.3mm 喷嘴试验

用图 6 所示标准试验喷嘴在所有可能的方向向被试外壳喷水。

要求的试验条件如下：

a)　喷嘴内径：6.3mm；

b)　水流量：(12.5±0.625)L/min；

c)　水压：按规定水流量调节；

d)　主水流的中心部分：离喷嘴 2.5m 处直径约为 40mm 的圆；

e)　外壳表面每平方米喷水时间：约 1min；

f)　试验时间：最少 3min；

g)　喷嘴至外壳表面距离：2.5m~3m。

14.2.6　第二位特征数字为 6 的 12.5mm 喷嘴试验

用图 6 所示标准试验喷嘴在所有可能的方向向被试外壳喷水。

要求的试验条件如下：

a)　喷嘴内径：12.5mm；

b)　水流量：(100±5)L/min；

c)　水压：按规定水流量调节；

d)　主水流的中心部分：离喷嘴 2.5m 处直径约为 120mm 的圆；

e)　外壳表面每平方米喷水时间：约 1min；

f)　试验时间：最少 3min；

g)　喷嘴至外壳表面距离：2.5m~3m。

14.2.7　第二位特征数字为 7 的 0.15m 至 1m 的短时间浸水试验

被试外壳按生产厂规定的安装状态全部浸入水中，并满足下列条件：

a) 高度小于 850mm 的外壳的最低点，应低于水面 1000mm；

b) 高度等于或大于 850mm 的外壳最高点，应低于水面 150mm；

c) 试验持续时间 30min；

d) 水温与试样温差不大于 5K。如果试样需在带电和(或)在运行状态进行试验时，有关产品标准可对本要求另作规定。

14.2.8 第二位特征数字为 8 根据协议的持续浸水试验

若无相应的产品标准，试验条件应由生产厂和用户协商，但条件应比 14.2.7 条规定的严酷而且要考虑到在实际使用中外壳持续潜水的要求。

14.2.9 第二位特征数字为 9 的喷水试验

试验是由通过标准测试喷嘴(这种设备的示例如图 7、图 8、图 9 所示)流出的水流喷射外壳进行的。用于测量水射流冲击力的装置，见图 10。

公差范围内，应根据上限和下限验证冲击力分布，见图 11。

对外壳进行试验 a)和试验 b)时，水温应保持在(80±5)℃。

a) 对于小型外壳(最大尺寸不超过 250mm)，外壳应该安装在图 12 所示的测试装置上。

——转速：(5±1)r/min；

——喷射角度：0°、30°、60°、90°。

每个位置测试时间为 30s。

b) 对于大型外壳(最大尺寸大于或等于 250mm)，外壳应该按照预期使用安装。外壳的全部外表面都会被喷射。

——喷射方向：从各个方向喷射覆盖外壳整个表面，并且喷射角度应尽可能垂直于喷射表面；

——试验条件下喷嘴和被试样品间的距离为(175±25)mm。

按外壳可计算面积算(包括任何安装表面)，试验的持续时间是 1min/m^2，最少 3min。

14.3 接受条件

外壳经 14.2.1～14.2.9 规定的试验后，应检查外壳进水情况。

如可能，有关产品标准应规定允许的进水量及耐电压试验的细节。

一般说来，如果进水，应不足以影响设备的正常操作或破坏安全性；水不积聚在可能导致沿爬电距离引起漏电起痕的绝缘部件上；水不进入带电部件，或进入不允许在潮湿状态下运行的绕组；水不积聚在电缆头附近或进入电缆。

如外壳有泄水孔，应通过观察证明进水不会积聚，且能排出而不损害设备。

对没有泄水孔的设备，如发生水积聚并危及带电部分时，有关产品标准应规定接受条件。

15 附加字母所表示的接近危险部件防护的试验

15.1 试具

验证防止人接近危险部件的试具按表 6 规定。

15.2 试验条件

将试具以表 6 规定的力推向外壳的任何开口。如试具能进入一部分或全部进入，应在每一个可能的位置上活动，但挡盘不得穿入开口。

内部隔板按 3.1 规定可视为外壳的一部分。

对于低压设备的试验，应在试具与壳内危险部件之间串接一指示灯，并供以 40V～50V 的安全特低电压。如果危险的带电部件表面有一层漆膜或氧化层或有其他类似方法的保护时，试验时应包覆一层金属箔，并与正常工作时带电的部件作电联结。

本指示灯电路也可用于高压设备的危险运动部件。

如有可能，应使外壳内的运动部件缓慢运动。

15.3 接受条件

如果在试具与危险运动部件之间保持足够的间隙，则试验合格。

在进行附加字母 B 的试验时，铰接试指可进入外壳 80mm 的长度，但挡盘(ϕ50mm×20mm)不得通过开口。从直线位置开始，试指的两个铰接点应绕相邻面的轴线在 90°范围内自由弯曲，应使试指在每一个可能的位置上活动。

在进行附加字母 C 和 D 的试验时，试具可进入其全部长度，但挡盘不得通过开口。详见附录 A。

验证足够间隙的条件与 12.3.1、12.3.2 和 12.3.3 规定相同。

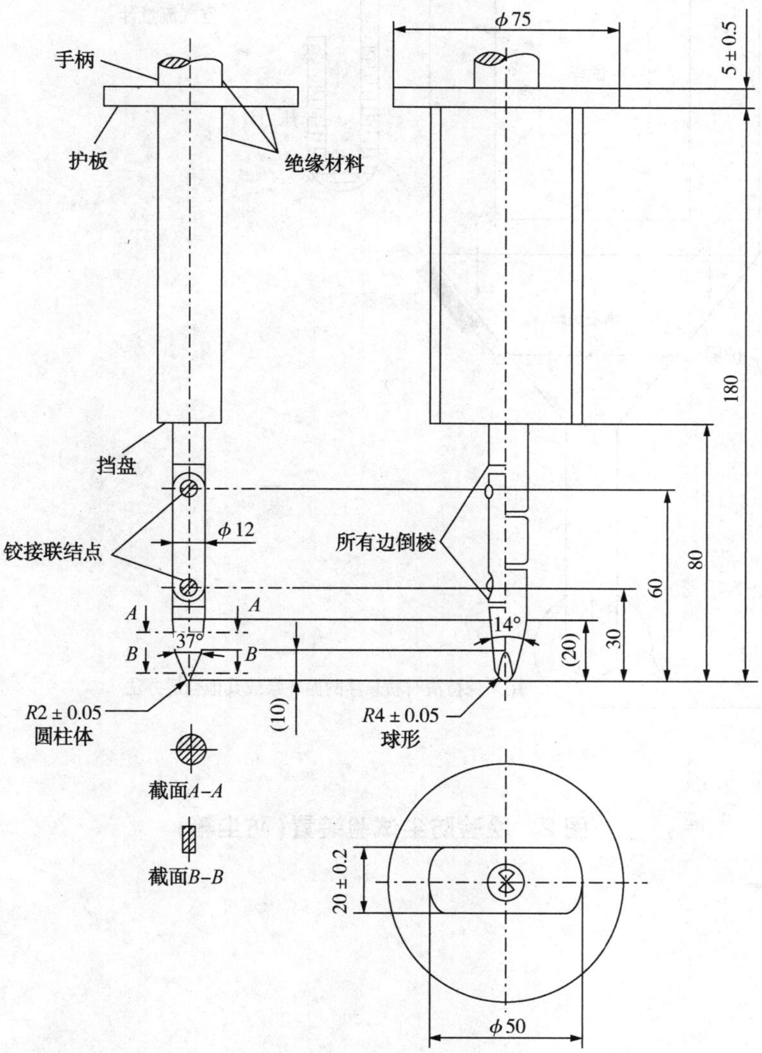

材料：金属(除非另有规定)

无专门规定公差部分的尺寸公差：

角：$^{0}_{-10}$°

直线尺寸：25mm 以下：$^{0}_{-0.05}$mm

25mm 以上：±0.2mm

图示铰接联结点所联结的部件可在同一平面内沿同一方向在 $90°^{+10°}_{0}$ 范围内转动。

图 1 铰接试指

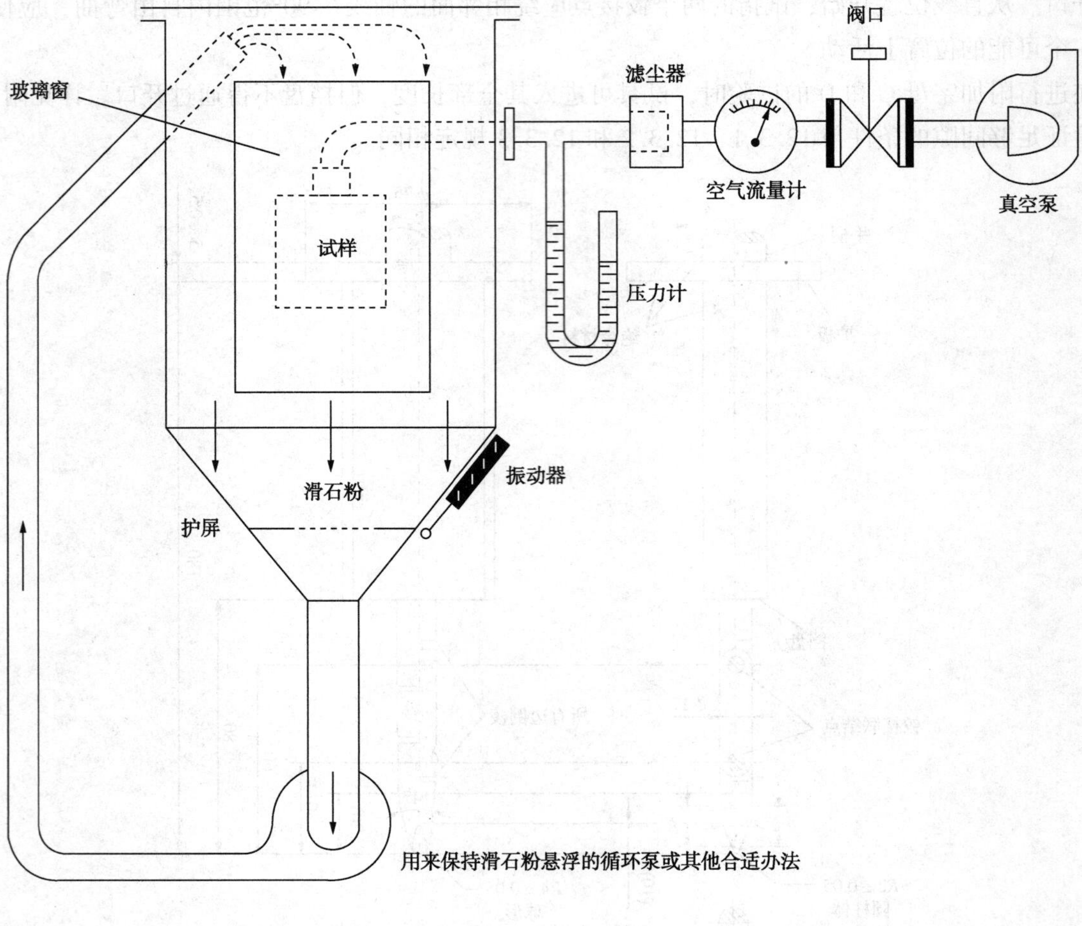

注：见 IEC 60068-2-68。

图 2　检验防尘试验装置(防尘箱)

单位为毫米

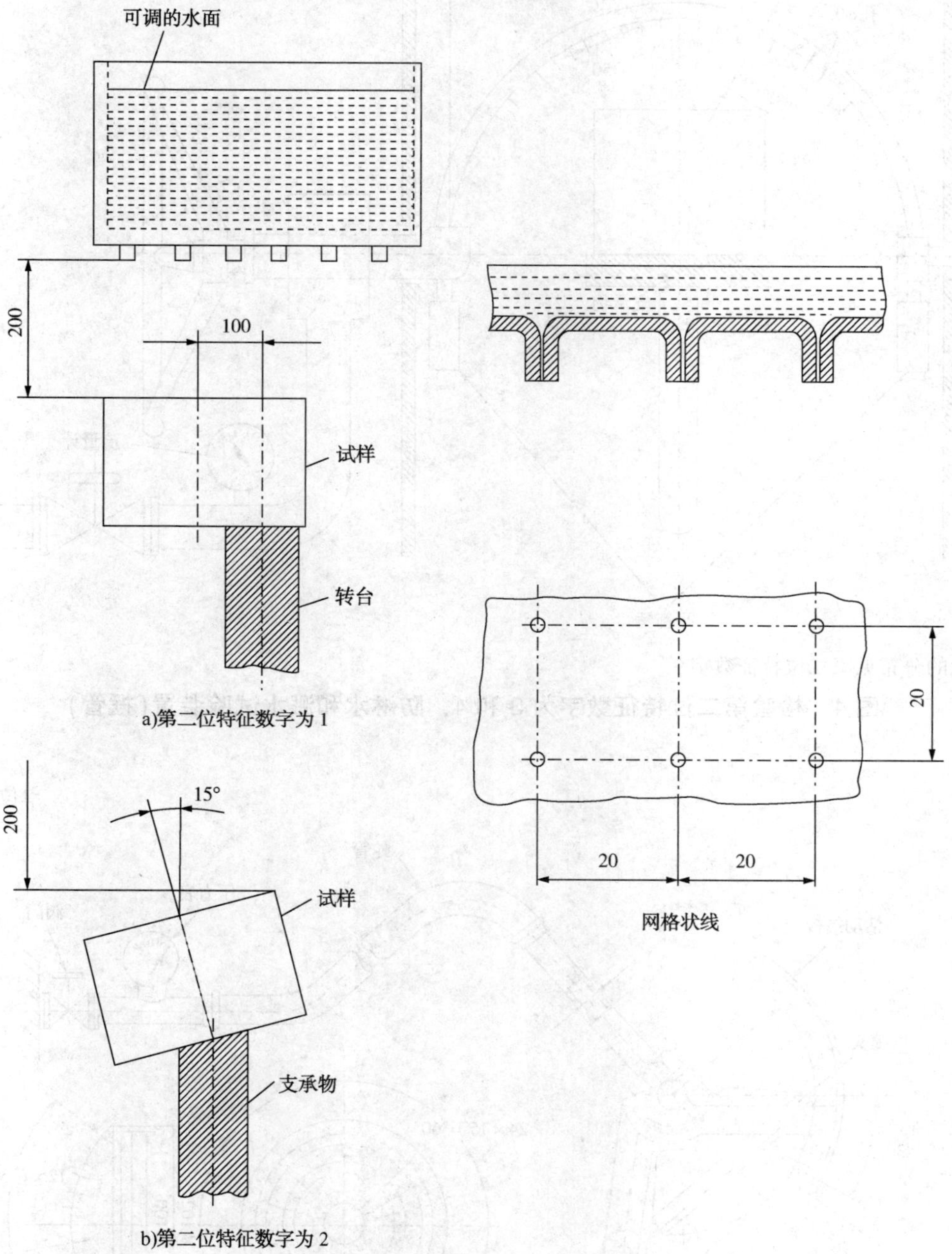

图3 检验防垂直滴水试验装置(滴水箱)

单位为毫米

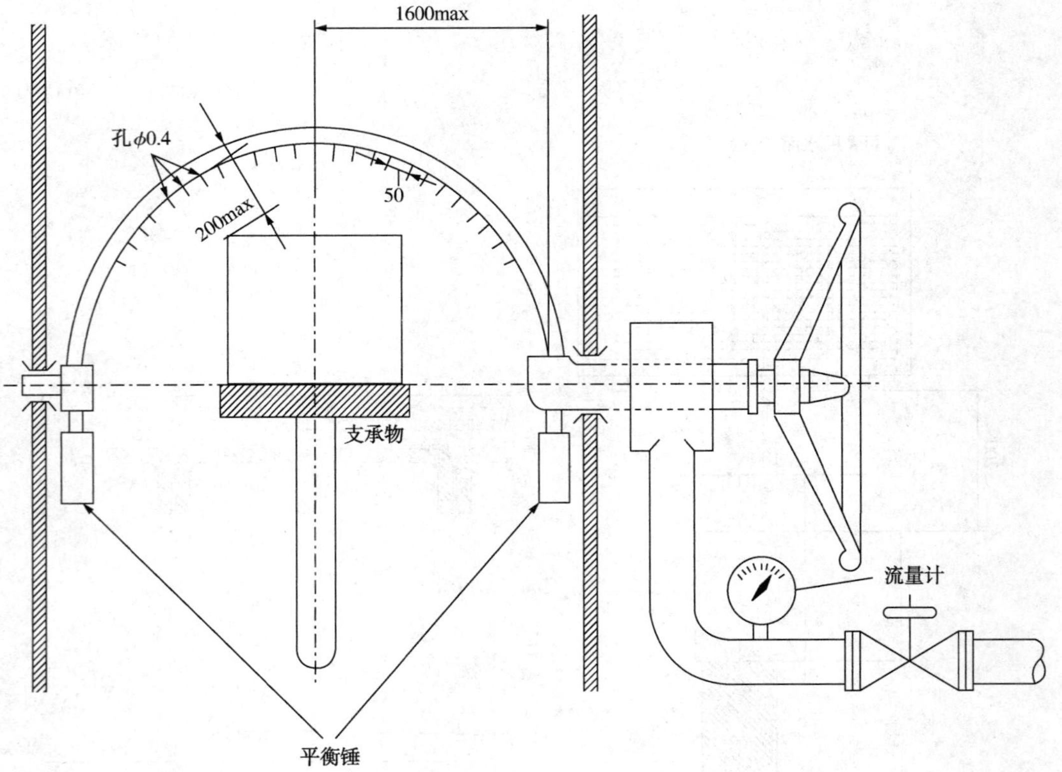

注：孔的分布见第二位特征数字 3。

图 4　检验第二位特征数字为 3 和 4，防淋水和溅水试验装置(摆管)

单位为毫米

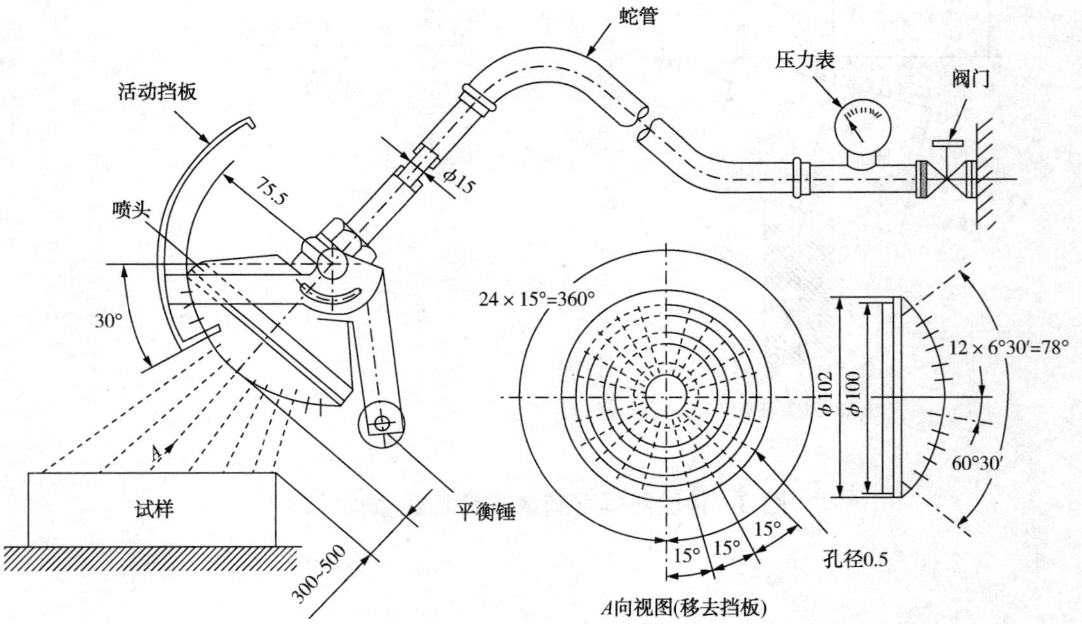

φ0.5 的孔 121 个，其中一个在中央
里面 2 圈共 12 个孔，间距 30°
外面 4 圈共 24 个孔，间距 15°
活动挡板：铝；喷头：黄铜

图 5　检验第二位特征数字为 3 和 4，防淋水和溅水手持式试验装置(喷头)

单位为毫米

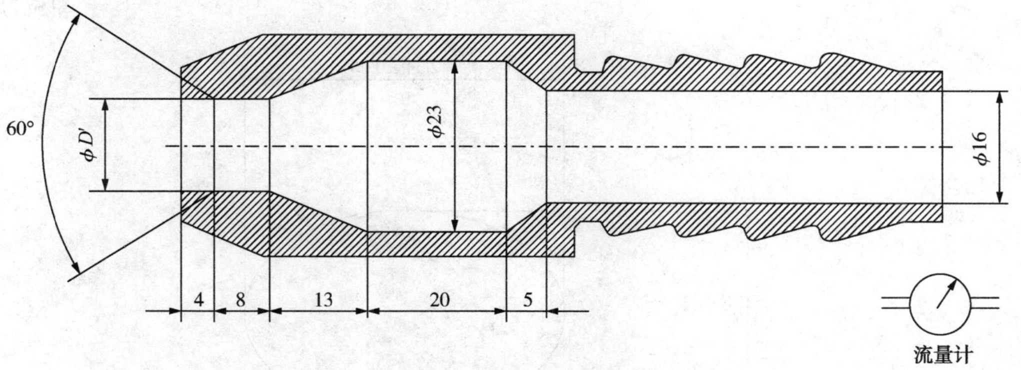

D'=6.3 14.2.5 的试验(第二位特征数字为 5)

D'=12.5 14.2.6 的使用(第二位特征数字为 6)

图 6　检验防喷水试验装置(软管喷嘴)

单位为毫米

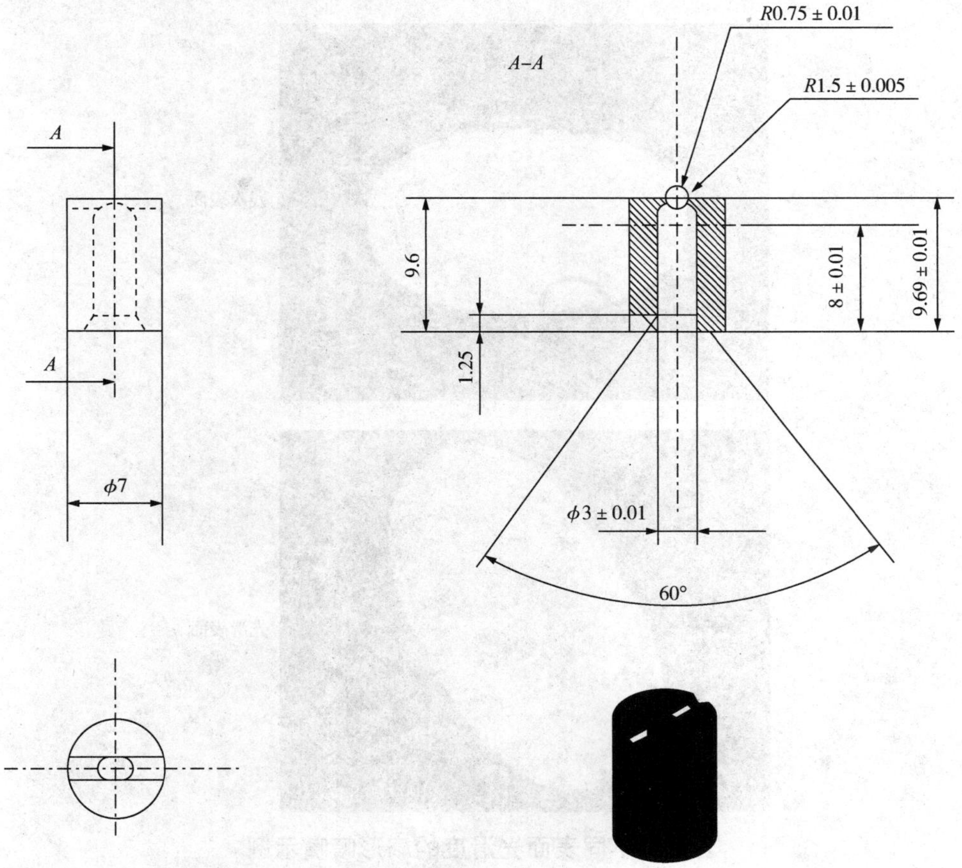

注：9.69±0.01 是以半径 0.75±0.01 为起点测量的距离。

图 7　扇形喷嘴尺寸

单位为毫米

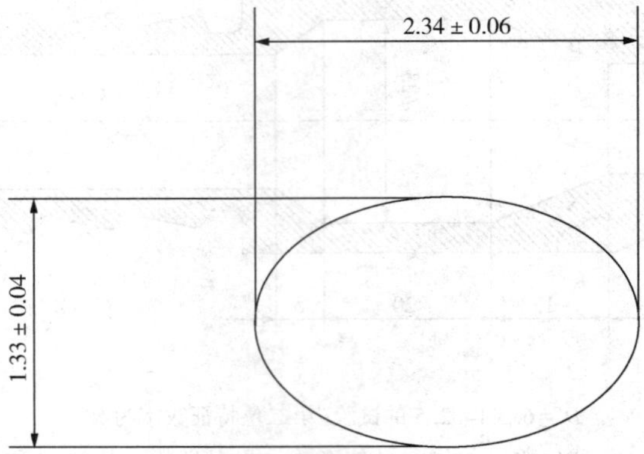

注：将喷嘴边缘放大100倍观察，可显示轮廓规则(见图9示例)。

图8　用于检测的扇形喷嘴喷孔尺寸

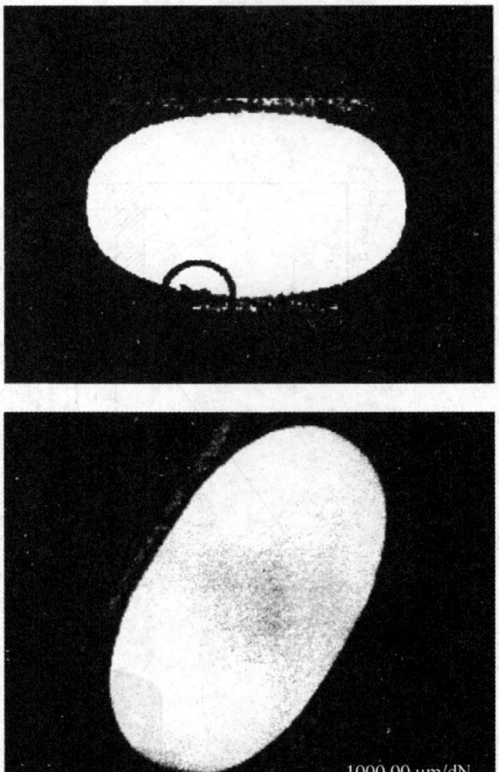

图9　不同表面光滑度的扇形喷嘴示例

单位为毫米

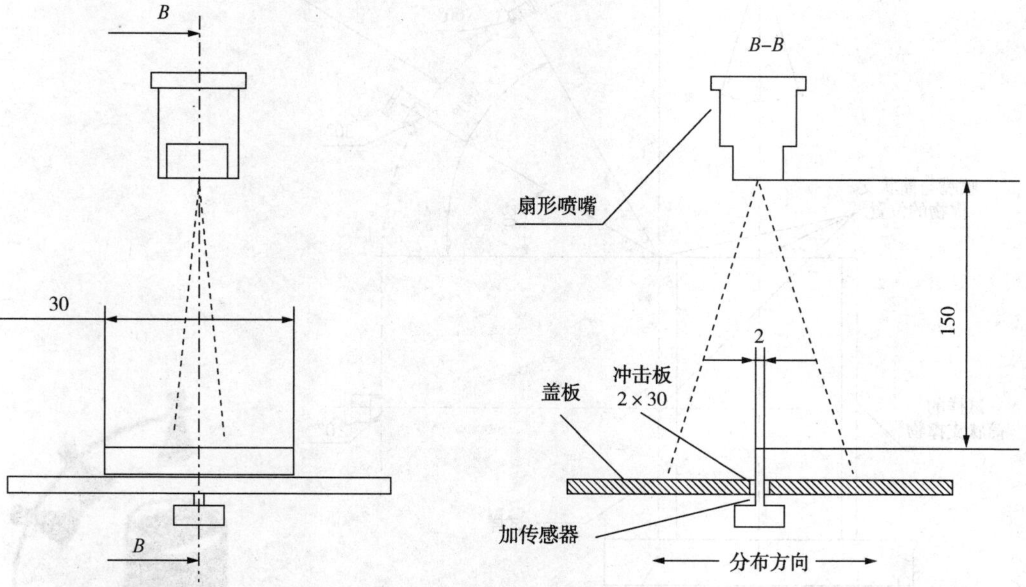

注：扇形喷嘴的流量调整在(15±1)L/min内，实现0.9N~1.2N的冲击力分布，试验过程中的水温保持在(20±5)℃。

图10　测量喷水冲击力，防IPX9高温/高压喷水的装置

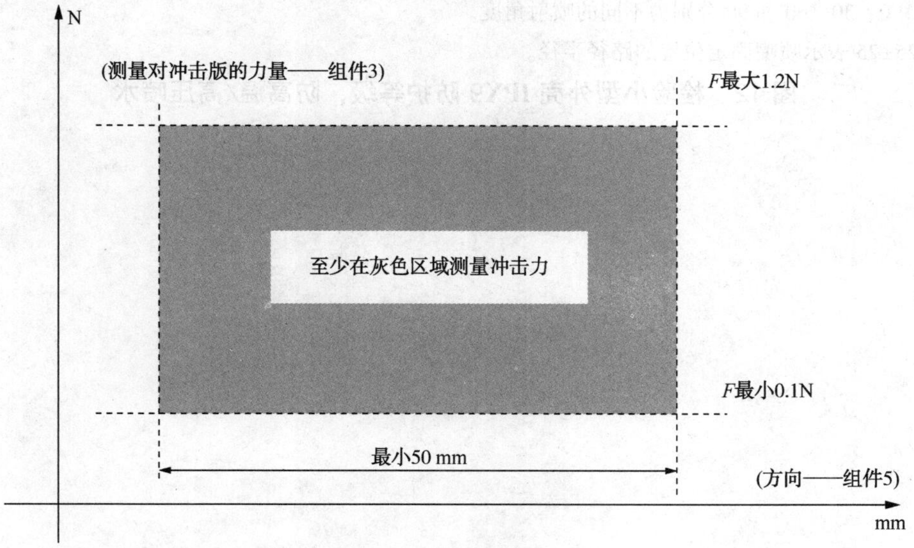

图11　冲击力分布

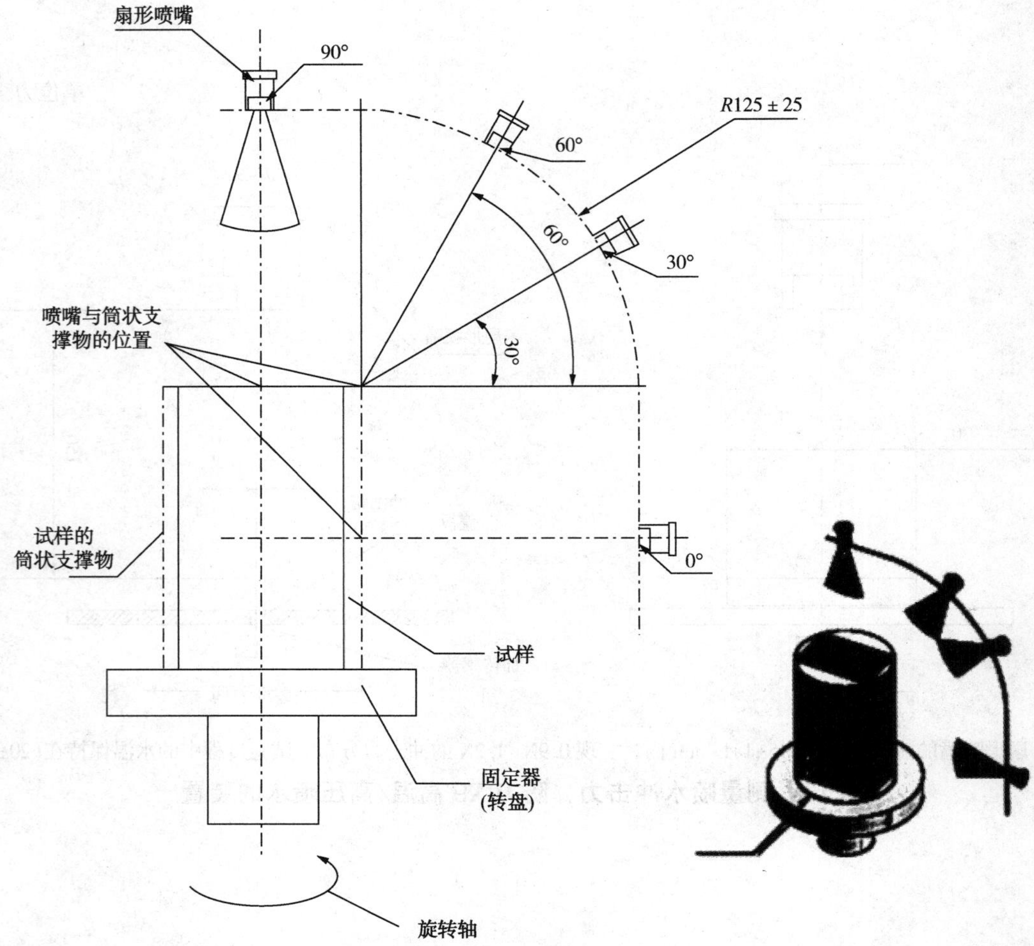

注 1：图中 0、30、60 和 90 分别为不同的喷射角度。

注 2：*R*125±25 表示喷嘴固定位置的路径半径。

图 12　检验小型外壳 IPX9 防护等级，防高温/高压喷水

附 录 A
(资料性附录)
验证低压设备防止接近危险部件的 IP 代码示例

序号	情况	二位数字	附加字母	二位数字加附加字母
1	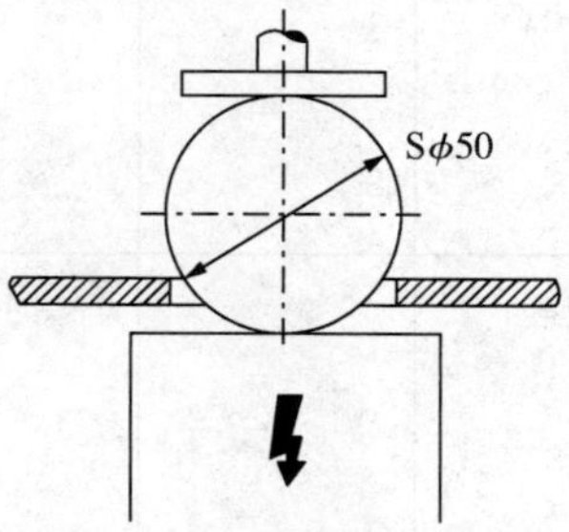	OX	—	OX
2	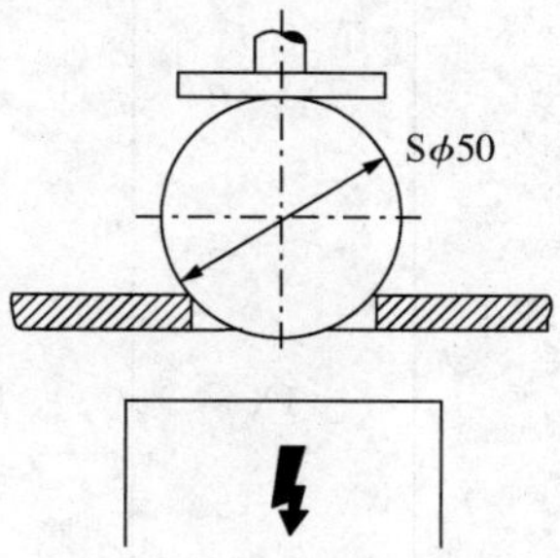	1X	A	1X
3	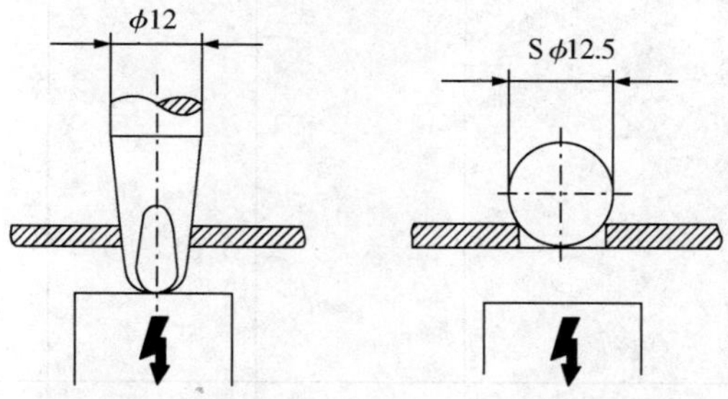	1X	A	1X
4	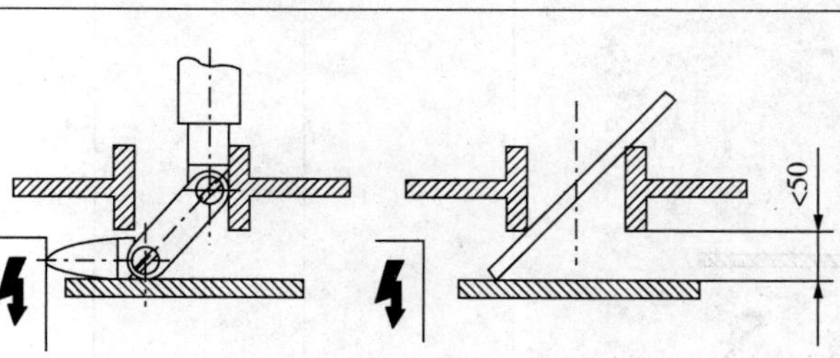	1X	A	1X
5	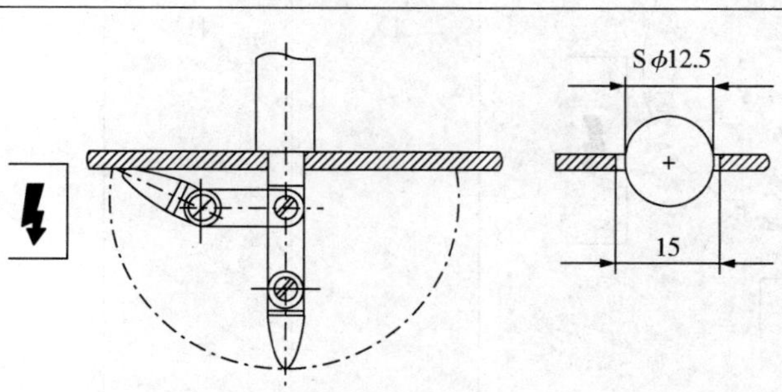	1X	B	1XB

表(续)

序号	情况	二位数字	附加字母	二位数字加附加字母
6	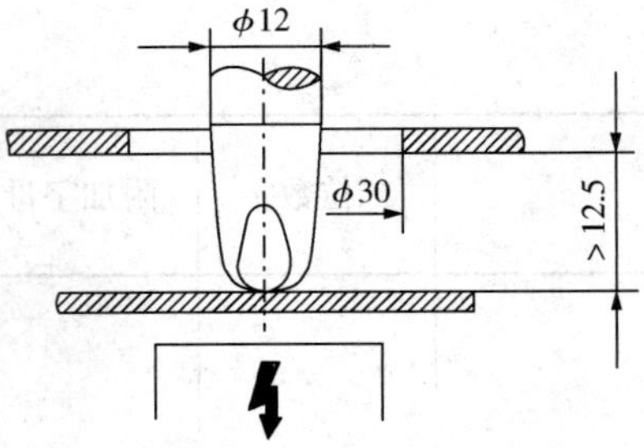	1X	B	1XB
7	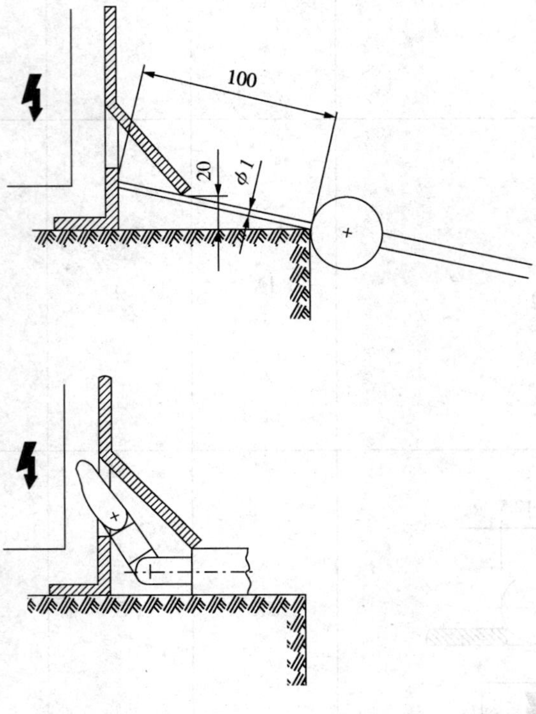	1X	D	1XD
8	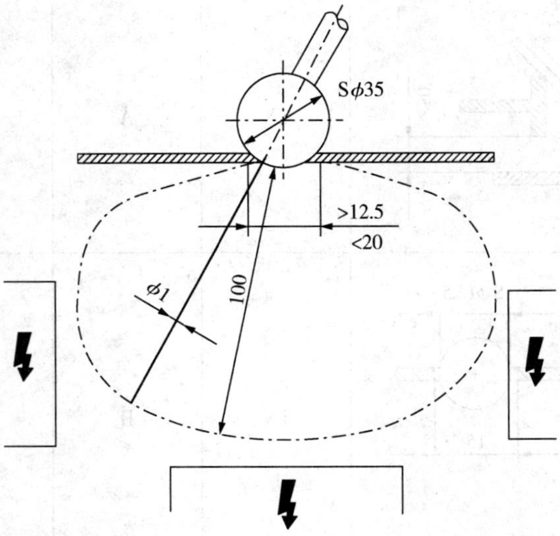	1X	D	1XD

表(续)

序号	情况	二位数字	附加字母	二位数字加附加字母
9	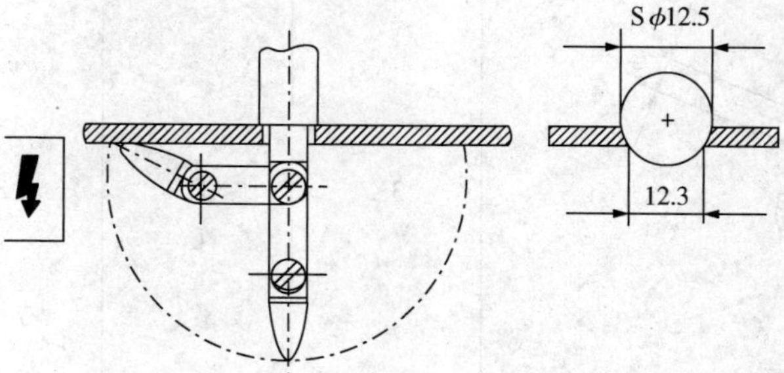	2X	B	2X
10	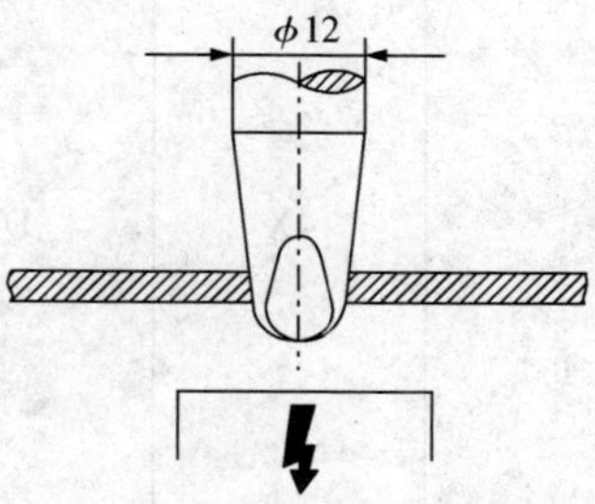	2X	B	2X
11	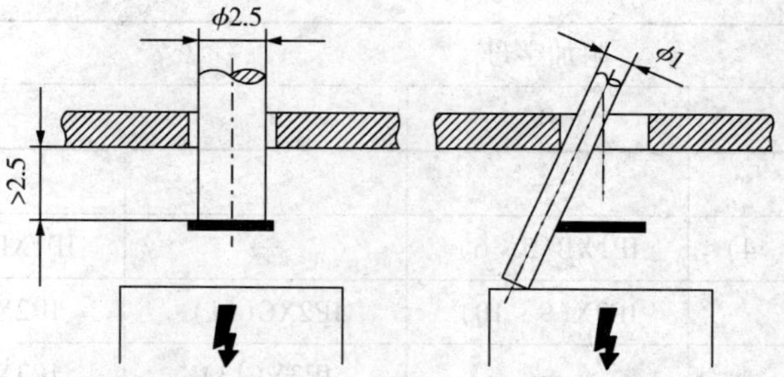	2X	C	2XC
12	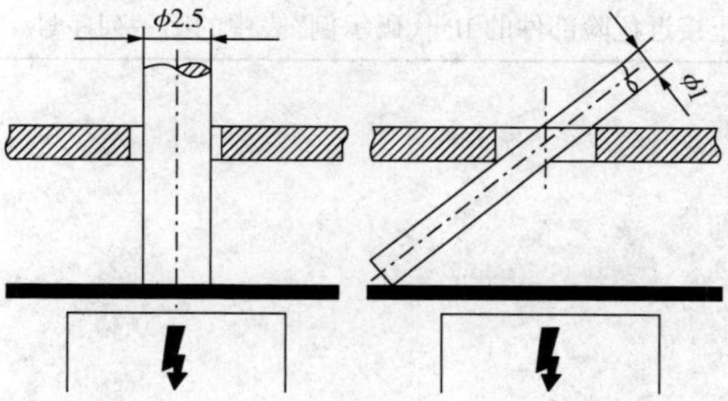	2X	D	2XD
13	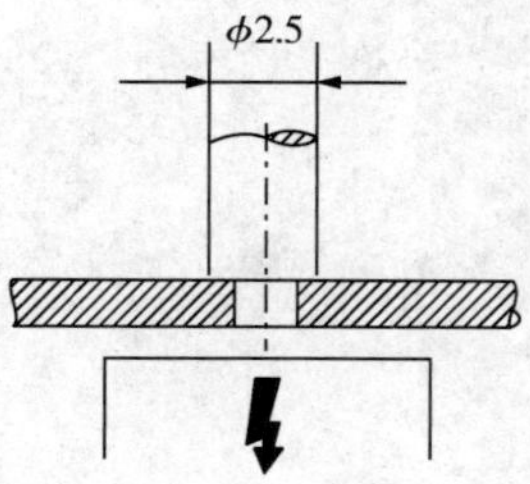	3X	C	3X

表(续)

序号	情况	二位数字	附加字母	二位数字加附加字母
14	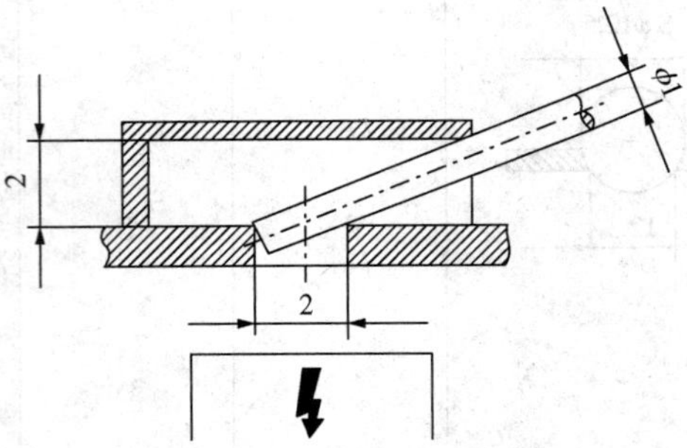	3X	D	3XD
15	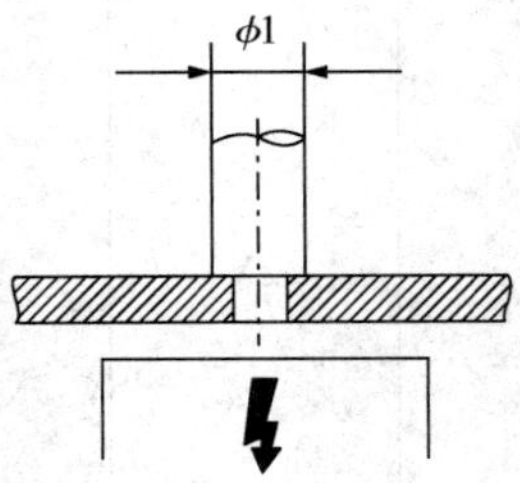	4X	D	4X

附录 A 中 IP 代码示例汇总

第一位特征数字	附加字母				
	—	A	B	C	D
0	IP0X(1)	—	—	—	—
1	—	IP1X(2、3、4)	IP1XB(5、6)	—	IP1XD(7、8)
2	—	—	IP2X(9、10)	IP2XC(11)	IP2XD(12)
3	—	—	—	IP3X(13)	IP3XD(14)
4	—	—	—	—	IP4X(15)
注:括号内的数字指本附录"验证低压设备防止接近危险部件的 IP 代码示例"表中的第一列序号。					

附 录 B
(资料性附录)
可在有关产品标准中作具体规定的内容

外壳提供防护等级的 IP 代码能用于多种类型的电气设备。

本标准未规定各类电工产品有关外壳防护的全部细节。

有关部门有责任在与他们相关的产品标准中对专门的设备采用 IP 代码规定细节。

标记了 IP 代码，表明其符合本标准的规定，也符合产品标准的补充规定。

下述各条是可在产品标准中作补充规定的具体内容：

B.1 IP 代码被采用的程序和方法(见第 4 章)；

B.2 用于特殊型式设备中"外壳"的定义(见第 2 章)；

B.3 外壳和壳内设备对外界影响或环境条件的防护(见第 2 章)；

B.4 用于外壳外部的危险运动部件(如风扇)的防护等级(见第 2 章)；

B.5 外壳短时间浸水或连续潜水的应用范围(见第 6 章)；

B.6 需要时，由内部挡板、距离提供防止接近危险部件的附加字母的应用(见第 7 章)；

B.7 如果需要，由"补充字母"给出补充信息(见第 8 章)；

B.8 在使用新的补充字母和阐述附加的试验条件前应先与本标准的归口部门协商(见第 8 章)；

B.9 标志的具体规定(见第 10 章)；

B.10 不同于 11.1 的环境条件；

B.11 说明不同于"试验一般要求"的试样及其试验条件(见 11.2)；

B.12 试验条件细节(见 11.2)；

示例：

a) 试样数量；

b) 安装、组合、定位；

c) 预处理；

d) 是否带电；

e) 部件是否运动。

B.13 有泄水孔和通风孔时如何应用一般试验要求及接受条件(见 10.3)；

B.14 阐述试验结果及接受条件的要求(见 11.3)；

B.15 工作电压，如用的话(见 12.3.1 和 12.3.2)；

B.16 设备的类型，指出是否由热循环效应产生了压差(见 13.4)；

B.17 防尘试验时抽气孔不在易损部件附近的位置(见 13.4)；

B.18 不影响安全操作的允许灰尘沉积量及沉积地点(见 13.5.2)；

B.19 IPX3 和 IPX4 试验的试验装置(摆管或淋水喷头)(见 14.2.3 和 14.2.4)；

B.20 IPX4 试验时外壳支承物的型式(如不开孔)(见 14.2.4)；

B.21 如果潜水试验是在设备带电或运行时进行对水温的要求[见 14.2.7d)]；

B.22 持续潜水的条件(见 13.2.8)；

B.23 防水试验之后的接受条件，特别是允许进水量和耐电压试验的细节(见 14.3)；

B.24 水积聚到带电部件上的接受条件(见 14.3)；

B.25 不同于 IPX9 的(80±5)℃试验水温。

参 考 文 献

[1] GB/T 16842—2008 外壳对人和设备的防护 检验用试具(IEC 61032:1997,IDT)
[2] GB/T 17045 电击防护 装置和设备的通用部分(IEC 61140:2001,IDT)

ICS 25.040.40
N 10

中华人民共和国国家标准

GB/T 13283—2008
代替 GB/T 13283—1991

工业过程测量和控制用检测仪表和显示仪表精确度等级

Accuracy class of measuring instruments and display instruments for industrial process measurement and control

2008-06-30 发布　　2009-01-01 实施

中华人民共和国国家质量监督检验检疫总局
中国国家标准化管理委员会　发布

前言

本标准代替 GB/T 13283—1991《工业过程测量和控制用检测仪表和显示仪表精确度等级》。

本标准与 GB/T 13283—1991 的主要差异如下：

——增加了第 2 章“规范性引用文件”；

——第 3 章中，删除了 GB/T 17212—1998 已包含的术语和定义；

——4.1 的注 1 由原“必要时，可采用括号内的精确度等级。其中 0.4 级适用于压力表。”改为“括号内的精确度等级不推荐采用”。

此外，按照 GB/T 1.1—2000 的规定进行了编辑性修改。

本标准由中国机械工业联合会提出。

本标准由全国工业过程测量和控制标准化技术委员会(SAC/TC 124)第一分技术委员会归口。

本标准负责起草单位：上海工业自动化仪表研究所。

本标准参加起草单位：上海仪器仪表自控系统检验测试所。

本标准主要起草人：李明华、蔡闻智。

本标准所代替标准的历次版本发布情况：

——GB/T 13283—1991。

工业过程测量和控制用检测仪表和显示仪表精确度等级

1 范围

本标准规定了工业过程测量和控制用检测仪表和显示仪表(以下简称仪表)的精确度等级及其使用导则。

本标准适用于工业过程测量和控制用模拟式或数字式的检测仪表和显示仪表。

本标准不适用于直接用示值误差的数值表示与精确度有关因素的仪表。

2 规范性引用文件

下列文件中的条款通过本标准的引用而成为本标准的条款。凡是注日期的引用文件，其随后所有的修改单(不包括勘误的内容)或修订版均不适用于本标准，然而，鼓励根据本标准达成协议的各方研究是否可使用这些文件的最新版本。凡是不注日期的引用文件，其最新版本适用于本标准。

GB/T 17212 工业过程测量和控制 术语和定义(GB/T 17212—1998，idt IEC 60902：1987)

3 术语和定义

GB/T 17212 确立的以及下列术语和定义适用于本标准。

3.1

精(准)确度 accuracy

仪表的示值与被测量(约定)真值的一致程度。

注："精确度"是一个常用术语，它包含了系统误差，随机误差、回差、死区等影响。虽然把所有这些误差都组合在"精确度"这一标题下使用起来很方便，但它是一个定性的术语，其本身不赋数值。

3.2

精(准)确度等级 accuracy class

符合一定的计量要求，使误差保持在规定极限以内的仪表的等别、级别。

注：精确度等级通常以约定的数字或符号表示，称为等级指标。

3.3

示值误差 error of indication

仪表的示值减去被测量的(约定)真值。

3.4

引用误差 fiducial error

仪表的示值误差除以规定值，并以百分数表示。

注：规定值常称为引用值，它可以是仪表的输入或输出量程、范围上限值、标度长度等。

3.5

相对误差 relative error

仪表的示值误差除以被测量的(约定)真值，并以百分数表示。

注：有时以仪表的示值误差除以被测量的示值或读数值，并以百分数表示。

4 精确度等级

4.1 由引用误差或相对误差表示与精确度有关因素的仪表，其精确度等级应自下列数系中选取：

0.01，0.02，(0.03)，0.05，0.1，0.2，(0.25)，(0.3)，(0.4)，0.5，1.0，1.5，(2.0)，

2.5，4.0，5.0。

注 1：括号内的精确度等级不推荐采用。

注 2：低于 5.0 级的仪表，其精确度等级可由各类仪表的标准予以规定。

4.2 不宜用引用误差或相对误差表示与精确度有关因素的仪表(如热电偶、铂热电阻等)，一般可用英文字母或罗马数字等约定的符号或数字表示精确度等级，如 A、B、C…，Ⅰ、Ⅱ、Ⅲ…或 1、2、3…。按英文字母或罗马数字的先后次序表示精确度等级的高低。

5 使用导则

5.1 多测量范围的仪表，各测量范围可以同属某一精确度等级，也可以分属不同精确度等级。

5.2 单测量范围的仪表可分成不同精确度等级的两个或多个分范围。

ICS 27.010
F 01

中华人民共和国国家标准

GB 17167—2006
代替 GB/T 17167—1997

用能单位能源计量器具配备和管理通则

General principle for equipping and managing of the measuring instrument of energy in organization of energy using

2006-06-02 发布　　2007-01-01 实施

中华人民共和国国家质量监督检验检疫总局
中国国家标准化管理委员会　发布

前　言

本标准的4.3.2、4.3.3、4.3.4、4.3.5、4.3.8是强制性条款，其余是推荐性条款。

本标准代替GB/T 17167—1997《企业能源计量器具配备与管理导则》。

本标准与GB/T 17167—1997相比，主要变化如下：

——标准名称改为"用能单位能源计量器具配备和管理通则"，标准变为强制性标准；

——增加了非工业企业用能单位能源计量器具的配备和管理要求；

——对用能单位、主要次级用能单位、主要用能设备的能源计量器具配备率进行了调整；

——对能源计量器具的准确度等级要求进行了调整。

本标准由国家发展和改革委员会环境和资源综合利用司、国家质量监督检验检疫总局计量司和国家标准化管理委员会工交部提出。

本标准由全国能源基础与管理标准化技术委员会归口。

本标准起草单位：全国节能监测管理中心、国家发展和改革委员会能源研究所、中国标准化研究院、中国有色金属工业标准计量质量研究所、湖南省节能监测中心、中国计量协会冶金分会、中国建筑材料工业协会。

本标准主要起草人：张万路、王顺安、何相助、贾力、李爱仙、辛定国、叶元乔、康治清。

用能单位能源计量器具配备和管理通则

1 范围

本标准规定了用能单位能源计量器具配备和管理的基本要求。

本标准适用于企业、事业单位、行政机关、社会团体等独立核算的用能单位。

2 规范性引用文件

下列文件中的条款通过本标准的引用而成为本标准的条款。凡是注日期的引用文件，其随后所有的修改单(不包括勘误的内容)或修订版均不适用于本标准，然而，鼓励根据本标准达成协议的各方研究是否可使用这些文件的最新版本。凡是不注日期的引用文件，其最新版本适用于本标准。

GB/T 6422　企业能耗计量与测试导则

GB/T 15316　节能监测技术通则

GB/T 18603—2001　天然气计量系统技术要求

3 术语和定义

本标准采用下列术语和定义。

3.1

能量计量器具　measuring instrument of energy

测量对象为一次能源、二次能源和载能工质的计量器具。

3.2

能源计量器具配备率　equipping rate of energy measuring instrument

能源计量器具实际的安装配备数量占理论需要量的百分数。

注：能源计量器具理论需要量是指为测量全部能源量值所需配备的计量器具数量。

3.3

次级用能单位　sub-organization of energy using

用能单位下属的能源核算单位。

4 能源计量器具配备

4.1 能源计量的种类及范围

本标准所称能源，指煤炭、原油、天然气、焦炭、煤气、热力、成品油、液化石油气、生物质能和其他直接或者通过加工、转换而取得有用能的各种资源。

能源计量范围：

a) 转入用能单位、次级用能单位和用能设备的能源及载能工质；

b) 输出用能单位、次级用能单位和用能设备的能源及载能工质；

c) 用能单位、次级用能单位和用能设备使用(消耗)的能源及载能工质；

d) 用能单位、次级用能单位和用能设备自产的能源及载能工质；

e) 用能单位、次级用能单位和用能设备可回收利用的余能资源。

4.2 能源计量器具的配备原则

4.2.1 应满足能源分类计量的要求。

4.2.2 应满足用能单位实现能源分级分项考核的要求。

4.2.3 重点用能单位应配备必要的便携式能源检测仪表，以满足自检自查的要求。

4.3 能源计量器具的配备要求

4.3.1 能源计量器具配备率按下式计算：

$$R_p = \frac{N_s}{N_l} \times 100\%$$

式中：

R_p——能源计量器具配备率，%；

N_s——能源计量器具实际的安装配备数量；

N_l——能源计量器具理论需要量。

4.3.2 用能单位应加装能源计量器具。

4.3.3 用能量（产能量或输运能量）大于或等于表1中一种或多种能源消耗量限定值的次级用能单位为主要次级用能单位。

主要次级用能单位应按表3要求加装能源计量器具。

表1 主要次级用能单位能源消耗量（或功率）限定值

能源种类	电力	煤炭、焦炭	原油、成品油、石油液化气	重油、渣油	煤气、天然气	蒸汽、热水	水	其他
单位	kW	t/a	t/a	t/a	m^3/a	GJ/a	t/a	GJ/a
限定值	10	100	40	80	10000	5000	5000	2926

注1：表中a是法定计量单位中“年”的符号。

注2：表中m^3指在标准状态下，表2同。

注3：2926GJ相当于100t标准煤。其他能源应按等价热值折算，表2类推。

4.3.4 单台设备能源消耗量大于或等于表2中一种或多种能源消耗量限定值的为主要用能设备。

主要用能设备应按表3要求加装能源计量器具。

表2 主要用能设备能源消耗量（或功率）限定值

能源种类	电力	煤炭、焦炭	原油、成品油、石油液化气	重油、渣油	煤气、天然气	蒸汽、热水	水	其他
单位	kW	t/h	t/h	t/h	m^3/h	MW	t/h	GJ/h
限定值	100	1	0.5	1	100	7	1	29.26

注1：对于可单独进行能源计量考核的用能单元（装置、系统、工序、工段等），如果用能单元已配备了能源计量器具，用能单元中的主要用能设备可以不再单独配备能源计量器具。

注2：对于集中管理同类用能设备的用能单元（锅炉房、泵房等），如果用能单元已配备了能源计量器具，用能单元中的主要用能设备可以不再单独配备能源计量器具。

4.3.5 能源计量器具配备率应符合表3的要求。

表3 能源计量器具配备率要求 单位：%

能源种类		进出用能单位	进出主要次级用能单位	主要用能设备
电力		100	100	95
固态能源	煤炭	100	100	90
	焦炭	100	100	90

表3 能源计量器具配备率要求(续) 单位:%

能源种类		进出用能单位	进出主要次级用能单位	主要用能设备
液态能源	原油	100	100	90
	成品油	100	100	95
	重油	100	100	90
	渣油	100	100	90
气态能源	天然气	100	100	90
	液化气	100	100	90
	煤气	100	90	80
载能工质	蒸汽	100	80	70
	水	100	95	80
可回收利用的余能		90	80	—
注1：进出用能单位的季节性供暖用蒸汽(热水)可采用非直接计量载能工质流量的其他计量结算方式。 注2：进出主要次级用能单位的季节性供暖用蒸汽(热水)可以不配备能源计量器具。 注3：在主要用能设备上作为辅助能源使用的电力和蒸汽、水等载能工质，其耗能量很小(低于表2的要求)可以不配备能源计量器具。				

4.3.6 对从事能源加工、转换、输运性质的用能单位(如火电厂、输变电企业等)，其所配备的能源计量器具应满足评价其能源加工、转换、输运效率的要求。

4.3.7 对从事能源生产的用能单位(如采煤、采油企业等)，其所配备的能源计量器具应满足评价其单位产品能源自耗率的要求。

4.3.8 用能单位的能源计量器具准确度等级应满足表4的要求。

表4 用能单位能源计量器具准确度等级要求

计量器具类别	计量目的		准确度等级要求
衡器	进出用能单位燃料的静态计量		0.1
	进出用能单位燃料的动态计量		0.5
电能表	进出用能单位有功交流电能计量	Ⅰ类用户	0.5S
		Ⅱ类用户	0.5
		Ⅲ类用户	1.0
		Ⅳ类用户	2.0
		Ⅴ类用户	2.0
	进出用能单位的直流电能计量		2.0
油流量表(装置)	进出用能单位的液体能源计量		成品油0.5
			重油、渣油1.0
气体流量表(装置)	进出用能单位的气体能源计量		煤气2.0
			天然气2.0
			蒸汽2.5
水流量表(装置)	进出用能单位水量计量	管径不大于250mm	2.5
		管径大于250mm	1.5

表 4　用能单位能源计量器具准确度等级要求(续)

计量器具类别	计量目的	准确度等级要求
温度仪表	用于液态、气态能源的温度计量	2.0
	与气体、蒸汽质量计算相关的温度计量	1.0
压力仪表	用于气态、液态能源的压力计量	2.0
	与气体、蒸汽质量计算相关的压力计量	1.0

注 1：当计量器具是由传感器(变送器)、二次仪表组成的测量装置或系统时，表中给出的准确度等级应是装置或系统的准确度等级。装置或系统未明确给出其准确度等级时，可用传感器与二次仪表的准确度等级按误差合成方法合成。

注 2：运行中的电能计量装置按其所计量电能量的多少，将用户分为五类。Ⅰ类用户为月平均用电量 500 万 kWh 及以上或变压器容量为 10000kVA 及以上的高压计费用户；Ⅱ类用户为小于Ⅰ类用户用电量(或变压器容量)但月平均用电量 100 万 kWh 及以上或变压器容量为 2000kVA 及以上的高压计费用户；Ⅲ类用户为小于Ⅱ类用户用电量(或变压器容量)但月平均用电量 10 万 kWh 及以上或变压器容量为 315kVA 及以上的计费用户；Ⅳ类用户为负荷容量为 315kVA 以下的计费用户；Ⅴ类用户为单相供电的计费用户。

注 3：用于成品油贸易结算的计量器具的准确度等级应不低于 0.2。

注 4：用于天然气贸易结算的计量器具的准确度等级应符合 GB/T 18603—2001 附录 A 和附录 B 的要求。

4.3.9　主要次级用能单位所配备能源计量器具的准确度等级(电能表除外)参照表 4 的要求，电能表可比表 4 的同类用户低一个档次的要求。

4.3.10　主要用能设备所配备能源计量器具的准确度等级(电能表除外)参照表 4 的要求，电能表可比表 4 的同类用户低一个档次的要求。

4.3.11　能源作为生产原料使用时，其计量器具的准确度等级应满足相应的生产工艺要求。

4.3.12　能源计量器具的性能应满足相应的生产工艺及使用环境(如温度、温度变化率、湿度、照明、振动、噪声、粉尘、腐蚀、电磁干扰等)要求。

5　能源计量器具的管理要求

5.1　能源计量制度

5.1.1　用能单位应建立能源计量管理体系，形成文件，并保持和持续改进其有效性。

5.1.2　用能单位应建立、保持和使用文件化的程序来规范能源计量人员行为、能源计量器具管理和能源计量数据的采集、处理和汇总。

5.2　能源计量人员

5.2.1　用能单位应设专人负责能源计量器具的管理，负责能源计量器具的配备、使用、检定(校准)、维修、报废等管理工作。

5.2.2　用能单位应设专人负责主要次级用能单位和主要用能设备能源计量器具的管理。

5.2.3　用能单位的能源计量管理人员应通过相关部门的培训考核，持证上岗；用能单位应建立和保存能源计量管理人员的技术档案。

5.2.4　能源计量器具检定、校准和维修人员，应具有相应的资质。

5.3　能源计量器具

5.3.1　用能单位应备有完整的能源计量器具一览表。表中应列出计量器具的名称、型号规格、准确度等级、测量范围、生产厂家、出厂编号、用能单位管理编号、安装使用地点、状态(指合格、准用、停用等)。主要次级用能单位和主要用能设备应备有独立的能源计量器具一览表分表。

5.3.2　用能设备的设计、安装和使用应满足 GB/T 6422、GB/T 15316 中关于用能设备的能源监测要求。

5.3.3　用能单位应建立能源计量器具档案，内容包括：

a) 计量器具使用说明书;

b) 计量器具出厂合格证;

c) 计量器具最近两个连续周期的检定(测试、校准)证书;

d) 计量器具维修记录;

e) 计量器具其他相关信息。

5.3.4 用能单位应备有能源计量器具量值传递或溯源图，其中作为用能单位内部标准计量器具使用的，要明确规定其准确度等级、测量范围、可溯源的上级传递标准。

5.3.5 用能单位的能源计量器具，凡属自行校准且自行确定校准间隔的，应有现行有效的受控文件(即自校计量器具的管理程序和自校规范)作为依据。

5.3.6 能源计量器具应实行定期检定(校准)。凡经检定(校准)不符合要求的或超过检定周期的计量器具一律不准使用。属强制检定的计量器具，其检定周期、检定方式应遵守有关计量法律法规的规定。

5.3.7 在用的能源计量器具应在明显位置粘贴与能源计量器具一览表编号对应的标签，以备查验和管理。

5.4 能源计量数据

5.4.1 用能单位应建立能源统计报表制度，能源统计报表数据应能追溯至计量测试记录。

5.4.2 能源计量数据记录应采用规范的表格式样，计量测试记录表格应便于数据的汇总与分析，应说明被测量与记录数据之间的转换方法或关系。

5.4.3 重点用能单位可根据需要建立能源计量数据中心，利用计算机技术实现能源计量数据的网络化管理。

5.4.4 重点用能单位可根据需要按生产周期(班、日、周)及时统计计算出其单位产品的各种主要能源消耗量。

ICS 75.180.30
E 98

中华人民共和国国家标准

GB/T 18603—2014
代替 GB/T 18603—2001

天然气计量系统技术要求

Technical requirements of measuring systems for natural gas

2014-12-05 发布　　2015-05-01 实施

中华人民共和国国家质量监督检验检疫总局
中国国家标准化管理委员会　发布

目　次

前言

本标准按照 GB/T 1.1—2009 给出的规则起草。

本标准代替 GB/T 18603—2001《天然气计量系统技术要求》。

本标准与 GB/T 18603—2001 相比，除编辑性修改外主要技术内容变化如下：

——增加了赋值、干基的定义(见 3.13 和 3.14)；

——对天然气计量站计量系统按规模进行了重新分级，修改了不同等级计量系统的准确度要求和不同准确度等级计量系统配套仪表的准确度要求(见 5.2 和附录 B)；

——增加了在线实流检定或校准接口和计量橇系统的要求(见 5.1.2)；

——取消了 5.2.6 密度直接测量和 6.2.3.1 发热量直接测量的内容；

——增加了在线色谱仪性能评价的要求(见 6.3.1)；

——增加了发热量赋值的要求(见 6.1 和 6.5)；

——增加了在计量系统设计阶段和选择流量计时应考虑不稳定流动影响的要求(见 7.2.2.5)；

——增加了利用核查流量计比对方法来保证流量计的现场计量性能内容(见 8.4.4)；

——增加了旋进旋涡流量计、科里奥利质量流量计的内容(见 10.2 和附录 C)；

——取消了附录 E 密度传感器内容。

本标准在起草过程中参考了 OIML R 140：2007(E)“气体燃料计量系统”和 EN1776：1998(2007)《供气系统　天然气计量站　功能要求》。

本标准由中国石油天然气集团公司提出。

本标准由全国石油天然气标准化技术委员会(TC 355)归口。

本标准起草单位：中国石油集团工程设计有限责任公司西南分公司、国家石油天然气大流量计量站成都分站和南京分站、中国石油西南油气田分公司。

本标准主要起草人：黄和、宋德琦、段继芹、张福元、文代龙、何敏、任佳、杨文川、张维臣、钟小木、徐刚、何衍、李峰、黄永忠。

本标准所代替标准的历次版本发布情况为：

——GB/T 18603—2001。

天然气计量系统技术要求

1 范围

本标准规定了新建和改扩建的天然气计量站贸易计量系统的设计、建设、投产运行、维护方面的技术要求。输送的天然气气质应符合 GB 17820 的要求。

本标准适用于设计通过能力不小于 100m^3/h(标准参比条件下)，工作压力不低于 0.1MPa(表压)的天然气计量站贸易计量系统。

本标准不涉及与其应用有关的所有安全问题。在使用本标准前，使用者有责任制定相应的安全和保护措施，并明确其限定的适用范围。

2 规范性引用文件

下列文件对于本文件的应用是必不可少的。凡是注日期的引用文件，仅注日期的版本适用于本文件。凡是不注日期的引用文件，其最新版本(包括所有的修改单)适用于本文件。

GB 3836.1 爆炸性环境 第1部分：设备 通用要求

GB/T 5274 气体分析 校准用混合气体的制备 称量法

GB/T 10248 气体分析 校准用混合气体的制备 静态容积法

GB/T 11062 天然气发热量、密度、相对密度和沃泊指数的计算方法

GB/T 13609 天然气取样导则

GB/T 13610 天然气的组成分析 气相色谱法

GB 13837 声音和电视广播接收机及有关设备无线电骚扰特性 限值和测量方法

GB/T 14023 车辆、船和由内燃机驱动的装置 无线电骚扰特性 限值和测量方法

GB/T 17281 天然气从丁烷至十六烷烃的测定 气相色谱法

GB/T 17626.1 电磁兼容 试验和测量技术 抗扰度试验总论

GB/T 17626.3 电磁兼容 试验和测量技术 射频电磁场辐射抗扰度试验

GB/T 17626.6 电磁兼容 试验和测量技术 射频场感应的传导骚扰抗扰度

GB/T 17626.9 电磁兼容 试验和测量技术 脉冲磁场抗扰度试验

GB/T 17743 电气照明和类似设备的无线电骚扰特性的限制和测量方法

GB/T 17747(所有部分) 天然气压缩因子的计算

GB 17820 天然气

GB/T 18604 用气体超声流量计测量天然气流量

GB/T 19000 质量管理体系 基础和术语

GB/T 21391 用气体涡轮流量计测量天然气流量

GB/T 21446 用标准孔板流量计测量天然气流量

GB/T 22723—2008 天然气能量的测定

GB 50251 输气管道工程设计规范

GB/T 50540—2009 石油天然气站内工艺管道工程施工及验收规范

SY/T 6658 用旋进旋涡流量计测量天然气流量

SY/T 6659 用科里奥利质量流量计测量天然气流量

SY/T 6660　用旋转容积式气体流量计测量天然气流量

JJG 700　气相色谱仪

JJG 1003　流量积算仪

JJG 1055　在线气相色谱仪

ISO 10723　天然气　在线分析系统的性能评定(Natural gas—Performance evaluation for on-line analytical systems)

3　术语和定义

下列术语和定义适用于本文件。

3.1

计量站　measuring station

由入口和出口管道、截断阀及其他设备安装成可被封隔的、用于天然气贸易计量的设施。

3.2

计量设备　measuring instrument

单独或和其他辅助设备联合进行计量的设备。例如，压力变送器、密度计、流量计、计算机、显示器和记录仪等。

3.3

计量系统　measuring system

用于实现专门计量的全套计量仪表和其他设备。

3.4

核查流量计　check flow meter

只用于核查比对已知准确度的流量计。

3.5

安装影响　installation effect

计量设备或计量系统在实际安装后，工作条件不能完全达到标准规定的条件或校准(或检定)工作的条件而引起的计量结果偏差。

3.6

流量计算机　flow computer

计算和指示标准参比条件下的流量等参数的装置。

3.7

转换装置　conversion device

由一台流量计算机和各个传感器组成的装置。用于以压力、温度和气体组成或以密度或以发热量为参数进行标准参比条件下体积流量和质量流量及标准参比条件下能量流量的转换。

3.8

有效性　availability

在任何时间，计量系统或组成计量系统的计量仪表，能按照其技术指标要求运行的可能性。

3.9

可靠性　reliability

计量系统或计量仪表在规定的时间周期内完成规定功能的能力。

3.10

压力　pressure

3.10.1

最大工作压力　maximum operating pressure

p_{mop}

在正常工作情况下，计量系统能连续工作的最大工作压力。

3.10.2

临时工作压力　temporary operating pressure

p_{top}

在调压装置控制下计量系统能够临时工作的压力。

3.10.3

最大瞬时压力　maximum incidental pressure

p_{mip}

在短时间内，计量系统能够承受安全装置极限内的最大工作压力。

3.10.4

设计压力　design pressure

设计计算时所依据的压力。

3.11

温度　temperature

3.11.1　**最高操作温度　maximum operating temperature**

T_{max}

在正常工作情况下，计量系统能连续工作的最高温度。

3.11.2　**最低操作温度　minimum operating temperature**

T_{min}

在正常工作情况下，计量系统能连续工作的最低温度。

3.12

实流检定或校准　actual flow verification or calibration

以天然气等为介质所进行的流量计检定或校准。

3.13

赋值　assignment

3.13.1

固定赋值　fixed assignment

对于在某个特定的发热量测量站测定的发热量，或者为通过一个或多个界面的气体预先公告的发热量，在使用期间其值不进行修正。

3.13.2

可变赋值　variable assignment

基于发热量站的测量值，以一种赋值程序确定通过一个或多个界面发热量的方法。

注：所应用的发热量可能会涉及将气体从发热量测定站输送到相应体积计量站所需要的时间和其他影响因素，以获得管网的平均发热量，及整个管网发热量变化的状态重构等。

3.14

干基　dry basis

含水蒸气摩尔分数不大于0.00005的天然气；在进行天然气发热量计算时，水的含量设定为零。

4 物理原理和一般要求

4.1 标准参比条件

本标准采用的天然气流量计量的标准参比条件为：20℃（热力学温度为 293.15K）、压力为 101.325kPa、干基。也可采用合同规定的其他压力和温度作为标准参比条件。

4.2 流量测量

可采用不同的物理原理确定天然气的体积流量和质量流量，本标准包括了最常用的技术。也可用其他的方法，但需保证所用方法具有溯源性和可靠性，并且满足气体流量测量和能量测量的基本要求，如准确度、安全及经济准则。

对于所有的流量计，都需要用工作条件下和标准参比条件下的密度，把流量计在工作条件下测得的体积流量转换成标准参比条件下的体积流量或质量流量或标准参比条件下的能量。工作条件下和标准参比条件下的密度可连续测量或通过气体组成计算。密度的计算要求连续测量温度和压力，因此所用温度和压力参数同样要求连续测量。

常用的转换和计算公式参见附录 A。

4.3 发热量测量

测量天然气在标准参比条件下体积（或质量）发热量，最常用的技术是采用发热量测定仪直接测量或气相色谱仪间接测量。

关于发热量测量见第 6 章。

4.4 能量测量

根据不同的要求，计量系统的输出量可以是能量单位，其值是气体量和相应单位发热量的乘积。

4.5 连续输气保障

天然气输送是连续的。为确保连续输气，必要时可增加附加设备。

4.6 环境条件

4.6.1 一般要求

天然气计量站的设计、选址和建设，应使干扰和危险因素对于站本身以及它的运行控制在一个可接受的极限之内。

4.6.2 环境噪声水平

计量站应保证运行期间的环境噪声水平控制在国家相关标准和当地相关法规的范围内，任何设计或修改都不得超过既定噪声标准的范围。

4.6.3 工作区噪声

计量站应确保采取适当的措施防止噪声对操作人员产生伤害。

4.6.4 环境温度

某些设备，例如：计算机及其他电子设备、标准器，只能在一定的温度范围内正常工作，为保证其准确度应控制环境温度。

4.6.5 环境压力

计量站设备一般应安装在大气环境压力条件下，当采用正压强制通风时，应确保正压通风符合要求。

4.6.6 放空

计量站的设计者和操作者必须把天然气向大气的排放量控制在最小极限范围内。设计时应满足此要求，并考虑到特殊情况下排放时安全措施。

4.7 安全

4.7.1 安全管理

计量站所有的建设、投运、操作和维护人员均应是经过安全培训、考核合格的专业人员，应明确和落实不同区域的安全责任制。

4.7.2 警告事项

应在计量系统或附近设置警示标志并进行维护，还应关注系统特性。

应在计量系统或附近设置醒目标示，指出在气体泄漏时应采取的措施。

4.7.3 安全程序

计量站应制定系统操作和维护的安全程序，并经认可。

如果计量站位于一工厂内，工厂的危险操作分析应将该计量站考虑在内。

4.8 质量管理体系

在设计与建设阶段，质量管理体系对计量系统的完整性起决定作用。在整个运行期间，均应保持这种体系的完整性。

设计、建设、施工和投产、运行和维护的每一环节都要保持适宜的质量管理体系，并充分考虑危险区域的现状。这个质量管理体系宜经多方认可，可建立在GB/T 19000标准(ISO 9000)基础上。

5 设计和建设

5.1 设计

5.1.1 概述

5.1.1.1 天然气计量站所有设计、建设和安全方面的要求应符合相应的国家标准、行业标准和有关规定的要求。计量系统的设计应满足流量计的安装、使用、操作和运行等要求。

5.1.1.2 计量站的设计应在所规定的压力、温度(即 p_{mop}、p_{top}、p_{mip} 进站最低压力、T_{min}、T_{max}、环境温度等)范围内正常工作，同时也应考虑气流中的杂质、粉尘和冷凝物对计量的影响。

5.1.1.3 计量系统在设计和安装时，宜作为一个独立的系统。与计量系统配套的其他装置也可与其安装在一起。

5.1.1.4 计量站的设计应保证在故障模式下可以安全操作。紧急情况时可以安全关闭计量站。

5.1.1.5 计量系统的设置应在不影响操作和准确度情况下根据实际环境条件安装于室内或室外。

5.1.1.6 检定或校准和核查场所应具有适宜和稳定的环境条件，并应消除振动。

5.1.1.7　为防止发生回流，应考虑安装单流阀或类似装置。

5.1.2　设计基本准则

5.1.2.1　附录 B 中表 B.1 提供了不同等级计量系统的准确度要求，表 B.2 提供了不同准确度等级计量系统配套仪表的准确度要求。

5.1.2.2　所选择的计量系统应充分减少随机误差和系统误差，履行法制性和合同性职责，并通过技术与经济论证。

5.1.2.3　应注意避免脉动流和振动。

5.1.2.4　A 级和 B 级贸易计量站应设置备用回路，C 级贸易计量站可设置旁通。确定并行管路的数量应遵循如下原则：当某一流量计暂停工作时，其余流量计应在其技术要求范围内运行并能测量最大流量。

5.1.2.5　如果流量计带有测量管，应将其安装在符合要求的上、下游直管段之间。

5.1.2.6　一般情况下，每条计量管路应至少安装一只上游截断阀和一只下游截断阀。

5.1.2.7　计量管路中安装快速开关阀的地方或仪表入口阀差压超过 0.1MPa(表压)的地方应安装一个小口径旁通，旁通管应通过一只小阀慢速开启来控制，以促使流量计和相关管道缓慢增压，避免设备、流量计等仪器仪表的损坏。

5.1.2.8　根据计量站的规模和技术要求，为提高计量结果的有效性，重要的仪器仪表或计量系统应有备用并可独立操作。该设计准则应经有关各方一致同意。

5.1.2.9　加入加臭剂不应影响计量系统的性能。

5.1.2.10　计量系统任何外围设备的设计都不能影响计量过程。如果加臭剂的添加位置和天然气计量位于同一计量站内，宜在流量计下游注入加臭剂。流量调节阀或类似装置引起的气体压力和流量的波动，可能影响计量仪表的准确度，在设计阶段应将其影响控制在最小。

5.1.2.11　安装加热器的计量站，流量计上游管段的气流温度应控制在一个可接受的范围内，这个范围是在正常的工作条件下额定流量的 5%~100%设定的。这个设定温度可接受的范围取决于所指定的主要仪表及转换装置的温度范围。

5.1.2.12　仪表读数设备和记录仪以及监控设备可与通信系统连接。

5.1.2.13　在计量系统设计中，流量计口径大于或等于 *DN*250 及以上，宜设置在线实流检定或校准接口。

5.1.2.14　应提供计量系统的量值溯源图。量值溯源应简捷方便，能满足计量器具的检定或校准要求。

5.1.2.15　计量系统可按成橇的方式设计，应根据对工程投资、建设周期、道路条件、环境条件、站场地质条件等诸多因素进行综合分析和统筹考虑，确定计量系统是否成橇。

5.1.3　计量站的设备

根据需要，计量站主要配置如下：

a)　确定天然气标准参比条件下的体积流量或质量流量或标准参比条件下的能量流量的计量设备；
b)　确定天然气特性的气分析设备，如色谱仪、水露点检测仪、硫化氢检测仪等；
c)　控制天然气气流的截断阀；
d)　监视系统，如记录仪器和仪表；
e)　管道、管件、垫片和热绝缘等；
f)　天然气分离器、过滤器；
g)　预热天然气的加热设备；
h)　降低噪声的消声设备；
i)　控制流量、压力的设备；

j) 用来选择流量计量管路的适当数量以满足计量站实际负荷的切换设备;

k) 防止水合物和防止结冰的防冻设备;

l) 降低脉动和减振的阻尼设备(脉动衰减器或缓冲装置);

m) 防雷及其他设备。

5.1.4 计量站设计能力

计量站的设计应依据以下各参数的最大值和最小值:

a) 天然气在标准参比条件下的体积流量或质量流量或标准参比条件下的能量流量和流速;

b) 设计压力和工作压力;

c) 工作温度以及环境温度;

d) 天然气的组成。

5.1.5 计量系统

5.1.5.1 概述

每座计量站都需要安装进行测量和计算所需变量的必要设备,以满足计量准确度要求。

计量系统由流量计和带不同参数变送器的转换装置组成,以确定各输出参数。根据系统的组成,输出量可以是:

a) 标准参比条件下的体积;

b) 质量;

c) 标准参比条件下的能量。

在特定的情况下(双方合同约定),对压力、温度和气体组成使用定值也是有效的。

应适当考虑进行现场维护、检查、校准的可能性。

5.1.5.2 流量计

计量站采用孔板流量计应符合 GB/T 21446,采用涡轮流量计应符合 GB/T 21391,采用超声流量计应符合 GB/T 18604,采用旋进旋涡流量计应符合 SY/T 6658,采用科里奥利质量流量计应符合 SY/T 6659,采用旋转容积式气体流量计应符合 SY/T 6660。也可使用符合要求的其他流量计。

流量计应这样选择:在系统出现可预见故障的状态下,都不超过流量计设计和试验的最大工作压力;流量计应在所有规定的压力、温度和流量范围内正常运行。

几种天然气常用流量计选型参见附录 C。

5.1.5.3 转换装置

在现场工作条件下,应考虑在计量系统中安装一台转换装置(或一台流量计算机)。转换装置的输出可以是标准参比条件下的体积、质量或标准参比条件下的能量。

体积转换装置及其他类型的转换装置需经过论证,在可用的条件下使用。

5.1.5.4 附加设备

计量系统中可安装脉冲发生器,为传输被测天然气体积和质量产生相应适当的脉冲至累加器、记录器和远传设备。

计量系统的被测变量可以是模拟量或数字量的形式进行显示和记录,并可以通过适当的装置进行记录和存储。

5.1.6 管道

计量管道内径应依据最大流速 20m/s 进行初算。

管道的布置应满足人口速度分布要求，见7.2.2。

5.2 计量站的建设

5.2.1 概述

流量计和相关仪表应妥善处置，将它们储存于干燥洁净的环境，在堆放和装卸过程中应充分考虑制造厂的建议。安装前流量计的进口端和出口端应一直加以保护，以防外来物和水分进入。

所有仪表的安装都应确保其标识醒目易见。

计量开孔(包括测温孔、测压孔、取样口等)不应用作任何其他目的。

5.2.2 流量计安装

流量计在管道上的安装应避免对管道产生附加的安装应力。必要时，设置支架(座)。流量计安装应易于拆卸更换。在一般情况下临时使用的过滤器/筛网安装于流量计所要求上游直管段外的管道上。

5.2.3 腐蚀防护

计量站的所有设备都应抗腐蚀或做防腐处理，可采用设备涂漆和镀层，或通过就地阴极保护系统达到要求。

5.2.4 温度

5.2.4.1 温度传感器的安装应符合我国相应的标准和制造厂的要求。

5.2.4.2 除旋转容积式流量计(或孔板流量计)以外的流量计，其温度计插孔宜设置于流量计下游规定的位置上，以避免对入口速度分布造成干扰。

5.2.4.3 安装温度计插孔时应考虑安置一个备用温度计插孔，用来进行比对，各个温度计插孔它应与原来的插孔成同一角度。

5.2.4.4 温度计套管应伸入管道至公称内径的大约三分之一处，对于大于300mm口径的管道，设计插入深度应在75mm~150mm。

5.2.4.5 为保证在温度计插入处测得的温度与流过流量计的天然气真实温度相一致，根据天然气与其环境之间的预计温差及所需的准确度，必要时将温度计插孔的外部和流量计的上下游适当的管段进行隔热。

5.2.4.6 如设有温度计套管，应避免水的浸入，且应使用导热物质填充。

5.2.5 压力和差压

5.2.5.1 压力传感器的安装应符合我国相应的标准和制造厂的要求。

5.2.5.2 应注意压力和差压变送器的安装。除孔板流量计以外的其他流量计，压力应从流量计测压孔获取，并标记为“p_+”。

5.2.5.3 安装时，不应将安装应力或通过导压管将机械应力传入传感器。应避免在导压管低处安装仪表，以防止液体或污物沉积及出现错误压力读数。

5.2.5.4 安装传感器应避免机械振动。

5.2.5.5 压力测量系统应进行维护、检查和校准。在检查和校准时，要求压力传感器能与导压管隔开，为其提供标准的压力信号。

差压测量仪表宜与压力测量仪表的取压口和导压管分开设置，在保证双重联接不导致差压测量误差时，允许将上游静压(或下游静压)取压口与差压测量仪表的上游(或下游)取压口共用。

为避免差压、静压测量的错误，导压管与气体组分分析的取样导管不能共用。为便于检查和校准，差压与压力仪表之间，仪表与导压管之间应用阀(或阀组)隔开。阀(或阀组)应有封记，以防未经许可的操作影响整个测量准确度。

5.2.6 密度

天然气的密度采用间接测量方法，按 GB/T 11062 和 GB/T 17747(所有部分)的计算方法获得。

5.2.7 附加设备

5.2.7.1 加热器、过滤器、阀和其他设备以及组件等应不影响计量操作。

5.2.7.2 流量计上、下游的截断阀和旁通阀宜采用位置指示器，清楚的标出操作方向，以便打开或关闭。阀安装处，宜再安装一个检漏试验装置(例如：截断阀和放气阀)。宜选用带控制器操作和手动操作任选的阀。

5.2.7.3 如天然气中液体或(和)粉尘可能影响计量结果时，应在流量计上游管道尽可能远的位置安装适宜的分离器或(和)过滤器、除尘器。

5.2.7.4 如降低压力或控制流量产生的水合物影响计量站的正常工作，应安装加热器或其他适宜的设备。

5.2.7.5 在计量站正常工作时，不允许天然气经旁通绕行工作流量计而造成非计量漏失。更换、检修流量计需拆、装时，应缓慢启动备用计量管路阀或旁通阀，以使天然气平稳流动。

5.2.7.6 计量系统应有泄压措施。

5.2.8 电气设备

电气设备应遵循相应的国家或行业标准。

5.2.8.1 防爆要求：可能的危险区域应按 GB 3836.1 进行分级。在危险区域内，任何电气设备安装都应符合 GB 3836 的规定。

5.2.8.2 防雷与接地要求：

a) 应设有适宜的防雷装置，防雷保护接地电阻不应大于 10Ω；
b) 屏蔽接地，应选择合适的接地点；
c) 交流工作接地电阻不应大于 4Ω；
d) 安全保护接地电阻不应大于 4Ω；
e) 计量站应采用联合接地设计，采用联合接地系统接地电阻为 1Ω。

6 发热量测量

6.1 概述

6.1.1 天然气的发热量采用直接或间接的测量方法获得，推荐使用组成分析数据计算的间接测量方法。对于管网系统当使用在线色谱仪分析组成数据不经济时，其结算用的发热量应该使用赋值计算方法获得，见 B.1。

6.1.2 选用的发热量测量方法应至少符合附录 B 要求的准确度，应能准确地将不确定度减小至满足合同要求，并满足技术可行和经济合理的要求。

6.2 测量系统

6.2.1 系统组成

发热量测量系统组成如下：

a） 天然气的取样系统；

b） 测量(直接或间接)和计算的设备；

c） 校准装置(包括标准气)；

d） 数据的存储和记录设备。

6.2.2 取样

安装处理设备作为取样设备的一部分。

根据天然气组成的稳定性和性质，可以采用在线或离线测量装置。

在线测量装置应连续直接取样。

对于离线测量装置，应设置专用离线取样口，根据取样天然气组成与性质的波动情况，应采用如下取样技术：

a） 周期定点取样；

b） 累积取样。

周期性定点取样和累积取样可以用来获取被测天然气的单个或累积样品气。如果累积取样是按流动体积比例取样，那么这些样品气可以周期性地传送给发热量测量系统。

连续测量时，取样器应获得有代表性的天然气。取样器应从合适的位置取得样品气。取样点和分析器之间的滞后时间应尽量短，至少要少于分析周期。应采用小口径不锈钢管减压输送。

应清除天然气中固体、液体和凝析物，天然气处理后应不影响测量结果。取样导管中的流动要稳定，且应和其他测量过程变量(如压力、温度和流速等)保持独立。减压应紧靠取样点。

取样系统的设计和操作导则见 GB/T 13609。

6.2.3 测量装置

间接测量可分为组成计算法和关联技术法。

用组成计算法需分析气体的组成。分析方法通常采用离线或在线的气相色谱法，采用的标准为GB/T 13610、GB/T 17281。用组成数据可计算天然气发热量及其他物性参数，计算方法采用 GB/T 11062。

通过天然气的一个或多个物化参数的测量，采用关联技术法计算获得天然气发热量。

示例 1：仅含有烷烃的天然气作为燃料时，可利用化学计量配比特性来计算发热量。

示例 2：可利用天然气密度和声速来确定发热量。

6.2.4 校准

发热量测量系统应提供一种包括校准用标准物资在内的校准方法。这个校准系统组成如下：

a） 储存于钢瓶内标出发热量和(或)气体组成、可溯源的有证标准气，此标准气用于校准气相色谱仪；

b） 必要的减压设备和连接标准气体钢瓶和测量仪器的专用管线；

c） 必要时对标准气进行加热的设施。

6.2.5 数据的储存和记录

所有相关数据(如测量数据、校准因子、运行状况)均应根据规定或合同要求的时间间隔储存在适当的记录装置内并可输出和远传，可由计算机、打印机和记录装置等完成。气体发热量和其他物性参数既可遥测，也可就地计算。

6.3 性能要求

6.3.1 测量系统

测量系统的性能特征可由下述指标表示：

a） 准确度；

b） 重复性；

c） 分辨力；

d） 灵敏度；

e） 可靠性；

f） 有效性。

气相色谱仪分离天然气组成的能力是极重要的。根据 GB/T 13610 设置气相色谱仪对天然气组成进行分析。气相色谱仪的检定采用 JJG 700，在线色谱仪在使用前应该参照 ISO 10723 和 JJG 1055 进行性能评价。

测量系统的准确度受多种因素影响，主要来自使用中的测量系统，其余的因素有：

a） 工作条件；

b） 维护周期和质量；

c） 标准气；

d） 取样/净化；

e） 气质变化；

f） 测量仪器的老化。

发热量测量系统的不确定度应符合附录 B 中对应计量系统等级的要求。

6.3.2 校准要求

校准用标准气的气质是测量系统测量结果准确与否的关键。校准系统的性能要求应与发热量测量系统总不确定度的要求相一致。

作为校准标准使用的混合气，其组成在预定储存和使用条件下应保持稳定。适合校准用的单一组成气的纯度应有明确规定。例如：用来校准记录式发热量测定仪的甲烷的纯度应为 99.999%。

在设计校准系统时，如需使用混合气就应采取措施消除随使用条件变化而变化的可能性。例如：为防止高碳烃化合物在预定环境温度下冷凝，可以加热钢瓶及与测量仪器相连接的管线。

校准过程的不确定度影响被测发热量总的不确定度，该不确定度影响因素如下：

a） 有证标准气的发热量、气体组成的不确定度；

b） 根据标准气导出校准因子测量值的重复性；

c） 仪表的线性、发热量的误差、标准气和测试气的组成。

以下各种方法可以减小上述影响：

a） 燃烧法发热量测定仪和其他仪表，标准气可以是已知发热量不确定度的纯气，如高纯度甲烷；

b） 对于气相色谱仪，需采用多组分标准气，高准确度标准气可用称量法配制；

c） 可采用多点读数平均值而不是单点读数值来尽量减小测量重复性的影响；

d） 标准气的发热量和组成应尽可能接近测试气或采用多点校准以减小仪表的非线性影响。

6.4 操作与维护

6.4.1 测量

定点取样或累积取样进行发热量测量，可用离线气相色谱仪。有在线色谱仪和实验室色谱仪。后者可用来对天然气进行延伸分析，所有组成都可单独测定和量化。

在线气相色谱仪大多应用在远控计量站，并且和管道天然气适当的取样点相连接。电子控制器一般不宜用于危险区，具有防爆结构的过程色谱仪可安装在危险区。

6.4.2 校准

制定校准程序应考虑如下因素：

a） 发热量测量的最大允许不确定度；

b） 有证标准气发热量或组分的不确定度；

c） 覆盖测量范围的标准气的数量；

d） 测量设备的重复性；

e） 取决于测量设备稳定性和重复性的校准时间间隔；

f） 气相色谱仪系统的校准次数；

g） 校准要求。

对于气相色谱仪，标准气组成应接近于预设的被测气组成，也可采用多点校准程序。后一种情况需要用几种标准气校准超出已规定的预计被测发热量和组成的测量范围。

标准气按 GB/T 5274 或 GB/T 10248 进行配制。

标准气应具有可溯源性。

6.4.3 系统检查和数据验证

用标准气对系统再次进行独立的检查，保证校准因子漂移不能超过预定值。检查系统时应使用一种已知组分或发热量的独立气(验证气)。如果超过了预定值，应检查发热量测量系统。

6.4.4 验收准则

对于气相色谱仪，对未归一摩尔分数的总和与归一结果的差值应设定一个限定值。

6.5 赋值

6.5.1 赋值方法

赋值是解决没有发热量测定站点获取发热量的方法之一。从赋值数学模型分，可分为固定赋值和可变赋值两种。从气源分，可分为单气源赋值、双气源赋值和多气源赋值。

固定赋值是所赋的值不随气体流量、气质变化和距离而变，在一定时间内赋给一个固定值。可变赋值是所赋的值与赋值源有一个时间差，该时间差与赋值源和赋值点之间的管道体积(距离)、气体流动速度、压力和温度等因素有关。

具体赋值方法参见 GB/T 22723—2008 中第 9 章。

6.5.2 赋值准确性

赋值的准确性取决于：

a） 赋值源的准确性和稳定性；

b） 赋值的数据模型的代表性；

c） 赋值源至赋值点之间管道体积计算的准确性；

d） 赋值源至赋值点之间气体流量测量的准确性；

e） 赋值源至赋值点之间气体流流速计算的准确性。

6.5.3 赋值方法选择

赋值方法的选择应该遵循如下原则：

a） 固定赋值方法只能用于 C 级计量系统和气质比较稳定的小流量 B 级计量系统；

b） 双气源或多气源的固定赋值方法只能用于 C 级计量系统；

c） 除非能够证明气质的变化和赋值结果的准确性能保证符合要求，否则A级计量系统不应该使用赋值方法获取发热量或组成数据，并应该选择可变单气源赋值方法。

选择的赋值方法在使用前，应该进行评价，以保证赋的值满足附录B对应计量系统准确度要求。

注：本条和GB/T 22723—2008中第9章介绍的赋值方法的对象都只是发热量，当使用在线色谱仪分析数据作为赋值源时，建议赋值对象采用组成分析数据，由流量计算机计算发热量，所赋的天然气组成数据还可以用于流量测量和体积换算所需的物性参数计算。

7 天然气计量系统的可靠性与校准

7.1 准确度要求

7.1.1 通则

组成计量系统的流量计和配套仪表的准确度至少应满足国家法规或合同要求，计量系统准确度及配套仪表准确度应符合附录B的规定。

计量系统应遵循附加的合同职责。

计量系统中的每一种仪表特性应与预期的被测量特性及所要求的准确度水平相匹配。应注意仪表所使用的量程范围，以及对被测量波动的动态响应(参见附录D)。

注：过高的准确度要求会增加不合理的费用。

7.1.2 最大允许误差

按下列方法确定测量结果的最大允许误差：

a） 计量系统中可分别予以校准和调整，并在出现故障时可以更换的独立计量仪表；

b） 整个计量系统(如果合同要求)。

示例1：

对于大型计量系统，它可以是一个单传感器，对于小型计量系统，它可以是一套完整的带所有传感器的体积量等转换装置。

应将最大允许误差规定为一个测量结果的百分数或规定为一个绝对值。

计量系统中一台计量仪表的系统误差不应用另一台计量仪表的相反系统误差去消除。

示例2：

一个压力传感器的2%的读数误差不应用一个温度传感器的读数误差-2%予以补偿。

7.1.3 最大允许误差的符合性要求

计量站能以一个两倍标准偏差的水平表明，用来表示计量系统最大允许误差的各个计量仪表的误差和/或整个计量系统的误差在规定的最大允许误差范围内。因此，至少需要一份完整的计量系统测量不确定度分析报告。不确定度分析包括：

a） 基于仪表校准给出的测量结果经修正后的示值误差；

b） 基于说明书或校准证书和确认的安装影响引起的不确定度；

c） 根据重复校准的结果或已知的性能，评估计量系统随时间的漂移，和漂移引起的不确定度；

d） 评估安装影响引起的不确定度；

e） 评估校准装置的不确定度影响。

7.1.4 校准

7.1.4.1 通则

计量系统中具有相应测量准确度的仪表应通过校准溯源至国家标准。校准应在与实际工作条件相近的条件下进行。如果在计算不确定度时考虑到这个因素，也可在不同条件下对计量仪表进行校准。

用于校准的标准设备应在法定计量机构进行检定，应使用有证标准气。

7.1.4.2 校准证书

如果与校准范围的功能相关，校准证书应规定测量结果的系统误差。校准证书还应对校准结果的不确定度加以说明。

7.1.4.3 校准间隔时间

应根据用于计量系统中各仪表的型式试验和/或这类的经验资料，评估首次校准结果的漂移和漂移造成的不确定度。在此基础上，确定核查和校准的间隔。

7.1.5 有效性

应对计量仪表和计量系统的有效性进行评估。计量站应当指明，如果某一计量仪表或整个计量系统发生故障，测量结果应采用什么方式予以替代。应对代替值的不确定度给测量值的不确定度造成的影响进行评估。即使在使用代替值的情况下，整个规定时间周期内的测量结果都应处于有关各方认可的范围内。

7.2 安装要求

7.2.1 基本要求

流量计的安装应遵循相关国家标准或行业标准或国际标准的要求，并满足制造厂要求。

7.2.2 入口速度分布的要求

7.2.2.1 条件

当旋涡角小于仪表制造厂或适当的产品标准指标规定时，所产生的涡流及速度分布畸变是可以接受的。

对于所有的流量计，一个充分发展的轴对称的速度分布和消除涡流对获得准确的流量测量是至关重要的，旋转容积式流量计对速度分布的要求敏感性较小。

注：附录C中表C.1中列出的典型管段长度只适用于上游流动条件可以接受的安装。如果存在严重的不对称流或涡流，要获得一个充分发展的速度分布，规定的管段则还不够。除非试验已经表明处于上述情况下的流量计能准确计量，否则就要求长得多的直管段或安装流动调整器。

7.2.2.2 管路布置要求

在7.2.3~7.2.7中分别对几种不同的仪表型式给出有关的专门说明，并非所有仪表对扰流剖面同样敏感。其他的评估方法见7.2.2.4。为获得可接受的速度分布，采取以下的管路布置要求：

a） 所需上、下游直管段和流量计的公称直径应相同；

b） 流量计上、下游截断阀内径应与管道内径一致，宜采用全通径阀；

c） 如果在流量计上游安装调节阀，那么应采取预防措施；

d） 应根据流量计类型避免使用会产生非对称速度分布和涡流的管件或设备(如：单弯管、U型管、不同平面的双弯管、部分关闭阀等)，否则应保证流量计上游有足够的直管段或加装流动调整器。

7.2.2.3 流动调整器

如果上游条件不能保证所用流量计要求的准确度，则应使用适当的流动调整器。

流动调整器的下游应安装符合要求的直管段。

7.2.2.4 可接受速度分布的评估

如采用直管段、流动调整器仍达不到规定要求，有两种方法可供选择：

a) 可以测量速度分布以证实流量计入口的流动状况；

b) 可以考虑对流量计、包括其上游管道和流动调整器进行校准。

7.2.2.5 不稳定流

压力脉动、流速脉动和振动现象可能引起流量测量中的较大误差。影响性能的频率范围和幅度取决于流量计的类型、流量计的设计以及气体密度等。在计量系统设计阶段和选择流量计时应考虑不稳定流动的影响。

7.2.2.5.1 脉动

当流量计安装在以下装置的上、下游时，应检查脉动的影响：

a) 活塞式压缩机；

b) 旋转活塞式流量计；

c) 产生共振的管道盲肠段；

d) 不稳定的压力调节阀。

增加流量计和脉动源之间的距离或使用适当的脉动衰减器可以减少脉动对流量测量的影响。

7.2.2.5.2 振动

在管道系统的固有频率等于或接近由如上(7.2.2.5.1)所述装置、流量计本身或天然气流动所造成的脉动的频率时，就可能产生振动。为了防止或尽量减少流量计的振动影响，最好是在设计阶段就应对整个计量系统进行适当的考虑。特别应注意的是，超声流量计不应安装在振动频率(或其谐振)可能接近超声波传感器工作频率的环境。

7.2.3 旋转容积式流量计

7.2.3.1 上游速度分布的影响

旋转容积式流量计在低压时对管路形状不是很敏感。高压(工作压力大于 0.4MPa)时，应确保流量计入口的气流为充分发展流。安装要求见 SY/T 6660 的有关规定。

7.2.3.2 流量计引起的压力脉动

由于流量计的工作原理，可能产生小的压力脉动，但对流量计自身工作没有影响。当有另外的管路联入流量计管路，或者流量计被用在管汇处，要注意避免共振的可能性。由于压力脉动，设计时不要将旋转容积式流量计和其他流量计混合使用。

7.2.4 涡轮流量计

保持准确度所需的上游速度分布取决于流量计的设计。应考虑有上游干扰涡轮流量计灵敏度的测试结果。安装要求见 GB/T 21391 的有关规定。

7.2.5 涡街流量计

涡街流量计对上游管路布置比较敏感，校准涡街流量计时宜连同其上游直管段一并校准。并且在流量计安装时应保持同样的管路布置。安装要求见 SY/T 6658 的有关规定。

7.2.6 超声流量计

超声流量计的安装要求见 GB/T 18604 的有关规定。

7.2.7 孔板流量计

孔板流量计的安装要求见 GB/T 21446 的有关规定。

7.2.8 旋进旋涡流量计

旋进旋涡流量计的安装要求见 SY/T 6658 的有关规定。

7.2.9 科里奥利质量流量计

科里奥利质量流量计安装要求见 SY/T 6659 的有关规定。

7.2.10 电子仪器

7.2.10.1 通则

流量计和传感器的信号传输应消除干扰，处理接收到的信号应不引入系统误差或噪声。

以下方法可用来评价电子系统是否符合 7.2.10.2 和 7.2.10.3：

a） 仪表有适当标记指明：一份试验报告表明该仪表性能符合要求；

b） 仪表无适当标记，但制造厂提供了一份书面陈述和一份报告表明该仪表性能符合要求；

c） 仪表盘经过全面检验后得出一份报告表明该仪表盘性能符合要求；

d） 一个仪表盘上每台仪表都应有适当的标记标明：一份试验报告表明这些仪表的性能均符合要求。仪表盘内电缆的安装应使仪表盘符合抗电磁干扰要求。

7.2.10.2 抗电磁干扰要求

为了与 EMC(电磁兼容)的要求相符，仪表的安装应符合 GB/T 17626.3、GB/T 17626.6、GB/T 17626.9 的规定。

大多数气体计量站应达到 GB/T 17626.1 中严酷度等级水平 3 的要求。

注 1：3 级环境条件的计量站可由以下因素表示出来：

a） 对单独电缆没有严格要求；

b） 数据线可不经过滤进入；

c） 仪表的接地可与动力线的安全接地相连接；

d） 室内较大的感应负荷可开启和关闭。

注 2：符合 EMC 的指标就意味着所有电子仪表连续工作，在功能上不会受 3 级环境中可能发生电磁干扰的影响，尤其意味着：

a） 系统对警报或跳闸不作出反应；

b） 任何传感器的测量结果在任何时候都不偏离真值(处于传感器的准确度范围内)。

注 3：可能有局部环境必须符合 4 级。

7.2.10.3 电磁辐射要求

GB 4824、GB 9254、GB 13837、GB/T 14023 和 GB/T 17743 中给出了与 EMC 指示相符的最大允许输出值。

一般来说，这就要求仪表的设计和安装应使其电磁辐射水平足够低，以保证仪表自身电子系统正常工作，且不会对其他电子设备造成电磁辐射干扰。

8 投产试运

8.1 概述

气体计量站由复杂的机械及电子设备组成，应进行适当的试运行以保证它们满足正式运行的设计要求。在运抵现场之前，应在制造厂内尽可能对系统进行全面的出厂验收测试。这种详细的系统测试包括机械部件，进行系统的二次仪器仪表和流量计算机检验，证实不同电子元件间的信号处理和数据传输。安装后，在系统投产前还应进行试运的检查，计量站的机械完整性应符合 GB 50251 的有关要求。

8.2 测试设备

用于投产的所有测试设备应符合有效性要求，或者使用已校准合格的、参与投产的各方都认可的测试设备。这个要求不包括只用来产生电流或电讯号的设备。然而，这种设备的输出应稳定并具有重复性。

用于调试的测试设备，其测量的不确定度，至少应为被测试仪表中特定项目的不确定度的三分之一(在测试条件下)。在所用之处，测试设备测量的不确定度应符合国家法规。

所有测试设备均应用于其所用的环境。如果要把这种设备用于危险区域，它应具有适当的安全合格证。

8.3 试运行

安装就位之后，应确保所有的切屑和残渣均已清除，系统已经吹洗、试压、气流进入并升压至流量计入口阀。应对系统进行目测检查以保证其完整性符合设计要求。特别是对自动、手动截断阀和放空阀要认真检查以确保安全可靠地操作。

应对所有电气系统及其危险区域电缆电路的设备合格证书进行检查以确保它们符合相关的标准。

所有参与投产的人员均应是专业的。

开启出口阀时应避免流量计过高差压或过高流速。当通过涡轮流量计和旋转容积式流量计给下游大管道升压时，更应注意。

制造厂规定的任何特别的试运行检查都必须进行。

8.4 测试和校准程序

8.4.1 概述

测试和校准程序应依赖于安装设计，视计量管路是否安装旁通而定。应确保计量系统良好运行和不确定度满足计量要求，测试和校准程序应在计量站投入正常使用前进行。应制订明确的测试和校准程序。

典型测试设备的测试和校准见 8.4.2~8.4.5。

流量计和其他仪器应在装入计量管路前进行检查。

流量计投入使用前，应按相应国家标准或规程进行检定或实流校准。

8.4.2 测试设备的温度稳定

在对使用温度有要求的测试设备进行测试和校准之前，测试和标准设备应在规定条件下保证充足的时间使其温度稳定。

8.4.3 流量计

8.4.3.1 旋转容积式流量计

应检查润滑剂等级、质量和黏度符合制造厂要求；
应检查通过给定指示流速的差压，以满足制造厂提出的要求；
应检查流量计的脉冲输出信号，并与一次指示装置进行对比。

8.4.3.2 涡轮流量计

应检查润滑剂等级、质量和黏度是否符合制造厂要求；
应目测观察涡轮流量计，包括自旋测试和检查是否有异常声音；
应检查涡轮流量计的脉冲输出信号，并与一次指示装置进行对比。

8.4.3.3 涡街流量计

应进行流量计和其相关的入口及出口管道的目测检查；
流量计安装应与管道同心；
应检查传感器的脉冲输出信号以及把信号转换成定标脉冲的转换装置。

8.4.3.4 超声流量计

应进行检查以确保产生适当的信号。在工作条件稳定的情况下，测量声速与理论声速间的偏差、各声道间的最大声速差在 GB/T 18604 规定的范围内。

8.4.3.5 科里奥利质量流量计

应对流量计的安装进行检查，尽量减少流量计的管道应力的影响。应对管道进行初步吹扫后安装质量流量计，以减少固体颗粒对测量管的磨蚀。

8.4.3.6 孔板流量计

应对孔板流量计进行检查以确保安装过程中未受任何损伤。应特别注意孔板开孔的上游直角边和上游表面。应用直尺检查孔板的上游表面以确保无翘曲和变形。

应按照 GB/T 21446 进行检查。应在一特定环境中对尺寸和实际条件(孔板孔径、孔板平直度、粗糙度、上游直管段内径)进行确定并作为证据予以记录。

应对孔板装置进行检查以确保没有残渣，使孔板处于正常的密封配合。应对附件内任何流体的性质和数量予以注意并将其排空。应对取压孔进行检查，必要时可用一内孔检查设备，以确保已无黄油、防锈剂或淤泥存在。

在每项检查完毕后，应对孔板装置密封的良好性进行检查。

8.4.3.7 旋进旋涡流量计

应缓慢地升压和启动，防止瞬间气流冲击损坏管路和仪表。
智能流量计应注意比对压力和温度测量值。

8.4.4 实流校准

为保证流量计的计量性能，应对流量计进行实流校准。实流校准的工作条件应接近现场工作条件，实流校准的安装条件应尽量与现场安装条件一致，由于安装条件差异带来的不确定度应不超过 0.3%。其余详细要求见相关国家标准或规程。

8.4.5 核查

为进一步保证流量计的现场计量性能，可以串联安装核查流量计对流量计进行在线比对核查，在线比对核查应符合以下要求：

a) 在考虑核查流量计和工作流量计间的压差和温差的情况下，体积测量结果的计算误差应小于认可的极限值。这个极限值在计量站投运时就应建立，并且在以后的核查中两个流量计间的差值均应在此极限值范围内；

b) 核查流量计和工作流量计宜采用不同工作原理的流量计，两者的流量范围应匹配；

c) 在进行安装设计时应注意防止上游流量计对下游流量计入口流速成分布的影响。

8.4.6 配套仪表

8.4.6.1 通则

所有影响最终测量结果的配套仪表在现场安装前均应已按可溯源至国家标准的标准进行过校准。为了防止出现运输过程中的不利影响，还应进行一次现场测试。

传感器和所有相关元件，例如连接设备、信号转换器、供电设备、包括电缆线路和其他构成计量链的电气设备，均应作为一个整体进行测试和校准。

测量结果读数可从计量系统中的显示器、监视器、记录器或打印机上获取，并应与传感器上所处的实际条件相比较。

所有测试结果，包括环境温度，均应在测试时记录下来。每份记录报告应由正式参与的各方代表签字。

其余参见附录 E。

8.4.6.2 差压传感器

差压传感器应在其整个工作范围内进行 3 个或 3 个以上指定点值的测试。差压传感器的输出应观察到既有上行程又有下行程的差压。差压传感器在上、下行程的测试中应过载至 110%。

差压传感器最好是在工作条件下进行测试。如果不能进行测试，则应在压力从环境压力上升至工作压力时用修正值对传感器输出结果的漂移进行修正。

8.4.6.3 压力传感器

传感器应与管道隔开进行测试，测试应在该仪表的整个工作范围内 3 个指定点上进行，以获得既有上行程又有下行程的压力。压力传感器在上、下行程的测试中应过载至 110%。

8.4.6.4 温度传感器

校准温度传感器的方法取决于传感器类型和是否有供校准用的测温孔。

8.4.6.5 气相色谱仪

气相色谱仪按 ISO 10723 进行校准。

8.4.6.6 流量计算机

流量计算机应符合 JJG 1003 和其他相关标准及规范的要求，以确保相关的参数和公式可以被正常地输入软件，并且它可以根据相应的标准进行流量计算。

典型流量计算机的校准，应在全功能校准(8.4.6.7)前进行，它主要包括以下几项：

a) 包括零和全量程在内的整个工作范围内进行 5 个指定点上的数字转换模拟测试，误差应在允许误差范围内；

b） 计算的密度应与计算机在分辨范围内显示的计算密度相一致；

c） 输入范围内以5个模拟温度进行的温度输入线性测试，模拟温度和计算温度应在允许范围内相一致；

d） 流量计算机显示的流量值应与按照适当标准计算的流量值一致；

e） 脉冲输入测试。

8.4.6.7 全功能校准

在对配套仪表进行测试和校准之后，应用模拟输入对计量系统进行一次全面的功能测试。该测试应包括传感器、信号传输、模拟数字转换和流量计算在内的整个系统的不确定度的验证。

9 验收

9.1 概述

对计量站进行验收的基本要求应在有关各方达成的协议中明文规定。

强度和密封试验按 GB/T 50540—2009 中 9.3.2 进行。

计量系统要通过技术上的验收，至少应满足以下条件：

a） 系统的成功投产；

b） 交接计量设施运转正常；

c） 所有全套文件。

9.2 投产后检查

计量站在经过有关各方一致同意的一段时间商业运行后，应进行投产后的检查，以确保它仍在技术要求范围内运行。检查应按照或接近 8.4 中详细叙述的测试和校准程序进行，配套仪表测试程序参见附录 E。

10 运行和维护

10.1 概述

10.1.1 计量站应准备和提供一个可审查计量站的操作程序。这些程序应确保计量站在其使用寿命期限内始终在其设计性能范围内运行并保持这种性能。这些程序应经有关各方一致认可。

10.1.2 计量站所有的操作和维护人员应进行考核，并明文规定他们的责任和义务。

10.1.3 为了确保计量系统在要求的准确度范围内操作并保持高可靠性，应进行常规检查和校准。检查和校准的周期应依据对计量系统不确定度的要求、计量设备性能和计量工艺参数变化情况而定。检查和校准结果应进行记录，用来评价计量仪表的性能。

10.1.4 电子设备的检查和校准应根据相应标准的有关规定和制造厂的要求进行。

10.1.5 对计量系统有影响的工艺设备，例如：旁通阀、计量管道截断阀、调节阀和过滤器等，除经常性的常规检查外，还应定期检查。

10.1.6 所有维护工作都应按照国家健康安全法规进行。

10.1.7 定期检查实测流量和工作压力，以确保计量系统（包括配套仪表）在限定值内工作。

10.1.8 当使用一确定的压力系数转换值，调节阀的设定值和温度控制的设定值（如果预热）都应定期进行检查。

10.1.9　一种监测计量系统性能的方法是安装一套完整的附加计量系统(核查系统)，该系统既能连续持久地运行，也可在整个系统需要校准检查时进行串联接入。工作系统测量结果与核查系统(或实流校准系统)测量结果之间误差的最大允许值应明确规定。

10.1.10　为避免由不同标准的系统误差引起读数误差，应按照同一标准对系统进行检定。在估计工作系统和核查系统(或实流校准系统)间的误差时，应考虑系统的不确定度和可能出现的安装影响。

10.2　流量计

10.2.1　一般规定

应对流量计的外观进行检查，看是否有运行异常的迹象，如噪声过高、指针不规则运动，检查是否有腐蚀或其他损坏的情况出现。

对流量计需要定期润滑的，应按照制造厂的要求进行润滑。

如果计量站安装了核查流量计，则应定期进行比较核查。如果核查(或实流校准)流量计与工作流量计之间的读数误差(考虑计量条件下的误差)超出了许可的范围，则应再进行检查。

流量计如有电子脉冲输出结果应定期相互比对，并与流量计的累加器进行比对。

如果对流量计的性能有怀疑，则应查明原因。必要时需更换流量计。

应当对照制造厂的要求对流量计进行专门检查和调整以使流量计的不确定度维持在技术要求范围内。

10.2.2　旋转容积式流量计

如果压差明显上升，则表明可能出现机械故障或阻塞，这时应将流量计从管道中拆下并进行内部检查。

10.2.3　涡轮流量计

如果对涡轮流量计的运行有怀疑，必要时可将其拆下进行内部检查。同时注意检查安装中的附着物、磨蚀和对流量计内部的损伤以及入口衬套、流动调整器和叶轮等。

涡轮流量计的型号结构不同，污垢物对工作和计量性能的影响也不一样。

此外，应在自然通风环境中进行一次自转测试。把测得的自转时间和制造厂新的流量计所规定的值相比，了解流量计轴承的使用情况。

10.2.4　涡街流量计

如果对涡街流量计的运行情况产生怀疑，则应将其拆下进行内部检查。传感器(热电阻器)容易引起故障。应注意检查安装、附着物、磨蚀和对流量计管壁的损伤以及非流线体和非流线体边缘的尖锐度。

10.2.5　超声流量计

气体超声流量计内径应使用光学探头对一个或多个换能器内端口进行目视检查。流量计管内的任何残渣和可能集结于管壁上的任何附着物都应清除掉。

检查超声波换能器孔，以确保孔内无阻塞。

应定期检查接收信号的信噪比。信噪比降低就意味着超声波换能器孔被污垢覆盖或磨蚀。如果检测机构漏掉部分脉冲，就会产生长时间的系统误差。这种情况可能发生至什么程度和流量计自身能检查到什么程度，均取决于电子仪器的设计和流量计的信号检查程序。

10.2.6　科里奥利质量流量计

应定期检查仪表的工作状态，如仪表出现报警信息，需及时检查流量管内部是否有脏污物附着或测量管的磨蚀。发现仪表出现报警信息时，要及时查明原因，必要时需对仪表零点示值漂移进行检查，以便及时消除管道安装应力及流量管内部是否有脏污物附着或测量管的磨蚀影响程度。

10.2.7 孔板流量计

孔板、孔板夹持器以及相连的测量管应定期检查它们的磨蚀和粘污情况，看有否损坏，见8.4.3.6。

对于孔板应特别注意：

a) 孔板开孔直径；

b) 孔板直角入口边缘尖锐度；

c) 孔板平面度；

d) 孔板上游表面应无脏物和残渣附着。

对于孔板夹持器和相连测量管应特别注意：

a) 上游直管段内壁无脏物、残渣、磨蚀和损坏；

b) 孔板夹持器密封情况良好；

c) 孔板夹持器与孔板开孔以及上、下游直管段应同心同轴。

如果发现有明显的磨蚀和损坏情况，应及时更换。并且还应检查其他所有的部件，以满足GB/T 21446标准规定的技术要求。

10.2.8 旋进旋涡流量计

如果旋进旋涡流量计出现故障，多数可能是在电路部分，因为它无转动部件。一般来说计量回路的管道系统在计量站建设、验收和投产时经多次查证符合生产厂和相应标准的安装要求，除非周围新安装了有强磁场干扰和强机械振动的设备。

应根据出现故障现象予以检查，主要是根据流量计显示值与输出信号之间出现的各种情况检查相应的电路和电源。同时要注意检查压力和温度传感器安装是否恰当，线路有否毛病等问题。

如果发现流量计超差，应将流量计从管道上拆下来进行内部检查。应注意检查附着物、磨蚀、管壁损伤等不正常情况。

10.3 转换装置

应定期对转换装置和校准情况进行检查。

10.4 维护后的检查

当维护、检查流量计及配套仪表(见8.4.6)后，负责测试人员应确保计量系统的正常工作。

10.5 一致性

在计量站的整个运行寿命期限内，应确保它始终满足合同的要求。计量系统的任何明显的变化均应记录。

10.6 资料档案

10.6.1 一般要求

计量站应建立并保存一份档案，档案中应包括计量站操作维护所需的全部记录资料。

10.6.2 维护记录资料

维护记录应按有关各方一致同意的方式保存，至少应保存一年。

10.6.3 记录资料的认可

在检查、测试或校准期间的每个阶段，应由承担该项目工作的人员完成一份测试记录单。所有记录都应按照计量站的操作程序保持其持久性和完整性。

10.6.4 记录资料的检查

计量站应确保所有记录资料、特别是论证计量站性能所需的用于报表目的的记录资料，在授权人员和主管部门要求检查时应随时提供。

详情参见附录F。

附 录 A
(资料性附录)
天然气体积、质量及能量的计算公式

A.1 总则

本附录提供的这组方程通常用来计算天然气的相关量，用立方米(m^3)表示标准参比条件下的体积，用千克(kg)表示质量，用焦耳(J)表示标准参比条件下的能量。

这些假设测量提供的是工作条件下以 m^3 为单位的天然气体积 V_f。孔板流量计的计算见 GB/T 21446。

本附录使用的符号列于表 A.1。

表 A.1 符号和代号

代 号	名 称	量 纲	单位符号
ρ_f	工作条件下的天然气密度	ML^{-3}	kg/m^3
ρ_n	标准参比条件下的天然气密度	ML^{-3}	kg/m^3
E_n	标准参比条件下的天然气能量	ML^2T^{-2}	J
H_{snm}	标准参比条件下的质量发热量	L^2T^{-2}	J/kg
H_{snv}	标准参比条件下的体积发热量	$ML^{-1}T^{-2}$	J/m^3
m	质量	M	kg
M_m	摩尔质量	$Mmol^{-1}$	kg/kmol
p_f	工作条件下的压力	$ML^{-1}T^{-2}$	Pa
p_n	标准参比条件下的压力	$ML^{-1}T^{-2}$	Pa
R_a	通用气体常数	$ML^2T^{-2}mol^{-1}\theta^{-1}$	J/K · kmol
T_f	工作条件下的热力学温度	θ	K
T_n	标准参比条件下的热力学温度	θ	K
V_f	工作条件下的体积	L^3	m^3
V_n	标准参比条件下的体积	L^3	m^3
Z_f	工作条件下的天然气压缩因子	1	
Z_n	标准参比条件下的天然气压缩因子	1	

注：在“量纲”栏中，长度、质量、时间、热力学温度、摩尔的量纲，分别用 L、M、T、θ、mol 表示。

A.2 体积计算

标准参比条件下的体积 V_n 由式(A.1)计算：

$$V_n = V_f \times \frac{\rho_f}{\rho_n} \quad \cdots\cdots \text{(A.1)}$$

或者，用式(A.2)计算工作条件下的天然气密度 ρ_f：

$$\rho_f = \frac{p_f \times M_m}{T_f \times Z_f \times R_a} \quad \cdots\cdots (A.2)$$

变换为式(A.3)：

$$V_n = V_f \frac{p_f \times T_n \times Z_n}{p_n \times T_f \times Z_f} \quad \cdots\cdots (A.3)$$

A.3 质量计算

质量 m 由式(A.4)计算：

$$m = V_f \times \rho_f \quad \cdots\cdots (A.4)$$

或者把式(A.2)所得的工作条件下的密度再代入后得式(A.5)：

$$m = \frac{V_f \times p_f \times M_m}{T_f \times Z_f \times R_a} \quad \cdots\cdots (A.5)$$

A.4 能量计算

能量 E_n 可以通过体积或通过质量与发热量 H_{sn} 的乘积计算得到。

按体积计算为式(A.6)：

$$E_n = V_n \times H_{snv} \quad \cdots\cdots (A.6)$$

式中：

V_n 由式(A.1)或式(A.3)计算求得。

按质量计算式(A.7)为：

$$E_n = m \times H_{snm} \quad \cdots\cdots (A.7)$$

式中：

m 由式(A.4)或式(A.5)计算求得。

附 录 B
(规范性附录)
仪器仪表配备指南

B.1 计量系统

表 B.1 不同等级的计量系统

设计能力(标准参比条件)q_n/(m^3/h)	$q_n \leqslant 1000$	$1000 < q_n \leqslant 10000$	$10000 < q_n \leqslant 100000$	$q_n > 100000$
流量计的曲线误差校正		√		√
在线核查(校对)系统				√
温度转换	√	√		√
压力转换	√	√		√
压缩因子转换		√		√
在线发热量和气质测量				√
离线或赋值发热量值测定	√	√		
每一时间周期的流量记录				√
密度测量(代替 P、T、Z)				√
准确度等级	C(3%)	B(2%)	B(2%)或 A(1%)[a]	A(1%)

[a]按 6.5.3 选择 A 级或 B 级计量系统。

B.2 配套仪表

表 B.2 计量系统配套仪表准确度

测量参数	最大允许误差		
	A 级	B 级	C 级
温度	0.5℃[a]	0.5℃	1.0℃
压力	0.2%	0.5%	1.0%
密度	0.35%	0.7%	1.0%
压缩因子	0.3%	0.3%	0.5%
在线发热量	0.5%	1.0%	1.0%
离线或赋值发热量	0.6%	1.25%	2.0%
工作条件下体积流量	0.7%	1.2%	1.5%
计量结果	1.0%	2.0%	3.0%

[a]当使用超声流量计并计划开展使用中检验时，温度测量不确定度应该优于 0.3℃。

附 录 C
(资料性附录)
流量计选型指南

C.1 流量计选型指南

表C.1提供了常用流量计性能特征概要，它并不是一个用来选择某一用途流量计的严格执行的程序，而只是作为设计人员在设计气体计量站时应当注意的参考。在流量计选型时，应根据各种流量计的优、缺点以及流量计流量范围、操作压力、流动状态、介质洁净程度、物性参数、环境条件、检定条件和工程投资等因素综合考虑选用合适的流量计。所选用的流量计在正常的流量、压力、温度操作条件下，应性能稳定、计量准确。

表C.1 流量计选型指南表

应用因素	旋转式容积流量计	涡轮流量计	涡街流量计	超声流量计	科里奥利质量流量计	旋进旋涡流量计	孔板流量计
操作条件下的气体密度	影响不大	最小流量随密度增加而变得更低	最小流量随密度增加而变得更低	在规定密度范围内不受影响	影响不大	影响不大	决定测量结果
气中夹带固体	可能堵塞叶轮，需要过滤器	可能有沉积物、叶片可能受损可能影响旋转，需要过滤器	可能有沉积物，非流线体可能受侵蚀，需要过滤器	一般不受影响，如果传感器孔被污垢阻塞，流量计功能会受到影响，建议增加过滤器；气体中有粉尘，对超声流量计换能器存在冲蚀影响	可能会有磨蚀，会影响仪表的长期使用，建议加装过滤器	有沉积，可能影响测量值需装过滤器	可能有侵蚀和沉积物需加过滤器
气中夹带液体	可能有腐蚀、结垢，结构材料会受影响	可能有腐蚀、结垢，润滑油被稀释，转子出现不平衡	测量导管内可能有液体沉积物，这会影响计量值	可能变坏的信噪比会影响功能，如果传感器孔受阻，流量计功能会受影响	影响不大	影响不大	由流量计腐蚀引起的磨损会造成流量误差，孔板端面和孔板取压孔内有沉积物会影响准确度
压力和流量变化	突然变化会造成损坏。因为转子的惯性，流量的突变会致使上游或下游管道内压力时高时低	压力突变可能造成损坏	不会造成损坏，但可能造成计量误差	影响不大	影响较大	增大测量误差	压力突变会造成损坏

表 C.1 流量计选型指南表(续)

应用因素	旋转式容积流量计	涡轮流量计	涡街流量计	超声流量计	科里奥利质量流量计	旋进旋涡流量计	孔板流量计
脉动流	不受影响	流量快速的周期变化会使测量结果过高，影响取决于流量变化的频率和幅度，气体的密度和叶轮的惯性	准确度受影响。影响的程度取决于流量变化的频率和幅度	只要脉动的周期大于流量计的采样周期，就不会受影响	不受影响	准确度受影响，其大小取决于脉动频率和幅度	准确度取决于仪表响应速度。准确度要受影响
允许误差范围内典型的量程比	30：1	30：1 密度越高，流量比就越大	30：1 密度越高，流量比越大	30：1	30：1	12：1 气体密度大测量范围大	10：1 如果采用双量程差压计
过载流动	可短时间过载	可短时间过载	可过载	可过载	可过载	短时间超量程可以	可过载至孔板上的允许压差
增大公称设计能力	增大最大流量需要加大流量计、或增加气路或提高压力	同前	同前	同前	同前	加大流量计的口径或增加计量回路或提高计量压力	增大最大流量需要加大孔板流量计内径或增加气路或提高压力
供气安全性	流量计故障可能中断供气	流量计故障不造成影响	同前	同前		同前	同前
流量计及其管道所需配管设置要求	依据 SY/T 6660，对上下游管道无特殊要求，遵照制造厂的说明，为保证连续供气需加旁通	依据 GB/T 21391，上下游需直管段长度	上下游需直管段长度，长度根据适用标准的安装说明而定	依据 GB/T 18604，上下游需直管段长度	上下游不需直管段	依据 SY/T 6658，对上下游管道无特殊要求，遵照制造厂的说明	依据 GB/T 21446，上下游需直管段长度
典型直管长度： 上游 下游	(依据配置) 4*D* 2*D*	(依据配置) 10*D* 5*D*	20*D* 5*D*	(依据配置) 10*D* 5*D*		(依据配置) 4*D* 2*D*	(依据配置) 30*D* 7*D*

注 1：流量计最初用的型号过大会影响小流量的测量准确度。

注 2：*D* 为流量计内径。

附 录 D
(资料性附录)
计量系统性能特征

D.1 总则

本附录阐述了计量系统的性能特征与计量设备之间关系的方法。所用的概念符合 JJF 1059 测量不确定度评定与表示。本附录依照最大允许误差处理测量不确定度与准确度要求之间的关系。

本附录使用的符号列于表 D.1。

表 D.1 符号和代号

代 号	名 称	量 纲	单位符号
β	系统误差	1	—
D	漂移	1	—
MPE	最大允许误差	1	—
p	压力	$ML^{-1}T^{-2}$	Pa
T	时间	T	s
T	温度	θ	K
U	合成不确定度	1	—
U_A	A 类不确定度("随机")	1	—
U_B	B 类不确定度("系统")	1	—
U_D	漂移引起的不确定度	1	—
V	体积	L^3	m^3
Z	压缩因子	1	—

注：在"量纲"栏中，长度、质量、时间、热力学温度量纲，分别用 L、M、T、θ 表示。

D.2 测量仪表准确度的技术要求

D.2.1 新仪表

对于计量仪表的准确度，一个可量化的表述可由系统误差 β 和不确定度 U 给出。

系统误差 β 定义为：同一被测量无数个重复测量结果的平均值减去该被测量的真值。

因为被测量的真值是未知的，β 可通过校准来近似取值，校准过程就是将测量结果与代表常规真值的某一标准值进行比较。校准的目的也是通过调整仪表或确定一个修正值或修正系数以消除系统误差的影响。由于 β 会在仪表的整个计量范围内变化且在整个范围内 β 不可能设定为零，所以系统误差的影响就不可能完全消除。

不确定度 U 是一个参数，它与测量结果有关，它表征了可能受被测量适当影响的测量结果值的离散程度，它可分为两类：

D.2.1.1 A 类不确定度可以通过对一系列观测值进行统计分析予以确定，各个测量结果的离散性是由测量过程中出现的随机变化造成的。通常 U_A 表示标准偏差(或标准偏差的倍数，通常为系数 2)或者一个有规定置信水平区间宽度的一半(通常为 95%)。

注：A 类不确定度用来表示“随机不确定度”。

D.2.1.2 B 类不确定度是不能根据统计分析进行评定的不确定度。

测量结果与真值有固定的但未知的偏差，重复测量值不能确定 B 类不确定度。如由仪表校准的不确定度产生的，或由安装效应产生的 B 类不确定度客观存在，但不能量化。U_B 可以解释为对 β 的理解，B 类不确定度只能通过估计获得。一个好的方法是完全独立的重复测量(即：用不同的仪表、独立的可溯源性，由不同的操作人员进行等)。

U_A 和 U_B 可以由式(D.1)合成为一个不确定度值：

$$U=\sqrt{U_A^2+U_B^2} \qquad \text{(D.1)}$$

β 和 U 表征的是计量仪表在其新的条件下的性能。其他所有可以量化的参数(例如：滞后性、重复性、温度相关性)都可包括在这两个参数中。最终唯一关注的是测量结果与真值的偏差值及其可靠性。所有影响参数均可用于降低 β 或 U 的变化。

仪表的现场安装效应造成的附加系统误差有多种原因。流量计附加系统误差可能是流量计上游的实际速度分布与校准时的实际速度分布不一致造成的。传感器和电子仪器可能是环境温度影响或功率变化造成的。如安装影响是已知并稳定的，或可以通过现场检查予以确定，该安装影响经校准对 β 进行修正。通常安装影响不能确定，会导致 U 增大。

D.2.2 在用仪表

仪表投入运行后，需再考虑其漂移 D 及漂移的不确定度 U_D。仪表易漂移，漂移 D 是计量仪表的计量特性随时间发生的缓慢变化。

应对仪表的漂移 D 进行估计，随之产生漂移 D 的不确定度 U_D，U_D 可以是 A 类，也可以是 B 类，或是 A、B 两类的合成。

可用不同的方法来估计 D 值。很多仪表都将经过型式试验，这种测试结果会有指导意义。另一种信息来源是来自重复校准的数据。它们可以是对单台仪表的重复校准值、也可以是全部仪表的重复校准值。

重复校准的数据的范围会造成 U_D 对 A 类的影响用两倍标准偏差表示。型式试验数据或技术条件会造成 U_D 对 B 类的影响。

注 1：D 和 U_D 可以按照公认的仪表使用经验进行调整。

注 2：如未获得 D 的数据，将对 U 产生附加影响。

D.2.3 总结

仪表的准确度可用 4 个参数进行量化描述：β、U、D 和 U_D。β 和 D 随着时间的变化而变化并影响系统误差，U 和 U_D 表示不确定度的变化情况。

注：如标准给出了计算计量仪表或系统的不确定度导则(如 GB/T 21446 对孔板流量计)，应遵循该标准估算 U。此时不考虑可能的系统误差和性能随时间的变化。

D.3 准确度要求：最大允许误差(MPE)

表达准确度要求的适当方法是规定最大允许误差。最大允许误差定义为：测量仪表读数与被测量的(常规)真值之间允许误差的极值。

D.2 所描述的仪表，其最大允许误差用式(D.2)和式(D.3)表示：

$$|\beta+U|<\text{MPE} \qquad \text{(D.2)}$$

$$\left|\beta+U\times t+\sqrt{U^2+(U_D\times t)^2}\right|<MPE \cdots\cdots (D.3)$$

注1：原则上，最大允许误差的确定应考虑各方利益。理论上，最大允许误差取决于计量站仪表的性能。其性能还不可避免地受到其他因素的影响。特别是首次确定最大允许误差时，应考虑经济合理、技术可行。

注2：由多个仪表组成的计量站，最大允许误差可由整个系统确定；但由于实际原因，各个仪表的最大允许误差也可单独使用。

D.4 不确定度评估示例

D.4.1 概述

以使用涡轮流量计的计量站为例，进行压力、温度测量和压缩因子计算。

注：本例仅为阐明参数的用法，并非实际数据。

D.4.2 不确定度评定

涡轮流量计的不确定度按以下方法评定。

D.4.2.1 经校准的涡轮流量计，其流量的系统误差是已知的，并始终存在。其实用方法是使用流量加权平均误差表示。本例假设 $\beta=+0.03\%$。

D.4.2.2 校准证书规定校准结果的不确定度，通常在2倍标准偏差水平为0.25%。

D.4.2.3 应对安装引起的不确定度进行评定。假设非理想安装的影响估计达0.20%。

D.4.2.4 温度对流量计的影响估计为0.05%。

D.4.2.5 流量计B类不确定度应为：

$$U_B=\sqrt{(0.25^2+0.20^2+0.05^2)}=0.32\%$$

D.4.2.6 流量计性能的随机变化(重复性)可以估计为0.05%，则 $U_A=0.05\%$。

D.4.2.7 通过相同类型的其他流量计的校准结果，可对 D 进行估计。假设此类流量计每10年漂移-0.8%，则每年 $D=0.08\%$。

D.4.2.8 从计算 D 的数据范围，可以计算出 D 不确定度为2倍标准偏差，其结果是：

$$U_D=0.06\%/年$$

同理可估算出压力和温度传感器的不确定度。本例中使用的参数值全部列于表D.2中。为了充实本例的内容，对压力传感器给予了一个+0.15%/年的大漂移。

表D.2 不确定度参数举例

参数	β	U_B	U_A	D	U_D
V	+0.03	0.32	0.05	-0.08	0.16
p	+0.10	0.30	0.10	+0.15	0.16
T	+0.02	0.10	0.00	0.00	0.05
Z	0.00	0.20	0.10		
结果	+0.11	0.51		+0.07	0.18
注：温度的影响是相反的，因此应当减去。					

D.4.2.9 压缩因子 Z 没有系统误差，但肯定有B类不确定度。如果流量计算机的程序中设置的是一个固定气体组成值而实际组成又在变化，则 Z 可以有一个A类不确定度。

D.4.2.10 计量系统不确定度随时间的变化

表D.3列出了整个计量系统是怎样随着时间的变化而变化的。

表 D.3 用表 D.2 的值随时间变化而变化的不确定度

时间	$\beta+D\times t$	$U=\sqrt{U^2+(U_D\times t)^2}$
新的	+0.11	0.51
使用 1 年	+0.18	0.54
使用 2 年	+0.25	0.62
使用 5 年	+0.46	1.03
使用 10 年	+0.81	1.87

D.4.3 与最大允许误差的关系

假设对计量系统已规定最大允许误差为被测量的 1%。

性能变化列于图 D.1。

在 $t=0$ 时，新系统投入运行，此时 $\beta=0.11\%$，不确定度为 0.51%。显然，计量站在最大允许误差范围内运行。

随着时间的推移，性能按表 D.3 发生变化。如果计量站自动运行，在实时的每一时刻，计量站所处的性能状态均可从图 D.1 或表 D.3 中找到答案。

很清楚，在大约 $t=34$ 个月时，不确定度与最大允许误差相交。因此从那以后，就不能再保证计量站的性能仍处于准确度要求的最大允许误差范围内，不确定度与最大允许误差相交，就表明那是计量站必须采取措施的最晚时间。利用表 D.2，它可以制定重新校准方案以查看与极限交叉那一刻的影响。

在本例中，为压力传感器假设了一个相当大的漂移。通过重新校准，例如：每 2 年校准一次，有效漂移就会变小。变化情况如图 D.2 所示。当两线相交时，最大允许误差已变成了 $t=6$ 年，主要是由流量计的假定负漂移引起。如果流量计每隔 6 年再校准一次，其结果列于图 D.3。计量站总的性能在波动，但仍处于合同认可的最大允许误差范围内。

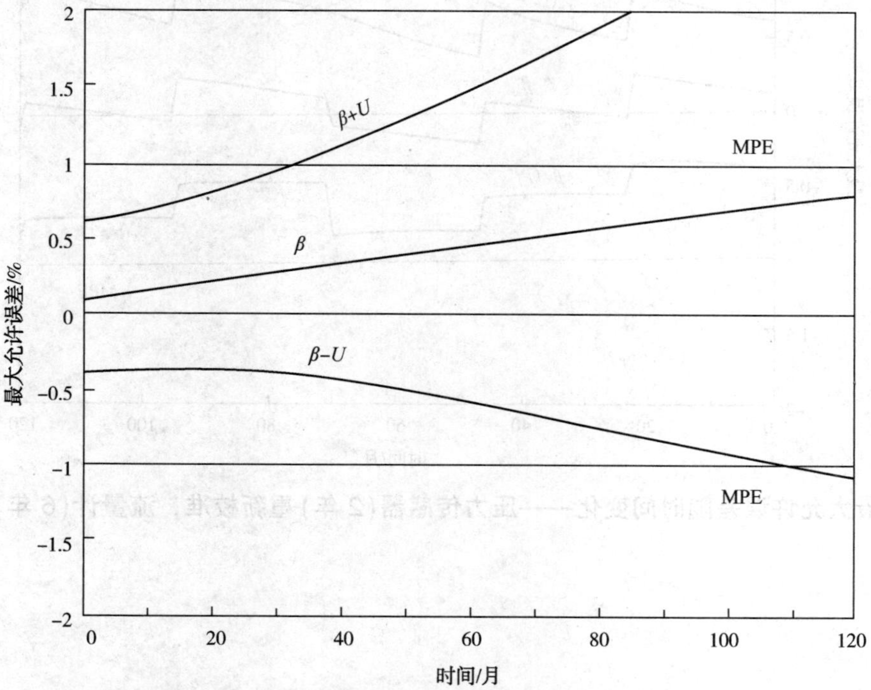

图 D.1 最大允许误差随时间变化而变化的情况——无重新校准

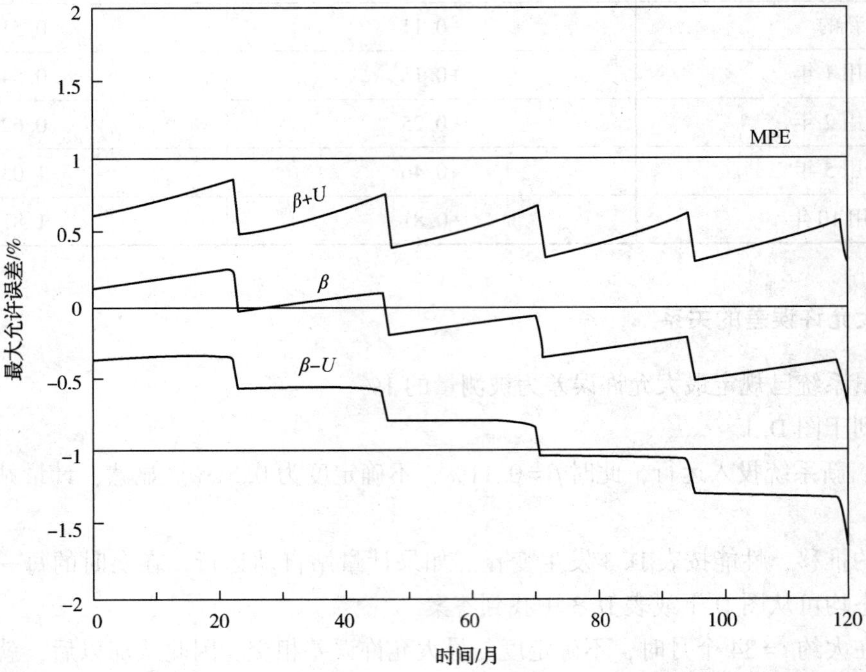

图 D.2 最大允许误差随时间变化而变化的情况——压力传感器，每 2 年重新校准一次

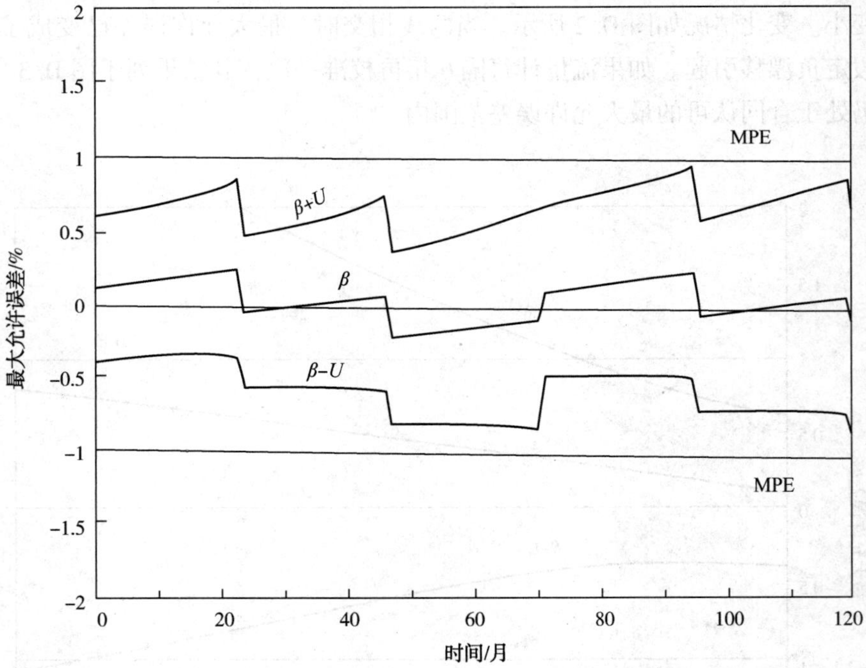

图 D.3 最大允许误差随时间变化——压力传感器(2 年)重新校准，流量计(6 年)重新校准

附 录 E
(资料性附录)
配套仪表测试程序

E.1 差压传感器

E.1.1 总则

差压传感器应按以下方法之一进行测试：

a) 高静压测试；

b) 轨迹测试；

c) 常压校准。

采用哪种方法应取决于测量的静压，计量站的位置和适用的测试设备的可用性。

E.1.2 高静压测试

每一台差压传感器都应使用一合格高静压气体差压活塞式压力标准或具有合格不确定度(至少是被检传感器不确定度的1/3)的另一标准仪表进行现场测试。应将它增压至与正常工作条件计量管线相同的压力。

考虑到当地重力和工作温度(如果它与高静压气体差压活塞式压力标准的校准温度相差很大)的影响，应对高静压气体差压活塞式压力标准的标准压力模块进行修正。

传感器和压力标准之间如果在标准上存在着差别，还应使用一个浮力校正系数。

应在整个工作范围的3个或多个公称压力点上对差压传感器的输出进行监测并和上、下行程的升降压力一道记录下来。差压传感器的范围应大于上、下行程升降测试中其工作范围的110%。

可能需要进行零点修正和量程调整，以使传感器的误差在允许的范围内。

E.1.3 "轨迹测试"

要进行"轨迹测试"，首先应在与上述相同的基础下在一授权校准实验室内对差压传感器进行高静压测试和调整，然后再在常压下进行校准并提供一份测试记录("轨迹")。

在计量站上应该用一合格活塞式压力标准对每一差压传感器进行现场测试，测试时将其高压孔与压力标准相连，低压孔放空。

在上述测试结束之后，应在工作静压下进行一次零点值检查。

应将上述测试所记录的测量结果与上述实验室所产生的"轨迹"上的结果进行比较，如果它们超过了允许误差范围，则应将差压传感器送回实验室进行再校准和调整。

E.1.4 常压校准

作为上述方法中一种替代的方法是可以只在常压下测试差压传感器。每一差压传感器均应该用一合格的活塞式压力标准进行现场测试，测试时将其高压孔与校正器相连接，低压孔放空。

应当注意，差压传感器往往对从常压转换到工作压力比较敏感，可能需对这种校准方法固有的输出结果的系统漂移进行修正。

如果所记录的测量结果超过了允许误差的范围，则应更换传感器，或者可对零位和刻度进行调整，以使其处于允许范围内(如果计量站的操作程序允许这样做)。

E.2　压力传感器

每一点上的测量结果都应处于允许误差范围内，否则就应更换传感器。如果计量站的操作程序允许的话，可以对刻度和零位进行调整，使压力传感器处于允许误差范围内。

E.3　温度传感器

E.3.1　概述

如果没有测试用温度计插孔套，则应将铂电阻温度计从其插孔中取出并和一已校准的温度计装置一起置于常温下盛装流体的绝缘烧杯内。当温度计的读数稳定时，再按下述两种方法分别进行测试。

E.3.2　铂电阻温度计(PRT)

铂电阻温度传感器的线性是在设计和制作时就已形成了，不易漂移和老化。因此，对这些传感器的校准只需在其操作范围内的某一个点上进行。

如果提供了测试用温度计插孔套，就应将一已校准的温度计装置置于插孔套中。当温度计读数稳定时，就将该读数与流量计算机显示的温度读数进行比较。如果比较结果在认可范围内，就将测量结果记录在测试记录单上。如果这个读数超过了仪表的测量限范围，则应更换该元件。

E.3.3　其他温度传感器

对于其他半导体温度传感器，至少在操作范围的2点上进行测试，因为它们容易老化和漂移。在这种情况下，应将该装置从温度计插孔套中取出，和一已校准的温度计装置一道，首先置于一正常温度下的冰水混合物中，再置于盛着油的绝缘烧杯内。然后再按上述步骤去做。或者可用温度校准仪建立并维持在所需的温度值上。

附　录　F
（资料性附录）
档案和记录

F.1　档案

F.1.1　档案应包括（但不限于）以下内容：

a）　所有设计文件资料，包括技术条件、计算结果、图纸和试验报告；

b）　有关计量站安装、投产和后来运行情况的综合性记录；

c）　损坏情况报告；

d）　整改及设备更换详细记录；

e）　故障及事故报告；

f）　计量站日常供气报告（在适当之处）；

g）　计量站基本的计算机数据库资料（在适当之处）。

F.1.2　测试记录单至少应包括：

a）　记录人员的打印姓名及亲笔签名；

b）　所有在场人员的打印姓名及亲笔签名。

F.2　记录

计量站的记录应包括（但不限于）以下主要数据：

a）　所有安装仪器仪表的标签号和序号；

b）　仪器仪表和与之相关的标签号、序号以及流量计累加器读数更换或变化的日期及时间；

c）　计量系统再次校准及流量计累加器读数变化的起、止日期和时间；

d）　对流量计计算机键盘输入、报警设定和包括日期、时间及流量计累加器读数在内的常数的任何修改；

e）　与计量系统相关的所有日常事务；

f）　关于误差和对误差的修改报告；

g）　组成、黏度、比热比等工艺参数的任何变化；

h）　装置、仪表、计量系统的全部明细；

i）　包括最后校准的日期在内的所用测试设备的全部明细；

j）　所有测试和结果数据。

F.3　档案确认

所有测试和维护报告都应由完成人员及计量站的负责人员签字。

参 考 文 献

[1] GB 4824 工业、科学和医疗(ISM)射频设备电磁骚扰特性 限值和测量方法
[2] GB 9254 信息技术设备的无线电骚扰限值和测量方法
[3] GB/T 19001 质量管理体系 要求
[4] OIML R 140：2007(E) 气体燃料计量系统
[5] EN1776：1998(2007) 供气系统 天然气计量站 功能要求

ICS 27.010
F 01

中华人民共和国国家标准

GB/T 20901—2007

石油石化行业能源计量器具配备和管理要求

Specification for equipping and managing of measuring instrument of energy in petroleum and petrochemical industry

2007-04-16 发布　　2007-10-01 实施

中华人民共和国国家质量监督检验检疫总局
中国国家标准化管理委员会　发布

前　言

本标准依据 GB 17167—2006《用能单位能源计量器具配备和管理通则》的规定和要求，结合石油石化行业的特点制定。

本标准由国家发展和改革委员会资源节约和环境保护司、国家质量监督检验检疫总局计量司和国家标准化管理委员会工业一部提出。

本标准由全国能源基础与管理标准化技术委员会归口。

本标准起草单位：中国石油天然气集团公司大庆石油管理局技术监督中心、大庆石油化工总厂、中国石油化工股份有限公司流量计量站。

本标准主要起草人：李荣光、孙笑非、郑灿亭、申德生、孙晓峰、熊兆洪、薛国民。

石油石化行业能源计量器具配备和管理要求

1 范围

本标准规定了石油石化行业用能单位能源计量的种类、范围，能源计量器具的配备原则和基本要求。

本标准适用于石油石化行业的勘探开发、管道输送和炼油化工等生产企业。

本标准不适用于石油石化行业的基本建设、设备制造、通讯、运输、科研院校、电力(直流电和6kV以上交流电)、成品油销售等单位。

2 规范性引用文件

下列文件中的条款通过本标准的引用而成为本标准的条款。凡是注日期的引用文件，其随后所有的修改单(不包括勘误的内容)或修订版均不适用于本标准，然而，鼓励根据本标准达成协议的各方研究是否可使用这些文件的最新版本。凡是不注日期的引用文件，其最新版本适用于本标准。

GB/T 6422 企业能耗计量与测试导则

GB/T 15316 节能监测技术通则

GB 17167 用能单位能源计量器具配备和管理通则

GB/T 17471 锅炉热网系统能源监测与计量仪表配备原则

GB/T 18603 天然气计量系统技术要求

SH/T 3104 石油化工仪表安装设计规范

SY/T 5398 原油天然气和稳定轻烃交接计量站计量器具配备规范

3 术语和定义

GB 17167 中确立的以及下列术语和定义适用于本标准。

3.1

石油石化行业用能单位 organization of energy using in petroleum and petrochemical industry

石油石化行业具有独立法人地位的企业和具有独立核算能力的单位。

3.2

石油石化行业次级用能单位 sub-organization of energy using in petroleum and petrochemical industry

石油石化行业用能单位直属的能源核算单位。

注：石油石化行业次级用能单位指采油、采气、油气集输、炼油、化工、物探、钻井、试油、作业厂(公司、事业部)等。

3.3

石油石化行业基本用能单元 basic cell of energy using in petroleum and petrochemical industry

石油石化行业次级用能单位下属的基本生产系统。

注：石油石化行业基本用能单元指车间(装置)、联合站、转油站、钻井队、作业队等。

4 能源计量器具的配备

4.1 计量能源种类

煤炭、原油、天然气、电力、焦炭、煤气、热力、成品油、液化石油气、生物质能和其他直接或者通过加工、转换而取得有用能的各种资源。

4.2 能源计量范围

a) 输入石油石化行业用能单位(以下简称用能单位)、石油石化行业次级用能单位(以下简称次级用能单位)和石油石化行业基本用能单元(以下简称基本用能单元)的能源及载能工质;

b) 输出用能单位、次级用能单位和基本用能单元的能源及载能工质;

c) 用能单位、次级用能单位和基本用能单元使用(消耗)的能源及载能工质;

d) 用能单位、次级用能单位和基本用能单元自产的能源及载能工质;

e) 用能单位、次级用能单位和基本用能单元可回收利用的余能资源。

4.3 能源计量器具的配备原则

4.3.1 能源计量器具的配备应满足用能单位实现能源分级分项统计和核算的要求。

4.3.2 能源计量器具的性能应满足贸易结算、生产工艺、被测介质及使用环境的要求。

4.4 能源计量器具的配备要求

4.4.1 能源计量器具配备率按下式计算:

$$R_p = \frac{N_s}{N_1} \times 100$$

式中:

R_p——能源计量器具配备率,%;

N_s——能源计量器具实际配备数量;

N_1——能源计量器具理论需要数量。

4.4.2 用能单位、次级用能单位和基本用能单元应加装能源计量器具。

4.4.3 凡未执行基本用能单元能源计量考核的,用能量(产能量或输运能量)大于或等于表1中一种或多种能源消耗量限定值的远离生产厂区的小罐区、小辅助装置,应加装能源计量器具,能源消耗量限定值见表1。

表1 能源消耗量(或功率)限定值

能源种类	电力	煤炭、焦炭	原油、成品油、液化石油气	重油、渣油	煤气、天然气	蒸汽、热水	水	其他
单位	kW	t/h	t/h	t/h	m^3/h	MW	t/h	GJ/h
限定值	100	1	0.5	0.5	100	7	1	29.26

4.4.4 能源计量器具配备率应符合表2的要求。

表2 能源计量器具配备率要求

能源种类		用能单位 %	次级用能单位 %	基本用能单元 %
电力		100	100	95
固态能源	煤炭	100	100	90
	焦炭	100	100	90
液态能源	原油	100	100	90
	成品油	100	100	95
	重油	100	100	90
	渣油	100	100	90
	轻烃	100	100	90

表 2(续)

能源种类		用能单位 %	次级用能单位 %	基本用能单元 %
气态能源	天然气	100	100	90
	液化石油气	100	100	90
	煤气	100	90	80
	氢气	100	100	80
载能工质	蒸汽	100	100	90
	氮气	100	90	60
	压缩空气	100	90	60
	水	100	100	90
已回收利用的余能		90	80	—

4.4.5　能源计量器具的计量性能应符合表 3 的要求。

表 3　能源计量器具的计量性能要求

序号	计量器具名称	计量项目			计量性能 用能单位	计量性能 次级用能单位	计量性能 基本用能单元
1	汽车衡 静态轨道衡	固体、液体静态计量			(Ⅲ)	(Ⅲ)	(Ⅲ)
	动态轨道衡	固体、液体动态计量			0.5	0.5	—
2	电能表	有功交流电能计量(6kV 以下)			1.0	1.0	2.0
3	油流量表	原油计量			0.2	0.5	1.0
		汽油、柴油、煤油计量			0.2	0.5	1.0
		重油、渣油计量			0.5	1.0	1.5
		轻烃、液化石油气计量			0.5	1.0	1.5
4	船舶液货计量舱	原油、成品油计量	$\leqslant 300m^3$ 的单舱总容量		$U \leqslant 0.3\%$ $p=0.95$	—	—
		原油、成品油计量	$>300m^3$ 的单舱总容量	规则舱	$U \leqslant 0.2\%$ $p=0.95$	—	—
				不规则舱	$U \leqslant 0.4\%$ $p=0.95$	—	—
5	铁路罐车	原油、成品油容积计量			$U \leqslant 0.4\%$ $p=0.95$	$U \leqslant 0.4\%$ $p=0.95$	—
6	汽车油罐车	原油、成品油容量计量			$U \leqslant 0.25\%$ $(k=2)$	$U \leqslant 0.25\%$ $(k=2)$	—
7	立式金属罐	原油、成品油容量计量	容量 $20m^3 \sim 100m^3$		$U \leqslant 0.3\%$ $(k=2)$	$U \leqslant 0.3\%$ $(k=2)$	$U \leqslant 0.3\%$ $(k=2)$
		原油、成品油容量计量	容量 $100m^3 \sim 700m^3$		$U \leqslant 0.2\%$ $(k=2)$	$U \leqslant 0.2\%$ $(k=2)$	$U \leqslant 0.2\%$ $(k=2)$
		原油、成品油容量计量	容量 $>700m^3$		$U \leqslant 0.1\%$ $(k=2)$	$U \leqslant 0.1\%$ $(k=2)$	$U \leqslant 0.1\%$ $(k=2)$

表 3(续)

序号	计量器具名称	计量项目	计量性能 用能单位	计量性能 次级用能单位	计量性能 基本用能单元
8	卧式金属罐	原油、成品油、轻烃容量计量	$U \leq 0.4\%$ $p=0.95$	$U \leq 0.4\%$ $p=0.95$	$U \leq 0.4\%$ $p=0.95$
9	球形金属罐	原油、成品油、轻烃容量计量	$U \leq 0.3\%$ $p=0.95$	$U \leq 0.3\%$ $p=0.95$	$U \leq 0.3\%$ $p=0.95$
10	气体流量计	天然气计量 $q_n v \geq 50000m^3/h$	0.75	1.0	2.0
		天然气计量 $5000m^3/h \leq q_n v \leq 50000m^3/h$	1.0	1.5	2.0
		天然气计量 $q_n v \geq 500m^3/h$	1.5	2.0	2.0
		煤气计量	2.0	2.0	2.5
		氢气、氮气、压缩空气计量	1.5	1.5	2.0
11	蒸汽流量计	蒸汽计量	2.0	2.5	2.5
12	水流量计	水计量 管径≤250mm	2.0	2.0	2.5
		水计量 管径>250mm	1.5	1.5	2.0
		污水计量 流量计	2.5	2.5	2.5
		污水计量 明渠计量	4.0	4.0	—
13	温度计	原油、成品油、轻烃油量计算； 气体、蒸汽量计算	分度值 0.2℃	分度值 0.5℃	分度值 1.0℃
14	温度变送器	原油、成品油、轻烃油量计算； 气体、蒸汽量计算	0.5	0.5	0.5
15	压力表	气体、液体、蒸汽量计算	0.4	0.4	0.4
16	压力变送器	气体、液体、蒸汽量计算	0.2	0.2	0.5
17	浮子密度计	原油、成品油等液体密度计量	分度值 $0.5kg/m^3$	分度值 $0.5kg/m^3$	分度值 $1.0kg/m^3$
18	数显密度计	原油、成品油等液体密度计量	0.2	0.2	0.2
19	含水分析仪	原油、成品油中水含量计量	分辨力 0.1%	分辨力 0.1%	分辨力 0.5%

注 1：U——总容量检定(校准)结果的扩展不确定度；p——置信概率；k——包含因子。

注 2：$q_n v$——天然气计量站计量系统设计通过能力(标准参比条件下)。

注 3：序号 4~9 的扩展不确定度是指检定计量器具容量的检定(校准)结果的扩展不确定度。

注 4：仪表性能列的指标，凡不注明的均为计量器具的准确度等级。

4.4.6 对原油、稳定轻烃贸易交接计量，本标准未做出配备要求的其他计量器具，需要时应符合 SY/T 5398 的要求。

4.4.7 对天然气计量仪表的安装，应符合 GB/T 18603 的要求。

4.4.8 对锅炉热网系统，表 3 不能覆盖的计量器具，应符合 GB/T 17471 的要求。

4.4.9 对石油化工计量仪表的安装，应符合 SH/T 3104 的要求。

4.4.10 用能设备的设计、安装和使用应能满足 GB/T 6422、GB/T 15316 中关于用能设备的能源监测要求。

4.4.11 用能单位应根据节能监测工作的需要，配备便携式监测仪表。

5 能源计量器具的管理要求

5.1 能源计量制度

5.1.1 用能单位应建立能源计量管理体系，形成文件，保持并持续改进其有效性。

5.1.2 用能单位应建立、保持和使用文件化的程序来规范能源计量人员行为、能源计量器具管理和能源计量数据的采集、处理和汇总。

5.2 能源计量人员

5.2.1 用能单位、次级用能单位和基本用能单元应设专人负责能源计量器具的管理，负责能源计量器具的配备、使用、检定(校准)、维修、更新、报废等管理工作。

5.2.2 用能单位、次级用能单位和基本用能单元的能源计量管理人员、能源计量操作人员和能源计量器具维修人员，应通过培训考核，持证上岗。

5.2.3 能源计量器具的检定、校准人员应具有相应的资质。

5.3 能源计量器具

5.3.1 能源计量器具实行分级分类管理，用能单位和次级用能单位应明确重点管理的能源计量器具目录。

5.3.2 用能单位、次级用能单位应有能源计量器具汇总表、重点管理的能源计量器具一览表。基本用能单元应有完整的能源计量器具一览表。能源计量器具一览表中应列出计量器具的名称、型号规格、准确度等级、测量范围、生产厂家、出厂编号、用能单位管理编号、安装使用地点、状态(指合格、准用、停用等)。

5.3.3 用能单位应按照分级管理要求建立能源计量器具档案，内容包括：

a) 计量器具使用说明书；

b) 计量器具出厂合格证；

c) 计量器具最近两个连续周期的检定(测试、校准)证书；

d) 计量器具维修记录；

e) 计量器具其他相关的信息。

5.3.4 能源计量器具应定期检定(校准)。用能单位应按照分级管理要求，制定能源计量器具周期检定(校准)计划，计划中应明确其计量器具名称、型号规格、测量范围、准确度等级、检定(校准)周期、上次检定(校准)日期、溯源方式等。凡属自行校准且自行确定校准间隔的，应有现行有效的受控文件依据。属强制检定的计量器具，其检定周期、检定方式应遵循有关计量法规的规定。

5.3.5 新装及更新能源计量器具必须经检定(校准)合格后方能安装使用。

5.3.6 在用能源计量器具，应在明显位置粘贴与能源计量器具一览表编号对应的标签，以备查验和管理。

5.4 能源计量数据

5.4.1 用能单位应建立能源统计报表制度，能源统计报表数据应能追溯至计量测试记录。

5.4.2 能源计量数据记录应采用规范的表格式样，计量测试记录表格应便于数据的汇总与分析，应说明被测量与记录数据之间的转换方法或关系。

5.4.3 用能单位可根据需要建立能源计量数据中心，利用计算机技术实现能源计量数据的网络化管理。

5.4.4 用能单位可根据需要按生产周期及时统计计算出单位产品的各种主要能源消耗量。

ICS 25.040
P 72
备案号：J2234-2016

SH

中华人民共和国石油化工行业标准

SH/T 3005—2016
代替SH 3005—1999

石油化工自动化仪表选型设计规范

Design specification for instrumentation selection in petrochemical industry

2016-01-15 发布　　2016-07-01 实施

中华人民共和国工业和信息化部　发布

目　次

Contents

前　言

根据中华人民共和国工业和信息化部《2010年第一批行业标准制修订计划》(工信厅科〔2010〕74号)文的要求，规范编制组经广泛调查研究，认真总结实践经验，参考有关国际标准和国外先进规范，并在广泛征求意见的基础上，修订本规范。

本规范共分11章和2个附录(均为资料性附录)。

本规范的主要技术内容是：石油化工自动化仪表选型的设计原则和基本要求。

本规范是在SH 3005—1999《石油化工自动化仪表选型设计规范》的基础上修订而成，修订的主要技术内容是：

——取消了上一版第8章“显示调节仪表”、第10章“仪表盘”；

——增加了第11章“特殊测量仪表”；

——对各章内的仪表种类进行了大量补充和完善。

本规范由中国石油化工集团公司负责管理，由中国石油化工集团公司自控技术中心站负责日常管理，由中国石化工程建设有限公司负责具体技术内容的解释。执行过程中如有意见和建议，请寄送日常管理单位和主编单位。

本规范日常管理单位：中国石油化工集团公司自控技术中心站

通讯地址：上海市徐汇区中山南二路1089号徐汇苑大厦12楼

邮政编码：200030

电　　话：021-64578936

传　　真：021-64578936

本规范主编单位：中国石化工程建设有限公司

通讯地址：北京市朝阳区安慧北里安园21号

邮政编码：100101

本规范参编单位：中石化宁波工程有限公司

ABB(中国)有限公司

艾默生过程控制有限公司

本规范主要起草人员：林　融　黄步余　任　军　李宇辉　陈争荣　郭建勋　赵　霄　王同尧　宋　燕

本规范主要审查人员：裴炳安　叶向东　丁兰蓉　王发兵　徐伟清　宋志远　孙　旭　任　泓　林洪俊　刘　凤　陈学敏　郭章顺　李　江　王　笑　高　欣　张同科　孙　军

本规范1988年首次发布，1999年第1次修订，本次为第2次修订。

石油化工自动化仪表选型设计规范

1　范围

本规范规定了石油化工自动化仪表选型的设计原则和基本要求。

本规范适用于石油化工及以煤为原料制取燃料及化工产品工厂的新建、扩建和改建工程的自动化仪表选型设计。

本规范不适用于实验室分析仪器、维修车间仪器仪表和便携式仪器仪表。

2　规范性引用文件

下列文件对于本规范的应用是必不可少的。凡是注日期的引用文件，仅注日期的版本适用于本规范。凡是不注日期的引用文件，其最新版本(包括所有的修改单)适用于本规范。

GB 3100—1993　国际单位制及其应用

GB 3836.1—2010　爆炸性环境　第1部分：设备　通用要求

GB 4208—2008　外壳防护等级(IP 代码)

GB 17167—2006　用能单位能源计量器具配备和管理通则

GB 50160—2008　石油化工企业设计防火规范

GB 50493—2009　石油化工可燃气体和有毒气体检测报警设计规范

GBZ 125—2009　含密封源仪表的放射卫生防护标准

TSG R0004—2009　固定式压力容器安全技术监察规程

GB/T 13283—2008　工业过程测量和控制用检测仪表和显示仪表精确度等级

GB/T 18603—2001　天然气计量系统技术要求

GB/T 2624.1—2006　用安装在圆形截面管道中的差压装置测量满管流体流量　第1部分：一般原理和要求

GB/T 2624.2—2006　用安装在圆形截面管道中的差压装置测量满管流体流量　第2部分：孔板

GB/T 2624.3—2006　用安装在圆形截面管道中的差压装置测量满管流体流量　第3部分：喷嘴和文丘里喷嘴

GB/T 2624.4—2006　用安装在圆形截面管道中的差压装置测量满管流体流量　第4部分：文丘里管

GB/T 4213—2008　气动调节阀

GB/T 13927—2008　工业阀门　压力试验

SH/T 3020—2013　石油化工仪表供气设计规范

SH/T 3174—2013　石油化工在线分析仪系统设计规范

3　术语和定义

下列术语和定义适用于本规范。

3.1

测量范围　measuring range

按规定精确度进行测量的由被测变量的两个值确定的区间。

3.2

量程　span

给定范围上限值与下限值之间的代数差。

3.3

范围度 rangeability

仪表或装置能被校准到规定的精确度等级内的最大量程与最小量程之比。又称为量程比。

3.4

精确度 accuracy

测量值与真值(实际值)之间的一致程度，表示测量误差大小，简称精度。

3.5

精确度等级 accuracy class

符合一定的计量要求，使引用误差或相对误差保持在规定极限以内的仪表的等别、级别。

3.6

灵敏度 sensitivity

仪表稳态时输出变化对输入变化的比值，表示仪表对被测参数变化的灵敏程度。也可以说是对被测参数变化输出的放大程度。

3.7

分辨率 resolution

仪表对测量值差异的分辨能力。仪表能检测到的、可确信的被测参数变化的最小值的真实程度。

3.8

重复性 repeatability

在相同测量条件下，对同一被测量进行连续多次测量所得结果之间的一致性。

3.9

线性度 linearity

校准曲线接近规定直线时的吻合程度。

3.10

死区 dead band

仪表输入量的变化不会引起输出量有任何可察觉的变化的有限区间，又称仪表的不灵敏区。

3.11

回差 hysteresis plus dead band

同一输入信号上升和下降的两个行程值间的最大差值。

3.12

阻塞流 choked flow

不可压缩和可压缩流体在流过控制阀时所能达到的一种极限或最大流量的状态。无论何种流体，在固定的入口条件下，阻塞流可由增大压差不能进一步增大流量加以证实。

4 一般规定

4.1 仪表选型应根据工艺要求的操作条件、设计条件、精确度等级、工艺介质特性、检测点环境、配管材料等级规定及安全环保要求等因素确定，并满足工程项目对仪表选型的总体技术水平要求。仪表选型应安全可靠、技术先进、经济合理。

4.2 仪表选型在性能要求上应根据测量用途、测量范围、范围度、精确度、灵敏度、分辨率、重复性、线性度、可调比、死区、永久压损、输出信号特性、响应时间、控制系统要求、安全系统要求、防火要求、环保要求、节能要求、可靠性及经济性等因素来综合考虑。

4.3 设计选用的仪表应为经国家授权机构批准并取得制造许可证的合格产品，不得选用未经工业鉴定的研制仪表，除特殊要求外，仪表宜选用供货商的标准系列产品。

4.4 在爆炸危险区内应用的电子式仪表应取得国家授权防爆认证机构颁发的《产品防爆合格证》；计量仪表应取得国家授权机构颁发的《制造计量器具许可证》或《计量器具型式批准证书》；属于消防电

子产品的火灾、可燃气体检测及报警等仪表应取得公安部消防产品合格评定中心颁发的《中国国家强制性产品认证证书》(即 CCCF 认证)或《产品型式认可证书》。

4.5 仪表的计量单位应符合 GB 3100—1993 标准规定的法定计量单位，也可符合 ISO 1000 标准规定的国际单位制(SI)。

4.6 测量与控制仪表应优先采用电子式。应首选测量与控制信号为 4mA~20mA DC 带 HART 协议的智能化现场仪表，其次可选用信号为 4mA~20mA DC 的非智能现场仪表，也可选用 FF、Profibus 等现场总线仪表和工业无线仪表。

4.7 当选用气动调节阀及特殊场合需采用气动测量与控制仪表时，传输信号应为 20kPa(G)~100kPa(G)。

4.8 特殊测量仪表应按相关标准或制造厂要求选型。

4.9 在爆炸危险场所安装的电子式仪表应根据防爆危险区划分选用本安型、隔爆型或无火花限能型等防爆型仪表，防爆设计应执行 GB 3836.1—2010 及其系列标准。

4.10 在现场安装的电子式仪表，防护等级不应低于 GB 4208—2008 标准规定的 IP65；在现场安装的气动仪表及就地仪表，防护等级不应低于 IP55；在仪表井、阀门井及水池内安装的仪表，防护等级应为 IP68。

4.11 不得选用石棉、汞等环保法规禁用的材料作为仪表的零部件及填充材料。

4.12 仪表的承受压力部件不得采用低熔点的材质，如铅、锌、铝及其合金；含有乙炔场合的仪表材质不应含铜及铜合金。

4.13 仪表的过程连接通径应符合配管材料等级规定。不应使用 1¼″、2½″、3½″及 4″以上的奇数通径。

4.14 除孔板法兰应最小使用 ASME CL300 等级之外，其余节流装置、流量计、调节阀等安装在管道上的在线仪表的过程连接等级应符合配管材料等级规定。

4.15 测量仪表的触液测量元件材质应最低选用 316SS。仪表的本体及过程接口材质应等于或高于配管材料等级规定要求的材质。

4.16 当配管材料等级规定标明按 NACE 要求时，则仪表触液材质应符合 NACE MR0103 标准。

4.17 SIS 的输入信号源应首选变送器。当要求选择开关型仪表时，其接点宜采用双刀双掷(DPDT)干接点型或 NAMUR 型。如果开关接点不支持 DPDT，应选用具有 2 个 SPDT 接点的仪表。所有开关型仪表的接点应采用密封结构。

4.18 用于 SIS 和 GDS 系统的变送器应具有自诊断功能。当变送器的故障被自诊断功能检测出来时，变送器应能根据内置的故障选择开关的设定，将输出信号自动变为最高、最低或保持状态。仪表规格书中应规定变送器的故障输出模式。

4.19 用于 SIS 的变送器，宜不带就地显示表，其他用途的变送器宜带就地显示表。

4.20 智能变送器的选型，应符合下列规定：

a) 当智能变送器的响应时间不能满足工艺过程对仪表的快速响应要求时，应放弃采用智能变送器而采用 4mA~20mA DC 常规变送器；

b) 当智能变送器的设置会使其安全性与可用性/可操作性发生矛盾时，应首先确保其安全性；

c) 智能变送器在故障时的最后输出信号值应使得工艺过程处于安全状态；

d) 智能变送器的内存储器应具有写保护功能。

4.21 当流量仪表用于精确计量时，除质量流量计之外的其他流量仪表应进行温度、压力或密度补偿。

4.22 安装在工艺管道上的温度计套管和插入式流量计应做振动频率及应力计算，并根据计算结果采取防冲折断措施。

4.23 在管道振动较强、介质高温或低温和位置难以靠近的工艺管线上安装的在线流量计应选用分体式流量变送器。

4.24 安装在爆炸危险区域内现场仪表的接线盒应选用隔爆型(Exd)或增安型(Exe)；应首选低铜铝

合金外壳，也可选用不锈钢或增强型聚酯外壳；接线盒应配有足够的接线端子和电气接口。

4.25　在执行本规范时，尚应符合国家、石化行业现行有关强制性标准的规定。

5　温度仪表

5.1　温度测量单位和量程

5.1.1　温度仪表的测量单位，应采用摄氏度(℃)。热力学温标单位开[尔文](K)仅用于包含绝对温度的计算。

5.1.2　就地温度仪表的刻度/量程应采用线性直读式或数字显示。

5.1.3　温度仪表的操作温度，对于就地温度计应为刻度/量程的30%~70%；对于温度变送器，应为量程的10%~90%；

5.1.4　当操作温度不低于设计温度的30%时，仪表的量程应覆盖设计温度。

5.2　就地温度仪表

5.2.1　就地温度仪表宜选用万向型双金属温度计，温度测量范围宜为-80℃~500℃，满量程精确度不应低于±1.5%。

5.2.2　在工艺管道及设备有振动、介质低温、现场环境高温或需要远程指示等场合，宜选用带毛细管远传的压力式温度计，温度测量范围宜为-200℃~700℃，满量程精确度不应低于±1.5%。毛细管的长度不应超过10m且应带有铠装层，毛细管材质应为不锈钢。

5.2.3　双金属温度计和压力式温度计应配温度计套管(TW)。温度计套管的设计应符合5.3.11条规定。

5.2.4　双金属温度计和压力式温度计的表盘直径宜为ϕ100mm；在照明条件较差、安装位置较高及观察距离较远的场合，宜选用ϕ150mm表盘。表盘外壳宜为不锈钢，面板宜为白底黑字，应带防爆玻璃。

5.2.5　当仅用于设备标定、临时测温等场合，宜选用温度计套管(TW)。温度计套管应配螺纹盖并带150mm长的不锈钢链。

5.2.6　当需要就地测量管道或设备表面温度时，可采用表面型双金属温度计或表面型压力式温度计。

5.3　远传测量温度仪表

5.3.1　要求以4mA~20mA DC带HART协议、FF-H1、Profibus-PA等标准信号传输时，应选用测温元件配现场温度变送器。测温元件应选用热电偶(TC)或热电阻(RTD)。

5.3.2　除了三取二配置的测温元件外，用于安全联锁用途的测温元件应与其他用途的测温元件分开设置并应安装在不同的温度计套管中；用于安全联锁或关键控制的单检测点测温元件宜采用双支，且温度变送器宜选用双通道型或冗余配置。

5.3.3　要求以mV温度信号传输时，应选用热电偶配补偿导线并接入mV温度转换器、带TC转换安全栅或控制系统的mV信号输入卡；要求以电阻温度信号传输时，应选用热电阻并接入RTD温度转换器、带RTD转换安全栅或控制系统的RTD信号输入卡。

5.3.4　多路温度变送器宜用于温度指示和报警、温度计算和温度控制，但不得用于安全联锁。

5.3.5　多路温度转换器可用于温度指示和报警，但不得用于温度计算、温度控制和安全联锁。

5.3.6　温度测量精确度要求较高、反应速度较快、无振动场合，宜选用热电阻(RTD)。RTD应采用Pt100分度号，且应符合IEC 60751标准，测温范围和允差值应符合表5.3.9规定，RTD宜采用线圈式或绕线式，不得采用薄片式，RTD宜采用3线制。

5.3.7　温度测量范围大、有振动场合，宜选用热电偶。热电偶可选用K、N、E、J、T、S、R、B分度号，且应符合IEC 60584-1及IEC 60584-2标准，测温范围和允差值应符合表5.3.9规定。

5.3.8　热电偶的冷端温度补偿应在温度变送器上实现，当未设置温度变送器时，应在控制系统mV信号输入卡(TC卡)上完成。热电偶与温度变送器或mV信号输入卡(TC卡)之间应配补偿电缆。

5.3.9　常用测温元件的分度号应按表5.3.9选用：

表 5.3.9　常用测温元件分度号选用表

<table>
<tr><th rowspan="2">测温元件名称</th><th rowspan="2">分度号</th><th rowspan="2">标准</th><th rowspan="2">测温范围
（常用）
℃</th><th colspan="3">允差值（参考端温度为 0℃）</th></tr>
<tr><th>允差级别</th><th>温度范围
℃</th><th>允差值
℃</th></tr>
<tr><td rowspan="2">热电阻</td><td rowspan="2">Pt100</td><td rowspan="2">IEC 60751</td><td rowspan="2">−200~650</td><td>A 级（W0.15）</td><td>−100~450</td><td>±(0.15+0.002 |t|)</td></tr>
<tr><td>B 级（W0.3）</td><td>−196~660</td><td>±(0.3+0.005 |t|)</td></tr>
<tr><td rowspan="3">镍铬-镍硅热电偶
镍铬硅-镍硅热电偶</td><td rowspan="3">K
N</td><td rowspan="16">IEC60584-1
IEC60584-2</td><td rowspan="3">0~1200</td><td>1 级</td><td>−40~375
375~750</td><td>±1.5
±0.004 |t|</td></tr>
<tr><td>2 级</td><td>−40~333
333~1200</td><td>±2.5
±0.0075 |t|</td></tr>
<tr><td>3 级</td><td>−167~40
−200~−167</td><td>±2.5
±0.015 |t|</td></tr>
<tr><td rowspan="3">镍铬-铜镍（康铜）
热电偶</td><td rowspan="3">E</td><td rowspan="3">0~750</td><td>1 级</td><td>−40~375
375~800</td><td>±1.5
±0.004 |t|</td></tr>
<tr><td>2 级</td><td>−40~333
333~900</td><td>±2.5
±0.0075 |t|</td></tr>
<tr><td>3 级</td><td>−167~40
−200~−167</td><td>±2.5
±0.015 |t|</td></tr>
<tr><td rowspan="2">铁-铜镍（康铜）
热电偶</td><td rowspan="2">J</td><td rowspan="2">0~600</td><td>1 级</td><td>−40~375
375~750</td><td>±1.5
±0.004 |t|</td></tr>
<tr><td>2 级</td><td>−40~333
333~750</td><td>±2.5
±0.0075 |t|</td></tr>
<tr><td rowspan="3">铜-铜镍（康铜）
热电偶</td><td rowspan="3">T</td><td rowspan="3">−200~350</td><td>1 级</td><td>−40~125
125~375</td><td>±0.5
±0.004 |t|</td></tr>
<tr><td>2 级</td><td>−40~133
133~375</td><td>±1
±0.0075 |t|</td></tr>
<tr><td>3 级</td><td>−67~40
−200~−67</td><td>±1
±0.015 |t|</td></tr>
<tr><td rowspan="2">铂铑 10-铂热电偶
铂铑 13-铂热电偶</td><td rowspan="2">S
R</td><td rowspan="2">0~1300</td><td>1 级</td><td>0~1100
1100~1600</td><td>±1
±[1+0.003(t−1100)]</td></tr>
<tr><td>2 级</td><td>0~600
600~1600</td><td>±1.5
±0.0025 |t|</td></tr>
<tr><td rowspan="2">铂铑 30-铂铑 6
热电偶</td><td rowspan="2">B</td><td rowspan="2">0~1600</td><td>2 级</td><td>600~1700</td><td>±0.0025 |t|</td></tr>
<tr><td>3 级</td><td>600~800
800~1700</td><td>±4
±0.005 |t|</td></tr>
<tr><td colspan="7">注：t 为被测温度，|t|为 t 的绝对值。</td></tr>
</table>

5.3.10　测温元件的选型，应符合下列规定：

a）除非工艺对温度测量有特殊要求，测温元件应选用铠装型，热电偶宜选用非接地型；

b）除非工艺管道、设备已配温度计套管或在 5.3.12 条场合下，测温元件应配温度计套管；

c）测量管道或设备的外壁温度，应选用表面热电偶或表面热电阻；

d）当需要测量设备内的多点温度时，应选用多点测温元件；

e）用于安全联锁回路或关键控制回路的测温元件宜选用双支热电阻或双支热电偶；

f）用于测量加热炉、裂解炉、焚烧炉等炉膛或蒸汽锅炉内的温度时，应符合下列要求：

1） 在满足温度测量范围前提下，应优先使用 K 型热电偶；

2） 热电偶应配固定卡，并带有膨胀圈，保证在热应力作用下测温元件可以在炉内移动，以保护热电偶焊接点；

3） 测温元件材质的选择、安装方法等应符合工业炉制造厂要求；

4） 测温元件的接线盒距离炉外壁不应小于 200mm；

g） 当工艺介质有腐蚀性时不宜选用 J 型热电偶；

h） 测温元件铠装护套的材质最低宜选用 316SS；当介质最高温度介于 800℃～1000℃时宜选用 Inconel 合金，介于 1000℃～1500℃时宜选用铂，高于 1500℃时宜选用钽或钼；

i） 测温元件的绝缘材料宜选用氧化镁（MgO），也可选用氧化铝（Al_2O_3）或其他材料；

j） 单支及双支测温元件铠装护套的外径宜为 ϕ6mm；多点（支）测温元件铠装护套的外径应符合制造厂要求。测温元件与温度计套管之间宜采用 1/2″NPT 螺纹连接；

k） 安装在爆炸危险区内的测温元件的接线盒应选用隔爆型（Exd）或增安型（Exe）；配双支测温元件的接线盒宜配 6 个接线端子和 2 个电气接口。

5.3.11 温度计套管的选型，应符合下列规定：

a） 温度计套管应首选锥形单端整体钻孔型套管，当介质温度、压力较低时，也可选用二次成型厚壁套管；

b） 单支及双支测温元件温度计套管的过程连接法兰尺寸宜为 *DN*40（1.5″），多点（支）测温元件温度计套管的过程连接尺寸宜为 *DN*80（3″）或 *DN*100（4″）；

c） 过程连接方式应首选法兰连接，压力等级和法兰规格应符合配管材料等级规定。当配管材料等级规定不允许采用法兰连接时，应采用承插焊连接。对用于非危险介质（如：水、空气、氮气等）的低压管道（CL150 或以下）也可采用螺纹连接；

d） 温度计套管材质的选用应满足温度测量范围及防腐蚀、防磨蚀等要求，最低应选用 316SS 并且不应低于设备或管道材质，设计可按表 5.3.11 选择相应的材质：

表 5.3.11 温度计套管常用材质选择表

材 质	最高使用温度 ℃	适 用 场 合
316SS 不锈钢	800	一般腐蚀性介质及低温场合
15 铬钢及 12CrMoV 不锈钢	800	耐高压，适用高压蒸汽
Cr25Ti 不锈钢、Cr25Si2 不锈钢	1000	高温钢适用于硝酸、磷酸等腐蚀性介质及磨损较强的场合
GH39 不锈钢	1200	耐高温
Inconel 600#合金钢	600～1200	加热炉、裂解炉、焚烧炉等炉膛，高压氧气
耐高温工业陶瓷及氧化铝	1400～1800	耐高温，但气密性差，不耐压
莫来石刚玉及纯刚玉	1600	耐高温，气密性耐温度聚变性好，并有一定防腐性
蒙乃尔合金或哈氏合金	200	富氧气（22%～100% O_2）
蒙乃尔合金	200	氢氟酸
镍 Ni	200	浓碱（纯碱、烧碱）
钛 Ti	150	湿氯气、浓硝酸
锆 Zr、铌 Nb、钽 Ta	120	耐腐蚀性能超过钛、蒙乃尔、哈氏合金
铅 Pb	常温	10%硝酸、80%硫酸、亚硫酸、磷酸

e） 温度计套管的插入深度应保证测温元件的端点位于被测介质温度变化的灵敏区域。在管道内安装时，插入深度宜位于管道直径的 1/3 到 1/2 处，并且应至少插入管道内 50mm；在容

器内安装时，插入深度距容器内壁宜至少 150mm，但对于带有搅拌器的容器插入深度可适当缩短；

f）在工艺流体温度、压力、流速较高或管径较大场合，对温度计套管应依据 ASME PTC 19.3 TW 标准做振动频率及应力符合性计算，当振动频率及应力不符合该标准要求时，应对温度计套管的结构尺寸或材质进行调整以满足其要求；

g）用于强腐蚀性介质的温度计套管应采用加厚管壁。用于 TC、RTD 及双金属温度计时，孔径不应小于 ϕ6.5mm。用于压力式温度计时，孔径不应小于 ϕ10mm；但当温度计管嘴内壁衬胶或带有防腐涂层时，其有效内径应大于温度计套管根部外径至少 2mm；

h）测量流动的、含固体颗粒介质的温度时，应采用耐磨型温度计套管；

i）法兰连接温度计套管应按照设计压力的 1.5 倍进行水压实验，并应符合 ASME B16.5 标准；

j）测温元件与温度计套管之间宜带压紧弹簧。

5.3.12 下列场合测温元件不应使用温度计套管：

a）使用表面测温元件测量管道或设备的表面温度；

b）测量压缩机、风机的轴承温度；

c）测量电机的定子温度和轴承温度；

d）特殊设计需要快速响应的测温元件。

5.3.13 温度变送器的选型，应符合下列规定：

a）温度变送器应首选二线制 4mA~20mA DC 带 HART 协议智能型，也可选用 FF-H1、Profibus-PA 等现场总线仪表和工业无线仪表；

b）温度检测点环境温度不高于 60℃或安装位置不高于地坪 20m 的场合，宜选用一体型温度变送器；温度检测点环境温度高于 60℃或安装位置高于地坪 20m 的场合，宜选用分体型温度变送器；

c）温度变送器可选单通道、双通道或多通道。当选择双通道或多通道时，各通道应能分别接入不同分度号的测温元件；

d）安装在爆炸危险区内的温度变送器应选用隔爆型（Exd）、本安型（Exi）或 n 型（Exn）；

e）温度变送器的读数精确度不应低于±0.2℃；

f）温度变送器应具有量程、分度号可组态功能；

g）温度变送器应具有输入/输出隔离、热电偶冷端补偿和输出信号线性化功能；

h）温度变送器应具有热电偶烧脱（TC burnout）自动检测功能，当测温元件断偶、断线（开路）时，输出信号状态应能通过组态选择“超量程”或“欠量程”故障模式。

5.3.14 下列场合可使用温度开关代替温度变送器：

a）成套设备带的电加热器的温度开关；

b）仪表柜、控制柜中安装的高温报警开关；

c）HVAC 中的温度控制系统。

5.3.15 温度开关接点应为密封型。在爆炸危险区内安装时，应选用防爆型。宜选用 DPDT 型干接点。

6 压力仪表

6.1 压力测量单位和量程

6.1.1 压力仪表应采用法定计量单位：帕（Pa）、千帕（kPa）和兆帕（MPa）。

6.1.2 压力仪表应配有超量程保护装置，用于真空测量的压力仪表应配有低量程保护。

6.1.3 测量稳定压力时，正常操作压力应为量程的 1/3~2/3。

6.1.4 测量脉冲压力时，正常操作压力应为量程的 1/3~1/2。

6.1.5 使用压力变送器测量压力时，操作压力宜为仪表校准量程的 60%~80%。

6.2 就地压力仪表

6.2.1 一般介质的压力测量仪表的选型应符合如下规定：

a) 操作压力在40kPa或以上时，宜选用弹簧管压力表(差压表)；

b) 操作压力在40kPa以下时，宜选用膜盒压力表；

c) 操作压力在-0.1MPa~0MPa时，应选用弹簧管真空压力表；

d) 操作压力在-500Pa~+500Pa时，应选用矩形膜盒微压计或微差压计。

6.2.2 用于特殊介质及特殊场合的压力表的选型应符合下列规定：

a) 乙炔、氨及含氨介质的测量，应选用专用压力表；

b) 氧气的测量，应选用氧气压力表；

c) 硫化氢和含硫介质的测量，应选用抗硫压力表；

d) 对于黏稠、易结晶、含有固体颗粒或强腐蚀性等介质，应选用隔膜压力表或膜片压力表，隔膜或膜片的材质，应根据测量介质的特性选择；

e) 安装于振动场所或振动部位时，应选用耐振压力表。耐振方法可以采用表盘内充填充液和/或加阻尼器；

f) 用于水蒸气及操作温度超过60℃的工艺介质的压力表，应带冷凝圈或冷凝弯。

6.2.3 一般测量用的压力表、膜盒压力表及膜片压力表的精确度宜为1.6级。精密测量和校验用压力表的精确度宜为0.5级、0.2级或0.1级。

6.2.4 压力表外形尺寸及规格的选择应符合下列规定：

a) 在管道和设备上安装的压力表，如果视线良好，宜选用径向无边、ϕ100mm表盘；照明条件较差、安装位置较高及观察距离较远的场合，宜选用ϕ150mm表盘；

b) 就地盘装压力表宜选用轴向带边、表盘直径宜为ϕ100mm或ϕ150mm；

c) 对于空气过滤减压阀和电气阀门定位器，宜选用表盘直径为ϕ50mm；

d) 压力表感压元件宜采用弹簧管、膜盒或膜片。元件材质最低应选用316SS。海水工况下使用蒙耐尔(Monel)合金。在没有辅助设备情况下，能够承受满量程的1.3倍压力；

e) 压力表表壳应为刚性，材质宜为低铜铝合金(铜含量不超过8%)、不锈钢或增强型聚酯。压力表面板宜为白底黑字，应带防爆玻璃、排放孔或排放膜；

f) 选用带填充液的压力表要考虑填充液不得与工艺介质发生反应，也不得造成催化剂中毒。在工艺介质中有氯，硝酸，过氧化氢等强氧化剂的场合，可使用氟碳润滑剂或卤烃等惰性液，不应使用甘油、硅树脂作填充液。

6.2.5 量程(刻度)超过6.9MPa(G)的压力表，应有泄压安全装置。量程(刻度)为6.9MPa(G)及以下的压力表，当工艺设计压力有可能超过压力表爆破压力时，压力表应带过压保护装置。

6.3 远传测量压力仪表

6.3.1 压力变送器和差压变送器宜选用二线制4mA~20mA DC带HART协议智能型，也可选用FF、Profibus-PA等现场总线仪表和工业无线仪表。

6.3.2 在爆炸危险区域内，应选用隔爆型或本安型变送器。

6.3.3 对于测量微小压力、微小负压场合，宜选用差压变送器。

6.3.4 对黏稠、易结晶、含有固体颗粒或腐蚀性等介质，选用膜片密封式压力(差压)变送器，必要时应设置吹气、冲洗装置。

6.3.5 在下列场合可使用压力开关：

a) 爆破膜报警；

b) 水喷淋系统；

c) HVAC控制系统；

d) 仪表箱/柜，或建筑物内的正压压力低报警。

6.3.6 压力开关的接点应为密封型。在爆炸危险区内安装时，应选用防爆型。宜选用DPDT型干接点。

6.3.7 当选用膜片密封带毛细管远传式压力(差压)变送器时，毛细管应选用316SS不锈钢，铠装层宜选用300系列不锈钢且长度不宜超过15m。密封膜片的最低材质应为316LSS。

6.3.8 所选择的填充液应符合6.2.4条f)项的规定，膜片密封差压变送器两端的毛细管宜具有同样的长度，还应考虑下列因素：

a) 工艺极限温度；

b) 填充液的温度范围；

c) 环境极限温度；

d) 毛细管的长度和内径对响应时间的影响。

7 流量仪表

7.1 流量测量单位、量程和精确度

7.1.1 流量测量单位的选择应符合下列规定：

a) 体积流量用：m^3/h、L/h；

b) 质量流量用：kg/h、t/h；

c) 标准状态下，气体体积流量用：Nm^3/h(在0℃，0.101325MPa下)。

7.1.2 量程的选择及应用应符合下列规定：

a) 方根量程范围：

1) 满量程读数为0~10方根；

2) 最大流量的量程读数不应超过9.5；

3) 正常流量的量程读数应为6.0~8.5；

4) 最小流量的量程读数不应小于3；

b) 线性量程范围：

1) 满量程读数为0~100%线性；

2) 最大流量的量程读数不应超过90%；

3) 正常流量的量程读数应为40%~70%；

4) 最小流量的量程读数不应小于10%；

c) 方根或线性量程的选择应符合下列规定：

1) 当选用差压式流量计测量气体、蒸汽流量时，差压流量变送器宜选择方根量程，开方运算及温度、压力补偿宜在控制系统或流量计算机内完成；

2) 当选用差压式流量计测量液体流量时，差压流量变送器宜选择线性量程，开方运算宜在变送器内完成，不需要温度和压力补偿；

3) 当选用差压式流量计作为特殊应用时，差压流量变送器应选择方根量程，在控制系统内实现开方运算及温度、压力补偿。

7.1.3 流量仪表精确度的选择应符合下列规定：

a) 用作能源计量的流量计，应符合GB 17167—2006的规定，其精确度等级应符合表7.1.3的规定；

b) 其他流量仪表精确度的选择应满足工艺专利商对装置过程控制、监测、计量及性能考核的要求。

表7.1.3 对能源计量器具精确度等级的要求

计量器具名称	分类及用途	精确度等级[a]
各种衡器	进出用能单位燃料的静态计量	0.1
	进出用能单位燃料的动态计量	0.5
	用于车间(班组)、工艺过程技术经济分析的动态计量	0.5~2.0

表 7.1.3 对能源计量器具精确度等级的要求(续)

计量器具名称	分类及用途		精确度等级[a]
油流量仪表（装置）	进出用能单位的液体能源计量		原油、成品油：0.5
			重油、渣油：1.0
	用于车间(班组)、重点用能设备及工艺过程控制计量		1.5
	用于贸易结算计量		成品油：0.2
			原油：0.2
气体、蒸汽流量仪表（装置）	进出用能单位的气体、蒸汽能源计量		煤气：2.0
			天然气：2.0
			蒸汽：2.5
	用于贸易结算计量[b]	流量≥50000m^3	天然气：0.75
		5000m^3≤流量<50000m^3	天然气：1.0
		500m^3≤流量<5000m^3	天然气：1.5
水流量仪表（装置）	进出用能单位的水量计量	DN≤250	2.5
		DN>250	1.5
温度仪表	用于液态、气态能源计量的温度测量		2.0
	与气体、蒸汽质量计算相关的温度测量		1.0
压力仪表	用于液态、气态能源计量的压力测量		2.0
	与气体、蒸汽质量计算相关的压力测量		1.0
其他含能工质	如压缩空气、氧、氮、氢等		2.0

[a] 表中所列的精确度等级应为测量回路的系统精确度等级。

[b] 见 GB/T 18603—2001。

7.2 差压式流量计

7.2.1 标准节流装置包括：孔板、喷嘴和文丘里喷嘴、文丘里管，其选型设计应符合 GB/T 2624.1—2006～GB/T 2624.4—2006 系列标准，并符合下列规定：

a) 标准孔板

1) 一般流体的流量测量，宜选用带手柄的同心、方边(直角)加斜边(45°±15°角)孔板，当测量双向流体时，应选用全方边(直角)孔板；

2) 当 50mm(2″)≤D≤300mm(12″)时，宜采用法兰取压方式，且应同时符合下列条件：

——d≥12.5mm；

——0.1≤β≤0.75；

——Re_D≥5000 且 Re_D≥$170\beta^2D$；

3) 当 350mm(14″)≤D≤1000mm(40″)时，宜采用 D 和 $D/2$ 径距取压方式，且应同时符合下列条件：

——d≥35mm；

——当 0.1≤β≤0.56 时，Re_D>5000；

——当 β>0.56 时，Re_D>$16000\beta^2$。

4) 孔板法兰应符合 ASME B16.36 标准，压力等级最低应为 ASME CL300，孔板的材质最低应为 316SS；

5) 当孔板法兰的压力等级≤CL600 时，取压口连接尺寸应选 1/2″(或 DN15)；当孔板法兰的压力等级≥CL900 时，取压口连接尺寸应选 3/4″(或 DN20)；

6） 取压口连接类型宜为承插焊(SW)或英制锥管螺纹(NPT)；

b） 喷嘴和文丘里喷嘴

1） 当被测介质为干净的流体、测量精确度要求不高且要求永久压损很低时，宜选用喷嘴或文丘里喷嘴；

2） 当选用喷嘴时，应同时符合下列条件：

——50mm(2″)$\leq D\leq$500mm(20″)；

——$0.3\leq\beta\leq0.8$；

——当$0.3\leq\beta<0.44$时，$7\times10^4\leq Re_D\leq10^7$；

——当$0.44\leq\beta\leq0.8$时，$2\times10^4\leq Re_D\leq10^7$；

3） 当选用长径喷嘴时，应同时符合下列条件：

——50mm$\leq D\leq$630mm；

——$0.2\leq\beta\leq0.8$；

——$10^4\leq Re_D\leq10^7$；

——$Re_D/D\leq3.2\times10^{-4}$(在上游管道中)；

4） 当选用文丘里喷嘴时，应同时符合下列条件：

——65mm$\leq D\leq$500mm；

——$d\geq$50mm；

——$0.316\leq\beta\leq0.775$；

——$1.5\times10^5\leq Re_D\leq2\times10^6$；

c） 文丘里管

1） 当被测介质为干净的流体、测量精确度要求较高且要求永久压损很低时，宜选用文丘里管；

2） 当选用铸造收缩段经典文丘里管时，应同时符合下列条件：

——100mm(4″)$\leq D\leq$800mm(32″)；

——$0.3\leq\beta\leq0.75$；

——$2\times10^5\leq Re_D\leq2\times10^6$；

——在上述条件下，流出系数$C=0.984$；

3） 当选用机械加工收缩段经典文丘里管时，应同时符合下列条件：

——50mm(2″)$\leq D\leq$250mm(10″)；

——$0.4\leq\beta\leq0.75$；

——$2\times10^5\leq Re_D\leq1\times10^6$；

——在上述条件下，流出系数$C=0.995$；

4） 当选用粗焊铁板收缩段经典文丘里管时，应同时符合下列条件：

——200mm(8″)$\leq D\leq$1200mm(48″)；

——$0.4\leq\beta\leq0.7$；

——$2\times10^5\leq Re_D\leq1\times10^6$；

——在上述条件下，流出系数$C=0.985$。

7.2.2 非标准节流装置包括：限流孔板、偏心孔板、圆缺孔板、平衡流量计、内藏孔板差压变送器、楔形流量计、均速管流量计等，其选型应符合制造厂标准，且应符合下列规定：

a） 限流孔板：仅用于工艺流体的限流、减压，不能用于流量测量；

b） 偏心孔板：当管径大于DN100(4″)，被测介质黏度低，且含有固体微粒，在孔板前后可能积存沉淀物时，可选用偏心孔板；

c） 圆缺孔板：当管径大于DN100(4″)、测量低黏度液体、含有气体或气体中含有凝液的介质、或液体中含有固体颗粒的介质时，可选用圆缺孔板；

d） 平衡流量计：当被测介质为干净的气体、液体或蒸汽，雷诺数在 200~1×10^7，要求测量精确度较高、范围度较大、直管段长度低时，可选用平衡流量计；

e） 内藏孔板差压变送器：当测量无悬浮物的洁净气体、液体、蒸汽的微小流量，对测量精确度要求不高、范围度要求不大、管道通径 *DN*≤40mm 时，可选用内藏孔板差压变送器。当测量蒸汽时，蒸汽的最高温度不应大于 120℃。内藏孔板差压变送器宜成套带直管段，直管段长度应符合制造厂标准；

f） 楔形流量计：当测量高黏度、低雷诺数(最低至 500)的流体时，可选用楔形流量计；

g） 均速管流量计：当测量洁净的气体，蒸汽和黏度小于 0.3Pa·s 的洁净液体的流量，管道通径在 *DN*100~*DN*2000 范围内，要求永久压力损失低且测量精确度要求不高时，可选用均速管流量计；

h） 用于流量测量的非标准节流装置应进行实流标定。

7.2.3 与节流装置配套的差压变送器的量程选择，应符合下列规定：

a） 差压变送器的量程宜从 6kPa、10kPa、16kPa、25kPa、40kPa、50kPa 系列值中选取，在满足测量要求的前提下，对于液体介质测量应首选 25kPa；

b） 当采用 1 套节流装置配差压变送器无法满足测量精确度或工艺对较大范围度的要求时，可采用 2 套或 3 套节流装置配差压变送器并联使用。

7.2.4 当 1 套节流装置需要配多套差压变送器时，宜在节流装置上开多对取压孔，但最多不得超过 4 对取压孔；当在节流装置上无法开多对取压孔时，也可采用并联多套导压管的取压方式。

7.3 转子流量计

7.3.1 当要求就地流量指示和/或带远传报警、测量，测量范围较小且对精确度要求不高时，宜选用转子流量计。转子流量计包括玻璃管转子流量计、金属管转子流量计、夹套型金属管转子流量计和吹洗转子流量计，其选型应符合下列一般规定：

a） 转子流量计的通径宜为 *DN*15~*DN*150(带内衬时宜为 *DN*20~*DN*150)，压力等级宜为 *PN*10、*PN*20 及 *PN*50；

b） 用于就地指示的转子流量计精确度不宜低于 2.5 级，用于远传的转子流量计精确度不宜低于 1.5 级；

c） 正常流量宜为满量程的 60%~80%，工艺最小流量和最大流量应该在满量程的 10%和 90%之间；

d） 转子流量计的本体材质应相等或高于管道材质，浮子的材质不应低于 316SS，也可根据工艺介质的腐蚀性采用蒙耐尔、哈氏 C 及钛等材质；

e） 当被测介质内含有少量铁磁性物质时，应在转子流量计前加装磁过滤器；

f） 当被测介质为气体、蒸汽或脉动液体时，转子流量计应配有阻尼机构；

g） 转子流量计应垂直安装，流体自下而上流过。

7.3.2 玻璃管转子流量计的选型应符合下列规定：

a） 玻璃管转子流量计适用于小流量的洁净空气、惰性气体及水等介质，且最高操作压力应低于 415kPa(G)、最高操作温度应低于 90℃；

b） 玻璃管转子流量计不得用于易燃、易爆、有毒、脏污及腐蚀性工艺介质；

c） 玻璃管转子流量计的压力等级应为 *PN*10。

7.3.3 金属管转子流量计的选型应符合下列规定：

a） 金属管转子流量计适用于易燃、易爆、有毒、腐蚀性工艺介质内不含铁磁性、纤维及磨蚀性物质的流体的小流量测量；

b） 当测量强腐蚀性工艺介质时，锥形管可带 PTFE、PFA 等内衬，内衬材质宜与配管内衬材料等级相同。

7.3.4 夹套型金属管转子流量计的选型应符合下列规定：

a） 当被测介质易冷凝、结晶或汽化时，可选用夹套型金属管转子流量计，夹套中通以加热或冷却介质；

b） 夹套型金属管转子流量计的最大通径宜为 *DN*80。

7.3.5 吹洗转子流量计的选型应符合下列规定：

a） 当测量液位、压力、差压及流量带吹洗要求时，宜选用吹洗转子流量计，且应成套带有流量调节针阀及稳压/恒流装置；

b） 吹洗转子流量计的最大通径宜为 *DN*25。

7.4 速度式流量计

7.4.1 涡轮流量计的选型应符合下列规定：

a） 对于洁净的气体或黏度不大于 5mPa・s 的洁净液体的流量测量，当精确度要求高，范围度要求不大于 10：1 时，宜选用涡轮流量计；

b） 对于大管径流量测量，当要求压力损失小且精确度要求不高时，可选用插入式涡轮流量计；

c） 对于液体测量，涡轮流量计应水平安装并使液体充满管道。

7.4.2 涡街流量计的选型应符合下列规定：

a） 对于单相、洁净、无脉动及无振动的流体，且雷诺数在 1×10^4～7×10^6 之间、黏度小于 20mPa・s、液体测量精确度要求不高于 1.0 级及气体和蒸汽测量精确度不高于 1.5 级时，宜选用涡街流量计；

b） 对于大管径的流量测量，当精确度要求不高时，可选用插入式涡街流量计；

c） 当配管不能满足直管段长度要求时，可选用旋进式涡街流量计；

d） 涡街流量计的传感器宜采用压电式或电容式，对于大口径测量，也可采用超声式；

e） 测量振动场合的流体流量应选用抗振型涡街流量计，其抗振强度不宜低于 2g。

7.4.3 电磁流量计的选型应符合下列规定：

a） 电磁流量计适用于测量电导率不低于 5μs/cm 的导电介质，包括碱液、盐液、氨水、纸浆、渣液、矿浆、水煤浆等，以及除脱盐水和凝液之外的水和其他水溶液；

b） 电磁流量计可用于测量强腐蚀、脏污、黏稠和含气体的液体，也可测量双向流体；

c） 对于无磨蚀性介质的流速范围宜为 0.5m/s～10m/s，有磨蚀性介质的最大流速应小于 3.5m/s；

d） 电极材质应根据被测介质的腐蚀性选择 316LSS、哈氏 C、铂、钛、钽等合金；

e） 衬里材质应根据被测介质的腐蚀性及温度选择 PFA、PTFE、ETFE、聚氨酯、氯丁橡胶、天然橡胶及工业陶瓷等绝缘材料；

f） 电磁流量计应良好接地，对于金属管道应采用内置接地电极接地，对于非金属管道或带内衬的金属管道宜采用接地环接地；

g） 用电磁流量计测量流量时，应使液体充满管道，以保证电极浸入液体。

7.4.4 超声波流量计的选型应符合下列规定：

a） 超声波流量计适用于可导声的流体，特别适合于大口径管道、非导电性及强腐蚀性、放射性等恶劣工况的流量测量；

b） 对于洁净流体宜采用时差法测量，对于液体中含固体颗粒或气泡的流体宜采用多普勒法测量；

c） 对于贸易计量、大范围度及低雷诺数流体的测量应采用多声道(多于 2 声道)超声波流量计；

d） 管道夹持式超声波流量计仅用于低精确度、非关键性流体测量。

7.4.5 靶式流量计的选型应符合下列规定：

a） 对于黏度较高或含少量固体颗粒的液体流量测量，当要求精确度不高于 1.0 级、范围度不大于 10：1 时，可选用靶式流量计；

b） 靶式流量计应安装在水平管道上。

7.4.6 水表的选型应符合下列规定：

a） 就地累积水的流量计量，可选用旋翼式水表；

b） 当需要远传测量时，可选用带输出信号的水表。

7.5 容积式流量计

7.5.1 容积式流量计（又称正位移流量计），包括：椭圆齿轮流量计、双转子流量计、腰轮流量计、刮板流量计等，其选型应符合下列一般规定：

a） 容积式流量计适用于测量黏度较高、低速、清洁、无气泡液体的贸易计量或高精确度计量；

b） 容积式流量计的精确度可根据需要选用计量级（0.2 级）和控制级（0.5 级）；

c） 用于贸易计量及高精确度计量时，容积式流量计应带有温度补偿；

d） 容积式流量计不适用于液体流速高、差压大、有强烈波动及禁用润滑剂的场合；

e） 本体材质宜与管道材质相同，内件材质宜采用表面硬化处理的不锈钢，用于测量有毒液体时，转子应采用磁性轴承；

f） 当介质含有少量气体时，上游应带有脱气器；当介质含有少量固体颗粒时，上游应带有过滤器以保证固体颗粒直径小于 100μm；当流体流速过高或变化过快时，应采用整流器；

g） 容积式流量计的最大压损应符合工艺允许最大压降；

h） 容积式流量计应安装在水平管道上并应使流体充满管道。

7.5.2 椭圆齿轮流量计和双转子流量计的选型应符合下列规定：

a） 对于洁净的、黏度较高的液体，要求贸易计量或高精确度计量时，可选用椭圆齿轮流量计和双转子流量计；对于微小流量计量，可选用微型椭圆齿轮流量计和微型双转子流量计；

b） 椭圆齿轮流量计宜用于介质黏度为 0.5mPa·s~3000mPa·s 的场合；

c） 双转子流量计宜用于介质黏度为 0.3mPa·s~50000mPa·s 的场合。

7.5.3 腰轮流量计的选型应符合下列规定：

a） 对于洁净的气体或液体，有润滑性、黏度较高的油品，要求贸易计量或高精确度计量时，可选用腰轮流量计；

b） 腰轮流量计宜用于介质黏度为 3mPa·s~150mPa·s 的场合。

7.5.4 刮板流量计的选型应符合下列规定：

a） 对于各种油品的贸易计量或高精确度计量，可选用刮板流量计；

b） 刮板流量计宜用于介质黏度为 0.6mPa·s~500mPa·s 的场合。

7.6 质量流量计

7.6.1 质量流量计宜选用科里奥利质量流量计和热式质量流量计。

7.6.2 科里奥利质量流量计的选型应符合下列规定：

a） 科里奥利质量流量计宜用于液体、高密度气体、浆料及多相流体的贸易计量或高精确度计量，可同时输出质量流量、密度及温度值；

b） 科里奥利质量流量计可测双向流体和微小流量；

c） 科里奥利质量流量计可根据需要选用计量级（0.2 级）和控制级（0.5 级）；

d） 在测量易结晶、冷凝、凝固的流体时，宜选用带蒸汽夹套伴热的科里奥利流量计；

e） 科里奥利质量流量计的最大压损应符合工艺允许最大压降；

f） 科里奥利质量流量计一般不需要温度、压力及密度补偿，也不需要直管段。

7.6.3 热式质量流量计的选型应符合下列规定：

a） 热式质量流量计适用于低密度（小分子量）、单组分或固定比例混合、洁净的气体测量；

b） 热式质量流量计不适用于多相流体及双向流体的测量；

c） 热式质量流量计需要较大的直管段长度，制造厂应提供所需的直管段长度要求。

7.7 固体流量计和流量开关

7.7.1 固体流量计宜选用冲量式流量计和皮带秤。

7.7.2 冲量式流量计的选型应符合下列规定：

a） 冲量式流量计适用于在封闭管道内的粉料、粒料及块状固体流量的测量；

b） 冲量式流量计的安装，应确保物料自由落体下落，不得有任何外加力作用于被测物料上。

7.7.3 皮带秤可分为电子皮带秤与核子皮带秤，其选型应符合下列规定：

a） 电子皮带秤宜选用全密封型电阻应变式称重传感器；

b） 核子皮带秤应符合 GBZ 125—2009 规定的放射卫生防护要求。

7.7.4 需要测量管道中是否有流量时宜选用流量开关。

7.7.5 流量开关宜用于下列场合：

a） 淋浴器或洗眼器的流量指示开关；

b） HVAC 控制系统；

c） 消防水喷淋系统。

8 物位仪表

8.1 就地物位仪表

8.1.1 就地物位仪表包括玻璃板液位计和磁浮子液位计，选型应符合下列一般规定：

a） 就地液面或界面指示应选用玻璃板液位计或磁浮子液位计；

b） 就地液位计的量程应覆盖整个液位测量范围并包括高低报警点和联锁点，当单台就地液位计无法覆盖整个液位范围时，可使用多台液位计串联，多台液位计的可视重叠区应至少为 50mm；

c） 为了减少设备开口，可使用旁通管，旁通管尺寸宜为 *DN*80；

d） 对于在环境温度下易冻、易凝固、易结晶的介质，应选用带蒸汽伴热夹套式并带保温罩；

e） 当介质操作温度≥150℃时，应带高温防护罩；

f） 当介质操作温度低于 0℃或易造成结霜时，应选用防霜式并带防冻罩。

8.1.2 玻璃板液位计的选型应符合下列规定：

a） 对于洁净、透明、低黏度和无沉积物介质的液位指示应选用反射式；对于界面指示、重质油品及高黏度、操作温度 150℃以上的凝液、含固体颗粒、脏污、酸、碱等场合，应选用透光式；当介质较黏稠、脏污或安装场合光线不足时，透光式应带照明；

b） 反射式最低压力等级应达到 *PN*100@ 315℃，透光式最低压力等级应达到 *PN*50@ 315℃；

c） 单台玻璃板液位计的最大长度不应大于 2000mm，当测量范围大于 2000mm 时，可采用几台玻璃板液位计上下串联重叠安装。设备开口法兰间距宜采用：500mm、800mm、1100mm、1400mm、1700mm、2000mm 系列值，也可采用步进尺寸为 100mm 的整数值。单台玻璃板液位计在设备或旁通管上的开口尺寸宜为 *DN*20～*DN*50；

d） 玻璃板液位计在连接仪表侧（上、下两个）应使用 *DN*20 锥形阀，该阀采用可拆卸阀座，配有钢球自封装置及 OS&Y 型手轮。通常放空、排污尺寸为 *DN*15，并加堵头。设计中应保证不使用旁通管的情况下可以调试仪表；

e） 当玻璃板液位计用在腐蚀性介质，玻璃板应配云母层；

f） 玻璃材料选用硼硅酸盐可用于 350℃及以下，选用水合硅酸铝可用于 315℃～398℃，选用石英可用于 398℃以上，也可根据制造厂标准选用，玻璃板应带金属保护；

g） 玻璃板液位计出厂之前要进行 1.5 倍设计压力的水压测试；

h） 当介质温度超过 200℃时，单台玻璃板液位计的长度不得超过 1400mm 且玻璃板不得超过 3 节。

8.1.3 磁浮子液位计的选型应符合下列规定：

a） 对于高压、低温（温度<-45℃）或有毒性介质的场合，宜选用磁浮子液位计；

b） 对于测量液位介质密度小于 400kg/m^3、测量界面介质密度差小于 150kg/m^3、介质黏度高于 600mPa·s、介质温度高于 350℃的场合，不宜选用磁浮子液位计；

c）法兰中心线高度不应大于4500mm。法兰中心线的距离宜以100mm为步进单位，应选用侧-侧连接方式，长度小于等于3000mm的法兰尺寸宜为*DN*50，长度大于3000mm的法兰尺寸宜为*DN*80。法兰压力等级应符合配管和设备规定。放空、排污尺寸宜为*DN*15。

8.2 远传测量物位仪表

8.2.1 差压液位变送器的选型应符合下列规定：

a）液位测量宜选用差压液位变送器，对于界面测量，可选用差压液位变送器，但应确保上部液面始终高于上部取压口；

b）对于量程(差压)小于5kPa、密度变化超过设计值±5%时，不宜选用差压液位变送器；

c）对于含易燃易爆、有毒性、气相在环境温度下易冷凝等场合，宜选用毛细管远传双法兰差压液位变送器，两根毛细管长度宜相同；

d）对于腐蚀性、较黏稠、易气化、含悬浮物等液体，宜选用平法兰式差压液位变送器；

e）对于易结晶、易沉淀、高黏度、易结焦、易聚合等液体，宜选用插入式法兰差压液位变送器；

f）对于易结晶、易沉淀、高黏度、易结焦、易聚合等液体，当精确度要求不高时，可采用吹气或冲液法配合差压变送器测量液位，但吹气或冲液介质不得与工艺介质发生有害作用；

g）对于在环境温度下，气相可能冷凝，液相可能汽化，容器内为高温、高压，当采用普通差压变送器测量液位时，应根据工况分别设置冷凝容器、隔离容器、平衡容器等；

h）当用差压液位变送器测量锅炉汽包液位时，应采用温度补偿型双室平衡容器；

i）差压液位变送器应带迁移功能，迁移量应至少为量程上限的100%，其正、负迁移量应在选择仪表量程时确定。

8.2.2 浮筒液位计的选型应符合下列规定：

a）对于测量范围在2000mm或以内，比密度为0.5~1.5的液位连续测量或位式测量；比密度差为0.2或以上的界面连续测量或位式测量，宜选用浮筒液位计或开关；

b）对于真空、负压或液体易气化的液位或界面测量，宜选用浮筒液位计或开关；

c）对于清洁液体，宜选用外浮筒式液位计，采用“侧-侧”法兰连接型，法兰尺寸宜为*DN*50，表头可旋转，法兰-法兰中心距宜为350mm、500mm、800mm、1100mm、1400mm，1700mm、2000mm系列值，也可采用步进尺寸为100mm的整数值，浮筒式液位开关可采用350mm或500mm；

d）对于易凝结、易结晶、强腐蚀性、有毒性的介质，应选用内浮筒式液位计；

e）当内浮筒式液位计用于被测液体扰动较大的场合时，应加装防扰动管；

f）被测介质最高温度高于200℃时，浮筒液位计应带散热片；最低温度低于0℃时应带延伸管；

g）外浮筒液位计应带有排污阀，排污阀应为*DN*15。

8.2.3 电容物位计的选型应符合下列规定：

a）对于腐蚀性液体、沉淀性流体以及其他工艺介质的液位连续测量和位式测量，可选用电容物位计或开关；

b）对于易粘附电极的导电液体，不宜采用电容物位计；

c）电容物位计应具有抗电磁干扰措施；

d）电容物位开关宜采用水平安装；连续测量的电容物位计宜采用垂直安装。

8.2.4 射频导纳物位计的选型应符合下列规定：

a）对于腐蚀性液体、沉淀性流体、干或湿的固体粉料的物位连续测量和位式测量，宜选用射频导纳液位计或开关；

b）用于界面测量时，两种液体的电气性能(介电常数等)应符合产品的技术要求；

c）对于非导电性液体，应采用裸极探头；对于导电性液体，应采用绝缘管式或绝缘护套式探头；

d） 射频导纳物位计易受电磁干扰的影响，应采取抗电磁干扰措施。

8.2.5 超声波物位计的选型应符合下列规定：

a） 对于腐蚀性、高黏性、易燃性及有毒性的液体的液位、液-液分界面、固-液分界面的连续测量和位式测量，宜选用超声波物位计或开关；

b） 超声波物位计适用于能充分反射声波且传播声波的介质；

c） 超声波物位计不得用于真空场合，不宜用于含蒸汽、气泡、悬浮物的液体和含固体颗粒物的液体，也不宜用于含粉尘的固体粉料和颗粒度大于5mm的粒料；

d） 内部存在影响声波传播的障碍物的工艺设备，不宜采用超声波物位计；

e） 检测器和转换器之间的连接电缆，应采取抗电磁干扰措施。

8.2.6 雷达物位计的选型应符合下列规定：

a） 对于大型固定顶罐、浮顶罐、球形罐中储存原油、成品油、沥青、液化烃、液化石油气、液化天然气、可燃液体及其他介质的液位连续测量或计量，宜选用非接触式雷达物位计，也可选用导波式雷达物位计；

b） 对于储罐或容器内具有泡沫、水蒸气、沸腾、喷溅、湍流、低介电常数（1.4～2.5）、带有搅拌器或有旋流介质的液位或界面的连续测量或计量，宜选用导波式雷达物位计；

c） 应根据测量精确度要求选用控制级或计量级雷达物位计，用于液体介质的控制级满量程精确度不宜低于±0.5%，计量级精确度不宜低于±3mm；用于固体介质的测量精确度不宜低于±25mm；

d） 雷达物位计宜选用24V DC或220V AC外供电型，变送器输出信号宜为4mA～20mA带HART协议或总线信号；

e） 非接触式雷达物位计的天线（平面式、抛物面式、喇叭式、杆式）和导波式雷达物位计的导波杆（缆）的结构形式及材质的选型应根据储罐类型、介质特性、测量范围、测量精度、储罐内温度及压力等因素综合确定；

f） 对于被测介质的液位或界面波动较大、干扰因素大、低介电常数（1.4～2.5）等场合，应选装导波管（防扰管）；

g） 用于罐区储罐的雷达物位计宜带有罐旁指示表；

h） 用于精确计量的导波式雷达物位计宜带有多点平均温度计；

i） 压力储罐上安装的雷达物位计一次仪表与设备法兰之间宜设维修切断球阀；

j） 对于内部有影响微波传播的障碍物的储罐或介电常数低于1.4的介质不得选用雷达物位计；

k） 对于储罐的界面测量，不得选用非接触式雷达物位计。

8.2.7 伺服液位计的选型应符合下列规定：

a） 对于大型固定顶罐、浮顶罐、球形罐中储存原油、成品油、液化烃、液化石油气、液化天然气、可燃液体及其他介质的液位连续测量或计量，宜选用带有导向管的伺服液位计；

b） 应根据测量精确度要求选用控制级或计量级伺服液位计，控制级精确度不宜低于±5mm；计量级精确度不宜低于±3mm；

c） 伺服液位计宜选用220V AC外供电型，变送器输出信号宜为4mA～20mA带HART协议；

d） 用于罐区储罐的伺服液位计宜带有罐旁指示表及标定腔；

e） 压力储罐上安装的伺服液位计宜在缩径腔和一次仪表之间设维修切断球阀；

f） 对于黏度高的介质不应选伺服液位计。

8.2.8 磁致伸缩液位计的选型应符合下列规定：

a） 磁致伸缩液位计适合于常压或有压容器，介质比密度≥0.7，干净的非结晶介质，且要求测量精确度较高场合的液位或界面测量；

b） 磁致伸缩液位计宜选用220V AC外供电型，变送器输出信号宜为4mA～20mA带HART协议；

c） 磁致伸缩液位计不宜用于介质黏度高于600mPa·s、操作温度高于350℃的场合；

d） 磁致伸缩液位计可带有多点温度计。

8.2.9 静压式液位计的选型应符合下列规定：

a） 对于水池、水井及常压水罐的液位测量，宜选用静压式液位计；

b） 静压探头和延伸电缆应在水池、水井及常压水罐的底部固定；

c） 静压探头应具有防腐蚀及防脏物粘附措施。

8.2.10 放射性物位计的选型应符合下列规定：

a） 对于高温、高压、高黏度、易结晶、易结焦、强腐蚀、易爆炸、有毒性或低温等液位和粉料、粒料等固体料位的非接触式连续测量，当其他液位仪表不能使用时，宜选用放射性物位计；

b） 放射源的强度应根据测量和安全性要求进行选择。现场的射线剂量当量应符合 GBZ 125—2009 标准规定的 1 级防护要求，放射源类型宜选用铯 137(Cs137)，也可选用钴 60(Co60)；

c） 放射源的种类，应根据测量要求和被测对象特点、容器材质及壁厚等因素进行选择；

d） 为避免由于放射源衰变而引起的测量误差，提高运行的稳定性和减少校验次数，测量仪表应有衰变补偿功能；

e） 放射性物位计的放射源和探测器宜选用下列组合：

1） 点型放射源和棒型(或缆型)探测器；

2） 棒型放射源和点型探测器；

3） 棒型放射源和棒型(或缆型)探测器；

f） 放射源应考虑防火，并装在专用容器内，专用容器外壳材质最低为316SS。放射源应有隔离射线装置；

g） 放射源宜带有遥控气动或电动源闸，当气源、电源或遥控线路故障时，源闸应能自动关闭。

8.3 物位开关

8.3.1 物位开关适用于下列场合：

a） 公用工程的报警信号，如冷却水，泵密封，润滑油等；

b） 仅用于报警的工艺场合；

c） 当储罐及容器上已设有其他连续物位测量仪表时，可选用物位开关作为报警及联锁。

8.3.2 浮球式物位开关的选型应符合下列规定：

a） 对于储存清洁液体的储罐及容器的液位、界面报警及联锁，宜选用浮球式物位开关；

b） 当浮球式物位开关用于测量界面时，两种液体的比密度应恒定，且比密度差应大于 0.2。

8.3.3 音叉式物位开关的选型应符合下列规定：

a） 对于无振动或振动小的料仓、料斗内的粒状、粉状物料的料位报警及联锁，宜选用音叉物位开关；

b） 对于储罐内物料对音叉无粘连的液位报警及联锁，宜选用音叉物位开关。

8.3.4 旋桨式物位开关的选型应符合下列规定：

a） 承压小、无脉动压力的料仓、料斗，比密度大于 0.2 的颗粒状、粉粒状以及片状物料料位的报警及联锁，宜选用旋桨式料位开关；

b） 旋桨的尺寸应根据物料的比密度及容器的管口尺寸选取。

8.3.5 超声波物位开关的选型应符合下列规定：

a） 对于碳钢储罐及容器的液位测量，宜选用外贴-非接触式超声波物位开关；

b） 对于不锈钢、合金钢及碳钢带内衬的储罐及容器的液位测量，可选用接触式超声波物位开关。

8.3.6 放射性物位开关的选型应符合下列规定：

a） 放射性物位开关的选型应符合 8.2.10 条除 e)项之外的规定；

b） 放射源宜选用点型放射源，探测器宜选用棒型(或缆型)探测器。

9 过程分析仪

9.1 过程分析仪选型一般规定

9.1.1 本规范适用于石油化工在线过程分析仪的选型，不适用于便携式和实验室用分析仪。

9.1.2 过程分析仪的分析原理选择，测量范围、精确度、灵敏度、分辨率、重复性、线性度、死区及响应时间等技术指标，应满足工艺过程对介质成分或特性分析的要求，且技术先进，性能稳定、可靠，操作、维护简便。

9.1.3 过程分析仪的选型还应包括采样及样品处理系统、现场分析小屋或分析柜及过程分析仪管理系统等配套系统，其设计要求应符合 SH/T 3174—2013 规范。

9.1.4 含有易燃、易爆、有毒、腐蚀性介质的分析样品不得任意排放，排放系统设计应满足工厂对健康、安全和环保要求。

9.1.5 用于安全联锁的过程分析仪输出信号应为 4mA ~ 20mA DC 或干接点；用于过程控制的过程分析仪输出信号应为 4mA ~ 20mA DC；用于过程监测的过程分析仪输出信号宜为 4mA ~ 20mA DC 或 MODBUS RTU、以太网 TCP/IP 等通信接口。

9.1.6 用于安全联锁和控制回路的过程分析仪的分析滞后时间应满足联锁和控制对分析时间的要求。

9.1.7 气体过程分析仪的常用浓度单位应符合下列规定：

a) 摩尔分数：%(% mol)、10^{-6}(ppm mol)、10^{-9}(ppb mol)；

b) 体积分数：%(% vol)、10^{-6}(ppm vol)、10^{-9}(ppb vol)；

c) 质量浓度：kg/m^3、g/m^3、mg/m^3；

d) 质量分数：%(% Wt)、10^{-6}(ppm Wt)、10^{-9}(ppb Wt)。

9.1.8 液体过程分析仪的常用浓度单位应符合下列规定：

a) 物质的量浓度(摩尔浓度)：mol/L、mmol/L，不得使用当量浓度；

b) 质量浓度：g/L、mg/L、μg/L，不得使用 ppm、ppb；

c) 质量分数：%、10^{-6}、10^{-9}，不得使用% W、ppm W、ppb W。

9.2 气体分析仪

9.2.1 过程气相色谱仪(PGC)的选型应符合下列规定：

a) 过程气相色谱仪宜用于测量有机物、无机物混合气体或在 450℃下可完全气化不产生分解的混合液体，测量范围为百分数级、10^{-6}级到 10^{-9}级的单组分或多组分的含量；

b) 过程气相色谱仪的检测器有热导检测器(TCD)、氢焰检测器(FID)和火焰光度检测器(FPD)，其选型宜符合下列规定：

  1) 对于有机物和/或无机物组分的百分数级(常量)浓度测量宜采用热导检测器(TCD)，分析浓度下限通常不宜低于 1×10^{-4}；

  2) 对于有机物组分的 10^{-6}级(微量)浓度测量宜采用氢焰检测器(FID)，分析浓度下限不宜低于 2×10^{-8}；微量 CO、CO_2等组分经甲烷化转化后也可用 FID 测量；

  3) 对于硫化物、磷化物组分的 10^{-6}级(微量)及 10^{-9}级(痕量)组分测量宜采用火焰光度检测器(FPD)，分析浓度下限不宜低于 1×10^{-8}；

c) 过程气相色谱仪应包括恒温炉、自动进样阀、色谱柱系统、显示及控制器等部件，并且宜与采样及样品处理系统、现场分析小屋或分析柜、标准气/载气钢瓶及过程分析仪管理系统等配套系统成套供货；

d) 当过程气相色谱仪用于多流路、多组分分析时，每台过程气相色谱仪分析的流路数不宜超过 3 个，每个流路分析的组分不宜超过 6 个；

e) 过程气相色谱仪为非连续测量分析仪，分析周期宜为 1min ~ 15min，其中响应时间不宜超过 12min；

f) 过程气相色谱仪的防爆等级不应低于 Ex pdeib IIB+H_2 T4，防护等级不应低于 IP52；

g） 过程气相色谱仪的控制器宜带 4mA～20mA DC 和干接点输出，以及 MODBUS RTU、以太网 TCP/IP 等通信接口。

9.2.2 红外线分析仪及红外光度分析仪的选型应符合下列规定：

a） 红外线分析仪宜用于测量混合气体中的 CO、CO_2、NO、NO_2、SO_2、NH_3、CH_4、C_2H_4、C_3H_8等及其他烃类及有机物的含量，背景气体应干燥、清洁、无粉尘、无腐蚀性；在样品组成复杂及存在较大背景交叉干扰情况时应避免选用；

b） 红外线分析仪及红外光度分析仪不得用于测量单原子惰性气体（He、Ne、Ar 等）和具有对称结构无极性的双原子分子气体（N_2、H_2、O_2、Cl_2等）；

c） 红外线分析仪的测量范围宜为 5×10^{-6}～100%，响应时间宜为 $T_{90}\leqslant10s$；

d） 滤光式红外光度分析仪除可用于 a）款中的混合气体测量外，还可用于高温、高压、毒性、腐蚀性气体的测量；

e） 红外线分析仪及红外光度分析仪宜用于多组分样品中某一重要单组分的测量，也可用于多组分测量，单台分析仪最多可测量 4 个组分。

9.2.3 紫外线分析仪及紫外-可见光光度分析仪的选型应符合下列规定：

a） 当红外线分析仪及红外光度分析仪不适用于样品的某一重要单组分测量时，宜选用滤光式紫外-可见光光度分析仪；

b） 紫外线分析仪宜用于测量混合气体或排放气中 NO、SO_2、H_2S、Cl_2、NH_3等含量，背景气体中的水分含量对测量影响不大，可用于热湿工况；

c） 紫外线分析仪的测量范围宜为 5×10^{-6}～100%，响应时间宜为 $T_{90}\leqslant10s$；

d） 滤光式紫外-可见光光度分析仪除可用于以上混合气体测量外，还可用于测量混合液体中的组分含量，例如油品的色度、乙二醇的纯度等测量。

9.2.4 氧分析仪的选型应符合下列规定：

a） 常用的氧分析仪有电化学式氧分析仪、顺磁式氧分析仪和氧化锆式氧分析仪；

b） 顺磁式氧分析仪宜用于测量百分数级氧含量；

c） 电化学式氧分析仪宜用于测量高纯度气体（如氢气、氮气、氩气等）中 10^{-6}级的氧含量，不宜用于酸性气体工况；

d） 氧化锆式氧分析仪宜用于测量工业炉烟道气或炉膛气 0%～25%的氧含量。当背景气中含烃类、CO、H_2等可燃性气体（或还原气体）和硫及其他酸雾、且伴有火苗及强气流冲击时，不宜选用氧化锆式氧分析仪。

9.2.5 热导式气体分析仪的选型应符合下列规定：

a） 热导式气体分析仪宜用于测量热导率相差较大的双元混合气中某一组分的体积分数，也可用于背景气各组分的导热系数相近且与被测组分导热系数有差异的准双元混合气中某一组分的体积分数，主要有 H_2、CO_2、SO_2、Ar 等气体；

b） 当背景气组分的含量波动较小、含少量的粉尘和水分时，可选用热导式气体分析仪；

c） 当被测组分（如 H_2）体积分数低，而背景气组分的体积分数较大时不宜选用热导式气体分析仪；

d） 热导式气体分析仪不宜用于测量高纯度气体及测量精确度要求较高的场合。

9.2.6 微量水分仪的选型应符合下列规定：

a） 常用的微量水分仪有电容式、电解式、晶体振荡式及红外式微量水分仪；电容式既可用于测量气体，也可用于测量液体，电解式和晶体振荡式仅能用于测量气体；

b） 电容式微量水分仪宜用于测量无腐蚀性气体或液体中的微量水分，体积分数测量范围可达 1×10^{-7}～1×10^{-2}；电容式微量水分仪不宜用于测量吸湿性、胺和铵、乙醇、F_2、HF、Cl_2、HCl 及含酸性组分的气体；

c） 电解式微量水分仪宜用于测量空气、氮、氢、氧、惰性气体、烃类等混合气体中的微量水分及不破坏 P_2O_5、在电解条件下不与 P_2O_5起反应和不在电极上起聚合反应的气体中的微量水分，体积分数测量范围为 $1\times10^{-6}\sim1\times10^{-3}$，测量精确度不高，响应迟滞大；

d) 晶体振荡式微量水分仪宜用于体积分数测量范围为 $1\times10^{-7}\sim2.5\times10^{-3}$ 的气体中的微量水分；

e) 红外式微量水分仪宜用于测量腐蚀性及吸湿性气体或液体中的微量水分，也可用于测量常量水分，体积分数测量范围可达 $2\times10^{-6}\sim30\%$；

f) 气体露点仪宜用于检测压缩空气、仪表空气及其他无腐蚀性干燥气体的露点，测量精确度不宜低于±1.5℃。

9.2.7 硫分析仪的选型应符合下列规定：

a) 常用的硫分析仪有硫化氢分析仪、硫化氢/二氧化硫比值分析仪和总硫分析仪；

b) 硫化氢分析仪宜用于测量混合气体中硫化氢的含量，宜选用紫外吸收硫化氢分析仪，也可选用过程气相色谱仪；对于 1×10^{-5} 以下微量 H_2S 的测量，可选用 FPD 检测器的过程气相色谱仪；

c) 硫化氢/二氧化硫比值分析仪宜用于测量混合气体中硫化氢和二氧化硫的含量并计算输出 H_2S/SO_2 比值，宜选用紫外吸收硫化氢/二氧化硫比值分析仪，也可选用过程气相色谱仪；

d) 总硫分析仪宜用于测量气体或液体中无机硫和有机硫的总含量，常用的总硫分析仪有 X 射线荧光分析仪、紫外荧光分析仪和过程气相色谱仪，紫外荧光式和过程气相色谱仪既可用于测量气体，也可用于测量液体，宜用于测量低微量总硫；X 射线荧光分析仪只能用于测量液体，但可用于重碳烃液体，如原油中总硫的测量。

9.2.8 激光气体分析仪的选型应符合下列规定：

a) 常用的激光气体分析仪有光纤式和非光纤式，响应速度均小于 1s，宜用于测量混合气体中的 O_2、CO、CO_2、H_2O、NH_3、HCl、HF、H_2S、CH_4 等；

b) 激光气体分析仪可实现原位测量，宜用于一些采样和预处理困难、样品引出危险性大和采样及样品预处理后背景气体组分变化引起气体浓度不准确的工况；

c) 多流路相同组分测量宜选用光纤式激光气体分析仪；多组分测量宜选用非光纤式激光气体分析仪。

9.2.9 过程质谱仪的选型应符合下列规定：

a) 过程质谱仪宜用于测量多流路混合气体中浓度范围为 10^{-6} 级到百分数级的多组分的含量，响应时间达秒级，1 台过程质谱仪不宜测量超过 32 个流路；

b) 过程质谱仪宜用于需要快速分析，且需要同时分析较多流路的工况；

c) 过程质谱仪宜选用磁扇式或四极杆式。

9.2.10 连续排放监测系统(CEMS)的选型应符合下列规定：

a) 连续排放监测系统(CEMS)宜用于测量烟气中烟尘颗粒物、SO_2、氮氧化物(NO_x)等的浓度，以及烟气温度、压力、流量、湿度、氧含量等；

b) 连续排放监测系统(CEMS)宜采用抽取采样式仪器和/或原位测量式仪器；

c) 抽取采样式仪器宜采用吸收光谱法、发光法和电化学分析法等检测技术；

d) 原位测量式仪器宜采用吸收光谱法、光散射法和电分析法等检测技术；

e) 双光程透射式测尘仪宜用于测量烟尘中较高浓度烟尘($0g/m^3\sim100g/m^3$)；散射式测尘仪宜用于测量烟尘中较低浓度烟尘($0g/m^3\sim200mg/m^3$)。

9.2.11 气体热值仪的选型应符合下列规定：

a) 气体热值仪宜用于连续检测煤气、天然气、沼气和燃料气等可燃气体的热值；

b) 热值分析仪的量程应根据气体的热值范围和密度范围来选择，当被测气体压力小于 0.01MPa(G)时应配抽气泵；

c) 天然气及煤气贸易交接用气体热值仪宜选用气相色谱式热值仪。

9.2.12 可燃气体检测器和有毒气体检测器的选型应符合下列规定：

a) 可燃气体检测器主要有催化燃烧式、红外线吸收式和半导体式，其选型应符合下列规定：

1) 催化燃烧式可燃气体检测器宜用于检测大多数可燃性气体，不宜用于检测含有卤化物、硫、磷和砷的可燃性气体，并且在检测器周围应有足够的助燃氧气；

2） 红外线吸收式可燃气体检测器宜用于检测由碳氢化合物组成的可燃性气体和强腐蚀性可燃性气体，不宜用于检测 H_2、CO 等非碳氢化合物气体，在检测器周围不需要助燃氧气；

3） 半导体式可燃气体检测器宜用于检测 H_2，也可选用电化学式可燃气体检测器检测 H_2；

b） 有毒气体检测器主要有电化学式、半导体气敏式、气敏电极式和光离子化式(PID)，其选型应符合下列规定：

1） 电化学式有毒气体检测器宜用于检测硫化氢、一氧化碳、氯气、氰化氢；

2） 半导体气敏式有毒气体检测器宜用于检测硫化氢、一氧化碳、氨气、环氧乙烷、氰化氢、丙烯腈、氯乙烯；

3） 气敏电极式有毒气体检测器宜用于检测氯气、氨气、氰化氢；

4） 光离子化式有毒气体检测器宜用于检测氨气、氯乙烯、苯、甲苯、卤代烷；

c） 可燃气体检测器和有毒气体检测器的选型尚应符合 GB 50493—2009 的规定。

9.3 液体分析仪

9.3.1 工业 pH 计和氧化还原电位计(ORP 计)的选型应符合下列规定：

a） 工业 pH 计宜用于水槽、明渠、密封管道或设备内液体的 pH 值测量，且液体内应无对电极有污染(油污或结垢等)的介质；

b） 水槽、明渠等敞开容器可选用沉入式 pH 变送器。若溶液对电极有沾污时，应选用自动清洗式 pH 计；

c） 当密封管道内溶液压力低于 1.0MPa 时，宜选用流通式 pH 计。若管道内溶液压力为常压，且对电极有沾污时，宜选用自动清洗式 pH 计；

d） 对于清洁液体，工业 pH 计宜选用玻璃电极(最高工作温度达 135℃)或银-氯化银电极(最高工作温度达 225℃)；若液体中含有较多的且不含氧化性的脏污介质，宜选用锑电极；

e） 氧化还原电位计宜用于测量液体的氧化还原电位；

f） 氧化还原电位计的测量范围宜为-1500mV～+1500mV；

g） 氧化还原电位计常用的电极材质有铂电极和金电极。

9.3.2 工业电导率仪的选型应符合下列规定：

a） 常用的工业电导率仪有电极式工业电导率仪和电磁感应式工业电导率仪；

b） 电极式工业电导率仪宜用于测量 μS/cm 级的低电导率，上限为 10mS/cm 的洁净介质；

c） 电磁感应式工业电导率仪宜用于测量高电导率(≥10mS/cm)的强腐蚀性及脏污介质。

9.3.3 密度计的选型应符合下列规定：

a） 密度测量宜采用振动式密度计、放射性密度计和科里奥利质量流量计；

b） 振动式密度计宜用于测量液体的密度，也可测量气体的密度；

c） 放射性密度计宜用于测量液体的密度，也可测量固体的密度，γ 射线放射源宜选用 Cs137，也可选用 Co60；

d） 科里奥利质量流量计宜用于测量液体的密度，也可测量气体的密度。

9.3.4 黏度计的选型应符合下列规定：

a） 常用的黏度计有振动式黏度计、旋转式黏度计和毛细管式黏度计；

b） 振动式黏度计宜用于测量大于 10000mPa · s 的高黏度介质；

c） 旋转式黏度计宜用于测量黏度在 500mPa · s 到 10000mPa · s 的中黏度介质；

d） 毛细管式黏度计宜用于测量黏度小于 500mPa · s 的低黏度介质。

9.3.5 水质分析仪的选型应符合下列规定：

a） 余氯分析仪有电化学式余氯分析仪和分光光度式余氯分析仪。余氯分析仪宜用于测量净水，污水，循环冷却水及化学水等中的余氯含量；

b） 联氨分析仪有电化学式联氨分析仪和分光光度式联氨分析仪。联氨分析仪宜用于测量锅炉给水中的残余微量联氨含量；

c） 硅酸根分析仪宜用于测量化学水中微量可溶性二氧化硅和硅酸盐的含量；

d） 磷酸根分析仪宜用于测量化学水，循环冷却水，净水和污水中磷酸盐的含量；

e） 钠离子分析仪宜用于测量经阳离子交换树脂处理后的锅炉用水中的钠离子浓度；

f） 化学耗氧量（COD）分析仪宜用于测量水中有机污染排放的总量；

g） 总有机碳（TOC）分析仪宜用于测量水中有机物的总含碳量；

h） 溶解氧分析仪有电化学式溶解氧分析仪和光学式溶解氧分析仪。溶解氧分析仪宜用于测量锅炉给水，污水，净水和污水中的氧含量；

i） 氨氮分析仪有电极法和分光光度法。氨氮分析仪宜用于测量循环冷却水和污水中氨氮含量；

j） 浊度计有散射式浊度计和散透比式浊度计。浊度计宜用于测量净水和污水浑浊度。

9.3.6 水中油分析仪的选型应符合下列规定：

a） 水中油分析仪宜用于测量化学水、蒸汽凝液和处理后污水中的10^{-6}级含油量；

b） 水中油分析仪宜采用紫外荧光式分析仪。

9.3.7 油品分析仪的选型应符合下列规定：

a） 油品分析仪可分为下列5大类：

1） 分析油品加热蒸发性能的分析仪：包括馏程、初馏点、干点、蒸汽压分析仪等；

2） 分析油品低温流动性能的分析仪：包括倾点、凝点、冰点、浊点、冷凝点分析仪等；

3） 分析油品燃烧性能的分析仪：包括汽油辛烷值、柴油十六烷值分析仪等；

4） 分析油品安全性能的分析仪：主要指闪点分析仪；

5） 分析油品其他物理性能的分析仪：包括密度、黏度、色度、酸度分析仪等；

b） 馏程分析仪有模拟式和半模拟式。模拟式宜用于全馏程分析，包括初馏点、干点、终馏等分析；半模拟式宜用于单点分析；

c） 凝点分析仪有机械振子振动式、移动球式、光学式、差压式（U型管式）和杠杆式；

d） 红外分光仪宜用于测量石油的酸度值；

e） 紫外分光仪宜用于测量石油中芳烃含量；

f） 比色仪宜用于测量石油色度；

g） 闪点分析仪宜采用催化氧化式。

9.3.8 近红外分析仪的选型应符合下列规定：

a） 近红外分析仪可同时测量样品的多个化学组成和物理特性，其分析周期不宜小于1min，可应用于液体、固体分析；

b） 近红外分析仪宜用于测量油品的多物理特性和组分含量；

c） 近红外分析仪宜根据被测样品的性质选用滤光片式、光栅扫描式、傅立叶变换式、声光可调谐滤光器式和固定光路多通道检测式。

9.3.9 工业核磁共振分析仪（NMR）的选型应符合下列规定：

a） 工业核磁共振分析仪主要有连续波式（CN）和脉冲傅立叶变换式（PFT）两种类型；

b） 工业核磁共振分析仪宜用于聚丙烯、聚乙烯等成品粉料的理化指标的无损检测；

c） 工业核磁共振分析仪宜用于分析馏分油的化学成分和物理性质，也可用于成品油调和的在线分析。

9.3.10 拉曼光谱分析仪的选型应符合下列规定：

a） 拉曼光谱分析仪宜用于炼油、芳烃产品指标的在线分析和油品调和；

b） 拉曼光谱分析仪宜用于无损检测、受介质中水分干扰小、对温度变化不敏感和测量精确度要求高的场合。

10 控制阀

10.1 调节阀

10.1.1 通用要求

10.1.1.1 调节阀的选型应根据用途、工艺条件、流体特性、管道材料等级、调节性能、控制系统要求、防火要求、环保要求、节能要求、可靠性及经济性等因素来综合考虑。

10.1.1.2 调节阀类型的选择，宜按照下列顺序进行，具体选型应符合10.1.2条的规定：

a) 对于*DN*200(8″)及以下口径的调节阀，在一般工况下宜选用球形调节阀；

b) 对于*DN*250(10″)及以上口径的调节阀，在一般工况下宜选用偏心旋转阀或蝶形调节阀；

c) 对于介质中含有固体颗粒或黏度较大的场合，宜选用偏心旋转阀或V形球调节阀；

d) 对由于高差压、高流速、闪蒸或气蚀造成的高噪声场合，宜选用低噪声调节阀；

e) 在工艺特殊要求、严酷工况、特殊介质等场合，可选用角型调节阀、三通调节阀、隔膜调节阀、阀体分离式调节阀、旋塞调节阀、波纹管密封调节阀、微小流量调节阀和深冷调节阀等特殊调节阀；

f) 在压缩机防喘振控制场合，应选用防喘振调节阀；

g) 在蒸汽管网的减温减压控制和蒸汽透平的旁路控制等场合，应选用蒸汽减温减压器。

10.1.1.3 当石油化工厂有可靠的仪表空气系统时，宜首选气动调节阀；当无仪表空气系统但有负荷分级为一级负荷的电力电源系统时，宜选用电动调节阀；当工艺过程、机组有特殊要求时，也可选用电液调节阀。

10.1.1.4 除工艺有特殊要求外，调节阀的允许泄漏等级应选择GB/T 4213或ANSI/FCI 70-2标准规定的Ⅳ级；当工艺对调节阀有紧密切断(TSO)要求或参与紧急切断联锁时，调节阀的允许泄漏等级应选择GB/T 4213或ANSI/FCI 70-2标准规定的Ⅴ级或以上。

10.1.1.5 当工艺对调节阀有防火要求时，应选用符合API 607或API 6FA标准的火灾安全型(fire-safe)调节阀。

10.1.1.6 调节阀的压力等级、阀体材质、配管连接形式及等级应符合其所安装管道的管道材料等级规定，当规定标明按NACE要求时，则调节阀的阀体及内件材质应符合NACE MR0103标准。

10.1.1.7 调节阀的安装支架、轴承、键销、紧固件等配件应选用钢制材料；不得用石棉或石棉制品作阀门填料和垫片材料。

10.1.2 调节阀的分类与结构形式选择

10.1.2.1 调节阀宜按结构形式和应用分为直行程调节阀、角行程调节阀、特殊调节阀、防喘振调节阀和蒸汽减温减压器。

10.1.2.2 直行程调节阀-球形调节阀(Globe)主要包括直通单座调节阀、直通双座调节阀、套筒调节阀、角形调节阀和三通调节阀等，其选型应符合下列规定：

a) 直通单座阀宜用于要求泄漏量小和阀前后差压较小的场合，不宜用于高黏度、悬浮液和含固体颗粒流体场合，小口径直通单座阀也可用于差压较大的场合；

b) 直通双座调节阀宜用于对泄漏量要求不严和阀前后差压较大的场合，不宜用于高黏度、悬浮液和含固体颗粒流体的场合；

c) 套筒调节阀宜用于阀前后差压较大、介质有闪蒸或气蚀、介质不含固体颗粒的场合；

d) 角形调节阀宜用于高差压、高黏度、含有悬浮颗粒流体(必要时可接冲洗液管)、汽-液两相流和易闪蒸的场合，高压角形调节阀宜用于高静压和高差压的场合；

e) 三通调节阀宜用于热交换器的旁通温度调节，安装在旁通入口时应选用分流型；安装在旁通出口时应选用合流型，操作温度不宜超过300℃，合流阀温差不宜大于150℃。

10.1.2.3 角行程调节阀-旋转型调节阀(Rotary)主要包括偏心旋转调节阀、V球调节阀和蝶形调节阀等，其选型应符合下列规定：

a） 偏心旋转调节阀宜用于高黏度介质、含固体颗粒介质、高差压、流通能力大、可调比要求大和紧密关闭的场合，尤其适用于高黏度且含固体颗粒的浆料；

b） V球调节阀宜用于高黏度介质、含固体颗粒或纤维介质、紧密关闭的场合，尤其适用于高黏度且含固体颗粒的浆料；

c） 蝶形调节阀宜用于口径 *DN*≥150、压力等级≤CL900、大流量，低差压、含有悬浮颗粒物和对流量特性要求不严格的场合。

10.1.2.4 特殊调节阀主要包括隔膜调节阀、阀体分离式调节阀、低噪声调节阀、旋塞调节阀、波纹管密封调节阀、微小流量调节阀和深冷调节阀等，其选型应符合下列规定：

a） 隔膜调节阀宜用于强腐蚀性、高黏度、含悬浮颗粒和纤维的介质和在流量特性要求不严等场合，但不宜用于工作温度高于150℃、工作压力高于1MPa(G)的场合；

b） 阀体分离式调节阀宜用于高黏度、易结晶、含固体颗粒和含纤维流体的场合；

c） 低噪声调节阀宜用于流体产生闪蒸、气蚀，气体在阀缩流面处流速超过音速，选用普通调节阀噪声超过85dB(A)的场合；

d） 旋塞调节阀宜用于高黏度、浆料及强腐蚀性介质的场合；

e） 波纹管密封调节阀宜用于剧毒性介质、环保要求零泄漏的场合和真空系统，波纹管应选用316SS；当操作温度≥150℃，操作压力≥5MPa(G)时，宜选用一般调节阀配置环保型密封填料函代替波纹管密封；

f） 微小流量调节阀宜用于流量系数 C_v 额定值在0.000001~0.03范围内的场合；

g） 深冷调节阀宜用于操作温度低于-101℃的场合，其阀体应选用316SS或更高不锈钢材质，阀盖应选用深冷伸长型，阀内件及填料材质应满足深冷温度要求。

10.1.2.5 防喘振调节阀应用于压缩机的防喘振控制，其选型应符合下列规定：

a） 防喘振调节阀应选用线性流量特性的调节阀；

b） 输出信号到4mA或电磁阀失电时，阀门从全关到全开的时间不应超过2s；输出信号到20mA或电磁阀励磁时，阀门从全开到全关的时间不应超过5s；

c） 调节阀宜能跟踪微小信号变化(0.1mA)和大信号变化(4mA)，且宜在全行程内保持无回差并保持稳定性。

10.1.2.6 蒸汽减温减压器应用于蒸汽管网的减温减压控制和蒸汽透平的旁路控制，其选型应符合下列规定：

a） 对于ASME CL600~CL2500等级的蒸汽减温减压器宜选用一体式结构，减温段宜选用多喷嘴型；低于ASME CL600的场合宜选用分体式结构；

b） 一体式蒸汽减温减压器的减温水调节阀应随蒸汽减温减压器一起计算及选型；

c） 分体式减温减压器应包括减压调节阀、减温器和减温水调节阀，减温器和减温水调节阀应一起计算及选型；

d） 蒸汽减温减压器阀体的材料等级应符合上游蒸汽管道的材料等级；

e） 在高压及高差压场合下，蒸汽减温减压器宜选用笼式导向并选用多级降噪阀芯；

f） 当工艺要求的可调比≥50：1时，宜选用文丘里型减温器或蒸汽辅助雾化型减温器。

10.1.3 调节阀固有流量特性的选择

10.1.3.1 调节阀的固有流量特性宜选用等百分比、线性或快开特性。

10.1.3.2 调节阀的固有流量特性应按被调参数、干扰源和阀阻比综合进行选择。

10.1.3.3 调节阀宜首选等百分比流量特性，但下列情况宜选用线性流量特性：

a） 压缩机防喘振调节阀、泵最小回流量调节阀；

b） 由手操器控制的调节阀；

c） 由阀门定位器实现的分程控制；

d） 按表10.1.3.3选择的线性流量特性。

表 10.1.3.3　调节阀固有流量特性选择表

差压范围	线性流量特性	等百分比流量特性
$\Delta P_{NOR}/\Delta P_{OFF}>0.75$	(1) 液位定值调节系统 (2) 主要干扰源为给定值的流量、温度调节系统	(1) 流量、压力、温度定值调节系统 (2) 主要干扰源为给定值的压力调节系统
$\Delta P_{NOR}/\Delta P_{OFF}\leqslant 0.75$		各类调节系统
注：ΔP_{NOR} 表示正常流量下调节阀两端的差压。 ΔP_{OFF} 表示调节阀关闭时两端的差压。		

10.1.3.4　当按照表 10.1.3.3 选择的线性流量特性不能满足表 10.1.4.3 要求的最小和最大相对行程 l/L(%)要求时，则应选择等百分比流量特性。

10.1.3.5　对于两位式调节或需要迅速获得调节阀最大流通能力的场合，宜选用快开流量特性。

10.1.4　调节阀口径的计算及选定

10.1.4.1　调节阀口径的计算宜执行 IEC-60534-2-1 或 ANSI/ISA-75.01.01 标准。

10.1.4.2　调节阀的计算及选型需要输入下列工艺及配管条件：

a)　位号、用途、P&ID 号、管段号，管道等级、通径、壁厚及材质；

b)　介质名称、介质上游状态、固体含量%、闪蒸率%；

c)　设计温度、设计压力、最大关闭差压、临界压力；

d)　入口最大、正常、最小流量；

e)　入口最大、正常、最小流量下的压力；

f)　入口最大、正常、最小流量下的压降；

g)　入口最大、正常、最小流量下的温度；

h)　介质的密度、分子量、动力黏度；

i)　介质的绝热指数(C_p/C_v)、液体饱和蒸汽压、气体压缩系数；

j)　允许泄漏等级及关断要求、气源故障时阀位(FC/FO/FL)、电源故障时阀位；

k)　对调节阀的附件要求：电磁阀、限位开关、阀位变送器、手轮、机械限位等；

l)　对调节阀的特殊材质要求：抗硫化氢(NACE)、氯离子应力腐蚀等；

m)　对调节阀的防火、环保要求；

n)　工艺专利商的其他特殊要求。

10.1.4.3　调节阀口径的计算及选定宜首先计算出正常流量和最大流量下的流量系数 $C_{v_{nor}}$ 和 $C_{v_{max}}$，再依据下列公式计算出流量系数计算值 $C_{v_{calc}}$，最后再根据调节阀制造厂提供的流量系数系列值选定出流量系数额定值 $C_{v_{rated}}$，最终选定调节阀口径，具体应符合下列规定：

a)　宜根据下列原则确定流量系数计算值：

等百分比阀：

$$C_{v_{calc}}=2\times C_{v_{nor}} \qquad (10.1.4.3\text{-}1)$$

或

$$C_{v_{calc}}=1.3\times C_{v_{max}} \qquad (10.1.4.3\text{-}2)$$

二者取较大值；

线性阀：

$$C_{v_{calc}}=1.5\times C_{v_{nor}} \qquad (10.1.4.3\text{-}3)$$

或

$$C_{v_{calc}}=1.1\times C_{v_{max}} \qquad (10.1.4.3\text{-}4)$$

二者取较大值。

式中：

$C_{v_{max}}$——根据工艺最大流量计算出的流量系数；

$C_{v_{nor}}$——根据工艺正常流量计算出的流量系数；

$C_{v_{calc}}$——根据 $C_{v_{nor}}$ 或 $C_{v_{max}}$ 计算出的流量系数计算值；

b） 选择后的 $C_{v_{rated}}$ 宜使直行程调节阀的相对行程 l/L(%)和角行程调节阀的开度(°)处于表10.1.4.3所规定的范围内；

表 10.1.4.3 调节阀相对行程和开度范围表

流量	直行程调节阀相对行程 l/L		角行程调节阀开度(全开90°)	
	线性阀(Linear)	等百分比阀(Equal%)	蝶形调节阀	其他旋转类调节阀
最大 Q_{max}	≤80%	≤90%	≤60°	≤70°
正常 Q_{nor}	50%~70%	60%~80%	30°~50°	30°~60°
最小 Q_{min}	≥15%	≥30%	≥20°	≥15°

c） 在任何情况下，$C_{v_{rated}}$ 下直行程调节阀的相对行程不得超过95%，角行程调节阀的开度不得超过75°；

d） 在任何情况下，根据工艺最小流量计算出的流量系数 $C_{v_{min}}$ 所对应的直行程调节阀的相对行程不得低于10%，角行程调节阀的开度不得低于10°；

e） 三通调节阀的 $C_{v_{calc}}$ 计算是以流经阀门两路的流量之和作为最大流量，选取热交换器的压力损失作为计算压降，按两通调节阀的计算公式得出。三通调节阀的 $C_{v_{rated}}$ 选取宜选择大于且最接近 $C_{v_{calc}}$ 的系列值，作为选定三通调节阀口径的依据，当选定的口径大于管道通径时，取阀门口径等于管道通径；

f） 对于不同介质的调节阀出口最大流速应符合下列规定，否则应加大调节阀口径或改变调节阀结构形式：

1） 气体、蒸气和水蒸气不得超过0.33Ma(马赫)；

2） 除水之外的液体不得超过10m/s；

3） 水不得超过5.5m/s；

4） 磨蚀性流体不得超过6m/s；

g） 调节阀口径不得大于管道通径，为减少管线应力，调节阀最大缩径不得超过两级且不得小于管道通径的1/2；

h） 对于放空、压缩机防喘振、泵最小回流量控制、两相流和工艺专利商有特殊要求等一些特殊场合，可不遵守上述的计算及选型规定，但应在调节阀规格书中注明其特殊要求；

i） 调节阀制造厂也可使用自己的计算方法计算闪蒸、气蚀、阻塞流等工况，但应提供计算书。

10.1.5 调节阀噪声的计算与控制

10.1.5.1 调节阀和自力式调节阀应作噪声计算，用于气体、水蒸气及蒸气调节阀的空气动力噪声计算应执行IEC 60534-8-3或ANSI/ISA-75.17标准；用于流体动力噪声的计算应执行IEC 60534-8-4标准。

10.1.5.2 计算出的调节阀最大噪声应使其下游1m处和管道表面1m处的最大稳态噪声限值不得超过85dB(A)；用于泄放、放空等脉动或间歇操作的调节阀在上述位置的最大脉冲噪声限值不得超过105dB(A)，否则应选用低噪音调节阀或采取外部降噪措施。

10.1.5.3 调节阀的降噪措施应首先选用多通道-多级结构的低噪音阀内件、改变阀门结构形式(如选用角形调节阀)等在调节阀内部节流处降噪的方法，若还不能满足噪声控制要求时，可选择通过外部声路处理降噪。

10.1.6 调节阀允许泄漏等级的选择应符合下列规定：

a） 调节阀允许泄漏等级的选择应执行GB/T 4213—2008或ANSI/FCI 70-2标准。

b） 除工艺有特殊要求外，调节阀的允许泄漏等级宜选择GB/T 4213—2008或ANSI/FCI 70-2

标准规定的Ⅳ级；

c） 当工艺对调节阀有紧密切断（TSO）要求或参与紧急切断联锁时，调节阀的允许泄漏等级应选择 GB/T 4213—2008 或 ANSI/FCI 70-2 标准规定的Ⅴ级或以上；

d） 工艺要求 TSO 的调节阀，当满足温度、压力及材质要求时，阀座可以选用非金属或复合材料，当工艺同时有防火要求时，阀座材质及结构应符合防火要求。

10.1.7 调节阀阀体的选型设计应符合下列规定：

a） 在满足本规范的其他技术要求下，对用于公称通径 $DN \leqslant 200$ 的阀门宜选用直通单座阀、直通双座调节阀、套筒调节阀、角形调节阀、三通调节阀和调节球阀，对公称通径 $DN>200$ 的阀门宜选用偏心旋转调节阀和蝶形调节阀；

b） 阀体的设计和制造应符合 ASME B16.34 标准或等同中国标准，阀体的压力等级不应低于 *PN*20（ASME CL150），阀体及配件的设计压力、设计温度、材质和耐腐蚀性能不得低于配管材料等级规定，所有承压部件应满足管道设计条件；

c） 阀体材质应符合配管材料等级规定，一般为碳钢或低温碳钢，工艺介质有特殊要求时可选用不锈钢、双相不锈钢或其他特种合金，阀盖、盲端、延长阀盖等与介质接触部件的材质及等级不应低于阀体；

d） 阀体的配管连接形式、等级和螺栓/螺母/垫片规格及材质应符合配管材料等级规定；

e） 用于烃类或其他可燃介质的角行程阀门（球阀、偏心旋转阀和蝶阀等）宜选用法兰连接型，当 $DN>300$ 时，蝶阀及偏心旋转阀也可选用支耳（Lug）连接型，不得选用无法兰对夹（Wafer）连接型；

f） 当工艺要求调节阀为火灾安全型时，其阀体应符合 API 607 或 API 6FA 耐火试验标准；

g） 调节阀宜选用铸钢或锻钢阀体，阀体的测试与检验宜符合 GB/T 13927 或 API 598 标准。

10.1.8 阀内件材质的选择应符合下列规定：

a） 一般情况宜选用 316SS 不锈钢；

b） 对于腐蚀性流体应根据流体的种类、浓度、温度和压力合理选择耐腐蚀材料；

c） 在闪蒸、空化或严重冲刷的场合和高温、高差压场合，应选用表面堆焊硬质合金等耐磨材料；

d） 特殊工况的阀内件材质选择应符合下列规定：

1） H_2S 用途，应选用 321SS 不锈钢，或合金 6；

2） S44004（440C）或 S17400（17-4PH SS）等硬质不锈钢用于下列情况：

- 压降超过 700kPa（100psi）的蒸汽；
- 压降超过 700kPa（100psi）的锅炉凝液；
- 压降超过 1000kPa（150psi），入口气化率质量分数超过 3%；
- 任何压降超过 1700kPa（250psi）；
- 温度超过 310℃（600℉），含固体颗粒的介质。除非工艺要求更高等级材质；

3） 用于控制油/水液位，如一段原油产品分离罐，可选用硬质合金（或碳化钨喷涂）；

e） 阀芯（不包括阀杆），无论单座还是双座，都应由整体棒材加工或铸造而成，不应使用分段制造或中空的阀芯。

10.1.9 上阀盖型式的选择应符合下列规定：

a） 介质最高温度在-18℃～204℃范围内时，应选用普通型阀盖带 V 型 PTFE 填料；

b） 介质最高温度在 204℃～399℃范围内时，宜选用普通型阀盖带柔性石墨填料，也可选用延伸带散热片型阀盖带 V 型 PTFE 填料；

c） 介质最低温度低于-18℃时，应选用长颈型阀盖；

d） 介质最高温度高于 399℃时，应选用延伸带散热片型阀盖；

e） 对于高毒性、强致癌物等高危害性介质，应选用波纹管密封型阀盖。带波纹管密封的阀应配有压力表，当波纹管泄漏时应有指示。

10.1.10 填料函结构和填料的选择应符合下列规定：

a） 一般情况宜选用单层填料函结构；对于低温、高温或高毒性介质，应选用双层填料函结构；

b） 介质温度在-18℃～204℃范围内时，宜选用V型PTFE填料；介质温度低于-18℃或高于204℃场合应选用柔性石墨填料或其他合适材料的填料；

c） 填料选择应符合阀门类型、工艺条件、环境要求。根据工艺要求及配管规定确定是否选用防火型；

d） 对于泄漏量要求很低的场合（低逸散性控制阀：泄漏量≤500ppm），应使用波纹管密封型。

10.1.11 执行机构的选择应符合下列规定：

a） 应根据通过调节阀的压降、调节阀口径以及对响应速度的要求，合理选择执行机构的输出力（或力矩），必要时应进行核算。应按工艺专业提供的阀门最大关闭差压来决定执行机构的输出力。执行器的安全系数、尺寸应由制造厂确认，保证不会对阀杆和阀座造成损害；

b） 一般情况选用弹簧返回气动薄膜执行机构。要求速度较快的开关阀，选择气缸式执行机构，优先选弹簧返回的单作用气缸，然后选双作用气缸；

c） 要求执行机构有较大的输出力、较快的响应速度时，宜选用气动活塞式执行机构或长行程执行机构；

d） 应确定阀门在仪表空气（或其他驱动介质）故障情况下的位置。如果选择气缸式执行机构，阀门应为正作用；

e） 执行机构选型时应基于阀门承受的最大差压。一般使用上游最大设计压力；

f） 电动执行机构可以用于调节和紧急切断用途；

g） 如果气动薄膜、气缸式、电动都不满足要求，例如高推力、快速行程、长行程等场合，可以选择电液执行机构；

h） 一般情况下，阀门的联锁位置和气源故障位置一致。如果这两种情况下的位置不一样，需要使用储气罐以确保联锁时位于正常位置。无论怎样，电磁阀失电（非励磁）联锁；

i） 如果使用气锁阀（air lock），则安装在尽可能靠近执行机构的地方。与安全相关的附件，如停止阀（trip valve）或泄放阀（dump valve），安装时不得影响阀门的故障位置。气锁的气源应与阀门一样。气锁的设定值应高于执行机构所需最小压力。调节阀如果带气锁时，应配有压力表，用于指示薄膜或气缸内的压力；

j） 选择执行机构尺寸时，应根据仪表空气的最小压力来计算推力或扭矩。

10.1.12 调节阀附件的选用应符合下列规定：

a） 调节阀宜配置智能阀门定位器（4mA～20mA DC带HART协议）；阀门定位器应为正作用；

b） 下列场合宜采用手轮机构：

1） 未设置切断阀和旁路阀的调节阀；

2） 手轮不能用于阀门机械限位，除非有特殊场合，其他方法都不适用于机械限位；

3） 特殊调节阀；

c） 下列场合宜采用气动继动器/增压器：

1） 快速控制系统需要提高执行机构动作响应速度的场合；

2） 大口径调节阀场合；

3） 需要提高执行机构信号压力的场合；

d） 如果阀门为故障保持型，应选择相应的附件实现该功能；

e） 指示调节阀的开、关状态时，应选用限位开关。限位开关类型宜为接近式干接点型或NUMAR型。带电磁阀的调节阀至少要带一个联锁位置指示的限位开关；

f） 当需要监控调节阀的精确阀位时，应选用阀位变送器；

g） 遥控、过程控制、联锁系统、实现气路自动关闭、要求调节阀开关等场合，应选用低功率

(低于 4 瓦)三通或四通电磁阀。特殊调节阀可不使用低功耗电磁阀;

h) 调节阀附带的电气组件如:电/气阀门定位器、电/气转换器、电磁阀及限位开关等用于防爆场合时,其防爆等级应符合有关防爆规范和规定;

i) 仪表空气储罐的制造应符合 TSG R0004 标准,应根据调节阀的安全完整性等级确定是否配置压力开关,用于指示仪表空气气压低或气源故障。

10.2 自力式调节阀

10.2.1 自力式调节阀宜用于调节公用工程介质,如:空气、氮气、燃料气、蒸汽、水、润滑油和燃料油等,也可用于调节清洁、无毒、无腐蚀性的工艺介质。

10.2.2 自力式调节阀宜用于下列场合:

a) 不需要远程控制;

b) 不需要频繁改变调节回路设定值;

c) 工艺过程允许被操作变量小范围偏离设定值;

d) 不需要紧密关断;

e) 需要降低控制回路投资;

f) 现场无控制气源和电源(如:仪表空气、氮气、电等)。

10.2.3 自力式调节阀宜用于调节下游压力、上游压力和差压,也可用于调节温度、液位和流量,其选型应符合下列规定:

a) 用于调节下游压力的自力式调节阀应选用自力式减压调节阀;

b) 用于调节上游压力的自力式调节阀应选用自力式背压调节阀;

c) 用于调节设备上、下游差压的自力式调节阀应选用自力式差压调节阀;

d) 用于调节温度的自力式调节阀应选用自力式温度调节阀;

e) 用于调节液位的自力式调节阀应选用自力式液位调节阀;

f) 用于调节流量的自力式调节阀应选用自力式流量调节阀。

10.2.4 自力式调节阀分为直接作用式和先导式,其选型应符合下列规定:

a) 直接作用式自力式调节阀宜用于对调节精度要求不高(10%~20%)的场合;

b) 先导式自力式调节阀宜用于对调节精度要求较高(<10%)或流通能力较大的场合。

10.2.5 自力式调节阀口径的计算和噪音计算应符合 10.1.5 条的有关规定。

10.3 开关阀

10.3.1 通用要求

10.3.1.1 当石油化工厂有可靠的仪表空气系统时,宜首选气动开关阀。

10.3.1.2 当石油化工厂无仪表空气系统、但有负荷分级为一级负荷的电力电源系统时,宜选用电动开关阀,当工艺、转动设备有特殊要求时,也可选用电液开关阀。

10.3.1.3 开关阀的防火要求应符合 GB 50160—2008 的相关规定和工艺要求,火灾安全型(fire-safe)的开关阀应符合 API 607 或 API 6FA 标准。

10.3.1.4 开关阀的允许泄漏量应符合 GB/T 13927—2008、GB/T 26480—2011 或 API 598 的规定。

10.3.1.5 开关阀的公称通径、压力等级、配管连接形式及等级和阀体材质应符合其所安装管道的管道材料等级规定。

10.3.1.6 开关阀的安装支架、轴承、键销、紧固件等配件应选用钢制材料。

10.3.1.7 不得用石棉或层压石棉作阀门填料和垫片材料。

10.3.2 阀体

10.3.2.1 球阀、闸阀和蝶阀均可用于开关阀,但不宜选用截止阀。对用于公称通径 $DN \leqslant 200$ 的阀门宜选用球阀或闸阀,对公称通径 $DN>200$ 的阀门宜选用闸阀、三偏心蝶阀或双偏心高性能蝶阀。

10.3.2.2 开关阀不需要进行口径计算和噪音计算,阀体的公称通径应与工艺管道相同。

10.3.2.3 阀体的设计和制造应符合 ASME B16.34 标准或等同中国标准,阀体的压力等级不应低于

*PN*20(ASME CL150)，阀体及配件的设计压力、设计温度、材质和耐腐蚀性能不得低于配管材料等级规定，所有承压部件应满足管道设计条件。

10.3.2.4 阀体材质应符合配管材料等级规定，一般为碳钢或低温碳钢，工艺介质有特殊要求时可选用不锈钢、双相不锈钢或其他特种合金，阀盖、盲端、延长阀盖等与介质接触部件的材质及等级不应低于阀体。

10.3.2.5 阀体的配管连接形式、等级和螺栓/螺母/垫片规格及材质应符合配管材料等级规定，当配管材料等级规定未作要求时，应符合下列规定：

a) 法兰型终端连接应符合 ASME B16.5 标准，垫片应符合 ASME B46.1 标准，螺栓、螺母的材质应符合 ASTM A193 和 ASTM A320 标准；

b) 对焊型终端连接应符合 ASME B16.25 标准。

10.3.2.6 法兰型终端连接阀门的面到面尺寸应符合下列规定：

a) 法兰型球阀的面到面尺寸应符合 ASME B16.10 标准；

b) 法兰型蝶阀的面到面尺寸应符合 API 609 中的 B 类短型阀门或 ISO 5752 标准；

c) 法兰型闸阀的面到面尺寸应符合 API 6D 标准。

10.3.2.7 用于烃类或其他易燃介质的角行程阀门(球阀、蝶阀等)应首选法兰连接型，当 *DN*>300 时，蝶阀及偏心旋转阀也可选用支耳(Lug)连接型，不得选用无法兰对夹(Wafer)连接型。

10.3.2.8 开关阀的阀体应符合 API 607 或 API 6FA 耐火试验标准。

10.3.2.9 开关阀宜选用铸钢或锻钢阀体，阀体的测试与检验应符合 GB/T 13927—2008 或 API 598 标准。

10.3.3 阀内件

10.3.3.1 开关阀应选用金属密封阀座及阀内件，带防火垫片及增强型柔性石墨填料，金属密封的要求也可以通过使用特殊设计的软阀座实现，保证软阀座在火灾时(烧化)阀门为金属对金属密封。阀座及阀内件应能承受 API 607 或 API 6FA 标准的耐火试验。

10.3.3.2 在同时作为进出口总管开关阀时，应选用双向密封型阀内件。

10.3.3.3 阀座及阀内件材质最低为 316SS，当工艺介质有特殊要求时应选用其他材质，并根据需要对阀内件做表面硬化处理。

10.3.3.4 阀芯(如：球、蝶板)应由整块金属经机加工或锻造而成，不得采用分段制造及中空阀芯，阀杆应装有防吹出装置。

10.3.4 阀盖与填料

10.3.4.1 阀盖应选用符合制造厂标准的整体式或螺栓式结构。

10.3.4.2 阀盖的压力、温度额定值及材质应与阀体一致。

10.3.4.3 阀盖的选型应符合 10.1.9 条规定。

10.3.4.4 开关阀的密封填料及填料函结构应符合 10.1.10 条规定。

10.3.4.5 开关阀宜选用增强型柔性石墨填料(密度≥1360kg/m^3)并配有上下密封环，选用其他密封填料应满足 API 607 或 API 6FA 标准。

10.3.5 执行机构选型一般规定

10.3.5.1 在有可靠仪表气源的场合应选用气动执行机构，在没有仪表气源的场合应按 10.3.1.2 条执行。

10.3.5.2 应根据工艺对阀门最大关闭差压、阀体口径及关断时间的要求，合理选择执行机构的额定输出力矩并进行核算。执行机构的安全系数、尺寸(活塞面积)应由制造厂选择，确保不会对阀杆和阀座造成损害。

10.3.5.3 执行机构应能保证阀门在各种工况下(包括最大差压)平稳开启及关闭，执行机构的输出力矩应至少留有 50%的安全系数，即执行机构的输出力矩应为阀门最大扭矩的 1.5 倍，并且不应对阀门造成损坏，执行机构应有限位保护功能。

10.3.5.4 阀门制造厂应提供阀门最大破坏扭矩，阀轴的强度应至少按执行机构最大扭矩的1.15倍选定。

10.3.5.5 从调控信号开始的阀的全行程时间不应超过阀体尺寸(英寸)的3倍(以秒计)，并且不应小于阀体尺寸(英寸)(以秒计)；紧急切断阀的最大行程时间(阀门从正常操作位置到联锁要求的安全位置的时间)不应超过10s。

10.3.5.6 开关阀的全行程关闭及打开时间应符合安全和工艺操作要求。

10.3.5.7 气动执行机构应配有与阀轴直接相连的阀位指示器。阀的开、关位置应采用文字明确标识。

10.3.5.8 执行机构与阀体的连接应符合ISO 5211标准或制造厂标准。

10.3.5.9 开关阀的执行机构不应设置行程机械限位装置。

10.3.5.10 执行机构的电子/电气部分的防爆等级不应低于安装场所的防爆等级，外壳防护等级不应低于GB 4208—2008规定的IP65。

10.3.5.11 当工艺安全对紧急切断阀有防火要求时，在距离紧急切断阀15m之外应设置紧急切断阀的现场操作开关，其接点信号直接送至气动执行机构的电磁阀或电液、电动执行机构的ESD动作端子或相应的SIS系统，用于在紧急情况下现场手动关闭紧急切断阀。

10.3.6 气动执行机构

10.3.6.1 开关阀应根据工艺给定的阀门故障安全位置首选仪表空气故障关型(FC)或仪表空气故障开型(FO)，选用弹簧返回型单作用气缸执行机构，弹簧表面应做防腐处理。

10.3.6.2 当工艺特别要求阀门为仪表空气故障保持型(FL)时，应选用双作用气缸执行机构并配有仪表空气储罐，阀门保位时间不应低于48h。

10.3.6.3 气动执行机构的规格应确保阀门在下述条件下能够全行程动作：上游操作压力(P_1)的125%或最大切断差压(ΔP_{max})的110%，二者取较大值。

10.3.6.4 气动执行机构的尺寸应根据仪表空气的最低压力来计算并选型，当仪表空气的最低压力值无法确定时，应按照415 kPa(G)计算。

10.3.6.5 气动执行机构及其组件的强度应至少能承受执行机构产生的1MPa的推力。

10.3.6.6 电磁阀、限位开关、手轮/手柄、气动继动器、气动保位阀、快速排气装置、气动先导阀、空气过滤减压器及储气罐等附件的选用应符合阀门规格书的要求，所有附件的安装不得影响阀门的火灾安全和故障安全。

10.3.6.7 在用于紧急切断阀的气动执行机构的气缸上应能加装易熔塞，易熔塞的熔点宜为250℃，当气缸温度达到或超过易熔塞的熔点时，易熔塞熔化将气缸内的压力泄放掉，使另一侧气缸内的弹簧或储气罐内的压缩空气推动活塞将阀门关闭。

10.3.6.8 在气动执行机构的气路上应能加装手动阀，现场操作手动阀能将阀门关闭，该手动阀应设铅封保护。

10.3.6.9 用于开关阀的电磁阀应符合下列规定：

a) 电磁阀宜选用直接作用式、至少5.5mm流通孔径、316SS阀体；
b) 电磁阀宜选用24V DC供电、最大功耗≤4W、高温(等级 H)绝缘耐用型及长期带电型线圈；
c) 用于弹簧复位型单作用执行机构的电磁阀宜为2位3通型、通用型及断电排气式，用于双作用执行机构的电磁阀宜为2位4通型或2位5通型；
d) 电磁阀的防爆等级应符合危险区划分等级，防护等级不应低于IP65。

10.3.6.10 用于开关阀的储气罐应符合下列规定：

a) 储气罐应为碳钢材质，符合TSG R0004规范，并具有压力容器证书；
b) 储气罐最小容积应满足在415kPa(G)仪表空气压力下阀门全行程从开到关和从关到开各2次的储气量。

10.3.6.11 气动执行机构的气源质量及供气配管应符合下列规定：

a） 气动执行机构的气源质量应符合 SH/T 3020—2013 规范；

b） 所有气动附件宜直接安装或用管线连接在执行机构上，所有气动附件的放空口及进气口均应安装防虫网。气动管路宜采用 316SS 管（tubing），宜采用双卡套压接型 316SS 管件；

c） 常用的配管尺寸宜为：12mm OD×1.5mm，16mm OD×1.5mm，供气配管的管径应确保阀门的关断时间要求；

d） 气动执行机构和所有气动附件的气动连接口均宜采用符合 ASME B1.20.1 标准的英制 NPT 螺纹接头；

e） 每台气动执行机构均应配备单独的气源球阀及空气过滤减压器，空气过滤减压器应具备自动排放功能，并配有输入、输出压力表。

10.3.6.12 气动执行机构的手轮选型应符合下列规定：

a） 手轮宜为侧面安装型；

b） 手轮的手动和自动位置应有明确标识，自动位置应带有锁定机构；

c） 手轮应能实现在无动力和阀门最大负载设计条件下操纵执行机构；

d） 阀门开/关操作方向应明确标注在手轮上，手轮不得用作行程机械限位器。

10.3.6.13 限位开关宜为隔爆接近式干触点型或 NUMAR 型，防爆等级应符合危险区划分等级，防护等级不应低于 IP65。

10.3.6.14 当工艺安全对紧急切断阀有防火保护要求时，用于紧急切断阀的气动执行机构及其附件应有防火保护措施，首选安装防火保护罩，防火保护罩应符合 UL 1709 标准，能够在 1093℃下，抵抗烃类火灾 30min。

10.3.7 电动执行机构

10.3.7.1 电动执行机构应采用负荷分级为一级负荷的电力电源供电，电源应为 380V AC、50Hz 三相或 220V AC、50Hz 单相。

10.3.7.2 电动执行机构的整体防爆等级应符合危险区划分等级，防护等级不应低于 IP65。

10.3.7.3 电动执行机构应为智能型，应包括电动机、接触器、蜗轮蜗杆、手轮、离合机构、控制/联锁单元、显示单元、自保装置、电池、扭矩开关及阀位开关等。

10.3.7.4 电动执行机构应为非侵入红外设置型，能在现场用红外线遥控器进行各种参数的设置及调整、进行执行器和阀门的故障自诊断、并通过 LCD 显示阀位（数字百分数）、压力、诊断及故障等信息，当动力电源断电时，LCD 显示器仍可显示各种信息。

10.3.7.5 从 DCS 或 SIS 到电动执行机构的控制及联锁信号应采用硬接线干触点信号，触点容量不应小于 24VDC、1A。

10.3.7.6 电动机产生的最大扭矩不应低于 150%堵转扭矩，扭矩开关的最大设定值不得超过堵转扭矩。

10.3.7.7 电动执行机构应具有电动机过热、超扭矩、防冲击、瞬间反相、阀门防卡死等自保措施，并具有自动相位校正、掉相校正及故障报警功能。

10.3.7.8 电动执行机构控制及联锁回路的设计应确保来自控制系统或 SIS 系统的紧急停车信号（ESD）能够对电动执行机构的自保功能及其他控制信号进行超驰。

10.3.7.9 电动执行机构应具有阀位开关和扭矩开关来停止阀门在关闭及打开方向上运动。扭矩开关应具备快速切断功能，适合于重负荷操作，同时应采用滑动接触，满足控制电压的要求。

10.3.7.10 电动执行机构的手轮为标准配置，离合机构的设计，应确保电动机操作优先于手轮操作，无论何时，当电动机一启动，手轮操作应自动脱开。

10.3.7.11 当工艺安全对紧急切断阀有防火保护要求时，用于紧急切断阀的电动执行机构及其附件应有防火保护措施，首选安装防火保护罩，防火保护罩应符合 UL 1709 标准，能够在 1093℃下，抵抗烃类火灾 30min。

10.3.7.12 当工艺安全对紧急切断阀有防火保护要求时，用于紧急切断阀的电动执行机构的动力电缆及信号电缆宜采取防火保护措施。

11 特殊测量仪表

11.1 称重仪

11.1.1 称重仪宜选用电阻应变式和压电式。

11.1.2 根据测量要求，称重仪可选择承压型或拉伸型传感器。

11.1.3 被称重的设备应处于自由状态，不得有任何刚性连接或外部应力(风载荷除外)。

11.1.4 被称重的设备与称重仪传感器的连接处应设有防倾覆装置。

11.2 机组轴系测量仪表

11.2.1 电涡流传感器宜用于测量机械的径向振动、轴向位移、键相位和转速。

11.2.2 压电式速度传感器宜用于测量轴承箱、机壳或结构的绝对振动。

11.2.3 地震式速度传感器宜用于测量轴承箱、机壳或结构的绝对振动。

11.2.4 加速度传感器宜用于测量壳体加速度(如齿轮啮合监测)。

11.2.5 其他机械变量传感器宜用于测量差涨、机壳膨胀、扭矩等机械变量。

11.2.6 温度传感器(热电偶、热电阻)宜用于测量轴承温度和其他机械温度。

11.2.7 机组轴系测量仪表宜由机组厂商成套提供传感器、前置放大器、延伸电缆和轴系监测器。

附 录 A
(资料性附录)
流量仪表选型参考表

表A 流量仪表选型参考表

流量仪表类型		性能参数								
		应用标准	可测量 介质	精确度 等级	通径范围 *DN*	直管段前/后 *D*	范围度	压损 %	双向	耐脏
差压式–节流装置	标准孔板	GB/T2624.2	G、L、V	1.0~2.5	50~1000	按标准	3∶1	60~100	O	X
	喷嘴/文丘里喷嘴	GB/T2624.3	G、L、V	1.0~2.5	50~500	按标准	3∶1	30~60	X	X
	文丘里管	GB/T2624.4	G、L、V	1.0~2.5	50~1200	按标准	5∶1	10~30	X	N
	限流孔板	制造厂标准	G、L、V	—	—	–	—	—	—	—
	偏心孔板	制造厂标准	G、L、V	1.5~2.5	100~1000	按孔板	3∶1	60~100	O	N
	圆缺孔板	制造厂标准	G、L、V	1.5~2.5	100~1000	按孔板	3∶1	60~100	O	N
	平衡流量计	制造厂标准	G、L、V	0.5~1.5	15~3000	5/2	10∶1	10~30	O	O
	内藏孔板 DP 流量计	制造厂标准	G、L、V	1.5~2.5	15~40	20/10	3∶1	60~100	X	X
	楔形流量计	制造厂标准	L	1.5~2.5	50~1000	10/5	3∶1	30~60	O	O
	均速管流量计	制造厂标准	G、L、V	1.5~2.5	100~2000	20/10	10∶1	10~20	X	X
VA式	转子流量计	制造厂标准	G、L、V	1.5~2.5	15~150	5/2	5~10∶1	30~60	X	X
	吹洗流量计	制造厂标准	G、L	1.5~4.0	15~25	5/2	5~10∶1	30~60	X	X
速度式	涡轮流量计	GB/T 17289	G、L	0.2~1.5	15~500	15/7	5~10∶1	30~60	O	X
	涡街流量计	GB/T 25922	G、L、V	1.0~1.5	15~300	20/5	5~40∶1	10~30	X	N
	电磁流量计	GB/T 29815	L	0.2~1.5	15~400	10/3	10~100∶1	0	O	O
	超声波流量计	制造厂标准	G、L、V	0.5~2.5	≥25	10/3	10~300∶1	0	O	O
	靶式流量计	HG/T 4598	L	1.0~2.5	15~200	5/3	3∶1	30~60	X	O
	水表	GB/T 778.1	L	1.5~4.0	15~200	5/3	10∶1	30~60	X	X
容积式	椭圆齿轮流量计	制造厂标准	L	0.2~0.5	15~250	15/5	10∶1	60~100	X	X
	双转子流量计	制造厂标准	L	0.2~0.5	15~250	15/5	10∶1	60~100	X	X
	腰轮流量计	制造厂标准	L	0.2~0.5	15~500	15/5	10∶1	60~100	X	X
	刮板流量计	制造厂标准	L	0.2~0.5	15~200	15/5	10~20∶1	60~100	X	X
质量式	科里奥利质量流量计	GB/T 31130	G、L、V	0.2~0.5	15~300	5/2	10~100∶1	60~100	O	O
	热式质量流量计	GB/T 20727	G	1.5~2.5	6~100	10/5	10∶1	10~20	X	X
	—	—	—	—	—	—	—	—	—	—
固体式	冲量式流量计	制造厂标准	S	1.0~2.5	—	—	—	—	—	—
	电子皮带秤	GB/T 7721	S	0.5~2.5	—	—	—	—	—	—
	核子皮带秤	GBZ 125	S	1.0~2.5	—	—	—	—	—	—

注1：可测量介质状态：G—气体；L—液体；V—蒸气、水蒸气；S—固体。

注2：前/后直管段数据为 *DN* 的整数倍值，表中数据是最低要求。

注3：其他表示符号：O—好、可用；X—差、不可用；N—一般、不确定；“—”表示无内容。

附 录 B
（资料性附录）
物位仪表选型参考表

表 B 物位仪表选型参考表

物位仪表类型		性能参数						
		应用标准	可测量介质	液-液界面	耐脏	精确度等级或±mm	测量范围（单台）mm	避免事项或工况
就地	玻璃板液位计	JB/T 9244	L	O	X	直读	500~2 000	脏污、黏稠
就地	磁浮子液位计	GB/T 25153	L	N	N	±10	500~4 500	黏稠、高温
远传连续测量物位仪表	差压液位变送器	GB/T 29817	L	N	N	0.2~0.5	1 000~30 000	黏稠、真空
远传连续测量物位仪表	浮筒液位计	GB/T 13969	L	O	X	0.5~1.5	350~2 000	脏污、黏稠
远传连续测量物位仪表	电容物位计	GB/T 24960	L、S	O	O	1.0~1.5	500~10 000	粘附、电磁干扰
远传连续测量物位仪表	射频导纳物位计	制造厂标准	L、S	O	O	1.0~1.5	500~10 000	电磁干扰
远传连续测量物位仪表	超声波物位计	制造厂标准	L、S	O	O	1.0~1.5	600~20 000	蒸汽、粉尘、真空
远传连续测量物位仪表	雷达物位计	制造厂标准	L、S	O	O	±1~±10	600~45 000	低介电常数
远传连续测量物位仪表	伺服液位计	制造厂标准	L	X	X	±1~±5	600~50 000	黏稠、高压
远传连续测量物位仪表	磁致伸缩液位计	GB/T 21117	L	N	X	±1~±5	500~20 000	黏稠、高温
远传连续测量物位仪表	静压式液位计	制造厂标准	L	X	X	0.5~1.0	500~50 000	粘附、腐蚀
远传连续测量物位仪表	放射性物位计	GBZ 125	L、S	X	O	1.5~4.0	600~10 000	放射源相互干扰
物位开关	浮球液位开关	制造厂标准	L	O	X	—	—	脏污、黏稠
物位开关	音叉物位开关	制造厂标准	L、S	X	N	—	—	粘附、振动
物位开关	旋桨物位开关	制造厂标准	L、S	X	N	—	—	粘附
物位开关	电容物位开关	制造厂标准	L、S	X	O	—	—	粘附、电磁干扰
物位开关	超声波液位开关	制造厂标准	L、S	X	O	—	—	蒸汽、粉尘
物位开关	放射性物位开关	GBZ 125	L、S	X	O	—	—	放射源相互干扰

注 1：可测量介质：L—液体；S—固体。

注 2：其他表示符号：O—好、可用；X—差、不可用；N—一般、不确定；“—”表示无内容。

参 考 文 献

[1]《石油化工自动控制设计手册(第三版)》. 陆德民主编 . 2000 年 1 月第 3 版，化学工业出版社，ISBN 7-5025-2696-X

[2]《自动化与仪表工程师手册》. 王树青、乐嘉谦主编 . 2011 年 11 月第 1 版，化学工业出版社，ISBN 978-7-122-03950-7

[3]《仪表常用数据手册(第二版)》. 王森、纪纲主编 . 2006 年 8 月第 2 版，化学工业出版社/工业装备与信息工程出版中心，ISBN 7-5025-8939-2

[4]《在线分析仪器手册》，王森主编 . 2008 年 10 月第 1 版 . 化学工业出版社，ISBN 978-7-122-02439-8

[5]《控制阀手册》第四版 . 费希尔控制设备国际有限公司，2005 年

[6] Process Industry Practices, Process Control, May 2010, Provided by HIS under license with PIP

[7] ISO 1000 International System of Units(SI) and Its Application

[8] ISO 5211 Industrial Valves - Part-Turn Actuator Attachments

[9] ISO 5752 Metal Valves for Use in Flanged Pipe Systems-Face-to-Face and Centre-to-Face Dimensions

[10] IEC 60079-0 Explosive atmospheres-Part 0: Equipment-General requirements

[11] IEC 60085 Electrical insulation-Thermal evaluation and designation

[12] IEC 60529 Degrees of Protection Provided by Enclosures(IP Code)

[13] IEC 60534-2-1 Industrial-Process Control Valves-Part 2-1: Flow-Capacity-Sizing Equations for Fluid Flow under Installed Conditions

[14] IEC 60584-1 Thermocouples Part 1: Reference tables

[15] IEC 60584-2 Thermocouples Part 2: Tolerances

[16] IEC 60584-3 Thermocouples Part 3: Extension and compensating cables-Tolerances and identification system

[17] IEC 60751 Industrial platinum resistance thermometers and platinum temperature sensors

[18] ANSI/ISA-75.01 Flow Equations for Sizing Control Valves

[19] ANSI/ISA-75.17 Control Valve Aerodynamic Noise Prediction

[20] ANSI/FCI 70-2 Control Valve Seat Leakage

[21] ASME B1.20.1 Pipe Threads, General Purpose(Inch)

[22] ASME B16.5 Pipe Flanges and Flanged Fittings NPS 1/2 Through NPS 24 Metric/Inch Standard

[23] ASME B16.10 Face-to-Face and End-to-End Dimensions of Valves

[24] ASME B16.25 Butt welding Ends

[25] ASME B16.34 Valves-Flanged, Threaded and Welding End

[26] ASME B16.36 Orifice Flanges

[27] ASME B46.1 Surface Texture(Surface Roughness, Waviness, and Lay)

[28] ASTM A193 Standard Specification for Alloy-Steel and Stainless Steel Bolting for High Temperature or High Pressure Service and Other Special Purpose Applications

[29] ASTM A320 Standard Specification for Alloy-Steel and Stainless Steel Bolting for Low-Temperature Service

[30] ASME PTC 19.3 TW Thermowells-Performance Test Codes

[31] API 598 Valve Inspection and Testing

[32] API 607 Fire Test for Soft-seated Quarter-turn Valves

[33] API 609 Butterfly Valves: Double-flanged, Lug-and Wafer-type

[34] API 6FA Specification for Fire Test for Valves

[35] API 6D Specification for Pipeline Valves
[36] NACE MR0103 Materials Resistant to Sulfide Stress Cracking in Corrosive Petroleum Refining Environments
[37] UL 1709 UL Standard for Safety Rapid Rise Fire Tests of Protection Materials for Structural Steel

中华人民共和国石油化工行业标准

石油化工自动化仪表选型设计规范

SH/T 3005—2016

条 文 说 明

2016 北 京

修 订 说 明

SH/T 3005—2015《石油化工自动化仪表选型设计规范》，经工业和信息化部 2016 年 1 月 15 日以第 3 号公告批准发布。

本规范是在 SH 3005—1999《石油化工自动化仪表选型设计规范》的基础上修订而成，上一版的主编单位是中国石化集团北京石油化工工程公司，主要起草人员是黄步余、李丽华。

本规范修订过程中，编制组进行了广泛深入的调查研究，总结了近 10 年我国在炼油、石化工程建设领域的实践经验，同时参考了国外先进技术法规、技术标准，如：ISO、IEC、ISA、ANSI、ASME、API、PIP 及国外工程公司与业主标准规范等，取得了大量技术资料。

为便于广大设计、施工、科研、学校等单位有关人员在使用本规范时能正确理解和执行条文规定，《石油化工自动化仪表选型设计规范》编制组按章、条顺序编制了本规范的条文说明，对条文规定的目的、依据以及执行中需注意的有关事项进行了说明。但是，本条文说明不具备与规范正文同等的法律效力，仅供使用者作为理解和把握规范规定的参考。

目　次

石油化工自动化仪表选型设计规范

3 术语和定义

3.4

精确度 accuracy

根据 GB/T 13283—2008 对精确度定义的注释，从测量误差的角度来讲，精确度是测得值的随机误差和系统误差的综合反映。

3.5

精确度等级 accuracy class

根据 GB/T 13283—2008 对精确度等级定义的注释，精确度等级通常以约定的数字或符号表示，称为等级指标，应从下列数系中选取：0.01，0.02，(0.03)，0.05，0.1，0.2，(0.25)，(0.3)，(0.4)，0.5，1.0，1.5，(2.0)，2.5，4.0，5.0。其中括号内的精确度等级不推荐采用。

4 一般规定

4.4 “国家授权防爆认证机构”包括：上海国家级仪表防爆和安全监督检验站(NEPSI)、国家防爆电气产品质量监督检验中心(CQST)和石油化学工业电气产品防爆质量监督检验中心(PCEC)，而且这三个单位是 IEC 组织认可的。“国家授权防爆认证机构”也包括由国家认证监督管理委员会授权的国际权威认证机构，如：IECEx、ATEX 等。

5 温度仪表

5.3.11 f) 在工艺流体温度、压力、流速较高或管径较大场合，应依据 ASME PTC19.3 TW-2010 标准对温度计套管做振动频率及应力符合性计算，当套管的漩涡脱落频率(f_s)大于 0.75 倍的套管共振频率(f_r)、套管的总应力大于许用应力或套管的总应力大于 0.5 倍的弯曲应力时，应对温度计套管的结构尺寸或材质进行调整并重新计算以满足该标准要求。

6 压力仪表

6.2.4 f)、7.3.7 考虑到膜片有破裂的可能，在工艺介质中有强氧化剂，如氯，硝酸，过氧化氢等场合，可使用氟碳润滑剂(Fluorolube)或卤烃(Halocarbon)等惰性液，不应使用甘油、硅树脂(Silicone)作填充液，以防填充液与工艺介质接触发生化学反应导致爆炸、火灾，或填充液泄漏进工艺介质中造成催化剂中毒。

7 流量仪表

7.1.2 c) 3) 差压式流量计的特殊应用包括：压缩机防喘振控制的流量测量、工艺要求的特殊流量计算等，在这些场合，差压流量变送器应选择方根量程，在控制系统内实现开方运算及温度、压力补偿。

7.2.2 均速管流量计包括：皮托管、阿牛巴、威力巴、托巴、德尔塔巴等多种类型，其选型应符合制造厂标准。

7.4.2 c) 当配管不能满足直管段长度要求时，可选用旋进式涡街流量计，其上/下游直管段要求仅为 $5D/2D$。

8 物位仪表

8.1.2 d) OS&Y 是“Outside Screw and Yoke”的缩写。

8.2.10 b) GBZ 125 标准规定的 1 级防护要求：对人员的活动范围不限制。

9 过程分析仪

9.1.6 用于安全联锁和控制回路的过程分析仪的分析滞后时间等于样品传输滞后时间与分析仪响应时间之和。

9.2.1 e) 过程气相色谱仪的最大特点是其优异的选择性，过程气相色谱仪分析结果为体积分数。

9.2.3 b) 紫外线吸收光谱通常为谱带状光谱，相同条件下紫外线分析仪灵敏度比红外线分析仪高。

9.2.9 a) 过程质谱仪相比其他多组分分析仪的优点是它的分析速度快，宜用于测量多流路混合气体中浓度范围为 ppm 级到百分数级的多组分的含量，响应时间高达秒级。

9.3.8 a) 近红外分析仪的分析样品基本不需预处理，易于实现在线或远程分析。

10 控制阀

10.1.2.3

b) V 球调节阀的压力恢复系数(FL)低，在设计时应注意避免闪蒸和气蚀现象的发生。

c) 蝶形调节阀的压力恢复系数(FL)低，在设计时应注意避免闪蒸和气蚀现象的发生。

10.1.2.5 b) 防喘振调节阀输出信号到 4mA 或电磁阀失电时，阀门从全关到全开的时间不应超过 2s；输出信号到 20mA 或电磁阀励磁时，阀门从全开到全关的时间不应超过 5s，为达到上述要求，调节阀制造厂应配置增压器、快速排放阀等相关附件。

10.1.5.3 调节阀的外部声路降噪措施包括：安装在线消音器、扩散器、隔音板及隔离箱等方法。

ICS 25.040
P 72
备案号：J1783-2014

SH

中华人民共和国石油化工行业标准

SH/T 3092—2013
代替SH/T 3092—1999

石油化工分散控制系统设计规范

Specification of design for distributed control system in petrochemical industry

2013-10-17 发布　　2014-03-01 实施

中华人民共和国工业和信息化部　发布

目　次

Contents

前　言

根据中华人民共和国工业和信息化部《2009年第一批工业行业标准制修订计划》(工信厅科〔2009〕104号)的要求，规范编制组经过广泛调查研究，认真总结实践经验，参考有关国际标准和国外先进标准，并在广泛征求意见的基础上，修订本规范。

本规范分为15章和7个附录。

本规范的主要技术内容是：系统结构、设计原则、系统安全、系统技术要求、网络系统、辅助设备、高级应用、软件配置、工程实施、验收及工程服务、DCS询购文件编制。

本规范是在SH/T 3092—1999《石油化工分散控制系统设计规范》的基础上修订而成，修订的主要技术内容是：

——系统结构；

——设计原则；

——系统安全；

——技术要求；

——网络系统；

——设计、验收和工程服务；

——DCS询购文件编制。

本规范由中国石油化工集团公司负责管理，由中国石油化工集团公司自动控制设计中心站负责日常管理，由中国石化工程建设有限公司负责具体技术内容的解释。执行过程中如有意见和建议，请寄送日常管理单位和主编单位。

本规范日常管理单位：中国石油化工集团公司自动控制设计中心站

通信地址：上海市徐汇区中山南二路1089号徐汇苑大厦12层

邮政编码：200030

电　　话：021-64578936

传　　真：021-64578936

本规范主编单位：中国石化工程建设有限公司

通信地址：北京市朝阳区安慧北里安园21号

邮政编码：100101

本规范主要起草人员：杨　刚　冯　欣　叶向东

本规范主要审查人员：丁兰蓉　裴炳安　林　融　徐伟清　高　欣　王同尧　林洪俊　宋志远　孙　军　王发兵　陈　怡　樊　青　陈学敏　刘　凤　任　泓　郭章顺　孙　旭　张同科

本规范1999年首次发布，本次为第1次修订。

石油化工分散控制系统设计规范

1 范围

本规范规定了分散控制系统(DCS)工程设计的要求。

本规范适用于石油化工及以煤为原料制取燃油和化工产品的企业新建、扩建和改建工程分散控制系统的工程设计。

注：本规范不包括采用现场总线技术的I/O模件和I/O总线的相关要求，但其他部分(如控制网络、控制站等)均在本规范适用范围内。

2 规范性引用文件

下列文件对于本规范的应用是必不可少的。凡是注日期的引用文件，仅注日期的版本适用于本规范。凡是不注日期的引用文件，其最新版本(包括所有的修改单)适用于本规范。

GB 4824 工业、科学和医疗(ISM)射频设备电磁骚扰特性限值和测量方法

GB/T 16895.18—2010 建筑物电气装置 第5-51部分：电气设备的选择和安装 通用规则

GB/T 17626.2—2006 电磁兼容 试验和测量技术 静电放电抗扰度试验

GB/T 17626.3—2006 电磁兼容 试验和测量技术 射频电磁场辐射抗扰度试验

GB/T 17626.4—2008 电磁兼容 试验和测量技术 电快速瞬变脉冲群抗扰度试验

GB/T 17626.5—2008 电磁兼容 试验和测量技术 浪涌(冲击)抗扰度试验

GB/T 17626.8—2006 电磁兼容 试验和测量技术 工频磁场抗扰度试验

GB/T 17799.4—2001 电磁兼容 通用标准 工业环境中的发射标准

SH/T 3006 石油化工控制室设计规范

SH/T 3081 石油化工仪表接地设计规范

SH/T 3082 石油化工仪表供电设计规范

SH/T 3164 石油化工仪表系统防雷设计规范

ISA S71.04 过程测量和控制系统的环境条件：大气污染物(Environmental Conditions for Process Measurement and Control Systems：Airborne Contaminants)

3 术语和缩略语

3.1 术语

下列术语和定义适用于本规范。

3.1.1

分散控制系统 distributed control system

控制功能分散，操作和管理集中，采用分级网络结构的以计算机和微处理器为核心的控制系统。

3.1.2

同步 synchronization

两个或两个以上随时间变化的量在变化过程中保持一致。

3.1.3

冗余 redundancy

采用两个或多个部件或系统实现同一个功能。

注：根据冗余部件不同的工作方式，冗余形式分为热备冗余、同步冗余、冷备冗余和降级冗余四种。

3.1.3.1

热备冗余　hot standby redundancy

工作部件和冗余部件同时运行，输出结果采用工作部件的输出。当工作部件出现故障时，系统自动切换至冗余部件运行。

3.1.3.2

同步冗余　synchronization redundancy

工作部件和冗余部件同时运行，输出结果保持同步。当工作部件出现故障时，系统自动选择冗余部件的输出结果。

3.1.3.3

冷备冗余　cold standby redundancy

工作部件正常运行，冗余部件处于等待启动状态。工作部件出现故障时，系统自动或手动启动冗余部件替代工作部件运行。

3.1.3.4

降级冗余　degraded redundancy

工作部件和冗余部件同时运行。工作部件出现故障时，冗余部件通过降低性能或增加运行负荷的方式来完成故障部件的功能。

3.1.4

容错　tolerance

工作单元在内部出现故障或错误时，不受故障或错误的影响继续执行原定功能的能力。

注：容错形式分为硬件容错和软件容错两种。

3.1.4.1

硬件容错　hardware tolerance

工作单元中部分元件或部件出现故障时，不受故障的影响继续执行原定功能的能力。

3.1.4.2

软件容错　software tolerance

在出现可识别的软件错误的情况下，软件继续执行正常功能的能力。

注：软件容错的工作方式是容忍软件错误，并且可在出现错误时脱离错误运行，恢复受到错误影响的运行进程。

3.1.5

失效　failure

元件、部件、系统或设备丧失了原定的功能。

3.1.6

共因失效　common cause failure

由于同一原因引起的一个以上的元件、部件、系统或设备发生的失效。

3.1.7

平均故障间隔时间　mean time between failures

相邻故障间隔的平均时间。

注：平均故障间隔时间包括平均失效时间和平均修复时间。

3.1.8

平均失效时间　mean time to failure

工作单元失效前正常工作的平均时间，也称平均无故障时间、平均失效前时间。

3.1.9

平均修复时间　mean time to repair

故障修复所需要的平均时间。

注：平均修复时间包括诊断、确认、故障定位、部件获得、修复、测试时间。部件获得时间分为场内部件获得时间和场外部件获得时间。

3.1.9.1

场内部件获得时间　local part procurement time

从做出更换故障部件的决定到备用部件从用户的存放地点运送到故障维修现场的时间。

3.1.9.2

场外部件获得时间　lead time

从做出更换故障部件更换的决定到替换部件从供货商处运送到故障维修现场的时间。

3.1.10

失效率　failure rate

正常工作的产品在单位时间内失效的概率。

3.1.11

组态　configuration

将控制过程有关数据和所需要的控制规律按照控制系统的软件控制模块和数据规则输入到系统中，使控制系统具有完成特定对象的控制任务的功能。

3.1.12

过程控制站　process control station

DCS 完成检测、控制、运算和诊断功能的设备。

注：过程控制站主要由控制单元、过程接口单元、供电单元和通信单元四部分组成。

3.1.13

控制单元　control unit

也称控制器，是过程控制站的中央处理单元，主要承担过程控制站的数据处理、控制运算等任务。

3.1.14

输入/输出模件　input/output module

控制系统与外部设备的信号接口模件。

注：输入/输出模件属于过程控制站中的过程接口单元，用于将外部设备的标准信号输入到控制系统，或将控制系统的标准信号输出到外部设备。

3.1.15

电磁干扰　electromagnetic interference

电磁作用对电子设备工作的非正常影响。

注：电磁干扰包括传导干扰和辐射干扰。

3.1.15.1

传导干扰　conductive interference

电磁干扰以电流或电压的形式通过导电介质传送到电子设备部件或电路上。

3.1.15.2

辐射干扰　radiant interference

电磁干扰以电磁波的形式通过空间传到电子设备部件或电路上。

3.1.16

电磁兼容性　electromagnetic compatibility

电子系统在所处的电磁环境中按照设计功能运行，并且不对规定环境中的电子设备产生超过规定指标的电磁干扰的能力。

3.1.17

抗扰度　immunity

电子设备或系统受到电磁干扰时维持正常工作的能力。

3.1.18

中心控制室　central control room

位于非生产区域内，多个工艺装置、公用工程单元及储运单元的控制系统设备集中布置、集中操作和集中监控的场所。

3.1.19

现场控制室　field control room

生产区域内单个或多个工艺装置、公用工程单元及储运单元的控制系统设备操作和监控的场所。

3.1.20

现场机柜室　field auxiliary room

生产区域内单个或多个工艺装置、公用工程单元及储运单元的控制系统设备放置的场所。

注：现场机柜室正常情况下不设操作和监控岗位。

3.1.21

操作分区　operation subarea

以生产操作或管理职能划分的一个或多个工艺装置、公用工程单元及储运单元的组合。

3.1.22

防火墙　firewall

一种用于网络安全的设备。

注：防火墙的作用是检查通过防火墙的数据包并根据预设的安全策略决定数据包的流向。

3.1.23

子网　subnet

从一个大型网络中划分出来的若干分支网络。

注：这些分支网络通过网络路由相互连接，但相对独立。

3.1.24

虚拟局域网　virtual local area network

一种将局域网设备从逻辑上划分成不同网段实现虚拟工作组的数据交换技术。

3.1.25

网络带宽　network band width

网络在固定的时间间隔内(通常以每秒计)能通过的最大数据量。

3.1.26

恶意代码　unwanted code

存在于软件或数据文件中的非正常运行代码，发生作用时可能对系统造成软件或硬件的错误运行、不良影响、数据破坏、安全危害或系统损坏等。

3.2　缩略语

下列缩略语适用于本规范：

AI：模拟量输入(Analog Input)

AO：模拟量输出(Analog Output)

APC：先进控制(Advanced Process Control)

CCR：中心控制室(Central Control Room)

CCS：压缩机控制系统(Compressor Control System)

CCTV：电视监控系统(Closed-Circuit Television)

DCS：分散控制系统(Distributed Control System)

DI：数字量输入(Digital Input)

DO：数字量输出(Digital Output)

ERP：企业资源计划系统(Enterprise Resource Planning)

FAR：现场机柜室(Field Auxiliary Room)

FAT：工厂验收(Factory Acceptance Test)

FCR：现场控制室(Field Control Room)

GDS：可燃气体和有毒气体检测系统(Gas Detection System)

HART：可寻址远程传感器高速通信协议(Highway Addressable Remote Transducer)

HMI：人机接口(Human Machine Interface)

IDM：智能设备管理系统(Intelligent Device Management)

IFAT：工厂集成验收(Integration Factory Acceptance Test)

MES：生产管理系统(Manufacturing Execution System)

OPC：用于过程控制的内部数据设备连接协议(Object Linking and Embedding(OLE)for Process Control)

OTS：操作员仿真培训系统(Operator Training Simulation)

PI：脉冲量输入(Pulse Input)

PLC：可编程序控制器(Programmable Logic Controller)

RTD：热电阻(Resistance Temperature Detector)

SAT：现场验收(Site Acceptance Test)

SIS：安全仪表系统(Safety Instrumented System)

TC：热电偶(Thermocouple)

UPS：不间断电源(Uninterruptible Power Supply)

VLAN：虚拟局域网(Virtual Local Area Network)

4 系统结构

4.1 总体结构

4.1.1 结构层次

DCS 总体结构可分为过程控制层、操作监控层和数据服务层。

4.1.2 过程控制层

4.1.2.1 过程控制层应完成 DCS 对过程的直接控制以及过程变量的数据采集、实时存储和传输功能。

4.1.2.2 人机接口不应直接接入过程控制层。

4.1.3 操作监控层

4.1.3.1 操作监控层应为 DCS 的主要人机接口，应对来自过程控制层的数据进行处理、存储，实现集中操作管理的功能。

4.1.3.2 操作监控层设备不应直接带有过程接口单元。

4.1.3.3 过程变量不应通过操作监控层设备接入到 DCS。

4.1.4 数据服务层

4.1.4.1 数据服务层应为 DCS 内部网络与外部网络数据交换的中间层，用于向间接参与生产过程的用户提供数据服务。

4.1.4.2 数据服务层应通过代理服务器或防火墙等设备与过程控制层和操作监控层进行数据交换，不应直接建立数据通信。

4.1.4.3 与生产操作或系统管理直接相关的数据服务(如：报警、历史记录、诊断等)不应在数据服务层实现。

4.2 布置方式

DCS 设备应按安装的地理位置分为集中布置方式和分散布置方式。

5 设计原则

5.1 一般规定

5.1.1 选用的DCS应当是成熟的、经过实际应用检验的系统，应便于扩展，应能满足石油化工装置大规模生产的过程控制、检测、操作与管理的需要。

5.1.2 选用的DCS应能实现工艺装置、公用工程单元及储运单元等过程的连续控制、间歇控制、批量控制、开关控制、状态控制等类型的过程控制功能。

5.1.3 工艺过程的控制、检测、操作、报警、数据和事件记录、数据存储等功能均应在DCS中实现。

5.1.4 DCS还应能实现与其他控制设备或系统的数据通信、显示、报警、数据记录及存储等应用功能。

5.1.5 DCS应能通过网络将过程控制层的各类设备构成统一的整体，应能实现全系统的控制、检测、操作、数据处理、数据存储、数据通信等信息集成，不应有硬件、软件或功能限制。

5.1.6 DCS设备的机械性能、环境适应性和电磁兼容性应通过"中国国家强制性产品认证(CCC认证)"或"欧洲统一认证(CE认证)"。

5.2 系统性能

5.2.1 可靠性

5.2.1.1 过程控制层各个器件或部件的平均失效时间MTTF不应小于100 000h，控制器的平均失效时间MTTF不应小于150 000h，控制站的系统总失效率λ(h)应小于1×10^{-6}。

5.2.1.2 操作监控层设备的平均失效时间MTTF不应小于80 000h。

5.2.1.3 对于不能满足要求的器件或部件，应采取冗余结构。

5.2.2 可用性

5.2.2.1 过程控制层各个器件或部件的平均修复时间MTTR(不包括场外部件获得时间)应小于4h。

5.2.2.2 控制单元、供电单元和通信单元均应采用冗余结构。

5.2.2.3 过程控制层的模件应采用插拔结构，并能在系统正常工作情况下在线更换。

5.2.3 分散性

5.2.3.1 控制系统应根据风险分散的原则进行设计。

5.2.3.2 控制器、模件、电源、网络设备等应根据操作分区、工艺装置、公用工程单元及储运单元、使用功能等的不同进行独立设置。

5.2.3.3 DCS的控制单元不应采用集中安装的方式。

5.2.3.4 DCS的通信单元不应采用集中安装的方式。

5.2.4 兼容性

5.2.4.1 DCS的硬件及软件应能做到向低版本兼容。

5.2.4.2 相同品牌的不同版本、系列的DCS间应能做到数据相互传输。

5.2.4.3 DCS软件的维护版本和补充版本应兼容硬件和操作系统，并且兼容时间应与设备运行期一致。

5.2.4.4 DCS硬件和软件版本维护和供应时间不应少于12年。

5.2.4.5 DCS应具备不同版本系统数据交换的兼容性，应具备与同一品牌20年以内生产的产品通过网络进行连接并进行数据交换的能力。

5.2.5 电磁兼容性

5.2.5.1 DCS的抗扰度不应低于表5.2.5-1中的要求，并应具备在干扰源消失后自动恢复功能的能力。

表 5.2.5-1 **DCS 抗扰度能力指标**

干扰类型	干扰强度	强度等级	抗干扰能力	相关标准
静电抗扰度	接触放电 6kV，空气放电 8kV	3 级	B 级	GB/T 17626.2—2006
射频电磁场辐射抗扰度	10V/m @ 80~1000MHz & 1.4~2GHz	3 级	B 级	GB/T 17626.3—2006
电快速瞬变脉冲群抗扰度	电源端 2kV，信号端 1kV	2 级	B 级	GB/T 17626.4—2008
工频磁场抗扰度	30A/m	3 级	B 级	GB/T 17626.8—2006

5.2.5.2 DCS 所有系统部件和辅助部件的电磁辐射限值不应高于表 5.2.5-2 中的要求。

表 5.2.5-2 **DCS 发射限值**

端口	频率范围 MHz	限值	基本标准	适用范围	注释
外壳	30~230	30dB(μV/m)准峰值 测量距离 30m	GB 4824	见注	如果满足 GB 4824 的规定，可以在 10m 距离测量，但限值要增加 10dB
	230~1000	37dB(μV/m)准峰值 测量距离 30m			
交流 电源	0.15~0.50	79dBμV 准峰值 66dBμV 平均值	GB 4824		
	0.50~5	73dBμV 准峰值 60dBμV 平均值			
	5~30	73dBμV 准峰值 60dBμV 平均值			
注：本表不包括现场测量。					

5.2.6 完整性

对于需要接入 DCS 的信号，不应额外增加外接功能设备或模块取代 DCS 本身已有的控制、检测、报警、计算和管理等功能，所有相关功能均应在 DCS 内部实现。

5.3 系统功能

5.3.1 基本功能

DCS 的控制站应能满足石油化工装置常规过程控制的功能及速度要求，应能满足所有过程变量检测的需要。

5.3.2 数据采集

DCS 应有数据存储的功能，可将各种工艺变量、系统参数、操作模式等数据按需要存入存储设备，并可根据需要调用。

5.3.3 报警和事件记录

5.3.3.1 DCS 必须具备对过程变量报警任意分级、分区、分组的功能。

5.3.3.2 DCS 必须按顺序和时间标记自动记录所有的报警事件。

5.3.3.3 DCS 应按顺序和时间标记自动记录对设定值改变、报警确认等操作事件。

5.3.3.4 DCS 对过程变量报警和系统故障报警应有明显区别。

5.3.3.5 DCS 应能记录和输出报警信息，应能记录报警顺序。

5.3.3.6 DCS 应具有对报警和事件记录分类、过滤、筛选、检索的功能。

5.3.3.7 DCS 应具备防止对报警和事件记录的删除和修改功能。

5.3.4 故障诊断

5.3.4.1 DCS 应具有硬件、软件故障诊断功能，应自动记录故障并发出报警。

5.3.4.2 过程控制层的诊断至少应包括以下内容：

a） I/O 模件故障；

b） 通信故障；

c） 中央处理单元故障；

d） 电源故障。

5.3.5 系统管理

5.3.5.1 系统管理应包括系统常驻数据的管理、系统各设备的在线诊断、系统软件数据的维护、系统组态及修改、图形管理等内容。

5.3.5.2 DCS 应支持离线组态和调试。

5.3.6 数据备份

5.3.6.1 DCS 应能定期备份软、硬件组态数据和历史数据。

5.3.6.2 当 DCS 出现故障时应具备数据恢复功能。

5.3.7 时钟同步

5.3.7.1 DCS 应具备使网络中各个节点的时钟同步的功能。

5.3.7.2 宜由 DCS 向第三方应用计算机或网络发布时钟同步信号。

5.3.7.3 节点数量大于 50 的网络宜设置时钟同步器。

5.3.7.4 时钟同步器的授时精度不应低于 1ms，守时精度不应低于 2μs/min。

5.3.7.5 DCS 不应采用无线通信方式的外部时钟源。

6 系统安全

6.1 信息安全

6.1.1 DCS 应有身份验证和访问控制功能，应能根据用户或设备的不同身份赋予不同的权限，防止网络信息资源被非授权的用户使用，并应根据访问权限，限制用户或设备对系统的访问。

6.1.2 DCS 应支持数据加密技术。

6.2 网络安全

6.2.1 网络连接

6.2.1.1 不同建筑物之间的 DCS 网络应采用光缆进行连接。

6.2.1.2 工厂管理网与 DCS 的过程控制网之间应设置防火墙。

6.2.1.3 包括工厂管理网在内的外部管理数据接口不应直接接入 DCS 的过程控制层或操作监控层，应通过数据服务层的过程数据接口服务器交换数据。

6.2.1.4 与 DCS 功能相关的第三方的应用计算机及网络不应直接接入 DCS 的过程控制层或操作监控层网络，应通过过程数据接口服务器交换数据。过程数据接口服务器的设置见本规范 10.4。

6.2.1.5 与 DCS 功能无关的计算机或控制设备严禁直接接入或利用 DCS 的网络。

6.2.1.6 与 DCS 功能无关的网络严禁接入石油化工工厂的 DCS 网络。

6.2.2 无线网络

6.2.2.1 DCS 严禁采用无线网络。

6.2.2.2 采用无线网络的控制系统及仪表设备不得接入 DCS 网络。

6.3 病毒防护

6.3.1 硬件配置

6.3.1.1 DCS 网络中宜设置专用的病毒防护服务器，用于集中制定和管理病毒防护策略，更新病毒定义文件。

6.3.1.2 病毒防护服务器应设置在数据服务层。

6.3.2 软件配置

6.3.2.1 数据服务层的人机接口均应安装防病毒软件。

6.3.2.2 当DCS未设置数据服务层时，操作监控层的人机接口均应安装防病毒软件。

6.3.2.3 安装在DCS设备中的所有软件必须为合法授权的正式版本。

6.3.2.4 在操作监控层的设备中禁止安装任何与DCS功能和安全防护功能无关的第三方软件。

6.4 安全管理措施

6.4.1 严禁采用远程访问服务的方式对DCS设备进行操作、管理和维护。

6.4.2 不得采用包括因特网在内的外部网络对过程控制层和操作监控层设备进行软件升级和病毒定义文件更新。

6.4.3 所有人机界面的外部数据接口均应设置操作访问权限措施，未经授权的用户不得使用移动存储设备。

6.4.4 操作监控层所有人机界面的外部数据接口应处于禁止使用状态，只有在设备需要安装和维护时方可由授权用户解除禁用状态。

7 系统技术要求

7.1 过程控制站

7.1.1 控制功能

7.1.1.1 除了常规PID控制外，控制器还应具备比值控制、超驰控制、前馈控制、批量处理、顺序控制、分程控制、逻辑运算、数值计算等控制功能和计算功能。

7.1.1.2 控制器应具备控制周期为0.1s的快速回路控制功能。

7.1.1.3 控制器应具备PID参数自整定功能。

7.1.2 冗余与容错

7.1.2.1 控制器应采用带容错功能的同步冗余配置。

7.1.2.2 相互冗余的控制器均应处理输入数据，同时执行控制运算，由工作控制器控制最终执行元件。

7.1.2.3 当工作控制器和冗余控制器的运算结果不一致时，各控制器的自诊断功能及切换控制模块应具备判断错误位置和选择控制器的能力。

7.1.3 控制器负荷

控制器的负荷不应超过60%。

7.1.4 配置原则

控制站应按工艺装置、公用工程单元、储运单元或控制区域配置，不应将不同工艺装置、公用工程单元及储运单元(即使是同一操作分区)的控制回路和检测回路放在同一控制站中。

7.1.5 备用原则

7.1.5.1 各控制站I/O模件插槽应预留不小于20%的余量。

7.1.5.2 不宜单独备用控制器。

7.2 过程接口单元

7.2.1 基本功能

7.2.1.1 I/O模件应具备输入信号滤波和非线性输入信号的线性化等功能。

7.2.1.2 根据不同的I/O模件类型，所有输入、输出点都应带有信号过载保护功能。

7.2.1.3 I/O模件应具有信号隔离方式。

7.2.1.4 I/O模件应具有通道间隔离方式。

7.2.2 模拟量输入模件

7.2.2.1 模拟量输入模件(简称AI卡)应能接收4mA~20mA DC、1V~5V DC和0V~10V DC等标准信号，并应有二线制、三线制和四线制的信号制式规格。

7.2.2.2 AI 卡的接线端子宜采用三端子式。

7.2.2.3 AI 卡应包括 4mA~20mA DC 叠加 HART 通信信号的标准类型。

7.2.3 模拟量输出模件

7.2.3.1 模拟量输出模件(简称 AO 卡)应能输出 4mA~20mA DC、1V~5V DC 和 0V~10V DC 等标准信号。

7.2.3.2 AO 卡输出 4mA~20mA DC 信号时，应能驱动回路电阻值不小于 700 Ω的负载，并应具有正向和反向输出功能。

7.2.3.3 AO 卡应包括 4mA~20mA DC 叠加 HART 通信信号的标准类型。

7.2.4 热电偶输入模件

热电偶输入模件(简称 TC 卡)应能接收采用 IEC 标准分度号的各种热电偶信号，应具备线性化和冷端补偿功能，可设置断线上下限报警。

7.2.5 热电阻输入模件

热电阻输入模件(简称 RTD 卡)应能接收包括铂电阻和铜电阻的三线制或四线制热电阻信号，可设置断线上下限报警。

7.2.6 数字量输入模件

数字量输入模件(简称 DI 卡)应能接收开关信号，输入信号电压应包括 24V DC 和 220V AC，并应有“有源”和“无源”两种规格。

7.2.7 数字量输出模件

数字量输出模件(简称 DO 卡)应输出开关信号，DO 卡接点电压应包括 24V DC 和 220V AC，并应有供电与非供电两种规格。

7.2.8 脉冲量输入模件

7.2.8.1 脉冲量输入模件(简称 PI 卡)应能接收脉冲信号，脉冲信号的可用频率下限不应大于 10Hz；上限不应小于 5000Hz。

7.2.8.2 高电平信号的电压下限不应小于 4V；低电平信号的电压上限不应大于 3V DC。

7.2.9 通信模件

7.2.9.1 通信模件(简称 COM 卡)应能接收和输出与其他设备相关的通信信号。

7.2.9.2 通信模件的通信协议至少应包括 MODBUS，通信接口至少应包括 RS485 和 RS232。

7.2.9.3 通信模件宜具备热备冗余配置功能。

7.2.10 I/O 模件配置原则

7.2.10.1 I/O 模件应根据工艺装置、公用工程单元、储运单元或控制区域配置。

7.2.10.2 不同应用类型(本安与非本安、模件供电和外供电、不同电压等级等)的 I/O 模件不应混用。

7.2.10.3 各种 I/O 模件的最大通道数量应满足表 7.2.10.3 中要求：

表 7.2.10.3 I/O 模件最大通道数量

I/O 模件类型	AI	AO	TC	RTD	DI	DO	PI	COM	其他
最大通道数量	16	16	32	32	32	16	16	4	32

7.2.10.4 用于控制或联锁功能的 I/O 模件的最大通道数量不宜大于 16。

7.2.11 信号接口的电压等级

7.2.11.1 I/O 模件接口的交流电压等级不应超过 220V AC，直流电压等级不应超过 24V DC。

7.2.11.2 接入 I/O 模件的外部有源信号可根据电路的具体情况、模件的耐电压特性以及信号类型采用继电器或隔离器进行隔离。

7.2.12 冗余原则

7.2.12.1 用于控制功能的多通道 AO 卡应采用同步冗余，其余用于控制和联锁保护功能的多通道模拟量 I/O 模件应采用热备或同步冗余。

7.2.12.2 对于无法冗余配置但用于控制或联锁保护功能的多通道 I/O 模件，则宜按点数的 2 倍配置 I/O 模件。

7.2.12.3 不宜采用串联接入额外的信号转换模件的方式来实现 I/O 模件的冗余配置。

7.2.12.4 冗余的 I/O 模件应为相互独立的模件，不应采用在同一模件中设置冗余电路的方式。

7.2.13 备用原则

7.2.13.1 I/O 模件的备用宜采用模件备用的方式。

7.2.13.2 每种备用 I/O 模件的数量不应少于实际使用数量的 20%。

7.2.13.3 应按工艺装置、公用工程单元、储运单元或控制区域分别配置备用 I/O 模件。

7.2.13.4 每种备用 I/O 模件的数量不应少于 1 个。

7.3 操作站

7.3.1 基本功能

7.3.1.1 操作站作为 DCS 的人机接口，应具备处理过程数据、监视、控制生产过程、维护设备和处理事故的功能。

7.3.1.2 操作站应通过通信网络与控制站实现数据传输。

7.3.1.3 操作站不应通过单一通信接口与控制器连接。

7.3.1.4 操作站不应用于软件开发、数据管理以及文档处理等其他用途。

7.3.1.5 操作站应具备操作控制、画面浏览、图形显示、报警、数据处理、数据存储、信息调用、报表调用等功能。

7.3.1.6 操作站的硬件和软件应具有高可靠性和容错性，软件应有从错误中恢复的功能。

7.3.2 硬件配置

7.3.2.1 操作站的主机宜为工作站或工业控制机型。

7.3.2.2 操作站的硬件配置应能充分满足操作站的功能要求。

7.3.2.3 中心控制室或现场控制室内应按工艺装置、公用工程单元、储运单元或操作分区配置操作站，每个工艺装置、公用工程单元、储运单元或操作分区应至少配置 2 台操作站。

7.3.2.4 同一工艺装置、公用工程单元、储运单元或操作分区或工艺装置的操作站软硬件配置应相同，并互为备用。

7.3.2.5 每台操作站均应带主机，不应采用多操作终端配置。

7.3.2.6 采用分散布置方式时，现场机柜室内应按操作分区配置现场操作站，并应至少设置 1 台现场操作站。

7.3.3 显示画面

7.3.3.1 操作站应能显示下列标准画面：

a） 总貌；

b） 分组；

c） 操作回路；

d） 报警列表；

e） 实时趋势；

f） 历史趋势；

g） 操作事件记录；

h） 系统状态和概貌；

i） 诊断信息；

j） 控制点或检测点细节；

k） 流程图。

7.3.4 报警功能

7.3.4.1 操作站应具有完善的独立报警功能，对过程变量报警和系统故障报警应有明显区别。

7.3.4.2 操作站应能对过程变量报警任意分级、分区、分组，应能自动记录和打印报警信息，记录报警时间分辨率应精确到0.1s。

7.3.4.3 操作站应具有对报警记录分类、过滤、筛选、统计和检索的功能。

7.3.4.4 操作站不应具备对报警记录的删除和修改功能。

7.3.4.5 操作站的报警功能不应依赖于其他报警管理设备或软件。

7.3.5 辅助操作站

除显示设备以外，辅助操作站的功能和软硬件配置应与操作站相同。

7.4 工程师站

7.4.1 基本功能

7.4.1.1 工程师站作为用于系统管理和组态维护及修改的人机接口，应具有如下功能：

a) 系统测试与诊断；

b) 硬件的组态和功能定义；

c) 控制软件的组态与下装；

d) 可运行操作员站软件，并可通过修改用户权限的方式兼做操作站；

e) 工程师站不应用于软件开发、数据管理以及文档处理等其他用途。

7.4.2 硬件配置

7.4.2.1 工程师站的硬件配置和性能不应低于操作站的配置要求。

7.4.2.2 当采用分散布置方式时，现场机柜室应按操作分区配备现场工程师站，并应至少配备一台现场工程师站，该工程师站可通过修改用户权限的方式兼做操作站。

7.4.2.3 中心控制室宜至少设置两台工程师站。

7.4.3 组态管理

组态应用程序应具备以下功能：

a) 系统结构定义组态；

b) 数据库组态；

c) 控制回路组态；

d) 编制程序；

e) 画面绘制；

f) 过程变量的零点、量程及报警限设定；

g) 实时和历史数据库组态；

h) 报表组态；

i) 组态下装；

j) 组态在线修改。

7.5 历史记录工作站

7.5.1 基本功能

7.5.1.1 历史记录工作站应能存储与管理过程数据、报警记录和事件记录。

7.5.1.2 历史记录工作站所属工艺装置、公用工程单元、储运单元或操作分区的操作站均应能随时调用相应的历史趋势和数据。

7.5.2 硬件配置

7.5.2.1 历史记录工作站的机型应为服务器型，硬盘应采用冗余配置，应能充分满足历史记录的功能要求。

7.5.2.2 数据存储单元的存储能力应为：

a) 存储变量的数量不少于所有I/O点数的4倍；

b) 模拟量类型数据存储的最小间隔周期不大于1s；

c) 每一变量存储的数据量不少于200000字节；

d） 存储时间不少于180天。

7.5.2.3 历史记录工作站应配置可读写光盘驱动器或磁带机。

7.5.2.4 历史记录工作站硬盘上保存的图形、历史趋势及其他数据的格式和系统占用的存贮能力百分比应进行估算，空余空间应大于40%。

7.5.2.5 历史记录工作站宜以工艺装置、公用工程单元、储运单元或操作分区分别设置。

7.5.2.6 对于全厂规模或大型联合装置，应采用两台或多台历史数据服务器的方式存储历史数据，并应采用数据库冗余方式进行配置。

7.5.2.7 同一工艺装置、公用工程单元、储运单元或操作分区的历史数据不应分散存储于不同的历史记录工作站中。

7.5.3 软件配置

7.5.3.1 历史记录工作站的软件应为数据库型，应具备数据库管理和操作的功能。

7.5.3.2 历史记录软件应能记录存储过程变量、报警记录和事件记录。

7.5.3.3 历史记录软件应具有数据处理和统计运算的功能，应能按需要调用数据、显示曲线、显示统计、制图及制表等。

7.6 网络管理服务器

7.6.1 基本功能

网络管理服务器用于DCS网络中设备和用户的管理，应具备以下功能：

a） 制定网络管理策略；

b） 定义用户访问权限；

c） 用户身份验证；

d） 网络资源服务管理。

7.6.2 硬件配置

7.6.2.1 当网络管理服务器作为网络启动或身份验证的必要设备时应采用冗余配置。

7.6.2.2 工程师站、历史记录工作站等操作监控层设备可兼做网络管理服务器。

7.6.2.3 DCS采用分散布置方式时，过程控制层设备所在的区域应至少有一台设备兼做网络管理服务器，并应与主网络管理服务器的管理策略同步。

7.7 安装条件

7.7.1 通用原则

DCS设备的选择和安装应根据设备所在的环境条件，并应符合GB/T 16895.18—2010表51A中的要求。

7.7.2 环境条件

安装在可能有腐蚀性气体场合的DCS模件，应能在ISA S71.04标准G3等级的环境下正常工作至少5年。

7.7.3 室内安装条件

7.7.3.1 安装在室内的DCS模件应能在环境温度0℃~50℃和相对湿度10%~90%的条件下正常工作。

7.7.3.2 DCS的安装条件应满足SH/T 3006的规定。

7.7.4 室外安装条件

DCS机柜或机箱不应安装在0区和1区内。

7.8 供电要求

7.8.1 设计要求

7.8.1.1 DCS的供电设计应符合SH/T 3082的规定。

7.8.1.2 直流电源装置应带有故障报警功能，并应将报警信号接入到DCS模件中。

7.8.2 配置要求

7.8.2.1 DCS应采用为过程控制相关系统配置的独立交流配电柜。

7.8.2.2 非过程控制相关系统的设备不得使用 DCS 交流配电柜的电源。

7.8.2.3 各交流用电设备必须分别设置保护器件。

7.8.2.4 非安全电压设备和器件必须带有明显的警示标识。

7.8.2.5 每一配电器件应仅用于一路用电设备供电。

7.8.2.6 严禁采用直流电源装置向与其不相邻机柜中的用电设备供电的方式。

7.8.2.7 用于不同控制器的直流电源装置必须分别配置。

7.8.2.8 单台直流电源装置容量不应大于 40A。

7.8.2.9 直流电源的配电应采用熔断器型配电端子或低压配电器。

7.8.2.10 用于 DCS 的直流电源与用于其他仪表的直流电源应分别配置。

7.8.3 冗余原则

7.8.3.1 DCS 的直流电源装置、电源单元必须冗余配置。

7.8.3.2 现场仪表供电的直流电源装置应按 1∶1 冗余配置。

7.8.4 供电负荷

直流电源装置的负荷应小于 50%。

7.8.5 备用原则

供电开关、端子等应预留不少于 20%的余量。

7.9 接地要求

DCS 的接地设计应符合 SH/T 3081 的规定。

7.10 备品备件

7.10.1 DCS 的备品备件不应低于保证系统运行 3 年的数量。

7.10.2 I/O 模件、通信模件以及电源模件的备用量不应少于 20%，并至少各备用 1 件，消耗品的备用率不应低于 20%。

7.10.3 开车备件的种类和数量应由供货商推荐并提供。

7.10.4 DCS 供货商应保证系统所需的备品备件 15 年的供应期。

8 网络系统

8.1 网络结构

8.1.1 生产过程控制网应由过程控制层、操作监控层和数据服务层等组成。

8.1.2 对于 I/O 点数超过 5000 点或操作站数量超过 10 台的大型 DCS 网络，过程控制层和操作监控层应按照操作或管理进行网络分区，划分为不同的子网或虚拟局域网(VLAN)。

8.1.3 网络分区应能在不影响主要功能的前提下脱离其他分区独立构成系统。

8.2 网络特性

8.2.1 操作监控层和数据服务层的通信网络应符合 ISO/IEEE 802.x 的通信标准。

8.2.2 过程控制层网络带宽不应小于 10Mbps。

8.2.3 操作监控层网络带宽不应小于 100Mbps。

8.2.4 数据服务层网络带宽不宜小于 1Gbps。

8.2.5 操作监控层和数据服务层任意两个节点间最大允许通信距离不应小于 1.5km。

8.2.6 网络应能在线接入或摘除网络设备而不影响其他正常工作设备的运行。

8.3 网络设备

8.3.1 网络数据服务器

8.3.1.1 操作监控层的网络数据服务器应用于过程数据、历史数据、报警和事件信息的存储和检索，应是网络数据交换的核心设备，不应兼做高级应用或第三方应用等其他用途。

8.3.1.2 服务器的硬件配置应能充分满足数据存储和访问的要求。

8.3.1.3 操作监控层的网络数据服务器宜按操作分区配备。

8.3.1.4 发生故障后会引起过程控制层或操作监控层其他设备功能失效的网络数据服务器应采用冗余配置。

8.3.2 交换机

8.3.2.1 交换机应具有下列基本功能：

a）用于过程控制层、操作监控层和数据服务层的交换机应具备网络互联、错误校验以及流量控制的功能，应采用模块化结构或具有堆叠功能的产品；

b）当需要在控制网络中设置子网或虚拟局域网时，相应的交换机还应具备路由或 VLAN 功能；

c）对于网络节点数量大于 50 的 DCS 网络，系统应能对交换机的工作状态、运行负荷等进行监测，并应设置具有网管功能的网络监控站。

8.3.2.2 交换机的配置应符合下列要求：

a）交换机的端口速率应能充分满足其应用位置的数据通信要求，单台交换机端口数量不应大于 24 个；

b）交换机的背板带宽不应低于包括可扩展端口在内的所有端口最大通信速率总和的 2 倍；

c）交换机不应采用级联方式扩展端口数量；

d）用于不同操作分区的交换机不宜共用；

e）交换机应采取冗余供电方式。

8.3.2.3 用于过程控制层和操作监控层的交换机应按 1∶1 冗余配置。

8.3.3 防火墙

8.3.3.1 防火墙应具备下列基本功能：

a）防火墙应具备数据包过滤、设置访问控制列表、入侵检测和流量控制等功能；

b）防火墙过滤规则应涵盖所有出入防火墙的数据包的处理方法，对于没有定义的数据包应有默认的处理方法；

c）过滤规则应具备一致性检测机制，防止各条规则间互相冲突。

8.3.3.2 防火墙配置应符合下列要求：

a）防火墙应采用硬件型并独立设置，不应与交换机或路由器共用，不应以软件防火墙代替硬件防火墙；

b）防火墙吞吐量和并发连接数应能充分满足 DCS 网络数据交换的需要；

c）数据服务层的防火墙吞吐量不应小于 100Mbps，最大并发连接数不应小于 100000。

8.3.4 光电转换器及光缆

8.3.4.1 光电转换器应支持 DCS 的网络协议，可协调全/半双工传输方式并能自动检测端口状态。

8.3.4.2 光缆规格应与光电转换器的光纤接口匹配，并满足信号传输距离的要求。

8.4 网络接口

8.4.1 生产过程控制网应设置专门与工厂管理网连接的网络接口，应通过数据服务层的过程数据接口服务器传输数据。

8.4.2 对于相同品牌、不同型号的 DCS，如果网络不能兼容通信，则应具备相应的网络接口或数据接口服务器进行系统间数据传送。

8.5 冗余原则

各级网络通信设备应采取同步冗余或热备冗余配置。

8.6 网络负荷

8.6.1 采用 IEEE802.3 系列协议的网络，最大允许负荷不应超过 30%。

8.6.2 采用其他协议的网络，最大允许负荷不应超过 50%。

8.6.3 在正常操作状态下，过程控制网的网络负荷应小于其网络协议最大允许负荷的 50%。

8.7 与第三方设备通信

8.7.1 DCS 应具备通过 MODBUS、TCP/IP 等协议与 SIS、CCS 及其他 PLC 设备进行数据通信的能力。

8.7.2 DCS 采用 MODBUS 协议与第三方设备通信时，每个通信接口的通信量不宜超过 100 条。

8.8 备用原则

各级网络通信设备和部件应预留至少 20%的端口。

9 辅助设备

9.1 辅助操作台

9.1.1 辅助操作台应采用 DCS 的辅助操作台安装 DCS 的辅助开关、按钮、报警显示等辅助操作设备。

9.1.2 辅助操作台的外形、尺寸及颜色宜与 DCS 操作台相同。

9.1.3 辅助操作台应按工艺装置、公用工程单元及储运单元独立配备。

9.2 机柜

9.2.1 配置要求

9.2.1.1 应根据各工艺装置、公用工程单元及储运单元的控制范围，按 I/O 点总数配置相应的控制单元及机柜。

9.2.1.2 不同工艺装置、公用工程单元及储运单元的 I/O 模件、控制器等不宜装于同一机柜内。

9.2.1.3 DCS 的系统机柜不应与 SIS 或其他第三方控制系统的机柜混用。

9.2.2 规格要求

9.2.2.1 机柜宜采用钢制材料。

9.2.2.2 机柜宜采用 2100mm（含底座）×800mm×800mm（高×宽×深）的规格，最大宽度或深度不宜超过 1200mm。

9.2.3 安装空间

各类机柜应留有 20%的备用安装空间。

9.2.4 防护等级

9.2.4.1 室内安装机柜的防护等级不应低于 IP30。

9.2.4.2 半露天厂房内安装的机柜防护等级不应低于 IP54。

9.2.4.3 室外安装机柜的防护等级不应低于 IP65。

9.2.5 机柜辅助设施

9.2.5.1 机柜内不宜设置荧光灯等辅助照明设施。

9.2.5.2 机柜内不应设置其他用途的电源插座。

9.2.5.3 机柜内的照明、风扇等辅助设施的电磁辐射极限值应符合本规范 5.2.5 中的要求。

9.2.5.4 机柜内的风扇宜通过柜内温度控制启停。

9.3 安全栅

安全栅所在机柜一侧除接线端子和 I/O 接口模块外，不宜安装隔离器、继电器等其他非本安信号接口设备。

9.4 电涌防护器

电涌防护器应采用金属导轨安装型，并应以此导轨作为接地汇流条。

9.5 继电器

9.5.1 通过继电器向外供电的电源不应利用 DCS 的系统电源。

9.5.2 继电器的线圈侧或触点侧采用非安全电压时，继电器均应独立安装，不应与其他安全电压用电设备安装在机柜的同一侧，并应在机柜外设置明显的标识。

9.6 打印机

9.6.1 打印机应能实现操作站、工程师站等人机接口进行屏幕打印、图形打印、报表打印和报警打印的要求。

9.6.2 打印机宜采用网络打印机形式。

10 高级应用

10.1 智能设备管理系统

10.1.1 功能要求

10.1.1.1 智能设备管理系统的功能应包括智能仪表设备组态、状态监测及诊断、校验管理和自动文档记录管理等功能。

10.1.1.2 智能设备管理系统应能自动读取系统连接的所有智能设备中的有效数据，应能自动完成系统的数据存储和管理，应能自动显示系统及设备的连接状态和诊断信息。

10.1.1.3 智能仪表的状态信号和规格数据不应用于过程控制和检测。

10.1.1.4 智能设备管理系统应完全兼容标准智能设备的通信和数据交换。

10.1.1.5 智能设备管理系统应使用标准化的数据库和文件，并可采用标准化的设备描述文件。

10.1.2 设备诊断

10.1.2.1 智能设备管理系统对连接的设备应具有诊断功能，应具有异常状态报警功能。

10.1.2.2 智能设备管理系统应能识别信号线路的短路和断路，并发出报警。

10.1.3 配置原则

10.1.3.1 智能设备管理系统维护操作站应根据智能设备数量配置，每台维护操作站管理的最大设备数量不宜超过 2000 台。

10.1.3.2 智能设备管理系统维护操作站应兼做智能设备管理数据服务器。

10.2 可燃气体和有毒气体检测系统

10.2.1 可燃气体和有毒气体检测器可直接接入 DCS，检测结果应在 DCS 操作站中显示、报警和记录，使操作人员随时了解现场的安全情况。

10.2.2 用于可燃气体和有毒气体检测系统的 I/O 模件应独立配置，不应与其他用途的 I/O 模件混用。

10.2.3 对安全责任人员应设置单独的操作站，用于监视所有可燃气体和有毒气体的泄漏报警情况。

10.3 视频应用系统

10.3.1 当视频应用系统采用大屏幕组合显示系统时，应能把所需画面实时地显示在监控屏幕上，所有画面都能够单屏显示、多屏拼接显示、整屏放大显示和窗口方式显示。

10.3.2 电视监控系统(CCTV)的视频信号可通过视频矩阵方式选择画面显示在监控屏幕上。

10.3.3 视频传输信号应采用单独的信号途径或网络，视频应用系统的控制网络应单独设置，不应利用 DCS 的网络资源，不应干扰 DCS 正常的数据信号。

10.4 过程数据接口服务器

10.4.1 过程数据接口(OPC)服务器作为高级应用或管理的数据接口，应能对 DCS 网络中的过程数据进行采集和传输。

10.4.2 过程数据接口服务器应按操作分区或第三方应用服务器分别配置。

10.4.3 过程数据接口服务器的网络接口带宽不宜小于 1Gbps，其硬件应根据存储的数据量进行配置，充分满足实时数据交换的要求。

10.5 先进控制应用站

10.5.1 先进控制(APC)应用站作为先进控制软件的运行平台，应能通过数据接口对 DCS 网络中的过程变量进行读取和写入。

10.5.2 先进控制应用站的硬件配置应能充分满足先进控制软件运行、计算和数据存储的需要。

10.5.3 设置在操作监控层的先进控制应用站应满足本规范第 6 章的要求。

10.6 操作员仿真培训系统服务器

10.6.1 操作员仿真培训系统(OTS)应提供培训操作软件，开发和维护仿真模型。

10.6.2 培训操作站应具有与 DCS 操作站相同的操作画面和操作功能。

10.6.3 操作员仿真培训系统应采用独立的局域网，网络节点包括仿真计算机、教学工作站、培训操作站和外围设备等。

10.6.4 操作员仿真培训系统操作站的硬件配置应能充分满足仿真软件运行和计算的需要，操作画面应采用实际应用的操作画面。

10.6.5 操作员仿真培训系统不应直接接入 DCS 的过程控制层或操作监控层的网络，应通过过程数据接口服务器交换数据。

10.7 储运管理系统

10.7.1 功能要求

储运管理系统应实现下列功能：

a) 根据罐容表进行罐存容量和质量的精确计算；

b) 提供罐区油品的储存和输送情况；

c) 提供罐区物料平衡报表。

10.7.2 配置方案

10.7.2.1 储运自动化软件宜在 DCS 上运行，实现储运自动化管理。

10.7.2.2 运行储运自动化软件的非 DCS 设备不应直接接入 DCS 的过程控制层或操作监控层的网络，应通过过程数据接口服务器交换数据。

10.8 网页浏览服务器

10.8.1 网页浏览服务器不应直接接入生产过程控制网，应通过专门的数据接口读取 DCS 中的数据。

10.8.2 网页浏览服务器的硬件配置应能充分满足操作数据和画面的存储容量要求，并应根据访问用户的数量配置足够的内存容量和网络带宽。

10.8.3 网页浏览服务器应通过防火墙与外网连接。

10.9 应用程序服务器

10.9.1 应用程序服务器用于控制系统外第三方应用软件的运行平台，应能通过数据接口对 DCS 网络中的过程变量进行读取和写入。

10.9.2 应用程序服务器的硬件配置应能充分满足应用软件的计算和数据存储要求。

10.9.3 设置在操作监控层的应用程序服务器，应满足本规范第 6 章的要求。

11 软件配置

11.1 控制和操作软件

DCS 应配备全套的过程控制软件、过程检测软件和操作软件，软件的容量应按设备的最大配置配备。

11.2 工程组态软件

11.2.1 组态软件应具备在线修改和下装组态数据的功能。

11.2.2 DCS 系统软件及组态软件应支持离线组态和调试。

11.3 操作系统及工具软件

DCS 应配备全套的操作系统软件及必要的工具软件。

11.4 软件版本

11.4.1 DCS 软件应为经过测试的成熟版本。

11.4.2 严禁使用未正式发布的测试版软件。

11.4.3 DCS 软件版本配置原则见本规范 5.2.4。

11.5 软件授权

11.5.1 DCS 所有相关软件都应为经过授权的正式版本。

11.5.2 包括备用设备在内的所有硬件都应能在不受软件授权限制的情况下同时使用。

11.5.3 软件授权的数量应留有至少20%的余量。

12 工程实施

12.1 系统开工会

DCS系统开工会应包括以下几部分内容：

a） 确定DCS软硬件以及备品备件的最终配置、规格和数量；

b） 确定项目中最终用户、设计单位、供货商以及相关的第三方设备供应商各自的工作范围和责任；

c） 确定项目执行过程中各方主要负责人的人员和职责；

d） 明确工程项目需要的所有文件的内容、格式、数量及交付方式，指定文档管理负责人；

e） 制定整个项目的工作计划，确定设备、文件资料的交付时间，以及各个工作段的起始日期；

f） 制定项目进度的管理方案，明确进度报告的内容、提交周期以及进度延误后的相应措施。

12.2 功能设计

DCS功能设计应至少包括以下内容：

a） 编制DCS的系统结构图，确定DCS的网络拓扑结构以及各个节点的关系和地址；

b） 描述DCS硬件和软件的功能；

c） 编制DCS各个设备、部件以及功能模块的命名规则；

d） 编制功能组态的统一规定以及各种典型回路的组态示例；

e） 确定DCS显示画面的组态原则；

f） 定义报警管理方案；

g） 定义历史数据的存储对象及周期；

h） 定义包括报警、历史数据、计算统计等各种报表的形式；

i） 制定机柜、操作台以及辅助操作台等设备的外形、尺寸和颜色；

j） 确定安全栅、隔离器、继电器以及电缆进出机柜等排布原则；

k） 审查DCS整体供电和接地方案；

l） 编制DCS安全措施和管理规章制度。

12.3 组态

12.3.1 组态准备

在DCS组态工作开始之前，应具备下列工作条件：

a） 离线或在线组态所需的软件和硬件已安装完成；

b） 组态工作人员和工程支持人员到位，组态技术资料和其他辅助资料配备齐全；

c） 功能设计文件的编制工作已经完成；

d） 已完成工程项目的I/O清单、DCS索引表、复杂回路框图或说明、逻辑图以及操作画面草图的编制。

12.3.2 系统组态

12.3.2.1 DCS系统组态工作步骤应包括以下内容：

a） 结构组态：根据已制定的系统结构配置DCS网络中的各节点，包括名称、描述、地址、相互关系和功能；

b） 参数设定：根据工程需要配置DCS各个设备、单元和模块的硬件参数；

c） 设定安全策略：配置DCS网络的域和用户组群，定义各个组群及成员的访问权限和密码。定义数据库的存取限制、定义防火墙的过滤规则。

12.3.3 功能组态

功能组态工作应包括以下内容：

a） 组态数据输入：根据I/O清单、DCS索引表等工程设计资料完成各个模块的参数录入，包括：仪表位号、描述、变送器量程，工程单位，硬件地址，输入预处理，滤波常数，偏差和报警限等；

b） 控制算法组态：根据每个回路的功能要求完成回路中各个功能模块的调用和连接，并配置功能块的参数，还可能需要利用DCS配备的算法语言编制程序；

c） 通信组态：按照通信协议完成DCS与现场仪表设备或第三方系统的通信。

12.3.4 显示及操作组态

显示及操作组态工作应包括以下内容：

a） 静态画面绘制：根据工艺流程图绘制DCS操作的静态画面；

b） 数据链接：完成静态画面与DCS功能模块参数的数据链接以及画面之间的调用链接；

c） 报表编制：定义报警报表、历史数据报表、计算统计报表等各种报表的形式、相关工艺变量和参数。

12.3.5 报警组态

12.3.5.1 报警组态应按照报警的重要程度划分报警等级，按照操作和管理的需要定义报警分组，按照报警的性质和处理方式确定报警功能及形式。

12.3.5.2 相关工艺变量的报警应按照需要分级、分组、确定报警功能和形式，并设置报警值。

12.4 系统集成

12.4.1 DCS与第三方设备的集成应由DCS供货商负责，并符合下列要求：

a） DCS供货商应对DCS与第三方设备集成的安装、调试工作负责；

b） DCS供货商应对集成后DCS的可靠性和稳定性负责；

c） DCS供货商应对DCS与第三方设备通信负责；

d） 第三方设备供货商应配合DCS设备与第三方设备的集成联调。

13 验收

13.1 工厂验收

13.1.1 DCS工厂验收前应具备以下条件：

a） DCS已在制造厂调试完毕并有测试报告；

b） DCS制造厂根据合同技术附件、功能设计文件和有关标准等编制工厂验收程序；

c） DCS制造厂根据验收程序已经准备了验收文件和记录文件。

13.1.2 工厂验收应包括以下内容：

a） 系统配置检查：

1） DCS各设备、部件的型号、规格和外观应符合要求；

2） 软件的规格、数量和版本应符合要求；

b） 组态检查：

1） 操作站的标准功能、流程图画面、分组画面、报警画面、趋势显示等组态应符合要求；

2） 工程师站、历史记录工作站、智能设备管理系统操作站以及其他应用工作站或服务器等设备应完好投运，软件功能和组态功能应满足设计要求；

3） 控制功能应符合要求；

c） 系统性能测试：

1） 系统信号处理精度测试（AI、AO、DI、DO等I/O模件应至少抽样30%）；

2） 系统的冗余和容错功能测试。

13.1.3 工厂验收报告应包括以下内容：

a） 工厂验收的步骤；

b） 检查和测试的结果；

c） 最终验收结论。

13.2 工厂集成验收

13.2.1 工厂集成验收前应具备以下条件：

a) DCS与第三方设备已在DCS制造厂集成、调试完毕并有测试报告；

b) 对于在DCS制造厂集成的第三方设备，应配置模拟测试设备，在DCS制造厂完成通信和相关数据测试，并提供测试报告；

c) DCS制造厂已具备第三方通信或性能测试设备和软件；

d) DCS制造厂根据合同技术附件、系统硬件配置、系统软件功能、第三方技术资料和有关标准等编制工厂集成验收步骤。

13.2.2 工厂集成验收应包括以下内容：

a) 系统配置检查：

1) 第三方供货商提供的设备、部件的型号、规格和外观应符合要求；

2) 第三方供货商提供的软件规格和版本应符合要求；

b) 功能测试：

1) 第三方设备与DCS集成后的标准功能应满足要求；

2) 测试DCS与第三方设备的通信功能和实际数据交换，第三方的通信设备或模拟通信设备中应带有实际应用的通信数据。

13.2.3 工厂集成验收报告应包括以下内容：

a) 工厂集成验收的步骤；

b) 检查和测试的结果；

c) 最终验收结论。

13.3 现场验收

13.3.1 现场设备验收和安装准备应符合下列要求：

a) 各设备和部件的规格、数量应与装箱单一致，运输过程中应无损坏；

b) 设备安装符合要求；

c) DCS设备在软件安装和组态数据装载后应正常运行；

d) 所有硬件应按DCS制造厂提供的程序进行测试，并应100%正常工作。

13.3.2 现场验收应包括以下内容：

a) 审阅DCS工厂验收报告和现场调试记录；

b) 组态检查(同工厂验收内容)；

c) 系统信号处理精度测试，AI、AO、DI、DO等I/O模件应100%检查；

d) 系统的冗余和容错功能测试；

e) 测试DCS与第三方设备的通信。

13.3.3 现场验收报告应包括以下内容：

a) 现场验收的步骤；

b) 检查和测试的结果；

c) 最终验收结论。

14 工程服务

14.1 技术服务

14.1.1 DCS供货商在整个工程项目进行过程中应提供相关的技术咨询服务。

14.1.2 DCS供货商应提供其所有交付文件、资料和设备的技术澄清服务。

14.1.3 DCS供货商在工厂验收和现场验收过程中应提供相关的资料，并配备专门的工程技术人员配合验收工作。

14.1.4 DCS供货商应对所供货的产品提供必要的组态、操作、使用和维护培训，并提供相关的培训资料。

14.2 现场服务

14.2.1 DCS供货商应配备有资质的工程技术人员配合DCS的现场安装、调试、通电等工作，并应对结果负责。

14.2.2 在生产装置开工期间，DCS供货商应配备有资质的工程技术人员在现场值班，随时解决开工过程中DCS出现的故障。

14.2.3 DCS出现故障后，DCS供货商应在24h内派出有资质的工程技术人员前往故障现场。

15 DCS询购文件编制

15.1 DCS询购文件宜采用分散控制系统规格书和分散控制系统数据表两部分组成，作为DCS询价或招标文件的技术部分。

15.2 分散控制系统规格书宜采用文字形式说明项目背景和技术要求，模板文件可参考附录A。

15.3 分散控制系统数据表宜采用表格填写形式提出各部件的具体性能指标和配置，模板文件可参考附录B。

15.4 DCS招标过程中可根据需要编制分散控制系统技术评价文件，模板文件可参考附录C。

附 录 A
(资料性附录)
分散控制系统规格书模板

分散控制系统规格书的内容如下例所示，供参考。

示例：

分散控制系统规格书
DCS Specification

1 总则

1.1 适用范围

本分散控制系统(以下简称 DCS)规格书和分散控制系统数据表是为 XXXX 公司 XXXX 项目(以下简称本项目)编制的。适用范围还包括项目建设、投运期间可能增加或补充的项目。

1.2 缩略语

AI	Analog Input	模拟量输入
AO	Analog Output	模拟量输出
APC	Advanced Process Control	先进控制
CCR	Central Control Room	中心控制室
CCS	Compressor Control System	压缩机控制系统
CCTV	Closed-Circuit Television	电视监控系统
DCS	Distributed Control System	分散控制系统
DI	Digital Input	数字量输入
DO	Digital Output	数字量输出
ERP	Enterprise Resource Planning	企业资源计划系统
FAR	Field Auxiliary Room	现场机柜室
FAT	Factory Acceptance Test	工厂验收
FCR	Field Auxiliary Room	现场控制室
GDS	Gas Detection System	可燃气体和有毒气体检测系统
HART	Highway Addressable Remote Transducer	可寻址远程传感器高速通信协议
HMI	Human Machine Interface	人机接口
IDM	Intelligent Device Management	智能设备管理系统
IFAT	Integration Factory Acceptance Test	工厂集成验收
MES	Manufacturing Execution System	生产管理系统
OPC	Object Linking and Embedding(OLE) for Process Control	用于过程控制的内部数据设备连接协议
OTS	Operator Training Simulation	操作员仿真培训系统
PI	Pulse Input	脉冲量输入
PLC	Programmable Logic Controller	可编程序控制器
RTD	Resistance Temperature Detector	热电阻
SAT	Site Acceptance Test	现场验收

SIS	Safety Instrumented System	安全仪表系统
TC	Thermocouple	热电偶
UPS	Uninterruptible Power Supply	不间断电源
VLAN	Virtual Local Area Network	虚拟局域网

1.3 规格书程度用词

本规格书条文中要求执行严格程度不同的用词，以及评标限度说明如下：

a） 表示很严格，一定要这样做的用词：

正面词采用“必须”，反面词采用“严禁”。

投标技术文件中若有一项及以上不符合“必须”或“严禁”的条款，投标文件即为作废。

b） 表示严格，在正常情况下均这样做的用词：

正面词采用“应”，反面词采用“不应或不得”；

投标技术文件中若有5项以上不符合“应”或“不应或不得”的条款，投标文件即为作废。

投标技术文件中若有5项及以下不符合“应”或“不应或不得”的条款，每项不符合条款按投标总价的1%增记投标总价，以此为评标价。

c） 表示允许稍有选择，在条件许可时首先这样做的用词：

正面词采用“宜”或“可”，反面词采用“不宜”。

2 概述

2.1 总体要求

本规格书、数据表和规范性引用文件为订货合同的基础文件，经双方确认签字后可作为合同技术附件。

本规格书对XXXX项目DCS的配置规模、系统功能、技术性能等方面制定了必要的规定，对供货商的供货范围、系统组态、软件集成、技术服务、工程项目实施等提出具体的要求。

对于本规格书中未提及的，但为了实现DCS的技术性能和保证系统完整性又是必要的系统配置和相关附件，供货商有责任向用户方提出建议，并提供完善的DCS系统配置。

DCS供货商应根据DCS的实际情况，如实、准确地将有关参数、指标填写在分散控制系统数据表中的阴影部分内。若DCS供货商认为还需要更进一步的描述，可在表格左侧空白处增加规格项，或在表格下方“说明”栏中进行填写，但是不得删除左侧原有规格项内容。

2.2 规范性引用文件

对于本规格书(包括数据表)中未提及的技术要求，应满足下列规范性引用文件中的相关要求。凡是注日期的引用文件，仅注日期的版本适用于本规格书。凡是不注日期的引用文件，其最新版本(包括所有的修改单)适用于本规格书。最新版本的截止日期为20XX年X月X日。

GB 4824 工业、科学和医疗(ISM)射频设备电磁骚扰特性限值和测量方法

GB/T 16895.18—2010 建筑物电气装置 第5-51部分：电气设备的选择和安装 通用规则

GB/T 17626.2—2006 电磁兼容 试验和测量技术 静电放电抗扰度试验

GB/T 17626.3—2006 电磁兼容 试验和测量技术 射频电磁场辐射抗扰度试验

GB/T 17626.4—2008 电磁兼容 试验和测量技术 电快速瞬变脉冲群抗扰度试验

GB/T 17626.5—2008 电磁兼容 试验和测量技术 浪涌(冲击)抗扰度试验

GB/T 17626.8—2006 电磁兼容 试验和测量技术 工频磁场抗扰度试验

GB/T 17799.4—2001 电磁兼容 通用标准 工业环境中的发射标准

SH/T 3006 石油化工控制室设计规范

SH/T 3081—2003 石油化工仪表接地设计规范

SH/T 3082—2003 石油化工仪表供电设计规范

SH/T 3092—2013 石油化工分散控制系统设计规范

SH/T 3164—2012 石油化工仪表系统防雷设计规范

ISA S71.04 过程测量和控制系统的环境条件：大气污染物(Environmental Conditions for Process Measurement and Control Systems: Airborne Contaminants)

2.3 供货商的责任

DCS供货商对所提供的硬件(还包括所集成的其他设备)、软件，以及从技术服务、工程服务、技术培训、软件组态、系统集成、包装运输、开箱检验、安装指导、现场测试、系统验收，直到DCS整套系统运行等各个环节负有完全责任。DCS供货商承担所有分包商和分供货商的责任。

招标方对技术文件的确认并不能免除或减轻DCS供货商的责任。

2.4 供货及服务范围

DCS供货商的供货及服务范围包括：DCS的硬件、软件，技术服务、工程服务、技术培训、软件组态、系统集成、包装运输、开箱检验、安装指导、现场调试和测试、系统交付验收等。

DCS供货商的供货及服务范围还包括：远程I/O、机组控制系统(CCS)操作台和辅助操作台、安全仪表系统(SIS)辅助操作台、智能设备管理系统(IDM)、交换机网络监控、病毒服务器、安全栅、隔离器、继电器、直流电源、过渡端子、辅助机柜、大屏幕组合显示系统等，以及其他辅助设备与系统的工程集成。

2.5 对投标技术文件的要求

2.5.1 对系统配置的要求

本规格书对系统配置规模、规格指标的要求是基本要求。DCS供货商应根据这些基本要求配置其成熟的、新型的主流设备和软件版本，提供良好的项目技术交流服务，据此做出性能、价格最合适的报价。

除已特殊说明的条款外，投标技术文件必须符合本规格书所列的供货范围、技术规格、技术指标和原则。

DCS供货商在投标技术文件中所提供的DCS的系统配置，无论是硬件、软件，都必须是完整的、无缺项的。无论何时发现缺项、漏项，DCS供货商都必须无偿补足。

2.5.2 投标技术文件中的歧义

DCS供货商应保证最终投标技术文件中的条款、技术规格、数字等内容的前后完整性和一致性，如果出现前后不一致或互相矛盾之处，原则上以对买方有利的条款、技术规格、数字为准。

2.5.3 投标技术文件与规格书的差异

DCS供货商在投标技术文件中所提供设备的技术规格若有不满足本规格书(包括规范性引用文件)的指标或有差别的地方，DCS供货商必须在投标技术文件中予以书面澄清，并附上偏差表(不能用分散控制系统数据表代替偏差表)。否则，在评标过程中发现未列入偏差表中的偏差，每项按投标总价的1%增记投标总价，并以此为评标价。以后由此而产生的问题(不论投标技术文件是否被确认)均由DCS供货商负责。

投标技术文件必须对替代方案进行明确的书面说明。

DCS供货商可在投标技术文件中，根据对本规格书的理解和所提供DCS的特点，提出更好的建议方案供用户参考，并作为选择方案单列报价。

2.5.4 分项报价

投标技术文件必须以现场机柜室为单位，按设备所在区域、工艺装置、公用工程单元及储运单元以及设备分类分项报价。报价中应分别列出每项内容的单价。

可选择项目应单列报价。

备品备件应分品种单列报价。

投标技术文件的分项报价，将作为本项目的补充合同、新增合同以及修改订单中相关设备的价格依据。有效时间为本项目所列工艺装置、公用工程单元及储运单元全部投产、正常运行之日。

2.5.5 投标技术文件的主要内容

投标技术文件应当参照本分散控制系统规格书和分散控制系统数据表的内容编写，其中关键参数必须遵照分散控制系统数据表(EXCEL 格式)形式编写，并进行必要的说明，不得采用文字叙述形式。分散控制系统规格书中要求说明的条款应列项说明，不得用样本代替说明。

投标技术文件应由技术文件文字说明部分和分散控制系统数据表两部分组成。其中技术文件应包括以下方面的内容：

a) 供货商及制造厂简介；

b) 系统概述；

c) 系统配置总图；

d) 系统配置及功能说明；

e) 操作台及机柜配置图；

f) 硬件设备清单(要详细写明：名称、规格、型号、功能、产品系列号、样本编号、数量等)；

g) 推荐的和可选择的硬件设备清单；

h) 系统配备的软件清单(要详细写明：名称、代号、版本、功能、产品系列号、样本编号、数量等)；

i) 推荐的和可选择的软件清单；

j) 备品备件清单；

k) 技术服务项目及保证；

l) 工程项目实施内容及保证；

m) 质量保证：

系统质量和功能保证；

系统硬件成套及完整保证；

系统软件成套及完整保证；

系统集成设备的质量、功能及其与系统兼容性保证；

n) 系统集成设备配置及功能说明；

o) 其他说明；

p) 偏差表。

2.5.6 技术说明和选型样本

DCS 供货商必须提供投标技术文件中所涉及到的所有设备和部件、所有应用软件的详细技术规格、功能说明等资料和选型样本，否则按无效投标对待。

2.5.7 投标技术文件文字

投标技术文件所用的文字必须是中国国家标准汉字(简化字)或英文。

2.5.8 投标技术文件有关资料

投标技术文件中还应当附加：

投标技术文件中使用和引用的标准及规范(如有一年之内颁布的最新的标准、规范以及某些非常用规范，文件中应附加标准、规范全文)；

投标技术文件中使用的专用技术术语和缩写注释；

系统工业安全、电磁安全及健康安全认证证书等资料；

系统相关的参考资料。

2.5.9 报价形式

报价形式见商务文件，交货地点为：XXXX。

2.5.10 投标的送达

DCS 供货商收到本规格书后应在招标方规定的时间内将投标技术文件送到招标方。投标技术文件均应为正式文件，文件正本、副本及份数应按招标文件的规定执行。此外，还应为设计方提供 X

份副本及X份电子版文件，最终用户X份副本及X份电子版文件。

2.6 无效投标

如果投标技术文件不按本分散控制系统规格书对投标技术文件的要求编制，将被视为无效投标。DCS供货商将不具备进入评审阶段和中标的资格(具体要求见1.3条的规格书程度用词)。

2.7 关于招标及投标的修改

分散控制系统规格书的要求及投标技术文件内容必要时可做适当调整和修改，但不得改变重要的和实质性的内容，并且必须经过双方确认。调整和修改可通过技术协调会或工程协调会的方式进行，调整和修改的原因和内容必须提交补充文件，并有正式的记录文件备案。

在商务合同签订之前，如果工程条件发生变化或由于其他原因导致对DCS需求变化较大时，应重新进行招标、投标。

3 工厂及项目概况

本项目建设单位为XXXX公司，建设地点位于XXXX。

本项目为新建多套炼油装置及配套的公用工程和储运系统。仪表及控制系统应安全可靠、技术先进，满足工艺过程的操作要求，自动控制水平将达到国内石油化工企业的先进水平。本项目所有的工艺装置和大部分公用工程、储运系统等均采用DCS进行过程控制和检测，实现集中操作，并建立全厂实时数据库，为全厂计算机信息管理和生产调度建立基础。

本项目工艺装置布置相对集中，设置一个中心控制室(CCR)。新区内的工艺装置、公用工程单元及储运单元的DCS显示操作站和部分控制站及附属设备均集中在CCR，进行集中操作、控制和管理。

根据全厂总平面的布置，本项目设置4个现场机柜室(FAR-1~4)。各工艺装置、公用工程单元及储运单元的DCS控制站按区域安装在各个FAR内。从FAR到CCR之间的控制网络采用单模冗余铠装光缆，按照星形接法连接。

中心控制室(CCR)和现场机柜室(FAR)平面布置图见附录1。

本项目各工艺装置、公用工程单元及储运单元的编号、名称以及其从属的现场机柜室编号、距CCR距离等内容见分散控制系统数据表(装置单元一览表)。

各FAR内的DCS现场工程师站、IDM管理站和现场操作站、历史记录工作站配置情况和数量见分散控制系统数据表(人机接口)。

FAR内的现场工程师站主要用于正常的维护。当FAR与CCR之间的网络联系中断或发生通信故障时，现场工程师站必须具备与所在FAR内控制器构成独立系统的能力，必须具备在脱离中心控制室内设备的情况下完成其规定功能的能力，直至整个系统恢复正常。现场操作站可供现场操作人员对工艺过程进行监测。整个DCS应具备在异常情况时FAR内增设不低于8台操作站的扩展能力。用于操作站读取过程数据的网络数据服务器，必须在各FAR和CCR内分别配置冗余服务器。

整个DCS由控制站、操作站、工程师站和应用服务器等设备组成。各工艺装置的DCS过程控制站必须独立设置，以保证各工艺装置在正常生产和开、停工过程中互不干扰，减少关联影响。

CCR中操作站的配置情况和数量见分散控制系统数据表(操作设备清单)。

每个FAR内设有机柜间、UPS电源间等功能房间。

4 系统技术规格

内容略。

5 硬件配置的基本要求

内容略。

6 软件配置的基本要求

内容略。

7 大屏幕组合显示系统

内容略。

8 储运系统控制方案

内容略。

9 备品备件及辅助工具

内容略。

10 文件资料

内容略。

11 技术服务

内容略。

12 技术培训及软件组态

内容略。

13 测试与验收

内容略。

14 保证期

内容略。

15 附录 1 XXXX 项目平面图

内容略。

16 附录 2 全厂 DCS 系统结构图

内容略。

17 附录 3 中心控制室操作室平面布置图

内容略。

18 附录 4 各类操作台参考图

内容略。

19 附录 5 大屏幕组合显示系统布局图

内容略。

附 录 B
(资料性附录)
分散控制系统数据表模板

分散控制系统数据表是DCS询购文件中的重要组成部分，采用表格形式提出DCS各类软、硬件设备的规格、参数、指标等要求，DCS供货商应根据所配置系统的实际情况，如实、准确地将有关参数、指标填写在分散控制系统数据表中的阴影部分内。若DCS供货商还需要进一步描述，可在表格左侧空白处增加规格项，或在表格下方“说明”栏中进行补充。

DCS询购文件可采用分散控制系统规格书和分散控制系统数据表相结合的表示方法构成。分散控制系统规格书采用文字形式说明项目背景和技术要求，分散控制系统数据表采用表格形式提出各部件的具体性能指标和配置，二者互为补充。

分散控制系统数据表示例见表B.1~表B.28，表内各项参数仅供参考。

表 B.1　分散控制系统数据表　封面

<table>
<tr><td colspan="2" rowspan="2"></td><td rowspan="2">分散控制系统数据表
封面(Cover)</td><td colspan="2">项目号：
文件号：　修改：</td></tr>
<tr><td colspan="2">页数 PAGE：　第 1 页　共 28 页</td></tr>
<tr><td>项目名称</td><td colspan="2">XXXX 公司　XXXX 项目</td><td>装置名称</td><td>XXXX</td></tr>
<tr><td rowspan="2">业主文件号</td><td colspan="2" rowspan="2"></td><td>主项</td><td></td></tr>
<tr><td>设计阶段</td><td>详细工程设计</td></tr>
<tr><td colspan="5">XXXX 公司
XXXX 项目
XXXX
自动控制部分</td></tr>
</table>

修改	0	1	2	3	4	5
日期						
编制						
校核						
审核						
审定						

表 B.2 分散控制系统数据表 目录

	分散控制系统数据表 目录(Index)	项目号:		
		文件号:		修改:
		页数 PAGE:	第 2 页	共 28 页

	NO	中文	English	页号	厂商填写
目录 INDEX	1	目录	Index	2	否
	2	填表说明	Guide for Filling Out	3	否
	3	使用业绩	Successful Experience	4	是
	4	装置单元一览表	Units List	5	否
	5	系统网络及控制站	System Network & Process Control Station	6	是
	6	模拟量输入卡	Analog Input	7	是
	7	低电平模拟量输入卡	Low-Level Analog Input	8	是
	8	脉冲量输入卡	Pulse Input	9	是
	9	模拟量输出卡	Analog Output	10	是
	10	数字量输入卡	Digital Input	11	是
	11	数字量输出卡	Digital Output	12	是
	12	台面形式	Style of Table	13	是
	13	人机接口	Human Machine Interface	14	是
	14	打印机	Printer	15	是
	15	数据设备表	Data Service Equipment List	16~17	是
	16	网络设备	Network Equipment	18	是
	17	安全栅/电涌防护器/继电器/直流电源	Safety Barrier/SPD/Relay/Power	19	是
	18	机柜及附件	Cabinet and Accessaries	20	是
	19	备件及辅助工具	Spare Parts and Auxiliary Tools	21	是
	20	文件资料	Documentation	22	否
	21	技术服务	Technical Service	23	是
	22	区域控制组	Area Control Group	24	否
	23	操作设备清单	Operational Hardware List	25~26	是
	24	I/O 清单	I/O List	27	是
	25	配件清单	Attachment List	28	是
	26				
	27				
	28				
	29				
	30				
	31				
	32				
	33				
	34				
	35				
	36				
	37				
	38				
	39				
	40				
	41				
	42				
	43				
	44				
	45				
	46				
	47				
	48				
	49				
	50				
	51				
	52				
	53				

表 B.3　分散控制系统数据表　填表说明

	分散控制系统数据表 填表说明(Guide for Filling Out)	项目号： 文件号： 修改：	
		页数 PAGE：	第3页　共28页

编号	说明内容
1	本表格为 DCS 厂商投标填写标准格式。
2	表格中的阴影部分由 DCS 厂商填写。
3	重要技术条款(参数)在“级别”一栏内用“*”表示，若不满足任何一条带“*”的条款(参数)将导致废标。
4	次要技术条款(参数)在“级别”一栏内用“△”表示，每项不符合带“△”的条款(参数)将按投标总价的 1% 增记投标总价，以此为评标价。
5	一般技术条款(参数)在“级别”一栏中为空白。
6	“I/O 清单及卡件数量表”中，若 DCS 厂商以高密度卡件代替原卡件密度要求，则更替后的卡件会预留备用通道，每卡实际可用通道数小于卡件额定通道数。
	名词解释
1	OTB(Operator Table)：操作台，用于放置各类操作站的台面，不带显示器安装支架。
2	ETB(Engineer Table)：工程师台，用于放置各类工程师站的台面。
3	ATB(Auxiliary Table)：辅助操作台，用于放置各类报警灯屏、台面操作按钮、开关的台面，台内带端子排，开关按钮至端子排之间敷设多芯电缆，台面带显示器安装支架。
4	PTB(Printer Table)：打印机台，用于放置网络打印机的台面。
5	OW(Operator Workstation)：DCS 操作站。
6	EW(Engineer Workstation)：DCS 工程师站。
7	AW(Auxiliary Workstation)：DCS 辅助操作站，配置同 DCS 操作站，无显示设备。
8	HIS(Historian Workstation)：历史记录工作站，服务器型。

表 B.4 分散控制系统数据表 使用业绩

		分散控制系统数据表 使用业绩(Successful Experience)		项目号： 文件号： 修改：	页数 PAGE： 第 4 页 共 28 页	
内容			业绩 1	业绩 2	业绩 3	级别
一般情况 General	1	项目名称				
	2	项目地点				
	3	合同签订时间(年/月)				
	4	开工时间(年/月)				
	5	业主联系人				
	6	联系人工作部门				
	7	联系电话				
系统配置 System Detail	8	系统名称				
	9	系统版本				
	10	控制器型号				△
	11	控制器对数				
	12	I/O 总数(精确到百位)				△
	13	核心交换机型号				
	14	操作软件名称				
	15	操作软件版本				
	16					
补充说明 Supplementary	17					
	18					
	19					
	20					
	21					
	22					

说明 NOTES：

表 B.5　分散控制系统数据表　装置单元一览表

分散控制系统数据表 装置单元一览表(Units List)			项目号： 文件号：　修改：		
			页数 PAGE：　第5页		共28页
NO	单元号	装置名称	现场机柜室编号	操作分区	距离中控室
1	101	XXX万吨/年常减压装置	FAR-1	1	600米
2	102	XXX万吨/年重油加氢装置	FAR-2	2	750米
3	103	XXX万吨/年催化裂化装置	FAR-3	2	500米
4	201	污水处理场	FAR-4	3	800米
5	600	中心控制室	CCR		
6					
7					
8					
9					
10					
11					
12					
13					
14					
15					
16					
17					
18					
19					
20					
21					
22					
23					
24					
25					
26					
27					
28					
29					
30					
31					
32					
33					
34					
35					
36					
37					
38					
39					
40					
41					
42					
43					
44					
45					

装置单元一览表 Units List

说明 NOTES：

表 B.6　分散控制系统数据表　系统网络及控制站

		分散控制系统数据表 系统网络及控制站 (System Network & Process Control Station)		项目号： 文件号：　修改： 页数 PAGE：　第 6 页　共 28 页	
规格项			要求	DCS 厂商配置	级别
系统网络 System Network	1	组网形式	交换机		△
	2	网络连接模式	星形网络		
	3	通信标准	ISO/IEEE 802		
	4	网络通信模式	对等模式		
	5	通信速度	≥100Mbps		
	6	最小通信距离	≥1.5km(电缆)		
	7	与工厂网通信方式	TCP/IP		
	8	最大网络负荷	≤10%		△
	9	最大网络节点数量	DCS 厂商确定		
	10	最大网段数量	DCS 厂商确定		
	11	单网段内操作节点最大数量	DCS 厂商确定		
	12	可视化网络拓扑链路	具备		
	13	网络流量显示	具备		
	14	网络故障分析	具备		
	15	其他功能	在线增减节点		
	16				
	17				
控制站 Process Control Station	18	控制站型号	DCS 厂商确定		△
	19	冗余方式	1 : 1		
	20	冗余切换时间	≤10 ms		
	21	输入/输出响应时间	≤200 ms		
	22	平均失效时间 MTTF	≥175200h(20 年)		
	23	平均修复时间 MTTR	DCS 厂商确定		
	24	系统总失效率 λ	DCS 厂商确定		
	25	控制站负荷	<60%		
	26	控制站功耗	DCS 厂商确定		
	27	最大支持 I/O 卡件能力	DCS 厂商确定		
	28	最大支持软件点数	DCS 厂商确定		
	29				
负荷计算依据 Load Calculation	30	0.2 秒 I/O 点数所占比例	0.1		
	31	0.5 秒 I/O 点数所占比例	0.3		
	32	1.0 秒 I/O 点数所占比例	0.6		
	33	通信卡计算依据	满负荷		
	34				
	35				
	36				
	37				
第三方通信 Third-party Communication	38	通信协议	Modbus RTU/RS485		
	39	配置方式	冗余		
	40	端口诊断	支持		
	41	通信容量	<100 条/通道		
	42				
	43				
	44				
	45				
	46				
说明 NOTES：					

表 B.7　分散控制系统数据表　模拟量输入卡

	分散控制系统数据表 模拟量输入卡(Analog Input)		项目号： 文件号：　修改： 页数 PAGE：　第 7 页　共 28 页	
规格项		要求	DCS 厂商配置	级别
冗余模拟量输入卡 Redundant Analog Input Module	1 冗余形式	冗余		
	2 型号	DCS 厂商确定		
	3 智能/非智能信号	智能		
	4 安装形式	本地		
	5 通道数	≤16		△
	6 隔离形式	通道隔离		△
	7 输入信号类型	变送器(4mA~20mA)		
	8 卡件最大供电电流	N/A		
	9 过载电压	27VDC		
	10 输入电阻	250Ω		
	11 精度	±0.1%		
	12 扫描周期	≤50 ms		
	13 响应时间	≤100 ms		
	14 变送器供电电压	DCS 厂商确定		
	15 变送器线制	2 线制/3 线制/4 线制		
	16 最大功耗	DCS 厂商确定		
	17 端子卡型号	DCS 厂商确定		
	18 端子卡形式	三排端子(P+/+/com)		
	19 端子卡接线方式	螺钉式/压接式端子		
	20 HART 通信协议	支持		
	21 防腐等级	ISA S71.04 G3		△
	22 EMC 抗干扰能力	GB/T 17626.2/3/4/8，3 级		△
	23 防混插锁	带		
	24			
非冗余模拟量输入卡 Non-Redundant Analog Input Module	25 冗余形式	非冗余		
	26 型号	DCS 厂商确定		
	27 智能/非智能信号	非智能		
	28 安装形式	远程		
	29 通道数	≤16		△
	30 隔离形式	分组隔离		△
	31 输入信号类型	变送器(4mA~20mA)		
	32 卡件最大供电电流	N/A		
	33 过载电压	27VDC		
	34 输入电阻	250Ω		
	35 精度	±0.1%		
	36 扫描周期	≤50 ms		
	37 响应时间	≤100 ms		
	38 变送器供电电压	DCS 厂商确定		
	39 变送器线制	2 线制/3 线制/4 线制		
	40 最大功耗	DCS 厂商确定		
	41 端子卡型号	DCS 厂商确定		
	42 端子卡形式	三排端子(P+/+/com)		
	43 端子卡接线方式	压接式端子		
	44 HART 通信协议	N/A		
	45 防腐等级	ISA S71.04 G3		△
	46 EMC 抗干扰能力	GB/T 17626.2/3/4/8，3 级		△
	47 防混插锁	带		
	48			
说明 NOTES：				

表 B.8 分散控制系统数据表 低电平模拟输入卡

			分散控制系统数据表 低电平模拟量输入卡 (Low-Level Analog Input)	项目号： 文件号： 修改： 页数 PAGE： 第8页 共28页		
规格项			要求	DCS厂商配置	级别
非冗余低电平模拟量输入卡：热电偶输入 Low-Level Analog Input Module：Thermocouple Input	1	冗余形式	非冗余		
	2	型号	DCS厂商确定		
	3	安装形式	本地		
	4	通道数	≤32		
	5	隔离形式	通道间隔离		△
	6	输入元件类型	IEC K型热电偶		
	7	精度	±40μV		
	8	输入阻抗	≥1MΩ		
	9	最大允许输入电压	5V		
	10	冷端补偿功能	带		
	11	超量程显示功能	带		
	12	输入信号范围(mV)	DCS厂商确定		
	13	断线检测功能	带		
	14	最大功耗	DCS厂商确定		
	15	端子卡型号	DCS厂商确定		
	16	端子卡形式	双排端子(+/com)		
	17	端子卡接线方式	螺钉式/压接式端子		
	18	防腐等级	ISA S71.04 G3		△
	19	EMC抗干扰能力	GB/T 17626.2/3/4/8，3级		△
	20	防混插锁	带		
	21				
	22				
	23				
	24				
非冗余低电平模拟量输入卡：热电阻输入 Low-Level Analog Input Module：RTD Input	25	冗余形式	非冗余		
	26	型号	DCS厂商确定		
	27	安装形式	本地		
	28	通道数	≤32		
	29	隔离形式	通道间隔离		△
	30	输入元件类型	Pt100热电阻		
	31	热电阻线制	三线制		
	32	精度	±150 mΩ		
	33	最大允许输入电压	5V		
	34	断线检测功能	带		
	35	最大功耗	DCS厂商确定		
	36	端子卡型号	DCS厂商确定		
	37	端子卡形式	三排端子(a/b/b)		
	38	端子卡接线方式	螺钉式/压接式端子		
	39	防腐等级	ISA S71.04 G3		△
	40	EMC抗干扰能力	GB/T 17626.2/3/4/8，3级		△
	41	防混插锁	带		
	42				
	43				
	44				
	45				
	46				
	47				
	48				
说明 NOTES：					

表 B.9 分散控制系统数据表 脉冲量输入卡

	分散控制系统数据表 脉冲量输入卡(Pulse Input)		项目号： 文件号： 修改： 页数 PAGE： 第 9 页 共 28 页	
规格项		要求	DCS 厂商配置	级别
脉冲量输入卡 Pulse Input Module	1 冗余形式	非冗余		
	2 型号	DCS 厂商确定		
	3 智能/非智能信号	非智能		
	4 安装形式	本地		
	5 通道数	≤16		
	6 隔离形式	通道间隔离		△
	7 输入信号类型	脉冲量信号		
	8 脉冲范围	5Hz~5000Hz		
	9 输入电压范围	0VDC~12VDC		
	10 最小脉冲宽度	10μs		
	11 最小分辨率	0.2 Hz		
	12 频率自由量程设置功能	带		
	13 端子卡型号	DCS 厂商确定		
	14 端子卡形式	三排端子(P+/+/com)		
	15 端子卡接线方式	螺钉式/压接式端子		
	16 HART 通信协议	支持		△
	17 防腐等级	ISA S71.04 G3		△
	18 EMC 抗干扰能力	GB/T 17626.2/3/4/8，3 级		
	19 防混插锁	带		
	20			
	21			
	22			
	23			
	24			
	25			
	26			
	27			
	28			
	29			
	30			
	31			
	32			
	33			
	34			
	35			
	36			
	37			
	38			
	39			
	40			
	41			
	42			
	43			
	44			
	45			
	46			
	47			
	48			
说明 NOTES：				

表 B.10 分散控制系统数据表 模拟量输出卡

	分散控制系统数据表 模拟量输出卡(Analog Out)	项目号： 文件号： 修改： 页数 PAGE：第 10 页 共 28 页

规格项				要求	DCS 厂商配置	级别
冗余模拟量输出卡 Redundant Analog Output Module	1	卡件类型		模拟量输出		
	2	型号		DCS 厂商确定		
	3	冗余形式		冗余		
	4	智能/非智能信号		非智能		
	5	安装形式		本地		
	6	通道数		≤16		*
	7	隔离形式		分组隔离		
	8	输出信号类型		4mA~20mA		
	9	精度		≤40μA		
	10	开路电压		≤28V		△
	11	负载能力	无源			
			有源	750Ω		
	12	扫描周期		≤50 ms		
	13	响应时间		≤100ms		
	14	最大功耗		DCS 厂商确定		
	15	端子卡型号		DCS 厂商确定		
	16	端子卡接线方式		螺钉式/压接式端子		
	17	HART 通信协议		N/A		
	18	防腐等级		ISA S71.04 G3		
	19	EMC 抗干扰能力		GB/T 17626.2/3/4/8，3 级		△
	20	防混插锁		带		△
	21					
	22					
	23					
	24					
	25					
	26					
	27					
	28					
	29					
	30					
	31					
	32					
	33					
	34					
	35					
	36					
	37					
	38					
	39					
	40					
	41					
	42					
	43					
	44					
	45					
	46					
	47					
	48					

说明 NOTES：

表 B.11　分散控制系统数据表　数字量输入卡

	分散控制系统数据表 数字量输入卡(Digital Input)	项目号： 文件号：　　修改： 页数 PAGE：　第 11 页　　共 28 页

		规格项		要求	DCS 厂商配置	级别
冗余数字量输入卡 Redundant Digital Input Module	1	冗余形式		冗余		
	2	型号		DCS 厂商确定		
	3	安装形式		本地		
	4	通道数		≤32		△
	5	隔离形式		分组隔离		
	6	输入信号类型		无源接点		
	7	额定电流		≤5 mA		
	8	卡件最大供电电压		30VDC		
	9	过载电压		≥30V/220V，见本页说明		
	10	ON/OFF 条件	触点闭合	≤1kΩ		
			触点断开	≥100kΩ		
	11	扫描周期		≤50ms		
	12	响应时间		≤100ms		
	13	最大功耗		DCS 厂商确定		
	14	端子卡型号		DCS 厂商确定		
	15	端子卡接线方式		螺钉式/压接式端子		
	16	断路检测		不带		
	17	防腐等级		ISA S71.04 G3		△
	18	EMC 抗干扰能力		GB/T 17626.2/3/4/8，3 级		△
	19	防混插锁		带		
	20					
	21					
	22					
	23					
非冗余数字量输入卡 Non-Redundant Digital Input Module	24	冗余形式		非冗余		
	25	型号		DCS 厂商确定		
	26	安装形式		远程		
	27	通道数		≤32		△
	28	隔离形式		分组隔离		
	29	输入信号类型		无源接点		
	30	额定电流		≤5mA		
	31	最大输入电压		30V DC		
	32	过载电压		≥30V/220V，见本页说明		
	33	ON/OFF 条件	触点闭合	≤1kΩ		
			触点断开	≥100kΩ		
	34	扫描周期		≤50 ms		
	35	响应时间		≤100 ms		
	36	最大功耗		DCS 厂商确定		
	37	端子卡型号		DCS 厂商确定		
	38	端子卡接线方式		螺钉式/压接式端子		
	39	断路检测		不带		
	40	防腐等级		ISA S71.04 G3		△
	41	EMC 抗干扰能力		GB/T 17626.2/3/4/8，3 级		△
	42	防混插锁		带		
	43					
	44					
	45					
	46					

说明 NOTES：

异常情况下，电气无源干接点两端会产生感应电压，其电压按照不低于 220VAC 考虑。

表 B.12 分散控制系统数据表 数字量输出卡

	分散控制系统数据表 数字量输出卡(Digital Output)			项目号： 文件号： 修改： 页数 PAGE： 第12页 共28页	
规格项			要求	DCS 厂商配置	级别
冗余数字量输出卡 Redundant Digital Output Module	1	卡件类型	数字量输出		
	2	型号	DCS 厂商确定		
	3	冗余形式	冗余		
	4	安装形式	本地		
	5	通道数	≤16		△
	6	隔离形式	分组隔离		
	7	输出信号类型	继电器型端子排输出		
	8	扫描周期	DCS 厂商确定		
	9	输出响应时间	N/A		
	10	输出延时时间 ON→OFF	N/A		
		输出延时时间 OFF→ON	N/A		
	11	脉冲精度	N/A		
	12	最大功耗	DCS 厂商确定		
	13	端子卡型号	DCS 厂商确定		
	14	端子卡接线方式	压接式端子		
	15	断路检测	不带		
	16	有源输出型最高输出电压	DCS 厂商确定		
	17	有源输出型额定输出电流	DCS 厂商确定		
	18	继电器型端子排开关形式	机械触点开关		
	19	继电器型端子排开关数量	1		
	20	继电器型端子排触点类型	SPDT		
	21	继电器型端子排触点容量	5A@ 220V AC		
	22	防腐等级	ISA S71.04 G3		△
	23	EMC 抗干扰能力	GB/T 17626.2/3/4/8，3 级		△
	24	防混插锁	带		
	25				
	26				
	27				
	28				
	29				
	30				
	31				
	32				
	33				
	34				
	35				
	36				
	37				
	38				
	39				
	40				
	41				
	42				
	43				
	44				
	45				
	46				
	47				
说明 NOTES：					

表 B.13 分散控制系统数据表 台面形式

	分散控制系统数据表 台面形式(Style of Table)		项目号: 文件号: 修改: 页数 PAGE: 第 13 页 共 28 页	
规格项		要求	DCS 厂商配置	级别
操作台(OTB) Operator Table	1 操作台型号	DCS 厂商确定		
	2 操作台形式	桌面开放式		
	3 操作台框架材质	碳钢喷塑		
	4 台面材质	抗倍特板,无缝拼接		△
	5 台面颜色	木纹,深灰色调		
	6 主机安放位置	台面下方柜内		
	7 整体宽度	700mm~750mm,可多台拼接		
	8 台面高度	700mm~720mm		
	9 整体布局形式	直线布局/弧线布局		
	10 弧线半径或台面折角	待定		
	11 音箱位置	台面下方柜内		
	12 电话位置	台面上左前方		
	13 操作员键盘位置	台面放置式		
	14 显示器支架	双显示器型,高度可调		△
	15 工程师键盘抽屉	台面下方抽出式		
	16 显示器后屏风挡板	带		
	17 伸缩式主机托盘	带		
	18 电源插座	台面下方柜内,4 个以上多功能插孔		
	19			
辅助操作台(ATB) Auxiliary Table	20 辅助操作台型号	DCS 厂商确定		
	21 结构形式	台面上单显示器+按钮箱,台面下音箱		
	22 显示器规格	单层 TFT-LCD,黑色,22 英寸,16∶10		
	23 按钮箱形式	显示器式按钮箱,颜色/尺寸同显示器		△
	24 开关/按钮形式	带罩,两位式保持型		
	25 开关/按钮数量	6×4=24		
	26 开关/按钮颜色	红色		
	27 音箱位置	台面下方柜内		
	28 接线端子排	台面下方柜内,80 端子		
	29 其他	见本页说明		
工程师台(ETB) Engineer Table	30 工程师台型号	DCS 厂商确定		
	31 工程师台形式	桌面开放式		
	32 工程师台框架材质	碳钢喷塑		
	33 台面材质	不锈钢		
	34 台面颜色	深灰色调		
	35 整体宽度	1200mm~1400mm		
	36 台面高度	700mm~750mm		
	37 整体布局形式	直线布局		
	38			
打印机台(PTB) Printer Table	39 打印机台型号	DCS 厂商确定		
	40 打印机台形式	桌面开放式		
	41 打印机台框架材质	防火板		
	42 台面材质	防火板		
	43 台面颜色	深灰色调		
	44 打印台尺寸	1200mm×700mm(长×宽)		
	45 台面高度	700mm~750mm		
	46 可放置 A3 打印机数量	2		
	47			
其他 Other	48 操作台边柜	每组工作区左右各一个		
	49			

说明 NOTES:

辅助操作台(ATB)的形式、材质、颜色、尺寸与操作台(OTB)一致。

表 B.14 分散控制系统数据表 人机接口

	分散控制系统数据表 人机接口(Human Machine Interface)	项目号： 文件号： 修改： 页数 PAGE： 第 14 页 共 28 页

规格项			要求	DCS 厂商配置	级别
操作站(OW) Operator Workstation	1	操作站型号	DCS 厂商确定		△
	2	主机 CPU	DCS 厂商确定		
	3	芯片组	DCS 厂商确定		
	4	内存	≥2GB		
	5	硬盘	600GB，SCSI		
	6	外设控制器形式	SCSI		
	7	显示驱动卡	2(4)×DVI 输出，见本页说明		
	8	显示器形式	双层 TFT-LCD		
	9	显示器尺寸	黑色，22 英寸，16∶10		
	10	网络控制器	千兆以太网端口×2		
	11	存储设备	DVD-ROM		
	12	操作员键盘	薄膜式，台面嵌入安装		△
	13	工程师键盘	104 键盘，台面下抽屉内安装		
	14	声卡音箱	集成声卡，一体式音箱		
	15	操作系统	Windows XP/2003/7		
	16	操作员软件	DCS 厂商确定		
	17	其他软件	DCS 厂商确定		
	18				
工程师站(EW) Engineer Workstation	19	工程师站型号	DCS 厂商确定		△
	20	主机 CPU	DCS 厂商确定		
	21	芯片组	DCS 厂商确定		
	22	内存	≥4GB		
	23	硬盘	600GB，SCSI，1∶1 镜像		
	24	外设控制器形式	SCSI		
	25	显示驱动卡	2×DVI 输出		
	26	显示器形式	单层 TFT-LCD		
	27	显示器尺寸	黑色，22 英寸，16∶10		
	28	网络控制器	千兆以太网端口×2		
	29	存储设备	DVD-RW，USB		
	30	声卡音箱	集成声卡，一体式音箱		
	31	操作系统	Windows XP/2003/7		
	32	操作员软件	DCS 厂商确定		
	33	工程师软件	DCS 厂商确定		
	34	其他软件	DCS 厂商确定		
	35				
辅助操作站(AW) Auxiliary Workstation	36	辅助操作站型号	DCS 厂商确定		
	37	硬件配置	同操作站(OW)，不含显示器		
	38	主机安放位置	辅助操作台(ATB)台面下方柜内		
	39	工程师键盘	104 键盘，台面下抽屉内安装		
	40	声卡音箱	集成声卡，一体式音箱		
	41	操作系统	Windows XP/2000/7		
	42	操作员软件	DCS 厂商确定		
	43	其他软件	DCS 厂商确定		
	44				
其他硬件配置 Other Hardware	45	GDS 操作站	同操作站(OW)		
	46	CCTV 监控站	同操作站(OW)		
	47	IDM 管理站	同工程师站(EW)		
	48	网络监控站	同工程师站(EW)		
	49	WEB 客户端	同工程师站(EW)		
	50				

说明 NOTES：

部分操作站(OW)显示驱动卡为双卡配备，4×DVI 输出，具体数量见“操作设备清单”。

表 B.15　分散控制系统数据表　打印机

			分散控制系统数据表 打印机(Printer)	项目号： 文件号：　　修改： 页数 PAGE：　第 15 页　　共 28 页		
规格项			要求	DCS 厂商配置	级别
网络A3打印机 Network A3-Size Printer	1	打印机形式	网络激光打印机		
	2	打印机型号	DCS 厂商确定		
	3	打印纸张规格	A3		
	4	打印质量	黑白，600×600 dpi		
	5	打印负荷	>30000 页/月		
	6	打印速度	>16 张/分钟(最高质量)		
	7	数量	2		
	8	安放位置	中控室打印机台(PTB)上，2 台/PTB		
	9	打印机台(PTB)数量	1		
	10	耗材备件	额外配带 2 个硒鼓		
	11				
	12				
网络A4打印机 Network A4-Size Printer	13	打印机形式	A4 黑白激光打印机		
	14	打印机型号	DCS 厂商确定		
	15	打印纸张规格	A4		
	16	打印质量	黑白，600×600dpi		
	17	打印负荷	>10000 页/月		
	18	打印速度	>16 张/分钟(最高质量)		
	19	数量	8		
	20	安放位置	现场机柜室工程师台(ETB)上		
	21	打印机台(PTB)数量	无		
	22	耗材备件	额外带 4 个硒鼓		
	23				
	24				
本地激光打印机 Local Laser Printer	25	打印机形式	彩色多功能激光一体机形式		
	26	主要功能	打印、复印、扫描		
	27	多功能打印机型号	DCS 厂商确定		
	28	多功能一体机打印纸张规格	A4		
	29	打印质量	彩色，600×600 dpi		
	30	打印速度	>16 张/分钟(最高质量)		
	31	多功能一体机标配内存	64MB		
	32	数量	1		
	33	安放位置	中控室工程师台(ETB)上		
	34	打印机台(PTB)数量	无		
	35	耗材备件	额外带 1 个硒鼓		
	36				
	37				
本地喷墨打印机 Local Jet Printer	38	形式	A4 彩色喷墨打印机		
	39	打印机型号	DCS 厂商确定		
	40	打印纸张规格	A4		
	41	打印质量	彩色，600×600dpi		
	42	打印负荷	>100 页/月		
	43	打印速度	>8 张/分钟(最高质量)		
	44	数量	2		
	45	安放位置	中控室工程师台(ETB)上		
	46	打印机台(PTB)数量	无		
	47	耗材备件	额外带 2 个墨盒		
	48				
	49				
说明 NOTES：					

表 B.16 分散控制系统数据表 数据设备表(一)

<table>
<tr><td colspan="3" rowspan="3"></td><td rowspan="3">分散控制系统数据表
数据设备表(Data Service Equipment List)</td><td colspan="2">项目号:</td></tr>
<tr><td colspan="2">文件号: 修改:</td></tr>
<tr><td colspan="2">页数 PAGE: 第 16 页 共 28 页</td></tr>
<tr><td colspan="3">规格项</td><td>要求</td><td>DCS 厂商配置</td><td>级别</td></tr>
<tr><td rowspan="15">OPC服务器
OPC Servers</td><td>1</td><td>服务器型号</td><td>DCS 厂商确定</td><td></td><td></td></tr>
<tr><td>2</td><td>主机 CPU</td><td>DCS 厂商确定</td><td></td><td></td></tr>
<tr><td>3</td><td>芯片组</td><td>DCS 厂商确定</td><td></td><td></td></tr>
<tr><td>4</td><td>内存</td><td>≥4GB</td><td></td><td></td></tr>
<tr><td>5</td><td>硬盘</td><td>≥750GB</td><td></td><td></td></tr>
<tr><td>6</td><td>RAID 控制器</td><td>DCS 厂商确定</td><td></td><td></td></tr>
<tr><td>7</td><td>显示驱动卡</td><td>DCS 厂商确定</td><td></td><td></td></tr>
<tr><td>8</td><td>显示器形式</td><td>KVM 折叠液晶套件, 8 口</td><td></td><td></td></tr>
<tr><td>9</td><td>显示器尺寸</td><td>黑色, 17 英寸, 4 : 3</td><td></td><td></td></tr>
<tr><td>10</td><td>网络控制器</td><td>千兆以太网端口×4</td><td></td><td></td></tr>
<tr><td>11</td><td>存储设备</td><td>N/A</td><td></td><td></td></tr>
<tr><td>12</td><td>操作系统</td><td>Windows 系列</td><td></td><td></td></tr>
<tr><td>13</td><td>工程师键盘</td><td>104 键盘, 机柜内安装</td><td></td><td></td></tr>
<tr><td>14</td><td></td><td></td><td></td><td></td></tr>
<tr><td>15</td><td></td><td></td><td></td><td></td></tr>
<tr><td rowspan="8">OPC通信协议
OPC Communication</td><td>16</td><td>通信协议版本</td><td>OPC DA 2.0 及其以上版本</td><td></td><td></td></tr>
<tr><td>17</td><td>连接方式</td><td>支持本地连接和远程连接</td><td></td><td></td></tr>
<tr><td>18</td><td>信息读取方式</td><td>支持主动读取和订阅读取</td><td></td><td></td></tr>
<tr><td>19</td><td>位号规模</td><td>20000 点</td><td></td><td></td></tr>
<tr><td>20</td><td>最小数据刷新周期</td><td>1 秒(20000)</td><td></td><td></td></tr>
<tr><td>21</td><td>其他</td><td>提供数据通过防火墙的方案</td><td></td><td></td></tr>
<tr><td>22</td><td></td><td></td><td></td><td></td></tr>
<tr><td>23</td><td></td><td></td><td></td><td></td></tr>
<tr><td rowspan="15">病毒服务器
AntiVirus Server</td><td>24</td><td>病毒服务器型号</td><td>DCS 厂商确定</td><td></td><td></td></tr>
<tr><td>25</td><td>主机 CPU</td><td>DCS 厂商确定</td><td></td><td></td></tr>
<tr><td>26</td><td>芯片组</td><td>DCS 厂商确定</td><td></td><td></td></tr>
<tr><td>27</td><td>内存</td><td>≥4GB</td><td></td><td></td></tr>
<tr><td>28</td><td>硬盘</td><td>≥750GB</td><td></td><td></td></tr>
<tr><td>29</td><td>RAID 控制器</td><td>DCS 厂商确定</td><td></td><td></td></tr>
<tr><td>30</td><td>显示驱动卡</td><td>DCS 厂商确定</td><td></td><td></td></tr>
<tr><td>31</td><td>显示器形式</td><td>KVM 折叠液晶套件, 8 口</td><td></td><td></td></tr>
<tr><td>32</td><td>显示器尺寸</td><td>黑色, 17 英寸, 4 : 3</td><td></td><td></td></tr>
<tr><td>33</td><td>网络控制器</td><td>千兆以太网端口×4</td><td></td><td></td></tr>
<tr><td>34</td><td>存储设备</td><td>N/A</td><td></td><td></td></tr>
<tr><td>35</td><td>操作系统</td><td>Windows 系列</td><td></td><td></td></tr>
<tr><td>36</td><td>工程师键盘</td><td>中控室内机柜室, 柜内安装</td><td></td><td></td></tr>
<tr><td>37</td><td></td><td></td><td></td><td></td></tr>
<tr><td>38</td><td></td><td></td><td></td><td></td></tr>
<tr><td rowspan="11">时钟同步器
Clock Synchronizer</td><td>39</td><td>时钟同步器型号</td><td>DCS 厂商确定</td><td></td><td></td></tr>
<tr><td>40</td><td>同步对象</td><td>DCS/SIS/CCS/PLC/CCTV</td><td></td><td></td></tr>
<tr><td>41</td><td>授时精度</td><td>1ms</td><td></td><td></td></tr>
<tr><td>42</td><td>守时精度</td><td>2μs/min</td><td></td><td></td></tr>
<tr><td>43</td><td>输出接口</td><td>RJ45</td><td></td><td></td></tr>
<tr><td>44</td><td>接口数量</td><td>20</td><td></td><td></td></tr>
<tr><td>45</td><td>时钟源</td><td>石英晶振+振荡集成电路</td><td></td><td></td></tr>
<tr><td>46</td><td>GPS 卫星接收器</td><td>N/A</td><td></td><td></td></tr>
<tr><td>47</td><td>安装位置</td><td>中控室内机柜室, 柜内安装</td><td></td><td></td></tr>
<tr><td>48</td><td></td><td></td><td></td><td></td></tr>
<tr><td>49</td><td></td><td></td><td></td><td></td></tr>
<tr><td colspan="6">说明 NOTES:
各服务器可安装于同一机柜内, 采用切换方式共用显示设备。</td></tr>
</table>

表 B.17　分散控制系统数据表　数据设备表(二)

	分散控制系统数据表 数据设备表(Data Service Equipment List)		项目号： 文件号：　修改： 页数 PAGE：　第 17 页　共 28 页	
规格项		要求	DCS 厂商配置	级别
Web 服务器 Web Server	1 服务器型号	DCS 厂商确定		
	2 主机 CPU	DCS 厂商确定		
	3 芯片组	DCS 厂商确定		
	4 内存	≥4GB		
	5 硬盘	≥750GB		
	6 RAID 控制器	DCS 厂商确定		
	7 显示驱动卡	DCS 厂商确定		
	8 显示器形式	KVM 折叠液晶套件，8 口		
	9 显示器尺寸	黑色，17 英寸，4：3		
	10 网络控制器	千兆以太网端口×4		
	11 存储设备	N/A		
	12 操作系统	Windows XP/2003/7		
	13 工程师键盘	104 键盘，机柜内安装		
	14			
Web 客户端 Web Client	15 客户端型号	DCS 厂商确定		
	16 用途	DCS 超高分辨率画面输出至大屏幕		
	17 主机 CPU	DCS 厂商确定		
	18 芯片组	DCS 厂商确定		
	19 内存	≥4GB		
	20 硬盘	≥750GB		
	21 RAID 控制器	DCS 厂商确定		
	22 显示驱动卡	双显卡(4×DVI)		
	23 显示器形式	单层 TFT-LCD		
	24 显示器尺寸	黑色，22 英寸，16：10		
	25 网络控制器	千兆以太网端口×2		
	26 存储设备	DVD-RW，USB		
	27 操作系统	Windows XP/2003/7		
	28 工程师键盘	104 键盘		
	29 图像软件最大分辨率	≥4096×2304		
	30 嵌入第三方软件	支持		
	31 安装位置	工程师室、开工指挥中心		
	32 信号输出	图像处理器(TCP/IP)、商务投影仪(RGB)		
	33			
历史记录工作站 Historian Workstation	34 服务器型号	DCS 厂商确定		
	35 主机 CPU	DCS 厂商确定		
	36 芯片组	DCS 厂商确定		
	37 内存	≥4GB		
	38 硬盘	≥750GB		
	39 RAID 控制器	DCS 厂商确定		
	40 显示器尺寸	黑色，17 英寸，4：3		
	41 操作系统	Windows 系列		
	42			
防火墙 Firewall	43 型号	DCS 厂商确定		
	44 用途	操作监控/数据服务/生产运行管理层之间		
	45 防火墙形式	硬件结构		
	46 防火墙技术分类	数据包过滤型		
	47 最大并发连接数	100000		
	48 吞吐量	100Mbps		
	49			

说明 NOTES：

表 B.18 分散控制系统数据表 网络设备

		分散控制系统数据表 网络设备(Network Equipment)		项目号： 文件号： 修改： 页数 PAGE： 第 18 页 共 28 页	
规格项			要求	DCS 厂商配置	级别
概述 General	1	形式	工业级交换机		*
	2	电磁兼容性标准	GB/T 17626.2/3/4/5/8		△
	3		GB/T 17799.4		△
	4	电源	冗余 220VAC/24VDC		
控制层交换机 Process Control Level Switch	5	型号	厂商确定		
	6	交换机形式	工业级交换机		*
	7	冗余方式	1：1		*
	8	安装结构	DIN 导轨式		
	9	散热形式	无风扇模块化设计		△
	10	端口数量	厂商确定		
	11	端口速率	100Mbps		
	12	预留端口数	>8 个		
	13	上传端口	2 个光口		
	14	上传速率	1000Mbps		
操作层交换机 Operation Level Switch	15	型号	厂商确定		
	16	交换机形式	工业级模块化交换机		*
	17	冗余方式	1：1		*
	18	安装结构	DIN 导轨式		
	19	散热形式	无风扇模块化设计		△
	20	端口形式	光口，数量厂商确定		
	21	端口速率	1000Mbps		
	22	预留端口数	>8 个		
工厂层交换机 Plant Level Switch	23	型号	厂商确定		
	24	交换机形式	工业级模块化交换机		*
	25	冗余方式	1：1		*
	26	安装结构	DIN 导轨式		
	27	散热形式	无风扇模块化设计		△
	28	端口形式	光口，数量厂商确定		
	29	端口速率	1000Mbps		
	30	预留端口数	>8 个		
服务层交换机 Data SeverLevel Switch	31	型号	厂商确定		
	32	交换机形式	工业级交换机		
	33	冗余方式	N/A		
	34	安装结构	DIN 导轨式		
	35	端口形式	光口，数量厂商确定		
	36	端口速率	1000Mbps		
	37	预留端口数	>8 个		
网络管理软件 Management Software	38	网络设备管理软件名称	厂商确定		
	39	软件版本号	厂商确定		
	40	管理节点最大数量	250 个节点		
	41	软件基本功能	可视化网络拓扑链路显示		
	42		网络配置、系统流量、故障分析		
	43	网络监控站	1 台		
光缆 Optical Cable	44	光缆型号	DCS 厂商确定		
	45	光缆规格	铠装防鼠型冗余单模光缆		
	46	光缆芯数	不低于 6 芯		
	47	敷设方式	架空+直埋		
	48	光缆总长	5300m		
说明 NOTES：					

表 B.19 分散控制系统数据表 安全栅/电涌防护器/继电器/直流电源

	分散控制系统数据表 安全栅/电涌防护器/继电器/直流电源 （Safety Barrier/SPD/Relay/Power）	项目号： 文件号： 修改： 页数 PAGE：第 19 页 共 28 页

规格项			要求	DCS 厂商配置	级别
安全栅和隔离器 Safety Barrier & Isoalteor	1	通道形式	隔离型安全栅		
	2	安装形式	底板式		
	3	AI 安全栅型号（智能信号）	DCS 厂商确定		
	4	AI 安全栅型号（普通信号）	DCS 厂商确定		
	5	AO 安全栅型号（智能信号）	DCS 厂商确定		
	6	TC→AI 安全栅型号	DCS 厂商确定		
	7	RTD→AI 安全栅型号	DCS 厂商确定		
	8	电源模块	不带		
	9	安装导轨	带		
	10	编程器、软件、编程电缆	带		
	11				
	12	输入信号隔离器型号	DCS 厂商确定		
	13	输出信号隔离器信号	DCS 厂商确定		
	14	一入两出隔离器型号	DCS 厂商确定		
	15				
电涌防护器 Surge Protection Device	16	AI 输入电涌防护器号	DCS 厂商确定		
	17	AO 输出电涌防护器型号	DCS 厂商确定		
	18	TC 输入电涌防护器型号	DCS 厂商确定		
	19	RTD 输入电涌防护器型号	DCS 厂商确定		
	20	DI 输入电涌防护器型号	DCS 厂商确定		
	21	DO 输出电涌防护器型号	DCS 厂商确定		
	22				
外置继电器 Relay	23	信号继电器型号	DCS 厂商确定		
	24	信号继电器用途	DO 输出，24V DC/220V AC 用电设备		
	25	信号继电器触点形式及容量	SPDT×2，2A@24V CD/2A@220V AC		
	26	信号继电器线圈驱动电源	24V DC		
	27				
	28	功率继电器型号	DCS 厂商确定		
	29	功率继电器用途	DO 输出，220V DC 用电设备		
	30	功率继电器触点形式及容量	SPDT×2，2A@220V CD		
	31	功率继电器线圈驱动电源	24V DC		
	32				
	33	隔离继电器型号	DCS 厂商确定		
	34	隔离继电器用途	DI 输入，电气无源状态信号		
	35	隔离继电器触点形式及容量	SPDT×2，2A@24V CD		
	36	隔离继电器线圈驱动电源	24V DC，独立设置		△
	37				
直流电源 Power Supply (DC)	38	电源型号	DCS 厂商确定		
	39	电源规格	开关型电源		
	40	输入电源	220V AC 50Hz，双路输入		
	41	额定电流容量	24V DC，5A/20A		
	42	输出电压范围	24V DC～28V DC		
	43	效率	>85%		
	44	冗余方式	并联输出		
	45	散热形式	无风扇设计		
	46	报警输出	无源接点信号输出		
	47	平均修复时间 MRTTR	>500000h		
	48				

说明 NOTES：

安全栅、电涌防护器、继电器详细规格要求详见工程设计相关文件。

表 B.20 分散控制系统数据表 机柜及附件

		分散控制系统数据表 机柜及附件(Cabinet and Accessories)	项目号: 文件号: 修改: 页数 PAGE: 第 20 页 共 28 页		
规格项			要求	DCS 厂商配置	级别
概述 General	1	型号	DCS 厂商确定		
	2	材料	钢板		
	3	安装地点	室内		
	4	防尘等级	IP2X		
	5	机柜宽度/mm	800		
	6	机柜厚度/mm	800		
	7	机柜高度(含底座)/mm	2100		
	8	开门方式	前后单开门		
	9	门轴方向	右侧门轴		
	10	机柜颜色	RAL7035		
	11	机柜重量	DCS 厂商确定		
	12	前后门铭牌	DCS 厂商确定		
	13	备用空间	大于 20%		
	14				
	15				
	16				
柜内附件 Accessories Inside	17	电缆盖板型号	DCS 厂商确定		
	18	电缆夹条	带		
	19	手柄型号	DCS 厂商确定		
	20	线路图盒	钢板, DIN A3		
	21	百叶窗及过滤网	带		
	22	柜顶风扇	220V AC, <19W, 噪音<50dB(A)		
	23	照明灯具	不带		
	24	电缆槽材料	硬 PVC		
	25	温度调节器	设定值可调, 带开关量输出		
	26				
端子柜 Marshalling	27	端子柜总数量	5 个		
	28	端子排形式	单层		
	29	每面端子列数	2		
	30	每列最大端子数量	250		
	31	端子排制造商	DCS 厂商确定		
	32				
安全栅柜 Safety Barrier	33	安全栅柜总数量	DCS 厂商确定		
	34	直流电源规格	24V DC, ≥20A		
	35	直流电源型号	DCS 厂商确定		
	36	直流电源数量	1 对/安全栅柜		△
	37				
交流配电柜 AC Distributer	38	交流配电柜数量	5 个		
	39	总开关容量	250A		
	40	供电回路总数	≤80 个/机柜		
	41	断路器形式及规格	空气断路器		
	42	多功能电流表	电压、电流、功率显示		△
网络柜/服务器柜 Network/Server	43	数量	DCS 厂商确定		
	44	尺寸	同一般机柜		
	45	材料	镂空钢板		
	46				
	47				
	48				

说明 NOTES:

机柜内风扇供电从机柜供电接线端子排后分出, 带独立断路器。

表 B.21 分散控制系统数据表 备件及辅助工具

<table>
<tr><td colspan="3"></td><td>分散控制系统数据表
备件及辅助工具
(Spare Parts and Auxiliary Tools)</td><td colspan="2">项目号:
文件号: 修改:
页数 PAGE: 第 21 页 共 28 页</td></tr>
<tr><td colspan="3">规格项</td><td>要求</td><td>DCS 厂商配置</td><td>级别</td></tr>
<tr><td rowspan="22">开工备件
Spare Parts for Startup</td><td>1</td><td>备用原则</td><td>每种可更换部件的 5%，最少一件</td><td></td><td></td></tr>
<tr><td>2</td><td>控制站</td><td>1 对</td><td></td><td></td></tr>
<tr><td>3</td><td>冗余 AI 卡(HART)</td><td>2 个</td><td></td><td></td></tr>
<tr><td>4</td><td>非冗余 AI 卡(HART)</td><td>2 个</td><td></td><td></td></tr>
<tr><td>5</td><td>冗余 AI 卡(非 HART)</td><td>2 个</td><td></td><td></td></tr>
<tr><td>6</td><td>非冗余 AI 卡(非 HART)</td><td>2 个</td><td></td><td></td></tr>
<tr><td>7</td><td>非冗余热电偶 TC 卡</td><td>2 个</td><td></td><td></td></tr>
<tr><td>8</td><td>非冗余热电阻 RTD 卡</td><td>2 个</td><td></td><td></td></tr>
<tr><td>9</td><td>非冗余脉冲 PI 卡</td><td>2 个</td><td></td><td></td></tr>
<tr><td>10</td><td>冗余 AO 卡</td><td>2 个</td><td></td><td></td></tr>
<tr><td>11</td><td>冗余 DI 卡</td><td>2 个</td><td></td><td></td></tr>
<tr><td>12</td><td>非冗余 DI 卡</td><td>2 个</td><td></td><td></td></tr>
<tr><td>13</td><td>冗余 DO 卡</td><td>2 个</td><td></td><td></td></tr>
<tr><td>14</td><td>通信卡</td><td>2 个</td><td></td><td></td></tr>
<tr><td>15</td><td>直流电源</td><td>1 对</td><td></td><td></td></tr>
<tr><td>16</td><td>AI 安全栅</td><td>20</td><td></td><td></td></tr>
<tr><td>17</td><td>AO 安全栅</td><td>20</td><td></td><td></td></tr>
<tr><td>18</td><td>TC→AI 安全栅</td><td>20</td><td></td><td></td></tr>
<tr><td>19</td><td>RTD→AI 安全栅</td><td>20</td><td></td><td></td></tr>
<tr><td>20</td><td>信号继电器</td><td>20</td><td></td><td></td></tr>
<tr><td>21</td><td>功率继电器</td><td>20</td><td></td><td></td></tr>
<tr><td>22</td><td>隔离继电器</td><td>20</td><td></td><td></td></tr>
<tr><td rowspan="22">3年备件
Spare Parts for Three Years' Operation</td><td>23</td><td>备用原则</td><td>每种可更换部件的 20%，最少一件</td><td></td><td></td></tr>
<tr><td>24</td><td>控制站</td><td>厂商确定</td><td></td><td></td></tr>
<tr><td>25</td><td>冗余 AI 卡(HART)</td><td>厂商确定</td><td></td><td></td></tr>
<tr><td>26</td><td>非冗余 AI 卡(HART)</td><td>厂商确定</td><td></td><td></td></tr>
<tr><td>27</td><td>冗余 AI 卡(非 HART)</td><td>厂商确定</td><td></td><td></td></tr>
<tr><td>28</td><td>非冗余 AI 卡(非 HART)</td><td>厂商确定</td><td></td><td></td></tr>
<tr><td>29</td><td>非冗余热电偶 TC 卡</td><td>厂商确定</td><td></td><td></td></tr>
<tr><td>30</td><td>非冗余热电阻 RTD 卡</td><td>厂商确定</td><td></td><td></td></tr>
<tr><td>31</td><td>非冗余脉冲 PI 卡</td><td>厂商确定</td><td></td><td></td></tr>
<tr><td>32</td><td>冗余 AO 卡</td><td>厂商确定</td><td></td><td></td></tr>
<tr><td>33</td><td>冗余 DI 卡</td><td>厂商确定</td><td></td><td></td></tr>
<tr><td>34</td><td>非冗余 DI 卡</td><td>厂商确定</td><td></td><td></td></tr>
<tr><td>35</td><td>冗余 DO 卡</td><td>厂商确定</td><td></td><td></td></tr>
<tr><td>36</td><td>通信卡</td><td>厂商确定</td><td></td><td></td></tr>
<tr><td>37</td><td>直流电源</td><td>厂商确定</td><td></td><td></td></tr>
<tr><td>38</td><td>AI 安全栅</td><td>厂商确定</td><td></td><td></td></tr>
<tr><td>39</td><td>AO 安全栅</td><td>厂商确定</td><td></td><td></td></tr>
<tr><td>40</td><td>TC→AI 安全栅</td><td>厂商确定</td><td></td><td></td></tr>
<tr><td>41</td><td>RTD→AI 安全栅</td><td>厂商确定</td><td></td><td></td></tr>
<tr><td>42</td><td>信号继电器</td><td>厂商确定</td><td></td><td></td></tr>
<tr><td>43</td><td>功率继电器</td><td>厂商确定</td><td></td><td></td></tr>
<tr><td>44</td><td>隔离继电器</td><td>厂商确定</td><td></td><td></td></tr>
<tr><td rowspan="4">专用工具
Auxiliary Tools</td><td>45</td><td>可读写光盘</td><td>10</td><td></td><td></td></tr>
<tr><td>46</td><td>活动硬盘</td><td>1</td><td></td><td></td></tr>
<tr><td>47</td><td></td><td></td><td></td><td></td></tr>
<tr><td>48</td><td></td><td></td><td></td><td></td></tr>
<tr><td colspan="6">说明 NOTES:
1. DCS 供货商应推荐一份保证系统运行三年所需的备品备件清单，对消耗品的备用率不低于 20%。
2. DCS 供货商应提供系统安装、调试、维护用的特殊工具和专用仪器、工具的清单，并单独报价。报价中应包括足够的用于系统组态、安装、调试、维护用的外存储介质。</td></tr>
</table>

表 B.22 分散控制系统数据表 文件资料

			分散控制系统数据表 文件资料(Documentation)	项目号： 文件号：　修改： 页数 PAGE：　第 22 页　共 28 页	
规格项			招标要求份数	最终要求份数	级别
工程设计文件 Documents for Engineering Design	1	系统说明书	4 套纸介质	6 套纸介质+2 套电子文件	
	2	系统配置图	4 套纸介质	6 套纸介质+2 套电子文件	
	3	机柜内部布置图		6 套纸介质+2 套电子文件	
	4	机柜、机架详细尺寸图		6 套纸介质+2 套电子文件	
	5	输入输出卡件内部线路图	4 套纸介质	6 套纸介质+2 套电子文件	
	6	卡件接线端子图	4 套纸介质	6 套纸介质+2 套电子文件	
	7	系统供电原理图	4 套纸介质	6 套纸介质+2 套电子文件	
	8	系统接地原理图	4 套纸介质	6 套纸介质+2 套电子文件	
	9	系统内部电缆接线图		6 套纸介质+2 套电子文件	
	10	大屏幕系统原理图	4 套纸介质	6 套纸介质+2 套电子文件	
	11	大屏幕系统布线图		6 套纸介质+2 套电子文件	
	12	操作台外形尺寸图	4 套纸介质	6 套纸介质+2 套电子文件	
	13	系统用电负荷计算表	4 套纸介质	6 套纸介质+2 套电子文件	
	14	现场/中控室光缆双端接线图		6 套纸介质+2 套电子文件	
	15	远程 I/O 卡件接线图	4 套纸介质	6 套纸介质+2 套电子文件	
	16				
	17				
	18				
	19				
	20				
	21				
	22				
	23				
应用手册文件 Application Manual	24	各种设备的技术说明书		6 套纸介质+2 套电子文件	
	25	系统配电工程手册		6 套纸介质+2 套电子文件	
	26	系统接地工程手册		6 套纸介质+2 套电子文件	
	27	各种过程 I/O 端子接线图		6 套纸介质+2 套电子文件	
	28	设备安装手册		6 套纸介质+2 套电子文件	
	29	系统软件使用手册		6 套纸介质+2 套电子文件	
	30	各应用软件使用手册		6 套纸介质+2 套电子文件	
	31	操作员手册		6 套纸介质+2 套电子文件	
	32	工程师手册		6 套纸介质+2 套电子文件	
	33	系统维护手册		6 套纸介质+2 套电子文件	
	34	大屏幕系统维护手册		6 套纸介质+2 套电子文件	
	35	IDM 维护手册		6 套纸介质+2 套电子文件	
	36	出厂验收测试程序		6 套纸介质+2 套电子文件	
	37	配套设备的样本或使用说明书		6 套纸介质+2 套电子文件	
	38	规格书中要求的有关数据或表格		6 套纸介质+2 套电子文件	
	39	其他必要的文件资料		6 套纸介质+2 套电子文件	
	40				
	41				
	42				
	43				
	44				
	45				
	46				
	47				
	48				
说明 NOTES：					

表 B.23　分散控制系统数据表　技术服务

	分散控制系统数据表 技术服务(Technical Service)	项目号： 文件号：　修改：	
		页数 PAGE：　第 23 页　共 28 页	

规格项			要求	DCS 厂商提供	级别
项目管理 Project Management	1	项目经理	厂商确定		
	2	项目经理资历	厂商确定		
	3	项目联系人	厂商确定		
	4	联系电话	厂商确定		
	5	电子邮件	厂商确定		
	6				
工程条件会 Kickoff Meeting	7	会议举办时间	待定		
	8	会议持续时间	1 周		
	9	会议地点	待定		
	10	用户、设计院参加人数	XX 人		
	11				
系统培训 Sys. Training	12	用户参加批次	2 批		
	13	用户参加人数	共 XX 人		
	14	时间(周)	2 周		
	15	地点	DCS 供货商培训中心		
	16				
操作培训 Opt. Training	17	用户参加批次	4 批		
	18	用户参加人数	共 XX 人		
	19	时间(周)	1 周		
	20	地点	DCS 供货商培训中心		
	21				
组态 Configuration	22	用户参加批次	2 批		
	23	用户参加人数	共 XX 人		
	24	时间(周)	4 周		
	25	地点	厂商确定		
	26				
工厂验收 FAT	27	用户参加批次	2 批		
	28	用户参加人数	共 XX 人		
	29	时间(周)	2 周		
	30	地点	DCS 制造厂		
	31				
现场服务 Site Service	32	现场验收	提供		
	33	开箱服务	提供		
	34	系统通电	提供		
	35	现场安装指导	提供		
	36	联调试运	提供		
	37	系统投用	提供		
	38				
	39	响应时间	24 小时以内		
	40	现场总服务人日	400		
	41	服务费用	厂商确定		
	42				
	43				
售后服务	44	响应时间	24 小时以内		
	45	服务人日	根据需要		
	46	服务费用	厂商确定		
	47				
	48				

说明 NOTES：

表 B.24 分散控制系统数据表 区域控制组

	分散控制系统数据表 区域控制组(Area Control Group)	项目号: 文件号: 修改: 页数 PAGE: 第 24 页 共 28 页

区域控制组 Area Control Group	NO	单元号	装置名称	区域控制组 1	区域控制组 2	区域控制组 3
	1	101	XXX 万吨/年常减压装置	常压	减压	
	2	102	XXX 万吨/年重油加氢装置	反应	低压+公用工程	PSA
	3	103	XXX 万吨/年催化裂化装置	反再+余热锅炉	分馏+吸收稳定	
	4	201	污水处理场	独立		
	5	600	中心控制室	独立		
	6					
	7					
	8					
	9					
	10					
	11					
	12					
	13					
	14					
	15					
	16					
	17					
	18					
	19					
	20					
	21					
	22					
	23					
	24					
	25					
	26					
	27					
	28					
	29					
	30					
	31					
	32					
	33					
	34					
	35					
	36					
	37					
	38					
	39					
	40					
	41					
	42					
	43					
	44					
	45					
	46					

说明 NOTES:

1. 区域控制组按照工艺工段设置，每组至少包括一对控制器。
2. 区域控制组内控制器数量需要根据“I/O 清单”的数量计算后得出。

表 B.25 分散控制系统数据表 操作设备清单(一)

	分散控制系统数据表 操作设备清单(Operational Hardware List)														项目号： 文件号：					修改：
															页数 PAGE：		第 25 页			共 28 页
单元号	装置名称	中心控制室-操作室											中心控制室-打印室			小计				
		DCS 操作站/台		DCS 辅操站/台		GDS 操作站/台		PLC 操作台	CCTV 监控站	CCS 操作台	CCS 辅操台	SIS 辅操台	A4 打印机	A3 打印机	打印机台	DCS 操作站	DCS 辅操站	辅操台	DCS 操作台	
		OW	OTB	AW	ATB	OW	OTB	OTB	OTB	OTB	ATB	ATB			PTB	OW	AW	ATB	OTB	
101	XXX 万吨/年常减压装置	3#	3	1	1				1							3	1	1	4	
102	XXX 万吨/年重油加氢装置	4#	4					1	1	2	2	2				4		4	8	
103	XXX 万吨/年催化裂化装置	3#	3						1	1	1	2				3		3	5	
201	污水处理场	2#	2					1	1							2			4	
600	中心控制室					1#	1						2	2	2	1			1	
	合计	12	12	1	1	1	1	2	4	3	3	4	2	2	2	13	1	8	22	

说明 NOTES：

设备台件数量带“#”表示其中一台配备双显卡(4×DVI 输出)。

表 B.26 分散控制系统数据表 操作设备清单(二)

	分散控制系统数据表 操作设备清单(Operational Hardware List)	项目号: 文件号: 修改: 页数 PAGE: 第 26 页 共 28 页

区域名称	交换机数量(台)				中心控制室-工程师室											中心控制室-机柜间				小计			
	控制层	操作层	工厂层	服务层	DCS工程师站		IDM管理站		网络监控站		Web客户端		历史记录工作站		本地打印机	OPC服务器	病毒服务器	Web服务器	时钟同步器	工程师站	工程师台	历史站	
					EW	ETB	EW	ETB	EW	ETB	EW	ETB	HIS	ETB						EW	ETB	HIS	
操作分区 1		2			1	1							1	1	1					1	2	1	
操作分区 2		4			1	1							1	1	1					1	2	1	
操作分区 3		2			1	1							1	1	1					1	2	1	
中心控制室			2	1			1	1	1	1	1	1	1	1		1	1	1	1	3	4	1	
合计		8	2	1	3	3	1	1	1	1	1	1	4	4	3	1	1	1	1	6	10	4	

现场机柜室编号	交换机数量(台)				现场机柜室-外操室						现场机柜室-工程师室							小计				
	控制层	操作层	工厂层	服务层	DCS操作站/台		DCS工程师站		PLC操作台	CCTV监控站	IDM管理站		历史记录工作站		A4打印机	A3打印机	打印机台	DCS操作站	工程师站	工程师台	历史站	
					OW	ETB	EW	ETB	ETB	ETB	EW	ETB	HIS	ETB			PTB	OW	EW	ETB	HIS	
现场机柜室 1	2				1	1	1	1					1	1	1		1	1	1	3	1	
现场机柜室 2	2				1	1	1	1					1	1	1		1	1	1	3	1	
现场机柜室 3	2				1	1	1	1					1	1	1		1	1	1	3	1	
现场机柜室 4	2				1	1	1	1					1	1	1		1	1	1	3	1	
合计	8				4	4	4	4					4	4	4		4	4	4	12	4	

说明 NOTES:

1. 操作分区内容见"装置单元一览表"。
2. 表中交换机数量为最低要求，供货商应根据实际网络节点数量和交换机端口数量进行配置。

表 B.27 分散控制系统数据表 I/O 清单及卡件数量表

分散控制系统数据表 I/O 清单及卡件数量表(I/O List) XXX 万吨/年常减压装置	项目号： 文件号：　　修改： 页数 PAGE：　第 27 页　共 28 页

卡件类型			卡件说明	卡件型号	卡件通道数	备用通道数	冗余型								非冗余型								卡数合计
							接线端子型号	区域控制组 1		区域控制组 2		区域控制组 3		卡数小计	接线端子型号	区域控制组 1		区域控制组 2		区域控制组 3		卡数小计	
								点数	卡数	点数	卡数	点数	卡数			点数	卡数	点数	卡数	点数	卡数		
AI	二线制	智能型	HART		16	0		60	8	60	8			16		15	1	17	2			3	19
		TC→AI			16	0		15	2	17	4			6		15	1	17	2			3	9
		RTD→AI			16	0		15	2	17	4			6		15	1	17	2			3	9
		普通型			16	0		15	2	17	4			6		15	1	17	2			3	9
	非二线制	普通型	外供电		16	0																	
		可燃气/有毒气	外供电		16	0										15	1	17	2			3	3
AO	4mA～20mA+HART				16	0		15	2	17	4			6									6
	4mA～20mA				16	0																	
TC	IEC 标准				16	0																	
RTD	Pt 100 型				16	0																	
PI	脉冲输入				8	0																	
DI	普通无源接点				32	0		15	2	17	2			4		15	1	17	1			2	6
	电气无源接点		隔离继电器		32	0										15	1	17	1			2	2
DO	普通无源接点		PLC		16	0		15	2	17	4			6									6
	≤0.5A，24V DC		电磁阀		16	0		15	2	17	4			6									6
	≥2A，220V AC		电气回路		16	0		15	2	17	4			6									6
	≥2A，220V DC		电气回路		16	0		15	2	17	4			6									6
远程信号	远程 AI				16	0		15	2	17	4			6									6
	远程 AO				16	0																	
	远程 DI				32	2																	
	远程 DO				16	0																	
通信	RS485				4	0		3	2	5	4			6									6
	RS232				4	0																	
总计			需要点数(不含通信)				冗余型：440			非冗余型：224				装置合计点数：664				需要点数百分比：100.00%					
			实际提供点数(不含通信)				冗余型：624			非冗余型：368				装置合计提供：992				实际提供 I/O 点百分比：149.40%					

说明 NOTES：

1. 所有 I/O 卡数量均为 DCS 厂商应提供数量。
2. “冗余型”卡件数量=单卡数量×2，“非冗余型”卡件数量=单卡数量。

表 B.28 分散控制系统数据表 配件清单

	分散控制系统数据表 配件清单(Attachment List) XXX 万吨/年常减压装置	项目号： 文件号： 修改： 页数 PAGE： 第 28 页 共 28 页

安全栅/隔离器/电涌防护器/继电器 Safety Barrier/Isolator/Surge Protection Device/Relay	序号			器件类型	关联仪表	数量	说明
	1			器件类型	关联仪表	数量	说明
	2	安全栅	齐纳式	热电偶输入	热电偶		
	3			热电阻输入	热电阻		
	4			开关量输入	开关量仪表		无源接点
	5			脉冲输入	脉冲信号		
	6			模拟量输出	转换器/定位器		
	7		隔离式	模拟输入	智能变送器	80	支持 HART
	8				非智能变送器	80	不支持 HART
	9			热电偶输入	K 型热电偶	80	TC→AI
	10						TC→TC
	11			热电阻输入	三线制 Pt100 热电阻	80	RTD→AI
	12						RTD→RTD
	13			开关量输入	开关量仪表		无源接点
	14			模拟输出	转换器/定位器	80	
	15			小计		400	
	16						
	17						
	18			供电导轨		配套带	
	19			供电模块		N/A	
	20						
	21	隔离器		模拟输入		8	分析仪
	22			模拟输出		8	电气专业
	23			一入两出			DCS/PLC
	24						
	25						
	26						
	27			小计		16	
	28	电涌防护器	两线制	低电平模拟输入	热电偶		
	29			模拟量输入	变送器		
	30			模拟量输出	转换器/定位器		
	31			24V DC 开关量	电磁阀		
	32			220V AC 开关量	电气专业		
	33			通信信号	RS 485		
	34		三线制	可燃气/有毒气检测器			
	35			三线制热电阻			
	36		四线制	模拟量输入	质量流量计等		
	37			四线制热电阻			
	38						
	39						
	40						
	41			小计			
	42	继电器	信号	24V DC，2A	24VDC 电磁阀	40	
	43			220V AC，2A	低压电气设备回路	40	
	44		功率继电器	220V DC，2A	高压电气设备回路	40	
	45			隔离继电器	电气无源状态信号	40	
	46						
	47						
	48						
	49			小计		160	

说明 NOTES：

附 录 C

（资料性附录）

分散控制系统技术评价文件模板

本附录是以分散控制系统数据表为基础，以模拟量输入卡中的部分关键参数为例，对各 DCS 供货商的投标情况进行技术评价的文件，表内各项参数仅供参考。

表 C　分散控制系统技术评价文件(模拟量输入卡)

		分散控制系统技术评价文件(模拟量输入卡) DCS Technical Bid Evaluation(Analog Input)				项目号： 文件号： 页数 PAGE：　第　页　共　页		
	规格项	要求	A 厂商配置	B 厂商配置	C 厂商配置	D 厂商配置	E 厂商配置	级别
冗余模拟量输入卡 Redundant Analog Input Module	1 冗余形式	冗余	AAA	BBB	CCC	DDD	EEE	
	2 型号	DCS 厂商确定	AAA	BBB	CCC	DDD	EEE	
	3 智能/非智能	智能	AAA	BBB	CCC	DDD	EEE	
	4 通道数	≤16	AAA	BBB	CCC	DDD	EEE	△
	5 隔离形式	分组隔离	AAA	BBB	CCC	DDD	EEE	△
	6 卡件最大供电电流	N/A	AAA	BBB	CCC	DDD	EEE	
	7 过载电压	27V DC	AAA	BBB	CCC	DDD	EEE	
	8 端子卡形式	三排端子(P+/+/com)	AAA	BBB	CCC	DDD	EEE	
	9 端子卡接线方式	螺钉式/压接式端子	AAA	BBB	CCC	DDD	EEE	
	10 HART 通讯接口	支持	AAA	BBB	CCC	DDD	EEE	
	11 防腐等级	ANSI/ISA S71.04 G3	AAA	BBB	CCC	DDD	EEE	△
	12 EMC 抗干扰能力	GB/T 17626.2/3/4/8，3 级	AAA	BBB	CCC	DDD	EEE	△
	13 防混插锁	带	AAA	BBB	CCC	DDD	EEE	
	14		AAA	BBB	CCC	DDD	EEE	

表 C　分散控制系统技术评价文件(模拟量输入卡)(续)

	分散控制系统技术评价文件(模拟量输入卡) DCS Technical Bid Evaluation(Analog Input)					项目号： 文件号： 页数 PAGE：　第　页　共　页			
规格项			要求	A 厂商配置	B 厂商配置	C 厂商配置	D 厂商配置	E 厂商配置	级别
非冗余模拟量输入卡 Non-Redundant Analog Input Module	15	冗余形式	非冗余	AAA	BBB	CCC	DDD	EEE	
	16	型号	DCS 厂商确定	AAA	BBB	CCC	DDD	EEE	
	17	智能/非智能	非智能	AAA	BBB	CCC	DDD	EEE	
	18	通道数	≤16	AAA	BBB	CCC	DDD	EEE	△
	19	隔离形式	分组隔离	<u>AAA</u>	BBB	CCC	DDD	EEE	△
	20	卡件最大供电电流	N/A	AAA	BBB	CCC	DDD	EEE	
	21	过载电压	27V DC	AAA	BBB	CCC	DDD	EEE	
	22	端子卡型号	DCS 厂商确定	AAA	BBB	CCC	DDD	EEE	
	23	端子卡形式	三排端子(P+/+/com)	AAA	BBB	CCC	DDD	EEE	
	24	端子卡接线方式	压接式端子	AAA	BBB	CCC	DDD	EEE	
	25	HART 通讯接口	N/A	AAA	BBB	CCC	DDD	EEE	
	26	防腐等级	ANSI/ISA S71.04 G3	AAA	<u>BBB</u>	CCC	DDD	EEE	△
	27	EMC 抗干扰能力	GB/T 17626.2/3/4/8，3 级	AAA	BBB	CCC	DDD	<u>EEE</u>	△
	28	防混插锁	带	AAA	BBB	CCC	DDD	EEE	
综合评价				隔离形式与设计要求存在偏差，其余指标满足	冗余卡件防腐等级不符合设计要求，其余指标满足	全部满足要求	全部满足要求	抗干扰能力不符合设计要求，其余指标满足	

附　录　D
（资料性附录）
共因失效及预防措施

D.1　共因失效的原因

当冗余系统中的一个部件发生失效时，由于冗余部件仍然正常工作，可以避免系统发生失效。但如果一个故障源导致工作部件和冗余部件同时发生失效，整个冗余系统也会出现故障，这种失效称为共因失效。

出现共因失效的原因主要有以下几个方面：

a）　环境影响

环境因素是造成冗余系统出现共因失效的主要原因。当系统所在的环境出现失效源，例如：供电故障、水侵、火灾、雷击以及强电磁干扰等，都有可能引起冗余系统的共因失效。

b）　产品设计缺陷

产品开发过程中的大量测试并不能完全发现和避免系统硬件或软件的设计缺陷。这种共同的缺陷有可能使冗余系统在某个时刻同时出现故障，引起共因失效。

c）　工程设计缺陷或操作维护错误

冗余系统的共用部件的工程设计缺陷或操作维护错误都可能是导致共因失效的重要原因。例如：当冗余电源模块的供电来自同一电源时，维护人员在检修过程中对电源的误操作就有可能造成整个冗余电源系统的失效。

D.2　减少共因失效的措施

DCS 可以采取下列措施来减少出现共因失效的概率。

D.2.1　物理隔离

控制系统的冗余设备应遵循物理隔离的原则，可以减少由于环境因素和操作维护错误导致共因失效的可能性。可供参考的具体措施如下：

a）　不同机柜或不同用途的供电系统相对独立，避免集中使用电源；
b）　冗余电源的输入相对独立。例如 1：1 冗余的两个直流电源模块的交流输入分别从两个配电柜的断路器后接出；
c）　冗余的设备安装在不同的机柜或机架中。如冗余的交换机、服务器等分别安装在不同机柜中；冗余的控制器、I/O 模件在条件允许的情况下安装在不同的机架中；
d）　降低部件集成度。例如：尽量减少 I/O 模件的通道数量和交换机的端口数量；
e）　避免采用在一块电路板上集成多个电路的冗余方式；
f）　避免采用关键设备集中布置的安装方式。例如：将多对控制器集中安装在同一机柜中。

D.2.2　多样性

将设计方案不同的设备组成冗余系统可以减少由于部件或操作模式单一化引起的共因失效。

采用多样性设计需要注意以下几点问题：

a）　多样性不能以降低元件可靠性为代价，备用元件的可靠性不应低于主元件；
b）　在同一系统内，避免采用不同供货商产品实现多样性的方式。

D.2.3　强化设计

强化设计是指通过改变系统设计提高系统本身对共因失效的抵抗力，主要包括以下措施：

a）　提高控制系统硬件的电磁兼容性以及系统在不同温度、湿度和腐蚀性气体环境下的适应性，扩大适用范围和边界使用条件；
b）　减少系统设计的复杂性。构成系统的部件数量越少，出现共因失效的可能性就越小。

附 录 E
(资料性附录)
分散控制系统网络结构示意图

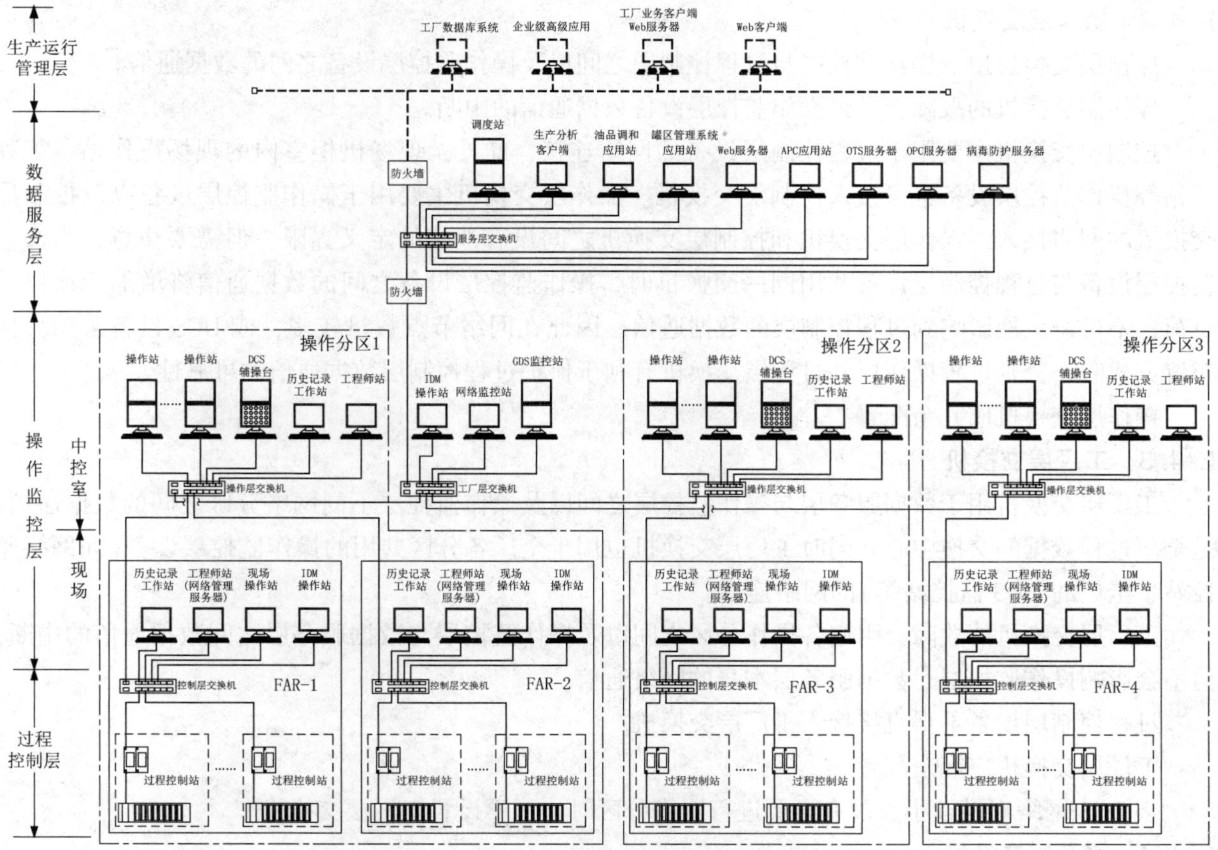

图 E.1 分散控制系统网络结构示意图

图 E.1 以某石化项目分散控制系统网络结构示意图为例，表示了 DCS 网络的结构层次、网络连接以及各层中的典型设备。

E.1 结构层次

图 E.1 中的结构层次是根据生产运行管理需要和数据流及网络管理的可能性划分的，不是 DCS 的网络层次。在不同层次中的 DCS 设备对功能和可靠性要求各不相同，因此配置要求也不同。

E.2 操作分区

操作分区是根据生产操作和数据管理的需要划分的 DCS 网络分区(网络分区的意义和方式见附录 F)。不同操作分区之间可以进行数据交换，但功能设备和网络应相对独立，应能做到在必要时可以各自形成操作控制功能完备的独立网络。

在划分操作分区时，应避免不同操作分区之间有跨区控制或关联操作。

E.3 现场机柜室

当 DCS 设备采用分散布置方式时，现场机柜室与中心控制室的通信一旦发生中断，现场机柜室内的网络和设备应能构成基本的 DCS 功能单元，依然能满足维持工艺装置、公用工程单元或储运单元正常生产的基本功能要求。

E.4 网络设备

按照结构层次划分，交换机可分为控制层交换机、操作层交换机、工厂层交换机以及服务层交换机。

E.4.1 控制层交换机

控制层交换机用于操作监控层与过程控制层之间以及过程控制层设备之间的数据通信，是DCS网络中最基础的交换机。

控制层交换机的故障会导致过程数据通信和(或)操作监控层设备数据通信的中断，从而导致DCS系统功能的失效。

控制层交换机应冗余配置。

E.4.2 操作层交换机

操作层交换机用于操作监控层与过程控制层之间以及操作监控层设备之间的数据通信。

操作层交换机的故障会导致操作监控层设备数据通信的中断。

控制层交换机主要用于过程控制层设备的网络连接，此外，现场机柜室内的现场操作站、工程师站等操作监控层设备也可接入控制层交换机。操作层交换机主要用于操作监控层设备以及控制层交换机的网络接入。操作层交换机和控制层交换机之间没有严格的定义界限，但需要注意，当操作监控层设备与过程控制层设备共用同一交换机时，操作监控层设备之间的数据通信将增加交换机的负荷，不可避免地影响到过程控制层的数据通信。因此在网络节点数量较多，或DCS设备采用分散布置方式时，分别设置操作层和过程层交换机有利于保护过程控制层数据通信的可靠性。

操作层交换机应冗余配置。

E.4.3 工厂层交换机

工厂层交换机用于数据服务层与操作监控层之间以及操作监控层不同网络分区之间的数据通信，是全厂过程数据的交换中心。同时工厂层交换机也用于全厂各分区共用的操作监控层设备(如网络监控站、全厂的GDS监控站等)的网络连接。

工厂层交换机的故障会引起各操作分区之间以及操作监控层与数据服务层之间数据通信的中断，但不会影响操作监控层、数据服务层本身的网络通信。

过程控制层设备不得直接接入工厂层交换机。

工厂层交换机应冗余配置。

当DCS网络规模较小，没有必要进行网络分区时，可不设置工厂层交换机。

E.4.4 服务层交换机

服务层交换机用于数据服务层与操作监控层之间以及数据服务层设备之间的数据通信。

服务层交换机的故障会引起数据服务层设备数据通信的中断。

过程控制层和操作监控层设备不得直接接入服务层交换机。

当DCS设置数据服务层时，服务层交换机应单独设置，不能与其他层交换机混用。

附 录 F
(资料性附录)
分散控制系统网络分区

F.1 网络分区的意义

对于大型DCS网络(节点数量大于200)，如果采用集中式的网络拓扑结构，虽然有配置简单、便于维护的优点，但也存在以下问题：

a) 对网络中核心交换机的配置要求高；

b) 网络中的局部故障有可能造成整个网络瘫痪；

c) 冲突域、广播域和带宽分配带来的问题难以解决；

d) 网络中存在恶意代码时难以彻底清除。

因此将一个大型DCS网络拆分成几个相对独立的分区是很有必要的。

DCS网络分区的方式一般有两种，划分子网或设置虚拟局域网(VLAN)。

F.2 子网划分方式

F.2.1 如图F.2.1所示，在同一个IP网络中划分子网能将一个大型DCS网络分成若干个较小的网络，每个子网由路由器(或带路由功能的交换机)界定并分配一个新的子网网络地址。

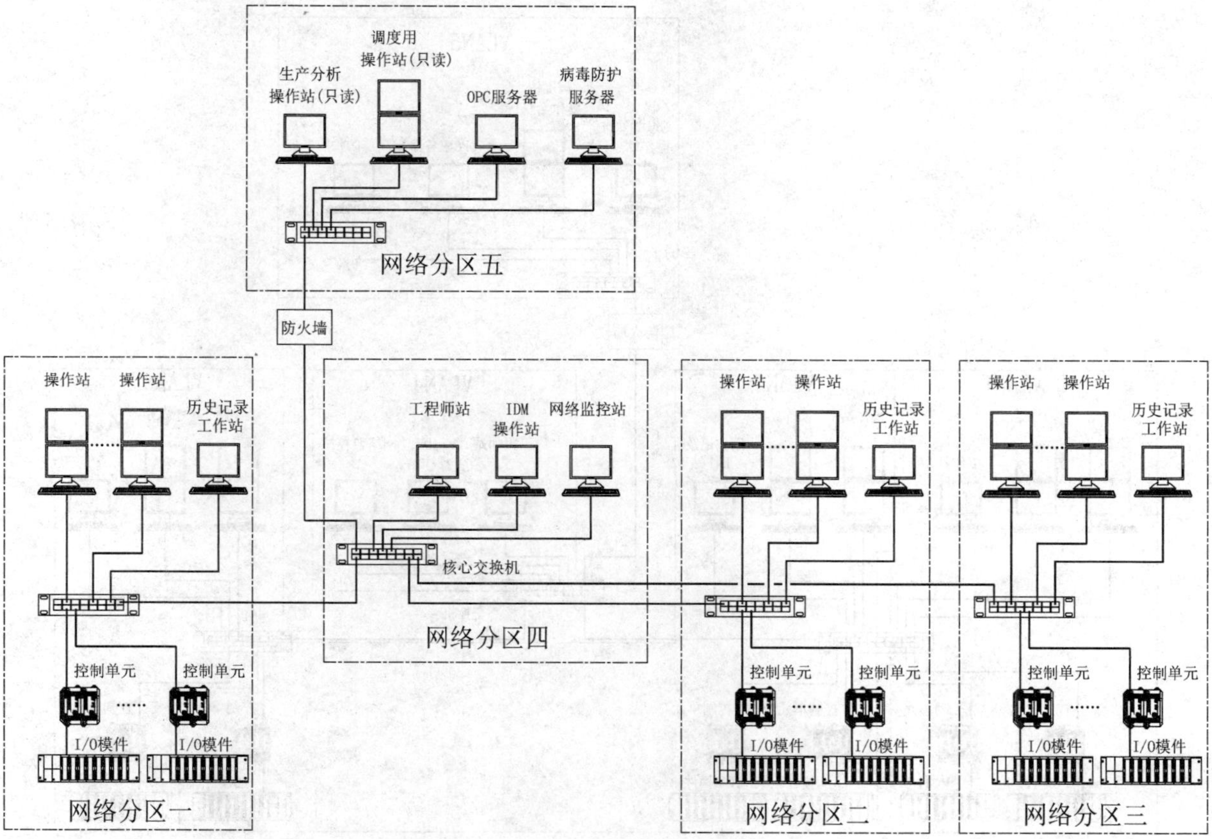

图F.2.1 子网划分示例图

F.2.2 子网的优点

采用划分子网的方式对DCS网络进行分区具有以下优点：

a) 每个子网都是一个单独的广播域，减少了由于广播引起的资源浪费，可以有效地防止广播通信拥塞；

b) 将操作相关的主要数据限制在子网内部传递，并可据此限制子网间数据传递的网络通信量。

当外部数据请求过多时可以有效地保证子网内部重要数据使用的带宽；

c） 对于每个子网来说，网络结构更为简单，网络运行效率更高；

d） 当网络中存在恶意代码时，可将安全的子网从总网络中拆离形成孤岛，待网络中恶意代码彻底清除后再重新接入；

e） 各个子网相对独立，主要数据的传递不需要经过核心交换机，对核心交换机的配置要求不高。

F.2.3 子网的设计原则

DCS 的子网划分应遵循以下几个设计原则：

a） 每个子网应留有足够的空闲地址，以便于网络的扩展和调整；

b） 子网应以操作或管理分区进行划分。对于数据量交换较大的节点应尽量设置在同一子网中，减少子网之间的数据交换；

c） 每个子网都可以采用物理方式切断与主网络的联系，形成独立的网络孤岛；

d） 对于实现分区内正常工艺操作功能（检测、控制、报警、联锁以及历史记录）相关的设备（如操作站、控制站、历史记录工作站等），应在子网内分别独立设置。

F.3 虚拟局域网划分方式

虚拟局域网（VLAN）是一种将局域网设备从逻辑上划分成多个网段，实现虚拟工作组的数据交换技术。如图 F.3 所示，虚拟局域网是对连接到交换机端口的网络用户的逻辑分段，不受网络用户的物理位置限制而根据用户需求进行网络分段。

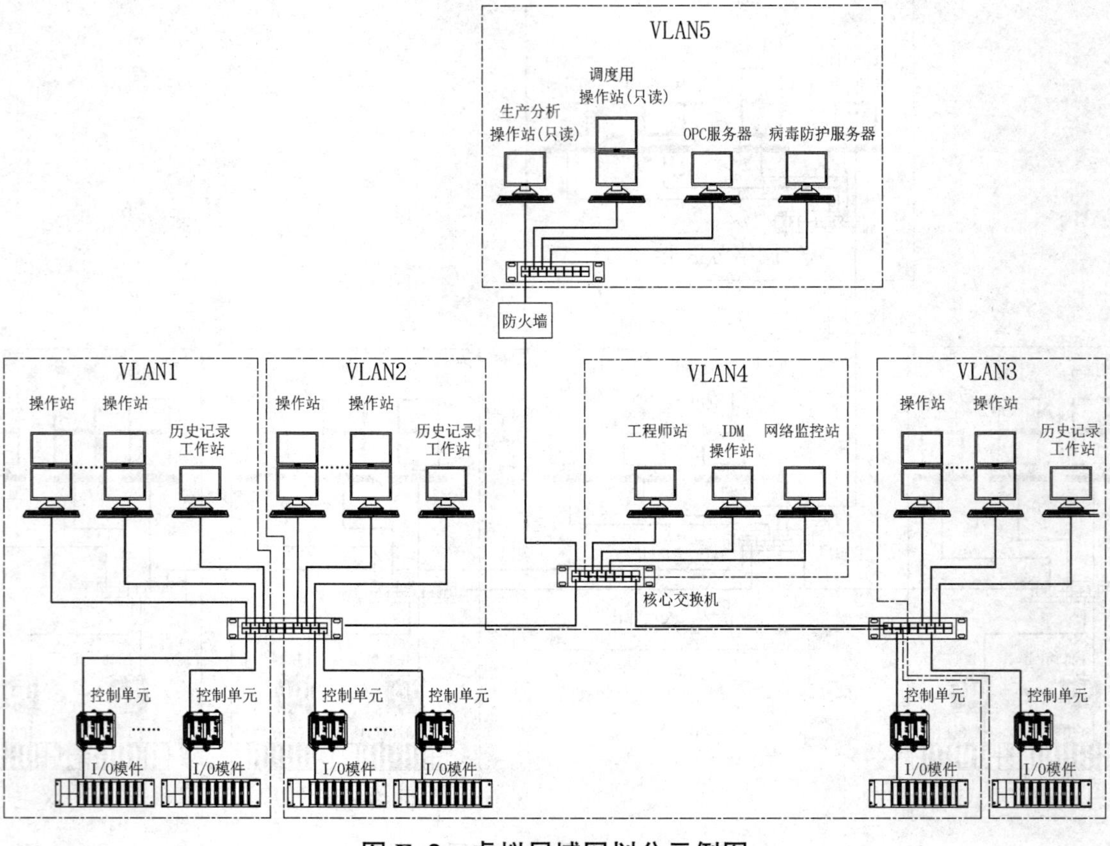

图 F.3 虚拟局域网划分示例图

F.3.1 虚拟局域网的优点

与设置子网相比，采用虚拟局域网技术对 DCS 网络进行分区除了同样有抑制广播通信拥塞、提高网络工作效率、增加网络安全性的优点外，还具有以下几点优势：

a） 由于虚拟局域网不受物理位置上的限制，设置起来更为灵活。网络中任何交换机空闲的端口都可作为各个虚拟局域网的备用端口，并且不用改变网络布线就可对网络中的虚拟局域网进行重新划分和修改；

b） 不同虚拟局域网之间必须设置路由才能相互通信，这样增加了网络中设备之间通信的安全性。可以通过配置虚拟局域网之间的路由来全面管理DCS网络内部不同单元之间的信息互访；

c） 由于每个网络设备具有唯一不变的MAC地址（Media Access Control地址，也称为硬件位址，网络硬件身份标识，可用来定义网络设备的位置），采用基于MAC地址的方式划分虚拟局域网可以更方便地进行移动办公。当DCS的设备需要改变其物理所在位置时，只要接入DCS网络中交换机任何一个端口，无需重新配置就可立即接入其所在的子网；

d） 可以相对减少交换机的数量，降低网络配置的成本。

F.3.2 虚拟局域网的缺点

但需要注意的是由于虚拟局域网技术本身的局限性还存在以下一些缺陷：

a） 根据虚拟局域网的定义和技术规范，虚拟局域网不是由独享的物理设备和物理链路搭建的物理子网或网段，虚拟局域网与物理子网的本质区别在于，虚拟局域网之间要共享物理设备和物理链路，因此，虚拟局域网间就会通过所共享的设备和链路相互影响。在某一虚拟局域网出现异常时（如恶意代码破坏或出现环路），虚拟局域网中的大量数据帧将挤占该虚拟局域网所及的所有交换机的CPU资源和通信资源，并长时间占用物理链路，其他虚拟局域网中的设备尽管侦测不到出现异常虚拟局域网中的数据帧，但其所依赖的网络资源已被用尽，因此，异常虚拟局域网所覆盖的网络区域就会出现异常；

b） DCS主要数据的传递需要经过核心交换机。如果网络故障点发生在核心交换机附近，那么整个网络就有可能瘫痪；

c） 由于虚拟局域网所定义的分区仅仅是逻辑上的分区，当网络出现异常时无法采用物理的方式将各个分区从网络中拆离，不能构成绝对意义上的独立网段，对于欺骗性较强的恶意代码（可以伪装成合法用户）也难以从根本上清除；

d） 由于虚拟局域网只能在交换机中配置，当新增或更换网络设备时（尤其采用基于MAC地址的虚拟局域网时）需要采用专用软件对交换机进行设置，这就要求DCS维护人员具有很高的网络技术水平，并进行过专门的培训。当在线修改时，一旦出现配置错误，就会对正常的工艺生产操作带来严重影响。

F.3.3 虚拟局域网的设计原则

DCS网络采用的虚拟局域网进行划分时应遵循以下原则：

a） 虚拟局域网应以操作或管理分区进行划分。对于数据量交换较大的节点应尽量设置在同一虚拟局域网中，减少虚拟局域网之间的数据交换，某些虚拟局域网间甚至可以不设置路由；

b） 对于实现分区内正常工艺操作功能（检测、控制、报警、联锁以及历史记录）相关的设备（如操作站、控制站、历史记录工作站等），应在虚拟局域网内分别独立设置；

c） 交换机应具备虚拟局域网和路由功能。

F.4 分区方式的选择

物理子网和虚拟局域网虽然有各自的优缺点，但物理子网的安全性和可靠性要明显高于虚拟局域网，对DCS维护人员的要求也相对较低，因此一般情况下推荐采用物理子网对DCS网络进行划分。当采用物理子网划分较困难（如对已有DCS网络进行改造或DCS系统软件不支持）时，或用户对网络设备接入的灵活性有特殊要求时，可以采用虚拟局域网的方式。

附　录　G
（资料性附录）
操作站及辅助操作系统构成示意图

在同一控制室内会存在多种控制系统（如DCS、SIS、CCS等）。为了保证控制室内人机接口外形尺寸上的整齐一致，有必要将这些控制系统相关的操作站、开关按钮等与DCS的操作台组合成一个整体。本附录的示意图仅为几种组合方式的参考示例。

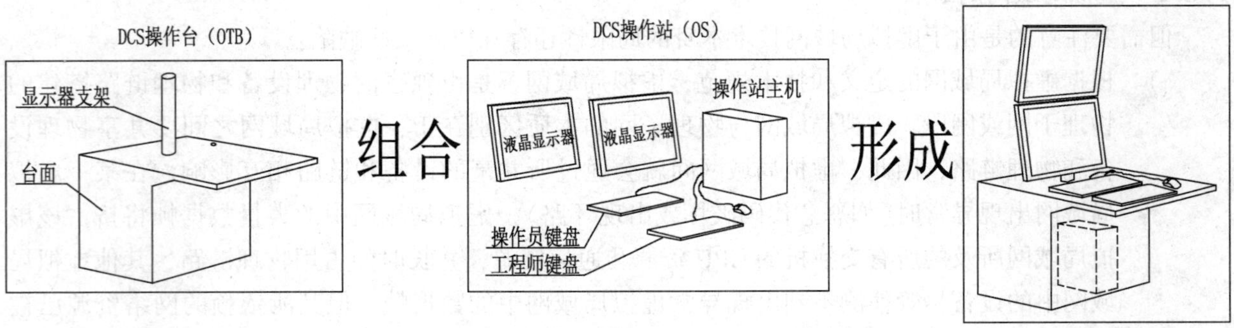

图 G.1　DCS 操作站系统构成示意图

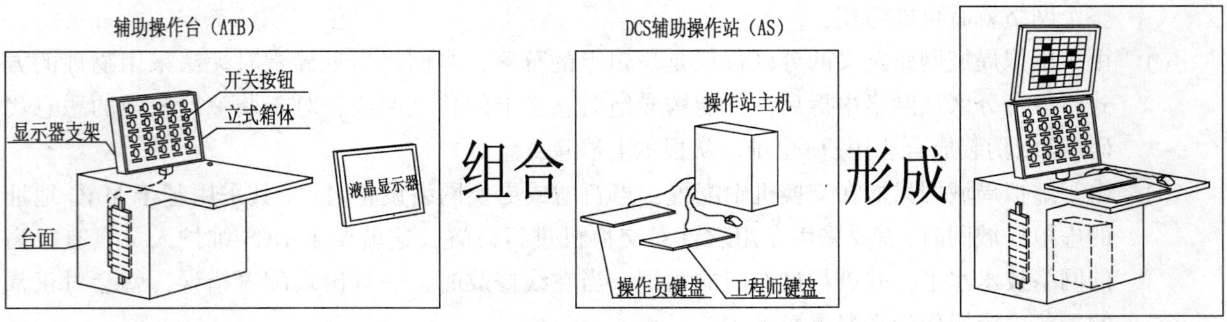

图 G.2　DCS 辅助操作系统构成示意图

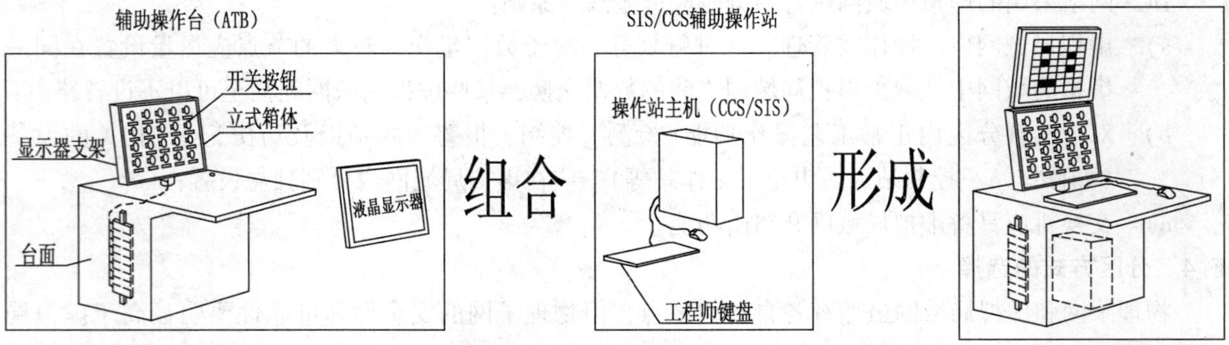

图 G.3　SIS/CCS 辅助操作系统构成示意图

参考文献

GB 50493 石油化工可燃气体和有毒气体检测报警设计规范

中华人民共和国石油化工行业标准

石油化工分散控制系统设计规范

SH/T 3092—2013

条 文 说 明

2013 北 京

修 订 说 明

SH/T 3092—2013《石油化工分散控制系统设计规范》，经工业和信息化部2013年10月17日以第52号公告批准发布。

本规范是在SH/T 3092—1999《石油化工分散控制系统设计规范》的基础上修订而成，上一版的主编单位是中国石化集团北京设计院，主要起草人员是恽春、叶向东。

本规范修订过程中，编制组进行了比较广泛的调查研究，总结了我国石油化工工程建设在分散控制系统方面的实践经验，特别是进入21世纪我国新建、扩建千万吨级炼油项目和百万吨级乙烯项目的经验，归纳了多次招标和项目执行的过程和结果，同时参考了国外先进技术法规、技术标准，征求了有关设计、施工、生产等方面的意见，最终经审查定稿。

为便于广大设计、施工、科研、学校等单位有关人员在使用本规范时能正确理解和执行条文规定，《石油化工分散控制系统设计规范》编制组按章、条顺序编制了本规范的条文说明，对条文规定的目的、依据以及执行中需注意的有关事项进行了说明。但是，本条文说明不具备与规范正文同等的法律效力，仅供使用者作为理解和把握规范规定的参考。

目　次

石油化工分散控制系统设计规范

3 术语和缩略语

3.1 术语

3.1.3.2

同步冗余与热备冗余相比除了诊断机制不同外，主要的区别是采用同步冗余的备用设备的输出与工作设备保持同步，当工作设备故障切换到备用设备时可以做到无扰动切换。

3.1.3.3

冷备冗余的缺点是备用设备启动时间较长，无法做到无扰动切换。但冷备设备正常状态下不工作，由于运行负荷产生的故障率会延缓增加。因此在对故障切换时间要求不高的场合，采用冷备冗余可以在投资相同(与热备和同步冗余相比)的前提下减少运行负荷对系统整体可靠性等方面的影响。

3.1.3.4

降级冗余主要的特点是所有设备正常时都处于运行状态，并各自发挥相同或不同的功能。当一台设备故障时，其他设备不需要诊断和切换机制就可自动接替故障设备的工作。

3.1.9

在产品资料和用户手册中，平均修复时间数据通常不包括场外部件获得时间。

场外部件获得时间包括可能需要的订货时间和制造时间。

3.1.10

失效率，也称瞬时失效率，通常用来表示一批受测元件单位时间内的失效次数：

$$\lambda(t)=\text{单位时间内的失效次数/受测元件总数}$$

当把产品的失效率看作是常数时，可以反映产品在特定时间内发生失效的概率：

$\lambda(t)$= 串联系统的失效率 $\lambda=\lambda_1+\lambda_2+\cdots+\lambda_n$；（$\lambda_1$，$\lambda_2$，…，$\lambda_n$是各个子系统的失效率。）

3.1.14

也称为输入/输出卡件，本规范统一称为输入/输出模件。

3.1.22

用于网络的防火墙是计算机网络专用词汇，有特定的含义，类似的词汇还有病毒、木马等。防火墙一般分为硬件防火墙和软件防火墙。路由器、交换机或杀毒软件等产品有时也会配置简单的防火墙功能。本规范中的防火墙特指不依附于其他设备或软件独立运行的硬件防火墙。

3.1.23

每一个子网都是一个单独的广播域，广播数据不会在不同子网间传递。在不同子网中，没有建立路由关系的两个网络节点不能互相访问。

3.1.24

用户可根据实际应用需求，把同一物理局域网内的不同节点逻辑地划分成不同的广播域，这与物理上形成的子网有着相同的属性。由于虚拟局域网是从逻辑上划分，而不是从物理上划分的，所以同一个虚拟局域网内的各个网络节点没有限制在同一个物理范围中，即这些网络节点可以位于不同的物理网段中。

虚拟局域网是对连接到交换机端口的网络用户的逻辑分段，不受网络用户的物理位置限制，而是根据用户需求进行网络分段。虚拟局域网可以根据网络用户的位置、作用、部门或者根据网络用户所使用的应用程序和协议来进行划分。基于交换机的虚拟局域网能够为局域网解决冲突域、广播域、带宽问题，可以有效地防止广播通信拥塞。

3.1.25

网络带宽表示在网络中通信线路、接口或设备等传送数据的能力，常用的单位是比特率 bps。

一般用传输速率表示数据在网络中的实际通信速度，用带宽表示网络或设备的数据传送能力。

3.1.26

恶意代码是一种程序，通过把代码隐蔽到另一段程序或数据文件中的方式，借机运行，达到干扰正常程序功能、破坏数据、盗窃数据、运行破坏性程序等目的。恶意代码按传播方式可分成五类：病毒、木马、蠕虫、移动代码和复合型病毒。

3.2 缩略语

智能设备管理系统(IDM)用于智能设备的数据采集和管理，曾有过其他缩略语，例如：AMS 或 PRM。

4 系统结构

4.1 总体结构

4.1.1 结构层次

DCS 总体结构的分层是根据生产运行管理系统的需要和数据流及网络管理的可能性划分的，并不是 DCS 的固有层次，也不是 DCS 的网络层次。本规范的层次划分是为了系统安全配置的目的。

生产运行管理层主要实现生产数据和管理数据的高层次应用和智能集成，对生产过程进行优化操作控制。生产运行管理层承担各区域的协调管理、企业的总调度管理和异常情况下对内、对外的协调工作等。本规范涉及的范围不包括生产运行管理层的相关内容。

DCS 系统结构配置可参考附录 E(分散控制系统网络结构示意图)。

4.1.2 过程控制层

过程控制层由过程控制站等设备构成。

4.1.2.2 为保证过程控制的安全，过程控制层不应直接接入人机接口，但某些成套设备的控制系统是带有人机接口的。这种情况下，成套设备的控制系统不应直接通过网络与装置的 DCS 相连接，可以通过串行接口数据通信的方式进行数据传输。

4.1.3 操作监控层

操作监控层是适应现代工厂集中操作和管理的运行模式的。操作监控层内的设备与生产操作或 DCS 系统管理直接相关，主要包括操作站、工程师站、历史服务器、智能设备管理站等计算机，还包括其他相关的网络设备。

4.1.4 数据服务层

现代化石油化工工厂中，过程控制层和操作监控层的数据需要向生产运行管理以及企业管理等层次和部门传送，并接受来自这些部门的指令，需要大量的数据交换。但这些数据交换的方式很容易引入恶意代码，对过程控制和操作监控带来安全隐患和危害。设置数据服务层的目的是为了给 DCS 网络增加一个安全层。DCS 网络最容易受到破坏的是向外部用户提供服务的主机或服务器。如果这些主机或服务器与生产操作相关的设备处于同一网络中，一旦被破坏就会给工艺过程安全带来威胁。

设置在数据服务层中的设备包括以下类型：

a) 设备或通信故障不会影响到工艺过程的正常生产操作；

b) 仅从过程控制层或操作监控层读取数据；

c) 与第三方应用服务相关的设备。

主要包括：生产调度和分析的操作站、病毒防护服务器、OTS 服务器、网页浏览服务器、工厂管理网数据接口服务器(OPC 服务器)、先进控制应用站、油品调和系统应用站、罐区管理系统应用站(第三方)。

4.2 布置方式

集中布置方式的 DCS 过程控制层和操作监控层的主要硬件设备均位于同一建筑物或安装区域内。

采用集中布置方式的控制室，DCS 的 I/O 模件、控制站、操作站、工程师站以及各种数据服务器等主要设备均安装在同一建筑物内。仅有个别不影响 DCS 正常功能的设备位于其他位置(如远程操作站、第三方应用设备等)。

分散布置方式的 DCS 过程控制层和操作监控层的主要硬件设备分别位于不同的建筑物或安装区域内，主要应用于操作与控制功能分开，以达到分散控制、集中管理的目的。例如：中心控制室结合现场机柜室方式，DCS 过程控制层的设备安装在现场机柜室内，操作监控层与生产操作监控有关的大部分设备安装在其他区域的在中心控制室内。

5 设计原则

5.1 一般规定

本规范中对 DCS 制定了一些原则上的、定性的规定，目的是限制和约束在石油化工工厂应用的 DCS 的品质、功能、性能和水平。但是，不同品牌的 DCS 硬件配置、软件功能、网络拓扑、系统结构、组态方式和操作特点都有区别。随着相关技术的快速发展，很难定量规定和约束。所以，本规范多处规定了一些定性的基本功能。

本节特别规定了应在 DCS 中实现的、DCS 应具备的基本功能，明确 DCS 应是一个具有多种完备功能设备的整体系统。

5.1.1 鉴于石油化工应用的情况，新建项目的 DCS 的硬件和软件的年代版本应该在正式公布一年以上，三年以内。

5.2 系统性能

5.2.1 可靠性

5.2.1.1 平均失效时间 MTTF 是对系统中每个单元的可靠度要求。相对平均失效时间，失效率更能反映系统的发生故障的概率和维修成本。

例如一套新的 DCS 中共包含 100 个 I/O 模件，每个 I/O 模件的平均失效时间为 100000h。如果所有 I/O 模件每年连续运行 8760h，那么所有 I/O 模件在 3 年连续运行期间的失效率计算如下：

$$\lambda(3y)=\frac{1}{100000}\times 100\times 3\times 8760=26.3$$

这个失效率表明了该 DCS 在连续 3 年运行期间 I/O 模件可能需要维修的次数大约为 26 次。

系统总失效率是对采用串并联结构的系统整体可靠性要求。

控制站的系统总失效率 $\lambda(h)$ 小于 10^{-6} 的含义是指，控制站在 10^{6}h 内发生整体失效的次数为 1 次。

对非连续生产装置或对系统可靠性要求不高的工艺单元，以及对可靠性要求较低的设备(如打印机)，可根据情况适当降低可靠性指标。

5.2.2 可用性

提高系统的可用性有两个途径：一是降低设备的失效率，另一个是减少设备维修的时间。条文中的要求是保证系统可用性的基本要求。除此之外，还可通过采用低密度通道 I/O 模件，增加 I/O 模件的备用量等手段进一步减少故障发生时在线更换的时间，提高系统的可用性。

5.2.2.1 由于场外部件获得时间要远远高于场内部件获得时间，故障发生时，为了减少设备维修时间，应根据 DCS 各部件失效率的不同确定备件数量。

场内部件获得时间与石油化工工厂的备件管理有关，备件管理应尽量减少场内部件获得时间。

场外部件获得时间与石油化工工厂、设备制造的地点，以及货物的供应链有关，石油化工工厂的备件管理应充分考虑这些相关因素。

5.2.2.2 控制器、电源模块和通信单元等重要元件失效时会引起系统的整体或部分失效，因此在保证单个元件失效率满足要求的同时还应采取冗余结构，以提高整个系统的可用性。

5.2.3 分散性

共因失效是影响冗余系统可靠工作的重要原因，因此对于控制系统中重要的单元或模件，不仅应从功能上分散设置，还应从物理位置上分散设置。DCS 的发展就是在电子技术的发展进步中，根据电子元器件的可靠程度，结构设计也产生变化，从集中到分散，又从分散到相对集中的。

DCS 风险分散的设计见本规范 7.1.4 条、7.2.10.1 条、7.3.2.3 条、7.4.2.2 条、7.5.2.5 条、7.5.2.7 条、7.6.2.3 条、7.8.2 条、8.1.2 条、8.3.1.3 条、8.3.2.2 条、9.2.1 条等。

减少共因失效的措施可参考附录 D(共因失效及预防措施)。

5.2.3.3 集中安装是指采用控制器柜、通信设备柜等方式，将某一区域内的所有或多套不同用途的控制器和通信单元集中安装在一个机柜中。

5.2.3.4 DCS 的通信单元是指用于控制器与 I/O 模件之间数据交换的通信模块。

5.2.4 兼容性

5.2.4.1 对于版本较早的老系统，如果不能做到与新版本的系统完全兼容，则新版本的系统应能采用通信及数据连接设备将新、老系统进行连接，在过程控制层实现数据传输。

5.2.4.3 目前 DCS 通常采用通用的工业微型计算机作为操作设备数据服务设备和网络设备，而工业计算机的软硬件版本更新很快，不同版本间硬件和软件的兼容性对已有 DCS 的设备维护和更新尤其重要。本规范规定了软件维护版本和补充版本与硬件的兼容时间应与设备运行寿命一致。

5.2.5 电磁兼容性

条文中对 DCS 设备电磁兼容性的要求有两个方面，一个是设备工作时不会对其他设备产生不良的电磁干扰，另一个是不会对外界的电磁干扰过度敏感。当其他设备的抗干扰能力低于条文中 DCS 的电磁辐射限值，或外部电磁干扰的强度高于 DCS 的抗扰度时，则应采取进一步的电磁防护措施。

5.2.5.2 表 5.2.5-2 来源于 GB/T 17799.4—2001，相关内容及注释参见该标准。

5.2.6 完整性

采用外接功能设备代替 DCS 已有的功能会增加信号传递的环节，降低系统的可靠性。例如：不应以减少 I/O 模件品种为目的，增加额外的信号转换设备。

外接功能设备是指在现场仪表和控制系统之间接入的、为实现某种特定功能(如温压补偿计算或报警设定)的设备或模块。

外接功能设备在可靠性、安全性、兼容性等性能指标方面均低于 DCS。在信号传递过程中每增加一个串联单元，都会降低整个检测或控制回路的可靠性。所以，不应使用其他部件和设备来代替 DCS 原配部件和设备。

5.3 系统功能

5.3.3 报警和事件记录

报警和事件记录是 DCS 必须具备的基本功能，对于现代化石油化工工厂尤其重要。由于石油化工过程的复杂，区别各类报警事件对于及时处理异常过程、防止事故至关重要，本规范强调对过程变量报警的分级、分区和分组功能。

报警事件的记录是分析报警过程、分析工艺过程和设备状态的重要条件，特别是分析和确定事故原因和事故过程的重要条件和关键依据，因此本规范对于自动记录报警事件以及自动记录报警处理过程进行了严格规定。

5.3.4 故障诊断

故障诊断是系统提高可靠性和可用性的必要手段和措施，也是智能化电子设备的特点。

5.3.7 时钟同步

5.3.7.2 时钟同步的目的是使系统内部和系统之间的时间标记数据一致，实际上并不需要绝对时间，只要相对时间就足够了，也不需要与某个地域时间绝对一致。DCS 内部本来就有时间同步功能。在实际应用中，当需要具有时间标记记录数据的第三方计算机设备与 DCS 同步时，宜采用由 DCS 发布同步信号的方式。对于不用时间标记记录数据的第三方设备，不必设置时钟同步。

5.3.7.4 授时精度是指时钟同步器向各个节点发出时钟同步信号的精度。守时精度是指时钟同步器本身在一定时期内时间的准确度。

5.3.7.5 为提高异常情况下的系统安全，不受外部信号的干扰，特制定本条规定。

6 系统安全

DCS 系统安全有三个方面的意义：第一，保持网络运行的稳定和数据畅通；第二，防止外来因素对网络的破坏；第三，维护工厂数据的限制和安全。对于这三种不同的网络安全目的，采用的方法也不尽相同。

对于工厂网络特别是控制网络的安全，不但要考虑正常情况下的生产、气象、自然和社会环境，也要考虑自然灾害和人为灾害情况下的环境，以及非正常访问时的影响和破坏。网络安全还包括信息安全。企业的生产、技术、财务、物流等很多信息是仅限于内部的，控制网络和重要信息应该是封闭、保密的，不得对外公开。

为保证系统安全，采用相应的防护技术是必不可少的，但是，网络的日常运行管理和规章制度也是同样重要的。

6.1 信息安全

身份验证是验证用户或设备的访问身份是否与系统定义的身份相符。访问控制是指访问的主体(授权的用户或设备)对被访问对象的控制能力及控制权限(如允许读取、允许写入、允许执行等)。

6.2 网络安全

6.2.1 网络连接

6.2.1.1 不同建筑物之间的 DCS 网络应采用光缆进行连接。DCS 网络采用光缆代替电缆进行连接，一方面可以减少外部电磁干扰对 DCS 通信的影响，另一方面可以防止外部人员或设备通过电缆接入方式对网络信息进行窃取、干扰和破坏。对于 Modbus 等不直接接入 DCS 网络的通信方式，可根据情况采用电缆或光缆连接。

6.2.1.5 需要与 DCS 进行数据联系的第三方的应用计算机或控制设备，如设备成套配备的控制系统等，应通过 RS485 等串行接口与 DCS 连接；在确保网络安全的前提下，SIS 可通过网关等采用 TCP/IP 方式与 DCS 进行数据传输。

6.2.1.6 如果与 DCS 功能无关的计算机和设备直接接入 DCS 网络，不但占用 DCS 网络资源、降低 DCS 的数据通信效率，还可能直接影响和破坏 DCS 网络，严重影响和威胁工厂过程运行的安全，为此，本规范对于无关设备和网络严禁接入 DCS 网络进行了严格规定。

6.2.2 无线网络

6.2.2.1 作为网络发展的一个分支，工业无线网络主要存在以下问题：

a） 安全性问题

虽然各种网络都存在安全问题，但与有线网络相比，无线网络无法通过物理方式阻隔和加强管理的方式切断来自外部的破坏和恶意代码入侵的途径。破坏者不需要物理接入网络，即可对网络中的信息进行窃取或破坏。过程控制网络是连续、实时控制网络，对生产过程和工厂安全至关重要，在没有足够的证据证明无线网络全时间、全天候的安全性之前，必须严格限制应用。

b） 可靠性问题

现场的仪表安装环境非常复杂，无线信号的传输容易受到射频干扰、信号衰减、信号屏蔽等方面的影响，使信号中断或出错，因而降低无线信号传输的可靠性。例如：Wireless HART 和 ISA100.11a 协议都使用 2400MHz~2483.5MHz 的 16 个频段进行通信，而目前的无线仪表产品仅仅采用少数几个频段工作，如果在多个工作频段都受到持续较强的电磁干扰或人为干扰，通信将陷入瘫痪。

c） 实时性问题

石油化工装置的多数检测控制信号都要求有很高的确定性和实时性，而在无线网络中数据包传递的特殊方式使得信号的确定性和实时性都难以得到保证。

d） 分散性问题

由于无线信号传输的特点使得现场设备的信号不能通过分别的信号通道传输到 DCS 中，多个信号必须共用同一传播途径和接入设备，这在很大程度上增加了共因失效的概率。

e） 兼容性问题

目前工业无线标准有 Wireless HART、ISA100 和 WIA-PA 三个协议，分别自成体系，互不兼容。无论用户选择何种协议的无线技术，都将面临产品选择面窄、采购成本高、兼容性差等问题。

6.3 病毒防护

6.3.1 硬件配置

6.3.1.1 设置专用的病毒防护服务器可以集中制定和管理病毒防护策略，更新病毒定义文件，减少采用外部数据接口进行病毒定义文件更新带来的风险，但也因此增加了外部病毒侵入的途径，服务器本身的病毒防护是设计和管理的重点。规范和严格的管理是防范病毒的有效措施，严格限制存储介质和网络访问非常重要，这也是限制无线网络使用的原因之一。

6.3.1.2 当 DCS 未设置数据服务层时，病毒防护服务器可设置在操作监控层。

6.3.2 软件配置

6.3.2.1 当 DCS 设有数据服务层时，操作监控层与数据服务层的数据传输通过防火墙严格限制，此时操作监控层的人机接口可不安装防病毒软件。

防病毒软件优先选用通过 DCS 系统验证的主动式病毒防御软件，即只允许通过验证的程序运行，不允许运行其他程序。主动式病毒防御软件不需要定期更新病毒定义文件，可减少病毒从外部侵入的途径。

6.3.2.3 为防止由于非法或非正式软件对 DCS 造成危害和危险，本规范对于使用软件的正式版本进行了严格规定。

6.3.2.4 第三方软件是指除操作系统和 DCS 之外第三方开发的软件。操作监控层设备中运行的软件只能用于完成 DCS 自身必要功能和安全防护功能，其他非直接相关的功能（如数据分析、文档处理等）只可在数据服务层或 DCS 系统外的设备上完成。

近年来，随着计算机的普及和各种软件的丰富和杂乱，由软件造成的对计算机正常功能的危害越来越严重，为保证 DCS 不受未知确切安全的软件的影响，特规定在操作监控层的设备中禁止安装与 DCS 功能和安全防护功能无关的软件。

6.4 安全管理措施

6.4.1 远程访问服务（Remote Access Services，简称 RAS）允许客户端通过拨号连接或虚拟专用连接登录网络，用于对网络资源或设备进行远程访问和控制。远程访问服务虽然在 DCS 故障诊断上有所便捷，但同样存在安全问题。

6.4.3 移动存储设备是指可在不同终端间进行数据交换的可存储设备，包括软盘、移动硬盘、光盘、USB 闪存盘（U 盘）以及磁带机等。

6.4.4 外部数据接口和移动存储设备可采用软件禁用、封闭或拆除接口以及机箱设锁等方式限制使用。

7 系统技术要求

7.1 过程控制站

7.1.2 冗余与容错

7.1.2.1 同步冗余是为了保证控制器在切换过程中保持输出一致，减少切换过程对工艺操作造成的干扰。

7.1.3 控制器负荷

负荷计算时，不同扫描周期的 I/O 点数占总点数的一般比例为：0.2s 为 10%，0.5s 为 30%，1s 为 60%。PID 控制模块的数量按各控制站 AO 点数的 2 倍计算，控制周期按 1s 计算。当有快速控制功能需求时，控制器负荷应按快速控制的扫描周期和点数进行计算。

7.1.4　配置原则

DCS 运行异常，或装置、单元检修、改造期间，某些装置、单元可能需要对原 DCS 控制站内的组态数据重新下装并重新启动，这对于共用一个控制站、并处于正常运行状态的其他装置、单元会造成影响，由于各工艺装置、公用工程单元、储运单元或控制区域的开工周期、运行时间、检修频率均有所不同，将不同装置、单元(即使是同一操作分区)的控制回路和检测回路放在不同的控制站中可以消除装置、单元之间的相互影响。

对于 I/O 点数较多的工艺装置、公用工程单元及储运单元，为避免控制功能过于集中、控制器负荷过大，可按照过程控制站的处理能力，根据控制、操作要求划分成几个控制区域。

7.2　**过程接口单元**

7.2.1　基本功能

7.2.1.2　过载保护有两种：第一，信号超出工作范围，但仍在模件的正常承受能力内；第二，信号超出模件的正常承受能力，但由于采用了过电压保护技术，模件不会发生电气损坏。优先选用具有过电压保护技术的过载保护模件。

7.2.1.3　隔离的作用有三个：第一，提高模件的共模抑制比和共模抑制电压；第二，隔断信号的电连接，提高抗干扰能力；第三，减少或避免过载电压引起的模件损坏。常用的隔离技术有：光电隔离、电磁隔离、电容隔离和继电器隔离。

光电隔离采用光耦合技术，将电信号转换成光信号，通过透明绝缘隔离层传输。

电磁隔离采用电磁耦合技术，通过线圈之间的电磁耦合进行信号传输。

电容隔离采用电容器耦合技术，通过在电容上加载变化的电场进行信号传输。

继电器隔离利用继电器的电磁机械隔离技术，扩大信号的控制能力，或分担过载电压造成的损害。

7.2.2　模拟量输入模件

7.2.2.2　三端子式是指 AI 卡的接线端子包括电源正、信号正和公共端三种端子。

7.2.6　数字量输入模件

有源数字量输入信号是指由信号端的设备供电的信号，信号源的本质是电压信号；无源数字量输入信号是指信号端设备不对信号供电，而由数字量输入模件或信号接收端的电源设备供电，信号源的本质是“开关”信号。

7.2.7　数字量输出模件

供电的数字量输出信号对于信号接收端就是有源数字量输入；非供电的数字量输出信号对于信号接收端就是无源数字量输入。

7.2.10　I/O 模件配置原则

7.2.10.2　根据本质安全电路的相关规定，本安与非本安的 I/O 模件不应混用。为避免 I/O 模件通道配电的混乱、减少配电失误、防止维护差错，本规范规定不同应用类型的 I/O 模件不应混用，即不同本安回路、不同供电形式以及不同供电电压等级的 I/O 通道不应在同一模件中，应分为不同的 I/O 模件。

7.2.10.3　高密度 I/O 模件元器件相对比较集中，容易出现失效率高的情况。同时高密度 I/O 模件故障影响范围较大，共因失效的概率相对增加，备品备件的数量相对较少，造成系统可用性降低。如果实际配置的 I/O 模件通道数量超过本条文中的要求，应按条文中通道数量的最高限定额使用。例如：64 通道的 DI 卡应当做 32 通道的 DI 卡使用。

7.2.12　冗余原则

7.2.12.1　AO 卡采用同步冗余是为了保证 AO 卡在切换过程中输出保持一致，减少切换过程对工艺操作造成的干扰。

7.2.12.2　用于控制回路的 I/O 模件采用冗余配置是为了提高系统的可用性，避免 I/O 模件故障维修期间对正常生产操作带来的影响。当多通道 I/O 模件不能冗余配置时(如某些产品的温度信号输入模件)，按照需要点数的 2 倍配置可以减少模件修复时间，降低 I/O 模件密度，在一定程度上提高可用性。

7.2.12.3　由于串联回路的失效率是回路中各个部件的失效率之和，因此除非串联的信号转换模件的失效率低于 DCS I/O 模件，否则采用信号转换模件串联冗余 I/O 模件的方式，不但增加了系统的配置成本，也会降低整个回路的可靠性。

7.2.12.4　同一模件中的冗余电路仅仅是模件本身电路冗余的设计，并不是模件间的冗余，不能具备模件之间的冗余功能。冗余模件是指当工作模件发生故障时，由冗余模件代替工作模件的工作，继续完成原模件功能。

7.3　操作站

7.3.1　基本功能

7.3.1.2　操作站与各控制站之间需要大量、可靠的数据交换，应通过通信网络实现。

7.3.1.3　单一通信接口方式不能实现网络端口扩展和数据共享，因此除非特殊需要，操作站不应与控制站仅通过通信接口进行单一连接。

7.3.2　硬件配置

7.3.2.1　工作站根据软、硬件平台的不同，一般分为基于 UNIX 系统工作站和基于 Windows、Intel 的 PC 工作站。相对于 PC 机，工作站的生产和检测工艺更加严格，硬件的可靠性和系统的稳定性要高得多。

7.3.2.3　每个操作分区或工艺装置配置 2 台操作站的目的是为了冗余，避免因为操作站故障影响工艺过程运行。互为冗余的操作站可不属于同一工艺装置、公用工程单元及储运单元，但应属于同一操作分区。

7.3.2.5　多操作终端不包括单台主机配置双(多)屏幕操作方式。

7.3.2.6　现场操作站在正常生产状态下设置为只读功能，用于操作人员在现场监测工艺过程。在网络故障等异常状态下，现场操作站可通过修改权限充当临时操作站。

现场机柜室配备的现场操作站用于装置开工以及异常情况的处理，是用于临时操作的。现场操作站并不意味着用于日常操作和岗位的设置。现场机柜室除配备现场操作站外，网络还应适当留有操作站接口，以备临时接入现场操作站。

7.3.5　辅助操作站

辅助操作站一般用作 DCS 的报警显示屏，可在屏幕上显示定义的报警画面，需要时也作为操作站使用。辅助操作站与辅助操作台的组合可参见附录 G(操作站及辅助操作系统结构示意图)。

7.4　工程师站

7.4.1　基本功能

7.4.1.1　工程师站应当专机专用，不应用作其他用途，其目的是为了系统安全和数据安全。

7.4.2　硬件配置

7.4.2.2　现场机柜室和中心控制室按操作分区配备工程师站的目的是减轻组态时人员与计算机的负荷、分散组态的风险，并且便于系统管理和组态维护。

现场机柜室的工程师站和现场操作站宜专机专用，对于较小的工艺装置、公用工程单元及储运单元，工艺流程操作较少、控制回路较少的情况，可以采用工程师站兼做临时现场操作站。

7.4.3　组态管理

组态数据库可以采用中心控制室集中方式，也可以采用按照操作分区独立方式。前者便于集中管理，后者便于分区管理并分散风险。

7.5　历史记录工作站

7.5.2　硬件配置

7.5.2.1　历史数据服务器优先采用冗余 SCSI 硬盘和 ECC 校验内存。

7.5.2.5　在工艺装置、公用工程单元及储运单元规模较小时，也可采用 DCS 的其他设备(如工程师、操作员站)等同时兼做历史记录工作站，但每个历史记录工作站应存储该工艺装置、公用工程单元及储运单元完整的历史数据，其功能和配置还应同时满足本规范 7.5 条的要求。

7.5.2.6 对于全厂规模或大型联合装置，可采用历史数据服务器(包括报警和事件记录)的方式存储历史数据。宜采用按操作分区分散配置数据库的方式，也可采用集中数据库冗余方式进行配置，备用数据库可存放在一台或多台设备中，与主数据库实时同步。

采用两台或多台历史数据服务器的方式存储历史数据是为了减轻存取负荷，降低服务器故障风险。采用数据库冗余方式是为了提高可靠性和安全性，同时也为了降低服务器故障风险。

7.6 网络管理服务器

7.6.1 基本功能

网络中的多台计算机有两种组合形式：域和工作组。一般情况下网络管理服务器为域服务器，对工作域的用户和设备进行管理。当采用工作组形式时，可不设置网络管理服务器。

7.6.2 硬件配置

7.6.2.2 网络管理服务器对硬件配置要求不高，不必单独设置。

7.6.2.3 采用分散布置方式时，设置备用的网络管理服务器可以避免过程控制层与操作监控层间通信出现故障时，网络无法识别合法用户和设备的情况。

7.8 供电要求

7.8.2 配置要求

根据近年来 DCS 事故的分析，供、配电故障所占比例很大，主要问题在于是否采用正确的供配电方式和方法。为此，根据实际经验和教训，特规定了为加强供电安全，避免和减少供、配电故障的强制条文。

7.8.2.1 本条“过程控制相关系统”指与过程控制相关的系统及设备，包括 DCS、SIS、CCS、PLC、常规仪表等。

7.8.2.3 为避免单台用电设备出现故障时影响其他用电设备的正常工作，每台用电设备都必须单独设置保护器件(如断路器或熔断器)用于短路和过负载保护，严禁混用。

7.8.2.4 大于 36V 的电压为非安全电压，设置明确的警示标识是保障用电及人身安全的重要措施。

7.8.2.5 本条中配电器件是指断路器、熔断器和供电端子等供配电设备。

7.8.2.6 用于 DCS 的直流电源电压等级低，电流大，线路损失大，短路危险性高，原则上采用直流电源装置安装到各用电机柜中分散供电的方式。在相邻机柜用电量较小，且柜间侧板拆除的情况下，直流电源装置仅可向所在机柜左、右相邻机柜内的用电设备供电，严禁跨机柜供电。

7.8.2.7 为避免由于直流电源装置故障影响到多台控制器，本规范规定了控制器用的直流电源必须分别配备，严禁混用。

7.8.2.8 用于安全栅、隔离器、现场仪表等非 DCS 设备(通过 DCS I/O 模件供电的仪表除外)的直流电源装置不应利用为 DCS 供电的直流电源装置。

7.8.3 冗余原则

7.8.3.1 直流电源的冗余配置是为了保障 DCS 供电系统的可靠性和可用性。

7.8.3.2 供电系统一般采用 $N+M$ 冗余结构，指 $N+M$ 个电源模块一起给系统供电。这里 N 表示正常工作时电源模块的数量，M 表示冗余模块数量。M 值越大，系统工作可靠性越高，但经济性越差。采用 $N=M$ 的配置是可靠性与经济性的最佳平衡点。

由于构成系统的部件越集中，出现共因失效的概率也越大，因此供电模块应采用分散分配方式，N 和 M 宜采用的取值为 1。对于需要高可靠性和高可用性的场合，可采用 $M=N=2$。

8 网络系统

8.1 网络结构

DCS 网络分为生产过程控制网和工厂管理网。本规范的设计要求不包含工厂管理网的相关内容。

近年来的 DCS 网络速度显著提高，但由于趋向于采用 IEEE802.3 的通信协议，以及全厂整体单一的网络结构，致使 DCS 的网络负荷出现一些问题，特别是有些全厂网络并发通信事件导致了网络通信故障。为了缓解通信能力和突发通信事件的矛盾，本规范提出对大型 DCS 网络按操作和管理分区的网络结构方案，各网络分区可以自成系统，独立运行。

DCS 网络分区的方式一般有两种，划分子网或设置虚拟局域网(VLAN)。这两种方式具体的设置方法和注意事项可参考附录 F(分散控制系统网络分区)。

8.2　网络特性

8.2.2　过程控制层网络带宽是指设备间的网络通信带宽，不包括 I/O 总线带宽。

8.3　网络设备

8.3.1　网络数据服务器

网络数据服务器是某些型号 DCS 的过程控制网络配备的数据服务设备，不同型号 DCS 的网络数据服务器的功能和作用有所区别。某些型号的 DCS 不需要网络数据服务器。

8.3.1.4　网络数据服务器提供操作监控直接相关的数据服务，可以根据功能不同采用 1 台或多台服务器。对于失效后不会影响到工艺装置的正常生产操作的其他数据服务器，可根据其实际功能需要进行配置。

8.3.2　交换机

8.3.2.2　位于不同位置的交换机对端口通信速率的要求也不同。一般来说，位于数据服务层的交换机相对位于过程控制层的交换机通信量更大，对端口速率的要求也相对更高。因此，交换机的端口速率应根据所在位置和应用进行选择。

交换机扩展端口数量的方式有三种：

a)　级联方式

级联就是使用网线将多个交换机进行连接，连接后仍然是相对独立的交换机。级联的优点是可以延长网络的距离，理论上可以通过多级的级联方式无限远地延长网络距离。级联的缺点是多个设备的级联会产生级联瓶颈，级联的交换机机组整体工作带宽受限于级联端口的带宽。即使采用多端口级联方式，级联带宽也远低于交换机的背板带宽。

b)　堆叠方式

多台交换机的堆叠是靠一个提供背板总线带宽的多口堆叠母模块与单口的堆叠子模块相联实现的。采用堆叠方式的交换机组可看作为一个整体，便于维护和管理。交换机组整体带宽取决于堆叠接口带宽，一般也不会产生带宽瓶颈。采用堆叠方式的交换机只能为同一型号，而且交换机间的距离受到堆叠电缆长度的限制，一般不能超过 1m~2m。

c)　模块化结构

采用模块化结构的交换机可以通过其安装底板的空余插槽扩展交换机的数量，由于同一底板上的交换机可以共享总线带宽，因此这种扩展方式不会产生带宽瓶颈。同一底板上的交换机在逻辑上可看作为同一个设备。

8.3.3　防火墙

8.3.3.2　条文中的所说的防火墙仅指位于网络连接边界(操作监控层与数据服务层之间，数据服务层与外部网络之间)的防火墙，是网络安全区域与非安全区域之间的关口。对于位于操作监控层和过程控制层内部的防火墙，应根据其实际用途提出配置要求。

并发连接数是指防火墙对信息的处理能力，是防火墙能够同时处理的点对点连接的最大数目，反映出防火墙设备对多个连接的访问控制能力和连接状态跟踪能力，这个参数代表防火墙所能支持的最大信息点数。

8.3.4　光电转换器及光缆

8.3.4.2　光纤按光在其中的传输模式可分为单模和多模。两者传输原理不同，光电转换模块和光纤不能混用。

在 10M/100Mbps 的以太网中，多模光纤最长可支持 2km 的传输距离，在 1Gbps 千兆网中，多模光纤最长可支持 550m 的传输距离。单模光纤最长可支持 50km~100km 的传输距离。

8.4 网络接口

8.4.2 对于相同品牌的DCS，虽然不同时期的产品在软件和硬件上难以做到完全兼容，但应可通过适当的网络接口，进行系统间的数据传递，以保证产品的延续和可扩展性。

8.6 网络负荷

网络负荷可以由网络管理服务器或相应的网络检测软件侦测出。

8.7 与第三方设备通信

8.7.2 不同DCS的通信接口的通信能力不同，通信量的计算方法和限制也不一样，可参考相应的通信接口规格。每个通信接口的通信量不宜过多。

9 辅助设备

9.2 机柜

9.2.5 机柜辅助设施

9.2.5.1 荧光灯的电磁场干扰强度较大(一般在20V/m左右)，一般情况不应安装在机柜内。由于照明电源不宜与控制系统共用UPS供电，所以照明设施的交流配电会使机柜配电较为复杂，降低供电系统的安全性。对于机柜的照明，应当在室内照明的布置上精心设计。对于临时的特殊照明需要，应另外采用临时电源，或采用电磁场干扰强度较小的LED光源。

9.3 安全栅

本条仅规定安全栅在机柜内的供电与安装，其他事宜应按照设计和有关标准规定实施。

9.4 电涌防护器

本条仅规定在机柜内的电涌防护器的安装方式，其他事宜应按照设计和有关标准规定实施。

10 高级应用

10.1 智能设备管理系统

10.1.3 配置原则

10.1.3.1 不同品牌的DCS的智能设备管理系统结构有所不同，数据服务器的配置也有所不同。设备数量较少的项目，在中心控制室配置一台服务器兼维护操作站即可。规模较大的项目，可在机柜室配备数据服务器兼维护操作站，同时在中心控制室配备总的数据服务器兼维护操作站。

10.2 可燃气体和有毒气体检测系统

本规范仅对采用DCS作为可燃气体和有毒气体检测系统的场合做出规定，其他内容应参照相应的规范执行。

10.3 视频应用系统

大屏幕组合显示系统是视频应用系统的一种，主要用于电视监控系统的实时监控、回放及DCS和其他系统的画面显示。

大屏幕组合显示系统硬件主要包括显示单元、网络图像处理器、视频矩阵、RGB矩阵、视频控制计算机、交换机等。

10.4 过程数据接口服务器

过程数据接口服务器主要有两方面的用途，高级应用或工厂管理网的数据接口。工厂管理网既是重要的数据用户，但同时又是对过程控制网侵害的来源，设置数据服务层并采用过程数据接口服务器传输数据的方式是提高过程控制网络安全的措施。

10.5 先进控制应用站

先进控制应用站是先进控制软件运行的硬件平台，有时根据需要会采用服务器/客户端结构。先进控制服务器用于过程数据的采集、处理以及控制算法的运行，并将运算结果输出到DCS。先进控制客户端用于控制器的组态、建模、整定、分析和仿真，并将制定好的控制策略和算法下装到先进控制服务器中。

10.6 操作员仿真培训系统服务器

操作员仿真培训系统(OTS)采用人机交互的方式，对现场工艺过程进行模拟，培训操作员进行工艺过程的仿真操作，并对操作人员的操作技能给予评估。

当OTS需要从DCS网络中读取数据时，OTS服务器可兼作过程数据接口服务器。

10.7 储运管理系统

10.7.1 功能要求

储运管理系统采用DCS，集中处理储运系统的过程数据，主要完成储罐及与储罐密切关联的工艺过程的数据采集、信息处理、过程控制、安全报警及储罐液位、容量(质量)、密度计算等系统功能。

10.8 网页浏览服务器

网页浏览服务器也称Web服务器，是应用数据服务器的一种，可以采集、存储DCS网络中的过程数据。经过授权的外部计算机可通过网页访问的方式，浏览网页浏览服务器中存储的操作数据和画面。

工厂网络不应随意向其他网络开放。同样，为了控制网络的安全，DCS控制网也只能有限度地向工厂网传送数据，而且应有相应的防范措施。

10.9 应用程序服务器

应用程序服务器是指本章未涉及的其他数据服务器，例如油品调和系统的应用程序服务器。

11 软件配置

11.1 控制和操作软件

DCS配备的过程控制软件和操作软件的容量和控制点数应包括备用设备。

11.4 软件版本

11.4.2 未经正式发布的测试版软件具有不确定性，会增加DCS运行的风险，因此本规范严格规定了软件版本的使用要求。

12 工程实施

12.1 系统开工会

DCS系统开工会的举行标志着DCS的设计、制造、集成等工作的正式开始。DCS的软件和硬件配置和规格在开工会后不应再修改，这意味着设计条件不应有本质上的变化。如果不能确定DCS的软件和硬件配置和规格的设计条件，则应待条件成熟时再举行开工会或采取相应的阶段式设计、制造和集成方式。

DCS系统开工会的结束表示软、硬件等所有设备配置和数量的最终确定。

12.2 功能设计

功能设计的主要内容是制定DCS系统软件组态的基本规则，使软件组态的工作和风格统一，对于由DCS供货商组态以及多个设计单位共同参加的项目，功能设计对各方工作的统一协调很重要。

功能设计的实质是DCS设备集成和软件组态工作的统一规定。基础文件由DCS供货商编制，用户及设计单位根据项目的具体情况提出意见，最终达成一致并批准实施。

12.3 组态

12.3.1 组态准备

组态一般有两种方式：第一种方式是由用户和设计单位完成，DCS供货商指导、检查，并对结果负责；第二种方式是由用户和设计单位提交相应的设计资料，并检查实际组态方案和效果，由DCS供货商完成组态，并对结果负责。

12.3.2 系统组态

系统组态是指在软件中完成组成系统的各设备的定义，用软件方式配置DCS的硬件构成。

12.3.3 功能组态

功能组态是指利用 DCS 本身的功能模块、控制算法和程序语言完成工艺过程的控制策略。

12.3.4 显示及操作组态

显示组态是指在软件中绘制生产过程的操作、监视和控制的显示画面，并完成数据链接。过程显示画面包括概貌画面、流程图画面、控制组画面、操作面板画面、趋势画面以及报警一览表等。

12.3.5 报警组态

12.3.5.1 报警功能是 DCS 最重要的操作和管理功能之一，报警分等级是为了区分报警的重要程度并提示操作人员及时处理。报警分组是为了报警归类和查询管理，处理开工报警的屏蔽和投用。报警功能及形式有屏幕提示和声光报警等。

12.4 系统集成

系统集成有两种情况：

第一种情况是 DCS 内部采用第三方设备，例如：直流电源、机柜、继电器等，这种情况的第三方设备是在 DCS 合同内的，是 DCS 功能必备的。第三方设备的责任直接由 DCS 供货商承担。

第二种情况是 DCS 设备与第三方设备关联，例如：安全栅、关联通信设备等。这种情况的第三方设备不是 DCS 功能必备的，不在 DCS 内部合同中，而是在 DCS 与用户的合同中，或在其他合同中。所以，DCS 供货商对第三方设备的性能没有直接责任，但通常对设备集成负有主要责任。

13 验收

13.1 工厂验收

根据组态工作方式和责任范围的不同，工厂验收的内容也有所不同。对于由用户和设计单位组态的方式，工厂验收测试只包括系统配置检查和系统硬件性能测试；对于由 DCS 供货商组态的方式，工厂验收测试包括系统配置检查、系统硬件性能测试和组态功能测试。

13.2 工厂集成验收

13.2.1 工厂集成验收条件

对于 DCS 与第三方设备的通信，应根据设备的具体情况，将通信设备或模拟通信设备运到 DCS 集成工厂进行实际通信测试。

对于不能在 DCS 制造厂测试的第三方设备，应在第三方设备制造厂进行测试。

14 工程服务

本规范对 DCS 供货商的规定，实际上是提示用户在合同中对供货商提出要求，完整地实施 DCS 应用工程。

14.1 技术服务

14.1.1 DCS 是由仪表、计算机、网络通信的多种技术结合的高技术复杂产品，供货商的技术咨询服务是必不可少的，本规范不是招标文件，但有必要规定供货商的责任和义务，提示用户注意。

14.1.2 DCS 设备的技术和应用文件、资料很多，特别是在项目执行前后，需要相应的多次技术澄清，这是 DCS 供货商的工程服务内容之一。

14.1.3 在工厂验收和现场验收前，应由 DCS 供货商准备验收程序，提供相关的验收资料和工作记录文件，这是合同执行的重要内容。验收过程中，供货商还需要配备专门的工程技术人员配合验收工作，这也应该是合同规定的。

15 DCS 询购文件编制

DCS 属于中华人民共和国商务部规定的招标采购设备。询购文件是招标文件的一部分，用来规定技术规格、应用条件、服务内容以及所有需要的招标技术条款。询购文件包括商务部分和技术部分，与其他相关文件配合，构成询价文件、招标文件等，用于询价、招标、订购等不同采购阶段。本规范中，询购文件均指询购技术文件，不包括商务文件，用于询价的也称为询价技术文件。

ICS 25.040
P 72
备案号：J1505-2013

SH

中华人民共和国石油化工行业标准

SH/T 3006—2012
代替SH 3006—1999

石油化工控制室设计规范

Specification for design of control room in petrochemical industry

2012-11-07 发布　　2013-03-01 实施

中华人民共和国工业和信息化部　发布

目　次

Contents

前　言

根据国家发展和改革委员会办公厅《2008年行业标准计划》(发改办工业〔2008〕1242号)文的要求，规范编制组经广泛调查研究，认真总结实践经验，参考有关国际标准和国外先进标准，并在广泛征求意见的基础上，修订本规范。

本规范共分7章。

本规范的主要技术内容是：石油化工控制室、中心控制室、现场控制室、现场机柜室的自动控制工程设计的要求。

本规范是在SH 3006—1999《石油化工控制室和自动分析器室设计规范》的基础上修订而成，修订的主要技术内容是：

——将原规范拆分为《石油化工控制室设计规范》和《石油化工在线分析仪表系统设计规范》两个标准编写，本规范只涉及石油化工控制室的内容；

——将“分散型控制系统中央控制室”改为“控制室”；

——取消常规仪表控制室内容；

——增加中心控制室、现场控制室、现场机柜室内容；

——增加健康、安全、环保设计要求的内容。

本规范由中国石油化工集团公司负责管理，由中国石油化工集团公司自动控制设计技术中心站负责日常管理，由中石化宁波工程有限公司负责具体技术内容的解释。执行过程中如有意见和建议，请寄送日常管理单位和主编单位。

本规范日常管理单位：中国石油化工集团公司自动控制设计技术中心站

通讯地址：上海市徐汇区中山南二路1089号徐汇苑12层

邮政编码：200030

电　　话：021-64578936

传　　真：021-64578936

本规范主编单位：中石化宁波工程有限公司

通讯地址：浙江省宁波市国家高新区院士路660号

邮政编码：315103

本规范参编单位：中国石化工程建设有限公司

中石化洛阳工程有限公司

中石化上海工程有限公司

本规范主要起草人员：王同尧　严春明　施建设　汉建德　林　融　胡同印　裴炳安　丁兰蓉　李　冰

本规范主要审查人员：叶向东　黄步余　王发兵　王珍珠　徐伟清　宋志远　林洪俊　孙　旭　杨金城　张德发　刘　凤　陈学敏　张同科　任　泓　郭章顺　刘　强

本规范1999年首次发布，本次为第1次修订。

石油化工控制室设计规范

1 范围

本规范规定了控制室、中心控制室、现场控制室、现场机柜室的自动控制工程设计的要求。

本规范适用于新建、扩建和改建石油化工工程的控制室、中心控制室、现场控制室和现场机柜室的自动控制设计，也适用于以煤为原料制取燃料和化工产品的企业控制室的自动控制设计。

2 规范性引用文件

下列文件对于本规范的应用是必不可少的。凡是注日期的引用文件，仅注日期的版本适用于本规范。凡是不注日期的引用文件，其最新版本(包括所有的修改单)适用于本规范。

GB 50116 火灾自动报警系统设计规范

GB 50160 石油化工企业设计防火规范

GB 50493 石油化工可燃气体和有毒气体检测报警设计规范

SH/T 3160 石油化工控制室抗爆设计规范

3 术语和定义

下列术语和定义适用于本规范。

3.1

控制室 control room

位于石油化工装置或联合装置内具有生产操作、过程控制、安全保护、仪表维护等功能的建筑物。

3.2

中心控制室 central control room

位于石油化工工厂内具有生产操作、过程控制、安全保护、先进控制与优化、仪表维护、仿真培训、生产管理及信息管理等功能的综合性建筑物。

3.3

现场控制室 local control room

位于石油化工工厂内公用工程、储运系统、辅助单元、成套设备的现场，具有生产操作、过程控制、安全保护等功能的建筑物。

3.4

现场机柜室 field auxiliary room

位于石油化工工厂现场，用于安装仪表、控制系统机柜及其他设备的建筑物。

4 控制室

4.1 一般规定

4.1.1 控制室的工程设计应符合职业卫生、安全和环境保护的要求。有爆炸危险的石油化工装置的控制室设计应符合 SH/T 3160 的规定。

4.1.2 控制室应根据石油化工项目的规模和特点，并结合管理和生产模式的不同要求设置。

4.2 总图位置

4.2.1 控制室位置应符合 GB 50160—2008 中 5.2 节有关控制室布置的规定。

4.2.2 不同装置规模的控制室其总图位置应符合以下规定：

a） 联合装置的控制室宜位于联合装置内，应位于爆炸危险区域外；

b） 装置的控制室宜位于装置内，应位于爆炸危险区域外。

4.2.3 对于含有可燃、易爆、有毒、有害、粉尘、水雾或有腐蚀性介质的工艺装置，控制室宜位于本地区全年最小频率风向的下风侧。

4.2.4 控制室不宜靠近运输物料的主干道布置。

4.2.5 控制室应远离高噪声源。

4.2.6 控制室应远离振动源和存在较大电磁干扰的场所。

4.2.7 控制室不应与危险化学品库相邻布置。

4.2.8 控制室不宜与总变电所、区域变配电所相邻，如受条件限制相邻布置时，不应共用同一建筑。

4.3 布置和面积

4.3.1 控制室的功能房间和辅助房间可按如下原则设置，并可根据装置规模和操作要求进行调整：

a） 功能房间宜包括操作室、机柜室、工程师室、空调机室、不间断电源装置(UPS)室、备件室等；

b） 辅助房间宜包括交接班室、会议室、更衣室、办公室、资料室、休息室、卫生间等。

4.3.2 控制室的功能房间面积应根据控制系统的操作站、机柜和仪表盘等设备数量及布置方式确定。辅助房间的面积应根据实际需要确定。

4.3.3 控制室内房间布置应符合以下规定：

a） 操作室宜与机柜室、工程师室相邻布置，并有门相通；

b） 机柜室、工程师室与辅助房间相邻时，不宜有门相通；

c） UPS 室宜与机柜室相邻布置；

d） 空调机室不宜与操作室、工程师室相邻布置，如受条件限制相邻布置时，应采取减振和隔音措施。空调机室应设通向建筑物室外的门，并应考虑进出设备的需要。

4.3.4 操作室中设备布置应满足下列要求，并预留至少 20%的扩展空间：

a） 应按照人机工程学的要求设计；

b） 操作站可按直线、折线或弧线布置，当操作室包括两个或两个以上相对独立工艺装置的操作站时，操作站宜分组布置；

c） 火灾报警、可燃气体和有毒气体报警人机界面宜采用与主控制系统相同规格的操作站，当采用仪表盘布置在操作室时，应与操作室内的其他设备协调一致。

4.3.5 机柜室内的机柜宜按照功能相近、方便配线原则和下列规定分行、分段布置，满足安装、接线、检修需要，并预留至少 20%的扩展空间：

a） 安全栅柜、端子柜、继电器柜宜靠近信号电缆入口侧布置；

b） 配电柜应布置在靠近电源电缆入口侧；

c） 机柜布置时应避免机柜室连接电缆过多交叉。

4.3.6 操作室面积应按以下规定确定：

a） 对具有两个操作站的操作室，面积宜为 $40m^2 \sim 50m^2$；每增加一个操作站，面积可增加 $5m^2 \sim 8m^2$，并可根所布置的设备数量及布置方式等进行调整；

b） 操作站正面距墙(柱)的净距离宜为 3.5m~5m；操作站背面距墙(柱)的净距离宜为 1.5m~2.5m；操作站侧面距墙(柱)的净距离宜为 2m~2.5m；多排操作站之间的净距离不宜小于 2m；

当设置大屏幕显示器时，操作站背面距大屏幕的水平净距离不宜小于 3m。

4.3.7 机柜室面积应根据机柜的尺寸及数量确定，并符合以下规定：

a） 成排机柜之间净距离宜为 1.6m~2m；

b） 机柜距墙(柱)净距离宜为1.6m~2.5m。

4.3.8 工程师室、UPS室等面积应按设备尺寸、工作要求及安装、维护所需的空间确定。

4.3.9 电力电缆不宜穿越机柜室、工程师室，当受条件限制需要穿过时，应采取屏蔽措施。

4.4 建筑和结构

4.4.1 对于有爆炸危险的石油化工装置，控制室建筑物的建筑、结构应根据抗爆强度计算、分析结果设计。

4.4.2 控制室建筑物为抗爆结构时，不应与非抗爆建筑物合并建筑。

4.4.3 控制室建筑物为抗爆结构时宜为一层，不应超过两层。

4.4.4 控制室建筑物耐火等级应为一级。

4.4.5 操作室、工程师室地面宜采用不易起灰尘的防滑建筑材料，也可采用防静电活动地板；机柜室应采用防静电活动地板。防静电活动地板应符合以下规定：

a） 应采用普通型或重型活动地板；

b） 活动地板设计均布荷载不应小于23000N/m^2；

c） 活动地板表面平面度不应大于0.6mm；

d） 活动地板的系统电阻值应为$1.0\times10^6\Omega \sim 1.0\times10^{10}\Omega$；

e） 活动地板面距离基础地面高度不宜小于0.3m；

f） 活动地板的基础地面应为不易起灰尘的建筑材料。

4.4.6 控制室活动地板的基础地面与室外地面高差不应小于0.3m；当位于附加2区时，控制室的活动地板的基础地面应高于室外地面，且高差不应小于0.6m。

4.4.7 控制室的内墙墙面应符合以下规定：

a） 室内墙面应不积灰，不反光；

b） 墙面颜色宜为浅色，色泽自然。

4.4.8 控制室除空调机室以外的区域应做吊顶，并应符合以下规定：

a） 操作室、工程师室吊顶距地面的净高不宜小于3.0m；

b） 机柜室吊顶距活动地板的净高不宜小于2.8m。

4.4.9 控制室门的设置，应符合以下规定：

a） 应满足安全和设备进出的要求；

b） 控制室通向室外门的数量应根据控制室建筑面积及建筑设计要求确定；

c） 抗爆结构控制室的门应设置隔离前室作为缓冲区；

d） 控制室中的机柜室不应设置直接通向建筑物室外的门；

e） 应采用阻燃材料。

4.5 采光和照明

4.5.1 抗爆结构的控制室宜采用人工照明；非抗爆结构控制室内的操作室、机柜室和工程师室宜采用人工照明，其他区域可采用自然采光。

4.5.2 距地面0.8m工作面上不同区域照度标准值，应符合以下规定：

a） 操作室、工程师室宜为250lx~300lx；

b） 机柜室宜为400lx~500lx；

c） 其他区域宜为300lx。

4.5.3 灯具的选择与分布，应符合以下规定：

a） 操作室内不应采用投射型光源；

b） 操作室内光源不应对显示屏幕直射和产生眩光。

4.5.4 机柜室灯具的分布应结合机柜的布置，应能照明机柜内部。

4.5.5 不同区域的灯具宜按组分别设置开关，以适应不同照明的需要。

4.5.6 控制室应设置应急照明系统，并应符合以下规定：

a） 应急电源应在正常供电中断时，可靠供电 20min~30min；

b） 操作室中操作站工作面的照度标准值不应低于 100lx；

c） 其他区域照度标准值应为 30lx~50lx。

4.5.7 控制室应设置适量的检修用电源插座。

4.6 采暖、通风、空气调节和环境条件

4.6.1 控制室应进行温度和湿度控制。控制室的操作室、机柜室、工程师室等室温为：冬季 20℃±2℃，夏季 26℃±2℃，温度变化率小于 5℃/h；相对湿度为：40%~60%，湿度变化率小于 6%/h。

4.6.2 控制室内的空气应符合以下规定：

a） 粒径小于 10μm 的灰尘浓度小于 0.2mg/m^3；

b） 有害物质浓度：

H_2S 小于 0.01mg/m^3；

SO_2小于 0.1mg/m^3；

Cl_2小于 0.01mg/m^3。

4.6.3 控制室地面振动的幅度和频率应满足控制系统的机械振动条件要求。

4.6.4 控制室内的电磁场条件应满足控制系统的电磁场条件要求。

4.6.5 控制室内的空气调节系统应符合以下规定：

a） 空气调节装置运行信号及公共报警信号宜引入控制系统监视；

b） 当生产装置停车检修时，仍应保证空气调节装置正常运行所需的水、电供应。

4.6.6 设备散热量应按控制系统厂商提供的数据确定，并宜考虑控制系统的扩展。

4.6.7 功能房间宜采用空气调节装置供暖。当采用热水采暖时，管道应焊接。

4.7 进线方式和室内电缆敷设

4.7.1 控制室宜采用架空进线方式。电缆穿墙入口处宜采用专用的电缆穿墙密封模块，并满足抗爆、防火、防水、防尘要求。

4.7.2 当受条件限制或需要时，可采用电缆沟进线方式，并符合以下规定：

a） 电缆穿墙入口处洞底标高应高于室外沟底标高 0.3m 以上，应采取防水密封措施，室外沟底应有排水设施；

b） 电缆穿墙入口处的室外地面区域宜设置保护围堰。

4.7.3 交流电源电缆在操作室、机柜室内敷设时，应采取隔离措施。

4.8 设备的安装和固定

4.8.1 采用防静电活动地板时，机柜应固定在槽钢制做的支撑架上，支撑架应固定在基础地面上。

4.8.2 采用其他地面时，机柜应固定在地面上。

4.9 健康、安全、环保设计要求

4.9.1 控制室内应设置火灾自动报警装置，并符合 GB 50116 的规定。

4.9.2 控制室内应设置消防设施。

4.9.3 控制室的空调引风口、室外门的门斗处、电缆沟和电缆桥架进入建筑物的洞口处，当可燃气体和有毒气体有可能进入时，宜设置可燃气体和有毒气体检测器。

4.9.4 操作室内噪声不应大于 55dB(A)。

4.10 通信和电视监视系统

4.10.1 控制室应设置行政电话和调度电话，宜设置扩音对讲系统、无线通信系统、电视监视系统，电视监视系统控制终端和显示设备宜设置在操作室或调度室。

4.10.2 抗爆结构的控制室设置无线通信系统时，应设置无线信号增强设施，以保证与外界的正常通信。

4.10.3 控制室应设置适量的电话和网络信息插座。

5 中心控制室

5.1 中心控制室的设置应根据石油化工项目的规模和特点，并结合管理和生产模式的不同要求确定。

5.2 中心控制室宜布置在生产管理区。

5.3 中心控制室宜为单独建筑。

5.4 中心控制室不应靠近运输物料的主干道布置。

5.5 中心控制室不应与变配电所相邻。

5.6 中心控制室的功能房间和辅助房间按如下原则设置：

a) 功能房间宜包括操作室、机柜室、工程师室、空调机室、UPS 室、电信设备室、打印机室、过程计算机室、备件室、安全消防监控室等；

b) 辅助房间宜包括交接班室、生产调度室、会议室、更衣室、办公室、资料室、休息室、接待室、培训室、急救设备间、卫生间等。

5.7 中心控制室的功能房间面积应根据控制系统的操作站、机柜和仪表盘等设备数量及布置方式确定。辅助房间的面积根据实际需要确定。

5.8 中心控制室内操作室的火灾报警、可燃气体和有毒气体报警人机界面宜采用与主控制系统相同规格的操作站。

5.9 对于有爆炸危险的石油化工装置，中心控制室建筑物的建筑、结构应根据抗爆强度计算、分析结果设计。

5.10 中心控制室内操作室吊顶距地面的净高不宜小于 3.3m。

5.11 中心控制室的设计，本章未作规定者，应按本规范第 4 章有关规定执行。

6 现场控制室

6.1 现场控制室宜位于或靠近所属的工艺装置区域，应位于爆炸危险区域外；当位于附加 2 区时，现场控制室的活动地板下地面应高于室外地面，且高差不应小于 0.6m。

6.2 现场控制室不宜与变配电所共用同一建筑。当受条件限制需共用建筑物时，应符合 GB 50160 的规定，并应采取屏蔽措施。

6.3 现场控制室应根据管理模式、控制系统规模、功能要求等设置功能房间和辅助房间。

6.4 现场控制室的面积应根据控制系统的操作站、机柜和仪表盘的数量以及布置方式确定。

6.5 现场控制室宜分隔为操作区和非操作区。

6.6 现场控制室的设计，本章未作规定者，应按本规范第 4 章有关规定执行。

7 现场机柜室

7.1 现场机柜室应靠近相关的工艺装置和系统单元，用于系统调试、开/停车、日常维护和非正常情况下的生产操作，不具备日常生产操作功能。

7.2 现场机柜室宜位于或靠近所属的工艺装置区域，应位于爆炸危险区域外；当位于附加 2 区时，现场机柜室的活动地板下地面应高于室外地面，且高差不应小于 0.6m。

7.3 现场机柜室宜单独设置。

7.4 抗爆结构现场机柜室的高度宜为一层，不应超过两层。

7.5 现场机柜室的位置应考虑装置电缆的布线，合理减少电缆长度。

7.6 现场机柜室应依据工厂总平面布置及与中心控制室的关系，按装置或生产单元设置，或多装置联合设置。

7.7 现场机柜室的设置应考虑便于工程实施、维护及管理、节省工程费用等。

7.8 对于有爆炸危险的石油化工装置，现场机柜室建筑物的建筑、结构应根据抗爆强度计算、分析结果设计。

7.9　现场机柜室宜设置机柜室、工程师室、UPS 室、备件室和空调机室等房间。

7.10　现场机柜室宜设置调度电话、行政电话、扩音对讲和无线通信等设备。

7.11　抗爆结构的现场机柜室设置无线通信系统时，应设置无线信号增强设施，以保证与外界的正常通信。

7.12　现场机柜室不宜设置卫生间。

7.13　现场机柜室的设计，本章未作规定者，应按本规范第 4 章有关规定执行。

中华人民共和国石油化工行业标准

石油化工控制室设计规范

SH/T 3006—2012

条 文 说 明

2012 北 京

修 订 说 明

SH/T 3006—2012《石油化工控制室设计规范》，经工业和信息化部 2012 年 11 月 7 日以第 55 号公告批准发布。

本规范是在 SH 3006—1999《石油化工控制室和自动分析器室设计规范》的基础上修订而成，上一版的主编单位是中国石化集团兰州设计院，主要起草人员是黄衍平。

本规范修订过程中，编制组进行了广泛的调查研究，总结了我国近几年来石油化工控制室设计中的实践经验，同时参考了国外先进技术法规、技术标准。

为便于广大设计、施工、科研、学校等单位有关人员在使用本规范时能正确理解和执行条文规定，《石油化工控制室设计规范》编制组按章、条顺序编制了本规范的条文说明，对条文规定的目的、依据以及执行中需注意的有关事项进行了说明。但是，本条文说明不具备与标准正文同等的法律效力，仅供使用者作为理解和把握标准规定的参考。

目　次

石油化工控制室设计规范

1 范围

“新建”指除了新址建设工程，还包括老厂新扩建的工程。

3 术语和定义

3.1 控制室

控制室与中心控制室的定义区分主要体现以下两个方面：

a) 从功能上区分：控制室主要具有生产操作、过程控制、安全保护、仪表维护功能；中心控制室除了具有控制室的功能外，还具有仿真培训、生产管理及信息管理等功能。

b) 从控制的装置区域范围区分：本规范将装置控制室、联合装置控制室划归为控制室；中心控制室指全厂性控制室，也称为中央控制室。中心控制室可根据工厂生产管理模式设置一个或多个。

4 控制室

4.2 总图位置

4.2.1 GB 50160—2008《石油化工企业设计防火规范》第5.2节中5.2.16~5.2.18三条规定，控制室、中心控制室、现场控制室、现场机柜室应位于爆炸危险区域以外，因此本规范不考虑控制室、中心控制室、现场控制室、现场机柜室正压通风防爆的设计内容。

4.2.2 “联合装置”和“装置”的定义分别见GB 50160—2008《石油化工企业设计防火规范》第2.0.11条和第2.0.12条。

4.3 布置和面积

控制室的主要功能是生产操作和过程控制。控制室的设计和布置应以实用为主，应便于人员操作和维护，适当整齐实用、“办公室”化，应考虑操作人员的联络和视觉效果，不应片面追求华丽、“美观”。

4.3.1 控制室的房间根据其功能可分为功能房间和辅助房间：

功能房间是指为满足装置的生产操作、过程控制、安全保护、设备维修等功能而设置的房间，如操作室、机柜室、工程师室、UPS室等。

辅助房间是指为配合装置生产操作、人员休息等功能而设置的房间，如交接班室、资料室、休息室等。

UPS室宜设置在控制室，也可根据业主的要求将UPS室设置在电气的马达控制中心(MCC)。

4.3.3 d) 空调机室与操作室、工程师室相邻布置时，如果操作室、工程师室内噪音大于55dB(A)，应采取隔音措施。

4.3.4 操作室中设备的布置需考虑人性化设计和设备外形的统一。

操作室中设备的布置按照人机工程学的要求设计，见ISO 11064《人性化控制中心的设计》的内容。

4.4 建筑和结构

4.4.1 新建控制室是否采用抗爆结构设计一直是相关专业(安全专业、建筑专业、结构专业)无法量化解决的问题，原因是缺少相关依据：

a) 从距离上量化，即控制室距离装置多少米可以采用非抗爆结构。装置的爆炸力与装置的规模大小、物料特性、操作条件等诸多因素有关，需要安全专业进行抗爆强度计算，距离相同时，不同装置所产生的爆炸力不同，因此采用距离区分是否抗爆缺乏依据。

b） 爆炸力的量化，即装置的爆炸力小于多少 mbar 可以采用非抗爆结构。由于目前建筑专业无从验证不同量值的爆炸力与建筑物不同破坏程度之间的对应关系，因而无法确定抗爆结构的爆炸力限值。

当没有对装置爆炸冲击波参数进行评估时，可按照 SH/T 3160—2009《石油化工控制室抗爆设计规范》第 6.3.1 条执行。

爆炸事故对中心控制室（CCR）和现场机柜室（FAR）建筑物影响数据表是由安全专业根据工艺专业提供的各装置物性参数，综合各装置与 CCR 和 FAR 之间的环境条件等因素，经过专用软件计算、分析汇总得出的。表 1 是“某炼油乙烯项目爆炸事故对 CCR 和 FAR 建筑物影响数据表”，表 2 是“某乙烯项目爆炸事故对 CCR 和 FAR 建筑物影响数据表”。

表 1 某炼油乙烯项目爆炸事故对 CCR 和 FAR 建筑物影响数据表

序号	建筑物名称	抗爆过压 mbar	持续时间 ms	爆炸危险源	建筑物类型	
1	中心控制室	150	109	乙烯装置	抗爆	单层
2	渣油罐区现场机柜间	770	57	加氢裂化和柴油加氢装置	非抗爆	单层
3	炼油循环水场现场机柜间	310	155	轻烃回收和柴油加氢装置	非抗爆	单层
4	常减压蒸馏装置现场机柜间	690	44	柴油加氢、加氢裂化装置	抗爆	单层
5	造汽/发电装置现场机柜间	690	172	轻烃回收装置，加氢处理装置	抗爆	单层
6	硫黄回收/尾气处理现场机柜间	30	2	硫黄回收装置	抗爆	单层
7	空分装置现场机柜间	180	97	轻烃回收装置，乙烯装置	抗爆	单层
8	MTBE/1-丁烯装置现场机柜间	380	60	MTBE，1-丁烯装置	抗爆	单层
9	乙烯装置现场机柜间 1	210	178	MTBE，乙烯装置	抗爆	单层
10	乙烯装置现场机柜间 2	182	220	轻烃回收装置，乙烯装置	抗爆	单层
11	聚烯烃现场机柜间	140	79	MTBE，PX 乙烯罐区（二）装置	抗爆	单层
12	化工循环水场现场机柜间	600	72	乙烯装置、MTBE、PX 乙烯罐区（二）装置	抗爆	单层
13	净化水场现场机柜间	160	16	PX、乙烯罐区（二）装置	非抗爆	单层
14	芳烃联合装置现场机柜间	980	80	PX 装置	抗爆	单层

表 2 某乙烯项目爆炸事故对 CCR 和 FAR 建筑物影响数据表

序号	建筑物名称	抗爆过压 mbar	建筑物类型	
1	中心控制室	70	抗爆	两层
2	聚苯乙烯装置现场机柜间	500	抗爆	单层
3	乙苯/苯乙烯装置现场机柜间	500	抗爆	单层
4	聚乙烯装置现场机柜间	500	抗爆	单层
5	聚丙烯装置现场机柜间	500	抗爆	单层
6	乙烯装置现场机柜间 1	500	抗爆	单层
7	乙烯装置现场机柜间 2	500	抗爆	单层
8	丁二烯抽提/芳烃抽提装置现场机柜间	500	抗爆	单层

4.4.4 GB 50160—2008《石油化工企业设计防火规范》第 5.2.18 条规定：控制室、机柜间面向有火灾危险性设备侧的外墙应为无门窗洞口、耐火极限不低于 3h 的不燃烧材料实体墙。

GB 50016—2006《建筑设计防火规范》第 3.3.4 条规定：使用或储存特殊贵重的机器、仪表、仪器等设备或物品的建筑，其耐火等级应为一级。

根据以上两个国标的相关要求，本规范中将控制室建筑物的耐火等级定位一级。

GB 50016—2006《建筑设计防火规范》第 3.2.1 条规定：厂房(仓库)的耐火等级可分为一、二、三、四级。其构件的燃烧性能和耐火极限除本规范另有规定者外，不应低于相关的规定。厂房(仓库)建筑构件的燃烧性能和耐火极限分类举例见表 3。

表 3 厂房(仓库)建筑构件的燃烧性能和耐火极限分类举例 单位为 h

构件名称		耐火等级			
		一级	二级	三级	四级
墙	防火墙	不燃烧体 3.00	不燃烧体 3.00	不燃烧体 3.00	不燃烧体 3.00
	承重墙	不燃烧体 3.00	不燃烧体 2.50	不燃烧体 2.00	难燃烧体 0.50
	楼梯间和电梯井的墙	不燃烧体 2.00	不燃烧体 2.00	不燃烧体 1.50	难燃烧体 0.50
	疏散走道两侧的隔墙	不燃烧体 1.00	不燃烧体 1.00	不燃烧体 0.50	难燃烧体 0.25
	非承重外墙	不燃烧体 0.75	不燃烧体 0.50	难燃烧体 0.50	难燃烧体 0.25
	房间隔墙	不燃烧体 0.75	不燃烧体 0.50	难燃烧体 0.50	难燃烧体 0.25

4.4.5 防静电活动地板的相关性能要求与 SJ/T 10796—2001《防静电活动地板通用规范》的要求一致：

a) 普通型防静电活动地板的基材为铝基，重型防静电活动地板的基材为钢基。

b) 防静电活动地板的载荷、支撑要求与 SJ/T 10796—2001《防静电活动地板通用规范》第 6.3.1 条规定相一致。地板的荷载性能分类举例见表 4。

表 4 地板的荷载性能分类举例

承重类型及代号	集中荷载			均布荷载	
	荷载值/N	挠度/mm	永久变形/mm	荷载值/(N/m^2)	挠度/mm
普通型 B	4450	≤2	≤0.25	23000	≤2
重型 Z	5560			33000	

c) 防静电活动地板的表面平面度要求与 SJ/T 10796—2001《防静电活动地板通用规范》第 6.1 节规定相一致。地板尺寸公差及形位公差分类举例见表 5。

表 5 地板尺寸公差及形位公差分类举例 单位为 mm

边长公差	板厚公差	表面平面度	邻边垂直度
0~0.4	±0.3	≤0.6	≤0.3
注：同一批地板板厚极限偏差 0.3mm。			

d) 防静电活动地板的系统电阻要求与 SJ/T 10796—2001《防静电活动地板通用规范》第 6.2 节“活动地板电性能”规定相一致：“在室内温度为 23℃±2℃，相对湿度为 45%RH~55%RH 时，活动地板系统电阻为：导静电型 $R<1.0\times10^{6}\Omega$，静电耗散型 $R=1.0\times10^{6}\Omega\sim1.0\times10^{10}\Omega$”。

4.4.8 空调机室内由于风管布置的要求不可能且不需要做吊顶；其他区域设有送风系统，并考虑装修要求，宜做吊顶。

4.4.9 b) 控制室通向室外门的数量设置应根据控制室大小及建筑设计要求确定。SH 3017《石油化工生产建筑设计规范》规定：建筑面积大于 300m^2 的控制室及建筑面积大于 500m^2 的无人值守的现场机柜间，其安全出口不应少于 2 个。

4.5 采光与照明

4.5.5 中心控制室内应急照明系统的照度标准值与 GB 50034—2004《建筑照明设计标准》中的相关规定一致：

b） “操作室中操作站工作面的照度标准值不低于 100 lx”，是为了保证应急情况下，操作人员对操作画面尤其是辅助操作台上紧急停车按钮的准确识别和操作。根据 GB 50034—2004《建筑照明设计标准》第 5.3.1 条“工业建筑一般照明标准值”规定，各类工业场所调查照度值和国内外标准值对比见表 6。

表 6 工业建筑国内外照度标准值对比分类举例

单位为 lx

房间或场所		《建筑照明设计标准》GB 50034—92	《建筑照明设计标准》GB 50034—2004	CIE S 008/E-2001	美国 IESNA-2000	俄罗斯 23-05-95
控制室	一般控制室	100	300	300	100	150(300)
	主控制室	200，150	500	500	—	—

表 6 中照度标准值的参考平面及其高度为 0.75m。

从表 6 中可以看出，美标(IESNA-2000)中一般控制室的照度标准值为 100 lx，故操作室中应急照明的照度标准值规定为 100 lx。

c） “其他区域照度标准值为 30 lx~50 lx”与 GB 50034—2004《建筑照明设计标准》中的要求一致。

4.6 采暖、通风、空气调节和环境条件

4.6.1 本规范对于控制室内温度和湿度设定值比现行的国家标准 GB 50174—2008《电子信息系统机房设计规范》中的取值范围要宽，是考虑了下列因素：

a） 现行的国家标准 GB 50174—2008《电子信息系统机房设计规范》中第 5.1.1 条对于机房的温度、相对湿度要求有如下规定：

5.1.1 主机房和辅助区内的温度、相对湿度应满足电子信息设备的使用要求；无特殊要求时，应根据电子信息系统机房的等级，按相关规定执行。各级电子信息系统机房技术要求(环境要求)分类举例见表 7。

表 7 各级电子信息系统机房技术要求(环境要求)分类举例

项 目	技术要求			备注
	A 级	B 级	C 级	
主机房温度(开机时)	23℃±1℃		18℃~28℃	不得结露
主机房相对湿度(开机时)	40%~55%		35%~75%	
主机房温度(停机时)	5℃~35℃			
主机房相对湿度(停机时)	40%~70%		20%~80%	
主机房和辅助区温度变化率(开、停机时)	<5℃/h		<10℃/h	

A 级机房：电子信息系统运行中断将造成重大的经济损失；

B 级机房：电子信息系统运行中断将造成较大的经济损失；

不属于 A 级或 B 级的电子信息系统机房为 C 级。

b） 《Environmental Conditions for Process Measurement and Control Systems: Temperature and Humidity》(ISA-S71.01-1985)中对控制室内的湿度要求为 35%~75%。

c） 控制系统对环境温度的适用范围较宽，以考虑人体适应为主。

d） 考虑到节能的需要，分季节规定室温。

4.6.2 控制室、机柜室内空气洁净度的要求结合如下相关标准规范进行了修订：

GB/T 4798.3—2007《电工电子产品应用环境条件 第三部分：有气候防护场所固定使用》中对于环境条件中各化学活性物质条件有严格的要求。化学活性物质条件等级分类举例见表8。

表8 化学活性物质条件等级分类举例 单位为 mg/m^3

环境参数	等级	
	3C1R	3C1L
	最大值	最大值
二氧化硫(SO_2)	0.1	0.1
硫化氢(H_2S)	0.0015	0.01
氯气(Cl_2)	0.001	0.01

3C1R：本等级适用于空气受到严格检测和控制的场所（如净化室等）。

3C1L：除3C1R包括的条件外，本等级适用于气候连续控制场所。

GBZ1—2002《工业企业设计卫生标准》中第5.1节"防尘、防毒"第5.1.3条规定："根据生产工艺和粉尘、毒物特性，采取防尘防毒通风措施控制其扩散，使工作场所有害物质浓度达到GBZ 2.1—2007《工业场所有害因素职业接触限值 第1部分：化学有害因素》要求"。

GBZ2.1—2007《工业场所有害因素职业接触限值 第1部分：化学有害因素》中对于工业场所空气中有毒物质容许浓度有明确的规定。工业场所空气中有毒物质容许浓度分类举例见表9。

表9 工业场所空气中有毒物质容许浓度分类举例 单位为 mg/m^3

序号	中文名	英文名	最高容许浓度	8h平均容许浓度	短时间接触容许浓度
1	二氧化硫(SO_2)	Sulfur dioxide	—	5	10
2	硫化氢(H_2S)	Hydrogen sulfur	10	—	—
3	氯气(Cl_2)	Chlorine	1	—	—

国家标准GB/T 4798.3—2007《电工电子产品应用环境条件 第3部分：有气候防护场所固定使用》中对有毒物质的最高容许浓度要求比人员工作场所有毒物质的最高容许浓度要求严格，因此本规范采用GB/T 4798.3—2007《电工电子产品应用环境条件 第3部分：有气候防护场所固定使用》中要求的数据。"空气中有毒物质最高容许浓度"各标准对比分类举例见表10。

表10 "空气中有毒物质最高容许浓度"各标准对比分类举例 单位为 mg/m^3

有毒物质	《石油化工采暖通风与空气调节设计规范》SH/T 3004—2011	《电工电子产品应用环境条件 第3部分：有气候防护场所固定使用》GB/T 4798.3—2007	《工业场所有害因素职业接触限值 第1部分：化学有害因素》GBZ 2.1—2007
二氧化硫(SO_2)	0.15	0.1	5
硫化氢(H_2S)	0.015	0.01	10
氯气(Cl_2)	—	0.01	1

注：mg/m^3是质量浓度表示法，表示每立方米空气中所含污染物的质量数。

4.6.3 GB 50174—2008《电子信息系统机房设计规范》中第5.2.4条规定：在电子信息设备停机条件下，主机房地板表面垂直及水平向的振动加速度不应大于$500mm/s^2$。

国标GB 4798.1中对只考虑正弦稳态振动的机械环境条件有规定。国标GB 4798.1中正弦稳态振动的机械环境条件分类举例见表11。

表 11 国标 GB 4798.1 中正弦稳态振动的机械环境条件分类举例

条件	等级			
	3M1	3M2	2M1	2M2
	量值			
位移/mm	0.3	1.5	3.5	—
加速度/(m/s^2)	1	5	10	15
频率范围/Hz	2~9，9~200	2~9，9~200	2~9，9~200	200~500

3M1、2M1 各相当于良好的正常使用和运输环境条件，3M2、2M2 各相当于中等的正常使用和运输环境条件。本条所列的振动参数与国标对照，相当于在 3M1 和 3M2 等级之间。

由于制造厂对控制系统硬件机械振动环境条件要求有些差异，不便作统一规定，设计时应满足制造厂提出的要求。“部分控制系统机械振动环境条件”分类举例见表 12。

表 12 “部分控制系统机械振动环境条件”分类举例

厂商名称	振动频率范围/Hz	振动加速度/(m/s^2)	位移/mm	备注
HONEYWELL	10~150	<1(57Hz~150Hz)	0.075(10Hz~57Hz)	—
YOKOGAWA	1~14	<2.0(14Hz~100Hz)	<0.25	DCS 控制系统
	5~9	<4.9(9Hz~150Hz)	<1.75	SIS 控制系统
EMERSON	5~16	<0.5(16Hz~150Hz)	<1	—
SIEMENS	10~58，58~150	1	<0.015	IEC68，Part 2-6
HIMA	5~9，9~150	<15(5Hz~9Hz) <1(9Hz~150Hz)	<3.5	IEC/EN 61131
和利时	5~150	0.5	单振幅 1.75	—
浙大中控	10~150	≤1	0.75	GB/T 17214.3—2000

4.6.4 由于制造厂对控制系统硬件电磁场条件要求不同，设计时应满足制造厂提出的要求。“部分控制系统电磁场环境条件”分类举例见表 13。

表 13 “部分控制系统电磁场环境条件”分类举例

厂家	交变磁场 A/m	恒定磁场 A/m	电场 V/m	收发机	标准编号
YOKOGAWA	<30(AC)	<640	<3(26MHz~1GHz)	3W/1m, 10W/2m	—
	<400(DC)				—
SIEMENS	—	—	—	—	IEC 61000-4
HONEYWELL	—	—	—	—	89/336/EEC EMC
HIMA	—	—	<10(26MHz~1GHz)	—	IEC/EN 61131-2
浙大中控	10	30	—	5W/1.5m	GB/T 18268—2000
和利时	<30(工频磁场)	—	—	10V/m 80MHz~1GHz	—

在 GB 50174—2008《电子信息系统机房设计规范》中第 5.2.3 条规定：主机房和辅助区内磁场干扰环境场强不应大于 800A/m。

4.6.5 b） GB 50174—2008《电子信息系统机房设计规范》中第 8.1.12 条规定：A 级电子信息系统机房应配置后备柴油发电机系统，当市电发生故障时，后备柴油发电机应能承担全部负荷的需要。第 8.1.13 条规定：后备柴油发电机的容量应包括不间断电源系统、空调和制冷设备的基本容量及应急照明和关系到生命安全等需要的负荷容量。

根据石油化工装置的重要性，中心控制室等同于A级机房(A级机房：电子信息系统运行中断将造成重大的经济损失)，但是，本规范不必采用后备柴油发电机系统为空气调节系统的备用电源。

石油化工装置的控制系统采用UPS供电，UPS的备用电池具有30min的后备时间；空气调节系统采用自动切换双回路供电。当全厂供电系统发生故障时，通常各装置需有序停车。在UPS的30min后备时间内，控制系统能够确保装置平稳停车，而在30min内空气调节系统的停运不会导致控制系统因温、湿度的变化发生故障。因此，对于石油化工装置的空气调节系统不必配置后备柴油发电机系统。

4.7 进线方式和室内电缆敷设

在SH/T 3160—2009《石油化工控制室抗爆设计规范》第5.1条中对电缆进线方式有明确的要求：

第5.1.8条规定："室外电缆进入室内应采用电缆沟进线的方式，基础墙体洞口采用防火材料密封，沟内充砂。不得在室内地面以上的外墙上开设电缆进线洞口。"此条的条文说明为："主要是为了防止装置爆炸产生的超压通过电缆槽盒及建筑物外墙上的开洞进入室内"。

第5.1.9条规定："室内、外地面高差不应小于600mm，其中活动地板下地面与室外地面的高差不应小于300mm。空气调节设备机房室内、外高差不应小于300mm"。此条的条文说明为："本条文中的室内、外高差指的是室内地坪使用面(含活动地板面)至室外计算地坪之间的距离；空调设备间室内外高差的规定是基于在非爆炸危险区内的条件下的规定"。

本规范推荐采用架空进线方式，电缆进线洞口应位于室内地面以下(若房间设活动地板时，室内地面指活动地板下地面)，与SH/T 3160—2009《石油化工控制室抗爆设计规范》第5.1.8条中的要求不矛盾。

架空进线与地下进线相比利大于弊。架空进线有利于防水、防污和防鼠，费用低。

根据工程项目的实践情况，地下进线防水问题较难解决，采用地下预埋管道穿墙方式是有效解决防水问题的方案之一。

4.9 健康、安全、环保要求

4.9.2 本条引自GB 50160—2008《石油化工企业设计防火规范》第8.9.1条。

生产区内宜设置干粉型或泡沫型灭火器，控制室、机柜室、计算机室、电信站、化验室等宜设置气体型灭火器。

4.9.4 本条引自GBZ 1—2002《工业工厂设计卫生标准》第5.2.3.6条规定："生产性噪声传播至非噪声作业地点的噪声声级的卫生限制不应超过55dB(A)。"非噪声工作地点噪声声级的卫生限值分类举例见表14。

表14 非噪声工作地点噪声声级的卫生限值分类举例 单位为dB(A)

地点名称	卫生限值	工效限值
噪声车间办公室	75	不应超过55
非噪声车间办公室	60	
会议室	60	
计算机室、精密加工室	70	

将操作室内的操作站主机移到机柜室内集中安放，是减少操作区域噪音的有效措施，实际工程项目中也有成功经验。

4.10 通信和电视监视系统

4.10.1 本条要求与SH/T 3028—2007《石油化工装置电信设计规范》中一致。

5 中心控制室

5.1 中心控制室的工程设计应突出中心控制室在石油化工工厂中的核心地位，其设置模式根据石油化工装置的规模、特点、总图布置和地理位置，并结合生产操作和管理模式分为以下三种：

a） 一个 CCR，多个 FAR 模式

新建大型联合装置或同一界区的多个工艺装置，其生产操作和管理模式适合于全厂集中操作、统一管理的，宜采用此种模式。

b） 多个 CCR，多个 FAR 模式

新建大型联合装置或同一界区的多个工艺装置，其生产操作和管理模式适合于全厂分区域操作和管理的，宜采用此种模式。

c） 仅有 CCR，没有 FAR 模式

规模较小的新建工厂、装置较少、老厂改造或其生产操作模式适合于分车间（或装置）操作的，宜采用此种模式。

以上中心控制室的几种设置模式在石油化工企业中都存在。不同的工厂管理模式有不同的生产操作模式。不同的业主对工厂生产操作管理模式也有不同的见解。

5.8 根据 GB 50493—2009《石油化工可燃气体和有毒气体检测报警设计规范》的第 6.2.1 条规定："指示报警设备应安装在有人值守的控制室、现场操作室等内部"，为了考虑操作室内设备的整齐，规定"火灾报警、可燃气体和有毒气体报警人机界面宜采用与主控制系统相同规格的操作站"。中心控制室避免采用仪表盘布置方式。

7 现场机柜室

7.8 现场机柜室是否设计为抗爆结构仍需要安全专业进行抗爆强度计算、分析后确定。根据石油化工企业的实际经验，抗爆结构的现场机柜室具有如下优点：

a） 现场机柜室内不仅在开车及试运行阶段有较多人员，而且在正常生产阶段也长期有少量人员，抗爆结构的现场机柜室更有利于保护人身安全；

b） 现场机柜室内的控制系统、安全系统设备承担所属装置的控制和安全联锁，抗爆结构的现场机柜室在遭遇爆炸冲击波的情况下，仍可实现装置有序的安全停车；

c） 现场机柜室内的控制系统、安全系统设备价值昂贵，大型装置需数百万至上千万美元，并且毁坏后的恢复时间很长，需要重新采购、集成、安装、组态及回路联调等，特别是有些装置带有专利控制系统，需通过专利商采购，恢复时间更长，对重新恢复生产很不利。因此，抗爆结构的现场机柜室可避免控制系统因装置爆炸而损坏。

ICS 25.040
P 72
备案号：J1793-2014

SH

中华人民共和国石油化工行业标准

SH/T 3174—2013

石油化工在线分析仪系统设计规范

Design specification for on-line analyzer systems in petrochemical industry

2013-10-17 发布　　2014-03-01 实施

中华人民共和国工业和信息化部　发布

目次

Contents

前　言

根据国家发展和改革委员会办公厅《2008年行业标准计划》(发改办工业〔2008〕1242号)的要求，规范编制组经广泛调查研究，认真总结实践经验，参考有关国际标准和国外先进标准，并在广泛征求意见的基础上，制定本规范。

本规范共分8章和5个附录。

本规范的主要技术内容是：范围、规范性引用文件、术语和定义、一般规定、采样系统、常用在线分析仪表、分析小屋、在线分析仪管理系统等。

本规范由中国石油化工集团公司负责管理，由中国石油化工集团公司自动控制设计技术中心站负责日常管理，由中国石化工程建设有限公司负责具体技术内容的解释。执行过程中如有意见和建议，请寄送日常管理单位和主编单位。

本规范日常管理单位：中国石油化工集团公司自动控制设计技术中心站
通讯地址：上海市徐汇区中山南路1089号徐汇苑大厦12层
邮政编码：200030
电　　话：021-64578936
传　　真：021-64578936
本规范主编单位：中国石化工程建设有限公司
通讯地址：北京市朝阳区安慧北里安园21号
邮政编码：100101
本规范参编单位：ABB(中国)有限公司
本规范主要起草人员：孙　磊　黄步余　任　军　林　融　佟丽焱
本规范主要审查人员：丁兰蓉　裴炳安　王同尧　宋志远　杨金城

本规范为首次发布。

石油化工在线分析仪系统设计规范

1 范围

本规范规定了石油化工生产装置、公用工程及辅助设施中在线分析仪系统的工程设计方法和设计原则。

本规范适用于石油化工新建、扩建和改建工程的在线分析仪系统工程设计。

2 规范性引用文件

下列文件对于本规范的应用是必不可少的。凡是注日期的引用文件，仅注日期的版本适用于本规范。凡是不注日期的引用文件，其最新版本(包括所有的修改单)适用于本规范。

GB 4208 外壳防护等级(IP 代码)

GB 50058 爆炸和火灾危险环境电力装置设计规范

GB 50160 石油化工企业设计防火规范

GB 50493 石油化工可燃气体和有毒气体检测报警设计规范

3 术语和定义

下列术语和定义适用于本规范。

3.1

样品 sample

从流体中提取少量所需的测试样，用以测定其组分或性质。

3.2

采样探头 sample probe

插入到工艺管道或设备中，用来提取少量样品的组件。

3.3

采样点 sample take-off point

工艺管道或设备上提取样品的位置。

3.4

采样返回点 sample return point

工艺管道或设备上接受返回样品的位置。

3.5

采样预处理器 sample pre-conditioner

将样品进行过滤、减压、增压、气化、分离等处理，处理后的样品应满足传输、采样处理和在线分析的要求。

3.6

采样处理器 sample conditioner

将样品进行过滤、稳压、稳流、洗涤、干燥等处理，处理后的样品应满足在线分析的要求。

3.7

采样管线 sample line

将样品从采样点传送到采样预处理器和采样处理器的连接管线。

3.8

快速回路　fast loop

加快样品流动并缩短样品传输滞后时间的管道。

3.9

采样系统　sample system

采样系统包括采样探头、采样预处理器、采样管线和采样处理器等。

3.10

多流路切换系统　multi-stream switch system

实现多流路样品切换的系统。

3.11

载气　carrier gas

载送样品的气体，如氢气、氮气和氦气等。

3.12

校准气　calibration gas

用于校准或测试的气体。

3.13

传输滞后时间　lag time of transport

样品从采样点传送到在线分析仪入口处的时间。

3.14

响应时间　response time

从样品进入分析仪表到分析显示出被测组分含量的时间。

3.15

分析滞后时间　lag time of analysis

样品传输滞后时间与响应时间之和。

3.16

在线分析仪　on-line analyzer

直接安装生产流程中，对物料的组分或物理参数进行连续或间断分析的仪表。

3.17

线性范围　linear range

校准曲线所跨越的线性区间，表征对被测组分含量或浓度的适用性。

3.18

分析小屋　analyzer house

预制好的全封闭设施，放置在现场可容纳多台在线分析仪。

3.19

分析仪柜　analyzer cabinet

安装在现场的全封闭柜体，可放置一台或多台在线分析仪。

3.20

分析仪防护棚　analyzer shelter

安装在现场的非封闭防护设施，由顶棚及三面侧壁构成，通风良好，可放置一台或多台在线分析仪。

3.21

在线分析仪管理系统　on-line analyzer management system

将多台在线分析仪集成在同一网络上，用于集中监视、管理和维护的系统。

3.22

在线分析仪系统　on-line analyzer system

由采样系统、在线分析仪及分析仪柜或分析小屋构成的系统。对于大型石油化工项目，还包括在线分析仪管理系统。

4　一般规定

4.1　含有易燃、易爆、有毒、腐蚀性介质的样品不得任意排放，排放应满足防火要求。

4.2　室外安装的电气设备防护等级不宜低于 GB 4208《外壳防护等级》规定的 IP65，非电气设备的防护等级不宜低于 IP55。

4.3　在危险区安装的电子仪表及电气设备应满足危险区划分等级，应按 GB 50058《爆炸和火灾危险环境电力装置设计规范》执行。

4.4　分析有毒介质的在线分析仪应设置吹扫系统并设有明显标志。

4.5　样品中含有易燃、易爆、有毒介质时，分析小屋内应设置可燃气体或有毒气体检测报警，应按 GB 50493《石油化工可燃气体和有毒气体检测报警设计规范》执行。

4.6　用于安全联锁的在线分析仪输出信号应为 4mA~20mA DC 和干接点；用于过程控制的在线分析仪输出信号宜为 4mA~20mA DC；用于过程测量监视的在线分析仪输出信号宜为 4mA~20mA DC 或通信方式。

4.7　采样探头、管线、阀门及管件等的材质应为不锈钢，必要时可选择蒙乃尔、哈氏合金等材料。

4.8　采样探头、采样预处理器、采样管道、采样处理器及分析小屋应满足安装和维护要求。

5　采样系统

5.1　采样点和采样探头

5.1.1　采样点的位置选择应符合以下要求：

a）反映工艺介质组分变化的灵敏点；

b）采样管道短、传输滞后时间短；

c）利用工艺压差快速返回；

d）利于简化样品预处理；

e）便于安装和维护；

f）宜与实验室分析仪的采样点分别设置。

5.1.2　采样探头类型选择应符合以下要求：

a）含尘量小于 10mg/m^{3}的气体、洁净的液体等无毒无腐蚀性的样品，宜采用直通式；

b）含有少量颗粒物、黏稠物、聚合物、结晶物等的液体样品，宜采用插拔式；

c）含尘量大于 10mg/m^{3}的气体样品，宜采用过滤式。

d）采样探头典型图见资料性附录 C。

5.1.3　采样探头外径选择应符合以下要求：

a）样品为洁净气体时，宜采用 6mm 或¼″；

b）样品为洁净液体时，宜采用 10mm 或⅜″；

c）液体样品中含少量颗粒、黏稠、易结晶时，宜采用 12mm 或½″；

d）气体样品含尘量较高时，宜采用 12mm 或½″。

5.1.4　采样探头插入长度宜为 0.3 倍~0.5 倍管道公称通径；高流速介质、大管径等场合宜计算采样探头长度，必要时采样探头宜设加强管保护。采样探头长度计算见资料性附录 A。

5.1.5　采样探头宜采用法兰连接形式：设备连接 40mm(1½″)；配管连接 20mm(¾″)。

5.1.6　采样探头的前端坡口为 45°，坡口背对流向。

5.1.7　采样探头插入方位：

a） 水平管道：气体介质时从上部插入(45°~135°)；液体介质时从下部插入(180°~225°或315°~360°)；见图5.1.7；

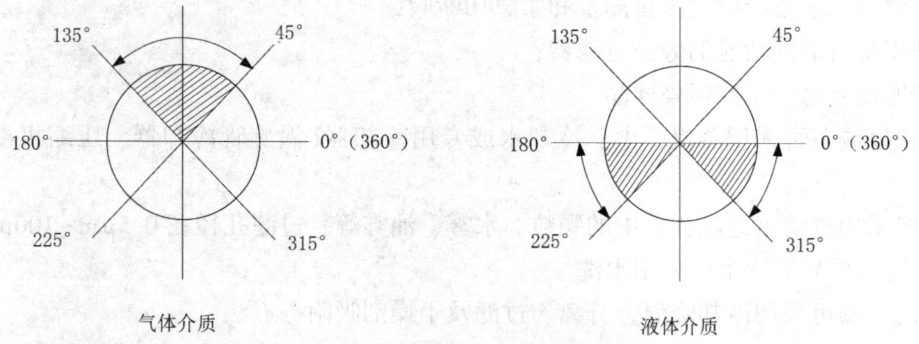

图5.1.7 采样探头在水平管道插入方位

b） 垂直管道：从侧面插入，气体介质流向应自上至下，液体介质流向应自下至上。

5.2 样品传输

5.2.1 样品传输应符合以下要求：

a） 样品传输滞后时间宜小于60s，气体样品流速为6m/s~15m/s，液体样品流速为1.5m/s~4m/s;样品传输滞后时间计算见资料性附录B；

b） 含有凝液的气体样品，传输管道宜保持大于1∶10倾斜坡度，最低点应靠近分析仪并设有凝液罐；

c） 气体样品传输应保持气态，液体样品传输应保持液态；

d） 传输管线应避免穿过温度变化大的区域；

e） 样品传输系统不允许有袋形。

5.2.2 采样管线宜采用无缝不锈钢管或管缆。

5.2.3 样品采样管线外径应符合以下要求：

a） 气体样品宜采用6mm或¼″；

b） 液体样品宜采用10mm或⅜″；

c） 黏度高、易结晶或易堵样品宜采用12mm或½″。

5.2.4 样品黏度高、易凝结、易结晶或易堵场合，可采用氮气或低压蒸汽吹扫。

5.2.5 采样管线伴热和绝热应符合以下要求：

a） 伴热蒸汽宜采用低压蒸汽，蒸汽压力为0.3MPa~1.0MPa；

b） 易冷凝、冻结、结晶的样品宜采用重伴热；易聚合、分解或气化等样品宜采用轻伴热；

c） 每根采样管线蒸汽伴热系统应至少设置一个疏水器；

d） 电伴热管缆及关联电气设备供电电压应为220V AC 50Hz；

e） 电伴热宜采用自调控电伴热带，温度要求严格时宜配温控系统；

f） 在爆炸危险区敷设的电伴热管缆及关联电气设备应选用隔爆型(Exd)；

g） 采样管线的绝热材料宜采用聚苯乙烯、硅酸铝、聚氨酯等。不应采用石棉制品。

5.3 采样处理

5.3.1 采样处理包括采样预处理器和采样处理器。采样预处理器宜设置在靠近采样点处，采样处理器宜设置在靠近分析仪处。

5.3.2 采样预处理器宜完成样品的减压或增压及安全泄压等。

5.3.3 采样处理器宜完成样品的流量、压力、温度调节等。

5.3.4 采样处理器宜完成样品的洗涤、过滤、干燥等，除去有害组分和干扰组分。

5.3.5 样品流量指示、报警及控制宜分别采用转子流量计、带报警接点转子流量计或带针形阀转子流量计。

5.3.6 当分析滞后时间不满足工艺要求时，设置快速回路应符合以下要求：

a） 宜利用工艺管道中介质的压差；

b） 不应旁路工艺系统中的流量测量和紧急切断阀；

c） 可采用带自清洗功能的旁通过滤器；

d） 选择增压泵时，不应污染样品。

5.3.7 样品温度调节可采用蒸汽、电、冷却水或专用冷却器（涡旋管冷却器、压缩机冷却器等）等方法。

5.3.8 样品应采用过滤器滤除样品中的颗粒、水雾、油雾等，过滤孔径在0.5μm~100μm之间。高温、高含尘量气体样品的除尘可采用水洗。

5.3.9 样品的干燥可采用冷却降温、分离、过滤及干燥剂吸附等方法。

5.3.10 样品中含有湿氯气、氯化物、湿氟气、氟化物等腐蚀性杂质时，宜采用先降温除水减弱其腐蚀性再保温传送；样品中含有硫化物杂质时，宜采用吸附剂脱硫。

5.3.11 多流路分析系统中应设置流路切换单元，保证被选样品不受其他流路样品的污染。

5.3.12 分析后样品的排放应符合以下要求：

a） 易燃、有毒或腐蚀性气体样品，应返回工艺装置或排放至火炬系统；

b） 气体样品无法排入火炬或工艺装置，可通入放空管排空。含有易燃、有毒、腐蚀性介质的气体样品，放空应符合GB 50160《石油化工企业设计防火规范》的规定；

c） 不含易燃、有毒、腐蚀性介质的液体样品，可排入污水管道；含易燃、有毒、腐蚀性成分的液体样品，应收集并返回工艺装置。

5.3.13 旁通样品的排放应符合以下要求：

a） 易燃、有毒或腐蚀性气体样品，应返回工艺装置或排放至火炬系统；

b） 不含易燃、有毒、腐蚀性成分的液体样品，可排入污水管道；含易燃、有毒、腐蚀性成分的液体样品，应返回工艺装置。

5.3.14 采样预处理器箱和采样处理器箱应采用不锈钢材料。温度控制宜采用电或蒸汽加热。保温材料应为阻燃型，宜选用聚苯乙烯、硅酸铝、聚氨酯等。不应采用石棉制品。

6 常用在线分析仪

6.1 气体分析仪

6.1.1 气相色谱分析仪

a） 气相色谱分析仪宜用于测量混合气体中浓度范围为10^{-6}级到10^{-2}级的单组分、多组分的含量；

b） 气相色谱分析仪常用检测器分为热导式（TCD）和氢焰式（FID）。10^{-2}级组分测量宜采用热导式检测器；10^{-6}级组分测量宜采用氢焰式检测器。

6.1.2 红外线分析仪

a） 红外线分析仪宜用于测量混合气体中CO、CO_2、NO、NO_2、SO_2、NH_3、CH_4、C_2H_2、C_2H_4、C_3H_8等的含量，背景气体应干燥、清洁、无粉尘、无腐蚀性；

b） 红外线分析仪不宜用于测量单原子惰性气体He、Ar等及无极性双原子气体N_2、H_2、O_2、Cl_2等。

6.1.3 氧分析仪

a） 常用的氧分析仪有电化学式氧分析仪、顺磁式氧分析仪和氧化锆式氧分析仪；

b） 氧化锆式氧分析仪宜用于测量工业炉烟道气或炉膛气0~25%的氧含量，不宜用于测量背景气中含烃类的样品；

c） 电化学式氧分析仪宜用于测量高纯度气体（如氢气、氮气、氩气等）10^{-6}、10^{-9}级的氧含量；

d） 顺磁式氧分析仪宜用于测量百分数级氧含量。

6.1.4 微量水分析仪

a） 常用的微量水分析仪有电解式微量水分析仪和电容式微量水分析仪；

b） 电解式微量水分析仪宜用于测量空气、氮、氢、氧、CO、CO_2、天然气、惰性气体、饱和烃类等混合气体中微量水分；

c） 电容式微量水分析仪宜用于测量无腐蚀性气体或液体中微量水分。

6.1.5 热导式气体分析仪

热导式气体分析仪宜用于测量混合气中的 H_2、CO_2、SO_2、Ar、O_2等含量。

6.1.6 硫分析仪

a） 常用的硫分析仪有硫化氢分析仪和总硫分析仪；

b） 总硫分析仪宜用于测量气体或烃类液体中无机硫和有机硫总含量。

6.1.7 连续排放监测系统(CEMS)

a） 连续排放监测系统宜用于测量烟气中烟尘浓度，SO_2、氮氧化物等的浓度，烟气温度、压力、流量、湿度、氧含量等；

b） 双光程透射式测尘仪宜用于测量烟尘中较高浓度烟尘（0~100g/m^3）；散射式测尘仪宜用于测量烟尘中较低浓度烟尘（0~200mg/m^3）；

c） 红外分析仪或紫外分析仪宜用于测量气态污染物 SO_2、氮氧化物等。

6.1.8 激光分析仪

a） 常用的激光气体分析仪有光纤式和非光纤式。响应速度小于 1s，宜用于测量混合气体中的 O_2、CO、CO_2、H_2O、NH_3、HCl、HF、H_2S、CH_4等；

b） 多流路相同组分测量宜选用光纤式激光气体分析仪。多组分测量宜选用非光纤式激光气体分析仪。

6.1.9 质谱分析仪

a） 质谱分析仪宜用于测量混合气体中浓度范围为 10^{-6}级到 10^{-2}级的单组分、多组分的含量，响应速度快，响应时间为秒级；

b） 常用的质谱分析仪有四极杆式和扇形磁场式。

6.2 液体分析仪

6.2.1 pH 计和氧化还原电位计(ORP 计)

a） pH 计常用的电极材质有玻璃和银-氯化银；

b） ORP 计常用的电极材质有铂电极和金电极。

6.2.2 电导率仪

a） 常用的电导率仪有电极式电导率仪和电磁感应式电导率仪；

b） 电极式电导率仪宜用于测量低电导率的洁净介质；

c） 电磁感应式电导率仪宜用于测量高电导率的介质。

6.2.3 密度计

常用的密度计有振动式密度计和放射性密度计。

6.2.4 黏度计

a） 常用的黏度计有振动式、毛细管式和旋转式；

b） 毛细管式黏度计宜用于测量黏度小于 500mPa·s 的低黏度介质；

c） 旋转式黏度计宜用于测量黏度在几百到 1 万 mPa·s 的中黏度介质；

d） 旋转式或振动式黏度计宜用于测量大于 1 万 mPa·s 的高黏度介质。

6.2.5 水质分析仪

a） 余氯分析仪有电化学式余氯分析仪和分光光度式余氯分析仪。余氯分析仪宜用于测量净水、污水、循环冷却水及化学水等中的余氯含量；

b) 联氨分析仪有电化学式联氨分析仪和分光光度式联氨分析仪。联氨分析仪宜用于测量锅炉给水中的残余微量联氨含量；

c) 硅酸根分析仪宜用于测量化学水中微量可溶性二氧化硅和硅酸盐的含量；

d) 磷酸根分析仪宜用于测量化学水，循环冷却水，净水和污水中磷酸盐的含量；

e) 化学耗氧量(COD)分析仪宜用于测量水中有机污染排放的总量；

f) 总有机碳(TOC)分析仪宜用于测量水中有机物的总含碳量；

g) 溶解氧分析仪有电化学式溶解氧分析仪或光学式溶解氧分析仪。溶解氧分析仪宜用于测量锅炉给水，污水，净水和污水中的氧含量；

h) 氨氮分析仪有电极法和分光光度法。氨氮分析仪宜用于测量循环冷却水和污水中氨氮含量；

i) 浊度计分为散射式浊度计或散透比式浊度计。浊度计宜用于测量净水和污水浑浊度。

6.2.6 水中油分析仪

水中油分析仪宜用于测量化学水，蒸汽凝液，处理后污水中的10^{-6}级含油量。

6.2.7 油品分析仪

a) 油品分析包括馏程分析，蒸汽分压分析，凝点分析，酸度分析，芳烃含量分析，闪点分析及色度等；

b) 馏程分析仪有模拟式和半模拟式。模拟式宜用于全馏程分析，包括初馏点、干点、终馏等分析；半模拟式宜用于单点分析；

c) 凝点分析仪有机械振子振动式、移动球式、光学式、差压式(U 型管式)和杠杆式；

d) 红外分光仪宜用于测量石油的酸度值；

e) 紫外分光仪宜用于测量石油中芳烃含量；

f) 比色仪宜用于测量石油色度；

g) 闪点分析仪宜采用催化氧化式。

6.2.8 近红外分析仪

a) 近红外分析仪宜用于测量油品的物性参数；

b) 近红外分析仪有光栅扫描式、傅立叶变换式、声光调制滤光式和固定光路多通道检测式。

7 分析小屋

7.1 一般原则

7.1.1 分析小屋应独立设置，分析小屋宜设置在非爆炸危险场所；当设置在2区爆炸危险场所时，应采取相应的防爆措施；分析小屋典型布置图见资料性附录D。

7.1.2 分析小屋的位置应靠近关键采样点。

7.1.3 若生产装置采用的在线分析仪数量较多，宜按工艺单元设置分析小屋。

7.1.4 分析小屋应避开连续性振源、强持续性电磁干扰源。

7.1.5 样品含可燃性气体时，分析小屋内的分析仪和电气设备应按1区爆炸危险场所设计。

7.1.6 对于维护量少的分析仪宜采用现场分析柜，分析柜典型布置图见资料性附录E。

7.1.7 现场分析柜安装在爆炸危险场所时，分析柜内可采用正压通风。

7.1.8 在线分析仪系统用载气钢瓶、校准气钢瓶应设在分析小屋外，并设有防护栏。

7.2 结构

7.2.1 分析小屋应采用预制好的全封闭的不锈钢或碳钢喷涂结构，屋顶应为防水结构，强度应满足安装、运输和维修等要求，墙和屋顶应填充阻燃绝热材料。

7.2.2 分析小屋尺寸宜为2.5m宽，2.5m净高，长度根据需要确定，不宜超过10m。分析小屋门尺寸宜为0.9m×2m(宽×高)。长度超过6m的分析小屋应设两个门。门上宜设带丝网的安全视窗、自动关门设备等。

7.2.3 分析仪宜布置在分析小屋内的长边两侧；分析仪之间应有操作和维修通道。

7.2.4 分析小屋的颜色要求：天花板及内墙宜为乳白色；门内侧宜为桔黄色；地面宜为灰色花纹钢板；不锈钢表面宜为本色。

7.2.5 分析小屋的底座应采用槽钢结构。

7.3 电气

7.3.1 分析小屋内正常照度应高于300 lx，事故照度应高于50 lx。

7.3.2 正常照明宜采用双管荧光灯，事故照明宜采用单管荧光灯。开关设在门旁或方便的位置。

7.3.3 信号接线箱和总电源接线箱应安装在分析小屋外墙上；电源分配箱宜安装在分析小屋内。

7.3.4 分析小屋内外电气配线宜采用铝合金或不锈钢槽板敷设，220V AC电源电缆与24V DC电缆应分开敷设、本安电缆和非本安电缆应分开敷设。

7.4 采暖通风和空调系统

7.4.1 分析小屋应设采暖通风和空调系统。分析小屋内温度应为10℃~30℃，相对湿度应为30%~70%。

7.4.2 当分析小屋内可能积聚可燃或有毒气体时，应设置新风系统或强制排风。

7.4.3 当分析小屋设置新风系统时，在引风口处应设遮雨篷和防虫网；风机入口不应靠近载气、校准气钢瓶；当引风口处在危险区引风时，风机入口处应设置可燃或有毒气体检测报警器。

7.4.4 当分析小屋设置强制排风时，应在小屋高处和低处分别设置排风机。

7.4.5 采暖通风和空调系统的控制和联锁应由安装在分析小屋内的可编程序控制器实现。

7.4.6 分析小屋应设置1台~2台带百叶窗排风机。

7.4.7 空调系统主机应安装在分析小屋外。

7.5 安全措施

7.5.1 当分析小屋内可能积聚可燃或有毒气体时，应设置可燃或有毒气体检测报警器，必要时设置低氧检测报警器。当可燃气体浓度达到25%LEL时报警，自动启动排风机。分析小屋应设置旋转式闪光报警灯和报警警号。

7.5.2 分析小屋宜设置可编程序控制器(PLC)，用于控制和安全联锁，并输出公共报警接点至控制系统。

7.5.3 分析小屋应设置防雷、防静电及保护接地。分析小屋本体应就近与电气接地网连接。

7.6 动力供应

7.6.1 每台分析仪应有独立的电源供电回路。配电箱内应该留有20%的备用回路。

7.6.2 在线分析仪供电可由UPS电源配电箱提供220V AC。照明及电伴热等供电由220V AC配电箱提供。采暖通风和空调系统由380V AC配电箱提供。

7.6.3 在线分析仪用仪表空气，压力为0.4MPa(G)~0.7MPa(G)。

7.6.4 当需要蒸汽伴热、采暖时，采用0.3MPa(G)~1.0MPa(G)的低压蒸汽。

8 在线分析仪管理系统

8.1 一般规定

8.1.1 新建大型石油化工项目宜采用在线分析仪管理系统。实现在线分析数据采集、数据分析、在线分析仪工作状态记录、自动校验及报警。

8.1.2 在线分析仪管理系统可将在线分析数据以通信方式传到控制系统或工厂信息管理系统。

8.1.3 在线分析仪管理系统可将在线分析仪集成在同一网络上，集中监视、管理和维护。

8.1.4 在线分析仪管理系统宜采用冗余通信。对传输距离较远的系统，宜采用光缆传输。

8.1.5 在线分析仪管理系统宜采用RS485 MODBUS RTU或TCP/IP通信协议与DCS通信。

8.2 系统构成

8.2.1 硬件

主要硬件包括：服务器、终端机、交换机、光电转换器等。

8.2.2 软件

主要软件包括：PC操作系统、分析仪管理软件等。

附　录　A
(资料性附录)
采样探头长度计算

A.1　探头的共振现象

流体流过垂直于流向的探头时，会在探头后面形成两排平行的旋涡列。两列旋涡交错产生，旋转方向相反，如图 A.1 所示。当流速加快时，旋涡尺寸随之增大，旋涡范围延长。

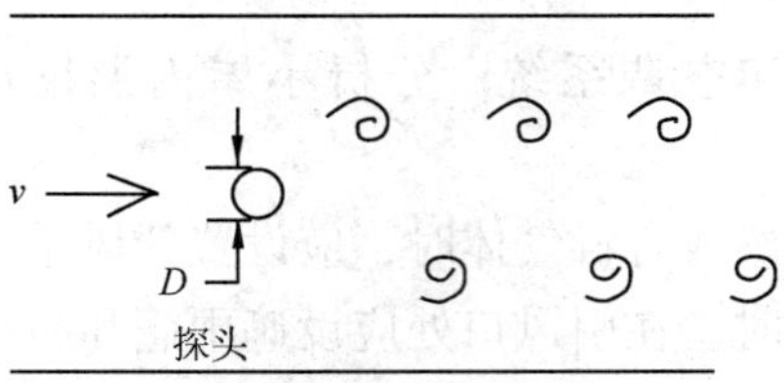

图 A.1　旋涡分离现象示意图

交错产生的旋涡从相反的方向施力于探头，产生周期性的横向推力，使探头随之振动。

旋涡频率 f_s 与流速 v 成正比，与探头外径 D 成反比。当 f_s 与探头的固有频率 f_n 相等时，就会产生共振，造成探头损坏。调整探头的长度，使其固有频率 f_n 低于旋涡频率 f_s，防止共振现象的发生。

A.2　探头固有频率 f_n 的计算

$$f_n = F_m \times \frac{4.38\times10^4}{L^2}\sqrt{\frac{E}{\rho}(D^2+D_i^2)} \quad \text{(A.2)}$$

式中：

f_n——探头固有频率；

E——探头材料的弹性系数，kg/cm²；

ρ——探头材料的密度，kg/m³；

L——探头长度，cm；

D——探头外径，mm；

D_i——探头内径，mm；

F_m——实际质量因子，由于流体环绕探头流动并带动探头振动而引起的探头附加质量常数，对于气体 $F_m=1$，对于液体 $F_m=0.9$。

A.3　旋涡频率 f_s 的计算

$$f_s = S_t \times \frac{v}{D} \times 1000 \quad \text{(A.3)}$$

式中：

f_s——旋涡频率；

v——流体流经探头时的速度，m/s；

D——探头外径，mm；

S_t——斯特劳哈尔数(Strouhal number)，雷诺数 Re(Reynolds number)和探头形状有关，在最恶劣的情况下可取 $S_t=0.4$，一般取 $S_t=0.2$。

A.4　探头的允许长度 L 的计算

使 $f_n=f_s$，即得探头的允许长度 L。

$$L^2=\frac{F_m\times4.38\times D\times10}{S_t\times v}\sqrt{\frac{E}{\rho}(D^2+D_i^2)}\quad\cdots\cdots\cdots\cdots(A.4)$$

式中：

L——探头的允许长度，cm；

E——探头材料的弹性系数，kg/cm^2；

ρ——探头材料的密度，kg/m^3；

v——流体流经探头时的速度，m/s；

S_t——斯特劳哈尔数(Strouhal number)，雷诺数 Re 和探头形状有关，在最恶劣的情况下可取 $S_t=0.4$，一般取 $S_t=0.2$。

F_m——对于气体 $F_m=1$，对于液体 $F_m=0.9$；

D——探头外径，mm；

D_i——探头内径，mm。

附　录　B
（资料性附录）
传输滞后时间计算

B.1　概述

传输滞后时间计算有体积流量法和差压流速图解法。这里介绍体积流量法。

B.2　基本计算公式

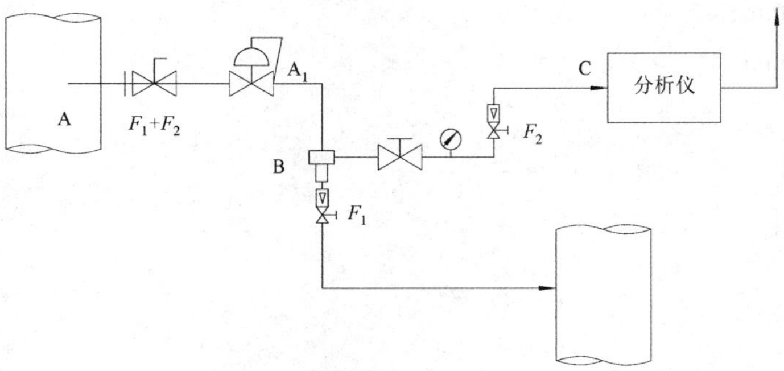

$$T_t=T_{AB}+T_{BC}=\frac{V_1}{F_1+F_2}+\frac{V_2}{F_2} \qquad (B.2)$$

式中：

T_t——样品传送滞后时间；

T_{AB}——AB 段（从取样探头至旁通过滤器）的传送时间；

T_{BC}——BC 段（从旁通过滤器到分析仪）的传送时间；

V_1——AB 段的样品体积；

V_2——BC 段的样品体积；

F_1+F_2——AB 段的流量；

F_2——BC 段的流量。

B.3　修正体积 V

V 由采样管线内样品体积和样品处理元件内样品体积组成。

$$V=\frac{1}{4}\times\pi d^2L+\sum_{i=1}^{n}V_i \qquad (B.3)$$

式中：

d——样品传送管线内径；

L——样品传送管线长度；

V_i——样品处理元件内样品体积。

B.3.1　样品处理元件内样品体积 V_i 修正

样品处理元件包括过滤器、气液分离器、旋风分离器、样品冷却器等。样品在这些元件中的传送，不仅是一个纯体积滞后过程，还是一个浓度变化滞后过程。新鲜样品与滞留在元件中的样品混合平均需要一些时间，也就是新鲜样品将混合样品逐步置换完毕需要一段时间，而这一段时间远比样品通过元件的时间长。

样品处理元件浓度变化滞后表达式为：

$$y=C(1-e^{-t/T}) \qquad (B.3.1)$$

式中：

C——新样品浓度；

y——元件口浓度；

T——样品通过元件时间，即 V_i/流量；

t——浓度变化滞后时间。

当 $t=T$ 时　　$y=63.2\%C$

当 $t=2T$ 时　　$y=86.5\%C$

当 $t=3T$ 时　　$y=95\%C$

当 $t=4T$ 时　　$y=98.2\%C$

当 $t=5T$ 时　　$y=99.3\%C$

可见当 $t=5T$ 时，浓度置换才接近全部完成。推荐取 $t=3T$，即出口浓度变化到 $95\%C$ 时，即认为样品已通过该部件。

推荐处理元件的样品等效体积为实际体积的 3 倍。

B.3.2　滞留体积修正

样品传输中的采样管线接头、与采样管线等内径的阀门及采样管线的死端都存在不流动的滞留体积。与样品处理元件一样，也存在一个浓度变化滞后问题。样品处理元件通过均匀混合逐步完成样品置换；滞留体积通过扩散与流动样品发生浓度交换，置换速度很缓慢。但由于滞留体积很小，对样品浓度的影响也较小。

对滞留体积使用经验值来修正，推荐将采样管线的体积乘以 1.2 倍~1.5 倍。即：

$$V=\frac{1}{4}\times\pi d^2L\times(1.2\sim1.5)+\sum_{i=1}^{n}V_i \quad\cdots\cdots\cdots\cdots\cdots\cdots\cdots\cdots\text{(B.3.2)}$$

B.3.3　样品状态变化体积修正

a)液体样品

液体为不可压缩性流体，压力的变化对液体体积的影响甚小，忽略不计。温度的变化对于液体体积的影响需要修正。

$$V_2=\frac{V_1[1+\mu(t_2-20)]}{1+\mu(t_1-20)} \quad\cdots\cdots\cdots\cdots\cdots\cdots\cdots\cdots\text{(B.3.3-1)}$$

式中：

V_2——取样探头至减温器之间样品的体积减温后等效体积；

V_1——取样探头至减温器之间样品的体积；

μ——液体的体积膨胀系数，1/℃；

t_1——取样点处样品温度，℃；

t_2——减温后样品温度，℃。

对于水，$\mu=18\times10^{-5}$/℃。对于液态烃，$\mu=(100\sim130)\times10^{-5}$/℃。

b)气体样品

1)干气体

$$V_2=V_1\times\frac{p_1T_2Z_2}{p_2T_1Z_1} \quad\cdots\cdots\cdots\cdots\cdots\cdots\cdots\cdots\text{(B.3.3-2)}$$

式中：

V_2——取样探头至减温器之间样品的体积减压减温后等效体积；

V_1——取样探头至减压减温之间样品的体积；

T_1——取样点处样品绝对温度，K；

T_2——减温后样品绝对温度，K；

p_1——取样点处样品绝对压力，Pa；

p_2——减压后样品绝对压力；Pa；

Z_1——取样点处样品压缩系数；

Z_2——减压减温后样品压缩系数。

2）湿气体（干气体与水蒸气的混合物）

$$V_2 = V_1 \times \frac{(p_1 - p_{S1})T_2 Z_2}{(p_2 - p_{S2})T_1 Z_1} \tag{B.3.3-3}$$

式中：

V_2——取样探头至减温器之间样品的体积减压减温后等效体积；

V_1——取样探头至减压减温之间样品的体积；

T_1——取样点处样品绝对温度，K；

T_2——减温后样品绝对温度，K；

p_1——取样点处样品绝对压力，Pa；

p_2——减压后样品绝对压力；Pa；

p_{S1}——取样点处样品蒸汽分压（绝对压力），Pa；

p_{S2}——减压后样品蒸汽分压（绝对压力），Pa；

Z_1——取样点处样品压缩系数；

Z_2——减压减温后样品压缩系数。

3）液体样品气化

$$V_2 = 22.4 \times \frac{\rho V_1}{M} \times \frac{t_2}{273.15 p_2} \tag{B.3.3-4}$$

式中：

V_2——取样探头至气化阀之间样品气化后等效体积，L；

V_1——取样探头至气化阀之间样品的体积，L；

t_2——气化后样品绝对温度，K；

p_2——气化后样品绝对压力；kg/cm^2；

M——摩尔质量，g/mol；

ρ——液体样品密度，g/L。

附　录　C
（资料性附录）
采样探头典型图

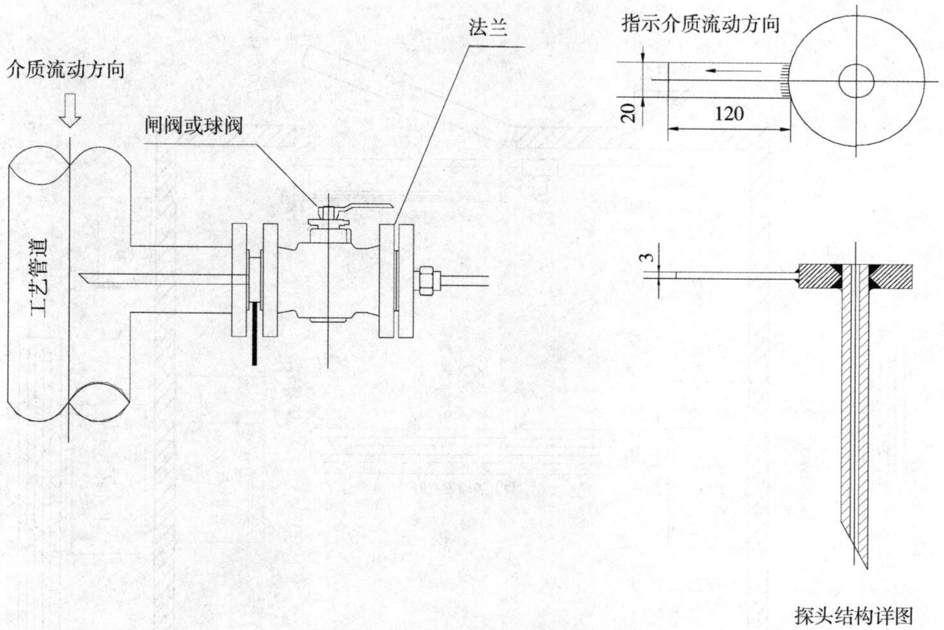

a）非可插拔式探头

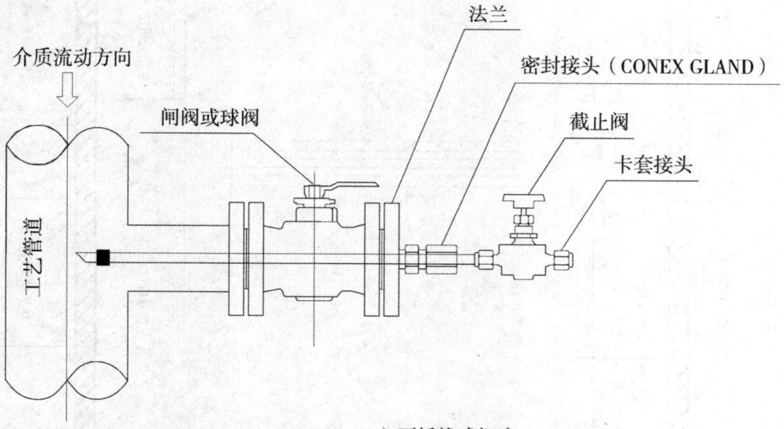

b）可插拔式探头

图 C　采样探头典型图

附 录 D
（资料性附录）
分析小屋典型布置图

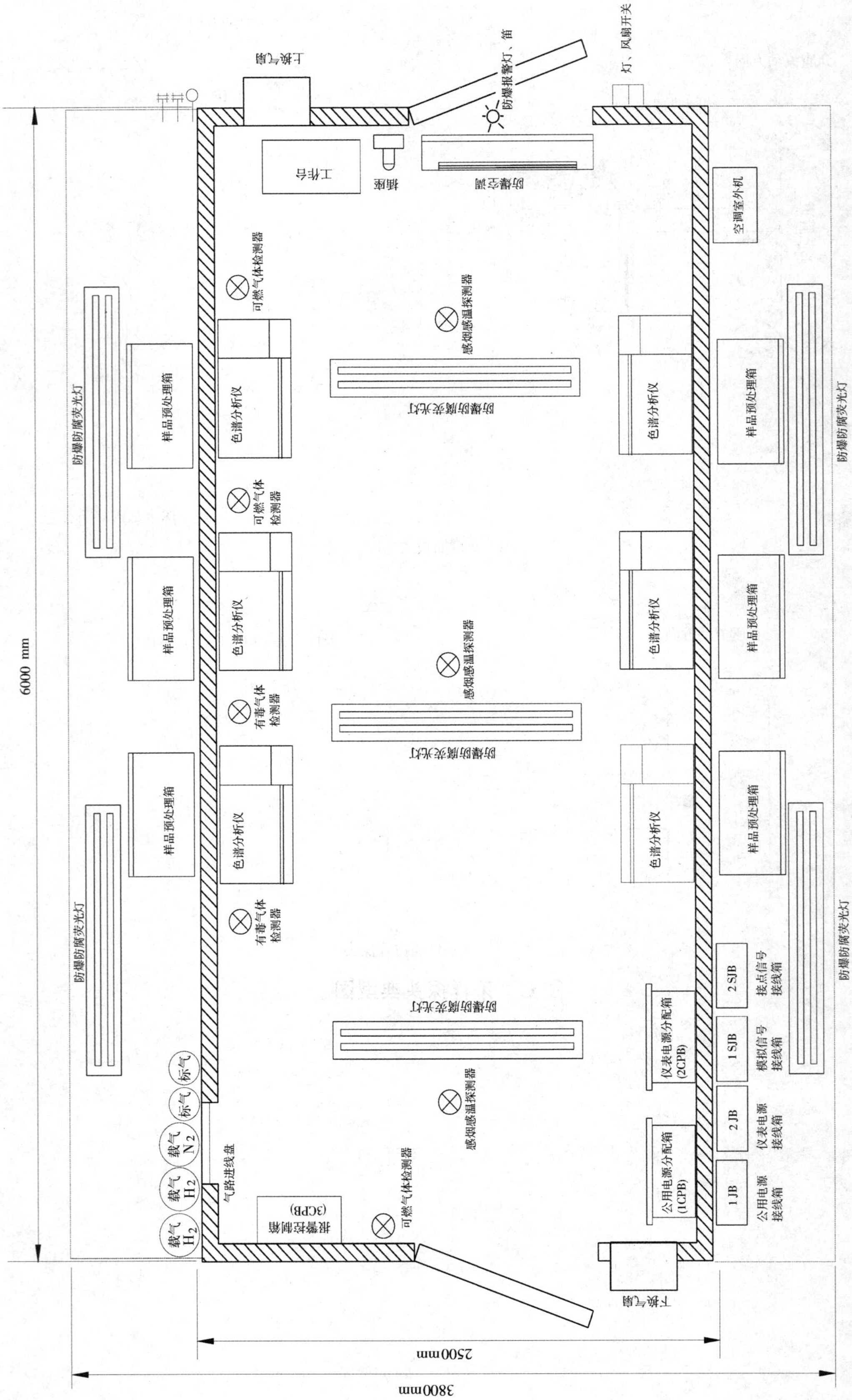

a）分析小屋典型布置图-1

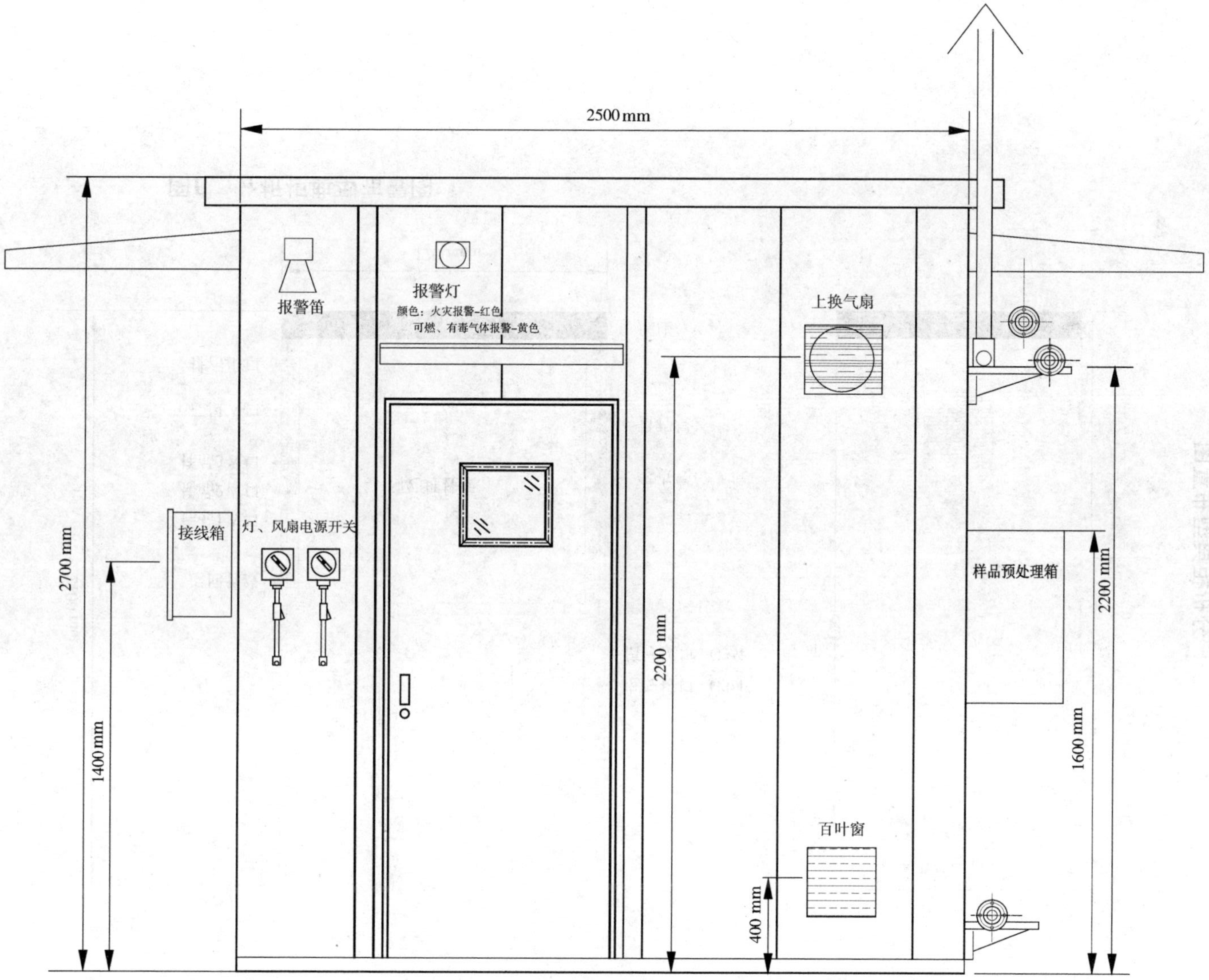

b）分析小屋典型布置图-2

图D 分析小屋典型布置图

附 录 E
(资料性附录)
分析柜典型布置图

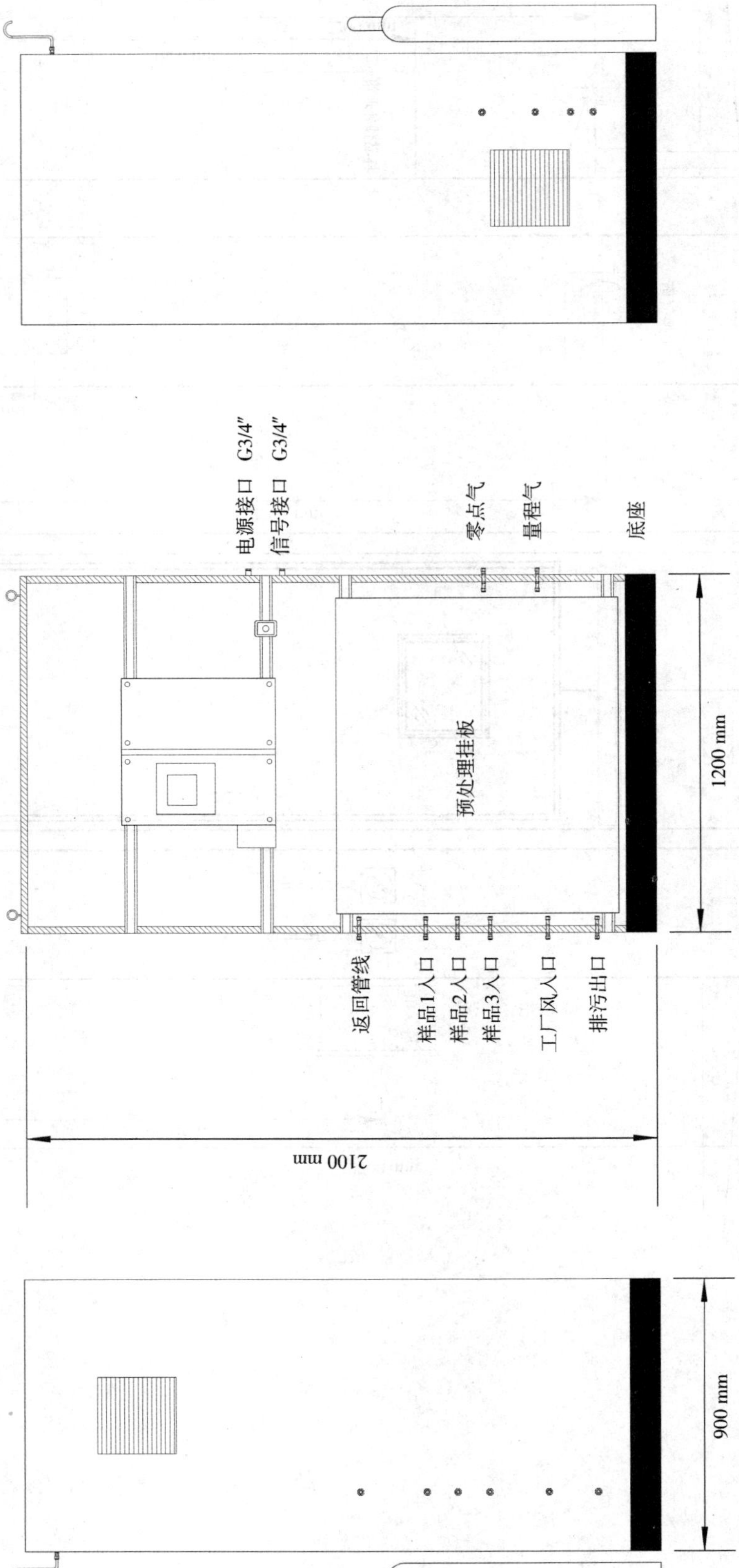

图E 分析柜典型布置图

中华人民共和国石油化工行业标准

石油化工在线分析仪系统设计规范

SH/T 3174—2013

条 文 说 明

2013 北 京

制 定 说 明

SH/T 3174—2013《石油化工在线分析仪系统设计规范》，经工业和信息化部 2013 年 10 月 17 日以第 52 号公告批准发布。

本规范制订过程中，编制组进行了在线分析仪系统有关设计、制造、施工、维护等方面的调查研究，总结了近年来石油化工在线分析仪系统的设计和应用的实践经验，同时参考了国外先进技术法规、技术标准。

为便于广大设计、施工、科研、学校等单位有关人员在使用本规范时能正确理解和执行条文规定，《石油化工在线分析仪系统设计规范》编制组按章、条顺序编制了本规范的条文说明，对条文规定的目的、依据以及执行中需注意的有关事项进行了说明。但是，本条文说明不具备与规范正文同等的法律效力，仅供使用者作为理解和把握规范的参考。

目　次

石油化工在线分析仪系统设计规范

4 一般规定

4.7 采样探头、管线、阀门及管件等的材质宜采用不锈钢316SS。样品中含有腐蚀性介质时宜采用蒙乃尔或哈氏合金等材料。

4.8 在线分析仪系统中每个元件应配置铭牌标识。保护箱、分析柜或分析小屋内的元件应有足够的安装空间，便于维修或更换。电源开关宜安装在保护箱或分析柜外。

5 采样系统

5.1.3 探头的壁厚不应低于工艺管道等级要求。在满足管道等级要求下，6mm(¼″)采样探头的壁厚可采用1mm(0.049″)或1.5mm(0.065″)；10mm(⅜″)采样探头的壁厚可采用1mm(0.049″)或1.5mm(0.065″)；12mm(½″)采样探头的壁厚可采用1.5mm(0.065″)或2mm(0.083″)。

5.2.5 伴热方式有重伴热和轻伴热两种。重伴热是指伴热管和样品管直接接触的伴热方式，轻伴热是指伴热管和样品管不直接接触或在二者之间加一层隔离层。如图1所示。

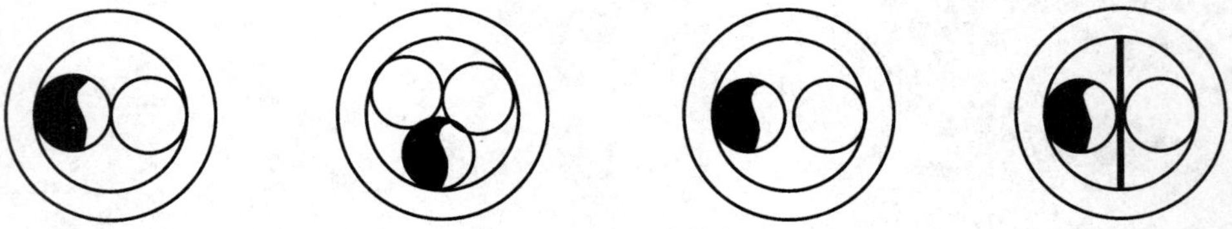

图1 伴热方式

常用的电伴热带有自调控电伴热带和恒功率电伴热带。自调控电伴热带具有自行调控温度的功能，在不同的温度下会产生不同的热量，可不配温控系统。自调控电伴热带适用于维持温度较低的场合。恒功率电伴热带单位长度输出功率恒定，适用于维持温度较高的场合，恒功率电伴热带会出现过热，宜配备温控系统。

5.3.2 气体减压或液体气化可采用蒸汽或电加热补热。

5.3.6 快速回路有快速循环回路和快速旁通回路两种。

a)快速循环回路

快速循环回路如图2所示，利用工艺管线上的压差，在其上下游之间并联一条管线，形成快速循环回路，样品从回路上的某一点取出。

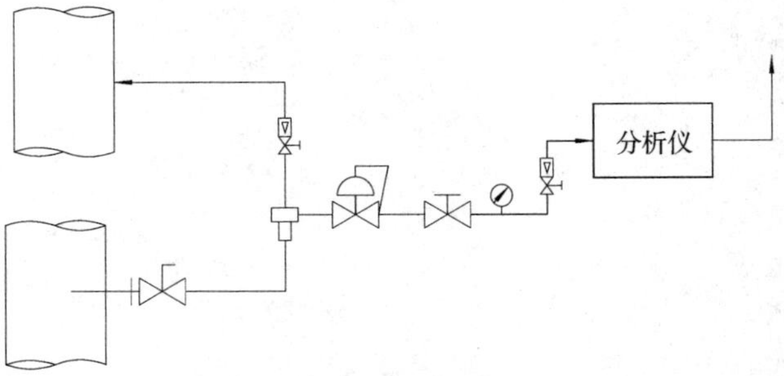

图2 快速循环回路

b)快速旁通回路

快速旁通回路如图 3 所示，样品从工艺管线取出，直接引往分析仪，在进入分析仪前通过旁引出一条支路，返回工艺装置、火炬或废液处理系统等。

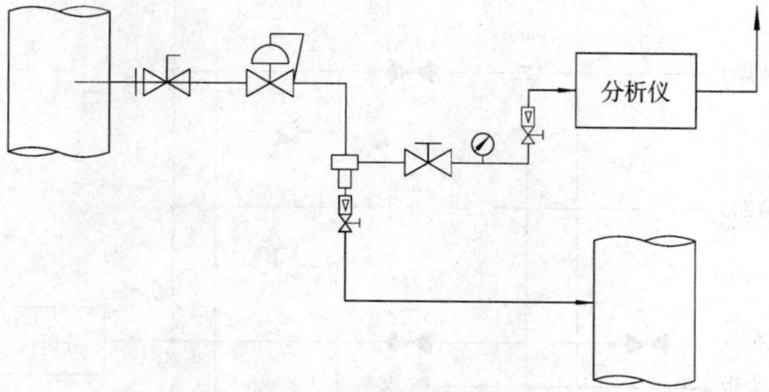

图 3　快速旁通回路

5.3.11　多流路切换单元应确保被选择的流路样品不受滞留样品的影响和被其他流路样品的污染，通常采用两个三通阀构成的双通双阻塞系统或反向吹洗系统。

a) 双通双阻塞系统

双通双阻塞系统原理如图 4 所示。

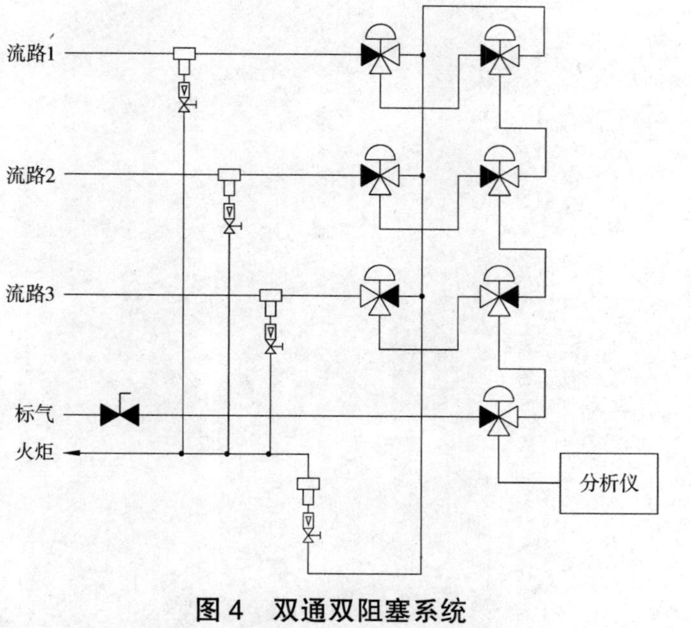

图 4　双通双阻塞系统

图 4 中流路 3 为进样状态，流路 1 和 2 被两个三通电磁阀阻断。流路 1 和 2 两阀之间的滞留样品或阀门泄漏的少量样品经旁通管路排入火炬系统，避免对流路 3 造成污染。

b) 反向洗涤系统

反向洗涤系统原理如图 5 所示。

图 5 中流路 3 为进样状态，流路 1 和 2 被两通电磁阀阻断。流路 3 的样品在流向分析仪的同时，还反向吹洗流路 1 和 2，将两通电磁阀后滞留的样品或阀门泄漏的少量样品吹出，经旁通管路排入火炬系统，避免对流路 3 造成污染。

5.3.13　当样品处理需要温度控制或防护时，应将整个系统安装在保护箱内，箱内安装温度指示。加热形式为电或蒸汽。液体样品的柜体采用双层结构，防止液体泄漏到保温层内。箱体及其附件的材质宜为不锈钢。保温在 50℃以下的保护柜，应设置安全玻璃视窗。箱内可自然通风，避免可燃/有毒气体在柜内积聚。

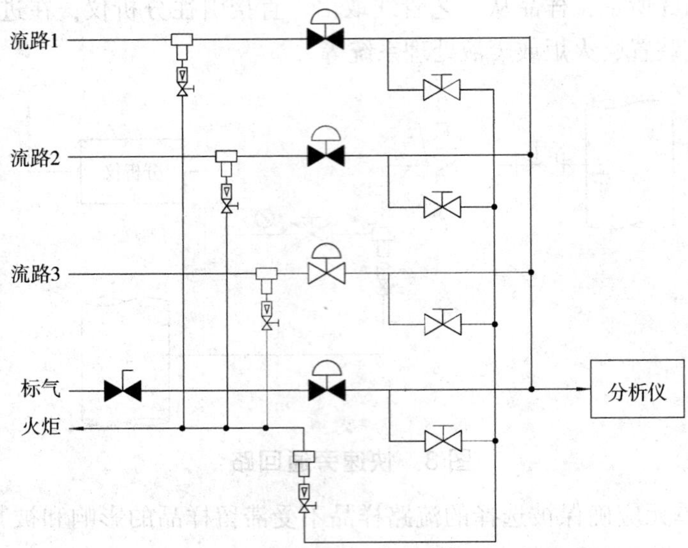

图5　反向洗涤系统

ICS 25.040
P 72
备案号：J3020-2022

SH

中华人民共和国石油化工行业标准

SH/T 3217—2021

石油化工FF现场总线控制系统设计规范

Design specification for the FOUNDATION fieldbus control system in petrochemical industry

2021-08-21 发布　　2022-02-01 实施

中华人民共和国工业和信息化部　发布

目　　次

Contents

前　言

根据中华人民共和国工业和信息化部《2017 年第三批行业标准制修订计划》(工信厅科〔2017〕106 号)的要求，标准编制组经广泛调查研究，认真总结工程实践经验，参考有关国际标准和国外先进标准，并在广泛征求意见的基础上，制定本规范。

本规范共分 7 章、1 个规范性附录和 2 个资料性附录。

本规范的主要技术内容是：工程设计；网段设计；主控制系统设计；文档要求。

本规范由中国石油化工集团公司负责管理，由中国石油化工集团公司自控技术中心站负责日常管理，由中国石化工程建设有限公司负责具体技术内容的解释。执行过程中如有意见和建议，请寄送日常管理单位和主编单位。

本规范日常管理单位：中国石油化工集团公司自控技术中心站
通信地址：上海市徐汇区中山南二路 1089 号徐汇苑大厦 12 楼
邮政编码：200030
电　　话：021-64578936
传　　真：021-64578936
本规范主编单位：中国石化工程建设有限公司
通信地址：北京市朝阳区安慧北里安园 21 号
邮政编码：100101
本规范参编单位：福建联合石油化工有限公司
艾默生过程控制有限公司
浙江中控技术股份有限公司
本规范主要起草人员：林　融　黄步余　李　磊　胡红页　吴跃年　张晓刚　张华平　范宗海
龙蔚泓　赵　霄　郭建勋　刘齐忠　郭　诚　杨　茹　魏　华　杨　麟
本规范主要审查人员：裴炳安　叶向东　吕明伦　王雪梅　樊　清　杨云漪　杜　彧　章敦辉
孙建文　梁　达　陈　鹏　徐伟清　曾裕玲　王秋红　任　泓　李　冰
丁兰蓉　严春明　施建设　林洪俊　李　江　宋志远　刘　冰　郭章顺
于宝全　王发兵　张同科

本规范 2021 年首次发布。

石油化工 FF 现场总线控制系统设计规范

1 范围

本规范规定了石油化工工程项目中采用基金会现场总线控制系统的工程设计原则和基本要求。

本规范适用于石油化工及以煤为原料制取燃料及化工产品工厂的新建、扩建和改建工程的基金会现场总线控制系统的工程设计。

本规范适用于 GB/T 16657.2 和 IEC 61158-2 标准所定义的现场总线类型 1 的双绞线介质中的 b 类-电压模式(并联耦合)、通信速率为 31.25kbit/s 的现场总线，以及 IEC 61784-1 标准所定义的现场总线行规集 CPF 1 中的基金会现场总线行规 1/1，通信速率为 31.25kbit/s 的低速现场总线(FF H1)。

2 规范性引用文件

下列文件对于本规范的应用是必不可少的。凡是注日期的引用文件，仅注日期的版本适用于本规范。凡是不注日期的引用文件，其最新版本(包括所有的修改单)适用于本规范。

GB/T 3836.1 爆炸性环境 第 1 部分：设备 通用要求

GB/T 3836.2 爆炸性环境 第 2 部分：由隔爆外壳“d”保护的设备

GB/T 3836.3 爆炸性环境 第 3 部分：由增安型“e”保护的设备

GB/T 3836.4 爆炸性环境 第 4 部分：由本质安全型“i”保护的设备

GB/T 3836.8 爆炸性环境 第 8 部分：由“n”型保护的设备

GB/T 3836.18 爆炸性环境 第 18 部分：本质安全电气系统

GB/T 4208 外壳防护等级(IP 代码)

GB/T 16657.2 工业通信网络 现场总线规范 第 2 部分：物理层规范和服务定义

SH/T 3164 石油化工仪表系统防雷设计规范

IEC 61131-3 Programmable Controllers—Part 3：Programming languages
可编程序控制器—第 3 部分：编程语言

IEC 61158-2 Industrial communication networks—Fieldbus specifications—
(Ed. 6.0 2014) Part 2：Physical layer specification and service definition
工业通信网络—现场总线规范—第 2 部分：物理层规范和服务定义

IEC 61784-1 Industrial communication networks—Profiles—Part 1：Fieldbus profiles
(Ed. 3.0 2010) 工业通信网络—行规—第 1 部分：现场总线行规

3 术语和缩略语

3.1 术语和定义

下列术语和定义适用于本规范。

3.1.1

现场总线 fieldbus

安装在生产过程区域的现场设备或仪表与控制室内的自动控制装置或系统之间的一种数字、串行、双向、多节点通信的数据总线。

3.1.2

现场总线控制系统　fieldbus control system(FCS)

基于现场总线技术的自动化控制系统。

3.1.3

基金会现场总线　FOUNDATION fieldbus(FF)

由 IEC 61158-2 标准所定义的现场总线类型 1、通信速率为 31.25kbit/s 的现场总线；以及 IEC 61784-1 标准所定义的现场总线行规集 CPF 1 中的基金会现场总线行规 1/1，通信速率为 31.25kbit/s 的低速现场总线(FF H1)。

3.1.4

基金会现场总线控制系统　FOUNDATION fieldbus control system(FFCS)

基于基金会现场总线(FF)技术的自动化控制系统。

3.1.5

网段　segment

H1 现场总线的一部分，以终端器为起点和终点。网段可以通过中继器进行扩展延长。

3.1.6

主干　trunk

FF H1 网段上设备之间的主通信线。主干可以由分支来扩展。

3.1.7

分支　spur

一种与主干相连的 H1 分支，属末级电路。

3.1.8

终端器　terminator

一种安装在传输线始端和末端或接近末端位置的阻抗匹配模块，其特性阻抗与传输线相同。

3.1.9

耦合器　coupler

一种用于连接主干电缆和分支电缆，或主干电缆和现场设备的物理接口。

3.1.10

拓扑结构　topology

FF H1 网段的形状和方案，可以有各种形式，比如树型、菊花链型、点对点型、总线带分支等形式。

3.1.11

H1 网段　H1 segment

用于描述通信速率为 31.25kbit/s 的 FF 网段。

3.1.12

H1 现场总线设备　H1 fieldbus device

能够直接与 H1 现场总线连接的现场设备。常见的 H1 现场设备有变送器和阀门定位器。

3.1.13

周期时间　cyclic period

通信循环周期内，用于发布/预订数据的时间。

3.1.14

周期　cycle

设备完成输入信号处理、算法执行和输出值传送的时间之和称为一个周期。

3.1.15

非周期时间　acyclic period

通信循环周期内，除了用于发布/预订数据的时间外，用于传送其他信息的时间。

3.1.16

宏周期　macrocycle

周期时间与非周期时间之和称为宏周期。

3.1.17

虚拟现场设备　virtual field device(VFD)

一个自动化系统的数据和行为的抽象模型，它用于远程查看对象辞典中定义过的就地设备的数据。

3.1.18

对象字典　object dictionary(OD)

包括设备中所有功能块(FB)、资源块(RB)和转换块(TB)的参数。通过这些参数，FF H1 网段可以对功能块进行访问。

3.1.19

链路　link

一种连接 H1 现场总线设备的逻辑介质。它由一个或多个通过总线、中继器或耦合器互联的物理网段组成。

3.1.20

调度　schedules

定义功能块(FB)何时执行，以及其数据和状态何时在总线上发布。

3.1.21

链路活动调度器　link active scheduler(LAS)

一个确定的、集中式的总线调度程序，它管理着一张传输时刻表，所有设备中的数据缓冲器中的数据需要周期性地传输，这些数据的传输顺序就由这个传输时刻表来规定。

3.1.22

数据链路层　data link layer(DLL)

控制现场总线上的报文传输、并通过链路活动调度器(LAS)管理对现场总线的访问的数据链路。

3.1.23

现场总线报文规范　fieldbus messaging specification(FMS)

包含基金会现场总线中应用层服务定义的报文规范。FMS 规定访问功能块(FB)参数的服务和报文格式，以及虚拟现场设备(VFD)中定义参数的对象字典(OD)描述。

3.1.24

现场总线访问子层　fieldbus access sublayer(FAS)

将现场总线报文规范(FMS)映射到数据链路层(DLL)的子层。

3.1.25

设备描述　device description(DD)

提供虚拟现场设备(VFD)中每个对象的扩展说明，它包括主控制系统或主机理解 VFD 中的数据含义所需的信息。

3.1.26

能力文件　capabilities file

描述现场总线设备中通信对象的电子文件。在现场总线设备不在线的情况下，组态设备(如 DCS、IDM 或手操器等)也能够通过设备描述(DD)文件和能力文件进行现场总线系统的组态工作。

3.1.27

柔性功能块　flexible function block(FFB)

一种比标准功能块具有更多功能的离散型功能块。编程工具可以创建一个具有特定功能的柔性功能块，并规定该柔性功能块的具体功能、块参数的次序和定义，以及块执行所需的时间等。

3.1.28

主控制系统　host

与现场总线 H1 网段相联接的主系统，如：DCS、PLC、工业控制 PC 机等，本规范主系统采用 DCS。

3.1.29

互操作性　interoperability

FF H1 网段上一家生产商的设备与另一家生产商的设备交互作用时，不会丧失各自的功能。

3.1.30

互操作性测试工具　interoperability test kit(ITK)

一种由 FCG 实施的互操作性测试程序。如果设备经过了 ITK 测试，完全符合 FF 总线的各项标准，该设备才能标上 FF 认证标志。

3.1.31

主控制系统互操作性测试　host interoperability support test(HIST)

用于测试主控制系统与 FF 现场设备兼容性的测试。

3.1.32

链路主设备　link master(LM)

任何有能力成为链路活动调度器(LAS)的设备，包括主机接口或某些其他总线设备，它控制 H1 现场总线链路上的通信。

3.1.33

虚拟通信关系　virtual communication relationship(VCR)

在 FF 网络中，设备之间传送信息是通过预先组态好的通信通道进行的，这种在现场总线网络各应用之间的通信通道称之为虚拟通信关系。为了满足不同的应用需要，FF 总线设置了三类虚拟通信关系：发布/预订接收型、客户/服务器型和报告/接收型。

3.1.34

链接对象　link objects

包含同一设备和多个设备之间，功能块(FB)之间输入/输出(I/O)参数之间的连接关系。链接对象直接与虚拟通信关系(VCR)连接。

3.1.35

网络管理　Network Management(NM)

支持基金会 FF H1 网段管理器(NMgr)实体，利用网络管理代理(NMA)执行网段上的管理操作。每个 NMA 负责一个设备的通信。NMgr 和 NOMA 利用 FMS 和虚拟通信关系(VCR)进行通信。

3.1.36

资源块　resource block(RB)

描述现场设备的特征，如设备名称、生产商和系列号。每台设备中只能存在一个资源块(RB)。

3.1.37

标准功能块　standard function block

能实现标准控制功能的功能块，它内置在现场总线设备中。标准功能块提供的功能包括模拟输入(AI)、模拟输出(AO)和比例/积分/微分(PID)控制。

3.1.38

现场总线本质安全概念　fieldbus intrinsically safe concept(FISCO)

符合 IEC 60079-27 标准的现场总线本质安全概念或模型，对于获得认证的 FISCO 设备，允许在爆炸危险区域 0 区、1 区和 2 区内的[Ex ia]、[Ex ib]或[Ex ic]本质安全网段上增加电源功率，使得每个本质安全网段上能够带载更多的设备，根据 FISCO 设计网络时，无需计算电容和电感等实体参数。

3.1.39

系统管理　system management(SM)

实现现场总线上功能块(FB)执行和 FB 参数通信的同步，向所有设备发布同步日期时间，自动分配设备地址，以及在现场总线上搜索参数名或控制策略标识。

3.1.40

控制策略标识　tag

表示某个特定的控制回路、过程变量、被测输入量、中间计算值，或上述几者的组合，以及所有与控制和输出算法相关的属性集合。每个控制策略标识是唯一的。

3.1.41

控制策略标识号　tag ID

分配给输入、输出、设备项和控制块的唯一字母数字码。控制策略标识号可以包含工厂区域的标识符。

3.1.42

转换块　transducer block(TB)

将从传感器读取的信号转换后输入到功能块(FB)的输入端，或者把功能块(FB)的输出端信号转换成可以直接输出到设备的命令信号。转换块(TB)包含设备的诸如校准日期和传感器类型等信息。每个功能块(FB)的输入或输出端都对应有一个 TB 通道。

3.2　缩略语

下列缩略语适用于本规范。

BPS	Bulk Power Supply	主配电电源
CCS	Compressor Control System	压缩机控制系统
CFF	Common File Format	通用文件格式
DCS	Distributed Control System	分散控制系统
DDF	Device Description File	设备描述文件
DLL	Data Link Layer	数据链路层
EDDL	Electronic Device Description Language	电子设备描述语言
FAS	Fieldbus Access Sublayer	现场总线访问子层
FAT	Factory Acceptance Test	工厂验收测试
FB	Function Block	功能块
FBA	Field Barrier	现场安全栅
FCG	Fieldbus Communication Group	现场总线通信集团
FCS	Fieldbus Control System	现场总线控制系统
FDI	Field Device Integration Technology	现场设备集成技术
FDS	Functional Design Specification	功能设计规格书
FF	Foundation Fieldbus	基金会现场总线
FFB	Flexible Function Block	柔性功能块
FFCS	Foundation Fieldbus based Control System	基金会现场总线控制系统

FFPS	Foundation Fieldbus Power Supply	基金会现场总线电源调整器
FF H1	Low Speed Fieldbus	低速现场总线
GDS	Gas Detection System	可燃和有毒气体检测系统
H1	Fieldbus Device	现场总线设备
FISCO	Fieldbus Intrinsically Safe Concept	现场总线本质安全概念
FJB	Fieldbus Junction Box	现场总线接线箱
HART	Highway Addressable Remote Transducer	可寻址远程传感器高速通信协议
HET	High Energy Trunk	高能量主干网段
HIST	Host Interoperability Support Testing	主控制系统互操作性测试
HMI	Human-Machine Interface	人机接口
HSE	High Speed Ethernet	高速以太网
IDM	Intelligent Device Management	智能设备管理系统
ITK	Interoperability Test Kit	互操作性测试工具
LAS	Link Active Schedule	链路活动调度器
LM	Link Master	链路主设备
MAI	Multi Analog Input	多路模拟输入
MAO	Multi Analog Output	多路模拟输出
MDI	Multi Discrete Input	多路离散输入
MDO	Multi Discrete Output	多路离散输出
MMS	Machinery Monitoring System	机组监测系统
OD	Object Dictionary	对象字典
PID	Proportional/Integral/Derivative Control	比例/积分/微分控制
PLC	Programmable Logic Controller	可编程序逻辑控制器
RB	Resource Block	资源块
SAT	Site Acceptance Test	现场验收测试
SER	Sequence of Events Recorder	顺序事件记录
SIL	Safety Integrity Level	安全完整性等级
SIS	Safety Instrumented System	安全仪表系统
TB	Transducer Block	转换块
VCR	Virtual Communication Relationship	虚拟通信关系

4 工程设计

4.1 总体要求

4.1.1 基金会现场总线控制系统(FFCS)应具有先进可靠的硬件和成熟有效的系统软件及应用软件包，应能满足石油化工工厂的操作、控制、维护及生产精益管理的需要。

4.1.2 FFCS 应具有开放性网络结构和标准通信接口，支持 TCP/IP、OPC、Modbus TCP、Modbus RTU、FF、HART 等通信协议。

4.1.3 智能设备管理系统(IDM)应与 FFCS 可靠集成，并应具备预测诊断、预测维护及设备资产管理功能。

4.1.4 FFCS 应具有安全可靠性、系统完整性、互操作性、易维护性及易扩展性。

4.2 设计原则

4.2.1 模拟量监视回路应在现场总线设备中实现。

4.2.2 单 PID 调节回路宜在现场总线设备中实现，PID 模块宜配置在 FF 阀门定位器中，单 PID 调节回路应在 DCS 中设置显示模块。

4.2.3 串级调节回路的主调节回路宜在 DCS 控制器中实现，副调节回路宜在 FF 阀门定位器中实现。

4.2.4 复杂调节回路的信号宜采用 FF 现场总线与 DCS 通信，其控制算法应由 DCS 控制器实现。

4.2.5 电动机定子温度及轴承温度监控宜采用 FF 现场总线技术。

4.2.6 具有 FF 信号功能的 pH 计、电导率仪等两线制分析仪宜采用 FF 现场总线技术；其他复杂分析仪不宜采用 FF 现场总线技术。

4.2.7 用于顺序控制的开关阀的控制信号及限位开关信号不宜采用 FF 现场总线技术。

4.2.8 SIS、GDS、CCS、MMS、PLC 及专用控制系统不宜采用 FF 现场总线技术。

4.2.9 需高速处理的调节回路不应采用 FF 现场总线技术。

4.2.10 特殊测量仪表不应采用 FF 现场总线技术。

4.3 基础工程设计

4.3.1 本阶段应完成 FFCS 工程设计规定，应包括下列内容：

a） 确定现场总线拓扑结构；

b） 选择网段防爆类型；

c） 确定网段负载和宏周期；

d） 确定总线电源及总线电缆要求；

e） 确定现场总线设备选型；

f） 规定 FFCS 其他技术要求。

4.3.2 本阶段应完成仪表索引表、FF 仪表规格书。

4.3.3 本阶段应完成 FFCS 技术规格书：包括设计原则，供货范围，系统配置，系统硬件功能、软件功能，冗余要求，组态要求，FAT 要求，SAT 要求，培训要求，技术服务要求，初步的 I/O 清单及网段清单等。

4.4 详细工程设计

4.4.1 本阶段应完成仪表索引表、仪表规格书、现场总线仪表平面布置图、FF H1 网段图、现场总线电缆表、现场总线接线箱图等。

4.4.2 本阶段应确定 FFCS、FF 通信模块 H1 卡、FF 现场总线设备、FF 现场总线辅助设备及 FF 现场总线电缆。

4.4.3 本阶段应完成 FFCS 制造厂返回资料的确认。

4.4.4 本阶段应完成 FF H1 网段设计，并在仪表工程数据库中补充 FF 参数。

4.4.5 本阶段应提供 FF 仪表数据，包括位号、厂家名称、设备版本号、DD/CF 文件版本号、测量量程、显示量程等；应对 FFCS 工程组态提供支持。

4.4.6 本阶段应完成 FF H1 网段检查及验证设计。

4.4.7 应在 FAT 之前完成终版的仪表规格书、仪表工程数据库及有关设计文件。

4.4.8 应在 SAT 之后修改完善仪表规格书及相关设计文件。

4.5 制造厂设计工作

4.5.1 FFCS 制造厂应确认现场总线仪表及网段设备选型，并对新注册的 FF 设备进行 ITK 互操作性测试和 FFCS 兼容性测试。

4.5.2 FFCS 制造厂应完成 FFCS 功能设计规格书(FDS)。

4.5.3 FFCS 制造厂应设计 FFCS 应用软件工具包，包括典型的 FF 回路类型定义，FF 回路功能确定，FF 操作面板，典型实时和历史趋势画面、典型报警及事件记录面板等。

4.5.4 FFCS 制造厂应完成 FF 典型回路功能预测试。

4.5.5 FFCS 制造厂应确认 FF H1 网段校验报告。

4.5.6 FFCS 制造厂应提供用于 FFCS、IDM 的项目完整 DD 文件和应用文件。

4.5.7 FFCS 制造厂应采用标准的组态工具包完成 FFCS 组态。

4.5.8 FFCS 制造厂应完成并发布 FAT、SAT 执行程序。

4.5.9 FFCS 制造厂应完成 FFCS 的 FAT、SAT 并签署 FAT、SAT 报告。

4.5.10 FF 设备制造厂应将设备位号、节点地址、设备等级等 DD 参数写入设备中。

5 网段设计

5.1 基本技术要求

5.1.1 执行标准应为 GB/T 16657.2、IEC 61158-2、IEC 61784-1 和基金会现场总线 FF 系列标准。

5.1.2 通信信号应为曼彻斯特编码、位同步、双向、全数字、2 线制、多节点。

5.1.3 通信波特率应为 31.25kbit/s，脉冲周期应为 32μs/bit。

5.1.4 通信信号电流幅值应为±9mA，基准电流(I_B)应为 10mA。

5.1.5 通信信号电压幅值应为 0.75V~1V p-p。

5.1.6 网段驱动电压应为 9V~32V DC；本质安全网段驱动的电压应取决于总线安全栅的输出电压。

5.1.7 网段电缆应采用 A 型 FF 现场总线电缆。

5.1.8 网段电缆总长度应为主干电缆长度加各分支电缆长度之和，且电缆总长度不应超过 1900m。

5.1.9 分支电缆长度范围宜为 1m~100m，且不应超过 120m。

5.1.10 每个 FF H1 网段挂接现场设备数量不应超过 16 台，工程上不宜超过 12 台。

5.1.11 整个网段设计和安装过程中应考虑接线极性。

5.2 系统配置与集成

5.2.1 FFCS 系统配置宜包括以下部分：

a) 主控制系统；
b) 冗余 FF 通信模块 H1 卡；
c) FF 现场总线设备，包括：FF 变送器、FF 阀门定位器、FF 转换器等、FF 数字 I/O 耦合器、FF 指示器等；
d) FF 现场总线辅助设备，包括：FF 电源调整器、FF 接线箱、FF H1 网段保护器、FF 终端器、FF 现场安全栅、FF 电涌保护器等；
e) FF 现场总线电缆。

5.2.2 FF 现场总线的控制、操作及监视功能应能够通过对 FF 功能块的组态集成到 DCS 内。

5.2.3 FF 现场总线的系统组态及生成应能够集成到 DCS 的系统组态工具中，应包括：H1 网段组态、确认 FF 现场总线设备已注册、FF 操作面板组态等。

5.2.4 FF 设备信息应能集成进入 IDM，IDM 应能实现对 FF 仪表及 HART 仪表统一管理，包括诊断校验和设置参数修改等。

5.3 FF H1 网段拓扑结构

5.3.1 FF H1 网段拓扑结构宜采用树型、T 型和树型+T 型组合型，不应采用菊花链型。

5.3.2 网段拓扑结构应根据现场总线设备的密集程度进行选择。树型结构宜用于现场总线设备较密集的区域；T 型结构宜用于现场总线设备的安装位置较分散的区域；树型+T 型组合型结构宜用于上述两项现场总线设备安装位置并存的区域。

5.3.3 树型拓扑结构(如图5.3.3所示)应符合下列要求:

a) 多台现场总线设备用分支电缆连接至总线接线箱，再用主干电缆连接至主控制系统内的总线电源调整器和H1卡;

b) 每个分支应设有独立的短路保护器。短路保护器限制分支的短路电流不应超过60mA。短路保护器应安装在FJB中。

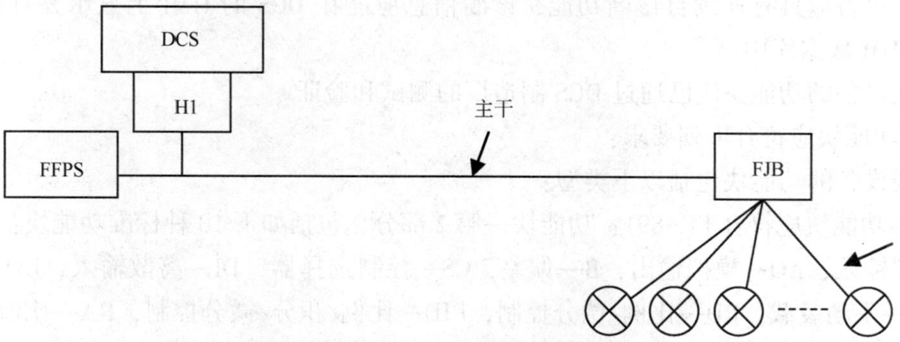

图5.3.3 树型拓扑结构

5.3.4 T型拓扑结构(如图5.3.4所示)应符合下列要求:

a) 现场总线设备应通过分支电缆在接线盒处与多节点总线网段的主干电缆连接;

b) 每个分支应设有独立的短路保护器，当任何1个分支短路时，不得影响其他分支的正常工作。

短路保护器限制分支的短路电流不应超过60mA。短路保护器应安装在现场总线接线盒中。

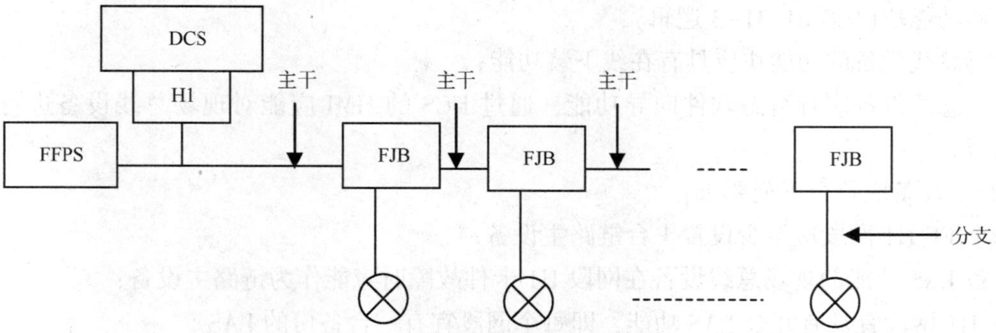

图5.3.4 T型拓扑结构

5.3.5 T型+树型组合型拓扑结构(如图5.3.5所示)的分支电缆应从主干电缆引出，不得从其他分支电缆引出。

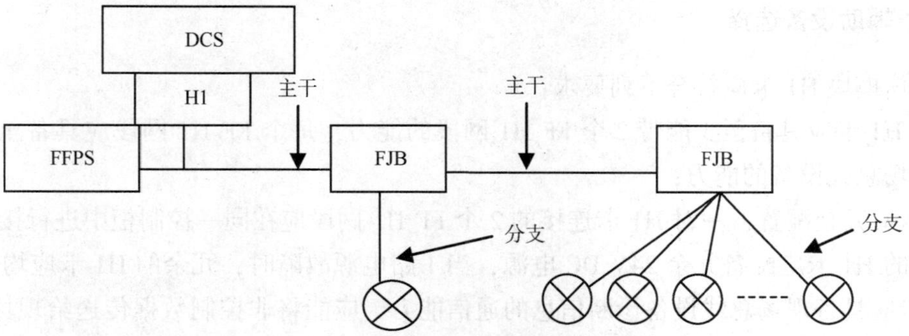

图5.3.5 T型/树型组合型拓扑结构

5.4 现场总线设备选择

5.4.1 FF 现场总线设备的互操作性及自诊断功能应符合下列要求：

a） 现场总线设备应与 DCS 及 IDM 在联机情况下能够进行互操作性测试；

b） 现场总线设备应通过 FCG 的互操作性测试工具(ITK)的测试认证，并且应在 FF 现场总线网站上已注册的现场总线设备清单中列出；

c） 现场总线设备应具有连续自诊断功能，诊断信息应能在 DCS 的 HMI 上显示并且能存储在 DCS 和 IDM 数据库中；

d） 现场总线设备的功能块应已通过 DCS 制造厂的测试和验证。

5.4.2 现场总线功能块应符合下列要求：

a） 现场总线设备的功能块包括以下类型：

1） 标准功能块应符合 FF-891：功能块—第 2 部分，包括如下 10 种标准功能块：
AI—模拟输入，AO—模拟输出，B—偏差，CS—控制选择器，DI—离散输入，DO—离散输出，ML—手动装载，PD—比例/微分控制，PID—比例/积分/微分控制，RA—比值。

2） 先进功能块应符合 FF-892：功能块—第 3 部分，包括如下 19 种先进功能块：
脉冲输入，复杂 AO，复杂 DO，步进输出 PID，设备控制，给定值斜率，分线器，输入选择器，信号表征器，停滞时间，计算，超前/滞后，算法，积分器，定时器，模拟报警，离散报警，模拟人机接口，离散人机接口；

3） 附加功能块应符合 FF-892：功能块—第 4 部分，包括如下 4 种附加功能块：
多路模拟输入，多路模拟输出，多路数字输入，多路数字输出；

4） 柔性功能块应符合 FF-892：功能块—第 5 部分，包括如下 1 种柔性功能块：
柔性功能块(IEC 61131-3 逻辑)；

b） 现场总线设备的功能块应具有在线下装功能；

c） 现场总线设备应有组态软件向导功能，通过 DCS 的 HMI 应能对现场总线设备进行组态及调试。

5.4.3 链路主设备应符合下列要求：

a） 每个 FF H1 网段应至少设置 1 台链路主设备；

b） 具备 LAS 功能的现场总线设备在网段 H1 卡件故障时应能作为链路主设备；

c） FF H1 网段宜具有冗余 LAS 功能，即每个网段宜有一台备份的 LAS。

5.4.4 现场总线设备升级应符合下列要求：

a） 现场总线设备应内置闪存，并能实现在线升级功能；

b） 应对现场总线设备的软件版本、DDF 及 CFF 的版本进行记录和备份。

5.5 现场总线辅助设备选择

5.5.1 FF 通信模块 H1 卡应符合下列要求：

a） 每个 H1 卡应具备至少能带 2 个 FF H1 网段的能力，每个 FF H1 网段应具备至少能挂接 16 台现场总线设备的能力；

b） H1 卡应冗余配置，一对 H1 卡连接的 2 个 FF H1 网段应在同一控制柜中进行接线；

c） 冗余的 H1 卡应配备冗余 24V DC 电源，当 1 路电源故障时，冗余的 H1 卡应均能工作；

d） H1 卡应具备现场总线设备诊断信息的通信能力，应能将非控制数据传送给现场总线设备资源管理应用程序；

e） H1 卡应具备热插拔功能。

5.5.2 现场总线设备供电和 BPS 应符合下列要求：

a） 现场总线设备宜采用总线供电方式；也可采用外部供电方式；

b) 总线供电的现场总线设备工作电压宜为13V~32V DC，工作电流宜为10mA~30mA；

c) 外部供电的现场总线设备工作电压宜为24V DC或220V AC；

d) 外部供电的现场总线设备的供电电路应与信号电路(即现场总线)完全隔离；

e) BPS应冗余配置，宜与DCS共用；

f) BPS的输出电压宜为24V DC，电压波动不应超过0.1V p-p，应冗余配线至FFPS的电源输入端。

5.5.3 FF电源调整器(FFPS)应符合下列要求：

a) FFPS应为FF H1网段提供电源，每个网段的供电和FFPS应冗余配置，可在线切换；

b) FFPS应包括低通滤波、阻抗匹配、输出限压、输出限流和对每个网段的短路保护功能；

c) FFPS应由冗余的BPS供电，输入电压宜为24V DC，电压波动不应超过0.1V p-p；

d) FFPS的输出电压宜为24V~32V DC，输出电流宜为350mA~500mA，FFPS应带内部短路保护及限流功能；

e) 用于本质安全系统的FFPS应符合IEC 60079-27对于FISCO电源的规定；

f) FFPS应带对每个网段的供电状态LED指示及故障报警接点输出；

g) FFPS的绝缘电压应大于250V DC，接线端子压接线径宜为0.2mm^2~3.3mm^2(12AWG~24AWG)；

h) FFPS的电源输出端应对地隔离；

i) FFPS应带有集成的现场总线终端器，终端器上应贴有醒目的标识“T”。

5.5.4 FF接线箱(FJB)与FF H1网段保护器应符合下列要求：

a) 材质：FJB的材质宜采用不锈钢或铸铝合金。对于增安型(Ex e)及本质安全型(Ex i)接线箱，宜采用不锈钢。对于隔爆型(Ex d)接线箱，宜采用铸铝合金；

b) 防爆等级：要求接线箱本体及内部所有电气/电子元器件应适用于所安装的爆炸危险区域并具有国家授权防爆认证机构颁发的整体防爆认证证书；

c) 防护等级：FJB不应低于GB/T 4208和IEC 60529所规定的IP65防护等级；

d) 抗冲击强度：FJB应符合GB/T 3836.1对于抗冲击试验的要求。当采用不锈钢时，壳体厚度应大于等于1.5mm；

e) 电缆进线口：电缆进线口应位于接线箱底部或侧面，不应位于接线箱顶部。电缆进线口的尺寸应根据最终选定的电缆外径来确定；

f) 电缆防爆密封接头和堵头：接线箱出厂时均应为每个电缆进线口装配防爆密封接头和防爆密封堵头；

g) FJB的外形尺寸应能够安装至少1个网段的FF H1网段保护器，每个网段应至少带12台FF设备；

h) FJB内应装有现场总线设备网段保护器及端子排；

i) FF H1网段保护器上应带有集成的主干供电LED指示、各分支短路及过流保护器和短路及过流LED指示，短路保护器应能限制分支的短路电流I_s不大于60mA；

j) 在FJB内，对于每个网段均应配备一个内置的总线终端器；

k) FJB的端子排上应标明网段号、主干(Trunk)、分支(Spur)及终端器标识“T”。

5.5.5 FF数字I/O耦合器应符合下列要求：

a) FF数字I/O耦合器应具有增安型(Ex e)或本质安全型(Ex i)防爆认证，可应用于增安型(Ex e)或本质安全型(Ex i)网段主干；

b) 对于非本质安全应用，FF数字I/O耦合器可连接电磁阀、LED指示灯、干接点及接近开关；

c) 对于本质安全应用，FF数字I/O耦合器可连接最多8个本质安全NAMUR型DI信号及4个本质安全电磁阀或带LED指示灯DO信号；

d） 负载电流宜为 15mA～30mA，当负载电流达 30mA 时，现场总线设备工作电压应大于 13V DC；

e） 所有数字 I/O 信号均应有开路和短路监视功能及带有 LED 指示；

f） 输入与输出之间、输入/输出与主干之间均应电气隔离；

g） FF 数字 I/O 耦合器应具有 2 线制供电和/或 4 线制供电；

h） FF 数字 I/O 耦合器应安装在独立的接线箱内；

i） FF 数字 I/O 耦合器可用于以下 FF 功能块：

1） DI、DO；

2） MDI、MDO；

3） 用于脉冲(频率)输入的 AI；

4） 用于计数器输入的 CI；

5） 用于逻辑功能的定时器。

5.5.6 FF 终端器应符合下列要求：

a） FF 终端器应采用 100Ω 电阻及 1μF 电容串联预制，以防止现场总线信号失真及衰减；

b） 每个 FF H1 网段应安装两个 FF 终端器，一个安装在 FJB 中，另一个安装在 FFPS 内，FF 终端器上需贴有醒目的标识“T”。

5.5.7 FF 现场安全栅(Field Barrier)应符合下列要求：

a） FF 现场安全栅应具有本质安全系统防爆认证及符合 IEC 60079-27 标准和 IEC 61158-2 物理层技术标准的 FISCO 规定。

b） FF 现场安全栅应安装在 1 区或 2 区内，所关联的本质安全现场总线设备应安装在 0 区、1 区或 2 区内；

c） FF 现场安全栅应采用隔离式安全栅；

d） 主干输入额定电压宜为 16V～32V DC，终端阻抗宜为 100Ω；

e） 分支输出额定电压最小应为 10V DC(40mA)；

f） 分支输出额定电流最大应为 40mA；

g） 各分支应带有独立的短路保护器和短路 LED 指示，短路电流不应大于 50mA；

h） FF 现场安全栅应安装在 FJB 内。

5.5.8 FF 电涌保护器的设置应符合下列要求：

a） FFCS 的防雷设计应符合 SH/T 3164 中关于现场总线系统防雷的规定；

b） FF 主干电涌保护器的设置应符合下列要求：

1） FF H1 网段主干的两端(系统端和网段保护器端)所设置的 FF 电涌保护器应区分为非本质安全型(用于增安型及隔爆型主干)和本质安全型(用于本质安全型主干)两类，不应混用；

2） 最大持续运行电压不宜低于 36V DC，最大信号电流宜为 650mA～1000mA(本质安全应用宜为 675mA)；

3） 标称放电电流应至少为 10kA(在 8μs/20μs 电涌实验波形下)；

4） 最大信号电流下的电压保护水平最大为 60V DC；

5） 在系统端的防护等级应至少为 IP20，在网段保护器端的应至少为 IP65；

c） FF 分支和 FF 现场仪表电涌保护器的设置应符合下列要求：

1） 应分为隔爆型(用于隔爆型分支)和本质安全型(用于本质安全型分支)两种类型；

2） 最大持续运行电压不宜低于 36V DC，最大信号电流宜为 550mA；

3） 标称放电电流应至少为 3kA(在 8μs/20μs 电涌实验波形下)；

4） 最大信号电流下的电压保护水平最大为 60V DC；

5） FF 分支电涌保护器的防护等级应至少为 IP54(应安装在 FJB 内)；

6） FF 现场仪表的电涌保护器分为外置式和内置式，外置式的防护等级应至少为 IP65。

5.6 现场总线电缆选择

5.6.1 FF 现场总线电缆应符合下列要求：

a） FF H1 电缆应符合 IEC 61158-2 标准；

b） 应采用 A 型 FF 现场总线电缆。

5.6.2 IEC 61158-2 标准规定的 A 型 FF 电缆主要技术参数如表 5.6.2 所示，详细的规格参数应符合附录 A 规定。

表 5.6.2 FF 现场总线 A 型电缆主要技术参数(环境温度为 25℃时的最低要求)

参数项	数值
线号	18AWG(0.8mm^2)
屏蔽	90%覆盖率
衰减值	39kHz 时 3db/km
最大工作电容(@1kHz)	78nF/km
特性阻抗	31.25kHz 时 100Ω±20%
最大传播延迟(@7.8kHz~39kHz)	1.7μs/km
对屏蔽最大不平衡电容(@1kHz)	2nF/km

5.7 FF H1 网段设计

5.7.1 FF H1 网段设计应符合下列基本要求：

a） FF H1 网段设计应具备下列条件：

1） 工艺管道及仪表流程图 P&ID 已确定；

2） 过程控制策略已确定；

3） 现场总线设备选型已确定；

4） 现场总线设备的安装位置已确定；

5） 在 DCS 控制器中，现场总线设备的 I/O 分配已基本完成；

b） 确定网段的拓扑结构；

c） 对于非本安型网段和非本安型主干设计，每个 FF H1 网段现场总线设备不宜超过 12 台，不应超过 16 台；

d） FF H1 网段的主 LAS 功能应设置在冗余的 H1 卡中，每个网段宜至少有一个后备 LAS，后备 LAS 宜设置在可靠、可长周期连续运行及非关键的现场总线设备中；

e） 每个 FF H1 网段可最多处理 64 个功能块(FB)；

f） 每个 FF H1 网段可最多处理 20 个 VCR 发布器或 20 个 VCR 接收器，但 VCR 总数不得超过 25 个；

g） 每个 FF H1 网段现场设备端的供电电压不应低于 13V DC；

h） 每个 FF H1 网段上所有现场总线设备的最大工作电流之和不应超过 FFPS 的额定电流值；

i） 每个 FF H1 网段宜留有至少 25%的备用量，包括总线电流、VCR 和功能块的裕量。

5.7.2 FF H1 网段回路分配应符合下列要求：

a） 同一调节回路的所有现场总线设备宜分配在同一网段上；

b） 每个 FF 网段应最多分配 3 个一般调节回路，或应最多分配 1 个关键调节回路；

c） 用于主工艺设备(如主泵)与备用工艺设备(如备泵)的现场总线设备宜分配在不同的网段中；

d） 采用多点温度测量的设备，宜将现场总线设备均匀地分布在不同的网段中；

e） 现场总线的调节阀和开关阀应组态为当主控制系统通信故障时的阀位和气源故障时的阀位相同。

5.7.3 FF H1 网段功能块分配应符合下列要求：

a） 模拟输入块(AI)应分配在变送器上；

b） 单 PID 调节控制回路，PID 功能块宜分配在 FF 阀门定位器上；

c） 串级调节控制回路，主回路的 PID 功能块宜设置在 DCS 控制器内，副回路的 PID 功能块宜设置在 FF 阀门定位器内；

d） 复杂控制回路的 PID 功能块应在 DCS 控制器内执行；

e） 复杂工艺计算和逻辑功能块应在 DCS 控制器内执行。

5.7.4 FF H1 网段执行时间应符合下列要求：

a） 每个网段应以唯一的宏周期运行，不应在单个网段上采用多个宏周期；

b） 网段的宏周期应与模块的执行时间相匹配，所有挂接在网段上设备的宏周期应以执行速度最快的回路为准，同时须确保网段不会过载；

c） 每个 FF H1 网段的宏周期宜为 500ms～1000ms，缺省值宜为 1000ms。

5.7.5 现场总线电缆长度计算应符合下列要求：

a） 根据 IEC 61158-2 标准规定：

$$L_{total}=L_{trunk}+\sum L_{spur} \quad \cdots\cdots (5.7.5)$$

式中：

L_{total}——现场总线电缆总长度，m；

L_{trunk}——主干电缆长度，m；

L_{spur}——分支电缆长度，m。

b） 现场总线电缆总长度不应超过 1900m，分支电缆长度宜为：1m～100m，且不应超过 120m。

5.7.6 现场总线电压降计算应符合下列要求：

a） 每个 FF H1 网段现场总线设备端的供电电压不应低于 13V DC，应有 4V DC 电压裕量；

b） 每个 FF H1 网段的 FFPS 输出电压应在 24V～32V DC 之间；

c） A 型 FF 总线电缆的直流回路电阻为 44Ω/km；

d） 已注册的 FF 现场总线设备的最大耗电流在 10mA～30mA 之间，分支短路电流为 40mA～60mA，要求：

$$I_{max}=\sum I_{avg}+I_{short}+I_{H1}+I_{tool}\leq I_{rated} \quad \cdots\cdots (5.7.6\text{-}1)$$

式中：

I_{max}——网段最大工作电流，A；

I_{avg}——现场总线设备平均耗电流，A；

I_{short}——分支短路电流，A；

I_{rated}——FFPS 额定输出电流，A；

I_{H1}——网段 H1 卡耗电流，本规范取 0.04A；

I_{tool}——网段诊断工具耗电流，本规范取 0.01A。

$$R_{trunk}=L_{trunk}\times R_{unit} \quad \cdots\cdots (5.7.6\text{-}2)$$

$$R_{max\text{-}spur}=L_{max\text{-}spur}\times R_{unit} \quad \cdots\cdots (5.7.6\text{-}3)$$

式中：

R_{trunk}——网段主干直流电阻，Ω；

L_{trunk}——网段主干电缆长度，km；

$R_{max\text{-}spur}$——网段最长分支直流电阻，Ω；

$L_{max-spur}$——网段最长分支电缆长度，本规范取 0.1km；

R_{unit}——单位长度电缆的直流回路电阻，本规范取 44Ω/km。

$$U_{max}=I_{max}\times(R_{trunk}+R_{max-spur})+U_{protector}\leqslant U_{allow} \quad \cdots\cdots (5.7.6-4)$$

式中：

U_{max}——网段最大直流电压降，V；

$U_{protector}$——网段保护器直流电压降，本规范取 1V；

U_{allow}——网段允许直流电压降，V。

5.7.7 现场总线接地应符合下列要求：

a) FF 现场总线信号回路中的任何一点应与地完全绝缘；

b) 现场总线电缆的屏蔽层应在 DCS 机柜侧单端接地，在现场侧应与现场总线设备绝缘；

c) 在现场总线接线箱内，主干电缆与分支电缆的屏蔽层应通过接线端子良好导通。

5.7.8 现场总线系统的防雷、防电涌应符合下列要求：

a) 现场总线系统的防雷、防电涌设计，应符合 SH/T 3164 中关于现场总线系统防雷的规定；

b) FF 电涌保护器的设置应确保不影响现场总线的信号测量和改变现场总线网段的特性。

5.7.9 现场总线信号衰减值计算应符合下列要求：

a) 现场总线信号沿电缆传输时的信号实际衰减值(A_{actual})应小于等于信号允许衰减值(A_{permit})；

b) 信号允许衰减值的计算公式如下：

$$A_{actual}=20\times\lg(U_{trans}/U_{receive})\leqslant A_{permit} \quad \cdots\cdots (5.7.9)$$

式中：

A_{actual}——信号实际衰减值，dB；

A_{permit}——信号允许衰减值，dB；

U_{trans}——传输信号幅值，V DC；

$U_{receive}$——接收信号幅值，V DC。

5.8 现场总线防爆设计

5.8.1 现场总线的气体环境防爆设计最低要求应符合表 5.8.1 的规定。

表 5.8.1 现场总线气体环境防爆设计方法

防爆设计方法		控制室	现场(气体环境危险区域)					遵循防爆标准[a]	
现场设备区域	网段防爆设计方案	电源调整器 FFPS	网段主干[b]（1、2区）	接线箱 FJB[a,b]（1、2区）	网段保护器[c]/FBA[c]（1、2区）	网段分支（0、1、2区）	现场设备[a]（0、1、2区）	国家标准 GB/T 3836	国际标准 IEC 60079
0区	Ex e 主干+ Exi a 分支 FBA	普通型	Ex e	Ex e/Ex d	Ex e/ Ex [ia]	Ex ia	Ex ia	.2，.3 .4	-1，-7 -11，-25
	Ex ia (FISCO 认证)	FISCO [ia][d]	Ex ia	Exia/Exe	Ex e/ Ex [ia]	Ex ia	Ex ia	.3，.4 .4，.18	-7，-11，-25 -11，-27
1区	Ex e/Ex d 高能量网段	普通型	Exe	Ex e/Ex d	Ex e	Exe	Ex d	.2，.3 .2，.3	-1，-7 -1，-7
	Ex e 主干+ Ex ia 分支 FBA	普通型	Ex e	Ex e/Ex d	Ex e/ Ex [ia]	Ex ia	Ex ia	.2，.3 .4	-1，-7 -11，-25
	Ex ia (FISCO 认证)	FISCO [ia][d]	Ex ia	Exia/Exe	Ex e/ Ex [ia]	Ex ia	Ex ia	.3，.4 .4，.18	-7，-11，-25 -11，-27

表 5.8.1 现场总线气体环境防爆设计方法(续)

防爆设计方法		控制室	现场(气体环境危险区域)					遵循防爆标准[a]	
现场设备区域	网段防爆设计方案	电源调整器 FFPS	网段主干[b]（1、2 区）	接线箱 FJB[a,b]（1、2 区）	网段保护器[c]/FBA[c]（1、2 区）	网段分支（0、1、2 区）	现场设备[a]（0、1、2 区）	国家标准 GB/T 3836	国际标准 IEC 60079
2 区	Ex e/Ex d 高能量网段	普通型	Exe	Ex e/Ex d	Ex nA	Exe	Ex d	.2, .3, .8 .2, .3	−1, −7, −15 −1, −7
	Ex e 主干+Ex ic 分支	普通型	Ex e	Ex e/Ex d	Ex nA/Ex [ic]	Ex ic	Ex ic	.2, .3, .8 .4	−1, −7, −15 −11, −25
	Ex ic（FISCO 认证）	FISCO [ic][e]	Exic	Exic/Exe	Ex nA/Ex[ic]	Exic	Exic	.8, .18 .4, .18	−7, −11, −15 −11, −27

[a] 安装在 1 区及 2 区的 FJB 和安装在 0 区、1 区及 2 区的现场设备防护等级不应低于 IP65。

[b] 主干及 FJB(带网段保护器/现场安全栅 FBA+终端器)仅限于安装在 1 区和 2 区。

[c] 网段保护器和/或现场安全栅仅限于安装在 FJB 内，“Ex[ia]、Ex[ic]”表示本安关联设备。

[d] FISCO[Ex ia]认证电源的安全参数应符合 IEC 60079-27 Ed 2.0 的 4.2.2 条规定，现场设备应符合 4.3.2 条规定。

[e] FISCO[Ex ic]认证电源的安全参数应符合 IEC 60079-27 Ed 2.0 的 4.2.3 条规定，现场设备应符合 4.3.3 条规定。

[f] 由于本安防爆型式 Ex ib 在石油化工现场仪表选型中应用较少，本规范不做规定，需要时，可选用 Ex ia 型替代。

5.8.2 当现场设备绝大部分安装在 2 区、极少量安装在 1 区时，宜按照下列优先级(从高到低)顺序选择网段的防爆设计方案：

a) Ex e/Ex d 高能量网段防爆设计方案；

b) 增安型 Ex e 主干+本安型 Ex ia 分支(配现场安全栅 FBA)防爆设计方案；

c) Ex ia(FISCO 认证)本安网段防爆设计方案。

5.8.3 当现场设备全部安装在 2 区时，宜按照下列优先级(从高到低)顺序选择网段的防爆设计方案：

a) Ex e/Ex d 高能量网段防爆设计方案；

b) 增安型 Ex e 主干+本安型 Ex ic 分支(配现场安全栅 FBA)防爆设计方案；

c) Ex ic(FISCO 认证)本安网段防爆设计方案。

6 主控制系统设计

6.1 采用标准产品

6.1.1 主控制系统应采用标准的硬件/固件、系统软件和应用软件。

6.1.2 对用户软件进行组态时，不应对系统软件和应用软件进行修改，对系统软件和应用软件进行升级时，不得影响用户软件的正常运行。

6.1.3 组态控制策略时，应采用主控制系统内置的标准功能块。

6.2 备用容量和扩展

6.2.1 对主控制系统进行硬件配置时，对于每个工艺单元的各种 I/O 模件应预留至少 20%的备用通道，在机柜内应预留至少 20%的备用空间。

6.2.2 主控制系统带载的 FF H1 网段数量应预留至少 25%的裕量。

6.2.3 主控制系统的电源、软件、通信负荷和其他各种负载应满足控制站及其 I/O 单元满负荷时仍具有至少40%以上的工作裕量，负荷计算时，I/O点数与控制周期的比例宜为：10%为0.2s；30%为0.5s；60%为1s。PID控制模块的数量宜按各控制站AO点数(包括FF的AO点数)的两倍计算，控制周期宜按1s(宏周期宜按1000ms)计算。

6.2.4 当新的FF现场总线设备连接到FF H1网段时，FF H1网段应能够利用网段自寻址技术，自动为其分配唯一的新地址。

6.3 互操作性

6.3.1 主控制系统应按照HIST技术规范FF-569通过HIST测试。

6.3.2 HIST测试通过后，应取得由FCG出具的主控制系统一致性证书，以确认测试完毕并支持FF-569技术规范的性能。

6.3.3 主控制系统应采用FCG网址上提供的注册设备描述。

6.4 基金会现场总线功能

6.4.1 主控制系统应具有下列FF现场总线功能：

a） 网段自动节点寻址；

b） 互操作性；

c） 应采用标准DD、EDDL或FDI对现场设备直接组态；

d） FF设备运行、维护和诊断数据集成；

e） 调整参数、模式、报警和数据；

f） 具备在线组态下装功能；

g） 具备向现有网段中添加新的现场设备，并且可以进行在线组态；

h） 应提供设备DD库文件；

i） 对现场总线设备的固件改动后，主控制系统软件的升级不应受到影响。

6.4.2 主控制系统应具有下列FF现场总线数据传输、处理和存储能力：

a） 主控制系统中的主数据库应能传输、处理和存储全部FF现场总线设备参数；

b） 外部组态工具不应能对FF现场总线设备参数进行组态及修改；

c） 在主控制系统中集成的IDM服务器应能传输、处理和存储全部FF现场总线设备诊断信息。

6.5 组态工具

6.5.1 主控制系统应具有下列功能及性能：

a） 将FF功能组态到内部专用功能块时，主控制系统采用的内部镜像或映射功能块应对组态工程师、技术维护人员和操作员完全透明；

b） 组态和操作应采用唯一的和独立的功能块和位号参数名；

c） FF组态工具应能够实现主控制系统组态数据库的无缝集成和透明管理；

d） 软件仿真和测试部分和所有的FF控制策略；

e） 组态大型项目数据库时，能够导入外来的批量组态数据；

f） 应能创建或修改简单或复杂的在线FF控制策略；

g） 透明管理宏周期调度，包括保持最小的非周期时间；

h） 应能统计及协调整合FF功能块的执行次数；

i） 提供FF组态错误的警示和报文；

j） 应能够实现目标功能块和链路调度程序的局部或增量式在线下装；

k） 应能保存和恢复主数据库及目标控制策略。

6.5.2 主控制系统应具有下列集成功能：

a） 用于FFCS的工程、组态、维护和操作软件应能够与主控制系统实现兼容和无缝集成；

b） 不应采用只针对 FF 的独立软件工具、显示或程序。

6.6 冗余和稳定性

6.6.1 冗余：

a） 主控制系统控制器电源应冗余；

b） 主控制系统控制器应冗余；

c） FF H1 网段的 H1 卡应冗余；

d） FFPS 应冗余。

6.6.2 稳定性：

a） 主控制系统应具备足够的稳定性来处理失效组件的冗余无扰动切换；

b） 主控制系统控制器的最大负荷不应大于 60%；

c） 对于所有采用冗余的节点，主控制系统应具备在线升级软件的能力；

d） 主控制系统内任何一处的单点故障不得引起其他控制回路失效；

e） 任何单个设备的失效不得影响系统与其他设备的通信，切换不得中断任何系统功能；

f） 冗余设备和软件应对故障进行连续监视，所有模块都能够在线自诊断，为便于找出失效模块，故障报警应提供错误报文；

g） 主控制系统内的全部模件（包括 H1 卡）应具备带电热插拔功能。

6.7 维护和诊断

6.7.1 主控制系统应能够对所有 FF 设备进行组态、调试、诊断和维护，并且可以从主控制系统工程师站中调用，同时支持下列功能：

a） 所有 FF 总线网段上的负载报告和通信出错计数；

b） H1 网段的调度报表（时间表）；

c） 更换 FF 现场设备时，支持变更管理的在线协调功能；

d） 报表、报警和确认所有设备报警的功能；

e） 利用位置标志符模板向网段添加新 FF 设备；

f） FF 设备在离线、备用、待机、调试和不匹配状态下的切换，以及透明管理方式修改所有地址；

g） 简单和复杂的调试功能，包括变送器量程切换、调零和调节阀定位器设置；

h） 采用必要的维护程序，支持 DD 方法并为所有维护功能提供菜单（向导）；

i） 对采用特定语言描述和定义的所有 FF 设备，提供具体的维护显示，并且能够访问所有参数；

j） 为实现快速更换设备，应具有将现有 FF 设备组态（所有的功能块和参数）镜像映射到新 FF 设备的功能；

k） 从操作站和工程师站上应能够调用调度和维护的显示画面。

6.8 基于计算机的维护和先进诊断

6.8.1 基于计算机的维护和先进诊断应符合下列总体要求：

a） 基于计算机的维护软件应具备资产管理和保护功能；

b） 基于计算机的维护系统应独立于主控制系统操作站和工程师工作站，可用于管理和显示实时和历史诊断、维护信息，但不能完全取代集成到主控制系统中的调试和维护功能；

c） 基于计算机的维护内容包括工厂内运行设备的测量、管理和控制。

6.8.2 基于计算机的维护和最低诊断功能如下：

a） 诊断功能至少应能报告设备的关键故障并应通过 FF 报警和警示的方式报告给主控制系统；

b） 诊断不宜采用轮询方式。诊断应向操作员和控制回路反应数据质量，并应产生专门用于维护的独立诊断报告。

6.8.3 基于计算机的维护和先进诊断功能应符合下列要求：

a） 提供独立的维护工作站，使设备诊断与操作功能相互独立；

b） 合理规划日常维护任务，比如回路检查、组态和校准；

c） 实现可靠诊断的预维护功能，在故障发生前采取维护；

d） 诊断和维护活动的自动文档记录；

e） H1 卡应能将非控制数据直接传送给 IDM 服务器。

7 文档要求

7.1 基本要求

7.1.1 FFCS 的设计宜提供下列工程文档，但不仅限于表 7.1.1 的内容。

表 7.1.1 现场总线工程文档清单

序号	工程文档名称	设计方提供文档	制造厂提供文档
1	仪表索引表（DCS I/O 数据库）	是（仪表索引表）	是（DCS I/O 数据库）
2	仪表规格书（现场总线设备数据表）	是	否
3	网段位置图（网段平面配线图）	是	否
4	网段分配图（代替仪表回路图）	否	是
5	网段边界条件计算	否	是
6	网段检查表	否	是
7	风险管理报告	否	选项
8	设备功能块参数缺省组态表	否	选项
9	FFCS 功能设计规格书 FDS	否	是
10	FAT、SAT 测试程序及测试报告	否	是
11	产品技术规格书、安装手册、培训手册、维护手册等制造厂资料	否	是

7.2 文件要求

7.2.1 仪表索引表应由设计方提供，其中宜包括：回路位号/仪表位号、仪表名称及用途、信号类型（其中 FF 信号用 FF-AI、FF-AO、FF-DI、FF-DO、FF-PI 表示）、安装位置、P&ID 号、管线或设备号、介质名称/状态、量程/单位、操作温度、操作压力、备注等信息。

7.2.2 仪表规格书应由设计方提供，除了包含常规规格项外，在各类变送器规格书的电源项应填“H1 DC Volts”、输出信号项应填“FF ITK（Latest）”；在 FF 阀门定位器的输出信号项应填“FF ITK（Latest）”；对于每类 FF 仪表还应包括单独 1 页的现场总线设备数据表。

7.2.3 网段位置图（网段平面配线图）应由设计方提供，其中宜包括：现场设备安装位置、FJB 布置、主干电缆走向及长度、全部分支电缆走向及长度等信息。

7.2.4 网段分配图应由制造厂提供，其中宜包括：网段号、FJB 号及端子号、现场设备位号及端子号、主干电缆号、全部分支电缆号、终端器位置等全部网段连接信息（不含 H1 卡和 FFPS）。

7.2.5 网段边界条件应由计算制造厂提供，其中应包括：网段电缆长度计算、网段电压降计算、网段电流负荷计算、网段信号衰减值计算。

7.2.6 网段检查表应由制造厂提供，其中宜包括下列检查项：

a） 完整的网段测试和试运行；

b） 测试/确认主控制系统与现场设备具有相同的固件/软件版本；

c） 测试/确认在主控制系统中所用的全部 H1 卡具有相同的固件/软件版本；

d） 检查网段通信参数是否正确并且宏周期已正确设定；

e） 检查 FFPS 功能是否正常且是否有故障信息通信到主控制系统；

f） 检查网段是否有短路；

g） 检测网段总的电流消耗；

h） 检查 H1 卡是否正常且是否有故障信息在主控制系统中产生；

i） 检查备用 LAS 功能是否正确；

j） 在网段稳定时检查通信负荷是否超过 70%(选项)；

k） 检查网段是否具有能够额外增加 2 台现场设备的扩展能力(选项)。

7.2.7 FFCS 制造厂宜提供风险管理报告(选项)。

7.2.8 FFCS 制造厂宜提供设备功能块参数缺省组态表(选项)。

7.2.9 FFCS 制造厂应提供 FFCS 功能设计规格书 FDS，包括硬件 FDS、软件 FDS。

7.2.10 FFCS 制造厂应提供 FAT、SAT 测试程序及测试报告。

7.2.11 FFCS 制造厂应提供安装手册、产品技术规格书、培训手册、维护手册等。

附 录 A
(规范性)
FF 电缆结构和技术规格参数

IEC 61158-2 标准规定的 FF 现场总线 A 型电缆结构型式如图 A 所示。

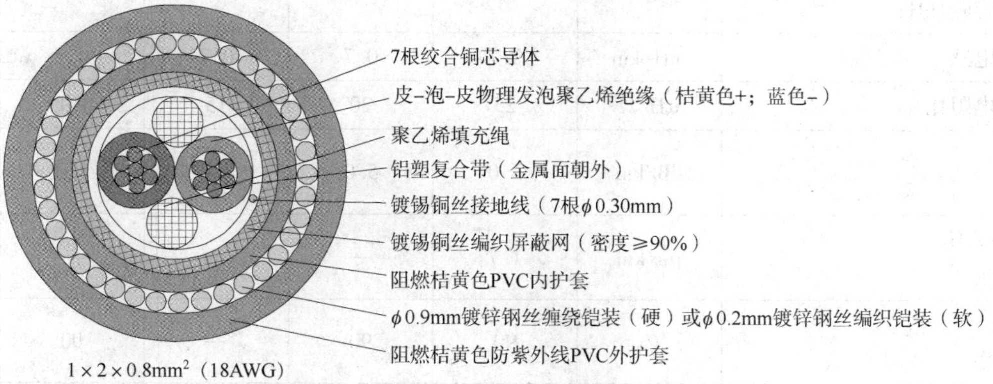

图 A　FF 现场总线 A 型电缆结构型式

(铜芯阻燃 PE 绝缘 PVC 护套双绞线屏蔽钢丝铠装 FF 现场总线 A 型电缆 $1\times2\times0.8\text{mm}^2$)

FF 现场总线电缆导体结构参数见表 A.1，电缆性能参数见表 A.2。

表 A.1　FF 现场总线电缆导体结构参数

电缆类型	主要结构	导体标称截面积 (mm^2)	美标线规 AWG		股数/直径 (mm)	最大允许长度 (m)
			AWG	股数/AWG		
A	屏蔽双绞线	0.80	18	7×26	7/0.40	1900
B	多芯总屏蔽	0.32	22	7×30	7/0.25	1200
C	多芯无屏蔽	0.13	26	7×34	7/0.16	400
D	普通导线	1.25	16	19×29	19/0.29	200

表 A.2　FF 现场总线电缆性能参数

规格项目	工程单位	电缆类型				
		A	B	C	D	备注
电气性能						
传输模式	—	电压	电压	电压	电压	
传输速率	kbit/s	31.25	31.25	31.25	31.25	
导体最大直流 分布电阻@25℃	Ω/km	44	112	264	40	
导体-屏蔽间 最小绝缘电阻@20℃	GΩ/km	16	20	20	20	
特性阻抗 @31.25kHz	Ω±%	100±20	100±30	—	—	
最高工作电压	V RMS	300	300	300	300	
最高耐电压： 芯-芯 芯-屏蔽	 kV×min kV×min	 1.0×1 1.0×1	 1.0×1 1.0×1	 1.0×1 —	 1.0×1 1.0×1	 不击穿 不击穿

表 A.2 FF 现场总线电缆性能参数(续)

规格项目	工程单位	电缆类型				
		A	B	C	D	备注
最大工作电容 @1kHz	nF/km	78	70	60	80	
对屏蔽层最大 不平衡电容@1kHz	nF/km	2	6	—	—	
最大分布电感	mH/km	0.7	0.7	0.7	0.7	
最大电感电阻比	μH/Ω	25	20	15	30	
最大衰减 @39kHz	dB/km	3.0	5.0	8.0	8.0	
7.8kHz~39kHz 最大传播延时	μs/km	1.7	—	—	—	
屏蔽 最小覆盖率	%	90	90	—	90	
机械物理性能						
绝缘老化前: 抗张强度 断裂伸长率	 MPa %	 最小 5.0 最小 300	—	—	—	
绝缘老化后(100℃, 7d): 抗张强度变化率 断裂伸长率变化率	 % %	 最大±25 最大±25	—	—	—	
护套老化前: 抗张强度 断裂伸长率	 MPa %	 最小 12.5 最小 150	—	—	—	
护套老化后(100℃, 7d): 抗张强度变化率 断裂伸长率变化率	 % %	 最大±25 最大±25	—	—	—	

附 录 B
(资料性)
工厂验收测试(FAT)

B.1 简介

B.1.1 常规控制系统的工厂验收测试(FAT)针对的是系统和子系统，并不适于现场设备。通过FAT对所有的现场设备进行测试是不大现实的，但是通过现场总线FAT，对一小部分有代表性的现场设备进行测试是必须的。本文档将说明上述测试时采用的程序。

B.1.2 工厂验收试验集中对图形、数据库、电源、通信和其他的系统集成性能和功能做确认。现场总线测试的目的是为上述系统测试提供支持。严格的现场总线测试将在现场集成测试时进行。其他的现场总线设备将在现场集成测试时测试。

B.2 出厂测试

B.2.1 出厂阶段的测试规划和执行程序应由系统制造厂和客户共同制定，并得到所有各方的认可。建议出厂测试时各类现场总线设备宜至少要提供一个样机测试。这取决于技术规范中对功能性测试的要求，建议的测试内容如下：

a) 互操作性：系统中每个组态至少测试1个例子的功能；
b) 控制策略和/或控制方法组态确认；
c) 备用LAS功能测试；
d) 第三方系统通信(即OPC通信)；
e) 将设备由一个网段移动到另一个网段。

B.3 工厂验收测试(FAT)要求

主控制系统的工厂验收试验应与如下现场总线的附加测试一并执行：

B.3.1 功能性测试

项目中各FF设备的全套功能性应进行测试(即第三方产品)。该测试包括但不仅限于：主控制系统即插即用的互连性、所有功能块的访问确认、实际设备的运行(例如阀门/MOV、变送器过程输入的仿真等)。

B.3.2 标定测试

该测试包括各类FF设备的标定和设置。请看如下的例子：

a) 温度变送器：
更改RTD/热电偶类型和下载变送器量程
b) 压力变送器：
压力和DP变送器调零
DP液位变送器调零
c) 阀门定位器：
调节阀上新定位器的设置和校准

上述测试应在保证系统中其他设备在线和受控的情况下执行，否则部分控制回路应正常。

B.3.3 校准和设置程序

各类设备的所有校准和设置程序应由制造厂提供，并且得到最终用户首席项目工程师的书面批准。

B.3.4 冗余切换测试程序

制造厂应提供 H1 接口卡件和现场总线功率调节器的冗余故障保护测试程序。该测试应确保自动故障切换时不会导致停车(例如信号冲撞、操作员窗口不能运行、模式切换等)。所有 H1 接口卡件和现场总线功率调节器都应测试。该程序由制造厂负责制定，并得到最终用户首席项目工程师的批准。

所有供电电源和功率调节器故障报警都应测试和解决。

B.3.5 网段测试程序

每个网段(端口)，包括备件，应在至少连接一个在线现场总线设备的情况下测试。现场总线设备应与现场接线的端子板或现场总线功率调节器的系统电缆下游连接。该程序由制造厂负责制定，并得到最终用户首席项目工程师的批准。

B.4 FAT 执行程序

制造厂应提前一个月向买方提交 FAT 执行程序。FAT 执行程序包括三部分：网段检查、设备检查和数据校正(备注：后者可能是 FAT 其他部分的内容)。

B.4.1 网段检查

对于每个待测试的 FF H1 网段，需完成如下步骤：

a) 根据 FAT 执行程序完成网段测试和调试；
b) 测试/确认主控制系统和设备具有相同的固件/软件版本；
c) 测试/确认主控制系统采用的所有 H1 接口卡件具有相同的固件/软件版本；
d) 检查相关网段的通信参数是否正确，以及各网段的宏周期是否设置；
e) 检查功率调节器模块工作是否正常，以及故障是否能够传送到主控制系统；
f) 检查网段是否能够由短路状态恢复；
g) 测量总的消耗电流；
h) 检查 FF 总线主控制系统接口模块是否工作正常，以及故障是否被主控制系统识别；
i) 检查备用 LAS 是否工作正常，以及是否能够正常进行调度；
j) 利用总线监视器捕获和检查稳态(无下装)情况下的通信负荷，需要采用小于 70%的负载，在 FF FAT 检验表中记录所有的结果；
k) 确保足够的备用容量以连接两个额外的 FF 设备，并利用总线监视器观测带宽；
l) 监视器至少能够稳定运行 12h。

B.4.2 设备检查

待测试的所有设备应视为网段的一部分，按照 B.4.1 的内容进行测试，测试步骤如下：

a) 检查该设备的数据库是否正常。数据库在修改相关范围、报警、单位等参数后，通过与相关文档的对比，确认数据库是否正确；
b) 向 FF 设备执行下载，并确认 FF 组态器和总线监视器都没有出现不能解释的错误。

B.4.3 数据校正

对驻留在 FF 设备(如 AI、PID 或 AO 块)中的每一个参数，完成如下步骤：

a) 根据 AI(AO)功能块和转换块的需要，确认刻度和工程单位是否正确设置；
b) 确认 FF 设备，相关的面板、图形和趋势中刻度和工程单位组态正确，并且一致；

c) 模拟过程变量的一半量程并确认;
d) AI(AO)块中，PV 参数域中过程变量显示正确;
e) 过程图形中 PV 参数组态的地方显示相同的数值;
f) (历史)趋势中 PV 参数组态的地方显示相同的数值;
g) 当同一设备生成的过程变量(如果有多个过程变量，则需对每个参数进行单独检查)超过限值时，确认操作员和/或维护工作站上出现预组态报警;
h) 当设备为阀门定位器，执行如下步骤:
   1) 确认 AO 块位于 CAS 模式;
   2) 确认 PID 块位于 MAN 模式;
   3) 在控制器面板上手工输入控制器输出值;
   4) 确认阀门定位器保持相同的输出。

B.4.4 制造厂所提供的测试和校准设备

制造厂应提供所有测试必需的专用工具、测试仪器、测试软件、测试和校准设备的技术规格书或使用说明书。

附　录　C
（资料性）
现场验收测试（SAT）

C.1　制造厂应提前一个月向买方提交 SAT 执行程序。

C.2　SAT 应首先检查 FAT 遗留问题的处理是否完成。

C.3　SAT 应检查总线电缆、网段连接设备及现场设备的安装和组态是否完善。

C.4　SAT 应检查主控制系统的各项功能均能正常运行。

C.5　SAT 应检查网段通信及下装到总线设备的组态功能是否正常，确保所有的设备都出现在相应网段的设备列表中。

C.6　SAT 应检查所有需要实现的控制功能都能正常运行。

参 考 文 献

[1] IEC 60079-0　Explosive atmospheres—Part 0: Equipment—General requirements　爆炸性环境—第0部分：设备—通用要求

[2] IEC 60079-1　Explosive atmospheres—Part 1: Equipment protection by flameproof enclosures "d"　爆炸性环境—第1部分：由隔爆型外壳"d"保护的设备

[3] IEC 60079-7　Explosive atmospheres—Part 7: Equipment protection by increased safety "e"　爆炸性环境—第7部分：由增安型"e"保护的设备

[4] IEC 60079-11　Explosive atmospheres—Part 11: Equipment protection by intrinsic safety "i"　爆炸性环境—第11部分：由本质安全型"i"保护的设备

[5] IEC 60079-15　Explosive atmospheres—Part 15: Construction, test and marking of type of protection "n" electrical apparatus　爆炸性气体环境用电气设备—第15部分："n"型电气设备

[6] IEC 60079-25　Electrical apparatus for explosive gas atmospheres—Part 25: Intrinsically safe systems　爆炸性环境—第25部分：本质安全系统

[7] IEC 60079-27　Explosive atmospheres—Part 27: Fieldbus intrinsically safe concept(FISCO)　爆炸性环境—第27部分：现场总线本质安全概念(FISCO)

[8] IEC 60529　Degrees of protection provided by enclosures(IP code)　外壳防护等级(IP代码)

[9] IEC 61158-1　Industrial communication networks—Fieldbus specifications—Part 1: Overview and guidance for the IEC 61158 and IEC 61784 series　工业通信网络—现场总线规范—第1部分：对于IEC 61158和IEC 61784系列标准的概述和指南

[10] IEC 61158-3-1　Industrial communication networks—Fieldbus specifications—Part 3-1: Data-link layer service definition—Type 1 elements　工业通信网络—现场总线规范—第3-1部分：数据链路层服务定义　第1类元素

[11] IEC 61158-4-1　Industrial communication networks—Fieldbus specifications—Part 4-1: Data-link layer protocol specification—Type 1 elements　工业通信网络—现场总线规范—第4-1部分：数据链路层协议规范　第1类元素

[12] IEC 61158-5-9　Industrial communication networks—Fieldbus specifications—Part 5-9: Application layer service definition—Type 9 elements　工业通信网络—现场总线规范—第5-9部分：应用层服务定义　第9类元素

[13] IEC 61158-6-9　Industrial communication networks—Fieldbus specifications—Part 6-9: Application layer protocol specification—Type 9 elements　工业通信网络—现场总线规范—第6-9部分：应用层协议规范　第9类元素

[14] IEC 61804-2　Function blocks(FB) for process control—Part 2: Specification of FB concept　用于过程控制的功能块(FB)—第2部分：功能块概念的规范

[15] IEC 61804-3　Function blocks(FB) for process control—Part 3: Electronic Device Description Language(EDDL)　用于过程控制的功能块(FB)—第3部分：电子设备描述语言

[16] AG-140 R1.0　FOUNDATION Fieldbus Application Guide—31.25 kbit/s Wiring and Installation　基金会现场总线应用指南—31.25 kbit/s接线和安装

[17] AG-163 R2.0　FOUNDATION Fieldbus Application Guide—31.25 kbit/s Intrinsically Safe Systems　基金会现场总线系统应用指南—31.25 kbit/s本质安全系统

[18] AG-181 R3.2.1　FOUNDATION™ Fieldbus System Engineering Guidelines　基金会现场总线系统工程指南

[19] FF-061　FOUNDATION™ Specification—System Architecture for Wireless & Remote Input/Output(WIO)　基金会现场总线规范—用于无线和远程输入/输出(WIO)的系统结构

[20] FF-103 FOUNDATION™ Specification—Common File Format 基金会现场总线规范—通用文件格式

[21] FF-569 FOUNDATION™ Specification—Host Interoperability Support Test Profile and Procedures 基金会现场总线规范—主控制系统互操作性支持测试行规和执行程序

[22] FF-581 FOUNDATION™ Specification—System Architecture 基金会现场总线规范—系统结构

[23] FF-633 FOUNDATION™ Specification—Function Block Application Process—Wireless and Remote I/O 基金会现场总线规范—功能块应用流程 第6部分：无线和远程I/O

[24] FF-801 FOUNDATION™ Specification—Network Management 基金会现场总线规范—网络管理

[25] FF-806 FOUNDATION™ Specification—Data Link Protocol Specification—Bridge Operation Addendum 基金会现场总线规范—数据链路协议规范—桥接操作补录

[26] FF-816 FOUNDATION™ Specification—31.25 kbit/s Physical Layer Profile 基金会现场总线规范—31.25 kbit/s 物理层行规

[27] FF-821 FOUNDATION™ Specification—Data Link Service Subset 基金会现场总线规范—数据链路服务子集

[28] FF-822 FOUNDATION™ Specification—Data Link Protocol Specification 基金会现场总线规范—数据链路协议规范

[29] FF-830 FOUNDATION™ Specification—31.25 kbit/s Physical Layer Conformance Test 基金会现场总线规范—31.25 kbit/s 物理层一致性测试规范

[30] FF-831 FOUNDATION™ Specification—Fieldbus Power Supply Test Specification 基金会现场总线规范—现场总线电源测试规范

[31] FF-844 FOUNDATION™ Specification—H1 Cable Test Specification 基金会现场总线规范—H1 电缆测试规范

[32] FF-846 FOUNDATION™ Specification—Device Coupler Test Specification 基金会现场总线规范—设备耦合器测试规范

[33] FF-870 FOUNDATION™ Specification—Fieldbus Message Specification 基金会现场总线规范—现场总线信息规范

[34] FF-875 FOUNDATION™ Specification—Fieldbus Access Sublayer(Service and Protocol) 基金会现场总线规范—现场总线访问子层(服务和协议)

[35] FF-880 FOUNDATION™ Specification—System Management 基金会现场总线规范—系统管理

[36] FF-883 FOUNDATION™ Specification—System Management Addendum for Software Download 基金会现场总线规范—软件下载系统管理补录

[37] FF-890 FOUNDATION™ Specification—Function Block Application Process Part 1 基金会现场总线规范—功能块应用流程 第1部分

[38] FF-891 FOUNDATION™ Specification—Function Block Application Process Part 2 基金会现场总线规范—功能块应用流程 第2部分

[39] FF-892 FOUNDATION™ Specification—Function Block Application Process Part 3 基金会现场总线规范—功能块应用流程 第3部分

[40] FF-893 FOUNDATION™ Specification—Function Block Application Process Part 4 基金会现场总线规范—功能块应用流程 第4部分

[41] FF-894 FOUNDATION™ Specification—Function Block Application Process Part 5 基金会现场总线规范—功能块应用流程 第5部分

［42］FF-900　FOUNDATION™ Specification—Device Description Language　基金会现场总线规范—设备描述语言

［43］FF-901　FOUNDATION™ Specification—DDL Interoperability Specification　基金会现场总线规范—DDL 互操作性规范

［44］FF-902　FOUNDATION™ Specification—Transducer Block Common Structures　基金会现场总线规范—转换器功能块通用结构

［45］FF-903　FOUNDATION™ Specification—Pressure Transducer Block　基金会现场总线规范—压力转换器功能块

［46］FF-904　FOUNDATION™ Specification—Temperature Transducer Block　基金会现场总线规范—温度转换器功能块

［47］FF-906　FOUNDATION™ Specification—Positioner Transducer Block　基金会现场总线规范—阀门定位器转换器功能块

［48］FF-908　FOUNDATION™ Specification—Flow Transducer Block　基金会现场总线规范—流量转换器功能块

［49］FF-911　FOUNDATION™ Specification—Transducer Block for ISA100. 11a Devices　基金会现场总线规范—用于 ISA100. 11a 设备的转换器功能块

［50］FF-912　FOUNDATION™ Specification—Field Diagnostic Profile　基金会现场总线规范—现场诊断行规

［51］FF-913　FOUNDATION™ Specification—Transducer Block for ISA100. 11a Devices　基金会现场总线规范—用于有线和无线 HART®设备的转换器功能块

［52］FF-940　FOUNDATION™ Specification—Communication Profile　基金会现场总线规范—通信行规

［53］FF-946　FOUNDATION™ Specification—Device ITK Profile®　基金会现场总线规范—设备 ITK 行规

［54］AG-181R2. 1　FOUNDATION™ Fieldbus System Engineering Guidelines　基金会现场总线系统工程指南

中华人民共和国石油化工行业标准

石油化工 FF 现场总线控制系统设计规范

SH/T 3217—2021

条 文 说 明

2021 年 北 京

制定说明

《石油化工 FF 现场总线控制系统设计规范》(SH/T 3217—2021)，经工业和信息化部 2021 年 8 月 21 日以第 21 号公告批准发布。

本规范制订过程中，编制组进行了广泛深入的调查研究，总结了我国石油化工领域工程建设中采用 FF 现场总线控制系统的设计、实施的大量工程实践经验和相关研究成果，同时参考了国外先进技术标准(包括 IEC 标准、现场总线基金会规范等)，通过在国内外大型石油化工工程项目中的应用验证和不断完善，制定出本规范。

为便于广大设计、施工、科研、学校等单位有关人员在使用本规范时能正确理解和执行条文规定,《石油化工 FF 现场总线控制系统设计规范》编制组按章、条、款顺序编制了本规范的条文说明，对条文规定的目的、依据以及执行中需注意的有关事项进行了澄清及说明。但是，本条文说明不具备与标准正文同等的法律效力，仅供使用者作为理解和把握标准规定的参考。

目　次

石油化工 FF 现场总线控制系统设计规范

1 范围

GB/T 16657.2 和 IEC 61158-2 标准所定义的现场总线类型 1 中包括了双绞线介质和光纤介质两类，由于光纤介质无法同时传输电能，在实际工程中极少采用，因此本规范仅采纳了双绞线介质中的 b 类电压模式(并联耦合)、通信速率为 31.25kbit/s 的现场总线。

由于 IEC 61158 系列标准是概念性的技术规范，它并不涉及现场总线的具体实现，因此，在 IEC 61158-2 中仅有现场总线的类型编号，不允许出现具体现场总线的技术名称或商标名称。为了使制造厂商、设计公司和最终用户能够方便地进行产品研发、系统设计、应用选型和使用，IEC/SC65C 特别制定了 IEC 61784 系列配套标准，其中 IEC 61784-1 是专门用于连续和离散制造工业的工业控制系统现场总线行规集 CPF 1-基金会现场总线行规 1/1，通信速率为 31.25kbit/s 的低速现场总线(FF H1)，该行规与基金会现场总线规范 FF-816 所定义的 FF H1 完全相同。

2 规范性引用文件

由于 IEC 61158-2 从第 1 版(Edition 1)至第 6 版(Edition 6)和 IEC 61784-1 从第 1 版(Edition 1)至第 3 版(Edition 3)的内容变化较大，因此，本规范为带版本号及年号引用。

3 术语和缩略语

3.1 术语和定义

3.1.5

网段 segment

一个 H1 网段最多可挂接 16 个 H1 设备。

3.1.7

分支 spur

规定分支的长度从 1m 到 120m。

3.1.8

终端器 terminator

信号失真将引起电流/电压转换时的数据误差，采用终端器可将信号失真的影响降到最低。H1 终端器还具有其他更为重要的功能，它将一个设备发送的电流信号转换成网段上所有设备都可以接收的电压信号。

3.1.15

非周期时间 acyclic period

在非周期时间内，传送的典型信息包括：报警/事件、维护/诊断信息、程序调用、联锁、显示信息、趋势信息和组态信息等。

3.1.17

虚拟现场设备　virtual field device(VFD)

一个典型的设备至少应有两个虚拟现场设备(VFD)，一个用于网络和系统管理，一个作为功能块应用。

3.1.21

链路活动调度器　link active scheduler-LAS

一个 H1 现场总线链路上只能有一个链路主设备(LM)来执行 LAS 功能。

3.1.22

数据链路层　data link layer(DLL)

基金会现场总线采用的数据链路层 DLL 由 IEC 61158-4-1 标准所定义。它包括发布方/预订接收方、客户方/服务器方、源方/收存方等通信参与者提供的服务。

3.1.27

柔性功能块　flexible function block(FFB)

柔性功能块(FFB)通常用于离散过程和混合(批量)过程的控制。可编程序逻辑控制器(PLC)可看作是一种柔性功能块设备。

3.1.31

主控制系统互操作性测试　host interoperability support test(HIST)

主控制系统互操作性测试(HIST)应由现场总线通信集团(FCG)或其授权测试机构实施。

3.1.37

标准功能块　standard function block

FCG 已经公布了 21 种标准功能块的技术规范。一个设备中可以存在多种类型的标准功能块。标准功能块的执行次序及参数定义是固定的，并由 FF 技术规范定义。

4　工程设计

4.1　总体要求

基金会现场总线项目总体要求宜按照《基金会现场总线系统工程指南 AG-181 R3.2.1》的“2.0 基金会现场总线项目要求”执行，这章对制定整个 FF 项目执行的指导原则提供了非常有用的帮助。

1. 与传统技术相比，采用 FF 总线技术的项目有以下不同：

现场设备和网段是整个 DCS 的一部分，对于现场网络的设计要求有一个整体的组态、数据管理和系统结构；在项目执行的早期就要开展详细的 FF 总线系统整合方面的工作；系统、现场设备和总线元件的测试过程比简单的模拟信号连接要复杂得多；对于传统的权威理论和经验，应该重新审慎考虑它们是否适用于 FF 总线。

2. 在项目执行中要注意以下问题：

1)　项目人员在使用系统、现场设备和总线元件应采用通过严格程序审核的产品，这些程序包括：供货商发布的测试；基金会的测试(例如 HIST、ITK，如果适用)；主控制系统供货商的集成测试；设备集成测试(指特定的系统与设备的结合)。

2)　项目早期的工作

a. 项目的评估：指出该如何采用现场总线，指出哪里可以使用哪里不适用，例如从以下几个方面进行分析：

√ 采用总线可以期待的益处；

√ 根据经验采用总线技术是否现实；

√ 是否可以被项目接受；

√ 预期的困难是什么？是否可以解决？

√ 业主在项目上的整体投资是多少？

√ 项目是否可以采用常规技术与 FF 总线技术结合的方案；

√ 思考：

☆ 安装费用的节省(进度及投资)

☆ 工程设计(工具、进度及投资)

☆ 诊断工具(是否有用并且在整个项目生命周期中可以使用)

☆ 维护——如何使 FF 总线的使用得到最大的优势

b. 培训：做计划给所有相关的人员，在项目的各个时期(设计、系统实施、安装、调车、运行)进行适当的培训；

c. 制定项目执行基本准则：一个完善定义的 FF 总线项目执行基本准则将会使项目在预定的轨道上进行，所以项目人员，包括业主、工程设计、设备供货商及合同商将会有一个共同的理念和原则；

d. 主控制系统的选择：这是项目成功的关键因素，许多项目在选择 DCS 时将价格放在首位，在采用 FF 总线时意味着主控制系统(DCS)与现场设备是一个系统，选择评估时应充分考虑到这点，选择时应至少考虑以下几点：

√ FF 总线项目能力

√ FF 总线结构(进入控制器还是采用 HSE)

√ 主控制系统供货商使用 FF 总线的经验(包括项目规模和复杂程度)

√ 是否容易使用

√ 与 AMS 的集成程度

√ 在设计及工厂验收的仿真性能

√ 系统的诊断功能

√ 最终用户的支持能力

√ 设备集成能力

√ 培训能力

e. 现场设备总线元件的选择要考虑以下问题：

√ 是否满足危险区划分要求？

√ 如何单独工作？

√ 如何与其他设备工作？

√ 组态是否简单？

√ 是否作为发布方？

√ 以往的记录是否可以验证？

√ 与主控制系统是否融合？

√ 是否支持 EDDL 或者 FDI？

f. 制定工作流程；

g. 明确分工责任；

h. 整合各部门使用的软件工具；

i. 整合供货商，确定供货商在各个环节——设计、采购、安装和培训等参与的程度；

j. 设备集成测试。

3） 项目设计过程

a. 培训：为工程设计人员、施工人员及最终用户提供培训；

b. 建立风险评估原则并进行审查；

c. 建立网段负荷原则并进行审查。

4） 项目实施阶段

a. 培训：为工程施工人员、调试/开车人员及最终用户提供培训；

b. 评估主控制系统性能；

c. 诊断培训；

d. 维护培训；

e. 操作培训；

f. 安装检查；

g. 现场变更的检查。

总之，如果要确保FF现场总线项目的成功，业主/最终用户、工程公司、集成商和供货商必须付出额外的工作。从长远来看，尽早意识到并实施这些额外付出的工作就会赢得主动。认真地对待每个细节和安装标准会避免以后费用的增加和工期的延后。

4.2 设计原则

4.2.6 其他复杂分析仪不宜采用FF现场总线技术。主要原因是大部分复杂分析仪(指多流路多组分分析)产品没有采用FF现场总线技术。

4.2.7 用于顺序控制的开关阀的控制信号及限位开关信号不宜采用FF现场总线技术。主要原因是参与顺序控制的开关阀上的电磁阀功耗较大(驱动电流一般大于160mA)，而FF H1网段的带载能力有限。

4.2.9 需高速处理的回路，如：转速调节回路、防喘振调节回路等。

4.2.10 特殊测量仪表，如：轴振动、轴位移、键相位、脉冲输出流量计、放射性仪表、称重仪等。

5 网段设计

5.1 基本技术要求

5.1.10 每个FF H1网段挂接现场设备数量不应超过16台，是从当前FF技术和FF设备角度，规定了FF H1网段带载现场设备的最大能力；工程上不宜超过12台，是从当前工程应用经验角度，规定了FF H1网段带载现场设备的最大值。

5.5 现场总线辅助设备选择

5.5.5 FF数字I/O耦合器应符合下列要求：

g） “FF数字I/O耦合器应具有2线制供电”是指由主干提供13V~32V DC电压，仅用于非本质安全(高能量)主干；“和4线制供电”是指由外部提供24V DC电压，即可用于本质安全主干，又可用于非本质安全(高能量)主干。

5.7 FF H1网段设计

5.7.1 FF H1网段设计应符合下列基本要求：

d） 其中“可长周期连续运行及非关键的现场总线设备”通常选择监视用变送器；

g） “每个FF H1网段现场设备端的供电电压不应低于13V DC”与5.1.6条“网段驱动电压应为9V~32V DC”表面上看有矛盾，实际上是从工程角度出发，在现场设备端预留了4V DC的电压余量，以避免当FF H1网段电压波动时，会产生现场总线通信波型失真或丢失。

5.7.2 FF网段回路分配应符合下列要求：

b） 每个FF网段应最多分配3个一般调节回路，或应最多分配1个关键调节回路。其中的“关键调节回路”是指该调节回路的失效故障，至少能导致一个工艺单元内的一台工艺设备停车，例如：反应器的进料流量调节回路、反应器的温度调节回路、精馏塔的塔顶压力调节回路(通过控制再沸器的加热介质)等。

5.7.5 现场总线电缆长度计算应符合下列要求：

计算公式：

$$L_{total}=L_{trunk}+\sum L_{spur} \qquad (5.7.5)$$

式中：

L_{total}——现场总线电缆总长度，m；

L_{trunk}——主干电缆长度，m；

L_{spur}——分支电缆长度，m。

计算示例：

设：$L_{trunk}=500m$，L_{spur}平均为60m，网段共挂接了12个现场总线设备，

则：$L_{total}=500+12\times60=1220m\leqslant1900m$，符合规范要求。

5.7.6 现场总线电压降计算应符合下列要求：

计算公式：

$$I_{max}=\sum I_{avg}+I_{short}+I_{H1}+I_{tool}\leqslant I_{rated} \qquad (5.7.6\text{-}1)$$

式中：

I_{max}——网段最大工作电流，A；

I_{avg}——现场总线设备平均耗电流，A；

I_{short}——分支短路电流，A；

I_{rated}——FFPS额定输出电流，A；

I_{H1}——网段H1卡耗电流，本规范取0.04，A；

I_{tool}——网段诊断工具耗电流，本规范取0.01，A。

$$R_{trunk}=L_{trunk}\times R_{unit} \qquad (5.7.6\text{-}2)$$

$$R_{max\text{-}spur}=L_{max\text{-}spur}\times R_{unit} \qquad (5.7.6\text{-}3)$$

式中：

R_{trunk}——网段主干直流电阻，Ω；

L_{trunk}——网段主干电缆长度，km；

$R_{max\text{-}spur}$——网段最长分支直流电阻，Ω；

$L_{max\text{-}spur}$——网段最长分支电缆长度，本规范取0.1，km；

R_{unit}——单位长度电缆的直流回路电阻，本规范取44，Ω/km。

$$U_{max}=I_{max}\times(R_{trunk}+R_{max\text{-}spur})+U_{protector}\leqslant U_{allow} \qquad (5.7.6\text{-}4)$$

式中：

U_{max}——网段最大直流电压降，V；

$U_{protector}$——网段保护器直流电压降，本规范取1，V；

U_{allow}——网段允许直流电压降，V。

计算示例：

设：网段主干电缆长度$L_{trunk}=500m$，最长分支电缆长度$L_{max\text{-}spur}=75m$，网段FFPS的额定输出电压为24V DC，额定输出电流为350mA，每台现场总线设备的最大耗电流平均为17mA，分支短路电流为60mA，设备端的电压不应低于13V DC，网段共挂接了12个现场总线设备，则根据式(5.7.6-1)~式(5.7.6-4)可得出：

$$I_{max}=(12-1)\times0.017+0.06+0.04+0.01=0.297(A)\leqslant0.35(A)$$

$$U_{max}=0.297\times44\times(0.5+0.1)+1=8.84(V)\leqslant(24-13)=11(V)$$

符合网段供电电压降要求。

5.7.9　根据 AG-181 2.0 版指南的 6.8.4 条规定，现场总线信号衰减值计算应符合下列要求：

计算公式：

$$A_{actual}=20\times\lg(U_{trans}/U_{receive})\leqslant A_{permit} \quad \cdots\cdots (5.7.9)$$

式中：

A_{actual}——信号实际衰减值，dB；

A_{permit}——信号允许衰减值，dB；

U_{trans}——传输信号幅值，V DC；

$U_{receive}$——接收信号幅值，V DC。

计算示例：

设：现场总线变送器传输信号的幅值(峰-峰值电压)最低为 0.75V DC，现场总线接收器能够检测到的幅值(峰-峰值电压)为 0.15V DC，则：$A_{permit}=20\times\lg(0.75/0.15)=13.98$(dB)。由于 A 型 FF 电缆的标准衰减值为 3dB/km，则当 $L_{total}=1900$m 时，$A_{actual}=1.9\times3=5.7(dB)\leqslant13.98$(dB)，现场总线信号衰减值符合要求。

6　主控制系统设计

6.4　基金会现场总线功能

6.4.2　主控制系统应具有下列 FF 现场总线数据传输、处理和存储能力：

b）“外部组态工具”是指手持通信器和笔记本电脑等便携式主控制系统终端设备。

6.5　组态工具

6.5.1　主控制系统应具有下列功能及性能：

a）主控制系统 FF 组态工具应能够实现主控制系统组态数据库的无缝集成和透明管理。

本条是指应用相同的组态工具，FF 控制策略和传统控制策略应能够以无缝和透明方式实现主控制系统数据库的统一保存、恢复和部分下载。

7　文档要求

7.2　文件要求

7.2.9　FFCS 制造厂应提供 FFCS 功能设计规格书 FDS，包括硬件 FDS、软件 FDS。

其中“软件 FDS”是指含各类功能块和控制模块的详细说明，包括参数组态、信号“状态”的操作、坏值确定、故障模式切换、初始化性能、防止复位和限幅性能等。

ICS 25.040
P 72
备案号：J2439-2017

中华人民共和国石油化工行业标准

SH/T 3188—2017

石油化工PROFIBUS控制系统工程设计规范

Design specification for PROFIBUS control system engineering in petrochemical industry

2017-04-12 发布　　2017-10-01 实施

中华人民共和国工业和信息化部　发布

目　次

Contents

前　言

根据中华人民共和国工业和信息化部《2011年第二批行业标准制修订计划》工信厅科〔2011〕134号的要求，规范编制组经广泛调查研究，认真总结实践经验，参考有关国际标准和国内先进标准，并在广泛征求意见的基础上，制定本规范。

本规范共分8章和6个附录。

本规范的主要技术内容是：PROFIBUS技术应用原则；控制系统设计；网络/网段设计；设备选用；工程设计。

本规范由中国石油化工集团公司负责管理，由中国石油化工集团公司自动控制设计技术中心站负责日常管理，由中石化上海工程有限公司负责具体技术内容的解释。执行过程中如有意见和建议，请寄送日常管理单位和主编单位。

本规范日常管理单位：中国石油化工集团公司自动控制设计技术中心站

通信地址：上海市徐汇区中山南二路1089号徐汇苑大厦12楼

邮政编码：200030

电　　话：021-64578936

传　　真：021-64578936

本规范主编单位：中石化上海工程有限公司

通信地址：上海市浦东新区张扬路769号

邮政编码：200120

本规范参编单位：中国石化工程建设有限公司

中石化洛阳工程有限公司

中石化宁波工程有限公司

中国机电一体化技术应用协会现场总线(PROFIBUS)专业委员会

西门子(中国)有限公司

本规范主要起草人员：俞旭波　陈　新　肖海荣　李　冰　高　欣　叶向东　裴炳安　严春明　窦连旺　崔　坚　王　斌　燕爱利　刘春才　冯学卫　陈昌领　刘　丹

本规范主要审查人员：林　融　徐伟清　宋志远　林洪俊　赵　柱　梁　达　宋　燕　陈学敏

本规范为首次发布。

石油化工 PROFIBUS 控制系统工程设计规范

1　范围

本规范规定了 PROFIBUS 控制系统(PFCS)工程设计的要求。

本规范适用于石油炼制、石油化工及以煤为原料制取燃料及化工产品的工厂新建、扩建和改建工程中采用 PROFIBUS 控制系统的工程设计。

2　规范性引用文件

下列文件对本规范的应用是必不可少的。凡是注日期的引用文件，仅注日期的版本适用于本规范。凡是不注日期的引用文件，其最新版本(包括所有的修改单)适用于本规范。

GB 3836.4　爆炸性环境　第 4 部分：由本质安全型“i”保护的设备

GB 3836.19　爆炸性环境　第 19 部分：现场总线本质安全概念“FISCO”(等同于 IEC 60079-27)

GB/T 20540.2—2006　测量和控制数字数据通信工业控制系统用现场总线　类型 3：PROFIBUS 规范　第 2 部分：物理层规范和服务定义(IEC 61158-2　Type 3：2003，MOD)

GB/T 27526—2011　PROFIBUS 过程控制设备行规

SH/T 3081　石油化工仪表接地设计规范

SH/T 3092　石油化工分散控制系统设计规范

SH/T 3164　石油化工仪表系统防雷设计规范

IEC 61784-1　工业通信网络协议集-第 1 部分：现场总线协议集

3　术语和定义、缩略语

3.1　术语和定义

下列术语和定义适用于本规范。

3.1.1

过程总线　PROFIBUS

PROFIBUS 是 IEC 61784-1 标准中规定的一种现场总线，用于工业现场仪表设备的数字通信。有 PROFIBUS DP 和 PROFIBUS PA 两种规格。

3.1.2

PROFIBUS DP

符合 IEC 61784-1 中 CP 3/1 的通信网络。

3.1.3

PROFIBUS PA

符合 IEC 61784-1 中 CP 3/2 的通信网络。采用曼彻斯特编码(MBP)和总线供电的传输技术，用于同步数据传输。

3.1.4

网段　segment

总线网络的一部分，以终端电阻为起始点。一个 PROFIBUS DP、PROFIBUS PA 网段最多可包括 32 个设备。

3.1.5

现场总线设备 fieldbus device

与现场总线连接的仪表或通信设备。

3.1.6

干线 trunk

网段的主通信线，干线可以分出多个分支来连接现场总线设备。DP 网络上的干线称为 DP 干线；PA 网段上的干线称为 PA 干线。

3.1.7

分支 spur

连接干线和现场 PROFIBUS PA 仪表的通信电缆。

3.1.8

支线 stub

连接 PROFIBUS DP 干线和 PROFIBUS DP 设备的通信电缆。

3.1.9

周期 cycle time

设备完成输入信号处理、执行计算和最终输出值传输的时间之和称为一个周期。

3.1.10

非周期时间 acyclic time

周期时间外，用于传送其他信息的时间。传送的信息包括：报警或事件、维护或诊断信息、显示信息、趋势信息和组态信息等。

3.1.11

PROFIBUS DP 主站 PROFIBUS DP master

在 PROFIBUS DP 中的具有主动控制和管理功能的现场总线设备，分为 1 类主站或 2 类主站。1 类主站是一个控制多个 DP 从站的控制设备，通常是一个可编程控制器或过程控制器。2 类主站是一个管理组态数据和诊断数据的控制设备。

3.1.12

PROFIBUS DP 从站 PROFIBUS DP slave

指定给某个 1 类 PROFIBUS DP 主站的现场设备，并提供数据交换的设备。

3.1.13

中继器 repeater

中继器是增加网络设备数量、延长通信距离的一种网络延续设备。

3.1.14

RS 485-IS 隔离中继器 RS 485-IS isolation repeater

中继器的一种，用于连接本安 DP 网络。

3.1.15

DP/DP 耦合器 DP/DP coupler

DP/DP 耦合器连接两个 PROFIBUS DP 网段，用于两个 PROFIBUS DP 主站之间的数据交换。

3.1.16

DP/PA 耦合器 DP/PA coupler

DP/PA 耦合器是 PROFIBUS DP 和 PROFIBUS PA 之间的接口设备，用于 PROFIBUS DP 和 PROFIBUS PA 之间的数据交换。

3.1.17

Y 链接器 Y link

DP 网络连接 DP 设备的中间设备，用于非冗余的 PROFIBUS DP 设备连接到冗余的 PROFIBUS

DP 网络上。

3.1.18

DP/PA 链接器　DP/PA link

PROFIBUS DP 网络连接 PROFIBUS PA 网络的中间设备，用于 PROFIBUS DP 和 PROFIBUS PA 之间的网络转换及数据交换，由 PROFIBUS DP 接口模块以及 DP/PA 耦合器组合而成。

3.1.19

现场安全栅　field-barrier

安装于现场的安全栅，用于限制现场非本安系统和本安系统之间线路和设备的电流和电压。

3.1.20

总线接线箱　fieldbus junction box

用于连接总线干线和支线的现场接线箱。

3.1.21

有源现场分离器　active field splitter

使 PROFIBUS DP/PA 耦合器以冗余方式运行的一种连接设备。

3.1.22

有源现场分配器　active field distributor

使 PROFIBUS DP/PA 耦合器以冗余方式运行并可实现 PROFIBUS PA 环网功能的一种连接设备。

3.1.23

DP 终端器　DP terminator

在 DP 总线网段末端设置避免信号因反射造成失真的电阻。

3.1.24

PA 终端器　PA terminator

在 PA 总线网段末端设置避免信号因反射造成失真的一组电阻及电容。

3.2　缩略语

下列缩略语适用于本规范。

AFD：有源现场分配器(Active Field Distributor)

AFDiS：本安有源现场分配器(Active Field Distributor Intrinsically Safety)

AFS：有源现场分离器(Active Field Splitter)

BMS：燃烧监视系统(Burner Monitoring System)

CCS：压缩机控制系统(Compressor Control System)

DCS：分散控制系统(Distributed Control System)

EDD：电子设备描述(Electronic Device Description)

FAT：工厂验收(Factory Acceptance Test)

FDS：功能设计规格书(Function Design Specification)

FISCO：现场总线本质安全概念(Fieldbus Intrinsically Safe Concept)

GDS：可燃气体和有毒气体检测系统(Gas Detection System)

GSD：通用站描述(General Station Description)

IFAT：工厂集成验收(Integration Factory Acceptance Test)

MMS：机组监视系统(Machine Monitor System)

OLM：光纤链接模块(Optical Link Module)

OPC：用于过程控制的内部数据设备连接协议(Object Linking and Embedding(OLE) for Process Control)

PFCS：PROFIBUS 控制系统(PROFIBUS Control System)

PI：PROFIBUS 及 PROFINET 国际组织(PROFIBUS & PROFINET International)

PLC：可编程序控制器(Programmable Logic Controller)

SAT：现场验收(Site Acceptance Test)

SIS：安全仪表系统(Safety Instrumented System)

SPD：电涌防护器(Surge Protective Device)

4 PROFIBUS 技术应用原则

4.1 总线型现场仪表应符合 GB/T 27526—2011 的规定，并应经过 PI 组织认证合格。

4.2 爆炸性危险区域内的 PA 干线、总线接线箱、PA 分支及总线型现场仪表，应满足该区域的防爆要求，符合表 4.2 的规定。

表 4.2 爆炸性危险区域内总线设备防爆类型的选用

防爆区	设　备		
	PA 干线	总线接线箱	PA 分支/总线型现场仪表
0 区	—	—	Ex ia
1 区	FISCO ia/ib，Ex e	FISCO ia/ib，Ex e，Ex d	Ex ia/ib，FISCO ia/ib，Ex d
2 区	FISCO，Ex e	FISCO，Ex e，Ex d	Ex i，FISCO，Ex d
非防爆区	无防爆要求	无防爆要求	无防爆要求

4.3 爆炸性危险区域内的本安技术应用，宜选用增安型干线加多路现场安全栅方式，现场安全栅和本安仪表的组合应符合 GB 3836.4 的规定。

4.4 连接到同一接线箱内的仪表防爆类型应相同。

4.5 PROFIBUS 网段上的电缆，宜采用 A 类电缆。

4.6 现场总线设备管理系统可独立设置，也可集成在控制系统中。

4.7 PROFIBUS 电缆屏蔽接地宜采用多点重复接地方式，各接地点之间应实现等电位连接。

4.8 SIS、GDS、CCS、MMS、BMS 等安全相关系统不应采用 PA 总线技术。

4.9 高速响应回路不应采用 PA 总线技术。

4.10 特殊仪表不应采用现场总线技术。

5 控制系统设计

5.1 系统结构

5.1.1 PFCS 的网络总体结构应符合 SH/T 3092 的规定。

5.1.2 PFCS 应采用 PROFIBUS DP(以下简称 DP)网络。

5.1.3 PFCS 应具备通过 PROFIBUS DP、TCP/IP、MODBUS、OPC 等通信协议与第三方系统进行数据通信的能力。

5.2 系统功能

PFCS 应至少具备以下功能：

a) 互操作性；

b) 互换性；

c) 兼容性；

d) 在线维护和诊断功能；

e) 在线参数设置功能；

f) 在线增加、删除仪表设备的功能。

5.3 过程控制站

5.3.1 控制器常规功能应符合 SH/T 3092 的规定。

5.3.2　控制器的总线应具备以下功能：

a）对 PROFIBUS PA(以下简称 PA)仪表配置相应的转换功能块；

b）对 PA 仪表的检测和数据采集、连续控制、顺序控制、批量控制、逻辑控制、诊断等功能。

5.4　过程接口

5.4.1　常规 I/O 模件应符合 SH/T 3092 的规定。

5.4.2　PFCS 应配置分散安装的远程 I/O，用于连接非总线型现场仪表。

5.4.3　PA 仪表宜通过 DP/PA 链接器或 DP/PA 耦合器连接到 DP 网络。

5.4.4　非冗余的 DP 设备宜通过 Y 链接器连接到冗余的 DP 网络。

5.4.5　两个 DP 主站连接宜通过 DP/DP 耦合器。

5.5　操作站

5.5.1　操作站应符合 SH/T 3092 的规定。

5.5.2　现场总线设备管理功能宜设置独立的服务器，不宜集成在操作站中。

5.6　工程师站

5.6.1　工程师站应符合 SH/T 3092 的规定。

5.6.2　工程师站的功能应符合下列要求：

a）工程师站应支持所有 PROFIBUS 功能，包括组态、维护和操作显示功能；

b）工程师站应支持 PROFIBUS 设备的设备管理功能；

c）工程师站中装载设备管理软件后应可实现 PA 现场仪表的设备管理功能；

d）工程师站应支持离线组态及控制策略仿真调试功能。

5.6.3　工程师站应能对非现场总线 I/O、智能 HART 和 PA 仪表进行组态、维护和操作。

5.7　历史记录工作站

历史记录工作站应符合 SH/T 3092 的规定。

5.8　网络管理服务器

网络管理服务器应符合 SH/T 3092 的规定。

5.9　供电要求

5.9.1　PFCS 的供电应符合 SH/T 3092 的规定。

5.9.2　PA 网段应采用 UPS 供电。

5.9.3　PA 网段宜采用双路冗余供电。

5.10　接地要求

5.10.1　接地系统应符合 SH/T 3081 及 SH/T 3164 的规定。

5.10.2　PFCS 的保护接地应接到保护接地汇总板。保护接地汇总板接到接地总板或电气接地网；PFCS 应采用隔离技术，网络和 I/O 接口应是隔离的，信号线路不需要接地。

5.10.3　DP/PA 总线信号回路应与地绝缘，总线信号电缆的线芯对地绝缘。

5.10.4　DP/PA 总线电缆应在每个断接处对屏蔽层进行连接，应在控制室、接线箱、现场仪表等处接地。

5.11　防电涌要求

5.11.1　PFCS 的防雷电电涌保护设计，应符合 SH/T 3164 的规定。

5.11.2　电涌保护器(SPD)的选型和使用不应影响 PROFIBUS 各网段上的信号传输，不应影响 PROFIBUS 设备和仪表的正常工作。

5.12　安装条件

PFCS 的安装设计应符合 SH/T 3092 的规定。

5.13　备品备件

5.13.1　PFCS 的备品备件应按装置或单元分别配置。

5.13.2　I/O 模件的备用量宜为 20%，各种模件应至少备一件。

5.13.3 网段设备的备用量宜各为5%，各种设备应至少备一件。

5.14 与第三方设备/系统通信

5.14.1 PFCS 应具备通过 PROFIBUS DP、MODBUS、TCP/IP 等协议与 SIS、GDS、CCS、MMS、BMS 及其他 PLC 设备进行数据通信的功能。

5.14.2 PFCS 采用 PROFIBUS DP 与其他采用 DP 通信的第三方设备/系统进行通信设计时，接口设计应符合下列要求：

a) 以本方为 DP 主站，第三方设备/系统为从站，位于危险区的从站，应在主站侧增加 RS 485-IS 隔离中继器；位于安全区的从站可以直接连接到主站网络；

b) 以本方为主站，第三方设备/系统为从站，应向主站提供配置所需的 GSD 文件、通信速率及通信的数据格式；

c) 第三方为 DP 主站，本方也是主站，两个 DP 网络进行通信时主站点间应增加 DP/DP 耦合器，双方应制定通信的数据格式。

5.14.3 第三方设备/系统与 PFCS 距离较远或两者间有电位差，应在两端增加光电转换模块，使用光缆连接，采用光通信方式。

6 网络/网段设计

6.1 技术规格

6.1.1 PROFIBUS DP 技术规格

6.1.1.1 PROFIBUS DP 的数据传输速率应为 9.6kbit/s~12000kbit/s，应根据数据传输速率选用匹配的连接设备。

6.1.1.2 PROFIBUS DP 的传输介质应为铜芯屏蔽双绞线或光纤。

6.1.1.3 PROFIBUS DP 网段 A 类电缆的最大通信距离应符合表 6.1.1.3 的规定：

表 6.1.1.3 **PROFIBUS DP 网段 A 类电缆的通信距离表**

数据传输速率(kbit/s)	9.6	19.2	93.75	187.5	500	1500	3000	6000	12000
最大通信距离(m)	1200	1200	1200	1000	400	200	100	100	100
相关标准	GB/T 20540.2—2006								

6.1.1.4 PROFIBUS DP 网段通信距离大于表 6.1.1.3 中规定的通信距离时，应采用光通信方式。

6.1.1.5 PROFIBUS DP 网段两端应各设置一个总线终端器。

6.1.1.6 PROFIBUS DP 两个站点间最小通信电缆长度不应小于 1m。

6.1.1.7 每个 PROFIBUS DP 从站的输入/输出数据字长最大应各为 244 字节。

6.1.1.8 PROFIBUS DP 网段上使用支线时支线的长度应符合表 6.1.1.8 的规定：

表 6.1.1.8 **PROFIBUS DP 网段相应数据传输速率下允许最大支线长度表**

数据传输速率(kbit/s)	每个网段支线允许最大的总长度(m)
9.6~93.75	96
187.5	75
500	30
1500	10
>1500	0

6.1.1.9 PROFIBUS DP 信号传输采用光缆时，两个光纤链接模块(OLM)之间单模光缆不应超过 15km，多模光缆不应超过 2.8km。

6.1.1.10 本安 DP 干线最大传输速率应为 1500kbit/s。

6.1.2 PROFIBUS PA 技术规格

6.1.2.1 PROFIBUS PA 的数据传输速率应为 31.25kbit/s。

6.1.2.2 PROFIBUS PA 应采用两线制技术，结构应为多节点式。

6.1.2.3 PROFIBUS PA 的传输介质应为铜芯屏蔽双绞线，宜采用 A 类电缆。

6.1.2.4 PROFIBUS PA 网段与 DP 网段连接应采用 DP/PA 链接器或 DP/PA 耦合器。

6.1.2.5 PROFIBUS PA 网段两端应各设置一个总线终端器。

6.1.2.6 对于非本安干线，PA 网段电压应为 9V DC~31V DC。

6.1.2.7 对于 FISCO 模型的本安干线，PA 网段电源调整器输出电压应为 14V DC~17.5V DC，且网段任意一点电压不应低于 9V DC。

6.1.2.8 PROFIBUS PA 网段电缆总长度不应大于 1900m。FISCO 模型应用于 IIC 级别的爆炸危险场合时，网段电缆总长度不应大于 1000m。

6.1.2.9 非本安应用的分支电缆长度应小于 120m；本安应用的分支电缆长度应小于 60m。

6.1.2.10 PROFIBUS PA 网段结构可为线型、树型、线型和树型混合型、环型。

6.2 拓扑结构

6.2.1 PROFIBUS DP 网络拓扑结构

6.2.1.1 PROFIBUS DP 屏蔽双绞线的网络拓扑结构宜为线型。

6.2.1.2 PROFIBUS DP 屏蔽双绞线的网段扩展可使用中继器。

6.2.1.3 使用光纤总线终端的 PROFIBUS DP 光缆网络的拓扑结构应为线型。

6.2.1.4 使用光纤链接模块的 PROFIBUS DP 光缆网络的拓扑结构可为线型、星型、环型拓扑结构。

6.2.2 PROFIBUS PA 网段拓扑结构

6.2.2.1 PROFIBUS PA 网段线型拓扑结构见图 6.2.2.1。

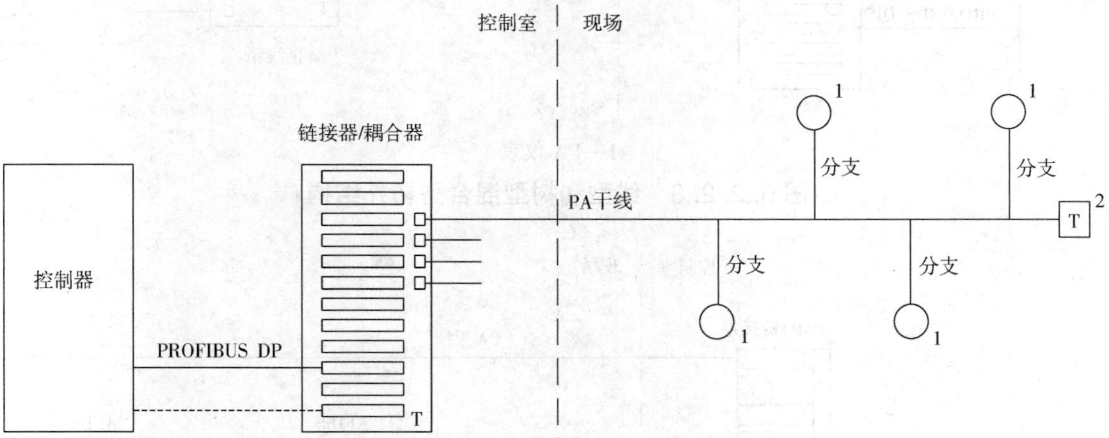

1—PA 仪表；2—终端器

图 6.2.2.1 线型拓扑结构

6.2.2.2 PROFIBUS PA 网段树型拓扑结构见图 6.2.2.2。

6.2.2.3 PROFIBUS PA 网段线型和树型混合型拓扑结构见图 6.2.2.3。

6.2.2.4 PROFIBUS PA 网段环型拓扑结构见图 6.2.2.4。

6.2.3 PROFIBUS PA 网段典型配置分类

6.2.3.1 增安型干线(Ex e)的现场总线设备配置应符合下列要求：

a） 网段电缆总长度不应大于 1900m；

b） 本安或隔爆认证的现场仪表及设备、终端器；

c） 分支及 PA 仪表的防爆类型应按本规范第 4.2 条的规定选用。

6.2.3.2 增安型干线(Ex e)现场总线设备配置见图 6.2.3.2-1 或图 6.2.3.2-2。

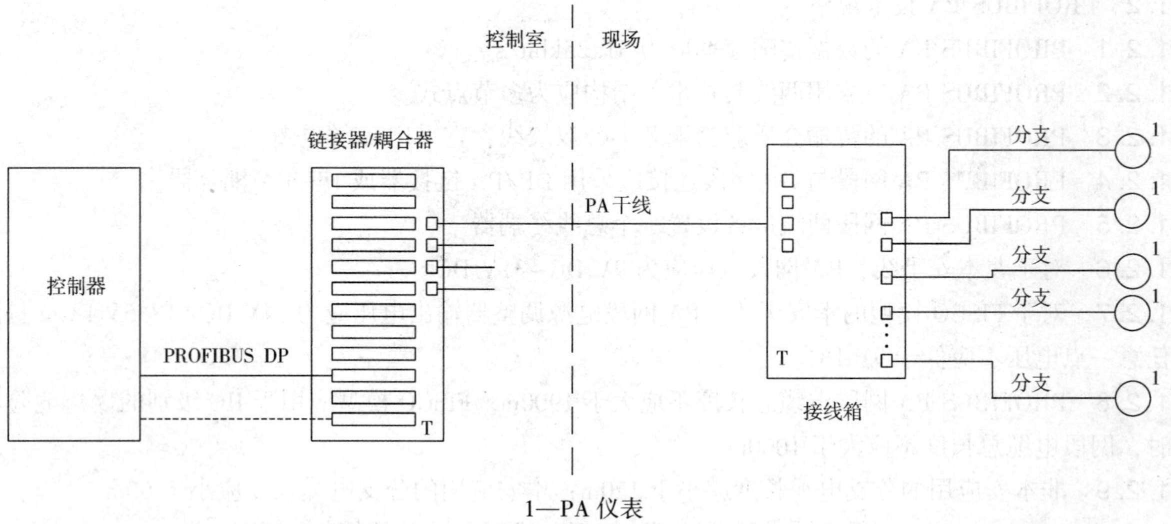

1—PA 仪表

图 6.2.2.2　树型拓扑结构

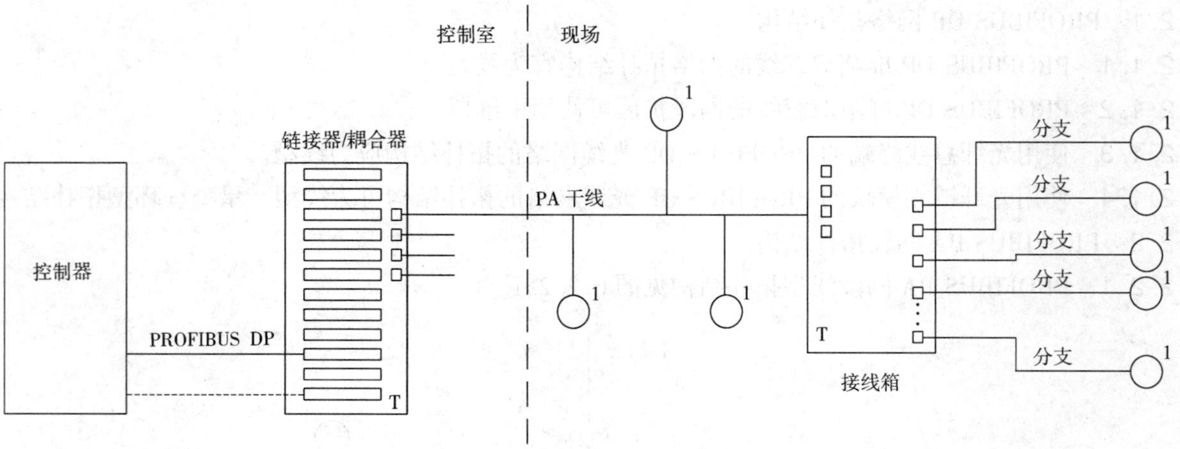

1—PA 仪表

图 6.2.2.3　线型和树型混合型拓扑结构

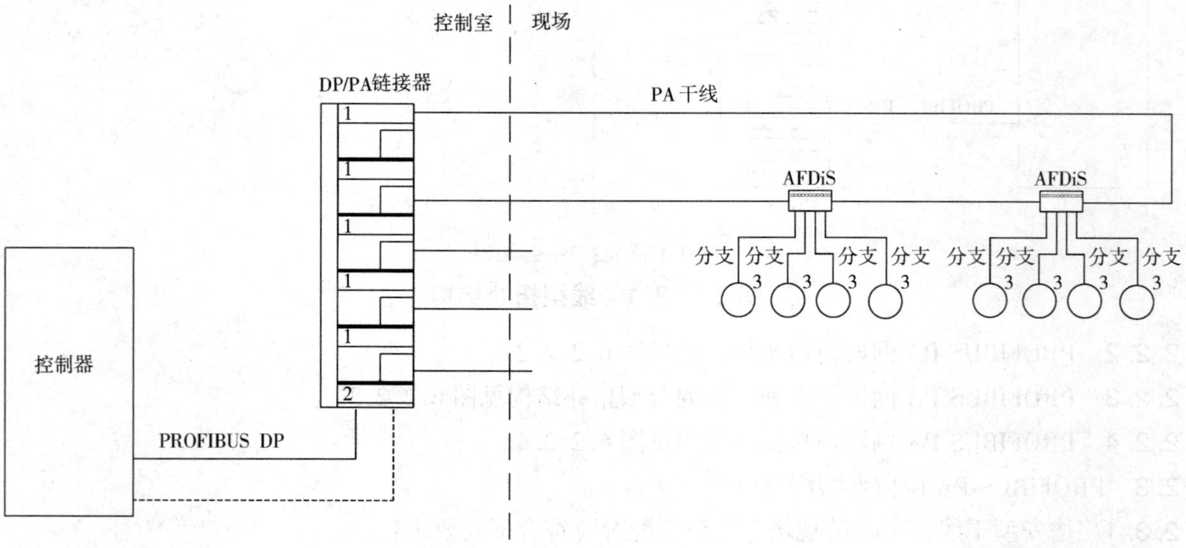

1—DP/PA 耦合器；2—DP 接口模块；3—PA 仪表

图 6.2.2.4　环型拓扑结构

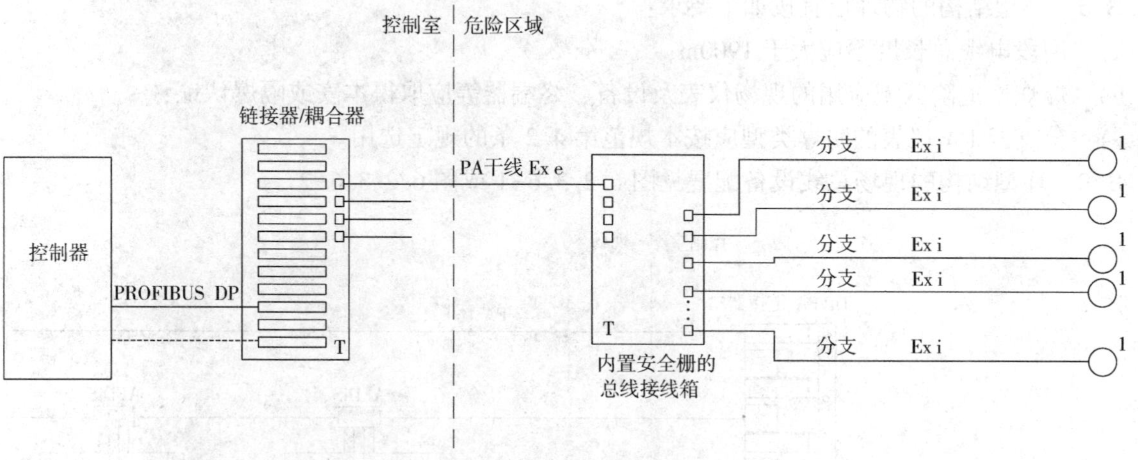

1—PA 仪表

图 6.2.3.2-1 增安型干线现场总线设备(本安 PA 仪表)配置

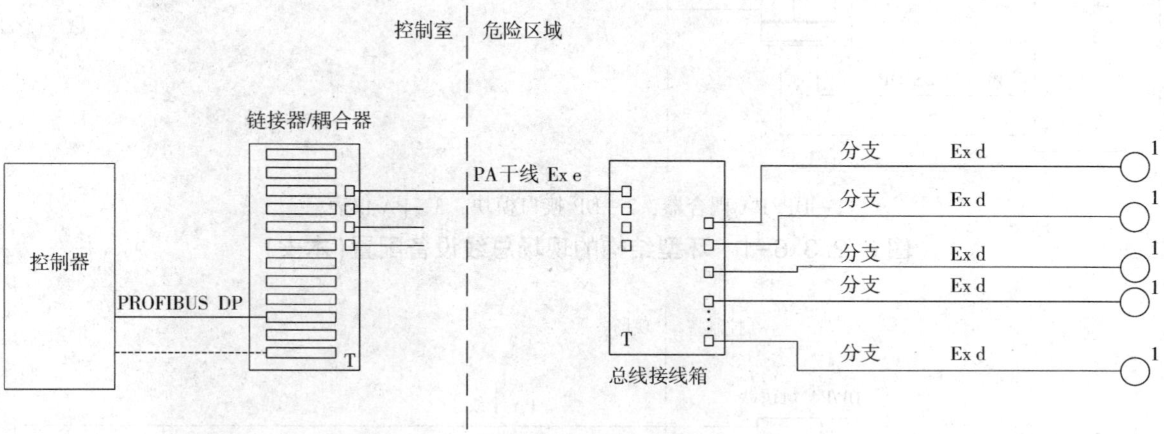

1—PA 仪表

图 6.2.3.2-2 增安型干线的现场总线设备(隔爆 PA 仪表)配置

6.2.3.3 本质安全 FISCO 模型的物理层宜符合下列要求：

a) 采用 TYPE A 类电缆；

b) 网段电缆总长度不应大于 1900m(IIB)；1000m(IIC)；

c) 最大分支长度为 60m；

d) FISCO 认证的电源、链接器/耦合器、现场仪表及设备、终端器；

e) 分支及 PA 仪表的防爆类型应按本规范第 4.2 条的规定选用。

6.2.3.4 本质安全 FISCO 模型的现场总线设备配置见图 6.2.3.4。

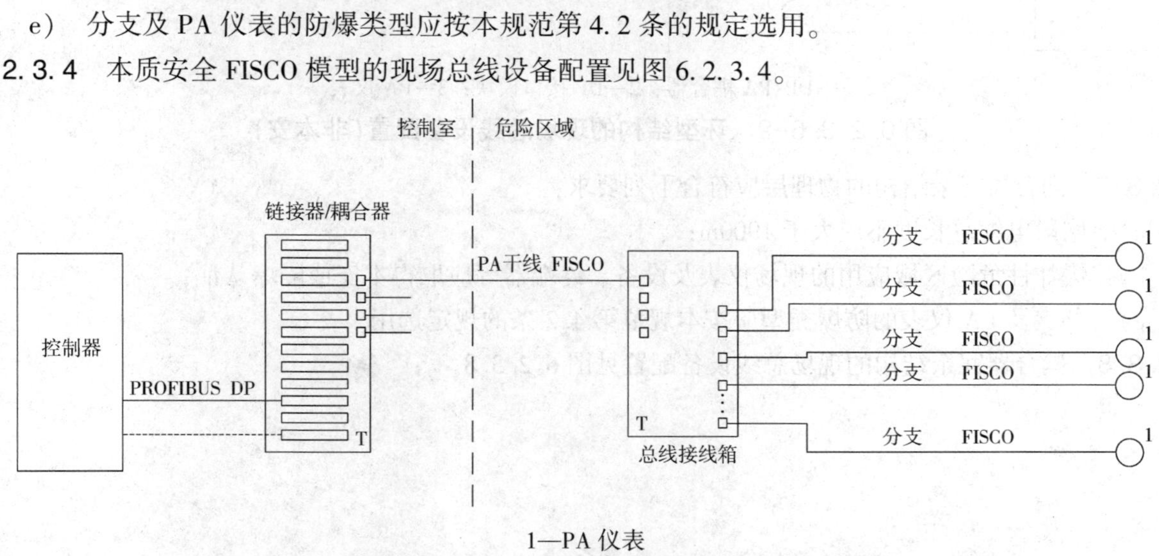

1—PA 仪表

图 6.2.3.4 本质安全 FISCO 模型的现场总线设备配置

6.2.3.5 环型结构的物理层宜按如下要求：

a） 网段电缆总长度不应大于 1900m；

b） 爆炸性危险区域应用的现场仪表及设备、终端器等应取得本安或隔爆认证；

c） 分支及 PA 仪表的防爆类型应按本规范第 4.2 条的规定选用。

6.2.3.6 环型结构的现场总线设备配置见图 6.2.3.6-1 或图 6.2.3.6-2。

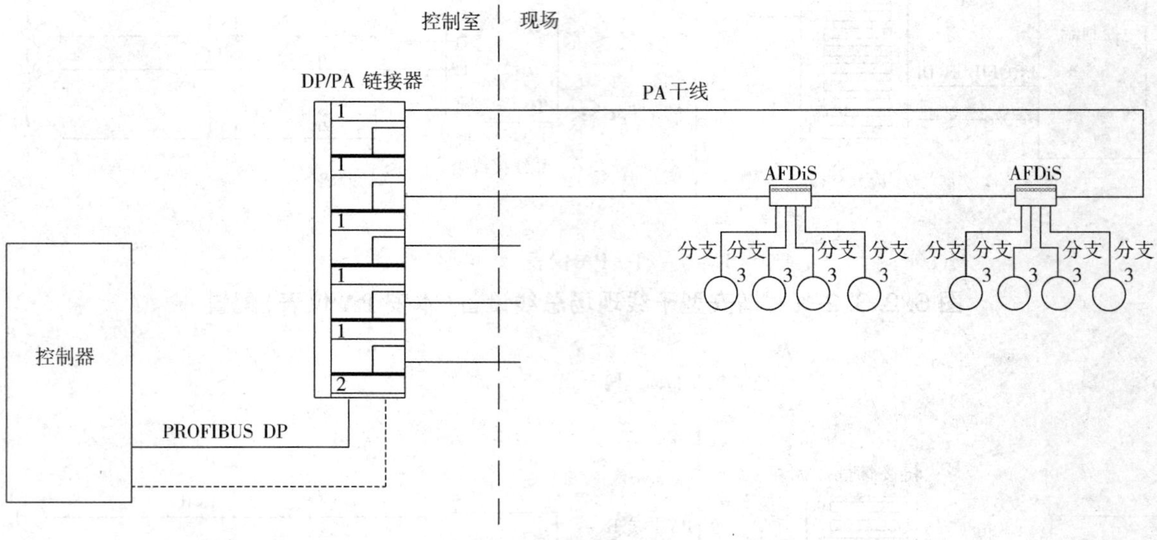

1—DP/PA 耦合器；2—DP 接口模块；3—PA 仪表

图 6.2.3.6-1 环型结构的现场总线设备配置(本安)

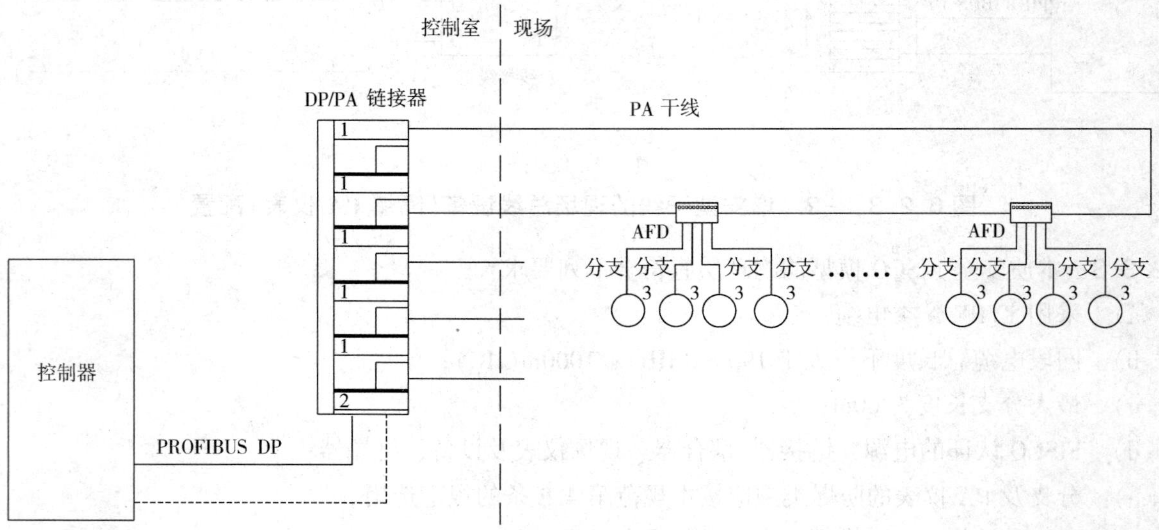

1—DP/PA 耦合器；2—DP 接口模块；3—PA 仪表

图 6.2.3.6-2 环型结构的现场总线设备配置(非本安)

6.2.3.7 耦合器冗余结构的物理层应符合下列要求：

a） 网段电缆总长度不应大于 1900m；

b） 爆炸性危险区域应用的现场仪表及设备、终端器等应取得本安或隔爆认证；

c） 分支及 PA 仪表的防爆类型应按本规范第 4.2 条的规定选用。

6.2.3.8 耦合器冗余结构的现场总线设备配置见图 6.2.3.8。

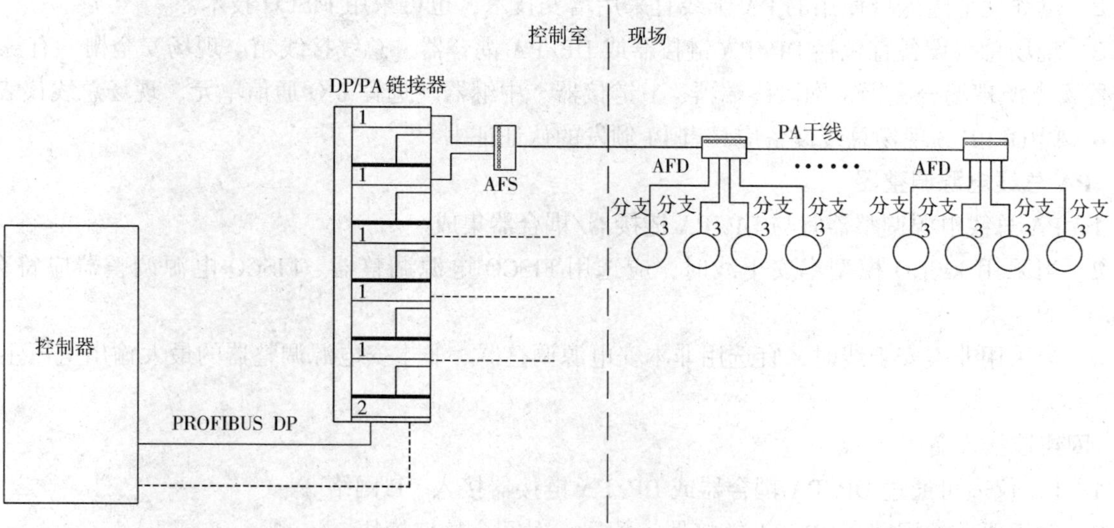

1—DP/PA 耦合器；2—DP 接口模块；3—PA 仪表

图 6.2.3.8 耦合器冗余结构的现场总线设备配置

6.3 设计要求

6.3.1 PROFIBUS DP 网络设计

6.3.1.1 DP 网段中不应超过 31 个从站。

6.3.1.2 DP 网段的长度应与传输速率相匹配，具体要求应符合表 6.1.1.3 的规定。

6.3.1.3 DP 网络宜采用线型拓扑结构。

6.3.2 PROFIBUS PA 网段设计

6.3.2.1 PA 的网段设计可采用单一拓扑结构，也可采用混合型拓扑结构，宜采用树型或环型结构。

6.3.2.2 对于重要监控回路，PA 网段宜采用环型结构或耦合器冗余结构。

6.3.2.3 对于非本安型干线 PA 网段的设计，每个 PA 网段的现场仪表配置不宜大于 12 台，不应超过 16 台。

6.3.2.4 对于本安 FISCO 干线 PA 网段设计，每个 PA 网段的现场仪表配置不宜大于 6 台，不应超过 8 台。

6.3.2.5 PA 网段上总线供电仪表的供电电压不应低于 9V(DC)，不宜高于 28V(DC)。

6.3.2.6 PA 网段上所有仪表的电流之和不应超过 DP/PA 耦合器电源输出的额定值。

6.3.2.7 PA 网段电流负荷应按公式 6.3.2.7 进行计算。

DP/PA 耦合器配电电流≥现场设备耗电电流总和+最大一台仪表故障电流+一台仪表的最大短路电流 ……………………………………………………………………………… (6.3.2.7)

6.3.2.8 PA 网段电压负荷应按公式 6.3.2.8 进行计算。

PA 网段允许电压降≤网段最大工作电流×总线电缆的总直流电阻 …… (6.3.2.8)

6.3.2.9 同一控制回路的所有 PA 仪表宜分配在同一 PA 网段上。

6.3.2.10 每个 PA 网段的周期时间宜为 1s。

6.3.2.11 针对 PA 网段不同周期通信时间要求，网段上 PA 仪表数量宜为：

a) 周期通信时间大于等于 0.5s 的网段，PA 仪表数量不大于 16 台；

b) 周期通信时间为 0.25s 的网段，PA 仪表数量不大于 6 台。

7 设备选用

7.1 选用原则

7.1.1 爆炸性危险区域采用的防爆设备应符合该区域等级划分的要求，现场仪表宜选用本安或隔爆型。

7.1.2 爆炸性危险区域使用的PA干线宜采用增安技术，也可采用FISCO技术。

7.1.3 现场总线设备宜包括DP/PA链接器或DP/PA耦合器、总线接线箱、现场安全栅、有源现场分离器、有源现场分配器、网段终端器、Y链接器、中继器、远程I/O通信单元、现场总线仪表等。

7.1.4 PROFIBUS现场总线设备应具有PI颁发的认证证书。

7.2 PA总线电源调整器

7.2.1 PA总线电源调整器宜与DP/PA链接器/耦合器集成。

7.2.2 当采用FISCO模型本安干线时，应选用FISCO电源调整器。FISCO电源调整器应符合GB 3836.19的要求。

7.2.3 当采用非本安干线时，宜选用非本安电源调整器。非本安电源调整器的最大输出电压不应大于32VDC。

7.3 网络连接设备

7.3.1 PA仪表可通过DP/PA耦合器或DP/PA链接器接入DP网络。

7.3.2 对重要监控回路，DP/PA链接器宜配置一对冗余接口模块。

7.3.3 非冗余的PROFIBUS DP设备连接到冗余的PROFIBUS DP网络上时，应使用Y链接器。

7.3.4 PROFIBUS DP主站之间的数据交换，宜采用DP/DP耦合器连接两个DP网络。

7.3.5 增加DP网段或延长DP网络电缆长度宜采用中继器或诊断中继器。诊断中继器应具有网络诊断和故障分析功能。

7.3.6 长距离数据传输，宜选用光缆，并采用光纤链接模块(OLM)实现DP电信号和光信号的转换。

7.3.7 有源现场分离器(AFS)应符合下列要求：

7.3.7.1 非环网的DP/PA耦合器冗余结构，宜采用有源现场分离器(AFS)。

7.3.7.2 有源现场分离器(AFS)应提供PA干线的状态指示。

7.4 现场接线设备

7.4.1 总线接线箱

7.4.1.1 总线接线箱应为PA干线和分支提供独立的接线端子，单独插拔分支不应影响干线的正常工作。

7.4.1.2 用于爆炸性危险区域的总线接线箱应符合其安装区域的防爆要求。

7.4.1.3 总线接线箱应提供分支短路保护及报警功能，短路电流不应超过60mA。

7.4.1.4 总线接线箱可内置现场安全栅满足增安干线加本安分支的应用。

7.4.2 有源现场分配器(AFD/AFDiS)

7.4.2.1 当PA网段采用环型结构时，宜采用AFD/AFDiS。

7.4.2.2 AFD/AFDiS应提供PA干线及分支的状态指示。

7.4.2.3 AFD/AFDiS应内置可自动切换的终端器。

7.4.2.4 AFD/AFDiS应自动隔离有故障的网段。

7.4.2.5 AFD/AFDiS应能在网段故障修复后，自动恢复原状态。

7.4.2.6 AFD/AFDiS应提供分支反接保护和短路保护。

7.5 终端器

7.5.1 DP终端器应选用有源方式。

7.5.2 PA终端器应采用无源方式。

7.6 远程I/O单元

非总线仪表宜采用远程I/O单元接入PFCS。

7.7 现场设备

7.7.1 PROFIBUS DP设备应符合下列要求：

a) DP设备应具备互操作性；

b) DP设备的GSD文件应与控制系统匹配；

c) DP设备作为DP从站，其通信速率应与主站保持一致，通信参数应匹配。

7.7.2 PROFIBUS PA 仪表应符合下列要求：

a） PA 仪表应具备兼容性、互换性和互操作性；

b） PA 仪表的 GSD、EDD 文件应与控制系统匹配。

7.8 诊断工具

DP 及 PA 网络应配置专用诊断工具，诊断工具宜具备多用户的功能。

8 工程设计

8.1 基础工程设计

在基础工程设计前期，应进行 PROFIBUS 总线的技术方案研究：包括现场总线系统功能、网络拓扑结构、PA 网段与 DP 网段的连接方式、PA 网段冗余原则与冗余方式、第三方网络接入方式、防爆类型、设备仪表选型、电缆选型、最大总线电缆长度、电源要求、执行时间、网段负载、防雷抗电涌、系统及仪表接地等。

8.1.2 设计应编制 PROFIBUS 系统(PFCS)工程设计规定。

8.1.3 设计应完成初步 PFCS 系统结构设计。

8.1.4 设计应进行典型网络/网段结构设计。

8.1.5 设计应编制 PFCS 系统技术规格书(包括现场总线设备管理系统)。

8.1.6 设计应编制 PROFIBUS 总线仪表规格书。

8.2 详细工程设计

8.2.1 设计应编制 PFCS 系统、总线仪表询价技术规格书。

8.2.2 设计应配合采购部门与供应商签订 PFCS 系统、现场总线设备的供货及技术服务合同的技术附件。

8.2.3 设计应确认供应商返回资料。

8.2.4 供应商应配合设计完成 PA 网段设计。

8.2.5 供应商应完成 PA 网段核算。

8.2.6 设计应在 FAT 之后修改完善仪表工程设计文件。

8.3 工程设计文档

8.3.1 采用 PFCS 系统的工程设计与常规 DCS 的工程设计所要求的文档基本相同。根据 PROFIBUS 总线技术的特点，应增加部分文档，另有部分文档应添加 PROFIBUS 总线相关内容。这些工程设计文档至少应符合表 8.3.1 的规定：

表 8.3.1 工程设计文档表

PROFIBUS 文档	基础设计	详细设计
PFCS 系统技术规格书	√	
现场总线设备管理系统技术规格书[a]	√	
PFCS 系统配置图[b]	√	
网络/网段典型图	√	
网络/网段图		√
总线仪表配管配线平面布置图		√
仪表索引表	√	√
I/O 索引表		√
仪表规格书	√	√
现场总线接地系统图		√
总线电缆连接表		√
仪表安装材料汇总表[c]	√	√

[a] 可包括在 PFCS 技术规格书中。

[b] 最终 PFCS 系统配置图由供应商完成。

[c] 用于现场总线仪表及设备。

8.3.2 PROFIBUS 工程设计文档内容应符合下列要求：

a） PFCS 系统技术规格书

PFCS 系统技术规格书应包括设计原则、报价要求、供货范围、系统配置、系统硬件/软件功能、冗余要求、组态要求、FAT 要求、SAT 要求、培训要求、技术服务要求、文件要求、DP 和 PA 网络接口设备清单、远程 I/O 单元数量、I/O 点清单等。

b） 现场总线设备管理系统技术规格书

现场总线设备管理系统技术规格书应包括设计原则、报价要求、供货范围，系统配置、系统硬件/软件功能、组态要求、FAT 要求、SAT 要求、培训要求、技术服务要求、文件要求、总线型仪表数量、HART 通信等智能仪表数量等。

c） PFCS 系统配置图

PFCS 系统配置图上应标出网络、控制器、通信总线、历史数据库、操作员站、工程师站、设备管理站等；应标出控制系统与其他系统的连接；应标出控制系统与所有 DP 智能设备的连接；应标出 DP 网与 PA 网的连接方式等。

d） 网络/网段图

网络/网段图上应标出同一 PA 网段上的所有总线仪表，并包括如下详细信息：

1） 网络/网段编号；

2） 所有网络连接元件；

3） 所有分支电缆；

4） 每个 PA 仪表的地址；

5） PA 仪表的制造厂及型号。

e） 总线仪表配管配线平面布置图

总线仪表配管配线平面布置图是现场总线系统设计所需的输入条件，应准确标注现场仪表、总线接线箱及有源现场分配器（AFD/AFDiS）的位置。

f） 仪表索引表

除常规仪表信息外，仪表索引表上应标明如下信息：

1） 是否为现场总线仪表；

2） 现场总线类型；

3） 软件版本。

g） I/O 索引表

除常规信息外，I/O 索引表应增加 PA 仪表或 DP 设备的网段号、地址等信息。

h） 仪表规格书

除常规仪表信息外，PA 仪表还应包含如下信息：

1） 工作电压（V DC）；

2） 最低工作电压（V DC）；

3） 工作电流（mA）；

4） 故障电流（mA）；

5） 极性是否敏感；

6） 采用的转换块、功能块；

7） 行规版本；

8） 地址设定方式；

9） 互操作性认证；

10） 是否需要 FISCO 认证。

i） 现场总线接地系统图

现场总线接地系统图应包含 PFCS 控制系统和现场总线设备的接地方式、汇集方式、接地电缆的规格、长度、接地要求等信息。

j） 总线电缆连接表

总线电缆连接表应列出电缆的编号、型号、规格、长度、起点与终点、端子号等。

k） 仪表安装材料汇总表

除常规的仪表安装材料外，仪表安装材料汇总表还应列出总线仪表安装所需要的主要材料，包括总线电缆、总线接线箱等材料的名称、规格和数量。

8.4 系统供应商工作

8.4.1 制定项目执行计划；

8.4.2 配合检查单位相关工程设计文件、总线仪表及设备选型；

8.4.3 完成系统典型回路类型、回路功能、典型操作面板、典型报警及事件记录面板等设计；

8.4.4 编制 PFCS 系统功能设计规格书 FDS（包括各子系统的硬件、软件、网络、接口等要求）；

8.4.5 完成 PFCS 系统配置图；

8.4.6 配合设计单位校验网段设计；

8.4.7 用标准的组态工具包完成 PFCS 系统组态；

8.4.8 主导完成 PFCS 系统工厂验收（FAT），并负责编制 FAT 报告；

8.4.9 在 FAT 阶段对项目中用到的各种类型仪表进行互操作性测试，并提供测试报告；

8.4.10 主导完成与第三方系统通信功能集成测试（IFAT），并负责编制 IFAT 报告；

8.4.11 主导完成 PFCS 系统现场验收（SAT），并负责编制 SAT 报告。

8.5 供应商文档

供应商应以电子和纸质形式向用户提供下列文档，包括，但不仅限于下列文档。

a） 系统设计文档；

b） 产品技术规格书；

c） 安装手册；

d） 培训手册；

e） 维护手册。

附 录 A
(资料性附录)
PFCS 网络结构示意图

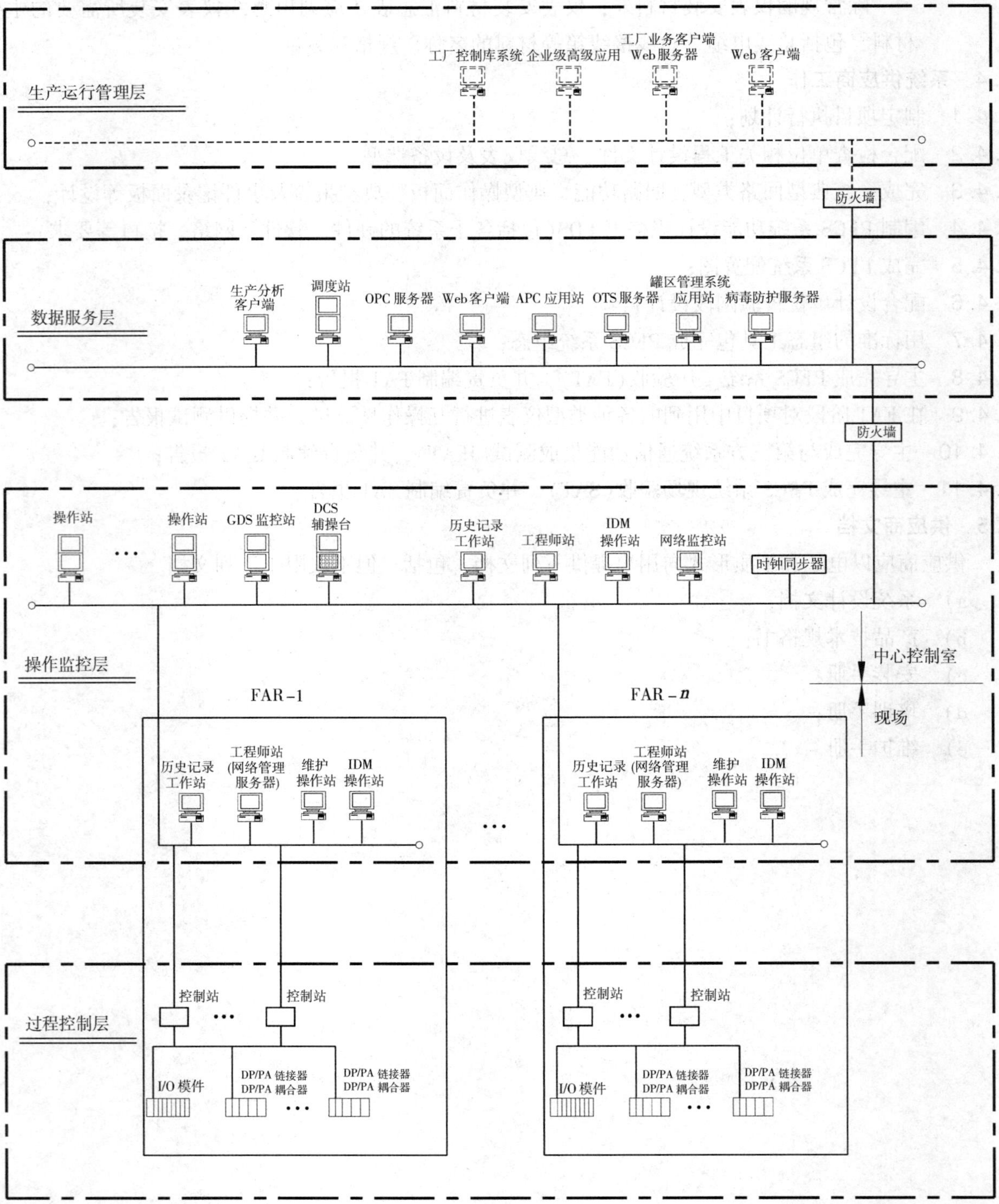

图 A　PFCS 网络结构示意图

附 录 B
(资料性附录)
网络/网段示意图

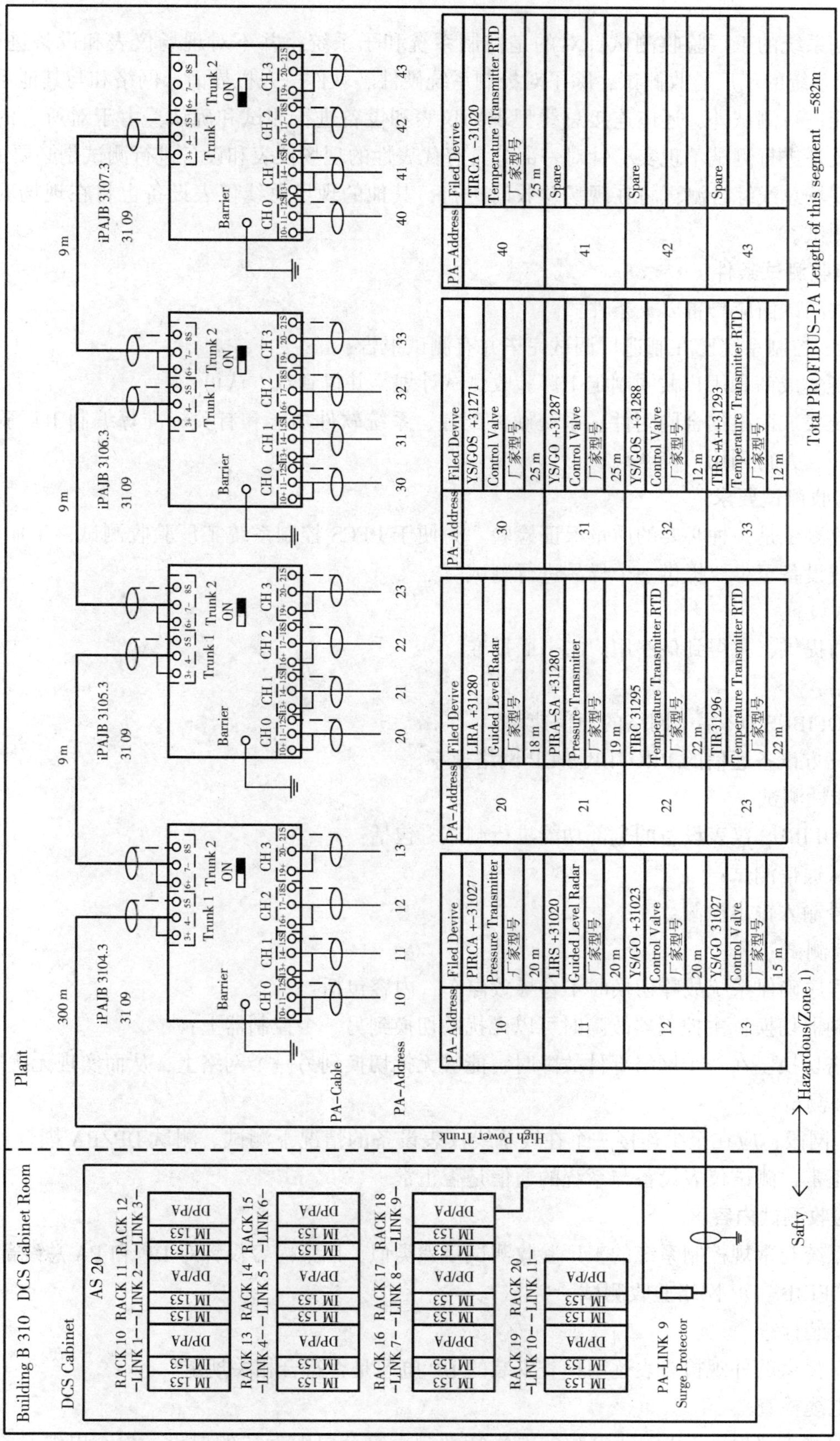

图B 网络/网段示意图

附 录 C
(资料性附录)
工厂验收(FAT)

C.1 简介

常规控制系统的工厂验收测试针对的是控制系统和子系统，并不对现场仪表和设备进行测试。但 PFCS 控制系统的工厂验收测试，除了对控制系统硬件、软件、人机界面、网络和与其他系统集成的性能和功能进行测试外，还应连接总线型现场仪表和设备进行测试和确认。由于对所有的总线型现场仪表和设备进行测试不现实，针对一部分具有代表性的现场仪表和设备进行测试是必要的。

全面的现场总线综合测试将在现场验收时进行，其他的现场总线仪表设备也将在现场验收测试时进行逐一测试。

C.2 工厂验收测试条件

工厂验收测试前应具备以下条件：

a） PFCS 控制系统已在制造厂调试完毕并有测试报告；

b） 系统集成商和用户共同制定工厂验收测试计划，并得到双方认可；

c） 系统集成商根据合同附件、系统硬件配置、系统软件功能和有关标准等编制工厂验收测试程序，并得到用户确认。

C.3 工厂验收测试要求

工厂验收测试是一种必要的质量保证检验。为便于 PFCS 控制系统工厂验收测试，工厂测试时，各类现场总线设备至少要提供一个样品进行测试。

C.3.1 参数设置

由供应商提供，并得到最终用户的书面批准。

参数包括：

a） PROFIBUS DP 主干网络的通信速率；

b） 第三方设备通信的 PROFIBUS DP 网络速率。

C.3.2 功能性测试

应对 PROFIBUS 仪表设备的全部功能进行测试。包括：

a） 主从通信测试；

b） 信号输入输出检测。

C.3.3 冗余测试

该测试程序确保系统故障切换时不会导致停车，内容包括：

a） 控制器切换：主控制器故障时可以无扰的切换到另一个控制器上；

b） 网络切换：在一个网络部件故障时，能够无扰切换到另一个网络上，从而实现无扰通信。

C.3.4 网络测试

每个 PA 网段，应在至少连接一个在线总线仪表设备的情况下测试。测试 DP/PA 耦合器、链接器工作是否正常，测试仪表设备与系统的通信是否正常。

C.4 工厂验收测试内容

由于主系统与常规控制系统的工厂验收测试步骤类似，以下内容仅针对 DP 和 PA 总线部分。

C.4.1 PROFIBUS DP 网络验收测试

C.4.1.1 安装检查

按照工厂提供的外观检查表逐项检查安装的 DP 电缆是否符合相关规定。

C.4.1.2 电缆检查

使用总线测试仪检查 DP 铜芯电缆的电气特性是否符合电缆参数的要求。检查电缆是否存在断路、短路，最大允许长度是否符合规定。

C.4.1.3 节点地址和通信参数设置

a） 节点地址

在网络上不能有2个设备具有相同的地址，否则不能进行通信。在投运前，应检查PROFIBUS站的地址；

b） 通信参数：

1） 设置通信速率，并检查网络中所有设备是否支持该通信速率，确保同一网络中的所有设备使用相同的通信速率；

2） 检查网络中第三方系统通信速率，确保第三方系统与PFCS主系统的通信。

C.4.1.4 启动网络

启动主站，检查所有DP设备是否可读、是否有任何错误。在启动网络时，应注意切断控制系统中对外输出的信号，以免使得现场仪表设备出现误动作。

C.4.1.5 输入/输出信号测试

检查连接的DP设备的所有信号是否可正确读取/写入。

C.4.1.6 验收测试文档建立

测试过程和测试结果均应记录并存档。

C.4.2 PA网段验收测试

针对PA网段，应选取几种典型仪表，对每个DP/PA链接器、耦合器所连接的PA网段进行测试。测试所用仪表应与工程实际使用的仪表为同一型号，GSD、EDD版本与实际使用仪表也应完全一致。测试内容如下：

a） 检测DP/PA链接器、耦合器是否工作正常；

b） 检查仪表是否能正常集成到PFCS控制系统中。

C.5 工厂验收报告

工厂验收测试报告应包括以下内容：

a） 工厂验收步骤；

b） 检查和测试结果；

c） 最终验收结论。

附　录　D
(资料性附录)
现场验收(SAT)

D.1　简介

PFCS 主系统现场验收(SAT)测试的程序与常规控制系统是一致的，因此本文档只针对 DP 和 PA 总线部分的工作进行描述。现场验收(SAT)较之工厂验收(FAT)，是更为全面的现场总线综合测试，除控制系统外，所有现场总线仪表设备也将在现场验收(SAT)时逐一进行测试。

D.2　PROFIBUS DP 网络测试

测试完成后，将拆除网络接线，包装发往施工现场。在施工现场，需要重新完成 DP 网络的连接。现场安装工作结束后，对 DP 网络进行现场验收测试时，应重点检查处理工厂验收(FAT)遗留问题。

现场验收测试与工厂验收测试步骤相同，由下列 6 个步骤组成：

第 1 步：安装检查

第 2 步：电缆检查

第 3 步：节点地址和通信参数设置

第 4 步：启动网络

第 5 步：信号输入/输出测试

第 6 步：验收测试文档建立

D.3　PROFIBUS PA 网段测试

PA 网段现场验收测试，与工厂验收(FAT)阶段基本相同。由于工厂验收(FAT)并没有对所有现场设备做检查，因此在现阶段有必要对所有的现场仪表设备作详细的测试。主要包括如下内容：

D.3.1　PA 网段安装检查

D.3.1.1　连接

a)　检查是否使用合格的连接设备(例如电缆、接线盒、T 型头等)；

b)　接线盒或 T 型连接头使用和安装是否正确；

c)　安装和接线是否正确，连接是否牢固。

D.3.1.2　终端电阻

检查网段上是否配置了终端电阻。终端电阻既不可以少配，也不可以多配。

D.3.1.3　网段长度

a)　分支电缆长度是否在规定以内；

b)　干线和分支电缆长度总和不得超出规定。

D.3.1.4　接地检查

a)　检查 PA 电缆的屏蔽是否可靠接地；

b)　检查 PA 网络的屏蔽是否实现等电位接地。

D.3.1.5　电缆质量检查

检查电缆厂家提供的电缆参数是否符合规范要求。

D.3.1.6　安装环境检查

a)　检查 PA 电缆与动力电缆间距是否符合要求；

b)　检查 PA 电缆的弯曲半径是否符合要求；

c)　检查确认仪表设备、电缆与动力设备之间是否保持了最小间距。

D.3.2　网段节点地址和参数检查

确认 PA 仪表有一个唯一有效的地址，网络上的重复地址将导致该 PA 仪表无法进行通信。

D.3.3 PA 网段质量测试

使用示波器或其他总线监测工具对网段进行检测，从所显示的信号得到有关出错和信号品质的信息，及时发现并处理网段故障。

D.3.4 PA 仪表检测

D.3.4.1 对所有变送器，应完成以下工作：

a） 校正量程；

b） 报警；

c） 故障模式。

D.3.4.2 对所有控制阀，应完成以下工作：

a） 正确动作；

b） 限幅/反馈；

c） 故障模式。

D.3.4.3 更为详细的回路检查和调试如下：

a） 向网络上添加新仪表；

b） 从网络上删除新仪表；

c） 替换网络上的仪表；

d） 修改仪表变量和参数，例如：更改位号名、更改测量范围、更改设备描述符、更改工程单位、更改仪表显示的设定。

D.4 现场验收报告

现场验收报告应包括以下内容：

a） 现场验收步骤；

b） 检查和测试结果；

c） 最终验收结论。

附　录　E
(资料性附录)
IEC 61158-2 标准规定的 DP 总线电缆(A 类)

表 E　IEC 61158-2 标准规定的 DP 总线电缆(A 类)

电缆描述	屏蔽双绞线
导体截面积	≥0.34mm^2
电阻	<100Ω/km
阻抗	135Ω~165Ω (f=3MHz~20MHz)
电容	<30pF/m
非 IS 护套的颜色	紫色(GB/T 20540.2—2006)
IS 护套的颜色	蓝色(GB/T 20540.2—2006)

附 录 F
(资料性附录)
IEC 61158-2 标准规定的PA总线电缆(A类)

表F IEC 61158-2 标准规定的PA总线电缆(A类)

电缆描述	屏蔽双绞线
导体截面积	0.8mm^2(AWG18)
传输模式	电压
传输速率	31.25kbit/s
最大直流电阻(回路)	24Ω/km
导体-屏蔽间最小绝缘电阻	16GΩ/km
31.25kHz下的特性阻抗	100Ω±20Ω
最高工作电压	300V RMS
最高耐电压：芯-芯[a]	1kV
最高耐电压：芯-屏蔽[a]	1kV
最大工作电容@1kHz	78nF/km
最大不平衡电容	2nF/km
最大分布电感	0.5mH/km
最大电感电阻比	25mH/Ω
39kHz下最大衰减	3dB/km
7.9kHz~39kHz最大传播延时	1.7μs/km
屏蔽最小覆盖率	90%
推荐网络最大长度	1900m
非IS护套的颜色	黑色(GB/T 20540.2—2006)
IS护套的颜色	蓝色或蓝黑色(GB/T 20540.2—2006)
注：以上参数基于导体在25℃。	
[a]最高耐电压的测试时间为1min。	

参 考 文 献

[1] 测量和控制数字数据通信工业控制系统用现场总线　类型3：PROFIBUS规范　第1部分：概述和导则(IEC 61158-1 Type 3：2003，MOD)，GB/T 20540.1—2006

[2] 测量和控制数字数据通信工业控制系统用现场总线　类型3：PROFIBUS规范　第3部分：数据链路层服务定义(IEC 61158-3 Type 3：2003，MOD)，GB/T 20540.3—2006

[3] 测量和控制数字数据通信工业控制系统用现场总线　类型3：PROFIBUS规范　第4部分：数据链路层协议规范(IEC 61158-4 Type 3：2003，MOD)，GB/T 20540.4—2006

[4] 测量和控制数字数据通信工业控制系统用现场总线　类型3：PROFIBUS规范　第5部分：应用层服务定义(IEC 61158-5 Type 3：2003，MOD)，GB/T 20540.5—2006

[5] 测量和控制数字数据通信工业控制系统用现场总线　类型3：PROFIBUS规范　第6部分：应用层协议规范(IEC 61158-6 Type 3：2003，MOD)，GB/T 20540.6—2006

[6] 信息技术 开放系统互连 基本参考模型　第1部分：基本模型(Idt ISO/IEC 7498-1：1994)，GB/T 9387.1—1998

[7] 石油化工装置基础工程设计内容规定(SHSG-033)

[8] 石油化工装置详细工程设计内容规定(SHSG-053)

[9] PROFIBUS Technical Guideline：PROFIBUS PA User and Installation Guideline (ORDER NO.2.092，Version 2.2，February 2003)

[10] PROFIBUS Technical Guideline Installation Guideline for PROFIBUS - DP/FMS (ORDER NO.2.112，Version 1.0，September 1998)

[11] PROFIBUS Interconnection Technology Guideline (ORDER NO.2.142，Version 1.4，January 2007)

[12] PROFIBUS RS 485-IS User and Installation Guideline (PG ORDER NO.2.262，Version 1.1，June 2003)

[13] PROFIBUS Profile for Process Control Devices (ORDER NO.3.042，Version 3.02，April 2009)

[14] PROFIBUS and PROFINET Glossary (ORDER NO.4.300，Version 0.92，January 2007)

[15] PROFIBUS Installation Guideline for Planning (ORDER NO.8.012，Version 1.0，Aug 2009)

[16] PROFIBUS Installation Guideline for Cabling and Assembly (ORDER NO.8.022，Version 1.0.6，May 2006)

[17] PROFIBUS Installation Guideline for Commissioning (ORDER NO.8.032，Version 1.0.2，November 2006)

[18] PROFIBUS Installation Guideline for Planning Supplement (ORDER NO.8.042，Version 1.0，Aug 2009)

中华人民共和国石油化工行业标准

石油化工 PROFIBUS 控制系统工程设计规范

SH/T 3188—2017

条 文 说 明

2017 北 京

制 定 说 明

SH/T 3188—2017《石油化工 PROFIBUS 控制系统工程设计规范》，经工业和信息化部 2017 年 4 月 12 日以 14 号公告批准发布。

本规范制定过程中，编制组进行了广泛的调查研究，总结了近年来我国工程建设中，PROFIBUS 控制系统在设计和应用中的实践经验，同时参考了国内、外其他行业的技术标准和有关资料，通过多次征求意见，认真讨论，分析研究，取得了重要共识。

为便于广大设计、施工、科研、学校等单位有关人员在使用本规范时能正确理解和执行条文规定，《石油化工 PROFIBUS 控制系统工程设计规范》编制组按章、条顺序编制了本规范的条文说明，对条文规定的目的、依据以及执行中需注意的有关事项进行了说明。但是，本条文说明不具备与规范正文同等的法律效力，仅供使用者作为理解和把握规范规定的参考。

目　次

石油化工 PROFIBUS 控制系统工程设计规范

3 术语和定义、缩略语

3.2 GSD 文件装在控制器中，完成周期通信任务。GSD 文件用来生成 PROFIBUS 主站的通信参数，对通信中所有重要参数进行了描述。这些参数定义了通信的特征和功能范围。

EDD 文件安装于二类主站中，完成非周期通信任务。这些任务包括：参数设置、诊断、监控测量值、设备管理。

PROFIBUS 总线系统通过 GSD 文件和/或 EDD 文件管理总线型仪表设备。

4 PROFIBUS 技术应用原则

4.2 爆炸性危险区域内的防爆要求，应满足 GB 50058 的规定。对于非危险区域内的总线型现场仪表，仅需满足 PROFIBUS 行规要求，无需考虑防爆要求。当采用隔爆方式的 PA 仪表时，如需要维护仪表，需要切断 PA 网段的供电，此时会造成网段上其他 PA 仪表无法工作。

4.3 危险区域内的本安应用，可采用多路现场安全栅方式或 FISCO 模型。采用多路现场安全栅方式干线可连接的仪表数量多于 FISCO 模型方式。

4.5 由于采用 A 类电缆组成的网段比采用 B、C 类电缆组成的网段长度更长，故推荐采用 A 类电缆。

4.7 根据 PROFIBUS 总线的行规要求，PA 总线屏蔽地需采用重复接地方式，各接地点之间应实施等电位连接。若现场条件无法满足各接地点之间的等电位，也可采用屏蔽层的单点接地。

4.9 高速响应回路如防喘振控制回路等。

4.10 特殊仪表如转速、扭矩、振动和位移等。

5 控制系统设计

5.2 系统功能

a) 互操作性：在 PA 总线上的不同制造商的仪表与控制系统应能协同工作，而不丧失各自的功能；

b) 互换性：在 PA 总线上的一家制造商的仪表可用其他制造商的同类仪表进行替换；

c) 兼容性：在 PA 总线上的仪表应能实现固件版本的向上或向下兼容。无论是仪表固件版本升级或软件版本升级，现场仪表和控制系统间能协同工作。向上兼容是指原有仪表由于系统升级造成的 GSD 文件升级能继续使用。向下兼容是指当仪表更换而 GSD 文件不能更换时，仪表可以组态设置为原有 GSD 文件，此时仪表应能够保证基本功能使用；

d) 维护和诊断功能，包括：诊断信息、附加文档、内部状况监视结果、状态信息、修改日志等；

e) 参数设置功能：应能通过控制系统直接对 PA 现场设备进行参数设置，而不需要借助专门的手持/移动调试设备；

f) 在线添加和删除 PROFIBUS 设备的功能：可对系统的 PROFIBUS 网络进行灵活扩展及调整。

5.10 PROFIBUS 系统的 DP 接地要求等电位。当 PROFIBUS 控制系统 DP 网络无法满足等电位要求时，可将有电位差的各部分通过光缆进行连接。

5.14.3 对于距离要求，见本规范表 6.1.1.3 距离与速率关系。对于电位差要求，不同的等电位接地网络通常按有电位差考虑。

6 网络/网段设计

6.1.1.3 PROFIBUS DP 电缆(A 类电缆)的最大通信距离指不增加中继器的通信距离。

6.1.1.7 当采用 DP/PA 链接器连接 PA 网段时，输入/输出字长限制是指链接器连接的所有耦合器所带 PA 仪表的总字长，其中总的输入不能超过 244 字节，总的输出不能超过 244 字节；当采用 DP/PA 耦合器连接 PA 网段时，输入/输出字长限制是指该耦合器所带 PA 仪表的总字长，总的输入不能超过 244 字节，总的输出不能超过 244 字节。

6.1.1.8 PROFIBUS DP 网络上的支线应用，通常有 MCC 抽屉柜、接入的诊断设备等。

6.1.2.6 干线类型分为：本安干线、增安干线及非防爆干线等。

6.1.2.7 网段电压不应低于 9V DC，网段电压是指网段上任何一点的电压，包括供给仪表的电压。

6.1.2.8 网段电缆总长度为干线电缆长度与分支电缆长度之和。

6.2 拓扑结构

PROFIBUS DP 网络的典型拓扑结构如图 1 所示。

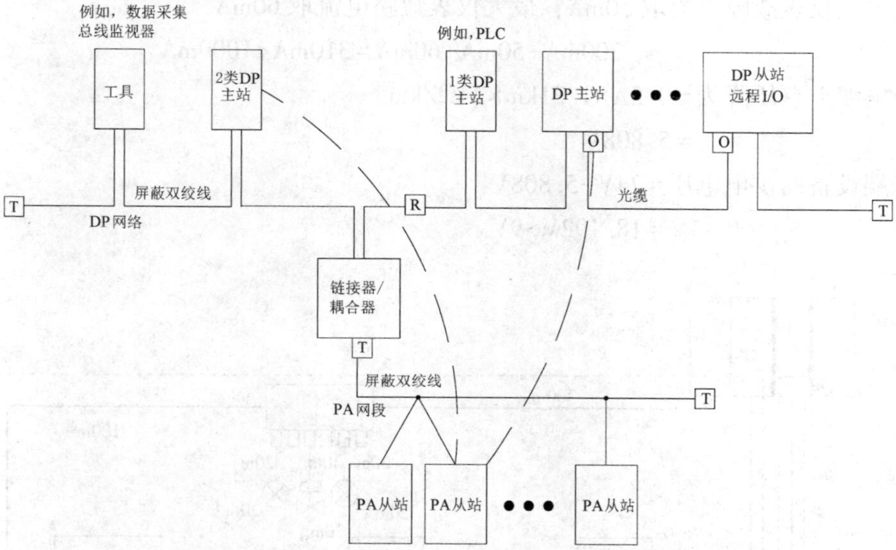

注：T 为终端器；R 为中继器；O 为 RS485/光耦合器。

图 1 PROFIBUS DP 网络典型拓扑结构

6.2.1.4 DP 网络最常用的拓扑结构为线型。

6.2.3 PA 网段典型配置图中均为爆炸危险场合的应用，安全区的应用可采用非防爆仪表设备，网段配置参考图 6.2.3.2-2 增安型干线的现场总线设备(隔爆 PA 仪表)配置。

6.3.2 每个 PA 网段分配的现场仪表数量可根据如下设计原则及计算结果进行复核：

a) PA 网段分配原则

1) 对于一个有能量传递的设备(如精馏塔、反应器等)，与加热设备(如再沸器)有关的仪表与撤热设备(如冷凝器)有关的仪表宜分配在不同的 PROFIBUS PA 网段中；

2) 用于主工艺设备(如主泵)与备用工艺设备(如备泵)的现场总线设备宜分配在不同的 PA 网段中；

3) 对于采用多点测量的设备，例如采用多点温度和多点压力测量的反应器，宜将现场 PA 总线仪表均匀地分布在不同的 PA 网段中；

4) 不同重要级别的控制阀，按工程设计有关规定采取合理、安全的分布方式。

b) PA 网段上电压、电流的计算

PA 网段仪表数量应依据 DP/PA 耦合器输出的电压、电缆的直流电阻及每台仪表所消耗的电流计算。选用的 DP/PA 耦合器需考虑其配电能力，它直接影响可挂仪表的数量和总线电缆长度。DP/PA 耦合器的额定电流限制了现场仪表的耗电电流总和。额定电流越大，能挂接的仪表就越多；当挂接仪表数量不变，配电电压越高，总线电缆就能设置越长。

1） DP/PA 耦合器配电电流应≥现场设备耗电电流总和+最大一个仪表故障电流+一个仪表的最大短路电流；

2） PA 网段允许电压降应≤网段最大工作电流×总线电缆的总直流电阻。

以图 2 中的环型网段为例，对 PA 网段上电压、电流进行计算，验证 PA 网段设计的合理性：若 DP/PA 耦合器配电输出能力：24V DC～31V DC/1000mA，若每个现场仪表耗电 20mA。

现场总线电缆总长度＝300+100+100+100+400+20+30+20+20+20+20+20+20+20+20

＝1210m<1900m。

现场总线仪表耗电：20mA/个，现场挂接 10 个。

现场总线 A 型电缆分布电阻：24Ω/km。

则现场仪表耗电总和为：10×20＝200mA。

假设最大仪表故障电流取 50mA，最大仪表短路电流取 60mA

200mA+50mA+60mA＝310mA<1000mA

总线电缆上总压降为＝0. 2A×1. 21km×24Ω/km

＝5. 808V

最末端设备的供电电压＝24V-5. 808V

＝18. 192V>9V。

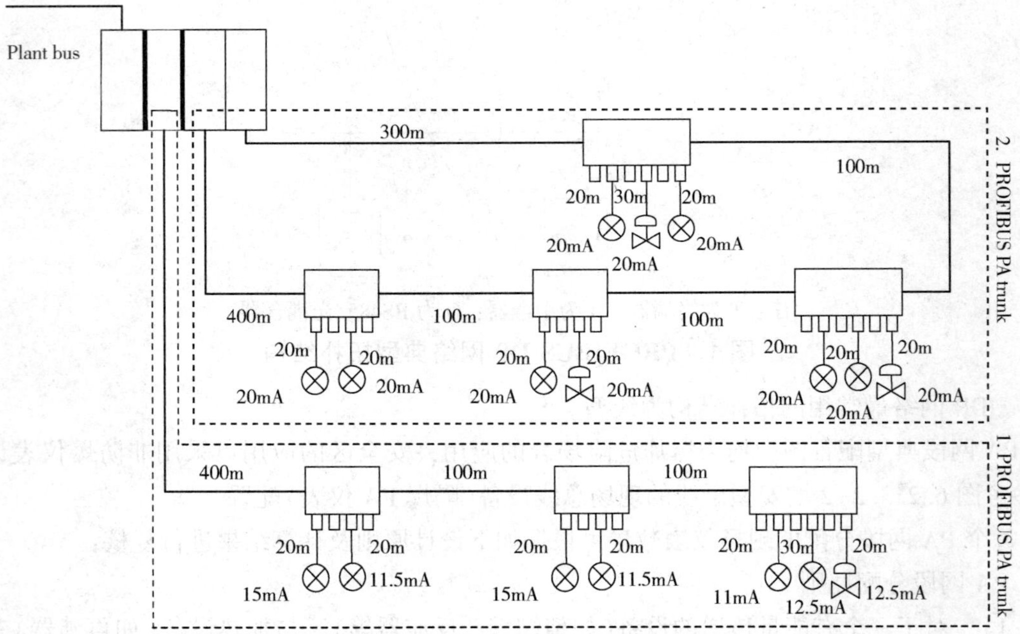

图 2 PA 网段示例

7 设备选用

7. 1. 2 当 PA 干线采用 FISCO 技术时，爆炸性危险区域 2 区内的应用优先采用"ic"等级的 FISCO 干线。

7. 2. 1 目前市场上总线电源调整器一般都集成在链接器/耦合器中，无需单独采购。

7. 3. 1 通过 DP/PA 耦合器接入 DP 网络的 PA 仪表属于 PROFIBUS DP 的从站，每个 PA 仪表占用 PROFIBUS DP 的地址。

多个 DP/PA 耦合器可通过同一个 DP/PA 链接器接入 DP 网络，只占用同一 DP 地址，在 DP 到 PA 之间形成网络转换。对控制器而言它是一个 DP 从站，同时它又属 PA 的主站。DP/PA 链接器占用 DP 的网段地址，但 PA 网段的设备不占用 DP 网段的地址，因此增加了接入 PA 仪表的数量。但实际应用时，PA 仪表数量还受字节数等其他因素限制。DP/PA 链接器可以单独运行在单个 DP 上，也可以运行在冗余的 DP 上。

7.3.3 Y 链接器是控制器的从站，同时它又属于 DP 设备的主站。图 3 显示了 Y 链接器的连接方式。

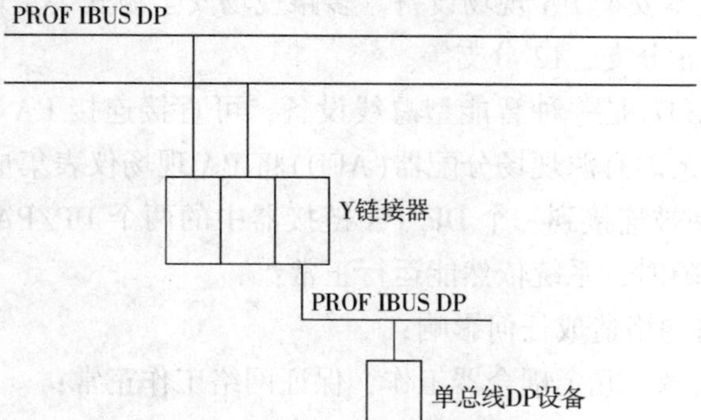

图 3 Y 链接器的连接方式

7.3.5 标准 RS-485 中继器具有信号放大和再发送功能，当总线长度超出表 1 中规定的值或者站点数大于 32 个就需要安装 RS-485 中继器。中继器通过增加 DP 网段的数量从而增加可挂接从站的数量。

表 1 DP 网段电缆的最大长度与传输速率的关系

传输速率(kbit/s)	9.6~187.5	500	1500	3000~12000
总线长度(m)	1000	400	200	100

典型的拓扑结构如图 4 所示。

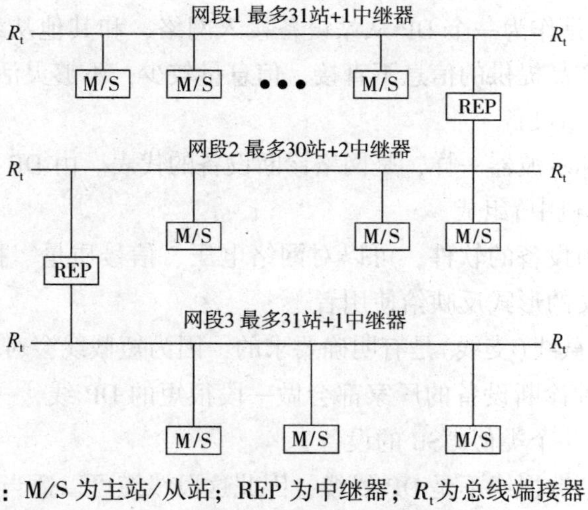

注：M/S 为主站/从站；REP 为中继器；R_t 为总线端接器。

图 4 使用 2 个中继器的线型总线

诊断中继器不仅提供了中继器的功能，还能够对 PROFIBUS 网络进行诊断和故障分析，诊断中继器可以诊断出以下类型的故障：

a) 信号线 A/B 断线；

b) 信号线 A/B、屏蔽层短路；

c) 终端电阻缺失；

d) 连接松动；

e) 非法的级联或无效的级联深度；

f） 网段中存在两个或更多的检测回路；

g） 网段站点过多；

h） 站点离诊断中继器太远；

i） 错误信息。

7.4.1.4 现场安全栅本体设计采用1区或者2区的防爆技术，干线为增安设计，而分支为本安设计，可连接危险0区安装的本安型PA现场设备。多路现场安全栅安装于现场，有多种分支数量的产品可供选择，例如4分支、6分支、12分支等。

7.4.2 有源现场分配器(AFD)是一种智能型总线设备，可直接连接PA现场仪表，与DP/PA链接器配合使用实现PA环网冗余。有源现场分配器(AFD)将PA现场仪表集成到一个具有自动总线终端功能的PA环网中。PA环网被连接到一个DP/PA链接器中的两个DP/PA耦合器上。采用环型结构的PA网段，当发生如下故障时，系统依然能运行正常：

a） 仪表故障，不会对网络造成任何影响；

b） 如果1个耦合器故障，冗余耦合器工作，保证网络工作正常；

c） 网络电缆断线时，由于AFD的自动终端作用，可以将网段自动分成2段或1段，保证网络工作正常；

d） 网络的短路保护功能保护了网络安装和设备更换。

本安型有源现场分配器(AFDiS)内含智能多路现场安全栅，其本体设计采用1区或者2区的防爆技术，干线为增安设计，分支为本安设计，连接本安型PA现场仪表。

7.6 远程I/O作为DP从站，远程I/O和主控制器以DP通信方式进行数据传输。

7.7.1 DP设备与主站采用DP方式通信，需检查下列内容：

a） DP设备作为一个DP从站，最大的通信字节为244字节输入/244字节输出，主站制造商应提供通信字节数或地址空间的说明文件；

b） 采用的DP行规通信参数应匹配，对电机驱动设备宜采用PROFID rive的行规设备。

7.8 DP/PA是全数字的信号通信，应通过示波器、手持设备、总线监视器等专用设备来检测。

a） DP诊断中继器，是作为一个DP从站设备接入网络，和其他从站一样，安装在网络中。但目前诊断中继器产品提供的信息不直接，信息量较少，不够灵活。

b） 专用的DP/PA诊断设备

该诊断设备和示波器一样，是网络诊断设备的代表。由DP连接头，信号处理器，上位软件(安装于计算机中)组成。

通过专用诊断设备的软件，可以对网络电压、信号质量、报文传输质量、反射、信号波型等直接用图文的形式反映给使用者。

DP网络对短截线(支线)是有明确要求的，因为短截线会对网络通信质量产生影响。

因此生产这种诊断设备的厂家都会做一段很短的DP线，一般小于15cm，然后直接介入数据处理设备(一个类似USB的设备)。

该设备出来的数据线不是DP线缆，因此这段线缆可以适当做的长些，方便连接到几米外的笔记本电脑上。

因为PA网络的最终主站还是DP主站，因此一般DP/PA网络的诊断设备都是能够同时用于DP和PA两种网络。接在DP网络上可以查看DP网段的波形及PA从站的信号(报文)，接在PA网络上可以查看PA网络的波形及主站的信号和报文。

目前使用的PA仪表主要是端子连接式的(仪表侧和接线盒侧)，因此在现场侧接入时要求网络停网。

c） 示波器

示波器和诊断软件相比有以下优点：

1)因为示波器的采样频率可以设置得较高，展示的波形更接近真实波形。对于一些尖峰和毛刺更清晰。

2)示波器的接入是通过探针直接搭在网络的通信线上，相对而言在通过端子连接的PROFIBUS DP/PA网络中，可供接入的诊断点更多。

注：对网络的诊断，宜在网络的多处收集信息。至少要在网络的两端各进行一次接入检查。因为电信号的传输和声音传输较像，就像声音是逐渐衰弱的，电信号也是在网络中逐渐衰弱的。同一个站点发出的信号，在不同地方检测到的信号质量是不一样的。

上面描述的诊断软件也具有波形展示的功能，但是这个波形是被软件复原展示的，波形相当于被平滑过滤过。

使用示波器接入时，应要求网络能够停运。不是因为需要停止网络，而是因为示波器是通过探针接入，很容易发生和旁边的金属碰接，造成设备停机。因此在现场使用示波器接入时，要求网络应能停运。

8 工程设计

8.1.5 现场总线设备管理系统管理的智能设备包括：智能仪表、智能IO站、智能转动设备、智能控制器、网络通讯器等。

8.3.2

d) 网络/网段图

1) 网络/网段编号，应由“控制器号、插卡号和端口编号”组成。例如，控制器号为“01”，插卡号为“02”，接入端口编号为03时，则网络/网段名为N010203。

2) 所有网络连接，应包括PA接口插卡、现场总线网络电源、现场仪表、端子、接线盒和终端器。

3) 所有分支电缆，应标明仪表位号、电缆长度。

4) 应标注出每个PROFIBUS PA仪表的地址。

网络/网段典型图是基础设计阶段出版的图纸，只体现网段结构的种类，不需要具体编号。

e) 总线仪表配管配线平面布置图

在采用PFCS控制系统的工程设计中，该图纸的准确性要求较高，是精确计算现场总线分支和网络/网段电缆长度的基础。

8.4.10 PFCS系统的IFAT与DCS基本相同，可参考SH/T 3092—2013的规定。

ICS 25.040
P 72
备案号：J2240-2016

SH

中华人民共和国石油化工行业标准

SH/T 3181—2016

石油化工仪表远程监控及数据采集系统设计规范

Design specification for instrument remote supervisory control and data acquisition system in petrochemical industry

2016-01-15 发布　　　　2016-07-01 实施

中华人民共和国工业和信息化部　发布

目　次

Contents

前　言

根据中华人民共和国工业和信息化部《2012 年第四批行业标准制修订计划》(工信厅科〔2012〕252 号)的要求，规范编制组经过广泛调查研究，认真总结实践经验，参考有关国际标准和国外先进标准，并在广泛征求意见的基础上，制定本规范。

本规范分为 11 章和 2 个附录。

本规范的主要技术内容有：设计原则、系统技术要求、网络系统、辅助设备、系统应用软件、工程实施、验收和工程服务等。

本规范由中国石油化工集团公司负责管理，由中国石油化工集团公司自动控制设计技术中心站负责日常管理，由中石化洛阳工程有限公司负责具体技术内容的解释。执行过程中如有意见和建议，请寄送日常管理单位和主编单位。

本规范日常管理单位：中国石油化工集团公司自动控制设计技术中心站

通信地址：上海市徐汇区中山南二路 1089 号徐汇苑大厦 12 层

邮政编码：200030

电　　话：021-64578936

传　　真：021-64578936

本规范主编单位：中石化洛阳工程有限公司

通信地址：河南省洛阳市中州西路 27 号

邮政编码：471003

本规范参编单位：中石化华东管道设计研究院

中石化-霍尼韦尔(天津)有限公司

北京东方中石科技有限公司

本规范主要起草人员：邵　瑜　王珍珠　裴炳安　陈月兰　吕明伦　李昌岑　刘洪亮　金　奇　施华山　周建国　付云龙　杨盛万　刘维国　陈秀丽

本规范主要审查人员：叶向东　林　融　李　冰　徐伟清　张华莎　林洪俊　宋　燕　丁兰蓉　王发兵　刘　凤　孙　旭　任　泓　刘　冰　陈学敏　郭章顺　张同科　周江萍

本规范为首次发布。

石油化工仪表远程监控及数据采集系统设计规范

1 范围

本规范规定了远程监控及数据采集系统工程设计的要求。

本规范适用于新建、扩建和改建的石油化工输油输气管道工程。

2 规范性引用文件

下列文件对于本规范的应用是必不可少的。凡是注日期的引用文件，仅所注日期的版本适用于本规范。凡是不注日期的引用文件，其最新版本(包括所有的修改单)适用于本规范。

GB 4824 工业、科学和医疗(ISM)射频设备电磁骚扰特性限值和测量方法

GB/T 17626.2—2006 电磁兼容 试验和测量技术 静电放电抗扰度试验

GB/T 17626.3—2006 电磁兼容 试验和测量技术 射频电磁场辐射抗扰度试验

GB/T 17626.4—2006 电磁兼容 试验和测量技术 电快速瞬变脉冲群抗扰度试验

GB/T 17626.5—2006 电磁兼容 试验和测量技术 浪涌(冲击)抗扰度试验

GB/T 17626.8—2006 电磁兼容 试验和测量技术 工频磁场抗扰度试验

GB/T 17799.4—2012 电磁兼容 通用标准 工业环境中的发射标准

SH/T 3006 石油化工控制室设计规范

SH/T 3081 石油化工仪表接地设计规范

SH/T 3082 石油化工仪表供电设计规范

SH/T 3164 石油化工仪表系统防雷设计规范

ISA S71.04 过程测量和控制系统的环境条件：大气污染物(Environmental conditions for process measurement and control systems：airborne contaminants)

3 术语和定义及缩略语

3.1 术语和定义

下列术语和定义适用于本规范。

3.1.1

监控及数据采集系统(SCADA) supervisory control and data acquisition system

将多种终端监控单元通过有线或无线连接起来，具有远程监测控制功能的分布式计算机控制系统。

3.1.2

调度控制中心(DCC) dispatching control center

输油输气管道进行集中调度、控制、管理的场所。

注：调度控制中心一般包括主调度控制中心和备用调度控制中心。

3.1.3

站场控制系统(SCS) station control system

对输油输气管道的站场进行数据采集处理、控制、上传的控制系统，简称站控或站控系统。

3.1.4

冗余 redundancy

采用两个或多个部件或系统实现同一个功能。

3.1.4.1

热备冗余　hot standby redundancy

工作部件和冗余部件同时运行，输出结果采用工作部件的输出。当工作部件出现故障时，系统自动切换至冗余部件运行。

3.1.4.2

同步冗余　synchronization redundancy

工作部件和冗余部件同时运行，输出结果保持同步。当工作部件出现故障时，系统自动选择冗余部件的输出结果。

3.1.5

平均失效时间(MTTF)　mean time to failure

工作单元失效前正常工作的平均时间，也称平均无故障时间、平均失效前时间。

3.1.6

平均修复时间(MTTR)　mean time to repair

故障修复所需要的平均时间。

注：平均修复时间包括诊断、确认及等待时间。

3.1.7

平均故障间隔时间(MTBF)　mean time between failures

相邻故障间隔的平均时间。

注：平均故障间隔时间包括平均失效时间和平均修复时间。

3.1.8

失效率($\lambda(h)$)　failure rate

正常工作的产品在单位时间内失效的概率。

3.1.9

组态　configuration

将控制过程有关数据和所需要的控制规律按照控制系统的软件控制模块和数据规则输入到系统中，使控制系统具有对特定对象进行监视和控制的功能。

3.1.10

输入/输出模件(I/O)　input/output module

控制系统与仪表设备的信号接口。可将仪表设备的标准输入信号转换成控制系统可识别的信号，或将控制系统发出的指令转换成输出到仪表设备的标准信号。

3.1.11

水击　water hammer

管道在输送液体时突然遇到阻力，产生震荡冲击管道的现象。

3.1.12

泄漏检测及定位　leakage detection and location

输油输气管道发生泄漏时的检测与位置确定。

3.1.13

仿真　simulation

基于输油输气管道动力模型计算的数学模拟方法。

注：仿真包括离线及在线仿真。

3.1.14

隔离区(DMZ)　demilitarized zone

DMZ是将部分用于提供对外服务的服务器主机划分到一个特定的子网内，在DMZ内的主机能通过防火墙，按照一定的安全规则与内部外部网络通信，外部网络只可访问DMZ主机，以有效保护内部网络。

3.2 缩略语

下列缩略语适用于本规范。

AI：模拟输入(Analog Input)

AO：模拟输出(Analog Output)

DCC：调度控制中心(Dispatching Control Center)

DI：数字输入(Digital Input)

DMZ：隔离区(Demilitarized Zone)

DNP：分散网络协议(Distributed Network Protocol)

DO：数字输出(Digital Output)

FAT：工厂验收(Factory Acceptance Test)

IFAT：工厂集成验收(Integrated Factory Acceptance Test)

NTP：网络时间协议(Network Time Protocol)

OLE：对象链接与嵌入(Object Linking and Embedding)

OPC：过程控制的对象链接与嵌入(OLE for Process Control)

PI：脉冲输入(Pulse Input)

PLC：可编程控制器(Programmable Logic Controller)

RTD：热电阻(Resistance Temperature Detector)

RTU：远程终端单元(Remote Terminal Unit)

SAT：现场验收(Site Acceptance Test)

SCADA：监控及数据采集系统(Supervisory Control and Data Acquisition)

SCS：站场控制系统(Station Control System)

SNMP：简单网络管理协议(Simple Network Management Protocol)

SNTP：简单网络时间协议(Simple Network Time Protocol)

TC：热电偶(Thermocouple)

4 设计原则

4.1 一般规定

4.1.1 SCADA 应当是成熟、便于升级、扩展，经过实际应用检验的系统。

4.1.2 SCADA 应能实现数据采集及存储功能，可将各种工艺变量及参数、检测信号、操作过程、报警事件等数据按需要存入硬盘，并可随意调用。

4.1.3 SCADA 应能实现连续、顺序、间歇、批量、逻辑、开关等控制功能。

4.1.4 SCADA 应具有报警及事件记录功能。

4.1.5 SCADA 应具有对系统数据的管理维护、组态及修改、图形管理、应用软件接口程序等功能。

4.1.6 SCADA 应支持离线及在线组态和调试。

4.1.7 SCADA 的机械性能、环境适应性和电磁兼容性应满足“中国国家强制性产品认证(CCC 认证)”或“欧洲统一认证(CE 认证)”或“美国安全/电磁兼容性认证(UL/FCC)”的要求。

4.1.8 SCADA 所有软件都应为经过授权的正式版。

4.1.9 SCADA 软件授权应有至少 20%的裕量。

4.1.10 SCADA 的备品备件不应低于保证系统运行两年的数量，每种可更换部件备用量不宜超过 10%且不少于一件，消耗品的备用率不低于 20%。

4.2 系统性能

4.2.1 可靠性

4.2.1.1 站场控制层各部件的平均失效时间 MTTF 不应小于 100000h，控制器的平均失效时间 MTTF 不应小于 150000h，控制站的系统总失效率 $\lambda(h)$ 应小于 1×10^{-6}。

4.2.1.2　系统应具有完善的硬件、软件故障诊断及自诊断功能，自动记录故障报警并能提示维护人员进行维护。

4.2.2　可用性

4.2.2.1　SCADA 各部件的平均修复时间 MTTR 应小于 4h。

4.2.2.2　操作站、工程师站应采用标准通用设备。

4.2.2.3　站场控制层的卡件模件应采用插拔结构，并能在线更换。

4.2.3　兼容性

4.2.3.1　SCADA 的硬件及软件应能做到向低版本兼容。不同版本、系列的系统间应能做到信息相互传递。

4.2.3.2　SCADA 的硬件和软件版本维护和供应时间不应少于 12 年。

4.2.4　数据交换

4.2.4.1　SCADA 应能与第三方设备及上层管理网通信，并可完成显示、报警、操作、记录及存储功能。

4.2.4.2　SCADA 应当具备与其他品牌的系统设备和平台通过工业标准通信接口和协议实现集成及信息交换。

4.2.5　安全措施

4.2.5.1　SCADA 应支持多用户、多级别权限管理和密码保护。

4.2.5.2　SCADA 网络与外网之间应设置硬件防火墙。

4.2.5.3　SCADA 服务器、操作站、工程师站等人机接口设备均应安装防病毒软件，并可定期更新病毒定义文件，所有人机界面均应设置操作权限保护。

4.2.5.4　SCADA 应能定期备份软、硬件组态数据和历史数据，系统出现故障后可快速对数据进行恢复。

4.2.6　电磁兼容性

4.2.6.1　SCADA 的抗扰度应符合 GB/T 17626 抗干扰能力 B 级的相关规定，电磁辐射限值应符合 GB 4824 的相关规定。

5　系统技术要求

5.1　系统结构

5.1.1　SCADA 的系统结构可由调度控制中心、站场控制系统和远程控制单元等构成，见附录 A。

5.1.2　调度控制中心

5.1.2.1　调度控制中心是 SCADA 的核心部分，主要设备应包括实时服务器、历史服务器、操作站、工程师站、打印机等，可设置应用数据服务器、中间数据服务器、防病毒服务器、WEB 服务器等。

5.1.2.2　调度控制中心应完成所有采集数据的集中处理、存储，并实现集中控制、操作和外部网络的数据交换。

5.1.3　站场控制系统

5.1.3.1　站场控制系统是 SCADA 的基础部分，主要设备应包括控制站、操作站、数据存储设备、网络设备等，可设置站场控制系统服务器。

5.1.3.2　站场控制系统应完成本站场的数据采集处理、控制，并上传至调度控制中心，在调度控制中心授权或出现故障时，可对本站进行控制。

5.1.4　远程控制单元

5.1.4.1　远程控制单元是 SCADA 的独立控制单元，主要设备应包括 RTU、网络设备。

5.1.4.2　远程控制单元应完成输油输气管道远控阀室的数据采集处理、控制，并将数据直接上传至调度控制中心或上传至相关站场。

5.2　调度控制中心

5.2.1 实时服务器

5.2.1.1 SCADA 实时服务器用于实时数据的采集、存储与管理，应具有基本的系统管理、操作、组态和维护功能。

5.2.1.2 实时服务器的硬件配置应符合以下要求：

a) 实时服务器的主机应为当前主流服务器；

b) 实时服务器应在调度控制中心单独设置；

c) 实时服务器应实现热备冗余，冗余切换时间不宜超过 1min 且不应对输入/输出造成扰动。

5.2.1.3 实时服务器的软件配置应符合以下要求：

a) 实时服务器操作系统可采用 Windows server/Linux/Unix；

b) 实时服务器应支持以下数据通信协议：Modbus TCP/IP，Modbus RTU，DNP3.0，OPC，IEC60870-5-104；

c) 实时数据库的负荷应低于 60%；

d) 实时数据库的更新周期应小于 1s；

e) 实时数据库至少应满足对于采样周期为 1s 的 I/O 点的数量 2 倍的处理能力。

5.2.2 中间数据服务器

5.2.2.1 系统规模较大时，可设置 SCADA 中间数据服务器。

5.2.2.2 SCADA 中间数据服务器是实时服务器的镜像，宜作为 OPC 服务器与应用数据服务器、WEB 服务器等交换数据。

5.2.2.3 SCADA 中间数据服务器的软件硬件均宜采用和实时服务器相同的配置。

5.2.3 历史服务器

5.2.3.1 历史服务器用于历史数据的存储与管理，操作站、工程师站应可随时调用历史趋势和数据。

5.2.3.2 历史服务器可采用集中式或分布式历史数据库。

5.2.3.3 历史服务器的硬件配置应符合以下要求：

a) 历史服务器的主机应为当前主流服务器；

b) 历史服务器应热备冗余设置，冗余切换时间不宜超过 1min；

c) 历史服务器硬盘应热备冗余配置；

d) 历史服务器应按照所有硬件点数的 4 倍、扫描周期为 1s、存储时间以 6 个月为依据核算存储容量，计算后的硬盘空余空间不应小于 40%；

e) 历史服务器宜配置磁盘阵列。

5.2.3.4 历史服务器的软件配置应符合以下要求：

a) 历史服务器操作系统宜采用 Windows server；

b) 历史服务器应配置商业数据库软件，具备数据库管理的功能；

c) 历史记录软件应能记录存储过程变量、报警记录和操作记录，记录的最小间隔周期不大于 1s；

d) 历史记录软件应具有数据处理和统计运算的功能，应能按需要调用原始数据、曲线显示、统计显示、制图及制表等。

5.2.4 应用数据服务器

5.2.4.1 应用数据服务器作为 SCADA 应用软件(如泄漏检测软件、在线离线仿真等)的运行平台，或是供管理层调用的 WEB 服务器，应具备以下功能：

a) 能通过数据接口对 SCADA 网络中的过程数据进行采集、存储、处理和传输；

b) 可作为其他应用站的数据接口。

5.2.4.2 应用数据服务器的软硬件配置应符合以下要求：

a) 应用数据服务器的主机应为当前主流服务器；

b） 应用数据服务器宜采用 Windows 操作系统；

c） 应用数据服务器宜采用 OPC 协议实现数据交换；

d） 软硬件配置应满足第三方应用软件或 WEB 服务器的要求。

5.2.5 操作站

5.2.5.1 操作站应具有以下基本功能：

a） 操作站作为 SCADA 的人机接口，应具备画面监视、操作控制、图形显示、处理报警、报表调用和维护设备等功能；

b） 操作站的硬件和软件应具有高可靠性和容错性，软件应有从错误中快速恢复的功能；

c） 操作站不应用于软件开发、数据管理以及文档处理等其他用途。

5.2.5.2 操作站的硬件配置应符合以下要求：

a） 操作站的主机应为当前主流工作站；

b） 操作站宜采用 Windows 操作系统；

c） 宜按操作区域配置操作站，每个操作分区宜至少配置 2 台操作站。

5.2.5.3 操作站的软件配置应符合以下要求：

a） 操作站宜采用 Windows 操作系统；

b） 操作站人机界面软件应能显示下列标准画面：概貌图、流程图、报警列表、实时趋势、历史趋势、操作事件记录、系统状态、通信状态、控制点或检测点细节等；

c） 操作站的动态画面更新频率应不大于 2s；

d） 操作站应能对过程变量报警及事件任意分级、分区、分组，并可自动记录和打印报警及事件信息，记录报警及事件顺序，过程变量报警和系统故障报警应有明显区别。

5.2.6 工程师站

5.2.6.1 工程师站用于系统管理和组态维护及修改的人机接口，应具有以下功能：

a） 系统测试与诊断；

b） 硬件组态及功能定义；

c） 软件的组态与下装；

d） 可运行操作站软件，并可通过修改用户权限的方式兼做操作站；

e） 工程师站不应用于软件开发、数据管理及文档处理等其他用途。

5.2.6.2 工程师站的硬件配置应符合以下要求：

a） 工程师站的硬件配置不应低于操作站的硬件配置要求；

b） 工程师站应在调度控制中心设置；

c） 宜适当配置移动工程师站。

5.2.6.3 工程师站的组态应用程序应具备以下功能：

a） 系统结构定义组态；

b） 实时和历史数据库组态；

c） 控制回路组态；

d） 编制程序；

e） 画面绘制；

f） 过程变量的零点、量程及报警限设定；

g） 报表组态（至少应支持自由格式报表，并配置电子表格软件）；

h） 组态下装；

i） 组态在线修改。

5.3 备用调度控制中心

5.3.1 对于多源头、输送路径复杂的输油输气管道 SCADA，宜在异地设置备用调度控制中心。

5.3.2 备用调度控制中心应能完成调度控制中心 SCADA 的数据采集、控制操作、数据存储交换等基本功能。

5.3.3　备用调度控制中心应有对调度控制中心定时自动检查、信息备份、主备自动切换以及主备通信切换功能。

5.3.4　备用调度控制中心宜设置和调度控制中心相同的实时服务器、历史服务器。

5.3.5　备用调度控制中心操作站数量宜采用最小配置，但不应低于2台。

5.3.6　备用调度控制中心不应配置高级应用软件。

5.4　站场控制系统

5.4.1　控制站

5.4.1.1　控制功能除了常规PID控制外，控制器还应具备顺序控制、逻辑运算、数值计算等控制功能和计算功能。

5.4.1.2　控制器应采用同步冗余配置，并可无扰动切换。

5.4.1.3　控制器的负荷不应超过60%。

5.4.1.4　各控制站I/O模件插槽应预留20%的余量。

5.4.2　操作站

站控系统操作站软硬件配置应与调度控制中心一致，每个站场数量不宜少于2台。

5.4.3　站控系统服务器

5.4.3.1　站控系统服务器用于站场数据的存储与管理，应完成站场的管理操作功能，并可与调度控制中心服务器交换数据。

5.4.3.2　站控系统服务器硬件配置应符合以下要求：

a）　站控系统服务器主机宜采用当前主流服务器；

b）　站控系统服务器宜采用热备冗余设置；

c）　对于采用集中式历史数据库结构的SCADA，当实时数据由站场控制器直接上传至调度控制中心时，站控系统服务器功能可由操作站来代替。

5.4.3.3　站控系统服务器软件配置应符合以下要求：

a）　站控系统服务器操作系统可采用Windows server/Linux/Unix；

b）　站控系统服务器应支持以下数据通信协议：Modbus TCP/IP，Modbus RTU，DNP3.0，OPC，IEC60870-5-104；

c）　站控系统服务器应支持站控设备（如PLC）的通信协议；

d）　站控系统服务器历史数据库可支持与调控中心服务器之间的数据同步与回填。

5.4.4　I/O模件

5.4.4.1　I/O模件应符合以下基本要求：

a）　各类I/O模件的技术规格应与现场信号源或负载匹配；

b）　模拟量I/O模件应具备工程单位转换，输入信号滤波和非线性输入信号的线性化等功能；

c）　根据不同的I/O模件类型，所有的输入和输出点都应带有信号过载保护功能；

d）　I/O模件宜能在线热拔插。

5.4.4.2　模拟量输入模件

a）　模拟量输入模件（简称AI卡）应能接收4mA～20mA（DC）、1V～5V（DC）等标准信号，并应有二线制、三线制和四线制的信号制式规格；

b）　AI卡通道与系统间应隔离。

5.4.4.3　模拟量输出模件

a）　模拟量输出模件（简称AO卡）应能输出4mA～20mA（DC）、1V～5V（DC）等标准信号；

b）　AO卡输出4mA～20mA（DC）信号时，应能驱动回路电阻值不小于700 Ω的负载；

c）　模拟量输出模件通道间、通道与系统间应隔离。

5.4.4.4　热电偶输入模件

a) 热电偶输入模件(简称 TC 卡)应能接收采用 IEC 标准分度号的各种热电偶信号;
b) TC 卡应具备线性化和冷端补偿功能;
c) TX 卡应设置断线上下限报警。

5.4.4.5 热电阻输入模件

a) 热电阻输入模件(简称 RTD 卡)应能接收三线制或四线制的热电阻信号;
b) RTD 卡应设置断线上下限报警。

5.4.4.6 数字量输入模件

a) 数字量输入模件(简称 DI 卡)应能接收开关信号;
b) DI 卡宜有"有源"和"无源"两种规格;
c) DI 卡宜优先采用光电隔离;
d) 对于从电气来的数字量输入信号应采用继电器隔离。

5.4.4.7 数字量输出模件

a) 数字量输出模件(简称 DO 卡)应输出开关信号;
b) DO 卡接点电压应包括 24V(DC)和 220V(AC);
c) DO 卡应采用光电隔离或继电器隔离。

5.4.4.8 脉冲量输入模件

a) 脉冲量输入模件(简称 PI 卡)应能接收脉冲信号，脉冲信号的可用频率下限不应大于 10Hz，上限不应小于 5000Hz;
b) 高电平信号的电压下限不应小于 4V，低电平信号的电压上限不应大于 3V。

5.4.4.9 通信模件

a) 通信模件(简称 COM 卡)应能接收和输出与其他控制设备的通信信号;
b) COM 卡的通信协议至少应包括 MODBUS，通信接口至少应包括 RS485 和 RS232。

5.4.4.10 I/O 模件配置原则应符合以下要求:

a) I/O 模件应根据生产区域配置，不同应用类型(卡件供电和外供电等)的卡件不应混用;
b) AI 卡、AO 卡不应多于 16 通道;
c) TC 卡、RTD 卡不应多于 32 通道;
d) PI 卡不应多于 8 通道;
e) DI 卡、DO 卡不应多于 32 通道;
f) COM 卡不应多于 4 通道。

5.4.5 备用原则

5.4.5.1 I/O 模件的备用宜采用模件在线备用的方式。

5.4.5.2 I/O 模件应按控制器分别配置备用 I/O 模件。

5.4.5.3 I/O 模件的备用数量不应少于实际使用数量的 20%。

5.4.5.4 每种备用 I/O 模件的数量不应少于 1 个。

5.5 远程终端单元

5.5.1 基本功能

5.5.1.1 远程终端单元 RTU 应具有数据采集、控制及通信功能，结构上至少应具备控制器、通信模件、存储单元、I/O 模件。

5.5.2 性能要求

5.5.2.1 RTU 的硬件结构应是模块化的，具有可扩展性。

5.5.2.2 RTU 宜具有在通信中断后恢复时数据可以继续传输，实现历史数据回填的功能。

5.5.2.3 RTU 应具有自诊断功能，可以本地和远程在线诊断。

5.5.2.4 RTU 应带有与计算机连接的接口，使操作人员可在现场通过移动工程师站读写 RTU 中的相关数据。

5.5.3 通信接口

5.5.3.1 RTU 应采用网络通信接口与调度控制中心通信。

5.5.3.2 RTU 的通信方式宜采用一点对多点的轮询方式。

5.5.3.3 RTU 应具备 2 个及以上独立的以太网接口。

5.5.3.4 RTU 数据应可上传至调度控制中心和归口管理的站场控制系统。

5.5.4 安装要求

5.5.4.1 RTU 应满足环境温度-40℃～+75℃，环境湿度 5%～95%(不结露)的要求。

5.5.4.2 安装在可能有腐蚀性气体场合的 RTU，应能在 ISA S71.04 标准 G3 等级的环境下正常工作至少 5 年。

5.5.5 供电

5.5.5.1 RTU 的供电应充分考虑现场条件，供电电源宜采用线路供电，并设置 UPS。

5.5.5.2 RTU 可采用太阳能电池板供电，并设置直流蓄电池。

5.6 供电要求

5.6.1 设计要求

5.6.1.1 SCADA 的供电设计应符合 SH/T 3082 的相关规定。

5.6.2 配置要求

5.6.2.1 220V(AC)电源应配备单独的开关和保护器件。

5.6.2.2 非安全电压设备和器件必须带有明显的警示标识。

5.6.2.3 SCADA 直流电源宜按机柜分别配置，不同机柜的直流电源不宜混用。

5.6.2.4 24V(DC)电源的配电应采用熔断器型配电端子或直流配电器。

5.6.2.5 现场仪表的 24V(DC)电源与 SCADA 的 24V(DC)电源应分开配备。

5.6.3 冗余原则

5.6.3.1 SCADA 的直流电源装置、电源单元应同步冗余配置。

5.6.3.2 现场仪表供电的直流电源装置应按 1∶1 同步冗余配置。

5.6.4 供电负荷

5.6.4.1 直流电源装置的负荷应小于 50%。

5.6.5 备用原则

5.6.5.1 供电开关、端子等应预留不少于 20%的备用量。

5.7 接地要求

5.7.1 SCADA 的接地设计应符合 SH/T 3081 的相关规定。

5.7.2 对于需要采用防雷设计的 SCADA，接地设计还应符合 SH/T 3164 的相关规定。

5.8 防雷要求

5.8.1 SCADA 的防雷设计应符合 SH/T 3164 的相关规定。

5.9 安装条件

5.9.1 站控系统设备应安装在控制室内，控制室设计应符合 SH/T 3006 的相关规定。

5.9.2 安装在室内的系统设备应能在环境温度 0℃～50℃和相对湿度 10%～90%(无结露)的条件下正常工作。

5.9.3 RTU 可安装在室内或室外。

6 网络系统

6.1 网络结构

6.1.1 SCADA 通信网络应由局域控制网、广域网和上层管理网组成，本规范的设计要求不包含上层管理网的相关内容。

6.2 局域控制网

6.2.1 调度控制中心局域控制网宜由操作监控层和数据服务层组成。

6.2.2 备用调度控制中心局域控制网宜由操作监控层组成。

6.2.3 站场控制系统局域控制网宜由过程控制层和操作监控层组成。

6.2.4 操作监控层和数据服务层的通信网络应符合 ISO/IEEE 802. x 的通信标准。

6.2.5 数据服务层、操作监控层网络带宽不应小于 100Mbps。

6.2.6 过程控制层网络带宽不应小于 10Mbps。

6.2.7 网络应能在线接入或摘除网络设备而不影响其他正常工作设备的运行。

6.2.8 采用 IEEE802.3 系列协议的网络，最大允许负荷不应超过 30%；采用其他协议的网络，最大允许负荷不应超过 50%。

6.2.9 各级网络通信设备应采取同步冗余或热备冗余配置。

6.2.10 各级网络通信设备和部件应预留至少 20%的端口。

6.3 广域网

6.3.1 SCADA 应通过广域网完成站场控制系统、远程控制单元和调度控制中心、备用调度控制中心之间的通信连接。

6.3.2 广域网的性能应符合以下要求：

a） 广域网应提供备用通信路由；

b） 广域网应可实现站场间通信；

c） 广域网网络带宽以 2Mbps 为基础，通信负荷不超过 30%；

d） 网络通信延迟应控制在 100ms 内；

e） 网络可用率不应低于 99.99%。

6.3.3 广域网宜采用以下方式配置：

a） 广域网采用自有通信光纤的，宜在光纤首尾端通过公网通信形成末端环回；

b） 广域网宜采用星形汇聚总线方式分别连接至调度控制中心和备用调度控制中心。

6.4 网络设备

6.4.1 网络服务器

6.4.1.1 SCADA 网络服务器用于网络设备的管理，服务器的硬件配置应能充分满足网络设备管理的需要。

6.4.2 路由器

6.4.2.1 SCADA 设备通过路由器连接至广域网，路由器应符合以下功能要求：

a） 路由器设备应具有高可靠性、高稳定性，冗余配置，且切换时间不大于 200ms；

b） 应能支持 10/100BaseT 自适应接口；

c） 应能支持千兆以太网接口；

d） 应至少提供 3 个广域网接口。

6.4.3 交换机

6.4.3.1 交换机用于连接网络设备，应冗余配置。

6.4.3.2 单台交换机端口数量不应大于 24 个并支持 10/100BaseT 自适应接口。

6.4.4 防火墙

6.4.4.1 防火墙宜用于内、外部网络的安全隔离。

6.4.4.2 应采用硬件防火墙。

6.4.4.3 防火墙过滤规则应涵盖所有出入防火墙的数据，对于没有定义的数据包应有默认的处理规则，过滤规则应具备一致性检测机制，防止各条规则间互相冲突。

6.5 时钟同步

6.5.1 SCADA 应在调度控制中心配置 GPS 时钟，SCADA 网络中各个节点宜通过时钟同步软件实现时钟同步，同时也可向第三方应用计算机或网络发布时钟同步信号。

6.5.2 SCADA 各节点与时钟源的同步精度要求：基于 NTP/SNTP 时钟同步精度宜采用±50ms、不应超过±100ms；其他方式时钟同步精度不应超过±100ms。

7 辅助设备

7.1 操作台

7.1.1 SCADA 操作台应根据操作站、工程师站、打印机等设备的需求配置，风格应统一。

7.1.2 SCADA 可设置辅助操作台，主要用于 SCADA 的开关、按钮、报警显示等辅助设备的安装和操作。

7.1.3 辅助操作台的外形、尺寸及颜色宜与 SCADA 操作台一致。

7.2 机柜

7.2.1 机柜数量应根据 I/O 点数配置，不同控制系统的机柜不应混用。

7.2.2 机柜宜采用 2100mm(高)×800mm(宽)×800mm(深)的规格，前后开门。

7.2.3 各类机柜应留有 20%的备用安装空间。

7.2.4 室内安装机柜的防护等级应不低于 IP30。

7.3 隔离器

7.3.1 当 SCADA 与电气专业间存在模拟量信号连接时，应采用隔离器对信号进行隔离。

7.4 继电器

7.4.1 通过继电器向外供电的电源不应利用 SCADA 的系统电源。

7.4.2 继电器的线圈侧或触点侧采用非安全电压时，继电器应独立安装，不应与其他安全电压用电设备安装在机柜的同一侧，并应在机柜外设置明显的标识。

7.5 打印机

7.5.1 打印机应能实现操作站、工程师站和其他应用站进行屏幕图形打印、报表打印和报警打印的要求。

7.5.2 打印机宜采用网络打印机形式。

8 系统应用软件

8.1 输油输气管道应用软件

8.1.1 计划管理

8.1.1.1 计划管理软件主要完成油品或气体输送过程中的计划编制，计算油品或气体分输的时间及合适罐容等系统功能，软件应具有下述具体功能：

a) 计划编制(对于油品管道，包括批次编制)；
b) 批次优化；
c) 成品油管道混油量计算及混油界面跟踪；
d) 气体管道波峰波谷管理；
e) 气体管道管容计算、自救时间计算；
f) 分输管理；
g) 计划归档；
h) 用户管理。

8.1.2 水击保护

8.1.2.1 水击保护软件主要完成水击发生时对输油管道输送过程的预先调整与保护，软件主要功能应至少包括对全部水击预定工况设置完全的应对方案。

8.1.3　泄漏检测及定位

8.1.3.1　泄漏检测及定位软件应完成输送和停输过程中输送介质泄漏的检测、报警及定位，并估算泄漏量。

8.1.3.2　泄漏检测及定位常用检测方法有：压力波法(仅输液体管道)、流量平衡法、次声波法等，软件宜采用多种检测方法进行泄漏检测及定位。

8.1.4　管道在线及离线仿真

8.1.4.1　管道在线仿真及离线仿真，均是基于管道动力模型的数学方法，在线仿真应可完成离线仿真的全部功能，并可通过 SCADA 实时数据对管道模型进行在线修正。

8.1.4.2　仿真软件应具有下述功能：

a）管道现状分析及模型建立；

b）工艺参数导入；

c）管道模型修正；

d）输气管道存量计算、自救时间计算；

e）输油管道油品批次跟踪及混油计算；

f）输气管道组分跟踪；

g）清管器跟踪；

h）仿真培训系统；

i）模拟工况分析。

8.2　网络设备维护系统

8.2.1　用途

8.2.1.1　网络设备维护系统用于对 SCADA 网络设备的运行监测、故障报警、入侵检测等，监控的网络设备应包括：各类服务器、操作站、工程师站、交换机、路由器等。

8.2.1.2　网络设备维护系统可代替网络服务器功能。

8.2.2　技术要求

8.2.2.1　网络设备维护系统应采用统一的硬件监控平台，单套系统所管理的硬件设备不宜低于 50 台，并应具有灵活的系统扩展能力，扩展能力不宜小于 1000 台。

8.2.2.2　系统应支持 SNMP、Agent 等安全数据采集方式，Agent 方式应支持 Unix、Linux、Windows 等服务器平台。

8.2.2.3　监测范围至少应包括 IT 设备硬件运行状况，数据库、操作系统等软件运行状况，网络数据流量负荷状况等。

8.2.2.4　界面应支持基于网络链接实际状况的拓扑视图结构，全中文界面，具有用户权限划分等安全措施。

8.2.2.5　系统应具有丰富的报警管理功能，对 IT 系统故障可以报警，报警应可以记录、查询、确认并可通过短信、邮件、声音等通知用户。

8.2.2.6　系统应具有自定义报表功能。

9　工程实施

9.1　系统开工会

SCADA 开工会应包括以下几部分内容：

a）确定 SCADA 软硬件包括备品备件的最终配置、规格和数量；

b）确定项目中最终用户、设计单位、供货商以及相关的第三方设备供应商等各自的工作范围和责任；

c）确定项目执行过程中各方主要负责人的人员和职责；

d） 明确工程项目需要的所有文件的内容、格式、数量及交付方式，指定文档管理的负责人；
e） 制定整个项目的工作计划，确定设备、文件资料的交付时间，以及各个工作段的起始日期；
f） 制定项目进度的管理方案，明确进度报告的内容、提交周期以及进度延误后的相应措施。

9.2 功能设计

SCADA 的功能设计应包括以下几部分内容：

a） 编制 SCADA 的系统结构图，确定 SCADA 的网络拓扑结构以及各节点的关系和地址；
b） 描述 SCADA 硬件和软件的功能；
c） 编制 SCADA 各个设备、部件以及功能模块的命名规则；
d） 编制功能组态的统一规定以及各种典型回路的组态示例；
e） 确定 SCADA 显示画面的组态原则；
f） 定义报警管理策略；
g） 定义历史数据的存储对象及周期；
h） 定义报表格式；
i） 制定机柜、操作台以及辅助操作台等设备的外形、尺寸和颜色；
j） 确定电涌防护器、隔离器、继电器以及电缆进出机柜的布置原则；
k） 确定 SCADA 整体供电和接地方案。

9.3 组态

9.3.1 组态准备

在组态工作开始之前，应具备下列工作条件：

a） 组态的环境应满足工作需要，离线或在线组态所需条件已具备，系统供货商应提供工程技术人员和工程资料方面的支持；
b） 已按照功能设计的要求完成系统结构图和统一规定的编制；
c） 已完成工程项目的 I/O 清单、SCADA 索引表、逻辑图以及操作画面草图的编制。

9.3.2 系统组态

系统组态应完成以下内容：

a） 实时数据库定义；
b） 参数设定；
c） 画面组态；
d） 通信设定；
e） 报警定义；
f） 历史数据库配置；
g） 制定报表。

9.4 系统集成

系统与第三方设备的集成应符合下列要求：

a） SCADA 供货商应对系统与第三方设备集成的调试工作负责；
b） SCADA 供货商应对系统与第三方设备通信负责；
c） SCADA 供货商应对集成后系统的可靠性和稳定性负责。

10 验收

10.1 工厂验收

10.1.1 SCADA 工厂验收前应具备以下条件：

a） SCADA 已在制造厂调试完毕并有测试报告；
b） SCADA 制造厂根据合同技术附件、功能设计文件和有关标准等编制工厂验收程序；

c） SCADA 制造厂根据验收程序已经准备了验收文件和记录文件。

10.1.2 工厂验收应包括以下内容：

10.1.2.1 系统配置检查应符合以下要求：

a） SCADA 各设备、部件的型号、规格、数量和外观应符合要求；

b） 软件的规格、数量和版本应符合要求。

10.1.2.2 系统组态检查应符合以下要求：

a） 操作站的标准功能、流程图画面、分组画面、报警画面、趋势显示等应符合要求；

b） 工程师站、历史服务器以及其他应用工作站或服务器的标准功能应满足要求；

c） 控制功能应符合要求。

10.1.2.3 系统性能测试应符合以下要求：

a） 系统信号处理精度测试(AI，AO，DI，DO 等输入输出模件，应至少抽样 30%)；

b） 调节回路应 100%测试，其他回路应至少抽样 10%测试；

c） 系统的冗余和容错功能测试。

10.1.3 工厂验收报告应包括以下内容：

a） 工厂验收的步骤；

b） 检查和测试的结果；

c） 最终验收结论。

10.2 工厂集成验收

10.2.1 工厂集成验收前应具备以下条件：

a） SCADA 与第三方设备已在制造厂集成、调试完毕并有测试报告；

b） SCADA 制造厂已具备第三方通信或性能测试设备和软件；

c） SCADA 制造厂根据合同技术附件、系统硬件配置、系统软件功能、第三方技术资料和有关标准等编制工厂集成验收步骤。

10.2.2 工厂集成验收应包括以下内容：

10.2.2.1 系统配置检查应符合以下要求：

a） 第三方供货商提供的设备、部件的型号、规格和外观应符合要求；

b） 第三方供货商提供的软件规格和版本应符合要求。

10.2.2.2 系统功能测试应符合以下要求：

a） 第三方系统或设备与 SCADA 集成后的标准功能应满足要求；

b） 测试 SCADA 与第三方系统或仪表的通信功能。

10.2.3 工厂集成验收报告应包括以下内容：

a） 工厂集成验收的步骤；

b） 检查和测试的结果；

c） 最终验收结论。

10.3 现场验收

10.3.1 现场验收和安装准备应符合下列要求：

a） 各设备和部件的规格、数量应与装箱单一致，运输过程中应无损坏；

b） 设备安装符合要求。

10.3.2 现场验收应包括以下内容：

a） 审阅 SCADA 工厂验收报告；

b） 组态检查(同工厂验收内容)；

c） 100%回路测试；

d） 系统的冗余和容错功能测试；

e） 测试 SCADA 与第三方设备的通信；

f) 连续正常运行 72h 以上；

g) 审查现场调试记录。

10.3.3 现场验收报告应包括以下内容：

a) 现场验收的步骤；

b) 检查和测试的结果；

c) 最终验收结论。

11 工程服务

11.1 技术服务

11.1.1 技术服务应包括以下内容：

a) SCADA 供货商在整个工程项目执行过程中应提供相关的技术咨询服务；

b) SCADA 供货商应提供其所有交付文件、资料和设备的技术澄清服务；

c) SCADA 供货商在工厂验收和现场验收过程中应提供相关的资料，并配备专门的工程技术人员配合验收工作；

d) SCADA 供货商对供货的产品提供必要的组态、操作、使用和维护培训，并提供相关的培训资料。

11.2 现场服务

11.2.1 现场服务应包括以下内容：

a) SCADA 供货商应配备有资质的工程技术人员负责 SCADA 的现场安装、通电、调试等工作；

b) 在现场开工期间，SCADA 供货商应配备有资质的工程技术人员在现场值班，随时解决开工过程中系统出现的故障；

c) SCADA 出现故障后，供货商应在 24h 内派出有资质的工程技术人员前往现场处理。

附 录 A
(资料性附录)
输油输气管道 SCADA 结构示意图

输油输气管道 SCADA 结构示意图如图 A.1、图 A.2 所示。

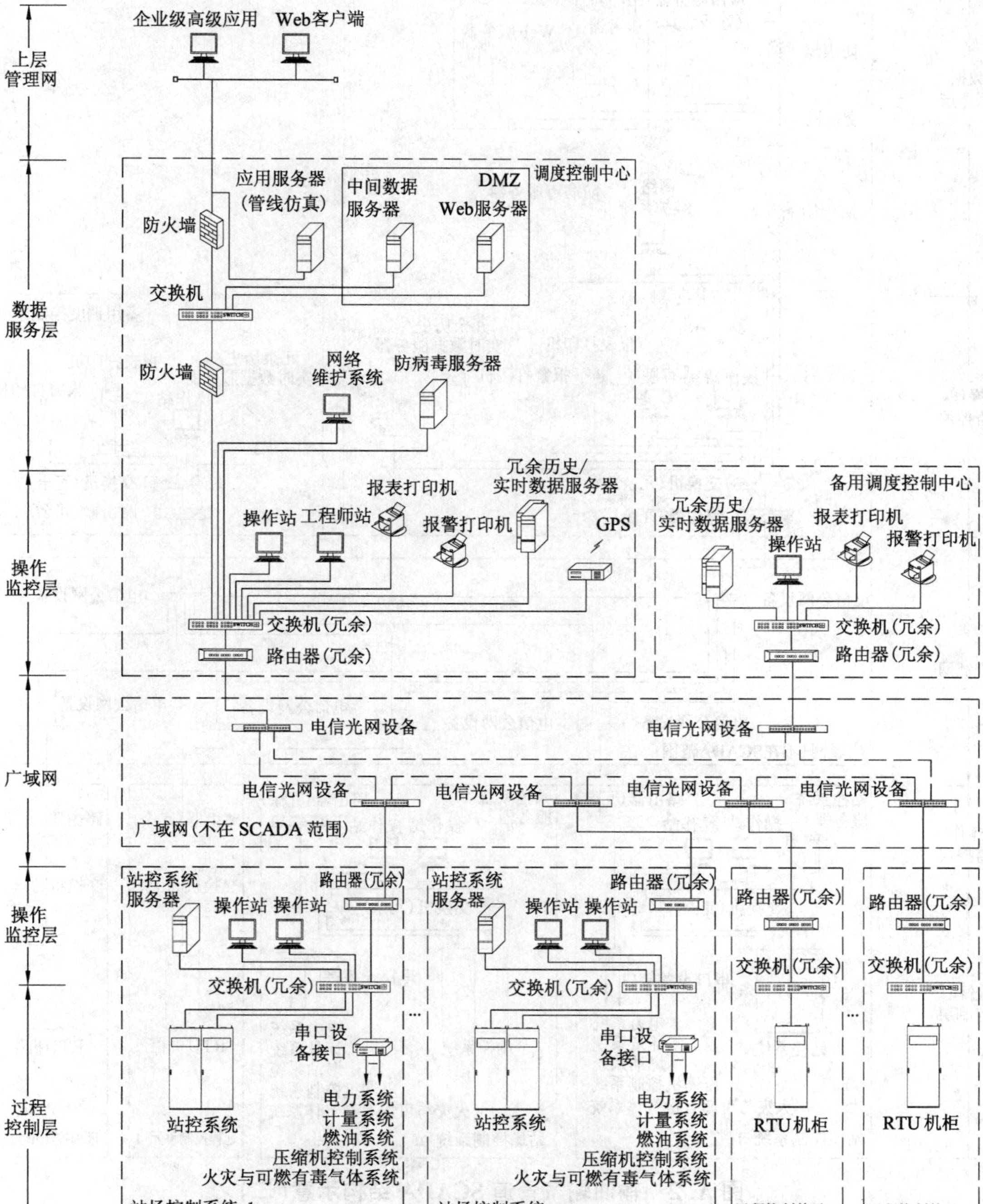

图 A.1 输油输气管道 SCADA 结构示意(一)

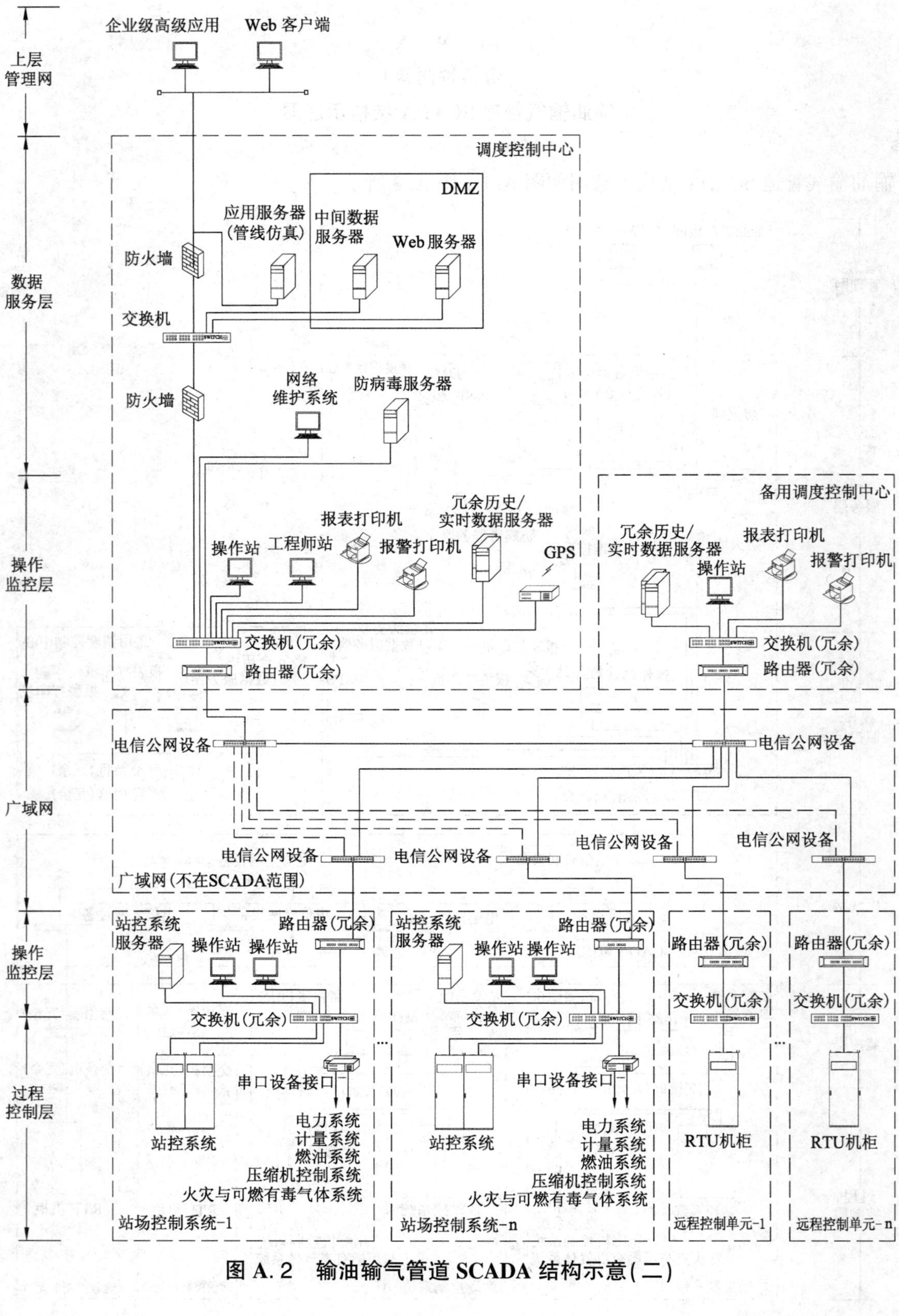

图 A.2　输油输气管道 SCADA 结构示意(二)

参 考 文 献

GB/T 50823　油气田及管道工程计算机控制系统设计规范
SH/T 3092　石油化工分散控制系统设计规范

中华人民共和国石油化工行业标准

石油化工仪表远程监控及数据采集系统设计规范

SH/T 3181—2016

条 文 说 明

2016 北 京

制定说明

SH/T 3181—2016《石油化工仪表远程监控及数据采集系统设计规范》，经工业和信息化部2016年1月15日以第3号公告批准发布。

本规范制定过程中，编制组进行了广泛的调查研究，总结了近年来我国工程建设中，石油化工仪表远程监控及数据采集系统在设计和应用中的实践经验，同时参考了国内外其他行业技术标准和有关资料，通过多次征求意见，认真讨论，分析研究，取得了共识。

为便于广大设计、施工、科研、学校等单位有关人员在使用本规范时能正确理解和执行条文规定，《石油化工仪表远程监控及数据采集系统设计规范》编制组按章、条顺序编制了本规范的条文说明，对条文规定的目的、依据以及执行中需注意的有关事项进行了说明。但是，本条文说明不具备与规范正文同等的法律效力，仅供使用者作为理解和把握规范规定的参考。

目 次

石油化工仪表远程监控及数据采集系统设计规范

5 系统技术要求

5.1 系统结构

5.1.1 从生产管理的角度，系统结构还包括就地操作层，鉴于就地操作和SCADA没有直接的关系，因此，不涉及结构划分。

5.2 调度控制中心

5.2.3 历史服务器

5.2.3.2 历史数据库主要有集中式和分布式两种。

对于集中式历史数据库，实时数据上传至调度控制中心后，转成历史数据存储在调度控制中心历史数据库，站场控制系统的历史数据库仅供本站调用，不能上传至调度控制中心。

对于分布式历史数据库，历史数据存储在各站场控制系统，当调度控制中心有调用需求时，历史数据才上传。

5.2.5 操作站

5.2.5.2 操作站主机采用工作站，相对于PC机，工作站的生产和检测工艺更加严格，硬件的可靠性和系统的稳定性更高。

为操作方便，操作系统采用Windows。

对于管道的一个站场，可以认为是一个操作分区。

5.4 站场控制系统

5.4.3 站控系统服务器

5.4.3.3 由于各系统对于软件点数量的定义与计算方法不同，条文中没有对站控系统软件点数量做具体要求。一般来说，对于把内部变量也作为软件点总量计算的，设计时考虑的软件点数量不宜低于硬件点数量的5倍。

5.4.4 I/O模件

5.4.4.10 如供货商提供的I/O卡通道数量超过条文中的要求，应按条文中通道数量的最高限定额使用。如：64通道的DI卡应当做32通道的DI卡使用。

5.5 远程终端单元

5.5.5 供电

5.5.5.2 当采用线路供电较难实现时，可以根据现场的具体使用环境采用合适的新能源供电方式，如太阳能、风力发电等，但都需要考虑设置蓄电池作为后备手段。

5.6 供电要求

5.6.3 冗余原则

5.6.3.2 采用$N:1$的直流电源配置方式会使供电系统集中，不符合风险分散的设计原则。$N:1$的配置方式的可靠性要小于1:1的冗余配置方式。

8 系统应用软件

8.1 输油输气管道应用软件

8.1.1 计划管理

8.1.1.1 批次优化应可根据市场对分输产品的需求、分输能力的制约、管道最小输量的限制，对编制的输送计划进行分析和优化，确定合理的批次。

8.1.3 泄漏检测及定位

8.1.3.2 泄漏检测除模型检测算法外，还有光纤光栅法。

泄漏检测软件的基本功能及性能要求推荐如下：独立运行；可检测动态和静态的泄漏报警，即在输送或停输状态下均可进行泄漏检测；系统响应时间宜小于 3min；每年误报率不超过 2 次，漏报率不超过 2 次；定位精度不超过 1000m。

目前实际应用效果有待提高，故条文中不做具体精度及准确度要求。

ICS 91.120.40
P 72
备案号：J3023-2022

SH

中华人民共和国石油化工行业标准

SH/T 3164—2021
代替SH/T 3164—2012

石油化工仪表系统防雷设计规范

Design specification for instrument system lightning surge protection in petrochemical industry

2021-08-21 发布　　　　2022-02-01 实施

中华人民共和国工业和信息化部　发布

目　　次

Contents

前　　言

根据中华人民共和国工业和信息化部《2017 年第三批工业行业标准制修订计划》(工信厅科〔2017〕106 号)的要求，规范编制组经广泛调查研究，认真总结规范执行和实际工程的实践经验，参考有关国际标准和国内、外标准，并在广泛征求意见的基础上，修订本规范。

本规范共分 13 章及 1 个规范性附录和 1 个资料性附录。

本规范主要内容包括：总则；仪表防雷工程的确定；仪表防雷工程接地系统；电涌防护器；控制室仪表防雷；现场仪表防雷；仪表电缆防雷；本质安全系统防雷；现场总线系统防雷；控制室建筑物防雷。

本次修订的重点是：

——规定了网型结构的接地系统；

——确定了控制室仪表防雷接地采用网型结构；

——删除了其他类型的接地结构；

——规范了仪表防雷工程的方法；

——增加了网型结构接地设计参考图和电缆屏蔽接地参考图两个附录。

本规范由中国石油化工集团有限公司负责管理，由中国石油化工集团有限公司自动控制设计技术中心站负责日常管理，由中国石化工程建设有限公司负责具体技术内容的解释。执行过程中如有意见和建议，请寄送日常管理单位和主编单位。

本规范日常管理单位：中国石油化工集团公司自动控制设计技术中心站

通讯地址：上海市徐汇区中山南二路 1089 号徐汇苑 12 层

邮政编码：200030

电　　话：021-64578936

传　　真：021-64578936

本规范主编单位：中国石化工程建设有限公司

通讯地址：北京市朝阳区安慧北里安园 20 号

邮政编码：100101

本规范主要起草人员：叶向东　冯　欣　杨　刚

本规范主要审查人员：裴炳安　林　融　丁兰蓉　徐伟清　樊　清　范咏峰　林洪俊　黄　源
田京山　杜　彧　章敦辉　叶胜利　梁　达　陈　鹏　曾裕玲　王秋红
王发兵　施建设　刘齐忠　张建海　李　江　宋志远　刘　冰　郭章顺
于宝全　任　泓　李　涛　张同科

本规范 2012 年首次发布，本次修订为第 1 次修订。

石油化工仪表系统防雷设计规范

1 范围

本规范规定了仪表系统防雷工程的设计规则。

本规范适用于石油化工和以煤为原料制取燃料及化工产品工厂的新建、扩建和改建工程中爆炸性环境和非爆炸性环境仪表系统的防雷设计。

2 规范性引用文件

下列文件中的内容通过文中的规范性引用而构成本文件必不可少的条款。其中，注日期的引用文件，仅该日期对应的版本适用于本文件；不注日期的引用文件，其最新版本(包括所有的修改单)适用于本文件。

GB 50057—2010 建筑物防雷设计规范

GB/T 18802.21 低压电涌保护器 第21部分：电信和信号网络的电涌保护器(SPD)—性能要求和试验方法

3 术语和缩略语

3.1 术语

下列术语适用于本规范。

3.1.1

接闪器 air-termination system

用于直接接受或承受雷击的金属物体和金属结构，如：接闪杆(旧称避雷针)、接闪带(线)、接闪网等。

3.1.2

引下线 down conductor system

连接接闪器与接地装置的导体。

3.1.3

接地装置 earth termination system

接地体和接地体之间连接导体的集合。

3.1.4

接地体 earth electrode

埋入地下并与大地形成导电接触的金属物体，也称接地极。直接与大地形成导电接触的各种金属构件、金属设施、金属管道、金属设备等可以视为接地体，称为自然接地体。

3.1.5

接地连接 bonding

将需要接地的设备、仪表、接地汇流排等，用接地导线、接地连接导体连接成接地系统。

3.1.6

接地连接导体　bonding conductor

用于连接各个需要接地的设备、各类接地排等，形成接地系统的导体。

3.1.7

直击雷　direct lightning flash

直接打击在建筑物、大地、设施或设备等实际物体的雷电。

3.1.8

雷电流　lightning current

雷电放电路径的电流。

3.1.9

雷暴日　thunderstorm day

听到一次及以上雷声的天数。地区的年平均雷暴日是该地区多年的年雷暴日统计的平均值，是表征该地区雷电活动频繁程度的指标之一。

3.1.10

雷电感应　lightning induction

雷电流周围空间产生的静电感应和雷电电磁感应。

3.1.11

雷电电磁感应　lightning electromagnetic induction

雷电流在周围空间产生电磁场以及在此电磁场中导体产生感应电动势的现象。

3.1.12

电磁屏蔽　electromagnetic shielding

用能够减少电磁场通过的材料对所防护目标的屏障。

3.1.13

雷电电涌　lightning surge

由雷电电磁感应产生的沿电路或导体传导的脉冲形态的电流、电压，也称雷电浪涌。

3.1.14

等电位连接　equipotential bonding

用导体将各种金属构件、金属设施、金属管道、金属设备等进行导电连接，使各物体的电位近似相等。

3.1.15

接地汇流条　bonding bar(trip)

机柜内安装的汇集连接接地线的条形金属。根据其用途可分为工作接地汇流条、保护接地汇流条等。

3.1.16

接地排　bonding bar

机柜外安装的汇集连接接地线或构成接地网的外形尺寸比较大的条形金属。

3.1.17

电涌防护器　surge protective device

采用间隙放电、旁路导通和限压等方式分流电涌电流并限制瞬时过电压，保护电气或电子设备的器件。也称电涌保护器、浪涌保护器、雷电浪涌防护器。

3.1.18

最大持续运行电压　maximum continuous operating voltage

持续加在电涌防护器而不影响信号传输过程和信号质量的最大电压。也称最大工作电压。

3.1.19

标称放电电流　nominal discharge current

电涌防护器不被损坏所能通过的最大电涌电流(max. anti-surge current capacity)，即电涌防护器在通过标准实验波形电流和规定实验次数时，对电涌电流的最大泄放能力。

3.1.20

电压保护水平　voltage protection level

电涌防护器泄放最大电涌电流时，在电涌防护器后端所呈现的最大电压，即残余的电压。也称限制电压。

3.1.21

额定工作电压　nominal voltage

在规定环境条件和限定漏电流下，电涌防护器的线-线之间或线-地之间的长期正常工作电压。

3.1.22

最大漏电流　maximum leakage current

电涌防护器在额定工作电压下的限定泄漏电流。

3.1.23

额定工作电流　nominal current

电涌防护器在规定环境条件和额定工作电压下的长期正常工作信号电流。

3.1.24

仪表系统　instrumentation

本规范对电动、电信号仪表及控制系统的统称。简称仪表。

3.1.25

简单设备　simple apparatus

电气参数符合电路本质安全性能的电气元件，无内部能源并严格限定蓄能参数的电容、电感和电池等元件及元件组合。本质安全系统的专有用词。

3.1.26

电气接地板　bonding terminal

用于仪表接地网与电气接地装置连接的接地连接板。也称电气接地排。

3.1.27

安全特低电压　safety extra-low voltage

电气与其他电源系统绝缘隔离、电压不超过限值：≤交流 50V，或≤直流 120V、外露导电部分不接地，符合 GB/T 16895.21—2020/IEC 60364-4-41：2017 关于安全特低电压规定的电压。

3.2　缩略语

下列缩略语适用于本规范。

缩略语	英文全称	中文名称
SPD	Surge protective device	电涌防护器
U_n	Nominal voltage	额定工作电压
U_c	Maximum continuous operating voltage	最大持续运行电压
U_p	Voltage protection level	电压保护水平
I_n	Nominal discharge current	标称放电电流
I_c	Maximum leakage current	最大漏电流
I_N	Nominal current	额定工作电流
SELV	Safety extra-low voltage	安全特低电压

4 总则

4.1 防雷工程的设计应根据防护目标的具体情况，确定合适的防护范围，采用适宜的防护方案，将雷击事件的风险降低到可容忍的程度，符合防灾减灾的投资条件，有效地防护雷击事件，减少仪表雷击事件造成的损失。

4.2 仪表防雷工程应同时采用下列方法：

a） 设置电涌防护器；

b） 仪表系统接地；

c） 仪表信号电缆的屏蔽；

d） 仪表设备的屏蔽。

4.3 仪表的保护接地、工作接地、本质安全接地、屏蔽接地、防静电接地、电涌防护器接地应最终接到电气接地装置，接地电阻应遵从电气接地装置的接地电阻。

4.4 仪表信号电缆和通信电缆应采用芯线互绞型。

4.5 室外仪表系统通信网络宜采用光缆。

5 仪表防雷工程的确定

5.1 应根据5.2~5.6条件之一判别确定实施仪表防雷工程。

5.2 当建筑物根据GB 50057—2010第3章确定设置雷电防护，且内部安装仪表，特别是带有室外信号线路的，宜实施仪表防雷工程，以防室外信号线路引雷入室，损坏电子设备、危及人身安全。

5.3 发生过人员遭受雷击伤害或危及安全生产的雷击损害事件的工厂区域宜实施仪表防雷工程。

5.4 当监管部门或业主评定雷击事件造成的可能经济损失大于可容忍经济损失，或预计雷击事件风险大于可容忍风险时，应实施仪表防雷工程。

5.5 当工厂区域曾经出现数值在130kA以上雷电流强度的雷击次数≥2次/年时，宜实施仪表防雷工程。雷击次数及雷电流强度可根据当地气象部门资料或自行测定结果确定。

5.6 有相应管理权或监督权的部门可不经评估就规定需要实施仪表防雷工程。

6 仪表防雷工程接地系统

6.1 控制室接地系统

6.1.1 控制室仪表接地系统应采用网型结构的接地系统，可用于各类装有仪表的建筑物及房间。

6.1.2 控制室的保护接地、工作接地、本质安全接地、屏蔽接地、防静电接地、电涌防护器接地等均应就近接到统一的网型结构接地系统。网型结构接地系统不应区分接地类型。

6.1.3 网型结构应采用多根接地排连接成网格的形式；接地排应根据仪表机柜及操作台的排列，布置到所有机柜及需要接地的操作台下方的活动地板下、电缆沟里或合适的空间。

6.1.4 两排及以上机柜的接地网格应在两端及中间连接，网格行、列间距应≤5m或单个网孔周长应≤20m；典型的网型结构应符合图6.1.4所示的网型结构示意图。

6.1.5 对单排机柜或单排操作台，宜采用单根接地排。

6.1.6 网型结构的接地排应采用截面积≥40mm×4mm（宽×厚）的铜材或热镀锌扁钢焊接制作，接地排材料之间不应采用导线连接。

6.1.7 网型结构的接地排应安装在机柜底部支撑或其他支架上，高度宜靠近机柜底部，见附录A。接地排宜采用非绝缘支架等材料安装。

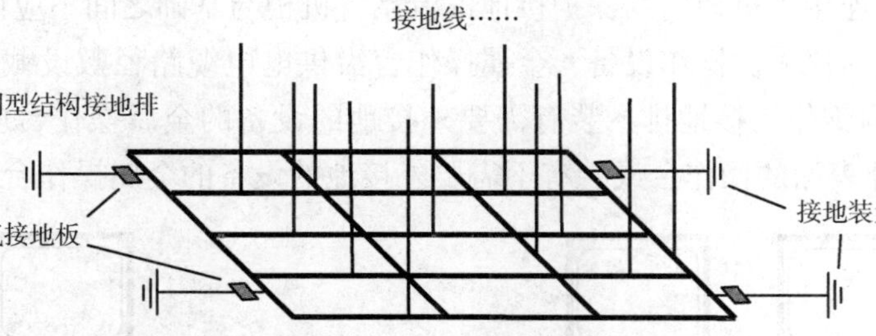

图 6.1.4　网型结构示意图

6.1.8　网型结构的室内接地网应采用至少 4 条截面积≥40mm×4mm(宽×厚)的铜材或热镀锌扁钢的接地连接导体，应经不同路径、至少两个方向的连接方式分别接到电气接地装置引到室内的电气接地板。

6.1.9　电气接地板应采用单独的接地连接导体接到电气接地装置，且宜均匀分布，当相邻电气接地板的接地排连接路径大于 30m 时，应增加电气接地板。

6.1.10　对于单排机柜或单排操作台，可适当减少接地连接导体和电气接地板；对于没有工作接地仪表的房间，接地网宜为保护接地设置 1 路~2 路电气接地板。

6.1.11　同一房间的接地网应为一个网型结构，不同房间的接地网可合并为一个网型结构或分别设置网型结构并采用接地连接导体连接。

6.1.12　来自供电系统的地线(PE 线)应接到仪表配电柜的接地排，并应采用截面积≥16mm^{2}的多股铜芯导线压接的方式连接到网型结构接地排。

6.2　机柜及操作台接地

6.2.1　机柜内的工作接地和保护接地应按照图 6.2.1 的接地示意图就近直接接到下方的接地排。对于直流输出端需要与接地绝缘的隔离型直流电源装置的直流输出线路不应接地(图中未表示)。

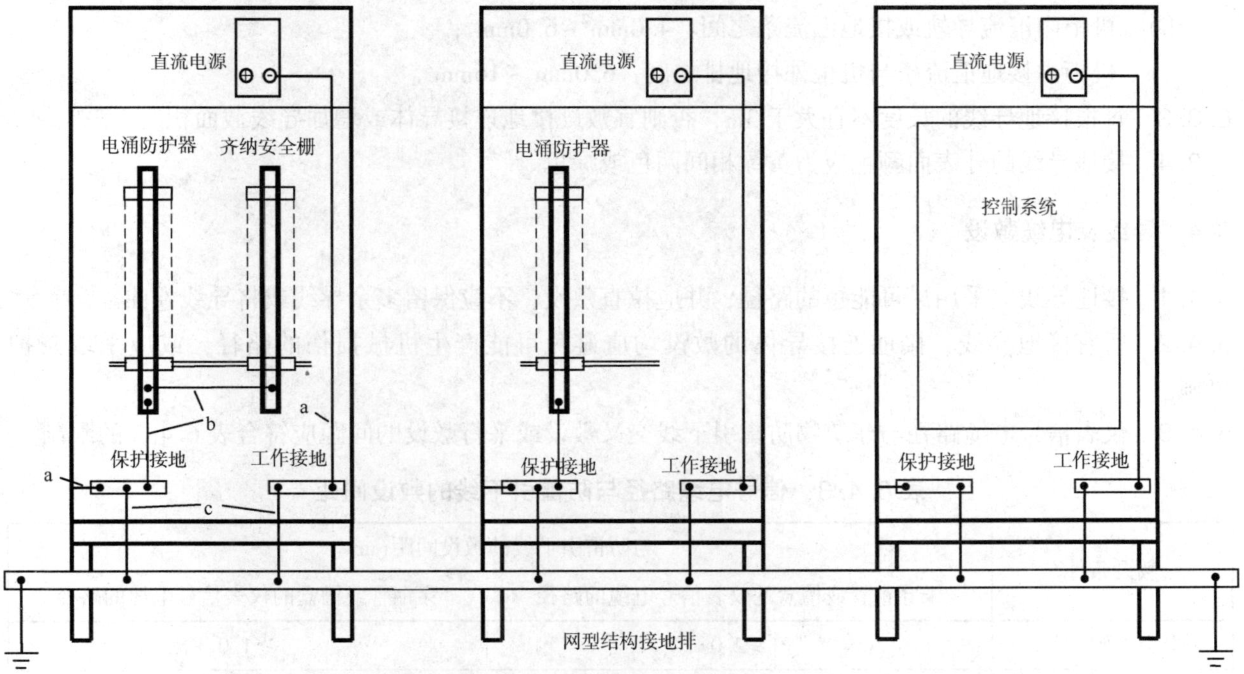

注：图中齐纳安全栅接地导轨可接电涌防护器导轨(如图示)，也可接保护接地或工作接地(未表示)。

导线截面积　a：1.5mm^2~4.0mm^2；b：4.0mm^2~6.0mm^2；c：6.0mm^2~16mm^2。

图 6.2.1　机柜与网型结构接地示意图

6.2.2　机柜内的电涌防护器接地导轨应直接接到机柜下方的接地排或就近接到机柜内的保护接地汇流条；电涌防护器接地导轨与机柜之间的安装不宜使用绝缘垫片。

6.2.3 机柜的柜体应连接到机柜内的保护接地汇流条，机柜与基础之间不应使用绝缘垫片。

6.2.4 应为需要接地的仪表、操作设备、金属操作台沿供电电缆路径敷设截面积≥40mm×4mm（宽×厚）的铜材或热镀锌扁钢作为接地排，装有需要外接地的设备的金属操作台应按照图6.2.4就近接到接地排。绝缘材料外表面的操作台或装有不需要外接地的设备的金属操作台不应接地。

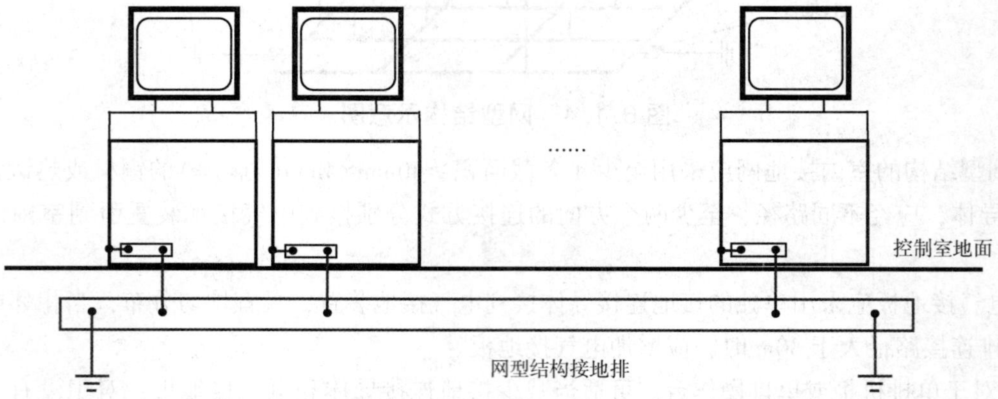

图6.2.4 操作台接地示意图

6.2.5 每台需要接地的仪表、设备、仪表盘、操作台等均应采用接地线接到网型接地排，需要串联连接的串联数量宜≤3。机柜不应采用以导线连接的链接式串联方式接地。

6.3 接地连接导体及导线

6.3.1 所有接地连接导体应采用截面积≥40mm×4mm（宽×厚）的铜材或热镀锌扁钢，不应以导线代替。

6.3.2 接地导线应采用绝缘多股铜芯导线，导线截面积宜符合下列规定：

a） 室内或现场的单台仪表、接线箱、仪表箱、机柜本体等：1.5mm²～4.0mm²；

b） 机柜内汇流导轨或接地汇流条之间：4.0mm²～6.0mm²；

c） 机柜内接地汇流条与机柜外接地排之间：6.0mm²～16mm²。

6.3.3 每根接地导线的长度不宜大于3m，否则宜敷设接地连接导体或增加导线截面积。

6.3.4 接地导线的外表面颜色应为黄绿相间两色或绿色。

6.4 导线及电缆敷设

6.4.1 接地导线应采用尽可能短的路径，并应拉直敷设，不应保留多余导线或将导线卷曲。

6.4.2 所有接地导线、接地连接导体的敷设均应避免可能产生机械损伤的路径，或应采取防护措施。

6.4.3 仪表信号电缆路径与建筑物防雷引下线交叉敷设或平行敷设的间距应符合表6.4.3的限制。

表6.4.3 信号电缆路径与防雷引下线的敷设间距

敷设条件	与防雷引下线的敷设间距（m）	
	未穿钢管或槽盒的仪表信号电缆的路径	穿钢管或槽盒的仪表信号电缆的路径
交叉敷设	≥2.0	≥1.0
平行敷设	≥3.0	≥1.5

6.4.4 接地连接导体可在地面敷设，也可采用地面支架敷设。

6.5 接地连接方式

6.5.1 接地导线应采用压接方式；导线端应采用铜或镀锡铜连接片压接；所有采用压接方式的连接

点均应采用带有防松垫片的镀锌钢螺栓压紧固定，实现导电连接。同一压接点的压接导线不应多于两条。

6.5.2 接地连接导体之间的连接、接地连接导体与接地排的连接应采用至少两边焊接的方式，焊缝总长度应>160mm，焊接部位应做防腐处理；交叉连接时可采用附加焊接板的方式保证焊缝长度；不得采用导线及接线片压接的方式。

6.5.3 接地连接导体与电气接地板宜采用带有防松垫片的镀锌钢螺栓压接的方式连接。

6.5.4 所有导线、导体连接点应先进行腐蚀清洁处理后再实施连接，并应根据气候环境进行防腐处理。

6.6 接地标志

6.6.1 控制室内各类接地导线、接地连接导体、接地排等的施工应易于检查和维护，并应设置明显标志。

6.6.2 与电气接地板的连接处应设置明显的标志。

7 电涌防护器

7.1 通用规定

7.1.1 仪表电涌防护器应采用免维护型，应能耐受多次雷电电涌冲击而不损坏。

7.1.2 电涌防护器宜按批次进行参数和性能检验，并应具有检验证书；电涌防护器的生产制造商应具有雷电标准试验波形的模拟电涌检验设备，检验应由制造商按 GB/T 18802.21 或制造商标准进行。

7.1.3 没有雷电标准试验波形的模拟电涌试验及检验设备的单位或机构不得进行除 CCC 认证以外的任何形式或性能的检验、认证及颁发证书。

7.1.4 当仪表需要配备电涌防护器时，应按 7.2、7.3、7.4 的规定配置。

7.1.5 可采用带监测功能的电涌防护器并配置相应的集中监测设备。

7.2 电涌防护器类型

7.2.1 仪表常用的电涌防护器有：信号类、直流 24V 电源类、交流或直流 220V 电源类、通信类等，选型应根据防护目的、信号类型、运行电压等级、安装地点、安装方式等因素确定。

7.2.2 两线制、三线制、四线制的 4mA~20mA 信号仪表或其他信号类型的仪表，以及为室外单台仪表供电的 24V 直流电路应按信号类型配备电涌防护器。

7.2.3 供电输入线路在室外架空长度超过 100m 的直流 24V 电源装置宜按 7.5.1 配备电涌防护器。

7.2.4 交流或直流 220V 供电四线制仪表的供电应按 220V 电源类配备电涌防护器。

7.2.5 控制系统通信网络应按通信类配备电涌防护器，规格及各项参数应适用于所连接的通信设备。

7.2.6 不应采用多信号通道的电涌防护器。直流 24V 供电的四线制仪表因供电电流值与信号电流值相近，故供电线路视为信号通道，可采用双信号通道电涌防护器。

7.2.7 电涌防护器不应影响和改变仪表及线路的信号及传输特性。

7.2.8 现场仪表的信号类电涌防护器包括装配式和内置式，装配式电涌防护器应采用并联接线方式。

7.3 信号类电涌防护器参数

信号类电涌防护器的基本参数应符合表 7.3 的规定。

表 7.3 信号类电涌防护器的基本参数

参数名称	参数值	用途	备注
最大持续运行电压	$U_c \geqslant 32V$	24V 直流供电仪表	当直流电源电压可能 > 32V 时，$U_c \geqslant 36V$
额定工作电流	$I_N \geqslant 150mA$	两线制、三线制、四线制的 4mA～20mA 信号仪表(包括带 HART 通信信号)	
	$I_N \geqslant 600mA$	24V 直流供电电流大于 60mA 的三线制、四线制 4mA～20mA 信号仪表	
标称放电电流	$I_n \geqslant 10kA$	信号类	
电压保护水平	$U_p \leqslant 60V$	24V 直流工作电压的仪表	并应小于被保护仪表的无损害承受电压
	$U_p \leqslant 30V$	RS485 接口等低电压通信类仪表	或根据信号工作电压确定
工作频率	$f \geqslant 20kHz$	信号类	
	$f \geqslant 40kHz$	现场总线类	
	$f \geqslant$ 最高通信频率	通信类	用于通信设备
最大漏电流	$I_c \leqslant 5\mu A$	信号类	

7.4 电涌防护器设置

7.4.1 仪表防雷工程应设置电涌防护器，实施防雷工程的仪表应按本节设置电涌防护器；不应以其他方法代替电涌防护器。对于确实没有适用的或无法安装电涌防护器的现场仪表，应将仪表安装在钢铁材质的保护箱或防护罩内；同时宜根据检测需要和实际情况配备冗余的现场仪表，并宜采用不同路径分别敷设电缆。

7.4.2 当信号电缆在室外地面以上敷设的水平路径长度大于 100m 或在地面以上垂直高度大于 10m 时，即具备设置电涌防护器的条件，控制室侧仪表应设置电涌防护器。

7.4.3 地上罐区仪表的控制室侧仪表应设置电涌防护器。

7.4.4 符合 7.4.2 条件的或地上罐区的下列现场仪表应设置电涌防护器：

a) 变送器等转换成电信号的电动、电子测量仪表；
b) 气体探测器、分析仪；
c) 电气转换器、电气阀门定位器、电磁阀、电动执行机构等电动、电信号执行器类；
d) 热电阻；
e) 电子开关；
f) 继电器线圈；
g) 固定安装位置的网络及通信设备；
h) 其他对雷电电涌敏感或不能承受雷电电涌的仪表。

7.4.5 可不设置电涌防护器的仪表：

a) 热电偶；
b) 机械触点开关、按钮；
c) 非电动或与电信号无关的仪表；
d) 其他能够承受雷电电涌的仪表。

7.5 交流供电的防雷

7.5.1 交流供电设备的防雷设计和电涌防护器的配备应遵照 GB 50057—2010 第 6.4.4～6.4.7 条的

规定。

7.5.2 对需要设置电涌防护器的现场交流供电仪表，应按照交流供电参数配备电涌防护器。

8 控制室仪表防雷

8.1 控制室仪表的屏蔽

8.1.1 控制室仪表宜安装于钢铁材质的机柜或金属外壳内，机柜的门、顶、底、侧板等分离部件应采用截面积≥$2.5mm^2$绝缘多股铜芯导线或其他有效的方式进行导电连接。

8.1.2 机柜内应装有与机柜本体相连接的保护接地汇流条，并应就近接到机柜下方的接地排。

8.2 电涌防护器的安装

8.2.1 控制室仪表应按第7章的规定设置电涌防护器。

8.2.2 控制室仪表电涌防护器应安装在机柜内。

8.2.3 仪表电缆进入控制室后，应先接电涌防护器，再接后续仪表(包括保险类端子)。

8.3 电涌防护器的接地

8.3.1 控制室内安装的电涌防护器应采用金属导轨安装型，并以此安装导轨作为接地汇流条。

8.3.2 对不以金属导轨作接地汇流条的安装方式的特殊电涌防护器，应设置接地汇流条。

8.3.3 电涌防护器接地导轨或接地汇流条应接到机柜下方的接地排或机柜内的保护接地汇流条。

9 现场仪表防雷

9.1 现场仪表的雷击防护

9.1.1 仪表应避免安装在室外设备、平台、建筑物等物体的顶端或突出位置而成为接闪物体。

9.1.2 当仪表的安装位置有可能使仪表形成接闪物体，又无法移位时，应将仪表安装在钢铁材质的保护箱或防护罩内，箱体或防护罩应接地。

9.2 电涌防护器的安装

9.2.1 现场仪表应采用装配式电涌防护器，对于无法安装装配式电涌防护器的仪表可以采用内置式电涌防护器；电涌防护器的参数应符合7.3的规定。现场仪表宜采用线-线保护型电涌防护器。

9.2.2 装配式电涌防护器应采用密封螺纹的形式，安装在现场仪表本体的空置进线口或进线口外配的三通接口。外配的三通接口应采用密封螺纹安装结构。

9.2.3 装配式电涌防护器的接线应尽可能短，不应保留多余导线或将导线卷曲。

9.2.4 防爆型仪表装配的电涌防护器不应改变仪表本体防爆结构和防爆性能；安装在仪表进线口上的防爆型电涌防护器应通过中国国家授权的防爆认证机构的国家强制性产品认证(CCC认证)并取得证书。

9.2.5 本质安全系统现场仪表的电涌防护器还应符合11.1的规定。

9.3 现场仪表的接地

9.3.1 现场仪表的接地应为保护接地，应符合表9.3.1的规定，应采用外壳接地端子或通过安装自然接地的方式。

表 9.3.1 现场仪表接地

仪表防爆类型		爆炸危险区域 0区、1区	爆炸危险区域2区	非爆炸危险区域	有电涌防护器
本安仪表		不接地	不接地	不接地	应接地
非本安仪表	安全特低电压	宜接地	不接地	不接地	应接地
	非安全特低电压	应接地	宜接地	宜接地	应接地

9.3.2 需要接地的仪表外壳、保护箱、接线箱、机柜等的接地端子应采用导线按照 6.5.1 的规定直接连接，或利用电缆保护钢管、测量钢管、安装部件、电缆槽、钢结构、设备等金属物体作为中间连接导体最终接到电气接地设施；已经通过上述金属物体实现导电连接的仪表，不必再用导线重复连接。

9.3.3 所有接地导线、导体的连接点应按 6.5.4 的规定处理。

9.3.4 电涌防护器的接地线应接在仪表内部的接地端子上，同时，仪表外壳接地端子应接地。

9.3.5 现场需要接地的仪表、设备、仪表箱、支架等可以串联连接，串联数量宜≤3。

10 仪表电缆防雷

10.1 电缆的屏蔽

10.1.1 现场仪表的配线和室外敷设的电缆宜采用屏蔽电缆穿钢管或用封闭金属电缆槽的方式敷设，铠装电缆可不穿钢管或不用电缆槽敷设。

10.1.2 宜采用钢板或铝合金板等金属材料的封闭结构电缆槽，当采用非金属材料电缆槽时，宜采用带有金属内衬或夹层的材料。

10.1.3 钢管与仪表、钢管与钢管、钢管与电缆槽、电缆槽与电缆槽等之间的衔接处宜减少露空，在分断处宜有电气连接，或分别接地。

10.1.4 电缆宜采用内、外屏蔽的方式，各屏蔽体之间应互相绝缘。

10.1.5 电缆外层屏蔽体可利用：

a) 电缆保护钢管、金属电缆槽；
b) 金属铠装屏蔽电缆的铠装层；
c) 分屏蔽加总屏蔽电缆的总屏蔽层。

10.1.6 电缆内层屏蔽体应利用电缆本身的屏蔽层：

a) 单层屏蔽电缆的屏蔽层；
b) 金属铠装屏蔽电缆的屏蔽层；
c) 分屏蔽加总屏蔽电缆的分屏蔽层。

10.2 屏蔽的接地

10.2.1 电缆的屏蔽应采用表 10.2.1 所示的接地方式。

表 10.2.1 屏蔽的接地方式

电缆形式	屏蔽的接地方式		
	电缆内屏蔽层	电缆外屏蔽层	铠装层或保护钢管或金属电缆槽
单层屏蔽电缆	单端接地	—	两端接地
单层屏蔽铠装电缆	单端接地	—	两端接地
分屏总屏电缆	单端接地	两端接地	两端接地
分屏总屏铠装电缆	单端接地	两端接地	两端接地

10.2.2　电缆的内屏蔽层应在控制室一侧接到保护接地或工作接地，由于装配等原因已经在现场仪表处接地的内屏蔽层不应在控制室一侧重复接地。

10.2.3　电缆的外屏蔽层、保护钢管、铠装电缆的铠装层应在两端就近接到保护接地，或接到已经接地的接线箱、电缆槽、安装部件、钢结构、设备等金属物体。

10.2.4　当采用仪表接线箱进行多芯电缆与分支电缆接续时，多芯电缆与分支电缆的屏蔽层可以连续，也可以分段；进出仪表接线箱电缆的屏蔽层应按附录 B 所示在接线箱和机柜处接地。

10.2.5　当有多根信号屏蔽电缆的屏蔽层接地时，可先将各信号屏蔽电缆的同类屏蔽层就近汇集，再接到接地汇流排。

10.2.6　保护钢管应通过 U 形管卡、穿板接头、锁紧螺母或带有接地连线的镀锌钢制接头接地。

10.2.7　铠装电缆屏蔽层宜采用铠装接地电缆接头接地。

10.2.8　金属接线箱宜通过金属安装支架、外部接地螺钉等接地。

10.2.9　仪表与保护钢管、保护钢管与金属接线箱或金属电缆槽之间的连接宜采用金属连接件直接连接。

10.2.10　金属电缆槽板之间的连接件应采用至少两组带有防松垫片的镀锌钢螺栓直接压接，实现导电连接，或采用压接镀锡铜连接片的绝缘多股铜线跨接，铜线截面积应≥$4.0mm^2$。

10.2.11　金属电缆槽或非金属电缆槽的屏蔽层应在两端接到保护接地，当电缆槽较长时，宜多点重复接地，接地点间距宜≤30m。

10.2.12　电缆的内屏蔽层在接线箱内连接时应与其他导体绝缘；不接地的屏蔽层端头应进行绝缘处理。

10.2.13　铠装光缆的金属铠装层终端应采用带有接地线的铠装接头，并应在光缆终端处接保护接地；光缆中的金属芯和保护层应在终端处接保护接地。

10.2.14　金属电缆槽或保护钢管在进入控制室入口处应在室外与电气接地连接。

10.3　备用电缆及电缆备用芯

10.3.1　备用电缆的屏蔽层、不带屏蔽层的电缆备用芯宜在控制室一侧接到保护接地。

10.3.2　对屏蔽层已接地的屏蔽电缆、穿钢管敷设或在金属电缆槽中敷设的电缆，备用芯可不接地并应在电缆终端处进行绝缘处理。

11　本质安全系统防雷

11.1　本安型电涌防护器

11.1.1　用于爆炸危险区域的本质安全系统的电涌防护器，应通过中国国家授权的防爆认证机构的国家强制性产品认证(CCC 认证)并取得证书(相关危险区域的本质安全认证)；与中国国家检验机构有互认的外国认证在提供本质安全证书时还应提供相关互认协议证明。

11.1.2　本安型电涌防护器应符合本安设备的设计和制造标准。

11.1.3　同一本安线路中的现场仪表电涌防护器和控制室端电涌防护器，如果不是本安“简单设备”，则本安线路的工程设计验算中应包括两者的本安参数。

11.1.4　电涌防护器不是本安关联仪表，安装在安全场所的电涌防护器不应取本安关联仪表的认证。

11.1.5　本安系统中的电涌防护器与安全栅的性能和作用不同，二者不应互相代替。

11.1.6　与安全栅组合型的电涌防护器应采用插拔型，电涌防护器拔出后信号电路不应中断。

11.2　电涌防护器的安装

11.2.1　在本安回路中保护室内仪表的电涌防护器应安装在室外电缆进入控制室内连接到安全栅

之前。

11.2.2　电涌防护器和安全栅可并列安装在同一机柜内，也可分别安装在不同机柜内，安装在同一机柜时，应采用图 6.2.1 所示导轨并排安装的方式，不应安装在同一根导轨上。

11.2.3　现场本安型仪表的电涌防护器的安装应符合 9.2 的规定。

11.3　本安系统的接地连接

11.3.1　齐纳式安全栅接地汇流导轨的接地线宜接到电涌防护器的接地导轨或机柜的工作接地或保护接地汇流条，并应按照图 6.2.1 的接地示意图与直流电源的负极通过接地相连接。隔离式安全栅不宜接地。

11.3.2　本安型现场仪表应按 9.3 的规定接地。

12　现场总线系统防雷

12.1　现场总线电涌防护器

12.1.1　现场总线系统的防雷应采用现场总线电涌防护器；电涌防护器的主要参数应符合 7.3 的规定。

12.1.2　现场总线仪表及设备用的电涌防护器应适用于相应种类和标准的现场总线，不应影响和改变现场总线系统的特性。

12.1.3　现场总线仪表的电涌防护器的安装还应符合 9.2 的规定。

12.1.4　总线分支设备(模块)应采用内部装配式电涌防护器，安装在总线分支设备的接线箱内。

12.1.5　本安系统现场总线仪表用的电涌防护器还应符合 11.1 的规定。

12.2　电涌防护器的设置

12.2.1　当现场总线线路在室外地面以上敷设的水平路径长度大于 100m 或在地面以上垂直高度大于 10m 时，现场总线仪表、控制器端及电子或智能总线分支设备端口应设置电涌防护器。见图 12.2.1 示例。

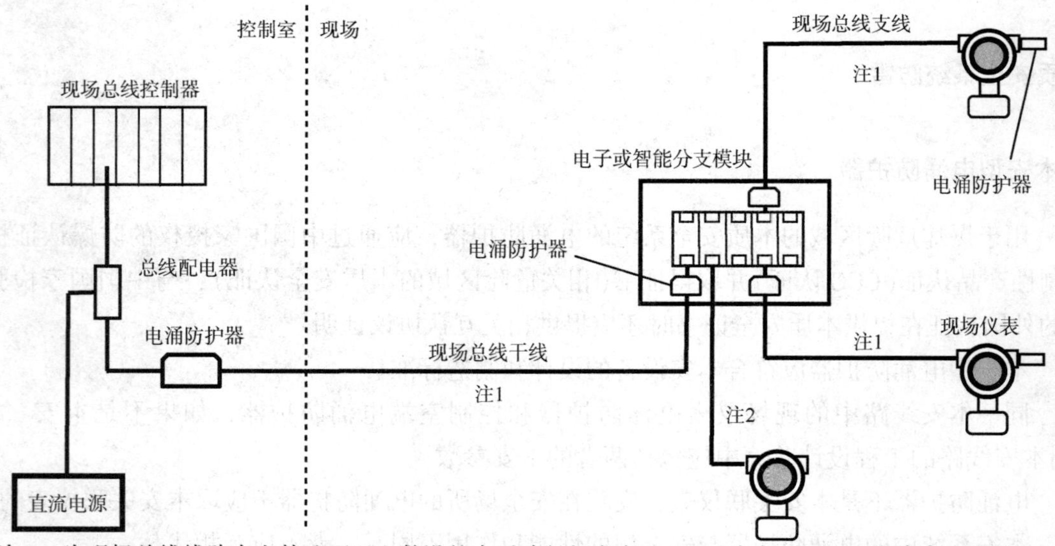

注 1：为现场总线线路在室外地面以上敷设的水平路径长度大于 100m 或在地面以上垂直高度大于 10m，仪表设置电涌防护器。

注 2：为现场总线线路不构成此条件，仪表不设置电涌防护器。

图 12.2.1　现场总线仪表电涌防护器配置示例图

12.2.2 现场总线电涌防护器的设置应符合表 12.2.2。

表 12.2.2 现场总线电涌防护器的设置

总线种类	12.2.1 的条件	控制器端	电子或智能分支模块	简单分支模块	现场仪表
总线干线	符合	应设置	应设置	不设置	无
	不符合	可设置	可设置	不设置	无
总线支线	符合	无	应设置	不设置	应设置
	不符合	无	不设置	不设置	不设置

12.3 现场总线仪表的接地

12.3.1 现场总线系统的现场仪表接地应符合 9.3 的规定。

12.3.2 现场总线电缆的接地应符合 10.2 的规定。

13 控制室建筑物防雷

13.1 控制室建筑物的防雷分类应按 GB 50057—2010 第 3 章确定，并应按 GB 50057—2010 第 4 章的规定采取防直击雷措施。

13.2 当确定控制室建筑物需要防雷时，接闪器宜根据 GB 50057—2010 中 4.3.3 布置专用引下线。

13.3 应围绕控制室建筑物设置环形接地装置，接闪器引下线应就近接入接地装置。

13.4 机柜室内四周应按 6.1.8、6.1.9、6.1.10 的规定预留分别接到接地装置的电气接地板。

13.5 室外接地装置到室内电气接地板的连接路径与接闪器引下线的路径间距应≥3.0m。

13.6 安装仪表机柜的房间宜设置在建筑物底层。

附 录 A
(资料性)
网型结构接地设计参考图

接地系统参考图见图 A.1，机柜基础参考图见图 A.2。

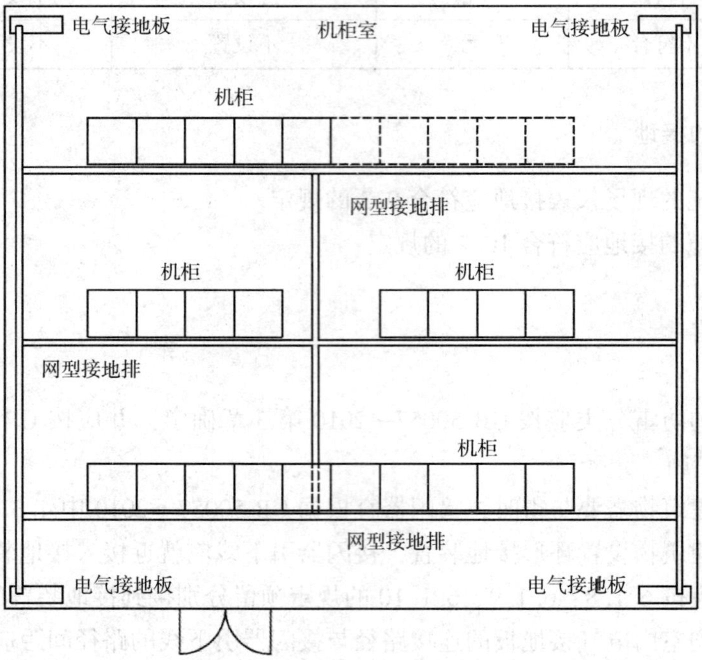

图 A.1 接地系统参考图(俯视图)

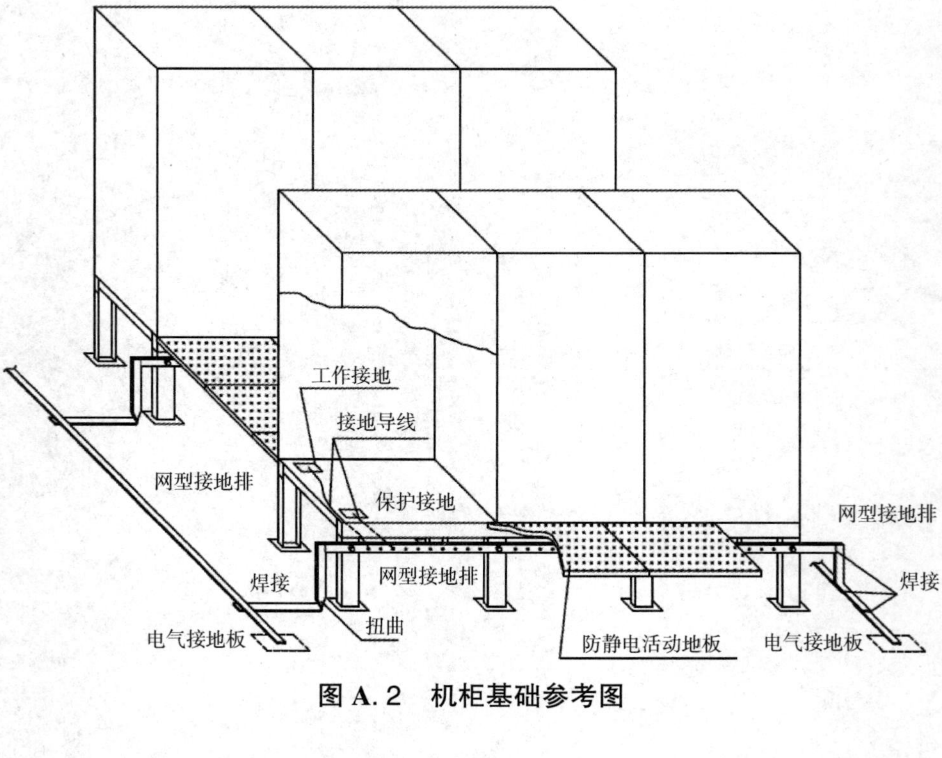

图 A.2 机柜基础参考图

附 录 B
(规范性)
电缆屏蔽接地参考图

图 B.1～图 B.4 规定了不同形式的电缆屏蔽接地图。

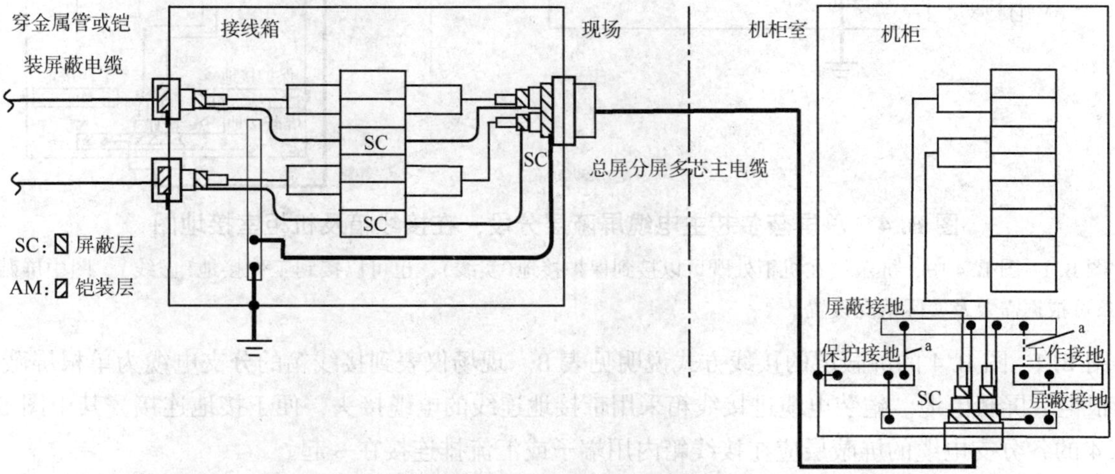

图 B.1 总屏分屏多芯主电缆屏蔽层连续，在机柜室接地图

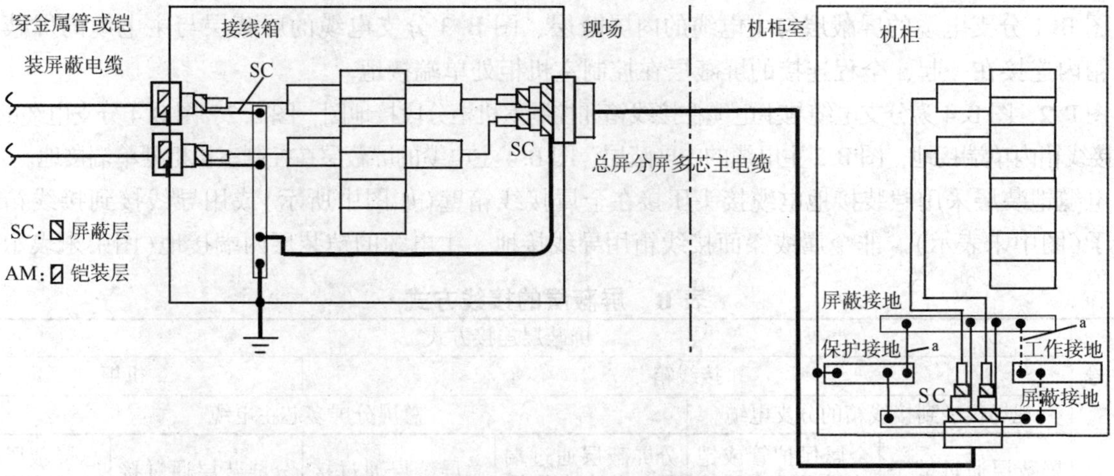

图 B.2 总屏分屏多芯主电缆屏蔽层分段，在接线箱及机柜室接地图

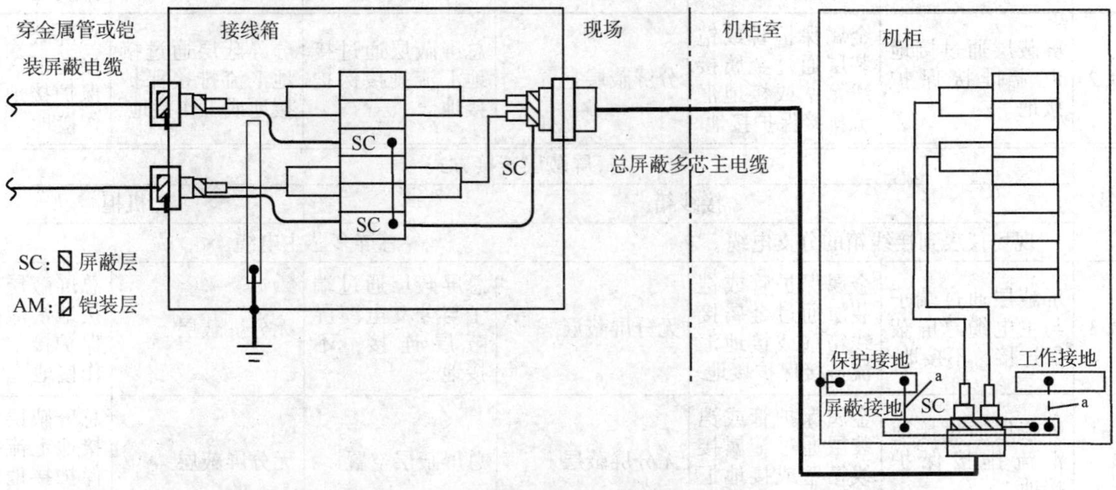

图 B.3 总屏蔽多芯主电缆屏蔽层连续，在机柜室接地图

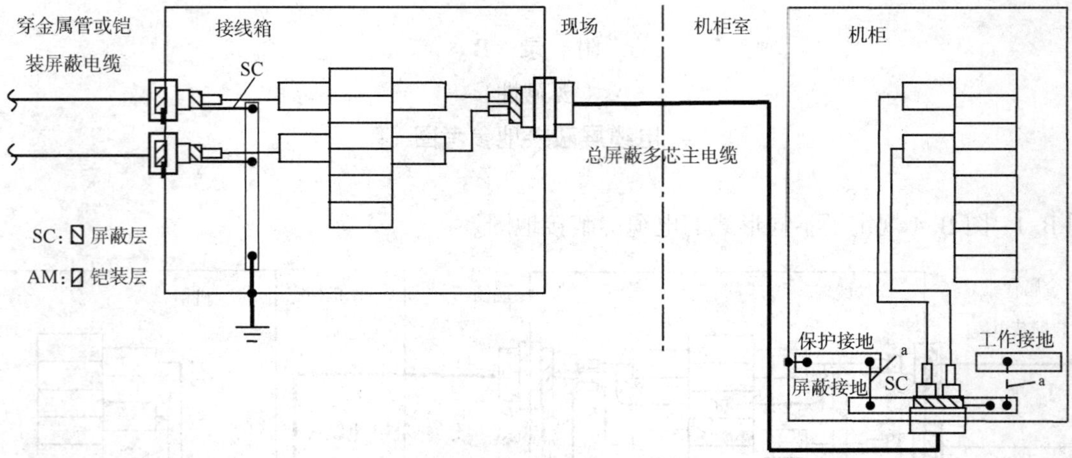

图 B.4　总屏蔽多芯主电缆屏蔽层分段，在接线箱及机柜室接地图

[a]图 B.1~图 B.4 中，屏蔽层在机柜处既可以接到保护接地(实线)，也可以接到工作接地(虚线)。图中屏蔽接地汇流条可根据需要及实际情况设置。

图 B.1~图 B.4 的屏蔽层的接线方式说明见表 B。现场仪表到接线箱的分支电缆为单根屏蔽电缆或单根铠装屏蔽电缆。铠装电缆进接线箱采用带接地连线的电缆接头，便于接地连接。其中图 B.2~图 B.4 的各分支电缆的屏蔽层应在接线箱内用端子或汇流排连接在一起。

分支电缆和主电缆的屏蔽层既可以连接后在控制室机柜处接地，也可分别在接线箱和控制室机柜分段接地。

图 B.1 分支电缆的屏蔽层与主电缆的内屏蔽层、图 B.3 分支电缆的屏蔽层与主电缆的屏蔽层在接线箱内连接在一起，全程连接的屏蔽层在控制室机柜处单端接地。

图 B.2、图 B.4 为分支电缆与主电缆在接线箱和控制室机柜分段接地图，图 B.2、图 B.4 分支电缆的屏蔽层在接线箱内单端接地，图 B.2 主电缆的内屏蔽层、图 B.4 主电缆的屏蔽层在控制室机柜处单端接地。

电缆铠装层采用铠装接地电缆接头压接在金属接线箱壁(如图中所示)或用导线接到接线箱的接地端子(图中未表示)。非金属或漆面接线箱用导线接地。主电缆的铠装层两端接地(图中未表示)。

表 B　屏蔽层的接线方式

图序号	屏蔽层连接方式					
	接线箱				机柜	
	现场仪表到接线箱的分支电缆		总屏分屏多芯主电缆			
图 B.1	屏蔽层通过端子与主电缆分屏蔽层连接，不接地	金属保护管或铠装层通过金属接线箱壁或接地汇流排接保护接地	分屏蔽层通过端子与分支电缆屏蔽层连接，不接地	总屏蔽层通过接地汇流排接保护接地	分屏蔽层通过接地汇流排接保护接地或工作接地	总屏蔽层通过接地汇流排接保护接地或工作接地
图 B.2	屏蔽层通过接地汇流排接保护接地	金属保护管或铠装层通过金属接线箱壁或接地汇流排接保护接地	分屏蔽层空置	总屏蔽层通过接地汇流排接保护接地	分屏蔽层通过接地汇流排接保护接地或工作接地	总屏蔽层通过接地汇流排接保护接地或工作接地

图序号	屏蔽层连接方式					
	接线箱				机柜	
	现场仪表到接线箱的分支电缆		总屏多芯主电缆			
图 B.3	屏蔽层通过端子与主电缆总屏蔽层连接，不接地	金属保护管或铠装层通过金属接线箱壁或接地汇流排接保护接地	无分屏蔽层	总屏蔽层通过端子与分支电缆屏蔽层连接，不接地	无分屏蔽层	总屏蔽层通过接地汇流排接保护接地或工作接地
图 B.4	屏蔽层通过接地汇流排接保护接地	金属保护管或铠装层通过金属接线箱壁或接地汇流排接保护接地	无分屏蔽层	总屏蔽层空置	无分屏蔽层	总屏蔽层通过接地汇流排接保护接地或工作接地

参 考 文 献

GB/T 50065—2011　交流电气装置的接地设计规范

GB 50058—2014　爆炸危险环境电力装置设计规范

GB/T 21714.1—2015/IEC 62305-1：2010　雷电防护　第 1 部分：总则

GB/T 21714.4—2015/IEC 62305-4：2010　雷电防护　第 4 部分：建筑物内电气和电子系统

GB/T 3836.15—2017/IEC 60079-14：2007　爆炸性环境　第 15 部分：电气装置的设计、选型和安装

GB/T 16895.21—2020/IEC 60364-4-41：2017　低压电气装置　第 4-41 部分：安全防护电击防护

GB/T 17045—2020/IEC 61140：2016　电击防护　装置和设备的通用部分

中华人民共和国石油化工行业标准

石油化工仪表系统防雷设计规范

SH/T 3164—2021

条 文 说 明

2021 年 北 京

修 订 说 明

SH/T 3164—2021《石油化工仪表系统防雷设计规范》，经工业和信息化部2021年8月21日以第21号公告批准发布。

本规范修订过程中，编制组进行了广泛的调查研究，总结了十几年来我国石油化工工程中仪表系统防雷的实践经验，同时参考了国内外其他行业的技术标准和有关资料，通过多次征求意见，认真讨论，分析研究，取得了共识。

为便于广大设计、施工、科研、学校等单位有关人员在使用本规范时能正确理解和执行条文规定，《石油化工仪表系统防雷设计规范》编制组按章、节、条顺序编制了本规范的条文说明，对条文规定的目的、依据以及执行中需注意的有关事项进行了说明。但是，本条文说明不具备与规范正文同等的法律效力，仅供使用者作为理解和掌握规范规定的参考。

目 次

石油化工仪表系统防雷设计规范

1 范围

本规范以简明、实用为宗旨，明确基本概念，注重操作、实施和执行，编制易于遵循的工程设计规定。本规范没有论证和论述雷电防护理论，力图避免涉及有争议的理论及方法，对于无法回避的问题，仅规定了实践证明可行的工程方法。

本规范适用于石油化工企业现场仪表和控制室类仪表系统的防雷工程，填补了目前国内其他相关标准规范没有涉及和解决的内容和范围。

仪表系统的防雷工程是石油化工工厂重要的防灾减灾工程。本规范实施多年来取得了显著的效果。本次修订根据近年来石油化工工厂仪表系统防雷工程的实践和行之有效的方法进行，以期更好地指导工程设计和建设，预防、减少和消除雷击事故和损失。

3 术语和缩略语

本规范仅对文中所出现的术语和缩略语作了规定。有些术语和缩略语是通用的，本规范的表述力图准确、通顺；有些是为本规范所用并定义的，可能会有别于其他标准、规范及资料，应用时应以本规范定义为准。

4 总则

4.2 仪表防雷采取的每一种基本方法都是有效的，不可片面地忽略某种方法。例如：仪表接地为雷电流提供了泄放通路，但雷电流的泄放还需要设置电涌防护器等方法的配合；屏蔽只能减小雷电电涌的强度，不能有效地将电涌限制在仪表能够承受的范围内。

等电位连接、接地线的敷设、合理布线等措施已经体现在主要方法的规定中，因此不作为单独方法规定。

4.3 仪表的各种接地接到接地网，最终接到电气接地装置，接地电阻遵从电气接地装置的有关标准规范和设计的接地电阻，仪表专业不再提出、也不需要特殊要求。

4.5 由于光缆的信号传输不受雷电的影响，所以建议室外仪表系统通信网络采用光缆。

5 仪表防雷工程的确定

有的规范将被保护设备、系统所在的空间由外到内划分为不同的雷电防护区，以区别各空间雷电电磁场强度的大小并采取防护措施。不同的规范对雷电防护区的划分不同，防雷工程的处理方法也有所区别，有些方法在工程上是不可行的。鉴于石油化工工厂的情况和仪表系统雷电防护工程的特点，本次修订继承上一版行之有效的方式，归纳并统一了仪表系统防雷工程方法，没有用到雷电防护区。

雷电的活动程度关系到防雷工程设计。但是，在评价雷电活动程度时，仅仅根据地区的年平均雷暴日数量不能准确反映实际雷击情况，应综合考虑装置所处的局部区域的雷电活动情况、地理环境、建(构)筑物形式等因素。另外，年平均雷暴日数值不能表达雷电强度的数值。

有的规范规定了不同的雷电防护等级和不同的雷电流参数，用于设置雷电防护措施。由于实际雷击过程雷电流的随机和分散，雷电流计算参数的不确定因素，工程中很难确定和采纳，所以，本规范根据石油化工仪表系统的特点，具体规定了实用、有效、统一、容易实施的仪表系统防雷工程方法，避免了复杂繁琐的根据雷电流计算采用的复杂防护方法，没有用到雷电防护等级。

对于雷击风险评估的方法(计算评估法)，在不同的规范中是不一样的。GB 50057—2010《建筑物防雷设计规范》是根据建筑物的重要性、使用性质、发生雷电事故的可能和后果分类的，不是按雷暴日多少分级的。

由于雷击事件是自然界的非重复性随机事件，对于某一局部区域(例如：某一工厂区)的年雷击次数和雷电强度的分布是没有规律和数学模型的。目前，试图利用统计学的一些方法预测和评估雷击事件难以定量，准确率很低。

实际防雷工程的设计中，关于计算评估法分级有很多不准确因素，例如：

a) 年雷击平均密度的统计问题；

b) 关于截收相同雷击次数的等效面积的计算问题；

c) 被防护建(构)筑物或仪表的年预计雷击次数的计算问题；

d) 被防护建(构)筑物或仪表可接受的最大年平均雷击次数的计算问题和可承受评价问题。

纵览国内外防雷标准、规范和资料，所用的方法均有局限，学术界的讨论和争辩不断。本规范从工程设计的实用角度出发，淡化和回避没有确定解决方案的问题，规定经过试验和工程实践证明行之有效的防雷方法，使规范具有实际效能、简明易行。本规范不规定雷电防护的评估方法，对防雷工程的确定只做定性的规定，这也符合 GB/T 21714. 1—2015/IEC 62305-1：2010《雷电防护　第 1 部分：总则》和有关防灾减灾工程的原则和意图。

本章所列举的条件和规定都是确定实施仪表防雷工程的根据。

5. 2　建筑物和工厂结构的雷电防护虽然能防止建筑物内和设备及框架下的仪表遭受直击雷，但不能阻挡雷电电磁感应在仪表内部和线路上产生的电涌。根据 GB 50057—2010 第 3 章确定需要雷电防护的建筑物说明该建筑物及附近区域具有明确的雷电风险，内部的电子设备处于易于遭到雷电电涌袭击的危险环境之中。另外，室外信号线路会引雷入室，不但会损坏电子设备，还会危及人身安全，这已经被无数现实和事故证明了。

5. 4　GB/T 21714. 1—2015/IEC 62305-1：2010《雷电防护　第 1 部分：总则》规定：当不采取雷电防护措施，雷击事件可能导致装置生产的事故综合经济损失大于防雷工程投资费用时，应实施仪表防雷工程。根据该标准规定的原则，投资方或保险方可以根据主观意愿确定是否实施防雷工程(确定是否承担责任、风险和损失)。雷击事件可能导致装置生产的经济损失可根据该标准的规定由投资方或保险方评估。事故综合经济损失是指由于雷电造成仪表损坏，或者造成控制系统中控制器或任一组 I/O 模件损坏导致可能造成装置生产事故的可能综合经济损失。

5. 5　为了雷电预警和提前防护建立现实雷电信息的基础，可在中心控制室及装置制高点附近设置雷电测定装置和雷电预测装置，以提高预防水平和防护效果。

5. 6　GB/T 21714. 1—2015/IEC 62305-1：2010《雷电防护　第 1 部分：总则》规定：有管辖权的部门可以不经风险评估就规定特定应用领域需要采取雷电防护措施。

6　仪表防雷工程接地系统

6. 1　控制室接地系统

6. 1. 1　本次规范修订的接地系统确定为网型结构，简化了其他结构的复杂性和不确定性，彻底解决了接地系统的接地线过长、雷电流泄放、地电位差、地线感抗、地电流干扰和不同接地用途功效的问题，经过十余年的工程实践证明非常有效，并且使施工简便易行。

6.1.5　对单排操作台或单排机柜，网型结构即演变成单根接地排。

6.1.6　本规范中网型结构的接地排和所有的接地连接导体均采用截面积≥40mm×4mm(宽×厚)的铜材或热镀锌扁钢焊接制作，也可适当采用较大截面积的材料。

6.1.8　网型结构与电气的接地装置采用多个室内的电气接地板，没有接地汇总板和总接地板。电气接地板及连接电气接地装置的路径应尽可能均匀分布。

6.1.12　配电柜内的接地汇流条是用来配电的，用于将电气接地线分配给用电设备。

6.2　机柜及操作台接地

6.2.1　仪表或机柜的工作接地和保护接地等就近接到统一的网型结构接地排，不再区分工作接地和保护接地。由于接地排就在机柜的下方，甚至可以在机柜内合并工作接地和保护接地，再接到机柜下的接地排。

6.2.4　操作台设备没有仪表工作接地，某些仪表、设备和非金属操作台甚至没有保护接地，PC 计算机、服务器等不需要外部接地，操作台接地仅是为金属操作台和个别需要外接保护接地的设备用的，否则可以不设接地排。采用 TN-S 方式供电的仪表也不需要外部重复接地。

6.2.5　仪表、机架等接地线串联连接示意图：

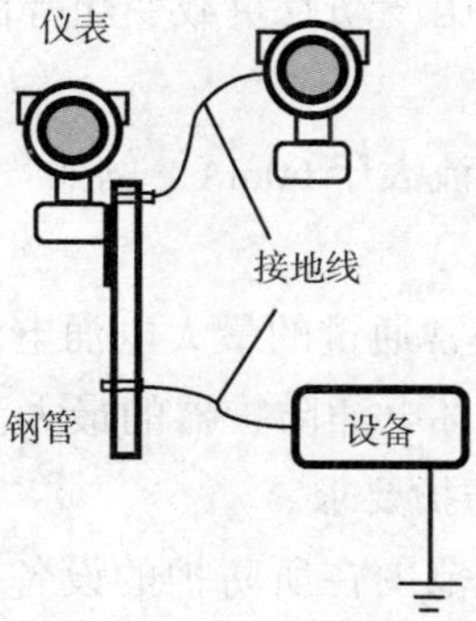

6.3　接地连接导体及导线

6.3.1　本规范的接地连接导体是专用连接器材，不得用导线代替接地连接导体。

6.3.3　本条规定的接地导线的长度为参考值，表示以短为好。

6.5　接地连接方式

6.5.2　接地连接导体、接地排等采用焊接方式并规定焊缝长度是为了保证接地网络的长期稳定、良好的导电及散流性能。

7　电涌防护器

7.1　通用规定

7.1.3　由于电涌防护器的参数和性能检验具有专业性和特殊性，需要专业检验和认证技术及专用的高电压试验设备，所以特作本条关于检验或认证的规定，包括除 CCC 认证外的所有形式的认证，没有实验的形式认证均视为无效。

7.1.4　电涌防护器的设置可以考虑综合经济损失。例如：现场仪表损坏所造成的装置综合经济损失小于可容忍损失的，又不会引起其他间接事故和经济损失的，现场仪表可不设置电涌防护器；控制室仪表(包括：控制器任一模件或 I/O 模件)损坏所造成的装置综合经济损失小于可容忍损失，又不会引起关联故障及其他间接事故和经济损失的，控制室仪表可不设置电涌防护器。

7.2 电涌防护器类型

7.2.3 如果直流电源装置的交流(或直流)220V 输入线路在室外架设，不但容易受到电涌影响，也有遭受直击雷的危险，所以要按照输配电的规格由电气专业配备电涌防护器。

7.2.4 交流(或直流)220V 供电电压可能在 110V~240V，配备电涌防护器时需要注意。

7.2.5 本条的通信是指控制系统的控制网络、串行接口、并行接口等的通信设备或线路。

7.2.8 现场仪表装配式电涌防护器采用并联接线方式比串联接线方式简便易行。

7.3 信号类电涌防护器参数

本规范规定的电涌防护器的基本参数均为试验和实践证明充分有效的参数，是根据实际应用及电涌防护效能规定的，各产品的规格参数的名称或数值可能有所不同，选型及应用时应符合并适应本规范规定的规格、参数。所谓高于本规范规定参数的电涌防护器均视为符合规定，不意味着性能的优异。

1)最大持续运行电压 U_c 是电涌防护器的最大工作信号电压，是长期工作的最大电压峰值或直流电压，这也是在最大漏电流条件下，线-线之间或线-地之间的不影响仪表正常工作的最大电压。对于 24V 直流供电仪表，由于直流电源电压波动及负载变化等因素影响，所以规定最大持续运行电压为：$U_c \geqslant 32V$。

2)有些 24V 直流供电的仪表供电电流大于 60mA。例如：某些超声波仪表、质量流量计、可燃气体探测器等仪表或现场总线干线等。

3)标称放电电流 I_n 是电涌防护器正常通过的最大电涌电流，是在电涌防护器实验时通过规定测试次数的(8/20μs)标准波形电流，不损坏电涌防护器的最大泄放电流。对于信号仪表，标称放电电流 $I_n > 5kA$ 即可满足大多数情况的电涌防护要求。

4)电涌防护器的电压保护水平选择范围在所防护的设备的工作电压或信号电压的 2 倍~2.5 倍左右。

7.4 电涌防护器设置

7.4.1 雷击试验证明电涌防护器是保护仪表不受雷电电涌的冲击，减少仪表损坏和相关损失的有效措施，是其他防雷措施不能代替的。其他防雷措施仅能减轻电涌强度。对于容易受到雷击并且无法装备电涌防护器的仪表，除采取屏蔽措施外还应根据仪表的重要程度采用冗余配置。

7.4.2 本条款的地面以上敷设的“水平路径长度”或地面上“垂直高度”仅为概念参考值，并没有数值度量意义。电缆在户外越长，受到直击雷或雷电感应的可能性越大，但是由于雷击点和雷击数量是随机的，雷电流强度是分散、不确定、有大有小的，没有定量分析的规律，只能用一种假设的可能性作为依据，水平路径长度 100m、地面上垂直高度 10m 就是这样一种定性的依据，不是必要条件或精确数值，也不是定量的界限。低于本参考值条件的可以不设置电涌防护器。

定量的方法可以按照关于建筑物等效面积公式计算，按照雷击平均次数、雷电流强度和电缆等效长度计算电缆可能遭受雷击次数、雷电流强度以及可承受雷击次数等，再确定是否需要防护，其实也是不准确的，这就太复杂而不必要了。

控制室侧仪表包括装在操作室、机柜室、现场机柜或保护箱的信号接收、发送、处理、转换等检测控制系统及电子仪表。地上储罐是空旷区域突出的自然接闪物体，部分仪表安装在储罐顶部，更容易受到雷击影响，所以罐区仪表需要安装电涌防护器。

由 7.4.2、7.4.3、7.4.4 可知：现场测量仪表设置电涌防护器的信号回路，控制室内相关仪表也需要设置电涌防护器。

7.4.4 本条款所列仪表为易受电涌损坏的仪表，当需要防护时应设置电涌防护器。

7.5 交流供电的防雷

7.5.1 交流供电设备防雷设计和电涌防护器配置，由电气专业实施。

8 控制室仪表防雷

8.1 控制室仪表的屏蔽

8.1.1 钢铁材料的机柜或仪表箱可作为电磁屏蔽体。机柜的门、顶、底等部件进行导电连接并接地实现屏蔽条件。如果机柜室下方有强干扰源，机柜底部需要采用钢板封闭。

由于控制室仪表采用了机柜或仪表箱等作为屏蔽，控制室不再需要专设建筑物屏蔽。

9 现场仪表防雷

9.1 现场仪表的雷击防护

9.1.2 常用仪表的金属外壳并非全封闭，多为铝质外壳，不利于雷电防护，因此需要防护时采用钢铁材质的保护箱或防护罩。

9.2 电涌防护器的安装

9.2.1 本规范只规定采用装配式和内置式(集成式)电涌防护器，由于多数内置式电涌防护器无法检验、更换，所以不宜采用。本规范不规定其他安装形式的现场仪表电涌防护器。对于雷达液位计、伺服液位计、电动阀等仪表可采用内置式电涌防护器便于成套和安装。

9.2.2 采用空置进线口或进线口外配三通接口是一种较好的安装方式，密封螺纹采用例如 NPT 锥管螺纹。

9.2.4 按照《市场监管总局关于防爆电气等产品由生产许可转为强制性产品认证管理实施要求的公告》〔2019 年第 34 号〕的要求，防爆电气等产品应取得国家授权的防爆认证机构颁发的国家强制性产品认证(CCC 认证)证书。不再称为防爆合格证书。

9.3 现场仪表的接地

9.3.1 装有电涌防护器的现场仪表接地是为了泄放可能出现的雷电电涌。在爆炸或非爆炸危险环境，本安仪表系统都不会形成危险条件，所以本安仪表不需要接地。

根据 GB/T 3836.15—2017/IEC 60079-14：2007《爆炸性环境　第 15 部分：电气装置的设计、选型和安装》第 6.2.5 规定：安全特低电压系统“SELV 电路的带电部件不应对地连接、或与带电部件、或与构成其他电路一部分的保护导体连接。任何裸露导电部件可不接地，也可接地(例如：用于电磁兼容的裸露带电部件)”。

根据 GB/T 16895.21—2020/IEC 60364-4-41：2017《低压电气装置　第 4-41 部分：安全防护　电击防护》414.4.4 规定：“SELV 回路内的外露可导电部分不应与地、保护导体以及其他回路的外露可导电部分作电气连接”。

根据 GB/T 17045—2020/IEC 61140：2016《电击防护　装置和设备的通用部分》，安全特低电压 SELV 的电压限值不超过特低电压 ELV 的电压限值：≤交流 50V，或≤直流 120V，外露可导电部分不接地。

爆炸危险环境所用的仪表均需为符合防爆规定的防爆型仪表，并具有相应的电气防护功能和绝缘强度，仪表外壳与内部电路、电源装置是电气隔离、绝缘的，供电符合安全特低电压(SELV)。因此，符合 SELV 电压供电规定的爆炸危险环境的非本安仪表可以不接地。

鉴于 2 区为“在正常运行时，不可能出现爆炸性气体环境，如果出现，仅是短时间存在的场所”，所以本规范规定 2 区爆炸危险区域采用安全特低电压系统供电的非本安仪表不接地。但本条规定并不否定或排斥非本安仪表在 2 区爆炸危险区域的接地。表 9.3.1 中爆炸危险区域 0 区、1 区的安全特低电压“宜接地”属于重复防护。

9.3.2　利用保护钢管、测量钢管、安装部件、电缆槽、钢结构、设备等导电物体作为接地的连接导体可实现良好的接地导电效能并节约导线。仪表外壳、保护箱、接线箱、机柜等均指金属外壳。

9.3.3　电涌防护器通过仪表端子接地是为了泄放信号线路上的电涌，在某些特殊情况下需要采用不接地的线-线保护性电涌防护器和增强绝缘的方法防范地电位差造成的反击。

9.3.4　见 6.2.5 条文说明。

10　仪表电缆防雷

10.1　电缆的屏蔽

10.1.1　仪表电缆包括信号电缆、现场总线电缆、通信电缆。

10.1.4　电缆各屏蔽体之间应当是互相绝缘的，否则视为同一屏蔽体。屏蔽体包括屏蔽层及其他屏蔽形式。

10.2　屏蔽层接地

10.2.2　由于屏蔽层在信号源一侧或信号接收仪表一侧接地对于屏蔽效果区别不大，为便于接地施工，本规范规定在控制室一侧接地。屏蔽接地既不是保护接地也不是工作接地，可以根据情况接到保护接地或工作接地，效果是一样的。对于没有可用于外层屏蔽的电缆，可采用屏蔽层一端直接接地，另一端通过电涌防护器或电容的方式接地。

10.2.5　同类屏蔽层指分支电缆的屏蔽层或多芯电缆的分屏蔽层。

11　本质安全系统防雷

11.1　本安型电涌防护器

11.1.1　电涌防护器的本质安全认证仅涉及电涌防护器为本质安全仪表。

11.1.5　安全栅是低频小功率器件，电涌防护器是高频强功率器件，性能、规格和作用都不能互相代替。

11.2　电涌防护器的安装

11.2.2　并排安装使电涌防护器与安全栅之间的接线较短，也使信号线容易布置。

11.3　本安系统的接地连接

由于采用网型结构接地，接地导线较短，按照本规范的接地连接方式具有较小的连接阻抗，不必再考虑本安连接电阻的测量，因此不再规定本安接地路径的连线采用两根导线，如果检查、维护需要测量连接电阻，可以采用临时连线的方式。

11.3.1　本安系统接地既不是仪表工作接地，也不是保护接地。通过接地系统既与保护接地连接也与仪表工作接地相连。隔离式安全栅不需要接地，通常也没有接地端子或接地导轨。

12 现场总线系统防雷

12.1 现场总线电涌防护器

12.1.1 现场总线系统的防雷主要采用配备电涌防护器的方法。由于现场总线的信号通过干线集中传导，为降低雷电风险，总线控制器、总线接口模件及总线配电器安装在控制室内。

12.1.2 常规电信号的通用电涌防护器可能不适用于现场总线系统，除非产品标明适用于现场总线。

12.2 电涌防护器的设置

12.2.1 现场总线干线挂接多台现场总线设备，总线控制器端和现场分支模块干线端的电涌防护为重要防护位置，所以在现场总线控制器端和现场的智能分支模块的总线干线端口均设置电涌防护器。本条款的地面以上敷设的水平路径长度和地面以上垂直高度仅为概念参考值，并没有数值度量意义。

13 控制室建筑物防雷

13.1 本规范规定控制室建筑物按 GB 50057—2010 第 3 章的规定确定防雷分类，不再单独规定。

13.2 由于 GB 50057—2010 第 4 章中规定的接闪器、引下线等防直击雷措施并不唯一，所以当确定控制室建筑物需要防雷时，接闪器根据 GB 50057—2010 第 4 章 4.3.3 布置专用引下线，以期简便易行。本章规定仅用于仪表向相关专业提建议。

ICS 23.040
P 72
备案号：J1762-2014

SH

中华人民共和国石油化工行业标准

SH/T 3020—2013
代替SH 3020—2001

石油化工仪表供气设计规范

Design specification for instrument air supply system in petrochemical industry

2013-10-17 发布　　2014-03-01 实施

中华人民共和国工业和信息化部　发布

目　次

Contents

前言

根据中华人民共和国工业和信息化部《2010年第一批行业标准制修订计划》(工信厅科〔2010〕74号)的要求，规范编制组经广泛调查研究，认真总结实践经验，参考有关国际标准和国外先进标准，并在广泛征求意见的基础上，修订本规范。

本规范共分6章。

本规范的主要技术内容是：仪表用气源的品质、操作压力、供气容量、供气方式及供气系统管路设计的最低要求。

本规范是在SH 3020—2001《石油化工仪表供气设计规范》的基础上修订而成，修订的主要技术内容是：

——取消原规范中与控制室气动仪表相关的供气设计要求；

——取消原规范第7章“供气系统的监测”，其内容与第5章合并；

——将原规范第5章“供气方式”改为“供气系统设计”，第6章“供气系统管路”改为“供气管路设计”；

——对原规范中仪表耗气量汇总计算方法进行了修订；

——对供气配管尺寸选择表、供气方式图形进行了修订。

本规范由中国石油化工集团公司负责管理，由中国石油化工集团公司自动控制设计技术中心站负责日常管理，由中石化宁波工程有限公司负责具体技术内容的解释。执行过程中如有意见和建议，请寄送日常管理单位和主编单位。

本规范日常管理单位：中国石油化工集团公司自控设计技术中心站

通讯地址：上海市徐汇区中山南二路1089号徐汇苑12层

邮政编码：200030

电　　话：021-64578936

传　　真：021-64578936

本规范主编单位：中石化宁波工程有限公司

通讯地址：浙江省宁波市国家高新区院士路660号

邮政编码：315103

本规范主要起草人员：杨　晨　王同尧　严春明　王　健

本规范主要审查人员：丁兰蓉　叶向东　裴炳安　林　融　李　冰　王发兵　宋志远　陈学敏　吕明伦　张同科　史继森

本规范1990年首次发布，2001年第1次修订，本次为第2次修订。

石油化工仪表供气设计规范

1 范围

本规范规定了仪表用气源、操作压力、供气容量、供气方式及供气系统管路设计的最低要求。

本规范适用于新建、扩建和改建石油化工工程中自动控制仪表所需的气源及供气系统设计。

2 规范性引用文件

下列文件对于本规范的应用是必不可少的。凡是注日期的引用文件，仅注日期的版本适用于本规范。凡是不注日期的引用文件，其最新版本(包括所有的修改单)适用于本规范。

GB/T 4830—1984　工业自动化仪表气源压力范围和质量

TSG R0004—2009　固定式压力容器安全技术监察规程

3 术语和定义

下列术语和定义适用于本规范。

3.1

气源　air source

维持仪表或执行机构运行的带压气体(通常为空气)。

3.2

供气系统　air supply system

连通气源与仪表，实现仪表供气的管路网络。

3.3

耗气量　air consumption

仪表在工作时所消耗的空气流量。

3.4

稳态耗气量　static air consumption

在稳态时，仪表在其工作范围内所消耗的空气的最大流量。

3.5

送出压力　output pressure

气源装置末级过滤器出口管路(如果有减压阀，则为减压阀后)上的压力。

3.6

最低供气压力　lowest pressure of air supply

仪表或执行机构维持正常工作，气源装置送出压力的下限值。

3.7

维持时间　maintenance time

当气源装置停车时，依靠储气罐中储存的气体将供气管网的压力维持在最低输出压力以上的时间。

3.8

界区入口压力　battery limit input pressure

界区入口供气管路压力。

3.9

气源装置 air source unit

为仪表或执行机构运行提供气源的工艺单元。

4 气源装置

4.1 气源质量要求

4.1.1 仪表气源应采用清洁、干燥的空气。当采用氮气作为备用气源时，封闭厂房应设置低氧检测报警等安全设施。

4.1.2 仪表气源在操作(在线)压力下的露点，应比装置所在地历史上年(季)极端最低温度至少低10℃。露点换算见图4.1.2。

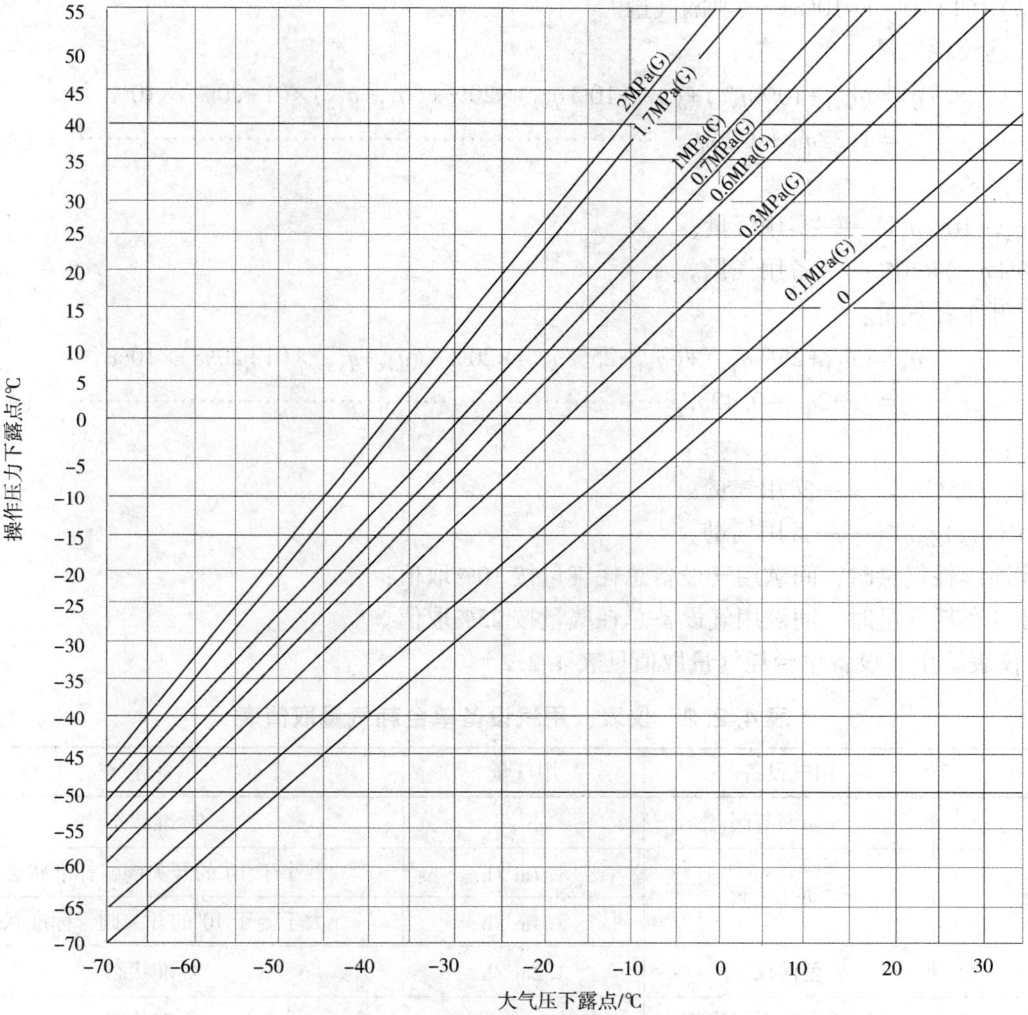

图4.1.2 露点换算图

4.1.3 根据GB/T 4830—1984的规定，经净化后的仪表气源，在气源装置出口处，其含尘颗粒直径不应大于3μm，含尘量应小于$1mg/m^3$。

4.1.4 根据GB/T 4830—1984的规定，仪表气源的油分含量应小于$10mg/m^3$(体积分数相当于8×10^{-6})。

4.1.5 根据GB/T 4830—1984的规定，仪表气源中不应含易燃、易爆、有毒及腐蚀性气体或蒸汽。

4.1.6 当对仪表气源有特殊要求时，可对该仪表的供气回路做特殊处理。

4.2 气源装置的容量

4.2.1 仪表耗气量汇总计算方法

仪表气源装置设计容量取决于仪表总耗气量的大小，仪表耗气量分为计算耗气量、连续耗气量和开车耗气量，仪表耗气量的计算分别按公式 4.2.1-1、4.2.1-2、4.2.1-3 计算。

a) 计算耗气量：

$$q_V = (q_{V1}+q_{V2})+(q_{V1}+q_{V2})\times 20\%+(q_{V1}+q_{V2})\times(1+20\%)\times 10\%$$
$$=1.32(q_{V1}+q_{V2}) \quad (4.2.1-1)$$

式中：

q_V——仪表耗气量(标准状态)，m^3/h；

q_{V1}——连续用气设备总耗气量(标准状态)，m^3/h；

q_{V2}——间歇用气设备总耗气量(标准状态)，m^3/h；

$q_{V1}+q_{V2}$——实用气量；

$(q_{V1}+q_{V2})\times 20\%$——备用气量；

$(q_{V1}+q_{V2})\times(1+20\%)\times 10\%$——泄漏气量。

b) 连续耗气量：

$$q_V = (q_{V1}+10\%q_{V2})+(q_{V1}+10\%q_{V2})\times 20\%+(q_{V1}+q_{V2})\times(1+20\%)\times 10\%$$
$$=1.32q_{V1}+0.24q_{V2} \quad (4.2.1-2)$$

式中：

$(q_{V1}+10\%q_{V2})$——实用气量；

$(q_{V1}+10\%q_{V2})\times 20\%$——备用气量。

c) 开车耗气量：

$$q_V = (q_{V1}+25\%q_{V2})+(q_{V1}+25\%q_{V2})\times 20\%+(q_{V1}+q_{V2})\times(1+20\%)\times 10\%$$
$$=1.32q_{V1}+0.42q_{V2} \quad (4.2.1-3)$$

式中：

$(q_{V1}+25\%q_{V2})$——实用气量；

$(q_{V1}+25\%q_{V2})\times 20\%$——备用气量。

计算连续耗气量时，间歇用气设备总耗气量按 10%取值；

计算开车耗气量时，间歇用气设备总耗气量按 25%取值。

4.2.2 仪表、用气设备单台耗气量取值见表 4.2.2。

表 4.2.2 仪表、用气设备单台耗气量取值表

序号	用气设备	用气量	备注
1	气动调节阀	$1m^3/h$	标准状态
2	气动开关阀	$1.7m^3/h$	小于 10″的开关阀，标准状态
		$3.4m^3/h$	大于等于 10″的开关阀，标准状态
3	色谱仪	$1.2m^3/h$	标准状态
4	正压通风防爆仪表柜	$2m^3/h$~$8m^3/h$	标准状态
5	反吹法测量仪表	$1m^3/h$~$5m^3/h$	标准状态
6	特殊设备	—	根据其最大耗气量指标

4.3 气源压力

4.3.1 仪表输入端的气源压力应满足仪表供气压力的要求。

4.3.2 常规气动仪表供气压力范围为：

a) 电气转换器、定位器(配薄膜执行器)：140kPa(G)~350kPa(G)；

b) 定位器(配活塞执行器)：350kPa(G)~600kPa(G)。

4.3.3 气源装置出口处总管气源压力范围为 600kPa(G)~1MPa(G)，进各界区的压力宜达到 600kPa(G)。

4.4 安全用气要求

4.4.1 气源装置应设置备用气源。备用气源可采用备用压缩机组、储气罐或第二气源。

4.4.2 当采用备用压缩机组时，应采用自动切换方式。当工作压缩机组出现故障或退出工作时，备用压缩机组应立刻联锁启动，投入工作。

4.4.3 当采用储气罐时，储气罐中储存的气体应在维持时间内将供气管网的压力维持在最低输出压力以上。

4.4.4 对于大型装置或可靠性较高的供气系统，除了备用压缩机及储气罐外，还可设立第二气源。第二气源投入方式宜采用自动方式。当第二气源运行时，控制室应有声光信号显示。

4.5 储气罐

4.5.1 在上游气源装置发生事故停止供气时，储气罐应能提供紧急供气。

4.5.2 储气罐的容量应根据装置用气仪表的耗气量，储气罐允许的最低空气压力及维持时间按公式4.5.2计算。

$$V=\frac{q_V\times t}{60}\times\frac{p_0}{p_1-p_2} \quad \cdots\cdots (4.5.2)$$

式中：

V——储气罐容积，m^3；

t——维持时间，min；

p_1——正常操作压力，kPa(A)；

p_2——最低输出压力，kPa(A)；

p_0——大气压力，通常 $p_0=101.33$kPa(A)。

4.5.3 维持时间 t，应根据生产规模、工艺流程重要程度确定。如果没有特殊要求，可在15min～30min内取值。

4.5.4 当需要设置仪表储气罐时，储气罐的设计、制造、检验和验收应符合TSG R0004—2009的规定。

5 供气系统设计

5.1 供气系统设计原则

5.1.1 气源装置供给全厂若干工艺装置的仪表用气，宜采用环形供气系统。

5.1.2 控制室应设置供气系统的监视与报警功能，包括气源总管压力指示、低限压力报警或联锁。

5.1.3 当采用气源分配器向仪表用气点供气时，气源分配器供气点数宜采用6点和10点。每套气源分配器应设置切断阀，对应每个供气点宜设置单独的气源球阀。

5.2 供气方式

供气方式可分为单线式、支干式、环形供气方式。

a) 单线式供气方式适用于分散布置或耗气量较大的供气点。对气源接口不小于1/2″的用气点，宜采用单线式供气，应在气源总管或干管上取气。如图5.2.1-1、图5.2.1-2所示。

b) 支干式供气方式适用于多台仪表或布置密集度较大的场合。宜从气源主管上引出气源干管，并据用气点的分布情况设置气源分配器或敷设供气支管。如图5.2.1-3所示。

1—气源切断阀；2—气源球阀；3—空气过滤器减压阀；4—仪表供气点

图5.2.1-1 总管取气单线式供气方式

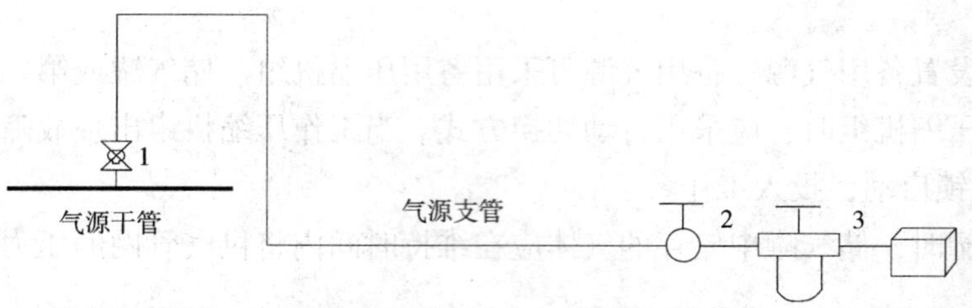

1—气源切断阀；2—气源球阀；3—空气过滤器减压阀；4—仪表供气点

图 5.2.1-2　干管取气单线式供气方式

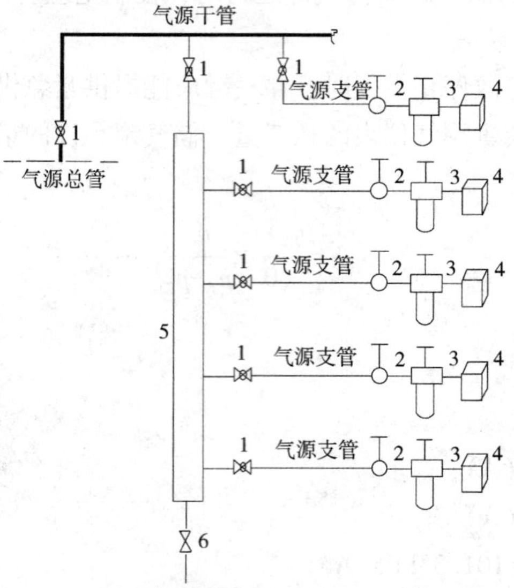

1—气源切断阀；2—气源球阀；3—空气过滤器减压阀；4—仪表供气点；5—空气分配器；6—排污阀

图 5.2.1-3　支干式供气方式

c）对供气压力的稳定性有较高要求的仪表供气场合宜采用环形供气方式。环形供气方式有供气总管环形和干管环形两种形式。如图 5.2.1-4、图 5.2.1-5 所示。

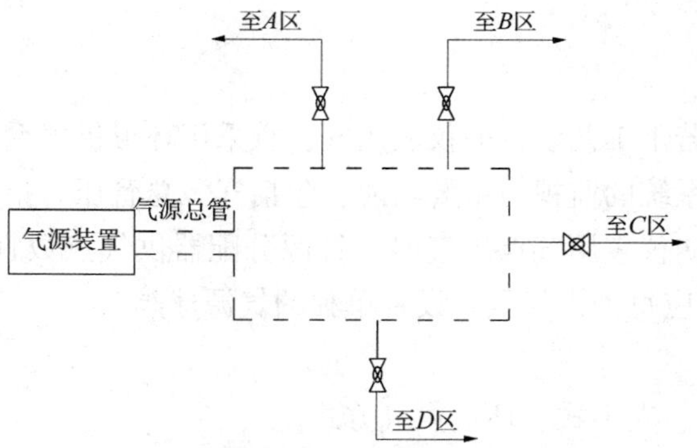

图 5.2.1-4　总管环形供气方式

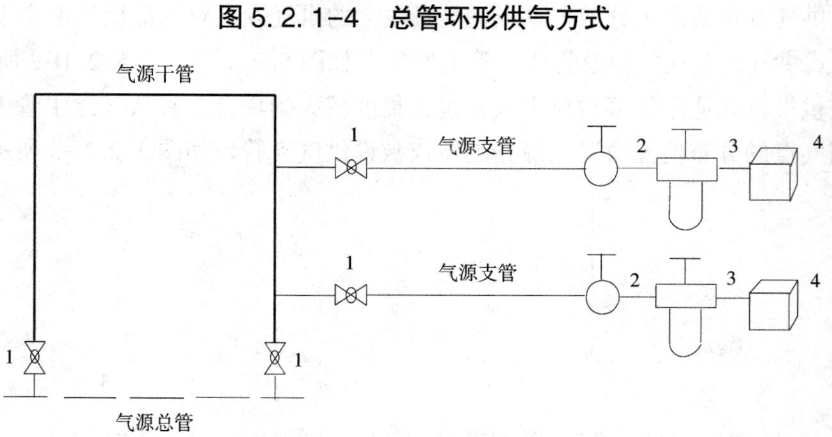

1—气源切断阀；2—气源球阀；3—空气过滤器减压阀；4—仪表用气点

图 5.2.1-5　干管环形供气方式

6 供气管路设计

6.1 供气管路材质的选择

6.1.1 现场供气干管、支管可选用镀锌钢管或不锈钢管。连接管件应与管道材质一致。

6.1.2 气源球阀后及空气过滤器减压阀下游侧配管，宜选用不锈钢管或带PVC护套的紫铜管，对有防火要求的场合，仪表供气管路应选用不锈钢。

6.1.3 气源管路上的阀门材质应高于或等同于管路材质。

6.2 供气管径的选择

6.2.1 气源球阀上游侧供气系统配管，最小管径宜采用*DN*15。

6.2.2 气源球阀下游、空气过滤器减压阀上游侧的配管宜采用ϕ8mm×1mm、ϕ10mm×1mm或ϕ12mm×1.5mm。

6.2.3 空气过滤器减压阀下游侧的配管宜采用ϕ6mm×1mm、ϕ8mm×1mm、ϕ10mm×1mm或ϕ12mm×1.5mm。

6.2.4 对开关时间、耗气量等有特殊要求的供气设备，气源球阀上、下游侧的管径应按实际要求选择。

6.2.5 供气系统配管管径选取范围见表6.2.5。用气量较大的供气点管路的直径可根据仪表制造厂的要求确定。

表6.2.5 供气配管尺寸与供气点数对应表

管径	*DN*15	*DN*20	*DN*25	*DN*40	*DN*50	*DN*80	*DN*100
	1/2″	3/4″	1″	1-1/2″	2″	3″	4″
供气点数	1~4	5~15	16~25	26~60	61~150	151~250	251~500

6.3 供气管路敷设要求

6.3.1 供气管路宜架空敷设，不宜在地面或地下敷设。供气管路应避开高温、易受机械损伤、腐蚀、强烈振动及工艺管线或设备物料排放口等不安全环境。

6.3.2 对于有可能产生振动和位移的用气点，气源球阀后与用气点间的供气管线宜采用不锈钢金属软管连接。

6.3.3 供气管路应避免袋形弯，分支管线从供气管的顶部引出。在管网干线的最低点应设排污阀，排污阀采用截止阀。

6.3.4 供气管路水平安装应有1/1000~1/200的坡度，并在最低点装设排污阀。

6.3.5 在供气总管末端，应用盲板或丝堵密封。

6.3.6 供气管路采用镀锌钢管时，应采用螺纹连接，不得采用焊接连接。

6.4 气源连接与阀门的设置

6.4.1 供气管路上的取气部位应设在水平管道上方。在总管或干管上取气的接管处应安装气源切断阀。气源切断阀宜采用球阀。

6.4.2 在供气干管上应留有备用点，至少一点；气源分配器上应留有20%的备用供气点，并应安装切断球阀。

6.4.3 仪表空气引入供气点前，应设置气源球阀，并经空气过滤器减压阀净化稳压处理。

6.4.4 气源球阀应安装在空气过滤器减压阀的上游侧，空气过滤器减压阀宜靠近供气点。

6.4.5 对于快速开启、切断的气动执行机构，设置的快速充压阀、快速排气阀及空气储罐等附件应由制造厂成套提供。

中华人民共和国石油化工行业标准

石油化工仪表供气设计规范

SH/T 3020—2013

条 文 说 明

2013 北 京

修 订 说 明

SH/T 3020—2013《石油化工仪表供气设计规范》，经工业和信息化部 2013 年 10 月 17 日以第 52 号公告批准发布。

本规范是在 SH 3020—2001《石油化工仪表供气设计规范》的基础上修订而成，上一版的主编单位是中国石化集团兰州设计院，主要起草人员是蔡劲宏、冯仁铭。

本规范修订过程中，编制组进行了广泛的调查研究，总结了我国工程建设仪表供气设计的实践经验，同时参考了近几年国内几个大型炼油化工一体化项目仪表供气的设计经验。

为便于广大设计、施工、科研、学校等单位有关人员在使用本规范时能正确理解和执行条文规定，《石油化工仪表供气设计规范》编制组按章、条顺序编制了本规范的条文说明，对条文规定的目的、依据以及执行中需注意的有关事项进行了说明。但是，本条文说明不具备与规范正文同等的法律效力，仅供使用者作为理解和把握规范规定的参考。

目　次

石油化工仪表供气设计规范

4 气源装置

4.1 气源质量要求

本章规范的气源质量要求中，露点、含尘颗粒直径及含油量遵循国家标准 GB/T 4830—1984 的规定。

4.1.2 露点用于限制气源中湿含量。仪表气源中存在的少量水蒸气低温冷凝即结露，会使管路和仪表生锈，降低仪表工作可靠性。因此，仪表气源中含湿量控制应以不结露为原则。结露温度极限值要求，应视供气系统工作环境极端最低温度而定。本规范采用带压露点(在线操作压力下的露点)。一些气源装置制造厂采用常压露点作为气源装置干燥能力的技术指标，应按图 4.1.2 露点换算图进行换算。本规范露点极限值规定为比环境温度低 10℃，也就是说，净化后的干气露点应比环境温度下限值低 10℃。

4.1.4 含油量单位重量比百万分率和单位体积质量(mg/m^3)换算公式为：

$$C=\frac{D}{\rho}$$

式中：

C——实测含油量，含油量单位重量比百万分率；

D——实测含油量，mg/m^3；

ρ——25℃，101.33kPa 下的空气密度，kg/m^3，取 1.205kg/m^3。

4.1.6 对气源质量有特殊要求的装置和单元，可在气源进入装置和单元时设置除尘脱水器，除尘脱水器设置两台，互相切换，方便检维修。

4.2 气源装置的容量

仪表供气系统负荷包括：

a) 电气阀门定位器、气动阀门定位器、电气转换器、调节阀、开关阀、电磁阀等的用气；

b) 吹气法测量液位、料位、压力、差压及吹气热电偶的用气，充气法防爆、防腐蚀的用气；

c) 成套设备的仪表用气；

d) 仪表吹扫、检查、校验以及仪表车间等的用气；

e) 其他需要使用仪表空气的设备，如某些分析化验仪器等的用气。

4.2.2 仪表耗气量的取值是综合了智能电气阀门定位器的耗气量及国外标准而定的，目前广泛使用的智能电气阀门定位器的耗气量见表 1。国外流程工业实践学会的仪表风系统标准 PIP PCCIA001 中估算的控制阀耗气量为 3.4m^3/h，远高于国内的控制阀耗气量估算值。

表 1 智能型电气阀门定位器耗气量

型号	Fisher DVC600	Masoneilan SVIII AP	SAMSON 373x	SIEMENS SIPARTPS2	Foxboro SRD991/960	ABB-H&B TZIDC	山武 SVP 3000	Flowserve PMV-D3
稳态耗气量	0.38Nm^3/h (1.4bar) 1.3Nm^3/h (5.5bar)	0.34Nm^3/h (2.1bar) 0.44Nm^3/h (3.1bar)	0.11Nm^3/h 与气源压力无关	0.036Nm^3/h (1.4bar)	0.1Nm^3/h (1.4bar) 0.15Nm^3/h (6bar)	0.085Nm^3/h 与气源压力无关	0.24Nm^3/h (1.4bar) 0.3Nm^3/h (5.0bar)	0.018Nm^3/h

气缸阀的耗气量取决于气缸容积和装置对阀开关次数的要求，而这两者又与工艺操作是紧密相

关，表 2 是在耗气量为 $1m^3/h \sim 2m^3/h$(标准状态)时某型气缸阀 1h 内开关次数的示例。

表 2　气缸阀开关次数

口径	气缸型式	关闭压差/MPa	供气压力/MPa	气缸容积/L	对应耗气量/(m^3/h)	对应开关次数
4″	单作用	5	0.45	17	1~2	13~26
8″	单作用	5	0.45	40	1~2	5~11

4.2.2　b)正压通风防爆仪表柜中仪表电器供电前，需对柜内气体进行置换，此时耗气量可按柜内容积大小的 5 倍计算，正常工作时，耗气量与仪表柜的泄漏程度有关大致为 $2m^3/h \sim 8m^3/h$。

4.2.3　a)特殊设备的用气包括成套设备的仪表用气、单、双动滑阀、大口径蝶阀、在线质量分析仪表等。

4.2.3　b)通常反吹用气量(标准状态)，密相每点为 $3m^3/h \sim 5m^3/h$，稀相每点为 $1m^3/h \sim 2m^3/h$。对于特殊的反吹装置，其用气量按照实际要求确定。

4.5　储气罐

4.5.3　仪表储气罐的维持时间应依据工艺装置的危险性、重要性与工艺专业共同协商确定。

4.5.4　仪表储气罐的设置与否应依据工艺装置的危险性、重要性与工艺专业共同协商确定。储气罐应满足 TSG R0004—2009《固定式压力容器安全技术监察规程》的相关规定。

5　供气系统设计

5.2　对于新建装置本规范推荐支干式供气方式，也是目前工程设计中采用较多且有效的方法。

6　供气管路设计

6.2　规范中的仪表供气管径为对仪表干、支管的配管要求，仪表供气总管的管径至少≥50mm。

6.2.5　规范中的数据是按供气压力 400kPa，每点耗气量 $2m^3/h$，气体流速 3m/s~5m/s 考虑的，对小管径的供气点数量限制比较严格。

6.3.2　设置金属软管的目的是保证振动管线上的用气点与供气支管柔性连接，避免供气管线长期振动导致断裂，以确保系统可靠工作。如下图所示：

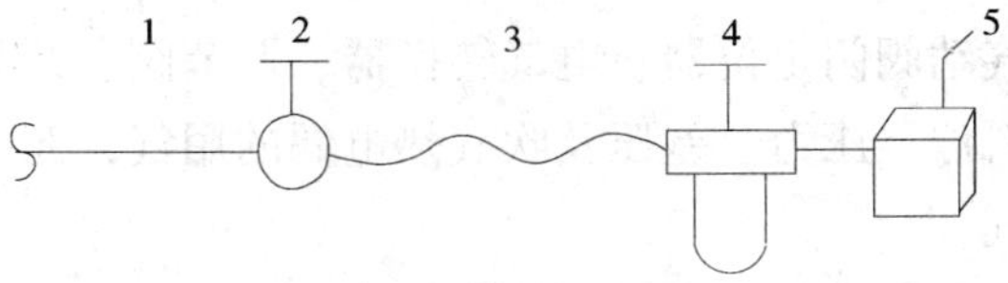

1—气源支管；2—气源球阀；3—不锈钢金属软管；4—空气过滤器减压阀；5—仪表供气点

6.4.1　设置气源切断阀、气源球阀的目的是在供气系统清扫、维修或某点发生故障时，能保证该点与系统其他部分分离，以确保系统可靠工作。

SH/T 3020—2013《石油化工仪表供气设计规范》勘误

第4页5.2条a)中"对气源接口不大于1/2″的用气点"应改为"对气源接口不小于1/2″的用气点"。

ICS 25.040.01
P 72
备案号：J320-2016

SH

中华人民共和国石油化工行业标准

SH/T 3019—2016
代替SH/T 3019—2003

石油化工仪表管道线路设计规范

Design specification for instrument tubing and wiring in petrochemical industry

2016-01-15 发布　　　　2016-07-01 实施

中华人民共和国工业和信息化部　发布

目　次

Contents

前言

根据中华人民共和国工业和信息化部《2012年第四批行业标准制修订计划》(工信厅科〔2012〕252号)的要求，规范编制组经广泛调查研究，认真总结实践经验，参考有关国际标准和国外先进标准，并在广泛征求意见的基础上，修订本规范。

本规范共分9章和1个附录。

本规范的主要技术内容是：测量管道、气动信号管道、电线电缆选用、电线电缆敷设、光缆、仪表柜配管配线等。

本规范是在SH/T 3019—2003《石油化工仪表管道线路设计规范》的基础上修订而成，修订的主要技术内容是：

——取消了一般规定的相关内容；

——增加了术语和定义；

——删除了关于分析仪表管路的相关规定；

——增加了光缆部分的设计要求；

——对测量管道、电缆选用、电缆敷设等章节内容进行补充。

本规范由中国石油化工集团公司负责管理，由中国石油化工集团公司自动控制设计技术中心站负责日常管理，由中石化宁波工程有限公司负责具体技术内容的解释。执行过程中如有意见和建议，请寄送日常管理单位和主编单位。

本规范日常管理单位：中国石油化工集团公司自动控制设计技术中心站

通讯地址：上海市徐汇区中山南二路1089号徐汇苑大厦12层

邮政编码：200030

电　　话：021-64578936

传　　真：021-64578936

本规范主编单位：中石化宁波工程有限公司

通讯地址：浙江省宁波市国家高新区院士路660号

邮政编码：315103

本规范主要起草人员：施建设　严春明　叶威威　王　健　王　洁　潘程兰

本规范主要审查人员：林　融　裴炳安　叶向东　林洪俊　李　冰　王发兵　丁兰蓉　张华莎
杨　刚　程欣欣　孙　旭　刘　凤　张同科　李昌岑

本规范1990年首次发布，1997年第1次修订，2003年第2次修订，本次为第3次修订。

石油化工仪表管道线路设计规范

1 范围

本规范规定了石油化工仪表测量管道、仪表信号传输线路的工程设计原则和基本要求。

本规范适用于石油化工装置及以煤为原料制取燃料和化工产品的企业中新建、扩建和改建石油化工工程中的仪表管道线路工程设计。

2 规范性引用文件

下列文件对于本规范的应用是必不可少的。凡是注日期的引用文件，仅注日期的版本适用于本规范。凡是不注日期的引用文件，其最新版本(包括所有的修改单)适用于本规范。

GB 3836.1 爆炸性环境 第1部分：设备 通用要求

GB 3836.2 爆炸性环境 第2部分：由隔爆外壳“d”保护的设备

GB 3836.3 爆炸性环境 第3部分：由增安型“e”保护的设备

GB 3836.4 爆炸性环境 第4部分：由本质安全型“i”保护的设备

GB 3836.15 爆炸性气体环境用电气设备 第15部分：危险场所电气安装(煤矿除外)

SH/T 3006 石油化工控制室设计规范

SH/T 3081 石油化工仪表接地设计规范

SH/T 3082 石油化工仪表供电设计规范

3 术语和定义

下列术语和定义适用于本规范。

3.1

测量管道 measuring tubing

从检测点向仪表传送被测介质的管道、阀门及管件。

3.2

仪表线路 instrumentation cable

仪表电线、电缆、补偿导线、光缆等及附件的总称。

3.3

电缆槽 cable tray

敷设和保护电线电缆的槽形制成品，包括槽体、盖板和各种组成件。

3.4

保护管 protective piping

敷设和保护电线电缆的管子及其连接件。

3.5

微弯 micro-bend

由于局部的侧向压力而引起的、短距离内幅度为几个微米的、高频次的弯曲和/或局部的轴向错位。

3.6

宏弯 marco-bend

光缆制造或安装后所造成的光缆弯曲。

3.7

加强构件　**tensile strength members**

光缆中的一种组件，用来适当增强和/或抗扭曲构件将光缆应变限制在安全水平。

4　测量管道

4.1　材质

4.1.1　测量管道的材质，应按被测介质的物性、温度、压力等级和所处环境条件等因素选择，不应低于工程项目中“管道材料等级规定”的要求。

4.1.2　测量管道宜选用不锈钢；当不锈钢不适用的场合，也可选用碳钢、低温碳钢、合金钢或其他材料。

4.2　管径

4.2.1　测量管道的管径，可按附录A选用。

4.2.2　测量管道的壁厚同时不应低于工程项目中“管道材料等级规定”的要求。

4.3　敷设

4.3.1　测量管道的敷设，应避开高温、工艺介质排放口、易受机械损伤、腐蚀及振动等场所，应敷设在易于维护和操作的地方。

4.3.2　测量管道的安装不应影响设备和工艺管道的安装和拆卸。

4.3.3　测量管道应架空敷设，并应固定牢靠，减少弯曲和交叉。

4.3.4　测量管道应尽量短，长度不宜超过12m。

4.3.5　测量管道的敷设应避免管道内产生附加静压、密度差及气泡。

4.3.6　对于在操作压力下及当地环境温度变化范围内易结冻、冷凝、凝固、结晶或汽化的被测介质，仪表测量管道应采取伴热或绝热措施。

4.3.7　测量管道水平敷设时，应有1∶10~1∶100的坡度，其倾斜方向应能排除管道内夹带的凝液或气体。

4.3.8　如果凝液或气体难以自流返回工艺管道时，对于液体介质，测量管道的最高点应设排气阀和堵头；对于气体介质，测量管道的最低点应设排液阀和堵头。当介质中含有少量沉淀物或污浊物时，在测量管道的最低点应设排污阀和堵头。

4.3.9　有毒、有腐蚀性或严重污染环境的介质，应排放到装置内的密闭排放系统或指定地点，不得任意排放。

4.3.10　测量管道与高温设备、管道相连时，应采取热膨胀补偿措施。

4.3.11　压力大于10MPa的测量管道，应设置安全泄压设施(排放阀或带泄压孔的接头)，且排放口朝向安全侧。

4.3.12　仪表管道应提供适当的支撑，支架的间距宜符合下列规定：

a)　钢管：

水平安装1.0m~1.5m；

垂直安装1.5m~2.0m；

b)　铜管、塑料管及管缆：

水平安装0.5m~0.7m；

垂直安装0.7m~1.0m。

4.3.13　不锈钢管固定时，不应与碳钢管道直接接触。

4.3.14　测量管道敷设时，不宜以工艺管道或设备作为支撑。

5 气动信号管道

5.1 选用

5.1.1 气动信号管道(包括阀门和管件)的材质宜采用316不锈钢管、带PVC护套的紫铜管或紫铜管，也可采用聚乙烯管或尼龙管。

5.1.2 气动信号管道的管径，宜选用ϕ6mm×1mm或ϕ8mm×1mm；也可选用其他规格。

5.1.3 对于安装在振动场合仪表连接的气动信号管道，宜选用带金属护套的软管(如聚氨酯管等)连接。

5.2 敷设

5.2.1 气动信号管道的敷设，应相对集中、保持整齐，间距应均匀一致。

5.2.2 下面的场合不宜安装气动信号管道：

a) 高温和潮湿的地方；

b) 容易损伤信号管道的地方；

c) 存在连续振动的地方；

d) 存在腐蚀性气体蒸汽的地方。

5.2.3 气动信号管道的支撑，应按本规范4.3.12条执行。

6 电缆电线选用

6.1 线芯截面积

6.1.1 仪表信号电线电缆的线芯截面积应满足检测、控制回路对信号传输、导电特性、绝缘屏蔽、本安参数等功能性要求及施工中对线缆机械强度的要求。电缆的截面积应根据线路压降、本安参数符合性计算后确定；其最小线芯截面积不应小于0.5mm^2。

6.1.2 除本质安全系统电路外，在爆炸危险区内穿保护钢管敷设的仪表信号电缆在1区时的最小线芯截面积不应小于2.5mm^2，在2区时不应小于1.5mm^2；若采用多芯电缆，其线芯截面积应最小为1.0mm^2。

6.1.3 除本质安全系统电路外，在爆炸危险区内电缆明设或电缆沟内敷设时的最小线芯截面积应最小为1.0mm^2。

6.1.4 本质安全防爆回路用的非现场总线仪表信号电缆的最小线芯截面积除了应符合6.1.1条规定之外，尚应符合GB 3836.4规范的要求。

6.1.5 仪表接地电缆电线的线芯截面积，应按SH/T 3081的有关规定选用。

6.1.6 仪表供电电缆电线的线芯截面积，应按SH/T 3082的有关规定选用。

6.2 选型

6.2.1 一般情况下，电线宜选用多股铜芯聚氯乙烯(或聚乙烯)绝缘软电线；电缆宜选用多股绞合铜芯聚乙烯绝缘聚氯乙烯护套电缆；室内宜选用软电缆。

6.2.2 电缆、电线的选型应符合环境温度。

6.2.3 有火灾危险场所现场仪表电缆应选用阻燃型电缆。

6.2.4 用于紧急隔离阀门、SIS励磁动作、与可燃有毒气体信号联动的电缆宜选用耐火电缆。

6.2.5 当采用本安系统时，所用电缆的分布电容、电感等参数应符合本安要求。

6.2.6 仪表信号电缆的屏蔽选型应符合下列规定：

a) 开关量信号，宜选用总屏蔽；

b) 4mA~20mA或1V~5V(DC)信号，宜用总屏蔽；当信号电缆经过高强度交变磁场时，应采用对绞线芯；

c) 热电偶、热电阻或脉冲量信号，宜选用分屏蔽及总屏蔽；

d) 特殊用的仪表电缆，应按仪表制造厂要求选用。

6.2.7 热电偶补偿导线的型号，应与热电偶分度号相匹配。

7 电缆的敷设

7.1 一般规定

7.1.1 在装置现场，电缆应沿较短路径敷设，避开热源、潮湿、振动源，不应敷设在影响操作、妨碍设备维修的位置。

7.1.2 电缆不宜平行敷设在高温工艺管道和设备的上方或有腐蚀性液体的工艺管道和设备下方。

7.1.3 在装置现场，较分散的非铠装电缆宜穿在金属管内保护；较集中的电线电缆宜敷设在电缆槽内；铠装电缆可敷设在梯式电缆桥架中。

7.1.4 仪表电缆中间不应有接头，但可以根据需要设置接线箱或接线柜。

7.1.5 仪表信号电缆与电力电缆交叉敷设时，宜成直角跨越；与电力电缆平行敷设时，两者之间的最小间距，应符合表7.1.5的规定。

表7.1.5 仪表电缆与电力电缆平行敷设的最小允许间距 单位为mm

电力电缆电压与工作电流	相互平行敷设的长度/m			
	<100	<250	<500	≥500
125V，10A	50	100	200	1200
250V，50A	150	200	450	1200
400V，100A	200	450	600	1200
500V，200A	300	600	900	1200
3000V~10000V，800A	600	900	1200	1200

7.1.6 当仪表信号电缆采用屏蔽电缆，在金属穿管内敷设时仪表电缆与具有强磁场和强静电场的电气设备之间的净距离宜大于0.8m；在金属电缆槽内敷设时仪表电缆与具有强磁场和强静电场的电气设备之间的净距离宜大于1.5m。

7.1.7 不同电压等级及频率特性的信号，不应共用一根电缆及同一个接线箱。

7.1.8 本安系统的配线应与非本安系统配线分开；本安系统配线外护套颜色应为蓝色。

7.1.9 现场总线和通讯电缆宜单独敷设；当不能单独敷设时应加隔板隔离。

7.1.10 现场检测点较多的装置，宜采用现场接线箱。现场接线箱宜设置在仪表较集中和便于维修的地方。室外安装的接线箱的电缆不应从箱顶部进出。

7.1.11 多芯电缆的备用芯数宜为使用芯数的15%~20%。

7.1.12 爆炸危险场所电缆设计的技术要求及接线箱的防爆等级，应符合GB 3836.2和GB 3836.3的要求。

7.1.13 防爆现场仪表及接线箱的电缆入口处，应采用相应防爆级别的电缆引入装置，宜采用防爆电缆密封接头或用密封填料接头进行密封，应符合GB 3836.15的要求。

7.1.14 电缆敷设不宜以工艺管道和设备作为支撑。

7.1.15 控制室电缆进线、敷设应符合SH/T 3006的要求。

7.2 电缆槽敷设方式

7.2.1 仪表电缆槽宜架空敷设。电缆槽安装在工艺管架上时，宜布置在工艺管架的两侧或顶层。

7.2.2 电缆槽的材质可选用镀锌碳钢、铝合金或不锈钢；当有防火要求时，应选用耐火电缆槽。

7.2.3 仪表交流电源线路，应与仪表信号线路分开敷设；本安信号和非本安信号线也应分开敷设。分隔方式宜采用隔板隔开，并对金属隔板可靠接地，也可采用不同的电缆槽。但铠装电缆可不分开敷设。

7.2.4 保护管应在电缆槽侧面高度1/2以上的区域内，采用锁紧螺母(带保护线帽)或管接头与电缆槽连接。保护管不得在电缆槽的底部或者顶盖上开孔进出。

7.2.5 电缆槽应有排水孔。

7.2.6 电缆槽内电缆充满系数宜为0.25~0.35。

7.2.7 当电缆槽垂直段大于2m时，应在垂直段上、下端槽内增设固定电缆用的支架。当垂直段大于4m时，还应在其中部增设支架。

7.2.8 当电缆槽的直线长度超过表7.2.8中的数值时，宜采取改变标高或加伸缩板等热膨胀补偿措施。

表7.2.8 电缆槽敷设时允许最大直线长度

碳钢材质		铝合金材质	
温度差[a] ℃	最大长度 m	温度差[a] ℃	最大长度 m
42	50	40	28
56	35	50	21
69	31	60	18
[a]现场最高、最低温度值之间的差值。			

7.3 保护管敷设方式

7.3.1 保护管宜采用镀锌钢管。

7.3.2 保护管宜采用架空敷设。当架空敷设有困难时，可采用埋地敷设，但保护管管径应加大一级。埋地部分应进行防腐处理。

7.3.3 敷设的保护管应选最短途径敷设。埋入墙或混凝土内时，离表面的净距离不应小于25mm。

7.3.4 保护管内电缆充填系数，一般不超过0.40。单根电缆穿管时，保护管内径不应小于电缆外径的1.5倍。

7.3.5 不同电压等级及频率特性的线路，应分别穿管敷设。

7.3.6 保护管与检测元件或现场仪表之间，采用挠性管连接时，保护管口应低于仪表进线口约250mm，保护管从上向下敷设至仪表时，在管末端应加排水三通。当保护管与仪表之间不采用挠性管连接时，管末端应带护线帽(护口)或加工成喇叭口。

7.3.7 单根保护管的直角弯头超过两个或者直线长度超过30m时，应加穿线盒。

7.4 电缆沟敷设方式

7.4.1 电缆沟底的坡度，不应小于1∶200。室内沟底坡度应向下坡向室外。在沟的最低点应采取排水措施，在可能积聚易燃易爆气体的电缆沟内应充填砂子。

7.4.2 电缆沟应避开地上和地下障碍物，避免与地下管道、动力电缆沟交叉。

7.4.3 仪表电缆沟与动力电缆沟交叉时应成直角跨越，在交叉部分的仪表电缆应采取隔离保护措施。

7.5 直埋敷设方式

7.5.1 室外装置，控制点少而分散又无管架可利用时，宜选用适合直埋的铠装电缆，并采取防腐措施。

7.5.2 直埋电缆的埋设深度不应小于700mm，在寒冷地区，电缆应埋在冻土层以下。当无法实施时，应有防止电缆损坏的措施。

7.5.3 直埋敷设的电缆与建筑物地下基础的最小净距应为600mm，与电力电缆间的最小净距离应符合表7.1.5的规定。

7.5.4 直埋电缆不应沿任何地下管道的正上方或正下方平行敷设。应沿地下管道两侧平行敷设或与其交叉时，最小净距离应符合以下规定：

a） 与易燃易爆介质的管道平行时为1000mm，交叉时为500mm；

b） 与热力管道平行时为2000mm，交叉时为500mm；

c） 与水管或其他工艺管道平行或交叉时均为500mm。

7.5.5 当直埋电缆穿越道路时，应穿保护管保护。管顶敷土厚度不得小于1000mm。

7.5.6 地下埋设的线路，在地面上应有明显的标识。

8 光缆

8.1 选用

8.1.1 一般情况下，光缆宜选用多芯聚氯乙烯护套光缆。

8.1.2 光缆优先采用松套填充形结构；同一光缆内应采用同一类型的光纤，不应混纤。

8.1.3 在雷害或强电危害严重地区，宜选用无金属光缆。

8.1.4 寒冷地区及高温、低温场所，应考虑光缆的允许使用范围。

8.1.5 在火灾危险场所敷设的光缆，应选用阻燃型光缆。

8.1.6 在电缆沟或架空等场合，应选用铠装型式。

8.1.7 光缆宜有50%备用芯数。

8.1.8 光缆采用管道敷设时，应留有不少于15%的备用管孔。

8.2 敷设

8.2.1 控制系统用冗余的光缆，应通过不同的途径进入控制室或机柜室。

8.2.2 光缆可采用格栅管、穿管、电缆槽、直埋、电缆沟等敷设方法。

8.2.3 石油化工装置中的光缆不宜采用悬空敷设。

8.2.4 光缆在电缆槽内宜单独敷设，与其他电缆采用隔板隔离；在电缆沟中敷设时，光缆与其他电缆的平行间距不宜小于100mm。

8.2.5 光缆的敷设路径应避免产生宏弯；在敷设过程及完成后，应消除沿光缆轴向随机分布的侧向压力以避免微弯。

8.2.6 直埋光缆的埋设深度不应小于800mm，每隔50m宜设置一个人(手)孔；在人(手)孔内应有6%的长度余量。

8.2.7 地下埋设的光缆线路，在地面上应有明显的标识。

8.2.8 当光缆采用管道或穿管敷设时，如保护穿管的内径平整润滑(如硅芯管)，可以采用气吹法进行敷设。

8.2.9 光缆的弯曲半径不应小于光缆外径的15倍，敷设过程中不应小于光缆外径的20倍。

8.2.10 光缆在敷设后，应将光缆中的加强构件固定牢固。

8.2.11 光缆在敷设时，线路拐弯处、电缆井及终端处应预留适当的长度。

8.2.12 光缆的金属护套、铠装层等应可靠接地。

8.2.13 在多根光缆或光缆与其他电缆一起敷设时，光缆间的轴向压紧力应小于允许值。

8.2.14 光缆与其他管线间的距离应满足表8.2.14的要求。

表8.2.14 光缆与其他管线间的最小距离

名　称	平行时/m	交越时/m
通信电缆(通信管道)	0.5	0.25
电力电缆(交流35kV以下)	0.5	0.5
电力电缆(交流35kV及以上)	2.0	0.5
给水管(管径小于300mm)	0.5	0.15

表 8.2.14 光缆与其他管线间的最小距离(续)

名 称	平行时/m	交越时/m
给水管(管径 300mm~500mm)	1.0	0.15
给水管(管径大于 500mm)	1.5	0.15
热力、排水管	1.0	0.25
燃气管(压力小于 300kPa)	1.0	0.3
燃气管(压力 300kPa~800kPa)	2.0	0.3
注1：直埋光缆采用钢管保护时，与水管、煤气管、输油管交越时的最小距离可降为 0.15m。 注2：穿越埋深与光缆相近的各种地下管线时，光缆宜在地下管线下方。 注3：当地下管线与光缆交越时，地下管线与光缆的交越处 2m 范围内不应有管线连接处或附属设备。		

8.2.15 光缆的接续、分支可使用光缆接头盒；室外安装的接头盒应采用密封防水结构，并具有防腐蚀和一定的抗压力、张力和冲击力的能力。

9 仪表柜配管配线

9.1 仪表柜内的导线宜采用截面积为 0.75mm^{2}或 1.0mm^{2}的铜芯软线。线路宜敷设在电缆槽内，在小型仪表箱内也可整齐捆扎明线敷设。

9.2 仪表柜内的导线应通过接线片或管状端头与仪表及电气元件相接，导线与接线片的连接应压接。柜内部配线不应存在中间接头。

9.3 仪表柜内应设端子排与外部电线电缆相连，但补偿导线宜与柜内仪表直接相连。

9.4 本安仪表与非本安仪表的接线端子排应分开设置，两者的信号线应采用不同电缆槽敷设，其端子排及接线的间距应大于 50mm 或采取隔离措施。本安仪表信号线和接线端子应有蓝色标记。

9.5 同一个接线端子上的连接芯线，不应超过两根。

9.6 每根导线在接线端子处应做出明显的、耐久的标记。

9.7 仪表柜内配管，气动信号宜采用 ϕ6mm×1mm 紫铜管，集中成排敷设。

9.8 仪表柜应采用穿板接头与外部气动管线连接。

9.9 安装在有爆炸和火灾危险环境的仪表柜，其仪表管道及线路引入孔处应为防爆结构。安装在有毒或有腐蚀性物质环境的仪表柜，其仪表管道及线路引入孔处应密封。

附 录 A
(资料性附录)
常用测量管道的管径选择

表 A.1 公制测量管道的管径选择(外径×壁厚 mm×mm)

公称压力	介质温度范围			
	-60℃～150℃	150℃～250℃	250℃～350℃	350℃～550℃
PN≤250	ϕ6×1、ϕ10×1.5、ϕ12×1.5、ϕ14×2、ϕ18×3、*DN*10 Sch40s (ϕ17.1×2.31)、*DN*15 Sch40s (ϕ21.3×2.77)	ϕ6×1、ϕ10×1.5、ϕ14×2、ϕ18×3、*DN*10 Sch80s(ϕ17.1×3.2)、*DN*15 Sch80s(ϕ21.3×3.73)	ϕ6×1、ϕ10×1.5、ϕ14×2.5、ϕ18×3、*DN*10 Sch80s(ϕ17.1×3.2)、*DN*15 Sch80s(ϕ21.3×3.73)	ϕ6×1、ϕ10×2、ϕ14×2.5、ϕ18×3、*DN*10 Sch80s(ϕ17.1×3.2)、*DN*15 Sch80s(ϕ21.3×3.73)
250<*PN*≤400	ϕ10×2、ϕ14×3、ϕ18×4、*DN*10 Sch80s (ϕ17.1×3.2)、*DN*15 Sch80s(ϕ21.3×3.73)	ϕ14×3、ϕ18×4、*DN*10 Sch80s(ϕ17.1×3.2)	ϕ18×4.0	ϕ18×4.5

注 1： 根据现有的标准，可选用的测量管规格有：GB/T 17395—2008 ϕ12×1.5、ϕ14×2、ϕ18×3、ϕ18×4、ϕ18×4.5 等，其中管道外径 ϕ14、ϕ18 属于系列 3 的特殊系列，但考虑到石油化工装置的仪表管道连续性，仍然将此规格列出；SH/T 3405—2012 *DN*10 Sch40s、Sch80s，*DN*15 Sch40s、Sch80s。SH/T 3405—2012 的管道规格与 ASME B36.10M-2004 相当。

注 2： 外径为 ϕ6、ϕ10、ϕ12 的管道宜采用卡套连接。

注 3： 表中的管道没有考虑腐蚀余量。

注 4： 表中的壁厚适用不锈钢 316SS 在不同温度下的使用范围。当材质或温度超出本表使用范围时，应对壁厚按 ASME B31.1 标准进行计算。

表 A.2 英制测量管道的管径选择(外径×壁厚)

公称压力	介质温度范围			
	-60℃～150℃	150℃～250℃	250℃～350℃	350℃～550℃
PN≤ class 1500	1/4″×0.035″、3/8″×0.035″、1/2″×0.049″	1/4″×0.035″、3/8″×0.049″、1/2″×0.049″	1/4″×0.035″、3/8″×0.049″、1/2″×0.065″	1/4″×0.035″、3/8″×0.049″、1/2″×0.065″
class 1500<*PN*≤ class 2500	1/4″×0.049″、3/8″×0.065″、1/2″×0.083″	1/4″×0.049″、3/8″×0.065″、1/2″×0.083″	1/4″×0.049″、3/8″×0.065″、1/2″×0.083″	1/4″×0.049″、3/8″×0.065″

注 1： 外径为 1/4″、3/8″、1/2″的管道宜采用卡套连接。

注 2： 表中的管道没有考虑腐蚀余量。

注 3： 表中的壁厚适用不锈钢 316SS 在不同温度下的使用范围。当材质或温度超出本表使用范围时，应对壁厚按 ASME B31.1 标准进行计算。

参 考 文 献

GB 29415　耐火电缆槽盒
GB 50058　爆炸危险环境电力装置设计规范
GB 50217　电力工程电缆设计规范
GB 50373　通信管道与通道工程设计规范
GB 50779　石油化工控制室抗爆设计规范
GB/T 1048　管道元件 *PN*(公称压力)的定义和选用
GB/T 17395　无缝钢管尺寸、外形、重量及允许偏差
SH/T 3405　石油化工钢管尺寸系列
ASME B36.10M　Welded and Seamless Wrought Steel Pipe

中华人民共和国石油化工行业标准

石油化工仪表管道线路设计规范

SH/T 3019—2016

条 文 说 明

2016 北 京

修 订 说 明

SH/T 3019—2016《石油化工仪表管道线路设计规范》，经工业和信息化部 2016 年 1 月 15 日以第 3 号公告批准发布。

本规范是在 SH/T 3019—2003《石油化工仪表管道线路设计规范》的基础上修订而成，上一版的主编单位是中国石化集团宁波工程公司，主要起草人员是蔡劲宏、冯仁铭。

本规范修订过程中，编制组进行了比较广泛的调查研究，总结了近年来石油化工工程仪表管道线路设计和应用的实践经验，同时参考了国外先进技术法规、技术标准。

为便于广大设计、施工、科研、学校等单位有关人员在使用本规范时能正确理解和执行条文规定，《石油化工仪表管道线路设计规范》编制组按章、条顺序编制了本规范的条文说明，对条文规定的目的、依据以及执行中需注意的有关事项进行了说明。但是，本条文说明不具备与规范正文同等的法律效力，仅供使用者作为理解和把握规范的参考。

目 次

石油化工仪表管道线路设计规范

4 测量管道

4.1 材质

4.1.2 测量管道的一次取压阀(根部阀)由配管专业根据“管道材料等级表”的规定设计。

5 气动信号管道

5.1 选用

5.1.2 大口径调节阀、直径较大的气缸阀、动作时间较快、传输距离较远的控制装置，其气动信号管道可选用 ϕ10mm×1mm 或更大的管径。

6 电缆电线选用

6.1 线芯截面积

6.1.3 电缆槽内敷设的电缆，根据出电缆槽后的电缆敷设方式确定最小线芯截面积。

6.2 选型

控制室内的不同电压等级的电源电缆宜选用不同的颜色。

7 电缆的敷设

7.1 一般规定

7.1.1 当仪表线路周围环境温度超过 65℃时，应采用隔离措施；处在有可能引起火灾的火源场所时，应采取防火措施，通常可采用钢管、电缆槽、石棉套管、石棉板等进行隔热防火。仪表线路与工艺设备、管道绝热层表面之间的距离应大于 200mm；与其他工艺设备、管道表面之间的距离应大于 150mm。防爆电气设备的电缆引入装置是安全隐患中最薄弱环节，电缆引入装置密封的失效将导致整个电气设备防爆性能的丧失。

7.1.5 表中电压与工作电流为在额定工作电压下的正常工作电流。

当仪表电缆和电力电缆均穿钢管或在带盖板的金属电缆槽内敷设时，表中间距中的 900mm、1200mm 可以减小到 700mm。

敷设时，电压等级越低的信号应与最高电源电压的间距最远。

7.1.6 强磁场和强静电场电气设备一般指设备用电量大于 100kVA。

7.1.7 仪表信号电压等级可分为低电平电压等级：如热电偶、脉冲量信号等；中电平电压等级：如 4mA~20mA 直流信号、热电阻信号、24V 直流开关信号等；高电平电压等级：如大于 28V 的直流开关信号，小于 250V 的直流控制信号，小于 28A 的交流信号等。

7.1.15 控制室包括中心控制室、现场机柜间和现场控制室。控制室内用于机柜间供电的电源电缆与信号电缆应分开敷设。当其平行敷设时，其间距宜大于 150mm。

7.2 电缆槽敷设方式

电缆槽应避开强磁场、高温、腐蚀性介质以及施工与检修时经常动火、易受机械损伤的场所。

7.2.1 室外电缆槽架空敷设时应考虑风力、冰凌、雪载等影响。

7.2.2 当仪表电缆槽盒穿过热油泵、液化烃泵、甲 B 及乙 A 类可燃液体泵等火灾危险性高的设备周围 7.5m 范围内时，应选用耐火电缆槽盒，其耐火性能与耐火极限应符合 GB 29415 要求。

7.3 保护管敷设方式

保护管之间及保护管与连接件之间，采用螺纹连接，连接用的管件也应采用镀锌。

8 光缆

8.1 选用

8.1.3 当选用无金属光缆的目的是防止强电磁场干扰时，光缆不采用穿金属保护管。

8.1.6 直埋光缆宜选用重铠装型式。

8.2 敷设

光缆在敷设时一次牵引长度不超过 1km，当长度超长时，采用 8 字分段牵引或中间加辅助牵引。

光缆在敷设后，其牵引力不大于允许值的 0.8 倍，敷设过程中的牵引力不得超过最大允许牵引力；主要牵引力应加在光缆的加强构件上。

光缆直线管路牵引力估算：

$$F_1 = \mu W L$$

式中：

F_1——光缆直线管路牵引力，kg；

μ——摩擦系数(塑料管与光缆之间的典型摩擦系数为 0.33)；

W——光缆的单位重量，kg/km；

L——直线管路长度，km。

8.2.4 光缆与其他电缆隔离敷设主要是为了避免挤压造成光缆损坏。

ICS 25.040.01
P 72
备案号：J328-2020

SH

中华人民共和国石油化工行业标准

SH/T 3081—2019
代替SH/T 3081—2003

石油化工仪表接地设计规范

Design specification for instrumentation earthing in petrochemical engineering

2019-08-02 发布　　2020-01-01 实施

中华人民共和国工业和信息化部　发布

目　次

Contents

前 言

根据中华人民共和国工业和信息化部《关于印发2015年第三批行业标准制修订计划的通知》(工信厅科〔2015〕115号文)的要求，规范编制组经广泛调查研究，认真总结规范执行和实际工程的实践经验，参考有关国际标准和国内、外标准，并在广泛征求意见的基础上，修订本规范。

本规范共分7章和2个附录。

本规范主要技术内容包括：接地功能分类与接地方法；接地系统结构；接地连接；接地电阻及连接电阻。

本规范是在SH/T 3081—2003《石油化工仪表接地设计规范》的基础上修订而成，修订的主要技术内容是：

——增加了网型接地结构；

——增加了附录A，规范性附录，屏蔽电缆接地图；

——增加了附录B，资料性附录，网型结构设计参考图。

本规范由中国石油化工集团有限公司负责管理，由中国石油化工集团公司自动控制设计技术中心站负责日常管理，由中国石化工程建设有限公司负责具体技术内容的解释。执行过程中如有意见和建议，请寄送日常管理单位和主编单位。

本规范日常管理单位：中国石油化工集团公司自动控制设计技术中心站

通讯地址：上海市徐汇区中山南二路1089号徐汇苑12层

邮政编码：200030

电　　话：021-64578936

传　　真：021-64578936

本规范主编单位：中国石化工程建设有限公司

通讯地址：北京市朝阳区安慧北里安园20号

邮政编码：100101

本规范主要起草人员：叶向东　冯　欣　杨　刚

本规范主要审查人员：丁兰蓉　裴炳安　林　融　徐伟清　吕明伦　刘　冰　严春明　宋志远　林洪俊　任　泓　刘　凤　樊　清　于宝全　伍锦荣　于世恒　王秋红　施建设　郭章顺　刘　强　周家祥

本规范1997年首次发布，2003年第1次修订，本次为第2次修订。

石油化工仪表接地设计规范

1 范围

本规范规定了石油化工仪表系统的接地分类、接地系统结构、接地方法、工程实施、接地电阻和设计方案等设计原则和技术要求。

本规范适用于石油化工和以煤为原料制取油品及化工产品的企业新建、扩建和改建工程中仪表及自动控制系统的工程设计。

2 规范性引用文件

下列文件对于本规范的应用是必不可少的。凡是注日期的引用文件，仅注日期的版本适用于本规范。凡是不注日期的引用文件，其最新版本(包含所有的修改单)适用于本规范。

GB 50057—2010 建筑物防雷设计规范

3 术语和定义

下列术语和定义适用于本规范。

3.1

接地系统 earthing system

将接地导线、接地连接导体、接地汇流排、接地板、接地装置等连接在一起的接地网络。

3.2

保护接地 protective earthing

保护接地是为人身安全和电气设备安全而设置的接地，也称为安全接地。

3.3

工作接地 common bonding

仪表信号或直流电源与公共电位参考点的连接。

3.4

屏蔽接地 shield earthing

为实现电场屏蔽、电磁场屏蔽功能对屏蔽层、屏蔽体所做的接地。

3.5

防静电接地 electrostatic protective earthing

用于泄放静电的接地。

3.6

防雷接地 lightning protective earthing

用于泄放雷电流的接地。

3.7

隔离信号 isolative signal

输入信号(或输出信号)的电路与输出信号(或输入信号)的电路是隔离传导电路，本信号电路两端，以及本信号电路与其他电路电气上是绝缘的、对地是绝缘的。

3.8

TN-S 系统 TN-S system

低压配电系统的一种形式，电源处的保护线 PE 是接地的，整个系统中，保护线 PE 与中线 N 是分开的。

3.9

等电位连接 equipotential bonding

用导线或导体将各种金属构件、金属设施、金属管道、金属设备等导电物体实施导电连接，使各物体之间具有近似相等的电位。

3.10

共用接地系统 common earthing system

将包括仪表接地、低压配电系统接地及防雷系统接地的各类接地设施、接地连接、接地设备、等电位连接系统及接地装置连接成一个接地系统，合用接地装置。

3.11

接地连接 bonding

将需要接地的设备、仪表、接地汇流排等，用接地导线、接地导体连接成接地系统。

3.12

接地连接导体 bonding conductor

用于连接各个需要接地的设备、各类接地排等，形成接地系统的导体。

3.13

接地汇流排 bonding bar

机柜内用于汇集连接各接地线的规格比较小的条形金属，也称接地汇流条。根据用途可分为工作接地汇流排、保护接地汇流排等。

3.14

接地汇总板 bonding terminal bar

用于汇集连接多条接地线或接地干线的规格比较大的条形金属接线板。根据用途有工作接地汇总板、保护接地汇总板、总接地板等。

3.15

接地线 bonding wire

用于接地连接的绝缘导线。

3.16

接地干线 bonding trunk wire

用于连接各种接地排的绝缘导线。

3.17

接地体 earthing electrode

埋入地下并与大地形成电气接触的金属导体，也称接地极。直接与大地接触的各种金属构件、金属设施、金属管道、金属设备等可以兼作接地体，称为自然接地体。

3.18

接地装置 earthing termination system

接地体和接地体之间连接导体的集合。

3.19

接地连接电阻 bonding resistance

从仪表或设备的接地端子到接地装置之间的导线电阻和连接点接触电阻的总和。

3.20

接地电阻　earthing resistance

接地装置对地电阻。

3.21

接地系统电阻　earthing system resistance

接地连接电阻和接地电阻之和。

4　接地功能分类与接地方法

4.1　保护接地

4.1.1　仪表及控制系统的外露导电部分应实施保护接地。

4.1.2　装有仪表或控制系统的金属盘、台、箱、柜、架等宜实施保护接地。

4.1.3　与已经接地的金属盘、台、箱、柜、架等电气接触良好，或与其实施了导电连接的仪表和控制系统的外露导电部分可不另外实施保护接地。

4.1.4　非爆炸危险环境中，供电电压低于36V的现场仪表金属外壳、金属保护箱、金属接线箱，可不实施保护接地，但对于可能与高于36V电压设备接触的应实施保护接地。

4.1.5　爆炸危险环境中，非本质安全系统的现场仪表金属外壳、金属保护箱、金属接线箱应实施保护接地，本质安全系统的现场仪表金属外壳、金属保护箱、金属接线箱可不实施保护接地。

4.1.6　用于雷电防护的现场仪表金属外壳、金属保护箱、金属接线箱应实施保护接地。

4.1.7　需要实施保护接地的现场仪表金属外壳、金属保护箱、金属接线箱应就近连接到接地网，或连接到已经接地的金属电缆槽、金属保护管、电缆铠装层、金属支架、框架、平台、围栏、设备等金属构件上。

4.1.8　金属电缆槽、电缆保护金属管应实施保护接地，应直接焊接或用接地导线就近连接到接地网或已接地的金属支架、框架、平台、围栏、设备等金属构件上，当电缆槽较长时，应多点重复接地，接地点间距不应大于30m。

4.1.9　当本规范4.1.4、4.1.5、4.1.6条中的仪表、金属保护箱、金属接线箱等不具备本规范4.1.7条的接地条件时，可按照本规范6.1.2条b)项的规格敷设专用接地线。

4.1.10　金属电缆槽、电缆保护金属管在进入建筑物之前应就近接到建筑物外部的接地网。

4.2　工作接地

4.2.1　仪表及控制系统需要进行接地的仪表信号回路，应实施工作接地。

4.2.2　非隔离信号应以直流电源的负端为公共端作为工作接地参考点。

4.2.3　隔离信号可不接地；隔离信号(输入或输出信号)的电路与其他信号(输入或输出信号)的电路应是电气绝缘的。

4.2.4　工作接地在接到汇总板或网型接地排之前不应与保护接地混接。

4.2.5　工作接地的导线、各连接点、工作接地汇流条等在接到汇总板或网型接地排之前应与其他导体绝缘。

4.2.6　信号回路的接地应采用单点接地方式。

4.2.7　仪表信号回路中应避免产生多点接地，如果一条线路上的信号源和信号接收端都不可避免接地，则应采用隔离器将两点接地隔离开。

4.3　本质安全系统接地

4.3.1　采用隔离式安全栅的本质安全系统可不接地。

4.3.2　采用齐纳式安全栅的本质安全系统应接到工作接地。

4.3.3　齐纳式安全栅的本安系统接地与仪表信号回路接地不应分开。

4.3.4　齐纳式安全栅的接地汇流排(或接地导轨)应与直流电源的负端相连接。

4.3.5　齐纳式安全栅应符合图4.3.5的本安系统接地连接示意图。

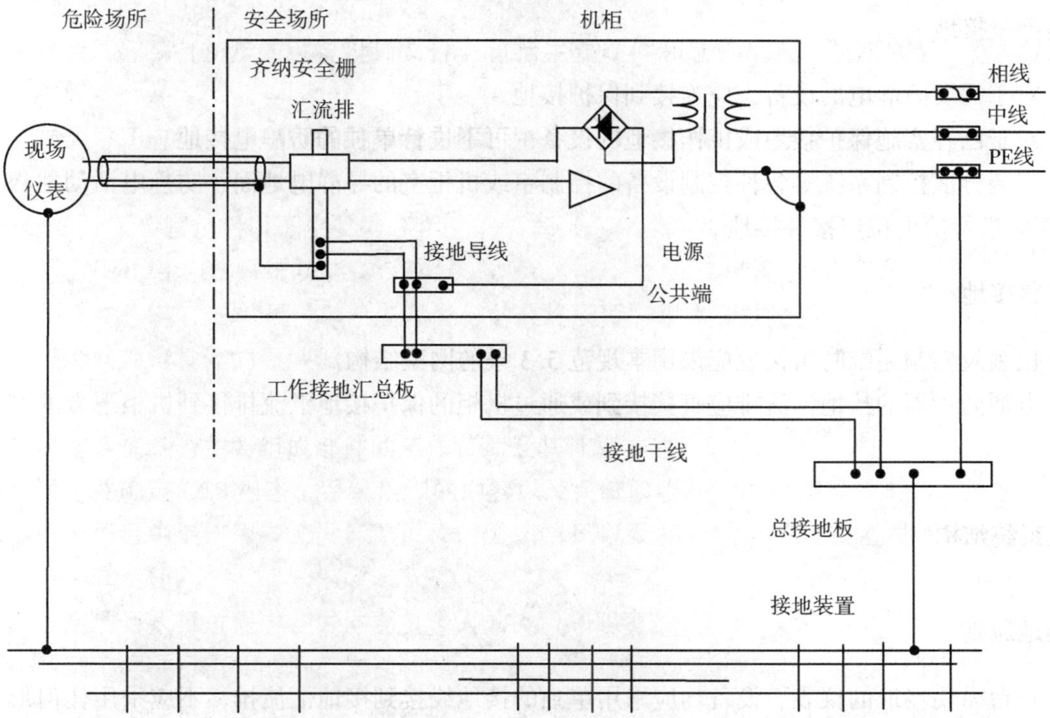

图4.3.5　齐纳式安全栅本安系统接地连接示意图

4.3.6　机柜内齐纳式安全栅的接地汇流排应接到本机柜的工作接地汇流排，再经接地干线接到工作接地汇总板。

4.3.7　齐纳式安全栅各汇流排至工作接地汇总板之间的接地连接导线、接有齐纳式安全栅的工作接地汇总板与总接地板之间的接地连接导线均宜分别采用两根单独的导线。

4.4　屏蔽接地

4.4.1　信号线的屏蔽层应采用表4.4.1所示的接地方式。

表4.4.1　屏蔽层的接地方式

电缆形式	接地形式		
	内屏蔽层	外屏蔽层	铠装层或金属保护管
单层屏蔽电缆	单端接地	—	两端接地
单层屏蔽铠装电缆	单端接地	—	两端接地
分屏总屏电缆	单端接地	两端接地	两端接地
分屏总屏铠装电缆	单端接地	两端接地	两端接地

4.4.2　信号线的内屏蔽层应在控制室一侧接到工作接地，已经在现场仪表处自然接地的屏蔽层不宜在控制室一侧重复接地。

4.4.3　信号线的外屏蔽层、金属保护管、铠装电缆的金属铠装保护层应在两端接到保护接地。

4.4.4　当有多根信号屏蔽电缆的屏蔽层接地时，宜先将各信号屏蔽电缆的屏蔽层汇接到端子或接地汇流排。

4.4.5　进出仪表接线箱的屏蔽电缆的内外屏蔽层应按本规范附录A中图A-1~图A-4所示在接线

箱和机柜处接地。

4.4.6 备用电缆的屏蔽层、不带屏蔽层的电缆备用芯宜在控制室一侧接到工作接地；对屏蔽层已接地的屏蔽电缆或穿钢管敷设或在金属电缆槽中敷设的电缆，备用芯可不接地。

4.4.7 非金属电缆槽的屏蔽层连接线或静电释放线应接到保护接地。

4.5 防静电接地

4.5.1 对于需要防静电的设备，应连接到保护接地。

4.5.2 对于已经实施保护接地或工作接地的设备，可不进行单独的防静电接地。

4.5.3 安装分散控制系统等各种控制设备的控制室或机柜室的导静电地面、防静电活动地板、金属工作台等应进行等电位连接并接地。

4.6 防雷接地

4.6.1 仪表及控制系统防雷接地应采用本规范 5.3 条的网型结构。

4.6.2 电涌防护器的接地汇流排应直接接到或通过机柜的保护接地汇流排接到机柜下方的网型结构接地排。

5 接地系统结构

5.1 接地原则

5.1.1 每台需要接地的仪表、设备均应采用单独的接地线接到接地汇流排，不应采用任何形式的串联连接的连接方式。

5.1.2 每台机柜均应采用单独的接地干线接到网型接地排或接地汇总板，不应采用任何形式的串联连接的连接方式。

5.1.3 仪表接地应根据等电位接地的原则，实现等电位接地连接网。

5.1.4 仪表接地应与电气系统接地共用接地装置，应接到电气系统的接地板上。

5.1.5 仪表供电应采用 TN-S 形式，从电气引过来的 PE 线应接到总接地板或网型结构接地排。

5.2 分支集中结构

5.2.1 仪表及控制系统的接地系统可采用分支集中接地结构。

5.2.2 典型的分支集中接地结构应符合图 5.2.2 所示的接地连接结构，宜设置接地汇流排、接地汇总板、总接地板等用于多台仪表及设备的接地。

5.2.3 对于接地仪表比较多的场合，可根据需要设置多个接地汇流排。

5.2.4 对于保护接地线比较少的场合可将保护接地汇总板与总接地板合并；对于工作接地线比较少的场合可将工作接地汇总板与总接地板合并；对于保护接地线和工作接地线都比较少的场合可只设总接地板，将保护接地线和工作接地线都接到总接地板。

5.3 网型结构

5.3.1 仪表及控制系统的接地系统可采用网型结构；对于需要防雷功能的仪表和接地系统，应采用网型结构。

5.3.2 网型结构应采用多根接地排连接成网格的方式，网格的设置应根据仪表机柜的排列在下方成行设置，两排及以上机柜的接地网格至少应在两端及中间连接；网型结构不设置接地汇总板和总接地板。典型的网型结构应符合图 5.3.2 所示的网型结构原理图。

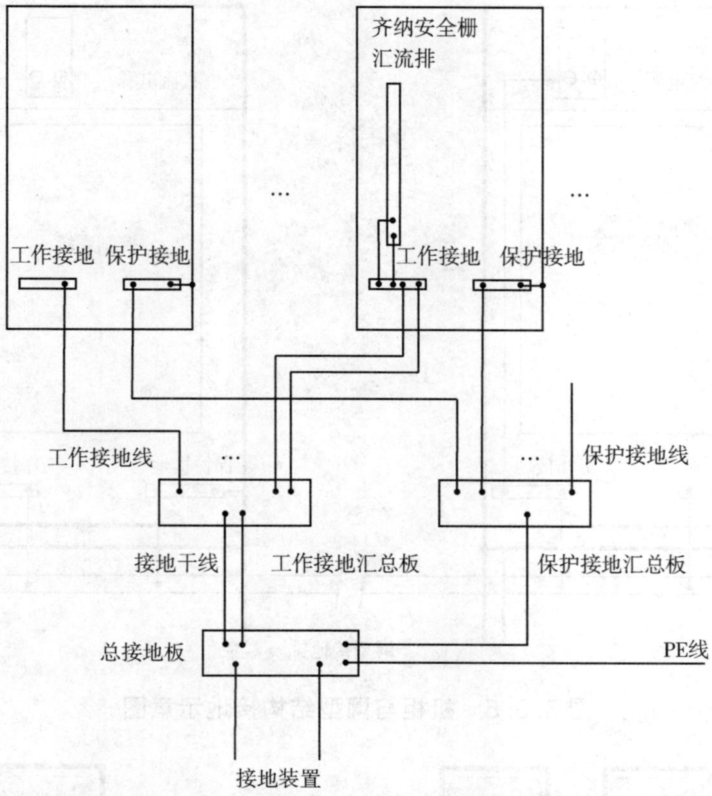

图 5.2.2　仪表及控制系统接地连接原理图

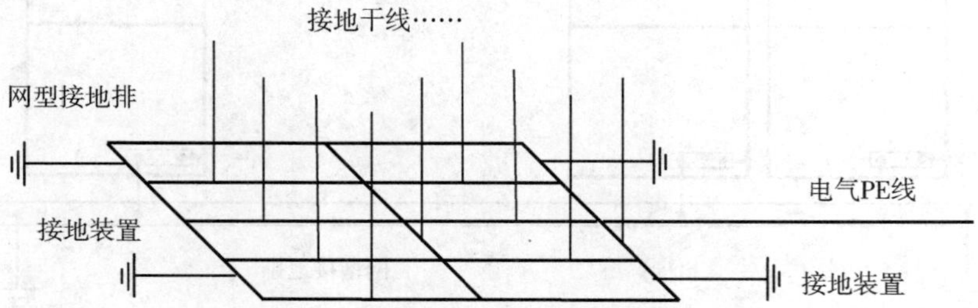

图 5.3.2　网型结构原理图

5.3.3　仪表及控制系统的工作接地和保护接地均应就近直接接到网型接地排。

5.3.4　网型接地结构宜在机柜底部的支撑上安装接地排，应采用截面尺寸为 40mm×4mm(宽×厚)的铜材或热镀锌扁钢制作接地排。

5.3.5　机柜接地应按照图 5.3.5 机柜与网型结构接地示意图就近直接接到接地排。

5.3.6　控制室可在操作台下或电缆沟里敷设截面尺寸为 40mm×4mm(宽×厚)的铜材或热镀锌扁钢作为接地排，操作台接地应就近按照图 5.3.6 操作台接地示意图接到接地排。

5.4　组合结构

5.4.1　根据功能需要和现场施工条件可采用组合结构，由分支集中部分和网型部分组合而成。

5.4.2　典型的组合结构应符合图 5.4.2 所示的组合结构原理图。

5.4.3　组合结构分支集中部分的设置和连接方案应符合本规范 5.2 条的规定。

5.4.4　组合结构网型部分的设置和连接方案应符合本规范 5.3 条的规定。

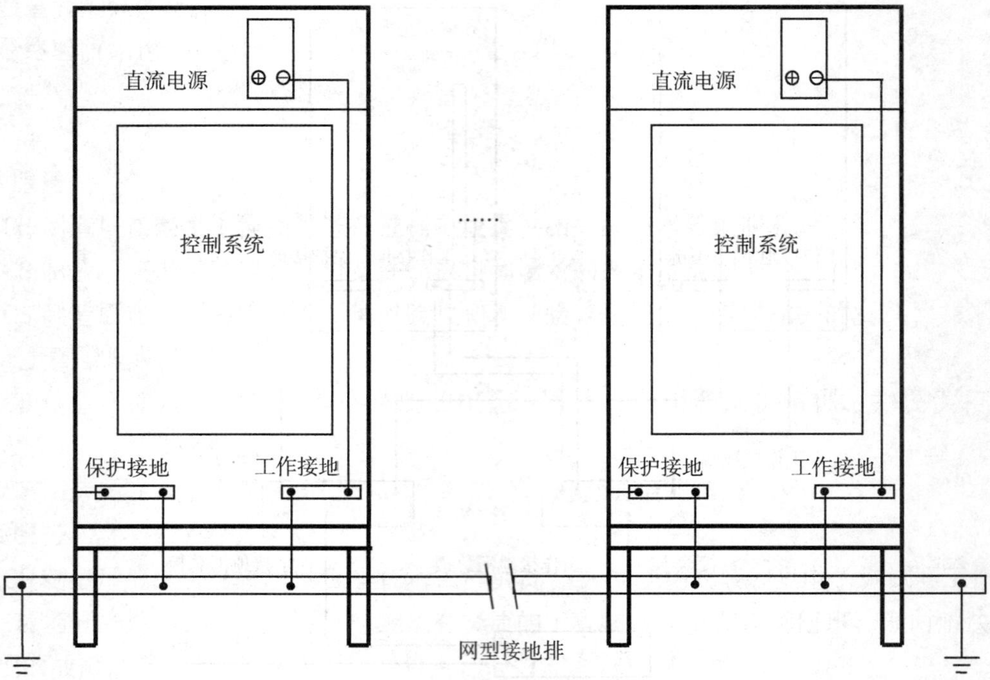

图 5.3.5 机柜与网型结构接地示意图

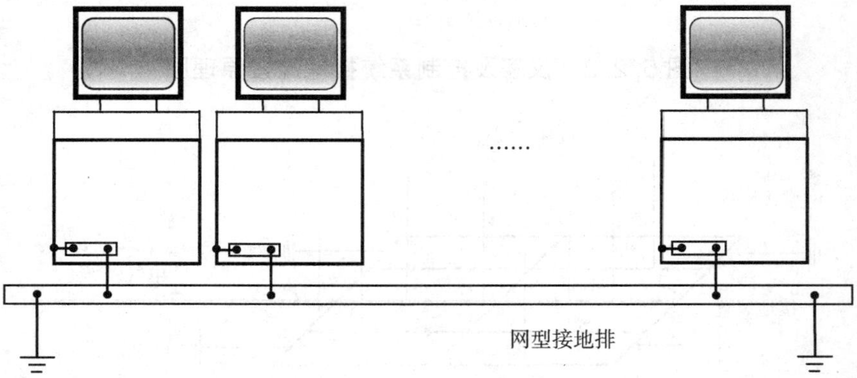

图 5.3.6 操作台接地示意图

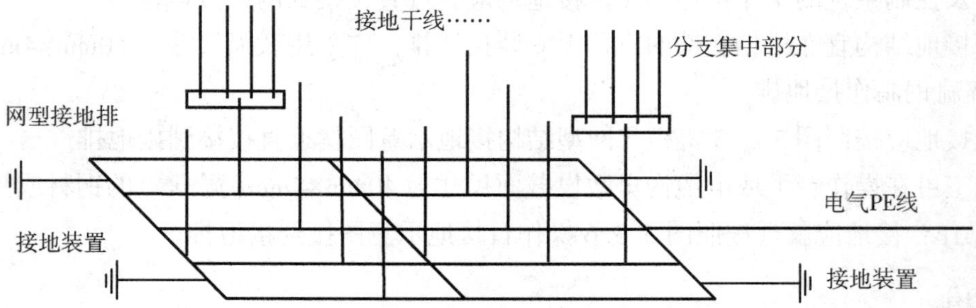

图 5.4.2 组合结构原理图

6 接地连接

6.1 接地线

6.1.1 接地系统的导线应采用多股绞合铜芯绝缘电线或电缆。

6.1.2 接地线的截面积宜根据连接仪表的数量和接地线的长度按下列数值选用：

a) 室内安装的单台仪表的接地导线：$1mm^2$~$2.5mm^2$；

b） 现场仪表或接线箱的接地连接导线：2.5mm^2～4.0mm^2；

c） 机柜内汇流排或汇流导轨之间的连接导线：4.0mm^2～6.0mm^2；

d） 机柜到接地汇总板或汇总板之间的接地干线：10mm^2～25mm^2；

e） 接地装置引出线：25mm^2～70mm^2。

6.1.3 接地系统的标识颜色应为黄、绿相间两色或绿色。

6.2 接地线的敷设

6.2.1 各类接地线中，不应接入开关或熔断器。

6.2.2 接地线应尽可能短，并宜按直线路径敷设，不应将接地线绕成螺线管状或盘成环状。

6.2.3 需要测量接地连接电阻的场合，可采取双线路连接方式。

6.2.4 分支集中结构的室内接地排、总接地板应采用两条或多条接地干线经不同路径的连接方式接到室外接地装置。

6.2.5 网型结构的室内接地网应采用至少4条的接地干线经不同路径、不同方向的连接方式接到室外接地装置。

6.3 接地汇流排及汇总板

6.3.1 机柜内的接地汇流排宜采用截面尺寸不小于25mm×6mm（宽×厚）的铜条制作。

6.3.2 接地系统的各接地汇总板可在地板下的适当位置设置，应采用铜板制作，厚度不应小于6mm，长、宽尺寸应按需要确定。

6.3.3 机柜内的保护接地汇流排应与机柜进行可靠的电气连接。

6.3.4 工作接地汇流排、工作接地汇总板应采用绝缘支架固定。

6.3.5 接地系统的各种连接应牢固、可靠，并应具有良好的导电性，各种接地导线与接地汇流排、接地汇总板的连接应采用镀锡铜接线片和镀锌钢质螺栓压接，并应有防松件，同一压接点压接的导线数量不应多于两条。

6.3.6 采用分支集中结构的方案应在机柜间的适当位置设置保护接地汇总板、工作接地汇总板和总接地板，应考虑较短的接地干线路径，各机柜的接地干线应分别单独接到对应的接地汇总板。

6.3.7 采用网型结构的方案应在机柜支架上、操作台底部敷设接地连接导体作为网型接地排，连接成局部接地网，网型接地排之间的连接应采用焊接方式。

6.4 接地连接导体

6.4.1 接地连接导体宜采用截面积尺寸40mm×4mm（宽×厚）的铜材或热镀锌扁钢，接地连接导体之间应直接焊接，当需要导线连接时宜采用截面积为25mm^2～70mm^{2}的绝缘多股铜芯导线焊接或压接。

6.4.2 接地排之间、接地排与接地连接导体之间、接地连接导体之间、接地连接导体与其他钢材之间的连接应采用焊接的方式，焊口处至少应有两条纵向焊缝，焊缝的焊接总长度应大于160mm，焊接部位应做防腐处理。

7 接地电阻及连接电阻

7.1 接地电阻

7.1.1 仪表及控制系统的接地电阻为工频接地电阻，不应大于4Ω。

7.2 接地连接电阻

7.2.1 仪表及控制系统的接地连接电阻不应大于1Ω。

附　录　A

(规范性附录)

屏蔽电缆接地图

总屏分屏多芯主电缆屏蔽层连续在机柜室接地图见图 A-1，总屏分屏多芯主电缆屏蔽层分段在接线箱及机柜室接地图见图 A-2，总屏蔽多芯主电缆屏蔽层连续在机柜室接地图见图 A-3，总屏蔽多芯主电缆屏蔽层分段在接线箱及机柜室接地图见图 A-4。

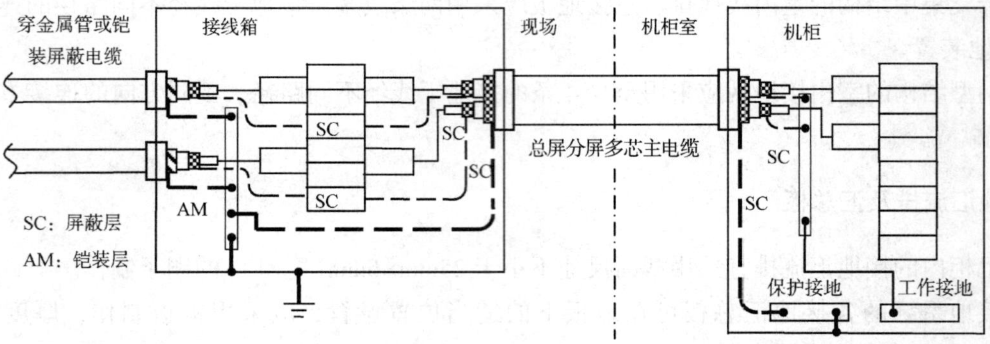

图 A-1　总屏分屏多芯主电缆屏蔽层连续在机柜室接地图

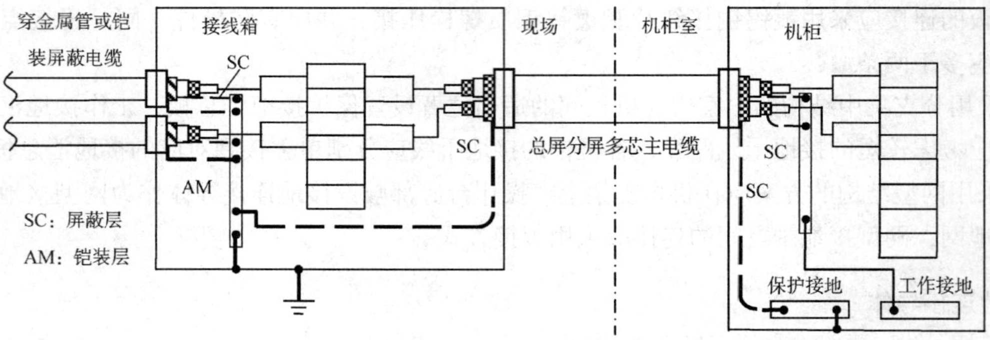

图 A-2　总屏分屏多芯主电缆屏蔽层分段在接线箱及机柜室接地图

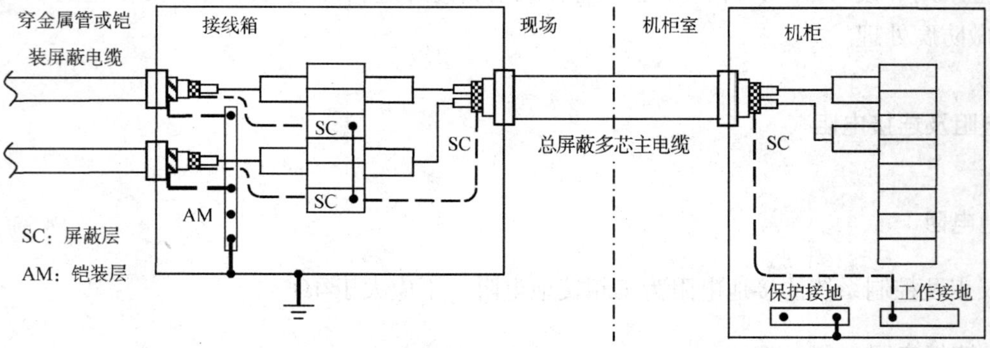

图 A-3　总屏蔽多芯主电缆屏蔽层连续在机柜室接地图

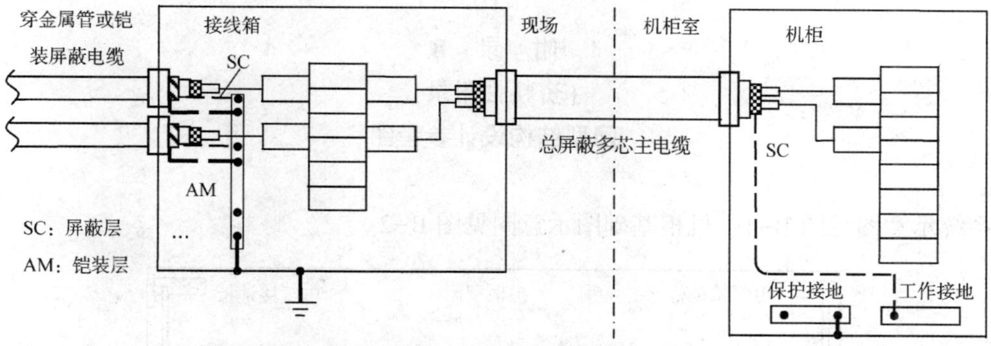

图 A-4　总屏蔽多芯主电缆屏蔽层分段在接线箱及机柜室接地图

图 A-1~图 A-4 的屏蔽层的接线方式说明见表 A。现场仪表到接线箱的分支电缆为单根屏蔽电缆或单根铠装屏蔽电缆。铠装电缆进接线箱采用带接地连线的电缆接头，便于接地连接。其中附录图 A-2~图 A-4 的各分支电缆的屏蔽层应在接线箱内用端子或汇流排连接在一起。

分支电缆和主电缆的屏蔽层既可以连接后在控制室机柜处接地，也可分别在接线箱和控制室机柜分段接地。

图 A-1 分支电缆的屏蔽层与主电缆的内屏蔽层、图 A-3 分支电缆的屏蔽层与主电缆的屏蔽层在接线箱内连接在一起，全程连接的屏蔽层在控制室机柜处单端接地。

图 A-2、图 A-4 分支电缆的屏蔽层在接线箱内单端接地，图 A-2 主电缆的内屏蔽层、图 A-4 主电缆的屏蔽层在控制室机柜处单端接地。

主电缆的铠装层按照 4.4.1 条两端接地，金属电缆槽按照 4.1.8 条两端接地，并每隔 30m 重复接地。

表 A　屏蔽层的接线方式

屏蔽连接方式	接线箱				机柜	
	现场仪表到接线箱的分支电缆		总屏分屏多芯主电缆			
图 A-1	屏蔽层通过端子与主电缆分屏蔽层连接，不接地	铠装层或金属保护管通过接地汇流排接保护地	分屏蔽层通过端子与分支电缆屏蔽层连接，不接地	总屏蔽层通过接地汇流排接保护地	分屏蔽层通过接地汇流排接工作地	总屏蔽层通过接地汇流排接保护地
图 A-2	屏蔽层通过接地汇流排接保护地	铠装层或金属保护管通过接地汇流排接保护地	分屏蔽层空置	总屏蔽层通过接地汇流排接保护地	分屏蔽层通过接地汇流排接工作地	总屏蔽层通过接地汇流排接保护地
屏蔽连接方式	接线箱				机柜	
	现场仪表到接线箱的分支电缆		总屏多芯主电缆			
图 A-3	屏蔽层通过端子与主电缆总屏蔽层连接，不接地	铠装层或金属保护管通过接地汇流排接保护地	无分屏蔽层	总屏蔽层通过端子与分支电缆屏蔽层连接，不接地	无分屏蔽层	总屏蔽层通过接地汇流排接工作地
图 A-4	屏蔽层通过接地汇流排接保护地	铠装层或金属保护管通过接地汇流排接保护地	无分屏蔽层	总屏蔽层空置	无分屏蔽层	总屏蔽层通过接地汇流排接工作地

附　录　B
（资料性附录）
网型结构设计参考图

接地系统示意图见图 B-1，机柜基础图示意图见图 B-2。

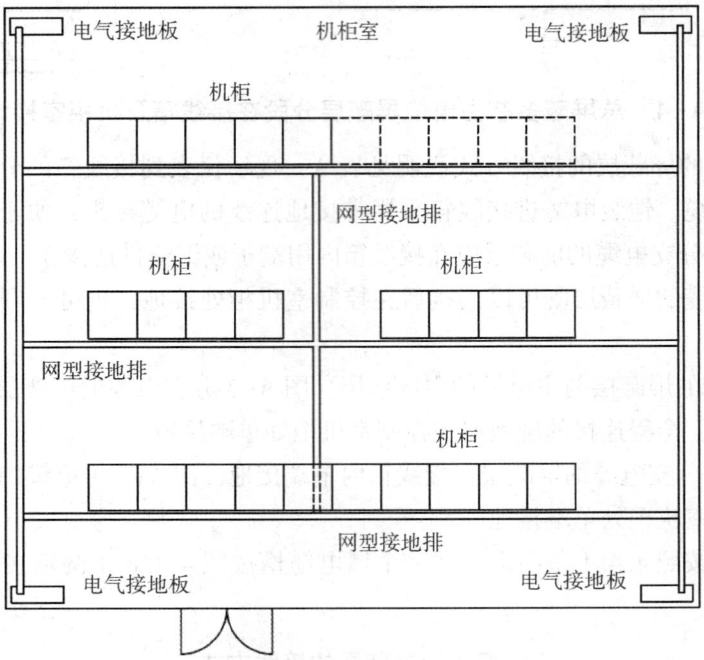

图 B-1　接地系统示意图

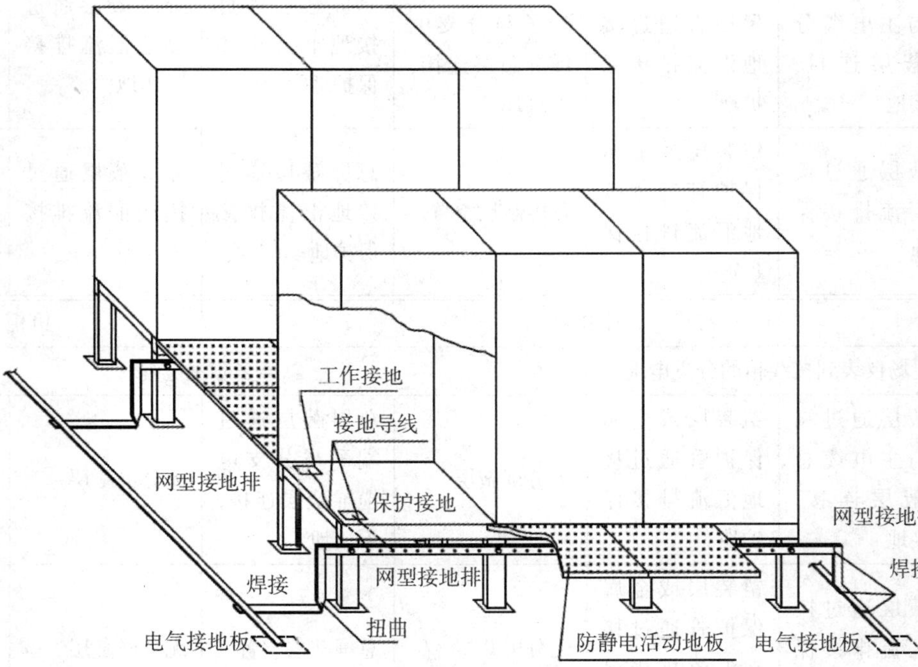

图 B-2　机柜基础图示意图

参 考 文 献

[1] GB 50058—2014　爆炸危险环境电力装置设计规范

[2] GB/T 50065—2011　交流电气装置的接地设计规范

[3] SH/T 3164　石油化工仪表系统防雷设计规范

[4] ISA-RP12.06.01-2003　危险场所仪表的接线实施方法　第1部分：本质安全　Recommended Practice for Wiring Methods for Hazardous(Classified)Locations Instrumentation　Part 1：Intrinsic Safety

中华人民共和国石油化工行业标准

石油化工仪表接地设计规范

SH/T 3081—2019

条 文 说 明

2019 年 北 京

修订说明

SH/T 3081—2019《石油化工仪表接地设计规范》，经工业和信息化部2019年8月2日以第29号公告批准发布。

本规范是在SH/T 3081—2003《石油化工仪表接地设计规范》的基础上修订而成，上一版的主编单位是中国石化工程建设公司，主要起草人是叶向东、恽春。

本规范制定过程中，编制组进行了广泛深入的调查研究，总结了近15年来我国石油化工工程建设中仪表及控制系统在设计和应用中的实践经验，通过广泛征求意见，认真讨论，分析研究，取得了共识。

为便于广大设计、施工、应用等单位有关人员在使用本规范时便于理解和执行条文规定，《石油化工仪表接地设计规范》编制组按章、条顺序编制了本规范的条文说明，对条文规定的目的、依据以及执行中需注意的有关事项进行了说明。但是，本条文说明不具备与规范正文同等的法律效力，仅供使用者作为理解和执行规范规定的参考。

目 次

石油化工仪表接地设计规范

1 范围

本规范根据接地功能，按保护接地、工作接地、本质安全系统接地、屏蔽接地、防静电接地和防雷接地等分类进行工程设计规定。本规范中的仪表是广义的，包括各种类型的用电仪表及按钮、开关、继电器等电器。

本规范的接地方法参考了国内外相关规范，规定了仪表及控制系统接地与电气专业的低压配电系统接地合一，规定了仪表及控制系统的保护接地、工作接地、本质安全系统接地、屏蔽接地、防静电接地和防雷接地共用接地装置。

本规范适用范围不超出仪表专业的工作范围，不规定电气专业的工作范围。

4 接地功能分类与接地方法

4.1 保护接地

4.1.1 仪表及控制系统的保护接地与电气专业的保护接地的定义和概念是相同的，所以有关规定应当是统一的，应当按电气专业的有关标准规范和方法进行设计。仪表及控制系统的外露导电部分应当实施保护接地的前提是：正常时不带电，在设备、仪表或电路发生故障、损坏或非正常情况时可能带危及人身或设备安全的危险电压。保护接地不要求“单点接地”，对于体积和长度较大的设备还需要多点重复接地。

4.1.3 控制室和机柜室内的所有仪表及控制系统，以及金属盘、台、箱、柜、架无论是否采用安全电压供电，均宜实施保护接地。

4.1.4 本条款规定的是现场设备。我国曾经规定安全电压为不高于36V，后来又规定了不同作业环境的不同安全电压。现行的中国国家标准规定了不同环境状况和不同故障情况下的不会造成人体伤害的电压值(见GB/T 3805—2008《特低电压(ELV)限值》)。为便于区分和工程实施，本规范仍以36V为限。

4.1.6 本条款的现场仪表是指按照SH/T 3164的规定实施仪表防雷工程的现场仪表。

4.1.8 金属电缆槽、电缆保护金属管的接地属于保护接地，同时具有屏蔽作用。带有内衬金属层的非金属电缆槽视为金属电缆槽。

4.2 工作接地

4.2.7 采用隔离器的方式如图1所示。

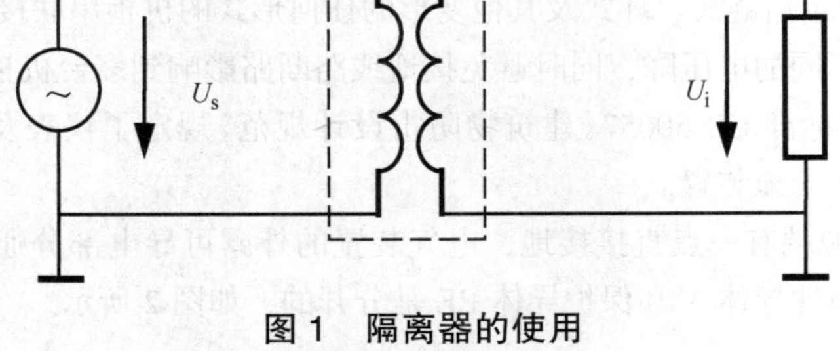

图1 隔离器的使用

4.3 本质安全系统接地

4.3.1 隔离式安全栅通常不需要接地。

4.3.3 本质安全系统接地通常讨论的是齐纳式安全栅接地。从电路接线上，齐纳式安全栅是串联在仪表信号回路的，因此接地是分不开的。本安系统接地的工作原理和作用与仪表工作接地不同，类似于设备保护接地，所以单节规定。

4.3.4 仪表信号是由直流电源供电的，为使安全栅能在直流电源故障时实现对危险场所的保护功能，安全栅接地与直流电源的公共端相连接。安全栅的安装导轨兼做接地汇流排。

4.3.5 图4.3.5齐纳式安全栅本安系统接地连接示意图的根据为ISA-RP12.06《危险场所仪表的接地实施　第1部分：本质安全》，并结合了工程实际。

4.3.7 两根接地连接导线的目的是用来测量接地连接电阻，断开其中一根导线，即可测得线路电阻，计算出连接电阻。

4.4 屏蔽接地

4.4.1 电缆内屏蔽层可利用：单层屏蔽电缆的屏蔽层、金属铠装单层屏蔽电缆的屏蔽层、分屏蔽加总屏蔽电缆的分屏蔽层等；电缆外屏蔽层可利用：单层屏蔽电缆的金属保护管或保护槽、金属铠装单层屏蔽电缆的铠装层、分屏蔽加总屏蔽电缆的总屏蔽层、金属保护管或保护槽等。

4.4.2 由于屏蔽层在信号源一侧或信号接收仪表一侧接地对于屏蔽效果区别不大，为便于接地工程实施，本标准规定在控制室一侧接地。屏蔽接地既不是保护接地也不是工作接地，可以根据情况接到保护接地或工作接地，效果是一样的。在机柜处提倡采用电缆卡子的方式在机柜底部将电缆卡接在为铠装或屏蔽层接地设置的金属条上，固定电缆的同时完成铠装及屏蔽层接地。在接线箱处，铠装电缆进接线箱采用带接地连线的电缆接头，便于接地连接。

4.4.6 屏蔽层已经接地的电缆备用芯线接地是为了减少电容耦合。

4.4.7 非金属电缆槽的屏蔽层连接线或静电释放线属于屏蔽接地，接到保护接地即可。

4.5 防静电接地

4.5.1 静电放电的特点是高电压、小电流、短时间。抑制或消除静电放电除尽量避免产生静电外，及时泄放静电是有效手段之一。静电导体对地的泄放电阻通常是$10^4\Omega \sim 10^6\Omega$数量级的，所以，仪表及控制系统的防静电接地比较简单，很多相应的规范、资料规定用于防静电接地的电阻为100Ω。

4.6 防雷接地

4.6.1 仪表及控制系统防雷接地仅是仪表及控制系统防雷工程的一个组成部分。本规范不是仪表及控制系统防雷工程的规范，不对仪表及控制系统防雷接地作详细规定。

5 接地系统结构

5.1 接地原则

5.1.2 本规定禁止采用包括链式、环式及其他变形的任何形式的机柜串联接地的连接方式，是为了避免在接地线路上产生不同的电压降，同时避免接地线路断路影响到多台机柜的接地。

5.1.4 本规范根据国家标准GB 50057《建筑物防雷设计规范》规定了仪表及控制系统的工作接地、保护接地、防雷接地共用接地装置。

5.1.5 TN-S系统的电源端有一点直接接地，电气装置的外露可导电部分通过保护导体PE连接到接地点，整个系统中，中性导体N和保护导体PE是分开的，如图2所示。

PE 线的来源是电气的 PE 线，对于 UPS 输出、隔离变压器等方式，只要是 TN-S 系统就一定有 PE 线，仪表的 PE 线是电气 PE 线的延伸，是同一个接地系统。PE 线、保护接地是可以重复接地的。

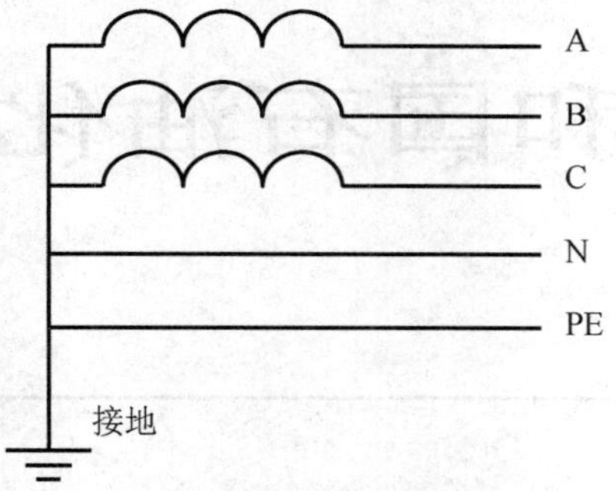

图 2　TN-S 系统供电形式

5.2　分支集中结构

5.2.1　分支集中接地结构即星型结构，也称树形结构。

5.3　网型结构

5.3.1　推荐采用网型结构接地是本次规范修订的重点，也是仪表接地系统的重大改进。这种接地结构经过理论论证和多年的实际工程检验，具有更好的接地效能和简便的工程结构，可用于任何用途的接地。

5.3.3　网型结构采用多根接地排焊接成网格的方式形成局部接地网，所以仪表工作接地和保护接地都可以直接接到接地排。

5.3.4　网型接地排与机柜的金属基础之间不需要绝缘连接。

7　接地电阻及连接电阻

7.1　接地电阻

仪表及控制系统的接地电阻为电气专业的低压配电系统接地装置的接地电阻，应根据电气专业有关标准规范确定，一般情况，不应大于 4Ω。

按通过接地极的工频交流电流测量计算出的接地电阻称为工频接地电阻。

7.2　接地连接电阻

接地电阻和接地连接电阻的定义是不一样的。在国外的资料中，凡是论及本安仪表接地电阻的资料，都是规定接地连接(Bonding)电阻。

ISA-RP12.06《危险场所仪表的接地实施　第 1 部分：本质安全》中规定了安全栅接地汇流排与交流电源的中性点之间的连接电阻小于 1Ω。在接地资料中提出用两条接地导线重复连接的方法，以便测量接地连接(Grounding path)电阻，而不是测量接大地(Earthing)的电阻。

本规范参照国内外的标准，对仪表及控制系统接地，只规定接地连接电阻。由于采用等电位连接方式并采用共用接地装置，接地电阻即为电气专业的低压配电系统(共用接地装置)的接地电阻。

对于某些仪表及控制系统供货商要求的与本规范不一致的接地方式，则应坚持要求供货商按 IEC、ISA、GB、CE 等国际标准和中国国家标准以及本标准供货并实施接地工程，这是国际通行原则。

ICS 25.040.01
P 72
备案号：J329-2020

SH

中华人民共和国石油化工行业标准

SH/T 3082—2019
代替SH/T 3082—2003

石油化工仪表供电设计规范

Design specification for instrumentation power supply in petrochemical industry

2019-08-02 发布　　2020-01-01 实施

中华人民共和国工业和信息化部　发布

目 次

Contents

前　言

根据中华人民共和国工业和信息化部《关于印发2015年第三批行业标准制修订计划的通知》(工信厅科〔2015〕115号文)的要求，规范编制组经广泛调查研究，认真总结规范执行和实际工程中的实践经验，参考有关国际标准和国内、外标准，并在广泛征求意见的基础上，修订本规范。

本规范共分8章。

本规范主要内容包括：仪表供电范围和负荷等级，仪表供电电源质量指标，仪表交流供电电源配置方案，仪表供电系统设计，供电器材选择及电源系统配线。

本规范是在SH/T 3082—2003《石油化工仪表供电设计规范》的基础上修订而成，修订的主要技术内容是：

——直流稳压电源质量指标；

——仪表交流供电电源配置方案；

——仪表供电系统配线原则；

——供电器材选择及电源系统配线。

本规范由中国石油化工集团有限公司负责管理，由中国石油化工集团公司自控技术中心站负责日常管理，由中石化洛阳工程有限公司负责具体技术内容的解释。执行过程中如有意见和建议，请寄送日常管理单位和主编单位。

本规范日常管理单位：中国石油化工集团公司自控技术中心站
通讯地址：上海市徐汇区中山南二路1089号徐汇苑大厦12楼
邮政编码：200030
电　　话：021-64578936
传　　真：021-64578936
主编单位：中石化洛阳工程有限公司
通讯地址：河南省洛阳市中州西路27号
邮政编码：471003
本规范主要起草人员：裴炳安　吕明伦　赵永明　庞晓明　邵　瑜　金　哲　赵贵东　张　贺
本规范主要审查人员：林　融　叶向东　丁兰蓉　徐伟清　刘　冰　樊　清　林洪俊　宋志远
于宝全　伍锦荣　王秋红　严春明　施建设　任　泓　刘　凤　郭章顺
刘　强　周家祥　张同科

本规范1997年首次发布，2003年第1次修订，本次为第2次修订。

石油化工仪表供电设计规范

1 范围

本规范规定了石油化工仪表电源的供电范围、负荷等级、电源质量、配置方案、供电系统设计、供电器材选择及电源系统配线的设计原则和基本要求。

本规范适用于石油化工和以煤为原料制取油品及化工产品的企业新建、扩建和改建工程中仪表及控制系统供电系统的工程设计。

2 规范性引用文件

下列文件对于本规范的应用是必不可少的。凡是注日期的引用文件，仅注日期的版本适用于本规范。凡是不注日期的引用文件，其最新版本(包括所有修改单)适用于本规范。

GB 50052 供配电系统设计规范

GB 50054 低压配电设计规范

GB 50217 电力工程电缆设计标准

GB 14048.2 低压开关设备和控制设备 第2部分：断路器

DL/T 1074 电力用直流和交流一体化不间断电源设备

SH/T 3038 石油化工装置电力设计规范

SH/T 3081 石油化工仪表接地设计规范

SH/T 3164 石油化工仪表系统防雷设计规范

3 术语和缩略语

下列术语和缩略语适用于本规范。

3.1 术语

3.1.1

不间断电源(UPS) uninterruptible power supply

由整流器、逆变器和直流蓄电池等组成的，能够提供符合交流电源供电规格、满足电源瞬断限制的一种电源装置。

3.1.2

电源容量 power capacity

电源输出电力的额定能力。直流电源容量通常以输出电流安培(A)表示，交流电源容量以伏安(VA)或千伏安(kVA)表示。

3.1.3

电源瞬断时间 momentary power failure

电源切换过程中产生的短时(毫秒级)中断供电时间。

3.1.4

瞬时电压降　momentary voltage drop

电源切换过程引起的短时(毫秒级)电压降。

3.1.5

冲击状态　power-on surge condition

仪表系统接通电源时，引起电流短时增大的状态。

3.1.6

纹波电压　ripple voltage

输出电压总交流分量(峰-峰值)与电压平均值之比的百分数。

3.1.7

断路器　circuit-breaker

能接通、承载和分断正常电路条件下的电流，也能在短路等规定的非正常条件下接通、承载电流一定时间和分断电流的一种机械开关电器。

3.1.8

分断电流　breaking current

在分断过程中产生电弧的瞬间流过开关电器一个极或断路器的电流。

3.1.9

分断能力　breaking capacity

在规定的使用和性能条件下，开关电器或断路器在规定的电压下能分断的预期分断电流值。

3.2　缩略语

DCS　Distributed Control System　分散控制系统

SCADA　Supervisory Control and Data Acquisition　监控及数据采集系统

FCS　Fieldbus Control System　现场总线控制系统

PLC　Programmable Logic Controller　可编程序逻辑控制器

SIS　Safety Instrumented System　安全仪表系统

CCS　Compressor Control System　压缩机控制系统

MMS　Machinery Monitoring System　机组监测系统

GDS　Gas Detection System　可燃气体和有毒气体检测报警系统

PAS　Process Analyzer System　过程分析仪系统

GPS　General Power Supply　普通电源

4　仪表供电范围和负荷等级

4.1　仪表供电范围

4.1.1　仪表及控制系统供电，宜包括以下内容：

a）过程控制系统(DCS、PLC、FCS、SCADA 等)；

b）安全仪表系统(SIS)；

c）压缩机控制系统(CCS)；

d）机组监测系统(MMS)；

e）可燃气体和有毒气体检测报警系统(GDS)；

f）在线分析仪系统(PAS)；

g）机柜室和控制室安装的电子类仪表；

h） 现场检测、报警仪表及执行元件。

4.1.2 仪表辅助设施供电，宜包括以下内容：

a） 仪表盘(柜)内的照明、通风设备(排风扇)的供电，仪表维护及检修用电源插座等；

b） 在线分析仪表间的照明、通风、动力配电、采样管缆/预处理系统/样品回收系统的电伴热供电；

c） 现场仪表及测量管道的电伴热。

4.2 负荷等级

根据用电负荷在生产过程中的重要性及对供电电源的可靠性、连续性要求，生产装置的用电负荷应分为以下几种：

a） 一级负荷：电源突然中断后，将打乱关键性的连续生产工艺过程，造成重大经济损失，供电恢复后需要很长时间才能恢复生产的生产装置以及为其服务的公用工程的用电负荷；

b） 一级负荷中特别重要的负荷：电源突然中断后，为确保安全停车，避免引起爆炸、火灾、中毒、人身伤亡和关键设备损坏；或事故一旦发生能及时处理，防止事故扩大，保护关键设备、抢救及撤离工作人员等，而不允许中断供电的一级用电负荷；

c） 二级负荷：电源突然中断后，将造成较大经济损失，供电恢复后，需较长时间恢复正常生产的生产装置以及为其服务的公用工程的用电负荷；

d） 三级负荷：所有不属于一级、二级的其他用电负荷。

4.2.1 仪表及控制系统供电属于一级负荷中特别重要的负荷，应采用 UPS 供电。

4.2.2 仪表辅助设施供电属于三级负荷，宜采用 GPS 供电。

5 仪表供电电源质量指标

5.1 一般规定

5.1.1 仪表供电电源的质量指标，包括：交流电源电压、交流频率及波形失真率、直流电源纹波电压、电源瞬断时间、电源瞬时电压降等，应高于仪表及控制系统的供电要求。

5.1.2 交流 UPS 的性能应符合 DL/T 1074《电力用直流和交流一体化不间断电源设备》有关要求。

5.1.3 交流 UPS 应采用在线式，并配备带有稳压功能的独立旁路电源，当 UPS 发生故障时，旁路电源应自动投入为仪表及控制系统继续供电。

5.1.4 直流稳压电源应采用并联运行方式构成 1∶1 冗余供电系统，任何一路电源发生故障时，供电系统仍应能向所有用电设备正常供电。

5.1.5 仪表直流供电系统的电源装置应分散配置，每个直流供电仪表机柜应按 1∶1 冗余原则配备相应的电源装置。

5.2 质量指标

5.2.1 GPS 应符合下列质量指标：

a） 输出电压：220V±22V，单相；

b） 输出频率：50Hz±1Hz；

c） 输出瞬时电压降：小于 20%。

5.2.2 UPS 应符合下列质量指标：

a） 输出电压：220V±11V，单相；

b） 输出频率：50Hz±0.5Hz；

c） 波形失真率：小于 5%；

d） 输出瞬时电压降：小于 10%；

e） 电源瞬断时间：不大于 5ms；

f） 蓄电池：全密封免维护型；

g） 后备供电时间(即不间断供电时间)：不小于 30min；

h） 具有故障报警和故障保护，带报警输出接点；

i） 具有过载保护功能和故障维护旁路功能。

5.2.3 直流稳压电源应符合下列质量指标：

a） 输入参数

电压：220V±11V，单相

频率：50Hz±1Hz

b） 输出参数

电压：24V DC(24V~28V 可调)

纹波电压：小于 0.2%

瞬时电压降：小于 10%

c） 具有故障报警功能；

d） 具有短时输出过电流功能和负载短路自动保护功能，当负载恢复正常后，能快速恢复；

e） 能构成冗余供电系统，具有输出隔离和电流负载平衡功能。

6 仪表交流供电电源配置方案

6.1 一般规定

6.1.1 仪表 UPS 的容量应按仪表及控制系统(包括：系统机柜、网络柜、安全栅柜、继电器柜、远程 I/O 柜、现场仪表等)额定负荷总和的 0.8 倍~1.2 倍确定；仪表 GPS 的容量应按仪表辅助设施(包括：仪表盘柜照明、排风扇、仪表维护及检修插座等)额定负荷总和的 1.2 倍~1.5 倍确定。

6.1.2 仪表及控制系统的交流供电宜采用以下四种方案：

a） 单 UPS+GPS 双输出回路供电方案；

b） 双 UPS 双输出回路供电方案；

c） 双 UPS 多输出回路供电方案；

d） 多 UPS 多输出回路供电方案。

6.1.3 仪表辅助设施的交流供电宜采用 GPS，且宜独立设置。

6.1.4 交流 UPS 输出侧应配隔离变压器，隔离变压器输出端应采用 TN-S 接地方式。

6.2 单 UPS+GPS 双输出回路供电方案

6.2.1 单 UPS+GPS 双输出回路供电方案见图 6.2.1。

图 6.2.1 单 UPS+GPS 双输出回路供电方案

6.2.2 输入1、输入2应分别接自具有双路电源输入配电装置的不同母线段。

6.2.3 输入1应通过UPS供电，输入2应通过隔离变压器供电。

6.2.4 输出1、输出2应为单相220V AC电源。

6.3 双UPS双输出回路供电方案

6.3.1 双UPS双输出回路供电方案见图6.3.1。

6.3.2 输入1、输入2应分别接自具有双路电源输入配电装置的不同母线段。

6.3.3 输入1应通过UPS1供电，输入2应通过UPS2供电，UPS1、UPS2应采用在线并行运行方式。

6.3.4 输出1、输出2应为单相220V AC电源。

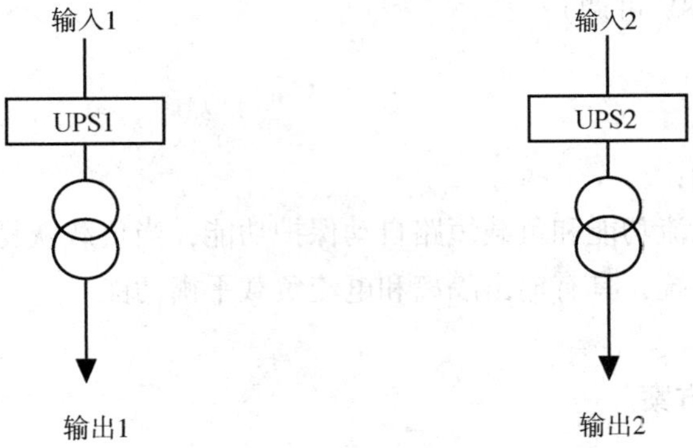

图6.3.1 双UPS双输出回路供电方案

6.4 双UPS多输出回路供电方案

6.4.1 双UPS多输出回路供电方案见图6.4.1。

6.4.2 输入1、输入2应分别接自具有双路电源输入配电装置的不同母线段。

6.4.3 输入1应通过UPS1供电，输入2应通过UPS2供电，UPS1、UPS2应采用在线并行运行方式。

6.4.4 输出11、输出12…，输出1n和输出21、输出22…，输出2n应为单相220V AC电源。

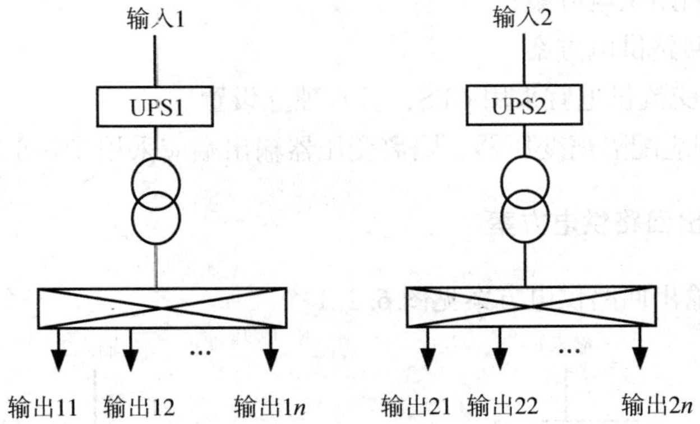

图6.4.1 双UPS多输出回路供电方案

6.5 多UPS多输出回路供电方案

6.5.1 多UPS多输出回路供电方案见图6.5.1。

6.5.2 输入1、输入2应分别接自具有双路电源输入配电装置的不同母线段。

6.5.3 输入1应通过UPS1供电，输入2应通过UPS2供电；…输入1应通过UPSn-1供电，输入2应通过UPSn供电，UPS1、UPS2…UPSn-1、UPSn应采用在线并行运行方式。

6.5.4 输出1、输出2…输出 n 应为单相220V AC电源。

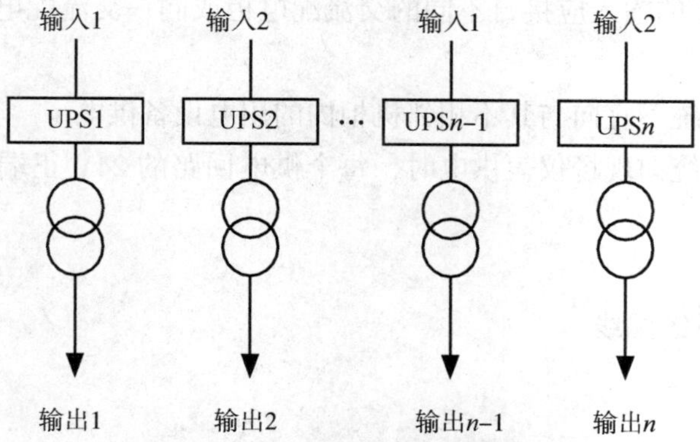

图6.5.1 多UPS多输出回路供电方案

6.6 交流UPS电源输出配线原则

6.6.1 交流UPS输出配线应采用单相220V AC三线制(相线L、中线N、接地线PE)。

6.6.2 单台UPS的额定容量不应超过100kVA，仪表用电负荷超过100kVA及以上时，宜采用多台UPS多输出回路供电方案。

7 仪表供电系统设计

7.1 一般规定

7.1.1 仪表及控制系统电源应符合220V，50Hz交流或24V直流的电源规格，否则应自带电源变换设备。

7.1.2 采用380V AC供电的现场仪表，供电电源应由电气提供。

7.1.3 仪表及控制系统交流电源采用冗余配置时，冗余电源应分别接自两个不同的交流电源的输出回路。

7.1.4 仪表及控制系统交流电源采用非冗余配置时，仪表电源应均衡接自两个不同的交流电源的输出回路。

7.1.5 仪表交流供电系统应采用TN-S接地方式。

7.1.6 仪表交流供电系统防雷设计应符合SH/T 3164《石油化工仪表系统防雷设计规范》有关要求。

7.2 仪表供电系统配线原则

7.2.1 交流配电柜的单面电源容量不宜超过20kVA，每个交流配电柜的总电源容量不宜超过40kVA。

7.2.2 同一配电柜内不同种类供电电源(UPS、GPS和直流电源)的仪表配电系统应分别设置，不同种类仪表配电系统间应采取隔离措施。

7.2.3 并行运行的UPS电源，其配电系统应分别配置、相互独立。

7.2.4 交流总配电柜至仪表用电设备电源(包括现场仪表)的配电级数不应超过三级。

7.2.5 仪表交流总配电柜和分配电柜均应配备输入总断路器和输出分断路器，双面仪表配电柜的每一面应分别配备输入总断路器和输出分断路器。每台交流用电仪表设备应设置独立的电源断路器。

7.2.6 仪表交流分配电柜应至少预留20%的备用回路。

7.2.7 现场仪表220V AC供电应采用三芯绝缘电源线，电源线与其他信号线应采取隔离措施分开敷设。

7.2.8 交流分配电柜到现场仪表的电压降应满足现场仪表的工作电源要求，现场仪表的供电电压不应低于其最低工作电压。

7.2.9 冗余直流电源装置的输入应接自不同的交流配电柜或同一交流配电柜的正、反两面交流配电系统。

7.2.10 仪表直流供电系统不宜向与其不相邻机柜内的用电设备供电。

7.2.11 仪表直流供电系统向现场仪表供电时，每个供电回路的24V正端线路宜设置独立的熔断器和/或分断器。

8 供电器材选择及电源系统配线

8.1 供电器材选择原则

8.1.1 仪表供电系统中选用的供电电器应满足GB 50054《低压配电设计规范》有关要求，并符合国家现行有关产品标准：

a) 适应所在场所及其环境条件；

b) 额定频率和额定电压应与所在回路的频率和标称电压相适应；

c) 额定电流应大于所在回路的最大连续负荷计算电流；

d) 满足短路条件下的动稳定与热稳定要求。

8.1.2 用于断开短路电流的电器，应满足短路条件下的接通能力和分断能力。

8.2 供电器材选择

8.2.1 仪表供电系统中的断路器选择，应满足下列要求：

a) 低压断路器应选用空气断路器等非熔断式自动断路器，交流单相电源应采用双极断路器。

b) 仪表交流配电柜的断路器应装设短路保护和过负荷保护。

c) 进线断路器与配出断路器的动作特性应有选择性配合。

d) 过负荷保护宜采用反时限特性的保护电器，其分断能力可低于保护电气安装处的短路电流值，但应能承受通过的短路能量。

e) 过负荷保护电气的动作特性，应符合下列要求：

$$I_B \leqslant I_n \leqslant I_Z$$

$$I_2 \leqslant 1.45 I_Z$$

式中：

I_B——回路计算电流(A)；

I_n——熔断器熔体额定电流或断路器额定电流或整定电流(A)；

I_Z——导体允许持续载流量(A)；

I_2——保证保护电器可靠动作的电流(A)，当保护电器为断路器时，I_2为约定时间内约定动作电流；当保护电器为熔断器时，I_2为约定时间内约定熔断电流。

f) 当短路保护为断路器时，被保护线路末端的短路电流不应小于断路器瞬时或短延时过电流脱扣器整定电流的1.3倍。

g) 多级配电系统中，上级断路器的短延时整定电流应不小于下级断路器短延时整定电流的1.2倍，上级断路器的动作时间不应大于下级断路器的动作时间；

各级断路器的短路特性应满足GB 14048.2有关要求，且额定短路电流分断能力不应小于4.5kA。

8.2.2 配电柜应安装在环境条件良好的室内，如需安装在室外，应避开环境恶劣的场所，并采用适合安装场所环境条件的配电柜。

8.2.3 供电线路中的电器设备及安装附件，应满足安装现场的防爆、防腐蚀、环境温度、环境湿度等要求。

8.3 电源系统配线

8.3.1 电源线的长期允许载流量，不应小于线路上游断路器的额定电流或断路器延时脱扣器整定电流的1.25倍。

8.3.2 电源线路不应在易受机械损伤、有腐蚀介质排放、潮湿或热物体绝热层处敷设，无法避免时应采取保护措施。

8.3.3 配电线路上的电压降不应使送到用电设备的供电电压小于其最低工作电压。

8.3.4 仪表电源配线应满足下列要求：

a) 交流电源线与其他信号线应分开敷设，无法分开时，应采取隔离措施。

b) 室内仪表电源线应选用聚乙烯绝缘或聚氯乙烯绝缘多股铜芯软线。

c) 室外仪表电源线应采用聚乙烯绝缘或聚氯乙烯绝缘三根(相、中、地)多股铜芯软线，敷设时应采用金属穿管等隔离措施。

d) 室外仪表电源线的导体截面选择应符合GB 50217《电力工程电缆设计规范》有关规定，导体在正常工作条件下的最高允许温度不应超过70℃，在最大短路电流和短路时间作用下的最高允许温度不应超过160℃，多芯铜导体的最小截面不宜小于2.5mm^2。

e) 电缆导体截面积与允许载流量对应关系见表8.3.4(参考值)。

表8.3.4 电缆导体截面积与允许载流量对应关系

导体截面积(mm^2)	2.5	4.0	6.0	10	16	25	35	50	70
允许载流量(A)(两芯电缆)	23	31	40	57	77	102	122	156	189
允许载流量(A)(三芯或四芯电缆)	19	27	35	49	67	89	106	134	166
注：1kV~3kV 铜芯或聚氯乙烯绝缘电缆在40℃空气中敷设时允许100%持续载流量。									

中华人民共和国石油化工行业标准

石油化工仪表供电设计规范

SH/T 3082—2019

条 文 说 明

2019年 北 京

修 订 说 明

《石油化工仪表供电设计规范》(SH/T 3082—2019)，经工业和信息化部 2019 年 8 月 2 日以第 29 号公告批准发布。

本规范是在《石油化工仪表供电设计规范》(SH/T 3082—20103)的基础上修订而成，上一版的主编单位是中国石化集团洛阳石油化工工程公司，主要起草人员是周懋忠、吕明伦、刘一笑。

本规范修订过程中，编制组进行了广泛深入的调查研究，根据石油化工企业仪表供配电系统十几年来的实践经验和电器设备的技术发展，对仪表供电系统(UPS 电源配置方案)、仪表交直流配电系统、仪表供电器材选择等，进行了修订。为便于广大设计、施工、科研、学校等单位有关人员在使用本标准时能正确理解和执行条文规定，《石油化工仪表供电设计规范》编制组按章、条顺序编制了本标准的条文说明，对条文规定的目的、依据以及执行中需注意的有关事项进行了说明。但是，本条文说明不具备与标准正文同等的法律效力，仅供使用者作为理解和把握标准规定的参考。

目　次

石油化工仪表供电设计规范

1 范围

石油化工和以煤为原料制取油品及化工产品工厂企业内的石油化工装置，大多都属于爆炸和火灾危险场所，因此，其仪表和控制系统的供电设计，除应符合本规范外，还应符合 GB 50052《供配电系统设计规范》、GB 50054《低压配电设计规范》、SH/T 3038《石油化工企业生产装置电力设计技术规范》等有关规定。危险场所使用的仪表供电器材(开关、配电箱、接线箱等)及电源等应符合所在区域(0 区、1 区、2 区)的防爆要求。

本规范不适用于火灾报警、消防、工业电视、电话及扩音对讲、安防等电信设备及系统的供电设计。电信设备及系统供电电源不能与仪表 UPS 电源混用或接入仪表供电系统。

3 术语和缩略语

3.1.7 此术语根据 GB 50054《低压配电设计规范》编写。

3.1.8 此术语根据 GB 50054《低压配电设计规范》编写。

3.1.9 此术语根据 GB 14048.2《低压开关设备和控制设备 第 2 部分：断路器》编写。

3.1.10 此术语根据 GB 14048.2《低压开关设备和控制设备 第 2 部分：断路器》编写。

4 仪表供电范围和负荷等级

4.1.1 h)现场检测仪表、执行元件、分析仪表、分析小屋等的 380V 交流供电电源应由电气提供，宜采用普通电源。

4.2.1 根据 GB 50052《供配电系统设计规范》和 SH/T 3038《石油化工装置电力设计规范》有关规定，电力负荷划分为一级负荷、一级负荷中特别重要负荷、二级负荷和三级负荷。一级负荷应有两个电源供电，当一个电源发生故障时，另一个电源不应同时受到损坏；一级负荷中特别重要负荷，除有两个电源供电外，还应增加应急电源，并严禁其他负荷接入应急电源供电系统；三级负荷对供电无特殊要求。

在工程设计中，电气专业一般都是根据用电负荷在生产过程中的使用特性，对整个生产区域内的用电负荷进行划分，如果整个生产区域的电力负荷被确定为一级或二级，那么，整个生产区域内的用电负荷，包括现场交流供电仪表的 380V AC 动力电源，可以全部按一级负荷或二级负荷考虑。

4.2.3 现场仪表辅助设施属于三级负荷，采用普通电源即可，但是，如果整个生产区域的电力负荷被确定为一级或二级，那么，电气变电所提供给现场仪表辅助设施的供电电源也可以与该区域内的电力负荷等级相同，即：按一级负荷或二级负荷供电考虑。

5 仪表供电电源质量指标

5.2.2 当 UPS 发生故障(如逆变器损坏等)迫使负载向旁路电源切换时，由于动力电源内阻很小，而且 UPS 内有同步控制电路，UPS 输出电压一般不会出现瞬间跌落或跃升，但是，当负载切换回逆变器时，UPS 输出电压一般都会出现瞬间跌落。因此，本规范规定交流 UPS 电源的输出瞬时电压降不能高于 10%。

5.2.3 纹波电压含量是输出电压的总交流分量(峰-峰值)与电压平均值之比的百分数:

$$纹波电压=\frac{总交流分量(峰-峰值)}{电压平均值}\times 100\%$$

6 仪表交流供电电源配置方案

6.1.4 仪表交流电源应采用 TN-S 接地方式，即：仪表交流供电系统的中线(中性导体 N)和接地线(保护导体 PE)分开敷设，仪表外壳(外露可导电部分)接地通过接地线(保护导体 PE)连接到电源端的电力系统接地点。如图 1 所示。

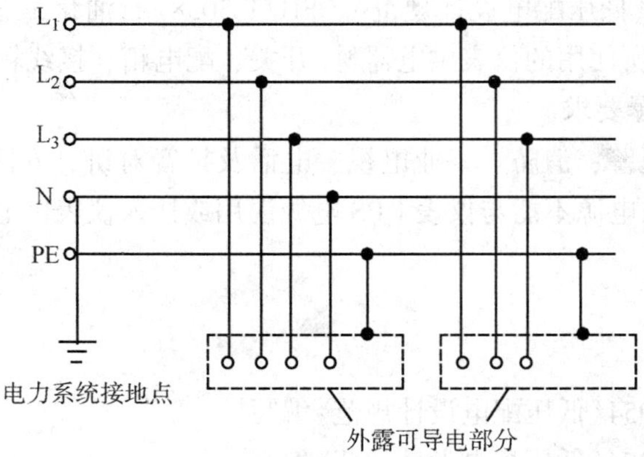

图 1 仪表交流供电电源配置方案

6.2 单台 UPS+普通电源双输出回路供电方案适用于用电负荷为 20kVA 及以下的单套工艺生产装置、辅助生产装置或公用工程设施的控制室或现场机柜室仪表供电。

6.3 双 UPS 双输出回路供电方案适应于联合装置等的控制室、现场控制室或现场机柜室的仪表供电。

6.4 双 UPS 多输出回路供电方案适应于全厂性、大型联合装置等的中心控制室、现场控制室或现场机柜室的仪表供电。

6.5 多台 UPS 多输出回路供电方案适用于全厂性、大型联合装置等的中心控制室、现场控制室或现场机柜室的仪表供电。

7 仪表供电系统设计

7.1.3，7.1.4 仪表及控制系统交流电源供电原则：

1)单台 UPS+普通交流电源供电方案：

仪表及控制系统供电一路采用 UPS、另一路采用普通电源，两个供电回路相互独立。仪表及控制系统的冗余电源分别接自两组相互独立的仪表配电柜(配电柜 1、配电柜 2)，非冗余电源的冗余用电设备(冗余交换机等)、同一操作分区(或装置)互为冗余的两组操作站等，供电电源分别接自两组相互独立的仪表配电柜(配电柜 1、配电柜 2)，如图 2 所示。

2)双 UPS 供电方案：

仪表及控制系统采用双 UPS 供电，两个供电回路相互独立。仪表及控制系统的冗余电源分别接自两组相互独立的仪表配电柜(配电柜 1、配电柜 2)，非冗余电源的冗余用电设备(冗余交换机等)、同一操作分区(或装置)互为冗余的两组操作站等，供电电源分别接自 2 组相互独立的仪表配电柜(配电柜 1、配电柜 2)，如图 3 所示。

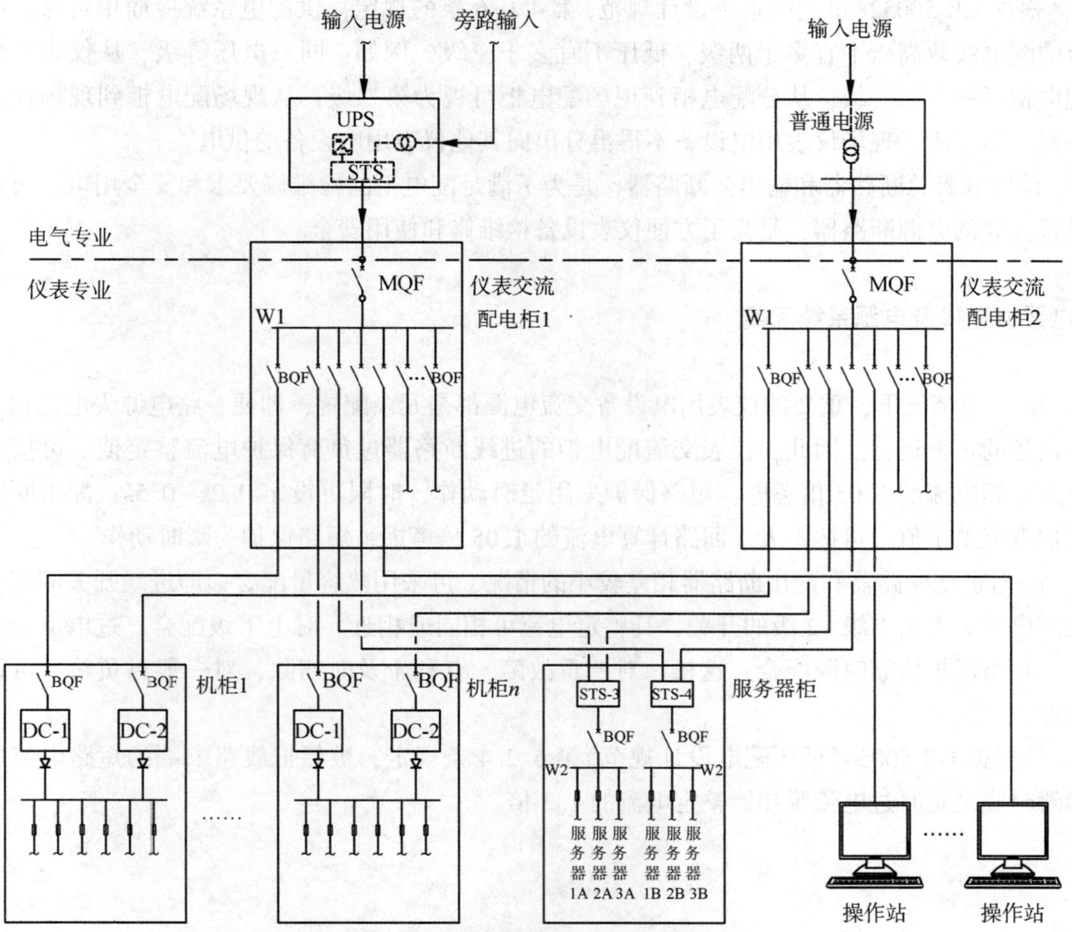

图 2　单台 UPS+普通交流电源供电方案

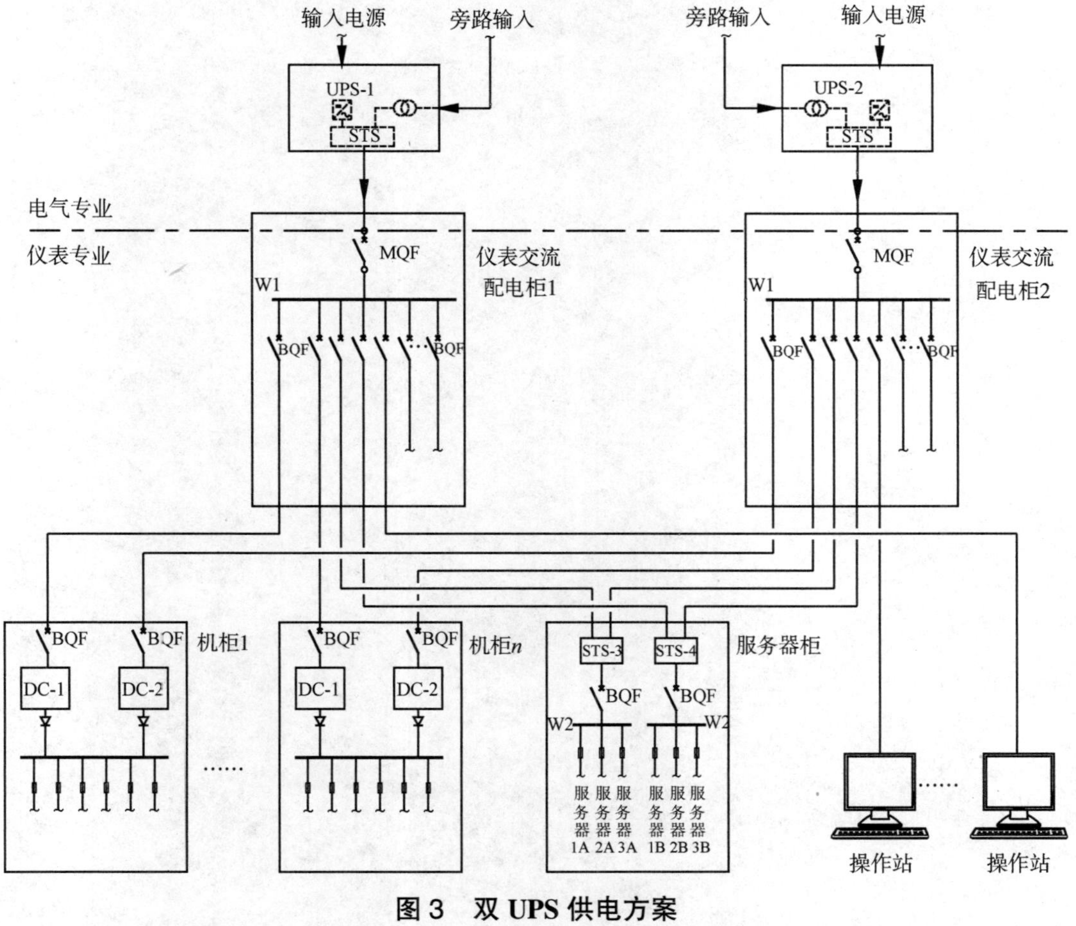

图 3　双 UPS 供电方案

7.2.4 根据 GB 50052《供配电系统设计规范》第 4.0.6 条的规定，供配电系统应简单可靠，同一电压等级的配电级数高压不宜多于两级，低压不宜多于三级，例如：同一电压等级，从仪表总配电柜到分配电柜可视为第一级，从分配电柜到现场配电柜可视为第二级，从现场配电柜到现场仪表用电设备可视为第三级，现场仪表用电设备不得再分出向其他仪表用电设备的供电。

7.2.5 设置输入总断路器和输出分断路器，是为了满足配电柜的检维修要求和安全用电；每台仪表设备设置独立的电源断路器，是为了方便仪表设备检维修和使用安全。

8 供电器材选择及电源系统配线

8.2.1 b)一般情况下，重要的仪表用电设备交流电源都是冗余配置，即便一路电源失电，也不会影响仪表设备的正常运行。因此，仪表交流配电柜的进线断路器过负荷保护电流整定值，可按不大于下级全部计算电流的 1.05 倍考虑，短路保护采用延时动作，时限可设定 0.2s~0.5s；配出断路器过负荷保护电流整定值，可按不大于回路计算电流的 1.05 倍考虑，短路保护为瞬时动作。

8.2.1 c)对进线断路器和配出断路器相差较小的情况，可采用热容量配合，即进线开关额定电流可选用比配出开关大出 1 级~2 级的开关，其整定电流可相同或相近。对上下级配合，过电流依靠电流值配合，短路保护依靠时限配合。这样，对严重故障，有利于及时切除，对一般过负荷，可以有较好选择性。

8.2.1 f)根据 GB 50054《低压配电设计规范》第 6.2.4 条规定，被保护线路末端的短路电流应大于断路器瞬时或短延时过电流脱扣器整定电流的 1.3 倍。

ICS 23.040.99
P 72
备案号：J1787-2014

SH

中华人民共和国石油化工行业标准

SH/T 3126—2013
代替SH 3126—2001

石油化工仪表及管道伴热和绝热设计规范

Design specification for tracing and insulation of instrument and piping in petrochemical industry

2013-10-17 发布　　2014-03-01 实施

中华人民共和国工业和信息化部　发布

目　次

Contents

前　言

根据中华人民共和国工业和信息化部《2011年第二批行业标准制修订计划》(工信厅科〔2011〕134号)的要求，规范编制组经广泛调查研究，认真总结实践经验，参考有关国际标准和国外先进标准，并在广泛征求意见的基础上，修订本规范。

本规范共分7章和10个附录。

本规范的主要技术内容是：仪表及测量管道的伴热和绝热设计。

本规范是在SH 3126—2001《石油化工仪表及管道伴热和隔热设计规范》的基础上修订而成，修订的主要技术内容是：

——增加了热水伴热、蒸汽伴热分配器及其相关内容；

——增加电伴热监控系统的部分内容；

——重新定义了绝热的概念，取消了保温、保冷的定义；

——在绝热结构中增加了防水层的要求；

——更新了常用绝热材料主要性能指标。

本规范由中国石油化工集团公司负责管理，由中国石油化工集团公司自动控制设计技术中心站负责日常管理，由中石化洛阳工程有限公司负责具体技术内容的解释。执行过程中如有意见和建议，请寄送日常管理单位和主编单位。

本规范日常管理单位：中国石油化工集团公司自动控制设计技术中心站

通讯地址：上海市徐汇区中山南二路1089号徐汇苑大厦12楼

邮政编码：200030

电　　话：021-64578936

传　　真：021-64578936

本规范主编单位：中石化洛阳工程有限公司

通讯地址：河南省洛阳市中州西路27号

邮政编码：471003

本规范参编单位：大庆石化工程有限公司

本规范主要起草人员：郭维真　裴炳安　史继森　宋志远

本规范主要审查人员：丁兰蓉　叶向东　林　融　郭建勋　徐伟清　高　欣　王　颖　严春明　宋　燕　林洪俊　孙　旭　陈学敏　郭章顺　周一鸣　李　江　江秋林　杨金城　张同科　徐玉娟　周江萍

本规范1990年首次发布(SHJ 21—90)，2002年第1次修订(SH 3126—2001)，本次为第2次修订。

石油化工仪表及管道伴热和绝热设计规范

1 范围

本规范规定了石油化工自动控制工程仪表及测量管道的伴热和绝热设计的要求。

本规范适用于石油炼制、石油化工及以煤为原料制取燃料和化工产品工厂的新建、扩建和改建工程的自动控制仪表及测量管道的伴热和绝热设计。

2 规范性引用文件

下列文件对于本规范的应用是必不可少的。凡是注日期的引用文件，仅注日期的版本适用于本规范。凡是不注日期的引用文件，其最新版本(包括所有的修改单)适用于本规范。

GB/T 8175　设备及管道绝热设计导则

GB/T 4272　设备及管道绝热技术通则

3 术语和定义

下列术语和定义适用于本规范。

3.1

伴热　tracing

采用热媒介质使仪表及测量管道介质提高温度的方式。

3.2

绝热　insulation

为减少设备、管道及其附件与周围环境换热，在其外表面采取的增设绝热层的措施。按热流方向分为保温绝热、保冷绝热。

3.3

保温绝热　heat insulation

为减少设备、管道及其附件向周围环境散热，在其外表面采取的包覆措施。

3.4

保冷绝热　cold insulation

为减少周围环境中的热量传入低温设备和管道内部，防止低温设备和管道外壁表面凝露或结霜，在其外表面采取的包覆措施。

3.5

防烫绝热　scald insulation

对表面温度超过60℃的不保温绝热仪表设备和测量管道，为防止人员烫伤而采取的绝热措施。

3.6

绝热层　insulation layer

对维持介质温度稳定起主要作用的绝热材料及其制品。

3.7

绝热结构　thermal insulation construction

由绝热层、防潮层、保护层等组成的结构综合体。

3.8

电伴热 electrical heat-tracing

利用电伴热带或其他电加热设施来补充被伴热物体在使用过程中所散失的热量，以维持介质温度在某一范围内。

3.9

维持温度 maintain temperature

设计伴热系统使被伴热物体在设计条件下保持一定温度。

3.10

最高维持温度 maximum maintain temperature

电伴热系统能够连续保持被伴热物体的最高温度。

3.11

终端连接 end termination connection

相对于电源端的电伴热带的终端连接。

3.12

温度控制器 thermostat controller

能检测和控制电伴热系统温度或电伴热系统所处的环境温度的一种现场仪表。用于控制电伴热带的通电和断电。伴热点设个蒸汽分配器。

4 仪表伴热类型及方式

4.1 伴热原则

下列情况应采用伴热：

a) 在环境温度下有冻结、冷凝、结晶、析出等现象产生的物料的测量管道、取样管道，应伴热；

b) 不能满足最低环境温度要求的检测仪表，应伴热。

4.2 伴热类型

4.2.1 仪表常用伴热类型有热水伴热、蒸汽伴热、电伴热和自伴热。

4.2.2 热水伴热宜应用在如下场合：

a) 当被伴热介质为水和水蒸气、轻质油品、等凝点较低的介质时；

b) 在高寒地区。

4.2.3 蒸汽伴热宜应用在如下场合：

a) 当被伴热介质为原油、渣油、蜡油、沥青、燃料油和急冷油等时；

b) 在非高寒地区。

4.2.4 电伴热可应用在如下场合：

a) 当需要对被伴热对象实现精确温度控制和遥控的场合；

b) 没有蒸汽源和热水源的场合。

4.2.5 仪表测量管道随工艺管道或工艺设备一并保温，不需另外采用热源就能满足测量要求时，可采用自伴热。

4.3 伴热方式

4.3.1 热水伴热和蒸汽伴热宜分为重伴热和轻伴热。

4.3.2 在被测介质易冻结、冷凝、结晶的场合，仪表测量管道应采用重伴热；重伴热的结构参见附录 A，伴热管道应紧密接触仪表测量管道。

4.3.3 当重伴热可能引起被测介质汽化、自聚或分解时，应采用轻伴热或绝热。

轻伴热的结构如附录 A 所示，伴热管道不接触仪表测量管道或在它们之间加一隔离层。

5 仪表伴热系统设计

5.1 一般规定

5.1.1 伴热系统设计应遵循以下原则：

a) 在环境温度下有冻结、冷凝、结晶、析出等现象产生的物料的测量管道、取样管道，应设置伴热系统；

b) 不能满足最低环境温度要求的检测仪表，应设置伴热系统；

c) 当伴热点位置相对分散时，可采用分散供热；当伴热点位置相对集中时，宜采用集中分配器供热。

5.1.2 伴热系统设计应考虑被伴热设备或管线的可独立维护特性。

5.1.3 当热水和蒸汽伴热采用集中分配器和收集器时，其设置应符合以下要求：

a) 在 3m 半径相邻范围内有 5 个及以上需要伴热的仪表，宜设置分配器；

b) 分配器应布置在不妨碍通行、便于操作和维护的地方；

c) 分配器应预留 1 个~2 个备用口，备用口宜设置阀门并用管帽或法兰盖密封。

5.1.4 蒸汽伴管的集液处应有排液装置。

5.1.5 热水伴管的集气处应有排气装置。

5.2 热水伴热系统设计

5.2.1 热水用量应根据伴热系统的热损失计算：

a) 伴热系统总热量损失 Q_S 为每个伴热管道的热量损失之和，其值应按公式(5.2.1-1)计算：

$$Q_S = \sum_i^n (q_p L_i + Q_{bi}) \qquad (5.2.1-1)$$

式中：

Q_S——伴热系统总热量损失，kJ/h；

q_p——伴热管道的允许热损失，kJ/m·h；

L_i——第 i 个伴热管道的保温长度，m；

Q_{bi}——第 i 个保温箱的热损失，kJ/h；

i——伴热系统的数量，$i=1、2、3\cdots n$。

b) 热水用量应按公式(5.2.1-2)计算：

$$V_w = K_2 \frac{Q_S}{C(t_1 - t_2)\rho} \qquad (5.2.1-2)$$

式中：

V_w——仪表伴热用热水用量，m^3/h；

Q_S——伴热系统总热量损失，kJ/h；

t_1——热水管道进水温度，℃；

t_2——热水管道回水温度，℃；

ρ——热水的密度，kg/m^3；

C——水的比热，取 4.1868kJ/kg·℃；

K_2——热水余量系数(包括热损失及漏损)，一般取 $K_2=1.05$。

5.2.2 热水伴热系统的设置应符合以下要求：

a) 仪表伴热用热水宜设置独立的供水系统，对于少数分散的仪表伴热对象，可视具体情况供水；

b) 热水伴热系统宜采用集中供水和集中回水的方式；

c) 集中供水系统应包括热水总管、热水支管、热水分配器、热水伴热管和排凝等部分，参见附录 B 图 B.1；集中回水系统应包括热水回水管、回水分配器、回水支管、回水总管和排凝等部分，参见附录 B 图 B. 2；

d） 每个需伴热的仪表为一个伴热回路，每个伴热回路应为独立系统；

e） 每个伴热回路热水入口、回水入口应分别设置切断阀，切断阀应采用截止阀；

f） 热水压力应满足热水能返回到回水总管。

5. 2. 3 热水伴热系统的管道设计应符合以下规定：

a） 热水伴热管的材质和管径可按表 5. 2. 3-1 选取：

表 5. 2. 3-1 常用热水伴热管的材质和管径

热水伴热管材质	热水伴热管外径×壁厚 mm
不锈钢管	ϕ10×1. 5，ϕ12×1. 5
不锈钢管、碳钢管	ϕ14×2
不锈钢管、碳钢管	ϕ18×3
不锈钢管、碳钢管	ϕ22×3

b） 热水伴热总管和支管应采用无缝钢管，相应的管径可按公式(5. 2. 3-1)计算：

$$d_n = 18.8\sqrt{\frac{V_w}{\omega}} \quad \cdots\cdots (5.2.3\text{-}1)$$

式中：

d_n——热水总管、支管内径，mm；

V_w——仪表伴热用热水用量，m^3/h；

ω——热水流速，m/s，一般取 1. 5m/s~3. 5m/s。

c） 热水支管和热水分配器及回水支管和回水分配器的管径可按表 5. 2. 3-2 选取(当 $S \geqslant 12$ 时应设置两个或两个以上热水分配器或回水分配器)；

表 5. 2. 3-2 热水支管和热水分配器管径选择

S 值	集中供水系统		集中回水系统	
	热水支管	热水分配器	回水支管	回水分配器
4~8	*DN*40(ϕ48×3)	*DN*50(ϕ60×3)	*DN*40(ϕ48×3)	*DN*50(ϕ60×3)
9~12	*DN*50(ϕ60×3)	*DN*80(ϕ89×3. 5)	*DN*50(ϕ60×3)	*DN*80(ϕ89×3. 5)

表中 *S* 值按公式(5. 2. 3-2)计算取得：

$$S = A + 2B + 3C \quad \cdots\cdots (5.2.3\text{-}2)$$

式中：

S——热水伴热管的总根数；

A——*DN*15 及以下伴热管的总根数；

B——*DN*20 伴热管的根数；

C——*DN*25 伴热管的根数。

d） 热水伴热管的最大允许有效长度(从热水分配器到回水分配器的伴热管总长度)可按表 5. 2. 3-3 确定：

表 5.2.3-3　热水伴热管的最大允许有效长度选择

伴热管管径 mm	伴热热水压力 p[MPa(A)]对应的最大允许有效长度 m		
	$0.3 \leqslant p \leqslant 0.5$	$0.5 < p \leqslant 0.7$	$0.7 < p \leqslant 1.0$
ϕ10、ϕ12	40	50	60
*DN*15(ϕ22×2.5)	60	70	80

5.2.4　热水伴热系统管道的敷设应符合以下规定：

a）热水伴热总管、支管、伴热管的连接应焊接，必要时设置活接头。取水点应在热水管底部或两侧。伴热管应从低点供水，高点回水；

b）热水伴热管及支管根部、回水管根部应设置切断阀，最低点应设排污阀；

c）热水支管的热水宜从热水总管顶部引出，并在靠近引出口处设置切断阀，切断阀宜设置在水平管道上；热水回水管宜从热水回水总管顶部引入；

d）同一热水分配器的各伴热管长度应尽可能相等，最短热水伴热管的当量长度不宜小于最长伴热管当量长度的70%左右。

5.3　蒸汽伴热系统设计

5.3.1　蒸汽用量的计算可按公式(5.3.1)计算：

$$W_S = K_1 \frac{Q_S}{H} \qquad (5.3.1)$$

式中：

W_S——仪表伴热用蒸汽用量，kg/h；

H——蒸汽冷凝潜热，kJ/kg；

K_1——蒸汽余量系数。

5.3.2　蒸汽伴热系统的设置应符合以下规定：

a）伴热蒸汽宜采用低压过热蒸汽或低压饱和蒸汽；

b）仪表伴热用蒸汽宜设置独立的供汽系统。对于少数分散的仪表伴热对象，可按具体情况供汽，参见附录C图C；

c）蒸汽伴热系统宜采用集中供汽和集中疏水的方式；

d）集中供汽系统应包括蒸汽总管、蒸汽支管、蒸汽分配器、蒸汽伴热管及管路附件等部分，参见附录D图D.1；

e）集中回水系统应包括蒸汽冷凝水管、疏水器、回水分配器、回水支管、回水总管和及管路附件等部分，参见附录D图D.2；

f）每个需伴热的仪表宜为一个伴热回路，每个伴热回路应为独立系统；

g）每个伴热回路应设置一个供汽阀、一个回水阀和一个疏水器，供汽阀应采用截止阀。

5.3.3　蒸汽伴热系统的管线设计应符合以下规定：

a）蒸汽伴热管的材质和管径，可按表5.3.3-1选取：

表 5.3.3-1　常用蒸汽伴热管材质和管径

伴热管材质	伴热管外径×壁厚 mm
紫铜管	ϕ8×1
紫铜管	ϕ10×1
不锈钢管	ϕ8×1

表 5.3.3-1 常用蒸汽伴热管材质和管径(续)

伴热管材质	伴热管外径×壁厚 mm
不锈钢管	ϕ10×1.5(ϕ12×1.5)
不锈钢管	ϕ14×2(ϕ18×3)
碳钢管	ϕ14×2(ϕ18×3)

b) 伴热总管和支管应采用无缝钢管，其管径可按表 5.3.3-2 选择：

表 5.3.3-2 伴热总管和支管管径与饱和蒸汽流量、流速关系

公称直径 *DN*	规格 外径×壁厚 mm	蒸汽压力/MPa(A)					
		1.0		0.6		0.3	
		蒸汽量 t/h	流速 m/s	蒸汽量 t/h	流速 m/s	蒸汽量 t/h	流速 m/s
15	ϕ22×2.5	<0.04	<9	<0.03	<11	<0.02	<11
20	ϕ27×2.5	<0.07	<10	<0.05	<12	<0.03	<13
25	ϕ34×2.5	0.07~0.13	<11	0.05~0.10	<13	0.03~0.06	<15
40	ϕ48×3	0.13~0.34	<13	0.10~0.26	<17	0.06~0.16	<20
50	ϕ60×3	0.34~0.64	<15	0.26~0.5	<19	0.16~0.3	<23
80	ϕ89×3.5	0.64~1.9	<20	0.5~1.4	<23	0.3~0.8	<26
100	ϕ100×3	1.9~3.8	<24	1.4~2.7	<26	0.8~1.5	<29

c) 蒸汽伴热支管和蒸汽分配器及回水支管和回水分配器的管径可按表 5.3.3-3 选取(当 $S \geq 16$ 时应设置两个或两个以上蒸汽分配器或回水分配器)；

表 5.3.3-3 伴热支管和蒸汽分配器管径选择

S 值	集中供汽系统		集中回水系统	
	蒸汽支管	蒸汽分配器	回水支管	回水分配器
4~8	*DN*25(ϕ34×2.5)	*DN*50(ϕ60×3)	*DN*25(ϕ34×2.5)	*DN*50(ϕ60×3)
9~12	*DN*40(ϕ48×3)	*DN*50(ϕ60×3)	*DN*40(ϕ48×3)	*DN*50(ϕ60×3)
13~16	*DN*50(ϕ60×3)	*DN*80(ϕ89×3.5)	*DN*50(ϕ60×3)	*DN*80(ϕ89×3.5)

表中 *S* 值由下式取得：

$$S=A+2B+3C \tag{5.3.3}$$

式中：

S——蒸汽伴热管的总根数；

A——*DN*15 及以下伴热管的总根数；

B——*DN*20 伴热管的根数；

C——*DN*25 伴热管的根数。

d) 蒸汽伴热管的最大允许有效长度(从蒸汽分配器到回水分配器的伴热管总长度)可按表 5.3.3-4 确定：

表 5.3.3-4　蒸汽伴热管的最大允许有效长度选择表

伴热管管径 mm	伴热蒸汽压力 p[MPa(A)]对应的最大允许有效长度 m		
	$0.3 \leq p \leq 0.5$	$0.5 < p \leq 0.7$	$0.7 < p \leq 1.0$
ϕ10、ϕ12	40	50	60
*DN*15(ϕ22×2.5)	60	75	90

e)蒸汽伴热支管最多伴热点数可按表 5.3.3-5 选取：

表 5.3.3-5　蒸汽伴热支管最多伴热点数

伴热支管 外径×壁厚 mm	蒸汽压力/MPa(A)		
	1.0	0.6	0.3
	最多伴热点数/个		
ϕ22×2.5	10	7	4
ϕ27×2.5	18	14	10
ϕ34×2.5	35	29	21
ϕ48×3	91	76	57
ϕ60×3	172	147	107
ϕ89×3.5	535	414	255

5.3.4　蒸汽伴热系统管道的敷设应符合以下规定：

a）　伴热管道应从蒸汽总管或支管顶部引出，并在靠近引出处设切断阀。每根伴热管道应始于测量系统的最高点，终止于测量系统的最低点，在最低点设排污阀。并尽量减少“U”形弯；

b）　伴热管线应避免在高度上起伏变化，以便于冷凝液的排放，当这种连接起伏无法避免时，可参考附录 E 图 E 所规定的回升高度进行限制。当伴热管道在允许伴热长度内出现“U”形弯时，则以 m 计的累计上升高度，不宜大于蒸汽入口压力 p_1(单位为 MPa)与疏水器出口压力 p_2(单位为 MPa)差值的 10 倍；疏水器出口压力 p_2可按回水管网的压力取值；

c）　当伴热管道水平敷设时，伴热管道应安装在被伴热管道的下方或两侧；

d）　伴热管道可用金属扎带或镀锌铁丝捆扎在被伴热管道上，捆扎间距 1m~1.5m；

e）　供汽分配器及回水分配器可水平或垂直安装；

f）　供汽分配器冷凝水管管径宜选用 *DN*20；

g）　当供汽分配器位于蒸汽总管上方，且从下部接入分配器时，分配器可不设排水阀和疏水阀；

h）　当供汽分配器上有从下部引出的伴热管时，集合管上可不单独设疏水器；

i）　在同一蒸汽分配器的各蒸汽伴热管长度应尽大致相等，最短蒸汽伴热管的当量长度不宜小于最长伴热管当量长度的 70%左右。

5.3.5　疏水器的设置应符合以下规定：

a）　蒸汽伴热系统可采用热动力式疏水器或双金属式疏水器；

b）　每根伴管宜单独设置疏水器，不宜与其他伴管合并疏水；

c）　疏水器宜带过滤器；

d）　疏水器前后均应设置切断阀，不宜设置旁路阀。根据情况疏水器前可设排污阀，且排污阀应安装在垂直管道上；

e）　热动力式疏水器宜安装在水平管道上；

f）　螺纹连接的疏水器后宜设置活接头。

5.4 电伴热系统设计

5.4.1 电伴热系统的设计应符合以下规定：

a) 在爆炸危险场所，电伴热系统配套的电气设备及附件应满足爆炸危险场所的防爆等级；

b) 电伴热系统可由配电箱、控制电缆、电伴热带及其附件组成。附件包括电源接线盒、中间接线盒(二通或三通)、终端接线盒及温度控制器。

5.4.2 电伴热带的功率可根据仪表测量管道散热量来确定，管道散热量按公式(5.4.2)计算：

$$q=\frac{2\pi k(T_P-T_Q)}{\ln(D_2/D_1)} \tag{5.4.2}$$

式中：

q——每单位长度仪表测量管道的热损失(实际需要的伴热量)，W/m；

T_P——要求的维持温度，℃；

T_Q——最低设计环境温度，℃；

D_2——保温层外径，m；

D_1——保温层内径，m；

k——保温层导热系数。

5.4.3 电伴热系统可分为以下类型：

a) 自限温电伴热系统，可用于不需要精确控制伴热温度的场合，参见附录G图G.1；

b) 温度控制电伴热系统，可用于需要精确维持管壁温度或加热体内的介质温度的场合，参见附录G图G.2。

5.4.4 电伴热监控系统至少应满足下列要求：

a) 伴热回路应采取可视的监控手段，用指示灯监控各伴热回路的工作状态；

b) 监控系统应提供报警信息；

c) 监控系统应具备自测试功能；

d) 监控系统应能与中心控制室进行数据通信，集中监控运行状态和报警。

5.4.5 电伴热带的选型，应符合下列要求：

a) 在爆炸性危险环境使用的，应满足防爆要求；

b) 最高耐温应超过被伴热对象可能的最高温度；

c) 应在规定的环境条件(腐蚀、低温等)下正常运行；

d) 应根据管道维持温度及最高温度确定电伴热带的最高耐受温度。

5.4.6 电伴热带安装形式，参见附录H。

6 仪表绝热方式

6.1 仪表常用绝热方式有保温绝热、保冷绝热及防烫绝热。

6.2 凡符合下列条件之一者，宜采用保温绝热：

a) 对于热流体(如蒸汽、热水或其他高温物料)的仪表及管道；

b) 采用保温绝热方式可保证仪表和管道在环境条件下正常工作的仪表及管道；

c) 伴热系统的蒸汽管道、热水管道、冷凝回水管道、电伴热带等。

6.3 保温绝热设计中有关温度宜满足下列规定：

a) 仪表测量管道内介质维持温度：20℃~80℃。宜以60℃作为保温计算依据；

b) 保温箱内维持温度范围宜为：5℃~20℃；

c) 室外保温绝热系统，环境温度宜取当地极端最低温度；室内保温绝热系统，宜以室内最低气温作为计算依据。

6.4 冷流体仪表检测系统应采用保冷绝热。

6.5 表面温度超过60℃的不保温绝热仪表设备和测量管道，需要经常维护又无法采用其他措施防止烫伤的部位应采用防烫绝热。

7 仪表绝热系统设计

7.1 绝热结构

7.1.1 保温绝热结构宜由防腐层、保温绝热层、保温绝热结构防水层和保护层组成，参见附录 F。

7.1.2 保冷绝热结构宜由防腐层、保冷绝热层、防潮层和保护层组成，保护层材料参见附录 K。

7.1.3 仪表管道的绝热可采用管道绝热中常规的现场绑扎法，也可用测量管道、伴热带、绝热层和保护层一体化的管缆法。

7.2 绝热层厚度设计

7.2.1 保温绝热层厚度可按仪表管道和仪表保温箱分别计算：

a） 保温绝热层厚度 δ_p，可按下列公式计算：

$$\delta_p=\frac{D-d}{2} \qquad (7.2.1\text{-}1)$$

$$D=d\cdot e^{\beta} \qquad (7.2.1\text{-}2)$$

$$d=\frac{L}{\pi} \qquad (7.2.1\text{-}3)$$

$$\beta=3.6\frac{t-t_0}{\frac{1}{2\pi\lambda}\cdot q_p} \qquad (7.2.1\text{-}4)$$

$$q_p=3.6\frac{t-t_0}{\frac{1}{2\pi\lambda}\cdot\ln\frac{D}{d}} \qquad (7.2.1\text{-}5)$$

式中：

δ_p——仪表管道保温绝热层厚度，m；

q_p——仪表管道允许热损失，kJ/(m·h)；

D——仪表管道保温绝热层外径，m；

d——仪表管道保温绝热层内径，m；

t——仪表管道内介质温度，℃；

t_0——环境温度，℃（使用地区最低极限温度）；

λ——保温绝热材料的导热系数，W/(m·℃)；

L——仪表管道当量圆周长，m；

β——系数。

b） 保温箱保温绝热层厚度 δ_b，可按公式(7.2.1-6)计算：

$$\delta_b=\frac{3.6(t_b-t_0)\lambda}{q_b} \qquad (7.2.1\text{-}6)$$

$$q_b=3.6\left[\frac{t_b-t_0}{\frac{\delta_b}{\lambda}}\right] \qquad (7.2.1\text{-}7)$$

式中：

q_b——保温箱表面允许热损失，kJ/(m^2·h)；

t_b——保温箱内温度，℃；

δ_b——保温箱保温绝热层的厚度，m。

c） 仪表管道允许热损失 q_p 值，可按表 7.2.1-1 的数据确定：

表 7.2.1-1 仪表管道允许热损失

大气温度 ℃	伴热蒸汽压力 MPa(A)		
	1.0	0.6	0.3
	允许热损失 q_p kJ/(m·h)		
-30 以下	39×4.1868	34×4.1868	30×4.1868
-30~-15	33×4.1868	29×4.1868	27×4.1868
-15 以上	28×4.1868	26×4.1868	25×4.1868

d) 热水伴热允许热损失，可根据不同的环境温度，按表 7.2.1-1 中 0.3MPa 的蒸汽压力选取相应的 q_p 值；

e) 蒸汽伴热绝热层的厚度，可根据环境温度按表 7.2.1-2 中数值选取：

表 7.2.1-2 蒸汽伴热绝热层厚度

大气温度 ℃	蒸汽压力 MPa(A)	隔热层厚度 δ_b mm
-30 以下	1	30
-30~-15	0.6	20
-15 以上	0.3	20
0 以上	1	10
注：表中的绝热层厚度是按测量管道内介质温度为 60℃时确定的。		

f) 热水伴热绝热层厚度也可参照表 7.2.1-2 中的数值选取；

g) 电伴热绝热层厚度也可参照表 7.2.1-2 中的数值选取。

7.2.2 保冷绝热层厚度可按 GB/T 8175 的相关公式估算或按管道专业的相关规定确定。

7.3 绝热材料选用

7.3.1 用于绝热结构的材料应按 GB/T 8175、GB/T4272 的规定及管道设计的统一要求选用。

7.3.2 当管道设计无特殊要求时，绝热材料宜按附录 J 的要求选用。

附　录　A
(资料性附录)
伴热结构示意图

伴热结构见图A。

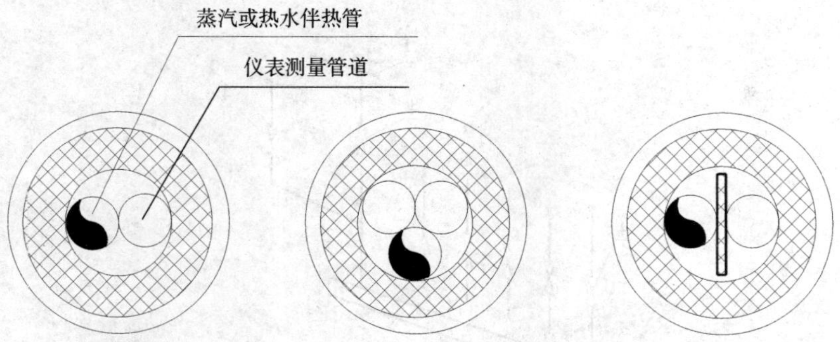

a) 单管重伴热　　b) 多管重伴热　　c) 单管轻伴热

图A　伴热结构示意

附　录　B
(资料性附录)
热水伴热集中分配系统示意图

热水伴热集中分配系统见图 B.1、图 B.2。

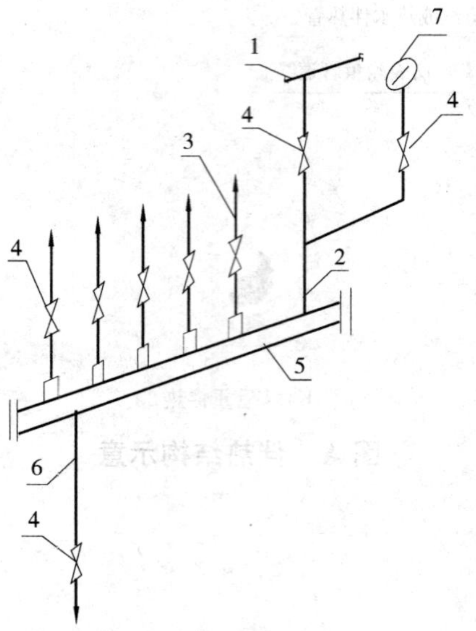

1—热水总管；2—热水支管；3—热水伴热管；4—切断阀；5—热水分配器；
6—开工排水管和吹出管；7—压力表

图 B.1　热水伴热集中供水系统示意

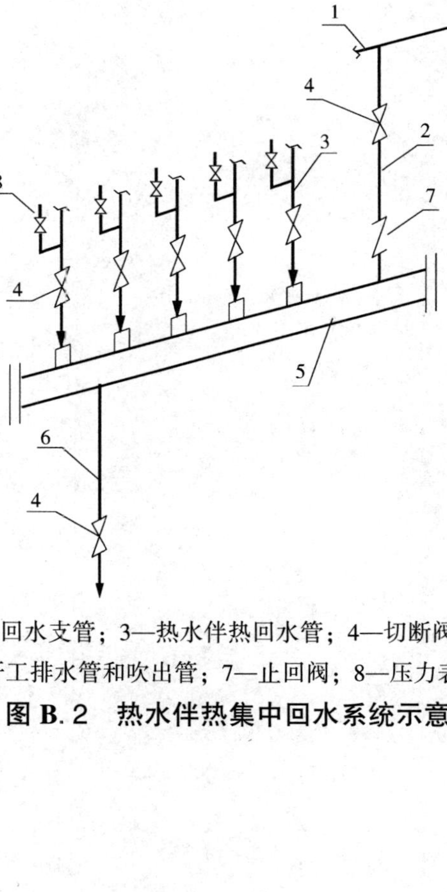

1—回水总管；2—回水支管；3—热水伴热回水管；4—切断阀；5—回水分配器；
6—开工排水管和吹出管；7—止回阀；8—压力表接头

图 B.2　热水伴热集中回水系统示意

附 录 C
(资料性附录)
蒸汽伴热分散布置系统示意图

蒸汽伴热分散布置系统见图C。

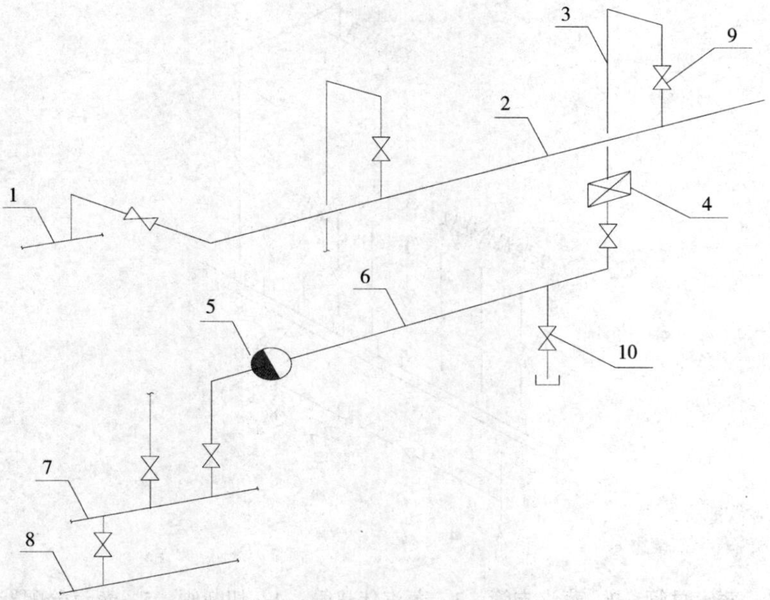

1—蒸汽总管；2—蒸汽支管；3—蒸汽伴热管；4—保温箱；5—疏水器；
6—冷凝水管；7—回水支管；8—回水总管；9—切断阀；10—排污阀

图C 蒸汽伴热系统管路示意

附 录 D
(资料性附录)
蒸汽伴热集中分配系统示意图

蒸汽伴热集中分配系统见图 D.1、图 D.2。

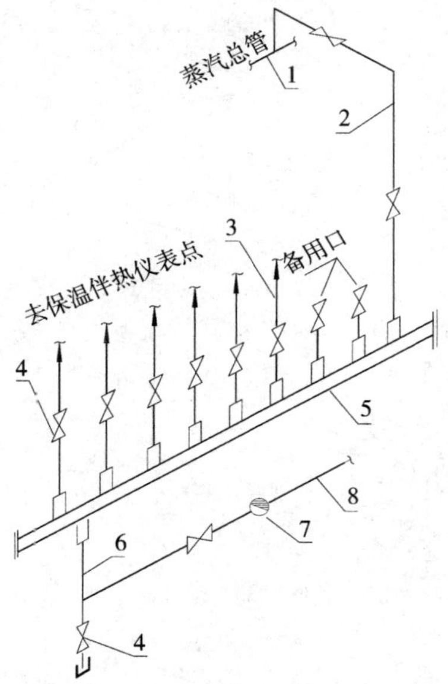

1—蒸汽总管；2—蒸汽支管；3—蒸汽伴热管；4—切断阀；5—蒸汽分配器；
6—开工排水管和吹出管；7—疏水器；8—冷凝水管(至回水管或地漏)

图 D.1　蒸汽伴热集中供汽系统示意

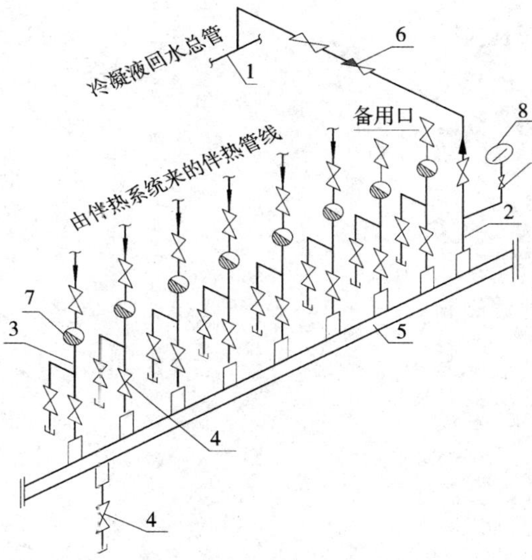

1—回水总管；2—回水支管；3—冷凝水管；4—切断阀；
5—回水分配器；6—止回阀；7—疏水器；8—压力表

图 D.2　蒸汽伴热集中回水系统示意

附 录 E

(资料性附录)

蒸汽伴热管回升高度的限制

蒸汽伴热管回升高度的限制见图 E。

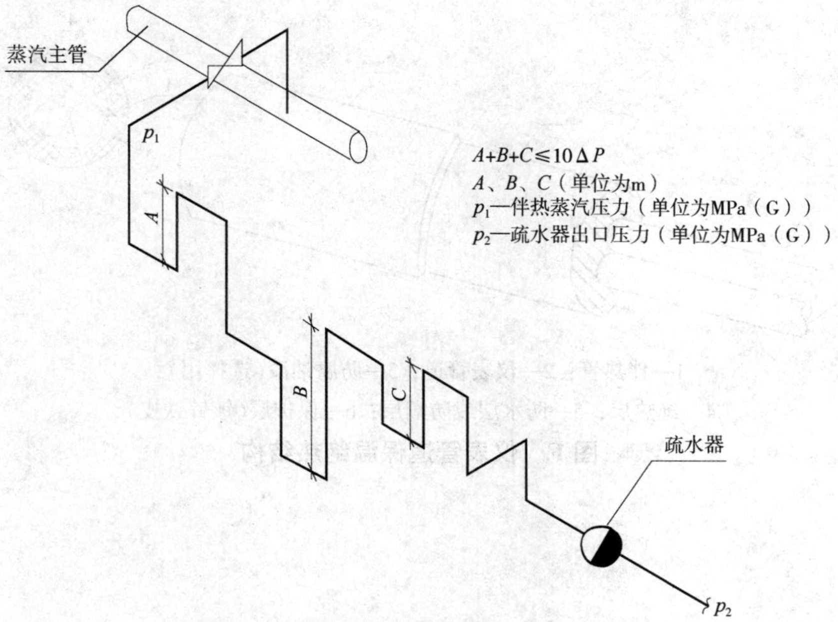

图 E　蒸汽伴热管回升高度的限制

附 录 F
(资料性附录)
仪表管道保温绝热结构

仪表管道保温绝热结构见图 F。

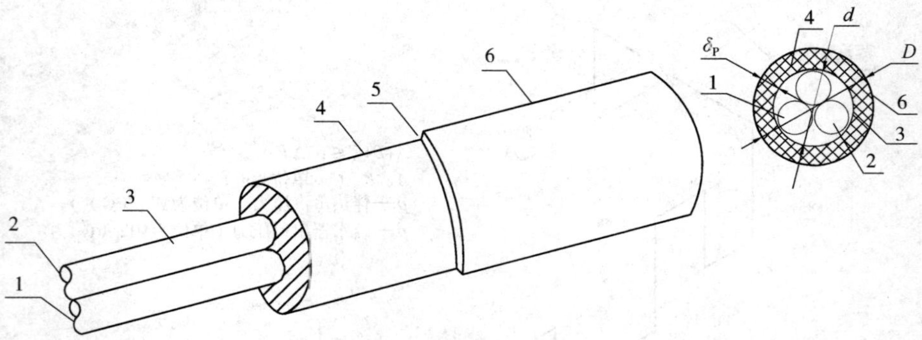

1—伴热管；2—仪表管道；3—防腐油漆(选择用)；
4—绝热层；5—防水层或防潮层；6—保护层(镀锌铁皮)

图 F 仪表管道保温绝热结构

附　录　G
(资料性附录)
电伴热类型示意图

电伴热类型见图 G. 1、图 G. 2。

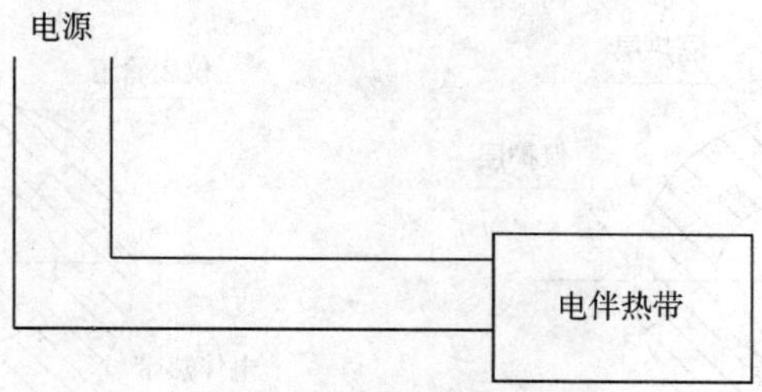

图 G. 1　自限温系统

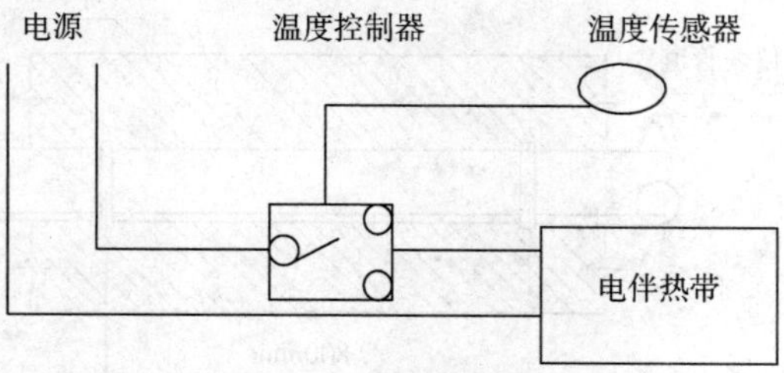

图 G. 2　温度控制系统

附 录 H
(资料性附录)
电伴热带安装示意图

电伴热带安装见图 H.1、图 H.2、图 H.3、图 H.4。

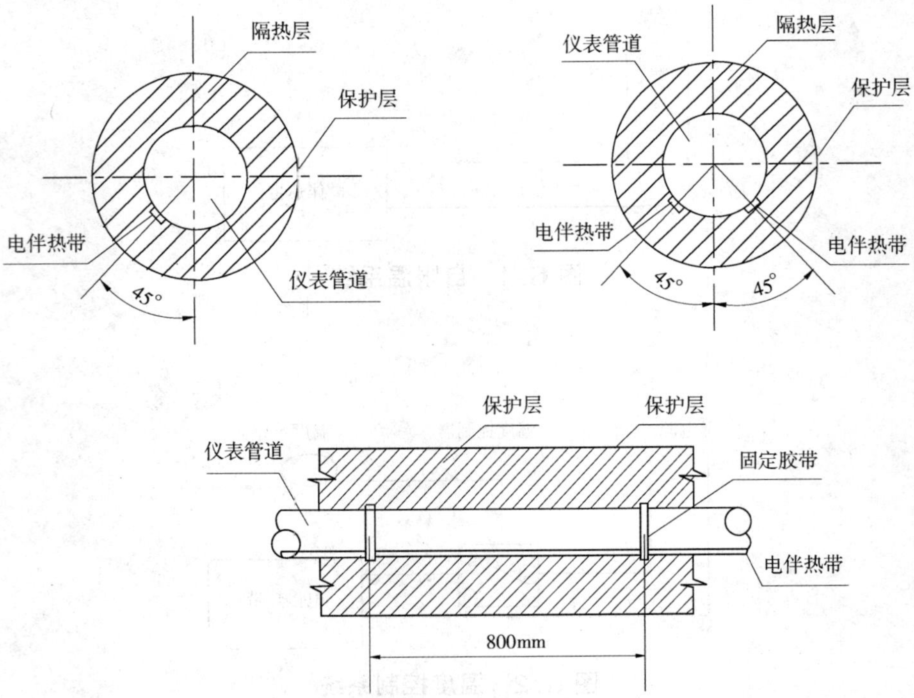

图 H.1 电伴热带直线排放安装示意

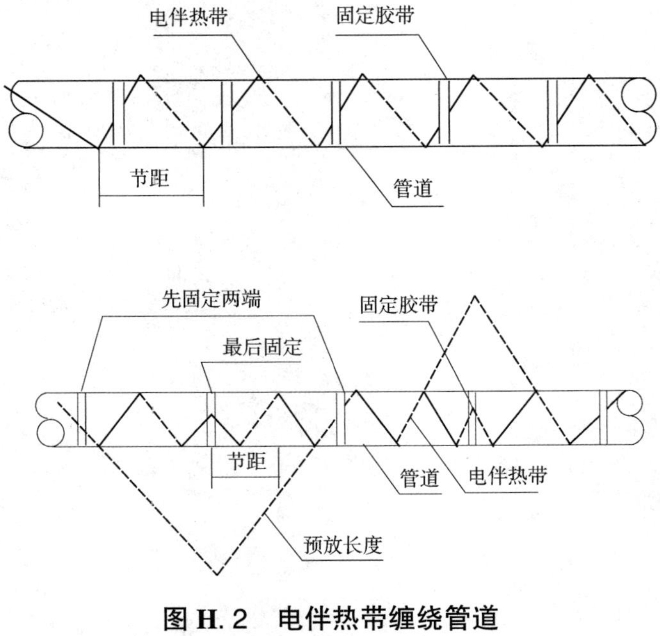

图 H.2 电伴热带缠绕管道

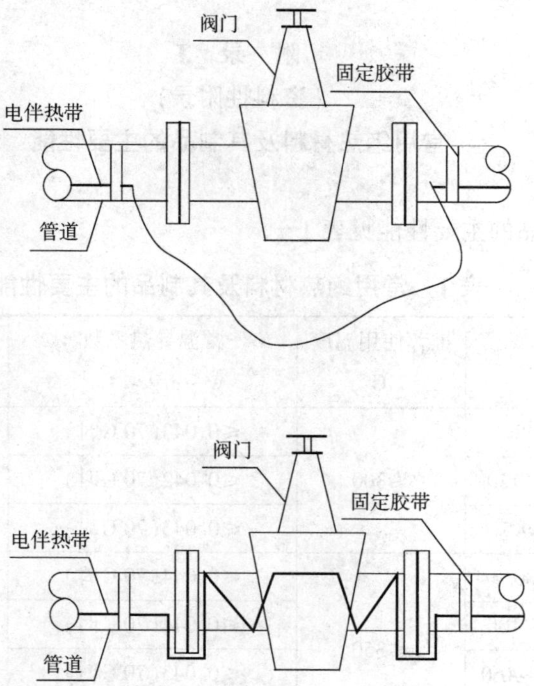

图 H.3　电伴热带缠绕阀门

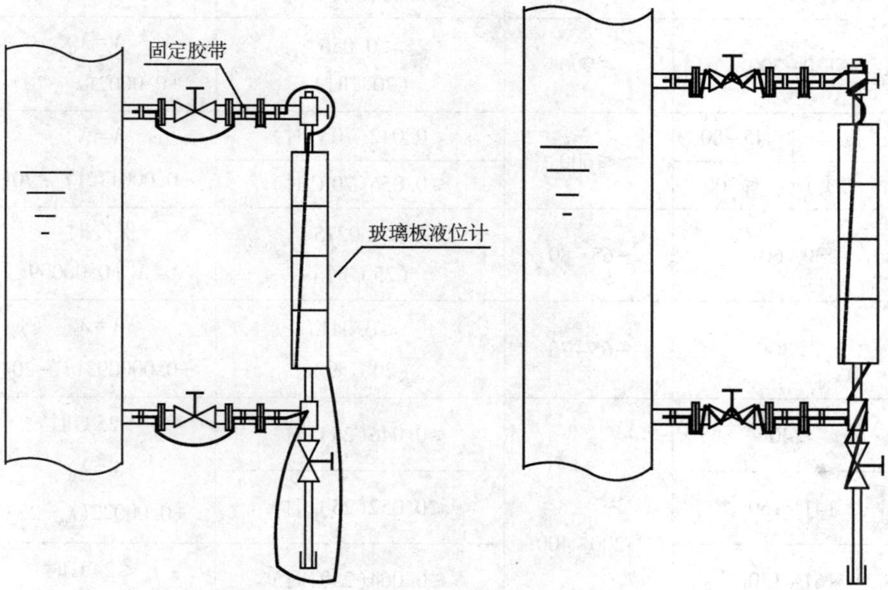

图 H.4　电伴热带缠绕玻璃板液位计

附　录　J

（资料性附录）

常用绝热材料及其制品的主要性能

常用绝热材料及其制品的主要性能见表 J。

表 J　常用绝热材料及其制品的主要性能

材料名称	使用密度 kg/m³		推荐使用温度 ℃	常温导热系数 $W \cdot m^{-1} \cdot ℃^{-1}$	导热系数参考方程 $W \cdot m^{-1} \cdot ℃^{-1}$	抗压强度 MPa
超细玻璃棉制品	板	48	≤300	≤0.043（70℃时）	$\lambda=\lambda_0+0.00017(t_m-70)$	—
		64~120		≤0.042（70℃时）		
	管	≥45		≤0.043（70℃时）		
岩棉及矿渣棉	板	80	≤350	≤0.044（70℃时）	$\lambda=\lambda_0+0.00018(t_m-70)$	—
		81~100		≤0.044（70℃时）		
		101~160		≤0.043（70℃时）		
	管	161~200		≤0.044（70℃时）		
微孔硅酸钙（无石棉）	170		≤550	≤0.055（70℃时）	$\lambda=\lambda_0+0.000116(t_m-70)$	0.4
	220			≤0.062（70℃时）		0.5
	240			≤0.064（70℃时）		0.5
硅酸铝纤维制品	120~200		≤900	≤0.056（70℃时）	$\lambda=\lambda_0+0.0002(t_m-70)$	—
复合硅酸铝镁制品	板	45~80	≤600	≤0.042（70℃时）	$\lambda=\lambda_0+0.000112(t_m-70)$	—
	管（硬质）	≤300		≤0.056（70℃时）		0.4
聚氨酯泡沫塑料制品	30~60		−65~80	≤0.0275（25℃时）	保冷时：$\lambda=\lambda_0+0.00009t_m$	—
聚苯乙烯泡沫塑料制品	≥30		−65~70	≤0.041（20℃时）	$\lambda=\lambda_0+0.000093(t_m-20)$	—
泡沫玻璃	≤40		−200~400	≤0.046（25℃时）	$t_m>25℃$时：$\lambda=\lambda_0+0.00022(t_m-25)$	0.4
	141~160			≤0.052（25℃时）		0.5
	161~180			≤0.064（25℃时）	$t_m\leq24℃$时：$\lambda=\lambda_0+0.00011(t_m-24)$	0.6
	181~200			≤0.068（25℃时）		0.8

注 1：阻燃型保冷材料氧指数应不小于 30%。

注 2：用于与奥氏体不锈钢表面接触的绝热材料应符合 GB 50126—2008《工业设备及管道绝热工程施工规范》有关氯离子含量的规定。

附　录　K
(资料性附录)
常用保护层材料主要性能

常用保护层材料主要性能见表K。

表K　常用保护层材料主要性能表

名称	技术性能	备注
玻璃布平纹带	幅度(mm)：125；250	
	厚度(mm)：0.1±0.01	
	标重(g/m^2)：105±10	
	径向拉断荷重(kg)：740	
	纬向拉断荷重(kg)：30	
沥青玛碲脂	连续5h不流淌	隔热管壳间胶结用
	粘结性5×10(cm^2)，18℃合格	
沥青油毡纸	一般防水油毡纸	
镀锌铁丝	#22	捆扎用
各色油性调和漆	干燥时间(h)表干≤10	防腐用
	湿干≤24	
镀锌薄钢板	厚度(mm)：0.3~0.35	
铝合金薄板	厚度(mm)：0.4~0.5	

参 考 文 献

GB 50093—2002　自动化仪表工程施工及验收规范

GB 50131—2007　自动化仪表工程施工质量验收规范

GB 50257—1996　电气装置安装工程爆炸和火灾危险环境电气装置施工及验收规范

GB 50126—2008　工业设备及管道绝热工程施工规范

GB 50645—2011　石油化工绝热工程施工质量验收规范

SH/T 3082—2003　石油化工仪表供电设计规范

GB/T 19518.2—2004　爆炸性气体环境用电气设备　电阻式伴热器　第2部分：设计、安装和维护指南

中华人民共和国石油化工行业标准

石油化工仪表及管道伴热和绝热设计规范

SH/T 3126—2013

条 文 说 明

2013 年 北 京

修 订 说 明

SH/T 3126—2013《石油化工仪表及管道伴热和绝热设计规范》，经工业和信息化部 2013 年 10 月 17 日以第 52 号公告批准发布。

本规范是在 SH 3126—2001《石油化工仪表及管道伴热和隔热设计规范》的基础上修订而成，上一版的主编单位是中国石化集团洛阳石油化工工程公司，主要起草人是赵永登、郭维真、文涛。

本规范修订过程中，编制组进行了调查研究，总结了我国石油化工工程建设仪表及管道伴热和绝热方面的实践经验，同时参考了国外先进技术法规、技术标准，征求了有关设计、施工、生产等方面的意见，最终经审查定稿。

为便于广大设计、施工、科研、学校等单位有关人员在使用本规范时能正确理解和执行条文规定，《石油化工仪表及管道伴热和绝热设计规范》编制组按章、条顺序编制了本规范的条文说明，对条文规定的目的、依据以及执行中需注意的有关事项进行了说明。但是，本条文说明不具备与标准正文同等的法律效力，仅供使用者作为理解和把握标准规定的参考。

目　次

石油化工仪表及管道伴热和绝热设计规范

3 术语和定义

3.10 最高维持温度与电伴热带的最高耐温概念不同，后者是对电伴热带及其元器件的热稳定性不会产生不利影响的最高操作温度。

4 仪表伴热类型及方式

4.2 伴热类型

4.2.2 热水伴热

在条件许可情况下应优先采用热水伴热，在热水伴热满足不了要求的情况下选择蒸汽伴热。例如，有些分析采样管线要求伴热温度较高以保证内部为“干管”状态，此时用热水伴热可能满足不了要求。在蒸汽源和热水源均难以解决的场合可以考虑用电伴热。

热水伴热无法满足要求的情况有两种：一是特殊介质的场合，如含有硫磺的介质需伴热到一百多度；二是被伴热系统的位置比较高，热水压力不能满足较高的压头损失的场合。

4.2.4 电伴热

目前国内尚无有关电伴热应用方面的标准规范，制定有关电伴热方面的标准主要目的是为了促进电伴热在仪表领域的应用。

4.2.5 自伴热

自伴热是将仪表测量管沿具有一定表面温度的工艺管道或设备敷设并保温，利用工艺管道或设备自身的热量达到防冻凝的目的。不需要采用其他热源。

4.3 伴热方式

附录A图A中规定了三种伴热方式。为保证仪表及仪表测量管道内的介质处于正常工作状态，使用中应根据介质的特性，确定相应的伴热形式。当测量腐蚀性或热敏性强、易分解的介质时，不允许伴热管紧贴于仪表及仪表测量管道。碳钢管道与不锈钢管道不应直接接触。

当环境温度下仪表不能正常工作时，应设置仪表保温箱。

仪表保温箱可采用蒸汽伴热、热水伴热或电伴热。当电伴热保温箱在爆炸危险场所使用时，其电伴热系统的防爆级别应符合现行GB 50058《爆炸及火灾危险环境电力装置设计规范》的规定。

5 仪表伴热系统设计

5.2 热水伴热系统设计

5.2.4 为了保证伴热效果，可在热水伴热管末端加压力表接头，需要的时候观察热源的压力。

5.3 蒸汽伴热系统设计

5.3.1 在实际计算中，还考虑下列诸因素，并取 $K_1=2$ 作为确定蒸汽总用量的依据：

a）蒸汽管网压力波动；

b）绝热层多年使用后绝热效果的降低；

c）确定允许压力损失时误差；

d）管件的热损失；

e）疏水器可能引起的蒸汽泄漏。

伴热蒸汽用量估算值：每个伴热点约为5kg/h～8kg/h。

5.3.2

a） 饱和蒸汽主要物理性质见表1：

表1 饱和蒸汽主要物理性质

饱和蒸汽压力 MPa(A)	温度 t ℃	冷凝潜热 H kJ/kg
1	179.038	481.6×4.1868
0.6	158.076	498.6×4.1868
0.3	132.875	517.3×4.1868

b） 仪表伴热用蒸汽宜设置独立供汽系统是指，蒸汽管道在进入车间或工段时，就应与工艺用蒸汽管道分开敷设，以避免仪表伴热用蒸汽在工艺装置停车、检修停蒸汽时被切断。

5.3.3

a） 表5.3.3-1中指出伴热管的规格和材质供设计选用，但对个别黏度较大的介质，其伴热管道的管径可适当增大。

b） 表5.3.3-2中蒸汽压力不是具体值，可根据实际伴热压力参考表中数据；

蒸汽流速由于不能超过相应管径允许的最大流速，而不同管径的蒸汽管道所能提供的热量是有一定限度的，所以接在某一管径上伴热系统不能超出一定的数量。

e） 表5.3.3-5中指明了在不同管径的蒸汽管道上所能连接的最多伴热点数，是根据理论计算与现场实际调查结果制定的，可供设计时估算管径参考。由表5.3.3-5估算出管径后，可参照表5.3.3-2估算出总的蒸汽耗量。

5.3.4

b） 疏水器出口压力 P_2 可参考回水管网的压力取值。

i） 回水系统应按下列基本要求考虑：

各回水管线的冷凝量大致相等；

各回水系统的压力损失应尽可能小；

各并联的回水系统之间的阻力应大致相等；

对于冷凝液回水管的选择，因冷凝液在冷凝回水管道内流动过程中，随着压力的降低，部分冷凝液会产生自蒸发现象，疏水器在使用过程中，蒸汽会通过阀片泄漏到冷凝回水管道中去，使回水管道内呈现汽、水两相的混合状态，考虑到回水管内混合流体的体积比纯冷凝液的体积大，冷凝回水管的管径可等于蒸汽伴热管管径或大一级。

5.3.5

c） 疏水器最好内置有过滤器，否则宜在疏水器与前切断阀间设置Y型过滤器。

d） 疏水器不设切断阀，检修不方便，且当蒸汽系统试压时，容易损坏疏水器；（冷凝水就地排放时疏水器后可不设置）。

疏水器不设排污阀，在伴热管吹扫时会造成疏水器堵塞。

5.4 电伴热系统设计

5.4.2 电伴热带的功率可根据管道散热量来确定。公式(5.4.1)来源于GB/T 1951.2—2004《爆炸性气体环境用电气设备 电阻式伴热器 第2部分：设计、安装和维护指南》中的简算公式。

为便于工程设计估算，表2数据供参考。

表 2　仪表测量管道单位长度散热量[a]（W/m）

管道隔热层厚度/mm	温差[b] ΔT/℃	测量管道尺寸/in（公称尺寸 DN/mm）			
		1/4(6，8，10)	1/2(15)	3/4(20)	1(25)
10	20	6.2	7.2	8.5	10.1
	30	9.4	11.0	12.9	15.4
	40	12.7	14.9	17.5	20.8
20	20	4.0	4.6	5.3	6.2
	30	6.2	7.0	8.1	9.4
	40	8.3	9.5	10.9	12.7
	60	12.8	14.7	16.9	19.6
30	20	3.3	3.7	4.2	4.8
	30	5.0	5.6	6.3	7.3
	40	6.7	7.6	8.6	9.8
	60	10.3	11.7	13.2	15.1
	80	14.2	16.0	18.2	20.8
	100	18.3	20.7	23.4	26.8
	120	22.7	25.6	29.0	33.2
	140	27.2	30.8	34.9	40.0
	160	32.1	36.2	41.1	47.1
	180	37.1	42.0	47.6	54.5
40	20	2.8	3.2	3.6	4.0
	30	4.3	4.8	5.4	6.1
	40	5.8	6.5	7.3	8.3
	60	9.0	10.1	11.3	12.8
	80	12.3	13.8	15.5	17.6
	100	15.9	17.8	20.0	22.7
	120	19.7	22.1	24.8	28.1
	140	23.7	26.5	29.8	33.8
	160	27.9	31.2	35.1	39.8
	180	32.3	36.3	40.6	46.0

[a]散热量计算基于下列条件：
隔热材料：玻璃纤维；
管道材料：金属；
管道位置：室外。
[b]温差指电伴热系统维持温度与所处环境最低设计温度之差。

对于仪表设备（如玻璃板液位计、外浮筒液位变送器等）的电伴热，目前尚无散热量的计算公式，应用中可参考管道散热量公式及其相关参数设计。

5.4.3

b）温度控制电伴热系统设置有温度控制器及温度传感器；温度传感器安装在能准确测量被控温度的位置。在关键的电伴热温度控制回路中，宜设温度超限报警和/或联锁。

6　仪表绝热方式

6.3　保温绝热设计中有关温度的规定：

为便于绝热计算，本条确定仪表管道内介质温度为20℃～80℃，这是因为在此温度下，一般仍能保证仪表管道内介质正常传递信号。我们参考一些工程设计的绝热计算也是选取这个温度范围。化工测量对象的介质种类繁多，其冷凝温度等物理特性也各不相同，本规定未一一列举。设计时对于某些在此条件下不能正常工作的介质，可视具体情况增加或减少伴热温度。

各地冬季平均气温与极端最低温度差异很大，某些地区按平均气温看，可以不需要伴热和绝热，但极端最低温度也许会影响露天安装的仪表和测量系统的正常工作，所以应按照这些地区的环境极端最低温度决定仪表和测量系统的绝热。

当采用保温绝热方式可保证仪表和管道正常工作时，不必伴热。

7 仪表绝热系统设计

在 GB/T 8175—2008《设备及管道绝热设计导则》及 GB/T 4272—2008《设备及管道绝热技术通则》中，有关绝热层厚度计算及对相关材料的要求均有规定。

7.1 绝热结构

7.1.3 “一体化的管缆”是指测量管道、伴热管道、绝热层和保护层经特殊加工而成为一体的新型安装材料，设计中可以考虑采用。

7.2 绝热层厚度设计

7.2.1 仪表管道伴热保温绝热的传热机理比较复杂。仪表保温绝热计算中省略了一些次要因素，如散热角、绝热层表面至空气的给热系数、大气状况以及管道支架引起的散热损失等，但这些次要因素，对计算结果影响很小。另外，一些国家绝热设计中也是采用了经过某些简化的公式。仪表管道的允许热损失 q_p 相对来说是比较小的，本规范在计算蒸汽和热水用量时，又考虑了余量系数，所以本规范的保温绝热层厚度计算公式也是省略一些次要因素后的简化公式。

c） 在保温绝热层厚度的计算中，热量损失 q_p 值是导热系数 λ 及绝热层厚度 δ_p 的函数。三个参数中欲求其中的绝热层厚度，需知道另外的两个参数。在绝热材料选定之后，λ 即可求出，这时需再设定 q_p 值。

由于仪表绝热管道的管径较小，其允许热量损失 q_p 在目前的资料中尚无法查到。为便于设计，本规范参照一些工程设计资料，对比了不同的保温绝热材料、不同的厚度以及不同的大气温度下的计算结果，找出了它们之间的相互影响和数字关系，归纳出允许热量损失值及绝热层厚度值，详见表 7.2.1-1 和表 7.2.1-2。另外，每个仪表保温绝热箱的热损失可取 500kJ/h×4.1868kJ/h 作为估算值；表中规定列举了三种伴热蒸汽压力，是工厂中经常采用的几种压力。

寒冷地区可采用 1.0MPa(A)蒸汽压力，较寒冷地区可采用 0.6MPa(A)蒸汽压力，不太寒冷地区可采用 0.3MPa(A)低压蒸汽伴热。

e） 表 7.2.1-2 的绝热层厚度是按测量管道内介质温度为 60℃时确定的。当测量管道内介质温度为其他值时，可参考 SH/T 3040—2002《石油化工管道伴管和夹套管设计规范》中表 1～表 8(蒸汽/热水伴管管径及根数)的数据确定绝热层厚度。

7.2.2 保冷绝热层厚度可参考管道专业的规定确定。

7.3 绝热材料选用

7.3.1 仪表绝热用的材料应尽量和工艺绝热材料相一致，并符合 GB/T 8175—2008《设备及管道绝热设计导则》及 GB/T 4272—2008《设备及管道绝热技术通则》的规定。硅酸钙制品中含有氯离子，在设计不锈钢管道保温绝热时应慎用。

绝热材料的用量 V，可按式(1)及式(2)计算：

$$V=\pi D\delta_p \tag{1}$$

$$D=d+2\delta_p \tag{2}$$

式中：

V——绝热层材料用量，m^3/m；

d——仪表绝热管道当量直径，m(相当于仪表管道绝热层内径)。

保护层材料用量 A，可按式(3)计算：

$$A=1.3\pi(d+2\delta_p) \tag{3}$$

式中：

A——保护层材料用量，m^2/m。

ICS 23.040
P 72
备案号：J1780-2014

SH

中华人民共和国石油化工行业标准

SH/T 3021—2013
代替SH 3021—2001

石油化工仪表及管道隔离和吹洗设计规范

Design specification for sealing and purging of instrument and tubing in petrochemical industry

2013-10-17 发布　　2014-03-01 实施

中华人民共和国工业和信息化部　发布

目　次

Contents

前 言

根据中华人民共和国工业和信息化部《2011 年第一批工业行业标准制修订计划》(工信厅科〔2011〕134 号)的要求，规范编制组经广泛调查研究，认真总结实践经验，参考有关国际标准和国外先进标准，并在广泛征求意见的基础上，修订本规范。

本规范共分 6 章和 4 个附录。

本规范的主要技术内容是：石油化工自动控制工程仪表测量及管道隔离、吹洗装置设计的最低要求。

本规范是在 SH 3021—2001《石油化工仪表及管道隔离和吹洗设计规范》的基础上修订而成，修订的主要技术内容是：

——将原规范中管内隔离方式与容器隔离方式合并；

——将原规范中隔离液半自动冲注方式修订为充灌站方式；

——增加了吹洗装置的设计；

——增加了吹洗装置的典型连接图；

——增加了吹洗装置管线安装图；

——增加了资料性附录 A 膜片材质在不同的温度和浓度介质条件下的耐腐蚀。

本规范由中国石油化工集团公司负责管理，由中国石油化工集团公司自动控制设计技术中心站负责日常管理，由中石化宁波工程有限公司负责具体技术内容的解释。执行过程中如有意见和建议，请寄送日常管理单位和主编单位。

本规范日常管理单位：中国石油化工集团公司自动控制设计技术中心站

通讯地址：上海市徐汇区中山南二路 1089 号徐汇苑大厦 12 楼

邮政编码：200030

电　　话：021-64578936

传　　真：021-64578936

本规范主编单位：中石化宁波工程有限公司

通讯地址：浙江省宁波市国家高新区院士路 660 号

邮政编码：315103

本规范参编单位：中石化洛阳工程有限公司

本规范主要起草人员：宋　燕　严春明　叶威威　王丽娜　郭维真　史继森

本规范主要审查人员：叶向东　林　融　丁兰蓉　宋志远　裴炳安　徐伟清　高　欣　孙　旭　郭建勋　任　泓　周一鸣　郭章顺　李　江　王同尧　张同科　孙菊霞

本规范 1990 年首次发布，2001 年第 1 次修订，本次为第 2 次修订。

石油化工仪表及管道隔离和吹洗设计规范

1 范围

本规范规定了石油化工自动控制工程仪表测量及管道隔离、吹洗设计的最低要求。

本规范适用于石油炼制、石油化工及以煤为原料制取燃料和化工产品的工厂新建、扩建和改建工程的仪表测量及管道隔离、吹洗的工程设计。

本规范不适用于为防腐蚀或在爆炸危险场所采用的正压通风系统。

2 规范性引用文件

下列文件对于本规范的应用是必不可少的。凡是注日期的引用文件，仅注日期的版本适用于本规范。凡是不注日期的引用文件，其最新版本(包括所有的修改单)适用于本规范。

GB 150.3—2011 压力容器 第3部分：设计

3 术语和定义

下列术语和定义适用于本规范。

3.1

膜片隔离 diaphragm sealing

采用膜片使被测介质与仪表传感器元件不直接接触的隔离方式。

3.2

隔离液隔离 liquid sealing

用隔离容器充注隔离液使被测介质与仪表传感器元件不直接接触的隔离方式。

3.3

吹洗 purging

通过吹洗流体使被测介质与仪表传感器元件减少或不直接接触，保护仪表实现测量。

注：吹洗包括吹气和冲洗二种方式。

3.4

吹气 purging gas

通过测量管线向被测对象连续定量地吹入气体。

3.5

冲洗 flushing

通过测量管线向被测对象连续或间断地充入液体。

注：一般是冲洗测量管道和仪表测量元件。

4 仪表的隔离

4.1 应用范围

4.1.1 被测对象为黏稠性介质、含固体物介质、有毒介质或环境温度下可能汽化、冷凝、聚合、结晶、沉淀的介质，当采用接触式测量方式时，仪表应采用隔离方式。

4.1.2 被测对象为腐蚀性介质，当采用接触式测量方式，测量仪表的触液材质及其测量管道的材质不能满足防腐蚀要求时，仪表应采用隔离方式。

4.2 膜片隔离方式

4.2.1 对于腐蚀性、黏稠性、含固体物、有毒性介质或环境温度下可能汽化、冷凝、聚合、结晶、沉淀的被测介质，宜采用膜片隔离方式。

膜片隔离常用隔离液介质硅油和氟油的温度使用范围应符合表4.2.1的规定。

表4.2.1 常用隔离液介质及其使用范围

常用隔离液介质		直连式	远传式
硅油	D. C. 704	0℃～260℃	0℃～315℃
	D. C. 200	-45℃～205℃	-45℃～205℃
氟油		-45℃～160℃	-45℃～160℃

4.2.2 隔离膜片的选择，应符合下列要求：

a） 隔离膜片应采用金属、金属镀膜或复合材质；

b） 隔离膜片的材质应根据被测对象在不同温度和浓度条件下介质的腐蚀性进行选择，参照附录A；

c） 隔离膜片的结构形式应根据过程测量要求来确定。

4.3 隔离液隔离方式

4.3.1 对于被测对象为腐蚀性、黏稠性、含固体物、有毒性介质或环境温度下可能汽化、冷凝、聚合、结晶、沉淀的介质，可采用隔离液隔离方式。

4.3.2 当膜片隔离方式不适合的场合或采用了膜片隔离方式仍不满足测量要求的场合，宜选用隔离液隔离方式。

4.3.3 隔离液容器的选用应符合下列要求：

a） 隔离液容器的结构形式，应根据被测介质和隔离液比密度的大小、仪表和隔离液容器安装的相对位置等因素进行选择；

b） 隔离液容器的材质及压力等级不应低于相关的管道或设备的材质及压力等级；

c） 当隔离液容器属于压力容器时，应符合GB 150.3—2011《压力容器　第3部分：设计》。

4.3.4 隔离液的选用应符合下列要求：

a） 化学稳定性好，与被测介质不发生化学反应；

b） 与被测介质具有不同的比密度，其密度差值尽可能大，分层明显；

c） 沸点高，挥发性小；

d） 在环境温度变化范围内，物理化学性能稳定，不黏稠、不凝结。

4.3.5 隔离液充注宜采用下列方式：

a） 手动方式：当隔离容器数量较少或布置分散时，宜通过便携式隔离液罐和手动加压泵就地向隔离容器充注隔离液；

b） 充灌站方式：当隔离容器数量多或布置相对集中时，可通过固定的隔离液充注系统及管网定期向隔离容器充注隔离液。

4.3.6 常用隔离液的特性及用途参见附录B。

5 仪表的吹洗

5.1 应用范围

对腐蚀、黏稠、结晶、熔融、沉淀、含固体物、有毒、粉尘等介质，当采用接触式测量时，宜采用吹洗的方法。

真空测量不应采用吹洗方法。

5.2 吹洗流体的特性

5.2.1 吹洗流体应符合下列要求：

a） 与被测介质不发生化学反应；

b） 清洁、不含固体物质、不污染被测介质；

c） 吹洗流体为液体时，在节流减压后，不会发生相变；

d） 无腐蚀性；

e） 流动性好；

f） 吹洗流体的加入应不影响工艺生产过程的进程。

5.2.2 吹洗流体宜首选工艺生产过程中加入的溶剂或原料，其次可采用生产过程中能回收的产品或中间产品，也可采用空气、氮气、蒸汽冷凝液、水等介质。

5.2.3 吹洗流体的供应源应充分可靠、连续稳定，不受工艺操作过程的影响。

5.3 吹气系统的设计

5.3.1 吹气流体的压力应高于被测对象的最大操作压力。吹气流体宜采用净化压缩空气、氮气或其他适宜气体。

5.3.2 吹气流量应根据吹气流体的种类、被测介质的特性以及测量要求计算选取。吹气量应根据吹入速度、吹气源和检测点的压差确定。

5.3.3 吹气点宜靠近切断阀，并用限流孔板或转子流量计和针阀限制吹气量。

5.3.4 在吹气管路上应设置共用的或单个的过滤器，防止气源堵塞。

5.3.5 在吹气管路上应安装止回阀，可根据具体配管情况，几个吹气点共用一个止回阀，或一层平台上设置一个止回阀。

5.4 冲洗液系统的设计

5.4.1 冲洗液压力应稳定，并高于被测介质的最大操作压力。

5.4.2 在连续冲洗液系统中，冲洗液流量应根据冲洗流体的种类、被测介质的特性以及测量要求计算选取。冲洗液流量估算和管径选择，应符合下列规定：

a） 一般测量冲洗液流体流量宜为 0.014m³/h～0.036m³/h；

b） 冲洗液的循环量不应小于计算耗量的 3 倍～5 倍；

c） 冲洗液管径的选择应符合表 5.4.2 的规定；

d） 在冲洗液管线上的配管与仪表分界处，应设隔离阀。

表 5.4.2 冲洗液管径

冲洗液管径 mm	ϕ18×3 （ϕ14×2）	*DN*20	*DN*25	*DN*40	*DN*50	*DN*80
冲洗点数	9	18	28	64	172	420

6 吹洗装置的设计

6.1 吹洗装置的组成

6.1.1 吹气装置在被测对象为高压条件下，宜采用吹洗用转子流量计和恒流量阀配合使用；在被测对象为低压条件下，宜采用限流孔板。其吹洗装置典型连接示意图参见附录 C。

6.1.2 冲洗装置宜采用吹洗用转子流量计。其吹洗装置连接典型示意图参见附录 C。

6.2 吹洗装置的设计

6.2.1 吹洗管线的材质应按照被测介质的特性和测量要求选取。

6.2.2 对于高黏度、易于沉淀、汽化、冷凝的被测介质的测量，吹洗装置应就近安装。

6.2.3 吹洗流体进入测量管线的入口点应在不影响测量的情况下靠近测量仪表侧。

6.2.4 选择测量仪表的安装位置和设计测量管线时，应避免凝液或测量介质倒灌。

6.2.5 采用吹洗进行压力、流量、液位测量的常用吹洗装置管线安装图参见附录 D。

附 录 A
（资料性附录）
膜片材质在不同温度和浓度条件下的介质耐腐蚀性

膜片材质在不同温度和浓度条件下的介质耐腐蚀性见表 A。

表 A 膜片材质在不同温度和浓度条件下的介质耐腐蚀性

腐蚀性介质条件 Corrosive media conditions			触液部件材质 Wetted parts							密封材料 Sealing material					
名称 Name	浓度/% Concentration	温度/℃ Temperature	99.9% Al_2O_3 陶瓷 Ceramic	316L/1.4435 不锈钢	哈氏 C-276 Hasttelloy	蒙耐尔 400 Monel	钽 Tantalum	钛 Titanium	镍 Nickel	聚四氟乙烯 PTFE	全氟橡胶 Kalerez/Chemraz	三元乙丙橡胶 EPDM	氟橡胶 Viton FPM	氯丁橡胶 Neoprene CR	丁腈橡胶 Perbuan NBR
丙酮 Acetone （CH_3-CO-CH_3）	100	RT	A	A	A	A	A	A	A	A	A	A	C	C	C
二甲基 Dimethylceton	100	S	A	A	A	A	A	A	A	A	A	A	C	C	C
氨气 Ammonia gas （NH_3）	Conc.	Rt	A	A	A	C	A	A	C	A	A	A	C	A	A
液氨 Liquid Ammonia	Conc.	100	A	A	A	C	A	A	C	A	A	B	C	B	C

表 A　膜片材质在不同温度和浓度条件下的介质耐腐蚀性(续)

腐蚀性介质条件 Corrosive media conditions			触液部件材质 Wetted parts							密封材料 Sealing material					
名称 Name	浓度/% Concentration	温度/℃ Temperature	99.9% Al_2O_3 陶瓷 Ceramic	316L/1.4435 不锈钢	哈氏 C-276 Hastelloy	蒙耐尔 400 Monel	钽 Tantalum	钛 Titanium	镍 Nickel	聚四氟乙烯 PTFE	全氟橡胶 Kalerez/Chemraz	三元乙丙橡胶 EPDM	氟橡胶 Viton FPM	氯丁橡胶 Neoprene CR	丁腈橡胶 Perbuan NBR
氨溶液 Ammonia Solution (NH_3)	10	Rt	A	A	A	C	A	A	C	A	A	C	B	A	B
	10	S	A	C	A	C	C	A	C	A	A	C	B	A	B
	20	S	A	C	A	C	C	A	C	A	A	C	B	A	B
	25	S	A	C	A	C	C	A	C	A	A	C	B	A	B
	Conc.	Rt	A	A	A	C	A	A	C	A	A	C	B	A	B
	Conc.	S	A	C	A	C	A	A	C	A	A	C	B	A	B
醋酸 Acetic acid (CH_3-COOH)	10	Rt	A	A	A	A	A	A	C	A	A	C	C	A	C
	10	S	A	A	A	A	A	A	C	A	A	C	C	A	C
	50	Rt	A	A	A	A	A	A	C	A	A	C	C	A	C
	50	S	A	A	A	A	A	A	C	A	C	C	C	A	C
	Conc.	Rt	A	A	A	A	A	A	C	A	C	C	C	A	C
	Conc.	S	A	C	A	A	A	A	C	A	C	C	C	A	C
湿氯气 Chlorine gas wet (Cl_2)	100	Rt	A	C	A	C	A	B	A	A	N	N	A	C	C
氯气 Chlorine (Cl_2)	100	Rt	A	A	A	C	A	C	A	A	C	C	A	C	C
		70	A	C	A	A	A	C	A	A	C	C	A	C	C

表 A　膜片材质在不同温度和浓度条件下的介质耐腐蚀性(续)

腐蚀性介质条件 Corrosive media conditions			触液部件材质 Wetted parts							密封材料 Sealing material					
名称 Name	浓度/% Concentration	温度/℃ Temperature	99.9% Al_2O_3 陶瓷 Ceramic	316L/ 1.4435 不锈钢	哈氏 C-276 Hastelloy	蒙耐尔 400 Monel	钽 Tantalum	钛 Titanium	镍 Nickel	聚四氟乙烯 PTFE	全氟橡胶 Kalerez/ Chemraz	三元乙丙橡胶 EPDM	氟橡胶 Viton FPM	氯丁橡胶 Neoprene CR	丁腈橡胶 Perbuan NBR
氯乙酸 Chloracetic acid ($CH_2Cl-COOH$)	50	20	A	C	A	A	A	A	A	A	C	C	C	C	C
	70	S	A	C	A	B	A	A	B	A	C	C	C	C	C
	100	Rt	A	C	A	B	A	A	B	A	C	C	C	C	C
	100	S	A	C	A	B	A	A	B	A	C	C	C	C	C
氯磺酸 Chlorosulfonic acid ($SO_2(OH)Cl$)	100	Rt	A	A	A	B	A	C	B	A	C	A	C	C	C
蚁酸 Formic acid (H-COOH)	10	Rt	A	A	A	A	A	A	A	A	C	A	B	B	C
	10	65	A	A	B	B	A	A	B	A	C	B	B	B	C
	10	S	A	A	C	C	A	A	C	A	C	B	B	B	C
	20~40	65	A	A	B	C	A	A	C	A	C	B	B	B	C
	50	65	A	A	A	A	A	A	A	A	C	C	B	B	C
	50	S	A	A	C	C	A	C	C	A	C	C	B	B	C
	80	Rt	A	A	A	A	A	A	A	A	C	A	B	B	C
	80	65	A	C	B	C	A	B	C	A	C	C	B	B	C
	80	20	A	C	C	C	A	C	C	A	C	A	B	B	C
	Conc.	Rt	A	A	A	A	A	A	A	A	C	A	B	B	C
	Conc.	S	A	C	C	C	A	C	C	A	C	C	B	B	C

表 A　膜片材质在不同温度和浓度条件下的介质耐腐蚀性(续)

腐蚀性介质条件 Corrosive media conditions			触液部件材质 Wetted parts							密封材料 Sealing material					
名称 Name	浓度/% Concentration	温度/℃ Temperature	99.9% Al_2O_3 陶瓷 Ceramic	316L/ 1.4435 不锈钢	哈氏 C-276 Hasttelloy	蒙耐尔 400 Monel	钽 Tantalum	钛 Titanium	镍 Nickel	聚四氟乙烯 PTFE	全氟橡胶 Kalerez/ Chemraz	三元乙丙橡胶 EPDM	氟橡胶 Viton FPM	氯丁橡胶 Neoprene CR	丁腈橡胶 Perbuan NBR
氢氟酸 Hydrofluoric acid (HF)	1	Rt	A	C	A	A	C	C	A	A	A	C	A	B	C
	40	Rt	A	C	A	A	C	C	A	A	A	C	A	B	C
	40	50	C	C	A	A	C	C	B	A	A	C	A	C	C
	50	Rt	A	C	A	A	C	C	A	A	A	C	A	B	C
氢氟酸气 Hydrogen fluoride (HF gas)	100	Rt	C	C	A	A	C	C	A	A	A	C	A	C	C
氢氧化钠 (Caustic soda) Sodiumhydroxide (NaOH)	10	Rt	A	A	A	A	A	A	A	A	A	A	C	A	B
	10	S	A	A	A	A	A	A	A	A	A	C	C	A	B
	20	Rt	A	A	A	A	A	A	A	A	A	A	C	A	B
	20	S	A	A	A	A	B	A	A	A	A	C	C	A	B
	50	Rt	A	A	A	A	B	A	A	A	A	C	C	A	B
	50	S	A	A	A	A	B	B	A	A	A	C	C	A	B
	Sat	S	A	A	B	B	C	B	A	A	A	C	C	A	B
发烟硫酸 Oleum ($H_2SO_4+SO_3$)	Conc.	Rt	A	B	A	A	A	C	A	A	N	C	A	C	C
	Conc.	50	A	B	B	B	C	C	B	A	N	C	A	C	C

表 A 膜片材质在不同温度和浓度条件下的介质耐腐蚀性(续)

腐蚀性介质条件 Corrosive media conditions			触液部件材质 Wetted parts							密封材料 Sealing material					
名称 Name	浓度/% Concentration	温度/℃ Temperature	99.9% Al_2O_3 陶瓷 Ceramic	316L/1.4435 不锈钢	哈氏 C-276 Hasttelloy	蒙耐尔 400 Monel	钽 Tantalum	钛 Titanium	镍 Nickel	聚四氟乙烯 PTFE	全氟橡胶 Kalerez/Chemraz	三元乙丙橡胶 EPDM	氟橡胶 Viton FPM	氯丁橡胶 Neoprene CR	丁腈橡胶 Perbuan NBR
磷酸 Phosphoric acid (H_3PO_4)	10	Rt	A	A	A	A	A	A	A	A	A	A	A	A	B
	10	S	A	C	A	C	A	C	C	A	A	A	A	A	C
	45	Rt	A	A	A	A	A	B	A	A	A	A	A	A	B
	45	S	A	C	A	C	A	C	C	A	A	C	A	A	C
	Conc.	Rt	A	C	A	B	A	B	B	A	A	A	A	A	B
	Conc.	100	A	C	C	C	A	C	C	A	A	C	A	A	C
硝酸 Nitric acid (HNO_3)	25	Rt	A	A	A	C	A	A	C	A	A	A	B	C	C
	25	S	A	A	C	C	A	B	C	A	C	C	B	C	C
	50	Rt	A	A	A	C	A	A	C	A	A	C	B	C	C
	50	S	A	A	C	C	A	B	C	A	C	C	B	C	C
	70	100	A	C	C	C	A	A	C	A	C	C	B	C	C
盐酸 Hydrochloric acid (HCl)	10	Rt	A	C	A	C	A	A	B	A	A	A	A	B	C
	10	50	A	C	C	C	A	A	C	A	A	C	A	B	C
	10	S	A	C	C	C	A	C	C	A	A	C	B	C	C
	20	Rt	A	C	A	C	A	A	B	A	A	A	A	B	C
	20	S	A	C	C	C	A	C	C	A	A	C	B	C	C
	37	Rt	A	C	C	C	A	C	C	A	A	A	A	B	C
	37	100	A	C	C	C	A	C	C	A	A	C	B	C	C

表 A　膜片材质在不同温度和浓度条件下的介质耐腐蚀性(续)

腐蚀性介质条件 Corrosive media conditions			触液部件材质 Wetted parts							密封材料 Sealing material					
名称 Name	浓度/% Concentration	温度/℃ Temperature	99.9%Al_2O_3 陶瓷 Ceramic	316L/1.4435 不锈钢	哈氏 C-276 Hasttelloy	蒙耐尔 400 Monel	钽 Tantalum	钛 Titanium	镍 Nickel	聚四氟乙烯 PTFE	全氟橡胶 Kalerez/Chemraz	三元乙丙橡胶 EPDM	氟橡胶 Viton FPM	氯丁橡胶 Neoprene CR	丁腈橡胶 Perbuan NBR
王水 Hydrochloric acid+nitric acid	Conc.	Rt	A	C	B	C	A	A	C	A	B	B	B	C	C
硫酸 (Sulfuric acid) H_2SO_4	10	Rt	A	A	A	A	A	A	A	A	A	A	A	C	C
	10	S	A	C	B	A	A	B	C	A	B	C	A	C	C
	50	Rt	A	B	A	A	A	B	A	A	A	A	A	C	C
	50	S	A	C	C	C	A	C	C	A	B	C	A	C	C
	96	Rt	A	A	A	C	A	C	C	A	C	C	A	C	C
	96	100	A	C	C	C	C	C	C	A	C	C	A	C	C
硫酸+硝酸 Sulfuric acid +nitric acid (H_2SO_4+HNO_3)	10 90	35	A	N	A	C	A	A	C	A	N	N	B	C	C
	50 50	35	A	N	A	C	A	A	C	A	N	N	B	C	C
	90 10	35	A	N	A	C	A	B	C	A	N	N	A	C	C
氯化锌 Zinc chloride ($ZnCl_2$)	10	Rt	A	A	A	A	A	A	A	A	B	A	A	A	B
	10	S	A	A	A	A	A	A	B	A	B	A	A	A	B
	60	Rt	A	A	A	A	A	A	B	A	B	A	A	A	B
	60	S	A	A	B	B	A	B	B	A	B	A	A	A	B
	Sat	S	A	C	B	B	A	C	B	A	B	A	A	A	B

注：A：充分耐腐蚀；B：耐腐蚀；C：不可用；N：无数据；Rt：室温；S：沸腾；Conc.：浓缩；Sat：饱和。

附　录　B
（资料性附录）
常用隔离液的性质及用途

常用隔离液的性质及用途见表B。

表B　常用隔离液的性质及用途

名称	比密度 15℃/15℃	黏度 mPa·s		蒸汽压 Pa	沸点 ℃	凝固点 ℃	闪点 ℃	性质与用途
		15℃	20℃	20℃				
水	1.00	1.125	1.01	2380	100.0	0	—	适用于不溶于水的油
甘油水溶液（密度比50%）	1.1295	7.5	5.99	1400	106	-23	—	溶于水，适用于油类、蒸汽、氧气、水煤气、半水煤气及C_1、C_2、C_3等烃类
乙二醇	1.117	25.66	20.9	16.3	197.8	-12.95	118	有吸水性，能溶于水、醇及醚。适用于油类物质及液化气体、氨
乙二醇水溶液（密度比50%）	1.068	4.36	3.76	1809	107	-35.6	不着火	溶于水，醇及醚。适用于油类物质及液化气体
乙醇溶于乙二醚中（密度比36%）	1.00	—	—	5742	78	-51	—	溶于水，适用于丙烷、丁烷等介质
邻苯二甲酸二丁酯	（20℃）1.0484	20.3	—	（15℃）<1.36	330	-35	171	不溶于水，适用于盐类、酸类等水溶液及硫化氢、二氧化碳等气体介质
乙醇	0.704	1.3	1.2	5970	78.5	<-130	9	溶于水，适用于丙烷、丁烷等介质

表 B　常用隔离液的性质及用途(续)

名称	比密度 15℃/15℃	黏度 mPa·s 15℃	黏度 mPa·s 20℃	蒸汽压 Pa 20℃	沸点 ℃	凝固点 ℃	闪点 ℃	性质与用途
四氯化碳	1.61	1.0	—	11844	76.7	-23	—	不溶于水，与醚、醇、苯、油等可任意混合，有毒。适用于酸类介质
煤油	0.82	2.2	2.0	145000	14.9	-28.9	48.9	不溶于水，适用于腐蚀性无机液体
磺化煤油	0.82	—	—	—	—	-10	—	煤油经磺化处理。适用于乙炔、氢等介质
五氯乙烷	(25℃/4℃) 1.67	—	—	185	161~162	-29	—	不溶于水，能与醇、醚等有机物混合，有毒。适用于硝酸
甲基硅油	(25℃/25℃) 0.93~0.94	(25℃) 10(1±1%) mm^2/s	—	15	≥2.00/68Pa	-65	≥155	具有优良的电气绝缘性、憎水性和防潮性，黏度温度系数小，挥发性小，压缩率大，表面张力小，可在-50~+200℃使用，适用于除湿氯气以外的气体、液体
甲基硅油	(25℃/25℃) 0.95~0.96	(25℃) 20(1±10%) mm^2/s	—	15	≥200/68Pa	-60	≥260	
氟油	1.91	—	—	—	—	<-35	—	适用于氯气
全氟三丁胺	(23℃) 1.856	(25℃) 2.74	—	—	170~180	-60	—	不燃烧，不溶于水及一般溶剂，对硝酸、硫酸、王水、盐酸、烧碱不起反应。适用于强酸、氯气
变压器油	0.9	—	—	—	—	—	—	适用于液氨、氨水、NaOH、硫化胺、硫酸、水煤气、半水煤气等
5%的碱溶液	1.06	—	—	—	—	—	—	适用于水煤气、半水煤气
40%$CaCl_2$水溶液	1.36	—	—	—	—	—	—	适用于丙酮、苯、石油气

附 录 C
(资料性附录)
吹洗装置连接典型示意图

各种吹洗装置连接典型示意图见图 C. 1 ~ 图 C. 13。

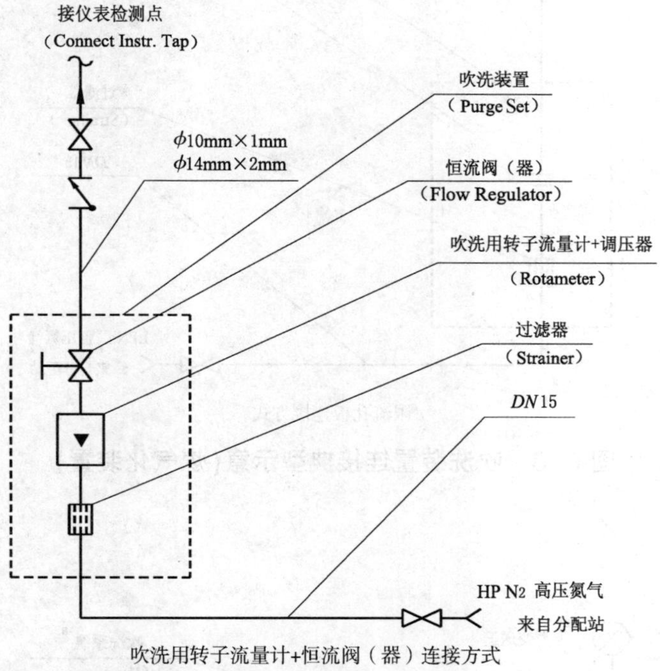

图 C. 1 吹洗装置连接典型示意(煤气化装置)

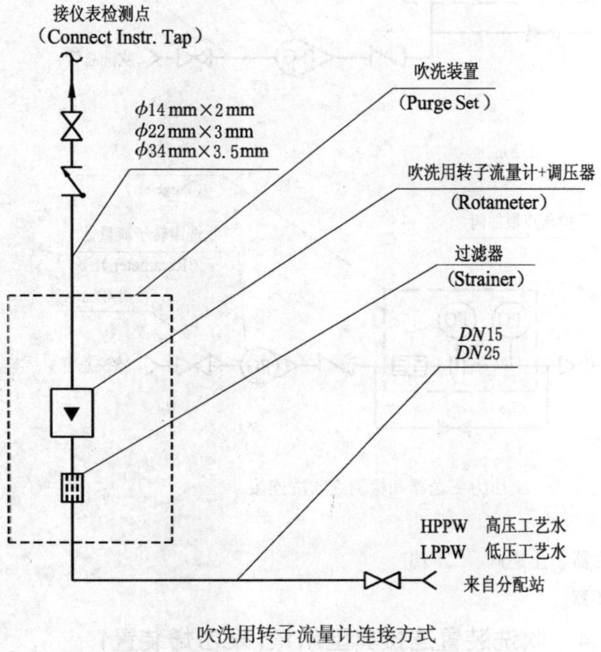

图 C. 2 吹洗装置连接典型示意(煤气化装置)

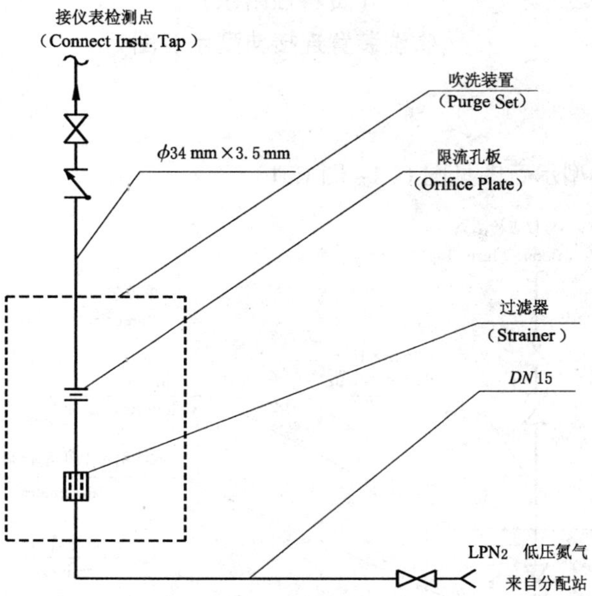

限流孔板连接方式

图 C.3　吹洗装置连接典型示意(煤气化装置)

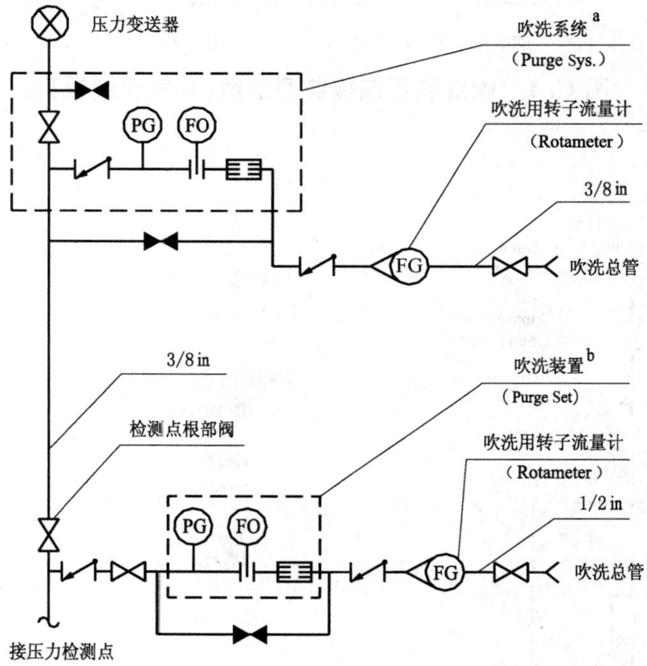

压力变送器和检测点吹洗连接

[a]包括限流孔板、压力表、过滤器、止逆阀、二阀组。

[b]包括限流孔板、压力表、过滤器。

图 C.4　吹洗装置连接典型示意(聚乙烯装置)

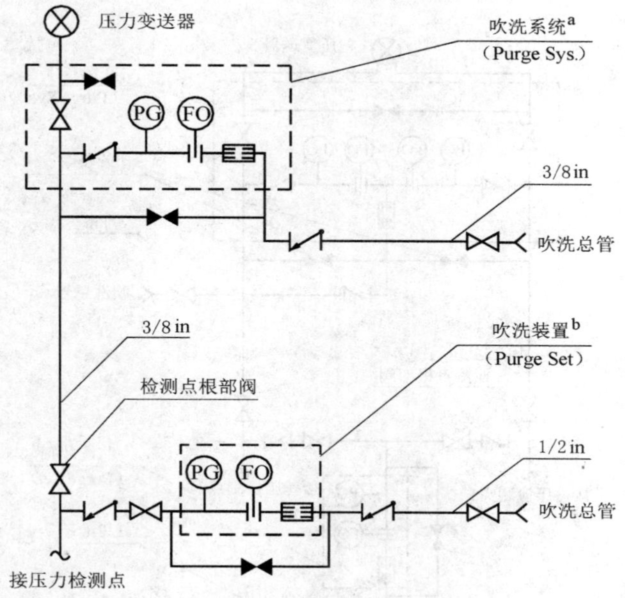

压力变送器和检测点吹洗连接

a包括限流孔板、压力表、过滤器、止逆阀、二阀组。

b包括限流孔板、压力表、过滤器。

图 C.5 吹洗装置连接典型示意(聚乙烯装置)

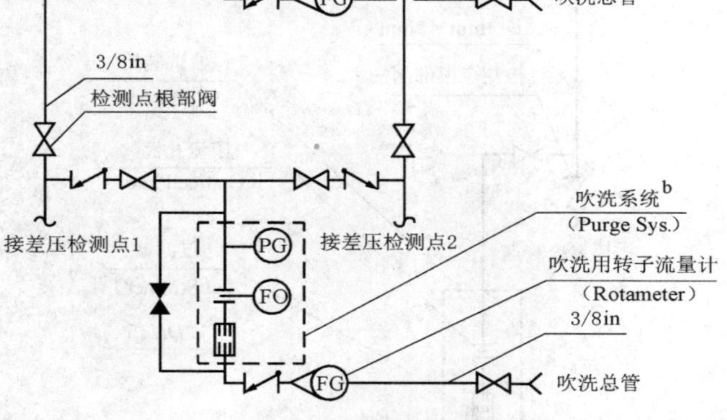

差压变送器和检测点吹洗连接

a包括限流孔板、压力表、过滤器、止逆阀、三阀组。

b包括限流孔板、压力表、过滤器。

c旁路阀可根据需要配置为程控阀。

图 C.6 吹洗装置连接典型示意(聚乙烯装置)

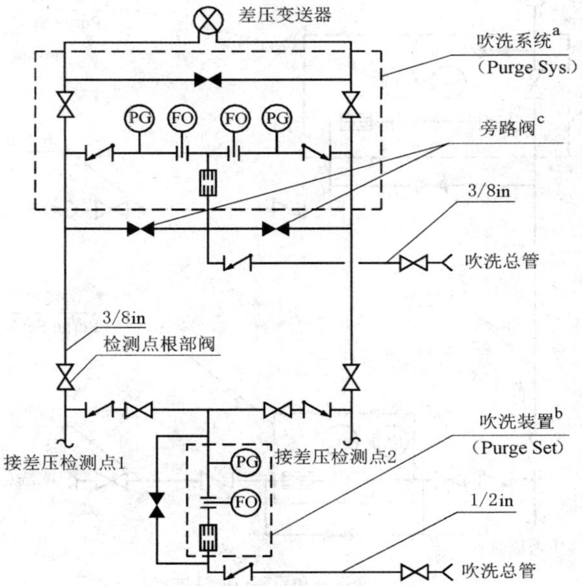

差压变送器和检测点吹洗连接

[a]包括限流孔板、压力表、过滤器、止逆阀、三阀组。

[b]包括限流孔板、压力表、过滤器。

[c]旁路阀可根据需要配置为程控阀。

图 C.7　吹洗装置连接典型示意(聚乙烯装置)

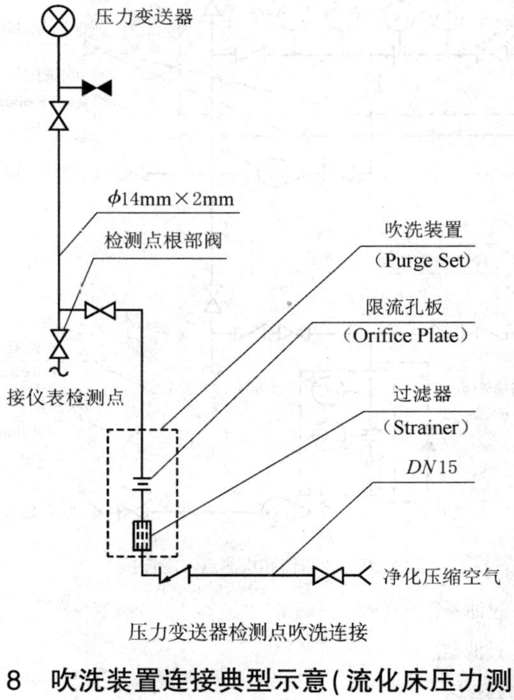

压力变送器检测点吹洗连接

图 C.8　吹洗装置连接典型示意(流化床压力测量)

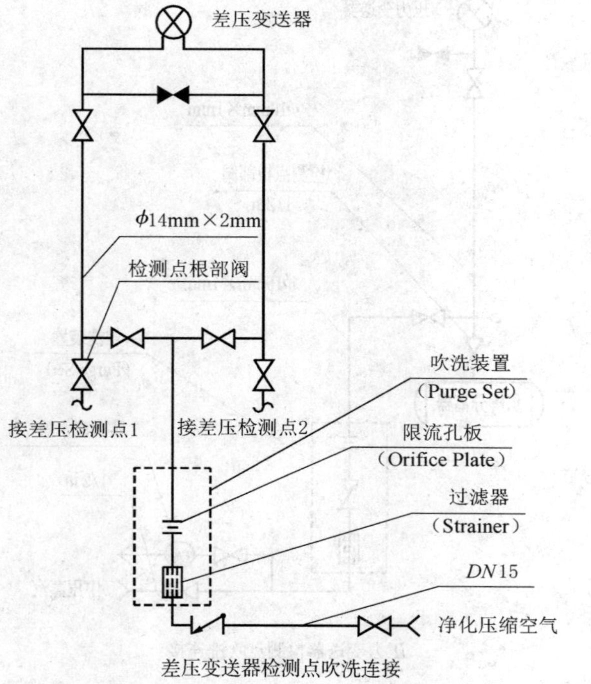

图 C.9　吹洗装置连接典型示意(流化床差压测量)

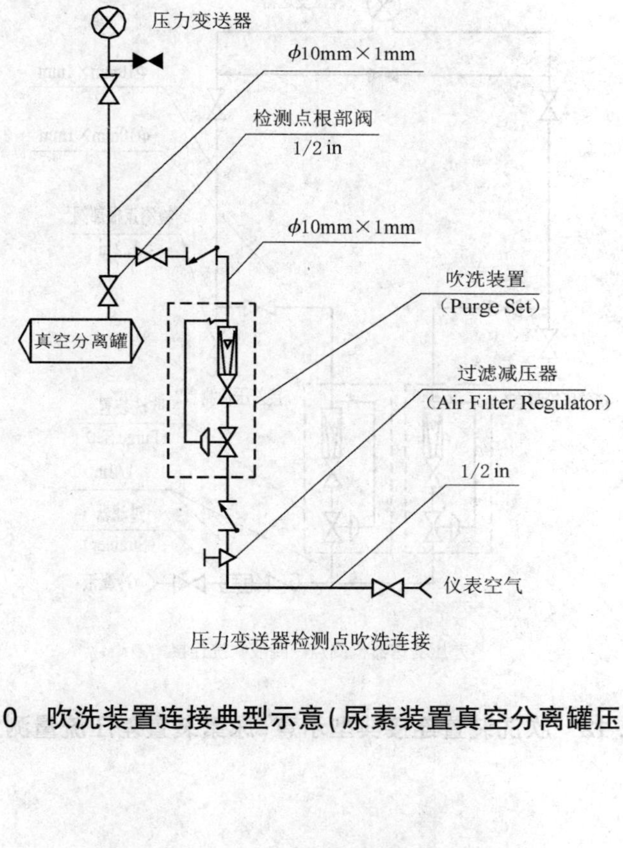

图 C.10　吹洗装置连接典型示意(尿素装置真空分离罐压力测量)

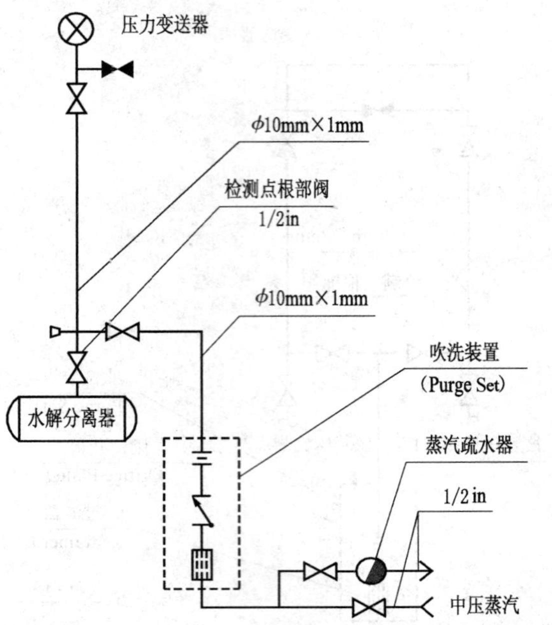

压力变送器检测点吹洗连接

图 C.11　吹洗装置连接典型示意(尿素装置水解分离器压力测量)

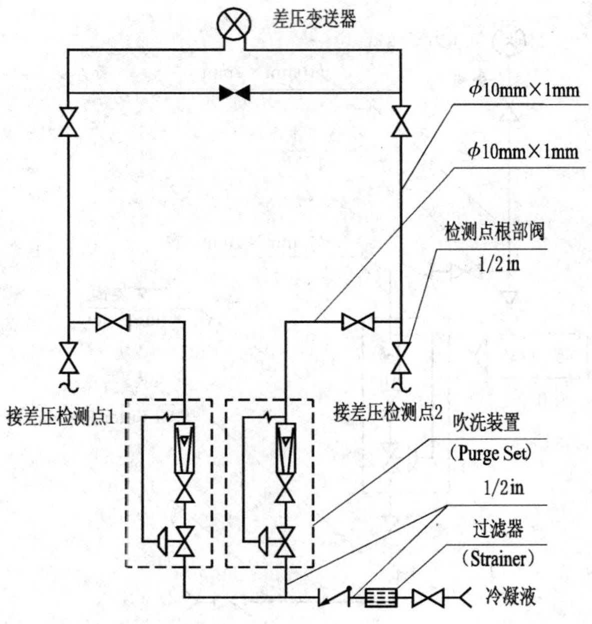

差压变送器检测点冷凝液吹洗连接

图 C.12　吹洗装置连接典型示意(尿素装置差压流量测量)

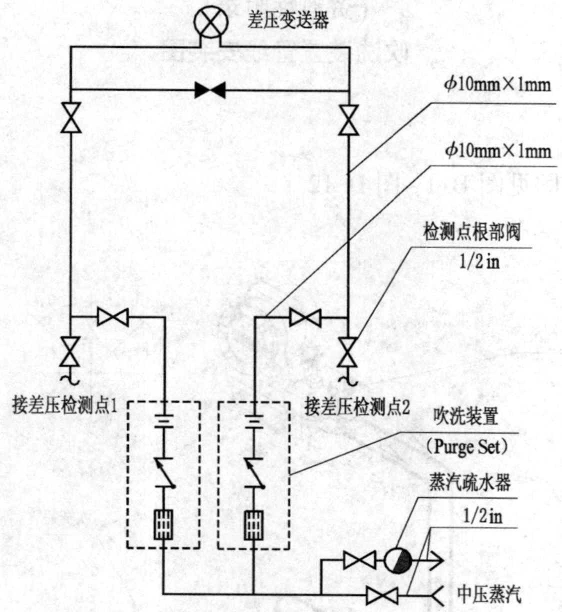

差压变送器检测点蒸汽吹洗连接

图 C. 13 吹洗装置连接典型示意(尿素装置差压流量测量)

附 录 D
(资料性附录)
吹洗装置管线安装图

各种吹洗装置管线安装图见图 D.1~图 D.12。

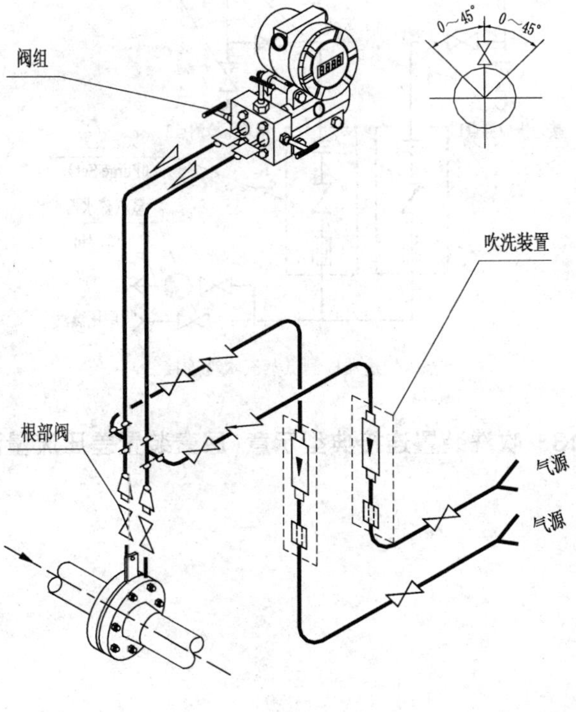

图 D.1 吹洗装置管线安装图(吹气法测量气体流量)

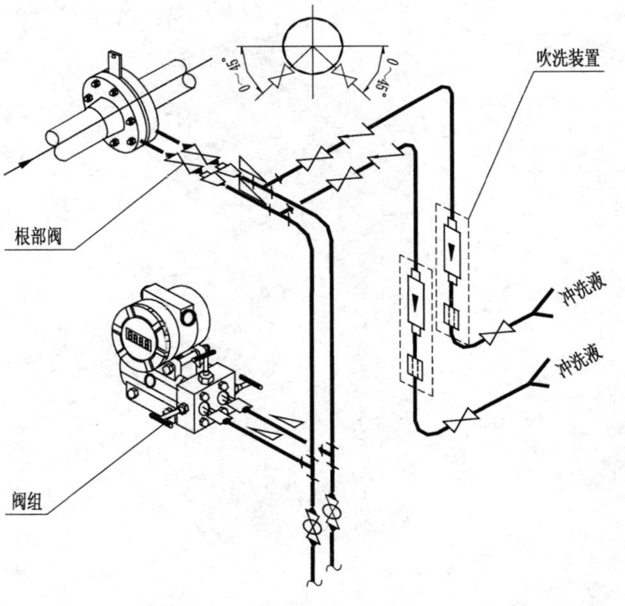

图 D.2 吹洗装置管线安装图(冲洗液法测量液体流量)

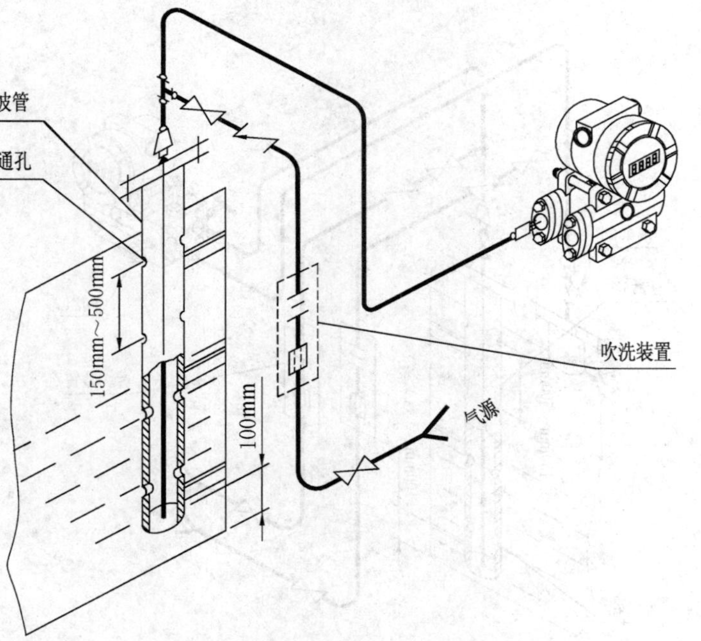

图 D.3　吹洗装置管线安装图(吹气法测量常压设备液位-限流孔板)

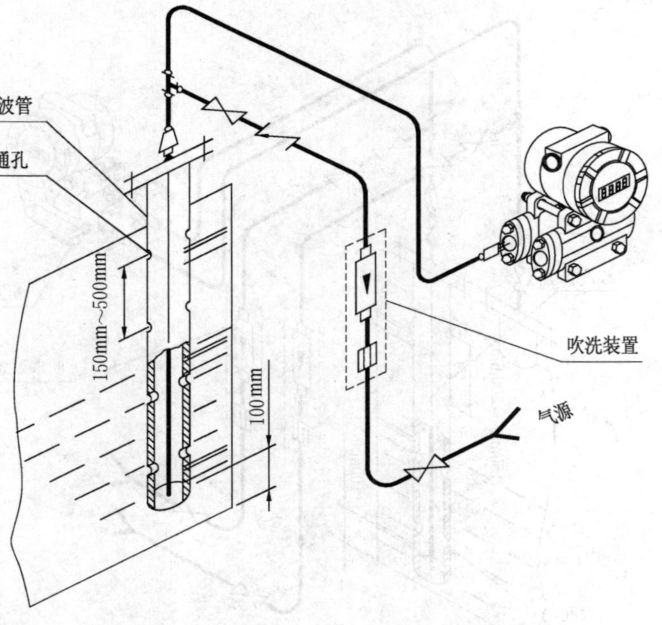

图 D.4　吹洗装置管线安装图(吹气法测量常压设备液位-吹洗用转子流量计)

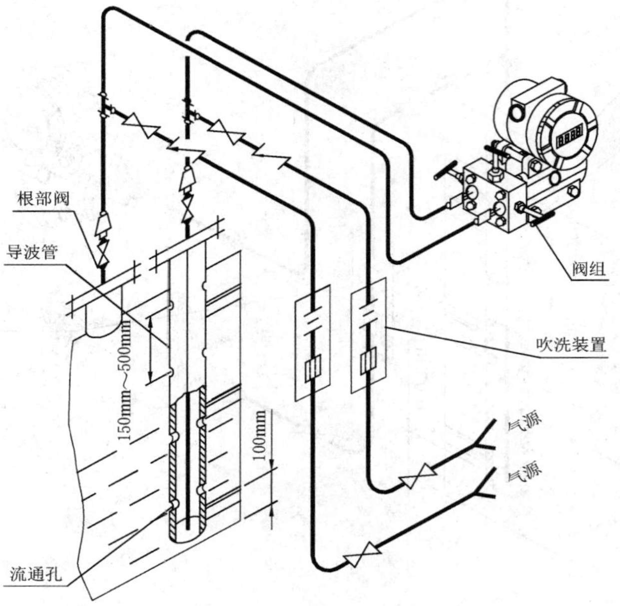

图 D.5　吹洗装置管线安装图(吹气法测量有压设备液位-限流孔板)

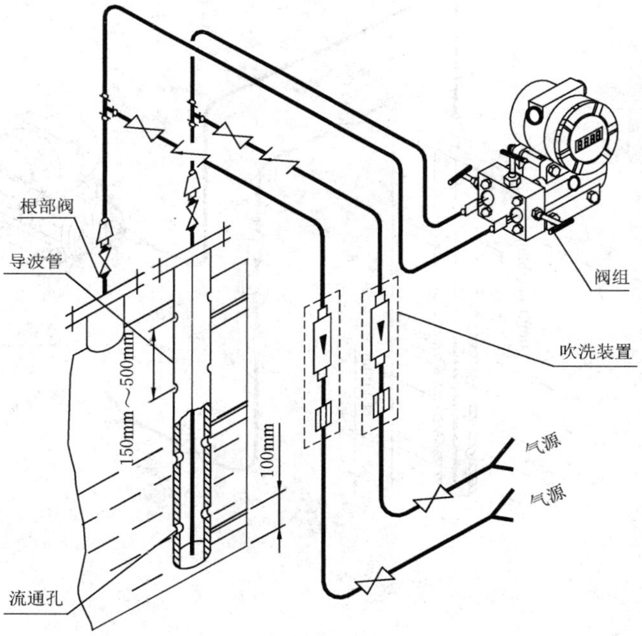

图 D.6　吹洗装置管线安装图(吹气法测量有压设备液位-吹洗用转子流量计)

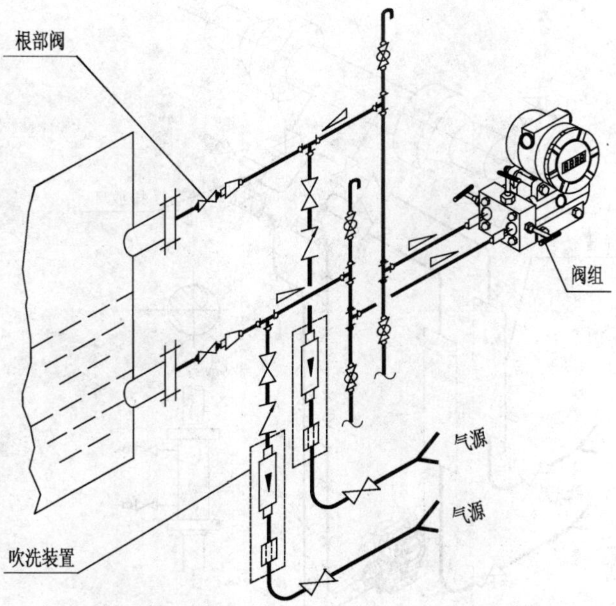

图 D.7　吹洗装置管线安装图(吹气法测量有压设备液位)

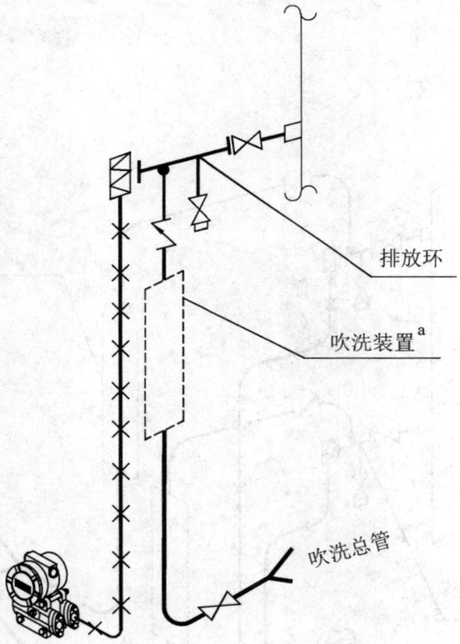

注：适用于黏稠或有毒的场合。

[a]包括限流孔板、压力表、过滤器。

图 D.8　吹洗装置管线安装图(冲洗法测量聚乙烯装置压力)

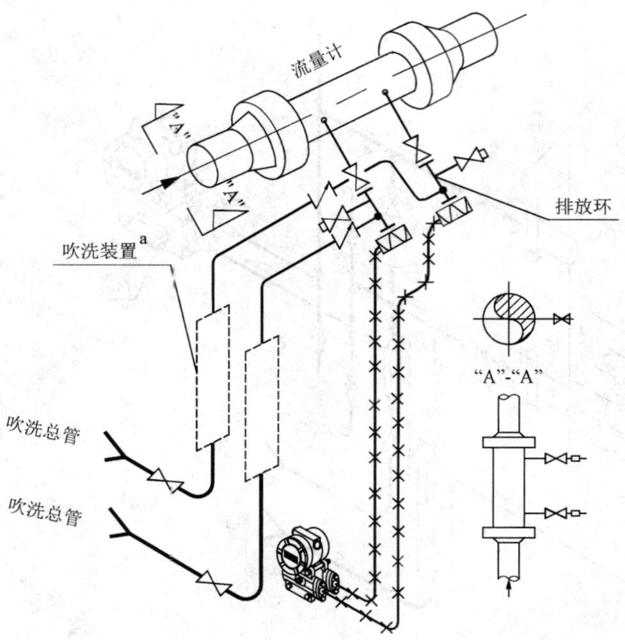

注：适用于黏稠或有毒的场合。

a包括限流孔板、压力表、过滤器。

图 D.9　吹洗装置管线安装图(冲洗法测量聚乙烯装置流量)

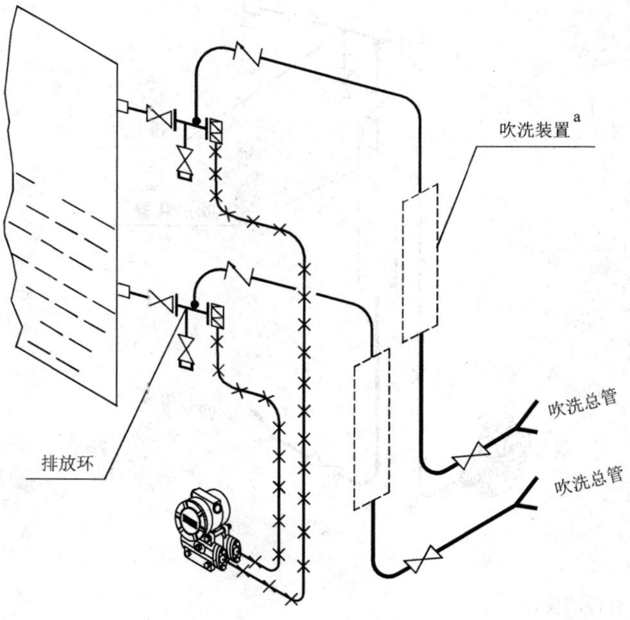

注：适用于黏稠或有毒的场合。

a包括限流孔板、压力表、过滤器。

图 D.10　吹洗装置管线安装图(冲洗法测量聚乙烯装置液位)

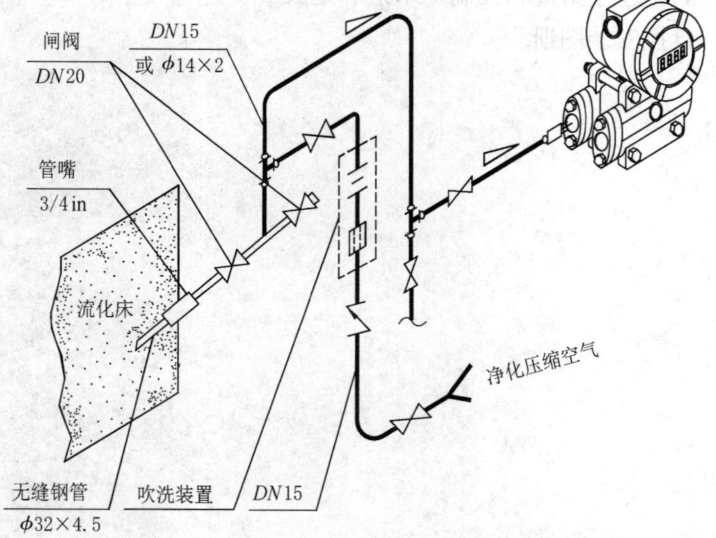

图 D.11　吹洗装置管线安装图(吹气法测量流化床压力)

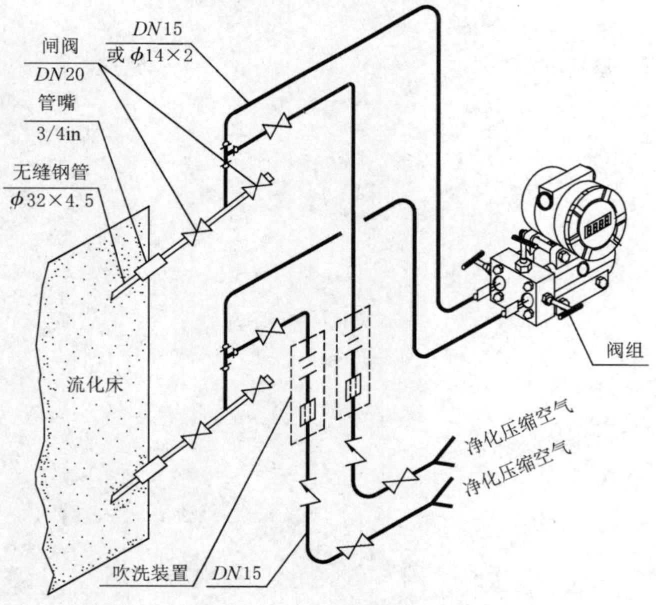

图 D.12　吹洗装置管线安装图(吹气法测量流化床差压)

参 考 文 献

API RP 551　Process Measurement Instrumentation　FIRST EDITION，MAY 1993
GB/T 17212—1998　工业过程测量和控制　术语和定义
HG/T 21581—2012　自控安装图册

中华人民共和国石油化工行业标准

石油化工仪表及管道隔离和吹洗设计规范

SH/T 3021—2013

条 文 说 明

2013 北 京

修 订 说 明

SH/T 3021—2013《石油化工仪表及管道隔离和吹洗设计规范》，经工业和信息化部 2013 年 10 月 17 日以第 52 号公告批准发布。

本规范是在 SH 3021—2001《石油化工仪表及管道隔离和吹洗设计规范》的基础上修订而成，上一版的主编单位是中国石化集团兰州设计院，主要起草人是杨震、黄衍平。

本规范修订过程中，编制组总结了我国工程建设尤其是聚烯烃和煤化工领域的实际经验，并广泛征求意见的基础上，将常用的吹洗装置连接典型示意图进行了汇总，有助于工程设计人员参考。

为便于广大设计、施工、科研、学校等单位有关人员在使用本规范时能正确理解和执行条文规定，《石油化工仪表及管道隔离和吹洗设计规范》编制组按章、条顺序编制了本规范的条文说明，对条文规定的目的、依据以及执行中需注意的有关事项进行了说明。但是，本条文说明不具备与规范正文同等的法律效力，仅供使用者作为理解和把握规范规定的参考。

目 次

石油化工仪表及管道隔离和吹洗设计规范

4 仪表的隔离

4.3 隔离液隔离方式

4.3.3

c） 当隔离液容器属于压力容器时，应符合 GB 150.3—2011《压力容器 第3部分：设计》的规定如下：

（1） 工作压力大于或者等于0.1MPa（工作压力是指压力容器在正常工作情况下，其顶部可能达到的最高压力（表压力））；（不含液体静压力）；

（2） 内直径（非圆形截面指其最大尺寸）大于等于0.15m，且容积（V）大于等于0.025m^3，工作压力与容积的乘积大于或者等于2.5MPa·L（容积，是指压力容器的几何容积）；

（3） 盛装介质为气体、液化气体以及介质最高工作温度高于或者等于其标准沸点的液体。

5 仪表的吹洗

5.3 吹气系统的设计

5.3.1 吹气流体的压力应高于被测对象的最大操作压力，是因为推荐节流件前的压力不应小于节流件后被测对象最大操作压力的1.33倍。吹气系统主要用于吹气法液位测量和流化床压力、差压的测量。

5.3.2 对流化床的压力、压差测量，吹入速度宜为1m/s；对一般流量、液位和压力测量，其吹气速度通常为0.2m/s~0.3m/s。

a） 流化床：吹气流体为空气或其他气体时，一般为0.85m^3/h~3.4m^3/h；

b） 低压储槽液面：吹气流体为空气或其他气体时，一般为0.03m^3/h~0.45m^3/h；

c） 一般测量：吹气流体为空气或其他气体时，一般为0.03m^3/h~0.14m^3/h。

流化床（如催化裂化装置的反应器和再生器）的吹气系统应与仪表供气系统分开，并使吹气管在吹气点的上方有一段立管，自上而下吹气。

5.4 冲洗液系统的设计

5.4.2

a） 冲洗液流速宜为0.06m/s。连续冲洗时，对于节流装置流量仪表（取压孔2×ϕ18mm）。

冲洗液耗量宜为2×0.015m^3/h；压力仪表（取压孔 ϕ12mm）宜为0.025 m^3/h；差压式液位仪表（取压孔2×ϕ12mm）宜为2×0.025m^3/h。

表5.4.2冲洗液管径按一个冲洗点耗液量为0.03m^3/h计算。

6 吹洗装置的设计

6.1 吹洗装置的组成

6.1.1 恒流量阀通常由针型阀与恒差继动器、恒差流量调节器或稳压调节器配合使用。吹洗用限流孔板的孔径可按一般限流孔板的计算方法进行计算。

6.2 吹洗装置的设计

6.2.3 吹洗流体进入测量管线的入口点，应靠近仪表取源部件，使吹洗流体在测量管线中产生的压降保持最小。

6.2.4 选择测量仪表的安装位置和设计测量管线时应避免凝液或测量介质倒灌，是为了避免产生测量误差或损坏仪表。

ICS 25.040
P 72
备案号：J1786-2014

SH

中华人民共和国石油化工行业标准

SH/T 3104—2013
代替SH/T 3104—2000

石油化工仪表安装设计规范

Specification for design of instrument installation in petrochemical industry

2013-10-17 发布 2014-03-01 实施

中华人民共和国工业和信息化部 发布

目 次

Contents

前　言

根据中华人民共和国工业和信息化部《2010年第一批行业标准制修订计划》(工信厅科〔2010〕74号)的要求，规范编制组经广泛调查研究，认真总结实践经验，参考有关国际标准和国外先进标准，并在广泛征求意见的基础上，修订本规范。

本规范共分9章和14个附录。

本规范的主要技术内容是：仪表安装设计的一般规定、温度测量仪表的安装设计要求、压力测量仪表的安装设计要求、流量测量仪表的安装设计要求、物位测量仪表的安装设计要求、调节阀与开关阀的安装设计要求。

本规范是在SH/T 3104—2000《石油化工仪表安装设计规范》的基础上修订而成，修订的主要技术内容是：

——删除了工业过程分析仪表；

——删除了仪表阀门及管件；

——删除了仪表的反吹和冲洗系统。

本规范由中国石油化工集团公司负责管理，由中国石油化工集团公司自控设计技术中心站负责日常管理，由中石化洛阳工程有限公司负责具体技术内容的解释。执行过程中如有意见和建议，请寄送日常管理单位和主编单位。

本规范日常管理单位：中国石油化工集团公司自控设计技术中心站

通讯地址：上海市徐汇区中山南二路1089号徐汇苑大厦12楼

邮政编码：200030

电　　话：021-64578936

传　　真：021-64578936

本规范主编单位：中石化洛阳工程有限公司

通讯地址：河南省洛阳市中州西路27号

邮政编码：471003

本规范参编单位：中石化第十建设有限公司

本规范主要起草人员：陈　怡　吕明伦　王　笑　张媛媛

本规范主要审查人员：叶向东　黄步余　林　融　丁兰蓉　裴炳安　孙　军　徐伟清　高　欣　宋志远　林洪俊　王同尧　刘　凤　郭章顺　王发兵　张同科　孙　旭　任　泓　陈学敏

本规范1982年首次发布，2000年第1次修订，本次为第2次修订。

石油化工仪表安装设计规范

1 范围

本规范规定了石油化工企业现场仪表安装设计的要求，不包括电线、电缆、补偿导线，仪表隔热、伴热和控制室室内仪表，分析仪表及安全、控制系统的安装设计。

本规范适用于石油化工及以煤为原料制取燃料及化工产品的工厂的新建、扩建和改建工程的现场仪表安装设计。

2 规范性引用文件

下列文件对于本规范的应用是必不可少的。凡是注日期的引用文件，仅注日期的版本适用于本规范。凡是不注日期的引用文件，其最新版本(包括所有的修改单)适用于本规范。

GB 4075—2009 密封放射源一般要求和分级

GB 11806—2004 放射性物质安全运输规程

GB 14052—1993 安装在设备上的同位素仪表的辐射安全性能要求

GB 18871—2002 电离辐射防护与辐射源安全基本标准

GBZ 125—2009 含密封源仪表的放射卫生防护要求

GBZ 128—2002 职业性外照射个人监测规范

GBZ 114—2006 密封放射源及密封 γ 放射源容器的放射卫生防护标准

3 术语和定义

下列术语和定义适用于本规范。

3.1

环境条件 environmental condition

功能单元防护或正常工作所需的周围环境参数值的范围。

3.2

极限工作条件 operating limits

装置可能承受且不致造成工作特性永久降低的工作条件范围。

3.3

环境温度 ambient temperature

在测量和控制装置正常工作、存储或运输时所处的局部环境中(包括邻近发热设备)的典型位置上测得的温度。

3.4

振动 vibration

周期性往复、旋转或两者兼备，并且有基本频率的运动。

3.5

过程 process

进行一个或一系列物理变换或化学变化的运行。

3.6

过程测量 process measurement

采用物理或化学方法获取过程变量值。

3.7

测量元件　measuring sensor

测量过程所采用的将过程实际的物理或化学变量转换成宜于使用或便于再次转换的信号的敏感元件。

3.8

装置　device

实现预定功能的设备、设备组合或元件组合。

3.9

计或表　meter

测量和指示被测变量的装置。

3.10

测量传感器　measurement transducer

将物理或化学状态的变量转换成同类或其他性质，便于进一步使用或处理的物理或化学状态变量的装置。

3.11

变送器　transmitter

将物理或化学状态变量转化输出成为标准化信号的一种测量传感器。

3.12

流量计　flowmeter

同时指示被测流量和[或]选定时间间隔的总量的流量测量装置。

3.13

导压管　impulse line

测量元件与测量介质相接触的一段管道，介质的压力通过导压管传递至测量元件。

3.14

过程连接　process connection

仪表或仪表导压管与过程设备或管道的连接接口。

3.15

一次取源阀　primary block valve

测量介质进入仪表导压管或仪表的第一个阀门，又称根部阀(Root Valve)，用于需要时隔离、切断测量介质与仪表导压管或仪表之间的联系。

3.16

温度元件保护套管　temperature element protective well

温度测量元件外面的密封套管，既不影响温度元件测量又能避免介质对温度元件的物理或化学的损害影响。

3.17

流量计直管段　meter run

为了保证流量计的测量精度，在流量计上、下游专门设置的一定长度的管道。

3.18

液位计连通管　standpipe

与设备连通、用于安装液位计的垂直管道，连通管内的液位与设备内的液位相同。

3.19

液位计防扰动管　stillwell

为了减小液位波动对液位计测量效果的影响，在液位计测量元件周围专门安装的带导流孔的管子，也称稳波管。

3.20

液位计导波管　guided wave pipe

用于传达雷达液位计雷达波信号的金属管。

4　一般规定

4.1　安装位置

4.1.1　现场仪表的安装位置应便于接近、观察、维修及操作；在需要时，应设置专用的平台、梯子。

4.1.2　现场仪表的防护等级和防爆等级应满足安装位置处的防护和防爆要求。

4.1.3　现场仪表应避免安装在以下位置：

a）高温、腐蚀、浸泡的位置；

b）强烈振动的位置；

c）有较强的电磁干扰的位置；

d）阳光曝晒的位置，尤其在环境温度较高的地区；

e）易受雷击的位置，尤其在强雷区、多雷区；

f）专用通道，如消防通道、人行通道、检修通道等。

4.2　过程连接

4.2.1　仪表过程连接处的材质不应低于过程连接处的工艺管道或设备的材质。

4.2.2　仪表过程连接处的压力等级不应低于过程连接处的工艺管道或设备的压力等级。

4.2.3　除另有规定外，有毒、可燃介质测量仪表过程连接法兰的最低公称压力(参见附录A)应符合以下规定：

a）SHA级管道，最低公称压力不宜低于*PN*50；

b）SHB、SHC级管道，最低公称压力不宜低于*PN*20。

4.2.4　除另有规定外，仪表过程连接处的法兰的垫片与紧固件(参见附录B)应满足过程介质温度、防腐的要求并符合以下规定：

a）公称压力低于等于*PN*50的法兰，宜采用聚四氟乙烯包覆式垫片或缠绕式垫片；

b）公称压力大于等于*PN*110的法兰，宜采用金属环垫，材质应满足介质的防腐要求及法兰的硬度要求；

c）剧毒、可燃性介质，温度高、温差大、机械振动以及压力脉动的管道宜采用缠绕式垫片。

4.2.5　测量有毒介质的仪表不得采用螺纹过程接口。

4.2.6　仪表过程连接(参见附录C)的位置宜方便安装与检修；当必要时，应设置专用的操作平台、梯子。

4.2.7　用于安全保护功能测量的一次取源阀应独立设置(参见附录D)。

4.3　导压管

4.3.1　导压管的材质和压力等级不应低于过程连接处的管道或设备材质和压力等级。

4.3.2　导压管应尽量短，Pipe导压管的长度不宜超过15m，Tube导压管的长度不宜超过12m。Pipe钢管与Tube钢管对比参见附录E。

4.3.3　在操作条件以及当地极端环境温度下，在测量介质出现结冻、冷凝、凝固、结晶或汽化情况下，导压管应采取伴热或绝热措施。

4.3.4　导压管内应避免出现液袋及气泡。

4.3.5　导压管水平敷设时，应有1：10~1：100的坡度，倾斜方向应能利于排除导压管内夹带的凝液或气体。

4.3.6　导压管的最高点在以下场所应设排气阀：

a） 液体介质导压管中的不凝气体不能自流返回工艺管道；

b） 测量易汽化的介质。

4.3.7 导压管的最低点在以下场所应设排液阀：

a） 气体介质导压管中的凝液不能自流返回工艺管道；

b） 测量易结冻、冷凝、凝固、结晶的介质；

c） 介质中含有沉淀物或污浊物。

4.3.8 当导压管与高温设备、高温管道并行敷设或直接连接时，应采取热膨胀补偿措施。

4.3.9 在测量导压管与振动剧烈的设备、管道连接的场合，宜采取吸收或减轻振动动能的措施。

4.3.10 对易堵、腐蚀、黏稠介质的导压管，宜设置有隔离罐；对蒸汽介质的导压管，宜设置有冷凝罐。

4.3.11 流量测量导压管中的高、低压侧隔离(冷凝)罐应位于相同的标高。

4.3.12 Tube 导压管中的隔离(冷凝)罐应通过支托架固定。

4.3.13 当测量-29℃以下低温液体介质时，导压管宜采取以下措施：

a） 导压管中的阀门采用合适的耐低温材料，具有延伸手柄、并有保冷隔离措施；

b） 低温部分的导压管道采用不锈钢材质，采取焊接方式；

c） 从一次取源阀至仪表有足够长度的汽化段并向上倾斜敷设，也可在根部取源阀后采用耐低温隔离液导压。

4.3.14 当测量 350℃以上的高温介质时，导压管宜采取以下措施：

a） 导压管中的阀门采用防烫手柄，并有防烫隔热措施；

b） 当介质为气体时，用冷介质气体、或对工艺无影响的其他冷气体反吹取压；

c） 当介质为液体时，用冷介质液体、或对工艺无影响的其他冷液体、或蒸汽反冲取压；

d） 从仪表连接管嘴开始，导压管采用合适的耐高温材料，并且延长散热段后再接一次取源阀。

4.3.15 当变送器采用贴近式安装时，不应仅通过导压管固定；以下管道上的变送器不应采用贴近式安装：

a） 介质温度大于 250℃，并且管道没有绝热保温措施；

b） 介质温度小于 0℃，并且管道没有绝热保冷措施；

c） 公称直径小于等于 *DN*25、并且管道没有支撑保护措施；

d） 振动大；

e） 非金属材料。

4.4 仪表支托架

4.4.1 仪表支托架应固定在地面、构架或设备平台等牢固可靠之处。

4.4.2 仪表支托架应经过防腐处理，或采用耐环境腐蚀的材料。

注：仪表支托架仅指固定仪表设备的重型支托架，不包括固定仪表导压管、电缆保护管等类的轻型的支架材料。

5 温度测量仪表

5.1 温度元件保护套管

5.1.1 在工艺管道及设备上安装、并与工艺介质接触的温度元件应配置保护套管。

5.1.2 公称压力大于等于 *PN*110(Class600)高压反应器的多点式温度元件的保护套管宜设置压力仪表，用于检测套管泄漏。

5.1.3 温度元件保护套管与过程接口宜采用法兰连接，在不允许采用法兰连接的场所，应采用焊接，公称压力小于等于 *PN*20(Class150)及非危险性介质(水、空气、氮气等)的场所可采用螺纹连接。

5.2 安装要求

5.2.1 当温度测量元件在管道上安装时，宜垂直插入管道内；当在弯头处或倾斜 45°安装，温度测量元件应与介质逆向。

5.2.2 当温度测量元件在管道上安装时，感温部位应全部进入管道内，温度灵敏段应充分接触被测介质。

5.2.3 当热电偶、热电阻和双金属温度计在直径小于 *DN*80 的管道上安装时，管道局部应扩径(温度仪表安装管道的扩径方式参见附录 F)，或安装在弯头处，扩径的要求如下：

a) 公称压力小于等于 *PN*110(Class600)的管道，扩径至 *DN*100；

b) 公称压力大于 *PN*110(Class600)的管道，扩径至 *DN*150。

5.2.4 炉膛热电偶接线盒与加热炉绝热层的距离不宜小于 200mm。

5.2.5 加热炉管表面热电偶的安装应符合下列要求：

a) 热电偶与炉膛应采用法兰连接；

b) 热电偶的长度应充分考虑炉管的受热膨胀因素；

c) 热电偶的刀刃状端部应紧密焊接固定于炉管上，刀刃长度不少于 50mm，在靠近刀刃处采用适当的金属卡子将热电偶焊接固定在炉管上。

5.2.6 设备上温度测量元件的安装应符合下列要求：

a) 不同标高的温度元件宜安装在同一方位；

b) 宜水平安装，特殊要求可 45°安装；

c) 应避免安装在介质不流动的区域内；

d) 应避免与设备内件碰撞；

e) 应避免与设备周围的梁、架、梯等构物碰撞。

5.2.7 耐磨热电偶末端露出设备的外套管长度宜为 100mm~150mm。

5.2.8 储罐上温度测量元件的插入深度不宜大于 400mm，安装位置应高于罐内加热盘管 600mm。在浮顶罐上安装的温度测量元件不应妨碍浮顶移动。

5.2.9 温度仪表的典型安装图参见附录 G。

6 压力测量仪表

6.1 取压位置

6.1.1 取压位置应设在测量介质流束稳定的直管段处。

6.1.2 当测量设备和容器的压力时，取压点宜设在气相段。

6.1.3 取压位置不宜设在水平工艺管道的底部。

6.1.4 压力测量取压方位参见附录 H。

6.2 安装要求

6.2.1 压力表应靠近取压点位置。在压力表的安装位置离取压点位置较远时，除了一次取源阀外，在压力表处宜再加一个切断阀，并加以支撑。

6.2.2 当介质温度高于 60℃，压力表和切断阀之间应设置降温设施，如冷凝圈、散热器等。

6.2.3 测量介质脉动场所的压力表应配置阻尼器。

6.2.4 介质压力大于 10MPa 的测量导压管，应设置排放阀及堵头，排放口应朝向对人员安全侧；

6.2.5 当测量高黏度、腐蚀性或凝固点高于环境温度的介质时，应采取隔离、伴热或吹洗等措施。

6.2.6 当测量含有粉尘、固体颗粒的气体介质时，宜采用吹洗或隔离等措施。

6.2.7 当测量液体和蒸汽介质时，压力变送器宜安装在取压位置的下方。

6.2.8 当测量气体介质时，压力变送器宜安装在取压位置的上方，但以下情况压力变送器应在取压位置的上方：

a) 压力较低的湿气体或可凝性气体；

b) 真空；

c) 采用反吹气法测量含固体颗粒的气体压力。

6.2.9　测量气体、湿气体的压力变送器只能安装在取压位置的下方，应采取消除导压管内的凝液对测量影响的措施。

6.2.10　毛细管式压力仪表的传导毛细管的长度不宜超过 15m，毛细管应采用角钢进行固定保护，避免受到机械损伤；在当地的极端环境温度低于毛细管内的填充油凝点时，毛细管应采取保温伴热措施。

6.2.11　压力仪表安装典型图参见附录 J。

7　流量测量仪表

7.1　一般要求

7.1.1　流量测量元件宜安装在被测介质充满的管道。

7.1.2　测量介质的流向应满足流量元件的流向要求。

7.1.3　当流量元件需要上下游直管段，直管段应与流量元件同心，并且内径相同。

7.1.4　流量计应根据工艺要求设置旁路管道。

7.1.5　贸易计量的流量计不宜设置旁路管道。贸易计量的容贸积式流量计管道布置参见附录 K。

7.1.6　流量测量元件的上下游侧直管段的长度应满足产品制造厂的规定。

7.2　标准节流装置

7.2.1　水平安装的节流装置的取压方位应符合图 7.2.1 的要求。

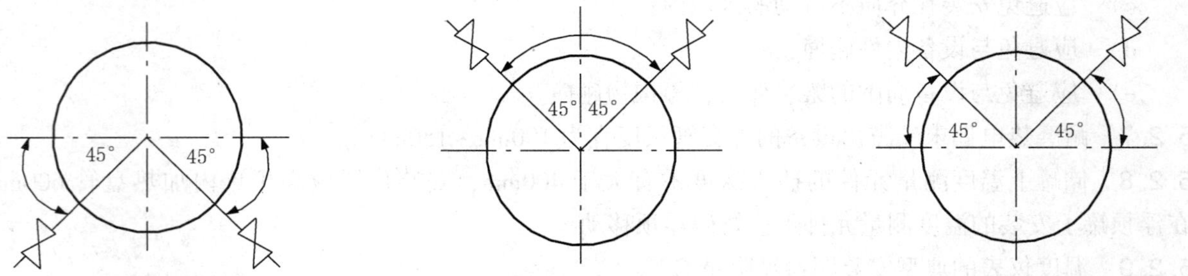

a）测量介质为液体　　b）测量介质为气体或湿气体　　c）测量介质为蒸汽

图 7.2.1　节流装置取压孔方位示意

7.2.2　节流装置安装在埋地管道时，应设置地井。

7.2.3　节流装置与流量变送器安装参见附录 L。

7.2.4　标准节流装置上下游侧最短直管段的长度应符合 GB/T 2624 中的规定(参见附录 M)。

7.3　非标准节流装置

7.3.1　偏心孔板

偏心孔板宜安装在水平管道上。当被测液体中含有气体时，锐孔应与工艺管道内圆顶点相切，取压孔位于管道横截面的水平中心线上；当测量含凝液的气体或含固体颗粒的液体时，锐孔应与工艺管道内圆底点相切，取压孔位于管道顶部或水平中心线上。

7.3.2　均速管流量计

a）　均速管流量计宜采用双端固定方式安装，符合图 7.3.2-1 的要求。

b）　在水平工艺管道上，均速管流量计的安装方位范围宜符合图 7.3.2-2 所示的要求。

7.4　靶式流量计

7.4.1　当测量介质中含固体悬浮物，靶式流量计应安装在水平管道上。

7.4.2　当测量易凝、易结晶或含悬浮颗粒的介质，靶式流量计上游宜设置专用的冲洗管线。

7.5　涡轮流量计

7.5.1　涡轮流量计宜安装在水平管道上。

7.5.2　涡轮流量计上游侧应安装过滤器；当测量含有气体的液体介质，上游侧应安装消气器。过滤器、消气器应安装在直管段之前。

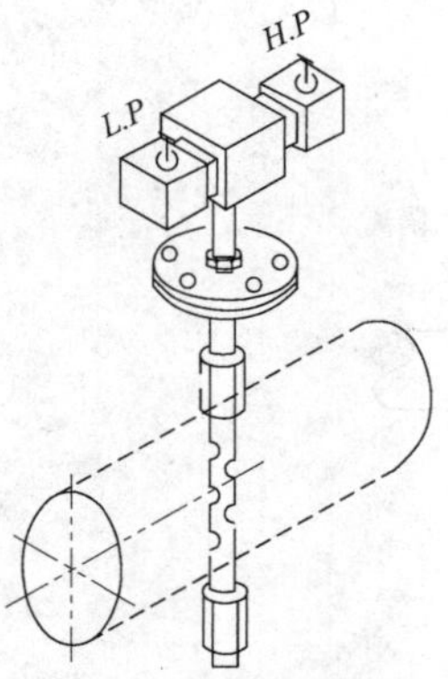

图 7.3.2-1　均速管流量计双端固定示意

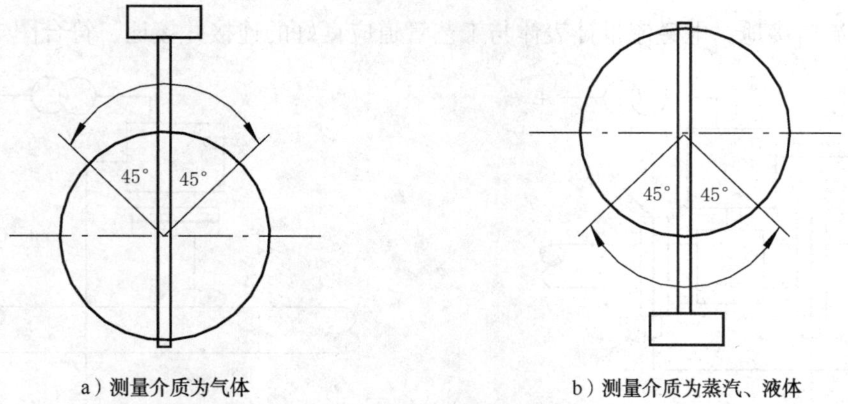

图 7.3.2-2　均速管流量计插入方位示意

7.6　容积式流量计

7.6.1　容积式流量计上游侧应安装过滤器；当测量含有气体的液体介质，上游侧应安装消气器。过滤器、消气器应安装在直管段之前。

7.6.2　公称直径大于 *DN*50 的容积式流量计应安装在水平管道。

7.6.3　当容积式流量计的直径大于或等于 150mm，流量计和过滤器应加支撑固定。

7.7　电磁流量计

7.7.1　电磁流量计应安装在测量介质完全充满的管道上。

7.7.2　插入式电磁流量计在水平或倾斜管道上安装时，探头应安装于管道中心线平面上下 45°的范围内，如图 7.7.2 所示。

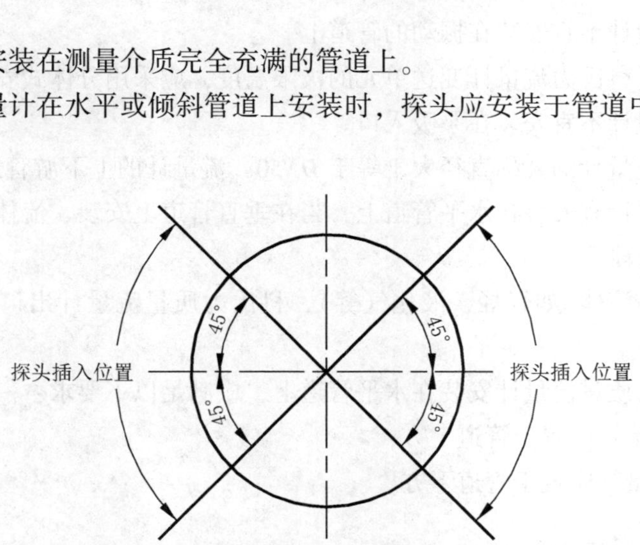

图 7.7.2　电磁流量计探头在水平管道上的安装示意

7.7.3　插入式电磁流量计探头中心线应与管道中心线相垂直。

7.7.4　当被测流体不接地时，电磁流量计应与工艺管道绝缘隔离，符合图7.7.4的要求。

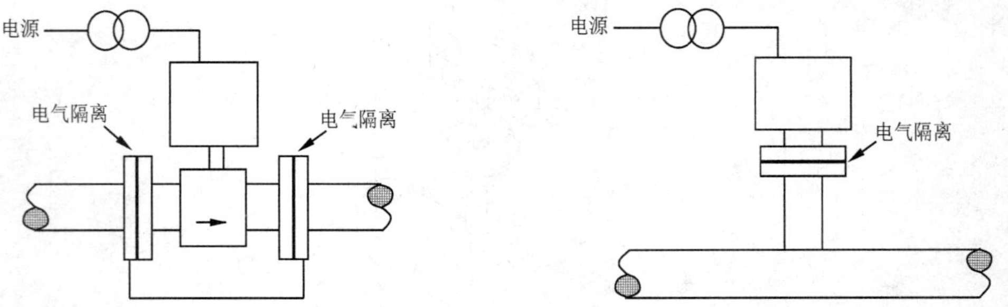

a）管道式安装　　b）插入式安装

注：不接地流体指钢管内衬是不导电物质(塑料)，管内流动的介质与地不接触。

图7.7.4　不接地流体的电气连接示意

7.7.5　当被测流体接地，电磁流量计表体与工艺管道应良好的连接并接地，符合图7.7.5的要求。

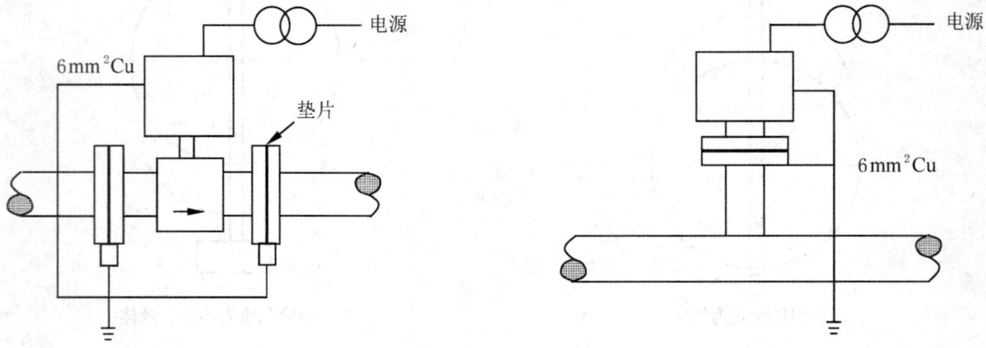

a）管道式安装　　b）插入式安装

图7.7.5　接地流体的电气连接示意

7.8　涡街流量计

7.8.1　涡街流量计不宜安装在测量液体容易发生汽化的位置。

7.8.2　涡街流量计不宜安装在振动的管道上。

7.9　科氏力质量流量计

7.9.1　科氏力质量流量计不宜安装在振动的管道上。

7.9.2　当环境温度超过科氏力流量计变送单元的极限温度，应采用分体式安装。

7.9.3　科氏力质量流量计不宜安装在泵吸入口。

7.9.4　当科氏力质量流量计的公称直径大于等于*DN*50，流量计的上下游管道宜设置支撑。

7.9.5　科氏力质量流量计宜安装在水平管道上，当在垂直管道上安装，流体宜自下而上流动，且出口侧宜有2*D*以上的直管段。

7.9.6　当测量易挥发性液体(如轻烃，液化气等)，科氏力质量流量计出口处的压力应高于测量液体的饱和蒸汽压力。

7.9.7　当弯管型科氏力质量流量计安装在水平管道上，应满足以下要求：

a）　测量气体，测量管应置于管道上方；

b）　测量液体，测量管应置于管道下方。

7.10　热式质量流量计

热式质量流量计宜安装于水平管道上；当气体流速较低，可安装于垂直管道上。

7.11　超声波流量计

超声波流量计应避免安装在流束不稳定的位置，如泵出入口、弯头、三通、变径等位置。

7.12 **转子流量计**

7.12.1 转子流量计应安装在垂直管道，介质的流向应由下向上。

7.12.2 转子流量计宜安装旁路阀和前后切断阀。

8 物位测量仪表

8.1 一般要求

8.1.1 物位仪表的观测面应朝向操作通道，周围不应有妨碍维修仪表的物体。

8.1.2 物位仪表宜配有检修平台、梯子。

8.1.3 物位仪表腔体内驻留的有毒、腐蚀性或严重污染环境的介质应安全收集，不得就地排放。

8.1.4 物位仪表管口位置应避开设备的进料口、出料口，避免受流入、流出介质的冲击。

8.1.5 仪表管口应避免设在设备的焊缝位置。

8.1.6 多个物位计组合使用时，宜安装在连通管上。

8.1.7 测量界位时，上部的仪表管口应位于上液相层内，符合图8.1.7的要求。

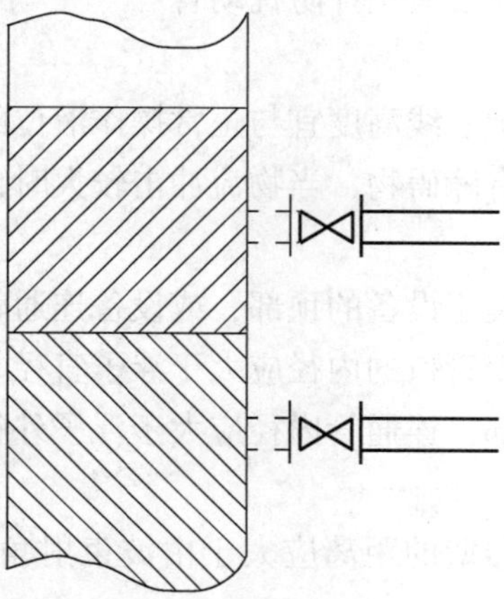

图8.1.7 界位测量仪表管口位置示意

8.1.8 液位仪表安装典型图参见附录N，液位计连通管的典型形式参见附录P。

8.2 玻璃板(管)液位计

8.2.1 当玻璃板(管)液位计信号与远传型液位计测量同一液位时，玻璃板(管)液位计的测量范围应大于等于信号远传型液位计的测量范围。

8.2.2 当数个玻璃板(管)液位计组合使用时，相邻的两个液位计的管口在垂直方向应重迭150mm~250mm，水平间距宜为200mm。

8.3 磁浮子液位计

当磁浮子液位计的长度超过3500mm时，应考虑液位计管口的承重负荷。

8.4 差压液位计

8.4.1 差压液位计上下取压管口之间的距离应大于所需的测量范围；下取压管口距罐底距离不应小于200mm，且避开液体抽出口；上取压管口应避开气相喷入口，无法避开时应设置防冲挡板。

8.4.2 当差压液位计测量易挥发或易冷凝介质液位时，应在负压侧(气相)加隔离罐，或在正负压两侧均加隔离罐。

8.4.3 当差压液位计测量蒸汽锅炉汽包液位时，宜在导压管中设置平衡容器，并对导压管保温伴热。

8.4.4 当差压液位计采用插入式反吹法测量液位时，插入导压管的端部距罐底距离至少200mm，并切削成斜坡状。

8.4.5 法兰差压液位计的仪表管口距罐底距离宜大于300mm，且安装在易于维护的方位。

8.4.6 法兰差压液位计的传导毛细管应采用角钢进行固定，避免受到机械损伤；在当地的极端环境温度低于毛细管内的填充油凝点时，毛细管应采取保温伴热措施。

8.4.7 差压液位计宜安装在下取压管口的下方，当安装在下取压管口的上方时，应经过压力核算，确认变送器的测量端受压为正。

8.4.8 法兰差压液位计宜安装在下取压管口的下方，当安装在下取压管口的上方时，应经过压力核算，确认变送器的毛细管内的填充油不产生气相变化。

8.5 外浮筒液位计

8.5.1 外浮筒液位计宜设置放空阀、排污阀，用于在线调校。

8.5.2 液位计测量范围的中间线宜与正常操作液位的高度相同。

8.5.3 顶底式外浮筒液位计的上下仪表管口间距宜至少比测量范围多500mm。

8.5.4 当流体冲击较大时，上管口处宜设置遮流挡板。

8.6 内浮筒液位计

8.6.1 液位计测量范围的中间线高度宜与正常操作液位的高度相同。

8.6.2 当液位波动较大时，应设置液位计防扰动管。

8.7 内浮球液位计

8.7.1 液位计安装法兰的水平中心线高度宜与正常操作液位的高度相同。

8.7.2 在浮球活动范围内不应有障碍物，当物流冲击较大时，应加防波挡板。

8.8 磁致伸缩液位计

8.8.1 磁致伸缩式液位计宜安装于设备的顶部，或设备连通管的顶部。

8.8.2 当安装在设备顶部，仪表管口的内径应大于浮子直径。

8.8.3 当安装在设备连通管顶部，连通管内径应大于浮子外径，连通管应采用非导磁材料。

8.9 超声波液(料)位计

8.9.1 超声波的波束中心距容器壁的距离应大于由波束射角、测量范围计算出来的最低液(料)位处的波束半径。

8.9.2 超声波或微波的波束途径应避免靠近设备进液(料)口、出液(料)口。

8.9.3 超声波的波束途径应避开搅拌器及其他障碍物。

8.10 放射性物位仪表

放射性物位仪表的安装应严格按照制造厂的要求，并遵守下列中华人民共和国有关卫生和安全防护的标准与规范：

a） GB 4075—2009 密封放射源一般要求和分级；
b） GB 11806—2004 放射性物质安全运输规程；
c） GB 14052—1993 安装在设备上的同位素仪表的辐射安全性能要求；
d） GB 18871—2002 电离辐射防护与辐射源安全基本标准；
e） GBZ 125—2009 含密封源仪表的放射卫生防护要求；
f） GBZ 128—2002 职业性外照射个人监测规范；
g） GBZ 114—2006 密封放射源及密封γ放射源容器的放射卫生防护标准。

8.11 伺服液位计

伺服液位计应设置防扰动管，防扰动管应满足以下要求：

a） 垂直度偏差应小于1°；
b） 防扰动管应与液位计同心；
c） 防扰动管上双面开孔、均匀对称，开孔间距为300mm～500mm，开孔尺寸不小于15mm～25mm；开孔处不得有毛刺，保证导波管内壁光滑；
d） 防扰动管上法兰的水平偏差度应小于1°；
e） 防扰动管底部应有支撑固定。

8.12 雷达液位计

8.12.1 雷达液位计的雷达波束应避免被遮挡。

8.12.2 在以下场所的雷达液位计应设置导波管，其安装要求同伺服液位计的防扰动管。

a) 测量浮顶罐液位；

b) 设备内介质波动剧烈、介质表面有较多的泡沫；

c) 测量介质的介电常数低；

d) 雷达波束可能受遮挡。

8.12.3 雷达液位计的导波管应避免与设备内的可动部件相碰。

8.12.4 杆式雷达液位计的导波杆的长度应包括上部和下部测量死区，死区范围至少50mm。

8.12.5 缆式雷达液位计的导波缆绳应在设备底部拉直固定，在液面波动剧烈的场所应安装防扰动管。

8.13 物位开关

8.13.1 物位开关的安装位置应满足工艺的检测、报警、联锁要求。

8.13.2 液位开关的安装要求与同类工作原理的连续测量液位计的安装要求相同。

9 调节阀与开关阀

9.1 安装位置

9.1.1 调节阀与开关阀的安装位置应满足工艺要求。

9.1.2 调节阀与开关阀的安装位置应便于安装、维修和操作。

9.1.3 调节阀与开关阀不宜装在管沟或管架上，当安装在高处时，应设置平台。

9.1.4 当调节阀与开关阀带有事故气源罐、手轮、闭锁阀等辅助装置时，应留有安装和操作的空间。

9.1.5 调节阀与开关阀应远离振动源，当调节阀安装在有振动场所时，应在阀门两端管道处增加支撑。

9.2 安装尺寸

9.2.1 调节阀与开关阀底距地面或平台面的距离应大于250mm，当阀门有抽芯要求，宜留出抽出空间。

9.2.2 调节阀顶部与旁路管道的净空距离应大于200mm。

9.3 安装方位

9.3.1 介质流向应符合调节阀与开关阀的方向要求。

9.3.2 调节阀与开关阀应安装在水平管道，特殊情况下经技术确认可安装在垂直管道上。

9.4 管道设计

9.4.1 具备下列情况之一的调节阀与开关阀可不装隔断阀和旁路阀：

a) 用于顺序控制；

b) 用于紧急停车联锁；

c) 下列条件的带手轮的调节阀：

1) 控制温度不高于225℃、压力不大于0.1MPa的非危险性介质(水、空气、氮气等)；

2) 工艺管道可以单独关断停工。

d) 直径大于350mm的蝶形调节阀；

e) 三通调节阀；

f) 有备用电机驱动的蒸汽透平泵的蒸汽调节阀；

g) 需要减少危险介质(氢氟酸、苯酚等)泄漏的场所。

9.4.2 直径小于25mm的调节阀宜安装在旁路的上方。

9.4.3 安装在低温或高温管道上的调节阀，两个支撑中至少一个宜采用滑动支架。

9.4.4 事故气源罐应有足够的安装空间，并且应避免安装在专用通道上，如消防通道、人行通道、检修通道等。

附 录 A
(资料性附录)
连接法兰的最低公称压力

连接法兰的最低公称压力与管道级别有关，见表A。

表A 管道分级表

管道级别	适用范围
SHA	1. 毒性程度为极度危害介质管道(苯管道除外) 2. 毒性程度为高度危害介质的丙烯腈、光气、二氧化碳和氟化氢管道 3. 设计压力大于或等于10.0MPa的介质管道
SHB	1. 毒性程度为极度危害介质的苯管道 2. 毒性程度为高度危害介质(丙烯腈、光气、二氧化碳和氟化氢管道除外) 3. 甲类、乙类可燃气体和甲A类液化烃、甲B类、乙A类可燃液体介质管道
SHC	1. 毒性程度为中度、轻度危害介质管道 2. 乙B类、丙类可燃液体介质管道
SHD	设计温度小于-29℃的低温管道
SHE	设计压力小于10.0MPa且设计温度高于或等于-29℃的无毒、非可燃介质管道

注1：除特别规定外，对于有毒、可燃介质管道的连接法兰最低公称压力，应符合下列规定：

1) SHA级管道的公称压力，不宜低于*PN*50；

2) SHB、SHC级管道的公称压力，不宜低于*PN*20。

注2：本表取自SH/T 3059—2012《石油化工管道设计器材选用规范》。

附　录　B
（资料性附录）
法兰垫片与紧固件

法兰垫片应根据垫片的密封性能、操作压力、操作温度、工作介质特性及密封要求等因素确定。

一般情况下，公称压力小于等于 *PN*50（Class300）的工艺管道，以及公称压力小于等于 *PN*110（Class600）的蒸汽管道法兰，采用聚四氟乙烯包覆垫片、柔性石墨金属波齿复合垫片或柔性石墨金属缠绕垫片。公称压力大于等于 *PN*110（Class600）的法兰（蒸汽管道除外），采用八角型金属环垫。

金属环垫材料硬度值应比法兰材料硬度值低 30HB~40HB。缠绕式垫片的使用条件见表 B.1。

表 B.1　缠绕式垫片使用条件表

垫片材质	法兰公称压力	温度范围 ℃
奥氏体不锈钢/柔性石墨	≤*PN*260（Class1500）	-270~600 （非氧化介质：800）
奥氏体不锈钢/聚四氟乙烯	≤*PN*110（Class600）	-200~260

法兰紧固件材料选择的，应考虑管道的操作压力、操作温度、介质种类和垫片类型等因素。

仪表专业常用的紧固件材料的选择见表 B.2。

表 B.2　常用紧固件材料表

法兰连接条件	紧固件工作温度/℃							
	-100~-41	-40~-21	-20~-39	40~199	200~299	300~449	450~499	500~600
公称压力小于 *PN*50（CL300） 并采用软质垫片		35/BL_2	BL_3/BL_2	35/BL_2				
公称压力不小于 *PN*50（CL300） 或采用非软质垫片	35CrMo/30CrMo		35CrMo/35[#]钢				35CrMo/ 35CrMo	25Cr2MoV$_A$/ 35CrMo

注 1：斜线上方为螺柱或螺栓材料，斜线下方为螺母材料。

注 2：软质垫片系指预紧比压 *Y*≤31MPa，垫片系数 *M*≤2 的垫片。具有更高 *Y* 和 *M* 值的垫片均属于非软质垫片。

附　录　C
(资料性附录)
常用仪表的过程连接规格

常用仪表的过程连接规格见表 C.1。

表 C.1　常用仪表的过程连接规格表

<table>
<tr><th rowspan="2">参数</th><th rowspan="2" colspan="2">仪表名称</th><th colspan="2">仪表过程连接规格(仪表侧或仪表导压管侧)</th><th rowspan="2">备注</th></tr>
<tr><th>公制</th><th>英制</th></tr>
<tr><td rowspan="5">温度</td><td rowspan="4" colspan="2">温度元件保护套管(内装热电偶和热电阻、双金属温度计)</td><td>M27×2 螺纹</td><td>NPT1/2″</td><td>常用于公称压力小于等于 PN20(CL150)及非危险介质</td></tr>
<tr><td>法兰 DN40</td><td>法兰 1½″</td><td>内装单支及双支温度元件</td></tr>
<tr><td>法兰 DN80、DN100</td><td>法兰 3″、4″</td><td>内装多支温度元件</td></tr>
<tr><td></td><td>焊接</td><td>某些高温、高压，或温度变化频繁的场合，不允许采用法兰连接</td></tr>
<tr><td colspan="2">耐磨热电偶</td><td>法兰 DN50</td><td>法兰 2″</td><td>用于流态化粉状或颗粒状物料或催化剂的设备</td></tr>
<tr><td rowspan="3">压力</td><td rowspan="3" colspan="2">压力表
压力变送器
差压变送器</td><td>M20×1.5 螺纹</td><td>NPT1/2″、NPT3/4″</td><td></td></tr>
<tr><td>法兰 DN20</td><td>法兰 3/4″</td><td></td></tr>
<tr><td>法兰 DN50、DN80</td><td>法兰 2″、3″</td><td>用于易结焦、堵塞、或含固体颗粒的介质时采用法兰膜片连接型压力、差压测量仪表</td></tr>
<tr><td rowspan="4">流量</td><td rowspan="4">节流装置
流量计</td><td rowspan="2">节流装置</td><td>DN15 焊接</td><td>NPT1/2″焊接</td><td>NPT1/2″螺纹密封焊常用于公称压力小于 PN150(CL900)节流装置的连接</td></tr>
<tr><td>DN20 焊接</td><td>NPT3/4″焊接</td><td>NPT3/4″螺纹密封焊常用于公称压力大于等于 PN150(CL900)节流装置的连接</td></tr>
<tr><td rowspan="2">流量变送器</td><td>DN15 焊接</td><td>1/2″焊接</td><td></td></tr>
<tr><td>法兰 DN50</td><td>法兰 2″</td><td>用于易结焦、堵塞、或含固体颗粒的介质，连接法兰膜片测量仪表</td></tr>
</table>

表 C.1　常用仪表的过程连接规格表(续)

参数	仪表名称		仪表过程连接规格(仪表侧或仪表导压管侧)		备注
			公制	英制	
液位	玻璃板(管)液位计		法兰 DN20	法兰 3/4″	
	磁性液位计		法兰 DN50	法兰 2″	长度小于等于 3500mm
			法兰 DN80	法兰 3″	长度大于 3500mm
	差压式液位计	差压变送器	法兰 DN20	法兰 3/4″	
		单法兰差压变送器	上法兰 DN20,下法兰 DN50、DN80	上法兰 3/4″,下法兰 2″、3″	下法兰优先采用 DN50(2″);N80(3″)用于易结焦、堵塞、或含固体颗粒的介质
		双法兰差压变送器	法兰 DN50、DN80	法兰 2″、3″	优先采用 DN50(2″);N80(3″)用于易结焦、堵塞、或含固体颗粒的介质
	外浮筒液位计		法兰 DN50	法兰 2″	
	内浮球液位计		法兰 DN250	法兰 10″	
	液位连通管		法兰 DN50	法兰 2″	长度小于等于 3500mm
			法兰 DN80	法兰 3″	长度大于 3500mm

附　录　D
（资料性附录）
安全保护功能测量中的一次取源阀设置

安全保护功能测量中的一次取源阀设置见图 D.1～图 D.5。

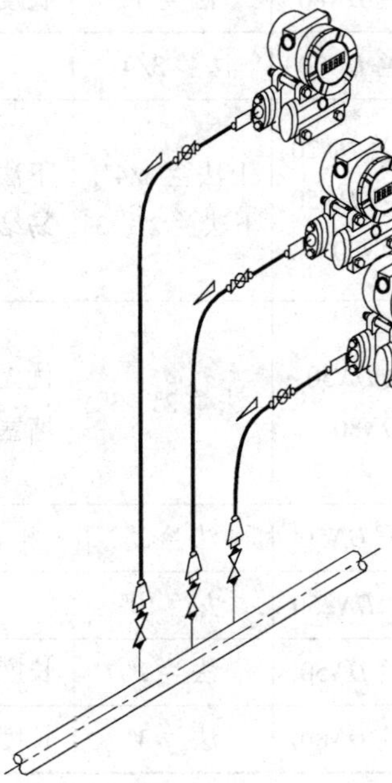

图 D.1　压力三路分别测量示意

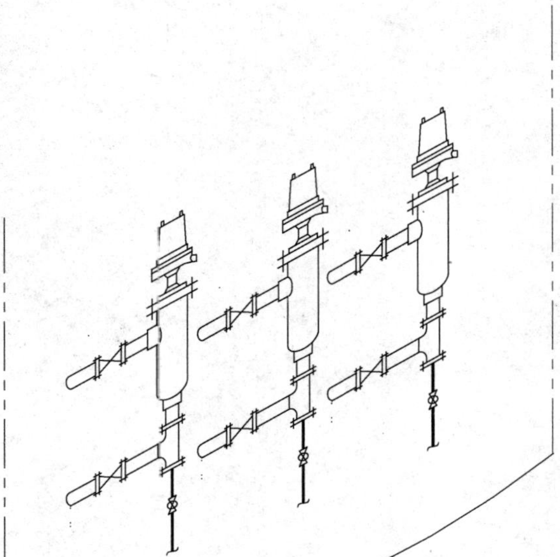

图 D.2　液位三路分别测量示意（一）

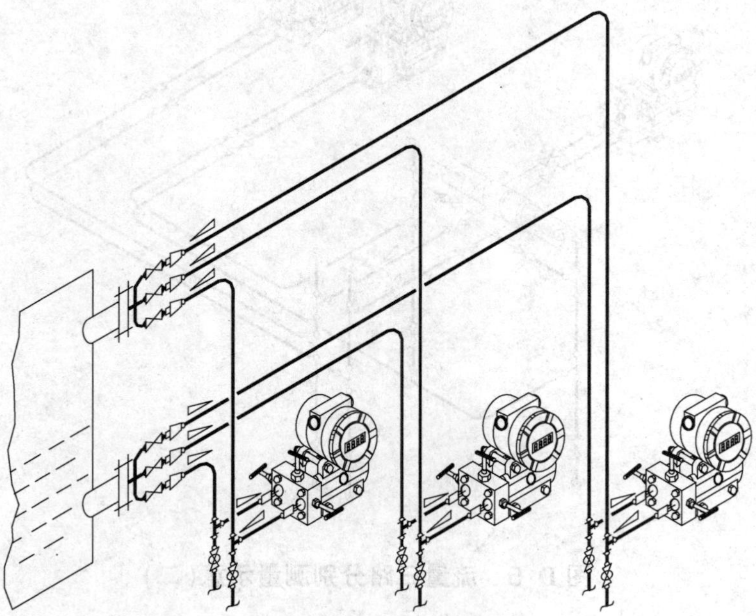

图 D.3　液位三路分别测量示意(二)

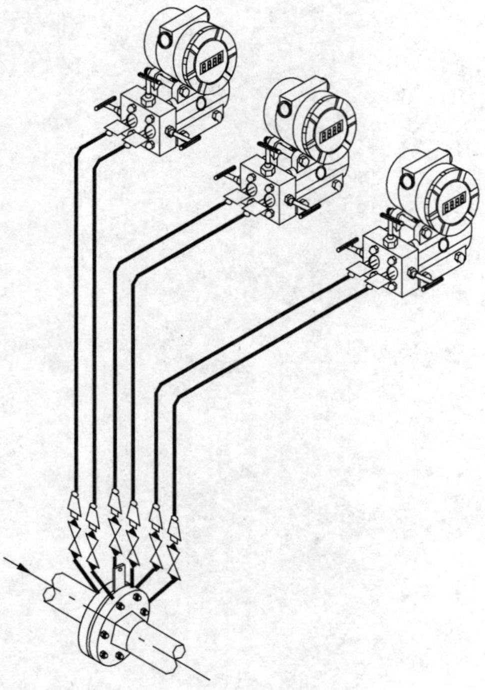

注：据节流装置制造厂资料介绍，*DN*100 以上的孔板在允许取压角度的范围内，可以设置 4 对取压孔。

图 D.4　流量三路分别测量示意(一)

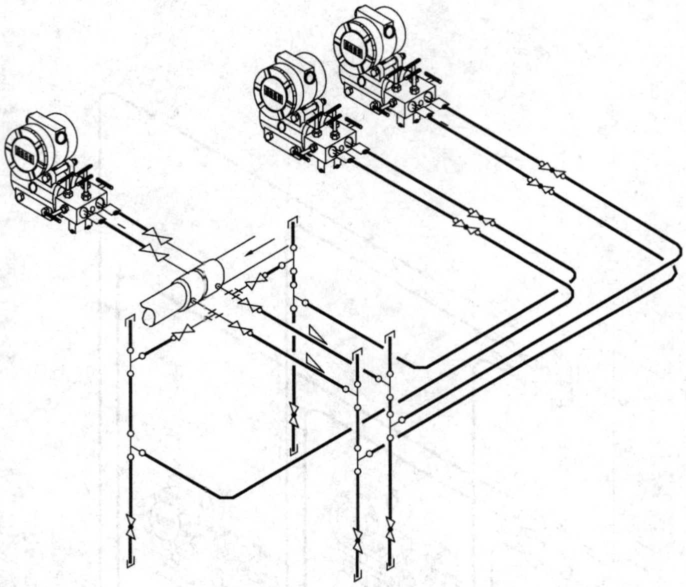

图 D.5　流量三路分别测量示意(二)

附　录　E
(资料性附录)
Tube 与 Pipe 钢管

Tube 与 Pipe 钢管对比表见表 E。

表 E　Tube 与 Pipe 钢管对比表

项目	Tube 钢管	Pipe 钢管
定义	圆形的，或具有连续周边的任何其他截面形状的空心钢管	以公称尺寸表示的圆形截面 TUBE 钢管
标准	ASTM A269：通用奥氏体不锈钢无缝管和焊接管的规格 ASTM A213：锅炉、过热器和热交换器用无缝铁素体和奥氏体合金钢管规范 ASTM A249：锅炉、过热器、热交换器和冷凝器用奥氏体钢焊接管的规格	ASTM A312：无缝焊接重冷处理奥氏体不锈钢管标准规范 ASTM A790：铁素体、奥氏体不锈钢无缝管和焊接管规格
表示方式	用实际外径和壁厚值表示，如 14×2，1/2″×0.049″	用公称尺寸和管子表号表示，如 NPS1/2 Sch40；或用公称尺寸和公称压力 *DN*25 *PN*160，一般不用实际的内径或外径表示
连接方式	卡套与焊接	螺纹与焊接

附　录　F
(资料性附录)
温度仪表安装管道的扩径方式

F.1　公称压力小于等于 *PN*110(Class600)管道扩径方式见图 F.1。

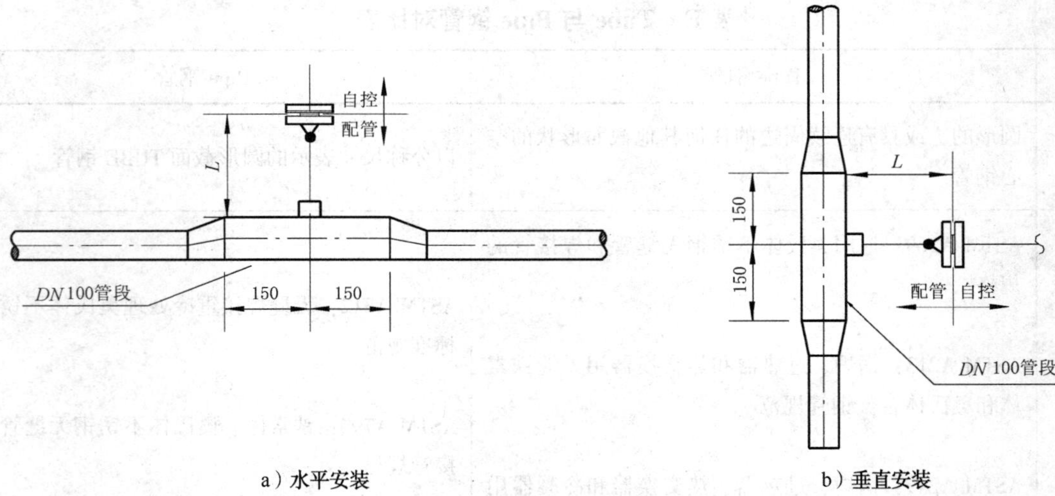

图 F.1　温度仪表安装管道的扩径方式示意(一)

F.2　公称压力大于 *PN*110(Class600)管道扩径方式见图 F.2。

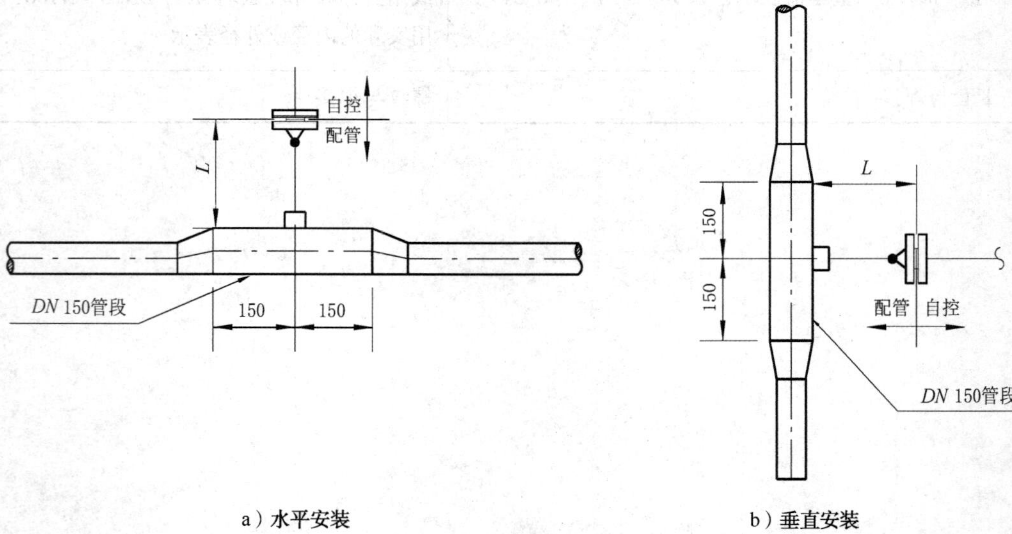

图 F.2　温度仪表安装管道的扩径方式示意(二)

附　录　G
(资料性附录)
温度仪表安装典型图

温度仪表安装典型图见图 G.1~图 G.4。

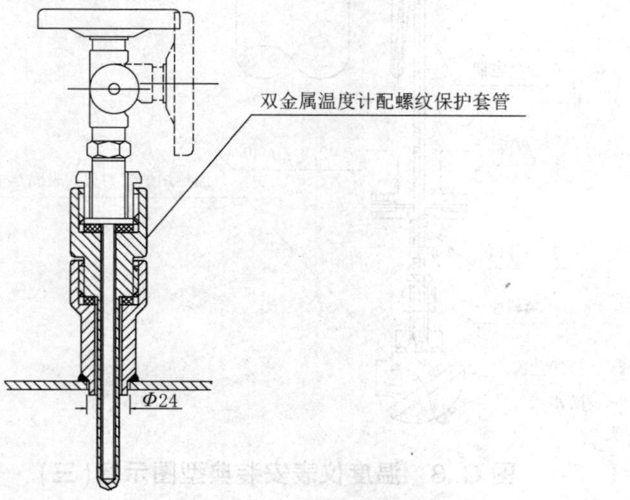

图 G.1　温度仪表安装典型图示意(一)

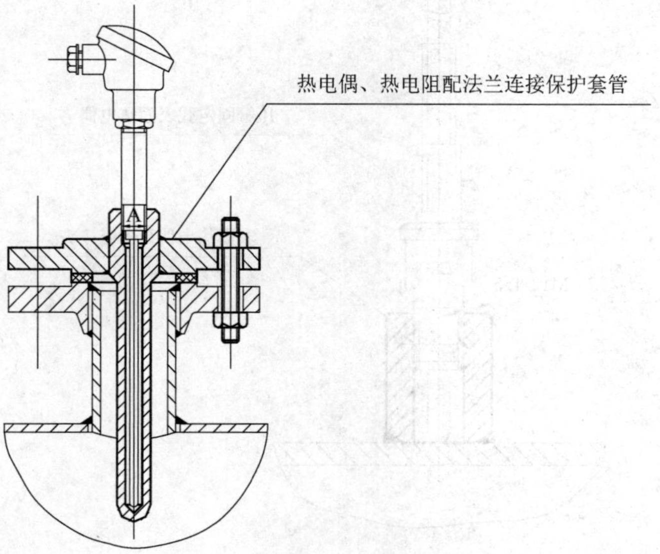

图 G.2　温度仪表安装典型图示意(二)

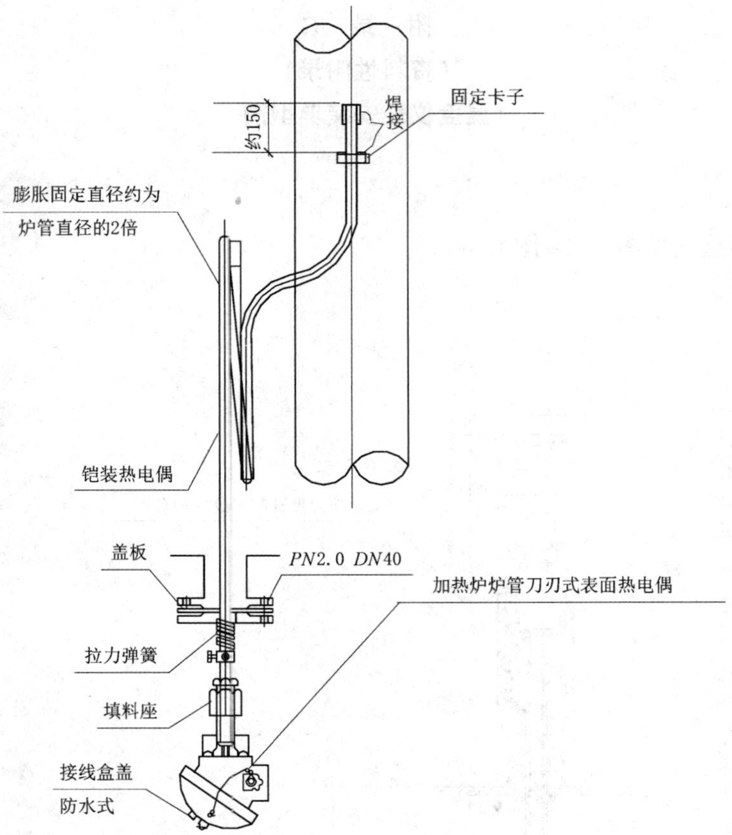

图 G.3　温度仪表安装典型图示意(三)

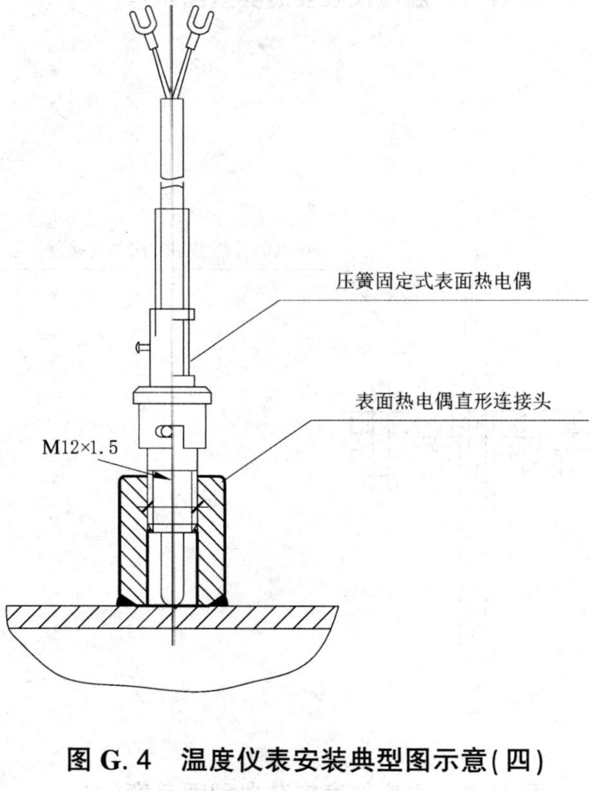

图 G.4　温度仪表安装典型图示意(四)

附　录　H
（资料性附录）
压力测量取压方位

当压力取源部件在水平和倾斜的工艺管道上安装，取压点的方位可如下：

a）　测量气体压力，在工艺管道的上半部，见图 H a）；

b）　液体压力，在工艺管道的下半部，且与工艺管道的水平中心线成 0°～45°夹角的范围内，见图 H b）；

c）　测量蒸汽压力，在工艺管道的上半部以及下半部，且与工艺管道水平中心线成 0°～45° 夹角的范围内，见图 H c）。

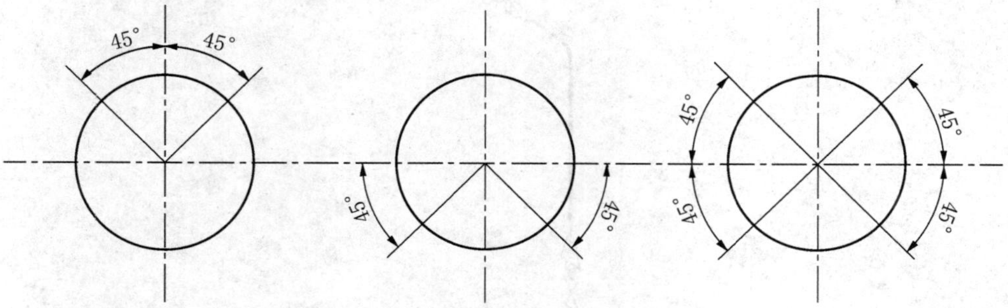

a）气体　　b）液体　　c）蒸汽

图 H　压力测量取压口的方位示意

附 录 J
(资料性附录)
压力仪表安装典型图

压力仪表安装典型图见图J.1~图J.3。

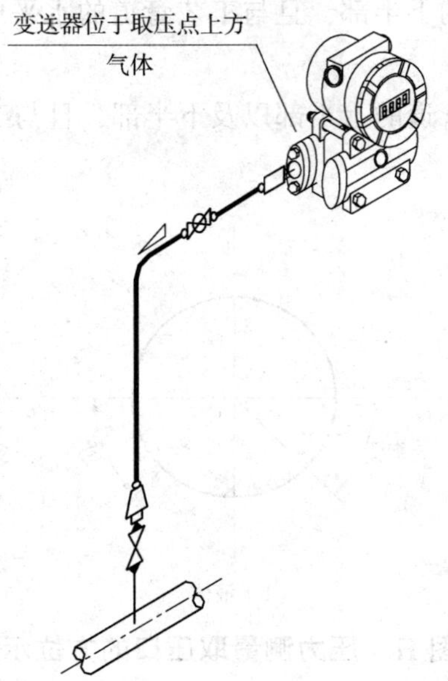

图J.1 压力变送器安装典型图示意(一)

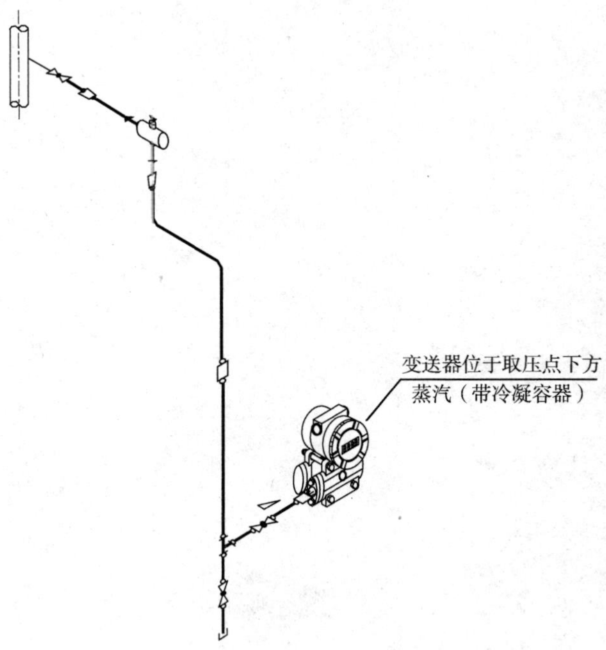

图J.2 压力变送器安装典型图示意(二)

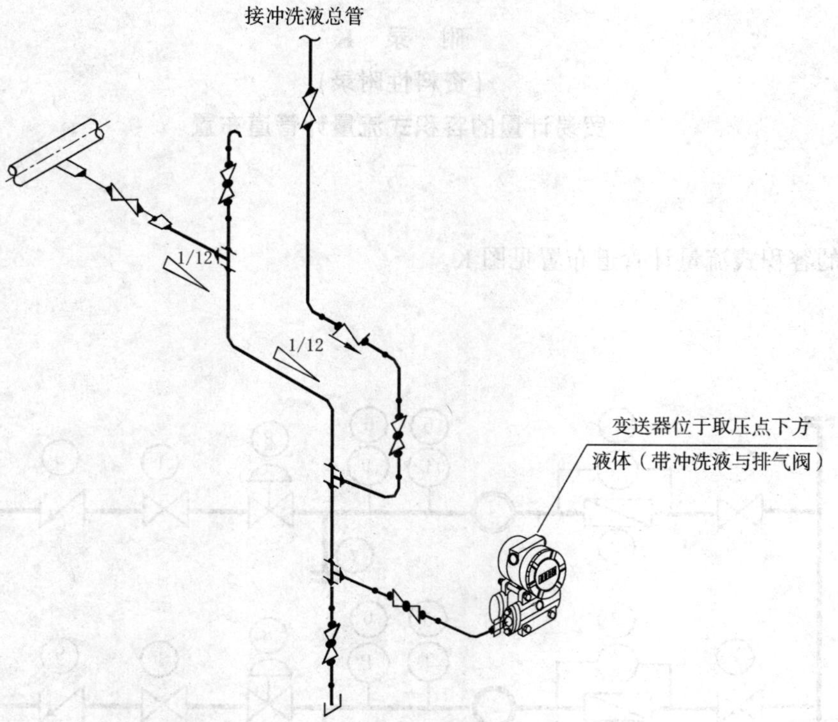

图 J.3　压力变送器安装典型图示意(三)

附　录　K

（资料性附录）

贸易计量的容积式流量计管道布置

贸易计量的容积式流量计管道布置见图K。

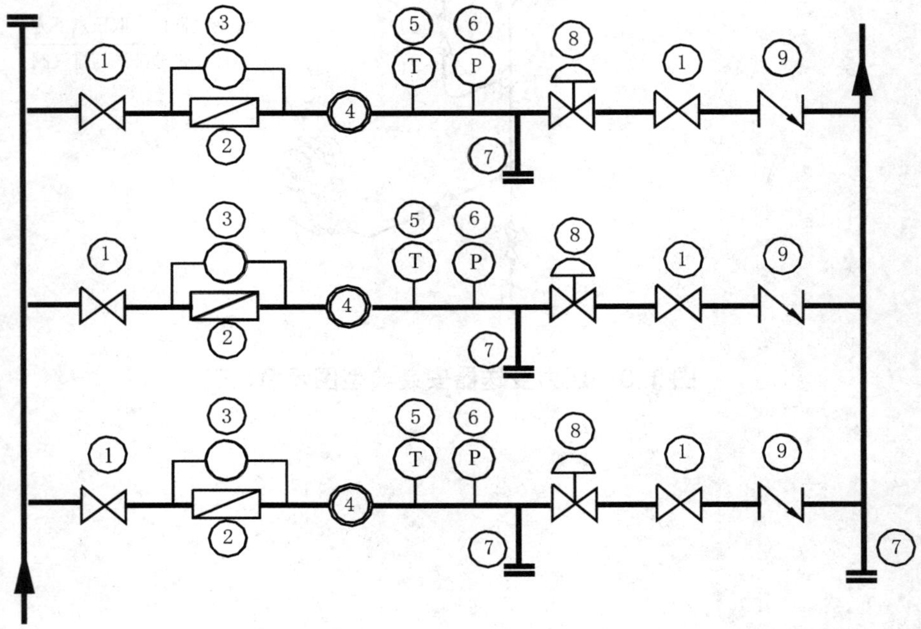

1—切断阀；2—过滤器、消气器（根据需要）；3—差压仪表（根据需要）；4—流量计；5—温度仪表；6—压力仪表；7—在线标定接口（根据需要）；8—流量调节阀（根据需要）；9—止回阀（根据需要）

注：本图根据API-MPMS《Manual of Petroleum Measurement Standards，Chapter 18 Custody Transfer》绘制。

图K　贸易计量的容积式流量计管道布置（三路计量，二用一备）

附　录　L
（资料性附录）
节流装置与流量变送器安装典型图

节流装置与流量变送器安装典型图见图 L.1～图 L.3。

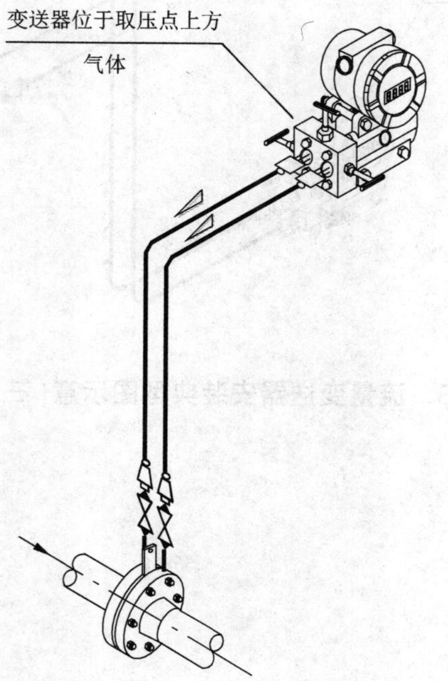

图 L.1　流量变送器安装典型图示意(一)

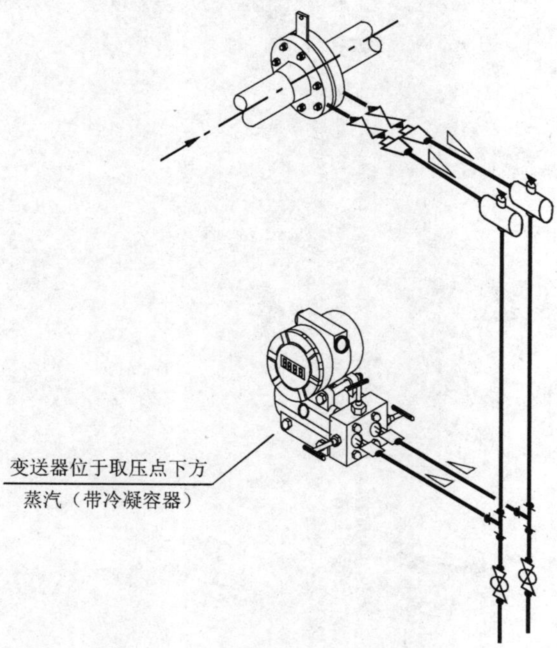

图 L.2　流量变送器安装典型图示意(二)

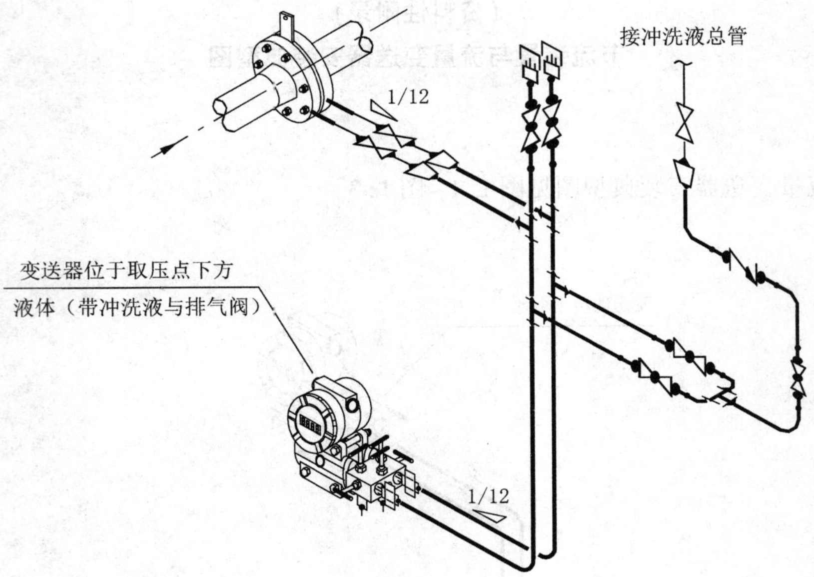

图 L.3　流量变送器安装典型图示意(三)

附　录　M

（资料性附录）

标准节流装置上下游直管段长度

孔板、喷嘴和文丘里管的上下游侧最小直管段长度分别见表 M.1、表 M.2、表 M.3。表中数据取自 GB/T 2624—2006。

表 M.1　无流动调整器情况下孔板与管件之间最小直管段长度

直径比 β	孔板的上游（入口）侧																								孔板的下游（出口）侧	
	单个 90°弯头任一平面上两个 90°弯头（$S>30D$）[a]		同一平面上两个 90°弯头：S 形结构（$30D\geqslant S>10D$）[a]		同一平面上两个 90°弯头：S 形结构（$10D\geqslant S$）[a]		互成垂直平面上两个 90°弯头（$30D\geqslant S\geqslant 5D$）[a]		互成垂直平面上两个 90°弯头（$5D>S$）[a、b]		带或不带延伸部分的单个 90°三通斜接 90°弯头		单个 45°弯头同一平面上两个 45°弯头（$S\geqslant 2D$）[a]		同心渐缩管（在 $1.5D$~$3D$ 长度内由 $2D$ 变为 D）		同心渐扩管（在 $1D$~$2D$ 长度内由 $0.5D$ 变为 D）		全孔球阀或闸阀全开		突然对称收缩		温度计插套或套管[c]直径≤$0.03D$[d]		管件（2 栏~11 栏）和密度计套管	
1	2		3		4		5		6		7		8		9		10		11		12		13		14	
—	A[e]	B[f]	A[e]	B[f]	A[e]	B[f]	A[e]	B[f]	A[e]	B[f]	A[e]	B[f]	A[e]	B[f]	A[e]	B[f]	A[e]	B[f]	A[e]	B[f]	A[e]	B[f]	A[e]	B[f]	A[e]	B[f]
≤0.20	6	3	10	[g]	10	[g]	19	18	34	17	3	[g]	7	[g]	5	[g]	6	[g]	12	6	30	15	5	3	4	2
0.40	16	3	10	[g]	10	[g]	44	18	50	25	9	3	30	9	5	[g]	12	8	12	6	30	15	5	3	6	3
0.50	22	9	18	10	22	10	44	18	75	34	19	9	30	18	8	5	20	9	12	6	30	15	5	3	6	3
0.60	42	13	30	18	42	18	44	18	65[h]	25	29	18	30	18	9	5	26	11	14	7	30	15	5	3	7	3.5
0.67	44	20	44	18	44	20	44	20	60	18	36	18	44	18	12	6	28	14	18	9	30	15	5	3	7	3.5

表 M.1 无流动调整器情况下孔板与管件之间最小直管段长度(续)

直径比 β	孔板的上游(入口)侧																								孔板的下游(出口)侧	
	单个 90°弯头任一平面上两个 90°弯头($S>30D$)[a]		同一平面上两个 90°弯头：S 形结构($30D \geq S>10D$)[a]		同一平面上两个 90°弯头：S 形结构($10D \geq S$)[a]		互成垂直平面上两个 90°弯头($30D \geq S \geq 5D$)[a]		互成垂直平面上两个 90°弯头($5D>S$)[a、b]		带或不带延伸部分的单个 90°三通斜接 90°弯头		单个 45°弯头同一平面上两个 45°弯头($S \geq 2D$)[a]		同心渐缩管(在 1.5D~3D 长度内由 2D 变为 D)		同心渐扩管(在 1D~2D 长度内由 0.5D 变为 D)		全孔球阀或闸阀全开		突然对称收缩		温度计插套或套管[c]直径≤0.03D[d]		管件(2 栏~11 栏)和密度计套管	
0.75	44	20	44	18	44	22	44	20	75	18	44	18	44	18	13	8	36	18	24	12	30	15	5	3	8	4

注 1： 表内数值以管道内径 D 的倍数表示。

注 2： 所需最短直管段是孔板上游或下游各种管件与孔板之间的直管段长度。直管段应从最近的(或唯一的)弯头或三通的弯曲部分的下游端测量起，或者从渐缩管或渐扩管的弯曲或圆锥部分的下游端测量起。

注 3： 本表中直管段所依据的大多数弯头的曲率半径等于 1.5D。

[a] S 是上游弯头弯曲部分的下游端到下游弯头弯曲部分的上游端测得的两个弯头之间的间隔。

[b] 这不是一种好的上游安装，如有可能宜使用流动调整器。

[c] 安装温度计插套或套管将不改变其他管件所需的最短上游直管段。

[d] 只要 A 栏和 B 栏的值分别增大到 20 和 10，就可安装直径 0.03D~0.13D 的温度计插套或套管。但不推荐这种安装方式。

[e] 每种管件的 A 栏都给出了对应于“零附加不确定度”的直管段，当使用的直管段等于或大于 A 栏所规定的值时，就不必为了考虑特定安装的影响而增大流出系数的不确定度。

[f] 每种管件的 B 栏都给出了对应于“0.5%附加不确定度”的直管段，当上游或下游直管段小于 A 栏所规定的值，而等于或大于 B 栏规定的值时，应在流通系数的不确定度上算术相加 0.5%附加不确定度。

[g] A 栏中的直管段给出零附加不确定度；目前尚无较短直管段的数据可用于给出 B 栏的所需直管段。

[h] 如果 $S<2D$，$R_{eD}>2\times10^6$，应为 95D。

表 M.2 喷嘴和文丘里喷嘴最小直管段长度

直径比 β[a]	一次装置上游(入口)侧																				一次装置下游(出口)侧	
	单个 90° 弯头或三通(仅从一个支管流出)		同一平面上两个或多个 90° 弯头		不同平面上两个或多个 90° 弯头		渐缩管(在 1.5D ~3D 长度内由 2D 变为 D)		渐扩管(在 1D~2D 长度内由 0.5D 变为 D)		球形阀全开		全孔球阀或闸阀全开		突然对称收缩		直径≤0.03D 的温度计插套或者套管[b]		直径在 0.03D~0.13D 之间的温度计插套或套管[b]		各种管件(第 2 栏至第 8 栏)	
1	2		3		4		5		6		7		8		9		10		11		12	
—	A[c]	B[d]	A[c]	B[d]	A[c]	B[d]	A[c]	B[d]	A[c]	B[d]	A[c]	B[d]	A[c]	B[d]	A[c]	B[d]	A[c]	B[d]	A[c]	B[d]	A[c]	B[d]
0.20	10	6	14	7	34	17	5	[e]	16	8	18	9	12	6	30	15	5	3	20	10	4	2
0.25	10	6	14	7	34	17	5	[e]	16	8	18	9	12	6	30	15	5	3	20	10	4	2
0.30	10	6	16	8	34	17	5	[e]	16	8	18	9	12	6	30	15	5	3	20	10	5	2.5
0.35	12	6	16	8	36	18	5	[e]	16	8	18	9	12	6	30	15	5	3	20	10	5	2.5
0.40	14	7	18	9	36	18	5	[e]	16	8	20	10	12	6	30	15	5	3	20	10	6	3
0.45	14	7	18	9	38	19	5	[e]	17	9	20	10	12	6	30	15	5	3	20	10	6	3
0.50	14	7	20	10	40	20	6	5	18	9	22	11	12	6	30	15	5	3	20	10	6	3
0.55	16	8	22	11	44	22	8	5	20	10	24	12	14	7	30	15	5	3	20	10	6	3
0.60	18	9	26	13	48	24	9	5	22	11	26	13	14	7	30	15	5	3	20	10	7	3.5
0.65	22	11	32	16	54	27	11	6	25	13	28	14	16	8	30	15	5	3	20	10	7	3.5
0.70	28	14	36	18	62	31	14	7	30	15	32	16	20	10	30	15	5	3	20	10	7	3.5
0.75	36	18	42	21	70	35	22	11	38	19	36	18	24	12	30	15	5	3	20	10	8	4
0.80	46	23	50	25	80	40	30	15	54	27	44	22	30	15	30	15	5	3	20	10	8	4

注 1：表内数值以管道内径 D 的倍数表示。

注 2：所需最短直管段是位于一次装置上游或下游各种管件与一次装置之间的管段。所有直管段都应从一次装置的上游端面测量起。

注 3：这些直管段长度并非建立在最新数据基础上。

[a] 对于某些型式的一次装置，并非所有 β 值都是允许的。

[b] 安装温度计套管或插孔不改变其他管件所需的最短上游直管段。

[c] 各种管件的 A 栏给出相当于“零附加不确定度”的值。当使用的直管段等于或大于 A 栏所规定的值时，就不必为了考虑特定安装的影响而增大流出系数的不确定度。

[d] 各种管件的 B 栏给出相当于“0.5%附加不确定度”的值，当上游或下游直管段小于 A 栏所规定的值，等于或大于 B 栏规定的值时，应在流通系数的不确定度上算术相加 0.5%附加不确定度。

[e] A 栏中的直管段给出零附加不确定度；目前尚无可用于给出 B 栏所需直管段的较短直管段数据。

表 M.3　经典文丘里管最小直管段

直径比 β	单个 90° 弯头[a]		同一平面或不同平面上的两个或多个 90°弯头[a]		渐缩管在（2.3D 长度内由 1.33D 变为 D）		渐扩管（在 2.5D 长度内由 0.67D 变为 D）		渐缩管（在 3.5D 长度内由 3D 变为 D）		渐扩管（在 D 长度内由 0.75D 变为 D）		全孔球阀或闸阀全开	
1	2		3		4		5		6		7		8	
—	A[b]	B[c]	A[b]	B[c]	A[b]	B[c]	A[b]	B[c]	A[b]	B[c]	A[b]	B[c]	A[b]	B[c]
0.30	8	3	8	3	4	[d]	4	[d]	2.5	[d]	2.5	[d]	2.5	[d]
0.40	8	3	8	3	4	[d]	4	[d]	2.5	[d]	2.5	[d]	2.5	[d]
0.50	9	3	10	3	4	[d]	5	4	5.5	2.5	2.5	[d]	3.5	2.5
0.60	10	3	10	3	4	[d]	6	4	8.5	2.5	3.5	2.5	4.5	2.5
0.70	14	3	18	3	4	[d]	7	5	10.5	2.5	5.5	3.5	5.5	3.5
0.75	16	8	22	8	4	[d]	7	6	11.5	3.5	6.5	4.5	5.5	3.5

注 1： 表内数值以管道内径 D 的倍数表示。

注 2： 所需最短直管段是经典文丘里管上游的各种管件与经典文丘里管之间的直管段。直管段应从最近（或仅有）的弯头弯曲部分的下游端或是从渐缩管或渐扩管的弯曲或圆锥部分的下游端测量到经典文丘里管的上游取压口平面。

注 3： 如果经典文丘里管上游装有温度计插套或套管，其直径不应超过 0.13D，且应位于文丘里管上游取压口平面的上游至少 4D 处。

注 4： 对于下游直管段，喉部取压口平面下游至少 4 倍喉部直径处的管件或其他阻流件（如本表所示）或密度计插套不影响测量的精确度。

[a] 弯头的曲率半径应大于或等于管道直径。

[b] 各种管件的 A 栏给出对应于"零附加不确定度"的值。当使用的直管段等于或大于 A 栏所规定的值时，就不必为了考虑特定安装的影响而增大流出系数的不确定度。

[c] 各种管件的 B 栏给出对应于"0.5%附加不确定度"的值。当上游或下游直管段小于 A 栏所规定的值，等于或大于 B 栏规定的值时，应在流通系数的不确定度上算术相加 0.5%附加不确定度。

[d] A 栏中的直管段给出零附加不确定度；目前尚无可用于给出 B 栏所需直管段的较短直管段数据。

附 录 N
(资料性附录)
液位仪表安装典型图

液位仪表安装典型图见图 N. 1 ~ 图 N. 13。

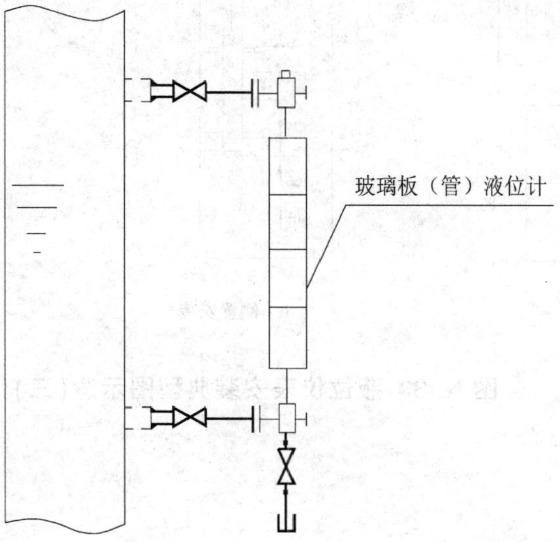

图 N. 1 液位仪表安装典型图示意(一)

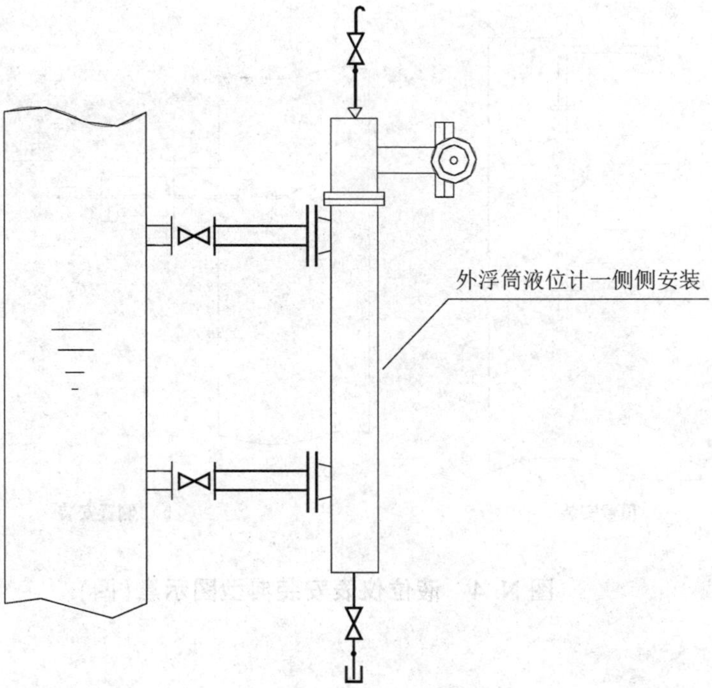

图 N. 2 液位仪表安装典型图示意(二)

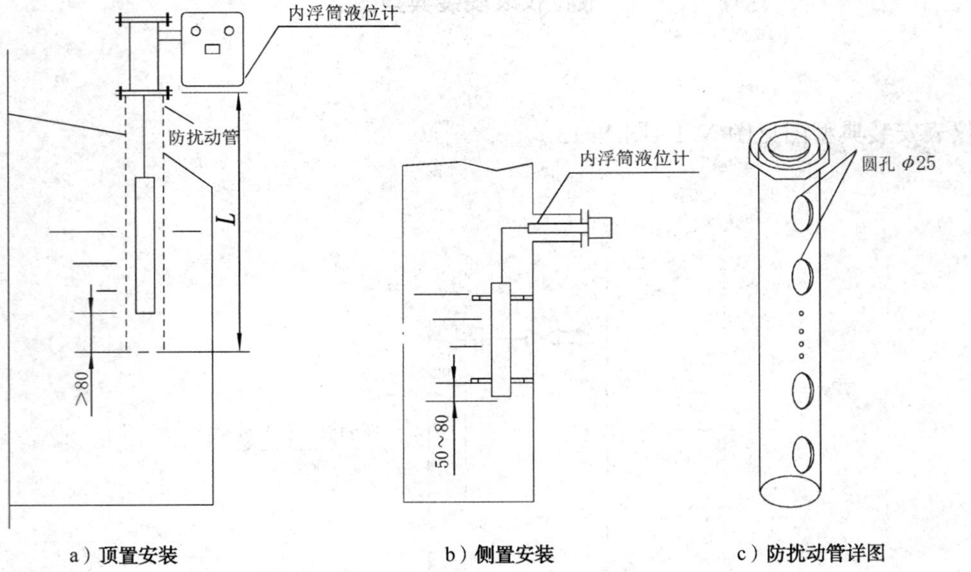

图 N.3　液位仪表安装典型图示意(三)

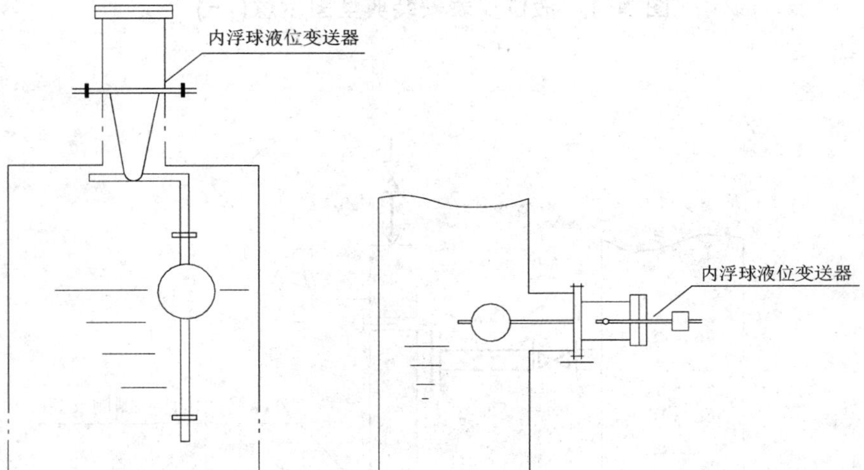

图 N.4　液位仪表安装典型图示意(四)

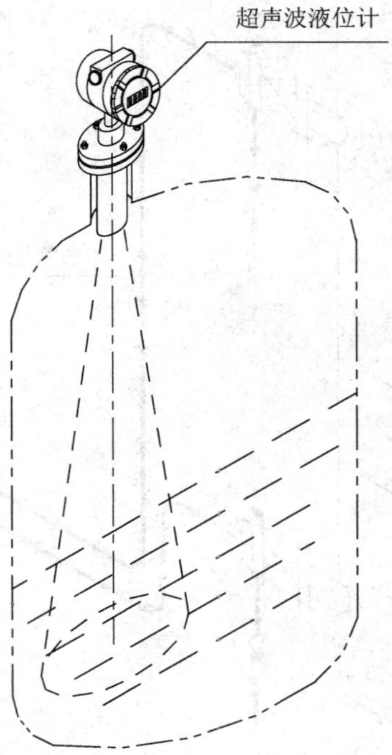

图 N.5　液位仪表安装典型图示意(五)

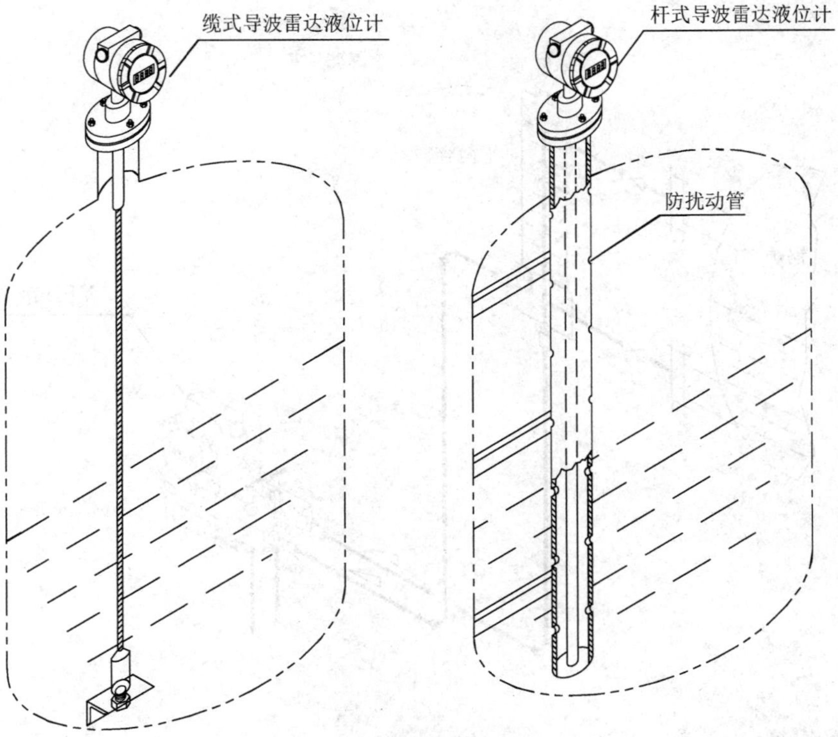

图 N.6　液位仪表安装典型图示意(六)

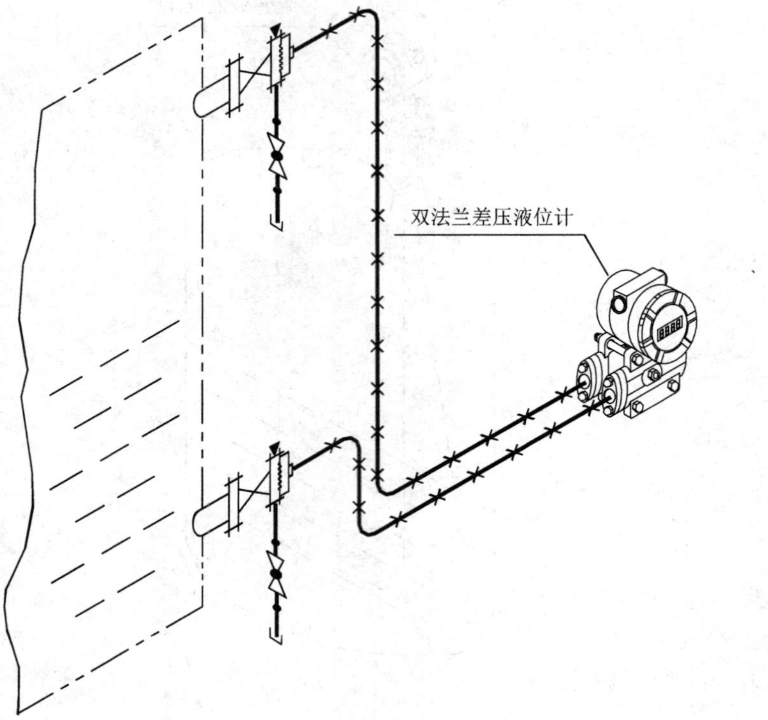

图 N.7　液位仪表安装典型图示意(七)

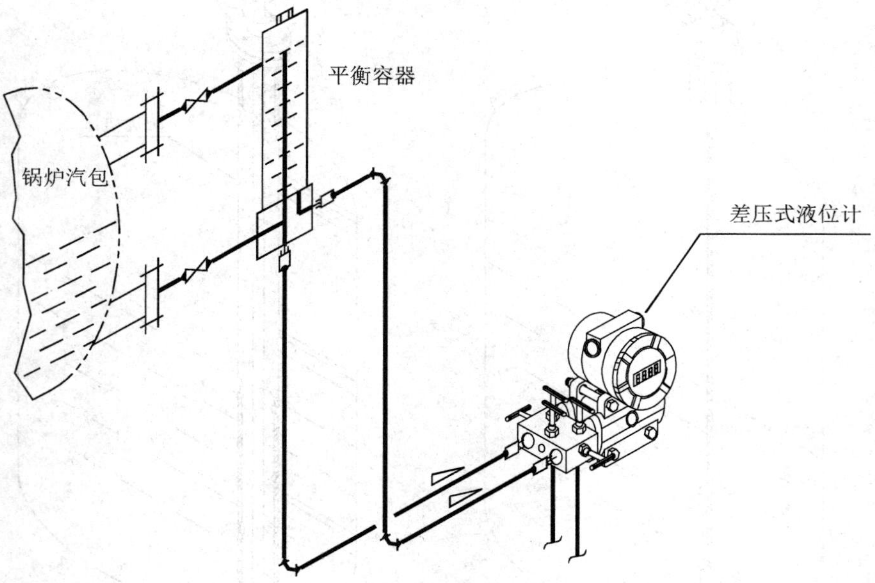

图 N.8　液位仪表安装典型图示意(八)

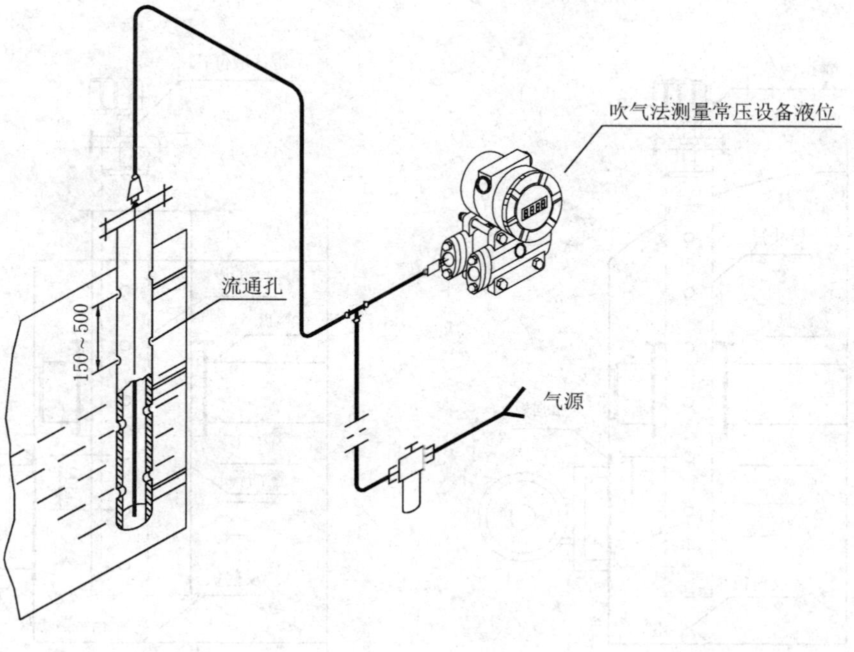

图 N.9　液位仪表安装典型图示意(九)

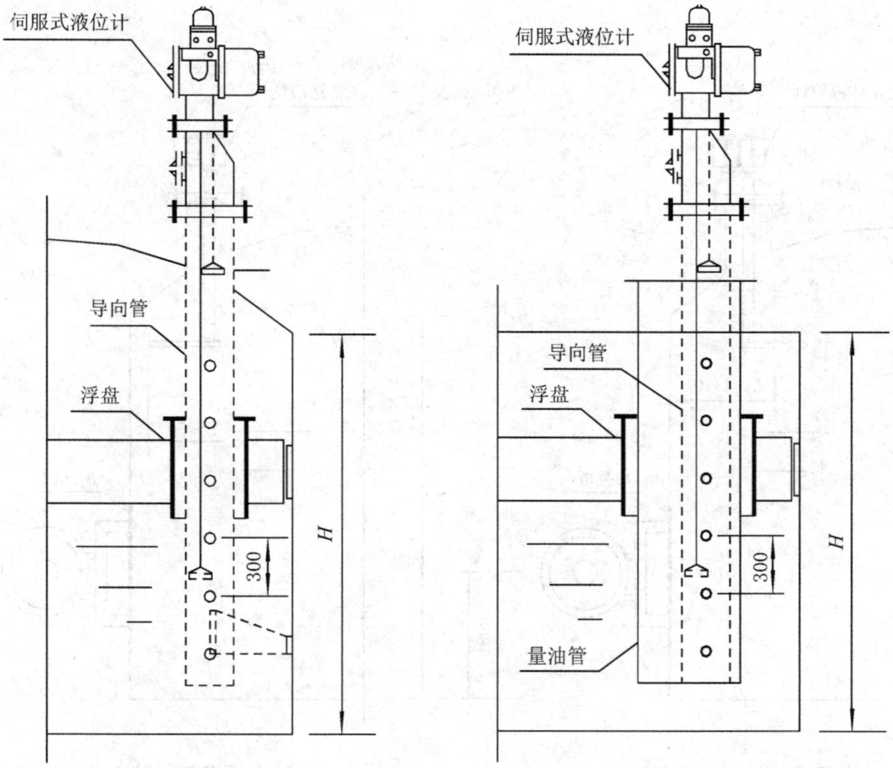

图 N.10　液位仪表安装典型图示意(十)

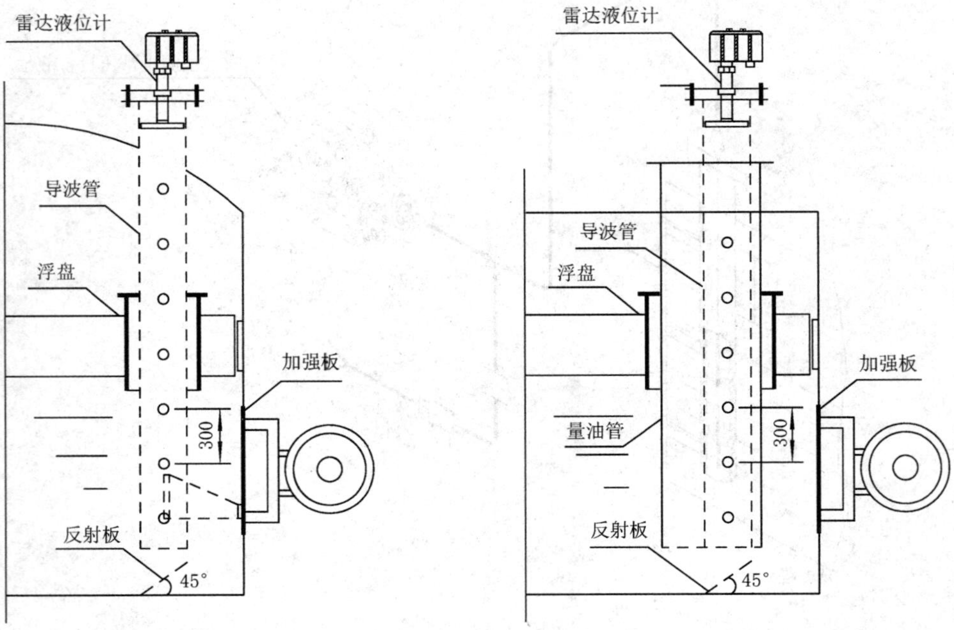

a）内浮顶罐安装　　b）外浮顶罐安装

图 N.11　液位仪表安装典型图示意(十一)

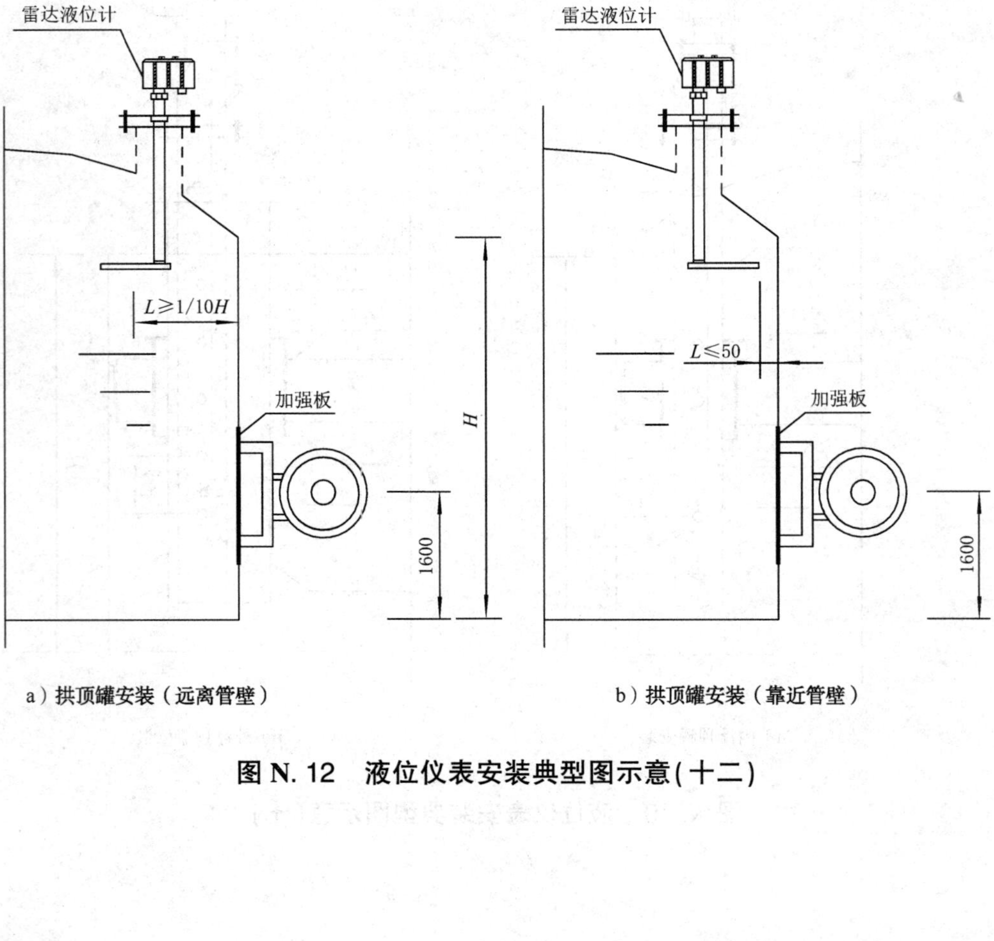

a）拱顶罐安装（远离管壁）　　b）拱顶罐安装（靠近管壁）

图 N.12　液位仪表安装典型图示意(十二)

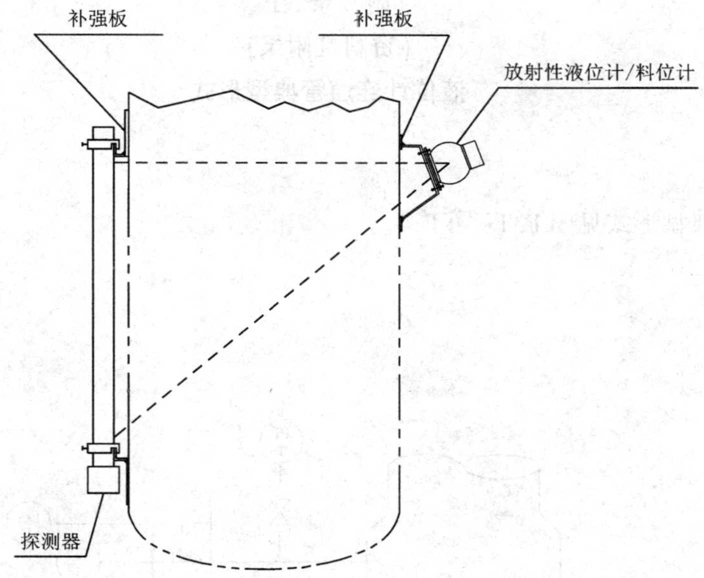

图 N. 13　液位仪表安装典型图示意(十三)

附 录 P
(资料性附录)
液位计连通管典型形式

液位计连通管典型形式见图 P.1～图 P.5。

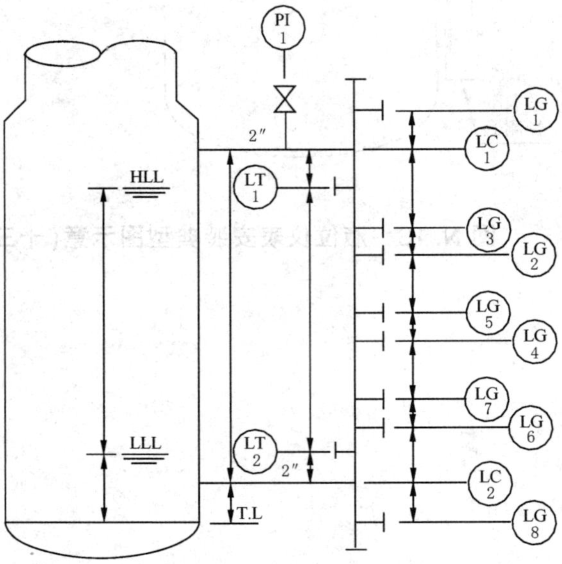

图 P.1 液位计连通管典型形式示意(一)

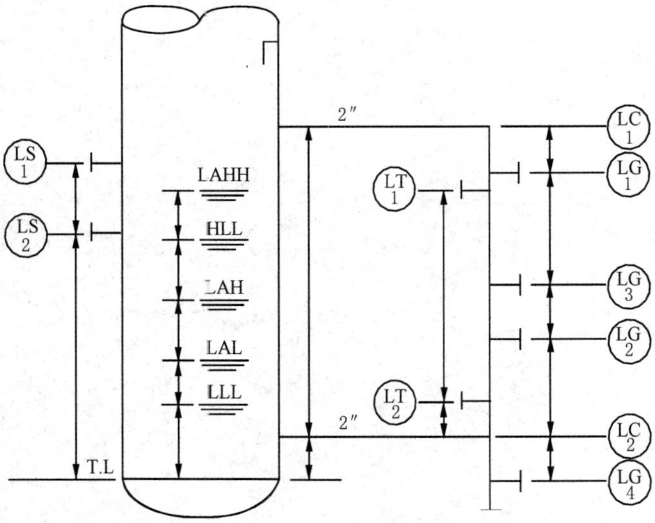

图 P.2 液位计连通管典型形式示意(二)

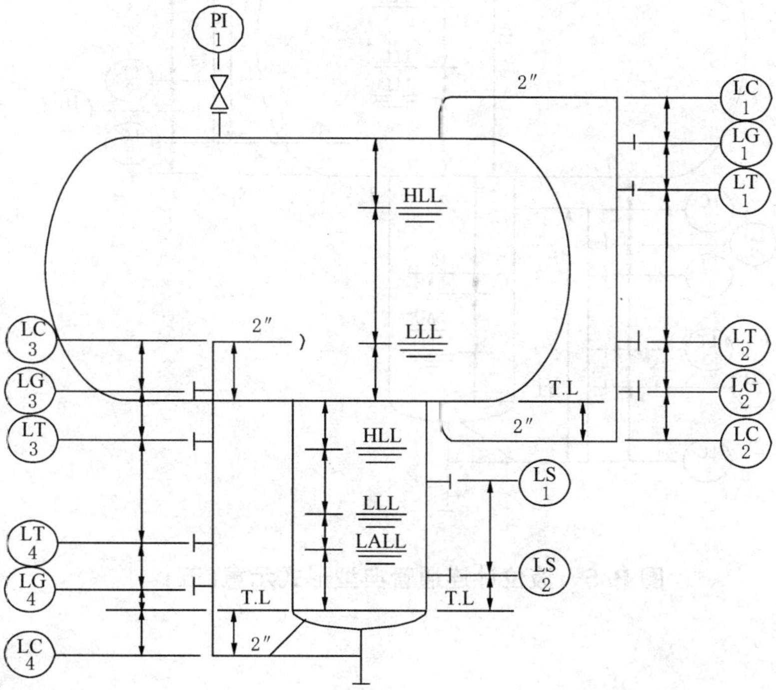

图 P.3 液位计连通管典型形式示意(三)

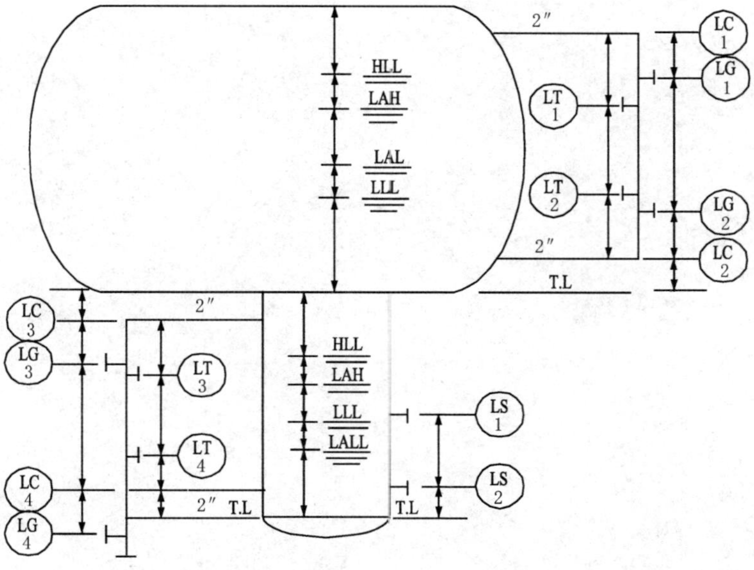

图 P.4 液位计连通管典型形式示意(四)

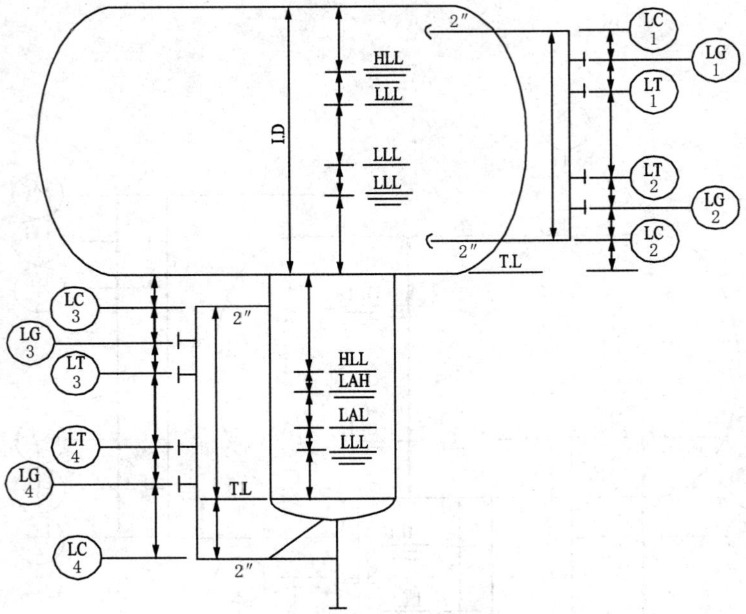

图 P.5　液位计连通管典型形式示意(五)

参 考 文 献

[1] HG/T 21581 自控安装图册
[2] API 551 Process Measurement Instrument
[3] API-MPMS Manual of Petroleum Measurement Standards Chapter 18 Custody Transfer

中华人民共和国石油化工行业标准

石油化工仪表安装设计规范

SH/T 3104—2013

条 文 说 明

2013 北 京

修 订 说 明

SH/T 3104—2013《石油化工仪表安装设计规范》，经工业和信息化部2013年10月17日以第52号公告批准发布。

本规范是在SH/T 3104—2000《石油化工仪表安装设计规范》的基础上修订而成，上一版的主编单位是中国石化集团洛阳石油化工工程公司，主要起草人员是王子平、周懋忠。

本规范修订过程中，编制组进行了比较广泛的调查研究，总结了我国工程建设仪表安装设计的实践经验，同时参考了国外先进技术法规、技术标准，征求了有关设计、施工、生产等方面的意见，最终经审查定稿。

为便于广大设计、施工、科研、学校等单位有关人员在使用本规范时能正确理解和执行条文规定，《石油化工仪表安装设计规范》编制组按章、条顺序编制了本规范的条文说明，对条文规定的目的、依据以及执行中需注意的有关事项进行了说明。但是，本条文说明不具备与规范正文同等的法律效力，仅供使用者作为理解和把握规范规定的参考。

目　次

石油化工仪表安装设计规范

4 一般规定

4.1 安装位置

4.1.3 在高温、腐蚀、浸泡的环境，通常选用分体式结构的仪表，把易受环境影响的仪表电子单元安装在适宜的位置。

在振动的环境，通常采取以下措施：

1） 选用耐振型仪表，如指针浸液型耐振压力表；

2） 避免选用带有可动部件的仪表，如转子流量计等；

3） 避免选用易受振动影响的仪表，如科氏力质量流量计等。

在有电磁干扰的环境场所，可以采取以下措施：

1） 仪表安装在金属材质的仪表保护箱内，保护箱外壳等电位接地；

2） 仪表金属外壳等电位接地。

在热带地区、或环境温度较高的地区，为了减小阳光曝晒对仪表性能的影响，通常使用仪表遮阳罩，如图1所示。

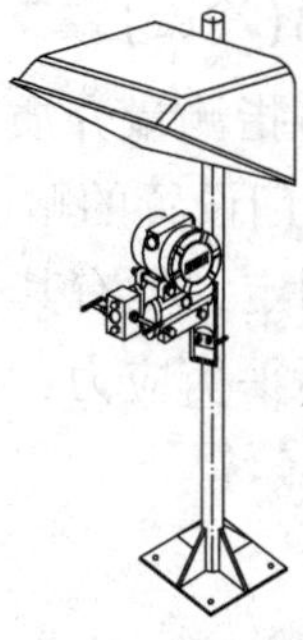

图1 现场仪表带遮阳罩示意

在强雷区、多雷区，为了减小雷击概率，在工程设计中，避免把现场仪表安装在高空、空旷等容易引雷的位置，并根据有关标准和规范实施适当的仪表防雷保护工程。

4.2 过程连接

仪表的过程连接一般采用法兰、焊接、螺纹接口，不采用卡套接口。

4.3 导压管

4.3.4 测量气体介质时，导压管中的冷凝液积聚在U形弯的底部，无法排除，形成液袋，当环境温度低时，保温效果不理想，会使导压管冻裂。

测量液体介质时，导压管中的夹带气积聚在∩形弯的顶部，无法排除，形成气泡，气泡会使导压管的过流面积减少，影响测量效果。

4.3.8 当导压管与高温设备、高温管道并行敷设或直接连接，导压管受热产生热膨胀，使导压管拉伸变形，甚至断裂。

补偿导压管热膨胀的措施包括：

1） 导压管要求有规律地煨弯，形成弯曲管段，如M形或W形，以及两者组合，利用导压管的弹性变形吸收热膨胀动能；

2） 也可以采用API 551《Process Measurement Instrument》介绍的方法，采用卷曲型导压管（Coiled Tube）。

4.3.9 通常采取类似补偿热膨胀的方法，吸收导压管的振动动能，减缓振动对导压管的影响。

4.3.12 Tube 导压管的抗弯曲变形强度不如 Pipe 导压管，当采用 Tube 管支撑隔离罐(冷凝罐)时，Tube 管容易弯曲变形，因此，Tube 导压管中的隔离(冷凝)罐可以采用如图 2 所示的支撑方式。

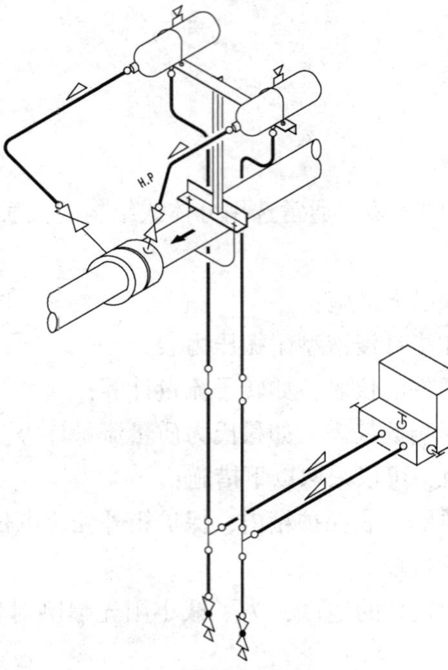

图 2 隔离(冷凝)罐支撑方式示意

4.3.15 变送器贴近式安装(Close-coupled)指测量介质直接经过一次取源阀进入变送器，不经过导压管，或使导压管尽可能短，变送器通过专门设置的贴近式安装连接件固定在工艺管道上。

当贴近式安装的变送器仅通过导压管固定，没有其他支撑，如图 3 所示，由于变送器重力的作用，支撑固定变送器的导压管长时间承受不平衡应力，在管道振动、导压管热胀冷缩等不利因素的影响下，导压管的支撑部位容易发生断裂。

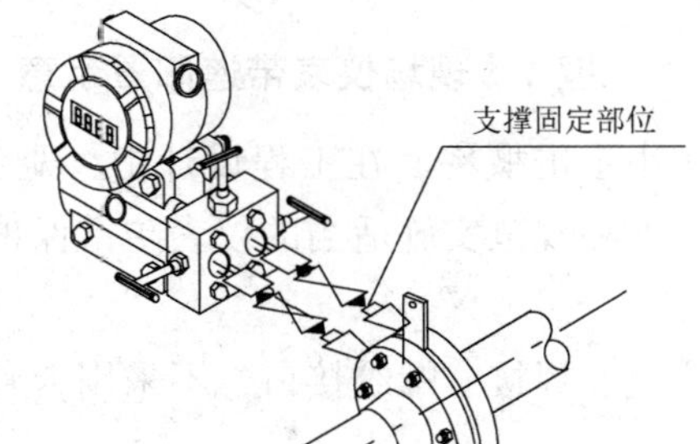

注：本图说明变送器仅通过导压管固定的隐患。

图 3 变送器仅通过导压管固定图示意

4.4 仪表支托架

4.4.2 仪表支托架通常有以下的防腐方法：

1） 表面除锈，刷涂二遍防腐漆；

2） 表面除锈，环氧喷涂；

3） 表面除锈，热浸或钝化镀锌。

目前国内项目的施工现场，普遍采用手工除锈刷漆的防腐处理方法，由于现场施工条件的限制，防腐效果有限。

一些国外工程公司承包的项目，在腐蚀性气体、沿海盐雾性空气的气象环境下，通常采用预制型结构、整体镀锌防腐的仪表支托架。支托架在具备一定条件的加工车间集中预制、防腐，其中，室内安装的支托架采用钝化镀锌，室外安装的支托架采用热浸镀锌。

这种预制防腐型支托架，在现场只需螺栓固定，不用火焊，防腐效果好，现场施工量小，也便于日后拆卸维护。

5 温度测量仪表

5.1 温度元件保护套管

5.1.1 以下情况的温度元件可不加套管：

1） 铠装柔性热电偶(阻)、表面安装型热电(阻)偶；

2） 工艺管道、设备已配置了保护套管；

3） 特殊要求的测量，如测量精度、响应时间等。

在工程设计中，保护套管一般由仪表制造厂与温度元件成套供货，有特殊要求的套管由设备专业或其他相关专业负责。

5.1.3 在一些高温和[或]高压场所、或需要减少危害介质泄漏的场合，不允许使用法兰连接，套管采用焊接。

5.2 安装要求

5.2.4 热电偶补偿导线的耐热温度一般不超过105℃，并且在100℃以下才具备温度补偿性能，因此热电偶的接线盒应与加热炉绝热层保持一定的距离。

5.2.7 在石油化工企业，耐磨热电偶主要用于催化裂化装置的反应器和再生器，其插入深度由工艺设计要求的测温点位置决定。由于有的部位热电偶很长，在确定安装方位时，还须注意外部要留有足够安装空间。耐磨热电偶的耐磨部分的长度为200mm，因此规定保护管露出设备上外套管的长度为100mm～150mm，如图4所示。

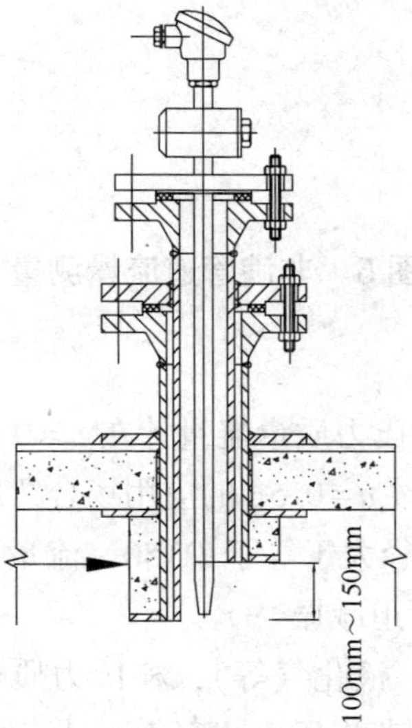

图4 耐磨热电偶露出设备上外套管长度示意

6 压力测量仪表

6.2 安装要求

6.2.3 在石化炼油企业，脉动场所包括压缩机出口、泵出口等位置，设备振动剧烈的场所包括压缩机、泵等位置。

6.2.9 当测量气体、测量湿气体或可凝气体压力，压力变送器应装在仪表连接头(取压管嘴)上方，如因条件限制只能装在仪表连接头(取压管嘴)的下方，凝液或隔离液在导管内的液柱会造成测量误差，而且测量压力越低，影响越显著，需要用变送器的正向迁移机构把误差去掉，变送器的位置越低，导管内液柱越高，迁移量越大，因此变送器的安装位置应使得导压管内液柱高度不超过仪表的迁移量。

7 流量测量仪表

7.1 一般要求

7.1.4 设置流量计旁路管道的目的是为了在流量计拆除维修时不影响流量测量，因此，在流量连续测量的场所应设置流量旁路管道，在流量断续计量的场所可不设置流量旁路管道，维修人员可利用流量间歇期维修流量计。

7.3 非标准节流装置

均速管流量计包括 ANUBA、VEABAR、ITABAR、PITOT TUBE 等各类变种。

7.6 容积式流量计

容积式流量计包括椭圆齿轮流量计、腰轮流量计、刮板流量计、双转子流量计、旋转活塞流量计、往复活塞流量计、圆盘流量计等。

7.7 电磁流量计

7.7.1 电磁流对非满管流量的测量，一般使安装流量计处的管道低于其他部分的管道，使其管道局部完全充满被测介质，如图 5 所示：

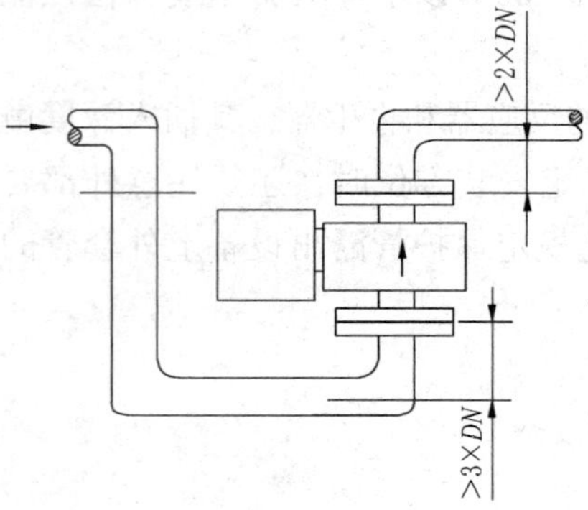

a）垂直安装

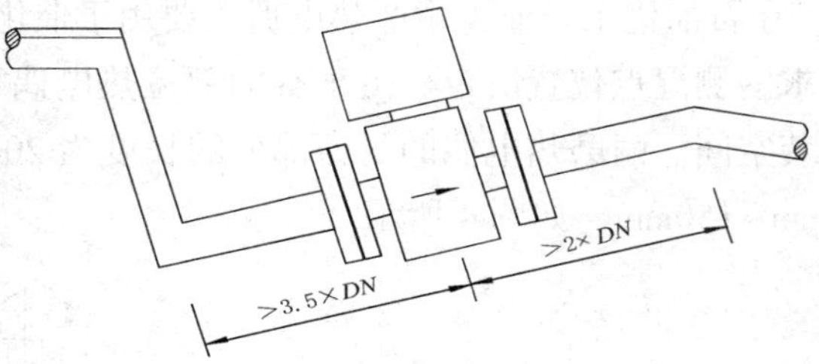

b）倾斜向上安装

图 5 非满管道流量测量

7.9 科氏力质量流量计

7.9.1 根据主流制造厂产品资料，科氏力质量流量计在 $a=0.5g(g=9.8\mathrm{m^2/s})$，(20～400)Hz 条件下扫频，能够承受 50 个周期。振动超过 $a=0.5g$ 的应用场合，应采用分体安装方式。

7.9.4 当科氏力质量流量计的公称直径大于等于 *DN*50，流量计的上下游管道宜设置支撑，除了是为了支撑加固，更主要的目的是为了管道减振。

7.9.6 当测量易挥发性液体(如轻烃，液化气等)，科氏力质量流量计出口处可设置稳压阀，使液体流量计腔体内部的压力始终高于饱和蒸汽压力，避免测量液体在流量计腔体内气化。

7.9.7 常用的弯管科氏力质量流量计包括 U、Ω、Δ 管型科氏力质量流量计。

7.11 超声波流量计

按安装形式分类，超声波流量计包括管道式、插入式、外夹式，这三种安装方式对安装环境与上下游直管段长度的要求类似。

8 物位测量仪表

8.1 一般要求

8.1.3 带腔体液位仪表包括玻璃板(管)液位计、外浮筒液位计，及带腔体的磁浮子液位计、磁致伸缩液位计、导波雷达等，这些仪表腔体中驻留的气体和液体较多。

8.1.6 根据国外工程公司的工程规范，液位连通管设计时，通常采用以下的原则：

1） 连通管仅适用于干净、非黏稠、非结晶介质的测量场合；

2） 当设备上测量区域的液位仪表管口超过4个，可考虑在该区域设置连通管；

3） 安全测量功能的仪表不宜安装在连通管上；

4） 连通管的长度不宜超过5000mm，当不可避免时，可采用多支连通管组合使用。

8.3 磁浮子液位计

8.3.1 当磁浮子液位计长度超过3500mm，可选用管口尺寸较大的液位计，如选用*DN*80；也可对设备管嘴、液位计本体进行支撑加固，如图6所示。

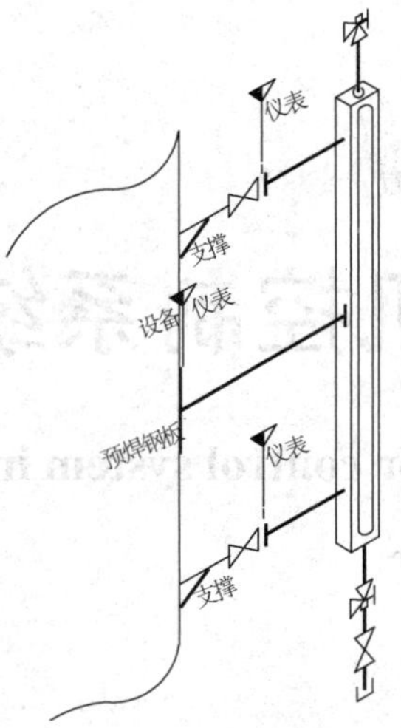

图6 磁浮子液位计支撑加固示意

8.8 磁致伸缩液位计

8.8.3 常用的非导磁材料包括不锈钢、铝合金等。

8.13 物位开关

8.13.2 浮球式、浮筒式、电容式、超声波式液位开关的安装要求分别与浮球式、浮筒式、电容式、超声波的液位计相同。

9 调节阀与开关阀

9.1 安装位置

9.1.1 对于常减压装置，分馏塔的汽提塔侧线调节阀一般安装在靠近汽提塔的水平管道上，以保证阀前有一段液柱使该调节阀能正常操作；

对于气体装置，分馏塔顶热旁路压力控制的调节阀一般安装在气体管道上，并且此管道应隔热，调节阀前的管道内不能积凝液，否则塔的压力控制不灵；

防喘振调节阀尽量靠近压缩机安装，提高防喘振调节回路的响应时间，减少压缩机产生喘振的风险。

9.3 安装方位

9.3.2 调节阀与开关阀首选安装在水平管道，对于直行程调节阀，执行机构安装应在调节阀阀体的正上方，保证上阀盖连接件的弯曲位移和受到的应力最小，导向件的变形也最小，特殊情况下可安装在垂直或倾斜的管道上，但应通过添加吊杆或支撑等措施消除执行机构的自重、系统振动和热膨胀等因素的影响。

ICS 25.040.40
P 72
备案号：J2579-2018

SH

中华人民共和国石油化工行业标准

SH/T 3199—2018

石油化工压缩机控制系统设计规范

Design specification for compressor control system in petrochemical industry

2018-02-09 发布　　2018-07-01 实施

中华人民共和国工业和信息化部　发布

目　次

Contents

前 言

根据中华人民共和国工业和信息化部《关于印发2012年第二批行业标准制修订计划的通知》(工信厅科〔2012〕119号)文的要求，规范编制组经广泛调查研究，认真总结实践经验，参考有关国际标准和国外先进规范，并在广泛征求意见的基础上，制定本规范。

本规范共分9章和3个资料性附录。

本规范的主要技术内容是：总体要求、系统安全要求、系统技术要求、系统工程实施、系统验收及工程服务。

本规范由中国石油化工集团公司负责管理，由中国石油化工集团公司自控技术中心站负责日常管理，由中国石化工程建设有限公司负责具体技术内容的解释。执行过程中如有意见和建议，请寄送日常管理单位和主编单位。

本规范日常管理单位：中国石油化工集团公司自控技术中心站
通信地址：上海市徐汇区中山南二路1089号徐汇苑大厦12楼
邮政编码：200030
电　　话：021-64578936
传　　真：021-64578936
本规范主编单位：中国石化工程建设有限公司
通信地址：北京市朝阳区安慧北里安园21号
邮政编码：100101
本规范参编单位：北京康吉森自动化设备技术有限责任公司
本规范主要起草人员：林　融　黄步余　高生军　郭建勋　赵　霄　龙蔚泓　范宗海
本规范主要审查人员：裴炳安　叶向东　吕明伦　王珍珠　王发兵　张同科　丁兰蓉　宋　燕
施建设　胡玉臣　王明玉　陈学敏　江秋林　李　江　宋志远　郭章顺
杨金城　王成林　于宝全　任　义　徐玉娟　田京山　刘　凤　张华平
林佳军　甘　露　王向阳

本规范为首次发布。

石油化工压缩机控制系统设计规范

1 范围

本规范规定了由蒸汽、燃气、烟气或工艺气汽轮机驱动的大型离心式和轴流式压缩机所应用的压缩机控制系统的设计原则和基本要求。

本规范适用于石油化工及以煤为原料制取燃料和化工产品的工厂新建、扩建和改建工程的压缩机控制系统的工程设计。

2 规范性引用文件

下列文件对于本规范的应用是必不可少的。凡是注日期的引用文件，仅注日期的版本适用于本规范。凡是不注日期的引用文件，其最新版本(包括所有的修改单)适用于本规范。

GB/T 15969.3 可编程序控制器 第3部分：编程语言

GB/T 17626.2 电磁兼容 试验和测量技术 静电放电抗扰度试验

GB/T 17626.3 电磁兼容 试验和测量技术 射频电磁场辐射抗扰度试验

GB/T 17626.4 电磁兼容 试验和测量技术 电快速瞬变脉冲群抗扰度试验

GB/T 17626.5 电磁兼容 试验和测量技术 浪涌(冲击)抗扰度试验

GB/T 17626.8 电磁兼容 试验和测量技术 工频磁场抗扰度试验

GB/T 21109.1/IEC 61511-1 过程工业领域安全仪表系统的功能安全 第1部分：框架，定义，系统，硬件和软件要求

GB/T 50770 石油化工安全仪表系统设计规范

SH/T 3006 石油化工控制室设计规范

SH/T 3081 石油化工仪表接地设计规范

SH/T 3082 石油化工仪表供电设计规范

IEC 61131-3 可编程序控制器 第3部分：编程语言(Programmable Controllers—Part 3：Programming Languages)

ANSI/ISA S71.04 过程测量和控制系统的环境条件：大气污染物(Environmental Conditions for Process Measurement and Control Systems：Airborne Contaminants)

3 术语和缩略语

3.1 术语

下列术语和定义适用于本规范。

3.1.1

压缩机控制系统 compressor control system

用于监视、控制和保护由蒸汽、燃气、烟气或工艺气汽轮机驱动的大型离心式和轴流式压缩机的控制系统，又称汽轮机/压缩机综合控制系统(Integrated Turbine/Compressor Control System，ITCC)。

3.1.2

工作点 operating point

根据压缩机实际运行工况下的各测量变量(入口流量、入口压力、出口压力、入口温度、出口温度等)实时计算出来的综合测量值，又称工况点。

3.1.3

喘振点　surge point

当压缩机的流量降低和/或转速下降，引起压缩机的工作点在压缩机性能曲线图中逐渐向喘振线偏移，使压缩机从安全运行工况转变为喘振状态的临界工作点。

3.1.4

防喘振控制　anti-surge control

根据压缩机当前运行状况下的各测量变量实时计算工作点，同时监测计算工作点与喘振点的距离，并根据防喘振控制模块的运算结果输出控制信号调节防喘振控制阀开度，以避免压缩机进入喘振区域的控制功能。

3.1.5

喘振线　surge limited line

在压缩机性能曲线图中，在不同转速(或工况)下产生的喘振点所组成的曲线，在曲线右侧为压缩机的安全运行区域，左侧为非安全的喘振区域。

3.1.6

喘振控制线　surge control line

压缩机控制系统根据喘振线和专用防喘振控制模块实时计算出来的防喘控制安全边界线，是一条可以动态调节变化的曲线。

3.1.7

性能控制　performance control

压缩机运行的主工艺变量调节回路，又称负荷控制。

3.1.8

负荷分配控制　load sharing control

多台机组并联或串联运行时，根据工艺生产的总负荷控制需求，由压缩机控制系统计算出每台机组所分配的负荷控制目标值，并根据该目标值分别对每台机组所进行的负荷控制。

3.1.9

转速控制　speed control

汽轮机在启机/停机顺序控制过程、超速试验和带负荷运行状态下，以转速设定值为给定目标值的调节回路，同时也是性能控制的副调节回路。

3.1.10

解耦控制　decoupling control

压缩机性能控制、抽汽控制及各段防喘振控制与汽轮机转速控制等各控制回路之间相互去除耦合关联的复杂控制功能。

3.1.11

启机曲线　start-up curve

汽轮机机组根据其机械设计性能，给出机组在启机/停机过程中各阶段状态之间时序和目标转速给定值所组成的曲线，一般分为冷态/热态等多种启机曲线模式。

3.1.12

目标转速　target speed

压缩机组在启机/停机顺序控制过程、超速试验和带负荷运行中，每一个运行阶段要求达到的最终转速目标值。

3.1.13

设定转速　setpoint speed

压缩机控制系统根据目标转速要求以及转速变化斜率要求实时计算出的转速控制回路的实际转速给定值。

3.1.14

超速试验 over speed test

压缩机控制系统中允许进行机组转速超限跳车功能试验的一种试验模式。

3.1.15

压缩比 compression ratio

压缩比是指压缩机排气压力(绝压)与进气压力(绝压)之比，也称压比。

3.1.16

效率 efficiency

效率是表征压缩机传给气体能量的利用程度，利用程度越高，压缩机的效率就越高。由于气体压缩有多变压缩、绝热压缩和等温压缩三种过程，因此，压缩机的效率也分为多变效率、绝热效率和等温效率。

3.2 缩略语

下列缩略语适用于本规范。

APC：先进过程控制(Advanced Process Control)

CCR：中心控制室(Central Control Room)

CCS：压缩机控制系统(Compressor Control System)

DCS：分散控制系统(Distributed Control System)

EWS：工程师站(Engineer Workstation)

FAR：现场机柜室(Field Auxiliary Room)

FAT：工厂验收(Factory Acceptance Test)

HART：可寻址远程传感器高速通信协议(Highway Addressable Remote Transducer)

HDD：硬盘驱动器(Hard Disk Drive)

HMI：人机接口(Human Machine Interface)

I/O：输入/输出(Input / Output)

LCD：液晶显示器(Liquid Crystal Display)

MCC：电动机控制中心(Motor Control Center)

MMS：机组监测系统(Machinery Monitoring System)

MTBF：平均故障间隔时间(Mean Time Between Failures)

MTTF：平均失效时间(Mean Time to Failures)

MTTR：平均修复时间(Mean Time to Repair)

OPC：用于过程控制的内部数据设备连接协议(Object Linking and Embedding for Process Control)

OWS：操作员站(Operator Workstation)

PLC：可编程序控制器(Programmable Logic Controller)

SAT：现场验收(Site Acceptance Test)

SIS：安全仪表系统(Safety Instrumented System)

SCL：喘振控制线(Surge Control Line)

SLL：喘振线(Surge Limited Line)

4 总体要求

4.1 CCS应实现对整个汽轮机/压缩机组的监测、控制与联锁保护，准确达到工艺生产中要求的控制目标，并能满足工艺生产和机组设备的长周期安全稳定运行要求。

4.2 CCS应在满足工艺生产允许条件下，保持机组在高效率区域运行。

4.3 CCS应满足汽轮机和压缩机制造厂商的性能参数要求，以及生产装置的正常工艺操作要求和负荷限制要求，确保机组能在安全操作区域内运行。

4.4 CCS 应能实时准确地监测压缩机组当前工作点与喘振点的距离，并输出相应的防喘振控制信号。

4.5 CCS 应能优化压缩机组的正常安全操作区域，缩小防喘控制安全裕度以及工艺负荷限制的安全操作边界，在保证机组设备和工艺装置安全运行的条件下，尽量降低防喘阀的回流量，减少由于工艺气再循环或放空而引起的能源浪费。

4.6 CCS 应能实现压缩机的防喘振控制、性能控制、汽轮机的抽汽控制和转速控制之间的实时解耦功能，对于多段压缩机应能实现各防喘振控制回路之间的动态解耦，确保压缩机的稳定运行。

4.7 对于并联运行或串联运行的多台压缩机，CCS 应能根据工艺总负荷要求和每台机组的功率大小合理分配负荷，在兼顾每台机组安全操作裕度的同时，尽可能避免在降负荷时出现的不必要的再循环或停机，提高整个压缩机群的能源效率。

4.8 CCS 应能对开车、停车、吹扫等不同工况间的操作切换实现标准化的切换方案，最大程度地减少各工况切换过程中的人工干预。

4.9 压缩机的驱动汽轮机应设置独立的、具有 SIL3 认证的三取二(2oo3)专用电子超速保护器，并在 CCS 转速控制回路中设置汽轮机转速上限。

4.10 CCS 应能检测防喘振控制和转速控制的故障并产生相应的保护输出，即使 CCS 的单个硬件故障也应能提供不间断的控制。

4.11 CCS 应能对压缩机相关工艺异常、机组设备状态故障、控制系统本身故障产生报警信息并提供实施保护措施。

5 系统安全要求

5.1 信息安全

5.1.1 CCS 应有身份验证和访问控制功能，防止网络信息资源被非授权的用户使用，并应根据不同级别的用户预先设置对系统的访问权限。

5.1.2 CCS 应支持数据加密技术，向系统外进行传输和存储时，数据应采用密文格式。

5.2 网络安全

5.2.1 不同建筑物之间的 CCS 网络设备宜采用冗余铠装光缆一路架空、一路埋地敷设，或采取两种不同路由冗余连接。

5.2.2 CCS 网络与外网之间应设置硬件防火墙。

5.3 病毒防护

5.3.1 CCS 网络与 DCS 网络共用设置在 DCS 数据服务层的防病毒服务器。

5.3.2 安装在 CCS 网络上的人机接口设备均应安装防病毒软件。

5.4` 安全管理

5.4.1 安装 CCS 设备中的所有软件应为合法授权的正版软件。

5.4.2 不得采用远程访问服务的方式对 CCS 设备进行管理和维护。

5.4.3 所有人机界面的外部数据接口均应设置访问权限，未经授权的用户不得使用移动存储设备。

5.4.4 CCS 正常运行时，所有人机界面的外部数据接口应处于禁止使用状态，仅当系统需要安装软件、修改组态或程序以及系统维护时方可由授权用户解除禁用状态。

6 系统技术要求

6.1 通用要求

6.1.1 CCS 宜采用以微处理器为基础的冗余容错技术。

6.1.2 当对压缩机的 SIL 评估结果要求 CCS 应满足特定等级的 SIL 时，则 CCS 应采用具有国家授权机构 SIL 认证的安全型 PLC 系统，其设计应符合 GB/T 21109.1/IEC 61511-1 及 GB/T 50770 标准；否则，可采用一般 PLC 系统，其设计应符合 IEC 61131 系列标准。

6.1.3 CCS应能实现调节控制、顺序控制、批量控制、联锁逻辑、数据计算、PID运算、数据输入及输出、内部及外部通信等功能。

6.1.4 CCS应能实时诊断和显示系统的全部部件(模件)故障，在EWS/SOE站上显示。

6.1.5 CCS应当安全可靠，组态方便，扩展性强，并具有开放式结构。

6.1.6 CCS与DCS之间应配置冗余通信接口，首选RS-485接口、Modbus RTU通信协议。

6.1.7 CCS应具有自诊断功能，能在工程师站上显示任何一块模件或部件的运行状态。

6.1.8 CCS应提供全部的应用编程软件、人机接口软件和操作系统软件清单及授权。

6.1.9 CCS宜设计成故障安全型。

6.2 系统结构

6.2.1 CCS宜采用由控制站、操作员站(OWS)、工程师站(EWS)/顺序事件记录站(SOE)、网络交换机、打印机等设备通过通信接口组成的一个集成化、网络化、数字化的控制系统。

6.2.2 CCS控制站应能同时接收有关机组运行的工艺过程和辅助系统仪表测量信号、机组设备状态信号以及操作员站下达的指令信号，并根据专用的控制算法和保护逻辑，最终对压缩机组实施正常工况下的操作模式切换和调节控制，同时在异常工况和设备故障情况下执行相应的报警提示和安全保护措施，确保人员、工艺过程和机组设备的安全。

6.2.3 CCS操作员站为操作人员提供必要的有关机组的工艺过程和机组设备状态信息，同时向控制站下达有关工艺调节、机组运行模式和安全保护措施等指令，是重要的人-机界面。

6.2.4 CCS的EWS/SOE应能通过对压缩机的运行状态的监视及事件记录的分析，来帮助工程师进行系统维护、组态修改及故障诊断。

6.3 环境要求

6.3.1 CCS的设备应安装在现场机柜室(FAR)和/或中心控制室(CCR)内，其安装应符合SH/T 3006规范要求。

6.3.2 在正常条件下，CCS应能在18℃～28℃的环境温度及35%～75%的相对湿度下正常长期运行。

6.3.3 在异常条件下，如HVAC系统故障，CCS应能在温度变化范围在0℃～55℃之间及相对湿度变化范围在5%～95%之间正常运行至少48h。

6.3.4 所有CCS模(组)件，包括输入/输出卡、CPU卡、通信卡、电源卡、机柜内的端子板等应能在ANSI/ISA S71.04标准G3等级的环境下正常运行至少5年。

6.4 电气要求

6.4.1 CCS的供电设计应符合SH/T 3082的相关规定。

6.4.2 CCS的接地设计应符合SH/T 3081的相关规定。

6.4.3 每一交流用电设备应配备单独的开关和保护器件。

6.4.4 配电器件(如断路器和供电端子)不应向一路以上的设备供电。

6.4.5 直流电源装置应按机柜分别配置，不同机柜的电源不得混用。

6.4.6 24VDC电源的配电应采用熔断器型配电端子或低压配电器。

6.4.7 现场仪表的24VDC电源与DCS系统的24VDC电源应分开配备。

6.4.8 CCS的直流电源装置、电源单元应冗余配置；现场仪表供电的直流电源装置应按1∶1冗余配置。

6.4.9 直流电源装置的负荷应小于50%；供电开关、端子等应预留不少于20%的余量。

6.4.10 CCS应通过GB/T 17626.2、GB/T 17626.3、GB/T 17626.4、GB/T 17626.5、GB/T 17626.8标准的电磁兼容性测试——在干扰强度为3级条件下的抗干扰能力达到B级或以上并提供相关证明。

6.4.11 CCS设备的电气性能、环境适应性和电磁兼容性应通过欧洲统一认证(CE认证)。

6.5 工程设计

6.5.1 CCS应在硬件设计时采用故障安全模式。

6.5.2 CCS应根据压缩机特性设计，对变送器、流量测量设备、单向阀、控制阀、工艺容器、系统配管等的安装位置和规格进行评价并形成相应评价报告，从而保证在稳定的过程控制、最佳喘振保护和能源效率之间达到和谐的统一。

6.5.3 CCS应能够提供油路电磁阀的全行程检测，且在检测过程中不影响压缩机的跳车动作。

6.5.4 CCS应提供相应的软件和硬件与分散控制系统(DCS)、安全仪表系统(SIS)等其他相关控制系统进行时钟同步。

6.5.5 CCS宜为冗余容错结构，多台处理器在热备/容错状态运行，并可以在不干扰压缩机控制的条件下更换和测试出现故障的设备。

6.5.6 单台处理器出现故障不得影响压缩机的控制。当全部处理器都出现故障时，应使防喘阀全开。出现的所有故障都应当在SOE站及DCS上报警。

6.5.7 在系统调试结束后，CCS控制器内的处理器、内存储器、内部数据总线的负荷均不应超过系统最大能力的60%，网络通信能力不应超过系统最大通信能力的40%。

6.5.8 系统应能够同时接受关键信号的冗余输入，并具备变送器等现场设备的故障检测切换功能，也应保证在非冗余变送器故障时，切换到预设的控制策略，同时发出报警。

6.6 硬件要求

6.6.1 硬件通用要求

6.6.1.1 CCS应采用高速数字式控制系统硬件，保证在任何系统负载下的执行速度。

6.6.1.2 无论可用性计算的结果如何，CCS下列各项应冗余配置：

a) 中央处理器

b) 控制回路输入/输出模件

c) 系统电源

d) 通信模件

e) 通信总线及网络

6.6.1.3 防喘振控制、抽汽控制、性能控制及转速控制回路均应基于同一台控制器，能够每10ms至少对所有的关键输入扫描一次，每50ms至少执行所有的控制算法一次。

6.6.1.4 所有的控制系统软件、固件和组态数据均应当储存在非易失性存储器内，当前系统数据(即当前设定值和处理器输出信号)应当存储在高可靠性存储器内，存储处理器所有组态数据的随机存取存储器应当使用非易失性或电池后备(至少有72h)的随机存取存储器(RAM)。

6.6.1.5 CCS应当对输入/输出信号进行数据储存，用于实时趋势和历史数据存档。趋势数据(扫描时间不大于1s)应当在数据存储介质和存储设备上至少保存一个月。从系统开车起的所有关键操作数据应当用适当的永久性介质系统保存。

6.6.1.6 CCS还应当提供一套高速(50ms~100ms)跳车数据存档系统。当出现跳车时，应当高速记录存储跳车前至少5min和跳车后1min的所有CCS的输入输出，用于回放和诊断分析。

6.6.1.7 除了存储输入传感器数值，系统还应具备储存基本数据的能力，可以防止覆盖、意外擦除或传感器数据崩溃。这种基本数据应当永久性地随时供查阅和对比。

6.6.2 中央处理单元(CPU)

6.6.2.1 CPU应使用32位或更高速度的微处理器。包括I/O通道读写和程序运行在内，处理器扫描周期应小于100ms。CPU应具有足够的程序和数据存储能力，保证冷启动的执行。

6.6.2.2 CPU应能执行如下典型功能：

a) 梯形逻辑图

b) 布尔逻辑

c) 顺控逻辑

d) 浮点运算

e) PID控制功能

f) 加法

g) 减法

h) 乘法

i) 除法

j) 比较函数(=、≠、≤、≥、<、>、≮、≯)

k) 累积

l) 平方根开方

m) 定时功能

n) 计数

o) 自诊断

p) 逻辑功能：与、或、异或、非、RS 触发器功能等

q) 移位寄存器功能：左移位和右移位

r) 继电器开关触点功能：常开、常关、脉冲

s) 继电器线圈功能：标准(励磁或非励磁)、锁定、解锁

6.6.2.3 当 CCS 组态完成时，控制器负荷不应超过 50%。

6.6.3 定时器和计数器

6.6.3.1 定时器应具备以 10ms、100ms 和 1000ms 为基数的定时能力。定时器类型应包括：延时开始、延时停止和保持。定时器既可以在复位时停止定时，也可以不用复位定时器即可停止定时。

6.6.3.2 计数器应具有在 1~999999 范围内计数任意当前值的能力，并能实现正计数和倒计数。计数器应具有复位功能。

6.6.4 控制功能

6.6.4.1 CCS 应能够执行控制模式下的模拟控制算法，包括比例(P)、比例积分(PI)和比例积分微分(PID)。上述算法通常不应该出现在关键的逻辑程序中，控制算法的参数设置范围应是：

a) 比例(增益)——10%~1000%(0.1~10)

b) 积分——0.0~100 重复次数每分钟

c) 微分——0.0~100min。

6.6.4.2 CCS 应提供继电器功能。线圈动作类型应为励磁、非励磁和锁定。对于每种类型的继电器、定时器、计数器和数字输入通道，都应定义其为常开触点或常闭触点。在内存能力足够的情况下，继电器、定时器和计数器在程序中的使用次数应没有限制。

6.6.4.3 CCS 应提供移位寄存器、顺控计时器和移位修改功能。

6.6.5 诊断

6.6.5.1 CCS 应具备全面的内部诊断功能，这些功能包括：

a) 与现场 I/O 点通信故障

b) 电池电量低

c) 存储器错误

d) 强制 I/O

e) 写保护

f) 监控定时器

6.6.5.2 发光二极管指示灯应能指示如下信息：

a) 电源开路

b) 程序执行中

c) CPU 故障

d) RAM 后备电池可用(如果使用)

e) 电池状态(如果使用)

f) 输入和输出状态

6.6.5.3 当发生故障时，应提供自动诊断信息打印输出功能。CPU 应能记录任何 I/O 故障，并显示故障位置。CPU 应记录任何内部 CPU 错误及通信错误。

6.6.5.4 基本诊断信息应能通过 CCS 工程师站画面显示。

6.6.5.5 如果 CCS 配置了冗余 CPU，当主 CPU 向副 CPU 切换时，不应影响 I/O 通道的正常传输和系统程序的正常执行。

6.6.5.6 每个 CPU 应配有独立的熔断器。

6.6.5.7 CCS 故障时，系统程序的设计可以提供三种 I/O 状态选择(通过软件切换方式设置)：使输出保持最终状态、某具体设定值或是输出为零(断开，即故障安全模式)。

6.6.6 存储器要求

6.6.6.1 CCS 应具有足够容量的随机存储器(RAM)和非永久性存储器来处理所需的逻辑和 I/O 操作，包括至少 40%的备用存储器能力。

6.6.6.2 下述校验，用于监控系统与外围设备之间通信信号的功能状态：

a) 奇偶校验(垂直冗余校验)(VRC)

b) 利用块校验字符进行求和校验

c) 循环冗余码校验

d) 纵向冗余校验

e) 使用汉明码进行出错检测/纠正

6.6.6.3 内存的使用不应超过 50%。

6.6.7 输入/输出模件(I/O 模件)

6.6.7.1 CCS 输入/输出模件通常应安装在主机架和扩展机架上。若需要安装远程 I/O 模件，可以安装在距 CPU 不超过制造厂推荐距离的地方。

6.6.7.2 I/O 模件的通道间应带电磁隔离或光电隔离。

6.6.7.3 制造厂应至少提供 I/O 模件的如下性能参数：共模电压、共模抑制比、电路隔离形式、输入阻抗、输出带载能力等。

6.6.7.4 离散量(数字量)I/O 通道通常应在 24VDC 条件下操作。

6.6.7.5 模拟量 I/O 信号通常为 4mA～20mA DC 信号(可叠加 HART 协议)。输入模件也可直接接入热电偶(T/C)、热电阻(RTD)信号或脉冲量(PI)信号。I/O 模件的通道之间应进行光电隔离。

6.6.7.6 二取一(1oo2)、二取二(2oo2)或三取二(2oo3)外部信号应宜分别接入不同的 I/O 模件(卡件)。

6.6.7.7 正常操作时，任何一个 I/O 通道的故障不会影响 CPU 或其他通道的正常运行。无需重新接线，即可在线更换任何一个 I/O 模件，即所有 I/O 模件(卡件)均能带电插拔。CPU 故障时，可选择输出模式，如输出保持、输出为某预置值等。

6.6.7.8 系统应提供 20%已安装的 I/O 模件作为备用，且每种类型的 I/O 至少有一个备用模件。

同时还应该提供 15%的 I/O 模件安装空间以便未来扩容。

6.6.7.9 I/O 模件应带发光二极管指示信号状态。每个 I/O 模件应带独立的保险丝。I/O 模件应带熔断指示功能。保险丝应可以方便地在机柜的前面板上进行更换。

6.6.7.10 每个输入/输出回路应带保险端子，并可防止瞬时电压的冲击。输出模件应有足够的电压和电流去直接驱动至少 750Ω 负载的现场设备，否则应通过中间继电器或电气隔离器连接现场设备。

6.6.7.11 工程师站应具有强制 I/O 通、断的能力。

6.6.7.12 I/O 机架应为模块化设计，每类模件都应为单独的、可在线插拔模件。应允许在不切断电源和不影响接线的情况下替换任何一个 I/O 模件。

6.6.7.13 I/O 模件应具有防范瞬时电压冲击的保护功能，如接错线的情况。所有数字量 I/O 电路应与逻辑电路或处理器电路隔离。数字量 I/O 的瞬间电压隔离能力至少应为：共模 1000Vrms。

6.6.7.14　应提供足够的滤波功能，以确保感应电压噪声对 I/O 信号的影响减至最低。

6.6.7.15　CCS 输出的故障状态模式应该提交用户审查和批准，包括但不限于以下故障：

a）CPU 处理器失电

b）I/O 模件失电

c）CPU 处理器故障

d）I/O 模件故障

e）拆卸 I/O 模件

f）I/O 模件的熔断体熔断

g）CPU 和 I/O 模件通信故障

6.6.8　CCS 与 DCS 通信接口

6.6.8.1　CCS 主机架应配置与 DCS 通信的接口，并至少能够向 DCS 传输以下模拟量和数字量信息：

a）系统状态

b）逻辑状态

c）电源状态

d）自诊断状态

e）报警和其他信号

6.6.8.2　CCS 应能够读取来自 DCS 的数据，包括失效信号、复位信号、设定值数据和其他操作信号。

6.6.8.3　CCS 至 DCS 系统的通信接口应采用冗余以太网或双向冗余串行通信方式，冗余通信的每个通道应完全相互独立且互不影响。串行通信协议宜为 MODBUS RTU，通信接口宜采用 RS-485。CCS 与 DCS 系统串行通信电缆进行连接的接口形式应为端子型，不应采用插口(插针)型式。

6.6.8.4　CCS 与工厂信息管理网远程设备管理站之间的通信应采用 OPC 通信协议(应通过硬件防火墙隔离)。

6.6.8.5　CCS 的内部通信负荷不应超过 40%。

6.6.8.6　CCS 系统的 CPU 应采用网络时钟通信协议(Network Time Protocol，NTP)自动同步时钟，确保控制站、操作员站、工程师站及 SOE 站的时钟能够和 GPS 时钟同步一致。

6.6.9　操作员站(OWS)

6.6.9.1　基本功能

a）操作员站作为 CCS 系统的人机接口，应具备处理过程数据，监视、控制生产过程，维护设备和处理事故的功能。

b）操作员站应通过通信网络与控制站实现数据传输。

c）操作员站不应通过单一通信接口与控制器连接。

d）操作员站不应用于软件开发、数据管理以及文档处理等其他用途。

e）操作员站应具备操作控制、画面浏览、图形显示、报警、数据处理、数据存储、信息调用、报表调用等功能。

f）操作员站的硬件和软件应具有高可靠性和容错性，软件应有从错误中恢复的功能。

6.6.9.2　硬件配置

a）操作员站的主机宜为工业级的 PC 工作站。

b）操作员站的硬件配置应能充分满足操作员站的功能要求。

c）中心控制室或现场控制室内应按工艺装置、公用工程及辅助单元配置操作员站。

d）同一工艺装置、公用工程单元、储运单元或操作分区或工艺装置的操作员站软硬件配置应相同，并互为备用。

e）每台操作员站均应带主机，不应采用多操作终端配置。

6.6.9.3　操作员站应能显示下列标准画面：

a） 总貌
b） 分组
c） 操作回路
d） 报警列表
e） 实时趋势
f） 历史趋势
g） 操作事件记录
h） 系统状态和概貌
i） 诊断信息
j） 控制点或检测点细节
k） 流程图(包括机组工艺流程图画面、启机/停机调速顺序控制画面、防喘振控制画面、机组轴系状态监测画面、油路系统画面、密封系统画面、蒸汽系统画面、机组联锁画面等)

6.6.9.4 报警功能

a） 操作员站应具有完善的独立报警功能，对过程变量报警和系统故障报警应有明显区别。
b） 操作员站应能对过程变量报警任意分级、分区、分组，应能自动记录和打印报警信息，记录报警时间分辨率应精确到 0.1s。
c） 操作员站应具有对报警记录分类、过滤、筛选、临时屏蔽、统计和检索等的功能。
d） 操作员站不应具备对报警记录的删除和修改功能。
e） 操作员站的报警功能不应依赖于其他报警管理设备或软件。

6.6.10 工程师站(EWS)和顺序事件记录(SOE)站

6.6.10.1 工程师站主要用于 CCS 系统的组态编程、程序生成和编辑、调试和维护管理等，工程师站应至少满足下列要求：

a） 通过独立的工程师站对 CCS 进行编程，允许用户登录、恢复、监控内部 CCS 软件和主处理器或备份处理器中的数据。
b） 工程师站应至少包括一台 PC 机、一台激光打印机(可共用)和必要的连接至 CCS 处理器的硬件和电缆。工程师站还应提供合适的软件，进行逻辑组态以及 I/O 和通信数据的读取和编辑。
c） 工程师站组态软件应按 GB/T 15969.3 或 IEC 61131-3 标准执行，如：逻辑块、符号、自定义文档、图形化编程语言等。
d） 在 CCS 程序运行期间，工程师站应能够在线进行程序修改和下装，并可以通过钥匙锁定，对进入工程师站进行程序修改的权限进行设置。工程师站使用之后可以被移除。
e） 为方便调试，工程师站应带仿真功能。在 CCS 系统测试过程中，工程师站应可以禁止(屏蔽或强制)所有的系统输出。
f） CCS 应能够生成应用程序的硬拷贝，并能打印输出所有内存寄存器的对照清单。
g） 工程师站可以直接从 CPU 上载生成程序文件。程序文件应能清晰地用位号标记 I/O 点，并予以注释，以便于维护和调试。
h） 单个的泵、透平、压缩机和工艺联锁的逻辑可以分隔成各自独立的程序文件。

6.6.10.2 CCS 应具有顺序事件记录(SOE)功能，该功能可以帮助用户：

a） 辨识工艺过程联锁停车的原因；
b） 确定消除联锁的动作；
c） 建立预防性维护的执行程序；
d） 提供重要的顺序事件记录(SOE)和过程历史报告；
e） 报警打印，报警时间分辨率不大于 5ms。

6.6.10.3 CCS 系统的 SOE 站功能也可以集成到工程师站(EWS)内。

6.6.10.4　制造厂应提供标准编程组态软件及全部软件所需的足够数量的授权许可。

6.6.10.5　制造厂应提供最新版本的系统软件，并于质保期内免费提供系统软件的升级版本。

6.6.10.6　制造厂应提供给用户最终版组态、编程的源程序。

6.6.10.7　所有站应配置防病毒软件。

6.7　软件要求

6.7.1　CCS 软件应为经过测试的成熟版本，不得使用未正式发布的测试版。

6.7.2　系统软件应当提供手段判断和修改 CCS 参数，上传控制模块全套完整参数、在屏幕上观看、打印、必要时修改并下装到控制器。

6.7.3　CCS 操作员站和工程师站应当配备 CCS 监控和显示软件包，提供的图形显示应包括机组操作过程画面、压缩机特性曲线图、概貌窗口、报警窗口、操作员提示窗口、趋势画面等。显示画面中应当包括相关的现场仪表。压缩机特性曲线图应当显示每级压缩机的工作点、喘振极限和喘振控制曲线。趋势曲线应当动态更新，及时反映不断变化的各类工艺参数。概貌图窗口应当提供过程变量的实时数字式显示，并能够显示所有已定义的压缩机特性曲线数据。

6.7.4　CCS 操作员站应能够通过与控制器的双向点对点通信实现流程操作、仪表模拟、报警响应及管理的功能，并具有短期操作数据存储及工艺数据历史趋势的显示功能。应当提供监控、记录、回放输入信号的功能，协助 CCS 优化。

6.7.5　CCS 工程师及 SOE 站除具有操作员站的所有功能外，还具有画面及数据组态，并能在线无扰地下装到 CCS 控制器的功能，能够实现逻辑及控制功能的离线仿真、系统故障的报警及诊断。CCS 工程师及 SOE 站应配备软件模块协助开车并帮助维护工程师对 CCS 进行组态、测试和调试。

6.7.6　CCS 的在线及离线诊断应当采用易用的图形显示，协助系统维护和故障消除。

6.7.7　CCS 应提供通信方式与 DCS 进行通信，包括但不限于：设定值、模式状态、报警条件、过程变量值、控制器输出、通信状态、极限和报警：输入输出报警、系统报警、控制器自测试报警、变送器故障报警、喘振启动和开始喘振检测报警。

6.7.8　CCS 应能通过通信向 DCS 或其他过程控制系统提供带时间标记的事件数据，使数据及其时间签名可以显示在 DCS 或其他过程控制系统组态日志、报警、报表等上。

6.7.9　CCS 控制回路输出特性描述中应当包括控制算法，从而对非线性最终控制元件的特性进行补偿(即快开或等百分比阀门或阀门滞后)。

6.8　基本控制功能

6.8.1　对于压缩机部分，CCS 应至少包含以下几个典型功能系统：

a) 压缩机防喘振控制系统；

b) 压缩机性能(负荷)控制系统；

c) 压缩机跳车保护系统(也可以根据需要由安全仪表系统实现)。

6.8.2　对于汽轮机部分，CCS 应至少包含以下几个典型功能系统：

a) 汽轮机转速控制系统；

b) 汽轮机抽汽控制系统；

c) 汽轮机超速保护系统。

6.8.3　对于其他部分，CCS 宜包含以下几个典型功能系统：

a) 机组监视系统 MMS(即可以采用单独的系统，也可以整合在 CCS 内)；

b) 压缩机过程控制；

c) 其他系统(用于压缩机的其他子系统如油路、蒸汽、表面冷凝器、干气密封、燃气机燃烧室排气温度控制、燃气机燃气阀控制、盘车等系统的控制)。

6.9　防喘振控制

6.9.1　压缩机防喘振控制策略应采用技术先进的高速可编程序控制器系统，从检测、计算及控制速率和组态软件的逻辑功能等方面应满足复杂的喘振现象监测、计算和控制功能。

6.9.2 应根据压缩机机组设备厂家提供的压缩机组性能参数准确设置各种工况下的喘振线，喘振线应能在二维坐标系中组态显示，具体生成的喘振曲线组态点不少于5对或5种工况下的喘振点参数，并能在工艺气体组分发生变化时进行必要的补偿。

6.9.3 为适应操作条件变化和机组由于磨损、结垢等原因而出现的机组性能变化，或原始资料提供的机组性能参数不精确等情况，可以采用现场实测的方法获取喘振线，现场实测时，至少选用三种工况或转速进行测试。测试过程中，不能引起工艺装置大的波动、联锁停车和压缩机组一个周期以上的喘振现象。

6.9.4 防喘振控制过程中，应合理设置喘振控制线，喘振控制线与喘振线应保持适当的安全裕度，在实际运行过程中喘振控制线应根据喘振发生的次数自动调整安全裕度的大小，并能通过手动方式把喘振控制线的安全裕度复位到原始组态值。

6.9.5 压缩机组当前工作点应根据每段的入口流量、入口和出口压力和温度等实测变量实时计算，并在二维坐标系中显示工作点的位置。

6.9.6 应实时计算并显示当前操作工况下的实际安全裕度值，在发生喘振时应有报警提示输出。

6.9.7 应实时累积计数并显示机组发生的喘振次数，并可通过手动方式把喘振次数清零。

6.9.8 防喘振控制与安全保护要求：

a） 压缩机的每一段宜设置独立的喘振检测与控制回路，根据工艺设计及安装综合考虑，可以多段共用一个防喘控制阀，但喘振检测与控制回路软件宜独立设置；

b） 防喘振回流管线和控制阀的安装位置、距离、容量等设计应满足喘振周期快速响应的要求；

c） 防喘振控制回路应与机组安全联锁关联，在机组启停车、事故停车状态下自动全开阀门；

d） 防喘振控制回路的给定值应采用动态优化的方式计算，具体应根据机组当前工作点的安全裕度大小情况和机组相关工艺控制情况随动设定；

e） 防喘振控制应采用自适应参数整定方式，P、I、D参数的大小应根据工作点安全裕度大小自动调节，以适应各种工况下的平稳调节和快速调节；

f） 控制输出应设置多种输出计算模式，如P、I、D自适应调节模式、纯比例输出模式、电磁阀输出模式、其他工艺优化输出模式等，每种输出模式应根据当前工作点和机组运行状态自动选择；

g） 应对喘振检测变送器、系统等故障设置报警提示和相应的降级控制策略；

h） 防喘振控制回路应设置手动和自动输出模式，每种模式应能无扰动切换。

6.9.9 变送器故障时的控制策略：

a） 防喘振控制模块应当能够识别变送器故障。检测到变送器故障后，防喘振控制模块应当切换到更为保守的控制策略，并向DCS发出报警；

b） 防喘振控制模块应当具备区分变送器故障和喘振事件的能力；

c） 防喘振控制和最终保护动作应当由不同的变送器向CCS提供输入，具有相同功能的变送器出现信号偏差应当向DCS发出报警输出。

6.10 转速控制

6.10.1 转速测量及探头故障保护：

a） CCS应具有高精度的脉冲卡，可直接连接磁式无源或无二次放大器的转速探头，脉冲分辨率为1ms，采用16位数字处理技术和选择时段内脉冲计数法，使转速测量精度达到0.01%；

b） 测速信号宜以3-2-1-0降级顺序工作，正常时用中选或高选算法选择转速信号，当蒸汽阀开到一定开度而转速未到设定的最小值时机组停机并报警。

6.10.2 启动和停车：

a） CCS应具有自动/手动两种启动和停车模式，在自动启动模式下机组按照给定的暖机升速曲线启动，在这一过程中操作员可以中断自动程序进入手动操作，并可以重新恢复自动升速方式；

b） 手/自动方式应能实现无扰动切换。

6.10.3 临界转速避免：

a） 程序可设置多个临界转速区域，无论启机/停机过程或正常控制过程中转速控制模块都应避免机组工作在临界转速区内，在启机过程中，汽轮机应以预先设置的较快速率快速通过临界区；

b） 如果由于蒸汽系统的原因调节汽阀全开后转速仍然停留在临界转速区内，超过一定的时间限制则CCS应自动关闭调节阀降低转速。

6.10.4 正常操作：调速模块应设置正常转速控制范围，在这一范围内，工艺参数为主回路，可由性能控制器串级控制转速回路，以达到控制工艺参数的目的，也可由操作员设定控制转速进行调节。

6.10.5 转速跟踪：手/自动方式切换以及串级控制/本地操作切换时，所有关联回路都应相互跟踪，以实现无扰动切换。

6.10.6 超速保护与测试：转速控制模块内应设置最大控制转速，正常操作时，汽机转速不得超过最大控制转速，在最大控制转速上应设置超速停车转速。如果需要测试超速保护功能，按超速试验按钮可允许超越最大控制转速验证超速保护功能。

6.11 抽汽控制

6.11.1 常规抽汽控制算法：

a） 常规的抽汽控制应通过转速控制器来调节入口蒸汽阀，同时通过抽汽控制器调节抽汽阀来实现抽汽控制。由负荷的改变导致转速控制器调整蒸汽流量以满足由于负荷变化引起的速度变化，蒸汽入口流量的改变将会导致抽汽流量的改变；

b） 抽汽控制器作用应使抽汽流量在负荷变化时保持不变。蒸汽流量的变化同时会导致汽轮机功率的变化，进而影响汽轮机速度。为解决抽汽控制的互相干扰，抽汽调速解耦模块将协调控制负荷与抽汽量互不干扰。

6.11.2 特殊抽汽控制算法：

a） 特殊抽汽控制算法宜有双阀和三阀解耦控制模块，分别用于单抽和双抽式汽轮机的解耦控制。解耦模块使用蒸汽汽轮机的机械性能图，来预测单阀/双阀阀门动作的关系。多阀抽汽算法调节所有的阀门关系，以满足速度、压力改变时的干扰；

b） 在没有达到机械控制之前，所有的阀门应同时动作，以同时满足抽汽和速度的要求。一旦达到机械控制状态，优先级较低的参数（通常是抽汽）将作出牺牲，以首先满足优先级高的回路，优先级应由高到低排序：

 1） 功率/转速；
 2） 入口蒸汽压力/流量；
 3） 抽汽压力/流量；
 4） 排汽压力/流量；
 5） 各优先级之间的无扰动切换。

6.12 性能控制

6.12.1 性能控制器应串级转速控制回路，性能控制的主要功能是控制压缩机入口压力或者出口流量使其满足装置的工艺要求，对串并联压缩机或者抽汽汽轮机实施负荷分配控制。

6.12.2 在涡轮机械控制技术中，为了获得最佳的控制和效益，应将喘振控制、转速控制、抽汽控制、性能控制等协调起来，并加入约束控制等算法。

6.13 燃气轮机排气温度控制及燃气阀控制

6.13.1 CCS应通过调节燃气轮机的燃料流量来控制透平温度，防止高温通道部件烧坏。由于燃气轮机透平初始温度较高（达1100℃以上），检测其温度较困难，也可以利用容易检测的排气温度来控制燃气轮机的工作温度。

6.13.2 燃气阀控制输出由点火后的启动控制、正常燃料极限控制、燃气轮机转子的加速控制、燃气轮机转子的转速控制、燃气轮机排气温度的限幅控制宜通过低选方式实现。

7 系统工程实施

7.1 系统开工会

7.1.1 CCS 开工会的准备工作宜包括以下主要内容：

a） 制造厂应编制初步的系统设计文件，包括主要硬件和软件配置、机柜布置、供电及环境要求等；

b） 制造厂还应提供用户所需的参考文件，如 CCS 技术规格书、硬件配置及软件组态的说明文件以及其他技术参考文件。

7.1.2 CCS 开工会宜包括以下主要内容：

a） 制造厂介绍 CCS 系统功能；

b） 澄清并确定 CCS 软硬件包括备品备件的最终配置、规格和数量；

c） 讨论并确定具体的硬件设计方案，包括 I/O 接线端子布置、机柜布置以及电源、接地和环境要求；

d） 确定系统各个主要组成部件的工作负荷及其计算方法；

e） 讨论并确定 CCS 组态、系统培训的内容以及系统验收和测试程序等；

f） 确定项目中最终用户、设计单位、CCS 制造厂以及相关的第三方设备供货商等各自的工作范围和责任；

g） 确定项目执行过程中各方主要负责人的人员和职责；

h） 明确工程项目需要的所有文件的内容、格式、数量及交付方式，指定文档管理的负责人；

i） 制定整个项目的工作计划，确定设备、文件资料的交付时间，以及各个工作段的起始日期；

j） 制定项目进度的管理方案，明确进度报告的内容、提交周期以及进度延误后的相应措施；

k） 签订 CCS 开工会会议纪要。

7.2 功能设计

7.2.1 应编制完成 CCS 硬件配置功能设计规格书（CCS Hardware Setup FDS）。

7.2.2 应编制完成 CCS 软件组态功能设计规格书（CCS Software Configuration FDS）。

7.2.3 应编制完成 CCS 通信功能设计规格书（CCS Communication FDS）。

7.2.4 应编制完成 CCS 系统安装、测试、验收执行程序（CCS Installation，Testing，FAT/SAT Implementation Procedures）。

7.3 系统集成

对 CCS 硬件配置的内容、方式及配置文件的管理提出要求，CCS 与第三方设备的集成宜符合下列要求：

a） CCS 制造厂应对 CCS 与第三方设备集成的调试工作负责；

b） CCS 制造厂应对集成后系统的可靠性和稳定性负责；

c） CCS 制造厂应对 CCS 与第三方设备的通信负责。

7.4 软件组态

7.4.1 组态准备宜包括以下主要内容：

a） 组态的环境应满足工作需要，离线或在线组态所需的软件和硬件已安装完成。CCS 制造厂应提供工程技术人员和工程资料方面的支持；

b） 已按照 CCS 开工会的要求完成系统配置图和统一规定的编制；

c） 已按照 CCS 开工会的要求完成工程项目的 I/O 清单、系统硬件清单、逻辑图（或因果表）、内部接线图、供电及接地系统图 CCS 机柜布置图以及工程师站（或 HMI）组态或操作画面草图的编制。

7.4.2 系统组态宜包括以下主要内容：I/O 定义、参数设定、PID 控制回路组态、逻辑组态、报警及联锁设定、画面组态、通信设定、通信地址表生成、SOE 数据配置、制定报表等功能。

8 系统验收

8.1 工厂验收

8.1.1 CCS 工厂验收前应具备以下条件：

a） CCS 已在制造厂调试完毕并有测试报告；

b） CCS 制造厂根据合同技术附件、CCS 开工会纪要和有关标准等编制工厂验收程序；

c） CCS 制造厂根据验收程序已经准备了验收文件和记录文件。

8.1.2 工厂验收应包括以下内容：

8.1.2.1 系统配置检查宜主要包括以下内容：

a） CCS 硬件各设备、部件的型号、规格、数量和外观应符合要求；

b） 软件的规格、数量和版本应符合要求。

8.1.2.2 组态检查宜主要包括以下内容：

a） 工程师站（EWS）、顺序事件记录（SOE）站或 HMI 的标准功能、组态画面、流程画面（如果有）、分组画面（如果有）、报警画面、趋势显示等应符合要求；

b） 工程师站（EWS）、顺序事件记录（SOE）站或 HMI 以及其他应用工作站的标准功能应满足设计要求；

c） 控制及逻辑功能应符合要求。

8.1.2.3 CCS 测试范围宜主要包括以下内容：

a） 电源单元；

b） I/O 模件；

c） 存储器模件；

d） 系统内部通信模件；

e） 与 DCS 的通信模件；

f） 编程组态画面；

g） 机柜及其内部元器件；

h） 信号报警器、按钮、开关、灯等（如果有）；

i） 其他。

8.1.2.4 CCS 测试内容宜主要包括以下方面：

a） 检查 CCS 资料是否完整；检查所有的图纸是否完整、正确和清楚；

b） 检查设备的外观、喷漆和电缆接头；

c） 检查所有的设备是否完整、是否按照设备清单打上标记、是否按照图纸布置机柜和端子，检查出厂流水号；确认所有的量程、图表、铭牌等是否正确；

d） 检查所有的连接电缆、插头和插座、接线端子、印刷电路板等是否有清晰的标记；

e） 检查电源单元接线是否正确、标记是否清楚、电源输入电压是否正确；

f） 根据图纸检查电源和接地情况；

g） 断开交流电源，检查直流输出端与机柜是否为开路；接上交流电源，检查各直流电压是否正确；

h） 检查机柜是否牢固接地；本安接地（如果有）、工作（信号）接地和保护（安全）接地是否分开；

i） 检查所有的风扇开关或温度开关的功能；

j） 对所有电源系统进行检查：断开主电源时，辅助电源自动接上；系统操作不受任何影响，并有“主电源故障”报警；

k） 检查通信线路端子板的电阻。断开一条通信线路，冗余的通信线路自动接上，系统操作不受任何影响，并有“主通信线路故障”报警；

l） 检查控制器的冗余。拔出主控制器检查控制的连续性以及是否有控制器非冗余报警；

m） 通过模拟各种故障，检查 CCS 自诊断功能；运行系统诊断程序，检查自诊断功能；

n） 检查回路的运行情况；制造厂应向用户以书面形式提供检查这些回路运行情况的方法；

o） 使用信号发生器对所有的模拟量输入（AI）卡件发出 4mA～20mA DC 信号，检查显示结果并抽查信号处理精度（至少 30%抽样）。再送入超限信号，检查 CCS 的越限报警，并检查输入开路或短路报警；对所有的模拟量输出（AO）卡件进行功能检查，并进行信号处理精度测试（至少 30%抽样）；对所有的数字量输入（DI）和数字量输出（DO）卡件进行功能检查，并进行信号处理精度测试（至少 30%抽样）；

p） 对 100%的报警点进行分级报警检查，并检查报警打印；

q） 根据操作手册，在工程师站上检查所有相关功能；

r） 检查键盘锁功能，防止误操作；

s） 用开关组和灯组检查逻辑控制功能；

t） 检查系统组态编程是否有丢失情况；

u） 检查对定义的操作动作的打印记录功能；

v） 检查 CCS 的组态编程功能，如画面生成、回路生成、报表生成、数据生成等；检查系统的编程能力，如屏幕编辑、数据存取、程序编译等；

w） 检查 CCS 与 DCS 系统的通信组态功能，对 CCS 和 DCS 之间 100%的组态功能进行检查；

x） 进行 100%的 I/O 通道测试，包括量程范围和报警设定点的数值检查；

y） CCS 冗余和容错功能测试；

z） 其他。

8.1.2.5 CCS 见证测试宜主要包括以下内容：用户应参加所有 CCS 的测试，查阅所有与 CCS 设计、组态编程、测试和系统组装情况的质量控制文件。

8.1.3 工厂验收报告应包括以下内容：

a） 工厂验收的步骤；

b） 检查和测试的结果；

c） 最终验收结论。

8.2 现场验收

8.2.1 现场验收和安装准备宜主要符合下列要求：

a） 各设备和部件的规格、数量应与装箱单一致，运输过程中应无损坏；

b） 设备安装符合要求并能正常上电测试；

c） CCS 设备在软件安装和组态数据装载后应正常运行；

d） 所有硬件应按 CCS 制造厂提供的程序进行测试，并应 100%工作正常。

8.2.2 现场验收宜主要包括以下内容：

a） 审阅 CCS 工厂验收报告、工厂集成验收报告和现场调试记录；

b） 系统配置检查（同工厂验收内容）；

c） 组态检查（同工厂验收内容）；

d） CCS 测试范围和内容（同工厂验收内容，但 AI、AO、DI、DO、PI 等 I/O 卡件的信号处理精度应 100%检查）；

e） CCS 的冗余和容错功能测试；

f） 测试 CCS 与第三方设备（如 DCS 系统）的通信；

g） 连续正常运行 72h 以上。

8.2.3 现场验收报告宜包括以下内容：

a） 现场验收的步骤；

b） 检查和测试的结果；

c） 最终验收结论。

9 工程服务

9.1 技术服务

9.1.1 CCS 制造厂在整个工程项目进行过程中应提供相关的技术咨询服务。

9.1.2 CCS 制造厂应提供其所有交付文件、资料和设备的技术澄清服务。

9.1.3 CCS 制造厂在工厂验收、工厂集成验收和现场验收过程中应提供相关的资料，并配备专门的工程技术人员配合验收工作。

9.1.4 CCS 制造厂应对供货产品提供必要的组态、操作、使用和维护培训，并提供相关的培训资料。

9.1.5 CCS 制造厂在装置现场应协助 DCS 系统制造厂进行通信测试。

9.2 现场服务

9.2.1 CCS 制造厂应配备有资质的工程技术人员负责 CCS 的现场安装、上电、调试等工作。

9.2.2 在现场开工期间，CCS 制造厂应配备有资质的工程技术人员在现场值班，随时解决开工过程中系统出现的故障。

9.2.3 CCS 出现故障后，制造厂应在 24h 内派出有资质的工程技术人员前往到达现场处理。

9.2.4 在生产装置开工期间，制造厂应配备专门的工程技术人员在现场值班，随时解决开工过程中系统出现的故障。

附　录 A
（资料性附录）
CCS 网络结构图

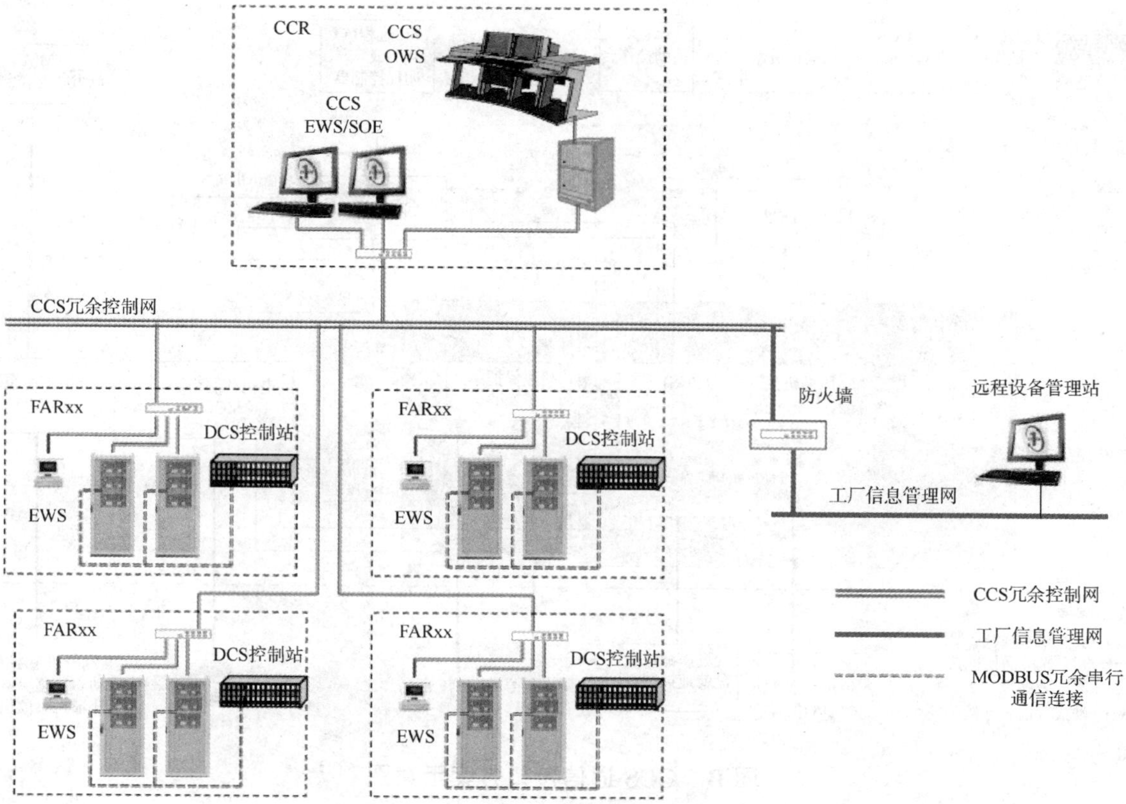

图 A　CCS 网络结构图

附　录 B
(资料性附录)
CCS 通信接口方案示意图

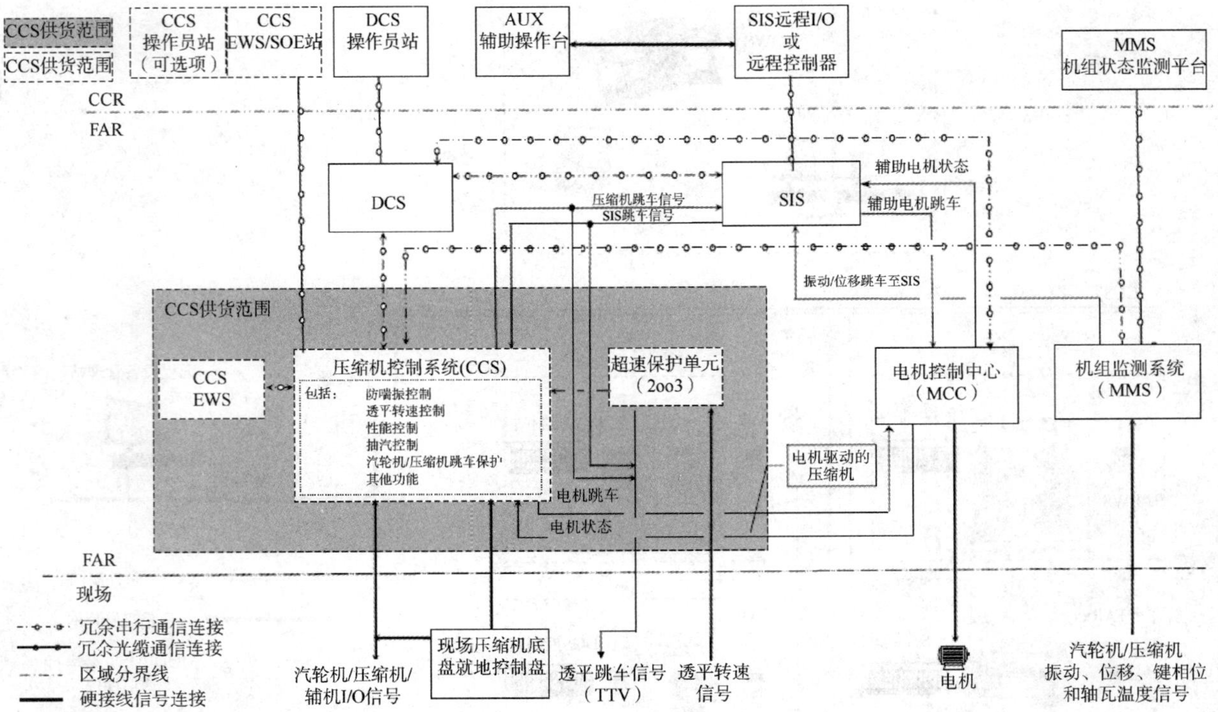

图 B　CCS 通信接口方案示意图

附　录 C
（资料性附录）
通信数据表

表 C.1　模拟量通信数据表

序号	位号	设备地址	描述	数据方向（进/出 DCS）	量程	设计单位	报警设定值				数据类型	备注
							LL	L	H	HH		
1												
2												
3												
4												

数据类型由 DCS 厂家提供。

表 C.2　数字量通信数据表

序号	位号	设备地址	描述	数据方向（进/出 DCS）	状态	报警值	备注
1							
2							
3							
4							

表 C.3　Modbus 接口软件设定值

名称	控制器类型	接口类型	接口规格	波特率	是否冗余	极性	数据位	停止位	协议类型	状态	重试次数	信息超时

表 C.4　OPC 接口软件设定值

名称	控制器类型	接口类型	接口规格	服务器名	服务器 IP 地址	程序 ID	授权用户名	密码	备注

参 考 文 献

[1] 陆德民主编．石油化工自动控制设计手册(第三版)．北京：化学工业出版社，2000.
[2] 王树青，乐嘉谦主编．自动化与仪表工程师手册．北京：化学工业出版社，2011.
[3] 王森，纪纲主编．仪表常用数据手册(第二版)．北京：化学工业出版社，2006.
[4] SH/T 3144—2012　石油化工离心、轴流压缩机工程技术规范
[5] API Std 611—2008　石油、化工和气体工业用一般用途汽轮机 General-purpose Steam Turbines for Petroleum，Chemical，and Gas Industry Services
[6] API Std 612—2014　石油、石油化工和天然气工业用特殊用途汽轮机 Petroleum，Petrochemical，and Natural Gas Industries—Steam Turbines—Special-purpose Applications
[7] API Std 614—2008　石油、石油化工和天然气工业用润滑油、密封油、控制油系统及辅助设备 Petroleum，Petrochemical，and Natural Gas Industries—Lubrication，Shaft-sealing and Oil-control Systems and Auxiliaries（ISO 10438：2007，Identical）
[8] API Std 617—2014　轴流和离心式压缩机和膨胀机-压缩机 Axial and Centrifugal Compressors and Expander-compressors
[9] API Std 670—2014　机械保护系统 Machinery Protection Systems

中华人民共和国石油化工行业标准

石油化工压缩机控制系统设计规范

SH/T 3199—2018

条 文 说 明

2018 北 京

制 定 说 明

SH/T 3199—2017《石油化工压缩机控制系统设计规范》，经工业和信息化部 2018 年 2 月 9 日以第 10 号公告批准发布。

本规范制定过程中，编制组进行了广泛深入的调查研究，总结了近 10 年来我国石油化工工程建设中，压缩机控制系统在设计和应用中的实践经验，同时参考了大量国内外石油化工行业及其他行业技术标准和有关资料，通过广泛征求意见，认真讨论，分析研究，取得了共识。

为便于广大设计、施工、科研、学校等单位有关人员在使用本规范时能正确理解和执行条文规定，《石油化工压缩机控制系统设计规范》编制组按章、条顺序编制了本规范的条文说明，对条文规定的目的、依据以及执行中需注意的有关事项进行了说明。但是，本条文说明不具备与规范正文同等的法律效力，仅供使用者作为理解和把握规范规定的参考。

目　次

石油化工压缩机控制系统设计规范

1　范围

本规范适用于 SH/T 3144 和 API Std 617 标准规定的大型离心式和轴流式压缩机。

本规范不适用于往复式压缩机、通风机、鼓风机、整体齿轮压缩机和膨胀机的控制系统，也不适用于由电机驱动的离心式和轴流式压缩机的电机部分的控制系统，但压缩机部分控制系统的设计要求可参考本规范。

3　术语和缩略语

3.1　术语

3.1.1　压缩机控制系统

本术语中的“工艺气”是指工艺生产过程中产生的循环气、合成气、再生气、尾气等含有工艺介质的气体。

本术语中的“大型”是指压缩机轴功率大于 1500kW 的离心式和轴流式压缩机。

3.1.3　喘振点

离心式压缩机的喘振现象：

所谓压缩机的喘振又称为飞动，是离心式压缩机的一种特殊现象，是由于气体的可压缩性而造成的离心式压缩机的固有特性。任何一台离心式压缩机在某一固定的转速下都有一个最高的工作压力，在此压力下有一个相应的最低流量，当低于这个流量时，压缩机就将发生喘振。当喘振发生时，由于出口压力降低导致管网中被压缩的气体倒流回压缩机，引起压缩机负荷的波动，造成驱动汽轮机也处于不稳定的工作状态，止逆阀忽开忽关产生撞击，气体压力和流量发生周期性变化，频率低而振动大，使压缩机发出间断的吼声，机体及相连管线产生强烈的振动。喘振是一种危险现象，轻则会导致压缩机内件磨损，重则可产生轴向窜动，甚至打碎转子叶轮，烧毁轴瓦，使压缩机遭受严重破坏。因此，压缩机控制的首要任务就是防止喘振发生。

3.1.4　防喘振控制

压缩机防喘振控制原理：

为了避免喘振的发生，可使压缩机出口的部分气体回流至入口。回流量最少应为喘振极限流量 Q_L 与压缩机入口流量 Q_S 之差，即回流量 $Q_B \geqslant Q_L - Q_S$，这就使压缩机所输送的流量总是比喘振极限要大，从而防止喘振发生。但是从出口经旁路返回入口，要消耗一部分额外功率。因此回流量要尽量小，使之既能防止喘振发生，又能节省能耗，这也是压缩机防喘振控制的核心问题。

3.1.5　喘振线

将不同转速下压缩机的多变压头(H_p)-进气流量(Q)特性曲线上的喘振起始点联成线，就是压缩机的喘振边界线，又称喘振线(SL)。离心压缩机的理论证明它是一条近似抛物线，抛物线的顶点就在坐标原点上，对于多段压缩机，喘振边界线更复杂一些，但仍可按抛物线来处理。

3.1.7　性能控制

性能控制的主要功能是控制压缩机入口压力或者出口流量使其满足装置的工艺要求。在正常转速控制方式下，一般为性能控制回路串级转速控制回路。性能控制也包括对串联、并联压缩机或者抽汽汽轮机实施负荷分配控制。

3.1.11　启机曲线

一台由蒸汽汽轮机驱动的大型离心式压缩机典型的启机过程(顺序控制)分为下列 6 个步骤(典型的蒸汽汽轮机启机曲线见图 1)：

方式设定 Sequence Mode	描述 Description
0	停机状态 Turbine Tripped
1	准备启动 Ready to Start (Standby)
2	暖机 Warmup
3	升速 Acceleration (Governor Control)
4	正常操作 Run
5	超速测试 Overspeed Trip Test

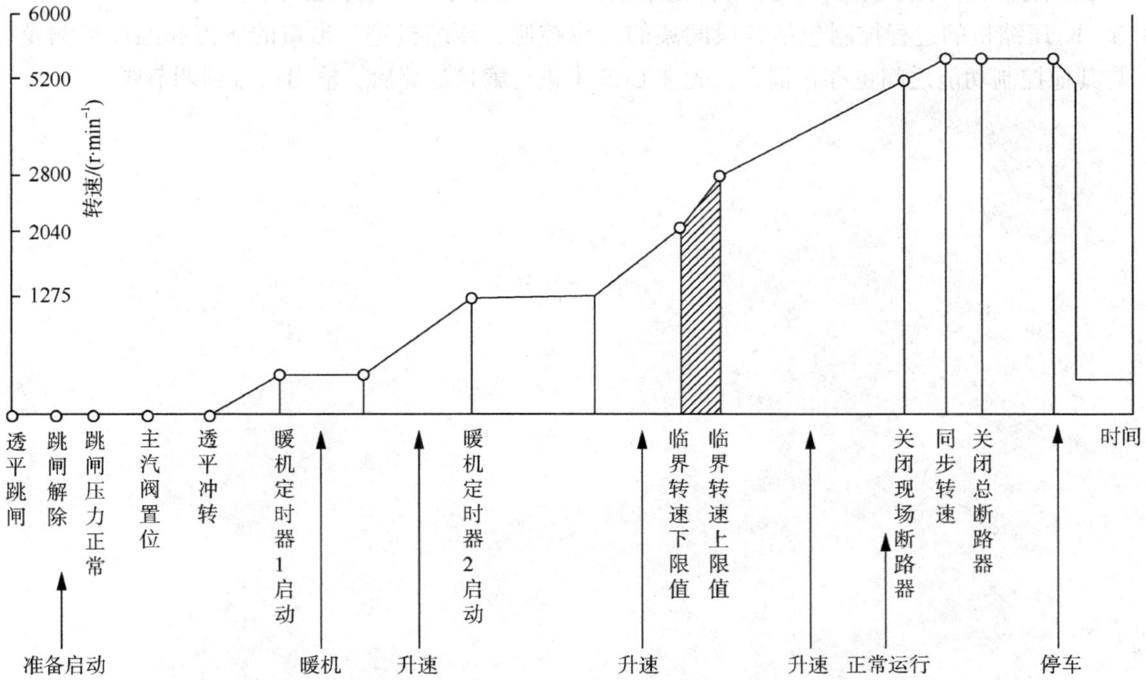

图 1　典型的蒸汽汽轮机启机曲线

4　总体要求

CCS 方案与其他控制方案性能比较见表 1。

表 1　CCS 方案与其他控制方案性能比较

控制方案	控制目标	控制功能	控制回路的响应速率	服务的范围
DCS+ 电子调速器	常规过程控制	有时被用来实现与机组有关的性能控制，如简单的串级控制；无专业控制策略和方案	采样速率 250ms 左右；秒级的执行速率；不能满足压缩机组高速控制的要求	按照工艺要求组态；难以实现机组的精确控制方案和组态
DCS+ 电子调速器 +单回路调节器	能够实现各自目标	无法实现多回路之间的联耦和解耦控制，一旦系统本身故障，很难排除，更不能在线排除	速度虽可以满足，但已被扰动，经常出现各自为政的现象，尤其通信会有阻塞	由于是不同厂家产品，服务往往难以协调
CCS (ITCC)	真正的全机组控制，在控制系统本身具有高可靠性的基础上，最大限度地提高系统的可用性，包括对现场回路的监测	包括机组本身的安全保护逻辑、透平机械特殊控制(喘振、调速、阻塞等)，还有成熟的结合工艺过程的性能控制	毫秒级的采样速率，可固定的执行速率，机组控制回路一般小于 50ms，最快达到 20ms，系统还具有事故追忆	提供从测量元件、防喘振阀的计算选型，到机组保护控制和监测的系统组态和集成，到对装置过程控制的解决方案，甚至于负责性能和喘振试验

6 系统技术要求

6.1 通用要求

6.1.2 “国家授权机构 SIL 认证”包括国家认证监督管理委员会授权的国际权威认证机构，如：TÜV Rheinland、TÜV SUD、Exida 等的 SIL 认证。

6.2 系统结构

6.2.1 其中 CCS 的操作员站(OWS)为可选项，OWS 也可采用 DCS 的操作员站替代。根据项目具体要求，CCS 的工程师站(EWS)/顺序事件记录站(SOE)可以分开设置、也可合并设置。

6.8.3 b)压缩机的过程控制包括各段间罐的液位控制，压缩机进、出口的压力和温度检测及控制等，与其他控制功能之间也存在耦合，先在 CCS 中进行解藕运算后，输出信号到调节阀。

ICS 23.020
P 72
备案号：J2435-2017

SH

中华人民共和国石油化工行业标准

SH/T 3184—2017

石油化工罐区自动化系统设计规范

Design specification for automation system of tank farm in petrochemical industry

2017-04-12 发布　　2017-10-01 实施

中华人民共和国工业和信息化部　发布

目　次

Contents

前　言

根据中华人民共和国工业和信息化部《2012年第四批行业标准制修订计划》(工信厅科〔2012〕252号文)的要求，规范编制组经广泛调查研究，认真总结实践经验，参考有关国际标准和国外标准，并在广泛征求意见的基础上，制定本规范。

本规范共分9章。

本规范的主要技术内容是：储罐计量与测量方案；罐区自动化仪表及工程设计；罐区自动控制系统；罐区安全防护；罐区生产管理系统；液化烃装车发运系统等。

本规范由中国石油化工集团公司负责管理，由中国石油化工集团公司自动控制设计技术中心站负责日常管理，由中国石化工程建设有限公司负责具体技术内容的解释。执行过程中如有意见和建议，请寄送日常管理单位和主编单位。

本规范日常管理单位：中国石油化工集团公司自动控制设计技术中心站

通讯地址：上海市徐汇区中山南二路1089号徐汇苑大厦12楼

邮政编码：200030

电　　话：021-64578936

传　　真：021-64578936

本规范主编单位：中国石化工程建设有限公司

通讯地址：北京市朝阳区安慧北里安园21号

邮政编码：100101

本规范主要起草人员：张华莎　程欣欣　冯　欣　王利君　杨　刚　叶向东

本规范主要审查人员：裴炳安　林　融　王发兵　徐伟清　宋志远　丁兰蓉　杨金城　宋　燕　周家祥　林洪俊　孙　旭　陈学敏　郭章顺　刘　凤　任　泓　李　江　杨　晨

本规范为首次发布。

石油化工罐区自动化系统设计规范

1 范围

本规范规定了石油化工储运系统罐区的计量与测量方案、自动化仪表及工程设计、自动控制系统、安全防护、生产管理系统、液化烃装车发运系统等设计原则和技术要求。

本规范适用于石油化工和以煤为原料制取油品及化工产品的企业新建、扩建和改建工程中储运系统罐区的自动控制系统工程设计。也适用于石油化工原料、中间产品、产品等液体物料的储运系统地上钢制储罐罐区。

本规范不适用于液氨等低温常压储罐区、液化天然气(LNG)储罐区。也不适用于石油化工企业中的危险化学品专用储罐以及剧毒液体的专用储罐。

2 规范性引用文件

下列文件对于本规范的应用是必不可少的。凡是注日期的引用文件，仅注日期的版本适用于本规范。凡是不注日期的引用文件，其最新版本(包括所有的修改单)适用于本规范。

SH/T 3007—2014 石油化工储运系统罐区设计规范

SH/T 3019—2016 石油化工仪表管道线路设计规范

SH/T 3020—2013 石油化工仪表供气设计规范

SH/T 3038 石油化工装置电力设计规范

SH/T 3082 石油化工仪表供电设计规范

SH/T 3092—2013 石油化工分散控制系统设计规范

SH 3136—2003 液化烃球型储罐安全设计规范

SH/T 3164—2012 石油化工仪表系统防雷设计规范

GB 4208 外壳防护等级(IP 代码)

GB/T 4213 气动调节阀

GB/T 13927—2008 工业阀门压力试验

GB/T 21451.4—2008 石油和液体石油产品储罐中液位和温度自动测量法 第4部分：常压罐中的温度测量

GB/T 25964—2010 石油和液体石油产品采用混合式油罐测量系统测量立式圆筒形油罐内油品体积、密度和质量的方法

GB 50160—2008 石油化工企业设计防火规范

GB 50493 石油化工可燃气体和有毒气体检测报警设计规范

GB/T 50770—2013 石油化工安全仪表系统设计规范

API 607 Fire test for quarter-turn valves and valves equipped with nonmetallic seats

API 6FA Specification for fire test for valves

API 598 Valve inspection and testing

3 术语和定义、缩略语

3.1 术语和定义

下列术语和定义适用于本规范。

3.1.1

常压储罐　atmospheric storage tank

设计压力不大于6.9kPa(罐顶表压)的储罐。

3.1.2

低压储罐　low-pressure storage tank

设计压力大于6.9kPa且小于0.1MPa(罐顶表压)的储罐。

3.1.3

压力储罐　pressurized storage tank

设计压力大于或等于0.1MPa(罐顶表压)的储罐。

3.1.4

罐区存储　tank farm storage

将原料、中间产品、产品以及其他辅助物料储存在罐区各类储罐中。

3.1.5

罐区库存量　tank farm inventory

罐区各类储罐中当前存储的物料量称为罐区库存量，简称库存。

3.1.6

交接计量　custody transfer metering

用于企业对外交接和贸易结算类的计量。

3.1.7

库存量控制　inventory control

用于企业内部常规的储罐存储量统计、生产调度管理等类计量和控制，也称库存控制计量。

3.1.8

混合法储罐测量系统　hybrid tank measurement system

采用液位测量、温度测量和密度测量计算出储罐内的介质体积或质量的测量系统。

3.1.9

计量级储罐 custody transfer tank

用于企业对外交接和贸易结算用途的原料、产品储罐。

3.1.10

非计量级储罐　inventory control tank

非对外交接和贸易结算用途的储罐。

3.1.11

输送、输转、倒罐　movement

通过管道将液体物料从储罐发送到生产装置、其他储罐、汽车和火车装车系统、油轮码头等不同目的地的液体物料流动操作过程(包括反向过程)，也称为输转。

倒罐特指从储罐向其他储罐输送液体物料的过程。

3.1.12

管道输送　pipeline transfer

液体物料通过管道密闭输送。

3.1.13

车载输送　tanker(truck or rail tank)transfer

液体物料通过公路、铁路用油罐车运输。

3.1.14

油品调和　oil blending

将不同种类的油品、不同组分的油品、添加剂等混兑成预期质量指标油品的生产过程。

3.1.15

汽车衡　truck weighbridge

用于公路油罐车、油槽车称重的衡器设备。

3.1.16

轨道衡　rail weighbridge

用于铁路油罐车、油槽车等轨道运输车辆称重的衡器设备。

3.1.17

储罐信号通信单元　tank communication unit

用于连接储罐液位仪表通信信号的通信接口设备，将储罐的各种数据信号经通信方式传送到储罐数据管理单元、控制系统或数据采集系统。

3.1.18

储罐数据管理单元　tank data management unit

用于罐区计量、库存、监测、运行、管理的数据处理设备。

3.1.19

电动阀通信单元　motor operated valve communication unit

用于连接电动阀通信信号的通信接口设备，将电动阀的各种数据信号经通信方式传送到控制系统或数据采集系统。

3.1.20

远程信号单元　remote input and output unit

DCS 或 PLC 的远程 I/O 单元，具备适宜的防爆和环境防护能力，安装在现场，可配置各类信号模件，直接接入现场各类 I/O 信号。

3.1.21

独立信号单元　independent data unit

DCS 或 PLC 之外的其他通用小型现场信号单元，具备适宜的防爆和环境防护能力，安装在现场，可配置各类信号模件，直接接入现场各类 I/O 信号(包括通信)。通常采用通信方式接入 DCS、PLC、SCADA 或小型控制系统。

3.1.22

信号接口单元　data interface unit

储罐信号通信单元 TCU、电动阀通信单元 MCU、远程信号单元 RIU、独立信号单元 IDU 统称为信号接口单元 DIU。

3.1.23

小型控制系统　micro control system

由独立信号单元 IDU 和 PC 操作站等设备组成，用于小型罐区控制、数据采集、储运数据管理等。

3.1.24

电涌防护器　surge protection device

用于限制瞬态过电压和分流电涌电流，保护电气或电子设备的器件，也称雷电浪涌防护器、电涌保护器、浪涌保护器。

3.1.25

储罐计量　tank metering

对单个储罐内液体物料的静态储量进行精确测量和统计。

3.1.26

罐区计量　tank farm metering

对罐区内所有在用储罐液体物料的静态储量进行精确测量和统计。

3.2 缩略语

下列缩略语适用于本规范。

BOSS　油品调和优化及管理系统(Blending Optimization and Supervisory System)

DCS　分散控制系统(Distributed Control System)

DIU　信号接口单元(Data Interface Unit)

ERP　企业资源计划系统(Enterprise Resource Planning)

HTG　静压法储罐计量(Hydrostatic Tank Gauging)

HTMS　混合法储罐测量系统(Hybrid Tank Measurement System)

IDU　独立信号单元(Independent Data Unit)

MAS　输送自动化系统(Movement Automation System)

MCU　电动阀通信单元(Motor Operated Valve Communication Unit)

OMM　输送订单管理系统(Order Movement Management)

OPC　过程控制内部数据设备连接协议(Object Linking and Embedding for Process Control)

PLC　可编程序控制器(Programmable Logic Controller)

RIU　远程信号单元(Remote Input and Output Unit)

SCADA　数据采集与监控系统(Supervisory Control and Data Acquisition)

TCU　储罐信号通信单元(Tank Communication Unit)

TIS　罐存信息系统(Tank Inventory System)

TMU　储罐数据管理单元(Tank Data Management Unit)

TMES　罐区生产管理系统(Tank Farm Manufacturing Execution System)

UPS　不间断电源(Uninterruptible Power Supply)

4 储罐计量与测量方案

4.1 储罐计量或非计量分类

4.1.1 储罐仪表设计应根据储运工艺的需要，按照计量级或非计量级设置仪表测量方案。

4.1.2 对外交接和贸易结算用途的储罐应按计量级设计，原料罐、产品罐等与全厂物料平衡有关的储罐宜为计量级储罐，应采用计量级仪表测量方案，仪表测量精度应符合国家有关计量标准或国际间贸易互认标准。

4.1.3 厂内生产装置之间原料缓存、库存控制用途的中间原料罐、中间产品罐及其他辅助液体物料储罐宜为非计量级储罐，应采用非计量级(控制级)仪表测量方案，仪表测量精度应符合库存控制需要。

4.2 储罐的仪表测量方案

4.2.1 计量级常压和低压储罐

4.2.1.1 容积大于 100m^3的储罐应在罐顶设置液位连续测量仪表，容积不小于 $1×10^5 m^3$的储罐宜设置 2 套，液位连续测量仪表应配罐旁指示仪显示液位，应在控制系统中设置高、低液位报警。

4.2.1.2 应根据工艺要求在控制系统中设置高高、低低液位报警及联锁，信号所用的测量仪表应单独设置，宜采用连续测量仪表，也可采用液位开关；应设置高高液位联锁关闭罐进口管道开关阀、低低液位联锁停泵并关闭出口管道开关阀的控制方案，报警及联锁应在控制系统中实现。

4.2.1.3 当储罐需要测量油品的标准体积、标准密度时，应设置多点热电阻温度计或单点热电阻温度计，测量并计算罐内油品的平均温度，输出信号直接接入储罐液位连续测量仪表。

4.2.1.4 计量级储罐应设置多点热电阻温度计，安装于罐顶，宜按照储罐有效高度范围内每 3m 等间距平均布置的方式确定测温点数，多点温度检测元件的最少点数应符合表 4.2.1.4 的规定；当储罐容积小于 159m^3或罐高小于 3m 时，应设置单点热电阻温度计，安装于罐下部。

4.2.1.5 热电阻温度计可单独设置，也可采用与油水界位测量集成的形式。

4.2.1.6　宜在储罐下部最低液位以下设置双金属温度计，并应符合 SH/T 3007—2014《石油化工储运系统罐区设计规范》第 5.4.6 条“浮顶罐和内浮顶罐上的温度计，宜安装在罐底以上 700mm～1000mm 处。固定顶罐上的温度计，宜安装在罐底以上 700mm～1500mm 处”的规定。

表 4.2.1.4　多点温度检测元件的点数

油罐高度 m	最少检测元件的点数
<9	4
9～15	5
>15	6

注：本表摘自 GB/T 21451.4—2008《石油和液体石油产品储罐中液位和温度自动测量法　第 4 部分：常压罐中的温度测量》中 8.3.3 表 1。

4.2.1.7　介质含水并分层的储罐应设置油水界位测量仪表，可采用单独的测量仪表，也可采用与热电阻温度计集成的形式，信号直接接入储罐液位连续测量仪表计算实际液位。

4.2.1.8　储罐应设置用于密度计算的压力或差压变送器，取源口设置在正常操作的最低液位以下、油水界位以上，输出信号接入储罐液位连续测量仪表或储罐数据管理单元。

4.2.1.9　当采用静压法测量罐底压力计算液位时，应采用压力(或差压)变送器测量密度。

4.2.1.10　低压储罐及需要氮气等惰性气体密封的储罐，应在罐顶设置压力变送器测量压力，设置压力表就地测量压力。

4.2.1.11　压力变送器和压力表不得共用同一取源接口。

4.2.1.12　固定顶罐和内浮顶罐等需要氮气等惰性气体密封时，应设置氮封阀或压力分程控制。

4.2.1.13　氮封阀氮气入口管道应设置压力表。

4.2.1.14　罐顶仪表应安装在罐顶平台附近，罐壁仪表应安装在扶梯所及之处，所有仪表应便于观察和维护。

4.2.1.15　计量级常压和低压储罐液位连续测量仪表信号连接见图 4.2.1.15。

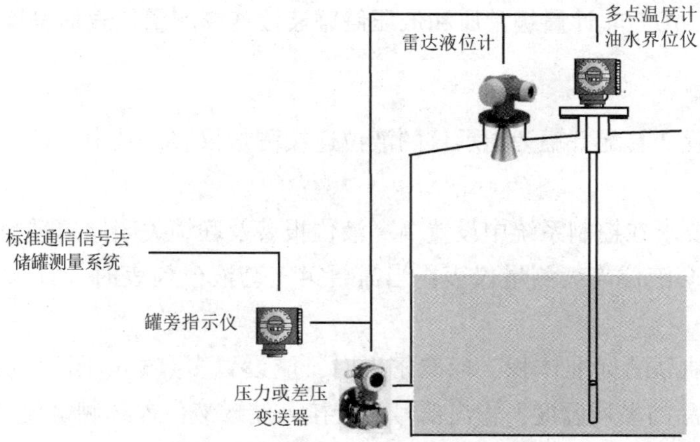

注：本图是雷达液位计在计量级常压和低压储罐上应用的典型信号连接示意，仅以某产品为例绘制，不同产品可能有不同的连接方案。

图 4.2.1.15　计量级常压和低压储罐液位连续测量仪表信号连接示意

4.2.2　非计量级常压和低压储罐

4.2.2.1　容积大于 $100m^3$ 的储罐应在罐顶设置液位连续测量仪表，容积不小于 $1\times10^5m^3$ 的储罐宜设 2 套，液位连续测量仪表应配罐旁指示仪显示液位，应在控制系统中设置高、低液位报警。

4.2.2.2　应根据工艺要求在控制系统中设置高高、低低液位报警及联锁，信号所用的测量仪表应单独设置，宜采用连续测量仪表，也可采用液位开关；应设置高高液位联锁关闭罐进口管道开关阀、低低液位联锁停泵并关闭出口管道开关阀的控制方案，报警及联锁应在控制系统中实现。

4.2.2.3　非计量级储罐温度测量仪用于过程监测，宜设置单点热电阻配现场温度变送器，输出信号接入罐区控制系统。

4.2.2.4　宜在储罐下部最低液位以下设置双金属温度计，并应符合 SH/T 3007—2014《石油化工储运系统罐区设计规范》第 5.4.6 条“浮顶罐和内浮顶罐上的温度计，宜安装在罐底以上 700mm～1000mm 处。固定顶罐上的温度计，宜安装在罐底以上 700mm～1500mm 处。”的规定。

4.2.2.5　低压储罐及需要氮气等惰性气体密封的储罐，应在罐顶设置压力变送器测量压力，设置压力表就地测量压力。

4.2.2.6　压力变送器和压力表不得共用同一取源接口。

4.2.2.7　固定顶罐和内浮顶罐等需要氮气等惰性气体密封时，应设置氮封阀或压力分程控制。

4.2.2.8　氮封阀氮气入口管道应设置压力表。

4.2.2.9　罐顶仪表应安装在罐顶平台附近，罐壁仪表应安装在扶梯所及之处，所有仪表应便于观察和维护。

4.2.2.10　非计量级常压和低压储罐液位连续测量仪表信号连接见图 4.2.2.10。

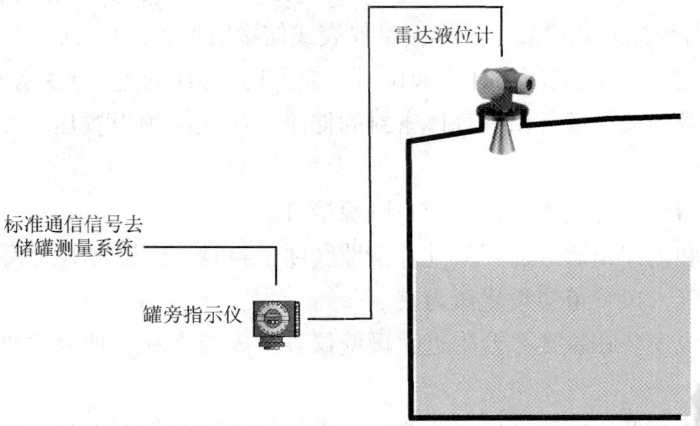

注：非计量级常压和低压储罐不设多点温度计、油水界位仪和用于密度计算的压力或差压变送器。

图 4.2.2.10　非计量级常压和低压储罐液位连续测量仪表信号连接示意

4.2.3　计量级压力储罐

4.2.3.1　应在罐顶设置 2 套配备罐旁指示仪的液位连续测量仪表，其中一套用于在控制系统中设置高、低液位报警。

4.2.3.2　应根据工艺要求在控制系统中设置高高液位报警及联锁关闭储罐进料管道开关阀的控制方案，信号采用上述另一套液位连续测量仪表；当需要第三套液位仪表时，宜采用连续测量仪表，也可采用液位开关。

4.2.3.3　当需要测量油品的标准体积、标准密度时，应设置多点热电阻温度计或单点热电阻温度计，测量并计算罐内油品的平均温度，输出信号直接接入储罐液位连续测量仪表。

4.2.3.4　计量级储罐应设置多点热电阻温度计，安装于罐顶，宜按照储罐有效高度范围内每 3m 等间距平均布置的方式确定测温点数，多点温度检测元件的最少点数应符合本规范表 4.2.1.4 的规定；当储罐容积小于 159m^3或罐高小于 3m 时，应设置单点热电阻温度计，安装于罐下部。

4.2.3.5　热电阻温度计可单独设置，也可采用与油水界位测量集成的形式。

4.2.3.6　应在储罐下部最低液位以下设置双金属温度计。

4.2.3.7　介质含水并分层的储罐应设置油水界位测量仪表，可采用单独的测量仪表，也可采用与热电阻温度计集成的形式，信号直接接入储罐液位连续测量仪表计算实际液位。

4.2.3.8 储罐可根据需要设置用于密度计算的差压或压力变送器或其他形式的密度计，取源口设置在正常操作的最低液位以下、油水界位以上，输出信号接入储罐液位连续测量仪表或储罐数据管理单元。

4.2.3.9 应在罐顶设置2台压力变送器测量压力，并在控制系统中设置压力报警，设置压力表就地测量压力。

4.2.3.10 压力变送器和压力表不得共用同一取源接口。

4.2.3.11 球罐需要氮气等惰性气体密封时，应设置压力分程控制。

4.2.3.12 如需要就地液位指示仪表，不应采用玻璃板液位计。

4.2.3.13 罐顶仪表应安装在罐顶平台附近，罐壁仪表应安装在扶梯所及之处，所有仪表应便于观察和维护。

4.2.3.14 计量级压力储罐液位连续测量仪表信号连接见图4.2.3.14。

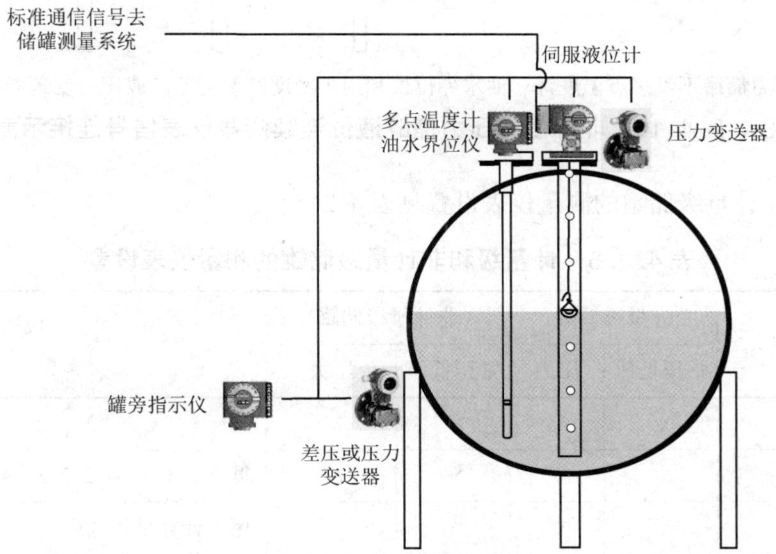

注：本图是伺服液位计在计量级压力储罐上应用的典型信号连接示意，仅以某产品为例绘制，不同产品可能有不同的连接方案。

图4.2.3.14 计量级压力储罐液位连续测量仪表信号连接示意

4.2.4 非计量级压力储罐

4.2.4.1 应在罐顶设置2套配备罐旁指示仪的液位连续测量仪表，其中一套用于在控制系统中设置高、低液位报警。

4.2.4.2 应根据工艺要求在控制系统中设置高高液位报警及联锁关闭储罐进料管道开关阀的控制方案，信号采用上述另一套液位连续测量仪表；当需第三套液位仪表时，宜采用连续测量仪表，也可采用液位开关。

4.2.4.3 非计量级储罐温度测量仪用于过程监测，宜设置单点热电阻配现场温度变送器，输出信号直接接入罐区控制系统。

4.2.4.4 应在储罐下部最低液位以下设置双金属温度计。

4.2.4.5 应在罐顶设置2台压力变送器测量压力，并在控制系统中设置压力报警，设置压力表就地测量压力。

4.2.4.6 压力变送器和压力表不得共用同一取源接口。

4.2.4.7 球罐需要氮气等惰性气体密封时，应设置压力分程控制。

4.2.4.8 如需要就地液位指示仪表，不应采用玻璃板液位计。

4.2.4.9 罐顶仪表应安装在罐顶平台附近，罐壁仪表应安装在扶梯所及之处，所有仪表应便于观察和维护。

4.2.4.10　非计量级压力储罐液位连续测量仪表信号连接见图4.2.4.10。

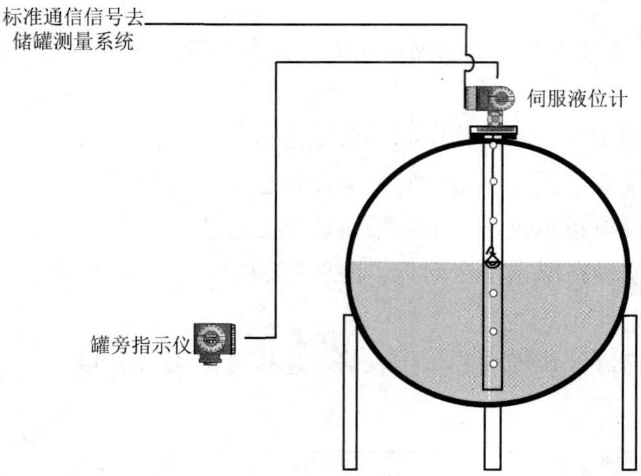

注：非计量级压力储罐不设多点温度计、油水界位仪和用于密度测量的差压或压力变送器。

图4.2.4.10　非计量级压力储罐液位连续测量仪表信号连接示意

4.2.5　计量级和非计量级储罐的测量仪表设置见表4.2.5。

表4.2.5　计量级和非计量级储罐的测量仪表设置

测量仪表	计量级储罐		非计量级储罐		说明
	常压低压	压力	常压低压	压力	
双金属温度计	√	√	√	√	
单点温度	√	√	√	√	见4.2.1.3、4.2.2.3、4.2.3.3、4.2.4.3
多点温度	√	√			用于计算平均温度
油水界位	√	√			介质含水并分层时设置
压力表	√	√	√	√	低压、压力储罐设置，常压储罐不设置
压力变送器	√	√	√	√	低压、压力储罐设置，常压储罐不设置
压力或差压变送器	√	√			高精度，密度测量设置
液位连续仪表	√	√	√	√	配罐旁指示仪
液位开关	√	√	√	√	可采用连续测量仪表
液位就地指示					根据工艺需要设置
氮封阀或压力分程控制					根据工艺需要，氮气密封储罐设置

4.3　储罐计量系统

4.3.1　储罐计量系统的目的及用途

4.3.1.1　用于计量交接、贸易结算、物料平衡等需要精确测量和库存管理的罐区设计应包括储罐计量系统。

4.3.1.2　储罐计量应采用精确测量的油品存量数据，存量可以是质量，也可以是体积，或两者兼顾。

4.3.2　储罐计量系统的功能

4.3.2.1　储罐计量系统应具备所需要的精度。

4.3.2.2　储罐计量系统应能与DCS、PLC、SCADA及罐区生产管理系统TMES连网集成，共享数据。

4.3.2.3 所有测量数据和计算结果应能在储罐计量系统的操作站集中显示，应有相应的流程操作画面满足计量交接、贸易结算、库存控制与管理、油品输送、生产调度、物料平衡、产品购销等方面的需要。

4.3.3 储罐计量方法及仪表设置

4.3.3.1 储罐计量系统设计应根据需求设计合理的技术方案，选择合适的计量方法，常用的计量方法有混合法、体积法和静压法等。

4.3.3.2 混合法(HTMS)应采用连续的液位、密度、温度和界位测量，实现精确的质量和体积计量，可适用于密度分层、含水分层、温度变化等工况，以及要求高精度计量的大容量储罐。

4.3.3.3 混合法的测量变量应包括：连续液位、多点温度、压力或差压(密度)、油水界位等。

4.3.3.4 体积法可用于储罐的质量计量，不适用于密度分层、含水并分层的介质。

4.3.3.5 体积法的测量变量应包括：连续液位、多点温度、油水界位等。

4.3.3.6 静压法(HTG)储罐计量可适用于计量精度不高、介质密度均匀的小容量储罐，不适用于密度分层、含水分层的工况。

4.3.3.7 静压法储罐计量应根据储罐压力设置压力变送器，常压储罐应设2台，低压储罐应设3台。

4.3.3.8 采用混合法、体积法、静压法储罐计量所用的测量仪表精度应满足本规范5.1条、5.2条和5.3条的规定。

4.3.4 储罐计量系统的设计方案

4.3.4.1 储罐计量系统的简单计算可在自动控制系统中实现，复杂计算宜采用服务器配备专用的储罐计量软件。

4.3.4.2 所有参与运算的实测过程变量应通过储罐信号通信单元(TCU)以标准协议通信方式传到储罐计量系统的储罐数据管理单元(TMU)，采用罐容积表(TCT)、石油计量表等辅助数据表，进行运算处理，得出储罐油品的体积和质量的存量数据。

4.3.4.3 用自动控制系统实现的储罐计量系统可采用图4.3.4.3的方案。

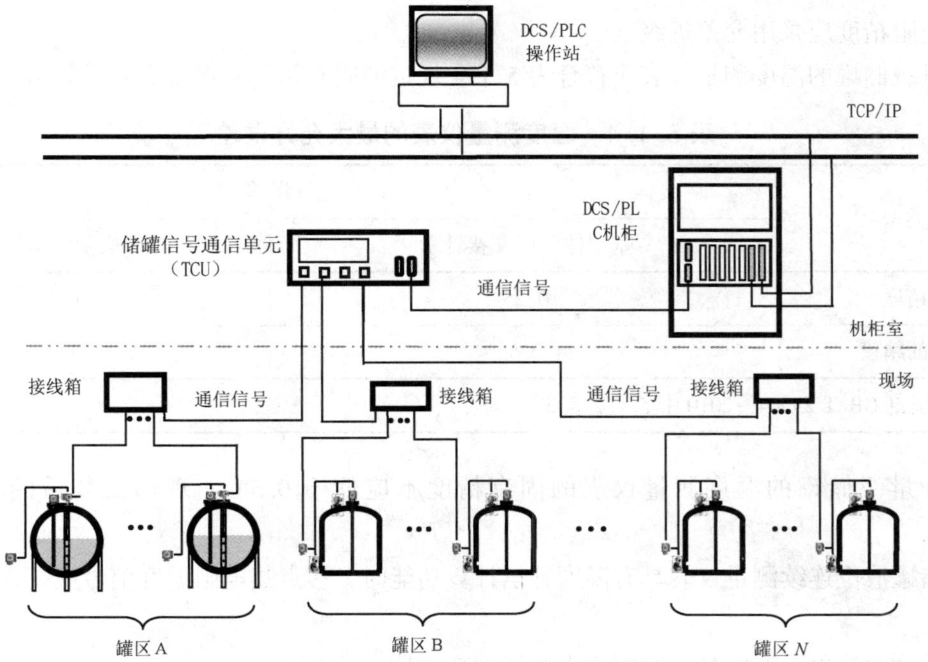

图4.3.4.3 采用自动控制系统实现的储罐计量系统

4.3.4.4 用服务器配备专用的储罐计量软件实现的储罐计量系统可采用图4.3.4.4的方案。

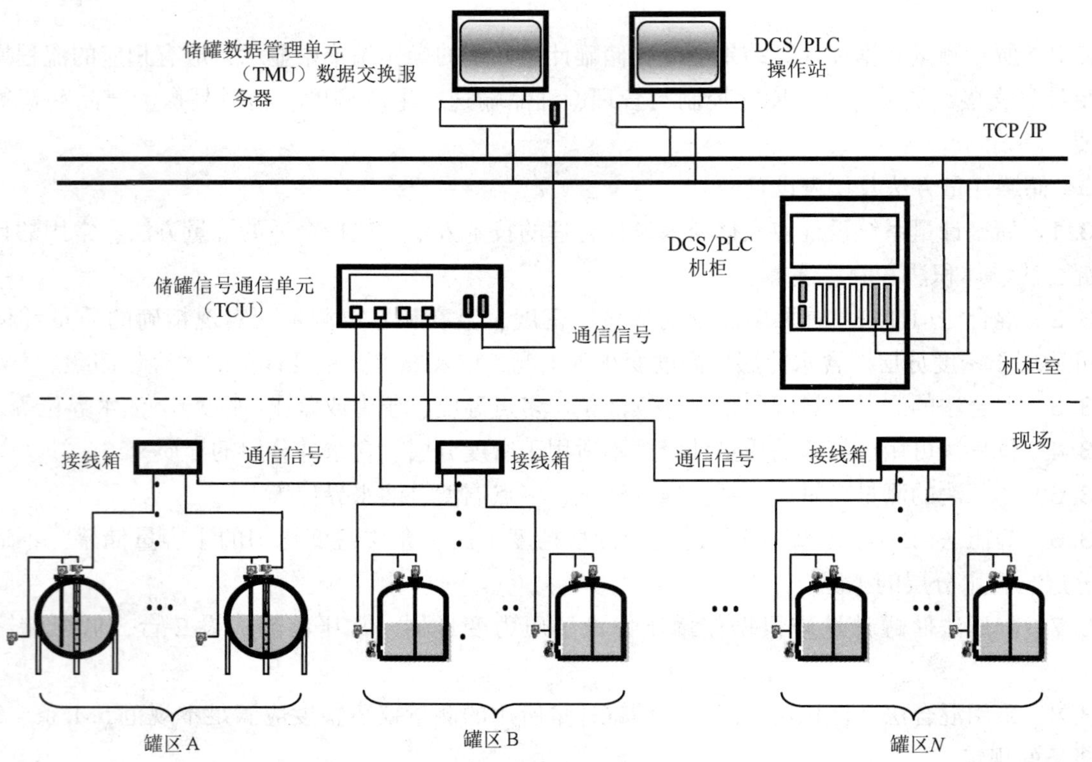

图 4.3.4.4　采用服务器实现的储罐计量系统

5　罐区自动化仪表及工程设计

5.1　温度仪表

5.1.1　远传信号的温度测量元件应采用 Pt100 铂热电阻。

5.1.2　储罐的温度测量应符合 GB/T 25964—2010《石油和液体石油产品采用混合式油罐测量系统测量立式圆筒形油罐内油品体积、密度和质量的方法》的规定。

5.1.3　热电阻精度应采用允差等级 A。

5.1.4　计量级储罐的温度测量仪表应符合表 5.1.4 规定的固有精度和现场安装后的精度。

表 5.1.4　温度测量仪表的最大允许误差　　单位为℃

精度类型	最大允许误差	
	基于体积的交接计量	基于质量的交接计量
固有精度	0.25	0.5
安装后的精度	0.5	1.0
注：本表摘自 GB/T 25964—2010 中 5.4.2 表 3。		

5.1.5　非计量级储罐的温度测量仪表的固有精度不应低于 0.5℃，现场安装后的精度不应低于 1.0℃。

5.1.6　当储罐液位连续测量仪表具有温度补偿计算功能时，多点热电阻温度信号应接入储罐液位连续测量仪表。

5.1.7　非计量用的单点温度测量宜配用现场温度变送器。

5.2　压力仪表

5.2.1　压力储罐的压力测量应采用压力变送器。

5.2.2　低压储罐的压力测量可采用压力或差压变送器。

5.2.3 用于储罐油品密度计算的压力或差压测量应符合 GB/T 25964—2010《石油和液体石油产品采用混合式油罐测量系统测量立式圆筒形油罐内油品体积、密度和质量的方法》的规定。

5.2.4 计量级储罐的压力测量仪表最大允许误差应符合表 5.2.4 的规定。

表 5.2.4 压力变送器的最大允许误差

精度类型		最大允许误差	
		基于体积的交接计量	基于质量的交接计量
P1	零点误差	100Pa	50Pa
	线性误差	读数的 0.1%	读数的 0.07%
P3	零点误差	40Pa	24Pa
	线性误差	读数的 0.5%	读数的 0.2%

注 1：P1 为安装于罐下部用于密度测量的压力变送器。

注 2：P3 为安装于罐顶气相的压力变送器。

注 3：本表摘自 GB/T 25964—2010 中 5.3.1 表 2。

5.2.5 非计量级储罐的压力测量仪表的最大允许误差应为：

1） 罐下部用于密度测量的压力变送器 P1：零点误差 150Pa，线性误差 0.2%；

2） 罐顶气相的压力变送器 P3：零点误差 60Pa，线性误差 1.0%。

5.2.6 当储罐液位连续测量仪表具有密度补偿计算功能时，用于计算介质密度的压力变送器信号应接入储罐液位连续测量仪表。

5.3 液位和界位仪表

5.3.1 一般规定

5.3.1.1 液位连续测量仪表可选用雷达液位计、伺服液位计、磁致伸缩液位计、静压式液位计等。

5.3.1.2 液位开关类仪表可选用音叉开关、超声波开关、浮子式开关等，也可用液位连续测量仪表代替液位开关类仪表。

5.3.1.3 采用混合法测量系统的储罐液位测量应符合 GB/T 25964—2010《石油和液体石油产品采用混合式油罐测量系统测量立式圆筒形油罐内油品体积、密度和质量的方法》的规定。

5.3.1.4 计量级储罐的液位测量仪表的固有精度和安装后的精度应符合表 5.3.1.4 的规定。

表 5.3.1.4 液位测量仪表的最大允许误差

单位为 mm

精度类型	最大允许误差	
	基于体积的交接计量	基于质量的交接计量
固有精度	1	3
安装后的精度	4	12

注：本表摘自 GB/T 25964—2010 中 5.2.2 表 1。

5.3.1.5 非计量级储罐的液位测量仪表的固有精度不应低于 3mm，现场安装后的精度不应低于 12mm(用于体积)或 25mm(用于质量)。

5.3.2 雷达液位计

5.3.2.1 重质油品、轻质油品、烃类液态物料、产品等介质的储罐液位连续测量宜选用雷达液位计。

5.3.2.2 雷达天线的选择应根据测量精度、测量范围、储罐类型和介质特性综合考虑。雷达天线形式的参考选型和适用条件参见表5.3.2.2。

表5.3.2.2 雷达天线形式的参考选型和适用条件

雷达天线形式	储罐类型					特点	安装要求	适用介质
	浮顶罐	内浮顶罐	固定顶罐	球罐	卧罐			
平面	√	√	√	√		不受挂料、焊缝、毛刺等影响。适用于多种介质和储罐	配导波管； LPG球罐配全通径球阀	原油、重质油、轻质油和其他成品油、LPG等； 非腐蚀性化工品
抛物面			√			测量范围大，稳定性好，天线尺寸最大	测量空间应无障碍； 安装在人孔盖上	重质油、燃料油、硫黄、沥青等较高温度下易在天线上附着结焦的工况
喇叭		√	√	√		因储罐或安装管嘴尺寸的限制而无法采用抛物面天线的场合	无导波管； 测量空间应无障碍； 内浮顶罐宜选用天线反射装置	非高温重质油、轻质油、非腐蚀性化工品
杆式			√		√	不受冷凝、挂料影响； 安装管嘴尺寸较小	测量空间应无障碍	腐蚀性介质、冷凝、挂料的工况

5.3.2.3 当储罐内液体介电常数低，导致雷达反射波减弱，或储罐内液体可能产生严重扰动的场合，应在储罐内设置导波管，将雷达天线安装在导波管内。

5.3.2.4 应根据雷达液位计的适用条件、规格、信号传输距离和电源情况选用220VAC或24VDC供电。

5.3.3 伺服液位计

5.3.3.1 轻质油品、非腐蚀性轻质烃类液态物料等储罐的液位连续测量宜采用伺服液位计，黏稠烃类不宜采用伺服液位计。

5.3.3.2 伺服液位计应随仪表带标定腔，需要导向管的应配缩径腔；压力储罐应在缩径腔和仪表之间配维修切断球阀。

5.3.3.3 应根据伺服液位计的适用条件、规格、信号传输距离和电源情况选用220VAC或24VDC供电。

5.3.4 磁致伸缩液位计

5.3.4.1 轻质油品、非腐蚀性轻质烃类液态物料等储罐的液位连续测量可采用磁致伸缩液位计，黏稠烃类不应采用磁致伸缩液位计。

5.3.4.2 采用磁致伸缩液位计作为储罐计量仪表时，宜选择液位、界位、多点温度等多变量集成式产品，输出信号接入储罐信号通信单元TCU。

5.3.4.3 磁致伸缩液位计用于内浮顶罐时，液位计应配备浮盘开口密封组件。

5.3.5 雷达液位计、伺服液位计、磁致伸缩液位计的配套仪表

5.3.5.1 雷达液位计、伺服液位计、磁致伸缩液位计应配罐旁指示仪，作为液位测量现场监视仪表。

5.3.5.2 雷达液位计、伺服液位计、磁致伸缩液位计宜采用通信信号，配套的储罐信号通信单元TCU应冗余配置，并应安装在机柜室内。

5.3.5.3 当需要配置电涌防护器时，雷达液位计、伺服液位计、磁致伸缩液位计宜配备内置的集成式电涌防护器。

5.3.5.4 雷达液位计、伺服液位计、磁致伸缩液位计配置电涌防护器时，TCU的信号输入端也应配置电涌防护器。

5.3.6 音叉液位开关

5.3.6.1 黏度较低的轻质油品固定顶罐宜采用音叉液位开关。

5.3.6.2 音叉液位开关应安装在能够接触被测介质的空间，并应避免与罐内的可移动部件碰撞。

5.3.6.3 运动黏度不小于2000mm^2/s的介质，音叉测量元件不应安装在设备的取源接管内。

5.3.7 超声波液位开关

5.3.7.1 内壁无衬里和污垢层的各类液体碳钢储罐可采用外贴式超声波液位开关。

5.3.7.2 浮顶罐和重质油品储罐宜选用外贴式超声波液位开关。

5.3.7.3 液化烃球罐宜选用外贴式超声波液位开关。

5.3.7.4 超声波传感器的安装应确定传感器的测量方向在罐内没有管线和部件等障碍，并应避开罐壁焊缝。

5.3.8 油水界位测量

5.3.8.1 当计量级储罐存储介质可能含水并分层时，应设置油水界位测量仪表。

5.3.8.2 采用雷达液位计、伺服液位计、磁致伸缩液位计时，储罐油水界位测量宜采用与多点温度计集成的缆式油水界位传感器，输出信号接入储罐液位连续测量仪表。

5.3.8.3 采用压力或差压变送器测量储罐液位时，储罐油水界位测量宜单独设置油水界位仪表。

5.3.8.4 单独设置的储罐油水界位测量仪表可采用电容式、射频导纳等仪表，也可采用其他适用的仪表。

5.3.8.5 计量级储罐油水界位测量的精度不应低于±2mm。

5.3.8.6 罐底排水油水界位测量应单独设置油水界位仪表，可采用电容式、射频导纳、浮力式等仪表，也可采用其他适用的仪表。

5.4 罐区开关阀

5.4.1 开关阀的设计选型原则

5.4.1.1 当罐区具备仪表空气气源时，应采用气动执行机构。

5.4.1.2 液化石油气罐区应采用气动执行机构。

5.4.1.3 当罐区不具备仪表空气气源时，应采用电动执行机构或电液执行机构。

5.4.1.4 需要确定的故障开关位置时，应采用弹簧返回式单作用气动执行机构或带气罐的双作用气动执行机构或带有储能元件的电液执行机构。

5.4.1.5 管线尺寸不小于*DN*600的场合，气动执行机构体积和质量较大，宜采用电动执行机构。

5.4.1.6 开关阀阀体的公称通径宜与工艺管道同口径。

5.4.1.7 开关阀的压力等级、管道连接形式、阀体材质应符合工艺管道的《管道材料等级规定》，阀内件材质和耐腐蚀性能不应低于《管道材料等级规定》。

5.4.1.8 开关阀的检查和测试、泄漏应符合GB/T 13927—2008《工业阀门压力试验》C级或API 598《Valve Inspection and Testing》的规定。

5.4.1.9 用于双流向的开关阀应选用双向密封型阀内件。

5.4.1.10 开关阀可采用闸阀、球阀或蝶阀。

5.4.1.11 需要防火的开关阀的结构设计应符合API 607《Fire Test for Quarter-Turn Valves and Valves Equipped With Nonmetallic Seats》或API 6FA《Specification for Fire Test for Valves》。

5.4.1.12 需要防火的开关阀的电缆和执行机构应根据具体情况做防火设计。

5.4.1.13 用于联锁切断进料的紧急切断阀，应在火灾危险区外设置现场手动关阀按钮或开关，用于危险情况时现场手动操作。

5.4.2 气动执行机构

5.4.2.1 气动执行机构可采用单作用弹簧复位式执行机构，也可采用双作用执行机构。

5.4.2.2 除非工艺有特殊要求，气动执行机构的电磁阀不应带现场手动复位装置，应采用控制室逻辑复位。

5.4.2.3 气动执行机构应根据安全和工艺操作需要确定阀门的全开、全关、保位等故障安全位置。

5.4.2.4 阀位回讯开关可采用接近式开关，也可采用机械式开关。

5.4.2.5 气动执行机构上应带有阀位指示。

5.4.2.6 气动开关阀宜采用单作用执行机构，当采用双作用执行机构或采用单作用执行机构且阀门联锁位置与气源故障位置不一致时，应配备仪表风罐。

5.4.2.7 仪表风罐的容积应满足执行机构动作 2 个全行程所需的风量。

5.4.2.8 应合理规定气动开关阀的额定全行程时间，既要考虑储运工艺的需要，又不应因行程时间太短、阀门动作太快引起管道“水击”或震动，造成开关阀、管道损坏或缩短寿命，额定全行程时间不宜短于 10s×阀门通径 mm/100mm。

5.4.3 电动执行机构

5.4.3.1 电动执行机构宜具备自诊断功能。

5.4.3.2 电动执行机构的信号应包括控制、阀位回讯、远程开阀和关阀、联锁动作、就地开阀和关阀、综合报警等。

5.4.3.3 电动执行机构可采用通信信号，也可采用常规信号。

5.4.3.4 电动执行机构应带现场操作开关。

5.4.3.5 电动执行机构应带现场显示单元。

5.4.3.6 电动执行机构应设置手轮。

5.4.3.7 应合理规定电动阀的额定全行程时间，应综合考虑储运工艺的需要和执行机构电机的速度特性，额定全行程时间不宜短于 20s×阀门通径 mm/100mm。

5.4.3.8 当需要配置电涌防护器时，电动执行机构应配内置的集成式电涌防护器。

5.4.3.9 大型罐区和信号传输距离较远罐区的电动阀宜采用通信信号，配套的电动阀通信单元 MCU 应冗余配置，应安装在机柜室内。

5.4.3.10 电动执行机构配置电涌防护器时，MCU 的信号输入端应配置电涌防护器。

5.4.4 电液执行机构

5.4.4.1 电液执行机构应采用全封闭的集成式液压结构。

5.4.4.2 带有蓄能器的电液执行机构应具备阀门全开或全关的故障位置。

5.4.4.3 不带蓄能器的电液执行机构在供电正常时，宜具备阀门全开或全关的故障位置。

5.4.4.4 电液执行机构宜采用双作用执行机构。

5.4.4.5 电液执行机构应具备带锁定功能的手动操作装置，可以在现场通过手动方式操作阀门。

5.4.4.6 电液执行机构的蓄能器在执行机构的动力电源中断时，应能使阀门运行到故障安全位置，蓄能器的静态保压时间应不小于 48h。

5.4.4.7 电液执行机构宜具备自诊断功能。

5.4.4.8 电液执行机构的信号应包括控制、阀位回讯、远程开阀和关阀、联锁动作、就地开阀和关阀、综合报警等。

5.4.4.9 电液执行机构可采用通信信号，也可采用常规信号。

5.4.4.10 电液执行机构应带现场显示单元。

5.4.4.11 应合理规定电液执行机构阀的额定全行程时间，应综合考虑储运工艺的要求和执行机构的液压特性，额定全行程时间不宜短于 10s×阀门通径 mm/100mm。

5.4.4.12　当需要配置电涌防护器时，电液执行机构应配内置的集成式电涌防护器。

5.4.4.13　大型罐区和信号传输距离较远罐区的电液阀宜采用通信信号，配套的电动阀通信单元MCU应冗余配置，应安装在机柜室内。

5.4.4.14　电液执行机构配置电涌防护器时，MCU的信号输入端应配置电涌防护器。

5.4.5　储罐氮封阀

5.4.5.1　对固定顶罐、内浮顶罐等存储易挥发类液体的常压、低压储罐，氮气密封系统应设置氮封阀。

5.4.5.2　氮封阀型式应为减压式外取压阀后压力控制型。

5.4.5.3　氮封阀应安装在尽量靠近罐顶入口的氮气管线上，外取压管线的取源点宜设在罐顶，以便检测罐内的真实压力。

5.4.5.4　氮封阀压力设定点应为储罐正常操作压力，压力设定值可调范围的选择应使设定点处于范围的中段，并应能覆盖最大操作压力。

5.5　仪表防爆与防护

5.5.1　仪表防爆

用于爆炸危险场所的所有电动仪表应符合对应爆炸危险场所的防爆标准，并取得中国国家级或国际防爆检验机构颁发的防爆合格证。

5.5.2　仪表防护

现场仪表的外壳防护等级不应低于GB 4208规范的IP65，地下安装的仪表防护等级应为IP68。

5.6　仪表取源过程接口规格

5.6.1　储罐上安装的仪表应采用法兰连接，法兰密封面形式应与设备法兰相匹配。

5.6.2　仪表及仪表过程连接法兰的压力等级应与设备压力等级相同或高于设备等级。

5.6.3　法兰材质应符合所在设备和安装管道的《管道材料等级规定》。

5.6.4　罐区过程接口具体规格应根据设计需要确定。

5.7　电缆

5.7.1　罐区的仪表电缆宜采用埋地方式敷设，应符合SH/T 3019《石油化工仪表管道线路设计规范》。

5.7.2　罐区或局部不便于在地下敷设电缆的区域，应采用镀锌钢保护管或带盖板的全封闭具有防腐措施的金属电缆槽的方式敷设，不应采用非金属材料的保护管或电缆槽。

5.7.3　仪表电缆选型应符合SH/T 3019《石油化工仪表管道线路设计规范》。

5.7.4　通信信号电缆应采用屏蔽双绞通信电缆，并应适用于相应的通信信号以及通信距离。

5.8　供电

5.8.1　控制系统供电

5.8.1.1　罐区控制系统和仪表交流、直流供电应符合SH/T 3082《石油化工仪表供电设计规范》。

5.8.1.2　控制系统供配电还应符合SH/T 3092—2013《石油化工分散控制系统设计规范》。

5.8.1.3　非过程控制相关系统的设备不得使用控制系统交流配电柜的电源。

5.8.2　现场交流供电仪表

5.8.2.1　现场仪表需采用380VAC、220VAC电源时，为保证用电安全，应由现场提供并按照相应的电气专业规范设计交流供、配电。

5.8.2.2　不宜采用从控制室、机柜室的仪表配电柜向现场仪表交流供电的方式。

5.8.2.3　电动执行机构及电液执行机构应采用380VAC，3相，50Hz，一级负荷电源供电，应采用现场供配电方式，电源系统的设计应符合SH/T 3038《石油化工装置电力设计规范》的规定。

5.8.2.4　采用220VAC电源供电的雷达液位计、伺服液位计，应为一级负荷。

5.8.2.5　现场分析仪表、质量流量计等采用220VAC电源供电的仪表，应为一级负荷。

5.8.3　现场直流供电仪表

现场仪表采用直流供电时，不应超过仪表的24VDC供电有效距离，否则应采用220VAC供电方案。

5.9 供气

5.9.1 罐区仪表供气应符合 SH/T 3020—2013《石油化工仪表供气设计规范》。

5.9.2 罐区应采用分散供气方式，即每个供气点前设置独立的空气过滤器减压阀。

5.9.3 仪表供风管线宜采用镀锌钢管，螺纹镀锌管件连接，经过气源球阀后以及过滤器减压阀后宜采用不锈钢 Tube 管及管件。

6 罐区自动控制系统

6.1 自动控制系统

6.1.1 罐区自动控制系统应具备罐区运行的过程控制、信号检测、数据处理、记录存储、人机接口、生产操作、报表、数据服务等功能。

6.1.2 罐区自动控制系统应采用 DCS、SCADA、PLC 等控制系统，小型罐区、分散的、远距离的罐区也可以采用小型控制系统。

6.1.3 计量级储罐的雷达液位计、伺服液位计、磁致伸缩液位计的信号可接入专用的储罐数据管理单元 TMU 进行罐容计算和管理，也可接入自动控制系统，在 DCS 中通过组态实现。

6.2 过程信号的连接方案

6.2.1 过程信号的连接方案见图 6.2.1。

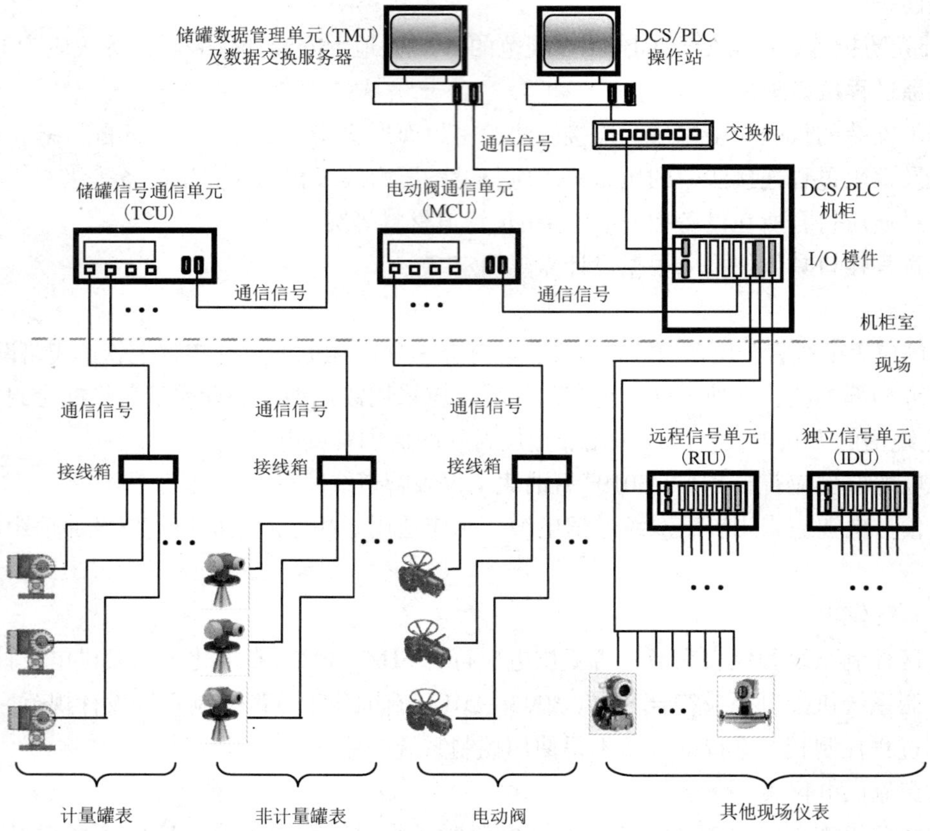

注：图中过程信号可分为以下 6 类：

1. 储罐液位仪表信号；
2. 电动阀信号；
3. 直接进入控制系统 I/O 单元的过程检测信号；
4. 经控制系统的远程信号单元 RIU 的过程检测信号；
5. 经独立信号单元 IDU 的过程检测信号；
6. 其他通信信号，例如：储罐数据管理单元(TMU)与 DCS 之间的通信信号、系统内部 OPC 通信方式的信号等。

图 6.2.1 过程信号连接方案结构

6.2.2 储罐液位仪表信号

6.2.2.1 计量级储罐的液位、多点温度、油水界位、密度等信号应直接接入储罐液位连续测量仪表，转换成通信信号，通过储罐信号通信单元接入储罐数据管理单元或罐区自动控制系统。

6.2.2.2 非计量级储罐的液位连续测量仪表宜采用通信信号，通过储罐信号通信单元接入储罐数据管理单元或罐区自动控制系统；对于仅需要液位测量，而不做罐容计算和库存管理的场合也可采用常规信号，接入罐区自动控制系统。

6.2.2.3 电动阀控制及状态信号宜采用通信信号，通过电动阀通信单元接入罐区自动控制系统，也可采用常规信号，接入罐区自动控制系统。

6.2.2.4 传输距离较近的常规仪表信号，应直接接入自动控制系统的I/O模件。

6.2.2.5 传输距离较远的常规仪表信号，宜通过自动控制系统的远程信号单元接入，远程信号单元应安装在机柜室或具有相应防护功能的现场机柜或模件箱内。

6.2.2.6 特殊需要的场合，常规仪表信号也可通过独立信号单元接入自动控制系统，独立信号单元安装在机柜室或具有相应防护功能的现场机柜或模件箱内。

6.3 储罐液位仪表的信号连接

6.3.1 储罐信号通信单元

6.3.1.1 雷达液位计、伺服液位计、磁致伸缩液位计宜采用通信信号；大型罐区和信号传输距离较远的场合应采用通信信号；通信信号宜采用与雷达液位计、伺服液位计、磁致伸缩液位计配套的储罐信号通信单元，也可采用标准通信接口和通用通信协议。

6.3.1.2 储罐信号通信单元与控制系统的通信应采用冗余配置，应配备内置式电涌防护器，应至少兼容Modbus-RTU、Profibus-DP、TCP/IP通信方式。

6.3.1.3 储罐信号通信单元宜按罐区的分布、运行管理归属关系以及液位计的数量规划设置。

6.3.1.4 每套储罐信号通信单元配置的通信通道应≤4个，每个通道连接的仪表数量应≤8台，同时储罐信号通信单元连接仪表的总数量不应超过通信单元能力的70%。

6.3.2 信号连接方案

6.3.2.1 雷达液位计、伺服液位计、磁致伸缩液位计与配套的储罐信号通信单元的连接路径可根据情况选择环形、树形、混合等。

6.3.2.2 应在罐区适当位置设置现场接线箱，将附近同一通信线路上的液位仪表接线汇集到接线箱，在接线箱中并联接线，再将通信电缆接到储罐信号通信单元，接线箱的典型接线方式见图6.3.2.2。

6.3.2.3 当多组储罐液位仪表共用一个储罐信号通信单元的通道并且距离较远时，为便于线路安排和敷设，可增设二级接线箱，各液位仪表的信号分别就近接入一级接线箱和二级接线箱，二级接线箱的通信电缆经一级接线箱接到储罐信号通信单元。

6.3.2.4 储罐信号通信单元宜安装在机柜室，特殊需要时也可安装在适合现场环境的现场机柜内。

6.4 电动控制阀的信号连接

6.4.1 电动阀通信单元

6.4.1.1 除特殊需要，大型罐区和信号传输距离较远的电动阀应采用通信信号；通信宜采用与电动阀配套的电动阀通信单元，也可采用标准通信接口和通用通信协议。

6.4.1.2 电动阀通信单元与控制系统的通信应采用冗余配置，应配备内置式电涌防护器，应至少兼容Modbus-RTU、Profibus-DP、TCP/IP通信方式。

6.4.1.3 宜按罐区的分布、运行管理归属关系以及电动阀的数量规划设置电动阀通信单元。

6.4.1.4 每套电动阀通信单元配置的通信通道应≤4个，每个通道连接的仪表数量应≤15台，同时电动阀通信单元连接仪表的总数量不应超过通信单元能力的70%。

6.4.2 信号连接方案

6.4.2.1 电动阀与配套的电动阀通信单元的连接路径可根据情况选择环形、树形、混合等。

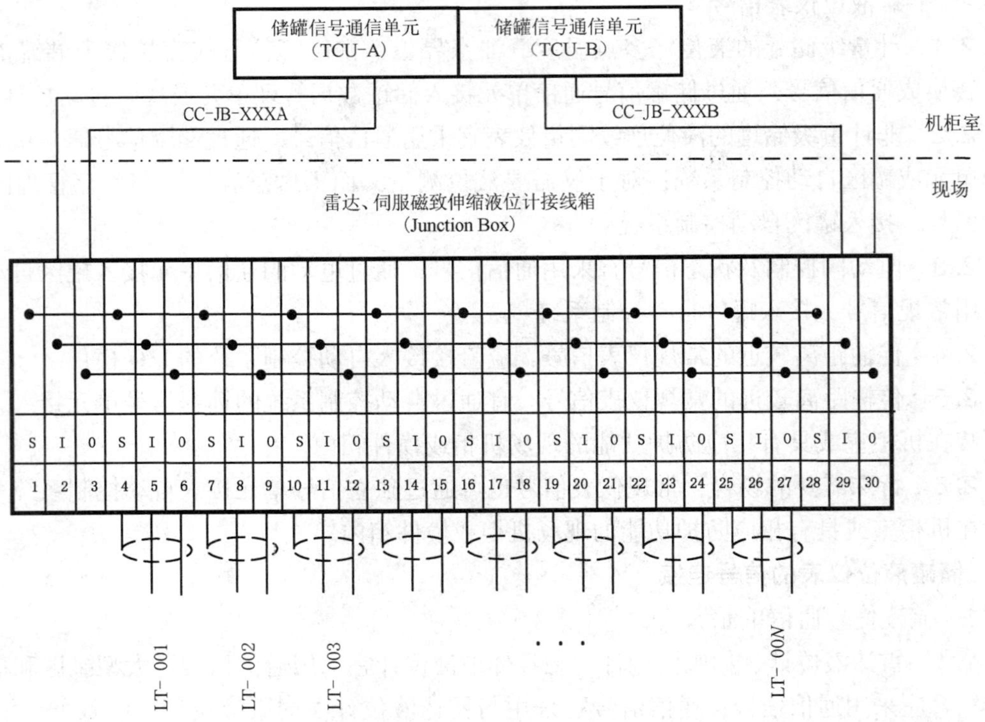

图 6.3.2.2　储罐信号通信单元接线箱的接线方式

6.4.2.2　应在罐区适当位置设置现场接线箱，将附近同一通信线路上的电动阀接线汇集到接线箱，在接线箱中并联接线，再将通信电缆接到电动阀通信单元，接线箱的典型接线方式见图 6.4.2.2。

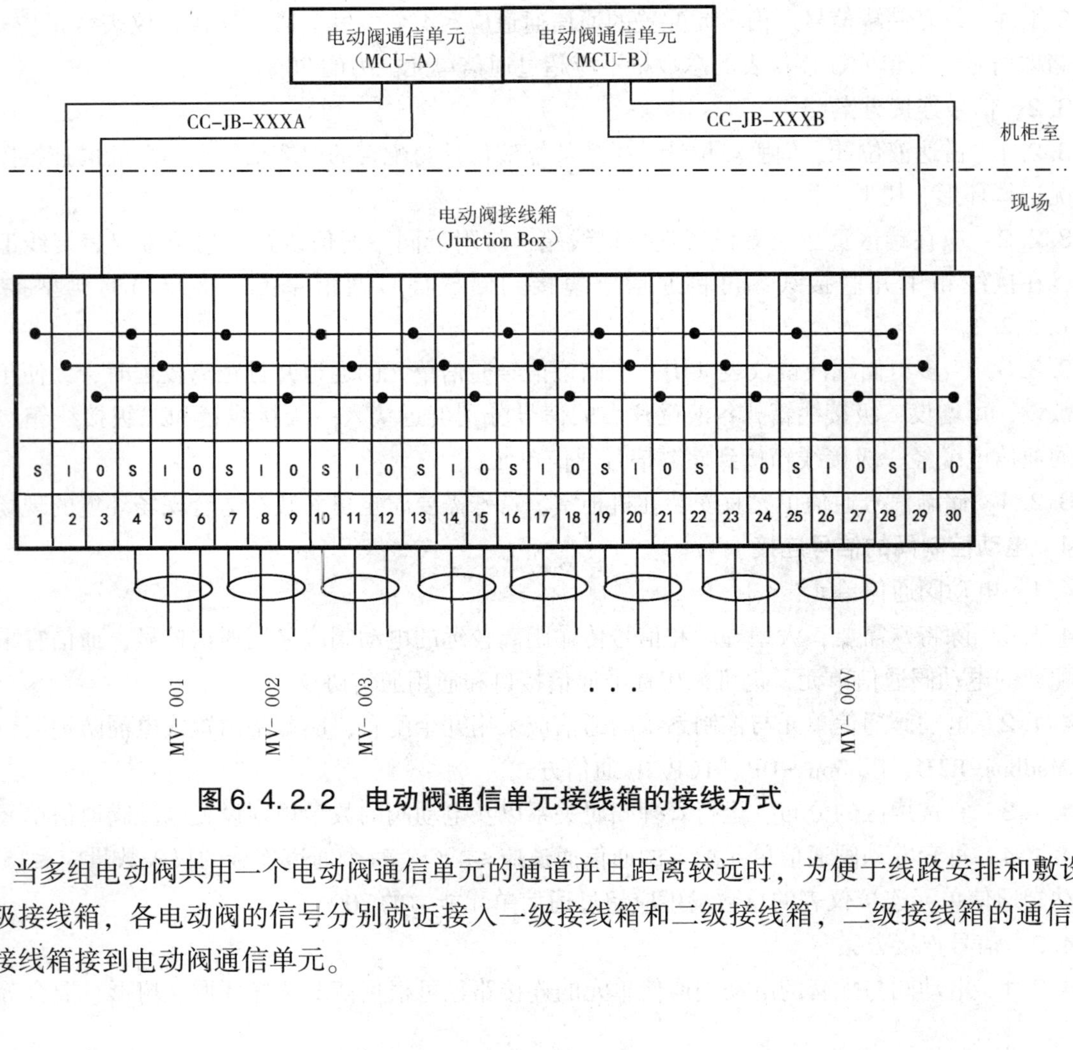

图 6.4.2.2　电动阀通信单元接线箱的接线方式

6.4.2.3　当多组电动阀共用一个电动阀通信单元的通道并且距离较远时，为便于线路安排和敷设，可增设二级接线箱，各电动阀的信号分别就近接入一级接线箱和二级接线箱，二级接线箱的通信电缆经一级接线箱接到电动阀通信单元。

6.4.2.4　电动阀通信单元宜安装在机柜室，特殊需要时也可安装在适合现场环境的现场机柜内。

6.5　罐区库存数据的统计和管理

6.5.1　罐区管理系统应具备库存统计和信息管理功能，有多个罐区的工厂，宜设计和配备专用商业软件的罐区库存统计和信息管理系统。

6.5.2　库存统计和信息管理系统应至少具备下列功能：

a）记录现场的液位、温度、压力、静压、密度、水位、报警等储罐过程数据，存入罐区管理系统数据库，并能按照管理需要进行计算、统计等数据处理；

b）提供储罐参数基础数据管理及维护功能；

c）根据储罐过程检测数据，结合罐容积表、石油计量表、化验室采样分析等相关数据计算储罐的实际库存量；

d）实时计算各储罐、各品种的库存量，综合统计出全罐区的总库存量；

e）建立全厂油品储运的进、出、库存、运输数据库，适应计划调度、统计查询的需要；

f）支持电子表格数据交换，将数据库的实时和历史数据按用户定义显示在Excel表格中，生成报表、报告等；

g）提供在控制系统操作站或服务器上运行的人机操作界面，监测储罐的操作状态、测量值、报警、存量、作业进程等操作数据，显示储罐的静态、动态和历史数据；

h）具备与其他系统如：罐存信息系统、输送订单管理、输送自动化、油品调和优化及管理、化验室分析等的硬件、软件接口。

6.5.3　控制室内的储罐数据管理单元(TMU)，用于储罐液位系统测量数据的相应计算，提供罐区库存统计和信息管理的基础数据，储罐数据管理单元(TMU)采用通信方式与DCS连接。

6.5.4　库存统计和信息管理系统宜采用图6.5.4的基本结构。

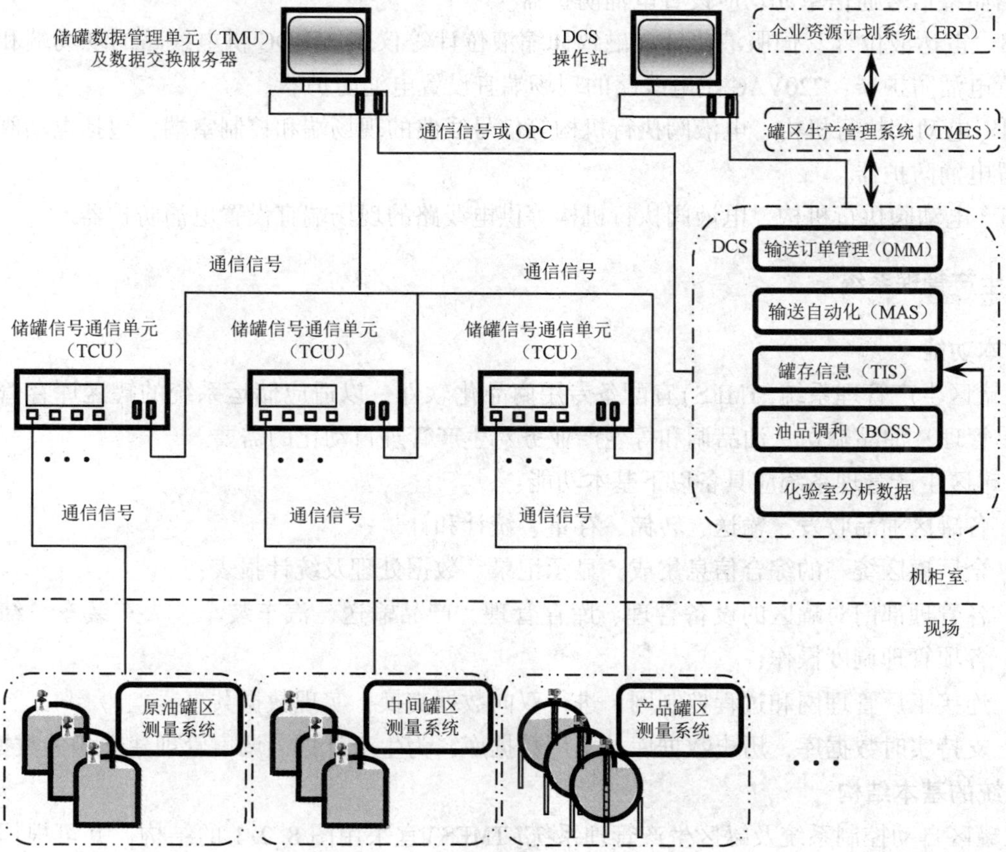

图6.5.4　库存统计和信息管理系统的基本结构

7 罐区安全防护

7.1 罐区安全设计

7.1.1 需要采用安全仪表系统的场合，应符合 GB/T 50770—2013《石油化工安全仪表系统设计规范》的规定。

7.1.2 罐区应根据 SH/T 3007—2014、SH 3136—2003 的有关规定和工艺专业的要求设置报警及联锁。

7.1.3 为防止储罐冒罐和抽空等事故，应根据 4.2 条的规定设置液位联锁。

7.2 可燃气体和有毒气体报警系统

可燃气体和有毒气体报警系统的设计应符合 GB 50493《石油化工可燃气体和有毒气体检测报警设计规范》的规定。

7.3 罐区仪表系统的雷电防护

7.3.1 罐区仪表系统雷电防护设计

7.3.1.1 罐区宜实施仪表系统防雷工程，在可能遭受严重雷害的地区，罐区应实施仪表系统防雷工程。

7.3.1.2 罐区仪表系统防雷工程的设计应符合 SH/T 3164—2012《石油化工仪表系统防雷设计规范》的规定。

7.3.2 仪表系统防雷工程实施

7.3.2.1 实施仪表系统防雷工程的罐区，所有现场电信号仪表和控制室信号端均应设置电涌防护器。

7.3.2.2 雷达液位计、伺服液位计、磁致伸缩液位计等仪表信号线路的现场端和控制室信号接收端，包括储罐信号通信单元均应设置电涌防护器。

7.3.2.3 雷达液位计、伺服液位计、磁致伸缩液位计等仪表 24VDC 供电线路的现场端和控制室端均应设置电涌防护器，220VAC 供电线路的现场端宜设置电涌防护器。

7.3.2.4 电动阀执行机构、电液阀执行机构等信号线路的现场端和控制室端，包括电动阀通信单元均应设置电涌防护器。

7.3.2.5 电动阀执行机构、电液阀执行机构等供电线路的现场端宜设置电涌防护器。

8 罐区生产管理系统

8.1 基本功能

8.1.1 罐区生产管理系统(TMES)宜配备专用商品化软件，以适应储运系统的罐区库存管理、油品收发订单管理、油品输送、油品调和等生产业务对生产管理自动化的需要。

8.1.2 罐区生产管理系统应具备以下基本功能：

a) 各罐区油品收发、输送、转储、存量、统计和计量；

b) 全厂罐区统一的综合信息集成，显示记录、数据处理及统计报表；

c) 各管理部门对罐区的设备管理、库存管理、产品输送、汽车装车、火车装车、绩效考核等各项管理调度操作；

d) 连接工厂管理网和过程控制网，进行双向数据交换，实现数据共享；

e) 支持实时数据库，历史数据库，工厂数据库，为生产计划、调度管理建立相关数据库。

8.2 系统的基本结构

8.2.1 罐区自动控制系统及罐区生产管理系统(TMES)宜采用图 8.2.1 的结构，并可根据实际需要配备。

8.2.2 罐区生产管理系统应在罐区自动控制系统上实现，应在相应的服务器上运行各功能软件。

8.2.3 罐区生产管理系统应根据工厂管理、储运生产的需要、罐区规模等配置硬件、软件、网络和服务设备。

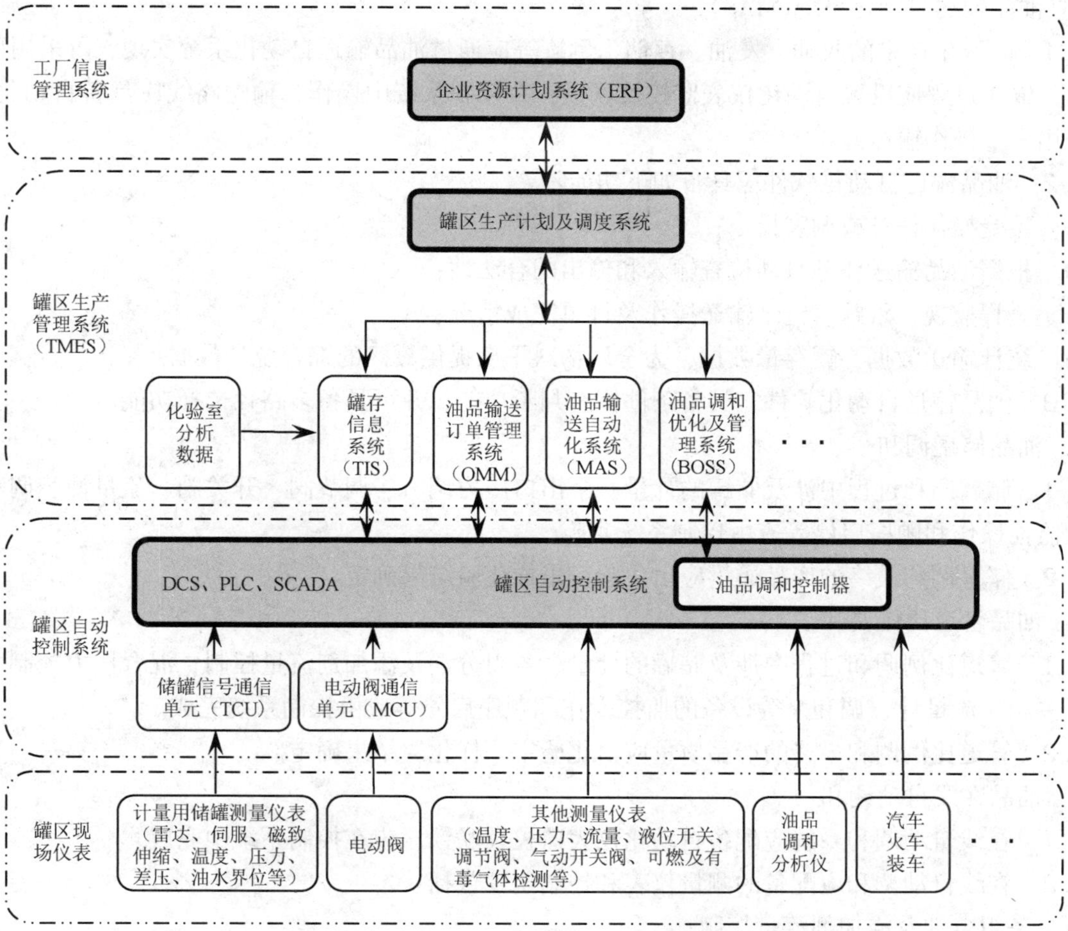

图 8.2.1 罐区自动控制系统及罐区生产管理系统基本结构

8.2.4 罐区生产管理系统应与企业资源计划系统连接。

8.3 系统的组成及功能

8.3.1 罐存信息系统(TIS)

8.3.1.1 罐存信息系统应能采集、计算、维护所有与储罐管理和业务运行有关的信息，包括静态(配置)数据、动态(操作)数据、罐存量计算数据、运行状态、储罐历史数据等。

8.3.1.2 罐存信息系统应能接收来自化验室的油品性质分析数据，用于本规范 4.3.3 条所述的相应计量方法进行罐存量计算。

8.3.1.3 罐存信息系统软件应具备与其他系统的数据接口和报表功能，包括：

a) 与过程控制系统的接口；

b) 与储罐测量系统的接口；

c) 与化验室油品分析数据的接口；

d) 与油品输送订单管理系统的接口；

e) 与油品输送自动化系统的接口；

f) 与油品调和控制器的接口；

g) 与计划调度系统的接口。

8.3.2 油品输送订单管理系统(OMM)

8.3.2.1 油品输送应能通过订单管理系统实现统一管理，防止非计划操作。

8.3.2.2 油品收发订单或输送作业应确定每个输送任务的油品来源和目的地、品种、标号、数量、操作人员、有效时间等，订单管理应具备根据指令允许启动操作的功能，并跟踪、记录作业全过程执行信息。

8.3.3 油品输送自动化系统(MAS)

8.3.3.1 罐区生产中的收油、发油、存储、倒罐等应通过油品输送自动化系统实现，可采用商品化的软件，输送过程应设置自动化仪表监控及联锁，在控制系统中操作，输送路线应具备自动化条件，不宜采用手工操作输送方式。

8.3.3.2 油品输送自动化软件应具备如下功能：

a) 接受操作任务或调度指令；
b) 根据油品输送任务自动检查输入和输出的合法性；
c) 全程监视、跟踪、记录输送操作及订单完成情况；
d) 统计输送数据，罐存量数据，为全厂物料平衡提供罐区的综合统计数据。

8.3.3.3 油品输送自动化软件宜具备条件检查判断功能，并可具备多路径选择功能。

8.3.4 油品储罐调和

8.3.4.1 储罐调和过程中涉及储罐的计量、泵出口压力调节、调节阀、开关阀、流量计、调和泵等设备的监控操作和顺序启停等应由控制系统实施。

8.3.4.2 储罐调和最终的产品质量应由化验室采样化验结果确定。

8.3.5 油品管道比例调和

8.3.5.1 管道比例调和过程中涉及储罐的计量、各组分油及添加剂流量控制、混合压力控制、调节阀、开关阀、流量计、调和泵等设备的监控操作和顺序启停等应由控制系统完成。

8.3.5.2 管道比例调和最终的产品质量应由化验室采样化验结果确定。

8.3.6 油品在线自动调和

8.3.6.1 在线自动调和系统应配备自动化仪表监控及联锁，应在控制系统中完成。

8.3.6.2 在线自动调和应配备的测量仪表和控制至少包括：

a) 各组分油及添加剂流量控制；
b) 各组分油及调和油的性质检测，可采用在线油品质量分析仪。

8.3.6.3 分析仪应在一个测量分析周期内，同时测量多个流路的多项质量数据。

8.3.6.4 在线自动调和应采用商品化的油品调和及优化管理软件包，应具备如下功能和运行环境：

a) 多组分、多品种油品调和优化功能；
b) 多限制条件、多质量权重控制与优化功能；
c) 与调和控制器结合，具备多回路的流量控制功能，在控制系统的控制器中运行；
d) 多种油品调和方案及优化；
e) 调和方案自适应；
f) 罐存油品接续调和的质量补偿功能。

8.3.6.5 在线自动调和最终的产品质量应由油品质量分析确定。

8.3.7 油品调和及优化管理系统(BOSS)

油品调和及优化管理系统软件应具备与其他系统的数据接口和报表功能，包括：

a) 与罐存信息系统的接口，获取组分罐及产品罐的存量、罐容量以及油品的性质数据；
b) 与化验室油品分析数据的接口；
c) 与计划调度系统的接口；
d) 与调和控制器的接口；
e) 与控制系统的接口，用于油品调和操作站。

9 液化烃装车发运系统

9.1 火车装车设施

9.1.1 火车装车站设施

9.1.1.1　根据液化烃种类不同可采用顶部装车或顶部密闭装车方式。

9.1.1.2　火车装车站应设置操作室，室内应设装车操作站、装车业务管理站，应按照规定的流程对装车作业全过程进行监控管理。

9.1.1.3　装车操作站应实现装车作业的自动控制、报警、计量、记录，作业记录不能修改。

9.1.1.4　装车业务管理站应设置与客户的销售接口，所有装车内容、收发数据、销售信息均应在业务管理站自动记录，作业记录不能修改。

9.1.1.5　火车装车可采用批量控制器，也可采用自动控制系统直接控制。

9.1.1.6　火车装车应设有防溢液位开关、静电接地等安全作业检测功能，并应在控制设备中设置允许操作及联锁停止的功能。

9.1.1.7　火车装车计量可采用高精度电子动态轨道衡，也可采用流量计累积计量。

9.1.2　火车装车控制管理系统

9.1.2.1　火车装车控制管理系统应由现场自动化仪表、批量控制器、轨道衡和操作室内的自动控制系统和装车管理站等组成，典型的火车装车控制管理系统基本结构见图9.1.2.1。

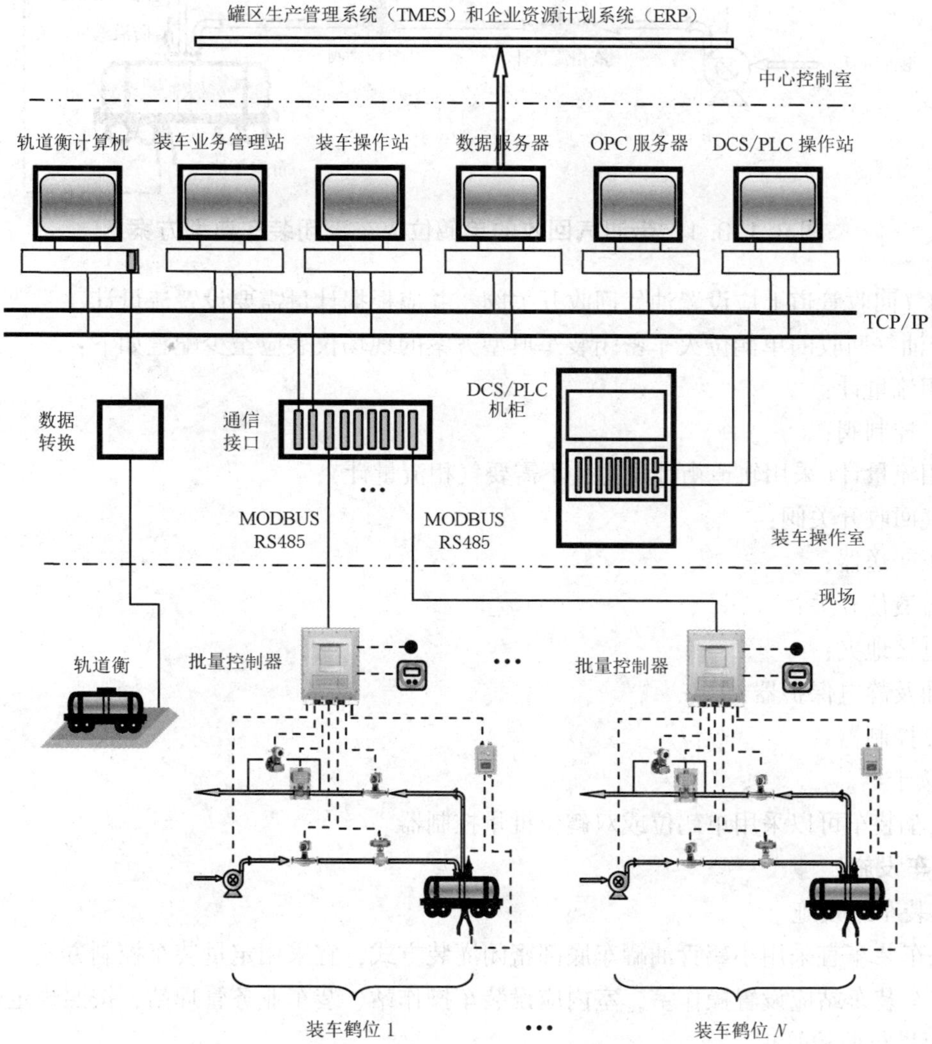

图9.1.2.1　典型的火车装车控制管理系统基本结构

9.1.2.2　火车装车过程应通过自动控制系统操作站监控并记录，记录数据应存入历史数据库，并不得修改。

9.1.3　带油气回收的火车密闭装车方案

9.1.3.1　常压下易挥发的液化烃，火车密闭装车应设置油气回收装置。带油气回收的单鹤位火车密闭装车典型方案见图 9.1.3.1。

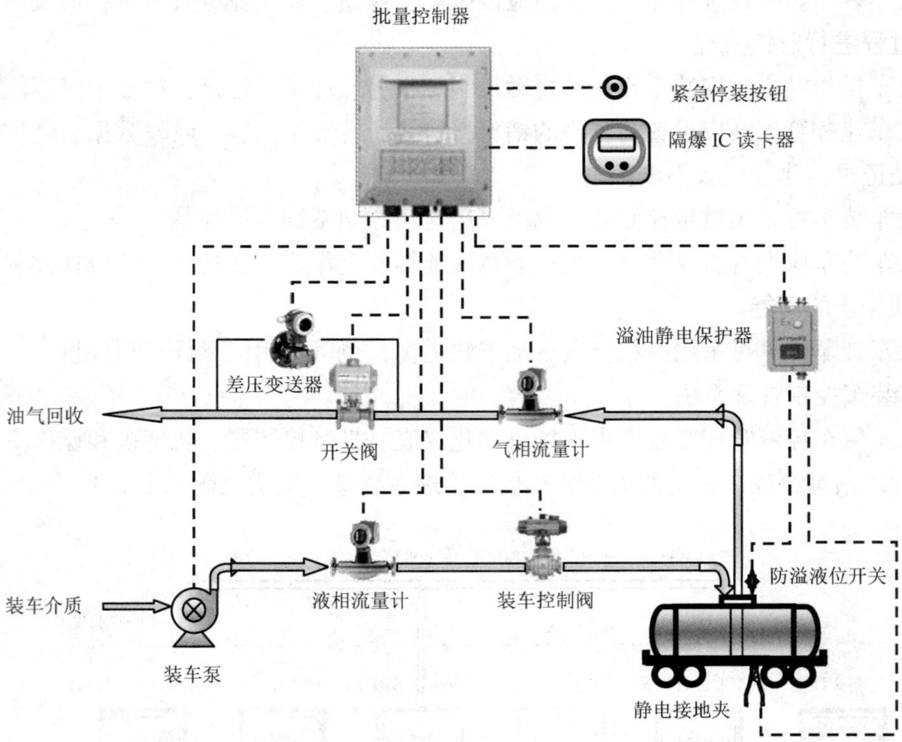

图 9.1.3.1　带油气回收的单鹤位火车密闭装车典型方案

9.1.3.2　油气回收管道上应设置油气回收开关阀，并应根据计量需要设置流量计。

9.1.3.3　带油气回收的单鹤位火车密闭装车典型方案的现场仪表应至少配置如下：

a）液相流量计；

b）装车控制阀；

c）气相流量计(采用轨道衡计量时，不需要气相流量计)；

d）油气回收开关阀；

e）差压变送器；

f）防溢液位开关；

g）静电接地夹；

h）溢油及静电保护器；

i）批量控制器；

j）IC 读卡器。

9.1.3.4　火车装车可以采用单鹤位或双鹤位批量控制器。

9.2　汽车装车设施

9.2.1　汽车装车站设施

9.2.1.1　汽车装车宜采用小鹤管油罐车底部密闭灌装方式，宜采用定量装车控制方式。

9.2.1.2　汽车装车站应设置操作室，室内应设装车操作站、装车业务管理站，按照规定的流程对装车作业全过程进行监控管理。

9.2.1.3　装车操作站应实现装车作业的自动控制、报警、计量、记录，作业记录不能修改。

9.2.1.4　装车业务管理站应设置与客户的销售接口，所有装车内容、收发数据、销售信息均应在业务管理站自动记录，作业记录不能修改。

9.2.1.5　汽车装车可采用批量控制器，也可采用自动控制系统直接控制。

9.2.1.6　汽车装车应设有防溢液位开关、静电接地等安全作业检测功能，并应在控制设备中设置允许操作及联锁停止的功能。

9.2.1.7 汽车定量装车可采用流量计累积计量，也可采用电子汽车衡称重计量，批量控制器的实际装量可与称重进行对比。

9.2.2 汽车装车控制管理系统方案

9.2.2.1 汽车装车控制管理系统应由现场自动化仪表、批量控制器、汽车衡和控制室内的自动控制系统和装车管理站等组成，典型的汽车装车控制管理系统基本结构见图 9.2.2.1。

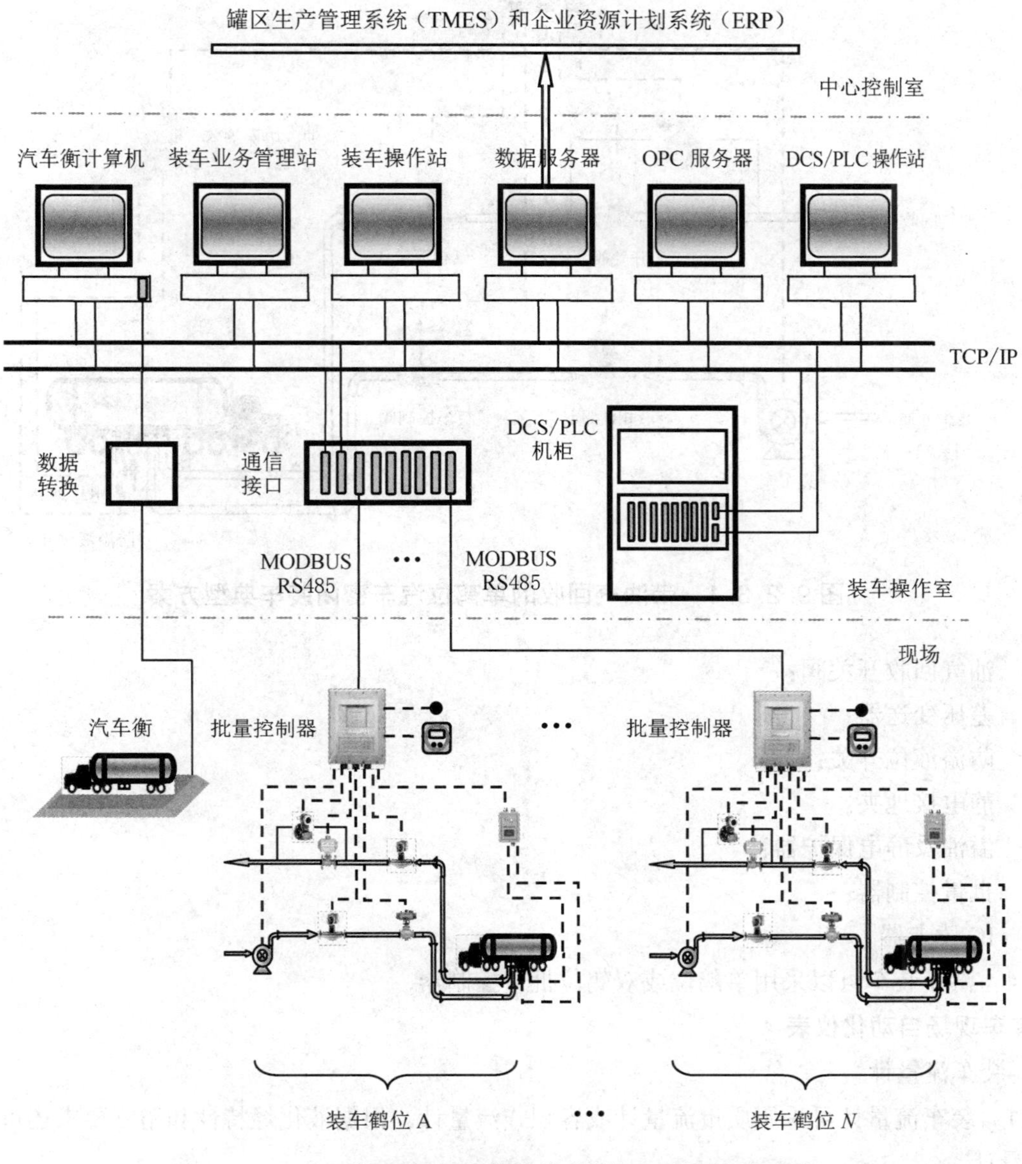

图 9.2.2.1 典型的汽车装车控制管理系统基本结构

9.2.2.2 汽车装车过程应通过自动控制系统操作站监控并记录，记录数据应存入历史数据库，并不得修改。

9.2.3 带油气回收的汽车密闭装车方案

9.2.3.1 常压下易挥发的液化烃，汽车密闭灌装方式应设置油气回收装置。带油气回收的单鹤位汽车密闭装车典型方案见图 9.2.3.1。

9.2.3.2 油气回收管道上应设置油气回收开关阀，并应根据计量需要设置流量计。

9.2.3.3 带油气回收的单鹤位汽车密闭装车典型方案的现场仪表应至少配置如下：

a) 液相流量计；

b) 装车控制阀；

c) 气相流量计(采用汽车衡计量时，不需要气相流量计)；

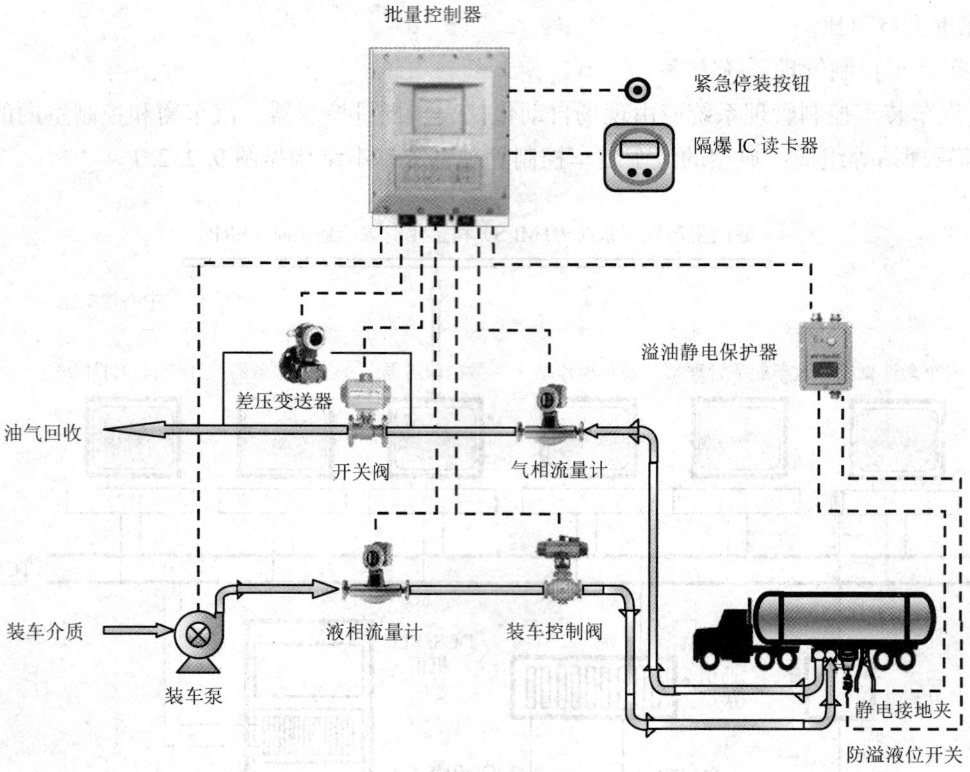

图 9.2.3.1　带油气回收的单鹤位汽车密闭装车典型方案

d)　油气回收开关阀；

e)　差压变送器；

f)　防溢液位开关；

g)　静电接地夹；

h)　溢油及静电保护器；

i)　批量控制器；

j)　IC 读卡器。

9.2.3.4　汽车装车可以采用单鹤位或双鹤位批量控制器。

9.3　装车现场自动化仪表

9.3.1　装车流量计

9.3.1.1　装车流量计可采用质量流量计或容积式流量计，根据液化烃特性和精度要求还可选择其他种类流量计。

9.3.1.2　用于计量交接的质量流量计精度不应低于 0.2 级。

9.3.1.3　当线路距离较远时，质量流量计宜采用 220VAC 供电。

9.3.2　装车控制阀

9.3.2.1　装车控制阀宜采用气动调节阀，也可采用气动开关阀，装车现场没有气源的特殊情况，可采用数控开关阀。

9.3.2.2　流量控制宜采用流量连续控制回路实现精确控制，宜采用 4mA～20mADC 控制信号和气动调节阀。

9.3.2.3　气动调节阀可选用单座调节阀、单座套筒阀、V 型调节球阀等调节切断型调节阀，泄漏等级应符合 GB/T 4213《气动调节阀》Ⅵ级，阀体的测试与检验应符合 GB/T 4213《气动调节阀》或 API 598《Valve Inspection and Testing》的规定。

9.3.2.4　气动调节阀的气源故障状态应为故障关闭(FC)。

9.3.2.5　流量分段控制可采用调节阀开环定值控制，也可采用开关阀开环控制。

9.3.2.6　气动开关阀应选用球阀等关断类型的并可用于节流的阀，泄漏等级应符合 GB/T 13927—2008《工业阀门压力试验》C 级或 API 598《Valve Inspection and Testing》的规定。

9.3.2.7　当装车控制阀采用气动开关阀时，应采用 2 个开关信号通过 2 台电磁阀控制开关阀的开、关动作和阀位中间状态，实现阀门的分段阀位运行，电磁阀的气路应保持阀位中间状态的稳定。

9.3.2.8　当装车控制阀采用数控开关阀时，应采用 2 个开关信号通过 2 台电磁阀控制活塞式或膜片式自立式开关阀的开、关和阀位中间状态，实现阀门的分段阀位运行。

9.3.2.9　装车控制阀阀体公称通径宜与工艺管道同口径，压力等级、阀体材质、阀内件材质、耐腐蚀性应符合工艺的管道材料等级规定。

9.3.2.10　气动调节阀应配备连续阀位变送器，采用 4mA ~ 20mADC 控制信号；气动开关阀和数控开关阀应配备 2 台阀位开关，采用开关信号。

9.3.3　油气回收开关阀

9.3.3.1　当采用带油气回收的密闭灌装方案时，应在鹤位的油气回收管道上设置油气回收开关阀。

9.3.3.2　开关阀宜选用球阀、闸阀、蝶阀等开关型阀门，阀门故障状态应为故障关闭(FC)。

9.3.3.3　油气回收开关阀应选用双向密封型阀内件，应采用软密封阀内件。

9.3.3.4　开关阀的检查和测试、泄漏等级应符合 GB/T 13927—2008《工业阀门压力试验》A 级或 API 598《Valve Inspection and Testing》标准的规定。

9.3.3.5　油气回收开关阀应以阀门两端差压大于工艺设定值作为开启条件，防止油气回收管道内油气倒流。

9.3.4　防溢液位开关

9.3.4.1　为了防止灌装过程超装或溢出，应配备防溢液位开关，上装车方式应装在罐车装车口或鹤管上，下装车方式应装在罐车上部。

9.3.4.2　罐车用的防溢液位开关应采用接近式开关或音叉式开关。

9.3.4.3　防溢液位开关的接通信号应设为停止灌装作业的联锁条件。

9.3.4.4　产品应经过防爆机构的本安(Exia)认证，与安全栅组成本安防爆仪表系统，用于 0 区。

9.3.5　静电接地夹

9.3.5.1　装车系统应配备静电接地夹。

9.3.5.2　静电接地夹的接通信号应设为允许启动灌装作业的条件，断开信号应设为停止灌装作业的联锁条件。

9.3.6　溢油及静电保护器

9.3.6.1　装车系统应配备溢油及静电保护器。

9.3.6.2　启动装车前，溢油及静电保护器应在防溢液位开关信号和静电接地信号均处于正常状态时，向装车系统发出允许装车信号，否则应禁止装车，并发出报警提示。

9.3.6.3　装车过程中，当防溢液位开关信号或静电接地信号出现非正常状态时，溢油及静电保护器应向装车系统发出停止装车信号，并发出声光报警提示。

9.3.6.4　溢油及静电保护器应采用隔爆外壳防护，防爆等级不应低于 Exd Ⅱ BT4。

9.3.6.5　溢油及静电保护器内应配备安全栅，与防溢液位开关和静电接地夹构成本安回路。

9.3.6.6　溢油及静电保护器宜同时配备与防溢液位开关、静电接地夹和 API 标准插头的信号接口。

9.3.7　装车读卡器

9.3.7.1　装车业务应采用数据识别技术，每个鹤位应配备隔爆型装车 IC 读卡器，防爆等级应不低于 Exd Ⅱ BT4。

9.3.7.2　装车 IC 读卡器应与批量控制器通信连接。

9.3.8　电子显示屏

9.3.8.1　装车系统可配备电子显示屏，用于显示装车作业状态和相关信息。

9.3.8.2 电子显示屏宜采用LED图形显示器，应采用汉字显示。

9.3.8.3 安装在现场的电子显示屏应采用隔爆型，防爆等级不应低于ExdⅡBT4。

9.4 批量控制器

9.4.1 批量控制器应是以微处理器为核心的智能化仪表，与流量计、热电阻、差压变送器、溢油及静电保护器、装车控制阀、油气回收开关阀、IC读卡器等配套使用，实现灌装的程序控制、定量控制、流速控制、流量累积等功能，实现防溢流、静电接地等安全联锁功能。

9.4.2 批量控制器应通过总线与装车操作站和业务管理站实时通信，构成完整的分布式定量装车控制系统。

9.4.3 批量控制器应支持就地和远程两种模式，可现场启动操作，也可通过装车操作站远程操作。

9.4.4 批量控制器应对装车流量进行累积，并以累积量作为灌装量的检测值。

9.4.5 批量控制器应能实现流量连续控制或流量分段控制，应能运行设定的定量灌装程序，采用上部灌装方式时，鹤管出口的液体流速在鹤管浸没于液体之前不应大于1m/s，浸没于液体之后不应大于4.5m/s。

9.4.6 流量连续控制方式应采用流量闭环控制，以流量作为被控变量和调节变量，流量控制的给定值应由定量灌装程序根据装车过程各阶段的需要设定，实现精确的流量控制、流速控制、灌装定量控制，调节阀应采用4mA~20mADC控制信号。

9.4.7 流量分段控制方式应采用流量累积信号决定不同流量的分段控制时间点，应由定量灌装程序根据装车过程各阶段的需要控制装车阀的开度，实现流量的分段控制，使用调节阀时应采用4mA~20mADC控制信号，开关阀应采用开关信号。

9.4.8 批量控制器应具备4mA~20mADC连续信号和开关信号输出，满足不同类型装车控制阀的需要。

9.4.9 批量控制器应能通过溢油及静电保护器或直接接收防溢液位开关、静电接地开关的信号，以此作为装车作业的允许启动条件和异常中断条件。

9.4.10 批量控制器应能接受装车控制室或现场紧急停装按钮的信号，中断灌装作业。

9.4.11 批量控制器应采用隔爆型，防爆等级不应低于ExdⅡBT4，防护等级不低于IP65。

9.4.12 批量控制器的数字显示屏应显示预装量、累积流量、瞬时流量等变量，还应显示装车控制阀、防溢液位开关、静电接地开关的状态。

9.4.13 批量控制器宜具有体积流量温度补偿功能。

9.4.14 批量控制器应配备与装车控制系统、装车管理站进行数据交换的标准信号接口，如：RS485通信接口，Modbus-RTU通信协议方式。

9.5 动态轨道衡、电子汽车衡及配套设施

9.5.1 火车、汽车装车计量可采用质量流量计累积，也可采用动态轨道衡、电子汽车衡称重，衡器称重与流量计可进行计量对比或标定参照。

9.5.2 当采用体积计量方式时，轨道衡、汽车衡称重的结果应进行体积换算。

9.6 装车自动控制系统

9.6.1 装车自动控制系统可采用DCS、SCADA、PLC等系统。

9.6.2 装车自动控制系统应由控制器、操作站、网络通信设备等组成。

9.6.3 装车自动控制系统应与批量控制器通信连接，实时控制、监测各装车鹤位的操作运行。

9.6.4 装车操作站应具备远程装车操作功能。

9.7 装车业务管理站

9.7.1 装车业务管理站可连接在自动控制系统上，也可采用单独的小型专用系统。

9.7.2 装车业务管理站应作为销售管理的终端，提供销售业务的人机接口。

9.7.3 装车业务管理站所有数据和信息，如：装车作业号、收货量、发货量、存量统计、销售信息等均应存储记录，不得提供人工修改功能，禁止人为干预或修改。

9.7.4 装车业务管理站应通过控制系统的网络通信设备与批量控制器连接。

9.7.5 电子汽车衡、动态轨道衡的信号应接入装车业务管理站。

9.7.6 装车业务管理站应与罐区生产管理系统(TMES)和企业资源计划系统(ERP)联网，接受管理系统下达的指令，并将装车发运系统的数据上传到管理系统。

9.7.7 装车业务管理站应至少满足以下典型配置：

a) 装车业务管理站计算机；

b) 通信接口及网络连接设备；

c) 汽车衡、轨道衡与计量部门的通信接口；

d) IC 置卡及读卡器；

e) 票据打印机；

f) 报表打印机。

9.8 装车站操作室

9.8.1 现场操作室建筑内宜设收发室、操作室(可兼业务室)、设备室等，如需要也可设专门的计量室。

9.8.2 操作室内应设装车操作站、装车业务管理站、DCS 操作站、数据服务器、汽车衡和轨道衡计算机、打印机等。

9.8.3 设备室内应安装装车控制及管理系统的机柜、网络连接设备等。

9.8.4 操作室、设备室应按空调房间设计。

参 考 文 献

GB/T 1884—2000 原油和液体石油产品密度实验室测定法(密度计法)

GB/T 1885—1998 石油计量表

GB/T 9109.5—2009 石油和液体石油产品油量计算动态计量

GB/T 18273—2000 石油和液体石油产品立式罐内油量的直接静态测量法(HTG 质量测量法)

GB 50074—2014 石油库设计规范

JB/T 8622—1997 工业铂热电阻技术条件及分度表

API MPMS 3.6：2001 Manual of petroleum measurement standards, Chapter 3—Tank gauging, Section 6—Measurement of liquid hydrocarbons by hybrid tank measurement systems

API RP 1004—2003 Bottom loading and vapor recovery for MC-306 & DOT-406 tank motor vehicles

中华人民共和国石油化工行业标准

石油化工罐区自动化系统设计规范

SH/T 3184—2017

条 文 说 明

2017 北 京

制 定 说 明

SH/T 3184—2017《石油化工罐区自动化系统设计规范》，经工业和信息化部 2017 年 4 月 12 日以第 14 号公告批准发布。

本规范制定过程中，编制组进行了广泛深入的调查研究，总结了近 10 年来我国石油化工工程建设中罐区自动化系统在设计和应用中的实践经验，通过广泛征求意见，认真讨论，分析研究，取得了共识。

为便于广大设计、施工、科研、学校等单位有关人员在使用本规范时能正确理解和执行条文规定，《石油化工罐区自动化系统设计规范》编制组按章、条顺序编制了本规范的条文说明，对条文规定的目的、依据以及执行中需注意的有关事项进行了说明。但是，本条文说明不具备与规范正文同等的法律效力，仅供使用者作为理解和把握规范规定的参考。

目　次

石油化工罐区自动化系统设计规范

1 范围

本规范适用范围未超出 SH/T 3007—2014《石油化工储运系统罐区设计规范》规定的储罐类型和介质种类以及规定物料中的油品。

适用介质包括原料油、中间产品、成品油、各种烃类及辅助生产物料等。

3 术语和定义、缩略语

3.1 术语和定义

术语 3.1.1，3.1.2，3.1.3 储罐压力分类源自 GB 50160—2008《石油化工企业设计防火规范》的术语 2.0.27，2.0.28，2.0.29。

术语 3.1.6，3.1.7，3.1.8 的英文源自 API MPMS 3.6：2001 Manual of Petroleum Measurement Standards，Chapter 3—Tank Gauging，Section 6—Measurement of Liquid Hydrocarbons by Hybrid Tank Measurement Systems。

3.1.5 生产调度管理、物料平衡、库存量统计、库存量管理等都需要罐区库存量。

3.1.8 混合法储罐测量系统的具体方法是采用液位自动测量、温度自动测量、差压(常压储罐也可采用压力)自动测量的方式，结合罐容积表、体积和密度修正表计算，得出储罐内介质的液位、温度、毛计量体积、计量密度和标准密度，最终算出所需要的毛标准体积和表观质量。

3.1.10 通常是厂内生产装置之间原料缓存、中间原料、中间产品储罐以及其他辅助生产液体物料储罐。

3.1.11 输送、输转和倒罐均为生产过程专用术语，英文为 movement，不可直译为“移动”。

3.1.14 油品调和根据工艺需要采用添加剂。

3.1.15 汽车衡，英文术语 truck weighbridge，有些资料也用 truck scale。

3.1.16 轨道衡，英文术语 rail weighbridge，有些资料也用 rail scale。

3.1.18 通常采用 PC 机或服务器为硬件设备，配备专用的储罐数据管理软件。

4 储罐计量与测量方案

4.1 储罐计量或非计量分类

4.1.1 储罐根据储运工艺的需要分为计量级和非计量级，仪表测量方案也相应地分为计量级和非计量级。非计量级测量方案也称为控制级测量方案。

4.2 储罐的仪表测量方案

GB 50160—2008《石油化工企业设计防火规范》根据设计压力将储罐分为常压储罐、低压储罐、压力储罐。对于计量级、非计量级和不同控制要求的储罐，仪表设置、测量和计量方法有所不同。

由于我国石油化工行业多采用质量计量制，所以储运系统的储罐也是以质量计量为主。常用的方法有混合法(HTMS)和体积法。设计之初在仪表设置时就应考虑不同计量方法的需求。

4.2.1.2 本条中的工艺要求应由工艺专业参照 SH/T 3007—2014《石油化工储运系统罐区设计规范》5.4.3 规定：“储存Ⅰ级和Ⅱ级毒性液体的储罐、容量大于或等于 3000m^3 的甲$_B$和乙$_A$类可燃液体储罐、容量大于或等于 10000m^3 的其他液体储罐应设置高高液位报警及联锁……”以及其他条件提出。

由于连续测量仪表的信号是连续的，可以实时测量过程变量、确定仪表的工作状态，比不常动作的开关类仪表更可靠，并且报警值的设定不受安装位置的限制，所以，可靠性要求较高的场合应采用连续液位测量仪表代替液位开关。

采用连续液位测量仪表代替液位开关的储罐应设置2套连续液位测量仪表，即一套用于液位连续测量和高、低液位报警，另一套用于高高、低低液位报警及联锁。

4.2.1.3　当采用雷达液位计、伺服液位计、磁致伸缩液位计等直接测量液位高度的方法测量容积，并需要计算标准体积时，需要测量油品的温度进行补偿。当罐内的油品温度不均匀时，则需要测量油品的平均温度。储罐较小时采用单点热电阻温度计即可，储罐较大时采用多点温度计。

4.2.1.8　当采用雷达液位计、伺服液位计或磁致伸缩液位计等直接测量液位，并需换算油品的总质量或标准体积时，需要测量油品密度。应采用压力变送器(常压储罐)或差压变送器(低压储罐)测量并计算平均密度，提高计算精度。

4.2.1.9　参见4.3.3.7条文说明。

由于受安装条件和操作液位的限制，只能测量罐底油料的密度。

4.2.2.2　参见4.2.1.2条文说明。

4.2.3　压力储罐采用球形储罐，目前我国还没有球形压力储罐的计量标准和相关算法，因此本条规定的仪表设置应按照目前球形储罐容积标定的方法考虑，以备我国未来球形压力储罐的计量标准出台后，现有的仪表设置能满足球形压力储罐的计量交接要求。

4.2.3.1　2套液位连续测量仪表可采用不同测量原理的仪表，当某种测量原理的仪表不适用于介质特性时，也可采用2套相同的仪表。

4.2.3.3　参见4.2.1.3条文说明。

4.2.3.8　参见4.2.1.8条文说明。对于压力容器，差压变送器测量密度的方案比压力变送器精度高。

4.2.4.1　参见4.2.3.1条文说明。

4.3　储罐计量系统

4.3.3　由于我国石油化工行业多采用质量计量制，所以储运系统的储罐也是以质量计量为主。储罐油品计量属于静态计量，方法有混合法(HTMS)、体积法和静压法(HTG)。目前主要应用混合法，其次是体积法和静压法。

以下储罐油品计量方法的术语和缩写定义源自GB/T 25964—2010《石油和液体石油产品采用混合式油罐测量系统测量立式圆筒形油罐内油品体积、密度和质量的方法》，说明如下：

a)　直接测量变量包括：液位、温度、压力、静压、界位等。

b)　计算数据包括：计量密度(D_{obs})、标准密度(D_{ref})、总计量体积(*TOV*)、毛计量体积(*GOV*)、体积修正系数(*VCF*)、毛标准体积(*GSV*)、质量(m_v、m_a)等。

c)　参与计算的辅助数据表和数据包括：罐容积表(TCT)、GB/T 1885表、化验室检验的取样密度等。

d)　术语和缩写定义如下：

1)　*TOV*——总计量体积

由自动液位计测量液位和罐容积表TCT计算出的总计量体积。

2)　*GOV*——毛计量体积

由*TOV*减去罐底游离水，再减去浮顶排液体积之后的体积。

3)　*VCF*——体积修正系数

油品在标准温度下的体积与在非标准温度下的体积之比。*VCF*用于将计量温度t下的体积修正为标准温度t_{20}下的体积。

由标准密度D_{ref}和自动温度计测量的平均温度t查GB/T 1885表计算得到，或按$VCF = D_{obs}/D_{ref}$计算。

4)　t_{20}——标准温度

油品计量的参照温度。GB/T 1885规定为20℃。

5） t ——计量温度

油品计量时的温度。

6） GSV——毛标准体积

按 $GSV = GOV \times VCF$ 计算。

7） D_{obs}——计量密度

真空中油品的密度。

8） D_{ref}——标准密度

油品在标准温度下的密度，根据计量密度 D_{obs} 查 GB/T 1885 表得到标准温度下的密度。

9） m_v——质量(真空中)

油品在真空中的质量，即真实质量。

10） m_a——表观质量(空气中)

油品在空气中的质量，在石油工业中常用于商业交接。

11） TCT——罐容积表

4.3.3.3 混合式储罐计量系统参见 GB/T 25964—2010《石油和液体石油产品采用混合式油罐测量系统测量立式圆筒形油罐内油品体积、密度和质量的方法》。

混合法适用于储存油品的雷德蒸汽压(RVP)低于 103.42kPa 的立式圆筒形储罐，不适用于压力储罐。

混合法是基于质量的储罐计量方法，罐存量的质量由 GOV 和 D_{obs} 计算得到，液位和计量密度 D_{obs} 的测量不随温度变化。可连续测量真实平均密度，如果没有密度测量，也可使用人工取样密度参与混合法的计算。如果需要换算 GSV 和 D_{ref}，可采用多点温度测量，借助 GB/T 1885 表得出 D_{ref}，罐底有水时还应设油水界位测量。

混合法储罐计量得到 m_v、m_a，GSV，D_{ref} 等都是由连续测量值经计算所得，不是人工采样值，所以计量精度高。方案详见图 1。

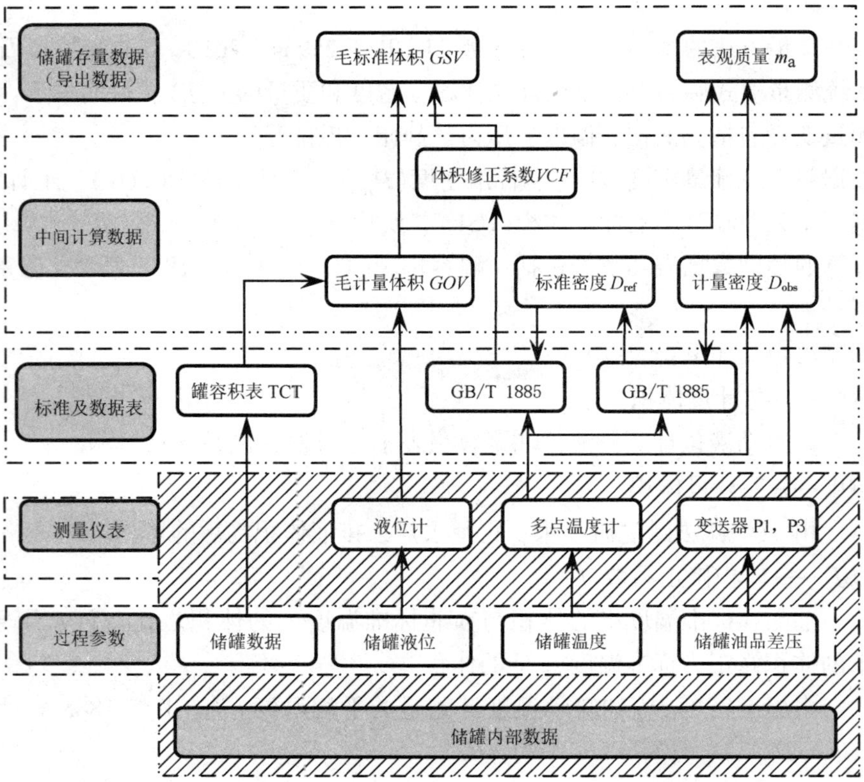

图 1 混合法(HTMS)储罐计量计算方法示意

说明：

图 1 给出了典型的混合法储罐计量计算过程。

1） 储罐液位由液位仪表测量；

2） 油品差压(p_1-p_3)由压力或差压变送器测量；

3） 通过液位和差压，即可计算实际的计量密度 D_{obs}；

4） 通过液位和罐容积表 TCT 计算 *GOV*；

5） 油品温度由温度仪表测量，用油品温度、D_{obs}根据 GB/T 1885 表，得到 D_{ref}；

6） 用油品温度、D_{ref}根据 GB/T 1885 表，得到 *VCF*；

7） 用 *GOV* 乘以 *VCF* 得到 *GSV*；

8） 用 *GOV* 和 D_{obs}计算得到 m_v、m_a。

4.3.3.4 体积法是基于体积测量的储罐计量方法，也有称为体积重量法的，方法是测得油品的液位、温度、密度，通过计算得出实际存储条件下的质量。通常，体积法的密度数值来自化验室测得的人工取样密度，不是连续测量值，采样时间和样品的代表性会影响计量准确程度，因此不适用于需要连续精确计量的场合，也不适用于密度分层、含水并分层的介质。

4.3.3.5 体积法罐存量的 *GOV* 由液位和罐容积表计算得到，由于体积随温度变化，所以需要温度修正。油品的 D_{obs}通过人工取样测得，借助 GB/T 1885 表得出 D_{ref}，罐存量的质量由 *GSV* 和 D_{ref}计算得到，罐底有水时还应设油水界位测量。方案详见图 2。实际上，体积法是混合法的简化方案，但计算方法不同。

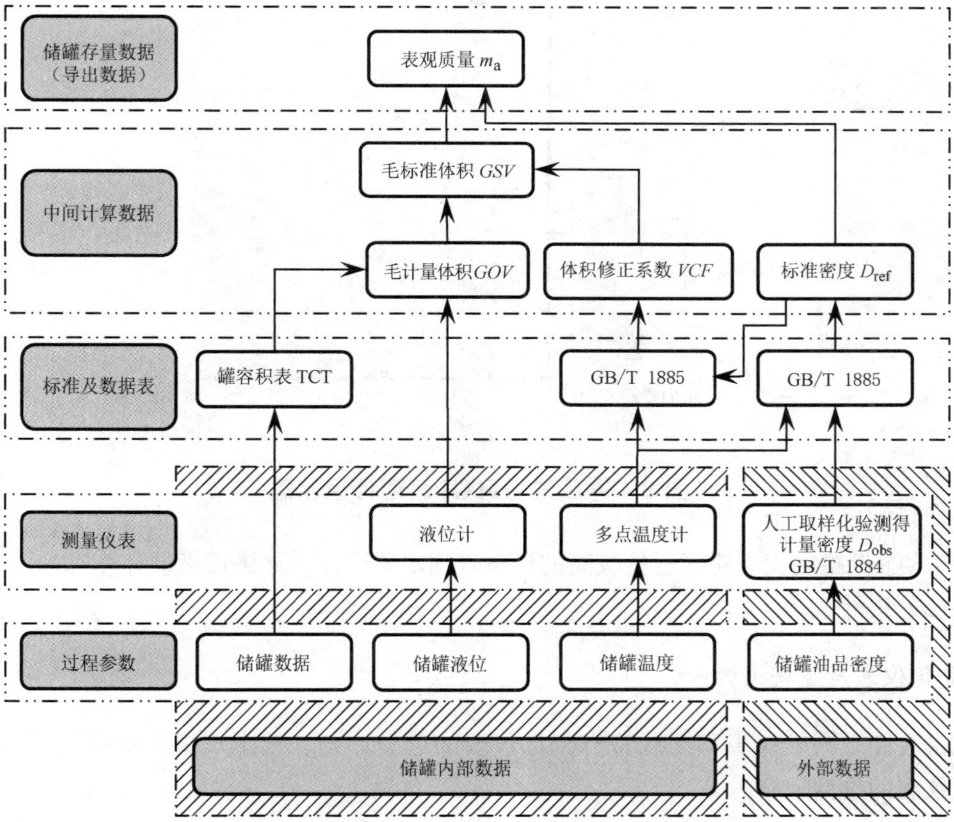

图 2 体积法储罐计量计算方法示意

说明：

图 2 给出了典型的体积法计量计算过程。

1） 储罐液位由液位仪表测量；

2） 通过液位和罐容积表 TCT 计算 *GOV*；

3） 油品温度由温度仪表测量，用油品温度、D_{ref}根据 GB/T 1885 表，得到 *VCF*；

4） GOV 乘以 VCF 得到 GSV；

5） 通过人工取样，根据 GB/T 1884 在化验室测得 D_{obs}；

6） 用油品温度、D_{obs} 根据 GB/T 1885 表，得到 D_{ref}；

7） 用 GSV 和 D_{ref} 计算，得到 m_v、m_a。

4.3.3.6 静压法参见 GB/T 18273—2000《石油和液体石油产品立式罐内油量的直接静态测量法（HTG 质量测量法）》。

静压法（HTG）是基于质量的储罐计量方法，是以测量液体静压为基础计算得到罐内液体质量的方法。适用于常压和低压的立式圆筒形固定顶罐或浮顶罐，不适用于压力储罐。

4.3.3.7 静压法是通用名称，实质是液体的压力和差压测量。应根据储罐压力设置压力变送器，常压储罐设置 2 台（P1，P2），低压储罐设置 3 台（P1，P2，P3）。P1，P2 测得液相压力，P3 测得气相压力，通过计算可得到液位高度和某一固定间距 H 内的介质密度。优点是可直接换算出质量，方案简单、费用较低。缺点是由于液位和密度都是通过压力测量计算所得，且只能测量 H 内的介质密度，无法测得液体的平均密度，特别在密度分层、数值变化的工况下，密度的测量不可能精确，液位的计算也就不精确，质量计量精度较低。所以静压法适用于计量精度不高、介质密度均匀的小容量储罐，不适用于密度分层、含水并分层的介质。方案详见图 3。

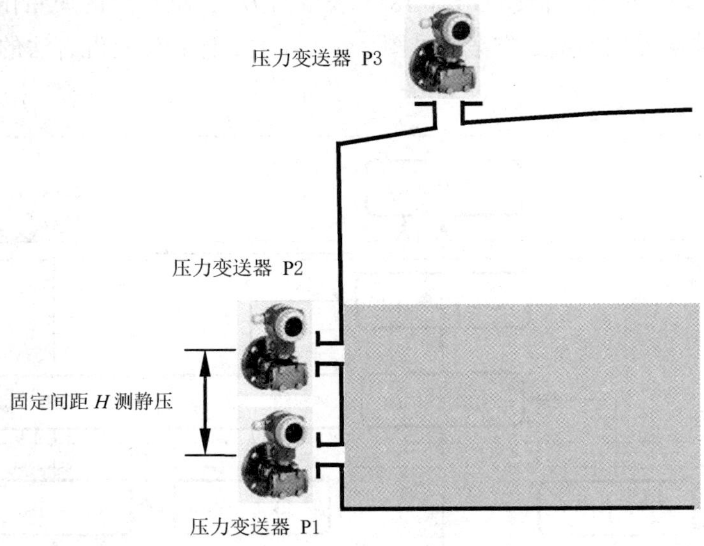

图 3 静压法（HTG）储罐计量示意

4.3.4.1 有多个储罐的大型罐区宜按较高的计量管理水平设计，储罐计量的计算宜采用服务器配备专用的储罐计量软件。

5 罐区自动化仪表及工程设计

本规范仅对储罐测量仪表和罐区特有测量仪表的选型原则、技术规格、特殊要求等作出规定，不规定通用仪表的选型规格。

本规范以混合法（HTMS）计量为主，同时兼顾体积法和静压法（HTG）计量，规定仪表选型原则和技术规格要求。

用于计量的流量测量仪表各有相应的选型和计量规定，本规范不规定流量仪表的选型规格。

5.1 温度仪表

5.1.1 本条是依据 GB/T 21451.4—2008 中 7.2.1，7.2.2 规定：

铜电阻或铂电阻可用于交接计量，因具有很高的准确度和稳定性。其他种类的测温元件（热电偶、热敏电阻、半导体、光纤维等）也可以使用，但应经过校准而且满足本部分给出的校准允差，否则不适用于交接计量。

Pt100 热电阻的技术条件及分度表标准为 JB/T 8622—1997《工业铂热电阻技术条件及分度表》和 IEC751(1995)《工业铂热电阻》。JB/T 8622—1997 非等同采用 IEC751，但分度表和允差两个主要指标等同 IEC751(1995)。IEC751 的新版本为 IEC60751，分度表和允差等级 A 没有变化。JB/T 8622—1997 尚未有新版本。

5.1.6　某些雷达液位计、伺服液位计、磁致伸缩液位计等直接测量距离的储罐液位连续测量仪表具有温度补偿计算和液位计算功能，静压法等用压力变送器测量罐底压力计算液位的仪表不具有温度补偿计算功能。

5.2　压力仪表

5.2.6　某些雷达液位计、伺服液位计、磁致伸缩液位计等直接测量距离的储罐液位连续测量仪表具有密度补偿计算和液位计算功能，通常用于计量级储罐的混合法计量。静压法等用压力变送器测量罐底压力计算液位的仪表不具有密度补偿计算功能，液位的计算是在控制系统中进行的。

5.3　液位和界位仪表

5.3.1.1　液位仪表选型应适合浮顶罐、固定顶罐、球罐、卧罐等不同类型储罐的安装使用条件。

5.3.1.2　由于连续测量仪表的信号是连续的，可以实时测量过程变量、确定仪表的工作状态，比不常动作的开关类仪表更可靠，所以，可靠性要求较高的场合应采用连续液位测量仪表代替液位开关。

5.3.2.1　介质包括：原油、重油、蜡油、重柴油、燃料油、硫黄、沥青等重质油品和物料，石脑油、汽油、轻柴油、煤油、航空煤油、润滑油等轻质油品，芳烃、烯烃、烷烃、混合烃等烃类液态物料等。

5.3.2.3　是否需要安装导波管与产品天线型式有关，如导波管阵列天线，平面天线等需要设导波管。还与介质“介电常数(ε_r)”有关。各产品介电常数的限制不同，没有统一数值范围，是否需要安装导波管，应以产品技术参数为依据。

5.3.3.1　介质包括：液化石油气(LPG)、石脑油、汽油、轻柴油、煤油、航空煤油、润滑油等轻质油品，芳烃、烯烃、烷烃、混合烃等烃类液态物料等。

液化石油气(LPG)球罐类的液体表面有时会有高密度气相和气泡，可能影响某些波长的雷达测量的分辨误差，这种情况宜采用伺服液位计，不宜采用雷达液位计。

5.3.4.1　液化石油气(LPG)球罐类的液体表面有时会有高密度气相和气泡，可能影响某些雷达测量的准确性，这种情况可采用磁致伸缩液位计。

5.3.4.2　多变量集成式的磁致伸缩液位计可同时测量液位、界位、多点温度、体积、质量(需预输入标准密度)、空容积、报警值等参数，多个信号同时输出。

多变量集成式的磁致伸缩液位计配合高精度差压变送器(测量介质差压得出平均密度)，可实现混合法计量。

5.3.5.1　有些罐旁指示仪还兼有通信、供电、计算、数据处理等功能。

5.3.5.3　装配式电涌防护器的性能比集成式的好，但是雷达液位计、伺服液位计、磁致伸缩液位计的接线口比较复杂，不易配到合适的产品，因此规定采用集成式电涌防护器。

5.3.6.2　例如：如果罐内有浮盘等可移动部件，音叉测量元件应安装在设备的取源接管内，不应伸入设备壁内，避免与罐内浮盘及二次密封装置等可移动部件碰撞。

5.3.8.2　雷达液位计、伺服液位计、磁致伸缩液位计等通常具有计算功能，油水界位测量宜采用与多点温度计集成的缆式油水界位传感器，输出信号参与液位连续测量的计算。

5.4　罐区开关阀

本条仅对储罐进出油品开关阀的选型原则、技术规格、特殊要求等作出规定。

用于管道中流体流通或关断的阀门统称为开关阀。根据操作用途可细分为下列情况和称谓：

a)　正常工况可能是打开的，也可能是关断的称为开关阀，例如：路径开关阀；

b)　正常情况(生产运行)时是打开的，非生产运行情况下是关断的称为切断阀或隔离阀，例如：

管路启用阀、罐出口、入口切断阀；

c) 正常情况下是打开的，当工况异常或事故时需要联锁关断的阀称为紧急切断阀；

d) 用于泄放的阀称为泄放阀。

5.4.1 根据存储介质、危险性分类、管道尺寸、电源、气源等综合条件，储罐进出油品的控制阀、开关阀可选择气动、电动、电液等不同种类执行机构。设计中应根据储运工艺的要求以及现场动力源条件确定。

5.4.1.10 不大于 *DN*200 的阀门宜选用楔式闸阀、平行板闸板、球阀，大于 *DN*200 的阀门可采用双偏心或三偏心蝶阀。

5.4.1.12 具体情况是指储罐类型、介质性质、防火要求以及投资等综合情况。

5.4.1.13 通常液化烃球罐等储罐的紧急切断阀需要设置现场手动关阀按钮或开关。

5.4.2.1 单作用弹簧复位式执行机构比双作用执行机构复杂，在阀门驱动力相同的情况下，气动部分需要更大的输出力，因此单作用执行机构的体积和质量都更大。

5.4.2.2 带现场手动复位装置使事故处理过程复杂化，并且增加现场人员的安全隐患。

5.4.2.8 如：*DN*300 的阀门，额定全行程时间约为 30s 以上。

不同的公司、项目、用途的规定有差别，考虑问题的出发点也不同。本规定是根据对其他公司规定、项目规定和制造厂的调查，考虑到目前储运系统的现状，仅作通常情况下的通用规定，对于特殊应用场合，可根据具体工艺操作和安全联锁的需要自行决定。

5.4.3.3 电动执行机构通信信号有 RS485 等，通信协议有专用协议、Modbus-RTU、Profibus-DP 等。

5.4.3.7 如：*DN*300 的阀门，额定全行程时间约为 60s 以上。

5.4.4.1 电液执行机构是由电子控制单元、液压集成单元、液压动力单元、液压手操机构、油缸等组合而成的液压执行机构，是电控液压驱动的执行机构。优点是当动力电源中断时，依靠液压机构积蓄的能量驱动阀门，使开关用途的电液控制阀达到安全联锁状态。克服了电动阀在动力电源中断时不能达到故障安全位置的缺点。

5.4.4.2 带有蓄能器的电液执行机构的“故障”指信号或电源的故障。

5.4.4.3 不带蓄能器的电液执行机构的“故障”指信号的故障。

5.4.4.4 单作用液压执行机构比双作用液压执行机构复杂，并且需要更大的驱动力，不如配有蓄能器的双作用执行机构。

5.4.4.9 电液执行机构通信信号有 RS485 等，通信协议有专用协议、Modbus-RTU、Profibus-DP 等。

5.4.4.11 如：*DN*300 的阀门，额定全行程时间约为 30s 以上。

5.4.5.2 氮封有多种方案，可采用专用的氮封阀，有的场合采用分程控制的调节阀实现。

5.6 仪表取源过程接口规格

本规范仅对储罐上安装的仪表取源过程接口规格和连接形式作出规定，不规定罐区管道安装的通用仪表取源过程接口规格。

5.6.4 目前储罐仪表主流产品的取源过程接口技术规格参见表 1。

5.7 电缆

5.7.1 埋地方式可采用电缆沟、电缆保护管、直埋等地下敷设方式。

5.7.2 电缆槽比桥架的保护功能好，如果采用桥架，电缆应采用铠装。铠装电缆成本较高。为减少雷击影响，应采用金属电缆槽，不能采用非金属材料。

5.8 供电

5.8.2.2 罐区仪表分散，与控制室、机柜室距离较远，有些仪表用电负荷较大，如：雷达液位计、电动阀等，从机柜室远距离向现场仪表提供交流供配电有很大危险和风险，所以采用现场交流供配电。

表 1　罐区常用仪表取源过程接口参考规格

仪表分类	仪表名称	过程接口规格	安装位置	备注
温度仪表	多点热电阻温度计与罐底油水界位传感器集成	*DN*50 法兰	罐顶	
	单点热电阻温度计与罐底油水界位传感器集成	*DN*50 法兰		
	单点热电阻带整体式现场温度变送器	*DN*40 法兰	罐下部	
	双金属温度计	*DN*40 法兰		
压力仪表	压力表	*DN*20 法兰	罐顶	
	压力变送器	*DN*20 法兰		
	压力(或差压)变送器	*DN*50，80 法兰	常压罐和密闭罐下部 P1，P2	用于密度测量
		*DN*20 法兰	密闭罐顶 P3	
液位仪表	雷达液位计	*DN*100，150，200，250 法兰	罐顶	
	伺服液位计	*DN*150，200 法兰		
	磁致伸缩液位计	*DN*80，100，150 法兰		
	超声波位开关	外贴式	罐壁	
	音叉液位开关	*DN*50 法兰(元件伸入设备壁内)，*DN*100 法兰(元件在取源管嘴内，不伸入设备壁内)		
	氮封阀(外取压)	*DN*15 法兰	储罐氮气入口管线	取压点设在罐顶

注：P1，P2，P3 的安装位置参见图 3 静压法(HTG)储罐计量示意。

5.8.2.3　电动阀不具备安全功能，罐区也不用于连续过程控制，并且属于功率较大的间歇负荷，因此为一级负荷，不采用 UPS 供电。

5.8.2.4　雷达液位计、伺服液位计用于罐区的液位测量，过程变化较慢，时间常数较大，交流电源的瞬时中断对测量和控制影响不大，因此不需要 UPS 供电，也可以避免由于 UPS 供电产生的问题。

5.8.2.5　现场分析仪表、质量流量计不用于安全相关的测量，交流电源的瞬时中断对测量和控制影响不大，因此不需要 UPS 供电，也可以避免由于 UPS 供电产生的问题。

5.8.3　雷达液位计、伺服液位计等大功率用电的现场仪表，24VDC 供电的有效距离不等，因此仪表选型时应根据产品的技术规格确定 24VDC 供电的有效距离。

6　罐区自动控制系统

6.1　自动控制系统

6.1.2　由于罐区作业属于缓慢过程，操作与联锁都属于简单控制、两位式控制和批量控制，应直接采用 DCS、SCADA、PLC 实现。小型罐区也有采用工业控制计算机运行专用小型软件作为控制系统的。

6.1.3 计量级储罐的液位、多点温度、油水界位、密度等信号经过计算，结合标定的罐容积表，可以得出储罐的准确存量。采用的硬件和软件包括专用的储罐数据管理单元、DCS 中组态、工业控制计算机配小型专用软件等方式实现。原始数据和经过处理的数据还可以用于罐区的库存管理、储运作业以及其他用途。

6.2 过程信号的连接方案

罐区生产操作相对简单，也不需要很快的响应速度，但罐区自动化系统信号类型混杂，过程检测和控制信号与 DCS、SCADA、PLC 等的连接也有不同方案和选择。本条规定了罐区自动化系统信号连接的典型结构和方案。

6.2.2.6 独立信号单元 IDU 不是 DCS 等常规控制系统的设备，是一种通用型非标准小型现场信号单元，可配置各种信号 I/O 模件，包括模拟量、数字量、通信信号等，IDU 将常规信号转换成通信信号，接入 DCS、SCADA、PLC 或工业控制计算机，用于小型非标准包设备，有的供货商称之为 RTU。

6.3 储罐液位仪表的信号连接

储罐液位连续测量仪表有两类，一类是储罐常用的测距法，如：雷达液位计、伺服液位计、磁致伸缩液位计等，多兼有辅助变量的测量和计算功能，如：平均温度、油水界位、密度等，这类仪表通常都有通信信号和常规信号两种信号方式，常采用通信信号；另一类是其他测量方法，如：静压法，只有常规信号。本规范着重规定采用通信信号的储罐液位连续测量仪表的信号连接方案和技术要求，不再规定通用的常规信号的连接方案。

6.3.1.1 本条规定雷达液位计、伺服液位计、磁致伸缩液位计可以采用标准通信接口和通用通信协议，是指当选定的液位计具备能够直接与控制系统通信的标准通信接口和通用通信协议的情况，但受技术条件的限制，通信设置较复杂。

计量级储罐对信号传输的精度要求较高，模拟信号不易达到相应的精度，所以计量级储罐的液位信号采用通信信号。多点温度、油水界位、密度等信号也直接接入储罐液位连续测量仪表，转换成通信信号，通过储罐信号通信单元(TCU)接入储罐数据管理单元(TMU)或罐区自动控制系统。

非计量级储罐不进行贸易交接，但通常也需要罐容计算和库存管理，所以液位连续测量仪表需要采用通信信号，通过储罐信号通信单元接入储罐数据管理单元或罐区自动控制系统；对于仅需要液位测量，而不做罐容计算和库存管理的场合，也可采用常规信号，接入罐区自动控制系统。

采用与雷达液位计、伺服液位计、磁致伸缩液位计配套的储罐信号通信单元(TCU)是较好的通信方案。储罐信号通信单元一端连接这些液位连续测量仪表的通信，另一端采用网络通信方式连接控制系统，兼容多种工业标准的网络通信，如：Modbus-RTU、Profibus-DP、TCP/IP 等。

由于不同的生产厂商，不同种类的仪表信号配置不同，雷达液位计、伺服液位计、磁致伸缩液位计的通信变送单元有的在液位仪表本体上，有的在罐旁指示仪表上，有的需要另外配备通信单元，所以储罐液位连续测量仪表通信线路的具体出线位置应根据选用的仪表确定。

不同的雷达液位计、伺服液位计、磁致伸缩液位计有不同的信号类型，有些液位计可配用多种信号接口和通信协议，如：Modbus-RTU、Profibus-DP 等，有的只能配用专用的信号接口和通信协议。通信信号的优点是信号可靠、承载量多、传输距离远、节省电缆。需要注意的是，一条通信线路上不宜挂接过多的设备，以降低线路损坏造成的风险。

6.3.1.4 从通信安全考虑，实际工程中应限制储罐信号通信单元的通信负荷及连接仪表的数量。本条规定的 3 个条件应同时满足。

6.3.2.1 连接路径指电缆敷设经过的路线，信号电路连接方式指电路的串联、并联接线方式。串行通信方式信号电路接线为并联。冗余的储罐信号通信单元双线接连原理见图 4。

6.3.2.3 二级接线箱的接线方式示例见图 5。接线箱之间、接线箱与储罐信号通信单元之间应采用双路电缆。

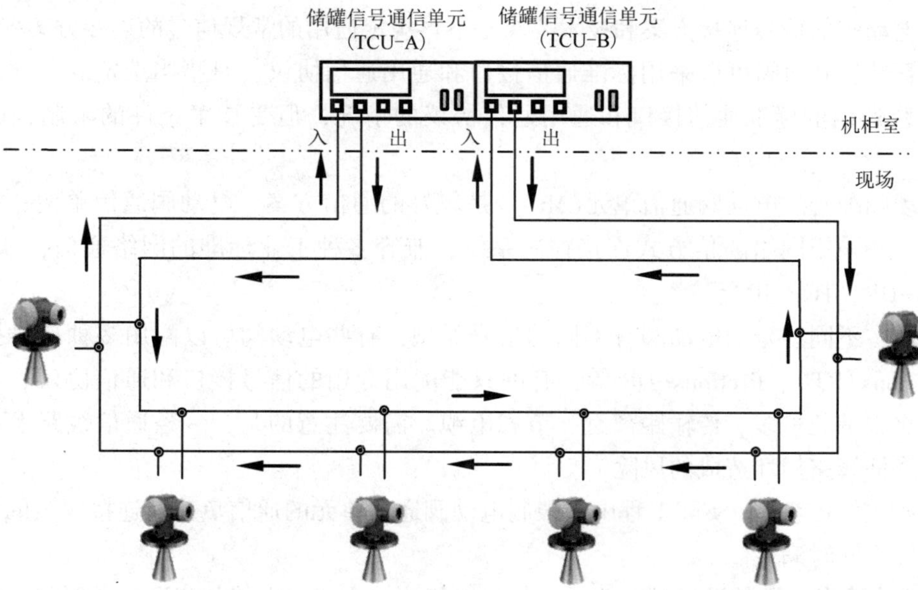

图4 冗余的TCU双线接连原理示意

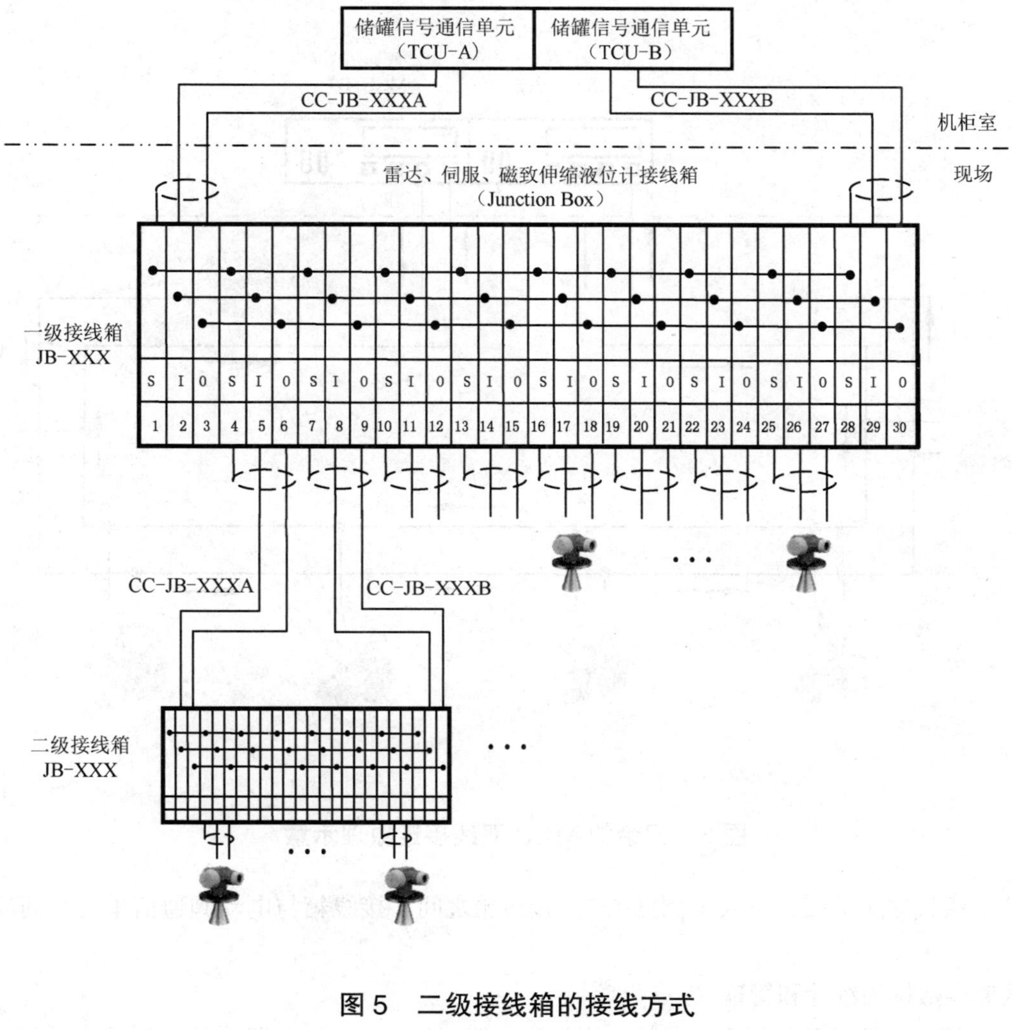

图5 二级接线箱的接线方式

6.4 电动控制阀的信号连接

电动阀通常都有通信信号和常规信号两种信号方式，罐区常采用通信信号。本规范着重规定采用通信信号的电动阀的信号连接方案和技术要求，不再规定通用的常规信号的连接方案。

6.4.1.1 本条规定电动阀可以采用标准通信接口和通用通信协议，是指当选定的电动阀具备能够直接与控制系统通信的标准通信接口和通用通信协议的情况，但受技术条件的限制，通信设置较复杂。

采用与电动阀配套的电动阀通信单元(MCU)是较好的通信方案。电动阀通信单元一端连接电动阀的通信，另一端采用网络通信方式连接控制系统，兼容多种工业标准的网络通信，如：Modbus-RTU、Profibus-DP、TCP/IP 等。

不同的厂商、不同型号的电动阀有不同的信号类型，有些电动阀可以配用多种信号接口和通信协议，如：Modbus-RTU、Profibus-DP 等，有的只能配用专用的信号接口和通信协议。通信信号的优点是信号可靠、承载量多、传输距离远、节省电缆。需要注意的是，一条通信线路上不宜挂接过多的设备，以降低线路损坏造成的风险。

6.4.1.4 从通信安全考虑，实际工程中应限制电动阀通信单元的通信负荷及连接仪表的数量。本条规定的 3 个条件应同时满足。

6.4.2.1 连接路径指电缆敷设经过的路线，信号电路连接方式指电路的串联、并联接线方式。冗余的电动阀通信单元双线接连原理见图 6。

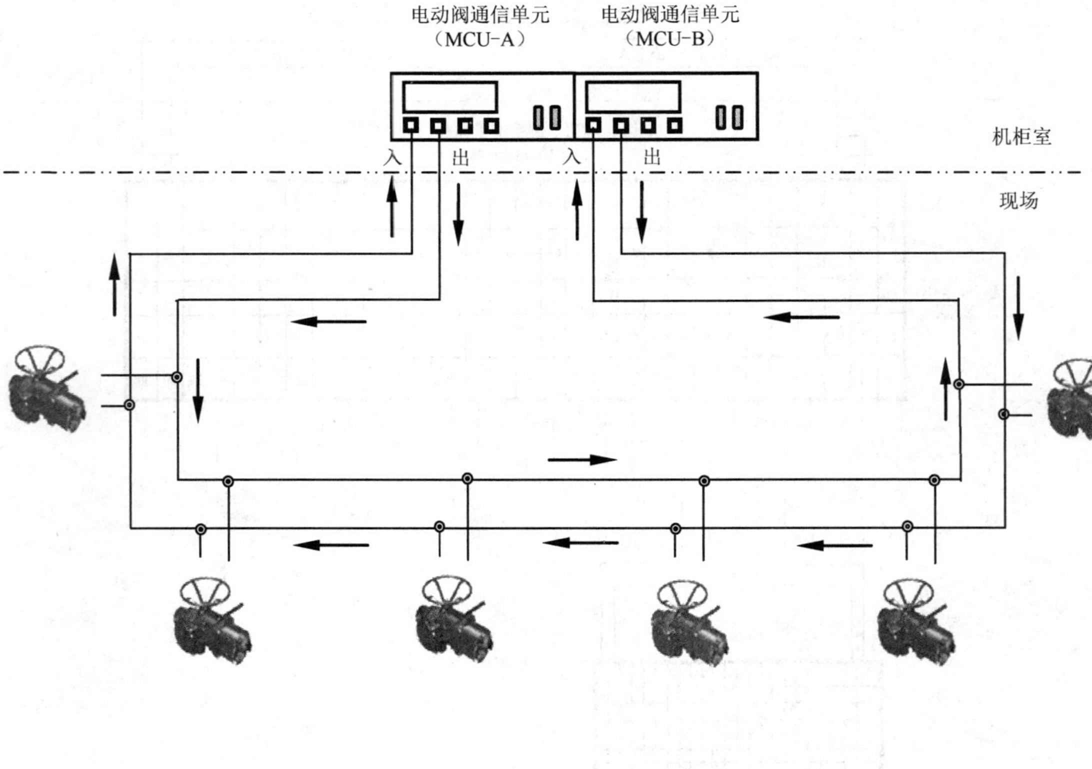

图 6 冗余的 MCU 双线接连原理示意

6.4.2.3 二级接线箱的接线方式示例见图 7。接线箱之间、接线箱与电动阀通信单元之间应采用双路电缆。

6.5 罐区库存数据的统计和管理

6.5.2 b) 储罐参数基础数据主要包括：罐类型、罐标识、组分、计算方法、罐的高低限、操作高低限、罐底非罐容区、温度和压力高低限、液位报警及联锁值、静压力修正值、热膨胀系数、储罐

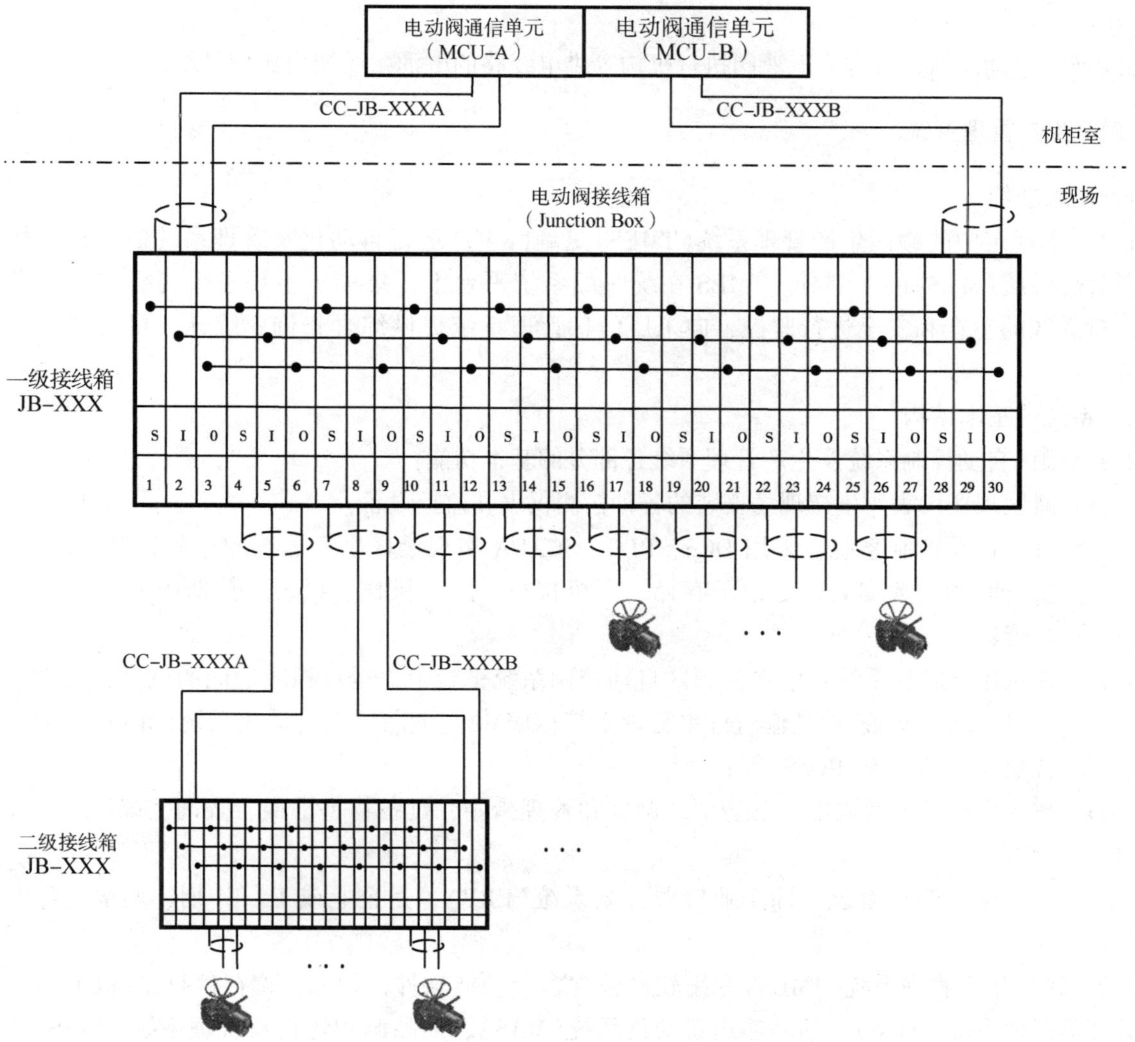

图 7　二级接线箱的接线方式

参数管理，罐容积表维护、标准密度转换表维护、体积修正系数转换表维护、储罐计量算法维护管理等。

7　罐区安全防护

7.3　罐区仪表系统的雷电防护

7.3.1.1　罐区地处空旷地带或山地丘陵，易受到雷电袭击。根据 GB 50074—2014，储罐大多不设接闪器(原称避雷针)。罐区仪表多位于罐顶等没有对直击雷实施防护的地点，即使是低雷暴地区，雷击损害也高于周边地区和装置区，雷暴频发地区更为严重。在可能遭受严重雷害的地区，罐区实施仪表系统防雷工程能有效地减少雷击事件造成现场仪表和控制系统的损失。

7.3.2.2　原则上，常规通用仪表应在仪表接线口处配备装配式电涌防护器，但由于雷达液位计、伺服液位计、磁致伸缩液位计的信号接口比较特殊，所以第 5.3 条规定宜配备内置的集成式电涌防护器。

信号线路的控制室信号接收端包括 DCS、PLC 等信号模件或通信模件，也包括储罐信号通信单元 TCU。

7.3.2.4　原则上，常规通用仪表应在仪表接线口处配备装配式电涌防护器，但由于电动阀执行机构、电液阀执行机构等信号接口比较特殊，所以第 5.4 条规定宜配备内置的集成式电涌防护器。

信号线路的控制室信号接收端包括 DCS、PLC 等信号模件或通信模件，也包括电动阀通信单元 MCU。

7.3.2.5 电动阀执行机构、电液阀执行机构等供电线路的电涌耐受能力比信号端强。

8 罐区生产管理系统

8.1 基本功能

8.1.1 本规定中的罐区生产管理系统(TMES)是罐区生产运行自动化及管理系统的简称，是工厂生产管理系统(MES)的一部分。TMES 在统一的系统平台上，集成了不同子系统提供的信息和数据，对罐区的生产和安全进行监控，向工厂信息管理系统提供综合查询、统计、报表和信息管理功能。

8.2 系统的基本结构

8.2.1 罐区自动控制系统及生产管理系统各部分的基本功能：

a) 罐区现场仪表：生产现场安装的各种检测仪表和监控设备；

b) 罐区自动控制系统：采用 DCS、PLC、SCADA 实现罐区生产运行的过程控制、信号检测、安全联锁、数据处理、记录存储、人机接口、生产操作、报表、数据服务和安全监控等功能；

c) 罐区生产管理系统：建立在罐区自动控制系统平台上，运行相应功能的软件，包括：罐存信息系统(TIS)、油品输送订单管理系统(OMM)、油品输送自动化系统(MAS)、油品调和优化及管理系统(BOSS)等；

d) 罐区生产计划及调度：下达生产调度和管理指令，具备物料平衡、查询、统计、报表等综合管理功能；

e) 工厂信息管理系统：即企业资源计划系统(ERP)，是企业或工厂计划、调度、管理的最高层。

8.2.3 罐区生产管理系统(TMES)专用软件包含多个功能软件，例如：罐存信息系统(TIS)、油品输送订单管理系统(OMM)、油品输送自动化系统(MAS)、油品调和优化及管理系统(BOSS)等。不同供应商的软件功能有所不同，可根据用户需要选择应用。

8.2.4 罐区自动控制系统与罐区生产管理系统(TMES)组成了完整的储运自动化及管理系统，并与企业资源计划系统(ERP)相连接。

8.3 系统的组成及功能

8.3.1.1 罐存信息系统(TIS)涉及的主要信息有罐存量、液位、温度、油品的性质数据、报警状态、设定值、收油或发油作业状态等。

对单个储罐，涉及的数据有罐容积表、罐空量、含水量、密度、最大操作体积、最小操作体积、收油或发油速度、联锁及报警值、作业时间等。

8.3.3.2 油品输送自动化软件的具体执行是将作业订单转化为设备操作指令，传递到现场设备，因此需要在控制系统中配合相关的设备组态。如：电动阀的开和关、输送路径的检查、调节阀的调节、泵的启停和联锁、流量累积的启动和复位、现场每台设备和工艺管线的运行状态等操作和提示。

8.3.3.3 工厂储运罐区不同于商业油库，通常工程设计时就是按照固定来源、固定油品、固定目的地、固定管道输送路径设计。生产计划部门订单下达的油品输送任务，输送路径是既定的，通常没有多项选择的必要，因此管道输送过程中多路径自动选择没有太大意义，而条件检查判断有实用意义。

8.3.4 传统的储罐调和是根据调和订单确定的调和方案，将多种组分输送到一个储罐中，可以按批次(依次加入不同组分)或按比例(同时加入所有组分)经搅拌混合成符合质量要求的产品。产品质量属于开环控制，质量指标不易精确实现。

在线自动调和系统在开工初期因不能立即投用或投用后因故出现调和质量不合格的情况时，也会用到储罐调和。通常调和成品罐内设有调和喷嘴，通过单罐循环流程(流经调和喷嘴，加搅拌)方式，再按配方加入抗静电剂、抗爆剂等，完成储罐调和。

8.3.5 管道比例调和是根据调和订单所确定的调和方案将各组分油按比例通过混合器(又称调和头)在管道内完成调和。调和配方确定了各组分油的比例，包括组分油的百分比，添加剂组分的浓度等。管道比例调和产品质量属于开环控制。

8.3.6 油品在线自动调和与优化控制是基于在线质量测量的具有预测功能的前馈及反馈控制系统，包含多种约束指标，如：组分油成本、产品质量、调和成本、组分油流量比限制条件、产品质量过剩最小化、经济效益最优化等，是具有多输入、多输出、复杂模型和算法的多变量控制系统。

根据调和订单所确定的调和方案将各组分油通过一个共用的调和头完成调和。可调节的各组分油及产品均设有流量控制回路，采用在线油品质量分析仪实时检测分析质量数据，根据最终产品当前质量偏差和约束条件随时修正调和算法及操作。产品质量属于闭环控制，质量指标精确。

9 液化烃装车发运系统

9.1 火车装车设施

9.1.1.1 石油化工储运系统火车装车目前多采用小鹤管。装车站设有栈桥，有多个装车鹤位，为装车作业提供操作平台。

9.1.1.2 火车装车典型工作流程：

a) 根据销售部门的铁路罐车装运单和调度计划准备装车；
b) 空载罐车通过轨道衡，轨道衡称重并保存空衡记录；
c) 业务管理站将待装罐车车号、车型、装量单号、鹤位号、品种、预装量等生成业务指令，下装到批量控制器；
d) 操作员核对罐车车号、车型、装量单号、鹤位号等；
e) 操作员上栈桥对接车位，依次连接鹤管、防溢液位开关、静电接地夹等安全作业检测设备；
f) 现场准备工作完成，启动自动装车作业，分批次装车，达到预装量后自动停止，切换鹤位，直至全部装完；
g) 对装车介质采样，做现场检验密度分析；
h) 记录确认流量计装车数据；
i) 操作员卸下鹤管、防溢液位开关、静电接地夹等；
j) 完成装车业务结算；
k) 重载罐车通过轨道衡，轨道衡称重并保存重衡记录；
l) 罐车驶离装车站区，装车作业结束；
m) 装车业务管理站保存全部记录，打印作业清单，并上传给罐区生产管理系统(TMES)和企业资源计划系统(ERP)。

9.1.1.4 装车操作站和业务管理站记录的所有数据、信息均为重要的作业和销售信息，不得提供人工修改功能。

9.1.3.3 本条规定的火车装车现场仪表设备为典型配置，还可配备电子显示屏等。

采用流量计累积计量的场合，油气回收管线可配备气相流量计。差压变送器测量油气回收开关阀的差压，决定开关阀的开启条件。

采用体积计量的场合，还可配备液相的温度补偿用热电阻。

9.2 汽车装车设施

9.2.1.1 汽车装车鹤位配备鹤管及移动连接部件、防拉断阀、快速接头、弹簧缸机构、与罐车灌装口的连接部件等，配备现场仪表和控制设备如流量计、装车控制阀、开关阀、变送器、溢油及静电保护器、批量控制器等。

为便于装车设备的制造、集成、安装、调试等工程实施，独立成套的“撬装式”装车设备可以减少现场安装工作量，提高设备安装质量、缩短工程时间。

9.2.1.2 汽车装车典型工作流程：

a) 根据销售部门的客户提货单和检车单准备装车；
b) 业务管理站对待装罐车进行业务确认，核对客户名、车号、作业号、品种、预装量、鹤位号等，制备 IC 卡；
c) 业务管理站根据客户提货单生成业务指令，并下装到批量控制器；
d) 如采用称重计量，待装罐车先通过汽车衡，汽车衡保存空衡记录；
e) 待装罐车驶入指定鹤位，操作员连接鹤管的液相和气相接口、防溢液位开关、静电接地夹等安全作业检测设备；
f) 在 IC 读卡器上刷卡，确认身份及装车作业信息，确认批量控制器数据与提货单一致；
g) 完成现场准备工作后，操作员启动自动装车作业，达到预装量结束；
h) 记录确认流量计装车数据；
i) 操作员卸下鹤管连接设备，罐车驶离鹤位；
j) 称重计量的罐车通过汽车衡，汽车衡保存重衡记录，打印计量单；
k) 客户交还 IC 卡，罐车驶离装车站，装车作业结束；
l) 装车业务管理站保存记录全部数据，打印作业清单，并上传给罐区生产管理系统(TMES)和企业资源计划系统(ERP)。

9.2.1.4 装车操作站和业务管理站记录的所有数据、信息均为重要的作业和销售信息，不得提供人工修改功能。

9.2.3.3 汽车密闭装车现场信号的连接有两种方式：一种是配备 API 标准插座的罐车，防溢液位开关和静电接地检测由罐车自带，当标准插座与鹤位配备的 API 标准插头插接后，信号就接通到批量控制器。另一种是采用鹤位配备的防溢液位开关及静电接地夹。

本条规定的汽车装车现场仪表设备为典型配置，还可配备电子显示屏等。

采用流量计累积计量的场合，油气回收管线可配备气相流量计。差压变送器测量油气回收开关阀的差压，决定开关阀的开启条件。

采用体积计量的场合，还可配备液相的补偿用热电阻。

9.3 装车现场自动化仪表

与汽车装车相比，火车装车的业务管理功能要求相对简单。汽车装车和火车装车所用到的现场自动化仪表设备基本相同。

9.3.1.1 质量流量计用于装车计量的优点是：可直接测得质量流量，可同时测量并换算质量、密度等数据。适用范围宽，精度高。

9.3.1.2 装车流量计的计量精度是根据 GB/T 9109.5—2009《石油和液体石油产品油量计算动态计量》中“5.2.1 ……用作贸易交接计量的流量计的准确度等级不应低于 0.2 级”来确定的。

9.3.2.1 装车控制阀特指液化烃装车管道的控制阀。装车控制阀与批量控制器配套使用，可控制灌装流速、流量。

气动调节阀可以实现连续闭环控制，所以能实现流量的精确控制；也可实现多级分段控制。

气动开关阀和数控开关阀只能实现分段控制，不能实现流量连续闭环控制，所以不能实现精确的流量控制。

数控开关阀是一种自力式开关阀，阀门的开关动力为工艺介质，不需要其他动力，但受到上下游介质压力的影响和自力式开关阀本身结构的局限，控制精度、控制灵敏度和流量特性都不如气动调节阀或气动开关阀，所以不推荐使用。

9.3.2.2 装车流量控制有连续控制和分段控制两种方式，连续控制可实现闭环控制，实现精确定量控制，即预计装多少实际就装多少；分段控制只能实现开环控制，接近预装量，即装了多少就算多少。

9.3.2.5 很多批量控制器虽然接入了流量信号，但采用的控制规律仍然是开环控制，并没有实现闭环控制，如果使用开关阀，则用开关信号；如果使用调节阀，则用4mA~20mADC信号。

9.3.2.6 球阀可采用固定式球阀，也可采用浮动式球阀。

9.3.2.7 气动开关阀的动力为仪表用压缩空气，阀门动作不受工艺介质压力和阀前后压差的影响。

9.3.2.8 数控开关阀是带有2台电磁阀的活塞式或膜片式自立式开关阀，采用2个开关信号控制2台电磁阀，实现阀门的分段开关。

9.3.4.1 配备API标准插座的汽车罐车，防溢液位开关由罐车自带，装在罐车内部，通过API标准插座和插头的插接将信号引出。

9.3.5.1 罐车和灌装设备应与接地装置进行完好的防静电连接，这是液化烃装车安全操作的必要条件。静电接地夹的功能是连接并检测罐车的接地状态，泄放罐车上产生的静电，保证灌装作业安全。

9.3.5.2 配备API标准插座的汽车罐车，静电接地检测由罐车自带。

9.3.6.3 溢油及静电保护器的功能是连续检测防溢液位开关和静电接地开关的状态，构成检测报警保护系统。当液位升高达到防溢液位开关报警点，或静电接地开关信号非正常时，溢油及静电保护器向装车系统发出停止装车信号，关阀、停泵、终止灌装作业，并发出声光报警。

9.3.6.6 溢油及静电保护器分为上装式和下装式两种：

a) 上装式顶部灌装的汽车或火车罐车，与溢油及静电保护器配套连接的有安装在罐车口或鹤管上的防溢液位开关、静电接地夹；

b) 下装式底部灌装的汽车罐车，与溢油及静电保护器配套的连接采用符合API RP 1004规范的标准插头，简称API标准插头；

北美、欧洲国家的汽车罐车配有防溢液位开关、静电接地信号，内部连接到罐车的API RP 1004的标准插座中，通过API标准插头接到溢油及静电保护器中。

c) 目前我国汽车装车处于由顶部灌装向底部灌装的转换过渡阶段，各种灌装汽车的车型并不统一，有的配有API标准插座，有的没配备，还需使用防溢液位开关和静电接地夹。因此，溢油及静电保护器宜同时配备与防溢液位开关、静电接地夹和API标准插头的信号接口。

9.4 批量控制器

9.4.5 液化烃灌装全过程的控制目标是：灌装起始阶段，开启控制阀到一定的开度，采用小流量限制流速，防止静电引发事故和大量挥发；当液体浸没鹤管口后，开大控制阀，大流量装车，缩短装车时间。灌装即将完成阶段，关小控制阀，进行小流量灌装，最后缓慢关闭控制阀，达到预装量，防止灌装结束突然关闭控制阀引起管路“水击”，损坏设备或导致事故。

液化烃灌装时控制流速的目的是为了减少装车过程产生的静电和烃类液体的挥发。

本条流速限制数据参考GB 50074—2014《石油库设计规范》8.1.9、8.2.8的规定。

9.4.6 流量连续控制方式的流量控制回路是随动控制，类似串级控制的副回路。流量给定值是批量控制器的内部给定，是由装车的流量控制程序设定的。流量控制过程是：装车初始阶段缓慢增加流量，到一定的值，保持低流速装车；当液体浸没鹤管口后，平稳将流量增加到最大值，持续大流量装车；到装车结束阶段，关小装车控制阀，平稳减小流量，进行小流量装车，达到预定装车量时关阀，实现精确定量装车。

9.4.7 流量分段控制方式不以流量作为被控变量，属于开环控制。流量检测值仅用于流量累积，累积值决定了不同流量的分段控制时间点，适时发出改变流量的程序控制指令。实现：启动装车，初始阶段小流量慢流速装车，中间阶段大流量装车，接近结束阶段，降低流量装车，最后达到预定装车量停止，实现定量装车。

采用开关阀作为装车控制阀的流量分段控制方式曲线示例见图8。

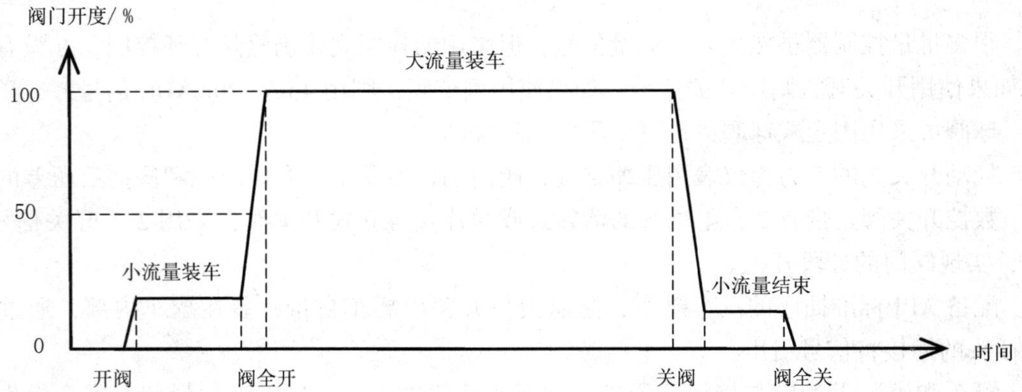

图 8 流量分段控制方式曲线示例——三段控制的流量曲线

9.7 装车业务管理站

9.7.1 装车业务管理站的功能是收发业务管理，可在自动控制系统中配备专用服务器运行装车管理软件来实现，也可采用工业控制计算机运行专为装车管理定制的小型软件作为装车管理站。

ICS 25.040
P 72
备案号：J2434-2017

SH

中华人民共和国石油化工行业标准

SH/T 3183—2017

石油化工动力中心自动化系统设计规范

Specification for design of power center automation systems in petrochemical industry

2017-04-12 发布　　2017-10-01 实施

中华人民共和国工业和信息化部　发布

目　次

Contents

前　言

根据中华人民共和国工业和信息化部《2012年第四批行业标准制修订计划》(工信厅科〔2012〕252号)的要求，规范编制组经广泛调查研究，认真总结实践经验，参考有关国际标准和国外先进标准，并在广泛征求意见的基础上，制定本规范。

本规范共分11章。

本规范的主要技术内容是：石油化工动力中心自动化系统的工程的设计原则及主要技术要求。

规范由中国石油化工集团公司负责管理，由中国石油化工集团公司自动控制设计技术中心站负责日常管理，由中石化宁波工程有限公司负责具体技术内容的解释。执行过程中如有意见和建议，请寄送日常管理单位和主编单位。

本规范日常管理单位：中国石油化工集团公司自动控制设计技术中心站
通信地址：上海市徐汇区中山南二路1089号徐汇苑12楼
邮政编码：200030
电　　话：021-64578936
传　　真：021-64578936
本规范主编单位：中石化宁波工程有限公司
通信地址：浙江省宁波市高新区院士路660号
邮政编码：315103
本规范主要起草人员：王　颖　潘程兰　夏车奎　陈　磊　吴　博　徐艳娟　刘志云　毛彩芳
柏　璐　李苑茹
本规范主要审查人员：叶向东　裴炳安　林　融　徐伟清　王发兵　丁兰蓉　宋志远　樊　清
杨金城　伍锦荣　刘　凤　王明玉　陈学敏

本规范为首次发布。

石油化工动力中心自动化系统设计规范

1 范围

本规范规定了动力中心自动化系统工程的设计原则及主要技术要求。

本规范适用于石油化工企业新建、扩建和改建的采用直接燃烧方式、以燃用固体化石为燃料的动力中心自动化系统的工程设计。

2 规范性引用文件

下列文件对于本规范的应用是必不可少的。凡是注日期的引用文件，仅注日期的版本适用于本规范。凡是不注日期的引用文件，其最新版本(包括所有的修改单)适用于本规范。

GB/T 50933　石油化工装置设计文件编制标准
SH/T 3005　石油化工自动化仪表选型设计规范
SH/T 3006　石油化工控制室设计规范
SH/T 3019　石油化工仪表管道线路设计规范
SH/T 3020　石油化工仪表供气设计规范
SH/T 3081　石油化工仪表接地设计规范
SH/T 3082　石油化工仪表供电设计规范
SH/T 3092　石油化工分散控制系统设计规范
SH/T 3104　石油化工仪表安装设计规范
SH/T 3164　石油化工仪表系统防雷设计规范
HJ/T 75　固定污染源烟气排放连续监测技术规范(试行)
HJ/T 76　固定污染源烟气排放连续监测系统技术要求及检测方法(试行)

3 术语和定义、缩略语

3.1 术语和定义

下列术语和定义适用于本规范。

3.1.1

石油化工动力中心 power center of petrochemical industry

为石油化工企业工艺装置及公用辅助设施正常生产以及开停车提供蒸汽和部分电力。

3.1.2

分散控制系统　distributed control system

控制功能分散，操作和管理集中，采用分级网络结构的计算机和微处理器为核心的控制系统。

[SH/T 3092—2013，3.1.1]

3.1.3

炉膛安全监控系统　furnace safeguard supervisory system

保证锅炉燃烧系统中各设备按规定的操作顺序和条件安全启停、切投，并能在危急工况下迅速切断进入锅炉炉膛的全部燃料(包括点火燃料)，防止爆燃、爆炸、内爆等破坏性事故发生，以保证炉膛安全的保护和控制系统。炉膛安全监控系统包括炉膛安全系统和燃烧器控制系统。

[DL/T 701—2012，6.8]

3.1.4

数字式电液控制系统 digital electro-hydraulic control system

是由按电气原理设计的敏感元件、数字电路(计算机)，以及按液压原理设计的放大元件和液压伺服机构构成的汽轮机控制系统。

[DL/T 701—2012，4.53]

3.1.5

汽轮机紧急跳闸系统　emergency trip system

当汽轮机运行过程中出现异常、可能危及设备安全时，采取紧急措施停止汽轮机运行的保护系统。[DL/T 701—2012，6.33]

3.1.6

汽轮机监视仪表 turbine supervisory instruments

连续测量汽轮机的转速、振动、膨胀、位移等机械参数，并将测量结果送入控制系统、保护系统等用于控制变量及运行人员监视的自动化系统。

[DL/T 701—2012，5.53]

3.1.7

超速保护控制 over-speed protection control

抑制超速的控制功能。当汽轮机转速达到或超过额定转速的103%，或转子加速度超过规定值时，自动关闭调节汽门，当转速恢复正常时再开启调节汽门，如此反复，直至正常转速控制回路可以维持额定转速。

[DL/T 701—2012，6.31]

3.1.8

总燃料跳闸　master fuel trip

由人工操作或保护信号自动动作，快速切断进入锅炉(包括常压循环流化床)所有燃料(包括到炉膛、点火器、风道燃烧器等的燃料)的控制措施。

[DL/T 701—2012，6.15]

3.1.9

辅助车间 auxiliary workshop

也称辅助系统 auxiliary system。火力发电厂将输煤系统、除灰除渣系统、石灰石输送、除尘系统、燃油泵房、化学加药系统、汽水取样系统、凝结水处理、循环水泵房、污水处理、空压机系统等统称为辅助车间。

3.2　缩略语

下列缩略语适用于本规范。

CEMS：烟气连续排放监测系统(Continuous Emission Monitoring System)

DCS：分散控制系统(Distributed Control System)

DEH：数字式电液控制系统(Digital Electro-Hydraulic Control System)

ETS：汽轮机紧急跳闸系统(Emergency Trip System)

HAZOP：危险和可操作性研究(Hazard and Operability Study)

MCR：锅炉最大连续蒸发量(Maximum Continuous Rating)

MFT：总燃料跳闸(Master Fuel Trip)

MMS：机组监测系统(Machinery Monitoring System)

OPC：超速保护控制 (Over-speed Protection Control)

PLC：可编程序控制器(Programmable Logic Controller)

SIL：安全完整性等级(Safety Integrity Level)

SIS：安全仪表系统(Safety Instrumented System)

TSI：汽轮机监视仪表(Turbine Supervisory Instruments)

4 一般规定

4.1 动力中心自动化系统的设计应符合职业卫生、安全和环境保护的要求。

4.2 动力中心自动化系统的设计除了应执行本规范外，还应符合相关国家标准和其他行业规定。

5 动力中心自动化水平

5.1 自动化水平

5.1.1 动力中心的自动化水平应与全厂整体水平一致。

5.1.2 动力中心的控制系统应接入工厂管理网，并提供工厂管理等所需的过程数据。

5.1.3 动力中心的控制系统和信息管理系统的总体结构应与全厂一致。

5.2 控制方式

5.2.1 动力中心的控制方式应与其自动化水平、运行管理模式相适应。

5.2.2 动力中心应在控制室内集中监控。

5.2.3 对于采用集中控制方式的辅助车间，应适当集中设置现场机柜室，每个现场机柜室设置配套的控制系统，其监控系统可采用 PLC 或 DCS 构成。

6 控制室和机柜室的设置

6.1 一般规定

6.1.1 控制室和机柜室的设置应按照全厂规划和动力中心机组特点综合考虑。

6.1.2 控制室和机柜室的设计应符合 SH/T 3006 的规定。

6.2 控制室的设置

a) 动力中心宜设置独立控制室、独立中心控制室或现场控制室；

b) 动力中心控制室的功能房间和辅助房间宜根据其定位酌情设置。

6.3 现场机柜室的设置

6.3.1 主厂房：

a) 主厂房内应设现场机柜室，负责锅炉及汽轮发电机组等；

b) 主厂房现场机柜室的数量应根据机组控制方案及装置布置等因素确定；

c) 主厂房现场机柜室的下方宜设电缆夹层间。

6.3.2 辅助系统：

a) 辅助系统现场机柜室的设置，应根据控制方式和岗位设置确定；

b) 辅助系统可设置除尘现场机柜室、运煤现场机柜室和化学水现场机柜室等；

c) 辅助系统的现场机柜室宜采用活动地板。

7 控制系统及装置功能

7.1 控制系统功能

控制系统应具备数据采集、模拟量控制、顺序控制、联锁保护控制等功能，应能够在少量就地操作和巡回检查配合下，在控制室内实现锅炉和汽轮机的启动、运行工况监视和调整、停机和事故处理。

7.2 模拟量控制

7.2.1 控制功能应符合下列规定：

a) 模拟量控制系统应满足锅炉、汽轮机组正常运行的控制要求，并应考虑在锅炉、汽轮机组事故及异常工况下与相关的联锁保护协同控制的措施。在主辅设备可控性较好的情况下，可考虑部分模拟量控制回路实现全程控制；

b） 汽轮机应配置汽轮机电调系统，汽轮机电调系统应至少具有调节汽轮机功率和频率、自动升速、停机等功能。同时，汽轮机电调系统应具有孤岛运行能力；

c） 锅炉模拟量控制系统在不投油最低燃煤负荷到100% MCR负荷变动范围内应保证被控变量满足锅炉有关验收标准的要求；

d） 锅炉控制系统应由若干子系统组成，在锅炉运行的全负荷范围内使这些子系统协调运行。子系统的控制策略宜具有前馈功能，使锅炉能灵敏、安全、快速、稳定的运行。

7.2.2 模拟量控制项目的设置应符合下列规定：

a） 锅炉应设给水、燃料、送风、二次风、炉膛负压、过热蒸汽温度控制；

b） 全厂应设主蒸汽母管压力控制；

c） 汽轮机应设汽轮机控制；

d） 采用一次风机送粉的制粉系统及中储式热风送粉系统宜设一次风总风压控制；

e） 钢球磨煤机仓储式制粉系统宜设磨煤机负荷控制、磨煤机出口温度、磨煤机入口负压控制；中速、风扇磨煤机直吹式制粉系统宜设磨煤机出口温度控制、磨煤机风量控制；

f） 汽轮发电机设下列模拟量控制：

1） 凝汽器应设水位；

2） 加热器应设水位；

3） 轴封供汽应设压力；

4） 氢/油密封宜设压差（发电机氢冷系统）；

5） 高、低压旁路的蒸汽宜设压力及温度；

g） 除氧器应设水位和压力控制，并宜采用恒定压力控制；

h） 减压减温器宜设压力和温度控制；

i） 热网水系统应设补给水压力控制，也可设出口水温度控制；

j） 需要保持一定液位运行的容器，宜设液位控制。

7.3 顺序和联锁控制

7.3.1 顺序控制

a） 需要经常进行有规律性操作的工艺系统宜采用顺序控制；

b） 控制顺序及方式由工艺特点及运行方式决定；

c） 顺序控制系统宜以子功能组为主。对于采用DCS实现顺序控制时，每一个子功能组项目及其相关设备的状态、启动许可条件、操作顺序和运行报警，均应在操作站上显示；

d） 下列辅助系统宜采用顺序控制：

1） 化学水除盐系统(按化学专业设计规定的具体要求设置)；

2） 容量为300MW及以上机组的凝汽器胶球清洗或反冲洗系统；

3） 凝结水精处理系统；

4） 气力除灰及除渣系统；

5） 布袋或静电除尘器系统；

6） 蒸汽吹灰系统(或激波除灰系统)；

e） 采用顺序控制时，可根据被控对象的重要性考虑设置单个对象操作手段。当顺序控制系统设置上位机时，运行人员应以-操作站和键盘监控每一个被控对象。应考虑相应的措施，以防运行人员误操作；

f） 顺序控制设计应遵守保护、联锁操作优先的原则。在顺序控制过程中出现保护、联锁指令时，应将控制进程中断，并使工艺系统按照保护、联锁指令执行；

g） 顺序控制系统应设有工作状态显示及故障报警信号。复杂的顺序控制系统还应设步序显示；

h） 顺序控制在自动运行期间，当发生故障或运行人为中断时，应具备中断程序功能，使工艺系统处于安全状态；

i） 单台辅机/子系统的顺序控制功能及其相应的联锁、保护功能应在同一控制器内实现。互为备用的辅机/子系统的顺序控制用I/O信号应接入不同的I/O模件，以保证工艺子系统辅机设备安全及工艺子系统/辅机设备冗余有效。

7.3.2 联锁控制

7.3.2.1 一般规定

a） 工艺系统及工艺设备的联锁条件应根据工艺要求确定，应由相应的控制系统实现；
b） 联锁回路设计应遵守保护闭锁优先的原则，不应设置解除保护的手段；
c） 引用模拟量作为联锁信号时，应从联锁比较模块引用，不应由模拟量报警值模块引用；
d） 参与锅炉、汽机联锁停用的宜采用模拟量。

7.3.2.2 锅炉

a） 锅炉燃烧系统应设下列联锁：
  1） 吸风机、回转式空气预热器和送风机之间在启停及跳闸时的顺序联锁；
  2） 吸风机、回转式空气预热器、送风机与相关的烟风道挡板之间的启、闭联锁；
  3） 2台并列运行的吸风机（送风机）中的一台跳闸时，应自动隔离已跳闸的风机；在2台运行的吸风机均跳闸时，所有运行的送风机和一次风机应联锁跳闸，并保证炉膛自然通风；
  4） 一次风机送粉时，全部一次风机跳闸应联锁停止全部给粉机。排粉机送粉时，任一台排粉机跳闸应联锁停止相应的给粉机；
  5） 烟气再循环风机跳闸时，应自动关闭该风机的入、出口挡板；
  6） 燃油（燃气）锅炉的燃油（燃气）压力低于规定值时，应联锁切断燃油（燃气）供应；
b） 钢球磨煤机仓储式制粉系统应设以下联锁：
  1） 排粉机跳闸时，应停止相应的磨煤机；
  2） 磨煤机跳闸时，应停止相应的给煤机、联锁关闭磨煤机入口热风挡板、打开磨煤机入口冷风挡板（以炉烟为干燥介质，磨制有爆炸危险的煤种例外）；
  3） 磨煤机出口温度高至规定值时，应联锁打开磨煤机入口冷风挡板（以炉烟为干燥介质，磨制有爆炸危险的煤种例外）；
c） 中速磨煤机直吹式制粉系统应设以下联锁：
  1） 一次风机跳闸时，应停止相应的磨煤机，并关闭其入口风挡板及出口挡板；
  2） 磨煤机跳闸时，应停止相应的给煤机；
  3） 磨煤机出口温度高至第一规定值时，应打开相应的入口冷风挡板（以炉烟为干燥介质，磨制有爆炸危险的煤种例外）；在磨煤机出口温度高至第二规定值时，应立即跳闸磨煤机，并按制造厂规定的磨煤机着火保护程序处理；
d） 风扇磨煤机跳闸时，应停止相应的给煤机，并关闭磨煤机入口热风挡板；
e） 风机或磨煤机的润滑油系统应设以下联锁：
  1） 工作润滑油泵跳闸或润滑油压（高位油箱油位）低至第一规定值时，应联锁投入备用润滑油泵；
  2） 润滑油压（高位油箱油位）低至第二规定值时，应停止相应的风机或磨煤机。

7.3.2.3 汽轮发电机组

a） 汽轮机润滑油系统应设以下联锁：
  1） 润滑油压低至第一规定值时，应启动交流油泵；
  2） 润滑油压低至第二规定值时，应启动直流油泵；
  3） 交/直流电动机驱动同一润滑油泵时，在直流电动机启动后，应切断交流电动机的电源；
  4） 润滑油压低至第三规定值时，应停止汽轮机盘车；

b） 汽轮机电调系统应设以下联锁：

1） 真空低；

2） 机械超速；

3） 电超速；

4） OPC 超速；

5） 轴向位移保护；

6） 胀差保护；

7） 润滑油压低；

8） EH 油压低；

9） 轴振动保护。

7.3.2.4 除氧给水系统

锅炉给水泵应设以下联锁：

1） 定压运行的机组，当工作给水泵事故跳闸或给水母管压力低至规定值时，应自动启动备用给水泵；

2） 在润滑油压达到规定值时，方可启动给水泵；

3） 在润滑油压低至第一规定值时，应启动备用润滑油泵；

4） 在润滑油压低至第二规定值时，应停止给水泵。

7.3.2.5 其他

a） 配有出口电动门的离心式水泵，应设以下联锁：

1） 水泵跳闸时，关闭相应的出口电动门；

2） 水泵关门启动，延时打开相应的出口电动门；

b） 经常运行并设有备用的水泵、油泵、风机或工艺要求根据参数控制的水泵、油泵、风机、电动门、电磁阀门，应有以下联锁：

1） 工作泵(风机)事故跳闸时，应自动启动备用泵(风机)；

2） 相关工艺参数达到规定值时自动启动或停止相应的泵(风机)；

3） 相关工艺参数达到规定值时自动打开或关闭相应的电动门、电磁阀门。

7.4 仪表与控制保护

7.4.1 一般规定：

a） 锅炉、汽轮机跳闸保护系统的逻辑控制器应独立冗余设置；

b） 在操作台上应设置总燃料跳闸、停止汽轮机等跳闸按钮，跳闸按钮应直接接至停炉、停机的驱动回路；

c） 停炉、停机保护动作原因应设事件顺序记录。

7.4.2 汽包水位测量系统的配置应符合下列规定：

a） 锅炉汽包水位测量系统应采用 2 种或 2 种以上工作原理共存的配置方式；

b） 在控制室，除借助 DCS 监控汽包水位外，应设置 1 套独立的汽包水位测量装置；

c） 锅炉汽包水位测量系统的配置可采用以下 2 种方式：

1） 3 套差压式汽包水位测量装置和 2 套电极式汽包水位测量装置；

2） 6 套差压式汽包水位测量装置和 1 套电极式汽包水位测量装置；

采用上述 2 种方式进行水位测量时，应分别从汽包两端取样；

d） 新建锅炉不宜配置云母水位计，对于已采用云母水位计的锅炉应增加遥控隔离阀；

e） 当设置大量程汽包水位测量装置时，电极式汽包水位测量装置表计和差压式汽包水位测量装置变送器的量程应小于正、负取压孔的距离，并应留有 10%的裕量。

7.4.3 锅炉应设下列保护：

a） 锅炉给水系统应设下列保护：

1） 汽包锅炉的汽包水位保护；
2） 直流锅炉的给水流量过低保护；

b） 锅炉蒸汽系统应设下列保护：
1） 主蒸汽压力高（超压）保护；
2） 再热蒸汽压力高（超压）保护；
3） 再热蒸汽温度高喷水保护；

c） 锅炉炉膛安全保护应包括下列功能：
1） 锅炉吹扫；
2） 油系统检漏试验；
3） 灭火保护；
4） 炉膛压力保护；

d） 当运行中的锅炉发生下列情况之一时，应发出 MFT 指令，实现紧急停炉保护：
1） 手动停炉指令；
2） 全炉膛火焰丧失（延时）；
3） 炉膛压力过高（高三值，延时）；
4） 炉膛压力过低（低三值，延时）；
5） 汽包水位过高（高三值，延时）；
6） 汽包水位过低（低三值，延时）；
7） 全部送风机跳闸；
8） 全部引风机跳闸；
9） 仅煤粉燃烧器投运时，全部一次风机跳闸；
10） 燃料全部中断：
——常压流化床锅炉：燃料全部中断，且床温不适合任何燃料投入；
——直吹式制粉系统：全部磨煤机跳闸或全部给煤机跳闸，且总燃油（气）阀或全部燃油（气）支阀关闭；
——中间贮仓式制粉系统：全部给粉机跳闸或全部排粉机（一次风机）跳闸，且总燃油（气）阀或全部燃油（气）支阀关闭；
11） 总风量比吹扫风量低满负荷风量的 5%；
12） 再热器超温（宜跳闸）；
13） 单元制系统汽轮机跳闸（未设置运行用旁路或运行用旁路容量不合适时）；
14） 保护系统电源消失；
15） 煤粉锅炉火检冷却风消失；
16） 不同特性的锅炉还应增加下列 MFT 条件：
——强制循环炉：全部炉水循环泵跳闸或全部炉水循环泵前后差压小或流量丧失；
——常压循环流化床锅炉：床温过高或炉膛出口烟气温度过高；
——常压循环流化床锅炉：床温低于主燃料允许投入温度且启动燃烧器火焰未确认；
——常压循环流化床锅炉：全部流化风机跳闸或流化风量过低；
——常压循环流化床锅炉：流化床系统部件冷却水量过低；
——直流锅炉：给水流量过低；
——直流锅炉：全部给水泵跳闸；
——锅炉制造厂提供的其他保护项目。

7.4.4 汽轮机应设下列保护：

a） 在运行中汽轮发电机组发生下列情况之一时应实现紧急停机保护：
1） 汽轮机超速；

2) 凝汽器真空过低；
3) 润滑油压力过低；
4) 轴承振动大；
5) 轴位移大；
6) 发电机冷却系统故障；
7) 手动停机；
8) 汽轮机数字电液控制系统失电；
9) 汽轮机、发电机等制造厂提供的其他保护项目；

b) 汽轮机应有下列热工保护：
1) 抽汽防逆流保护；
2) 低压缸排汽防超温保护；
3) 汽轮机防进水保护；
4) 汽轮机真空度低保护。

7.4.5 发电机的热力系统应有下列热工保护：
a) 除氧器水位和压力保护；
b) 高、低压加热器水位保护；
c) 汽轮机旁路系统的减温水压力低和出口温度等高保护；
d) 空冷机组的有关保护。

7.4.6 重要辅机(如给水泵、送风机、吸风机等)的热工保护应按动力中心热力系统和燃烧系统的运行要求，并参照辅机制造厂的技术要求进行设计。

8 仪表选型

8.1 一般规定

8.1.1 动力中心仪表选型宜与主装置保持一致。

8.1.2 仪表选型设计应符合 SH/T 3005 的规定。

8.2 常规仪表选型

8.2.1 测量带有粉尘介质的压力时，应设置防堵或吹扫(洗)措施。

8.2.2 一般流体的流量测量可选用标准节流装置配差压变送器。

8.2.3 在小流量、微小流量的场合，不粘附且透明的流体流量测量，当量程比不大于 10∶1，需要就地指示时，可采用金属转子流量计。

8.2.4 大口径管道的流量测量，可选用插入式多喉径流量计、热式质量流量计等。

8.2.5 粘度适宜的油品的精确计量，可选用容积式流量计。

8.2.6 控制阀的最小、最大控制流量及漏流量应满足运行(包括启、停和事故工况)控制要求。

8.2.7 在阀前后压差很大且有气蚀的场合根据工艺要求选用多级降压或角型调节阀。

8.2.8 动力中心有仪表气源时，应选用气动执行机构，配智能电/气阀门定位器。

8.2.9 具有故障安全要求的气动阀，应按失气安全的原则设计。

8.2.10 调节阀宜配有阀位指示器和阀位变送器，并将阀位信号送到 DCS。

8.2.11 电动阀执行机构宜为 3 相 380VAC 或单相 220VAC，50Hz 供电，执行机构应包括电机控制器和阀位开关，宜选用一体化执行机构。

8.3 过程分析仪表

8.3.1 过程分析仪表应根据工艺需要选用适宜的分析仪表，应采用机柜或分析小屋安装方式。

8.3.2 复杂的过程分析仪表，如 CEMS 分析仪等，应与采样系统、采样预处理系统和在线分析小屋一起成套(包)订货。

8.3.3 CEMS 应符合 HJ/T 75 和 HJ/T 76 的有关规定，并应满足当地环保的要求。

8.4 轴系监测仪表

8.4.1 动力中心的汽轮发电机组、给水泵汽轮机、重要风机等设备应设置轴系监测仪表。

8.4.2 当全厂设有 MMS 系统时，动力中心应配置同等水平的 MMS 系统，并接入全厂 MMS 网络。

9 控制系统设计

9.1 一般规定

9.1.1 控制系统的设计应根据项目特点、工艺系统、主辅机可控性及自动化水平确定。

9.1.2 控制系统的设计除了应执行本规范外，尚应符合相关国家标准和其他行业规定。

9.2 汽轮发电机组的控制系统

9.2.1 汽轮发电机组应配置 DEH、ETS、TSI 等控制系统。

9.2.2 DEH 的设计应符合下列规定：

a） DEH 电子控制装置宜采用与机组 DCS 一体化配置；

b） 对于在 DCS 不能满足 DEH 系统要求的情况下，应选用成熟的汽轮机电液控制系统专用的电子控制装置。

9.2.3 TSI 的设计应符合下列规定：

a） 保护动作输出的跳机信号，宜采用常开(闭合跳机)且不少于 2 路输出信号，至 ETS 系统组成或逻辑运行；

b） TSI 的输入信号通道，应设置断线自动退出保护逻辑判断的功能；

c） 超速保护信号应采用 3 路全程独立的转速信号进行三选二逻辑判断(在 TSI 框架内或 DEH 内)。

9.2.4 ETS 的设计应符合下列规定：

a） ETS 可设置为独立的系统，也可与 DEH 系统合并设计；

b） 输入 ETS 的保护动作信号应专用，通过硬接线直接接入。

9.3 DCS 系统

分散控制系统的设计应符合 SH/T 3092 的规定。

9.4 SIS 系统

9.4.1 动力中心宜通过 HAZOP 和 SIL 评估，确定是否设置 SIS 系统。

9.4.2 SIS 系统的工程设计应按有关规定执行。

10 仪表设计其他事宜

10.1 仪表供电

仪表供电应符合 SH/T 3082 的规定。

10.2 仪表供气

仪表供气应符合 SH/T 3020 的规定。

10.3 仪表接地

仪表接地应符合 SH/T 3081 的规定。

10.4 仪表系统防雷

仪表系统防雷应符合 SH/T 3164 的规定。

10.5 仪表配管、配线

10.5.1 仪表配管、配线应符合 SH/T 3019 的规定。

10.5.2 长期运行在高温区域的电缆和补偿导线应使用耐高温特种电缆或耐高温补偿电缆。

10.5.3 进入轴承箱内的导线应采用耐油、耐热绝缘软线。

10.6 仪表安装

仪表安装应符合 SH/T 3104 的规定。

11 设计内容及深度

11.1 基础设计阶段

基础设计内容及深度应符合 GB/T 50933 的规定。

11.2 详细设计阶段

详细设计内容及深度应符合 GB/T 50933 的规定。

参 考 文 献

［1］GB 50049—2011　小型火力发电厂设计规范

［2］GB 50660—2011　大中型火力发电厂设计规范

［3］GB 50058—2014　爆炸危险环境电力装置设计规范

［4］GB 50160—2008　石油化工企业设计防火规范

［5］GB 50493—2009　石油化工可燃气体和有毒气体检测报警设计规范

［6］SH/T 3174—2013　石油化工在线分析仪系统设计规范

［7］DL/T 701—2012　火力发电厂热工自动化术语

［8］DL/T 1083—2008　火力发电厂分散控制系统技术条件

［9］DL/T 1091—2008　火力发电厂锅炉炉膛安全监控系统技术规程

［10］DL/T 1393—2014　火力发电厂锅炉汽包水位测量系统技术规程

［11］DL/T 5175—2003　火力发电厂热工控制系统设计技术规定

［12］DL/T 5227—2005　火力发电厂辅助系统（车间）热工自动化设计技术规定

［13］DL/T 5512—2016　火力发电厂热工检测及仪表设计规程

［14］火电厂热控系统可靠性配置与事故预防 电力行业热工自动化技术委员会编 中国电力出版社出版

［15］TSG ZB001—2008　燃油（气）燃烧器安全技术规则

中华人民共和国石油化工行业标准

石油化工动力中心自动化系统设计规范

SH/T 3183—2017

条 文 说 明

2017 北 京

制 定 说 明

SH/T 3183—2017《石油化工动力中心自动化系统设计规范》，经工业和信息化部 2017 年 4 月 12 日以第 14 号公告批准发布。

本规范制定过程中，编制组进行了广泛的调查研究，总结了近几年大型石化项目中汽电联产动力中心自动化系统的实践经验，同时参考了电力行业技术标准和有关资料，通过多次征求意见，认真讨论，取得了共识。

为便于广大设计、施工、科研、学校等单位有关人员在使用本规范时能正确理解和执行条文规定，《石油化工动力中心自动化系统设计规范》编制组按章、条顺序编制了本规范的条文说明，对条文规定的目的、依据以及执行中需注意的有关事项进行了说明。但是，本条文说明不具备与规范正文同等的法律效力，仅供使用者作为理解和把握规范规定的参考。

目 次

石油化工动力中心自动化系统设计规范

1 范围

石油化工的专业分工与火力发电行业不尽相同，本规范是按照石油化工行业的习惯，规定了仪表与控制专业有关的设计原则。

3 术语和定义、缩略语

3.1 术语和定义

3.1.1 石油化工动力中心作为石油化工企业主要公用工程，有时也称为热岛中心或热电联产装置。

3.1.3~3.1.8 直接采用火力发电行业的术语。

3.2 缩略语

SIS：安全仪表系统(Safety Instrumented System)

本规范的SIS是按照石油化工行业的习惯定义的。在火力发电厂中SIS(supervisory information system for plant level 厂级监控信息系统)主要是为火力发电厂建立全厂生产过程实时/历史数据库平台，为全厂实时生产过程综合优化服务的实时生产过程监控和管理的信息系统。

5 动力中心自动化水平

5.1 自动化水平

5.1.3 鉴于动力中心在石油化工企业中的重要地位，以及适应目前工厂集中管理的模式需要。

5.2 控制方式

5.2.1 石油化工动力中心，按照火力发电厂的惯用说法为母管制、炉机集中控制方式。

5.2.3 各辅助车间控制系统宜采用统一系统的PLC或DCS。

若主厂房与辅助单元距离较远可考虑设置辅助单元现场控制室。

6 控制室和机柜室的设置

6.1 一般规定

控制室可为中心控制室，也可是现场控制室。电力行业和石化行业对控制室和机柜室的定义有所不同，执行本规范时，应遵从石油化工行业的习惯。

6.2 控制室的设置

动力中心应根据全厂的控制方式、管理模式等因素确定。

全厂仅设置一个中心控制室时，动力中心应设置现场机柜室或者设置控制室；全厂设置不止一个中心控制室时，动力中心可设置独立的中心控制室。

6.3 现场机柜室的设置

6.3.2 辅助系统：

b) 这里给出的辅助车间现场机柜室的名称是以往项目较为普遍的说法，工程项目中应根据辅助车间现场机柜室的功能自行定义其名称。

7 控制系统及装置功能

本章主要是依据火力发电相关标准规范。根据石油化工行业的习惯和专业分工，对有关内容进行了梳理。

7.2 模拟量控制

模拟量控制系统 MCS（modulating control system）：对锅炉、汽轮机及辅助系统的过程参数进行连续自动调节的控制系统总成。包括过程参数的自动补偿和计算，自动调节、控制方式的无扰切换，以及偏差报警等功能。（见 DL/T 701—2012 中 4.15）

模拟量控制项目及策略应根据机组特点、工艺过程等确定：

◇ 炉膛负压控制通过控制引风机频率（或入口挡板开度、液力偶合器转速）维持炉膛压力为设定值，控制回路宜采用送风量指令作为超前变化的前馈信号，使炉膛负压波动最小。炉膛负压控制宜设方向闭锁，在炉膛压力低时，应闭锁引风机频率（或入口挡板开度、热力偶合器转速）进一步增大；在炉膛压力高时，应闭锁引风机频率（或入口挡板开度）进一步减小。在发生总燃料跳闸（MFT）且风量大于 30%时，应能根据负压超弛信号使引风机频率（或入口挡板开度、热力偶合器转速）快速减小，直至恢复正常的负压控制。在炉膛负压波动值超过正常范围后，宜设置增益系数，以适应锅炉跳车等异常情况。

◇ 送风控制通过控制送风机频率（或入口挡板开度、热力偶合器转速）控制风量达到最佳燃烧工况，送风控制宜设置方向闭锁，当炉膛压力高时，应闭锁送风机频率（或入口挡板开度、热力偶合器转速）进一步增大；炉膛压力低时，应闭锁送风机频率（或入口挡板开度、热力偶合器转速）进一步减小。当总风量低于吹扫额定值时，应发出报警信号。

◇ 采用氧量校正的送风控制系统的氧量定值应能跟随负荷变化进行校正。

◇ 温风送粉的母管制锅炉的二次风控制回路应通过多层二次风门挡板的协调控制热风压力。

◇ 过热蒸汽温度控制宜采用串级调节，并将经过校正的锅炉总风量信号或能够表征锅炉烟气量变化及负荷变化的信号作为温度控制的前馈，在规定的锅炉运行参数范围内，控制第一级和第二级过热器的出口温度。

◇ 燃烧控制系统宜设燃料/空气交叉限制功能，并具有根据燃料种类及低位发热量的变化，对单位负荷所需空气量及燃料量进行校正的功能。

◇ 模拟量控制系统平行控制两个及以上被控对象时，控制系统应有被控对象的负荷分配和负荷自动转移匹配功能。如送风、引风控制回路，应具有以下几种控制模式可以选择：

1） 同步调节、阀位不同；
2） 异步调节、阀位平衡；
3） 异步调节、电流平衡；
4） 甲门主调、乙门副调；
5） 乙门主调、甲门副调。

◇ 在出现保护信号时，控制系统应及时响应，中断自动和手动控制，按保护系统的指令实施控制，保证工艺系统处于安全状态。

◇ 主蒸汽母管压力控制系统应能实现多台锅炉负荷协调和主蒸汽母管压力稳定，并应在操作员站上实现负荷协调控制/单炉控制的双向无扰切换。

◇ 模拟量控制系统中，宜设下列报警：

1） 控制系统设备的故障；
2） 主要参数变送器的故障；
3） 测量值与设定值的偏差大；
4） 系统输出与执行器位置的偏差大；
5） 手动/自动操作在联锁保护信号作用时的自动切换；
6） 控制系统电源和气源故障。

◇ 模拟量控制系统的下列一次测量信号应有补偿：

1） 汽包水位应有汽包压力补偿；
2） 给水流量应有给水温度、压力补偿；

3） 送风量应有空气温度补偿；

4） 主蒸汽流量应有主蒸汽压力、温度补偿。

7.3 顺序和联锁控制

顺序控制系统 SCS(sequence control system)：按照规定的时间或逻辑的顺序，对(某一工艺系统或辅机的)多个终端控制元件进行一系列操作的控制系统。(见 DL/T 701—2012 中 4.62)

7.3.2.3 汽轮发电机组

b） OPC 超速：当汽轮机转速达到或超过额定转速的 103%，或转子加速度超过规定值时，自动关闭调节汽门，当转速回复正常时再开启调节汽门，如此反复，直至正常转速控制回路可以维持额定转速。

7.4 仪表与控制保护

7.4.1 一般规定：

b） 现场及控制台、屏上的紧急停机停炉操作按钮，均应有防误操作安全罩。

7.4.2 汽包水位测量系统的配置应符合下列规定：

e） 为满足锅炉各种工况监视的需要，应另外配置大量程的电极式或差压式汽包水位测量装置。大量程汽包水位测量装置的正、负取压孔高度应根据汽包直径、内部部件的配置及运行需要确定，应保证电极式汽包水位测量装置表计和差压式汽包水位测量装置变送器的量程应小于正、负取压孔的距离，并应留有 10% 的裕量。

9 控制系统设计

9.2 汽轮发电机组的控制系统

9.2.3 TSI 的检测探头、延伸电缆、接线箱宜由汽轮机供货商成套供货。

10 仪表设计其他事宜

10.5 仪表配管、配线

10.5.2 耐高温特种电缆主要用于汽轮机调节阀、主汽阀关闭信号、火焰检测器等；耐高温补偿电缆主要用在机侧主蒸汽温度、汽缸或过热器壁温等。

11 设计内容及深度

11.1 基础设计阶段

在消防设计专篇、环境保护专篇、安全设施设计专篇、职业卫生专篇、节能专篇、抗震设防专篇中根据各专篇的要求，提供仪表专业相关内容。

ICS 25.040
P 72
备案号：2578-2018

SH

中华人民共和国石油化工行业标准

SH/T 3198—2018

石油化工空分装置自动化系统设计规范

Design specification for automation system of air separation unit in petrochemical industry

2018-02-19 发布　　　　2018-07-01 实施

中华人民共和国工业和信息化部　发布

目　次

Contents

前 言

根据中华人民共和国工业和信息化部《2014年第二批行业标准制修订计划》(工信厅科〔2014〕114号)文的要求，规范编制组经广泛调查研究，认真总结实践经验，参考有关国际标准和国外先进标准，并在广泛征求意见的基础上，制定本规范。

本规范共分6章和1个附录。

本规范的主要技术内容是：空分装置控制系统设置原则，空分装置现场仪表选型原则，空分装置控制室设置原则。

本规范由中国石油化工集团公司负责管理，由中国石油化工集团公司自动控制设计技术中心站负责日常管理，由中石化宁波工程有限公司负责具体技术内容的解释。执行过程中如有意见和建议，请寄送日常管理单位和主编单位。

本规范日常管理单位：中国石油化工集团公司自动控制设计技术中心站

通讯地址：上海市徐汇区中山南二路1089号徐汇苑大厦12层

邮政编码：200030

电　　话：021-64578936

传　　真：021-64578936

本规范主编单位：中石化宁波工程有限公司

通讯地址：浙江省宁波市国家高新区院士路660号

邮政编码：315103

本规范参编单位：杭州杭氧股份有限公司

本规范主要起草人员：杨　晨　严春明　宋　燕　叶威威　王丽娜　郎智超　周芬芳　王　凯

本规范主要审查人员：林　融　裴炳安　徐伟清　叶向东　林洪俊　王发兵　李　明　高　欣
杨金城　伍锦荣　魏剑萍　宋志远　孙　旭　郭章顺

本规范为首次发布。

石油化工空分装置自动化系统设计规范

1 范围

本规范规定了石油化工空分装置自动化系统工程设计的原则和基本要求。

本规范适用于石油炼制、石油化工及以煤为原料制取燃料和化工产品的企业新建、扩建和改建工程中空分装置自动化系统的工程设计。

2 规范性引用文件

下列文件对于本规范的应用是必不可少的。凡是注日期的引用文件，仅注日期的版本适用于本规范。凡是不注日期的引用文件，其最新版本(包括所有的修改单)适用于本规范。

GB 4962 氢气使用安全技术规程

GB 16912 深度冷冻法生产氧气及相关气体安全技术规程

GB 50493 石油化工可燃气体和有毒气体检测报警设计规范

GB/T 50770—2013 石油化工安全仪表系统设计规范

SH/T 3005—2016 石油化工自动化仪表选型设计规范

SH/T 3006—2012 石油化工控制室设计规范

SH/T 3092—2013 石油化工分散控制系统设计规范

SH/T 3174—2013 石油化工在线分析仪系统设计规范

HG/T 20700—2014 可编程控制器系统工程设计规范

ISA S71.04 过程测量和控制系统的环境条件：大气污染物(Environmental Conditions for Process Measurement and Control Systems: Airborne Contaminants)

3 术语和定义、缩略语

3.1 术语和定义

下列术语和定义适用于本规范。

3.1.1

压缩机控制系统 compressor control system

专用于控制和保护由蒸汽、燃气或工艺气透平驱动的大型离心式或轴流式压缩机的控制系统。

3.1.2

自动变负荷控制 automatic load control

根据工艺负荷变化要求，通过工艺数学模型计算出相关控制回路的设定值，自动适应产品负荷变化的专用控制策略。

3.1.3

空压机组 air compressor unit

由空压机、增压机、汽轮机或电机及辅助设施组成的成套设备单元。

3.1.4

机柜小屋 cabinet house

采用压型钢板预制好的全封闭设施，用于现场放置控制系统机柜。

3.2 缩略语

下列缩略语适用于本规范：

DCS：分散控制系统(Distributed Control System)

SIS：安全仪表系统(Safety Instrumented System)

CCS：压缩机控制系统(Compressor Control System)

MMS：机组监测系统(Machinery Monitoring System)

PLC：可编程序控制器(Programmable Logic Controller)

GDS：可燃气体和有毒气体检测系统(Gas Detection System)

ALC：自动变负荷控制(Automatic Load Control)

CCR：中心控制室(Central Control Room)

LCR：现场控制室(Local Control Room)

FAR：现场机柜室(Field Auxiliary Room)

CH：机柜小屋(Cabinet House)

UPS：不间断电源(Uninterruptible Power System)

GPS：普通电源(General Power Supply)

SIL：安全完整性等级(Safety Integrity Level)

4 控制系统

4.1 控制系统设置

4.1.1 一般规定

4.1.1.1 控制系统应当是成熟的、经过实际应用检验的系统，应便于扩展，能够满足空分装置控制、安全联锁、操作和管理的需要。

4.1.1.2 当需要控制系统有安全完整性等级(SIL)时，控制系统应取得国家或国际授权机构颁发的SIL认证。

4.1.2 设置方式

4.1.2.1 空分装置工艺过程的检测、控制、操作、报警、数据和事件记录、数据存储等功能应通过DCS或PLC实现。

4.1.2.2 当空分装置有安全完整性等级(SIL)要求时，安全联锁功能应通过SIS或具有SIL认证的CCS实现。

4.1.2.3 空分装置机组的防喘振控制、负荷控制、其他过程控制、安全联锁等功能宜通过CCS完成。

4.1.2.4 空分装置机组的运行状态的机械保护、在线状态监测、分析诊断(可选项)等功能宜通过MMS完成。

4.1.2.5 空分装置透平驱动机组的超速保护功能应通过独立的超速保护系统完成。

4.1.2.6 空分装置机组的调速系统宜采用独立调速器，也可采用CCS实现。

4.1.2.7 空分装置可燃和有毒气体检测、监视和报警管理功能应符合GB 50493的规定要求。

4.1.2.8 空分装置自动变负荷控制功能应通过ALC完成。

4.1.2.9 空分装置的控制系统可参照附录A设置。

4.2 控制系统要求

4.2.1 分散控制系统(DCS)

4.2.1.1 DCS的设计应符合SH/T 3092—2013的规定要求。

4.2.1.2 过程控制站

a) 空分装置的空气分离系统、公用工程系统的过程控制站可合并配置，后备系统应单独配置；

b) 过程控制站的电源模件、通信模件、CPU模件应1∶1冗余配置；

c) 控制器的CPU负荷不应超过60%；

d) 控制网络的负荷不应超过负载的50%；

e）过程控制站 I/O 模件插槽应预留不小于 20%的余量。

4.2.1.3 过程接口

a）用于控制和联锁保护功能的多通道 I/O 模件应冗余配置；

b）通信模件应冗余配置，宜采用 RS485 串行通信接口、MODBUS RTU 通信协议或采用 RJ45 接口、以太网 TCP/IP 通信协议；

c）每种备用 I/O 模件的通道数不应少于实际使用通道数的 15%；

d）每个机柜内部接线端子应留 20%备用，并预留 20%空间用于未来扩充；

e）后备系统 I/O 模件应独立配置。

4.2.1.4 操作站

a）中心控制室或空分装置现场控制室应至少配置 2 台操作站；

b）现场机柜室可配置 1 台现场操作站。

4.2.1.5 工程师站

a）中心控制室或空分装置现场控制室应至少配置 1 台工程师站；

b）现场机柜室宜配置 1 台带操作站属性的工程师站。

4.2.1.6 历史记录站

a）空分装置可配置 1 台历史记录站，也可与工程师站合并；

b）历史记录站硬盘应采用冗余配置；

c）数据存储能力应能满足历史记录功能的要求，存储时间不宜少于半年。

4.2.2 可编程序控制器(PLC)

4.2.2.1 PLC 的设计应符合 HG/T 20700—2014 的规定要求。

4.2.2.2 PLC 过程控制站、过程接口、操作站等的配置方式可参照 4.2.1 条执行。

4.2.3 安全仪表系统(SIS)

4.2.3.1 SIS 的设计应符合 GB/T 50770—2013 的规定要求。

4.2.3.2 SIS 的内部时钟应与 DCS 同步。

4.2.3.3 逻辑控制器

a）单套空分装置(含后备系统)的逻辑控制器应设置 1 套；

b）多套空分装置的逻辑控制器应按每套空分装置分别设置，后备系统应独立设置；

c）逻辑控制器应冗余容错配置；

d）逻辑控制器的中央处理单元负荷不应超过 50%；

e）逻辑控制器的内部通信负荷不应超过 50%。

4.2.3.4 过程接口

a）I/O 模件应冗余配置；

b）通信模件应冗余配置，带诊断功能，宜采用 RS485 串行通信接口、MODBUS RTU 通信协议或采用 RJ45 接口、以太网 TCP/IP 通信协议；

c）每种备用 I/O 模件的通道数不应少于实际使用通道数的 15%；

d）每个机柜内部接线端子应留 20%备用，并预留 20%空间用于未来扩充。

4.2.3.5 工程师站/事件顺序记录站

a）工程师站宜与事件顺序记录站共用；

b）中心控制室或空分装置现场控制室应至少配置 1 台工程师站/事件顺序记录站；

c）现场机柜室宜配置 1 台工程师站/事件顺序记录站。

4.2.4 压缩机控制系统(CCS)

4.2.4.1 基本要求

a）CCS 应能完成空压机、增压机机组的负荷控制、防喘振控制及联锁保护等功能；

b）当机组采用蒸汽透平驱动时，汽轮机的调速控制及联锁保护功能也可由 CCS 系统完成，调速控制的响应时间应满足机组要求；

c） CCS 应能完成机组辅助系统的控制及联锁功能；

d） CCS 硬件设计应采用故障安全模式；

e） CCS 的直流电源装置应冗余配置；

f） 在 ISA S71.04 标准 G3 等级环境下，CCS 的输入输出模件、CPU 卡、通信卡、电源卡、机柜内的端子板等应能正常运行至少 5 年；

g） CCS 和 DCS 之间应通过冗余方式进行通信，控制回路应采用硬接线完成；

h） CCS 和 SIS，MMS 之间的联锁信号应采用硬接线完成；

i） CCS 的内部时钟应与 DCS 同步；

j） 具有机组安全联锁保护功能的 CCS 应符合 SIL 安全等级的要求。

4.2.4.2 控制器

a） 控制器应为冗余容错型配置，满足机组的控制要求；

b） 防喘振控制系统的响应时间(包括从输入信号的采集、运算和输出)不应大于 100 ms，信号采样时间应小于 40 ms；

c） 控制器的处理器、内存储器、内部数据总线的负荷不应超过系统最大能力的 60%；

d） 网络通信负荷不应超过系统最大能力的 40%。

4.2.4.3 过程接口

a） 输入输出模件应冗余配置；

b） 通信模件应冗余配置；

c） 通信总线及网络应冗余配置；

d） 通信模件宜采用 RS485 串行通信接口、MODBUS RTU 通信协议或采用 RJ45 接口、以太网 TCP/IP 通信协议；

e） 每种备用 I/O 模件的通道数不应少于实际使用数量的 15%；

f） 每个机柜内部接线端子应留 20%备用，并预留 20%空间用于未来扩充。

4.2.4.4 操作站

a） 中心控制室或空分装置现场控制室应至少设置 2 台操作站；

b） 操作站的机型宜与 DCS 操作站统一；

c） 操作站的硬件配置应能满足操作的功能要求。

4.2.4.5 工程师站/事件顺序记录站

a） 中心控制室或空分装置现场控制室应至少配置 1 台工程师站/事件顺序记录站；

b） 现场机柜室宜配置 1 台工程师站/事件顺序记录站。

4.2.5 机组监测系统(MMS)

4.2.5.1 基本要求

a） MMS 应至少配置监测机架、电源模块、状态监测接口模块、过程接口模块及满足机组功能要求的相关监测器模块、继电器模块；

b） MMS 模块应具有在线维护功能，其在线插拔不应影响到其他模块的监测或保护功能；

c） 仪表机架内每种类型测量参数宜预留 10%备用接线通道，全部仪表框架宜预留 10%备用模块插槽；

d） MMS 的内部时钟应与 DCS 同步。

4.2.5.2 监测机架

a） 监测机架应符合 EIA 工业标准的尺寸，宜选用机架式结构；

b） 监测机架系统及其所有组成部件都应具有 CE 认证标识。

4.2.5.3 电源模块

a） 电源模块应冗余设置，具有自动切换功能；

b) 电源模块的拆卸和更换(即热插拔)，不应影响系统的监测与保护功能。

4.2.5.4 通信模块应能够通过 MODBUS RS-232/422/485 RTU 通信协议或 TCP/IP 方式与 CCS/DCS 进行数据通信。

4.2.5.5 MMS 可选配高级应用软件，用于机组的运行状态监测、智能诊断与分析(可选项)。

4.2.6 超速保护系统

4.2.6.1 汽轮机组应配置独立的超速保护系统。

4.2.6.2 超速保护系统应为“三取二”冗余容错结构。

4.2.6.3 超速保护系统应配置冗余的电源。

4.2.6.4 超速保护系统应独立于 CCS 单独设置。

4.3 自动变负荷控制(ALC)(可选项)

4.3.1 空分装置可选用自动变负荷控制系统。

4.3.2 自动变负荷控制系统应具备如下功能：

4.3.2.1 ALC 能自动完成空分装置负荷调整功能，采用先进控制技术实现空分装置的自动负荷切换。

4.3.2.2 ALC 的自动负荷变化范围应符合空分装置的设备实际可调范围，不造成产品放空。

4.3.2.3 当操作人员输入产品氧气产量设定值并确认后，ALC 可自动调整空分装置的运行状态。

4.3.2.4 ALC 在负荷切换过程中可同时自动控制空分装置的主要操作、控制回路，无需人为给定或改变回路设定值等手动操作辅助。

4.3.2.5 ALC 应涵盖从空压机开始到产品氧气、氮气、氩气送出冷箱的全流程。

5 现场仪表

5.1 一般规定

5.1.1 空分装置常温场合、普通介质的现场仪表设计应符合 SH/T 3005—2016 的要求；深冷场合、特殊介质的现场仪表设计除应符合 SH/T 3005—2016 的要求外，还应满足本章 5.2~5.7 节的要求。

5.1.2 安装在振动场所的现场仪表应考虑仪表的抗振动要求。

5.2 温度仪表

5.2.1 低温介质温度测量仪表的量程应涵盖操作温度以及环境温度的范围。

5.2.2 冷箱内及超高压蒸汽的集中温度检测元件应采用双支测量元件，并配带与工艺管道焊接型保护套管。

5.2.3 冷箱内温度热电阻(Pt100)检测元件精度宜选用 A 级。应通过低温液氮测试后使用。

5.2.4 用于低温介质测量的测温元件密封圈宜选用耐低温聚四氟乙烯材料。

5.2.5 工艺管道上温度计套管的插入管道内壁深度不小于 50mm 且不超过 150mm。

5.2.6 氧气、高压蒸汽管道温度仪表不应采用带支撑圈的温度计套管。

5.3 压力仪表

5.3.1 含氧量超过 30% 的介质应选用氧气压力表。

5.3.2 测量氧介质压力(差压)变送器的填充液应选择惰性介质，且接液部件应做脱油脱脂处理。

5.3.3 安装在机组等振动场所的压力(差压)变送器宜选用膜片密封带毛细管远传式的变送器。

5.4 流量仪表

5.4.1 对于压力大于 3.0MPa(G)的氧气流量计，应按照 GB 16912 执行。

5.4.2 冷箱内流量计的过程连接宜采用焊接形式。

5.4.3 氧介质测量差压变送器的填充液应选择惰性介质，且接液部件应做脱油脱脂处理。

5.5 液位仪表

5.5.1 冷箱内低温液体的液位测量应选用差压变送器。

5.6 过程分析仪表
5.6.1 在线分析系统及分析小屋的设计应符合 SH/T 3174—2013 的要求。
5.6.2 分析仪配套氢气钢瓶的布置应满足 GB 4962 的要求。
5.6.3 分析仪表需要与 DCS 进行数据通信时，宜采用 MODBUS RTU 通信协议。
5.6.4 取样配置
5.6.4.1 压力小于等于 0.3MPa(G)的取样点，应在分析仪前增加抽气泵。
5.6.4.2 压力大于 0.5MPa(G)的分析取样点，应在分析取样现场增加减压装置。
5.6.4.3 冷箱内取样管应采用 316 不锈钢 TUBE 盘管。
5.6.5 氧分析仪
5.6.5.1 微量氧分析宜选用电化学式分析仪。
5.6.5.2 常量氧、纯氧分析宜选用顺磁氧分析仪。
5.6.6 二氧化碳、氧化亚氮分析宜选用红外吸收式分析仪。
5.6.7 氩分析宜选用热导式分析仪。
5.6.8 微量氮分析宜选用等离子式分析仪。
5.6.9 露点分析宜选用电容式分析仪。
5.6.10 总烃分析宜选用工业气相色谱仪。
5.7 控制阀
5.7.1 控制阀型式选择
5.7.1.1 分子筛进出口切换阀宜选用三杆阀或蝶阀。
5.7.1.2 冷箱内低温场合的控制阀宜选用低温角阀、低温球形阀及低温蝶阀，与工艺管道焊接连接。冷箱内低温角阀的阀座、阀芯应能在冷箱外部进行更换。
5.7.2 阀体材料选择
5.7.2.1 冷箱内低温场合的控制阀阀体材质宜选用铝或不锈钢材质。
5.7.2.2 氧气控制阀阀体材质的选择应遵循 GB 16912 中氧气阀门选用的相关要求。
5.7.3 阀内件材质选择
5.7.3.1 氧气控制阀内件材质的选择应遵循 GB 16912 的相关要求。
5.7.3.2 氧气控制阀的填料等有可能接触氧气介质的非金属材料，宜选用经过氧兼容性测试的认证产品。
5.7.4 氧气阀室内调节阀的电气阀门定位器应选用分体式且安装在氧气阀室外侧。
5.7.5 空压机组等有振动场合的调节阀的电气阀门定位器宜选用分体式。

6 控制室设置

6.1 一般规定

6.1.1 中心控制室、空分装置的现场控制室、现场机柜室、机柜小屋(可选项)的设置应按照空分装置的规模和特点，并结合管理和生产模式的要求设置。
6.1.2 中心控制室、空分装置的现场控制室、现场机柜室设计应符合 SH/T 3006—2012 的要求。
6.1.3 空分装置的现场控制室或现场机柜室与空压机厂房间的电缆敷设距离不宜大于 300m。

6.2 设置方式

6.2.1 全厂性项目中的空分装置宜采用中心控制室加现场机柜室的设置方式。
6.2.2 多套空分装置的现场机柜室宜联合设置，其总平面位置应满足 6.1.3 条的要求。
6.2.3 按照空分装置的布置及操作单元，可在装置内设置多个机柜小屋。

6.3 机柜小屋(可选项)

6.3.1 一般规定
6.3.1.1 是否设置机柜小屋可根据项目的情况确定。

6.3.1.2 机柜小屋应设置在非爆炸危险区域。

6.3.1.3 机柜小屋应布置在混凝土基础平台上，平台标高应高于周边地坪300mm以上。

6.3.1.4 机柜小屋的总平面布置应避开连续性振源，持续电磁干扰源。

6.3.1.5 机柜小屋内应设置控制系统机柜及工程师站。

6.3.1.6 机柜宜布置在机柜小屋的中间，也可布置在小屋长边的两侧。

6.3.1.7 机柜小屋内设置的空调机应为恒温恒湿机组。当空调室内机与机柜布置在同一小屋内时，机柜小屋应设置排水设施。

6.3.2 机柜小屋结构

6.3.2.1 机柜小屋应密闭、防雨、防尘、隔热，具有良好的抗震性能。填充物应为环保阻燃材料。

6.3.2.2 机柜小屋尺寸宜为宽4.5m，高3m，屋内净高不应少于2.8m，长度根据需要确定，当长度超过6.5m时，可采用组合式结构，分体制作，到现场后再组合成一体。

6.3.2.3 机柜小屋门尺寸宜为0.9m×2m(宽×高)。长度超过6m的机柜小屋应设2个门，门上应设透视尺寸不小于0.3m×0.3m带丝网的安全视窗。

6.3.2.4 机柜小屋地板应采用4mm~6mm厚防滑花纹钢板。

6.3.2.5 机柜小屋应为型钢焊接框架式结构，材质应为不锈钢或碳钢喷塑，屋顶应为防水结构，强度应满足安装、运输和维修等要求，墙和屋顶填料应用阻燃、绝热和抗静电材料。

6.3.3 通风和空调系统

6.3.3.1 机柜小屋应进行温度和湿度控制。室温为：冬季20℃±2℃，夏季26℃±2℃，温度变化率小于5℃/h；相对湿度为：40%~60%，湿度变化率小于6%/h。

6.3.3.2 机柜小屋应设置换气扇，当小屋内检测器(氧气、可燃气体)报警时，换气扇具有自动启动功能。

6.3.3.3 机柜小屋设置新风系统时，在引风口处应设置遮雨棚和防虫网。

6.3.3.4 空调、通风设备的状态信号应进入空分装置控制系统。

6.3.4 电源

6.3.4.1 控制系统机柜应采用UPS供电，机柜小屋的照明及空调系统的用电采用GPS供电。

6.3.4.2 机柜小屋内应分别设置独立的UPS配电箱和GPS配电箱。配电箱应留有20%的备用回路。

6.3.4.3 总电源开关接线箱应安装在机柜小屋外墙上；电源分配箱宜安装在机柜小屋内。

6.3.4.4 电源开关、接线箱、配电箱应符合安装场所的防爆及防护等级要求。

6.3.5 安全措施

6.3.5.1 机柜小屋应设置感温、感烟、低氧及可燃气体检测探头，并将信号送入空分装置控制系统。

6.3.5.2 机柜小屋应设置防雷、防静电及保护接地。分析小屋本体应就近与电气接地网连接。

附　录　A
(资料性附录)
控制系统设置方式示意图

A.1　主控制系统设置

空分装置的主控制系统通常有图 A.1、图 A.2 两种设置方式，两种方式的唯一区别在于装置的安全联锁保护功能是由 SIS 还是由 CCS 系统完成，图 A.1 为目前空分装置较多、较常见的设置方式。

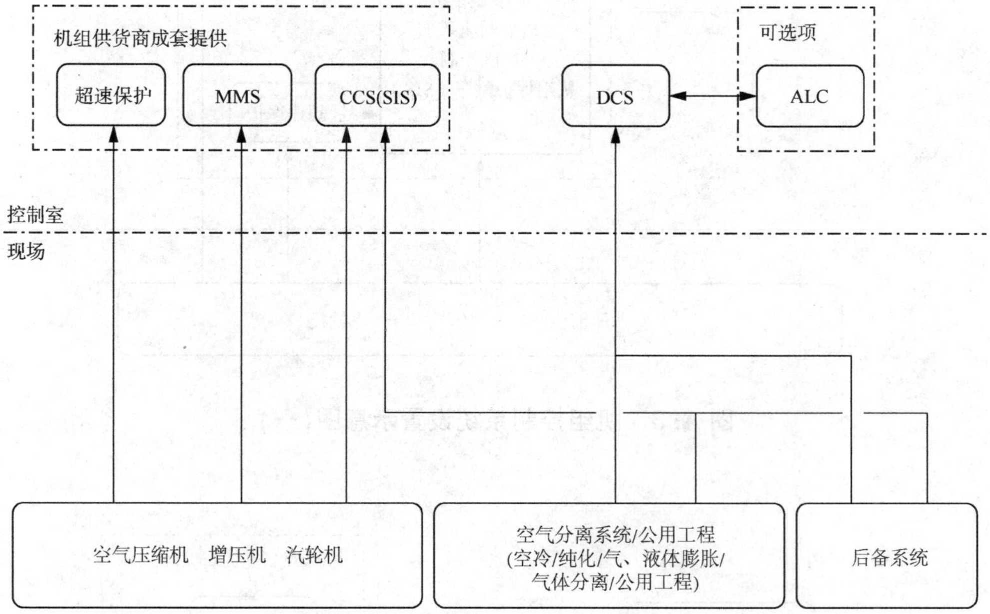

图 A.1　主控制系统设置示意图(一)

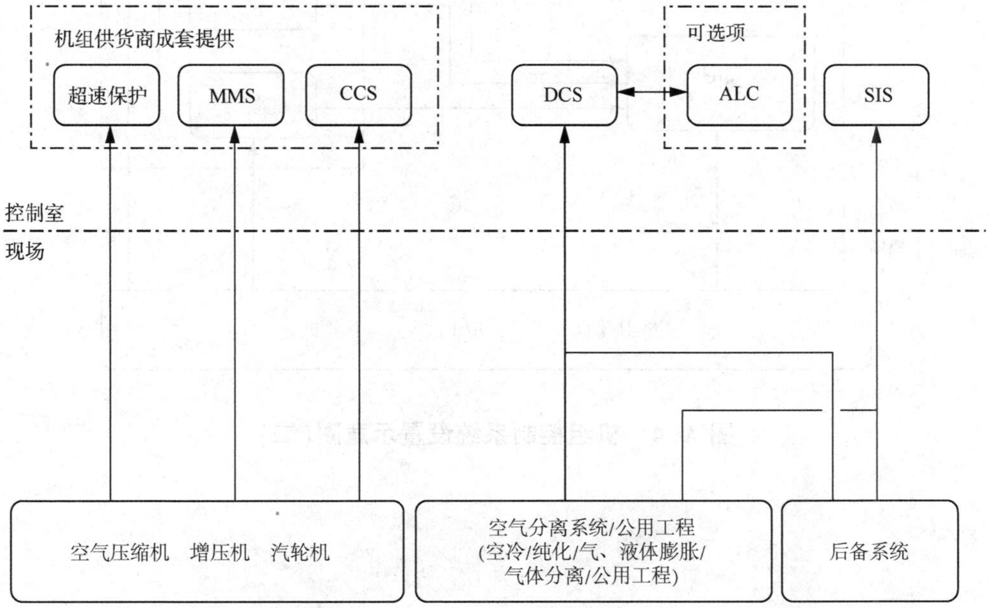

图 A.2　主控制系统设置示意图(二)

A.2　机组控制系统设置

空分装置机组控制系统的设置方式种类较多，常见的几种设置方式见图 A.3，图 A.4，图 A.5。通常机组的控制系统按照图 A.3 的方式设置，对于规模较小的机组，其控制系统也可以按照图 A.4，图 A.5 这两种方式设置。

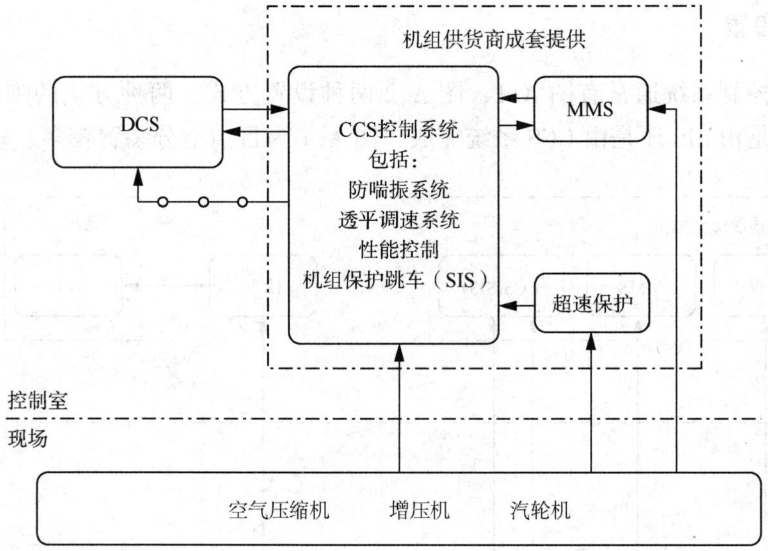

图 A.3　机组控制系统设置示意图(一)

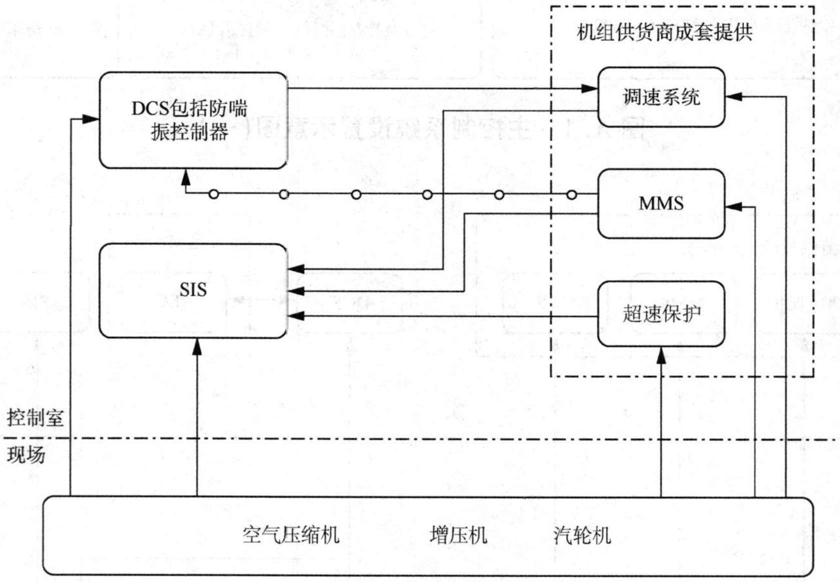

图 A.4　机组控制系统设置示意图(二)

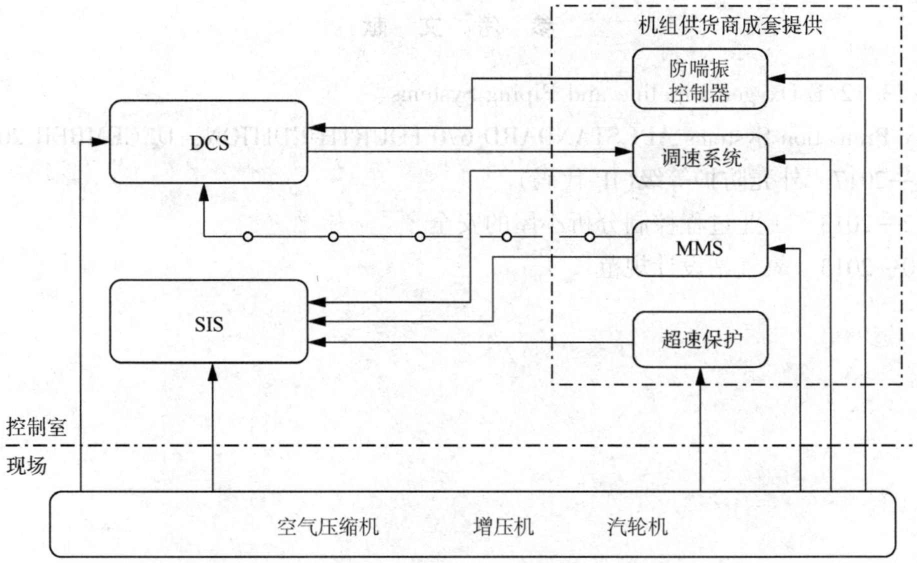

图 A.5　机组控制系统设置示意图(三)

参 考 文 献

[1] IGC Doc 13/12/E Oxygen Pipeline and Piping Systems
[2] Machinery Protection Systems API STANDARD 670 FOURTH EDITION, DECEMBER 2000
[3] GB 4208—2017　外壳防护等级(IP 代码)
[4] GB 29812—2013　工业过程控制分析小屋的安全
[5] GB 50030—2013　氧气站设计规范

中华人民共和国石油化工行业标准

石油化工空分装置自动化系统设计规范

SH/T 3198—2018

条 文 说 明

2018 北 京

制 定 说 明

SH/T 3198—2018《石油化工空分装置自动化系统设计规范》，经工业和信息化部 2018 年 2 月 9 日以第 10 号公告批准发布。

本规范制定过程中，编制组进行了广泛的调查研究，总结了近几年来石油化工配套空分装置工程建设方面的实践经验，同时参考了国外先进技术标准和技术法规。通过多次征求意见，认真讨论，最终经审查定稿。

为便于广大设计、施工、科研、学校等单位有关人员在使用本规范时能正确理解和执行条文规定，《石油化工空分装置自动化系统设计规范》编制组按章、条顺序编制了本规范的条文说明，对条文规定的目的、依据以及执行中需注意的有关事项进行了说明。但是，本条文说明不具备与标准正文同等的法律效力，仅供使用者作为理解和把握规范规定的参考。

目次

石油化工空分装置自动化系统设计规范

3 术语和定义、缩略语

3.1.1 压缩机控制系统 compressor control system

本规范中的压缩机控制系统仅指用于空压机、增压机、汽轮机组的控制系统，气体、液体膨胀机、氮压机等机组的控制不通过 CCS 实现，而由 DCS 实现。

4 控制系统

4.1.2.2 目前空分装置安全联锁回路较少，而且多数空分专利商未给出明确的 SIL 等级，从而导致空分装置的安全联锁功能有在 CCS 中实现的，也有在独立的 SIS 中实现的，由 CCS 完成安全联锁功能的占了绝大多数。

随着国家对安全生产的重视程度日益提高，国家安全生产监督管理总局(2014)116 号文要求 SIS 独立于其他过程控制系统，对于有安全联锁功能要求的回路，无论是由 SIS 还是由 CCS 实现，都必须要有相应的安全认证。

CCS 多为机组厂家成套提供，为避免在项目执行过程中交接面过多，本规范推荐附录 A 中图 A.2 中的控制系统的设置方式。

4.2.1.2 后备系统设置独立的控制站，主要是基于空分装置的操作要求，一旦空分装置的分离系统、空气压缩系统等停车，后备系统能够独立运行，承担起对下游生产装置氮气、氧气的供给工作，以保证全厂的正常生产运转。

4.2.1.4 操作站数量为单套空分装置配置数量，对于多套空分装置可参照此条要求配置合适的操作站数量。

4.2.1.5 工程师站数量为单套空分装置配置数量，对于多套空分装置可参照此条要求配置合适的工程师站数量。

4.2.1.6 a)历史记录站数量为单套空分装置配置数量，对于多套空分装置可参照此条要求配置合适的历史记录站数量。

4.2.2 大多数空分装置都采用 DCS 作为控制系统，仅有极少数装置规模较小的空分装置会采用 PLC 作为控制系统，因此本规范不再对 PLC 做详细规定，其配置要求可参考 DCS 设置要求执行。

4.2.3.5 b)、c)工程师站/事件顺序记录站数量为单套空分装置配置数量，对于多套空分装置可参照此条要求配置合适的工程师站/事件顺序记录站数量。

4.2.4.4 a)操作站数量为单套空分装置配置数量，对于多套空分装置及空分集群可参照此条要求配置合适的操作站数量。

4.2.4.5 工程师站/事件顺序记录站数量为单套空分装置配置数量，对于多套空分装置可参照此条要求配置合适的工程师站/事件顺序记录站数量。

4.2.5.5 可根据项目需求，设置机组瞬态数据采集系统，实现机械状态监测与管理系统功能，如本特利公司的 System 1 系统。

4.3.2.2 ALC 变负荷的范围受限于空分装置设备的实际情况，比如空压机自身所能调整的负荷范围，因此 ALC 的变负荷范围应依据设备实际运行的范围，在自动变负荷的同时还要能满足设备的负荷变化范围。

5 现场仪表

5.1.2 机组成套或安装在机组进出口管线上的仪表，常年在振动环境下工作，就会发生脱落、断裂等故障，严重的会引起机组的联锁跳车，仪表的选型需要考虑仪表的抗振性能。表 1 给出了某空分装置空压机一段出口压力变送器上各部位实测的振动检测参数。

表 1　变送器各部位振动检测值

检测部位	加速度/(mm/s^2)	速度/(mm/s)	振幅/mm
变送器导压管	197(0.02*g*)	17.3	0.072
变送器两阀组	199.7(0.02*g*)	16.9	0.068
变送器表头	47.8(0.004 8*g*)	3.6	0.046
变送器支撑柱	95.2(0.009 6*g*)	4.5	0.022

通常仪表抗振性能的优劣是通过其所能承受的振动振幅、振动频率的大小这两个指标来衡量的，振幅是以定量化方式表示振动范围和大小的物理量，它可以是物体离开平衡位置的距离(位移)，也可以是单位时间内离开平衡位置距离的变化率(速度)，或者单位时间距离变化率的快慢程度(加速度)，因此振幅的工程单位有位移(mm)、速度(m/s)以及加速度(m/s^2或者 g 重力加速度)。频率：单位时间内的振动次数，表示物体振动的快慢，工程单位为次/秒，又称赫兹(Hz)。表 2 为部分仪表正常工作时所能接受的振动频率或振幅。

表 2　部分仪表振动指标

仪表名称	频率/Hz	振幅
本特利加速度探头		5000*g*
3051 变送器	10~60	0.21mm
	60~2000	3*g*
TDIC 电气阀门定位器(ABB)	80	10*g*
SRD991 电气阀门定位器(Foxboro)	500	2*g*
SV II AP 电气阀门定位器(Masoneilan)	2000	1*g*
ND9000 电气阀门定位器(Metso)	2000	0.5*g*
3730 电气阀门定位器(Samson)	2000	4*g*
SVP300 电气阀门定位器(Yamatake)	2000	10*g*
PS2 电气阀门定位器(Siemens)		<3*g*

5.2.6　对于一些振动频率超标的温度计套管，有的制造商采用如图 1 所示的带支撑圈型式的温度计套管，此种型式温度计套管上的支撑圈一旦脱落，随氧气、高压蒸汽介质在工艺管道中流动，有可能造成氧气管线爆炸和汽轮机损坏，存在安全隐患。

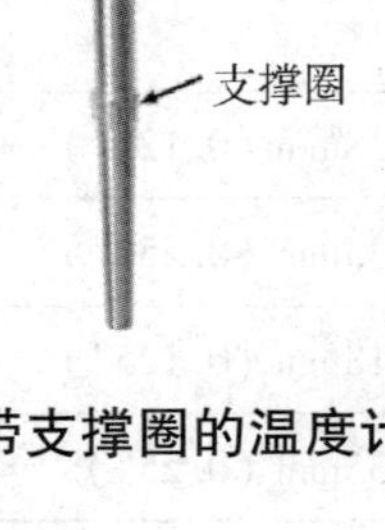

图 1　带支撑圈的温度计套管

5.3.2 压力(差压)变送器选用的惰性介质如氟油。

5.4.1 GB 16912—2008《深度冷冻法生产氧气及相关气体技术安全规程》及IGC 13/12E Oxygen Pipeline and Piping System(欧洲工业气体协会《氧气管道系统》)规范中对氧气在不同材质管道中的最高允许流速做出了明确限定要求，GB 16912—2008的要求详见表3。

表3 管道中氧气最高允许流速

材质	工作压力 p/MPa					
	$p \leqslant 0.1$	$0.1<p \leqslant 1.0$	$1.0<p \leqslant 3.0$	$3.0<p \leqslant 10.0$	$10.0<p<15.0$	$p \geqslant 15.0$
碳钢	根据管系压降确定	20 m/s	15 m/s	不允许	不允许	不允许
奥氏体不锈钢		30 m/s	25 m/s	$p \times v \leqslant 45$MPa·m/s（撞击场合） $p \times v \leqslant 80$MPa·m/s（非撞击场合）	4.5m/s（撞击场合） 8.0m/s（非撞击场合）	4.5m/s

注1：最高允许流速是指管系最低工作压力、最高工作温度时的实际流速。

注2：撞击场合和非撞击场合：使流体流动方向突然改变或产生漩涡的位置，从而引起流体中颗粒对管壁的撞击，这样的位置称作撞击场合，否则称为非撞击场合。

注3：铜及铜合金(含铝铜合金除外)、镍及镍铜合金，在小于或等于21.0MPa条件下，流速在压力降允许时没有限制。

欧洲工业气体协会IGC 13/12E对用于氧气介质的各种不同材质规定了其豁免压力，即在豁免压力下使用此种材质不受氧气流速的影响。豁免压力和材质的选择见表4。

表4 豁免压力和最小厚度

ENGINEERING ALLOYS 工程合金	MINIMUM THICKNESS 最小厚度	EXEMPTION PRESSURE 豁免压力
黄铜合金[1)]	None Specified	20.68MPa (3000psig)
钴合金[2)]		
Stellite 6	None Specified	3.44MPa (500psig)
Stellite 6B	None Specified	3.44MPa (500psig)
铜[3)]	None Specified	20.68MPa (3000psig)
铜-镍合金[1),3)]	None Specified	20.68MPa (3000psig)
铸铁件(非不锈钢)		
Gray Cast Iron	3.18mm (0.125")	0.17MPa (25psig)
Nodular Cast Iron	3.18mm (0.125")	0.34MPa (50psig)
Ni Resist Type D2	3.18mm (0.125")	2.07MPa (300psig)
铸铁件(不锈钢)		
CF-3/CF-8, CF-3M/CF-8M, CG-8M	3.18mm (0.125")	1.38MPa (200psig)
CF-3/CF-8, CF-3M/CF-8M, CG-8M	6.35mm (0.250")	2.6MPa (375psig)
CN-7M	3.18mm (0.125")	2.58MPa (375psig)
CN-7M	6.35mm (0.25")	3.44MPa (500psig)

表 4　豁免压力和最小厚度(续)

ENGINEERING ALLOYS 工程合金	MINIMUM THICKNESS 最小厚度	EXEMPTION PRESSURE 豁免压力
镍合金		
Hastelloy C-276	3. 18mm (0. 125")	8. 61MPa (1250psig)
Inconel 600	3. 18mm (0. 125")	8. 61MPa (1250psig)
Inconel 625	3. 18mm (0. 125")	6. 90MPa (1000psig)
Inconel X-750	3. 18mm (0. 125")	6. 90MPa (1000psig)
Monel 400	0. 762mm (0. 030")	20. 68MPa (3000psig)
Monel K-500	0. 762mm (0. 030")	20. 68MPa (3000psig)
Nickel 200	None Specified	20. 68MPa (3000psig)
不锈钢，型材		
304/304L，316/316L，321，347	3. 18mm (0. 125")	1. 38MPa (200psig)
304/304L，316/316L，321，347	6. 35mm (0. 250")	2. 58MPa (375psig)
Carpenter 20 Cb-3	3. 18mm (0. 125")	2. 58MPa (375psig)
410	3. 18mm (0. 125")	1. 72MPa (250psig)
430	3. 18mm (0. 125")	1. 72MPa (250psig)
X3 NiCrMo 13-4	3. 18mm (0. 125")	1. 72MPa (250psig)
17-4PH (aged)	3. 18mm (0. 125")	2. 07MPa (300psig)
锡青铜	None Specified	20. 68MPa (3000psig)

注：1)铸造与锻造的形式。
2)钴合金通常用于耐磨场合的堆焊处理。豁免压力高于表 4 的要求时需要做风险评估及进一步的试验。
3)使用在横截面较薄的情况时需做风险评估及进一步的实验。

5.6.2　空分装置的总烃在线色谱分析仪需要使用氢气钢瓶，通常空分装置分析小屋内除了总烃色谱仪还设置有其他在线分析仪表，这些在线分析仪表及分析小屋成套的电气设备均为非防爆型。按照 GB 4962—2008《氢气使用安全技术规程》第 6. 3. 5 条 b)的要求，氢气钢瓶与明火或普通电气设备的间距不应小于 10m，按此条要求氢气钢瓶需在分析小屋 10m 外布置。

项目实施过程中在分析小屋 10m 外很难找到布置氢气钢瓶的位置，而且钢瓶离分析仪表过远也不利于在线分析仪的使用，建议在线分析仪表及分析小屋内的电气设备可按防爆型式选型。

5.7.2.2　GB 16912—2008《深度冷冻法生产氧气及相关气体技术安全规程》对氧气用阀门材料的选用做出了明确要求，详见表 5。

5.7.3.2　目前国内尚无标准要求氧气阀门的非金属材料应做氧兼容性测试，但是国外空分专利商如林德提供的氧阀上的非金属材料均要求有德国 BAM 或美国 WHA 的氧兼容产品认证，以增加控制阀的安全可靠性能。

5.7.4　出于本质安全设计的考虑，选用分体式电气阀门定位器可以避免仪表维护人员进入氧气阀室内，确保一旦氧气泄漏发生火灾时对人身安全无危害或危害程度最小。

6　控制室设置

6.1.1　中心控制室、空分装置控制室、现场机柜室、机柜小屋的设置需结合空分装置实际的管理、运行模式灵活设置，其设置、组合方式见表 6。

表 5　氧气阀门材料选用要求

工作压力 p/MPa	材　　料
$p \leqslant 0.6$	阀体、阀盖采用可锻铸铁、球墨铸铁或铸钢 阀杆采用不锈钢 阀瓣采用不锈钢
$0.6 < p \leqslant 10$	采用不锈钢、铜合金或不锈钢与铜合金组合(优先选用铜合金)、镍及镍基合金
$p > 10$	采用铜合金、镍及镍基合金

注 1：工作压力为 0.1MPa 以上的压力或流量调节阀的材料，应采用不锈钢或铜合金或以上两种组合。
注 2：阀门的密封填料，应采用聚四氟乙烯或柔性石墨材料。

表 6　控制室设置、组合方式

装置运行管理模式		中心控制室	空分装置现场控制室	现场机柜室	机柜小屋
全厂统一运行、管理模式		设置		设置	设置(可选)
独立运行、管理模式	单套空分		设置		设置(可选)
	多套空分		设置	设置	设置(可选)

6.1.3　MMS 传感器的信号传输距离有限，当 MMS 机柜与现场传感器间的电缆长度大于 300m，将对信号的正常传输产生影响，建议将现场控制室、现场机柜室与空压机厂房间电缆的敷设距离控制在 300m 以内。当电缆敷设距离大于 300m 时需请 MMS 厂家核算信号衰减，选择具有适合单位长度电容的电缆或按照本规范 6.2.3 条执行。

6.2.2　多套空分装置的现场机柜室不推荐每套空分设置 1 个现场机柜室的方式，可多套空分共用 1 个现场机柜室以节约用地和方便控制系统的维护和管理。多套空分装置典型的现场机柜室布置如图 2、图 3 所示。

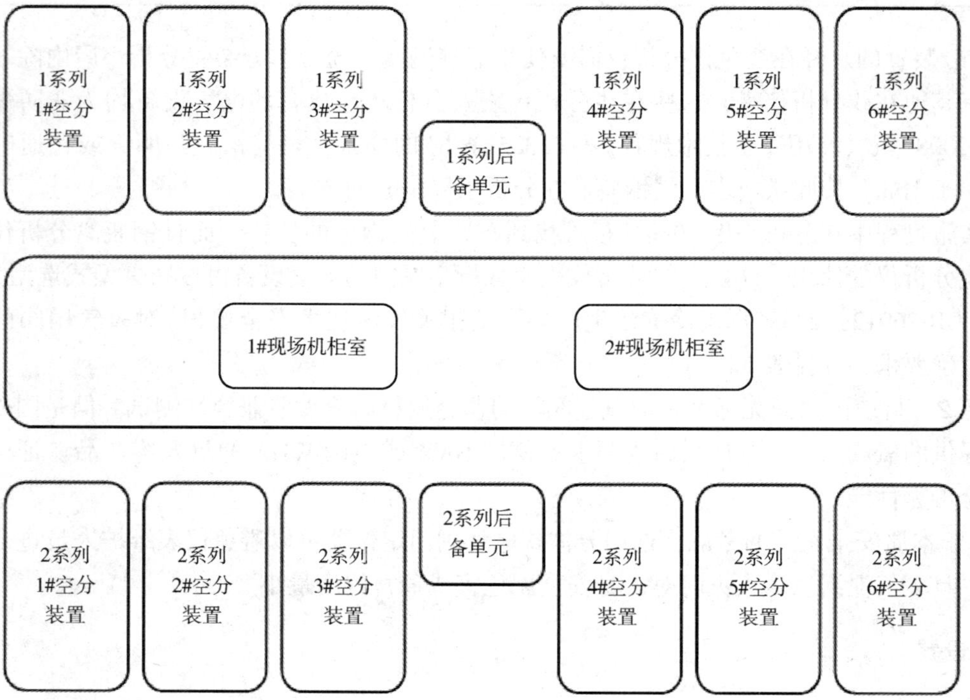

图 2　多套空分装置典型的现场机柜室布置

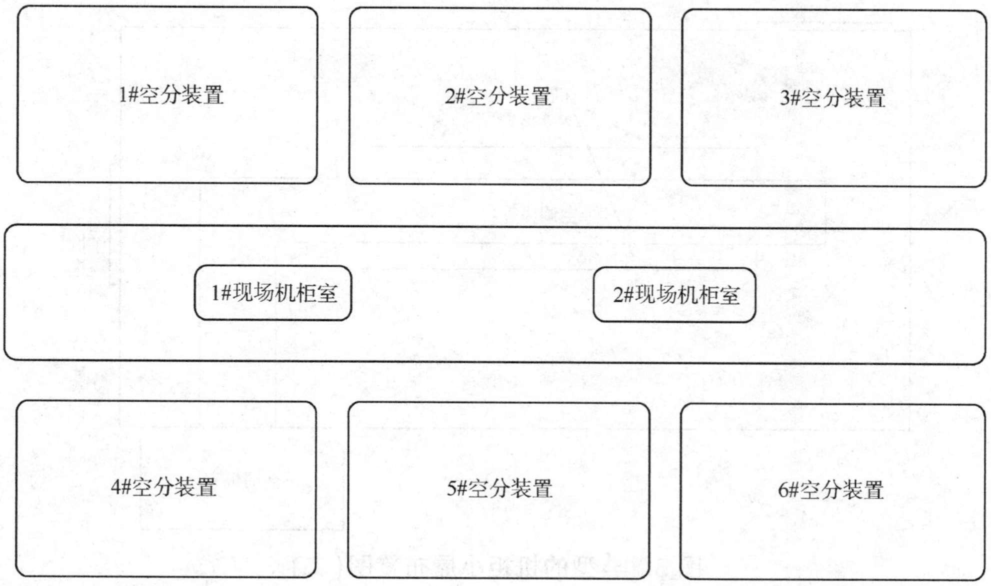

图3　多套空分装置典型的现场机柜室布置

6.3　机柜小屋(可选项)

目前国内业主自己运行、管理的空分装置从未设置过机柜小屋，但近几年来，国外的一些空分专利商在国内独自或合资运营的空分装置，经常采用一些集装箱型式的机柜小屋设计，以节省电缆材料及方便空分装置的模块化设计工作，但国内的工程公司(设计院)几乎不采用此种方式布置空分装置的控制系统机柜，这方面的设计也没有现成的规范可以遵循，基于国内的实际情况及国外空分专利商的设计理念和机柜小屋的应用经验，将机柜小屋作为可选项引入到本规范中作为机柜小屋设计的一个探索与尝试，机柜小屋是否设置及设置数量，在项目执行过程中可根据具体情况酌情考虑。典型的机柜小屋布置图如图4、图5所示。

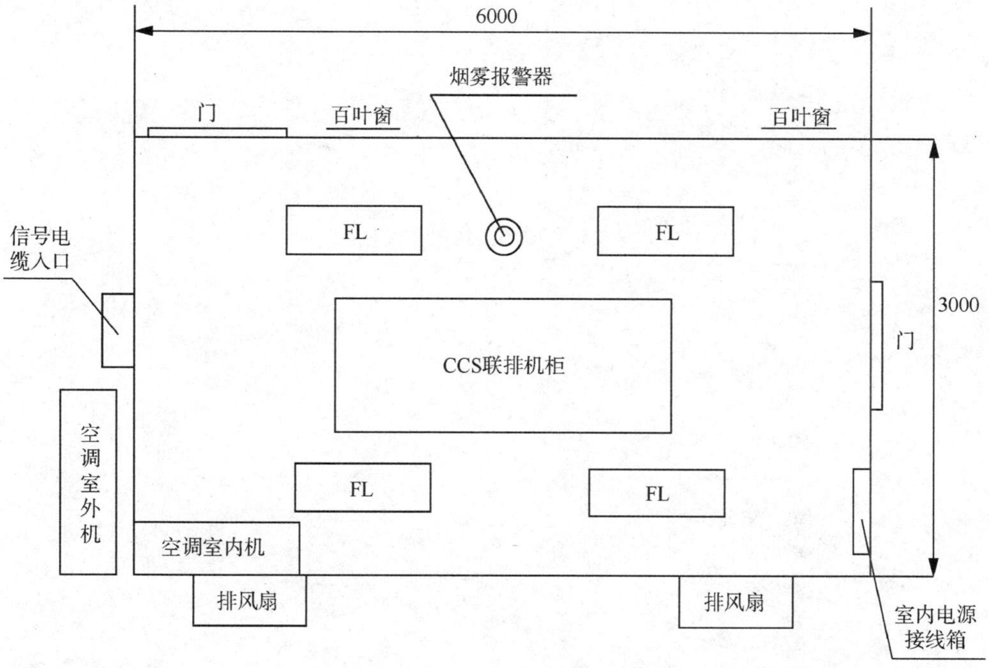

图4　典型的机柜小屋布置图(一)

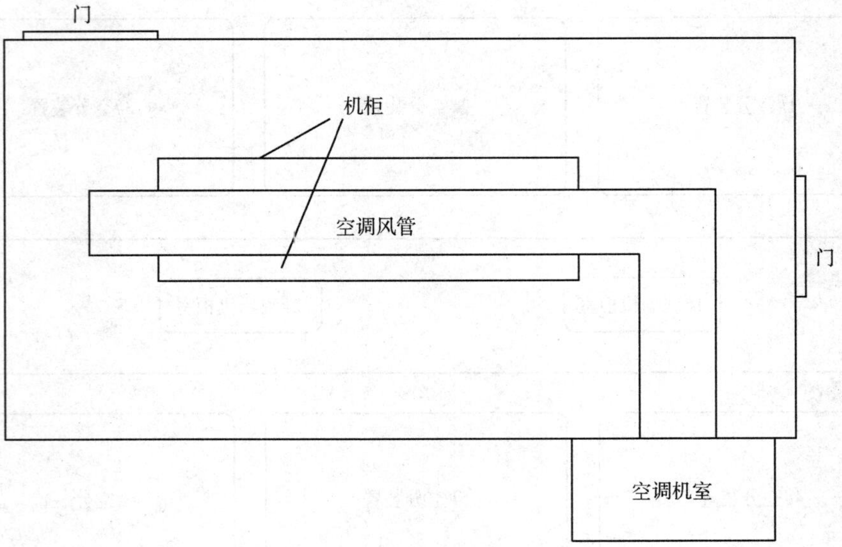

图 5　典型的机柜小屋布置图(二)

本规范推荐如图 5 所示的空调机室与机柜室分开布置的方式，以避免空调室内机发生供水管破损或阀门泄漏时，机柜小屋内无积水。

石油化工自控工程设计与施工常用标准手册

（下册）

中国石油化工集团有限公司自动控制设计技术中心站　编

中国石化出版社
HTTP://WWW.SINOPEC-PRESS.COM

图书在版编目(CIP)数据

石油化工自控工程设计与施工常用标准手册：上、下册／中国石化集团有限公司自动控制设计技术中心站编．—北京：中国石化出版社，2022.9
ISBN 978-7-5114-6815-4

Ⅰ．①石… Ⅱ．①中… Ⅲ．①石油化工-化工生产-自动控制系统-标准-中国-手册 Ⅳ．①TE9-65

中国版本图书馆 CIP 数据核字（2022）第 142967 号

中国石化出版社出版发行
地址:北京市东城区安定门外大街 58 号
邮编:100011　电话:(010)57512500
读者服务部电话:(010)57512575
标准编辑部电话:(010)57512451
http://www.sinopec-press.com
E-mail:press@ sinopec.com
北京科信印刷有限公司印刷
全国各地新华书店经销
*
880×1230 毫米 16 开本 85 印张 2552 千字
2023 年 3 月第 1 版　2023 年 3 月第 1 次印刷
上下册定价:498.00 元

下 册 目 录

5. 安全类标准

6. 防爆标准

7. 职业卫生标准

8. 施工及验收标准

下册 目录

5. 安全类标准

6. 防爆标准

7. 职业卫生标准

8. 施工及验收标准

UDC

中华人民共和国国家标准

P

GB/T 50770—2013

石油化工安全仪表系统设计规范

Code for design of safety instrumented system in petrochemical engineering

2013-02-07 发布

2013-09-01 实施

中华人民共和国住房和城乡建设部
中华人民共和国国家质量监督检验检疫总局
联合发布

前　言

本规范是根据住房和城乡建设部《2008 年工程建设标准规范制订、修订计划(第二批)的通知》(建标〔2008〕105 号)的要求，由中国石化工程建设有限公司会同有关单位共同编制完成的。

本规范在编制过程中，编制组经广泛调查研究，认真总结实践经验，参考有关国际标准和国外标准，并在广泛征求意见的基础上，制定本规范。

本规范共分 15 章。主要技术内容包括：总则，术语和缩略语，安全生命周期，安全完整性等级，设计基本原则，测量仪表，最终元件，逻辑控制器，通信接口，人机接口，应用软件，工程设计，组态、集成与调试、验收测试，操作维护、变更管理，文档管理等。

本规范由住房和城乡建设部负责管理，由中国石油化工集团公司负责日常管理，由中国石化工程建设有限公司负责具体技术内容的解释。执行过程中如有意见或建议，请寄送中国石化工程建设有限公司(地址：北京市朝阳区安慧北里安园 21 号，邮政编码：100101)，以供今后修订时参考。

本规范主编单位、参编单位、参加单位、主要起草人和主要审查人：

主 编 单 位：中国石化工程建设有限公司

参 编 单 位：中国寰球工程公司
中石化宁波工程有限公司
北京康吉森自动化设备技术有限责任公司
中石化—霍尼韦尔(天津)有限公司

参 加 单 位：中石化洛阳工程有限公司
中石化上海工程有限公司
中国石油天然气华东勘察设计研究院
中国石油大庆石化工程有限公司
中国石化扬子石化有限公司
上海黑马安全自动化系统有限公司
北京天时盈达自动化设备有限公司

主要起草人：黄步余　叶向东　范宗海　马　蕾　胡　晨
张建国　高生军　李　磊　林　融　胡同印
朱向暄　张悦崑　王发兵　张同科

主要审查人：赵永登　丁兰蓉　王立奉　王成林　王胜利
刘　军　李玉明　宋志远　杨金城　林洪俊
周家祥　赵　柱　顾　铮　葛春玉　裴炳安

目　次

Contents

1 总　　则

1.0.1 为了防止和降低石油化工工厂或装置的过程风险，保证人身和财产安全，保护环境，制定本规范。

1.0.2 本规范适用于石油化工工厂或装置新建、扩建及改建项目的安全仪表系统的工程设计。

1.0.3 石油化工安全仪表系统的工程设计，除应符合本规范外，尚应符合国家现行有关标准的规定。

2 术语和缩略语

2.1 术　　语

2.1.1 安全仪表系统　safety instrumented system

实现一个或多个安全仪表功能的仪表系统。

2.1.2 风险　risk

预期可能发生的特定危险事件和后果。

2.1.3 过程风险　process risk

因非正常事件引起过程条件改变而产生的风险。

2.1.4 安全生命周期　safety life cycle

从工程方案设计开始到所有安全仪表功能停止使用的全部时间。

2.1.5 危险　hazard

导致人身伤害或疾病、财产损失、环境破坏等事件的可能。

2.1.6 风险评估　risk assessment

评估风险大小以及确定风险容许程度的全过程。

2.1.7 保护层　protection layer

通过控制、预防、减缓等手段降低风险的措施。

2.1.8 安全功能　safety function

为了达到或保持过程的安全状态，由安全仪表系统、其他安全相关系统或外部风险降低设施实现的功能。

2.1.9 安全仪表功能　safety instrumented function

为了防止、减少危险事件发生或保持过程安全状态，用测量仪表、逻辑控制器、最终元件及相关软件等实现的安全保护功能或安全控制功能。

2.1.10 故障　fault

可导致功能单元执行能力降低或丧失的异常状况。

2.1.11 安全完整性　safety integrity

在规定的条件和时间内，安全仪表系统完成安全仪表功能的平均概率。

2.1.12 安全完整性等级　safety integrity level

安全功能的等级。安全完整性等级由低到高为 SIL1～SIL4。

2.1.13 失效　failure

功能单元某种功能或执行能力的终止。

2.1.14 危险失效 dangerous failure

可导致安全仪表系统处于潜在危险或丧失功能的失效。

2.1.15 安全失效 safe failure

不可能导致安全仪表系统处于潜在危险或丧失功能的失效。

2.1.16 测量仪表 sensor

安全仪表系统的组成部分，用于测量过程变量的设备。

2.1.17 逻辑控制器 logic solver

安全仪表系统的组成部分，执行逻辑功能的设备。

2.1.18 最终元件 final element

安全仪表系统的组成部分，执行逻辑控制器指令或设定的动作，使过程达到安全状态的设备。

2.1.19 基本过程控制系统 basic process control system

响应过程测量以及其他相关设备、其他仪表、控制系统或操作员的输入信号，按过程控制规律、算法、方式，产生输出信号实现过程控制及其相关设备运行的系统。

2.1.20 故障安全 fail safe

安全仪表系统发生故障时，使被控制过程转入预定安全状态。

2.1.21 冗余 redundancy

采用独立执行同一个功能的两个或多个部件或系统，互为备用及切换。

2.1.22 容错 fault tolerant

在出现故障或错误时，功能单元仍继续执行规定功能的能力。

2.1.23 开关量 digital variable

只有 0 或 1 两个数值的变量，用来表示事物或事件的状态。也称为数字变量。

2.1.24 开关 switch

具有两种稳定位置的状态器件。有软件开关和硬件开关。

2.1.25 按钮 push button

只有一种稳定位置的状态器件。有软件按钮和硬件按钮。

2.1.26 触点 mechanical contact

由导电的金属元件组成的机械式电气器件。在外界因素作用下可以改变接通或断开导电状态。

2.1.27 接点 contact

在外界因素作用下可以改变接通或断开导电状态的电气器件。有机械式和电子式。在可编程序逻辑控制器的运算部件中还有软件接点。

2.1.28 常闭接点 normally closed contact

在没有外界因素影响时，自然情况下闭合的接点。

2.1.29 常开接点 normally open contact

在没有外界因素影响时，自然情况下断开的接点。

2.1.30 可编程电子系统 programmable electronic system

基于可以按功能需要编制或改变运行程序的电子设备，用于控制、保护或监视的系统。

2.2 缩 略 语

BPCS(Basic Process Control System)	基本过程控制系统
CPU(Central Process Unit)	中央处理单元
EMC(Electro-Magnetic Compatibility)	电磁兼容性
FAT(Factory Acceptance Testing)	工厂验收测试
FLD(Functional Logic Diagram)	功能逻辑图

FBD(Functional Block Diagram)	功能块图
FDS(Functional Design Specification)	功能设计规定
HAZOP(Hazard and Operability Study)	危险和可操作性研究
HMI(Human Machine Interface)	人机接口
HSE(Health, Safety and Environment)	健康、安全和环保
MOS(Maintenance Override Switch)	维护旁路开关
OOS(Operational Override Switch)	操作旁路开关
PES(Programmable Electronic System)	可编程电子系统
PHA(Preliminary Hazard Analysis)	预危险分析
PFD_{avg}(Probability of Failure on Demand Average)	低要求模式的平均失效概率
PLC(Programmable Logic Controller)	可编程逻辑控制器
SAT(Site Acceptance Testing)	现场验收测试
SER(Sequence Event Recorder)	事件顺序记录
SIF(Safety Instrunented Function)	安全仪表功能
SIL(Safety Integrity Level)	安全完整性等级
SIS(Safety Instrumented System)	安全仪表系统
UPS(Uninterruptable Power Supply)	不间断电源

3 安全生命周期

3.1 一般规定

3.1.1 石油化工工厂或装置工程设计中，应确定安全仪表系统的安全生命周期内各阶段工作所需要的管理活动。

3.1.2 安全生命周期宜分为工程设计阶段、集成调试及验收测试阶段和操作维护阶段。

3.1.3 安全生命周期工作(图3.1.3)宜包括工程方案设计，过程危险分析与风险评估，保护层的安全功能分配，安全完整性等级评估及审查，安全仪表系统技术要求，安全仪表系统基础工程设计，安全仪表系统详细工程设计，安全仪表系统集成、调试及验收测试，安全仪表系统操作维护与变更，安全仪表系统功能测试，安全仪表系统停用等。

3.2 工程设计

3.2.1 工程方案设计宜包括初步的过程危险分析、主要安全控制策略和措施及相应的说明。

3.2.2 过程危险分析和风险评估宜包括识别过程及相关设备的危险事件及原因，危险事件发生的顺序、可能性及后果，确定降低风险的要求和措施，确定安全仪表功能等。过程危险分析和风险评估宜采用危险和可操作性研究方法或预危险分析方法，也可采用安全检查表、故障模式和影响分析、因果分析方法等。

3.2.3 保护层安全功能的分配可包括分配预防、控制或减缓过程危险的保护层安全功能，分配安全仪表功能的风险降低目标。保护层的安全功能分配应符合现行国家标准《电气/电子/可编程电子安全相关系统的功能安全》GB/T 20438和《过程工业领域安全仪表系统的功能安全》GB/T 21109的有关规定。

3.2.4 安全完整性等级可根据过程危险分析和保护层功能分配的结果评估并确定。

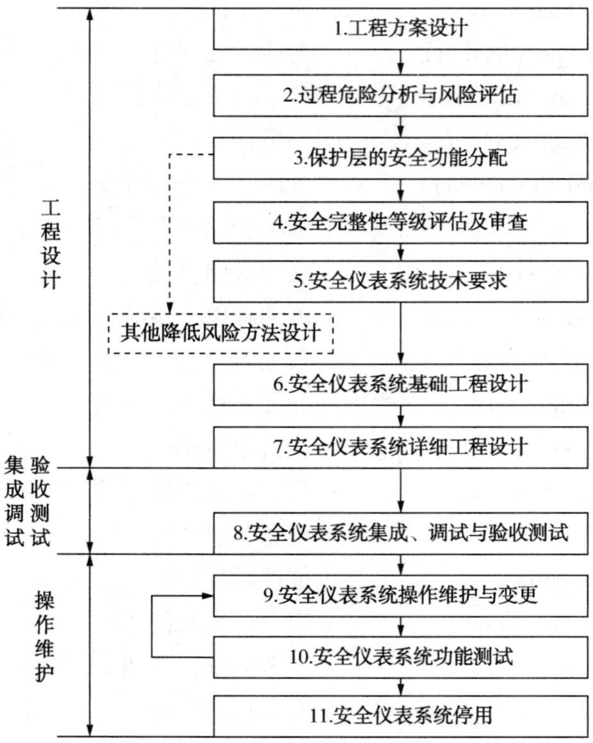

图 3.1.3 安全生命周期工作流程

3.2.5 安全仪表系统技术要求可包括安全仪表功能及安全完整性等级、过程安全状态、操作模式、检验测试间隔时间等。

3.2.6 安全仪表系统的基础工程设计宜包括安全仪表系统设计说明、安全仪表系统规格书、安全联锁因果表或功能说明等。

3.2.7 安全仪表系统的详细工程设计宜包括安全仪表系统设计说明、安全仪表系统规格书、功能逻辑图、组态编程等。

3.3 集成、调试及验收测试

3.3.1 安全仪表系统集成、调试及验收测试，应符合安全仪表系统规格书及功能逻辑图的技术要求。

3.3.2 安全仪表系统调试结果应符合安全仪表系统技术要求。

3.3.3 安全仪表系统验收测试应包括工厂验收和现场验收。安全仪表系统硬件、系统软件和应用软件等，应符合安全仪表系统技术要求。

3.4 操作维护

3.4.1 操作维护应遵循操作维护作业程序，应使操作维护过程符合安全仪表系统技术要求的功能安全。

3.4.2 安全仪表系统的硬件和应用软件的修改或变更应符合变更修改程序，并应按审批程序获得授权批准，不应改变设计的安全完整性等级，并应保留变更记录。

3.4.3 操作维护人员应定期培训，培训内容宜包括安全仪表系统的功能、可预防的过程危险、测量仪表和最终元件、安全仪表系统的逻辑动作、安全仪表系统及过程变量的报警、安全仪表系统动作后的处理等。

3.4.4 功能测试间隔应按安全仪表系统的技术要求确定，并应按测试程序进行功能测试。

3.4.5 安全仪表系统的停用应进行审查并得到批准。安全仪表系统更新应制订更新程序。更新后的安全仪表系统应能实现规定的安全仪表功能。

4 安全完整性等级

4.1 一般规定

4.1.1 安全完整性宜包括硬件安全完整性和系统安全完整性。

4.1.2 安全完整性等级可分为SIL1、SIL 2、SIL3、SIL4。

4.1.3 在低要求操作模式时，安全仪表功能的安全完整性等级应采用平均失效概率衡量，宜根据表4.1.3确定。

表4.1.3 安全仪表功能的安全完整性等级(低要求操作模式)

安全完整性等级(SIL)	低要求操作模式的平均失效概率(PFD_{avg})
4	$\geqslant 10^{-5}$且$<10^{-4}$
3	$\geqslant 10^{-4}$且$<10^{-3}$
2	$\geqslant 10^{-3}$且$<10^{-2}$
1	$\geqslant 10^{-2}$且$<10^{-1}$

4.1.4 在高要求操作模式时，安全仪表功能的安全完整性等级应采用每小时危险失效频率衡量，宜根据表4.1.4确定。

表4.1.4 安全仪表功能的安全完整性等级(高要求操作模式)

安全完整性等级(SIL)	高要求操作模式的危险失效频率(每小时)
4	$\geqslant 10^{-9}$且$<10^{-8}$
3	$\geqslant 10^{-8}$且$<10^{-7}$
2	$\geqslant 10^{-7}$且$<10^{-6}$
1	$\geqslant 10^{-6}$且$<10^{-5}$

4.2 安全完整性等级评估

4.2.1 安全完整性等级评估宜包括下列内容：

1 确定每个安全仪表功能的安全完整性等级；

2 确定诊断、维护和测试要求等。

4.2.2 安全完整性等级评估方法应根据工艺过程复杂程度、国家现行标准、风险特性和降低风险的方法、人员经验等确定。主要方法应包括保护层分析法、风险矩阵法、校正的风险图法、经验法及其他方法。

4.2.3 安全完整性等级评估宜采用审查会方式。审查的主要文件宜包括工艺管道与仪表流程图、工艺说明书、装置及设备布置图、危险区域划分图、安全联锁因果表及其他有关文件。参加评估的主要人员宜包括工艺、过程控制(仪表)、安全、设备、生产操作及管理等方面。

5 设计基本原则

5.0.1 安全仪表系统的工程设计应满足石油化工工厂或装置的安全仪表功能、安全完整性等级等要求。

5.0.2 安全仪表系统的工程设计应兼顾可靠性、可用性、可维护性、可追溯性和经济性，应防止设计不足或过度设计。

5.0.3 安全仪表系统应由测量仪表、逻辑控制器和最终元件等组成。

5.0.4 安全仪表系统的功能应根据过程危险及可操作性分析，人员、过程、设备及环境的安全保护，以及安全完整性等级等要求确定。

5.0.5 石油化工工厂或装置的安全完整性等级不应高于SIL3级。

5.0.6 安全仪表系统应符合安全完整性等级要求。安全完整性等级可采用计算安全仪表系统的失效概率的方法确定。

5.0.7 安全仪表系统可实现一个或多个安全仪表功能，多个安全仪表功能可使用同一个安全仪表系统。当多个安全仪表功能在同一个安全仪表系统内实现时，系统内的共用部分应符合各功能中最高安全完整性等级要求。

5.0.8 安全仪表系统应独立于基本过程控制系统，并应独立完成安全仪表功能。

5.0.9 安全仪表系统不应介入或取代基本过程控制系统的工作。

5.0.10 基本过程控制系统不应介入安全仪表系统的运行或逻辑运算。

5.0.11 安全仪表系统应设计成故障安全型。当安全仪表系统内部产生故障时，安全仪表系统应能按设计预定方式，将过程转入安全状态。

5.0.12 安全仪表系统的逻辑控制器应具有硬件和软件自诊断功能。

5.0.13 安全仪表系统的中间环节应少。

5.0.14 逻辑控制器的中央处理单元、输入输出单元、通信单元及电源单元等，应采用冗余技术。

5.0.15 安全仪表系统应根据国家现行有关防雷标准的规定实施系统防雷工程。

5.0.16 安全仪表系统的交流供电宜采用双路不间断电源的供电方式。

5.0.17 安全仪表系统的接地应采用等电位连接方式。

5.0.18 安全仪表系统的硬件、操作系统及编程软件应采用正式发布版本。

5.0.19 安全仪表系统软件、编程、升级或修改等文档应备份。

5.0.20 安全仪表系统内的设备宜设置同一时钟。

5.0.21 在大型石油化工项目中设置多套安全仪表系统时，每套系统应能独立工作。

5.0.22 当安全仪表系统输入、输出信号线路中有可能存在来自外部的危险干扰信号时，应采取隔离器、继电器等隔离措施。

6 测量仪表

6.1 一般规定

6.1.1 测量仪表包括模拟量和开关量测量仪表，安全仪表系统宜采用模拟量测量仪表。

6.1.2 测量仪表宜采用4mA～20mA叠加HART传输信号的智能变送器。

6.1.3 在爆炸危险场所，测量仪表应采用隔爆型或本安型。当采用本安系统时，应采用隔离式安全栅。

6.1.4 现场安装的测量仪表，防护等级不应低于 IP 65。

6.1.5 测量仪表不应采用现场总线或其他通信方式作为安全仪表系统的输入信号。

6.1.6 测量仪表及取源点宜独立设置。

6.1.7 测量仪表的性能和设置应满足安全完整性等级要求。

6.2 测量仪表的独立设置

6.2.1 SIL 1 级安全仪表功能，测量仪表可与基本过程控制系统共用。

6.2.2 SIL 2 级安全仪表功能，测量仪表宜与基本过程控制系统分开。

6.2.3 SIL 3 级安全仪表功能，测量仪表应与基本过程控制系统分开。

6.3 测量仪表的冗余设置

6.3.1 SIL 1 级安全仪表功能，可采用单一测量仪表。

6.3.2 SIL 2 级安全仪表功能，宜采用冗余测量仪表。

6.3.3 SIL 3 级安全仪表功能，应采用冗余测量仪表。

6.4 测量仪表的冗余方式

6.4.1 当系统要求高安全性时，应采用“或”逻辑结构。

6.4.2 当系统要求高可用性时，应采用“与”逻辑结构。

6.4.3 当系统需要兼顾高安全性和高可用性时，宜采用三取二逻辑结构。

6.5 开关量测量仪表

6.5.1 开关量测量仪表可包括过程变量开关、手动开关、按钮、继电器触点等。

6.5.2 紧急停车用的开关量测量仪表，正常工况时，触点应处于闭合状态；非正常工况时，触点应处于断开状态。

6.5.3 重要的输入回路宜设置线路开路和短路故障检测。输入回路的开路和短路故障，宜在安全仪表系统中报警和记录。

7 最终元件

7.1 一般规定

7.1.1 最终元件应包括控制阀(调节阀、切断阀)、电磁阀、电机等。

7.1.2 最终元件宜采用气动控制阀，不宜采用电动控制阀。

7.1.3 最终元件的设置应满足安全完整性等级要求。

7.2 控制阀的独立设置

7.2.1 SIL 1 级安全仪表功能，控制阀可与基本过程控制系统共用，应确保安全仪表系统的动作优先。

7.2.2 SIL 2 级安全仪表功能，控制阀宜与基本过程控制系统分开。

7.2.3 SIL 3 级安全仪表功能，控制阀应与基本过程控制系统分开。

7.3 控制阀的冗余设置

7.3.1 SIL 1 级安全仪表功能，可采用单一控制阀。
7.3.2 SIL 2 级安全仪表功能，宜采用冗余控制阀。
7.3.3 SIL 3 级安全仪表功能，应采用冗余控制阀。
7.3.4 控制阀冗余方式可采用一个调节阀和一个切断阀，也可采用两个切断阀。

7.4 控制阀附件的配置

7.4.1 调节阀带的电磁阀应安装在阀门定位器与执行器之间。切断阀带的电磁阀应安装在执行器上。
7.4.2 在爆炸危险场所，电磁阀和阀位开关应采用隔爆型或本安型。当采用本安型时，应采用隔离式安全栅。
7.4.3 现场安装的电磁阀和阀位开关，防护等级不应低于 IP 65。
7.4.4 电磁阀宜采用 24VDC 长期励磁型，电磁阀电源应由安全仪表系统提供。
7.4.5 当系统要求高安全性时，冗余电磁阀宜采用“或”逻辑结构；当系统要求高可用性时，冗余电磁阀宜采用“与”逻辑结构。

8 逻辑控制器

8.1 一般规定

8.1.1 逻辑控制器宜采用可编程电子系统。对于输入、输出点数较少、逻辑功能简单的场合，逻辑控制器可采用继电器系统。逻辑控制器也可采用可编程电子系统和继电器系统混合构成。
8.1.2 用于逻辑控制器的可编程电子系统应取得国家权威机构的功能安全认证。
8.1.3 逻辑控制器的响应时间应包括输入、输出扫描处理时间与中央处理单元运算时间，宜为 100ms~300ms。
8.1.4 逻辑控制器的中央处理单元负荷不应超过 50%。
8.1.5 逻辑控制器的内部通信负荷不应超过 50%，采用以太网的通信负荷不应超过 20%。

8.2 逻辑控制器的独立设置

8.2.1 SIL 1 级安全仪表功能，逻辑控制器宜与基本过程控制系统分开。
8.2.2 SIL 2 级安全仪表功能，逻辑控制器应与基本过程控制系统分开。
8.2.3 SIL 3 级安全仪表功能，逻辑控制器应与基本过程控制系统分开。

8.3 逻辑控制器的冗余设置

8.3.1 SIL 1 级安全仪表功能，可采用冗余逻辑控制器。
8.3.2 SIL 2 级安全仪表功能，宜采用冗余逻辑控制器。
8.3.3 SIL 3 级安全仪表功能，应采用冗余逻辑控制器。

8.4 逻辑控制器的配置

8.4.1 逻辑控制器应符合安全完整性等级要求，应独立完成安全仪表功能。
8.4.2 逻辑控制器硬件和软件版本应是正式发布版本。

8.4.3 逻辑控制器宜与基本过程控制系统的时钟保持一致。

8.4.4 逻辑控制器所有部件应满足安装环境的防电磁干扰、防腐蚀、防潮湿、防锈蚀等要求。

8.4.5 逻辑控制器的中央处理单元、输入单元、输出单元、电源单元、通信单元等应为独立的单元，应允许在线更换单元而不影响逻辑控制器的正常运行。

8.4.6 逻辑控制器应有硬件和软件的诊断和测试功能。诊断和测试信息应在工程师站或操作站显示、记录。

8.4.7 逻辑控制器的系统故障宜在安全仪表系统的操作站报警，也可在基本过程控制系统的操作站报警。

8.5 逻辑控制器的接口配置

8.5.1 输入、输出卡件信号通道应带光电或电磁隔离。

8.5.2 检测同一过程变量的多台变送器信号宜接到不同输入卡件。

8.5.3 冗余的最终元件应接到不同的输出卡件，每一输出信号通道应只接一个最终元件。

8.5.4 输入、输出卡件不应采用现场总线数字信号。

8.5.5 本安回路应采用隔离型安全栅。

8.5.6 需要线路检测的回路，应采用带有线路短路和开路检测功能的输入、输出卡。

9 通信接口

9.1 一般规定

9.1.1 安全仪表系统与基本过程控制系统通信宜采用 RS 485 串行通信接口，MODBUS RTU 或 TCP/IP 通信协议。

9.1.2 安全仪表系统与基本过程控制系统通信接口宜冗余配置。冗余通信接口应有诊断功能。

9.1.3 安全仪表系统与基本过程控制系统通信不应通过工厂管理网络传输。

9.1.4 除旁路信号和复位信号外，基本过程控制系统不应采用通信方式向安全仪表系统发送指令。

9.1.5 除基本过程控制系统外，安全仪表系统与其他系统之间不应设置通信接口。安全仪表系统与其他系统之间的连接应采用硬接线方式。

9.2 通信接口的配置

9.2.1 通信接口的故障不应影响安全仪表系统的安全功能。通信接口故障应在操作站或工程师站显示、报警。

9.2.2 网络通信接口负荷不应超过50%。

10 人机接口

10.1 操作员站

10.1.1 安全仪表系统宜设操作员站。在操作员站失效时，安全仪表系统的逻辑处理功能不应受影响。

10.1.2 安全仪表系统应采用操作员站作为过程信号报警和联锁动作报警的显示和记录。

10.1.3 操作员站不应修改安全仪表系统的应用软件

10.1.4 操作员站设置的软件旁路开关应加键锁或口令保护，并应设置旁路状态报警和记录。

10.1.5 操作员站应提供程序运行，联锁动作，输入、输出状态，诊断结果等显示，并应具有报警及记录等功能。

10.2 辅助操作台

10.2.1 紧急停车按钮、开关、信号报警器及信号灯等，应安装在安全仪表系统的辅助操作台。

10.2.2 信号报警可采用信号报警器显示。

10.2.3 信号报警器应采用下列颜色的灯光：

1 红色灯光表示越限报警或紧急状态；

2 黄色灯光表示预报警；

3 绿色灯光表示运转设备或过程变量正常。

10.2.4 关键信号报警除在操作员站显示外，应同时在辅助操作台显示。

10.2.5 紧急停车按钮、开关、信号报警器等与安全仪表系统连接，应采用硬接线方式，不应采用通信方式。紧急停车按钮应采用红色，旁路开关宜采用黄色，确认按钮宜采用黑色，试验按钮宜采用白色。

10.2.6 紧急停车按钮、开关、信号报警器等与安全仪表系统相距较远的场合，应采用远程输入、输出接口或远程控制器方式进行信号连接。

10.3 维护旁路开关的设置

10.3.1 维护旁路开关可按下列方式设置：

1 在安全仪表系统的操作员站设置软件开关；

2 在基本过程控制系统的操作员站设置软件开关；

3 在辅助操作台或机柜设置硬件开关。

10.3.2 采用软件开关的方式时，每个安全联锁单元宜设硬件旁路开关作为软件开关的“允许”条件。

10.3.3 维护旁路开关应设置在输入信号通道上；维护旁路开关的动作应设置报警和记录。

10.4 操作旁路开关的设置

10.4.1 操作旁路开关可按下列方式设置：

1 在安全仪表系统的操作员站设置软件开关；

2 在基本过程控制系统的操作员站设置软件开关；

3 在辅助操作台设置硬件开关。

10.4.2 当工艺过程变量从初始值变化到工艺条件正常值，信号状态不改变时，不应设置操作旁路开关；当工艺过程变量从初始值变化到工艺条件正常值，信号状态发生改变时，应设置操作旁路开关。

10.4.3 操作旁路开关应设置在输入信号通道上；操作旁路开关的动作应设置报警和记录。

10.5 复位按钮的设置

10.5.1 复位按钮可按下列方式设置：

1 在安全仪表系统的操作员站设置软件按钮；

2 在基本过程控制系统的操作员站设置软件按钮；

3 在辅助操作台设置硬件按钮。

10.5.2 复位按钮的动作应设置报警和记录。

10.6 紧急停车按钮的设置

10.6.1 紧急停车按钮应设置在辅助操作台上。

10.6.2 紧急停车按钮动作应设状态报警和记录。

10.6.3 紧急停车按钮不应设维护旁路开关或操作旁路开关。

10.7 工程师站及事件顺序记录站

10.7.1 安全仪表系统应设工程师站。工程师站应用于安全仪表系统组态编程、系统诊断、状态监测、编辑、修改及系统维护。

10.7.2 工程师站应设不同级别的权限密码保护。工程师站应显示安全仪表系统动作和诊断状态。

10.7.3 安全仪表系统应设事件顺序记录站。事件顺序记录站可单独设置，也可与安全仪表系统的工程师站共用。

10.7.4 事件顺序记录站应记录每个事件的时间、日期、标识、状态等。事件顺序记录站应设密码保护。

10.7.5 工程师站和事件顺序记录站，宜采取防病毒等保护措施。

10.7.6 工程师站和事件顺序记录站应采用台式计算机。

11 应用软件

11.1 组态及编程

11.1.1 应用软件的逻辑功能应采用布尔逻辑及布尔代数运算规则。应用软件的逻辑设计宜采用正逻辑。

11.1.2 应用软件的组态宜采用功能逻辑图或布尔逻辑表达式。

11.1.3 应用软件的组态应使用制造厂的标准组态工具软件。

11.1.4 应用软件组态工具软件应具有下列功能：

1 区分应用软件版本；

2 组态检查；

3 提供标准功能模块；

4 组态管理、仿真及测试。

11.2 应用软件的安全性

11.2.1 应用软件的安全控制应包括应用软件设计、软件组态及编程、软件集成、软件运行和维护管理、系统确认等。

11.2.2 应用软件组态编程应进行离线测试后再下载投入运行。

11.2.3 数据宜采用光盘进行复制，磁介质文件的复制应防止病毒。

11.2.4 应用软件应同时进行本地备份和异地备份。

11.3 应用软件设计和组态

11.3.1 应用软件文件应包括下列内容：

1 应用软件说明；

2 输入点、输出点、通信点清单；

3 功能逻辑图；

4 文档要求。

11.3.2 逻辑设计应具有可读性，复杂功能逻辑图应有相应的逻辑功能说明。

11.3.3 应用软件组态编程应与功能逻辑图、因果表或逻辑功能说明一致。程序执行顺序及时间应符合过程安全的要求。

11.3.4 应用软件组态文件应包括功能逻辑图、用户手册、使用说明等。

11.3.5 采用逻辑语言的软件组态文件还应包括源程序、程序说明等。

12 工程设计

12.1 基础工程设计

12.1.1 安全仪表系统测量仪表、安全仪表控制系统、安全仪表系统最终元件的技术规格书，应根据安全完整性等级进行编制。

12.1.2 安全仪表系统基础工程设计文件应根据工艺安全联锁说明、工艺管道及仪表流程图等进行编制，应包括下列内容：

1 功能逻辑图、因果表及复杂逻辑功能说明；

2 安全仪表控制系统技术规格书；

3 安全仪表系统测量仪表、安全仪表系统最终元件的选型原则及技术规格书。

12.1.3 安全仪表控制系统技术规格书应包括下列主要内容：

1 基本要求；

2 选型原则；

3 控制器；

4 操作员站；

5 辅助操作台；

6 工程师站和事件顺序记录站；

7 应用软件组态；

8 系统通信；

9 系统负荷；

10 维护和安全、可靠性；

11 系统供电及接地；

12 验收测试要求；

13 环境要求；

14 机械要求；

15 技术服务；

16 质量保证；

17 文档资料。

12.1.4 安全仪表系统测量仪表、安全仪表系统最终元件的技术规格书应包括项目应用环境和条件、设计条件和约束条件、技术说明和规定、技术数据表等。

12.2 详细工程设计

12.2.1 安全仪表系统详细工程设计文件应根据安全仪表系统基础工程设计文件及详细工程设计阶

段的要求进行编制，应包括下列内容：

1 安全仪表控制系统技术规格书；

2 硬件配置图；

3 功能逻辑图、因果表及复杂逻辑功能说明；

4 输入、输出点清单；

5 联锁及报警设定值；

6 应用软件需要的技术资料。

12.2.2 安全仪表控制系统合同技术附件，应包括系统硬件清单，软件清单，应用软件组态、生成、调试、操作和维护培训，工厂验收，现场验收及现场服务等。

12.2.3 详细工程设计文件应包括下列内容：

1 系统总说明及配置图；

2 操作站及机柜布置图；

3 输入、输出卡件及端子布置图、接线图；

4 供电及接地系统图；

5 远程控制器或远程输入、输出卡件及端子布置、接线图；

6 回路接线图；

7 电缆(光缆)连接表；

8 其他。

13 组态、集成与调试、验收测试

13.1 组态、集成与调试

13.1.1 安全仪表控制系统工程文件应包括下列主要内容：

1 系统硬件规格书；

2 系统软件规格书；

3 系统配置图；

4 机柜布置及接线图；

5 系统供电图；

6 系统接地图；

7 负荷计算表；

8 功耗计算表；

9 输入卡、输出卡点分配表；

10 组态编程文件(源程序、功能逻辑图等)；

11 操作维护手册。

13.1.2 工程师站、操作员站、事件顺序记录站、辅助操作台、系统柜、端子柜、安全栅柜、继电器柜、电源柜、网络柜等集成，应符合详细工程设计的规定。

13.1.3 应用软件组态应满足功能逻辑图和因果表的要求。系统软件、应用软件编译、调试及下装，应经过完整、详细地检查和测试。

13.2 验收测试

13.2.1 验收测试应包括工厂验收测试、工厂联合测试和现场验收测试。

13.2.2 工厂验收测试应包括下列主要内容：

1 制造厂提供验收测试程序、测试内容及步骤；

2 验收测试报告文件、测试用的标准仪器检查；

3 全部工程文件检查；

4 硬件测试及检查；

5 系统冗余和容错功能检验；

6 系统在线可维护性测试，包括在线更换卡件、在线修改及下装软件；

7 应用程序的逻辑功能测试；

8 验收测试完成，测试报告签字。

13.2.3 工厂联合测试应包括下列主要内容：

1 与基本过程控制系统的工厂联合测试宜在基本过程控制系统制造厂进行；

2 在基本过程控制系统工厂完成安全仪表系统通信测试、软件画面测试等；

3 与其他控制系统的工厂联合测试宜在安全仪表系统制造厂进行；

4 在安全仪表系统制造厂完成与其他控制系统的通信测试、软件画面测试等；

5 工厂联合测试完成，测试报告签字。

13.2.4 现场验收测试应包括下列主要内容：

1 编制现场验收测试程序、测试内容及步骤；

2 检查工程设计文件及有关资料；

3 系统安装、系统各类连接及通电条件检查；

4 检查各项冗余功能及在线更换卡件功能；

5 操作站显示画面联合测试；

6 辅助操作台紧急停车及报警功能检查；

7 系统网络功能测试；

8 系统诊断功能测试；

9 现场验收测试完成，测试报告签字。

14 操作维护、变更管理

14.0.1 操作维护管理应包括操作维护规程、维护人员职责、定期诊断测试计划及报告、停车期间的系统检查、维护旁路开关及操作旁路开关的使用等。

14.0.2 变更管理应包括变更原因及方案、系统的版本升级、增减或修改逻辑、审核评估变更方案、确认变更的安全仪表功能、变更方案的设计与实施、变更软件功能的离线测试与检查、变更报告及操作维护规程更新等。

15 文档管理

15.0.1 安全生命周期各阶段的文档应包括安全仪表系统的工程设计、应用软件组态编程、设计审查等文件，磁介质和纸介质文件应同时存档保存。

15.0.2 文档管理应包括文件命名规则、文件格式、文件传递方式、文件控制规程、文件审核流程及文件版本管理等。

引用标准名录

《电气/电子/可编程电子安全相关系统的功能安全》GB/T 20438
《过程工业领域安全仪表系统的功能安全》GB/T 21109

中华人民共和国国家标准

石油化工安全仪表系统设计规范

GB/T 50770—2013

条 文 说 明

制订说明

《石油化工安全仪表系统设计规范》GB/T 50770—2013，经住房和城乡建设部2013年2月7日以第1623号公告批准发布。

本规范制订过程中，编制组进行了广泛调查研究，总结了我国石油化工工厂或装置采用安全仪表系统的实践经验，参考了国外先进的技术法规、技术标准，广泛征求了石油化工安全仪表系统工程设计、制造、操作维护等方面技术人员的意见，在此基础上编制了本规范。

为了便于石油化工安全仪表系统设计、建设和操作维护等有关人员在使用本规范时能正确理解和执行条文规定，《石油化工安全仪表系统设计规范》编制组按章、节、条顺序编制了本规范的条文说明，对条文规定的目的、依据以及执行中需注意的有关事项进行了说明。但是，本条文说明不具备与规范正文同等的法律效力，仅供使用者参考。

目　次

1 总　　则

1.0.2 本规范适用于石油化工工厂或装置的安全仪表系统的工程设计。本规范不适用于石油化工工厂或装置的火灾及气体报警系统、压缩机控制系统、锅炉控制保护系统等。

1.0.3 石油化工安全仪表系统的工程设计，还应符合但不限于下列国家现行有关标准的规定：

1. GB/T 20438.1—2006/IEC 61508—1　电气/电子/可编程电子安全相关系统的功能安全　第1部分：一般要求

2. GB/T 20438.2—2006/IEC 61508—2　电气/电子/可编程电子安全相关系统的功能安全　第2部分：电气/电子/可编程电子安全相关系统的要求

3. GB/T 20438.3—2006/IEC 61508—3　电气/电子/可编程电子安全相关系统的功能安全　第3部分：软件要求

4. GB/T 20438.4—2006/IEC 61508—4　电气/电子/可编程电子安全相关系统的功能安全　第4部分：定义和缩略语

5. GB/T 20438.5—2006/IEC 61508—5　电气/电子/可编程电子安全相关系统的功能安全　第5部分：确定安全完整性等级的方法示例

6. GB/T 20438.6—2006/IEC 61508—6　电气/电子/可编程电子安全相关系统的功能安全　第6部分：GB/T 20438.2 和 GB/T 20438.3 的应用指南

7. GB/T 20438.7—2006/IEC 61508—7　电气/电子/可编程电子安全相关系统的功能安全　第7部分：技术和措施概述

8. GB/T 21109.1—2007/IEC 61511—1　过程工业领域安全仪表系统的功能安全　第1部分：框架、定义、系统、硬件和软件要求

9. GB/T 21109.2—2007/IEC 61511—2　过程工业领域安全仪表系统的功能安全　第2部分：GB/T 21109.1 的应用指南

10. GB/T 21109.3—2007/IEC 61511—3　过程工业领域安全仪表系统的功能安全　第3部分：确定要求的安全完整性等级的指南

11. GB 50058　爆炸和火灾危险环境电力装置设计规范

2 术语和缩略语

2.1 术　　语

2.1.7 石油化工工厂或装置的典型多保护层结构如图1所示。

2.1.19 基本过程控制系统用于生产过程的连续测量、常规控制（如连续、顺序、间歇控制等）、操作管理，保证生产装置的平稳运行。在石油化工工厂或装置中，基本过程控制系统通常采用分散控制系统（DCS）。基本过程控制系统不应执行SIL1、SIL2、SIL3的安全仪表功能。

2.1.24 电子控制系统的电气和电子开关、按钮有多种规格、操作和功能。本规范按稳定状态定义：具有两种稳定位置的元件为开关，具有一种稳定状态的元件为按钮。

2.1.26 本规范按电气的术语定义触点为机械式电气器件，触点是接点的一种，区别于电子式接点和软件接点。

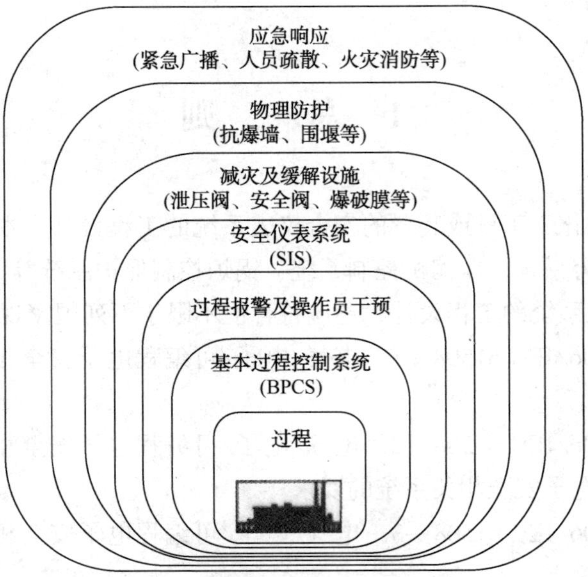

图1　石油化工工厂或装置的典型多保护层结构

3　安全生命周期

3.1　一般规定

3.1.1　安全仪表系统的安全生命周期，是安全工程和安全功能存在的全过程。引用安全生命周期时间和阶段的目的，是为了确定实现功能安全目标所必要的管理活动，并进行策划与组织安排，以便在各阶段内有效实施，确保安全仪表系统的设计、安装、调试以及运行等满足总体功能安全的要求。

3.1.2　安全仪表系统的安全生命周期，包括从工程方案设计阶段安全仪表系统的设计策略，到操作维护阶段，直到安全仪表系统停用的全过程，涉及工程设计和安全仪表系统制造集成、建设、生产运行等多方面的工作。本设计规范重点说明安全仪表系统工程设计、系统集成和操作维护的要求。

3.2　工程设计

3.2.1　工程方案设计是指在工程前期开展的设计工作，包括可行性研究、工艺包设计等实现工程安全设计的基本要素。工程方案设计应根据工艺技术的特点和生产运行经验，对工艺过程中可能发生的危险和风险进行初步分析，提出采取的主要安全措施和保护系统。

3.2.2　过程危险分析和风险评估的详细内容及方法不属于本规范的内容。过程危险是因异常事件引起过程条件变化产生的危险，包括由于过程、基本过程控制系统和相关人员因素等引发的特定危险事件。风险评估用于分析特定危险事件可能发生的频率和后果的严重程度，确定工程的可承受风险。

3.2.3　安全功能是针对特定的危险事件，为达到或保持过程的安全状态，由安全仪表系统、其他安全相关系统或外部风险降低设施实现的功能。一个安全功能应能防止一个特定的危险事件。安全功能可采用安全仪表系统和其他的保护层来实现。在石油化工工厂或装置中通常采用多个保护层，因此当某一个保护层失效时不会产生或导致严重后果。

分配安全功能是给各相关的保护层进行安全功能分配，不止包括安全仪表系统。

3.3　集成、调试及验收测试

3.3.1　安全仪表系统应按照设计的要求进行集成。当所有模块集成到安全仪表系统后，应按照设计要求进行测试。为了保证应用软件同硬件和软件平台兼容，应确定集成测试要求，满足功能安全要求。在集成和测试期间，对安全仪表系统的任何修改或改变应进行分析，必要时应进行重新验证。

3.3.3 工厂验收测试应符合安全仪表系统技术规格书的要求。

3.4 操作维护

3.4.2 安全仪表系统的变更管理能保证安全仪表系统发生改变时所要求的安全仪表系统安全完整性。在安全仪表系统变更前，应确定授权和变更控制程序。安全仪表系统变更应保留记录，如变更内容描述、变更原因、变更活动对安全仪表系统的影响分析、变更要求的批准、验证变更的实现等。

4 安全完整性等级

4.1 一般规定

4.1.2 安全完整性等级为 SIL 1～SIL 4 共 4 级。石油化工工厂或装置的安全完整性等级最高为 SIL 3 级。SIL 等级越高，安全仪表功能失效的概率越低。

安全完整性等级的确定：

SIL 1 级：很少发生事故，如发生事故，对装置和产品有轻微的影响，不会立即造成环境污染和人员伤亡，经济损失不大。

SIL 2 级：偶尔发生事故，如发生事故，对装置和产品有较大的影响，并有可能造成环境污染和人员伤亡，经济损失较大。

SIL 3 级：经常发生事故，如发生事故，对装置和产品将造成严重的影响，并造成严重的环境污染和人员伤亡，经济损失严重。

4.1.3 安全仪表系统的低要求操作模式是指安全仪表系统动作频率不大于每年一次。通常石油化工工厂和装置的安全仪表系统工作于低要求操作模式。

4.2 安全完整性等级评估

4.2.2 安全完整性等级评估可采用多种方法组合。

(1)保护层分析法是基于危险和可操作性研究，对识别出的每个危险事件分析其引发原因，计算预防或减缓的保护层作用，确定可降低的风险总量，研究降低风险的措施。

(2)风险矩阵法是按照危险事件发生的可能性分级与事故后果严重程度的分级进行风险组合排序，将风险划分为小、中、大、重大等不同级别。采用风险矩阵法确定安全完整性等级是基于操作经验和各公司的风险标准，对人员、经济和环境等方面的风险分别进行评估，根据风险结果确定安全完整性等级的。

(3)校正的风险图法是一种半定性方法，评估通过对过程和基本过程控制系统相关的风险分析来确定安全仪表功能的安全完整性等级。

4.2.3 安全完整性等级评估审查会应对工艺管道及仪表流程图和安全联锁因果表等主要设计文件进行分析研究，结合过程危险分析和保护层功能分配的结果，评估、确定各安全仪表功能的安全完整性等级。审查结果应作为安全仪表系统的工程设计依据。

5 设计基本原则

5.0.5 石油化工工厂或装置的安全完整性等级最高为SIL 3级。如果在确定安全完整性等级时，有可能达到SIL 4，应重新分配保护层的安全功能，或采用多个独立的安全仪表功能，使安全完整性等级不高于SIL 3。

5.0.6 在系统设计的时候，可采用计算安全仪表系统的失效概率的方法或其他方法验证和确定该系统安全完整性等级。石油化工工厂或装置应采用低要求模式的平均失效概率，计算和验证安全仪表系统的安全完整性等级。

5.0.8 安全仪表系统用于监测石油化工生产过程运行状态，判断危险或风险发生的条件，自动或手动执行规定的安全仪表功能，防止或减少危险事件发生，减少人员伤害或经济损失，减轻危险事件造成的影响，保护人身和生产装置安全，保护环境。

5.0.11 安全仪表系统的测量仪表、逻辑控制器、最终元件等内部产生故障，不能继续工作时，石油化工生产过程应转入安全状态。

5.0.13 在爆炸危险场所，安全仪表系统的现场测量仪表和最终元件宜优先选用隔爆型，减少中间环节。

5.0.16 大型石油化工生产装置的安全仪表系统，应采用双路独立的不间断电源。

5.0.20 安全仪表系统的逻辑控制器、工程师站、操作站等设备，可采用逻辑控制器的时钟作为时钟源，使安全仪表系统内设备的时钟一致。大型石油化工工厂的安全仪表系统应与基本控制系统的时钟同步。可采用时钟同步系统作为时钟源。

5.0.22 输入信号线路中有可能存在来自外部的干扰信号时，模拟信号可配置信号隔离器，开关信号可配置继电器等。

6 测量仪表

6.1 一般规定

6.1.1 测量仪表是安全仪表系统的组成部分，可采用计算低要求操作模式的平均失效概率的方法设计和验证测量仪表的安全完整性等级；也可根据经验使用原则，有实际证据证明这种测量仪表在以前的使用中有足够的安全完整性，就可确定选用该测量仪表符合相应的安全完整性等级。

6.1.5 安全仪表系统的输入信号不应采用通信信号，包括采用HART、FF、PROFIBUS-PA、MODBUS RTU、TCP/IP等通信协议的通信信号。

6.3 测量仪表的冗余设置

6.3.2、6.3.3 测量仪表的冗余设置，并不表示冗余设置就对应安全完整性等级。

6.5 开关量测量仪表

6.5.1 安全仪表系统的测量仪表不宜采用现场开关量仪表，因为现场开关量仪表长期不动作，会出现触点黏合或接触不良，导致不动作或误动作，影响安全仪表的功能实现。

7 最终元件

7.1 一般规定

7.1.2 安全仪表系统的最终元件为气动调节阀，执行安全仪表功能时，安全仪表系统优先动作。气动控制阀宜采用弹簧复位式单作用气动执行机构。采用双气缸执行机构时，宜配备空气储罐或专用供气管路。

7.1.3 最终元件是安全仪表系统的组成部分。可采用计算低要求操作模式的平均失效概率的方法设计和验证最终元件的安全完整性等级；也可根据经验使用原则，有实际证据证明这种最终元件在以前的使用中有足够的安全完整性，就可确定选用该最终元件符合相应的安全完整性等级。

7.3 控制阀的冗余设置

本节规定了控制阀的冗余设置，并不表示冗余设置就对应安全完整性等级。不能冗余配置控制阀的场合，采用单一控制阀，但配套的电磁阀宜冗余配置。冗余电磁阀只能有限地提高电磁阀组的安全完整性指标，不能提高控制阀的安全完整性指标。

7.4 控制阀附件的配置

7.4.1 调节阀带电磁阀配置示例见图2。切断阀带电磁阀配置示例见图3。

图中SOV为电磁阀。电磁阀励磁，A→B通，阀开；电磁阀非励磁，B→C通，阀关。

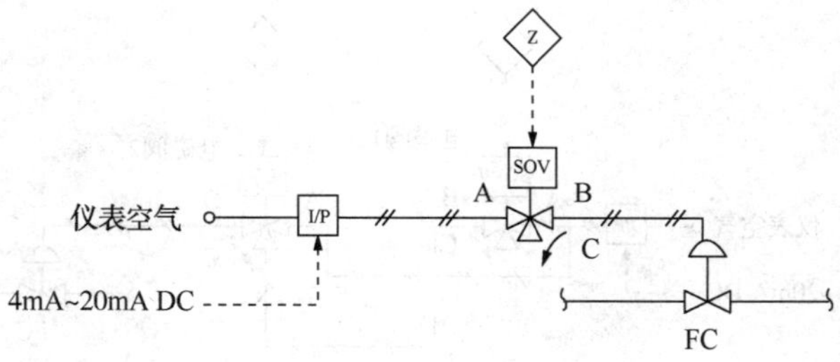

图2 调节阀带电磁阀配置示例

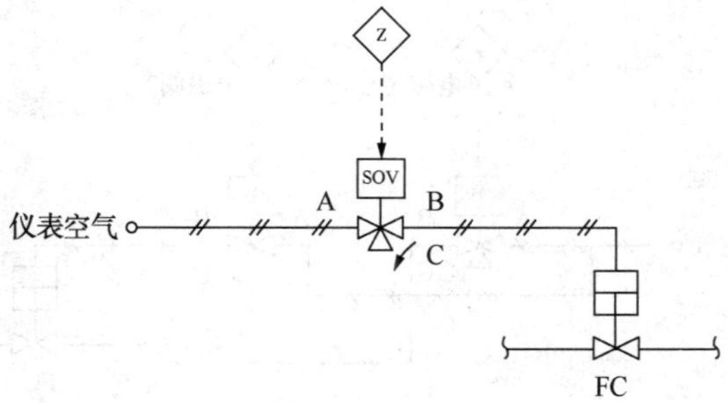

图3 切断阀带电磁阀配置示例

7.4.4 安全仪表系统的电磁阀应优先选用耐高温(H级)绝缘线圈，长期带电型，隔爆型。石油化工过程的最终元件的电磁阀以断电为故障安全方式。在工艺过程正常运行时，电磁阀应励磁工作。

7.4.5 (1)当系统要求高安全性时，调节阀、配电阀带冗余电磁阀配置可选用图4、图5所示配置方式。

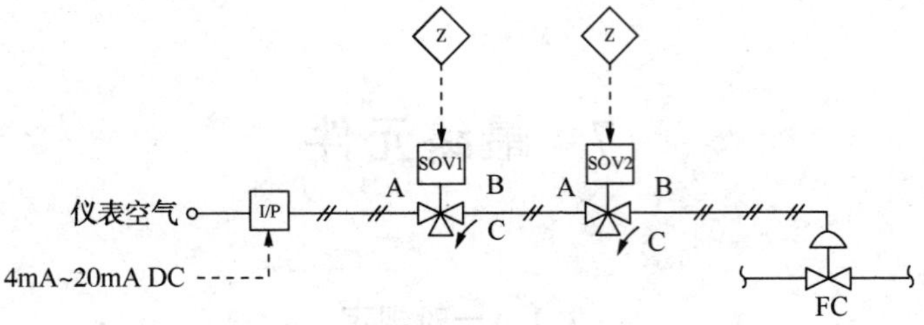

图 4　调节阀带冗余电磁阀配置示例

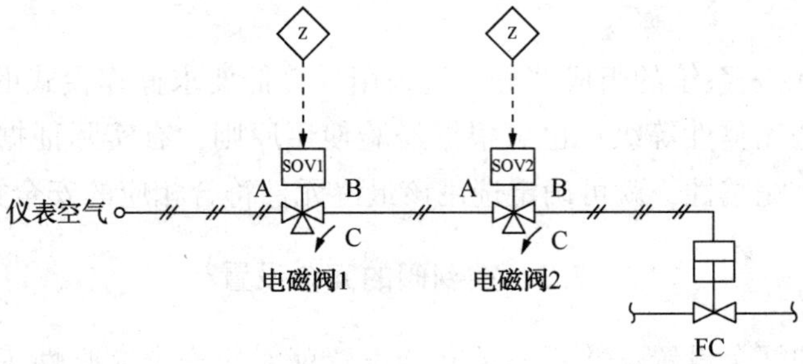

图 5　切断阀带冗余电磁阀配置示例

图中，当电磁阀 1 励磁，A→B 通；电磁阀 2 励磁，A→B 通，则控制阀开。当电磁阀 1 励磁，A→B 通；电磁阀 2 非励磁，B→C 通，则控制阀关。当电磁阀 1 非励磁，B→C 通；电磁阀 2 励磁，A→B 通，则控制阀关。当电磁阀 1 非励磁，B→C 通；电磁阀 2 非励磁，B→C 通，则控制阀关。

(2)当系统要求高可用性时，调节阀、切断阀带冗余电磁阀配置可选用图 6、图 7 所示配置方式。

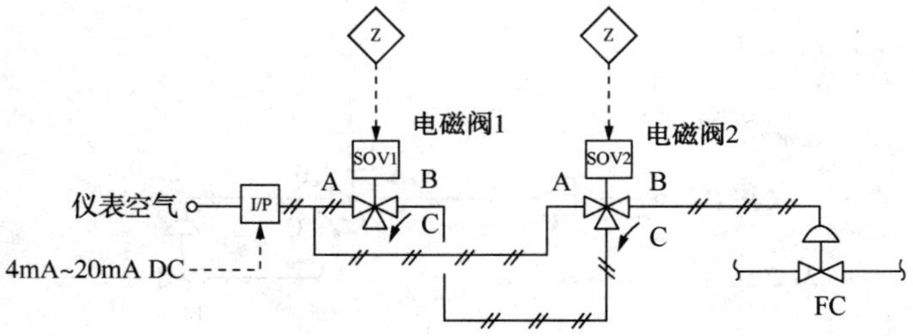

图 6　调节阀带冗余电磁阀配置示例

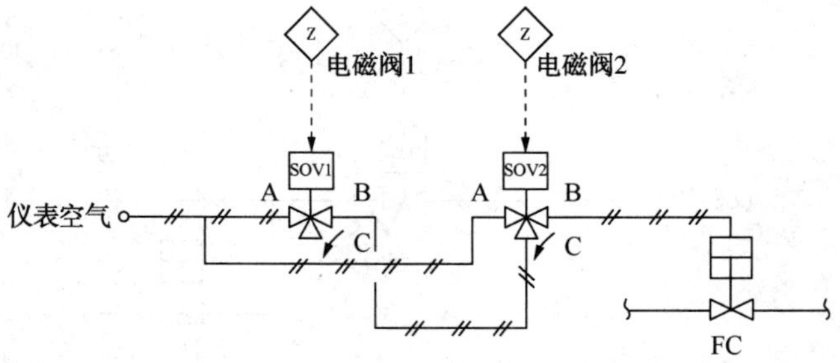

图 7　切断阀带冗余电磁阀配置示例

图中，当电磁阀 1 励磁，A→B 通；电磁阀 2 励磁，A→B 通，则控制阀开。当电磁阀 1 励磁，A→B 通；电磁阀 2 非励磁，B→C 通，则控制阀开。当电磁阀 1 非励磁，B→C 通；电磁阀 2 励磁，A→B 通，则控制阀开。当电磁阀 1 非励磁，B→C 通；电磁阀 2 非励磁，B→C 通，则控制阀关。

(3)根据布尔逻辑运算规则及真值表：

①“或门”。当一个或一个以上的输入为“1”状态，输出呈现“1”状态。

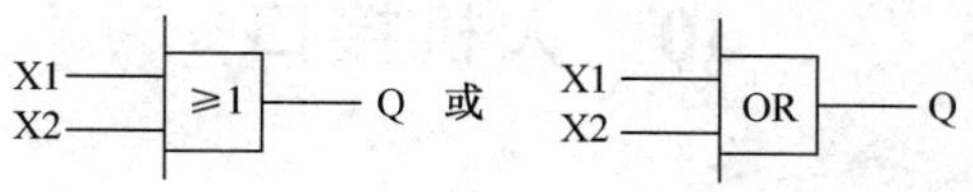

X1	X2	Q
1	1	1
1	0	1
0	1	1
0	0	0

②“与门”。当全部输入为“1”状态，输出呈现“1”状态。

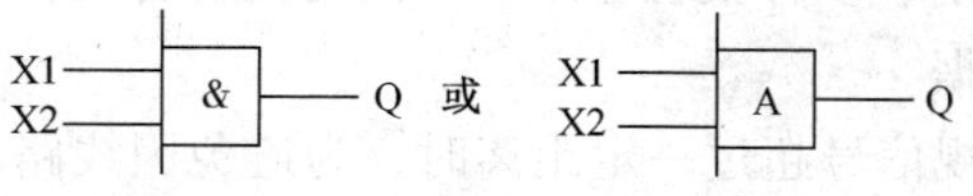

X1	X2	Q
1	1	1
1	0	0
0	1	0
0	0	0

图 2~图 7 中电磁阀的逻辑应符合以上定义。

8 逻辑控制器

8.1 一般规定

8.1.3 逻辑控制器的响应时间包括输入处理时间、输入扫描时间、中央处理单元扫描时间、应用软件执行时间、输出扫描时间、输出处理时间、通信时间等。

8.4 逻辑控制器的配置

8.4.3 逻辑控制器与基本控制系统时钟同步的目的是，当发生事故后，通过对两个系统各自记录的事件的对比和追溯，协助查找事故原因。

9 通信接口

9.1 一般规定

9.1.1 串行通信接口的数据量不应超过通信卡件的通信能力，通信速率应符合通信卡件的技术规格。安全仪表系统与基本过程控制系统的串行通信，基本过程控制系统应为主站，安全仪表系统应为从站。

10 人机接口

10.1 操作员站

10.1.1 操作员站可采用安全仪表系统的操作员站，也可采用基本过程控制系统的操作员站。

10.2 辅助操作台

10.2.2 安全仪表系统采用操作员站作信号报警的方式时，可在多台操作站报警，实现报警冗余。操作员站还可设置不同报警级别、多种报警显示、不同的报警音响，记录、存贮报警状态和相关数据，调用、显示、分析报警数据。

10.2.6 当采用导线连接的常规信号超过一定距离时，为避免因线路衰减、电磁干扰等因素产生传输差错，可采用远程接口的方式利用系统内部的通信网络进行信号连接，实现准确、可靠的信号传输。

10.3 维护旁路开关的设置

10.3.3 安全仪表系统的工艺联锁输入信号宜设维护旁路开关，三取二表决的冗余现场测量仪表输入信号可不设维护旁路开关；手动紧急停车输入信号不应设维护旁路开关，安全仪表系统的输出信号不应设维护旁路开关。

维护旁路开关、操作旁路开关、复位按钮、紧急停车按钮的操作应有状态报警和记录。

维护旁路开关用于现场仪表和线路维护时暂时旁路信号输入，使安全仪表逻辑控制器的输入不受维护线路和现场仪表信号的影响。应当严格限制维护旁路开关的使用。维护旁路开关在非维护时间应置于非旁路状态，保持安全仪表系统的完整和正常运行。维护旁路开关不应用于其他用途。

10.4 操作旁路开关的设置

10.4.3 操作旁路开关用于工艺开工和特殊过渡过程，在开工过程中输入信号还没正常之前使用，将输入信号暂时旁路，使安全仪表逻辑控制器的输入不受输入信号的影响。工艺过程正常后，操作旁路开关应置于非旁路状态，保持安全仪表系统的完整和正常运行。应当严格限制操作旁路开关的使用。操作旁路开关在工艺非开工时间应置于非旁路状态。操作旁路开关不应用于其他用途。

10.7 工程师站及事件顺序记录站

10.7.5 安全仪表系统的服务器、工程师站、事件顺序记录站、操作员站、逻辑控制器、网络设备等应严格管理外部访问，防止计算机病毒侵入系统。

11 应用软件

11.3 应用软件设计和组态

11.3.2 为了保证安全仪表系统逻辑设计正确、文档建立、逻辑修改和更新，逻辑设计应有可读性，复杂功能逻辑图应有逻辑功能说明并应提供正式的文档。

11.3.5 采用逻辑语言设计的软件应有详细的逻辑功能说明和程序说明，并应提供正式的文档。

12 工程设计

12.1 基础工程设计

12.1.3 安全仪表系统基础工程设计的主要文件之一是安全仪表控制系统(即逻辑控制器系统)的技术规格书，由于多年来的习惯，被称为“安全仪表系统技术规格书”。实际工程中，凡提及“安全仪表系统技术规格书”的多指安全仪表控制系统(即逻辑控制器系统)的技术规格书。

12.1.4 安全仪表系统的测量仪表、最终元件的技术规格书应分别由仪表技术规定和仪表数据表两部分组成。技术规定包括项目应用环境和条件、设计条件和约束条件、必要的技术规格、技术说明等。

13 组态、集成与调试、验收测试

13.1 组态、集成与调试

13.1.1 安全仪表系统工程文件是指安全仪表控制系统的设计、制造、集成、出厂等过程中产生，以及现场安装工程所需要，并应提交的最终工程文件。

UDC

中华人民共和国国家标准

P

GB/T 50493—2019

石油化工可燃气体和有毒气体检测报警设计标准

Standard for design of combustible gas and toxic gas detection and alarm for petrochemical industry

2019-09-25 发布　　2020-01-01 实施

中华人民共和国住房和城乡建设部
国家市场监督管理总局　联合发布

前　　言

根据住房和城乡建设部《关于印发〈2016年工程建设标准规范制订、修订计划〉的通知》(建标〔2015〕274号)的要求，由中石化广州工程有限公司会同有关参编单位对《石油化工可燃气体和有毒气体检测报警设计规范》GB 50493—2009进行修订而成。

本标准在修订过程中，标准编制组针对石油化工可燃气体和有毒气体检测报警设计中遇到的有关问题进行广泛的调查研究，总结了近年来石油化工企业可燃气体探测器和有毒气体探测器的使用经验，参考欧洲标准《可燃气体或氧气检测与测量仪器的选用、安装、使用和维护指南》(EN 60079-29-2)，在征求设计、生产、科研和探测器制造企业等有关方面意见的基础上，最后经审查定稿。

本标准的主要技术内容是：总则、术语、基本规定、检测点确定、可燃气体和有毒气体检测报警系统设计、可燃气体和有毒气体检测报警系统安装设计等。

本标准修订的主要技术内容是：1. 标准适用范围"石油化工新建、扩建及改建工程"修改为"石油化工新建、扩建工程"；2. 拓展了有毒气体的范围，由《高毒物品目录》中所列的毒气扩大到常见的剧毒气体；3. 增加了可燃气体和有毒气体检测报警系统(GDS)的设计相容性、独立性和可靠性要求；4. 增加了可燃气体和有毒气体检测报警系统(GDS)与火灾及消防监控系统分开设置的要求；5. 增加了开路式(激光、红外)探测器、噪声探测器等内容，进一步完善了探测器的布点和布置要求；6. 增加了常见气体探测器选用指南、可燃气体和有毒气体检测报警系统配置图。

本标准由住房和城乡建设部负责管理，由中国石油化工集团有限公司负责日常管理，由中石化广州工程有限公司负责具体技术内容的解释。执行过程中如有意见或建议，请寄送中石化广州工程有限公司(地址：广东省广州市天河区体育西路191号中石化大厦A塔20楼，邮编：510620)。

本标准主编单位：中石化广州工程有限公司

本标准参编单位：中国石化工程建设有限公司
深圳市诺安环境安全股份有限公司
无锡格林通安全装备有限公司
北京燕山时代仪表有限公司
深圳市特安电子有限公司
汉威科技集团股份有限公司
成都安可信电子股份有限公司
中石化霍尼韦尔(天津)有限公司

本标准主要起草人员：文科武　裴炳安　朱华兴　吕明伦　金　哲　邵　瑜　林　融　卿笃安　唐　蓉　刘　昕　韩振东　张占峰　龙方彦　沙蓓裔

本标准主要审查人员：李　冰　曾裕玲　葛春玉　叶向东　李玉明　张颖琮　胡红页　章敦辉　孙新文　邢　勐　刘　冰　张同科　魏剑萍　徐伟清　严春明　林洪俊　宋志远　任　泓　刘　凤　戴文杰　张晋红　马恒平　孙建文　陈　鹏　孙　旭　李　江　陈学敏　谭志波　魏高升　邱敬敏　张悦崑　赵　柱　陈　鑫　庄晓峰　王成林　李宣南　王若青

目　次

Contents

1 总 则

1.0.1 为保障石油化工企业的人身安全和生产安全，监测生产过程及储运设施中泄漏的可燃气体或有毒气体，并及时报警，预防人身伤害以及火灾与爆炸事故的发生，制定本标准。

1.0.2 本标准适用于石油化工新建、扩建工程中可燃气体和有毒气体检测报警系统的设计。

1.0.3 石油化工可燃气体和有毒气体检测报警系统的设计，除应符合本标准要求外，尚应符合国家现行有关标准的规定。

2 术 语

2.0.1 可燃气体 flammable gas

又称易燃气体，甲类气体或甲、$乙_A$类可燃液体气化后形成的可燃气体或可燃蒸气。

2.0.2 有毒气体 toxic gas

劳动者在职业活动过程中，通过皮肤接触或呼吸可导致死亡或永久性健康伤害的毒性气体或毒性蒸气。

2.0.3 释放源 source of release

可释放并能形成爆炸性气体环境、有毒气体环境的位置或地点。

2.0.4 探测器 detector

又称检测器，将可燃气体、有毒气体或氧气的浓度转换为电信号的电子设备。

2.0.5 线型气体探测器 open-path gas detector

一种开放式、用于检测直线路径中可燃气体或有毒气体云团的气体探测器。常用的线性气体探测器有：红外气体探测器、激光气体探测器等。

2.0.6 现场警报器 field alarming unit/audible and visual alarm unit

安装在现场，通过声、光或旋光向现场或接近现场人员发出警示的电子设备。常见的有：探测器自带的一体化的声、光警报器，按区域设置的现场区域警报器。

2.0.7 报警控制单元 alarm control unit

接收探测器的输出信号、显示和记录被检测气体的浓度、发出声光报警信号，并能向消防控制室图形显示装置等设备发送气体浓度报警信号和报警控制单元故障信息的电子设备。可燃气体报警信号参与消防联动时，报警控制单元通常采用按专用可燃气体报警控制器产品标准制造并取得检测报告的专用可燃气体报警控制器。

2.0.8 检测范围 sensible range

又称测量范围，探测器能够检测出被测气体的浓度范围。

2.0.9 报警设定值 alarm set point

预先设定的报警浓度值。报警设定值分为一级报警设定值和二级报警设定值。

2.0.10 响应时间 response time

在试验条件下，从探测器接触被测气体至达到稳定指示值的时间。通常达到稳定指示值90%的时间为响应时间，恢复到稳定指示值10%的时间为恢复时间。

2.0.11 安装高度 vertical height

探测器传感器吸入口到指定参照物的垂直距离。

2.0.12 爆炸下限 lower explosion limit(LEL)

可燃气体发生爆炸时的下限浓度(V%)值。

2.0.13 爆炸上限 upper explosion limit(UEL)

可燃气体发生爆炸时的上限浓度(V%)值。

2.0.14 职业接触限值 occupational exposure limit(OEL)

劳动者在职业活动中长期反复接触，不会对绝大多数接触者的健康引起有害作用的容许接触水平。化学因素的职业接触限值分为最高容许浓度、短时间接触容许浓度和时间加权平均容许浓度三种。

2.0.15 最高容许浓度 maximum allowable concentration(MAC)

工作地点在一个工作日内、任何时间有毒化学物质均不应超过的浓度。

2.0.16 时间加权平均容许浓度 permissible concentrationtime weighted average(PC-TWA)

以时间为权数规定的8h工作日、40h工作周的平均容许接触浓度。

2.0.17 短时间接触容许浓度 permissible concentrationshort term exposure limit(PC-STEL)

在遵守时间加权平均容许浓度(PC-TWA)前提下容许短时间(15min)接触的浓度。

2.0.18 直接致害浓度 immediately dangerous to life or health concentration(IDLH)

在工作地点，环境中空气污染物浓度达到某种危险水平，如可致命或永久损害健康，或使人立即丧失逃生能力。

3 基本规定

3.0.1 在生产或使用可燃气体及有毒气体的生产设施及储运设施的区域内，泄漏气体中可燃气体浓度可能达到报警设定值时，应设置可燃气体探测器；泄漏气体中有毒气体浓度可能达到报警设定值时，应设置有毒气体探测器；既属于可燃气体又属于有毒气体的单组分气体介质，应设有毒气体探测器；可燃气体与有毒气体同时存在的多组分混合气体，泄漏时可燃气体浓度和有毒气体浓度有可能同时达到报警设定值，应分别设置可燃气体探测器和有毒气体探测器。

3.0.2 可燃气体和有毒气体的检测报警应采用两级报警。同级别的有毒气体和可燃气体同时报警时，有毒气体的报警级别应优先。

3.0.3 可燃气体和有毒气体检测报警信号应送至有人值守的现场控制室、中心控制室等进行显示报警；可燃气体二级报警信号、可燃气体和有毒气体检测报警系统报警控制单元的故障信号应送至消防控制室。

3.0.4 控制室操作区应设置可燃气体和有毒气体声、光报警；现场区域警报器宜根据装置占地的面积、设备及建构筑物的布置、释放源的理化性质和现场空气流动特点进行设置，现场区域警报器应有声、光报警功能。

3.0.5 可燃气体探测器必须取得国家指定机构或其授权检验单位的计量器具型式批准证书、防爆合格证和消防产品型式检验报告；参与消防联动的报警控制单元应采用按专用可燃气体报警控制器产品标准制造并取得检测报告的专用可燃气体报警控制器；国家法规有要求的有毒气体探测器必须取得国家指定机构或其授权检验单位的计量器具型式批准证书。安装在爆炸危险场所的有毒气体探测器还应取得国家指定机构或其授权检验单位的防爆合格证。

3.0.6 需要设置可燃气体、有毒气体探测器的场所，宜采用固定式探测器；需要临时检测可燃气体、有毒气体的场所，宜配备移动式气体探测器。

3.0.7 进入爆炸性气体环境或有毒气体环境的现场工作人员，应配备便携式可燃气体和(或)有毒气体探测器。进入的环境同时存在爆炸性气体和有毒气体时，便携式可燃气体和有毒气体探测器可采用多传感器类型。

3.0.8 可燃气体和有毒气体检测报警系统应独立于其他系统单独设置。

3.0.9 可燃气体和有毒气体检测报警系统的气体探测器、报警控制单元、现场警报器等的供电负荷，应按一级用电负荷中特别重要的负荷考虑，宜采用UPS电源装置供电。

3.0.10 确定有毒气体的职业接触限值时，应按最高容许浓度、时间加权平均容许浓度、短时间接触容许浓度的优先次序选用。

3.0.11 常见易燃气体、蒸气特性应按本标准附录A采用；常见有毒气体、蒸气特性应按本标准附录B采用。

4 检测点确定

4.1 一般规定

4.1.1 可燃气体和有毒气体探测器的检测点，应根据气体的理化性质、释放源的特性、生产场地布置、地理条件、环境气候、探测器的特点、检测报警可靠性要求、操作巡检路线等因素进行综合分析，选择可燃气体及有毒气体容易积聚、便于采样检测和仪表维护之处布置。

4.1.2 判别泄漏气体介质是否比空气重，应以泄漏气体介质的分子量与环境空气的分子量的比值为基准，并应按下列原则判别：

1 当比值大于或等于1.2时，则泄漏的气体重于空气；

2 当比值大于或等于1.0、小于1.2时，则泄漏的气体为略重于空气；

3 当比值为0.8~1.0时，则泄漏的气体为略轻于空气；

4 当比值小于或等于0.8时，则泄漏的气体为轻于空气。

4.1.3 下列可燃气体和(或)有毒气体释放源周围应布置检测点：

1 气体压缩机和液体泵的动密封；

2 液体采样口和气体采样口；

3 液体(气体)排液(水)口和放空口；

4 经常拆卸的法兰和经常操作的阀门组。

4.1.4 检测可燃气体和有毒气体时，探测器探头应靠近释放源，且在气体、蒸气易于聚集的地点。

4.1.5 当生产设施及储运设施区域内泄漏的可燃气体和有毒气体可能对周边环境安全有影响需要监测时，应沿生产设施及储运设施区域周边按适宜的间隔布置可燃气体探测器或有毒气体探测器，或沿生产设施及储运设施区域周边设置线型气体探测器。

4.1.6 在生产过程中可能导致环境氧气浓度变化，出现欠氧、过氧的有人员进入活动的场所，应设置氧气探测器。当相关气体释放源为可燃气体或有毒气体释放源时，氧气探测器可与相关的可燃气体探测器、有毒气体探测器布置在一起。

4.2 生产设施

4.2.1 释放源处于露天或敞开式厂房布置的设备区域内，可燃气体探测器距其所覆盖范围内的任一释放源的水平距离不宜大于10m，有毒气体探测器距其所覆盖范围内的任一释放源的水平距离不宜大于4m。

4.2.2 释放源处于封闭式厂房或局部通风不良的半敞开厂房内，可燃气体探测器距其所覆盖范围内的任一释放源的水平距离不宜大于5m；有毒气体探测器距其所覆盖范围内的任一释放源的水平距离不宜大于2m。

4.2.3 比空气轻的可燃气体或有毒气体释放源处于封闭或局部通风不良的半敞开厂房内，除应在释放源上方设置探测器外，还应在厂房内最高点气体易于积聚处设置可燃气体或有毒气体探测器。

4.3 储运设施

4.3.1 液化烃、甲$_B$、乙$_A$类液体等产生可燃气体的液体储罐的防火堤内，应设探测器。可燃气体探测器距其所覆盖范围内的任一释放源的水平距离不宜大于10m，有毒气体探测器距其所覆盖范围内的任一释放源的水平距离不宜大于4m。

4.3.2 液化烃、甲$_B$、乙$_A$类液体的装卸设施，探测器的设置应符合下列规定：

1 铁路装卸栈台，在地面上每一个车位宜设一台探测器，且探测器与装卸车口的水平距离不应大于10m；

2 汽车装卸站的装卸车鹤位与探测器的水平距离不应大于10m。

4.3.3 装卸设施的泵或压缩机区的探测器设置，应符合本标准第4.2节的规定。

4.3.4 液化烃灌装站的探测器设置，应符合下列规定：

1 封闭或半敞开的灌瓶间，灌装口与探测器的水平距离宜为5m~7.5m；

2 封闭或半敞开式储瓶库，应符合本标准第4.2.2条规定；敞开式储瓶库房沿四周每隔15m~20m应设一台探测器，当四周边长总和小于15m时，应设一台探测器；

3 缓冲罐排水口或阀组与探测器的水平距离宜为5m~7.5m。

4.3.5 封闭或半敞开氢气灌瓶间，应在灌装口上方的室内最高点易于滞留气体处设探测器。

4.3.6 可能散发可燃气体的装卸码头，距输油臂水平平面10m范围内，应设一台探测器。

4.3.7 其他储存、运输可燃气体、有毒气体的储运设施，可燃气体探测器和(或)有毒气体探测器应按本标准第4.2节的规定设置。

4.4 其他有可燃气体、有毒气体的扩散与积聚场所

4.4.1 明火加热炉与可燃气体释放源之间应设可燃气体探测器，探测器距加热炉炉边的水平距离宜为5m~10m。当明火加热炉与可燃气体释放源之间设有不燃烧材料实体墙时，实体墙靠近释放源的一侧应设探测器。

4.4.2 设在爆炸危险区域2区范围内的在线分析仪表间，应设可燃气体和(或)有毒气体探测器，并同时设置氧气探测器。

4.4.3 控制室、机柜间的空调新风引风口等可燃气体和有毒气体有可能进入建筑物的地方，应设置可燃气体和(或)有毒气体探测器。

4.4.4 有人进入巡检操作且可能积聚比空气重的可燃气体或有毒气体的工艺阀井、管沟等场所，应设可燃气体和(或)有毒气体探测器。

5 可燃气体和有毒气体检测报警系统设计

5.1 一般规定

5.1.1 可燃气体和有毒气体检测报警系统应由可燃气体或有毒气体探测器、现场警报器、报警控制单元等组成。

5.1.2 可燃气体的第二级报警信号和报警控制单元的故障信号，应送至消防控制室进行图形显示和报警。可燃气体探测器不能直接接入火灾报警控制器的输入回路。

5.1.3 可燃气体或有毒气体检测信号作为安全仪表系统的输入时，探测器宜独立设置，探测器输出

信号应送至相应的安全仪表系统，探测器的硬件配置应符合现行国家标准《石油化工安全仪表系统设计规范》GB/T 50770 有关规定。

5.1.4 可燃气体和有毒气体检测报警系统配置图见本标准附录 C。

5.2 探测器选用

5.2.1 探测器的输出可选用 4mA~20mA 的 DC 信号、数字信号、触点信号。

5.2.2 可燃气体及有毒气体探测器的选用，应根据探测器的技术性能、被测气体的理化性质、被测介质的组分种类和检测精度要求、探测器材质与现场环境的相容性、生产环境特点等确定。

5.2.3 常用可燃气体及有毒气体探测器的选用应符合下列规定：

1 轻质烃类可燃气体宜选用催化燃烧型或红外气体探测器；当使用场所的空气中含有能使催化燃烧型检测元件中毒的硫、磷、硅、铅、卤素化合物等介质时，应选用抗毒性催化燃烧型探测器、红外气体探测器或激光气体探测器；在缺氧或高腐蚀性等场所，宜选用红外气体探测器或激光气体探测器；重质烃类蒸气可选用光致电离型探测器；

2 氢气检测宜选用催化燃烧型、电化学型、热传导型探测器；

3 有机有毒气体宜选用半导体型、光致电离型探测器；

4 无机有毒气体检测宜选用电化学型探测器；

5 氧气宜选用电化学型探测器；

6 在气候环境或生产环境特殊，需监测的区域开阔的场所，宜选择线型可燃气体探测器；

7 在工艺介质泄漏后形成的气体或蒸气能显著改变释放源周围环境温度的场所，可选用红外图像型探测器；

8 在高压工艺介质泄漏时产生的噪声能显著改变释放源周围环境声压级的场所，可选用噪声型探测器；

9 在生产和检修过程中需要临时检测可燃气体、有毒气体的场所，应配备移动式气体探测器。

5.2.4 常用探测器的采样方式应根据使用场所按下列规定确定：

1 可燃气体和有毒气体的检测宜采用扩散式探测器；

2 受安装条件和介质扩散特性的限制，不便使用扩散式探测器的场所，可采用吸入式探测器；

3 当探测器配备采样系统时，采样系统的滞后时间不宜大于 30s。

5.2.5 常见气体探测器的技术性能应符合本标准附录 D 的要求；常见气体探测器应按照本标准附录 E 选用。

5.3 现场警报器选用

5.3.1 可燃气体和有毒气体检测报警系统应按照生产设施及储运设施的装置或单元进行报警分区，各报警分区应分别设置现场区域警报器。区域警报器的启动信号应采用第二级报警设定值信号。区域警报器的数量宜使在该区域内任何地点的现场人员都能感知到报警。

5.3.2 区域警报器的报警信号声级应高于 110dBA，且距警报器 1m 处总声压值不得高于 120dBA。

5.3.3 有毒气体探测器宜带一体化的声、光警报器，可燃气体探测器可带一体化的声、光警报器，一体化声、光警报器的启动信号应采用第一级报警设定值信号。

5.4 报警控制单元选用

5.4.1 报警控制单元应采用独立设置的以微处理器为基础的电子产品，并应具备下列基本功能：

1 能为可燃气体探测器、有毒气体探测器及其附件供电；

2 能接收气体探测器的输出信号，显示气体浓度并发出声、光报警；

3 能手动消除声、光报警信号，再次有报警信号输入时仍能发出报警；

4 具有相对独立、互不影响的报警功能，能区分和识别报警场所位号；

5 在下列情况下，报警控制单元应能发出与可燃气体和有毒气体浓度报警信号有明显区别的声、光故障报警信号：

1）报警控制单元与探测器之间连线断路或短路；

2）报警控制单元主电源欠压；

3）报警控制单元与电源之间的连线断路或短路；

6 具有以下记录、存储、显示功能：

1）能记录可燃气体和有毒气体的报警时间，且日计时误差不应超过30s；

2）能显示当前报警部位的总数；

3）能区分最先报警部位，后续报警点按报警时间顺序连续显示；

4）具有历史事件记录功能。

5.4.2 控制室内可燃气体和有毒气体声、光警报器的声压等级应满足设备前方1m处不小于75dBA，声、光警报器的启动信号应采用第二级报警设定值信号。

5.4.3 可燃气体探测器参与消防联动时，探测器信号应先送至按专用可燃气体报警控制器产品标准制造并取得检测报告的专用可燃气体报警控制器，报警信号应由专用可燃气体报警控制器输出至消防控制室的火灾报警控制器。可燃气体报警信号与火灾报警信号在火灾报警控制系统中应有明显区别。

5.5 测量范围及报警值设定

5.5.1 测量范围应符合下列规定：

1 可燃气体的测量范围应为0~100%LEL；

2 有毒气体的测量范围应为0~300%OEL；当现有探测器的测量范围不能满足上述要求时，有毒气体的测量范围可为0~30%IDLH；环境氧气的测量范围可为0~25%VOL；

3 线型可燃气体测量范围为0~5LEL·m。

5.5.2 报警值设定应符合下列规定：

1 可燃气体的一级报警设定值应小于或等于25%LEL；

2 可燃气体的二级报警设定值应小于或等于50%LEL；

3 有毒气体的一级报警设定值应小于或等于100%OEL，有毒气体的二级报警设定值应小于或等于200%OEL。当现有探测器的测量范围不能满足测量要求时，有毒气体的一级报警设定值不得超过5%IDLH，有毒气体的二级报警设定值不得超过10%IDLH；

4 环境氧气的过氧报警设定值宜为23.5%VOL，环境欠氧报警设定值宜为19.5%VOL；

5 线型可燃气体测量一级报警设定值应为1LEL·m；二级报警设定值应为2LEL·m。

6 可燃气体和有毒气体检测报警系统安装设计

6.1 探测器安装

6.1.1 探测器应安装在无冲击、无振动、无强电磁场干扰、易于检修的场所，探测器安装地点与周边工艺管道或设备之间的净空不应小于0.5m。

6.1.2 检测比空气重的可燃气体或有毒气体时，探测器的安装高度宜距地坪（或楼地板）0.3m~0.6m；检测比空气轻的可燃气体或有毒气体时，探测器的安装高度宜在释放源上方2.0m内。检测比空气略重的可燃气体或有毒气体时，探测器的安装高度宜在释放源下方0.5m~1.0m；检测比空气略轻的可燃气体或有毒气体时，探测器的安装高度宜高出释放源0.5m~1.0m。

6.1.3 环境氧气探测器的安装高度宜距地坪或楼地板1.5m~2.0m。

6.1.4 线型可燃气体探测器宜安装于大空间开放环境，其检测区域长度不宜大于100m。

6.2 报警控制单元及现场区域警报器安装

6.2.1 可燃气体和有毒气体检测报警系统人机界面应安装在操作人员常驻的控制室等建筑物内。

6.2.2 现场区域警报器应就近安装在探测器所在的报警区域。

6.2.3 现场区域警报器的安装高度应高于现场区域地面或楼地板2.2m，且位于工作人员易察觉的地点。

6.2.4 现场区域警报器应安装在无振动、无强电磁场干扰、易于检修的场所。

附录A 常见易燃气体、蒸气特性

表A 常见易燃气体、蒸气特性表

序号	物质名称	沸点（℃）	闪点（℃）	爆炸浓度（V%）		火灾危险性分类	蒸气密度（kg/m^3N）	备注
				下限	上限			
1	甲烷	-161.5	气体	5.0	15.0	甲	0.77	液化后为$甲_A$
2	乙烷	-88.9	气体	3.0	12.5	甲	1.34	液化后为$甲_A$
3	丙烷	-42.1	气体	2.0	11.1	甲	2.07	液化后为$甲_A$
4	丁烷	-0.5	气体	1.9	8.5	甲	2.59	液化后为$甲_A$
5	戊烷	36.07	<-40.0	1.4	7.8	$甲_B$	3.22	—
6	己烷	68.9	-22.8	1.1	7.5	$甲_B$	3.88	—
7	庚烷	98.3	-3.9	1.1	6.7	$甲_B$	4.53	—
8	辛烷	125.67	13.3	1.0	6.5	$甲_B$	5.09	—
9	壬烷	150.77	31.0	0.7	2.9	$乙_A$	5.73	—
10	环丙烷	-33.9	气体	2.4	10.4	甲	1.94	液化后为$甲_A$
11	环戊烷	469.4	<-6.7	1.4	—	$甲_B$	3.10	—
12	异丁烷	-11.7	气体	1.8	8.4	甲	2.59	液化后为$甲_A$
13	环己烷	81.7	-20.0	1.3	8.0	$甲_B$	3.75	—
14	异戊烷	27.8	<-51.1	1.4	7.6	$甲_B$	3.21	—
15	异辛烷	99.24	-12.0	1.0	6.0	$甲_B$	5.09	—
16	乙基环丁烷	71.1	<-15.6	1.2	7.7	$甲_B$	3.75	—
17	乙基环戊烷	103.3	<21	1.1	6.7	$甲_B$	4.40	—
18	乙基环己烷	131.7	35	0.9	6.6	$乙_A$	5.04	—
19	甲基环己烷	101.1	-3.9	1.2	6.7	$甲_B$	4.40	—
20	乙烯	-103.7	气体	2.7	36	甲	1.29	液化后为$甲_A$
21	丙烯	-47.2	气体	2.0	11.1	甲	1.94	液化后为$甲_A$
22	1-丁烯	-6.1	气体	1.6	10.0	甲	2.46	液化后为$甲_A$
23	2-丁烯(顺)	3.7	气体	1.7	9.0	甲	2.46	液化后为$甲_A$
24	2-丁烯(反)	1.1	气体	1.8	9.7	甲	2.46	液化后为$甲_A$
25	丁二烯	-4.44	气体	2.0	12	甲	2.42	液化后为$甲_A$
26	异丁烯	-6.7	气体	1.8	9.6	甲	2.46	液化后为$甲_A$
27	乙炔	-84	气体	2.5	80	甲	1.16	液化后为$甲_A$
28	丙炔	-2.3	气体	1.7	—	甲	1.81	液化后为$甲_A$
29	苯	80.1	-11.1	1.2	7.8	$甲_B$	3.62	—

表 A 常见易燃气体、蒸气特性表(续)

序号	物质名称	沸点(℃)	闪点(℃)	爆炸浓度(V%)		火灾危险性分类	蒸气密度(kg/m³N)	备注
				下限	上限			
30	甲苯	110.6	4.4	1.2	7.1	甲$_B$	4.01	—
31	乙苯	136.2	21	0.8	6.7	甲$_B$	4.73	—
32	邻-二甲苯	144.4	17	1.0	6.0	甲$_B$	4.78	—
33	间-二甲苯	138.9	25	1.1	7.0	甲$_B$	4.78	—
34	对-二甲苯	138.3	25	1.1	7.0	甲$_B$	4.78	—
35	苯乙烯	146.1	32	0.9	6.8	乙$_A$	4.64	—
36	环氧乙烷	10.56	<-17.8	3.0	80	甲$_A$	1.94	爆炸极限数据按《化工过程安全理论与应用》(第二版)
37	环氧丙烷	33.9	-37.2	2.8	37	甲$_B$	2.59	—
38	甲基醚	-23.9	气体	3.4	27	甲	2.07	液化后为甲$_A$
39	乙醚	35	-45	1.9	36	甲$_B$	3.36	—
40	乙基甲基醚	10.6	-37.2	2.0	10.1	甲$_A$	2.72	—
41	二甲醚	-23.7	气体	3.4	27	甲	2.06	液化后为甲$_A$
42	二丁醚	141.1	25	1.5	7.6	甲$_B$	5.82	—
43	甲醇	63.9	11	6.0	36	甲$_B$	1.42	—
44	乙醇	78.3	12.8	3.3	19	甲$_B$	2.06	—
45	丙醇	97.2	25	2.1	13.5	甲$_B$	2.72	—
46	丁醇	117.0	28.9	1.4	11.2	乙$_A$	3.36	—
47	戊醇	138.0	32.7	1.2	10.5	乙$_A$	3.88	—
48	异丙醇	82.8	11.7	2.0	12	甲$_B$	2.72	—
49	异丁醇	108.0	31.6	1.7	19.0	乙$_A$	3.30	—
50	甲醛	-19.4	气体	7.0	73	甲	1.38	液化后为甲$_A$
51	乙醛	21.1	-37.8	4.0	60	甲$_B$	1.94	—
52	丙醛	48.9	-9.4~7.2	2.9	17	甲$_B$	2.59	—
53	丙烯醛	51.7	-26.1	2.8	31	甲$_B$	2.46	—
54	丙酮	56.7	-17.8	2.6	12.8	甲$_B$	2.59	—
55	丁醛	76	-6.7	2.5	12.5	甲$_B$	3.23	—
56	甲乙酮	79.6	-6.1	1.8	10	甲$_B$	3.23	—
57	环己酮	156.1	43.9	1.1	8.1	乙$_A$	4.40	—
58	乙酸	118.3	42.8	5.4	17	乙$_A$	2.72	—
59	甲酸甲酯	32.2	-18.9	4.5	23	甲$_B$	2.72	—
60	甲酸乙酯	54.4	-20	2.8	16	甲$_B$	3.37	—

表A 常见易燃气体、蒸气特性表(续)

序号	物质名称	沸点(℃)	闪点(℃)	爆炸浓度(V%)		火灾危险性分类	蒸气密度(kg/m^3N)	备注
				下限	上限			
61	醋酸甲酯	60	-10	3.1	16	甲$_B$	3.62	—
62	醋酸乙酯	77.2	-4.4	2.0	11.5	甲$_B$	3.88	—
63	醋酸丙酯	101.7	14.4	1.7	8.0	甲$_B$	4.53	—
64	醋酸丁酯	127	22	1.7	9.8	甲$_B$	5.17	—
65	醋酸丁烯酯	717.7	7.0	2.6	—	甲$_B$	3.88	—
66	丙烯酸甲酯	79.7	-2.9	2.8	25	甲$_B$	3.88	—
67	呋喃	31.1	<0	2.3	14.3	甲$_B$	2.97	—
68	四氢呋喃	66.1	-14.4	2.0	11.8	甲$_B$	3.23	—
69	氯代甲烷	-23.9	气体	8.1	17.4	甲	2.33	液化后为甲$_A$
70	氯乙烷	12.2	-50	3.8	15.4	甲$_A$	2.84	—
71	溴乙烷	37.8	<-20	6.7	8	甲$_B$	4.91	—
72	氯丙烷	46.1	<-17.8	2.6	11.1	甲$_B$	3.49	—
73	氯丁烷	76.6	-9.4	1.8	10.1	甲	4.14	液化后为甲$_A$
74	溴丁烷	102	18.9	2.6	6.6	甲$_B$	6.08	—
75	氯乙烯	-13.9	气体	3.6	33	甲	2.84	液化后为甲$_A$
76	烯丙基氯	45	-32	2.9	11.1	甲$_B$	3.36	—
77	氯苯	132.2	28.9	1.3	7.1	乙$_A$	5.04	—
78	1,2-二氯乙烷	83.9	13.3	6.2	16	甲$_B$	4.40	—
79	1,1-二氯乙烯	37.2	-17.8	7.3	16	甲$_B$	4.40	—
80	硫化氢	-60.4	气体	4.3	45.5	甲	1.54	—
81	二硫化碳	46.2	-30	1.3	5.0	甲$_B$	3.36	—
82	乙硫醇	35.0	<26.7	2.8	18.0	甲$_B$	2.72	—
83	乙腈	81.6	5.6	3.0	16.0	甲$_B$	1.81	—
84	丙烯腈	77.2	0	3.0	17.0	甲$_B$	2.37	—
85	硝基甲烷	101.1	35.0	7.3	63	乙$_A$	2.72	—
86	硝基乙烷	113.8	27.8	3.4	5.0	甲$_B$	3.36	—
87	亚硝酸乙酯	17.2	-35	3.0	50	甲$_B$	3.36	—
88	氰化氢	26.1	-17.8	5.6	40	甲$_B$	1.16	—
89	甲胺	-6.5	气体	4.9	20.7	甲	2.72	液化后为甲$_A$
90	二甲胺	7.2	气体	2.8	14.4	甲	2.07	—
91	吡啶	115.5	<2.8	1.7	12	甲$_B$	3.53	—
92	氢	-253	气体	4.0	75	甲	0.09	—
93	天然气	—	气体	3.8	13	甲	—	—

表 A 常见易燃气体、蒸气特性表(续)

序号	物质名称	沸点(℃)	闪点(℃)	爆炸浓度(V%)		火灾危险性分类	蒸气密度(kg/m^3N)	备注
				下限	上限			
94	城市煤气	<-50	气体	4.0	—	甲	0.65	—
95	液化石油气	—	—	1.0	—	甲$_A$	—	气化后为甲类气体，下限按国际海协数据
96	轻石脑油	36~68	<-20.0	1.2	5.9	甲$_B$	≥3.22	—
97	重石脑油	65~177	-22~20	0.6	—	甲$_B$	≥3.61	—
98	汽油	50~150	<-20	1.1	5.9	甲$_B$	4.14	—
99	喷气燃料	80~250	<28	0.6	6.5	乙$_A$	6.47	闪点按现行行业标准《2号喷气燃料》GB 1788—79的数据
100	煤油	150~300	≤45	0.6	6.5	乙$_A$	6.47	—
101	原油	—	—	—	—	甲$_B$	—	—

附录 B　常见有毒气体、蒸气特性

表 B　常见有毒气体、蒸气特性

序号	物质名称	蒸气密度（kg/cm^3）	熔点（℃）	沸点（℃）	OEL（mg/m^3）			IDLH（mg/m^3）
					MAC	PC-TWA	PC-STEL	
1	一氧化碳	1.17	-199.5	-191.4	—	20	30	1700
2	氯乙烯	2.60	-160	-13.9	—	10	25	—
3	硫化氢	1.44	-85.5	-60.4	10	—	—	430
4	氯	3.00	-101	-34.5	1	—	—	88
5	氰化氢	1.13	-13.2	26.1	1	—	—	56
6	丙烯腈	2.21	-83.6	77.2	—	1	2	1100
7	二氧化氮	3.87	-11.2	21.2	—	5	10	96
8	苯	3.35	5.5	80.1	—	6	10	9800
9	氨	0.73	-78	-33.4	—	20	30	360
10	碳酰氯	4.11	-104	8.3	0.5	—	—	8
11	二氧化硫	2.73	-75.5	-10	—	5	10	270
12	甲醛	1.29	-92	-19.5	—	2	—	37
13	环氧乙烷	1.84	-112.2	10.8	—	0.6	2	1500
14	溴	8.64	-7.2	58.8	0.3	—	—	66

注：对环境大气（空气）中有毒气体浓度的表示方法有两种：质量浓度（每立方米空气中所含有毒气体的质量数，即 mg/m^3）和体积浓度（一百万体积的空气中所含有毒气体的体积数，即 ppm 或 μmol/mol）。通常，大部分气体检测仪器测得的气体浓度是体积浓度（ppm）。而我们国家的标准规范采用的气体浓度为质量浓度单位（mg/m^3）。

本标准中，浓度单位 ppm（μmol/mol）与 mg/m^3 的换算关系是：

$$c_{ppm} = \frac{22.4}{M_w} \cdot \frac{T}{273} \cdot \frac{1}{P} \cdot c_{mg/m^3} \qquad \text{（式 B）}$$

式中：M_w——气体的分子量（g/mol）；

T——环境温度（K）；

P——环境大气压力（atm）。

附录C 可燃气体和有毒气体检测报警系统配置图

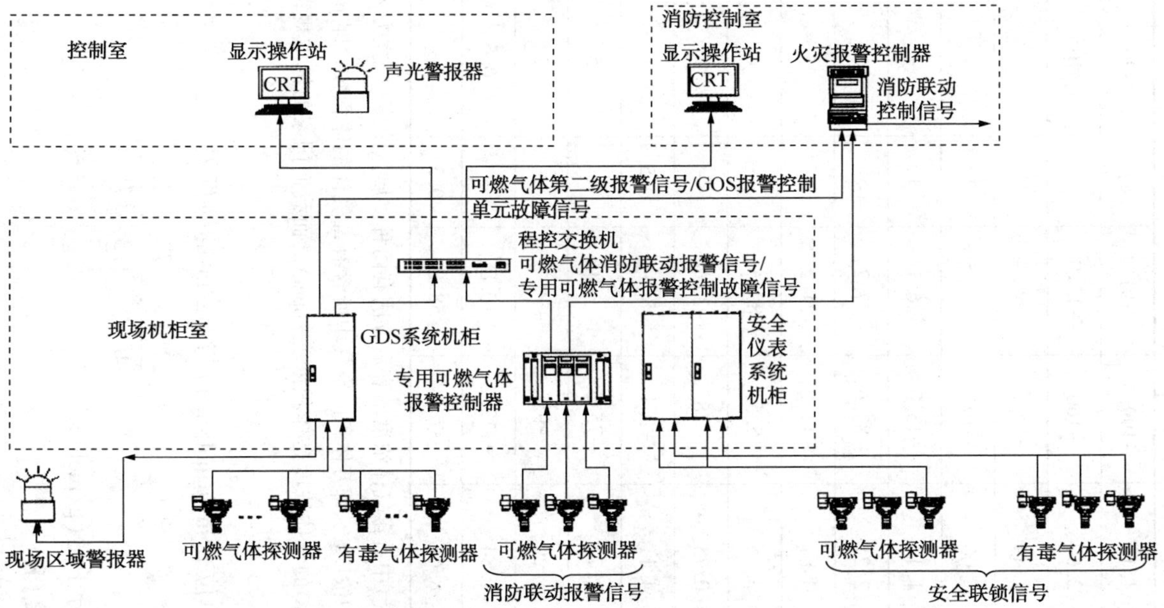

图C 可燃气体和有毒气体检测报警系统配置图

附录 D 常见气体探测器技术性能表

表 D 常见气体探测器的技术性能表

项目	催化燃烧型检(探)测器	热传导型检(探)测器	红外气体检(探)测器		半导体型检(探)测器	电化学型检(探)测器	光致电离型检(探)测器	顺磁型	激光型	
			点式	开路					点式	开路
被测气体的含氧要求	O_2>10%	无	无		微量 O_2	微量	无	无		
氧气测量范围			0~100%			0~25%(0~100%)		0~100%	0~100%	0~100%
可燃气体测量范围	≤LEL	LEL~100%	0~100%		≤LEL	≤LEL	<LEL		≤LEL	≤LEL
不适用的被测气体	大分子有机物		H_2		N_2，Cl_2	烷烃	H_2，CO，HCN，SO_2，HCl，HF，HNO_3，$CH_4$①	可燃气体		
相对响应时间	与被测介质有关	中等	较短		与被测介质有关	中等	较短	短和中等	较短	较短
检测干扰气体	无	CO_2，氟里昂	H_2O	H_2O	SO_2，NO_x，HO_2	SO_2，NO_x	②	NO，NO_2		

表 D　常见气体探测器的技术性能表(续)

项目		催化燃烧型检(探)测器	热传导型检(探)测器	红外气体检(探)测器		半导体型检(探)测器	电化学型检(探)测器	光致电离型检(探)测器	顺磁型	激光型	
				点式	开路					点式	开路
使检测元件中毒的介质		Si、Pb 卤素，H_2S，含硅化合物、含磷化合物、硫化物、铅化物(可选用抗中毒型传感器)	无	无		Si，SO_2，卤素	CO_2	无			
辅助气体要求		无	无	无		无	无	无		无	无
室外环境温度	便携式	−10℃～+40℃									
	固定式	−25℃～+55℃									
空气相对湿度		20%RH～90%RH									
风速		<6m/s									
机械振动		10Hz～30Hz，1.0mm 总位移；31Hz～100Hz，2g 加速度峰值									

注：①为离子化能级高于所用紫外灯的能级的被测物；②为离子化能级低于所用紫外灯的能级的被测物；③“无”代表无要求。

附录 E　常见气体探测器选用指南

表 E　常见气体探测器选用指南

常见介质		催化燃烧型	热传导型	红外气体型		半导体型	电化学型	光致电离型	顺磁型	激光型	
				点式	开路					点式	开路
烃类	氢气	* *	+	-	-	+	* *	-	-	-	-
	轻质烃(C_4以下)	* *	+	* *	+	+	-	+	-	+	+
	烃蒸气(C_5以上)	* *	+	+	+	+	-	+	-	+	+
	卤代烃	-	-	+	-	+	+	+	-	-	-
醇类		* *	+	* *	-	+	* *	* *	-	-	-
酯类		* *	+	+	-	+	+	* *	-	-	-
有毒气体	一氧化碳	+	-	* *	-	-	* *	-	-	+	-
	氯乙烯	-	-	+	-	+	* *	* *	-	+	-
	硫化氢	-	-	-	-	+	* *	+	-	+	-
	氯	-	-	-	-	-	* *	-	-	-	-
	氰化氢	-	-	-	-	-	* *	-	-	-	-
	丙烯腈	+	-	-	-	-	* *	+	-	-	-
	二氧化氮	-	-	-	-	-	* *	+	-	-	-
	苯	+	-	-	-	+	-	* *	-	-	-
	氨	+	-	-	-	+	* *	+	-	+	-
	碳酰氯	-	-	-	-	-	* *	+	-	-	-
O_2		-	-	-	-	-	* *	-	+	-	-

注："* *"表示常用；"+"表示可用；"-"表示不用。

引用标准名录

《石油化工安全仪表系统设计规范》GB/T 50770

中华人民共和国国家标准

石油化工可燃气体和有毒气体检测报警设计标准

GB/T 50493—2019

条 文 说 明

修 订 说 明

《石油化工可燃气体和有毒气体检测报警设计标准》(GB/T 50493—2019)，经住房和城乡建设部2019 年 9 月 25 日以第 257 号公告批准发布。

本标准是在《石油化工可燃气体和有毒气体检测报警设计规范》GB 50493—2009 的基础上修订而成。上一版的参编单位是北京燕山时代仪表有限公司、无锡格林通安全装备有限公司、上海理研仪器有限公司、深圳市南油诺安电子有限公司、海湾安全技术有限公司，主要起草人员是文科武、罗明、裴炳安、吕明伦、朱华兴、马振武、潘建新、卿笃安等。

为便于广大设计、施工、科研、学校等单位有关人员在使用本标准时能正确理解和执行条文规定，《石油化工可燃气体和有毒气体检测报警设计标准》编制组按章、节、条顺序编制了本标准的条文说明，对条文规定的目的、依据以及执行中需注意的有关事项进行了说明。但是，本条文说明不具备与标准正文同等的法律效力，仅供使用者作为理解和把握标准规定的参考。

目　次

1 总 则

1.0.1 石油化工企业指以石油、天然气及其产品为原料，生产、储运各种石油化工产品的炼油厂、石油化工厂、石油化纤厂或其联合组成的工厂，定义同现行国家标准《石油化工企业设计防火标准》GB 50160。生产过程由工艺装置、公用工程设施和辅助生产单元组成，其中，工艺装置是由一个或一个以上相互关联的工艺单元组合。储运设施包括甲类气体、液化烃、甲$_B$、乙$_A$类液体的储罐区、装卸设施、灌装站等储运单元。

1.0.2 石油化工改建工程的可燃气体和有毒气体检测报警系统的设计可以参考使用。

化工装置和以煤为原料制取燃料及化工产品的工厂或装置的可燃气体和有毒气体检测报警系统的设计可以参考使用。工厂分析化验室区域的可燃气体和有毒气体检测报警系统的设计可以参考使用。

本标准不适用于海上石油天然气开采和加工平台区域的可燃气体和有毒气体检测报警系统的设计。

2 术 语

2.0.1 本标准中可燃气体(蒸气)是习惯说法，按照现行国家标准《化学品分类和标签规范　第3部分：易燃气体》GB 30000.3—2013标准的规定，属于易燃气体(flammable gas)，即20℃和101.3kPa时与空气混合有一定易燃范围的气体。也就是说，可燃气体(蒸气)就是以一定比例与空气混合后，将会形成爆炸性气体环境的气体或蒸气。

在石油化工行业，易燃气体常指甲类可燃气体、液化烃、甲$_B$、乙$_A$类可燃液体气化后形成的可燃气体。按现行国家标准《石油化工企业设计防火标准》GB 50160的规定：甲类气体是指可燃气体与空气混合物的爆炸下限小于10%(体积)的气体；液化烃(甲$_A$)是指15℃时的蒸气压力大于0.1MPa的烃类液体及其他类似的液体，例如液化石油气、液化乙烯、液化天然气(液化甲烷)、液化环氧乙烷等；甲$_B$液体是指除甲$_A$以外，闪点小于28℃的可燃液体，乙$_A$类液体是指闪点大于或等于28℃至等于45℃的可燃液体。甲$_B$与乙$_A$类液体也可称为易燃液体。

由于乙$_A$类液体泄漏后挥发为蒸气或呈气态泄漏，该气体在空气中的爆炸下限小于10%(体积)属于甲类气体，可形成爆炸危险区。但是，该气体易于空气中冷凝，所以扩散距离较近，其危险程度低于甲$_A$、甲$_B$类。

空气中，含有氧气等氧化性气体。部分工艺介质本身也是氧化性介质，如氯气，在工艺设备中，含有这些具有氧化性的介质的气体混合物是安全的，设计过程中，这类介质泄漏后的爆炸性能应以该介质与空气的混合物的特性为依据。

2.0.2 本标准中有毒气体的范围是：

(1)《高毒物品目录》(卫法监发〔2003〕142号)中所列的气体或蒸气；

(2)现行国家标准《化学品分类和标签规范　第18部分：急性毒性》GB 30000.18—2013标准中，急性毒性危害类别为1类及2类的急性有毒气体；

(3)现行国家职业卫生标准《工作场所有毒气体检测报警装置设置规范》中列出的有毒气体；

(4)现行国家职业卫生标准《工作场所有害因素职业接触限值第1部分：化学有害因素》中列出的化学有害气体。

本标准中，按照现行国家标准《化学品分类和标签规范　第 18 部分：急性毒性》GB 30000. 18—2013 标准的要求，有毒气体指急性毒性危害类别为 1 类及 2 类的有毒气体，属于危害严重的有毒气体。包括常见的有：二氧化氮、硫化氢、苯、氰化氢、氨、氯气、一氧化碳、丙烯腈、氯乙烯、光气(碳酰氯)等。常见有毒气体还可以参见现行国家职业卫生标准《工作场所有毒气体检测报警装置设置规范》中，列出了 56 种有毒气体；在现行国家职业卫生标准《工作场所有害因素职业接触限值　第 1 部分：化学有害因素》中列出了常见的 339 种化学有害气体和 47 种化学有害粉尘。

本标准中，暂不将有害粉尘列于在线的毒性气体检测范围。

根据对人的可能致死剂量，中国一般将化学物质的毒性分为剧毒、高毒、中等毒、低毒和微毒五个等级。为消除分级标准之间的差别，建立协调、统一的化学品分级标准，由国际劳工组织(ILO)、经济合作与发展组织(OECD)以及联合国危险货物运输专家委员会(TDG)三个国际组织共同提出框架草案，建立了全球化学品统一分类与标签制度(GHS)。2002 年 9 月在约翰内斯堡召开的“联合国可持续发展世界首脑会议”提出：各国应在 2008 年全面实施 GHS。为适应国际化学品分类统一的这种必然趋势，结合国内化学品管理的实际需要，《剧毒目录》在剧毒化学品判定标准上参照了 GHS 的急性毒性分级标准。现行国家标准《化学品分类和标签规范　第 18 部分：急性毒性》GB 30000. 18—2013 就是国内的急性毒性分类要求。

《使用有毒物品作业场所劳动保护条例》(2002 年 5 月 12 日颁布实施)第三条规定：“按照有毒物品产生的职业中毒危害程度，有毒物品分为一般有毒物品和高毒物品。国家对作业场所使用高毒物品实行特殊管理。一般有毒物品目录、高毒物品目录由国务院卫生行政部门会同有关部门依据国家标准制订、调整并公布”。2003 年卫生部发布了《高毒物品目录》(2003 年版)。《高毒物品目录》的编制原则是将有下列情况之一的纳入高毒物品目录：

(1)在现行国家职业卫生标准《工作场所有害因素职业接触限值　第 1 部分：化学有害因素》中 MAC<1 或者 PC-TWA<1，并且在职业病危害因素分类目录中；

(2)被 IRCA 认定的人类致癌物，并且在职业病危害因素分类目录中；

(3)根据 1990—2001 年职业病统计年报，急性中毒和慢性中毒各前 10 名的毒物，并且在职业病危害因素分类目录中。实际生产工作中，可能对生产人员造成伤害的有毒气体的种类远远多于《高毒物品目录》所列的数量，对有毒气体的划分仅局限于《高毒物品目录》已不满足当今社会对安全生产管理提出的要求。长期接触可以导致慢性中毒的气体介质不在本标准的有毒气体范围内。

《危险化学品重大危险源　罐区　现场安全监控装备设置规范》AQ 3036—2010 中第 3. 7 条有毒气体规定：有毒气体包括：

a)已知对人类健康造成危害的气体；

b)半数致死浓度 LC50 值不大于 5000mL/m^3，因而判定对人类具有危害的气体。

这个规定中，有毒气体的范围较宽，本标准关注的是剧毒、高毒类介质。

2. 0. 3　本标准中有毒或爆炸性气体释放源是指在正常工作状态下很少(少于 10h/a)向周边环境释放有毒或爆炸性气体。

按现行国家标准《爆炸危险环境电力装置设计规范》GB 50058—2014 的要求，本标准中爆炸性气体释放源为二级释放源。

本标准中爆炸性环境是指在大气环境条件下，可燃气体、可燃蒸气与空气形成的混合物被点燃后，能够保持燃烧自行传播的环境。

2. 0. 4　探测器又称检测器，由于安全消防部门检查时，对可燃气体和有毒气体的检测器的称呼是探测器，为了便于生产管理，故将可燃气体、有毒气体的检测器统称为探测器。

2. 0. 5　线型气体探测器也称开路式气体探测器，是一种用于直线路径中可燃及有毒气云团检测的气体探测器，发射端到接收端距离可从 4m~200m。常用的线型气体探测器有激光型和红外线型。线型气体探测器的技术要求见现行国家标准《可燃气体探测器》GB 15322—2003。

2. 0. 6　现场警报器是一种用在危险场所，通过声音和各种光来向人们发出示警信号的一种报警信号装置，能同时发出声、光两种警报信号。现场警报器包括：一体式声、光警报器和现场区域警报器。

2.0.7 报警控制单元可以采用微处理器为基础的电子产品，也可以采用专用的可燃气体报警控制器。专用的可燃气体报警控制器是指符合现行国家标准《可燃气体报警控制器》GB 16808—2008 质量要求且具有消防产品型式检验报告的产品。

2.0.9 报警设定值分为一级报警值和二级报警值。一级报警值为高限报警，为警示性报警；二级报警值为高高限报警，一旦发生需立即处理，报警控制单元的联锁控制需从该信号引出。

2.0.11 对于不带附加采样管的点式探测器，安装高度指探测器检测口到指定参照物的垂直距离；对于带附加采样管的点式探测器，安装高度指探测器采样管口到指定参照物的垂直距离；对于线型探测器，安装高度指探测器传感器到指定参照物的垂直距离。

2.0.12、2.0.13 在确定介质的爆炸下限和上限值时，应结合项目所在地的大气环境中正常的氧气含量与标准大气环境中的氧气浓度的不同，确定爆炸上下限值的变化。

2.0.14 职业接触限值引自现行国家职业卫生标准《工作场所有害因素职业接触限值 第1部分：化学有害因素》。职业性有害因素的接触限制量值，指劳动者在职业活动中长期反复接触对机体不引起急性或慢性有害健康的容许接触水平。化学因素的职业接触限值可以分为最高容许浓度、时间加权平均容许浓度和短时间接触容许浓度三类。

2.0.15 最高容许浓度的定义引自现行国家职业卫生标准《工作场所有害因素职业接触限值 第1部分：化学有害因素》。

2.0.16 时间加权平均容许浓度的定义引自现行国家职业卫生标准《工作场所有害因素职业接触限值 第1部分：化学有害因素》。

2.0.17 短时间接触容许浓度的定义引自现行国家职业卫生标准《工作场所有害因素职业接触限值 第1部分：化学有害因素》。该职业接触限值是与8h时间加权平均浓度配套的一种短时间接触限值。

2.0.18 直接致害浓度的定义引自现行国家标准《呼吸防护用品的选择、使用与维护》GB/T 18664—2002。

3 基本规定

3.0.1 本条要求依据下列要求而提出的：

《中华人民共和国职业病防治法》第四条规定："劳动者依法享有职业卫生保护的权利。用人单位应当为劳动者创造符合国家职业卫生标准和卫生要求的工作环境和条件，并采取措施保障劳动者获得职业卫生保护。"

《中华人民共和国职业病防治法》第二十五条规定："对可能发生急性职业损伤的有毒、有害工作场所，用人单位应当设置报警装置、配备现场急救用品、冲洗设备、应急撤离通道和必要的泄险区。"

《使用有毒物品作业场所劳动保护条例》(2002年5月12日颁布实施)第十一条(三)中规定："设置有效的通风装置；可能突然泄漏大量有毒物品或者易造成急性中毒的作业场所，设置自动报警装置和事故通风设施。"

石油化工企业的加工与储运过程中，泄漏气体介质的组成，既有单一组分的气体也有多种组分的混合气体；对于同一释放源，不同工况下，泄漏气体介质的理化性质也是不同的，故探测器的选择和布置需要适应各种泄漏工况的检测要求。对于单一组分的气体介质，既属于可燃气体又属于有毒气体时，由于毒性浓度限值低，该气体泄漏时气体浓度会先达到有毒气体浓度报警设定值，故只设有毒气体探测器。

对于多组分的混合气体或不同工况条件下泄漏气体的组成差异大时，为确保生产安全，当该气体浓度可能达到可燃气体浓度报警设定值和(或)有毒气体浓度报警设定值时，需要分别设置可燃气体和(或)有毒气体探测器。

对于含多种有毒气体组分的混合气体或不同工况条件下泄漏气体的组成差异大时，为确保生产安全，当各毒性气体组分的气体浓度可能达到各组分的有毒气体浓度报警设定值时，需要分别设置有毒气体探测器。

按 BP 公司规定(GP 30-85—2009)，泄漏气体中待测烃类气体浓度高于硫化氢气体浓度 2000 倍以上时，该气体可不设硫化氢气体探测器。

3.0.2 可燃气体和有毒气体检测的一级报警为常规的气体泄漏警示报警，提示操作人员及时到现场巡检确认。当可燃气体和有毒气体浓度达到二级报警值时，提示操作人员应采用紧急处理措施。

现场发生可燃气体和有毒气体泄漏事故时，为了保护现场工作人员的身体健康，对同时发出的有毒气体和可燃气体的检测报警信号的处理，需遵循有毒气体的报警级别优先的原则。

现场探测器自带的警报器接受一、二级报警信号，现场区域警报器接受第二级报警信号，消防控制中心接受第二级报警信号。

3.0.3 为保证生产和操作人员的安全，在正常运行时人员不得进入的危险场所，探测器应对可燃气体和有毒气体释放源进行连续检测、指示、报警，并对报警进行记录或打印，以便随时观察发展趋势和留作档案资料。

通常情况下，生产设施或储运设施的控制室、现场操作室是操作人员常驻和能够采取措施的场所。现场发生可燃气体和有毒气体泄漏事故时，报警信号发送至操作人员常驻的控制室、现场操作室等进行报警，这有利于控制室、现场操作室的操作人员及时发现并采取措施。

国内石化企业的气防控制部门常与其他生产管理部门合建，如与消防站合建，故有毒气体第二级报警信号常和可燃气体第二级报警信号一起送至消防(气防)部门。当企业的气防控制部门独立于其他生产管理部门时，有毒气体第二级报警信号需送至气防管理部门显示装置和相关监管控制单元。

3.0.4 在控制室操作区设置可燃气体和有毒气体声、光报警，有利于控制室的操作人员及时发现并采取措施。

为了提示现场工作人员，通常在生产现场主要出入口处及高噪声区[噪声超过 85dB(A)]等部位设置现场区域警报器。

有人进入巡检操作且可能出现可燃气体或有毒气体积聚的压缩机厂房、泵房、筒(料)仓、分析小屋、分析化验室等相对封闭场所，在其出、入口等醒目位置设置声光警报器。其目的是提醒巡检操作人员进入这些场所时引起注意。

3.0.5 在石油化工企业中，按照现行国家标准《火灾自动报警系统设计规范》GB 50116—2013 标准的要求，可燃气体探测器属于火灾自动探测设备，生产中使用的可燃气体探测器应有消防产品检测报告。目前，可燃气体探测器的消防产品检测报告包括产品型式检验报告和消防产品认证证书(应急管理部消防产品合格评定中心发放)。

2017 年 12 月 26 日全国人大已批准新计量法于 2017 年 12 月 28 日执行。修改主要内容：取消制造、修理计量行政许可(即取消计量制造认证)，严格执行计量器具型式批准许可。

目前，《强制检定的工作计量器具目录》中所列的必须经国家计量器具制造认证的有毒气体探测器只有针对二氧化硫、硫化氢、一氧化碳等几种产品。对于国家法规要求进行检测的有毒气体而言，并非所有的有毒气体探测器都须经国家指定机构及授权检验单位的计量器具制造认证。

对于泄漏的气体介质，当其既属于有毒气体，又属于可燃气体时，虽然检测时是按有毒气体来检测和报警，但由于其仍具有爆炸特性，有毒气体探测器需满足相应防爆要求。

用标准气体做校核气时，厂家需提供实际气体与标准气体的关联曲线。

3.0.6、3.0.7 固定式可燃及有毒气体探测器指在现场长期固定安装的气体检测装置，用于需要对被检区域的气体作长久检测用；移动式可燃及有毒气体探测器指能从一处移动到另一处，并可以在现场短期固定安装的气体检测报警装置，用于生产现场或储运现场临时监测用；便携式可燃及有毒气体探测器指可以随身携带并在携带过程中完成检测报警任务的气体检测报警装置，用于生产现场或储运现场的介质泄漏检测、现场泄漏介质的确认和现场环境的安全监测。

对于一些不具备设置固定式可燃气体或有毒气体探测器的场所，如：环境湿度过高，环境温度过低，或在正常情况下视为非爆炸或无毒区，生产检修时可能为爆炸或有毒危险区等，受检测产品的性能所限，通常可以安装移动式可燃气体或有毒气体探测器，以确保生产和维护的安全需要。

受生产现场场地条件和气象条件所限，可燃气体和有毒气体探测器的设置常常难以及时地反映出释放源的准确地点和方位。为保障现场人身的安全，对于在现场巡检和操作的工作人员，需按照生产现场的安全管理要求，为在可燃气体和有毒气体环境中工作的现场人员配备便携式可燃气体和有毒气体探测器，以期提高企业安全管理工作水平。

进入的环境同时存在爆炸性气体和有毒气体时，便携式可燃气体和有毒气体探测器宜采用多传感器类型，也可根据需要选择单一组分的可燃气体探测器、有毒气体探测器、测氧仪。

鉴于有毒气、高温高压的可燃气体一旦发生泄漏有着巨大危害性，当工厂出现泄漏事故时，为防止操作人员盲目施救造成二次伤害，便携式气体探测器的选用时，需考虑合同工厂提出的安全管理水平的要求。在现场噪声高，旋光警示效果差的装置区内，可以选择配备能接受远传报警信号的便携式检测报警仪表，以便及时接受气体探测器发出的相关报警信息。

3.0.8 独立设置是指可燃气体和有毒气体检测报警系统的检测与发出报警信号的功能不受对应装置生产工艺控制仪表系统故障的影响。

2014年国家安监总局下发的《国家安全监管总局关于加强化工安全仪表系统管理的指导意见》(安监总管三〔2014〕第116号)中第四(十一)条明确要求采用独立设置，因此，本次修订时，应参照上文和现行国家标准《火灾自动报警系统设计规范》GB 50116的有关内容，对原国标中第3.0.9条进行重新修订。

按照《国家安全监管总局关于加强化工企业泄漏管理的指导意见》(安监总管三〔2014〕94号)第三(八)款的要求，“对涉及重点监管危险化工工艺和危险化学品的生产装置，要按安全控制要求设置自动化控制系统、安全联锁或紧急停车系统和可燃及有毒气体泄漏检测报警系统。紧急停车系统、安全联锁保护系统要符合功能安全等级要求”。

3.0.9 检测报警系统的电源供电按一级用电负荷中的重要负荷供电。

根据现行国家标准《供配电系统设计规范》GB 50052—2009第2.0.1条的规定：一级负荷中特别重要的负荷是指中断供电将造成发生中毒、爆炸和火灾等情况的负荷，以及特别重要场所的不允许中断供电的负荷。现行国家标准《供配电系统设计规范》GB 50052—2009第3.0.1条的规定：

“电力负荷应根据对供电可靠性的要求及中断供电在对人身安全、经济损失上所造成的影响程度进行分级，并应符合下列规定：

1 符合下列情况之一时，应视为一级负荷：

(1)中断供电将造成人身伤害时；

(2)中断供电将在经济上造成重大损失时；

(3)中断供电将影响重要用电单位的正常工作。

2 在一级负荷中，当中断供电将造成人员伤亡或重大设备损坏或发生中毒、爆炸和火灾等情况的负荷，以及特别重要场所的不允许中断供电的负荷，应视为一级负荷中特别重要的负荷”。

可燃气体和有毒气体检测报警系统通常作为装置的安全独立保护层，可燃气体和有毒气体检测报警系统的可靠性是确保装置生产安全的基本要求。事故一旦发生，检测报警系统的工作能够使得生产管理人员及时处理，防止事故扩大，保证工作人员的抢救和撤离，故保证系统的用电负荷，亦为特别重要负荷。

分散或独立的有毒及易燃易爆品的设施，如加油站、加气站等，一般采用盘装或壁挂式，电源功率较小，故规定检测报警系统也可采用普通电源供电。

3.0.10 有毒气体的职业接触限值通常有最高容许浓度、时间加权平均容许浓度和短时间接触容许浓度三种。按数值高低，IDLH 大于职业接触限值(其中，最高容许浓度 MAC 小于时间加权平均容许浓度；时间加权平均容许浓度小于短时间接触容许浓度值)。按照职业卫生防护要求，在每天工作 8h 且每周工作 5d 的条件下，职工应在符合时间加权平均容许浓度的环境条件下工作。实际上，在确定有毒气体探测器时，结合当前有毒气体探测器的制造水平，如按时间加权平均容许浓度作为有些毒性介质的检测浓度限值时，则市场上无适宜的探测器可选。由于生产现场泄漏检测属于环境事故状态检测，不是正常工作状态，为在确保操作人员的健康安全的前提下，便于检测工作的工程实施，当生产介质同时具有几个职业接触限值时，有毒气体的职业接触限值可按最高容许浓度—时间加权平均容许浓度—短时间接触容许浓度的优先顺序选用浓度限值；当特定气体缺少最高容许浓度、短时间接触容许浓度值和时间加权平均容许浓度值时，可以选用直接致死浓度值。

4 检测点确定

4.1 一般规定

4.1.1 为有效发挥可燃气体和有毒气体探测器的作用及监测数据的准确性，确保装置生产安全和工作人员的安全，特做本规定。

实际生产过程中，点式探测器通常安装在释放源附近或气体易于聚集(足够的浓度和停留时间)的场所；当现场具有较大的开放式空间时，如管廊、装置周边、罐区、泵组区，可选择线型探测器；当生产介质泄漏后形成的气体或蒸气能显著改变释放源周围环境温度的场所时，可以选用红外图像型气体探测器。使用噪声探测器的场所，需同时选用点式气体探测器。线型探测器需与点式气体探测器联合使用。

气体探测器类型的选用，需考虑探测器的响应时间。探测器选用时，要考虑温度、振动、电磁等环境因素的影响。对重要的连续检测点，需考虑现场探测器的冗余。

检测点的布置，需结合泄漏发生后泄漏气体(蒸气)的现场气云扩散特性，考虑检测点的安排，为了确保现场出现泄漏事故时的及时检测报警，检测点的布置要考虑在不同泄漏场景下，目标探测器在各种潜在泄漏场所的泄漏源的分布。

实际工作中，设计人员需要按项目合同要求开展项目可燃气体和有毒气体检测报警器的布点设计效果的评价。结合现场气体扩散模拟计算结果，依据探测器选型、测量范围、探测器数量、安装位置和角度、系统的校验要求等设计参数开展，验证设计工作是否符合项目合同要求。关于这项评价工作，本标准不做详细规定，可参见 *Guidance on the Evaluation of Fire and Gas System Effectiveness*(火气系统有效性的评价指南)(ISA-TR 84.00.07—2010)。

总之，探测器的布点要使探测器可以在泄漏点泄漏出来的可燃气体和有毒气体的量达到危及生产设施和人员安全的程度前，检测到相应的气体信号，并发出报警。

4.1.2 由于温度和海拔对气体的密度影响较大，为了方便判断泄漏的介质泄漏到大气中时，泄漏气体介质是否比空气重，本标准用泄漏介质的气体分子量与当地空气的分子量的相对比值作为判断依据。

4.1.3 本标准所指的可燃气体释放源即可能释放出形成爆炸性气体混合物所在的位置或点。

本标准所指的有毒气体释放源即可释放出对人体健康产生危害的物质所在的位置或点。

根据现行国家标准《爆炸危险环境电力装置设计规范》GB 50058—2014 的有关规定，释放源应按物质的释放频繁程度和持续时间长短分级。其分为连续释放源、第一级释放源、第二级释放源。

第一级释放源，在正常运转时周期或偶然释放的释放源。下列情况可以划为第一级释放源：

(1)在正常运行时会释放易燃物质的泵、压缩机和阀门等的密封处；

(2)在正常运行时会向空间释放易燃物质，安装在储有易燃液体的容器上的排水系统；

(3)在正常运行时会向空间释放易燃物质的取样点。

第二级释放源，预计在正常情况下不会释放，即使释放也仅是偶尔短时的释放源。下列情况可以划为第二级释放源：

(1)在正常运行时不可能出现释放易燃物质的泵、压缩机、阀门、控制阀的密封处；

(2)在正常运行时不能释放易燃物质的法兰等连接件；

(3)在正常运行时不能向空间释放易燃物质的安全阀，排气孔和其他开口处；

(4)在正常运行时不能向空间释放易燃物质的取样点。

可燃气体探测器所检测的主要对象是属于第二级释放源的设备或场所。本条各款的规定就是属第二级释放源的具体实例。

可燃、有毒气体探测器所检测的释放源的特点是在正常情况下不会释放，即使释放也仅是偶尔短时释放，且泄漏的可燃气体可能达到泄漏介质地爆炸下限或有毒气体浓度限值。其中，气体压缩机和液体泵的动密封释放源是指在正常运行时不可能出现释放易燃物质的泵、压缩机的密封处；设备和管道的法兰和阀门组释放源是指在正常运行时不可能出现释放易燃物质的阀门、控制阀及法兰连接件，且在正常生产过程中，需经常拆卸的法兰和经常操作的控制阀和阀组，这些法兰和阀门在不正常运行时可能泄漏可燃气体和有毒气体。

4.1.4、4.1.5 现场发生可燃气体和有毒气体泄漏事故时，为了保护现场工作人员的身体健康，使出现泄漏事故的装置和单元不影响周边相邻设施的安全状态，在受监控的装置和单元的周边，故要求设置气体检测报警装置，用于生产现场或储运现场的介质泄漏检测、现场泄漏介质的确认和现场环境的安全监测。检测点的布置，需结合泄漏发生后泄漏气体(蒸气)的现场扩散特性，考虑检测点的安排，确保现场出现泄漏事故时的及时检测报警。检测点的布置要考虑在不同泄漏场景下，探测器的可靠性和蒸气云探测布点覆盖率。探测器的可靠性和现场蒸气云检测点覆盖率的确定，需依据生产装置工艺特点、现场设备布置、潜在泄漏源的分布、现场气候环境、生产管理安排等因素，结合泄漏计算和生产经验综合确定，确保工厂的生产和维护过程的安全需要。

本标准中未采用网格布点的方式检测气云规模。为监测生产区和储运区泄漏的可燃气体和有毒气体对周边环境安全的影响，同时，为确保现场人员的健康安全，沿装置进出口、道路、生产区和储运区周边布置可燃气体探测器和(或)有毒气体探测器时，需要考虑泄漏介质的扩散特性、界外可能的点火源分布和敏感目标的距离，确定位于装置边界的各探测器的间隔距离和各探测器的实际安装高度，以期达到对泄漏的可燃气体和有毒气体云的监控目的。

4.1.6 空气中氧气浓度的变化会影响部分气体探测器(有氧检测的可燃气体探测器，如催化燃烧型)的正常工作、影响操作工人的呼吸健康、改变环境中可燃气体的爆炸极限以及可燃气体点火能。为了达到防爆设计和保护操作人员健康的目的，结合国外成熟的安全管理经验，在生产过程中环境氧气浓度可能出现较大变化时，本标准中提出了增加对空气中氧含量测量的要求。

对同一种气体介质，相对于正常大气环境而言，空气中氧浓度的变化，对于可燃气体的爆炸下限有一定的影响。通常，在空气中氧浓度的变化较小(正负10%)的情况下，可燃气体爆炸下限的变化对于浓度检测报警的警示功能影响不大。

现行国家职业卫生标准《职业卫生名词术语》规定，氧浓度低于19.5%(*v/v*)为缺氧环境，高于23.5%(*v/v*)为富氧环境。我国对欠氧与过氧的规定较美国严，这有利于早期预警。如美国NIOSH标准 *Working in Confined Spaces* 规定：在大气环境条件下，大气中氧气的分压低于132mmHg[正常为160mmHg，折合为17.3%(*v/v*)，相当于海拔高度1609m]为欠氧大气环境，大气中氧气的浓度高于25%(*v/v*)为过氧大气环境。

在生产过程中环境氧气浓度可能出现欠氧的场所，主要是受限空间作业工况。缺氧报警值常为19.5%(*v/v*)。缺氧报警值设为19.5%是为了保护操作人员的正常健康。导致环境缺氧的原因很多，如其他气体的加入、化学反应、燃烧等，其中，许多燃烧过程还会释放出有毒气体。为避免环境缺氧报警值没有达到19.5%，而可燃和有毒气体已经超标的情况，氧气探测器常与可燃气体和有毒气体的探测器同时使用。

在生产过程中环境氧气浓度可能出现过氧的场所，主要是工厂的氮氧站、局部用氧点的作业工况。当释放源是可燃气体和有毒气体介质时，氧气探测器常与可燃气体和有毒气体的探测器同时布置使用。过氧报警值常为23.5%(*v*/*v*)。过氧报警值设为23.5%是为了保护操作人员的正常健康。

环境氧气报警浓度具体的数值确定，应视项目所处环境而调整，如高原地区，海拔高度1610m时，大气中的正常氧含量约为17.3%(*v*/*v*)，其欠氧、过氧大气环境的氧含量应做合理调整。

4.2 生产设施

4.2.1、4.2.2 可燃气体探测器的布置，主要是有利于及早发现可燃气体的泄漏，防止爆炸气云的扩散，带来重大火灾爆炸隐患；有毒气体探测器的布点，主要是有利于及早发现有毒气体的泄漏，防止有毒气云的扩散影响操作人员和周边环境安全。这两条的要求是结合国内外企业可燃气体与有毒气体探测器系统的布点的和管理经验提出的。

所谓露天布置是指设备布置在没有厂房，没有顶棚的室外。敞开式厂房布置是指设备布置在设有屋顶，不设建筑外围护结构的建筑物内。

封闭厂房是指有门、有窗、有墙、有顶棚的厂房，半敞开式厂(库)房是指设有屋顶、建筑外围护结构局部采用墙体构造的生产性或储存性建筑物，封闭墙体面积不超过总墙体面积一半的建筑，通常多为局部通风不良场所。布置在封闭式厂房内的设备，属于室内布置；布置在半敞开式厂房内的设备，应根据具体的布置情况确定，如果通风不良，也可视为室内布置。

通常，建筑物内，采用强制通风或自然通风的小时通风体积量高于6倍建筑体积时为通风良好，此时，爆炸危险区域的空气流量能使易燃物质很快稀释到爆炸下限值的25%以下。除此之外，其他相对封闭、缺乏强制或自然通风条件、空间狭小的场所和部位属于局部通风不良。

根据液化石油气扩散速率试验，室内当释放流率为600L/h(10L/min)时，LPG的扩散速度为0.15m/s，泄漏发生1min~1.5min内即可检测到，扣除仪表本身响应时间30s后，扩散时间为30s~60s，扩散距离4.5m~9m。由此推论，一台在室内安装的探测器其有效覆盖半径可按4.5m~9m考虑。

按日本《一般高压气体安全规则》中LPG安全规则，关于“可燃性气体及有毒气体的泄漏检测报警器的布置”，室内布置的容易泄漏的高压气体设备，容易滞留可燃气体的场所，在这些设备群的周围以10m间距设一个探测器的比例计算设置探测器的数量。在室外布置的容易泄漏的高压气体设备在邻近高压设备，墙壁及其他构筑物，在坑槽等易于滞留气体的场所，在这设备群的周围以20m间距设一个探测器的比例计算设置探测器的数量。上述容易泄漏的高压气体设备一般指压缩机、泵、反应器、储罐等。分析日本的规定可折算为：探测器的有效覆盖水平平面半径，在室内为5m，在室外为10m。

据资料报道：试验表明：在泄放量为5L/min~10L/min，连续释放5min，探测器与泄放点间的最灵敏区范围为10m以内，有效检测距离是20m。

按现行国家标准《作业场所环境气体检测报警仪通用技术要求》GB 12358标准的要求，可燃气体和有害气体泄漏30s~60s即应响应报警。

BP和壳牌的探测器布点是以爆炸气云检测为导向的，没有直接提探测器和泄漏点距离应该是多少，实际上只是依据爆炸理论，给出了可能造成破坏性事故所需可燃气体气云的目标直径。BP公司的规定(GP 30-85—2009)是以气云检测为导向的。文中第7.2.2条中提到在封闭的空间中将探测器设置到合适的高度以5m为间距设置探测器，因为直径小于5m的云团即使燃烧也不至于产生爆炸超压所需的速度，所以直径5m的云团是目标云团。文中第7.2.5条中提到开放式空间则探测器布点间距是10m(边界处有探测器布点时除外)，直径10m的云团是目标云团(开放式空间中设备的密集程度要小于0.3)，如果设备的密集程度大于0.3，那么开放式空间这个布点间距还是需要按照5m来布设探测器的。第11.3节是专门讲探测器如何布局的，包括探测器布置的设计高度等。有毒气体探测器的布置主要用于职工健康防护，以TWA为报警阈值一般布置在巡查、检修及逃生路线上。Shell公司的规定(DEP 32.30.20.11—2011)也是以气云检测为导向的。文中第6.2.2条给的云团直径分别为5m、7m、10m，指的是目标气云(边缘浓度为100%LEL)的气团的直径。其中，5m是封闭或设备密集场所，10m是开放式空间，7m为半敞开空间和设备管路比较密集的场所。毒性气体云团直径取8m。

实际上，气体泄漏的场景是很复杂的，泄漏介质特性、环境条件、探测器型式和布点、探测器的可靠性等因素对探测器是否能及时探测到泄漏现象都有影响。气体探测器是一种被动的探测仪器，只有气云飘到时才有可能被动地探测到。做探测器布点分析时，判断扩散气云可能存在的位置，对确定探测器类型和布点的位置很重要。

封闭或半敞开厂房内有一层或二层，如果可燃气体或有毒气体压缩机布置在厂房的第二层，为安全起见，尽快检测出泄漏的可燃气或有毒气体，在二层需按本条规定设置探测器。在一层无释放源的情况下，比空气重的可燃气体或有毒气体的沉积，所以在一层按本标准的第4.4.4条的规定设置探测器。有释放源的情况下，仍按本条设置探测器。

对于常温下气体密度大于空气的介质，结合周围环境特点，常将探测器安装在低于泄漏点的下方平面上；对于常温下气体密度小于空气的介质，常将探测器安装在高于于泄漏点的上方平面上。对于容易积聚有毒气体的场所需特别注意探测器监测点的设定。由于介质温度以及泄漏点环境的差异，处理那些常温下与空气的密度比在0.8~1.2范围内的气体介质泄漏时，要注意泄漏的气体可以向泄漏点周围的各个方向扩散，探测器布点设计时，需根据泄漏源周边的环境和泄漏介质的扩散特点做具体分析。

4.2.3 本条规定是检测比空气轻的可燃气体与有毒气体。当释放源处于露天或敞开式厂房的设备区内，且通风良好，根据现场调查，引进装置均不设探测器，主要原因是泄漏的气体不会形成直径大于10m(100%LEL)的云团，当可以形成大云团时，工艺参数常常已出现异常，并发出报警提醒操作员处理。当释放源处于封闭或半敞开厂房内，通风不如露天或敞开式厂房，且在最高点死角易于积聚可燃气体，为安全起见，尽快检测泄漏出的可燃气体，故规定在释放源上方0.5m~2m处(见本标准第6.1.2条)设探测器。工厂生产厂房类别很多，如生产加工车间、压缩机厂房等。现行国家标准《石油化工生产建筑设计规范》SH/T 3017—2013中第5.2.12条中对介质为可燃气体和有毒气体的压缩机封闭式厂房或其操作平台以上为封闭的压缩机厂房，要求在建筑物顶应设置通风屋脊、风帽或采取其他排风措施，以避免可燃气体和有毒气体的累积。工厂生产厂房类别很多，车间内排风设施失效或不能及时排风时，安全风险依然存在。在最高点易于积聚处设探测器主要目的是因为泄漏出可燃气体与有毒气体经扩散后易滞留此处，经一定时间积聚后易达到报警设定值，在此设探测器可尽快检测泄漏出的可燃或有毒气体。一般来说，H_2、CH_4、NH_3等介质的探测器可以安装在离房内最高处30cm以内。

对于有氢气泄漏的场所，探测器需安装在泄漏点上方平面。

在厂房的最高点安装探测器，可能涉及三级或特级高处作业，为方便日常校准和检定工作，设计中需要考虑相应的检维修平台和登高通道。

4.3 储运设施

4.3.1 液化烃、甲$_B$、乙$_A$类液体等产生可燃或有毒气体的液体储罐常以罐组形式布置在防火堤内，当防火堤内有隔堤且隔堤高度高于探测器的安装高度时，隔堤分隔的区域内需设探测器。

4.3.4 灌装口与检测点距离小于5m时，在正常灌装时可能报警，两者间距离不得过小，过大又不灵敏，因此规定为5m~7.5m。

一般储瓶库多为敞开式厂房，为有效检测泄漏的液化烃，规定沿库的四周布置探测器。当周边长度之和不长(如小于60m)，可每间隔15m设一台探测器。当四周边长之和小于15m时，至少设一台探测器。

当储瓶库系封闭或半敞开厂房时应按本标准第4.2.1条规定，使探测器有效的覆盖全部厂房面积。

4.4 其他有可燃气体、有毒气体的扩散与积聚场所

4.4.1 本条规定是为防止可燃气体进入明火加热炉区，引起火灾和爆炸。探测器设置的位置是沿用现行国家标准《石油化工企业设计防火标准》GB 50160的规定。

与明火加热炉相关的燃料系统属加热炉附件。本标准所指的可燃气体释放源指非明火加热炉的可燃气体释放源。

实际上，在各生产装置和单元中，相对于明火加热炉而言，周边可能存在的可燃气体释放源的种类和位置是不同的。对于不同的可燃气体释放源，所选用的可燃气体探测器类别也可能会有差异。无论明火加热炉周边的可燃气体释放源之间的相对位置如何，以及各可燃气体释放源与明火加热炉的相对位置如何，明火加热炉周边可燃气体探测器的选型和布置，对于每个可燃气体释放源而言，均应符合每个可燃气体释放源距加热炉炉边的水平距离5m～10m处应设探测器的技术要求。明火加热炉周边设置的可燃气体探测器可以同时覆盖明火加热炉周边的数个同类潜在的可燃气体释放源。

4.4.2 本条规定在爆炸危险区域2区范围内，使用防爆型或非防爆型在线分析仪表时，其仪表间均应设置探测器。既可检测采样管道系统泄漏出的可燃气体，又可检测2区可燃气体，防止其进入仪表间。

按现行国家标准《石油化工企业设计防火标准》GB 50160的规定，“布置在爆炸危险区的在线分析仪表间内设备为非防爆型时，在线分析仪表间应正压通风”。为安全起见，本条规定，即使设了正压通风，也应有“第二道防线”的探测器“把门”。

检测比空气轻的可燃气体，因气体比重轻于空气，易于聚积在仪表间顶部死角，所以探测器应设在顶部易于积聚处。

现场在线分析仪表间属于受限空间，需设氧气探测器。

4.4.3 石油化工企业内，建筑物所处的周边环境比较复杂，工厂发生泄漏事故时，在建筑物内各房间工作的工作人员不易察觉，故当建筑物设置集中空调时，需根据具体情况，在空调引风口处设置可燃气体和有毒气体探测器，并需将报警信号送空调引风管道上设置的自动切断隔离系统。

装置内控制室、机柜间、变配电所等电缆沟槽进入建筑物房间的开洞处，通常设置有密闭密封设施，可不设气体探测器。一般控制室、变配电所距工艺设备区或储罐15m(或22.5m)并高出地坪0.6m是属2区范围以外。地坪高度小于0.6m，距工艺设备区或储罐15m～30m距离是属附加2区的范围；在此范围内的控制室，当门窗朝向设备组或储运设施，则认为可燃气体或有毒气体可能进入。因此，装置发生泄漏时，可燃气体或有毒气体可能进入室内的机柜间、控制室和变配电所都宜设探测器。

控制室、机柜间的空调新风引风口等可燃气体和有毒气体有可能进入建筑物的地方，由于风机的作用，有害气体易通过风机进到室内，危及操作人员身体健康和设备安全，故应设置探测器。

4.4.4 装置发生泄漏时，比空气重的可燃气体和(或)有毒气体，可能积聚在通风不良的工艺阀井、地坑及排污沟等场所，危及生产操作安全和环境安全。对大多数的可燃气体而言，当气体浓度达到1%LEL时，气体是有毒的。为了给操作人员提出安全警示，有必要在需要关注的工艺阀井、地坑及排污沟等场所设置探测器。

工艺阀井、地坑及排污沟等场所泵吸式气体采样系统配置，举例如下见图1：

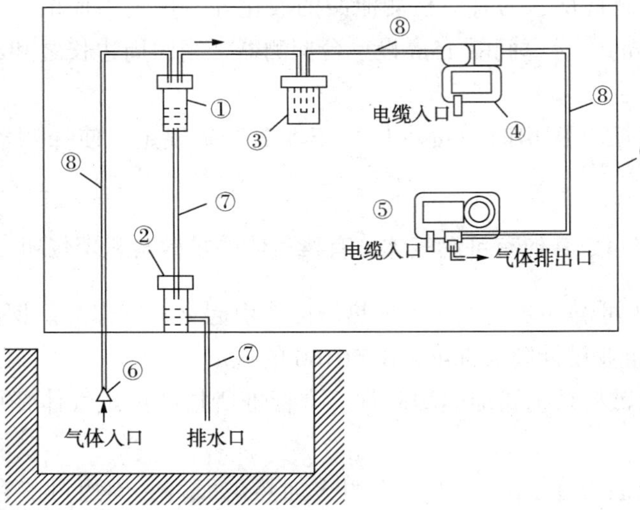

图1 工艺阀井、地坑及排污沟等场所泵吸式气体采样系统配置示意图

①—水气分离除水器；②—蓄水/排水器；③—过滤器；④—电动采样泵；⑤—气体探测器；⑥—吸气口采用浮动型式；⑦—排水管；⑧—气体采样管(TUBE)；⑨—安装板和支架

5 可燃气体和有毒气体检测报警系统设计

5.1 一般规定

5.1.1 石油化工企业可燃气体和有毒气体的检测信号，除了个别特殊的联动要求以外，主要用于报警。

5.1.2 本条是依据现行国家标准《火灾自动报警系统设计规范》GB 50116—2013 第8.1.3条和第8.1.4条的规定提出的：第8.1.3条内容，“石化行业涉及过程控制的可燃气体探测器，可按现行国家标准《石油化工可燃气体和有毒气体检测报警设计规范》GB 50493的有关规定设置，但其报警信号应接入消防控制室”。第8.1.4条内容，“可燃气体报警控制器的报警信息和故障信息应在消防控制室图形显示装置或起集中控制功能的火灾报警控制器上显示，但该类信息与火灾报警信息的显示应有区别”。

不介入消防联动的可燃气体和有毒气体检测报警信号，可由可燃气体和有毒气体检测报警控制单元直接送至消防控制室，该可燃气体和有毒气体检测报警控制单元可不通过消防检测。

5.1.3 实际工作中，常规的可燃气体和有毒气体检测报警系统没有安全仪表功能要求。当可燃气体和有毒气体检测报警系统作为独立的保护层时，通常要考虑系统的可靠性，系统可采用高质量电子产品，或采取必要的冗余设计，以满足较高的可靠性要求。

装置SIS系统中，各回路的安全可靠性等级是基于风险分析的结果和装置SIL分级而确定的，因此，可燃气体和有毒气体检测报警系统与SIS系统的设计要求是不同的。另外，在生产过程中可燃气体和有毒气体检测报警信号介入SIS系统的场所较少，为了便于管理，本标准提出了可燃气体或有毒气体检测信号作为安全仪表系统的输入时，探测器宜独立设置的要求。

5.2 探测器选用

5.2.1 工程上，探测器常用的输出信号是4mA～20mA的DC信号、数字信号、触点信号。

5.2.2 对泄漏介质的检测，可以依据介质的化学特性、温度特性、物理特性等特性选择检测元件的检测原理。当前，介质的化学特性，如浓度，是常用的受检参数。

探测器的选用与检测仪表产品的性能、被测气体的理化性质、环境条件及干扰气体介质或元素对检测元件的毒害程度等密切相关，常见的探测器的性能见本标准附录 D。

常用的可燃气体和有毒气体探测器分为多种类型：以布置方式分为点式(扩散型与吸入型)、线式(开路式)和面式(红外成像式)。以安装方式分为固定式、移动式和便携式。以检测原理分为催化燃烧型、热传导型、红外光型、半导体型、电化学型、光致电离型、激光型、噪声型等。

实际生产过程中，常用的可燃气体和有毒气体探测器多为固定的点式催化燃烧型探测器、热传导型探测器、红外气体探测器、半导体型探测器、电化学型探测器、光致电离型探测器等，故本规定中有关可燃气体和有毒气体探测器的选用要求也是针对上述常用固定的点式气体探测器。对于其他特殊形式的气体探测器，如高分子气体传感器和线型红外气体探测器等，其选型及适用范围，需按产品技术文件要求设计。

可燃气体及有毒气体探测器是常用的安全检测仪表，为了保证现场检测数据的可靠性，设计选型时，应根据现场的环境条件提出对产品的技术性能要求。探测器的选用，应考虑使用环境温度以及被检测的气体同安装环境中可能存在的其他气体的交叉影响，并结合现场环境特征，考虑探测器的防水、防腐、防潮、防尘、防爆和抗防电磁干扰等要求。

有毒气体的浓度范围一般为 ppm 级。检测环境条件对仪表的工作性能的影响尤为严重。有毒气体探测器的选用需综合考虑气体的物性、腐蚀性和探测器的适应性、稳定性、可靠性、检测精度、环境特性及使用寿命等，并根据探测器安装场所中的各种气体成分的交叉反应的情况和制造厂提供的仪表抗交叉影响的性能，选择合适的探测器。

使用电化学型探测器时，由于温度过高过低都会引起电解质的物理变化，需注意使用温度不超过制造厂规定的使用环境温度。当环境温度不适合时，需采取措施或改用其他型式的探测器。

常用的有毒气体探测器使用寿命如下：

电化学式：1 年~3 年；

半导体式：3 年~4 年；

光致电离型：1 年~3 年；

红外线式：不小于 2 年。

对同一种原理的探测器，制造厂对检测不同的有毒气体采取了不同的样品处理措施，用以消除气体测量中的交叉反应，因此，在采购有毒气体探测器时需注明要检测的气体及安装环境中存在的其他气体。

零漂是探测器的一种常见现象，现行国家标准《可燃气体检测报警器》JJG 693—2011 规定了可燃气体探测器的零漂不得大于±5%FS；现行国家标准《硫化氢气体检测仪检定规程》JJG 695—2003 规定了 H_2S 探测器的零漂不得大于±5%；现行国家标准《氨气检测仪检定规程》JJG 1105—2015 规定了 NH_3 探测器的零漂不得大于±3%。气体探测器在初次使用前应进行首次检定，首检时需要检查 3 个示值点，为了保证探测器的性能，对于 4mA~20mA 探测器，制造厂在出厂时应按检定规程要求的标定方法，至少标定满量程的 3 点示值。

5.2.3 本条对常用气体探测器的选用的规定如下：

1 可燃气体的检测常用催化燃烧方式的探测器，若探测器安装场所的大气中含有对可燃气体探测器有影响的有害组分时，常选用普通型或抗毒性探测器。

卤化物(氟、氯、溴、碘)、硫化物、硅烷及含硅化合物、四乙基铅等物质能使探测器元件中毒。含有毒性物质，会降低探测器的使用寿命；毒性物质含量过高，会使探测器无法工作。

毒性物质的含量与检测元件的使用寿命(直至无法使用)之间无严格的定量数据。

抗毒性检测元件主要是抗硫化物和硅化物对检测元件的毒害。

一般检测可燃气体的催化燃烧方式的探测器对氢气有引爆性，对氢气的检测常选用专用的催化燃烧型氢气探测器或采用热传导型探测器或电化学型探测器。

通常，硫化氢、氯气、氨气、丙烯腈气体、一氧化碳气体常选用电化学型或半导体型探测器；氰乙烯气体、二硫化碳气体常选用电化学型或光致电离型探测器；氰化氢气体常选用电化学型探测器；苯气体宜选用光致电离型探测器；碳酰氯(光气)常选用电化学型或红外气体探测器；

根据现行国家标准《爆炸危险环境电力装置设计规范》GB 50058 的规定，探测器的防爆类别、组别必须符合现场爆炸性气体混合物的类别、级别、组别的要求。爆炸危险区域的划分应按释放源级别和通风条件确定，分为三个区域，即 0 区、1 区、2 区。

爆炸性气体混合物按其最大试验安全间隙和最小点燃电流比分级(Ⅰ、ⅡA、ⅡB、ⅡC)，按其引燃温度分组(T1、T2、T3、T4、T5、T6)。

选用的探测器的级别和组别不应低于安装环境中的爆炸性气体混合物的级别和组别。

6 在气候环境或生产环境特殊，需监测的区域开阔的场所，宜选择线型可燃气体及有毒气体探测器。

在特别气候环境或生产环境，如雾、雨、雪、太阳直射或反射、高速气流、湿度、腐蚀性气体、烟雾、振动、机械震荡、高(低)温环境，当需监测的区域是开阔的场所，如生产装置周边、装置通道、装置罐区、大型仓库、装卸区、管廊，宜选择线型可燃气体及有毒气体探测器。线型激光探测器可用于检测烃类可燃气体、甲烷(CH_4)、乙烯(C_2H_4)、氨(NH_3)、二氧化碳(CO_2)、硫化氢(H_2S)、氯化氢(HCl)、氟化氢(HF)等气体。

8 当高压生产介质泄漏时产生的噪声能显著改变释放源周围环境声压级的场所，可以选用噪声型气体探测器，此时，需同时在泄漏源周边设置点式可燃气体及有毒气体探测器，如高压加氢设备法兰周边。

9 检(维)修作业、受限空间作业、动火作业等需要临时检测可燃气体、有毒气体的场所，应配备移动式气体检测报警器。

5.2.4 根据安装现场的环境条件及该点检测对生产和人体的危害程度选用不同的采样方式。吸入式探测器较之自然扩散式探测器增加了机械吸入装置，有更强的定向、定点采样能力，但覆盖面较小，除本条所规定情况采用吸入式探测器外，大量使用的应该是自然扩散式探测器。

受介质特性的限制，介质常指挥发较差的介质，如蒸气类，扩散效果较差，不便使用扩散式探测器，常采用吸入式探测器或投入式。

当探测器配备采样系统时，采样系统中的采样管，每增加 1m，滞后时间不大于 3s。生产中，为了确保检测响应迅速，采样管不宜过长，采样系统的滞后时间通常不大于 30s。

5.3 现场警报器选用

5.3.1 可燃气体和有毒气体检测报警系统需按照各可燃气体和有毒气体检测报警系统的警戒范围将装置和单元进行分区，各报警分区宜设置现场区域警报器，现场报警器由探测器的第二级报警信号启动，区域警报器需采用声音和(或)旋光报警，区域警报器的数量应使在该报警区域内任何地点的现场人员都能发觉报警信号。当报警分区内的探测器数量小于 10 个，现场噪声低于 85dBA 且现场探测器带有一体化的声、光警报器时，不需设区域警报器；当现场噪声高于 85dBA 时，现场需设区域警报器。

实际生产中，现场布置的可燃气体和有毒气体检测报警器采用一级报警设定值时，常常发生报警，故在确保生产安全的前提下，本标准中提出区域警报器的报警启动采用第二级报警设定值。

5.3.2 依据业主的管理要求，设计中，可燃气体和有毒气体报警的报警光颜色可以有区别。

通常，声光警报器的光警报器部分宜采用脉冲告警方式，脉冲闪烁频率宜 60 次/min～120 次/min，室外使用的光警报器有效发光强度一般大于或等于 300cd，厂房内使用的光警报器有效发光强度一般大于或等于 150cd；光警报器的报警颜色一般为：火灾报警为红色、气体报警为蓝色、事故报警为黄色。

5.3.3 由于生产装置内，工艺设备布置位置和环境条件的不确定性，为了确保生产人员及时发现现场出现的泄漏报警，故提出本要求。

现场报警器的报警声级宜为75dBA～105dBA，且应高于背景声压15dBA。高于背景声压15dBA值可根据经验或实验适当调整。

实际生产中，为了尽早准确地发现可燃气体和有毒气体的泄漏点，当检测器带有一体化的声、光报警器时，本标准中提出该警报器的报警启动采用一级报警设定值。

本标准提出的警报器设置要求是基本的警报器设置要求。随着安全工程科学技术的发展，可燃气体和有毒气体的现场探测器检测到泄漏发出报警信号的途径较多，如现场声光警报、各类控制室报警、无线远传报警等。在现场噪声高，旋光警示效果差的装置区内，可以按合同要求进一步增加适宜的报警措施。

实际生产中，可燃气体、有毒气体检测报警系统在按照生产设施及储运设施的装置或单元进行报警分区后，各报警分区分别设置了现场区域警报器。现场区域警报器有声、光报警功能。该区域内任何地点的现场人员一般都能感知到可燃气体、有毒气体检测报警系统的报警。

现场所设的有毒气体检测器自带一体化的声、光警报器，主要是通知在场工作人员及时处置，以保护职工的健康。

目前，生产现场设备众多，常常出现小的泄漏现象。这些小的泄漏在职工巡检过程中就能及时发现和处置。可燃气体检测器配备的声、光警报器常常由探测器的一级报警驱动，小的泄漏现象继续持续时，可燃气体检测器就会发出一级报警，提醒车间生产操作人员注意处置。当小的泄漏现象继续演变扩大时，可燃气体检测器就会发出二级报警，提醒现场和车间生产操作人员注意并及时处置，避免泄漏事故演变成能导致破坏性后果的蒸气云。同时，石油化工企业中，可燃气体检测器安装数量众多，随着工厂管理水平的提高，大多数设备的泄漏问题在演变成能导致破坏性后果的大泄漏之前，都能得到及时处置。为了减少现场可燃气体检测器的报警数量，减少现场安全仪表发送的报警信息量，在各报警分区分别设置了现场区域警报器后，现场所设的可燃气体检测器通常不需具备一体化的声、光警报器。

若存在现场局部区域的巡检人员，不能及时觉察到该区域的现场警报器发出的声、光报警时，则该局部区域内现场所设的可燃气体检测器应自带一体化的声、光警报器。

5.4 报警控制单元选用

5.4.1 在可燃气体和有毒气体检测报警系统的工程设计中，需根据装置的规模、业主的安全管理要求、生产装置的检测点数量和检测报警系统的技术要求，综合考虑气体报警控制单元的设计方案。

可燃气体和有毒气体检测报警系统与生产过程控制系统不能合并设计，是为了保证装置生产过程控制系统出现故障或停用时，可燃气体及有毒气体检测报警系统仍能保持正常工作状态。

报警控制单元具有的基本功能与设计配置的系统有关。报警控制单元的有关性能指标是根据现行国家标准《可燃气体报警控制器》GB 16808—2008并结合目前国内外气体检测报警仪表的发展情况制定的。

5.4.2 实际生产中，由于现场可燃气体和有毒气体检测器常常发生误报警，而控制室是装置内各种生产工艺报警点集中的场所，故在确保生产安全的前提下，本标准中提出室内警报器的报警启动采用第二级报警设定值。

5.4.3 本条是根据现行国家标准《火灾自动报警系统设计规范》GB 50116—2013的第8.1.2条和第8.1.6条的规定而制定的，可燃气体探测器不能直接接入火灾报警控制系统的检测回路，可燃气体报警信号应由报警控制单元输出或通信至火灾报警控制系统。现行国家标准《火灾自动报警系统设计规范》GB 50116—2013的第8.1.2条内容，“可燃气体探测报警系统应独立组成，可燃气体探测器不应接入火灾报警控制系统的检测回路；当可燃气体的报警信号需接入火灾自动报警系统时，应由可燃气体报警控制器接入”。现行国家标准《火灾自动报警系统设计规范》GB 50116—2013的第8.1.6条的内容，“可燃气体探测报警系统保护区域内有联动和警报要求时，应由可燃气体报警控制器或消防联动控制器联动实现”。

为了加强消防产品的质量管理，国家对消防产品实行了严格的管理。当可燃气体检测信号参与消防联动控制时，检测信号要求通过专用的可燃气体报警控制器送至消防控制器。专用的可燃气体报警控制器指符合现行国家标准《可燃气体报警控制器》GB 16808—2008 的质量要求，并取得消防产品型式检验报告的可燃气体报警控制器。

5.5 测量范围及报警值设定

5.5.1 有关测量范围是根据现行国家标准《作业场所环境气体检测报警仪　通用技术要求》GB 12358—2006，并参照国内可燃气体及有毒气体生产厂商提供的检测器产品的性能参数指标而制定的。

对于某些有毒气体，如丙烯腈蒸气，受仪表制造技术条件所限，难以在满足现行国家职业卫生标准《工作场所有害因素职业接触限值　第 1 部分：化学有害因素》要求的浓度限值的条件下进行测量，为尽量做到保护现场工作人员的安全，本规范规定：当现有探测器的测量范围不能满足测量要求时，有毒气体的测量范围可为 0～30%IDLH。

本规定中测量范围的确定，主要是结合了常见检测产品的性能、工程设计经验和现场实际应用情况而确定的。

2 氧气的设定值为体积百分比，单位简写:%VOL。

3 线型可燃气体设定值为爆炸下限值与线型探测器两检测点之间距离之积，单位简写：LEL · m。

5.5.2 为了保证现场操作人员的安全，结合国内安全管理水平的提高，按照国际上各石油化工企业的惯例，工程设计过程中，可燃气体和有毒气体泄漏报警设定值可严于本条款的要求，各级报警点浓度值的设定宜低于标准中规定的设定值。

在实际工程项目设计中，项目地的地理海拔高度对大气环境中可燃气体泄漏和氧气的报警阈值浓度的设定是有影响的。本标准所用的数据适用于低海拔地区(海拔低于 500m)。

一级、二级报警设定值是根据国内外多年的使用经验规定的。对于可燃气体，国外工程公司常将一级报警值设定为 10%LEL～25%LEL，将二级报警值设定为 25%LEL～50%LEL。BP 公司将一级、二级报警值设定分别设为 10%LEL 和 25%LEL。在国内工程建设项目中，实际选取的报警值可以根据用户合同要求而做调整。

我国《中华人民共和国职业病防治法》《尘肺病防治条例》(国发〔1987〕第 105 号)、《工作场所职业卫生监督管理规定》(安监总局令〔2012〕第 47 号)等法规规定，对工作场所有害的职业暴露检测做出了规定要求，现行国家职业卫生标准《工作场所有害因素职业接触限值　第 1 部分：化学有害因素》规定了各类危害因素的职业接触限值。

有毒气体的职业接触限值 OEL 有三种。当该介质有 MAC 值时，职业接触限值浓度首用 MAC 值；如果该介质没有 MAC 值，职业接触限值浓度可采用该介质在操作条件下的确认的 PC-STEL 值或 PC-TWA 值；如果该介质没有 OEL 值，则可采用该介质的 10%IDLH 值。

对于有毒气体，我国以 ACGIH(美国政府工业卫生学家会议)提出的暴露限值数值作为工作场所的卫生管理依据。ACGIH 在 2014 年 5 月对超标限度值(Excursion Limit)做了修订，并于 2015 年 2 月提出了峰值暴露(Peak Exposure)的概念，要求：劳动者瞬时暴露超过 3 倍的 TWA，每次少于 15min，每次间隔 1h，每班不超过 4 次。任何情况下，劳动者的暴露浓度不得超过 5 倍的 TWA，且在 8h 工作时间内，劳动者的暴露浓度不得超过 8hTWA。在我国，现行国家标准《工作场所有害因素职业接触限值　第 1 部分：化学有害因素》GBZ2. 1 中采用的是 TWA 值和超限倍数，对未制定 PC-STEL 的化学物质和粉尘，采用超限倍数控制其短时间接触水平的过高波动。在符合 PC-TWA 的前提下，粉尘的超限倍数是 PC-TWA 的 2 倍。化学物质的超限倍数与 TWA 值有关：当 TWA 小于 $1mg/m^3$ 时，超限倍数为 3；当 TWA 小于 $10mg/m^3$时，超限倍数为 2；当 TWA 小于 $100mg/m^3$ 时，超限倍数为 2. 5；

当 TWA 大于 100mg/m^3 时，超限倍数为 1.5。

毒性大、刺激性大、易引发急性中毒的介质，卫生标准里只有 MAC，对于其他的毒物，卫生标准里给出了 PC-TWA 和 PC-STEL 值。

对于某些有毒气体而言，如丙烯腈蒸气，受仪表制造技术条件所限，难以在满足现行国家职业卫生标准《工作场所有害因素职业接触限值 第 1 部分：化学有害因素》要求的浓度限值的条件下进行测量，为尽量做到保护现场工作人员的安全，本规范规定：当现有探测器的测量范围不能满足测量要求时，有毒气体的报警(高高限)设定值不得超过 10%IDLH 值。

在工程设计过程中，各类探测器的报警值的设置应考虑探测器的特点和校核气的设定，用非现场气体来做校核气时，需依据泄漏气体组成和环境特点，考虑适宜的安全裕量。对于检测混合气体的探测器，需采用探测器测量时最不灵敏的气体作为探测器的基准气。

对于可燃气体多种气体组分存在的场所或不同工况条件下泄漏气体的组成差异大的场合，需以探测器最不灵敏的组分介质作探测器的校核介质组分。否则，需按泄漏介质的组分分别设置相应的探测器。

对于泄漏气体中含多种有毒气体组分的混合气体或不同工况条件下泄漏气体的组成差异大时，需以介质毒性接触限值浓度最低的组分作探测器的校核介质组分。当各毒性气体组分的气体接触限值浓度都可能达到各组分的有毒气体浓度报警设定值时，为确保生产安全，需按各有毒组分分别设置有毒气体探测器。

氧气的过氧报警值和欠氧报警值的设定可只设一级报警。各企业依据生产安全和职业健康工作的需要，可以设定氧气的二级过氧报警值和二级欠氧报警值。

关于噪声探测，按照 ASTM E1002 标准的要求，噪声探测是以检测泄漏孔径为 4mm，泄漏流量为 0.1kg/sec，介质压力小于 10bar 的气体泄漏点为超声探测源的。实际上，超声探测效果受环境噪声的影响很大。在噪声探测工作中，按可听的噪声和不可听的超声值大小，一般将噪声分为三个区域，在每个区域，如表 1 所示，检测器的报警设定值以及检测器与噪声源的距离要求也是不同的：

表 1 噪声区域划分

项目	单位	高噪声区	低噪声区	很低噪声区
可听的噪声值	dBA	90~100	60~90	40~55
超声值	dB	<78	<68	<58
报警值	dB	84	74	64
探测器离声源距离	m	5	9	13

6 可燃气体和有毒气体检测报警系统安装设计

6.1 探测器安装

6.1.2 检测比空气重的可燃气体和(或)有毒气体时，推荐的探测器安装高度应高出地坪(或楼板面)0.3m~0.6m。过低易造成因雨水淋、溅对探测器的损害；过高则超出了比空气重的气体易于积聚的高度。

现行国家标准《危险化学品重大危险源 罐区现场安全监控装备设置规范》AQ 3036—2010 中第 7.3.2 条规定：“可燃气及有毒气体浓度报警器的安装高度，应按探测介质的比重以及周围状况等因素来确定。当被监测气体的比重小于空气的比重时，可燃气体监测探头的安装位置应高于泄漏源

0.5m 以上；被监测气体的比重大于空气的比重时，安装位置应在泄漏源下方，但距离地面不得小于 0.3m”。

检测比空气轻的可燃气体（如甲烷和煤气时），探测器高出释放源所在高度 1m～2m，且与释放源的水平距离适当减小至 5m 以内，可以尽快地检测到可燃气体。当检测指定部位的氢气泄漏时，探测器宜安装于释放源周围及上方 1m 的范围内，太远则由于氢气的迅速扩散上升，起不到检测效果。

检测与空气分子量接近且极易与空气混合的有毒气体（如一氧化碳和氰化氢）时，探测器应安装于距释放源上下 1m 的高度范围内；有毒气体比空气稍轻时，探测器安装于释放源上方，有毒气体比空气稍重时，探测器安装于释放源下方；探测器距释放源的水平距离不超过 1m 为宜。

为了监测生产区泄漏的可燃气体和有毒气体对周边环境安全的影响，对沿生产区周边布置的可燃气体探测器和（或）有毒气体探测器的实际安装高度，需满足对泄漏的可燃气体和有毒气体云的监控要求。

为及时监测生产区泄漏的爆炸性可燃气体云，线型可燃气体探测器的安装高度距地坪一般为 1.5m～2.5m。

6.1.3 氧气探测器的吸入口安装高度距地坪或楼地板 1.5m～2.0m，主要是根据操作与维护人员的身高范围而定的。

6.1.4 线型可燃气体探测器的检测区域长度不宜大于 100m，主要是考虑工厂生产环境条件，为确保探测器在检测区域内的对准性要求而定的。

6.2 报警控制单元及现场区域警报器安装

6.2.3 警报器是安全仪表，现场区域警报器的安装高度一般需高于现场区域地面 2.2m 以上，在工作人员易看到和易听到的地方，以便及时消除隐患和维修人员进行日常维护。

警报器室外安装时需考虑防护等级，如防风雨、防晒。

6.2.4 警报器需远离对仪表工作有影响的强电磁场，如大功率电机、变压器。

附录 A　常见易燃气体、蒸气特性

表 A 中的数值来源以《化学易燃品参考资料》(北京消防研究所译自美国防火手册)为主，并与《压力容器中化学介质毒性危害和爆炸危险程度分类标准》HG/T 20660—2017、《石油化工工艺计算图表》、《可燃气体检测报警器》JJG 693—2011、《爆炸危险环境电力装置设计规范》GB 50058—2014、《化工过程安全理论与应用》(第二版)进行了对照，仅调整了个别栏目的数值。

表 A 中气体密度(kg/m^3N)是在 1 个标准大气压、0℃条件下的数据。

附录B　常见有毒气体、蒸气特性

表B中的数值来源于《化验员实用手册》《石油化工工艺计算图表》《高毒物品作业职业病危害防护实用指南》及现行国家职业卫生标准《工作场所有害因素职业接触限值　第1部分：化学有害因素》、《呼吸防护用品的选择、使用与维护》GB/T 18664—2002。

表B中，气体密度是在1个标准大气压、20℃条件下的数据。

考虑到我国的法定单位为 mg/m^3 和 μmol/mol(及ppm)，量程及报警点换算中会有整有零。根据目前的仪表的芯片计算性能，由 mg/m^3 换算 μmol/mol(及ppm)时，可进行四舍五入取整，方便确定量程，如：

换算四舍五入后0~5ppm内的，每ppm为一档，报警点精确到0.1ppm；换算四舍五入后5ppm~30ppm内的，每5ppm为一档，报警点精确到1ppm；换算四舍五入后30ppm~100ppm内的，每10ppm为一档，报警点精确到1ppm；换算四舍五入后100ppm~1000ppm的，每100ppm为一档，报警点精确到1ppm；换算四舍五入后1000ppm~10000ppm的，每1000ppm为一档，报警点精确到10ppm。

如：苯气体的STEL值为 $10mg/m^3$，约等于2.87ppm，300% STEL为8.61ppm，四舍五入后建议量程为0~10ppm，报警点为3ppm。

又如：硫化氢气体的MAC值为 $10mg/m^3$，约等于6.59ppm，300%MAC为19.77ppm，四舍五入后建议量程为0~20ppm，报警点为7ppm。

附录 C 可燃气体和有毒气体检测报警系统配置图

本图的目的是概念性地说明石化装置中本可燃气体和有毒气体检测报警系统与火灾检测报警系统及安全仪表系统的界面关系，所以内容简洁，不具体体现可燃气体检测报警系统内部各元件之间具体的信号变换及输送要求。

附录D 常见气体探测器技术性能表

表D数值来源于欧洲标准《可燃气体或氧气检测与测量仪器的选用、安装、使用和维护指南》EN 60079-29-2-2007。

GB/T 50493—2019《石油化工可燃气体和有毒气体检测报警设计标准》勘误

表 B　常见有毒气体、蒸气特性

序号	物质名称	蒸气密度（kg/~~cm³~~ m³）	熔点(℃)	沸点（℃）	OEL(mg/m³)			IDLH（mg/m³）
					MAC	PC-TWA	PC-STEL	
1	一氧化碳	1.17	-199.5	-191.4	—	20	30	1700
2	氯乙烯	2.60	-160	-13.9	—	10	25	—
3	硫化氢	1.44	-85.5	-60.4	10	—	—	430
4	氯	3.00	-101	-34.5	1	—	—	88
5	氰化氢	1.13	-13.2	26.1	1	—	—	56
6	丙烯腈	2.21	-83.6	77.2	—	1	2	1100
7	二氧化氮	3.87	-11.2	21.2	—	5	10	96
8	苯	3.35	5.5	80.1	—	6	10	9800
9	氨	0.73	-78	-33.4	—	20	30	360
10	碳酰氯	4.11	-104	8.3	0.5	—	—	8
11	二氧化硫	2.73	-75.5	-10	—	5	10	270
12	甲醛	1.29	-92	-19.5	~~—~~ 0.5	~~2~~ —	—	37
13	环氧乙烷	1.84	-112.2	10.8	—	~~0.6~~ 2	~~2~~ —	1500
14	溴	8.64	-7.2	58.8	0.3	~~—~~ 0.6	~~—~~ 2	66

ICS 13.220.20
C 81

中华人民共和国国家标准

GB 16808—2008
代替 GB 16808—1997

可燃气体报警控制器

Combustible gas alarm control units

（IEC 61779: 1998, NEQ）

2008-12-15 发布　　2010-02-01 实施

中华人民共和国国家质量监督检验检疫总局
中国国家标准化管理委员会　发布

目　次

前　言

本标准的第4章、第5章、第6章、第7章、第8章为强制性，其余为推荐性。

本标准对应于IEC 61779：1998《可燃性气体的检测和测量的电气装置》(英文版)，与IEC 61779的一致性程度为非等效。

本标准代替GB 16808—1997《可燃气体报警控制器技术要求和试验方法》。

本标准与GB 16808—1997相比主要变化如下：

——将原标准的基本功能试验改为可燃气体浓度显示功能试验、可燃气体报警功能试验、故障报警功能试验、屏蔽功能试验、自检功能试验、电源功能试验；

——增加了射频场感应的传导骚扰抗扰度试验、浪涌(冲击)抗扰度试验、电压暂降、短时中断和电压变化的抗扰度试验；

——增加了检验规则和使用说明书的要求。

本标准由中华人民共和国公安部提出。

本标准由全国消防标准化技术委员会第六分技术委员会(SAC/TC 113/SC 6)归口。

本标准起草单位：公安部沈阳消防研究所。

本标准主要起草人：宋希伟、费春祥、张学军、李瑞、谢锋、冯万波。

本标准所代替标准的历次版本发布情况为：

——GB 16808—1997。

可燃气体报警控制器

1 范围

本标准规定了可燃气体报警控制器(以下简称控制器)的分类、一般要求、要求与试验方法、标志、检验规则和使用说明书。

本标准适用于一般工业与民用建筑中安装使用的可燃气体报警控制器，也适用于其他环境中安装的具有特殊性能的控制器(特殊要求由有关标准另行规定)。

2 规范性引用文件

下列文件中的条款通过本标准的引用而成为本标准的条款。凡是注日期的引用文件，其随后所有的修改单(不包括勘误的内容)或修订版均不适用于本标准，然而，鼓励根据本标准达成协议的各方研究是否可使用这些文件的最新版本。凡是不注日期的引用文件，其最新版本适用于本标准。

GB/T 156—2007 标准电压(IEC 60038：2002，MOD)

GB 9969.1 工业产品使用说明书 总则

GB 12978 消防电子产品检验规则

GB 15322(所有部分) 可燃气体探测器

GB 16838 消防电子产品 环境试验方法及严酷等级

3 产品分类

控制器按工作方式分为：

a) 总线制；

b) 多线制。

4 一般要求

4.1 整机性能

4.1.1 一般要求

4.1.1.1 控制器主电源应采用220V、50Hz交流电源，电源线输入端应设接线端子。

4.1.1.2 控制器应设有保护接地端子。

4.1.1.3 控制器应能为其连接的部件供电，直流工作电压应符合GB/T 156—2007规定，可优先采用直流24V。

4.1.1.4 控制器应具有中文功能标注，用文字显示信息时应采用中文。

4.1.1.5 控制器应具有向消防控制室图形显示装置等设备发送报警、故障、屏蔽等信息的功能。

4.1.2 可燃气体浓度显示功能

4.1.2.1 控制器应具有可燃气体浓度显示功能，其全量程指示偏差应满足表1的要求。

表 1

配接可燃气体探测器类型		误差范围
测量范围为0~100%LEL的点型可燃气体探测器		5%LEL
测量人工煤气的点型可燃气体探测器	氢气敏感型	200×10^{-6}(体积分数)
	一氧化碳敏感型	80×10^{-6}(体积分数)

4.1.2.2 控制器应能显示所有可燃气体探测器探测的可燃气体浓度值；总线制控制器在不能显示所有可燃气体探测器探测的可燃气体浓度值时，应能显示探测器探测的可燃气体浓度最高值，其他探测器探测的可燃气体浓度值应可查。

4.1.2.3 控制器的报警状态不应影响控制器的浓度显示功能。控制器的故障状态不应影响任何非故障回路的浓度显示功能。

4.1.3 可燃气体报警功能

4.1.3.1 控制器应具有低限报警或低限、高限两段报警功能。

4.1.3.2 控制器应能直接或间接地接收来自可燃气体探测器及其他报警触发器件的报警信号，发出可燃气体报警声、光信号，指示报警部位，记录报警时间，并保持至手动复位。

4.1.3.3 当有可燃气体报警信号输入时，控制器应在10s内发出报警声、光信号。对来自可燃气体探测器的报警信号可设置报警延时，其最大延时时间不应超过1min，延时期间应有延时光指示，延时设置信息应能通过本机操作查询。

4.1.3.4 控制器在可燃气体报警状态下应至少有两组控制输出。

4.1.3.5 控制器应有专用可燃气体报警总指示灯(器)。控制器处于可燃气体报警状态时，总指示灯(器)应点亮。

4.1.3.6 可燃气体报警声信号应能手动消除，当再次有可燃气体报警信号输入时，应能再次启动。

4.1.3.7 控制器应满足下述要求；

a) 应能显示当前可燃气体报警部位的总数；

b) 应能区分最先报警部位；

c) 后续报警部位应按报警时间顺序连续显示。当显示区域不足以显示全部报警部位时，应按顺序循环显示；同时应设手动查询按钮(键)。

4.1.3.8 控制器应设手动复位按钮(键)，复位后，仍然存在的状态及相关信息应保持或在20s内重新建立。

4.1.3.9 控制器应有报警计时装置，计时装置的日计时误差不应超过30s，使用打印机记录报警时间时，应打印出月、日、时、分等信息，但不能仅使用打印机记录报警时间。

4.1.3.10 具有报警历史事件记录功能的控制器，应能至少记录999条相关信息，且在控制器断电后能保持信息14d。

4.1.3.11 通过控制器可改变与其连接的可燃气体探测器报警设定值时，该报警设定值应能在控制器上手动可查。

4.1.3.12 除复位操作外，对控制器的任何操作均不应影响控制器接收和发出可燃气体报警信号。

4.1.4 故障报警功能

4.1.4.1 控制器应设专用故障总指示灯(器)，无论控制器处于何种状态，只要有故障信号存在，该故障总指示灯(器)应点亮。

4.1.4.2 有下列情形之一时，可燃气体报警控制器应能在100s内发出与可燃气体报警信号有明显区别的声、光故障信号：

a) 控制器与可燃气体探测器及所连接的报警触发器件间连接线断路、短路(短路时发出可燃气体报警信号除外)和影响可燃气体报警功能的接地；

b) 与控制器连接的可燃气体探测器的气敏元件脱落(仅适用于气敏元件采用插拔方式连接)；

c) 控制器主电源欠压；

d) 给控制器备用电源充电的充电器与备用电源之间连接线断路、短路；

e) 控制器与其备用电源之间连接线断路。

对于a)、b)类故障应指示出部位，c)、d)、e)类故障应指示类型；声故障信号应能手动消除，光故障信号在故障存在期间应能保持；故障期间，如非故障回路有可燃气体报警信号输入，可燃气体报警控制器应能发出可燃气体报警信号。故障信息在控制器有报警信号时可以不显示，但应手动可查。

4.1.4.3 控制器应能显示所有故障信息。在不能同时显示所有故障信息时，未显示的故障信息应手动可查。

4.1.4.4 当主电源断电，备用电源不能保证控制器正常工作时，控制器应发出故障声信号并能保持1h以上

4.1.4.5 控制器的故障信号在故障排除后，可以自动或手动复位。复位后，控制器应在100s内重新显示尚存在的故障。

4.1.4.6 任一故障均不应影响非故障部分的正常工作。

4.1.4.7 当控制器采用总线工作方式时，应设有总线短路隔离器。短路隔离器动作时，控制器应能指示出被隔离部件的部位号。当某一总线发生一处短路故障导致短路隔离器动作时，受短路隔离器影响的部件数量不应超过32个。

4.1.5 屏蔽功能(仅适于具有此项功能的控制器)

4.1.5.1 控制器应有专用屏蔽总指示灯(器)，无论控制器处于何种状态，只要有屏蔽存在，该屏蔽总指示灯(器)应点亮。

4.1.5.2 控制器应具有对每个部位、回路进行单独屏蔽、解除屏蔽操作功能(应手动进行)。

4.1.5.3 控制器应在屏蔽操作完成后2s内启动屏蔽指示。在有可燃气体报警信号时，屏蔽信息可以不显示。

4.1.5.4 控制器应能显示所有屏蔽信息，在不能同时显示所有屏蔽信息时，则应显示最新屏蔽信息，其他屏蔽信息应手动可查。

4.1.5.5 控制器在同一个回路内所有部位均被屏蔽的情况下，才能显示该回路被屏蔽。

4.1.5.6 屏蔽状态应不受控制器复位等操作的影响。

4.1.6 自检功能

4.1.6.1 控制器应能检查本机的可燃气体报警功能(以下称自检)，控制器在执行自检功能期间，受其控制的外接设备和输出接点均不应动作。控制器自检时间超过1min或其不能自动停止自检功能时，控制器的自检功能应不影响非自检部位和控制器本身的可燃气体报警功能。

4.1.6.2 控制器应能手动检查其面板所有指示灯(器)、显示器的功能。

4.1.7 电源功能

4.1.7.1 控制器的电源部分应具有主电源和备用电源转换装置。当主电源断电时，能自动转换到备用电源；主电源恢复时，能自动转换到主电源；应有主、备电源工作状态指示，主电源应有过流保护措施。主、备电源的转换不应使控制器产生误动作。

4.1.7.2 控制器按设计容量连接真实负载(总线制控制器至少一个回路按设计容量连接真实负载，其他回路连接等效负载)。主电源容量应能保证控制器在下述条件下连续正常工作4h：

a) 控制器容量不超过10个报警部位时，所有报警部位均处于报警状态；

b) 控制器容量超过10个报警部位时，百分之二十的报警部位(不少于10个报警部位，但不超过32个报警部位)处于报警状态。

4.1.7.3 控制器按设计容量连接真实负载(总线制控制器至少一个回路按设计容量连接真实负载，其他回路连接等效负载)。备用电源在放电至终止电压条件下，充电24h，其容量应可提供控制器在监视状态下工作1h后，在下述条件下工作30min：

a) 控制器容量不超过10个报警部位时，所有报警部位均处于报警状态；

b) 控制器容量超过10个报警部位时，十五分之一的报警部位(不少于10个报警部位，但不超过32个报警部位)处于报警状态。

4.1.8 操作级别

控制器的操作级别应符合表2要求。

表2

序 号	操 作 项 目	Ⅰ	Ⅱ	Ⅲ	Ⅳ
1	查询信息	O	M	M	
2	消除控制器的声信号	O	M	M	
3	复位	P	M	M	
4	进入自检状态	P	M	M	
5	调整计时装置	P	M	M	
6	屏蔽和解除屏蔽	P	O	M	
7	输入或更改数据	P	P	M	
8	分区编程	P	P	M	
9	延时功能设置	P	P	M	
10	接通、断开或调整控制器主、备电源	P	P	M	M
11	修改或改变软、硬件	P	P	P	M

注1：P—禁止本级操作；O—可选择是否由本级操作；M—可进行本级及本级以下操作。

注2：进入Ⅱ、Ⅲ级操作功能状态应采用钥匙、操作号码，用于进入Ⅲ级操作功能状态的钥匙或操作号码可用于进入Ⅱ级操作功能状态，但用于进入Ⅱ级操作功能状态的钥匙或操作号码不能用于进入Ⅲ级操作功能状态。

注3：Ⅳ级操作功能不能仅通过控制器本身进行。

4.2 主要部(器)件性能

4.2.1 基本要求

控制器的主要部(器)件，应采用符合相关标准的定型产品。

4.2.2 指示灯(器)

4.2.2.1 可燃气体报警状态指示灯(器)和延时状态指示灯应采用红色；故障、屏蔽状态指示灯(器)应采用黄色；电源工作状态指示灯(器)应采用绿色。

4.2.2.2 指示灯(器)功能应有中文标注。

4.2.2.3 在5lx~500lx环境光条件下，在正前方22.5°视角范围内，状态指示灯(器)和电源指示灯(器)应在3m处清晰可见；其他指示灯(器)应在0.8m处清晰可见。

4.2.2.4 采用闪亮方式的指示灯(器)每次点亮时间应不小于0.25s，其报警指示灯(器)闪动频率应不小于1Hz，故障指示灯(器)闪动频率应不小于0.2Hz。

4.2.2.5 用一个指示灯(器)显示具体部位的故障、屏蔽和自检状态时，应能明确分辨。

4.2.3 字母(符)-数字显示器

在5lx~500lx环境光条件下，显示字符应在正前方22.5°视角内、0.8m处可读。

4.2.4 音响器件

4.2.4.1 在正常工作条件下，音响器件在其正前方1m处的声压级(A计权)应大于65dB，小于115dB。

4.2.4.2 在控制器85%额定工作电压供电条件下音响器件应能正常工作。

4.2.5 熔断器

用于电源线路的熔断器或其他过电流保护器件，其额定电流值一般应不大于控制器最大工作电流的2倍。当最大工作电流大于6A时，熔断器电流值可取其1.5倍。在靠近熔断器或其他过电流保护器件处应清楚地标注其参数值。

4.2.6　接线端子

每一接线端子上都应清晰、牢固地标注其编号或符号，相应用途应在有关文件中说明。

4.2.7　充电器及备用电源

4.2.7.1　电源正极连接导线应为红色，负极应为黑色或蓝色。

4.2.7.2　充电电流应不大于电池生产厂规定的额定值。

4.2.8　开关和按键

应在其上或靠近的位置用中文清楚标注开关和按键的功能。

5　要求与试验方法

5.1　总则

5.1.1　试验程序见表3。

5.1.2　试样为控制器2台，试样应在试验前予以编号。

5.1.3　试样应连接其配套的可燃气体探测器进行试验，并按GB 15322(所有部分)要求进行标定、调零。

5.1.4　如在有关条文中没有说明，则各项试验均在下述大气条件下进行：

——温度：15℃~35℃；

——湿度：25% RH~75% RH；

——大气压力：86kPa~106kPa。

5.1.5　如在有关条文中没有说明时，各项试验数据的容差均为±5%，环境条件参数偏差应符合GB 16838要求。

5.1.6　试验中提出的正常监视状态是指试样按5.1.3要求配接好可燃气体探测器并通电预热20min(或制造商提出的预热时间)后，无报警、故障报警、屏蔽、自检等发生时所处的状态。

5.1.7　试样在试验前均应进行外观及主要部(器)件检查，符合下述要求时方可进行试验。

a)　文字、符号和标志清晰齐全，使用说明书满足相关要求；

b)　试样表面无腐蚀、涂覆层脱落和起泡现象，无明显划伤、裂痕、毛刺等机械损伤；

c)　紧固部位无松动；

d)　主要部(器)件性能应能满足4.2的要求。

表3

序　号	章　条	试　验　项　目	控制器编号	
			1	2
1	5.1.7	主要部(器)件检查	√	√
2	5.2	可燃气体浓度显示功能试验	√	√
3	5.3	可燃气体报警功能试验	√	√
4	5.4	故障报警功能试验	√	√
5	5.5	屏蔽功能试验(选择性)	√	√
6	5.6	自检功能试验	√	√
7	5.7	电源功能试验	√	√
8	5.8	绝缘电阻试验	√	
9	5.9	电气强度试验	√	
10	5.10	射频电磁场辐射抗扰度试验		√

表 3(续)

序号	章条	试验项目	控制器编号	
			1	2
11	5.11	射频场感应的传导骚扰抗扰度试验		√
12	5.12	静电放电抗扰度试验		√
13	5.13	电快速瞬变脉冲群抗扰度试验		√
14	5.14	浪涌(冲击)抗扰度试验		√
15	5.15	电源瞬变试验	√	
16	5.16	电压暂降、短时中断和电压变化的抗扰度试验	√	
17	5.17	低温(运行)试验		√
18	5.18	恒定湿热(运行)试验	√	
19	5.19	振动(正弦)(运行)试验		√
20	5.20	振动(正弦)(耐久)试验		√
21	5.21	碰撞试验	√	

5.2 可燃气体浓度显示功能试验

5.2.1 目的

检验控制器的可燃气体浓度显示功能。

5.2.2 要求

试样的可燃气体浓度显示功能应满足 4.1.2 要求。

5.2.3 方法

5.2.3.1 使试样处于正常监视状态，检查试样是否具有浓度显示功能。并分别将达到试样显示范围的 10%、25%、50%、75%、90%浓度的试验气体输送到可燃气体探测器的传感元件上至少 1min，记录试样在每一种情况下的显示值。

5.2.3.2 对于多线制试样，将每个回路的可燃气体探测器通入适量浓度的可燃气体，记录试样的显示情况。对于总线制试样，将 8 只可燃气体探测器(容量少于 8 只按实际数量)分别通入适量的浓度值不同的可燃气体，查询并记录试样的显示情况。

5.2.3.3 将试样分别处于报警状态、故障状态，将任何非报警、故障回路可燃气体探测器通入适量浓度的可燃气体，记录试样的显示情况。

5.3 可燃气体报警功能试验

5.3.1 目的

检验控制器的可燃气体报警功能。

5.3.2 要求

试样的可燃气体报警功能应满足 4.1.3 要求。

5.3.3 方法

5.3.3.1 检查试样高限、低限报警功能及控制输出点数及手动直接控制按钮(键)的设置情况。

5.3.3.2 将试样处于正常监视状态，使可燃气体探测器发出可燃气体报警信号，测量试样报警响应时间，观察并记录试样发出可燃气体报警声、光信号(包括报警总指示、部位指示等)情况、控制输出接点动作及计时、打印情况。

5.3.3.3 检查试样消音功能、可燃气体报警声信号再启动功能和可燃气体报警信息显示功能。

5.3.3.4 观察并记录首次报警显示情况。

5.3.3.5 观察并记录后续报警部位显示情况。对采用字母(符)-数字显示的试样，操作手动查询按钮，观察并记录每个可燃气体报警信号的显示情况和可燃气体报警总数显示情况及可燃气体报警事件记录情况。

5.3.3.6 手动复位试样，20s后观察并记录试样的指示情况。

5.3.3.7 撤除所有可燃气体探测器的可燃气体报警信号，手动复位试样，20s后观察并记录试样的指示情况。

5.3.3.8 对可设置可燃气体探测器延时功能的试样，检查其可燃气体报警延时时间和延时光指示情况。

5.3.3.9 对具有可改变与其连接的可燃气体探测器报警设定值功能的试样，检查可燃气体探测器报警设定值的查询情况。

5.4 故障报警功能试验

5.4.1 目的

检验控制器的故障报警功能。

5.4.2 要求

试样的故障报警功能应满足4.1.4的要求。

5.4.3 方法

5.4.3.1 将试样处于正常监视状态，分别按4.1.4.3和4.1.4.4要求，对试样各项故障报警功能进行测试，观察并记录试样故障声、光信号、故障总指示灯(器)、故障时间及部位和类型区分情况。

5.4.3.2 检查试样消音功能、故障声信号再启动功能和故障信号显示功能。

5.4.3.3 手动复位试样，观察并记录试样发出尚未排除故障信号的指示情况；排除所有输入的故障信号，手动复位试样后(故障自动恢复时不复位)，观察并记录试样的指示情况。

5.4.3.4 当备用电源单独工作至不足以保证试样正常工作时，观察并记录试样故障声信号及其保持时间。

5.4.3.5 使任一部件或部位处于故障状态，检查并记录试样非故障部分工作状态。

5.4.3.6 对采用总线工作方式的试样，使总线任一处短路，观察并记录隔离器动作及隔离部件的指示情况。

5.5 屏蔽功能试验(选择性试验)

5.5.1 目的

检验控制器的屏蔽功能。

5.5.2 要求

试样的屏蔽功能应满足4.1.5的要求。

5.5.3 方法

5.5.3.1 将试样处于正常监视状态，手动操作试样的屏蔽功能，对可燃气体探测器分别进行单独屏蔽和回路屏蔽，观察并记录试样屏蔽指示灯(器)启动情况、屏蔽完成并启动屏蔽指示的时间及屏蔽信息显示和手动查询情况。

5.5.3.2 操作处于屏蔽状态试样的手动复位机构，观察并记录试样显示情况。

5.5.3.3 手动操作试样屏蔽解除功能，分别解除所有屏蔽操作，观察并记录试样显示情况。

5.6 自检功能试验

5.6.1 目的

检查控制器的自检功能。

5.6.2 要求

试样的自检功能应满足4.1.6的要求。

5.6.3 方法

5.6.3.1 将试样处于正常监视状态，手动操作试样自检机构，观察并记录试样可燃气体报警声、光信号及输出接点动作情况；对于自检时间超过1min或不能自动停止自检功能的试样，在自检期间，使任一非自检回路处于可燃气体报警状态，观察并记录试样可燃气体报警显示情况。

5.6.3.2 手动操作试样指示灯、显示器自检功能，观察并记录所有指示灯(器)和显示器的指示情况。

5.7 电源功能试验

5.7.1 目的

检验控制器对交流电网供电电压波动和负载变化的适应能力以及电源的容量。

5.7.2 要求

试样的电源功能应满足4.1.7的要求。

5.7.3 方法

5.7.3.1 在试样处于正常监视状态下，切断试样的主电源，使试样由备用电源供电，再恢复主电源，检查并记录试样主、备电源的转换、状态的指示情况及其主电源过流保护情况。

5.7.3.2 主电源试验

5.7.3.2.1 将试样一个回路按设计容量连接真实负载，其他回路连接等效负载。

5.7.3.2.2 按4.1.7.2a)、b)的要求，使试样处于可燃气体报警状态4h，观察并记录试样工作情况，然后使试样恢复到正常监视状态，按5.3~5.6的规定进行功能试验。

5.7.3.3 备用电源试验

5.7.3.3.1 将试样一个回路按设计容量连接真实负载，其他回路连接等效负载。将试样的备用电源放电至终止电压，再对其进行24h充电。

5.7.3.3.2 关闭试样主电源，1h后观察并记录试样的状态。

5.7.3.3.3 按4.1.7.3a)、b)的要求，使试样处于可燃气体报警状态30min，观察并记录试样工作情况，然后使试样恢复到正常监视状态，按5.3~5.6的规定进行功能试验。

5.8 绝缘电阻试验

5.8.1 目的

检验控制器的绝缘性能。

5.8.2 要求

试样有绝缘要求的外部带电端子与机壳间的绝缘电阻值应不小于20MΩ；试样的电源输入端与机壳间的绝缘电阻值应不小于50MΩ。

5.8.3 方法

通过绝缘电阻试验装置，分别对试样的下述部位施加500V±50V直流电压，持续60s±5s后，测量其绝缘电阻值：

a) 有绝缘要求的外部带电端子与机壳之间；

b) 电源插头(或电源接线端子)与机壳之间(主电源开关置于接通位置，但电源插头不接入电网)。

5.9 电气强度试验

5.9.1 目的

检验控制器的电气强度。

5.9.2 要求

试样的电源插头与机壳间应能耐受频率为50Hz，有效值电压为1250V的交流电压历时1min的电气强度试验，试验期间试样不应发生击穿现象，试验后其性能应满足4.1.3~4.1.6的要求。

5.9.3 方法

试验前，将试样的接地保护元件拆除。通过试验装置，以100V/s~500V/s的升压速率，对试样的电源线与机壳间施加50Hz，1250V的试验电压。持续60s±5s，观察并记录试验中所发生的现象。试验后，以100V/s~500V/s的降压速率使电压降至低于额定电压值后，方可断电。接通试样电源，按5.3~5.6的规定进行功能试验。

5.10 射频电磁场辐射抗扰度试验

5.10.1 目的

检验控制器在射频电磁场辐射环境下工作的适应性。

5.10.2 要求

试验期间，试样应保持正常监视状态；试验后，试样性能应满足 4.1.3~4.1.6 的要求，其显示值误差应满足表 1 的要求。

5.10.3 方法

5.10.3.1 将试样按 GB 16838 规定进行试验布置，使试样处于正常监视状态。

5.10.3.2 按 GB 16838 规定的试验方法对试样施加表 4 所示条件的电磁干扰试验。试验期间观察并记录试样状态。试验后，按 5.3~5.6 的规定进行功能试验，并对其所配接的任一只可燃气体探测器通入浓度为 50%显示范围的可燃气体，观察并记录试样的显示情况。

表 4

场强/(V/m)	10
频率范围/MHz	80~1000
扫频速率/十倍频程每秒	$\leqslant 1.5\times10^{-3}$
调制幅度	80%(1kHz，正弦)

5.10.4 试验设备

试验设备应满足 GB 16838 的规定。

5.11 射频场感应的传导骚扰抗扰度试验

5.11.1 目的

检验控制器对射频场感应的传导骚扰的适应性。

5.11.2 要求

试验期间，试样应保持正常监视状态；试验后，试样性能应满足 4.1.3~4.1.6 的要求，其显示值误差应满足表 1 的要求。

5.11.3 方法

5.11.3.1 将试样按 GB 16838 规定进行试验配置，使试样处于正常监视状态。

5.11.3.2 按 GB 16838 规定的试验方法对试样施加表 5 所示条件的电磁干扰试验。试验期间观察并记录试样状态。试验后，按 5.3~5.6 的规定进行功能试验，并对其所配接的任一只可燃气体探测器通入浓度为 50%显示范围的可燃气体，观察并记录试样的显示情况。

表 5

频率范围/MHz	0.15~100
电压/dBμV	140
调制幅度	80%(1kHz，正弦)

5.11.4 试验设备

试验设备应满足 GB 16838 的规定。

5.12 静电放电抗扰度试验

5.12.1 目的

检验控制器对带静电人员、物体接触造成的静电放电的适应性。

5.12.2 要求

试验期间，试样应保持正常监视状态；试验后，试样性能应满足 4.1.3~4.1.6 的要求，其显示值误差应满足表 1 的要求。

5.12.3 方法

5.12.3.1 将试样按 GB 16838 规定进行试验布置，使试样处于正常监视状态。

5.12.3.2 按 GB 16838 规定的试验方法对试样及耦合板施加表 6 所示条件的电磁干扰试验。试验期间观察并记录试样状态。试验后，按 5.3~5.6 的规定进行功能试验，并对其所配接的任一只可燃气体探测器通入浓度为 50%显示范围的可燃气体，观察并记录试样的显示情况。

表 6

放电电压/kV	空气放电(外壳为绝缘体试样)8
	接触放电(外壳为导体试样和耦合板)6
放电极性	正、负
放电间隔/s	≥1
每点放电次数	10

5.12.4 试验设备

试验设备应满足 GB 16838 的规定。

5.13 电快速瞬变脉冲群抗扰度试验

5.13.1 目的

检验控制器抗电快速瞬变脉冲群干扰的能力。

5.13.2 要求

试验期间，试样应保持正常监视状态；试验后，试样性能应满足 4.1.3~4.1.6 的要求，其显示值误差应满足表 1 的要求。

5.13.3 方法

5.13.3.1 将试样按 GB 16838 规定进行试验配置，使其处于正常监视状态。

5.13.3.2 按 GB 16838 规定的试验方法对试样施加表 7 所示条件的电磁干扰试验。试验期间观察并记录试样状态。试验后，按 5.3~5.6 的规定进行功能试验，并对其所配接的任一只可燃气体探测器通入浓度为 50%显示范围的可燃气体，观察并记录试样的显示情况。

表 7

瞬变脉冲电压/kV	AC 电源线 2×(1±0.1)
	其他连接线 1×(1±0.1)
重复频率/kHz	AC 电源线 2.5×(1±0.2)
	其他连接线 5×(1±0.2)
极性	正、负
时间	每次 1min

5.13.4 试验设备

试验设备应满足 GB 16838 的规定。

5.14 浪涌(冲击)抗扰度试验

5.14.1 目的

检验控制器对附近闪电或供电系统的电源切换及低电压网络、包括大容性负载切换等产生的电压瞬变(电浪涌)干扰的适应性。

5.14.2 要求

试验期间，试样应保持正常监视状态；试验后，试样性能应满足 4.1.3~4.1.6 的要求，其显示值误差应满足表 1 的要求。

5.14.3 方法

5.14.3.1 将试样按 GB 16838 规定进行试验配置，使其处于正常监视状态。

5.14.3.2 按 GB 16838 规定的试验方法对试样施加表 8 所示条件的电磁干扰试验。试验期间观察并记录试样状态。试验后，按 5.3~5.6 的规定进行功能试验，并对其所配接的任一只可燃气体探测器通入浓度为 50%显示范围的可燃气体，观察并记录试样的显示情况。

5.14.4 试验设备

试验设备应满足 GB 16838 的规定。

表 8

浪涌(冲击)电压/kV	AC 电源线	线—线 1×(1±0.1)
		线—地 2×(1±0.1)
	其他连接线	线—地 1×(1±0.1)
极性		正、负
试验次数		5

5.15 电源瞬变试验

5.15.1 目的

检验控制器抗电源瞬变干扰的能力。

5.15.2 要求

试验期间，试样应保持正常监视状态；试验后，试样性能应满足 4.1.3~4.1.6 的要求，其显示值误差应满足表 1 的要求。

5.15.3 方法

5.15.3.1 按正常监视状态要求，连接试样到电源瞬变试验装置上，使其处于正常监视状态。

5.15.3.2 开启试验装置，使试样主电源按“通电(9s)~断电(1s)”的固定程序连续通断 500 次，试验期间，观察并记录试样的工作状态；试验后，按 5.3~5.6 的规定进行功能试验，并对其所配接的任一只可燃气体探测器通入浓度为 50%显示范围的可燃气体，观察并记录试样的显示情况。

5.16 电压暂降、短时中断和电压变化的抗扰度试验

5.16.1 目的

检验控制器在电压暂降、短时中断和电压变化(如主配电网络上，由于负载切换和保护元件的动作等)情况下的抗干扰能力。

5.16.2 要求

试验期间，试样应保持正常监视状态；试验后，试样性能应满足 4.1.3~4.1.6 的要求，其显示值误差应满足表 1 的要求。

5.16.3 方法

5.16.3.1 按正常监视状态要求，连接试样到主电压暂降和中断试验装置上，使其处于正常监视状态。

5.16.3.2 使主电压下滑至 40%，持续 20ms，重复进行 10 次；再将使主电压下滑至 0V，持续 10ms，重复进行 10 次。试验期间，观察并记录试样的工作状态；试验后，按 5.3~5.6 的规定进行功能试验，并对其所配接的任一只可燃气体探测器通入浓度为 50%显示范围的可燃气体，观察并记录试样的显示情况。

5.16.4 试验设备

试验设备应满足 GB 16838 的相关规定。

5.17 低温(运行)试验

5.17.1 目的

检验控制器在低温条件下工作的适应性。

5.17.2 要求

试验期间，试样应保持正常监视状态；试验后，试样无破坏涂覆和腐蚀现象，其性能应满足4.1.3~4.1.6的要求，其显示值误差应满足表9的要求。

表9

配接可燃气体探测器类型		误差范围
测量范围为0~100%LEL的点型可燃气体探测器		10%LEL
测量人工煤气的点型可燃气体探测器	氢气敏感型	400×10^{-6}(体积分数)
	一氧化碳敏感型	160×10^{-6}(体积分数)

5.17.3 方法

5.17.3.1 试验前，将试样在正常大气条件下放置2h~4h。然后使试样处于正常监视状态。

5.17.3.2 调节试验箱温度，使其在20℃±2℃温度下保持30min±5min，然后，以不大于1℃/min的速率降温至0℃±3℃。

5.17.3.3 在0℃±3℃温度下，保持16h后，立即按5.3~5.6的规定进行功能试验。

5.17.3.4 调节试验箱温度，使其以不大于1℃/min的速率升温至20℃±2℃，并保持30min±5min。

5.17.3.5 取出试样，在正常大气条件下放置1h~2h后，检查试样表面涂覆情况，并按5.3~5.6的规定进行功能试验，并对其所配接的任一只可燃气体探测器通入浓度为50%显示范围的可燃气体，观察并记录试样的显示情况。

5.17.4 试验设备

试验设备应符合GB 16838的相关规定。

5.18 恒定湿热(运行)试验

5.18.1 目的

检验控制器在相对湿度高(无凝露)的环境下正常工作的能力。

5.18.2 要求

试验期间，试样应保持正常监视状态；试验后，试样无破坏涂覆和腐蚀现象，其性能应满足4.1.3~4.1.6的要求，其显示值误差应满足表9的要求。

5.18.3 方法

5.18.3.1 试验前，将试样在正常大气条件下放置2h~4h，然后将试样处于正常监视状态。

5.18.3.2 调节试验箱，使温度为40℃±2℃，相对湿度90%~95%(先调节温度，当温度达到稳定后再加湿)，连续保持4d后，立即按5.3~5.6的规定进行功能试验。

5.18.3.3 取出试样，在正常大气条件下，处于正常监视状态1h~2h后，检查试样表面涂覆情况，并按5.3~5.6的规定进行功能试验，并对其所配接的任一只可燃气体探测器通入浓度为50%显示范围的可燃气体，观察并记录试样的显示情况。

5.18.4 试验设备

试验设备应符合GB 16838的相关规定。

5.19 振动(正弦)(运行)试验

5.19.1 目的

检验控制器承受振动影响的能力。

5.19.2 要求

试验期间，试样应保持正常监视状态；试验后，试样不应有机械损伤和紧固部位松动现象，其性能应满足4.1.3~4.1.6的要求，其显示值误差应满足表1的要求。

5.19.3 方法

5.19.3.1 将试样按正常安装方式刚性安装，使同方向的重力作用像其使用时一样(重力影响可忽略时除外)，试样在上述安装方式下可放于任何高度，试验期间试样处于正常监视状态。

5.19.3.2　依次在三个互相垂直的轴线上，在 10Hz～150Hz 的频率循环范围内，以 0.981m/s^2 的加速度幅值，1 倍频程每分的扫频速率，各进行 1 次扫频循环。

5.19.3.3　试验后，立即检查试样外观及紧固部位，并按 5.3～5.6 的规定进行功能试验，并对其所配接的任一只可燃气体探测器通入浓度为 50%显示范围的可燃气体，观察并记录试样的显示情况。

5.19.4　试验设备

试验设备(振动台及夹具)应符合 GB 16838 的规定。

5.20　振动(正弦)(耐久)试验

5.20.1　目的

检验控制器长时间承受振动影响的能力。

5.20.2　要求

试验期间，试样应保持在该试验要求的工作状态；试验后，试样不应有机械损伤和紧固部位松动现象，其性能应满足 4.1.3～4.1.6 的要求，其显示值误差应满足表 1 的要求。

5.20.3　方法

5.20.3.1　将试样按正常安装方式刚性安装(重力影响可忽略时除外)，试样在上述安装方式下可放于任何高度，试验期间试样不通电。

5.20.3.2　依次在三个互相垂直的轴线上，在 10Hz～150Hz 的频率循环范围内，以 4.905m/s^2 的加速度幅值，1 倍频程每分的扫频速率，各进行 20 次扫频循环。

5.20.3.3　试验后，立即检查试样外观及紧固部位，然后使试样处于正常工作状态，按 5.3～5.6 的规定进行功能试验，并对其所配接的任一只可燃气体探测器通入浓度为 50%显示范围的可燃气体，观察并记录试样的显示情况。

5.20.4　试验设备

试验设备(振动台及夹具)应符合 GB 16838 的规定。

5.21　碰撞试验

5.21.1　目的

检验控制器表面部件在经受碰撞时的可靠性。

5.21.2　要求

试验期间，试样应保持正常监视状态；试验后，试样不应有机械损伤和紧固部位松动现象，其性能应满足 4.1.3～4.1.6 的要求，其显示值误差应满足表 1 的要求。

5.21.3　方法

5.21.3.1　将试样处于正常监视状态。

5.21.3.2　对试样表面上的每个易损部件(如指示灯、显示器等)施加 3 次能量为 0.5J±0.04J 的碰撞。在进行试验时应小心进行，以确保上一组(3 次)碰撞的结果不对后续各组碰撞的结果产生影响，在认为可能产生影响时，应不考虑发现的缺陷，取一新的试样，在同一位置重新进行碰撞试验。试验期间，观察并记录试样的工作状态；试验后，按 5.3～5.6 进行功能试验，并对其所配接的任一只可燃气体探测器通入浓度为 50%显示范围的可燃气体，观察并记录试样的显示情况。

5.21.4　试验设备

试验设备应符合 GB 16838 的相关规定。

6　检验规则

6.1　产品出厂检验

企业在产品出厂前应对控制器进行下述试验项目的检验：

a)　主要部(器)件检查；

b)　可燃气体浓度显示功能试验；

c） 可燃气体报警功能试验；

d） 故障报警功能试验；

e） 屏蔽功能试验；

f） 自检功能试验；

g） 绝缘电阻试验；

h） 电气强度试验。

每台控制器在出厂前均应进行上述试验。以组件形式出厂的控制器，应配接相关部分组成整机，进行上述试验。其中任一项不合格，则判定该产品不合格。

6.2 型式检验

6.2.1 型式检验项目为 5.1.7、5.2~5.21 的规定的试验项目。检验样品在出厂检验合格的产品中抽取。

6.2.2 有下列情况之一时，应进行型式检验：

a） 新产品或老产品转厂生产时的试制定型；

b） 正式生产后，产品的结构、主要部(器)件或元器件、生产工艺等有较大的改变，可能影响产品性能或正式投产满 5 年；

c） 产品停产一年以上，恢复生产；

d） 出厂检验结果与上次型式检验结果差异较大；

e） 发生重大质量事故。

6.2.3 检验结果按 GB 12978 规定的型式检验结果判定方法进行判定。

7 标志

7.1 产品标志

每台控制器均应有清晰、耐久的产品标志，产品标志应包括以下内容：

a） 产品名称；

b） 执行标准代号；

c） 制造商名称或商标；

d） 产品型号；

e） 接线柱标注；

f） 制造日期、产品编号、产地。

7.2 质量检验标志

每台控制器均应有质量检验合格标志。

8 使用说明书

控制器应有相应的中文说明书。说明书的内容应满足 GB 9969.1 要求。

ICS 29.260.20
CCS K 35

中华人民共和国国家标准

GB/T 3836.1—2021
代替 GB 3836.1—2010,GB 12476.1—2013

爆炸性环境
第1部分：设备　通用要求

Explosive atmospheres—Part 1: Equipment—General requirements

(IEC 60079-0: 2017, Explosive atmospheres—
Part 0: Equipment—General requirements, MOD)

2021-10-11 发布　　　　2022-05-01 实施

国家市场监督管理总局
国家标准化管理委员会　发布

目　次

前　言

本文件按照 GB/T 1.1—2020《标准化工作导则　第 1 部分：标准化文件的结构和起草规则》的规定起草。

本文件是 GB/T 3836《爆炸性环境》的第 1 部分。GB/T 3836 已经发布了以下部分：

——第 1 部分：设备　通用要求；
——第 2 部分：由隔爆外壳“d”保护的设备；
——第 3 部分：由增安型“e”保护的设备；
——第 4 部分：由本质安全型“i”保护的设备；
——第 5 部分：由正压外壳“p”保护的设备；
——第 6 部分：由液浸型“o”保护的设备；
——第 7 部分：由充砂型“q”保护的设备；
——第 8 部分：由“n”型保护的设备；
——第 9 部分：由浇封型“m”保护的设备；
——第 11 部分：气体和蒸气物质特性分类　试验方法和数据；
——第 12 部分：可燃性粉尘物质特性　试验方法；
——第 13 部分：设备的修理、检修、修复和改造；
——第 14 部分：场所分类　爆炸性气体环境；
——第 15 部分：电气装置的设计、选型和安装；
——第 16 部分：电气装置的检查与维护；
——第 17 部分：由正压房间“p”和人工通风房间“v”保护的设备；
——第 18 部分：本质安全电气系统；
——第 20 部分：设备保护级别(EPL)为 Ga 级的设备；
——第 21 部分：设备生产质量体系的应用；
——第 22 部分：光辐射设备和传输系统的保护措施；
——第 23 部分：用于瓦斯和/或煤尘环境的Ⅰ类 EPL Ma 级设备；
——第 24 部分：由特殊型“s”保护的设备；
——第 25 部分：可燃性工艺流体与电气系统之间的工艺密封要求；
——第 26 部分：静电危害　指南；
——第 27 部分：静电危害　试验；
——第 28 部分：爆炸性环境用非电气设备　基本方法和要求；
——第 29 部分：爆炸性环境用非电气设备　结构安全型“c”、控制点燃源型“b”、液浸型“k”；
——第 30 部分：地下矿井爆炸性环境用设备和元件；
——第 31 部分：由防粉尘点燃外壳“t”保护的设备；
——第 32 部分：电子控制火花时限本质安全系统；
——第 33 部分：严酷工作条件用设备；
——第 34 部分：成套设备；
——第 35 部分：爆炸性粉尘环境场所分类。

本文件代替 GB 3836.1—2010《爆炸性环境　第 1 部分：设备　通用要求》和 GB 12476.1—2013《可燃性粉尘环境用电气设备　第 1 部分：通用要求》，本文件以 GB 3836.1—2010 为主，整合了 GB 12476.1—2013 的主要内容，与 GB 3836.1—2010 相比，除结构调整和编辑性改动外，主要技术变化如下：
——整合了可燃性粉尘环境用设备的要求；
——更改了Ⅲ类电气设备最高表面温度要求（见5.3.2.3，2010年版的5.3.2.3）；
——增加了衬垫保持和使用胶粘剂的要求（见6.5）；
——更改了超声波源的要求（见6.6.3，2010年版的6.6.3）；
——更改了激光、灯具或其他非发散连续波光源的要求（见6.6.4，2010年版的6.6.2）；
——增加了O形弹性密封圈的替换要求（见7.2.3）；
——更改了外部非金属材料上的静电电荷要求（见7.4，2010年版的7.4）；
——增加了附属外部金属部件的要求（见7.5）；
——增加了外壳使用铜合金的要求（见8.5）；
——增加了Ex元件防爆合格证的要求（见13.5）；
——增加了电缆引入装置、封堵件、螺纹式管接头的要求（见16.3~16.5）；
——更改了旋转电机的补充要求（见第17章，2010年版的第17章）；
——更改了插头、插座和连接器的补充要求（见第20章，2010年版的第20章）；
——增加了可使用的单体电池的类型（见23.3）；
——更改了温度测定试验（见26.5.1，2010年版的26.5.1）；
——更改了耐热试验（见26.8，2010年版的26.8）；
——更改了耐紫外线（UV）试验（见26.10，2010年版的26.10）；
——删除了起电试验（见2010年版的26.14）；
——更改了电容测量试验（见26.14，2010年版的26.15）；
——增加了风扇额定值验证（见26.15）；
——增加了O形弹性密封圈替换评定（见26.16）；
——增加了转移电荷试验（见26.17）；
——增加了Ex关联设备的标志要求（见29.4~29.5）；
——更改了Ⅲ类Ex设备最高表面温度标志要求（见29.5，2010年版的29.4）；
——增加了安装在边界墙内的设备的标志要求（见29.9）；
——删除了设备保护级别的另一种标志（见2010年版的29.12）；
——增加了由变频器控制的电机的附加标志要求（见29.15）；
——更改了标志示例（见29.16，2010年版的29.14）；
——增加了使用说明书包括的信息（见30.1）；
——增加了电机说明书的附加要求（见30.3）；
——增加了通风扇说明书的附加要求（见30.4）；
——增加了电缆引入装置标志要求（见30.5和A.5）；
——更改了条款对Ex元件的适用性（见附录B，2010年版的附录B）。

本文件使用重新起草法修改采用IEC 60079-0：2017《爆炸性环境　第0部分：设备　通用要求》。本文件做了下列结构调整：

——因删除了原IEC标准中的术语3.13.11“浇铸”、3.14“敷形涂层”、3.18“工厂连接件”、3.19“现场布线连接件”、3.21.1“软启动变频器”、3.25“尘密外壳”、3.42“计数故障”、3.43“非计数故障”、3.45“净空间”、3.47“电气隔离”、3.51“可靠隔离”、3.55“燃烧下限”、3.61“薄雾”、3.68“自燃物质”、3.71“额定绝缘电压”、3.73“再现峰值电压”、3.74“相关图纸”、3.77“隔离部件”、3.78“可使用状态”、3.81.3“通过浇封化复合物的距离”、3.81.4“通过固体绝缘的距离”、3.81.5“涂层下的距离”、3.90“燃烧上限”、3.92“孔隙”，其他术语顺序调整；
——因保留了上一版国标中熔断器的补充要求（即第19章），IEC标准中的第19章“预留将来使用”删除。

本文件与 IEC 60079-0：2017 的技术性差异及其原因如下：

——关于规范性引用文件，本文件做了具有技术性差异的调整，以适应我国的技术条件，调整的情况集中反映在第 2 章“规范性引用文件”中，具体调整如下：

- 用修改采用国际标准的 GB/T 70.1 代替 ISO 4762(见 9.2)；
- 用修改采用国际标准的 GB/T 70.2 和 GB/T 70.4 代替 ISO 7380(见 9.2)；
- 用修改采用国际标准的 GB/T 77 代替 ISO 4026(见 9.2)；
- 用修改采用国际标准的 GB/T 78 代替 ISO 4027(见 9.2)；
- 用修改采用国际标准的 GB/T 79 代替 ISO 4028(见 9.2)；
- 用修改采用国际标准的 GB/T 80 代替 ISO 4029(见 9.2)；
- 用修改采用国际标准的 GB/T 197 代替 ISO 965-1(见 9.2)；
- 用等同采用国际标准的 GB/T 755 代替 IEC 60034-1(见 15.3)；
- 用等同采用国际标准的 GB/T 1040.2 代替 ISO 527-2(见 7.1.2.2)；
- 用等同采用国际标准的 GB/T 1408.1 代替 IEC 60243-1(见 7.4.2)；
- 用等同采用国际标准的 GB/T 1408.2 代替 IEC 60243-2(见 7.4.2)；
- 用修改采用国际标准的 GB/T 2516 代替 ISO 965-3(见 9.2)；
- 用修改采用国际标准的 GB/T 2672 代替 ISO 14583(见 9.2)；
- 用修改采用国际标准的 GB/T 3452.1 代替 ISO 3601-1(见 7.2.3)；
- 用 GB/T 3452.3 代替 ISO 3601-2(见 7.2.3)；
- 用修改采用国际标准的 GB/T 3836.2 代替 IEC 60079-1(见第 1 章)；
- 用等同采用国际标准的 GB/T 3836.11 代替 IEC 60079-20-1(见 3.6)；
- 用等同采用国际标准的 GB/T 4208 代替 IEC 60529(见 3.18)；
- 用等同采用国际标准的 GB/T 4942.1 代替 IEC 60034-5(见 3.18)；
- 用等效采用国际标准的 GB/T 5277 代替 ISO 273(见 9.3.2)；
- 用修改采用国际标准的 GB/T 5782 代替 ISO 4014(见 9.2)；
- 用修改采用国际标准的 GB/T 5783 代替 ISO 4017(见 9.2)；
- 用等同采用国际标准的 GB/T 6031 代替 ISO 48(见 26.10.1)；
- 用修改采用国际标准的 GB/T 6170 代替 ISO 4032(见 9.2)；
- 用非等效采用国际标准的 GB/T 7957 代替 IEC 60079-35-1(见 22.1)；
- 用修改采用国际标准的 GB/T 8897.1 代替 IEC 60086-1；
- 用修改采用国际标准的 GB/T 9144 代替 ISO 262(见 9.2)；
- 用等同采用国际标准的 GB/T 9341 代替 ISO 178(见 7.1.2.2)；
- 用等同采用国际标准的 GB/T 11026.1 代替 IEC 60216-1(见 7.1.2.2)；
- 用等同采用国际标准的 GB/T 11026.2 代替 IEC 60216-2(见 7.1.2.2)；
- 用等同采用国际标准的 GB/T 16422.2 代替 ISO 4892-2(见 26.10.2)；
- 用等同采用国际标准的 GB/T 16935.1 代替 IEC 60664-1(见 21.3)；
- 用等效采用国际标准的 GB/T 17194 代替 IEC 60423(见 26.12)；
- 用等同采用国际标准的 GB/T 35685.1 代替 IEC 62626-1(见 18.2)；
- 用 GB/T 1043(所有部分)代替 ISO 179(所有部分)(见 26.10.1)，两项标准各部分之间的一致性程度如下：
  - ◆ GB/T 1043.1—2008 塑料 简支梁冲击性能的测定 第 1 部分：非仪器化冲击试验(ISO 179-1：2000，IDT)；
  - ◆ GB/T 1043.2—2018 塑料 简支梁冲击性能的测定 第 2 部分：仪器化冲击试验(ISO 179-2：1997，IDT)；

- 增加引用了 GB/T 3836.3(见 18.4 和 21.2)、GB/T 18616(见附录 A);
- 增加引用了 GB/T 2423.4. GB/T 11020、GB/T 13813(见附录 I);
- 删除了 IEC 60079-26、IEC 60192、IEC 60662、IEC 60947-1、ANSI/UL 746B，将对应的 GB 3836.20、GB/T 23126、GB/T 13259 和 GB/T 14048.1 移至参考文献;

——删除标准正文中未出现的术语;

——增加了在适用时设置静电电荷警告牌的要求，与表 18 中的警告标志相适应;

——保留了上一版国标中熔断器的补充要求(见第 19 章)，以符合 GB/T 3836(所有部分)的情况以及我国矿用 I 类设备的规定;

——开关和灯具补充要求中关于警告标志的相关条款限定于Ⅱ类和Ⅲ类，排除 I 类(见第 18 章和第 21 章)，以符合我国矿用 I 类设备的规定;

——增加了 I 类电气设备的特殊要求(见附录 I);

——增加了取得防爆合格证的检验程序(见附录 J)。

本文件做了下列编辑性改动:

——为与现有标准系列一致，将本文件名称更改为《爆炸性环境　第 1 部分：设备　通用要求》;

——在范围中增加了关于标准适用范围的叙述;

——在范围中增加了关于隔爆外壳和隔爆型为同义词的注 5;

——增加了关于 3.4“关联装置”早期版本术语的注;

——在 9.2 中增加了关于特殊紧固件目的和检查维护人员能力的注;

——在第 10 章中增加了关于开盖连锁功能的注 2;

——表 14 注 3 和注 4 中增加了关于对应国标的信息;

——26.4.5.1 中删除了注 1 中关于欧洲指令的内容、关于 IEC 60529 的注 2、关于 IECEx 决议单的注 3;

——29.3 中删除了关于符号“.”代替的注 1、关于 IECEx 决议单的注 4;

——表 18 中删除了 18.4，20.1，21.2，21.3 的列项号，d)项对应条款中增加 18.2;

——删除了 29.16 标志示例中除防爆标志外的其他标志内容;

——附录 E 中脚注变为注 8;

——纳入了 IEC 60079-0：2017/COR1：2020 的技术勘误内容，所涉及的条款的外侧页边空白位置用垂直双线(‖)进行了标示;

——更改了参考文献。

请注意本文件的某些内容可能涉及专利。本文件的发布机构不承担识别专利的责任。

本文件由中国电器工业协会提出。

本文件由全国防爆电气设备标准化技术委员会(SAC/TC 9)归口。

本文件起草单位：南阳防爆电气研究所有限公司、上海仪器仪表自控系统检验测试所有限公司、沈阳电气传动研究所(有限公司)、上海市质量监督检验技术研究院、华荣科技股份有限公司、煤科集团沈阳研究院有限公司、中煤科工集团重庆研究院有限公司、汉威科技集团股份有限公司、卧龙电气南阳防爆集团股份有限公司、深圳市特安电子有限公司、北京三盈联合石油技术有限公司、海湾安全技术有限公司、新黎明科技股份有限公司、合隆防爆电气有限公司、飞策防爆电器股份有限公司、佳木斯电机股份有限公司。

本文件主要起草人：王军、侯彦东、张刚、樊建强、葛青、龚范昌、李江、王巧立、杨光鸽、周伟锋、任红军、万创奇、徐昌鸿、季鹏、杨志强、郑振晓、张胜余、徐跃弟、历锐、杨文宇。

本文件及其所代替文件的历次版本发布情况为:

——1983 年首次发布为 GB 3836.1—1983，2000 年第一次修订，2010 年第二次修订;

——本次为第三次修订，并入了 GB 12476.1—2013 的内容(GB 12476.1—2013 代替的文件及历次版本发布情况为：GB 12476.1—2000)。

引　言

GB/T 3836《爆炸性环境》旨在确立爆炸性环境用设备及其应用相关方面的基本技术要求，涵盖了爆炸性环境用设备的设计、制造、检验、选型、安装、检查、维护、修理以及场所分类等各方面，采用分部分标准的形式，包括但不限于以下部分：

——第1部分：设备　通用要求；
——第2部分：由隔爆外壳“d”保护的设备；
——第3部分：由增安型“e”保护的设备；
——第4部分：由本质安全型“i”保护的设备；
——第5部分：由正压外壳“p”保护的设备；
——第6部分：由液浸型“o”保护的设备；
——第7部分：由充砂型“q”保护的设备；
——第8部分：由“n”型保护的设备；
——第9部分：由浇封型“m”保护的设备；
——第11部分：气体和蒸气物质特性分类　试验方法和数据；
——第12部分：可燃性粉尘物质特性　试验方法；
——第13部分：设备的修理、检修、修复和改造；
——第14部分：场所分类　爆炸性气体环境；
——第15部分：电气装置的设计、选型和安装；
——第16部分：电气装置的检查与维护；
——第17部分：由正压房间“p”和人工通风房间“v”保护的设备；
——第18部分：本质安全电气系统；
——第20部分：设备保护级别(EPL)为Ga级的设备；
——第21部分：设备生产质量体系的应用；
——第22部分：光辐射设备和传输系统的保护措施；
——第23部分：用于瓦斯和/或煤尘环境的Ⅰ类EPL Ma级设备；
——第24部分：由特殊型“s”保护的设备；
——第25部分：可燃性工艺流体与电气系统之间的工艺密封要求；
——第26部分：静电危害　指南；
——第27部分：静电危害　试验；
——第28部分：爆炸性环境用非电气设备　基本方法和要求；
——第29部分：爆炸性环境用非电气设备　结构安全型“c”、控制点燃源型“b”、液浸型“k”；
——第30部分：地下矿井爆炸性环境用设备和元件；
——第31部分：由防粉尘点燃外壳“t”保护的设备；
——第32部分：电子控制火花时限本质安全系统；
——第33部分：严酷工作条件用设备；
——第34部分：成套设备；
——第35部分：爆炸性粉尘环境场所分类。

爆炸性环境包括爆炸性气体环境和爆炸性粉尘环境。在爆炸性环境用设备的标准化方面，我国于1983年参考IEC文件制定了关于爆炸性气体环境用设备通用要求的GB 3836.1—1983，随后于2000年和2010年采用IEC 60079-0两次进行修订；并于2000年采用IEC 61241-1-1制定了关于爆炸性粉尘环境(可燃性粉尘环境)用设备通用要求的 GB 12476.1—2000，随后于 2013 年采用 IEC 61241-0 进行了修订。在国际标准方面，IEC 61241 已合并入 IEC 60079，相应标准现行版本为 IEC 60079-0：2017，其主要技术内容也能适用于我国的情况。为适应防爆技术和产业发展，并与国际标准发展相一致，需要将 GB 3836.1 和 GB 12476.1 整合修订为一项标准，并进一步完善文件的内容。

本次修订在采用 IEC 60079-0：2017 主要技术内容的基础上，进行了适当的修改以适应我国的具体情况。本文件作为通用要求部分，由其他防爆型式专用部分进行补充和修改。

爆炸性环境
第1部分：设备　通用要求

1　范围

本文件规定了爆炸性环境用Ex设备和Ex元件的结构、试验和标志的通用要求。

本文件适用于拟用于爆炸性气体环境或爆炸性粉尘环境的设备，包括由本文件所列补充文件规定的设备，作为这些设备用于爆炸性环境时的通用要求。

可假定Ex设备能在下列标准大气条件下(与环境爆炸特性有关)运行：

——温度：-20℃～+60℃；

——压力：80kPa～110kPa；

——空气中正常氧含量：通常为21%(体积分数)。

本文件及其他补充标准规定了在超出标准温度范围外运行的Ex设备的附加试验要求，对在超出标准压力范围和标准氧含量下运行的Ex设备，可要求进一步附加考虑和试验。这样的附加试验对于依靠熄灭火焰(例如隔爆外壳"d"，GB/T 3836.2)或限制能量(本质安全型"i"，GB/T 3836.4)的防爆型式，可能特别相关。

注1：尽管以上标准大气条件给出的大气温度范围是-20℃～+60℃，但Ex设备所使用的正常温度范围依然是-20℃～+40℃，另有规定和标志时除外，见5.1.1。一般认为-20℃～+40℃对大部分Ex设备是合适的，且若将所有设备制造成适用于60℃环境温度上限，将增加不必要的设计限制。

注2：本文件给出的要求源于对设备产生的点燃危险评定。考虑的点燃源是在一般工业环境中不同设备类型出现的热表面、电磁辐射、机械火花、机械冲击导致铝热反应、电弧和静电放电。

注3：在爆炸性气体环境和可燃性粉尘环境同时出现或可能同时出现的场所，这种同时出现的情况通常需要附加保护措施。GB/T 3836.15中给出了关于在杂混物(可燃性气体或蒸气与可燃粉尘或飞絮的混合物)中使用Ex设备的指南。

除与爆炸危险直接有关的内容之外，GB/T 3836没有规定其他的安全要求。

本文件不涉及绝热压缩、冲击波、放热化学反应、粉尘自燃、明火和热气体/液体等点燃源。

注4：虽然不在本文件的范围内，这样的设备宜进行危险分析，确定并列出设备的所有潜在点燃源及防止这些点燃源成为有效点燃源所采取的措施。见GB/T 3836.28。

本文件由下列文件补充或修改：

——GB/T 3836.2：爆炸性环境　第2部分：由隔爆外壳"d"保护的设备；

——GB/T 3836.3：爆炸性环境　第3部分：由增安型"e"保护的设备；

——GB/T 3836.4：爆炸性环境　第4部分：由本质安全型"i"保护的设备；

——GB/T 3836.5：爆炸性环境　第5部分：由正压外壳"p"保护的设备；

——GB/T 3836.6：爆炸性环境　第6部分：由液浸型"o"保护的设备；

——GB/T 3836.7：爆炸性环境　第7部分：由充砂型"q"保护的设备；

——GB/T 3836.8：爆炸性环境　第8部分：由"n"型保护的设备；

——GB/T 3836.9：爆炸性环境　第9部分：由浇封型"m"保护的设备；

——GB/T 3836.17：爆炸性环境　第17部分：由正压房间"p"和人工通风房间"v"人保护的设备；

——GB/T 3836.18：爆炸性环境　第18部分：本质安全电气系统；

——GB 3836.20：爆炸性环境　第20部分：设备保护级别(EPL)为Ga级的设备；

——GB/T 3836.22：爆炸性环境　第22部分：光辐射设备和传输系统的保护措施；
——GB/T 3836.24：爆炸性环境　第24部分：由特殊型“s”保护的设备；
——GB/T 3836.25：爆炸性环境　第25部分：可燃性工艺流体与电气系统之间的工艺密封要求；
——GB/T 3836.28：爆炸性环境　第28部分：爆炸性环境用非电气设备　基本方法和要求；
——GB/T 3836.31：爆炸性环境　第31部分：由防粉尘点燃外壳“t”保护的设备；
——GB/T 3836.32：爆炸性环境　第32部分：电子控制火花时限本质安全系统；
——GB/T 20936.1：爆炸性环境用气体探测器　第1部分：可燃气体探测器性能要求；
——GB/T 20936.4：爆炸性环境用气体探测器　第4部分：开放路径可燃气体探测器性能要求；
——GB/T 19518.1：爆炸性环境　电阻式伴热器　第1部分：通用和试验要求；
——GB/T 7957：瓦斯环境用矿灯结构、性能和防爆试验通用要求。

本文件，连同上述提及的附加文件，不适用于医用电气设备、发爆器、发爆器试验仪和点火电路试验仪。

注5：在本文件中出现的“隔爆外壳”和“隔爆型”是同义词。

2　规范性引用文件

下列文件中的内容通过文中的规范性引用而构成本文件必不可少的条款。其中，注日期的引用文件，仅该日期对应的版本适用于本文件；不注日期的引用文件，其最新版本(包括所有的修改单)适用于本文件。

GB/T 70.1　内六角圆柱头螺钉(GB/T 70.1—2008，ISO 4762：2004，MOD)

GB/T 70.2　内六角平圆头螺钉(GB/T 70.2—2015，ISO 7380-1：2011，MOD)

GB/T 70.4　内六角平圆头凸缘螺钉(GB/T 70.4—2015，ISO 7380-2：2011，MOD)

GB/T 77　内六角平端紧定螺钉(GB/T 77—2007，ISO 4026：2003，MOD)

GB/T 78　内六角锥端紧定螺钉(GB/T 78—2007，ISO 4027：2003，MOD)

GB/T 79　内六角圆柱端紧定螺钉(GB/T 79—2007，ISO 4028：2003，MOD)

GB/T 80　内六角凹端紧定螺钉(GB/T 80—2007，ISO 4029：2003，MOD)

GB/T 197　普通螺纹　公差(GB/T 197—2018，ISO 965-1：2013，MOD)

GB/T 755　旋转电机　定额和性能(GB/T 755—2019，IEC 60034-1：2017，IDT)

GB/T 1040.2　塑料　拉伸性能的测定　第2部分：模塑和挤塑塑料的试验条件(GB/T 1040.2—2006，ISO 527-2：1993，IDT)

GB/T 1043(所有部分)　塑料　简支梁冲击性能的测定[ISO 179(所有部分)]

GB/T 1408.1　绝缘材料　电气强度试验方法　第1部分：工频下试验(GB/T 1408.1—2016，IEC 60243-1：2013，IDT)

GB/T 1408.2　绝缘材料　电气强度试验方法　第2部分：对应用直流电压试验的附加要求(GB/T 1408.2—2016，IEC 60243-2：2013，IDT)

GB/T 2423.4　电工电子产品环境试验　第2部分：试验方法　试验Db交变湿热(12h+12h循环)(GB/T 2423.4—2008，IEC 60068-2-30：2005，IDT)

GB/T 2516　普通螺纹　极限偏差(GB/T 2516—2003，ISO 965-3：1998，MOD)

GB/T 2672　内六角花形盘头螺钉(GB/T 2672—2017，ISO 14583：2011，MOD)

GB/T 3452.1　液压气动用O形橡胶密封圈　第1部分：尺寸系列及公差(GB/T 3452.1—2005，ISO 3601-1：2002，MOD)

GB/T 3452.3　液压气动用O形橡胶密封圈　沟槽尺寸

GB/T 3836.2　爆炸性环境　第2部分：由隔爆外壳“d”保护的设备(GB/T 3836.2—2021，IEC 60079-1：2014，MOD)

GB/T 3836.3 爆炸性环境 第3部分：由增安型“e”保护的设备(GB/T 3836.3—2021，IEC 60079-7：2015，MOD)

GB/T 3836.11 爆炸性环境 第11部分：气体和蒸气物质特性分类 试验方法和数据(GB/T 3836.11—2017，IEC 60079-20-1：2010，IDT)

GB/T 4208 外壳防护等级(IP代码)(GB/T 4208—2017，IEC 60529：2013，IDT)

GB/T 4942.1 旋转电机整体结构的防护等级(IP代码)分级(GB/T 4942.1—2006，IEC 60034-5：2000，IDT)

GB/T 5277 紧固件 螺栓和螺钉通孔(GB/T 5277—1985，eqv ISO 273：1979)

GB/T 5782 六角头螺栓(GB/T 5782—2016，ISO 4014：2011，MOD)

GB/T 5783 六角头螺栓 全螺纹(GB/T 5783—2016，ISO 4017：2014，MOD)

GB/T 6031 硫化橡胶或热塑性橡胶 硬度的测定(10IRHD~100IRHD)(GB/T 6031—2017，ISO 48：2010，IDT)

GB/T 6170 Ⅰ型六角螺母(GB/T 6170—2015，ISO 4032：2012，MOD)

GB/T 7957 瓦斯环境用矿灯结构、性能和防爆试验通用要求(GB/T 7957—2017，IEC 60079-35-1：2011，IEC 60079-35-2：2011，NEQ)

GB/T 8897.1 原电池 第1部分：总则(GB/T 8897.1—2013，IEC 60086-1：2011，MOD)

GB/T 9144 普通螺纹 优选系列(GB/T 9144—2003，ISO 262：1998，MOD)

GB/T 9341 塑料 弯曲性能的测定(GB/T 9341—2008，ISO 178：2001，IDT)

GB/T 11020 固体非金属材料暴露在火焰源时的燃烧性试验方法清单(GB/T 11020—2005，IEC 60707：1999，IDT)

GB/T 11026.1 电气绝缘材料 耐热性 第1部分：老化程序和试验结果的评定(GB/T 11026.1—2016，IEC 60216-1：2013，IDT)

GB/T 11026.2 电气绝缘材料 耐热性 第2部分：试验判断标准的选择(GB/T 11026.2—2012，IEC 60216-2：2005，IDT)

GB/T 13813 煤矿用金属材料摩擦火花安全性试验方法和判定规则

GB/T 16422.2 塑料 实验室光源暴露试验方法 第2部分：氙弧灯(GB/T 16422.2—2014，ISO 4892-2：2006，IDT)

GB/T 16935.1 低压系统内设备的绝缘配合 第1部分：原理、要求和试验(GB/T 16935.1—2008，IEC 60664-1：2007，IDT)

GB/T 17194 电气导管 电气安装用导管的外径和导管与配件的螺纹(GB/T 17194—1997，eqv IEC 60423：1993)

GB/T 18616 爆炸性环境保护电缆用的波纹金属软管(GB/T 18616—2002，eqv ISO 10807：1994)

GB/T 35685.1 低压封闭式开关设备和控制设备 第1部分：在维修和维护工作中提供隔离功能的封闭式隔离开关(GB/T 35685.1—2017，IEC 62626-1：2014，IDT)

ANSI/UL 746C 聚合材料 电气设备评价中用(Polymeric Materials—Used in Electrical Equipment Evaluations)

ASTM D5964 IRM901 IRM2 和 IRM903 油代替 ASTM No.1、ASTM No.2 和 ASTM No.3 油的标准实施规程(Standard practice for rubber IRM 901，IRM 902，and IRM 903 replacement oils for ASTM No.1，ASTM No.2，and ASTM No.3)

3 术语和定义

下列术语和定义适用于本文件。

ISO 和 IEC 在以下地址维护用于标准化的术语数据库：

——IEC：http：//www.electropedia.org/

——ISO：http：//www.iso.org/obp

注：适用于爆炸性环境的其他定义见 GB/T 2900.35。

3.1

环境温度　ambient temperature

设备或元件周围的空气或其他介质的温度。

注1：不是指工艺介质的温度，除非设备或元件完全浸入该加工介质中。见5.1.1。

注2：如果Ex设备或Ex元件置于另一设备内部或靠近另一设备，"环境温度"为Ex设备或Ex元件周围空气或其他介质的温度，且由于整个设备内的附加热耗散，"环境温度"可能高于整个设备周围的空气温度。

注3：提及的环境温度在 GB/T 3836(所有部分)中仅与Ex设备或Ex元件防爆安全有关。

3.2

危险场所　hazardous area

爆炸性环境大量出现或预期可能大量出现，以致要求对设备的结构、安装和使用采取专门预防措施的场所。

3.3

非危险场所　non-hazardous area

爆炸性环境预期不会大量出现，以致不要求对设备的结构、安装和使用采取专门预防措施的场所。

3.4

关联装置　associated apparatus

包含本质安全电路和非本质安全电路，且在结构上使非本质安全电路不能对本质安全电路产生不利影响的电气设备。

注1：关联装置可以是：

a）具有适用于相应爆炸性环境的防爆型式的附加保护；或

b）没有适用于相应爆炸性环境的防爆型式的保护，因此不用于爆炸性环境内。

注2：在本文件的早期版本中，该术语为"关联设备"。

3.5

Ex关联设备　Ex associated equipment

防爆关联设备

与防爆设备一起使用以维持防爆设备防爆型式特定方面的辅助设备。

注1：示例包括增安型电机的专用时间/电流继电器、正压控制系统、浇封Ex设备的功率限制，以及类似设备。

注2：Ex关联设备可以是：

a）具有适用于相应爆炸性环境的防爆型式的附加保护；或

b）没有适用于相应爆炸性环境的防爆型式的保护，因此不用于爆炸性环境内。

注3：类似的概念用于本质安全，被称为"关联装置"，见3.4。单个设备可能同时包括Ex关联设备和关联装置。

3.6

自燃温度　auto-ignition temperature；AIT

在规定的条件下(按照 GB/T 3836.11)，使可燃性气体或蒸气与空气，或可燃性气体或蒸气与空气/惰性气体混合物点燃的(表面)最低温度。

3.7

电池　cells and batteries

3.7.1

电池　battery

电池组

装配有使用所必需的装置(例如端子、标志和保护装置)的一个或多个单体电池。

注：典型电池结构示例见图1。

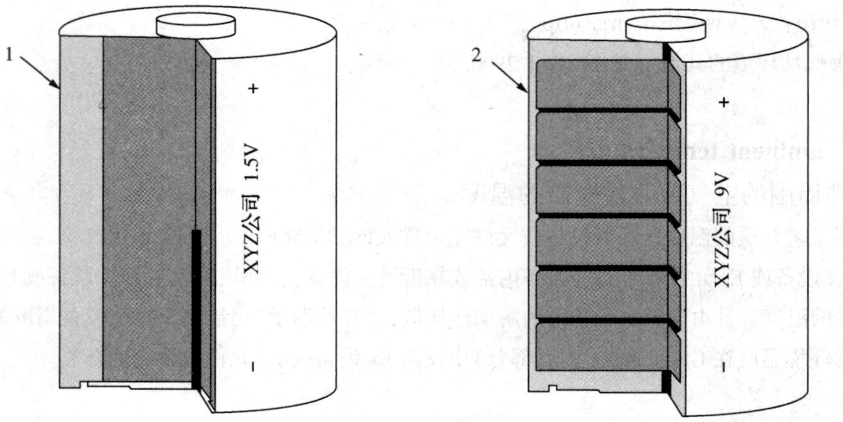

a) 单芯电池　　　　b) 多芯电池

标引序号说明：

1——单体电池盒/电池盒；

2——电池盒。

图 1　典型电池示例

3.7.2

容量　capacity

在规定的放电条件下，电池能提供的电荷量。

注：电荷或电量的国际单位是库仑（1C＝1A·s），但实际上电池容量通常用安时（Ah）表示。

3.7.3

单体电池　cell

直接把化学能转变为电能的一种电源，是由电极、电解质、容器、极端，通常还有隔离层组成的基本功能单元。

注：见原电池和蓄电池。

3.7.4

充电　charging

外电路给蓄电池提供电能，使电池内发生化学变化，从而将电能转化为化学能储存起来的操作。

3.7.5

深度放电　deep discharge

将电池电压降低到低于电池制造商推荐的电压的过程。

3.7.6

（电池的）最高开路电压　maximum open-circuit voltage（of a cell or battery）

当放电电流为零时，新的原电池或充满电的蓄电池可达到的最高电压。

注：表 13 和表 14 给出了使用的单体电池的最高开路电压。

3.7.7

（电池的）标称电压　nominal voltage（of a cell or battery）

用以标志或识别一种电池或一个电化学系统的适当的电压近似值。

3.7.8

排气式电池　vented cell or battery

带有盖子，盖子上有通气孔，产生的气体可通过通气孔逸出的电池。

3.7.9

原电池　primary cell or battery

按不可以再充电设计的电池。

3.7.10

反向充电　reverse charging

使电流沿原电池或蓄电池正常电流方向通过的过程，通常是由于串联电池的一个已耗尽电池的反极性引起的。

3.7.11

密封电池　sealed cell

保持封闭且在制造商规定的限度内运行时没有气体或液体释放的蓄电池。

注：该种电池通常配置有安全装置，以防止危险的高内部压力，且设计成在使用寿命内以原始密封状态工作。

3.7.12

阀控式电池　valve-regulated cell or battery

在正常条件下是密封的，但具有一个装置，当其内部压力超过预定值时能让气体逸出的电池。

注：通常，该种电池不能补充电解质。

3.7.13

蓄电池　secondary cell or battery

按可以再充电设计的电池。

注：通过可逆的化学反应实现再充电。

3.7.14

电池腔　battery compartment

设备上容纳一个或多个电池的腔。

注1：电池腔是设备整体的一部分。

注2：电池腔可以是电池箱。

3.7.15

电池箱　battery container

包容一个或多个电池的外壳。

注：典型电池结构示例见图2。

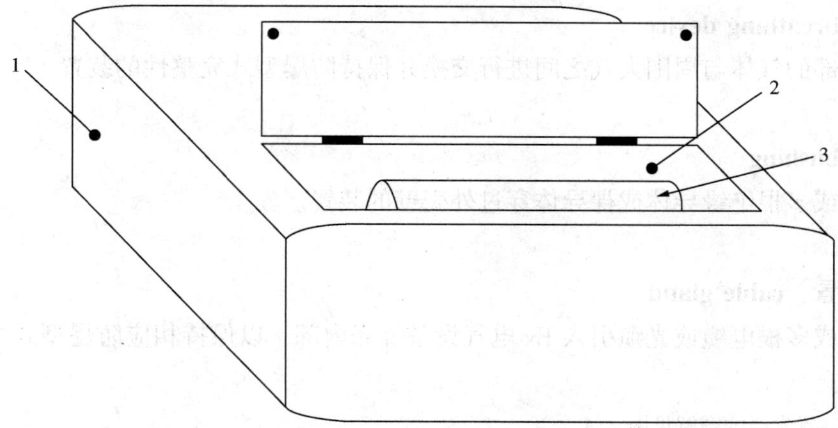

标引序号说明：

1——设备；

2——电池腔；

3——单体电池/电池组/可更换电池包。

图2　典型电池腔

3.7.16

电池盒　battery case

单体电池盒　cell case

作为电池结构整体一部分的电池外壳。

注：可为密封式、阀控式或排气式。

3.7.17

可更换电池包 replaceable battery pack

包含一个或多个互联单体电池，与整个保护单元共同形成一个完整的可更换的电池组件。

注：典型可更换电池包结构示例见图3。

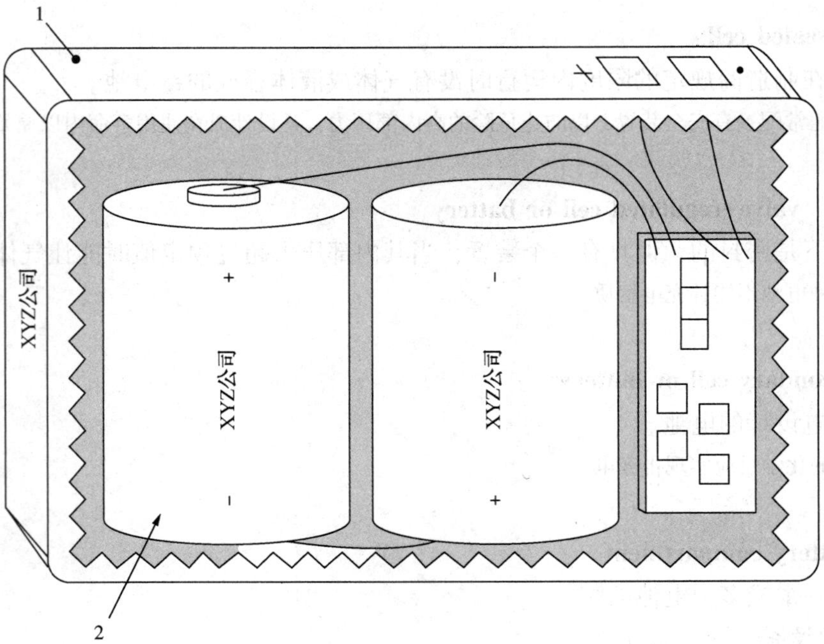

标引序号说明：

1——电池箱；

2——单体电池/电池组。

图3 典型可更换电池包

3.8

呼吸装置 breathing device

允许外壳内部的气体与周围大气之间进行交换并保持防爆型式完整性的装置。

3.9

绝缘套管 bushing

用于将一根或多根绝缘导体或裸导体穿过外壳壁的装置。

3.10

电缆引入装置 cable gland

允许将一根或多根电缆或光缆引入 Ex 电气设备外壳内部，以保持相应防爆型式并提供一定程度应力释放的装置。

注：电缆引入装置术语的图解见图 A.1。

3.10.1

夹紧组件 clamping device

电缆引入装置中用于防止对电缆的拉拽或扭转传递到连接件的部件。

3.10.2

压紧元件 compression element

电缆引入装置中压紧密封圈的部件。

3.10.3

密封圈 sealing ring

电缆引入装置中保证引入装置与电缆之间的密封所使用的部件。

3.10.4

Ex 设备电缆引入装置　Ex Equipment cable gland

与设备外壳分开试验，但具有 Ex 设备防爆合格证，预期安装到 Ex 设备外壳上的电缆引入装置。

注：不排除电缆引入装置取得 Ex 元件防爆合格证。

3.10.5

电缆贯通装置　cable transit device

具有由在装置按预定组装和安装时挤压在一起的一个或多个独立的弹性体模块或模块部件(模块内部密封)组成的密封，用于一根或多根电缆或光缆的一种引入装置。

注：当配置的弹性组件允许时，电缆贯通装置可以作为 Ex 设备封堵件。

3.11

防爆合格证　certificate

用于确定设备符合标准的要求、型式试验和适应的例行试验的文件，可针对 Ex 设备或 Ex 元件。

3.12

涂层　coating

施加于表面的材料。

3.13

(浇封)复合物　compound (for encapsulation)

固化后的热固性物质、热塑性物质、环氧树脂或弹性物质，有或无填充剂和/或添加剂。

3.14

导管引入　conduit entry

将导管导入 Ex 设备内以保持相应防爆型式的方式。

3.15

连接件　connection facilities

用于与导体进行电气连接的端子、螺钉或其他部件。

3.16

连续运行温度　Continuous Operating Temperature；COT

在预定的使用条件下确保在设备或部件预期使用寿命内材料的稳定性和完整性的温度范围。

3.17

(电机用)变频器　converter (for use with electrical machines)

由一个或多个电子开关器件和相关元件(如变压器、滤波器、换相辅助器件、控制器、保护和辅助器件等)构成，用于改变一个或多个电气特性的电力变换装置。

注：变频器也被称为其他术语，例如变频器驱动器、逆变器驱动器、可调驱动器(ASD)，或变频驱动(VFD)。

3.18

外壳防护等级　degree of protection of enclosure；IP

按照 GB/T 4208 或 GB/T 4942.1(适用时)规定的数字分类前加符号 IP，用于设备外壳以提供：

——对人员触及或接近外壳内部的带电部件和活动部件(光滑的转轴和类似部件除外)的防护；

——对固体异物进入设备内部的防护；和

——对水进入设备内部引起有害影响的防护。

注1：对旋转电机的详细试验要求见 GB/T 4942.1。

注2：提供 IP 防护等级的外壳不必是提供第 1 章所列防爆型式的设备外壳。

注3：提供第 1 章所列防爆型式要求的 IP 防护等级的外壳，将在防护试验前先经受其他试验，见 26.4。

3.19

排液装置　draining device

允许液体从外壳内排出并能保持防爆型式完整的装置。

3.20

粉尘 dust

包括可燃性粉尘和可燃性飞絮的通用术语。

3.20.1

可燃性粉尘 combustible dust

标称尺寸 500μm 及以下，在标准大气压力和温度条件下可能与空气形成爆炸性混合物的微小固体颗粒。

注 1：包括 HJ 492 定义的粉尘和尘粒。

注 2：术语固体颗粒是指固态颗粒，而不是指气态或液态颗粒，但不排除空心颗粒。

3.20.1.1

导电性粉尘 conductive dust

电阻率等于或小于 $10^3 \Omega \cdot m$ 的可燃性粉尘。

注：GB/T 3836.12 包含有测定粉尘电阻率的试验方法。

3.20.1.2

非导电性粉尘 non-conductive dust

电阻率大于 $10^3 \Omega \cdot m$ 的可燃性粉尘。

注：GB/T 3836.12 包含有测定粉尘电阻率的试验方法。

3.20.2

可燃性飞絮 combustible flyings

标称尺寸大于 500 μm，在标准大气压力和温度下可能与空气形成爆炸性混合物的固体颗粒，包括纤维。

注 1：其中一个尺寸与其他两个尺寸的比值较高。

注 2：飞絮示例包括碳纤维、人造纤维、棉花(包括棉绒纤维和棉纱头)、剑麻、黄麻、大麻、可可纤维、麻絮和废打包木丝绵。

3.21

防尘外壳 dust-protected enclosure

不能完全阻止粉尘进入，但进入量不会妨碍设备安全运行，且不会在外壳内容易引起点燃危险部位积聚的外壳。

3.22

工作周期 duty cycle

在一定时间内的负载重复变化过程，每个周期的时间较短，不足以达到热平衡状态。

3.23

弹性体 elastomer

微小应力就能产生显著变形，解除应力以后能迅速地大致恢复到原先尺寸和形状的高分子材料。

注：该定义适用于室温试验条件。

3.24

浇封 encapsulation

采用适当的方法将电气装置用复合物封闭起来的工艺过程。

3.25

外壳 enclosure

构成设备防爆型式或 IP 等级的所有壳壁、门、盖、电缆引入装置、操纵杆、芯轴和转轴等。

3.26

设备 equipment

包括用作装置部件或与其有关的仪器、附件、组件、元件的通用术语。

3.26.1

电气设备　electrical apparatus

全部或部分利用电能的设备。

注：包括发电、输电、配电、蓄电、电测、调节、变流、用电设备和通信设备。

3.26.2

固定设备　fixed equipment

通电时，固定在支架上或其他固定在特定位置的设备。

3.26.3

个体设备　personal equipment

运行时由人体穿戴或与人体接触的设备。

3.26.4

便携式设备　portable equipment

运行时由人员携带的设备。

注：运行时由人员携带的便携式设备有时被称为手持设备。

3.26.5

移动式设备　transportable equipment

运行时不是由人携带，也不是用于固定安装的设备。

3.27

设备类别　equipment grouping

与设备拟用于的爆炸性环境有关的分类方法。

注：本文件中将设备划分为三类：

——Ⅰ类：煤矿瓦斯环境用设备；

——Ⅱ类：除煤矿瓦斯气体环境之外的所有其他爆炸性气体环境用设备，这类设备又划分为几个类别；

——Ⅲ类：除煤矿之外的所有其他爆炸性粉尘环境用设备，这类设备又划分为几个类别。

3.28

设备保护级别　equipment protection level；EPL

根据设备成为点燃源的可能性和爆炸性气体环境、爆炸性粉尘环境及煤矿瓦斯爆炸性环境所具有的不同特征而对设备规定的保护等级。

3.28.1

Ma 级　EPL Ma

安装在煤矿瓦斯爆炸性环境中的设备，具有“很高”的保护等级，该级别具有足够的安全性，使设备在正常运行、出现预期故障或罕见故障，甚至在气体突然出现设备仍带电的情况下均不可能成为点燃源。

3.28.2

Mb 级　EPL Mb

安装在煤矿瓦斯爆炸性环境中的设备，具有“高”的保护等级，该级别具有足够的安全性，使设备在正常运行中或在气体突然出现和设备断电之间的时间内出现的预期故障条件下不可能成为点燃源。

3.28.3

Ga 级　EPL Ga

爆炸性气体环境用设备，具有“很高”的保护等级，在正常运行、出现的预期故障或罕见故障时不是点燃源。

3.28.4

Gb 级　EPL Gb

爆炸性气体环境用设备，具有“高”的保护等级，在正常运行或预期故障条件下不是点燃源。

3.28.5

Gc 级 EPL Gc

爆炸性气体环境用设备，具有“一般”的保护等级，在正常运行中不是点燃源，也可采取一些附加保护措施，保证在点燃源预期经常出现的情况下(例如灯具的故障)不会形成有效点燃。

3.28.6

Da 级 EPL Da

爆炸性粉尘环境用设备，具有“很高”的保护等级，在正常运行、出现预期故障或罕见故障条件下不是点燃源。

3.28.7

Db 级 EPL Db

爆炸性粉尘环境用设备，具有“高”的保护等级，在正常运行或出现的预期故障条件下不是点燃源。

3.28.8

Dc 级 EPL Dc

爆炸性粉尘环境用设备，具有“一般”的保护等级，在正常运行过程中不是点燃源，也可采取一些附加保护措施，保证在点燃源预期经常出现的情况下(例如灯具的故障)不会形成有效点燃。

3.29

Ex 设备封堵件 Ex Equipment blanking element

与设备外壳分开进行试验，但具有 Ex 设备防爆合格证，预期安装到 Ex 设备外壳上的封堵元件。

注：不排除封堵件取得 Ex 元件防爆合格证。

3.30

Ex 设备螺纹式管接头 Ex Equipment thread adapter

与设备外壳分开进行试验，但具有 Ex 设备防爆合格证，预期安装到 Ex 设备外壳上的螺纹式管接头。

注：不排除螺纹式管接头取得 Ex 元件防爆合格证。

3.31

Ex 元件 Ex component

不能单独使用并标志有符号“U”，当合并入 Ex 设备时需要附加考虑的 Ex 设备部件。

3.32

Ex 设备 Ex Equipment

防爆设备。

注：此类设备通常包含 Ex 元件，但 Ex 元件并入设备时通常需要附加评定。

3.33

爆炸性环境 explosive atmosphere

在大气条件下，可燃性物质以气体、蒸气或粉尘的形式与空气形成的混合物，被点燃后，能够保持燃烧自行传播的环境。

3.34

爆炸性粉尘环境 explosive dust atmosphere

在大气条件下，可燃性物质以粉尘的形式与空气形成的混合物，被点燃后，能够保持燃烧自行传播的环境。

3.35

爆炸性气体环境 explosive gas atmosphere

在大气条件下，可燃性物质以气体或蒸气的形式与空气形成的混合物，被点燃后，能够保持燃烧自行传播的环境。

3.36

试验用爆炸性混合物 explosive test mixture

规定的用于爆炸性气体环境用设备试验的爆炸性混合物。

3.37

瓦斯 firedamp

煤矿中自然产生的可燃性气体混合物。

注：瓦斯的主要成分是甲烷，但通常还包含一些少量的其他气体，如氮气、二氧化碳和氢气，有时还有乙烷和一氧化碳。在煤矿中，术语“瓦斯”和“甲烷”常作为同义词使用。

3.38

熔断器 fuse

一种装置，当通过该装置的电流超过规定值，并持续足够的时间，该装置中一个或多个经特殊设计、特殊配比的部件熔断，断开其所接入的电路，从而切断电流。

3.39

衬垫 gasket

设置在外壳接合面中，提供防护等级以防止固体外物或水进入的可压缩元件。

3.40

气体 gas

在相关的温度和压力范围内不能与液态或固态达到平衡的气态的物质。

注：这是对科学定义的简化，只要求物质在环境温度和压力下在其沸点或升华点之上。

3.41

杂混物 hybrid mixture

可燃性气体或蒸气与可燃性粉尘形成的混合物。

注：按照 GB/T 3836.12，术语“粉尘”定义为包括可燃性粉尘和可燃性飞絮。

3.42

接合面 joint

外壳两部件相对应的面或两外壳连接处配合在一起的部位。

3.43

保护等级 level of protection

与设备保护级别相关联的防爆型式的再分，用于区别设备成为点燃源的可能性。

注：例如，本质安全型“i”再分为保护等级“ia”“ib”“ic”，与 EPL Ga、Gb、Gc(用于爆炸性气体环境)相关联。

3.44

极限温度 limiting temperature

设备或设备部件的最高允许温度，等于按下列条件确定的两个温度中的较低温度：

a) 最高表面温度；

b) 所用材料的热稳定性。

3.45

故障 malfunction

设备或元件不执行其预定防爆功能的情况。

注：本文件中所指的故障可由多种原因造成，包括：

——设备的一个(或多个)零部件或元件的失效；

——外部干扰(例如冲击、振动、电磁场)；

——设计错误或缺陷(例如软件出错)；

——电源或其他工作干扰；

——操作人员对设备失去控制(尤其是便携式设备)。

3.45.1

预期故障　expected malfunction

在实际运行中正常出现的干扰或设备故障。

3.45.2

罕见故障　rare malfunction

可能出现但仅在罕见情况下才会出现的故障类型。

注：两个独立的可预见故障，单独出现时不产生点燃危险，但共同出现时产生点燃危险，它们被视为一个罕见故障。

3.46

最高表面温度　maximum surface temperature

在最不利运行条件下(但在规定的容差范围内)工作时，Ex 设备的任何部件或任何表面所达到的最高温度。

3.47

爆炸性气体环境的最低点燃温度　minimum ignition temperature of an explosive gas atmosphere

在 GB/T 3836.11 规定的条件下，可燃性物质以气体或蒸气形式与空气形成的混合物被热表面点燃时，热表面的最低温度。

注：该术语可与“自燃温度”相互替换使用。

3.48

粉尘层的最低点燃温度　minimum ignition temperature of a dust layer

在规定的试验条件下，粉尘层在热表面上发生点燃时，热表面的最低温度。

注：粉尘层的点燃温度能通过 GB/T 3836.12 给出的试验方法测定。

3.49

粉尘云的最低点燃温度　minimum ignition temperature of a dust cloud

在规定的试验条件下，最易点燃的粉尘空气混合物在热表面上被点燃时，热表面的最低温度。

注：粉尘云的点燃温度能通过 GB/T 3836.12 给出的试验方法测定。

3.50

正常运行　normal operation

设备在电气上和机械上符合设计规范，并在制造商规定的限制范围内使用的运行状况。

注1：制造商规定的范围可能包括持续运行条件，例如，在工作周期内运行。

注2：电源电压的变化在规定范围内和任何其他运行容差都属正常运行。

注3：对电机，正常运行的规定是基于工作制(按 GB/T 755，S1…S10)。

3.51

过电压类别　overvoltage category

用数字表示的瞬时过电压条件。

注：使用过电压类别Ⅰ、Ⅱ、Ⅲ和Ⅳ，见 GB/T 16935.1。

3.52

塑料　plastic

以高聚物为主要成分且在其加工为成品的某些阶段可通过流动成型的材料。

注：弹性材料也可通过流动成型，但不认为是塑料。

[来源：GB/T 2900.5—2013.212-14-02]

3.53

污染等级　pollution degree

用数字表征的微观环境受预期污染程度。

注：使用污染等级 1、2、3 和 4，见 GB/T 16935.1。

3.54

传播型刷形放电　propagating brush discharge

在接地导体表面上的绝缘板、层或涂层，或在两表面反极性充电的高电阻率和高击穿电压材料上，发生的高能量静电放电。

3.55

保护装置　protective device

用于在参数超过预定值的情况下断开电路的装置。

注：参数通常包括电流、湿度、流体压力等。

3.56

射频　radio frequencies

频率为9kHz~60GHz的电磁波。

3.56.1

连续发射　continuous transmission

脉冲持续时间大于热起燃时间的一半的发射。

3.56.2

脉冲发射　pulsed transmission

脉冲持续时间小于热起燃时间的一半，但两个连续脉冲的间隔时间又长于三倍热起燃时间的发射。

3.56.3

热起燃时间　thermal initiation time

火花释放出的能量积聚在其周围小范围的气体中没有明显热损耗的时间(平均阈值功率的时间)。

注：在小于热起燃时间内，起燃与否取决于火花沉积的总能量。热起燃时间过长时，能量沉积的功率或速率成为起燃与否的决定因素。

3.56.4

阈能量　threshold energy

Z_{th}

脉冲式射频发射中，能从接收体获取的单个脉冲的最大能量。

3.56.5

阈功率　threshold power

P_{th}

发射器的有效输出功率与天线增益的乘积。

注1：增益是天线在特定方向上集中辐射产生的，并且总是与规定的基准天线有关。

注2：按照ITU-R BS.561-2，阈功率被认为等于等效全向辐射功率(EIRP)。

3.56.6

天线增益　antenna gain

天线在特定方向上集中辐射产生的增益。

注：天线的增益常常小于单位增益。

3.57

额定值　rated value

通常由制造商给定的用以规定设备、装置或元件工作条件的数值。

3.58

定额　rating

额定数据

一组额定值和运行条件。

3.59

安全装置 safety device

用于爆炸性环境内部或外部，为设备和保护系统在爆炸风险方面的安全运行所需或有助于安全运行的装置。

3.60

工程图 schedule drawing

防爆合格证或试验报告中所列的图纸或文件。

3.61

工作温度 service temperature

设备在包括环境温度和其他任何外部热源或冷源（见 5.2）的额定条件下运行时，设备上特定的点所达到的最高或最低温度。

注：设备的不同部件内可能达到不同的工作温度。

3.62

固体绝缘 solid insulation

模压、模铸，但不是浇铸的绝缘材料。

注：由 2 层或多层电气绝缘材料制成的绝缘体，它们可靠地连接到一起，可视为实体。术语固体绝缘描述了最终的形式，而不一定是最初应用的形式。对于电机绕组，使用清漆作为加固和绝缘绕组的方法的过程，不管如何施加清漆，被认为会形成固体绝缘。

3.63

电气间距 electrical spacings

不同电位的导电部件之间的间隔距离。

3.63.1

电气间隙 clearance

两导电部件之间在空气中的最短距离。

3.63.2

爬电距离 creepage distance

两导电部件之间沿固体绝缘材料与空气接触的表面的最短距离。

3.64

特殊紧固件 special fastener

符合本文件的紧固装置的特定型式。

3.65

符号“U’ symbol“U”

用于表示 Ex 元件的防爆合格证编号后缀。

注：符号“U”后缀用于表明设备是不完整的，不经进一步评定不适合安装使用。

3.66

符号“X” symbol “X”

用于表示 Ex 设备特殊使用条件的防爆合格证编号后缀。

注：符号“X”后缀用于表明防爆合格证包含 Ex 设备安装、使用和维护的一些基本信息。

3.67

温度组别 temperature class

基于 Ex 设备最高表面温度的分类方法，与 Ex 设备拟用于的具体爆炸性气体环境有关。

3.68

接线腔 terminal compartment

包含连接件的腔。

3.69

例行试验　routine test

对每台产品在制造期间或制造完工后进行的确定其是否符合某一标准的试验。

3.70

型式试验　type test

对一台或多台符合某一设计的产品进行的、表明符合特定技术条件的试验。

3.71

防爆型式　type of protection

为防止点燃周围爆炸性环境而对设备采取的各种专门措施。

3.72

蒸气　vapour

在相关的温度和压力范围内能与液态或固态达到平衡的气态的物质。

注：这是对科学定义的简化，只要求物质在环境温度和压力下在其沸点或升华点之下。

3.73

工作电压　working voltage

在额定电压下给设备供电时出现的通过特定绝缘的最高交流有效值电压或直流电压。

注1：忽略瞬态效应。

注2：考虑开路状态和正常工作状态。

4　设备分类

4.1　总则

爆炸性环境用设备分为4.2、4.3和4.4中的类别。

4.2　Ⅰ类

Ⅰ类设备用于煤矿瓦斯气体环境。

注：Ⅰ类设备的防爆型式考虑了瓦斯和煤尘的点燃以及地下用设备增加的物理保护措施。

用于煤矿的设备，当其环境中除瓦斯外还可能含有其他爆炸性气体时，应按照Ⅰ类和Ⅱ类相应可燃性气体的要求进行制造和试验。

Ⅰ类电气设备还应符合附录Ⅰ的特殊要求。

4.3　Ⅱ类

Ⅱ类设备用于除煤矿瓦斯气体环境之外的其他爆炸性气体环境。

Ⅱ类设备按照其拟使用的爆炸性气体环境的特性可进一步再分类。

Ⅱ类设备的再分类：

——ⅡA类：代表性气体是丙烷；

——ⅡB类：代表性气体是乙烯；

——ⅡC类：代表性气体是氢气和乙炔。

注1：以上再分类的依据是可能安装设备的爆炸性气体环境的最大试验安全间隙（MESG）或最小点燃电流比（MICR）（见GB/T 3836.11）。

注2：对设备外部非金属材料，再分类是基于外表面区域静电放电风险（见7.4.2）。

注3：标志ⅡB类的设备适用于ⅡA类设备的使用条件，标志ⅡC类的设备适用于ⅡA和ⅡB类设备的使用条件。

4.4　Ⅲ类

Ⅲ类设备用于除煤矿之外的爆炸性粉尘环境。

Ⅲ类设备按照其拟使用的爆炸性粉尘环境的特性可进一步再分类。

Ⅲ类设备的再分类：

——ⅢA 类：可燃性飞絮；

——ⅢB 类：非导电性粉尘；

——ⅢC 类：导电性粉尘。

注：标志ⅢB 类的设备适用于ⅢA 类设备的使用条件，标志ⅢC 类的设备适用于ⅢA 或ⅢB 类设备的使用条件。

4.5 特定爆炸性气体环境用设备

设备可按某一特定的爆炸性气体环境进行试验，在这种情况下，相关信息应记录在防爆合格证中，并在设备上进行相应地标志。

5 温度

5.1 环境影响

5.1.1 环境温度

通常情况下，设备使用的环境温度应为-20℃～+40℃，此时不需要附加环境温度标志。但当设备预计使用在不同于以上环境温度范围时视为特殊情况，标志应包括符号 T_a 或 T_{amb} 及上限和下限环境温度，如果不可行，符号“X”应指明包括上限和下限环境温度的特殊使用条件。见 29.3e)和表 1。

注：环境温度范围可缩小，例如-5℃ ≤ T_{amb} ≤ 15℃。

表 1 运行中的环境温度和附加标志

设备	运行中的环境温度	附加标志
正常情况	最高：+40℃ 最低：-20℃	无
特殊情况	由制造商规定	T_a 或 T_{amb} 附加特殊范围，例如，-30℃ ≤ T_a ≤ +40℃或符号“X”

5.1.2 外部热源或冷源

如果设备用物理方法与一个单独的外部加热源或冷却源(如被加热或被冷却的工艺容器或管道)相连或受其影响，则外部热源或冷源的额定数据应在防爆合格证和制造商的使用说明书中进行规定。

注 1：外部的热源或冷源常被称为“工艺温度”。

注 2：这些额定数据的表示方式将根据冷、热源的性质和安装方式发生变化。对大于设备的冷、热源，通常以最高或最低温度表示就足够。对小于设备的冷、热源，或对通过热绝缘材料进行热传导的冷、热源，采用热流量表示可能是合适的。或者，额定数据通常表示为设备上规定的可触及部分的温度。

注 3：最终安装时可能需要考虑辐射产生的热的影响。见 GB/T 3836.15。

5.2 工作温度

如果本文件或专用防爆型式标准要求在设备的任何部位测定设备的工作温度，则温度测定应在额定情况下，设备处于最高或最低环境温度和相应的最大额定外部热源或冷源时进行。如果要求工作温度试验，则应按照 26.5.1 的规定进行。

对 EPL Da 级设备，在测定工作温度时应施加 5.3.2.3.1 中所施加的同样的粉尘层。

对有粉尘层的 EPL Db 级设备，在测定工作温度时应施加 5.3.2.3.2b)和 c)所施加的同样的粉尘层。

当 Ex 元件的温度范围依赖于与防爆型式有关的一种或多种结构材料的工作温度范围时，Ex 元件允许的温度范围应在限制条件中指明。见 13.5。

注：由制造商给出的电气设备的额定数据包括环境温度、电源和负载特性、工作周期或工作类型，通常如标志中所示。

5.3 最高表面温度

5.3.1 最高表面温度的测定

最高表面温度应在考虑最高环境温度和相应的最大额定外部热源的情况下，按照26.5.1的规定测定。

5.3.2 最高表面温度的限制

5.3.2.1 Ⅰ类电气设备

对于Ⅰ类电气设备，其最高表面温度应按照第24章的要求在相关文件中规定。

最高表面温度不应超过：

——150℃，当电气设备表面可能堆积煤尘时；

——450℃，当电气设备表面不会堆积煤尘时(例如防尘外壳内部)。

5.3.2.2 Ⅱ类电气设备

测定的最高表面温度(见26.5.1)不应超过：

——规定的温度组别(见表2)；或

——规定的最高表面温度；或

——如果适用，拟使用环境中的具体气体的点燃温度。

表2 Ⅱ类电气设备的最高表面温度分组

温度组别	最高表面温度 ℃
T1	≤450
T2	≤300
T3	≤200
T4	≤135
T5	≤100
T6	≤85

不同的环境温度及不同的外部热源和冷源可能有一个以上的温度组别。

5.3.2.3 Ⅲ类电气设备

5.3.2.3.1 EPL Da级最高表面温度

最高表面温度应按照26.5.1，在最少200mm的粉尘层包围设备所有面的情况下测定。

注：超过200mm粉尘层厚度不会产生需要考虑的更高温升。

5.3.2.3.2 EPL Db级最高表面温度

EPL Db级最高表面温度可按下列三种配置之一测定。

a) EPL Db级无粉尘层的最高表面温度测定。

按照26.5.1测定的无粉尘层的最高表面温度不应超过规定的最高表面温度。

b) EPL Db 级对于规定粉尘层的最高表面温度测定。

除上述 a) 中要求的最高表面温度外，也可按照 26.5.1 对规定的包围设备所有面的粉尘层厚度测定最高表面温度(最高表面温度标志前缀 $T_{规定粉尘层厚度}$)。最大规定粉尘层厚度不应超过 200mm。

注 1：超过 200mm 粉尘层厚度不会产生需要考虑的更高温升。

c) EPL Db 级对于具有规定设备方向的粉尘层的最高表面温度测定。

如果说明书中给出一个或多个特定方向，应按照 26.5.1 在能堆集粉尘的面上覆盖粉尘层的条件下试验(对每个方向，最高表面温度标志前缀 T_L)，且合格证编号应按 29.5d) 增加后缀“X”以指明这一特殊使用条件。

注 2：粉尘层堆积可能达到 50mm 的设备的附加使用信息在 GB/T 3836.15 中给出。

5.3.2.3.3 EPL Dc 级无粉尘层的最高表面温度测定

按照 26.5.1 测定的无粉尘层的最高表面温度不应超过规定的最高表面温度。

5.3.3 Ⅰ类或Ⅱ类电气设备的小元件温度

注：理论和实践证据均显示，热表面越小，点燃给定的爆炸性环境所需要的表面温度越高。

对于超过温度组别允许温度的小元件，例如晶体管或电阻，如果符合下列条件之一，则应视为符合要求：

a) 当按照 26.5.3 试验时，小元件不应引起可燃性混合物点燃，并且由较高温度引起的任何变形或损坏均不应损害防爆型式；

b) 对于 T4 组和Ⅰ类，小元件应符合表 3 和表 4 的规定；

c) 对于 T5 组，表面积(不包括导线)小于 $1000mm^2$ 的元件的表面温度不应超过 150℃。

表 3 按元件尺寸评定温度组别

不包括导线的总表面积 *F* mm²	Ⅱ类 T4 组		Ⅰ类 粉尘除外	
	最高表面温度 ℃	最大消耗功率 W	最高表面温度 ℃	最大消耗功率 W
F<20	275	—	950	—
20≤*F*≤1000	200	按表 4	—	按表 4
F>1000	—	按表 4	—	按表 4

表 4 元件表面积≥$20mm^2$ 时评定温度组别

最高局部温度[a]/℃	设备类别	40	50	60	70	80
最大消耗功率/W	Ⅱ类	1.3	1.25	1.2	1.1	1.0
	Ⅰ类(粉尘除外)	3.3	3.22	3.15	3.07	3.0

[a] 局部温度是在正常运行条件下元件周围的空气温度(不是元件表面温度)，考虑了来自元件本身和其他附近元件的热量，以及相关外部热源。

对于电位器，其表面应是电阻元件的表面，而不是电位器的外表面。试验时，应考虑整个电位器的安装布置、散热及冷却所产生的影响。温度应在专用防爆型式标准规定的试验条件下，在流过电流的印制导线上进行测量。如果这将导致比 10%印制线阻值还小的电阻值时，则应在 10%印制线阻值时进行测量。

5.3.4 Ⅰ类或Ⅱ类电气设备光滑表面的元件温度

对于总表面积不大于 10000mm²的元件，其表面温度可以超过Ⅱ类电气设备上标志的温度组别，或Ⅰ类电气设备的相应最高表面温度，如果这些表面不会出现点燃危险，则安全裕度为：

a) Ⅱ类 T1、T2、T3 组为 50K；

b) Ⅱ类 T4、T5、T6 组为 25K；

c) Ⅰ类为 25K。

该安全裕度应依据类似元件的检验经验，或通过电气设备在具体温度组别的代表性爆炸性混合物中进行试验来保证。

注：光滑热表面有时允许在引起周围环境自燃前有更高的表面温度。在进行试验时，安全裕度可通过提高环境温度或增加元件最大消耗功率的方法来达到。对甲烷，第二种方法更实用。

6 对所有电气设备的要求

6.1 总则

本文件的要求和第 1 章所列一种或多种专用标准的要求是对适用的相关工业标准安全要求的补充。

注 1：本文件不要求验证对这些相关工业标准要求的符合性。

注 2：如果 Ex 设备或 Ex 元件承受特别不利的使用条件（例如野蛮装卸、湿度影响、环境温度变化、化学剂影响、腐蚀等），这些宜由用户对制造商提出要求。如果要求验证，本文件没有对检验机构确认不利条件的适合性进行规定。当接线端子、熔断器夹、灯座和带电连接件上的振动效应可能影响安全时，宜采取特殊的预防措施，符合专用标准规定的除外，Ex 设备或元件在-20℃低温条件应用的信息见 GB/T 3836.33。

注 3：通常用说明书来识别设备适用的特殊不利条件。

6.2 设备的机械强度

设备应承受 26.4 规定的试验。防止冲击的护板应只有用工具才能拆卸，并且在规定的抗冲击试验时应保持位置不变。

6.3 设备外壳打开时间

可被打开的外壳，其打开的时间应比下列要求的时间更长：

a) 内装电容器，当充电电压为 200V 或以上时，放电至下列剩余能量所需时间：

- Ⅰ类或ⅡA 类电气设备：0.2mJ；
- ⅡB 类电气设备：0.06mJ；
- ⅡC 类电气设备：0.02mJ，包括仅标志Ⅱ类的电气设备；
- Ⅲ类电气设备：0.2mJ。

或者，如果充电电压低于 200V，剩余能量为上述能量的 2 倍。或

b) 内装热元件的表面温度降至低于电气设备指定的最高表面温度所需的时间。

否则，应设下列之一的警告标志：

——外壳开启延迟时间标志按照 29.13a）的规定；或

——外壳开启标志按照 29.13b）的规定。

6.4 外壳中的环流（如大型电机）

必要时，应对由于杂散磁场引起的环流、中断该电流电路产生的电弧或火花，或由该电流引起的过高温度的任何影响采取预防措施。

注1：杂散磁场可引起大电流在大型旋转电机通常使用的多段外壳的栓接段内或之间流动，尤其是在电动机启动时。避免这些电流电路间歇性中断产生火花尤为重要。

注2：尽管主要关注大型旋转电机，但同样的情况也会发生在其他存在大杂散磁场与多段外壳栓接段相互影响的设备中。

注3：可采取的预防措施包括：

——提供等电位联结；或

——提供合适的紧固件配置。

使用等电位联结导体时，其额定值应满足预期电流，且其布置应确保在不利运行条件(如震动或腐蚀)下电流安全传导而无危险火花。跨接片应按照15.5和15.6的规定防止腐蚀和松脱。特别值得注意的是离等电位部件较近的裸露挠性导线。

在绝缘保证环流不能在部件之间流动时，不要求等电位导体。在这些部件之间的绝缘应能承受100Vr.m.s，历时1min的耐电压试验。然而，对孤立的裸露导电部件，应采取措施保证充分接地。

6.5 衬垫保持

如果外壳的防护等级取决于外壳接合处的衬垫，而且在安装或维护时要打开接合处，衬垫应粘附或固定到配合面之一上，以防丢失、损坏或错误安装，衬垫材料本身不应粘附到其他接合面上。当接合处在外壳防护等级试验前打开和重关闭时，应验证衬垫材料仍粘附或固定，且未粘附在另一接合面上(见26.4.1.2)。

如果用胶粘剂固定衬垫，胶粘剂应符合7.1.2.4规定的粘结剂要求，且在其连续运行温度(COT)内使用。

6.6 电磁能和超声波能辐射设备

6.6.1 通则

能量等级不应超过6.6.2或6.6.3的规定值。

注：Ⅰ类和Ⅱ类中使用较高功率辐射源的其他指南见CLC/TR 50427，TR的结果是基于远场条件。

6.6.2 射频源

射频为9kHz~60GHz的连续发射和脉冲时间超过热起燃时间的脉冲发射的阈功率，不应超过表5的值。不应允许用户对程序进行设定或对软件进行控制。

表5 射频阈功率

设备类别	阈功率 W	热起燃时间(平均时间) μs
Ⅰ类	6	200
ⅡA类	6	100
ⅡB类	3.5	80
ⅡC类	2	20
Ⅲ类	6	200

对于脉冲时间比热起燃时间短的脉冲雷达或其他发射形式，阈能量 Z_{th} 不应超过表6的值。

表 6 射频阈能量

设备类别	阈能量 Z_{th} μJ
Ⅰ类	1500
ⅡA 类	950
ⅡB 类	250
ⅡC 类	50
Ⅲ类	1500

注 1：表 5 和表 6 中，由于有较大的安全系数，同样的数值适用于 Ma、Mb、Ga、Gb、Gc、Da、Db 和 Dc 设备。

注 2：表 5 和表 6 中，Ⅲ类采用Ⅰ类的数值，并不是基于试验结果。

注 3：表 5 和表 6 中，如果用户没有调整最大值，这些数值适用于正常运行条件。不必考虑由故障引起的能量增大，因为存在较大的安全裕度，且如果一个明显增加输出能量的故障发生，射频器将很快失效。

6.6.3 超声波源

EPL Ma、Mb、Ga、Gb、Gc、Da、Db、Dc 级设备单一超声波源的输出参数不应超过下列值：

a） 对气体和粉尘：

- 10MHz；
- 连续源：声压级（SPL）170dB（参考声压 20μPa）；
- 脉冲源（平均间隔 1s）：平均声压级（SPL）170dB（参考声压 20μPa）。

注：声压级（SPL）170dB（参考声压 20μPa）代表声强 10W/cm²，与以前的 0.1W/cm² 相比有较大放松。

b） 对液体：

- 10MHz；
- 连续源：功率密度 40W/cm²；
- 脉冲源（平均间隔 1s）：平均功率密度 40W/cm²。

$D>\lambda$ 时，用 $\frac{P}{\lambda^2}$ 计算功率密度；

$D\leqslant\lambda$ 时，用 $\frac{P}{D^2}$ 计算功率密度。

式中：

P——声功率或电输入功率；

D——发射面直径（如果发射面是矩形则为短边长度）；

λ——液体中的波长。

如果多个超声波源叠加，强度的总和也应符合阈值。

6.6.4 激光、灯具或其他非发散连续波光源

激光、灯具或其他非发散连续波光源（如 LED 灯具、手电筒、光纤发射器/接收器）的要求，在 GB/T 3836.22 中规定。

7 非金属外壳和外壳的非金属部件

7.1 通则

7.1.1 适用范围

本章和26.7规定的要求应适用于与防爆型式有关的非金属外壳和外壳的非金属部件。

注1：与防爆型式有关的外壳的非金属部件的一些实例包括，“e”型外壳或“t”型外壳盖的密封圈、“d”型或“e”型电缆引入装置的填料、电缆引入装置的密封圈、“e”型开关执行机构的密封件等。

注2：在本文件的一些补充或修改部分中，本章的“外壳的非金属部件”的要求适用于与防爆型式有关的非外壳部件，如“d”型绝缘套管和“e”型端子。

7.1.2 材料要求

7.1.2.1 通则

按照第24章规定的文件应说明外壳或外壳部件的材料。

7.1.2.2 塑料材料

塑料材料的技术要求应包括下列内容：

a) 树脂制造商或合成商的名称或注册商标；

b) 材料标识，包括型号和颜色；

c) 可能进行的表面处理，如涂清漆等；

d) 对应热稳定曲线20000h点的温度指数TI，在该点按照GB/T 11026.1、GB/T 11026.2和GB/T 9341测定时，其弯曲强度降低不超过50%。如果材料在热暴露之前试验不折断，则温度指数应按照GB/T 1040.2规定的1A或1B类试棒测定的抗拉强度确定。相对热指数(RTI-机械强度或RTI-机械冲击)可按照ANSI/UL 746B确定的值来代替TI；

e) 适用时，符合7.3(耐紫外线)的数据支持。

应确定上述特性的数据来源。

注1：对于验证塑料材料是否符合制造商的技术要求，本文件不做规定。

注2：在选择塑料材料时，一些制造商已注释，填充料、阻燃剂和紫外线稳定剂等的类型和百分比对塑料材料的性能有很大影响。

注3：材料溯源指南可在GB/T 3836.21找到。打算用“指纹”方式(如红外扫描或氧指数)来溯源塑料的制造商将需要在型式试验时注意这一点，以便获得基准信息。

7.1.2.3 弹性材料

弹性材料的技术要求应包括下列内容：

a) 树脂制造商或合成商的名称或注册商标；

b) 材料标识，包括型号和颜色；

c) 可能进行的表面处理，如涂清漆等；

d) 连续运行温度(COT)；

e) 适用时，符合7.3(耐紫外线)的数据支持。

应确定上述特性的数据来源。

注1：对于验证弹性材料是否符合制造商的技术要求，本文件不做规定。

注2：在选择弹性材料时，一些制造商已注释，填充料、阻燃剂和紫外线稳定剂等的类型和百分比对弹性材料的性能有很大影响。

注 3：材料溯源指南可在 GB/T 3836.21 找到。打算用“指纹”方式(如红外扫描或氧指数)来溯源弹性材料的制造商将需要在型式试验时注意这一点，以便获得基准信息。

7.1.2.4 粘结材料

粘结剂的技术要求应包括下列内容：

a) 粘结剂制造商的名称或注册商标；

b) 材料标识，包括型号；

c) 连续运行温度(COT)。

应确定上述特性的数据来源。

注：对于验证粘结剂是否符合制造商的技术要求，本文件不做规定。

7.2 热稳定性

7.2.1 热稳定性试验

耐热试验和耐寒试验应按照 26.8 和 26.9 进行。试验顺序见 26.4.1。

7.2.2 材料选择

塑料材料的温度指数 TI 或 RTI-机械强度或 RTI-机械冲击(按照 7.1.2)应比外壳或外壳部件的最高工作温度(见 26.5.1)至少高 20K(对 EPL Gc 或 Dc 为 10K)。

弹性体和粘结材料的连续运行温度(COT)下限值应低于或等于最低工作温度，上限值至少比最高工作温度高 20K(对 EPL Gc 或 Dc 为 10K)。

注：设备的不同部件可能有不同的工作温度。个体材料的选择和试验通常是基于部件具体工作温度，但为简化试验程序，经常是基于整个设备的最高(或最低)工作温度。

7.2.3 O 形弹性密封圈替换

当防爆型式要求外壳防护等级(IP)时，O 形弹性密封圈通常作为完整设备的一部分。此外，包含符合 GB/T 3452.1 的弹性密封圈的金属外壳，用于符合 GB/T 3452.3 的规定安装条件时，允许用试验装置进行评定以代替在完整设备外壳中进行 O 形圈试验。试验装置应复制完整设备外壳 O 形圈安装部分的尺寸。试验应按 26.16 进行。随后，O 形圈安装在完整设备外壳上并经受 26.4.5 要求的 IP 试验。

注：26.16 试验后确定的压缩形变率，对后面用于相同应用的替换材料密封圈的比较是必要的。

对于附加的 O 形圈材料的判定，如果 26.16 试验后，替换 O 形圈的压缩形变率小于或等于原来试验的 O 形圈的压缩形变率，可以不进行 IP 试验。

7.3 耐紫外线

非金属外壳或外壳的非金属部件的耐紫外线(UV)性应满足要求(见 26.10)。符合 ANSI/UL 746C 中紫外线暴露要求(f1)的材料被认为符合要求。

如果没有防紫外线光照保护措施，与防爆型式有关的、由非金属材料制成的外壳或外壳部件应进行耐紫外线光照试验。对于Ⅰ类设备，该试验仅对灯具进行。

注 1：不直接暴露于紫外线的外壳内部部件，通常不会遭受有害的影响。

如果设备安装及安装以后有防紫外线光照(例如日光或灯光)措施，不要求进行该试验，但设备应按照 29.3e)的要求标志符号“X”，表明具有这一特殊使用条件。

构造成只有外边缘可能暴露于光的衬垫和密封件，不必符合耐紫外线要求。

注 2：通常认为玻璃和陶瓷不受紫外线光照试验的不利影响，可不进行该试验。

注 3：耐紫外线试验是在特制试棒上进行，而不是在外壳上，因此，试棒在耐紫外线试验前不必进行 26.4 的外壳试验。

7.4 外部非金属材料上的静电电荷

7.4.1 适用性

7.4 的要求仅适用于设备外部非金属材料，也适用于外壳外表面的非金属部件。

注 1：非金属涂层、薄膜、箔层和板通常附加在外壳外表面，为其提供附加环境保护，本条涉及其储存静电电荷的能力。

注 2：通常认为玻璃和陶瓷表面不易储存静电电荷。

注 3：关于静电放电点燃危险的附加指南见 GB/T 3836.26。

7.4.2 避免静电电荷在Ⅰ类或Ⅱ类设备上积聚

设备应设计成在正常使用时避免由静电电荷引起点燃危险的结构。应通过下列一项或多项措施满足该要求。

注 1：通常可在设备不同部件使用不同缓解技术。

a) 合理选材，使其按 26.13 测量的表面绝缘电阻至少满足下列准则之一：
- 在相对湿度(50±5)%下测量，不大于 1GΩ；
- 在相对湿度(30±5)%下测量，不大于 100GΩ。

b) 限定外壳非金属部件的表面积，如表 7 所示；

表面积定义如下：
- 对于薄板材料，该面积应为暴露的(可起电的)面积；
- 对于弯曲物体，该面积应为给出最大面积的物体的凸出部分；
- 对于独立的非金属部件，如果它们用接地金属框架隔开，则面积应单独评定。

如果该非金属材料表面被接地导电表面围住并与其接触，则表面积允许值可增加 4 倍。

如果非金属材料表面在最长的相对边与导电接地表面接触，则表面积允许值可增加 2 倍。

或者，对于有非金属表面的长条形部件，例如管子、细棒或绳索，不需要考虑表面，但其直径和宽度不应超过表 8 的值。连接外部电路的电缆不属于该要求范围，见 16.7。

c) 限制涂覆在导体或耗散表面的非金属层厚度，其与地连接的电阻小于 1GΩ。根据本文件，耗散表面为符合 7.4.2a)的表面。非金属层的厚度不应超过表 9 的值，或者击穿电压不超过 4kV 直流(按 GB/T 1408.1 所述方法及 GB/T 1408.2 直流试验的附加要求，通过绝缘材料的厚度测量)。

注 2：仅符合 7.4.2c)和表 9 的涂漆外壳将不符合 7.4.3c)。

d) 采用导电或耗散涂层的措施。非金属表面可覆盖粘结牢固的导电或耗散涂层。涂层和粘结点(固定安装的设备)或与外壳的最远的电位接触点(便携式设备)之间的电阻不应超过 1GΩ。应按照 26.13 的要求测量电阻，但要使用 $100mm^2$ 的电极在表面和粘结点或最远电位接触点之间最不利的位置测量。设备应按照 29.3e)的要求标志符号“X”，并在文件中提供等电位联结的使用指南(固定设备)和让用户确定涂覆材料对环境条件的耐久性信息。

注 3：对涂层材料有影响的环境条件可能包括空气流中的小颗粒、溶剂蒸气和类似的东西。

e) 对于固定安装，预期通过安装将静电放电危险降至最小时，设备应按照 29.3e)标志“X”。说明书应向用户提供指南以将静电放电危险降至最小。如果适用，设备还应按 29.13g)的规定设置静电电荷警告牌。

注 4：可能的特殊使用条件指南的例子包括：

——控制环境湿度以将静电产生降到最小；

——保护以免受导致电荷转移的直接气流；

——接触绝缘物体；

——连续排出静电电荷的方法。

f) 对便携式、电源供电设备，当非金属材料通过接地的导电或耗散防护装置保护以避免起电或放电，设备应按照29.3e)标志“X”。说明书应向用户提供指南以将静电放电危险降至最低。如果适用，设备还应按29.13g)的规定设置静电电荷警告牌。

g) 通过试验，按26.17规定测量的最大转移电荷在表10的阈值限制内。

注5：在许多工业应用中，包括煤矿井下，警告牌因煤尘的堆积极有可能难以辨认，如果警告牌上有粉尘堆积，清理警告牌时可能导致静电放电。

注6：通常规定电气绝缘材料的最小绝缘电阻，以防止触碰与带电部件接触的裸露非金属部件时出现放电。

表7 表面积限制

最大表面积 mm^2				
Ⅰ类设备	Ⅱ类设备			
	设备保护级别	ⅡA类	ⅡB类	ⅡC类
10000	EPL Ga	5000	2500	400
	EPL Gb	10000	10000	2000
	EPL Gc	10000	10000	2000

表8 最大直径或宽度

最大直径或宽度 mm				
Ⅰ类设备	Ⅱ类设备			
	设备保护级别	ⅡA类	ⅡB类	ⅡC类
30	EPL Ga	3	3	1
	EPL Gb	30	30	20
	EPL Gc	30	30	20

表9 非金属层厚度限制

最大厚度 mm				
Ⅰ类设备	Ⅱ类设备			
	设备保护级别	ⅡA类	ⅡB类	ⅡC类
2	EPL Ga	2	2	0.2
	EPL Gb	2	2	0.2
	EPL Gc	2	2	0.2

注7：这些厚度限制不适用于表面电阻小于1GΩ或100GΩ的非金属层，见7.4.2a)。

注8：限制厚度的一个主要原因是非金属层的最大厚度将约束表面的静电荷。通过这种方法，静电荷不能形成引燃放电。

表 10 最大可接受转移电荷

最大可接受转移电荷 nC				
Ⅰ类设备	Ⅱ类设备			
	设备保护级别	ⅡA 类	ⅡB 类	ⅡC 类
60	EPL Ga	60	25	10
	EPL Gb	60	25	10
	EPL Gc	60	25	10
注：该限制确保不发生引燃放电。				

7.4.3 避免静电电荷在Ⅲ类设备上积聚

塑料外壳和涂漆/涂覆的金属外壳外表面的设计应能避免在正常使用时由传播型刷形放电引起的点燃危险。

塑料外壳不能起电至能够产生传播型刷形放电的危险电荷密度。然而，外壳内部距离外表面8mm 内不应安装延伸的平面导电表面。

内置的印刷电路板可被认为是一个延伸的平面导电表面，这不必适用于小型便携式或个体设备，除非设备可能承受多电荷产生机制(如可能发生在粉末气动输送或粉末喷涂工艺中的荷电喷雾)。手持式或便携式或个体设备正常操作的起电不被认为会导致多电荷产生机制，因此不会导致可能发生传播型刷形放电的情况。

注 1：面积不超过 500mm^{2}的单一平面导体不认为是延伸平面，这允许压铆螺柱或支架用于外壳内导电平板的安装。

注 2：没有导电材料支撑的绝缘表面的放电不能点燃爆炸性粉尘环境。

注 3：如手动摩擦等放电机制不是爆炸性粉尘环境的点燃危险。然而，如沿表面快速移动微粒、气动输送粉末和静电涂装过程的静电喷涂等放电机制，通常导致接地电阻 1MΩ 或更小的导电材料支撑的超过 500mm^{2}的绝缘表面发生点燃放电危险。

如果用表面积超过 500mm^2 的塑料材料或弹性体覆盖导电材料，应采用下列一项或多项缓解措施：

注 4：在设备的不同部分采用不同的缓解技术通常是可行的。

a) 合理选材，使其按 26.13 测量的表面电阻至少满足下列准则之一：
   - 在相对湿度为(50±5)%下测量，不大于 1GΩ；
   - 在相对湿度为(30±5)%下测量，不大于 100GΩ。

b) 选择击穿电压不大于 4kV 直流的材料(按照 GB/T 1408.1 规定的方法及 GB/T 1408.2 直流试验的附加要求，通过绝缘材料的厚度测量)。

c) 控制金属部件上的外部绝缘厚度不小于 8mm。

注 5：仅符合 7.4.2c)和表 9 的喷漆外壳将不符合 7.4.3c)。当用于爆炸性气体环境和爆炸性粉尘环境两种环境时，通常用 7.4.2a)和 7.4.3a)，或 7.4.2c)和 7.4.3b)。

注 6：在如测量探头或类似元件的金属部件上不小于 8mm 的外部绝缘不可能出现传播型刷形放电。当评定使用或规定的最小绝缘厚度时，允许在正常使用时出现预期磨损。

d) 按 29.3e)对设备标志“X”。这只适用于固定安装的设备，预期通过安装将使静电放电危险降至最小。说明书应向用户提供指南以将静电放电危险降至最小。如果适用，设备还应按 29.13g)的规定设置静电电荷警告牌。

7.5 附属外部导电部件

如标牌等附属于非金属外壳或作为非金属外壳的一部分，且在(500±25)Vd.c. 下测量的对地电阻超过 1GΩ 的外部导电部件，易受可能成为点燃源的静电电荷的影响，这类部件的电容应按 26.14 的试验方法测定。

对除便携式或个体设备外的其他设备，如果任何导电部件的测量电容超过表 11 所示的值，设备应按 29.3e)标志“X”，并且特殊使用条件应规定测定的电容值以便用户在具体应用中确定适用性。所处位置使其预期不对接近的接地物体放电的外部导电部件，不必进行试验。

表 11　未接地导电部件的最大电容值

最大电容值 pF				
Ⅰ类或Ⅲ类 电气设备	Ⅱ类电气设备			
	设备保护级别	ⅡA	ⅡB	ⅡC
10	EPL Ga	3	3	3
	EPL Gb	10	10	3
	EPL Gc	10	10	3

注 1：通常认为，如盖螺钉等未接地金属紧固件的电容将不超过 3pF。

注 2：对于拟在会出现快速移动粉尘的管道中使用的Ⅲ类设备，更低的电容限值正在考虑中。

8　金属外壳和外壳的金属部件

8.1　材料成分

在第 24 章要求的文件中应规定外壳或外壳部件的材料。

注 1：本文件不要求对材料的化学成分进行试验验证。

注 2：施加于金属外壳的漆或涂层是外壳的非金属部件，7.4 的要求适用。

注 3：锌和含锌 80%或更高的锌合金容易迅速劣化(特别是抗拉强度)，尤其是在温暖潮湿的空气中。锌也被认为比其他金属更有活性。一些防爆型式不允许将锌用于外壳。

8.2　Ⅰ类设备

制造Ⅰ类 EPL Ma 级或 Mb 级设备外壳材料，总含量(质量分数)不应超过：

——15%的铝、镁、钛和锆，其中镁、钛和锆不超过 7.5%。

上述要求不适用于Ⅰ类携带式测量设备，但设备应按 29.3e)的要求标志符号“X”，并在特殊使用条件中指明贮存、运输和使用过程中特别注意事项。

8.3　Ⅱ类设备

制造用于不同设备保护级别的Ⅱ类设备外壳材料，总含量(质量分数)不应超过：

——对于 EPL Ga：

　　10%的铝、镁、钛和锆，其中镁、钛和锆不超过 7.5%；

——对于 EPL Gb：

　　7.5%的镁、钛和锆；

——对于 EPL Gc：

　　除风扇、风扇罩和通风孔挡板应符合 EPL Gb 的要求外，无其他要求。

如果超过了上述 EPL Ga 或 Gb 级设备的材料成分限制，设备应按照 29.3e)的规定标志“X”，并且特殊使用条件应含有足够的信息，以保证用户能够确定设备是否适合在特定条件下使用，例如，防止由于冲击或摩擦引起的点燃危险。

8.4 Ⅲ类设备

制造用于不同设备保护级别的Ⅲ类设备外壳材料，总含量(质量分数)不应超过：

——对于 EPL Da：

7.5%的镁、钛和锆；

——对于 EPL Db：

7.5%的镁、钛和锆；

——对于 EPL Dc：

除风扇、风扇罩和通风孔挡板应符合 EPL Db 的要求外，无其他要求。

如果超过了上述 EPL Da 或 Db 级设备的材料成分限制，设备应按照 29.3e)的规定标志“X”，并且特殊使用条件应含有足够的信息，以保证用户能够确定设备是否适合在特定条件下使用，例如，防止由于冲击或摩擦引起的点燃危险。

8.5 铜合金

如果拟用于含乙炔的环境，设备外壳和用于外部安装的 Ex 元件外壳，如果由铜或铜合金制成，应符合下列要求：

——涂锌、镍或其他涂层；或

——合金中最高铜含量不超过 65%。

附录 A 规定的电缆引入装置、封堵件、螺纹式管接头和绝缘套管不视为是要求涂层或铜含量限制的外壳表面。

注：限制在乙炔环境使用铜是由于可能在外表面形成能被摩擦或撞击点燃的乙炔化物。

9 紧固件

9.1 通则

对保证专用防爆型式或用于防止触及裸露带电零件所必需的紧固件，应只能用工具(如钥匙、螺丝刀或扳手)才能松开或拆除。

如果紧固件材料适合于外壳材料，含铝、镁、钛或锆的外壳用紧固螺钉可用铝、镁、钛、锆或非金属材料制成。

运行中为调节、检查或其他操作而要打开的盖子的紧固螺孔，只有螺纹形状适合于外壳材料时，才能在外壳材料上攻螺孔。

9.2 特殊紧固件

在防爆型式专用标准中要求用特殊紧固件时，特殊紧固件应符合下列要求：

——螺纹应符合 GB/T 9144 大螺距公制螺纹的要求，公差等级符合 GB/T 197 和 GB/T 2516 中的 6g/6H；

——螺栓或螺母应符合 GB/T 5782、GB/T 5783、GB/T 6170 或 GB/T 70.1、GB/T 70.2、GB/T 70.4 或 GB/T 2672 的要求，对于内六角紧定螺钉应符合 GB/T 77、GB/T 78、GB/T 79 或 GB/T 80 的要求。如果设备按 29.3e)的要求标志符号“X”，也可用其他形状的螺栓或螺母，此时，在特殊使用条件中应对紧固件进行详细规定，并说明紧固件只能用相同的新品更换；

——设备的孔应符合 9.3 的要求。

注：本文件及专用防爆型式的其他相关部分对特殊紧固件做了明确规定，其目的是为了防止非专职人员擅自开盖操作。设备检查与维护由有经验的人员进行，这些人员经过各种防爆型式、安装实践、相关规章和规程等在内的业务培训，还接受适当的继续教育或定期培训，并具备相关经验和经过培训的证书。

9.3 特殊紧固件的孔

9.3.1 螺纹啮合

9.2 规定的特殊紧固件孔允许螺纹啮合的螺纹深度 h，应至少等于紧固件螺纹的外径(见图 4 和图 5)。

9.3.2 公差和间隙

内螺纹公差应符合 GB/T 197 和 GB/T 2516 的 6H 级，且满足下列之一的规定：

a) 螺栓头下面孔的允许间隙按照 GB/T 5277 不大于"中等系列：H13"(见图 4)；

b) 细杆螺栓头(或螺帽)下面的孔应攻丝，以保证螺栓不脱落。螺孔的尺寸应保证螺栓头与被连接件的接触面积至少等于非细杆螺栓在光孔中的接触面积(见图 5)。

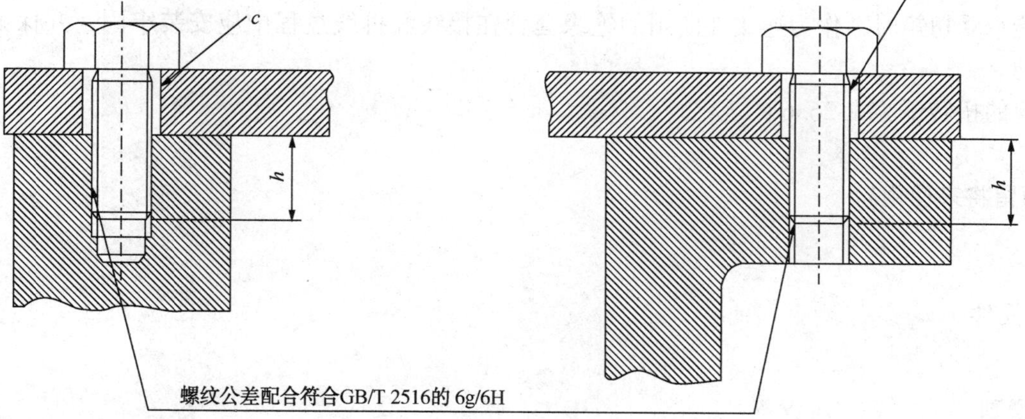

标引序号说明：

h——螺纹啮合≥紧固螺栓的螺纹外直径；

c≤GB/T 5277"中等系列：H13"允许的最大间隙。

图 4 螺纹紧固件的公差和间隙

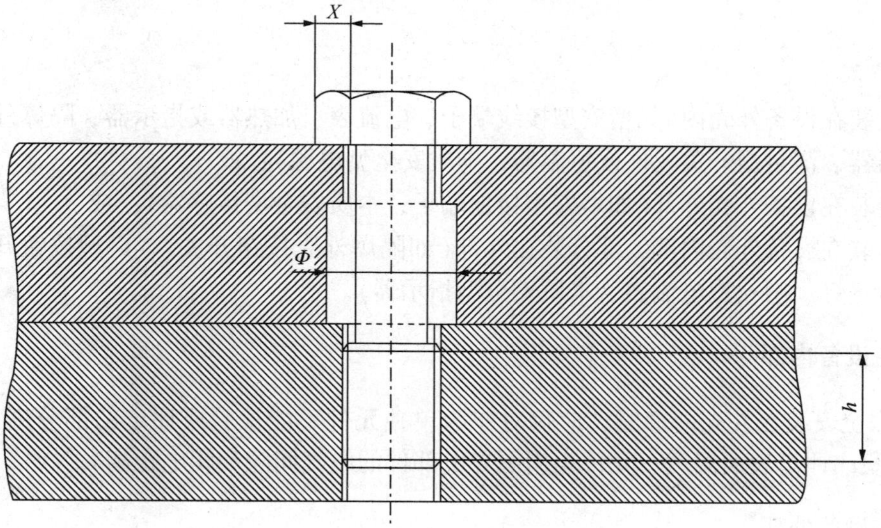

标引序号说明：

Φ——与螺纹牙形对应的标准光孔直径；

h——螺纹啮合≥紧固螺栓的螺纹外直径；

X——细杆紧固螺栓接触尺寸；

X≥全螺纹标准紧固螺栓(没有细杆)的接触尺寸。

图 5 细杆紧固螺栓头下面的接触面

9.4 内六角紧定螺钉

对用于固定螺纹盖的内六角紧定螺钉，紧固以后不应从螺孔中凸出。

10 联锁装置

为保持专用防爆型式用的联锁装置，其结构应保证非专用工具不能轻易解除其作用。

注1：目的是联锁装置设计成螺丝刀、钳子或类似的常用工具不能使其失效。

注2：开盖连锁可实现开盖前断电、断电后闭锁(锁定，如不能向该设备供电)等联锁功能，必要时也可根据需要同时实现相关报警功能。

11 绝缘套管

可能承受扭矩时，作为连接件使用的绝缘套管在接线和拆线过程中应安装牢固，并保证所有部位不转动。

相应的扭转试验见26.6的规定。

12 (预留将来使用)

13 Ex元件

13.1 通则

Ex元件应满足附录B的规定。Ex元件示例包括：

a) 空外壳；或

b) 与设备一起使用，并且符合第1章所列一种或几种防爆型式的元件或组件。

13.2 安装

Ex元件可：

a) 完全装在设备外壳内(如增安型接线端子、电流表、加热器或指示器、隔爆外壳开关元件或恒温器、浇封型开关元件或恒温器、本质安全型电源)；或

b) 完全装在设备外壳外部(如增安型接地端子、本质安全型传感器)；或

c) 部分装在设备外壳内部，部分装在外部(如隔爆外壳按钮开关、“t”型按钮开关、限位开关或指示灯、增安型电流表、本质安全型指示器)。

13.3 安装在设备内部

Ex元件完全安装在外壳内部时，应仅对作为单独元件不能检验或评定的部分进行检验和/或评定(例如，检验或评定表面温度、元件至周围导电部件的电气间隙和爬电距离)。

13.4 安装在设备外部

Ex元件安装在外壳外部，或部分在外部分在内时，应对Ex元件与外壳的接触面进行检验或评定，以确定其是否符合有关防爆型式及26.4规定的外壳试验的要求。

13.5 Ex元件防爆合格证

因Ex元件不能单独使用，且当合并入设备或系统中时要求附加考虑，Ex元件没有“特殊使用条

件”及防爆合格证编号相应的“X”后缀。当本文件或其子部分规定“特殊使用条件”和防爆合格证编号相应的“X”后缀，对 Ex 元件，应替换为 Ex 元件防爆合格证的“限制条件”和 Ex 元件防爆合格证编号相应的“U”后缀。正确使用 Ex 元件的必有信息应包含在防爆合格证的限制条件中。见 28.2 和附录 B。

注 1：限制条件包括 Ex 元件的温度范围。在一些情况，规定多个范围点以给予 Ex 元件应用的最大灵活性。

注 2：根据附录 B，Ex 元件不指定温度组别。

14 连接件

14.1 通则

预期与外部电路连接的电气设备应有连接件，电气设备在制造中有永久引入电缆时除外。

14.2 防爆型式

连接件应符合第 1 章所列的专用防爆型式之一。

14.3 爬电距离和电气间隙

连接件的设计应使导线在按规定连接后，爬电距离和电气间隙符合相应防爆型式标准的规定。

15 接地导体或等电位导体连接件

15.1 要求接地或等电位联结的设备

15.1.1 内部接地

应在电气设备内部电路连接件旁设置接地连接件。不要求内部接地的设备见 15.2。

15.1.2 外部等电位联结

电气设备的金属外壳应设置辅助的等电位导体外部连接件，但电气设备设计成以下结构时除外：

a) 通电时可移动且通过装有接地芯线或等电位联结导体的电缆供电；或

b) 安装时仅采用不要求外接地连接的布线系统，例如，金属导管或铠装电缆。

制造商应按照第 30 章的规定在说明书中提供在上述 a) 或 b) 条件下安装所要求的任何接地或等电位联结的详细说明。

辅助的外接地连接件应与 15.1.1 所要求的连接件有电气上的连接。

注：“有电气上的连接”不一定有导线连接。

15.2 不要求接地的设备

不要求接地的电气设备(如采用双重绝缘或加强绝缘的设备)，或不需要附加接地的电气设备，则可不设 15.1.1 所要求的内接地连接件。

注：一些电气设备，如双重绝缘的设备，虽然不会出现电击危险，经常通过等电位联结降低静电引起的点燃危险。

15.3 保护接地导体连接件的尺寸

保护接地(PE)导体连接件应至少能与表 12 所示截面积的一根导体有效连接。电机保护接地(PE)导体连接件应符合 GB/T 755。

表 12 保护导线的最小截面积

导线每相截面积 S mm^2	对应保护接地导体最小截面积 S_p mm^2
$S \leqslant 16$	S
$16 < S \leqslant 35$	16
$S > 35$	$0.5S$

15.4 等电位联结导体连接件的尺寸

设备外部的等电位(EP)联结件应能与截面积不小于 $4mm^2$ 的导体有效连接。当该连接件也用作保护接地连接，表 12 的要求适用，但截面积至少为 $4mm^2$。

15.5 防腐措施

对连接件应采取有效的防腐措施。如果连接件接触的一个部件含铝、镁、钛或锆，则应采取特殊措施(例如，与含铝、镁、钛或锆的材料连接时使用钢质过渡接头)。

15.6 电气连接件的牢固性

连接件的结构应能防止导线松脱或扭动。除 15.7 允许的情况外，应有效地保持电气连接的接触压力，接触压力不应受工作中由温度或湿度等因素引起绝缘材料尺寸变化的影响。

注 1：经常用锁紧垫圈来避免连接松动。

注 2：经常用在外壳上使用带 U 形夹的固定连接杆、抗旋转凹槽或肋等方法来避免导体扭动。

15.7 连续内接地板

对有连续内接地板的非金属外壳，26.12 的要求适用。

注：经常安装连续内接地板，例如，用于允许使用不带独立接地标签的金属电缆引入装置。

16 外壳的引入装置

16.1 通则

设备的引入装置应通过设在以下位置的光孔或螺纹孔来实现：

a) 外壳壁上；或

b) 装配在外壳壁内或外壳壁上的连接板上。

注：拧入螺纹孔或光孔的导管或关联配件的详细信息见 GB/T 3836.15。

16.2 引入装置标识

在按第 24 章的要求提供的文件中，制造商应说明引入装置类型、它们在设备上的位置或区域和允许数量。螺纹引入装置的螺纹形式(公制或美国标准管螺纹)应标志在设备上或应在安装说明书中说明(见第 30 章)。

注 1：单个的引入装置不用标志，专用防爆型式另有要求时除外。

注 2：如果预计引入装置有多种可能的安装位置，通常要提供引入装置的安装区域、规格和引入装置的间距。

16.3 电缆引入装置

当按照第 30 章要求的使用说明书安装时，电缆引入装置不应引起其安装的电气设备防爆性能的失效。选用的引入装置应适合电缆引入装置制造商规定的全部电缆范围。如果电缆引入装置的一个主要元件或部件构成设备外壳不可分离的部分，则可作为设备整体的一部分，在这种情况下，引入装置应与设备一起进行试验。

Ⅰ类非螺纹电缆引入装置应为：

——Ex 设备电缆引入装置；

——Ex 元件；或

——作为完整设备防爆合格证的一部分。

Ⅱ类Ⅲ非螺纹电缆引入装置应为：

——Ex 元件；或

——作为完整设备防爆合格证的一部分。

Ⅰ类、Ⅱ类或Ⅲ类螺纹电缆引入装置或电缆贯通装置应为：

——Ex 设备电缆引入装置；

——Ex 元件；或

——作为完整设备防爆合格证的一部分。

电缆引入装置或电缆贯通装置，无论是与设备构成整体还是分开都应符合附录 A 的相关规定。

注：标志为“eb”的电缆引入装置的所有要求都在本文件中。

16.4 封堵件

用于封堵电气设备外壳壁上冗余孔的封堵件，应符合相应专用防爆型式的要求。封堵件应只能用工具才能拆除。

螺纹式封堵件应为 Ex 设备封堵件、Ex 元件或作为完整设备防爆合格证的一部分。

Ⅰ类非螺纹式封堵件应为 Ex 设备封堵件、Ex 元件或作为完整设备防爆合格证的一部分。

Ⅱ类或Ⅲ类非螺纹式封堵件应为 Ex 元件或作为完整设备防爆合格证的一部分。

16.5 螺纹式管接头

螺纹式管接头应符合相应专用防爆型式的要求。

螺纹式管接头应作为 Ex 设备螺纹式管接头、Ex 元件或作为完整设备防爆合格证的一部分。

16.6 分支点和引入点的温度

如果电缆或导管引入点(见图 6)的工作温度高于 70℃，或在导线分支点(见图 7)高于 80℃，则应在设备外部标志信息，为用户选择合适的电缆、电缆引入装置或导管中的导线提供指南。

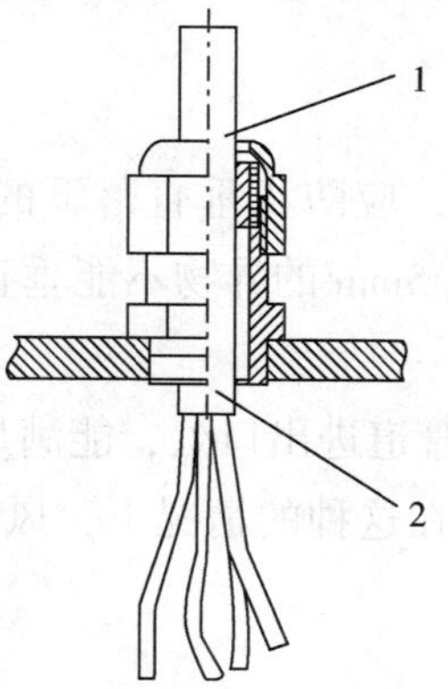

标引序号说明：

1——引入点(如果有，电缆密封处)；

2——导线分支点。

图 6 电缆引入装置

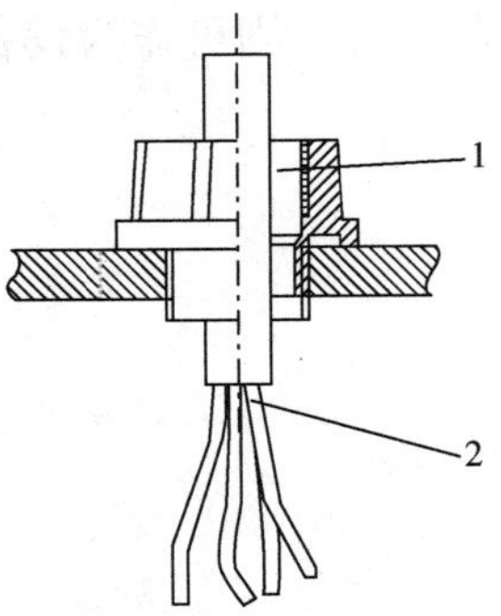

标引序号说明：

1——引入点(如果有，电缆密封处)；

2——导线分支点。

图7 导管引入方式

当有很多信息用于正确选择电缆、电缆引入装置和导管中的导线时，标志仅需引用设备说明书中的详细信息。

16.7 电缆护套的静电电荷

根据本文件，电缆护套不视为第7章规定的非金属外壳或外壳的非金属部件，不需要按这些要求进行评定。

17 电机的补充要求

17.1 通则

本章的要求适用于GB/T 755规定的旋转电机。

对其他旋转装置，例如伺服电机，本文件包括本章的要求在合适时应适用。

对非旋转电机，例如直线电机，本文件包括本章的要求在合适时应适用。

17.2 通风

17.2.1 通风孔

根据GB/T 4942.1，通风孔的防护等级(IP)至少应为：

——进风端：IP20；

——出风端：IP10。

对于立式旋转电机或立式旋转风扇，应防止垂直落下的异物进入通风孔。对于Ⅰ类旋转电机，只有当通风孔的结构和设置能使大于12.5mm的异物不能垂直落入或振动进入电机的运动部件上时，才可采用IP10的防护等级。

拟安装在通风管道系统的风扇，在管道进出口处，能满足IP防护要求以及提供IP防护的部件的其他要求(如抗冲击试验、材料要求)。在这种的情况下，风扇应按照29.3e)标志“X”，特殊使用条件中规定选择进出口保护的准则。

17.2.2 外风扇的材料

非金属制造的外风扇叶轮、风扇罩和通风孔挡板应符合第7章的要求。对于Ⅱ类旋转电机，旋转线速度小于50m/s的外风扇叶片不必符合7.4的要求。由含有铝、镁、钛、锆的材料制造的外风扇叶轮、风扇罩和通风孔挡板应符合第8章的要求。

17.2.3 旋转电机的冷却风扇

注：本条涉及的外部冷却风扇是用于冷却电机自身的风扇，不是冷却其他设备的风扇。

17.2.3.1 风扇和风扇罩

旋转电机外部冷却风扇应有风扇罩保护，且应符合17.2.3.2和17.2.3.3的要求。

17.2.3.2 通风系统的结构和组装

风扇、风扇罩和通风孔挡板应符合26.4.2规定的抗冲击试验要求，合格判据见26.4.4。

17.2.3.3 通风系统中的间隙

考虑设计公差，正常运行时风扇叶轮和风扇罩、通风孔挡板及其紧固件之间的间隙应至少为风扇叶轮最大直径的1/100。如果相对应部件的制造具有受控的尺寸同心度和尺寸稳定性(如铸造金属机加工零件)，间隙不必大于5mm且可减少至1mm。在任何情况下，该间隙不应小于1mm。

17.2.4 辅助电机冷却风扇

不安装在被冷却电机轴上，且要求最小背压以不超过风扇电机额定值的冷却风扇，应作为被冷却电机部件进行试验，或按照29.3e)标志“X”，且特殊使用条件应规定不超过额定值需要考虑的措施。如果规定背压限值作为特殊使用条件，则这些限值应按照26.15进行试验验证。

17.2.5 房间通风风扇

17.2.5.1 适用性

17.2.5给出的要求应适用于5kW及以下、风扇叶轮直接装在电机轴上的通风风扇。不准许在要求EPL Ma、Ga或Da级的场所使用通风风扇。

注1：这些要求适用于风扇外壳内部和外部具有相同EPL和相同使用区域的通风风扇(如室内通风器)。当风扇外壳预期将外壳内部危险场所与外壳外部的另一个危险场所分开时，需要考虑附加要求，如外壳的密封性要求。

注2：本条规定了用于危险场所的通风风扇的防爆要求，不是通风风扇的功能要求。

注3：不准许在要求EPL Ma、Ga或Da级的场所使用通风风扇是因为它们被认为是在转移可燃性工艺介质，而不是转移空气实现通风功能。

17.2.5.2 通则

17.2.5给出的要求，连同本文件中其他适用要求一起适用。风扇额定值不应超过电机额定值。要求最小背压以不超过电机额定值的风扇，应按照29.3e)标志“X”，且特殊使用条件应规定不超过额定值需要考虑的措施。如果规定背压限值作为特殊使用条件，则这些限值应按照26.15进行试验验证。

17.2.5.3 风扇和风扇罩

风扇旋转部件应有风扇罩保护，风扇罩不视为风扇中使用的任何电气设备(如电机)的外壳。风扇和风扇罩应符合17.2.5.4和17.2.5.5的要求。

17.2.5.4 结构和安装

可引起旋转部件和固定部件(如风扇罩和通风孔挡板)间接触的风扇部件应符合26.4.2的抗冲击试验以及26.4.4的合格判据。

为避免轴密封件处的过高温度，轴和密封外壳的材料配对应符合 17.2.2 的要求，且这些部件间的间隙应符合 17.2.5.5 的要求。

17.2.5.5 旋转部件间的间隙

考虑设计公差，正常运行时风扇叶轮和风扇罩、通风孔挡板及其紧固件之间的间隙应至少为风扇叶轮直径的 1/100。在任何情况下，该间隙不应小于 2mm。如果相对应部件的制造具有受控的尺寸同心度和尺寸稳定性(如铸造金属机加工零件)，要求的 2mm 间隙可减少至 1mm。对具有这种受控的尺寸同心度和尺寸稳定性的风扇，间隙不必大于 5mm。

17.3 轴承

轴承中使用的润滑剂和密封应适用于轴承的最高工作温度。

注 1：通常在说明书中提供附加指南以说明对旋转电机直接影响的安装和运行条件，如润滑、轴承、轴电流、振动等。见 30.3。

注 2：轴电流和轴承电流可能是主要点燃源，也可能显著地影响轴承寿命。实践表明，轴承寿命也许只有几周，不可能用传统监测方法进行预测。附录 D 和附录 H 提供了系统中轴电流分析，以及降低非预期轴承损坏可能性的系统设计的附加指南。

注 3：目前，没有合适的试验来证明一个给定的轴承类型在运行时具有低的点燃危险。然而，滚珠/滚柱轴承制造商引用一个对应于运行中机械故障(如元件的变形，或元件的疲劳剥落)可能性的基本额定寿命。这一基本额定值能用于评估可能导致引燃热表面或火花的轴承故障风险。滚珠/滚柱轴承的基本额定寿命是基于理论上能承受的 10^6r 的径向或轴向负荷。通常用可预见寿命转数或可预见寿命工作时间表述为“L”值。在尝试将运行中故障风险降低到最小值时，制造商注意良好的设计、径向或轴向负荷、结构、润滑、冷却和维护程序是至关重要的。运行中定期检查是一种发现即将发生故障的方法。如果轴承起绝缘体作用，采用结构措施使设备其他部件有效联结。

注 4：轴承工作时间很大程度上取决于工作条件，因此如果没有对轴承承受工作条件的了解就不可能可靠地计算出其工作寿命。

18 开关的补充要求

18.1 可燃性绝缘介质

开关的触头不应浸在可燃性介质中。

18.2 隔离开关

开关柜带有隔离开关时，隔离开关应切断所有电极，开关柜应设计成下列结构：

——清楚地显示隔离开关触头的位置；或

——可靠地显示断开位置(见 GB/T 14048.1)。

如果开关柜的盖板或门配置有联锁，联锁应保证只有当隔离开关的触头分开时，盖板或门才能打开。

如果开关柜的盖板或门没有配置联锁，应按照 29.13d)在设备上设置警告标志。

对于符合 GB/T 35685.1 的“维护开关”，开关应配置挂锁系统，将开关锁在断开(OFF)位置。外壳只有在此开关位于闭合(ON)位置时才能打开。

注 1：带联锁的外壳，其中包含隔离开关和“维护开关”，只隔离开关位于断开(OFF)位置和“维护开关”位于闭合(ON)位置时才能打开。

注 2：一个同时作为隔离开关和“维护开关”的开关，只能按照 29.13d)设置警告标志，因为它不可能同时符合隔离开关的联锁要求和“维护开关”的联锁要求。

不允许在预定负载时操作的隔离开关应：

——与合适的负荷断路装置在电气或机械上联锁；或

——对于Ⅱ类设备，可在隔离开关执行机构旁加设 29.13c)规定的负荷下运行标志。

18.3 Ⅰ类设备——联锁措施

对于Ⅰ类开关柜，隔离开关操作机构应能在断开位置被锁定。如果Ⅰ类开关柜具有短路故障和接地故障的继电器保护，则继电器动作后应锁定。如果开关柜带有能从壳外进行就地复位装置，则复位装置的盖应采用 9.2 规定的特殊紧固件。

18.4 门和盖

内部带遥控电路的外壳，其开关触点可能因非手动操作(如电的、机械的、磁的、电磁的、光电的、气动的、液压的、声音或热的作用)而使电路接通或断开，外壳的门和盖应符合以下规定：

a) 与隔离开关联锁防止与内部接触，除非内部的无保护电路已断开；或

b) 对Ⅱ类或Ⅲ类设备，按 29.13d)的规定增设外壳开启标志。

在上述 a)的情况下，如果在隔离开关断开后仍有一些内部元件带电，为了减少爆炸危险，带电元件应采用以下方法之一进行保护：

——第 1 章规定的合适防爆型式；或

——对Ⅱ类或Ⅲ类设备，下列保护措施：

- 相(极)间和对地之间的电气间隙、爬电距离符合 GB/T 3836.3 的规定；和
- 内部有一附加壳体把带电件保护在内，该壳体防护等级至少为 GB/T 4208 规定的 IP20；和
- 按 29.13h)的规定在内部附加壳体上增设标志。

注：能在隔离开关断开后保持带电的设备包括由设备内部电池或电池组供电的设备。

19 熔断器的补充要求

装有熔断器的外壳应：

——设联锁装置，以便仅在电源断电时才能安装或更换内部元件，并且在外壳关合可靠后熔断器才能带电；

——对Ⅱ类或Ⅲ类设备，按 29.11d)的规定增设外壳开启标志。

20 现场布线连接用外部插头、插座和连接器的补充要求

20.1 通则

对插座的要求也适用于连接器。

插头、插座应符合下列要求之一：

a) 用机械、电气或其他方法联锁，以使触头带电时插头和插座不能分开，并且当插头和插座分开后触头不能带电；

b) 对 EPL Gb、Db 或 Mb 级，用 9.2 规定的特殊紧固件连接在一起，并按 29.13e)的规定在设备上增设隔离标志；

c) 对 EPL Gc 或 Dc 级，按 9.1 的规定连接在一起，并按 29.13e)的规定在设备上增设隔离标志。在与电池连接的情况下，如断开前不能断电，则标志应按 29.13f)的规定增设隔离警告。

20.2 爆炸性气体环境

EPL Gb 或 Gc 级插头和插座如果符合以下全部要求，则不必符合 20.1 的要求：

——插座接电源侧；

——插头与插座有分离延迟时间，以使额定电流的流通停止，在分离时无电弧；

——当断开 GB/T 3836.2 规定的试验电路，在灭弧期间，插头插座符合 GB/T 3836.2 隔爆外壳的规定；

——分离后的带电触头符合第 1 章所规定的任一专用防爆型式。

20.3 爆炸性粉尘环境

20.1 的要求适用于所有情况。

20.4 带电插头

不准许未插入插座的插头和元件带电。

21 灯具的补充要求

21.1 通则

灯具中的光源应有透明保护罩，透明保护罩可附加保护网来保护。

对设计用于固定安装的灯具，用单个吊环安装时，吊环应作为灯具的一部分，例如铸在或焊在外壳上，或如果吊环用螺纹旋在外壳上，应有单独防松措施。

21.2 EPL Mb、EPL Gb 或 EPL Db 级灯盖

为更换光源或维护的目的，与灯座和灯具内部其他零件相关的灯盖应：

a) 带有自动联锁装置，在灯盖打开过程中，灯座的所有电极均自动切断电源；或

b) 对 EPL Gb 或 EPL Db 级灯盖，按 29.13d)的规定增设警告标志。

在上述 a)的情况下，如在断开装置动作后除灯座外仍有一些元件带电，为了减少爆炸危险，带电元件应采用下列保护方式之一：

——第 1 章规定的合适防爆型式(对要求的 EPL)；或

——对 EPL Gb 或 EPL Db 级灯盖，下列保护措施：

- 断开装置的设置应使其不能由手动误操作给非保护元件通电；和
- 相(极)间和对地之间的电气间隙、爬电距离符合 GB/T 3836.3 的规定；和
- 内部附加壳体，可以是光源反光器，把带电件保护在内，该壳体防护等级至少为 GB/T 4208 规定的 IP20；和
- 按 29.13h)的规定在附加壳体上增加警告标志；和
- 对于隔爆型灯具，在开关断开前，灯具应按 GB/T 3836.2 保持隔爆，且在恢复隔爆型的防爆型式前，开关不应闭合。

注：对防爆型式“t”，在粉尘云存在时不进行更换光源或维护。

21.3 EPL Gc 或 EPL Dc 级灯盖

为更换光源或维护的目的，与灯座和灯具内部其他零件相关的灯盖应：

a) 带有自动联锁装置，在灯盖打开过程中，灯座的所有电极均自动切断电源；或

b） 按29.13d)的规定增设警告标志。

在上述a)的情况下，如在断开装置动作后除灯座外仍有一些元件带电，为了减少爆炸危险，带电元件应采用下列保护措施保护：

——相(极)间和对地之间的电气间隙、爬电距离符合GB/T 16935.1过电压类别Ⅱ、污染等级3的规定；和

——内部附加壳体，可以是光源反光器，把带电件保护在内，该壳体防护等级至少为GB/T 4208规定的IP20；和

——按29.13h)的规定在内部附加壳体上增加警告标志。

21.4 钠灯

不准许用游离金属钠灯(例如符合GB/T 23126的低压钠灯)。

可使用高压钠灯(例如符合GB/T 13259的高压钠灯)。

注：不准许用游离金属钠灯是由于在灯具破裂(例如在更换灯泡期间发生)时，如果游离金属钠与水相遇引起点燃危险。

22 帽灯和手提灯的补充要求

22.1 Ⅰ类帽灯

矿用帽灯应符合GB/T 7957的要求。

22.2 Ⅱ类和Ⅲ类帽灯和手提灯

在灯具处于各种位置状态，均应防止电解质泄漏。

如果光源和电源分别设在不同的外壳中，其连接除了电缆之外没有机械上的连接，则电缆引入装置和连接电缆应按A.3.1或A.3.2的要求进行试验。该试验应使用连接光源和电源的电缆进行。所用电缆的型号、尺寸及其他相关信息应在制造商提供的文件中规定。

注：手提灯包括也被称为手电筒的电池供电的灯。

23 装有电池的设备

23.1 通则

23.2~23.12的要求应适用于安装在防爆设备内的所有电池。

23.2 单体电池互连成电池组

除专用防爆型式另有规定外，在防爆设备中安装的电池组只能由单体电池串联而成。

注：专用防爆型式的要求可能允许单体电池并联。

23.3 单体电池类型

应仅使用表13或表14列出的单体电池。

表 13　原电池

GB/T 8897.1 类型	正极	电解质	负极	标称电压[a] V	最高开路电压[b] V
—	二氧化锰(MnO_2)	氯化铵，氯化锌	锌(Zn)	1.5	1.725
A	氧(O_2)	氯化铵，氯化锌	锌(Zn)	1.4	1.55
B	氟化石墨$(CF)_x$	有机电解质	锂(Li)	3	3.7
C	二氧化锰(MnO_2)	有机电解质	锂(Li)	3	3.7
E	亚硫酰氯($SOCl_2$)	非水无机物	锂(Li)	3.6	3.9
F	二硫化铁(FeS_2)	有机电解质	锂(Li)	1.5	1.83
G	氧化铜(Ⅱ)(CuO)	有机电解质	锂(Li)	1.5	2.3
L	二氧化锰(MnO_2)	碱金属氢氧化物	锌(Zn)	1.5	1.65
P	氧(O_2)	碱金属氢氧化物	锌(Zn)	1.4	1.68
S	氧化银(Ag_2O)	碱金属氢氧化物	锌(Zn)	1.55	1.63
W	二氧化硫(SO_2)	非水有机盐	锂(Li)	3.0	3.0
Y	硫酰氯(SO_2Cl_2)	非水无机物	锂(Li)	3.9	4.1
Z	羟基氧化镍(NiOOH)	碱金属氢氧化物	锌(Zn)	1.5	1.78

注 1：不是所有单体电池结构适用于所有防爆型式。参考专用防爆型式标准。

注 2：GB/T 8897.1 列入锌/二氧化锰电池，但是没有类型字母分类。

注 3：此表的电化学信息来源于 IEC 60086-1：2006，对应的国家标准参考 GB/T 8897.1—2008。

注 4：标称电压值不能验证，因此仅作为参考给出。

注 5：研究发现，一些具有足够容量的锂离子原电池，特别是螺旋结构单体电池，可视为放热化学反应点燃源。

[a] 表面温升试验在该电压下进行。

[b] 用于火花危险评定的电压。

表 14　蓄电池

类型 ~字母~	正极	电解质	负极	标称电压[c]（每个单体电池） V	最高开路电压[d]（每个单体电池） V
铅酸（富液式） ~无~	氧化铅	硫酸（SG 1.25~1.32）	铅	2.2	2.67[a] 2.35[b]
铅酸（VRLA） ~无~	氧化铅	硫酸（SG 1.25~1.32）	铅	2.2	2.35[b]
镍镉[e] ~K~& ~KC~	羟基氧化镍	氢氧化钾（SG 1.3）	镉	1.3	1.55
镍氢[e] ~H~	羟基氧化镍	氢氧化钾	金属氢化物	1.3	1.55

表 14 蓄电池(续)

类型 ~字母~	正极	电解质	负极	标称电压[c] (每个单体电池) V	最高开路电压[d] (每个单体电池) V
锂离子	(LCO) $LiCoO_2$ 钴酸锂	含有锂盐和一种或多种有机溶剂的液体溶液，或液体溶液与聚合物混合的凝胶电解质	碳	3.6	4.2
	(LCO) $LiCoO_2$ 钴酸锂		(LTO) $Li_4Ti_5O_{12}$ 钛酸锂	2.3	2.7
	(LFP) $LiFePO_4$ 磷酸铁锂		碳	3.3	3.6
	(LFP) $LiFePO_4$ 磷酸铁锂		(LTO) $Li_4Ti_5O_{12}$ 钛酸锂	2.0	2.1
	(NCA) $Li(NiCoAl)O_2$ 镍钴铝		碳	3.6	4.2
	(NCA) $Li(NiCoAl)O_2$ 镍钴铝		(LTO) $Li_4Ti_5O_{12}$ 钛酸锂	2.3	2.7
	(NMC) $Li(NiMnCo)O_2$ 镍锰钴		碳	3.7	4.35
	(NMC) $Li(NiMnCo)O_2$ 镍锰钴		(LTO) $Li_4Ti_5O_{12}$ 钛酸锂	2.4	2.85
	(LMO) $LiMn_2O_4$ 锂锰氧化物		碳	3.6	4.3
	(LMO) $LiMn_2O_4$ 锂锰氧化物		(LTO) $Li_4Ti_5O_{12}$ 钛酸锂	2.3	2.8

注 1：不是所有单体电池结构适用于所有防爆型式。参考专用防爆型式标准。

注 2：铅酸电化学信息来源于林登《电池手册》第 4 版。

注 3：镍镉和镍金属氢化物的电化学信息来源于 IEC 61951-1、IEC 61951-2、IEC 60622、IEC 60623 和林登《电池手册》第 4 版，对应的国家标准参考 GB/T 22084.1、GB/T 22084.2、GB/T 28867、GB/T 15142。

注 4：锂离子和金属锂的电化学信息来源 IEC 61960(所有部分)和林登《电池手册》第 4 版，对应的国家标准参考 GB/T 30426。

注 5：最近的研究发现，一些具有足够容量的锂离子蓄电池，特别是钴酸锂正极和螺旋结构单体电池，可视为强氧化剂和放热化学反应点燃源。

[a] 湿电池：包含可再次填充的液体电解质。

[b] 干电池：包含固定电解质。

[c] 电压数值用于除火花危险评定外的所有评定(如温度、爬电距离和电气间隙值)。

[d] 电压数值用于火花危险评定。如果电池制造商的数据反映充电电压高于上述值，则应使用制造商的数据。

[e] 化学系统使用恒流技术充电。

23.4 电池组中的单体电池

电池组中的所有单体电池应具有同样的电化学系统、单体电池结构和额定容量，并且由同一制造商制造。

23.5 电池额定数据

所有电池的设置和工作应在电池制造商规定的容许极限值范围内。

23.6 互换性

如果原电池和蓄电池容易互换，则它们不应设在同一设备外壳内。

23.7 原电池充电

原电池不应再充电。当带有原电池的设备内另有其他电压源并存在互相连接的可能性时，应采取措施防止其他电流充入原电池。

23.8 电解质泄漏

所有单体电池的设计或组装应能防止电解质泄漏，以免对防爆性能或元件安全性造成不利影响。

23.9 连接

仅应采用制造商建议的方法与电池进行电气连接。

23.10 方位

如果在设备内安装电池的方位对安全运行很重要，应在设备外壳外部标明设备的正确方位。

注：正确的电池方位通常对防止电解质泄漏很重要。

23.11 电池的更换

当用户需要更换安装在外壳内的电池时，按照29.14的规定，与允许正确更换有关的参数应清楚地永久性标在外壳上或外壳内，或按30.2的规定在制造商的使用说明书中说明，即制造商的名称和部件编号、电化学系统、标称电压和额定容量。

23.12 可更换电池包

当用户预计要更换电池组时，在电池组外部应按29.14的规定有清晰持久的详细标志，且应按30.2在制造商的说明书中包含电池组更换的详细信息。

可更换电池包应：

——完全置于设备外壳内部；或

——与设备相连，当与设备断开时应符合相应防爆型式的要求，并应按29.13b)标志；或

——与设备相连，并采用符合第20章要求的断开方法。

24 文件

制造商应准备防爆安全方面详细说明的文件，用于确定设备对本文件和其他任何适用防爆安全标准的符合性。

注：本文件通常被称为工程图。

25 试样或样机与文件的一致性

提交型式试验和验证的设备的样机或试样应符合第24章涉及的制造商文件。

26 型式试验

26.1 通则

样机或样品应依据本文件和相应防爆型式专用标准的规定进行型式试验，但在确保符合标准的前提下，可取消认为不必要的试验项目。应记录全部的试验结果和取消某些试验项目的理由。

对 Ex 元件已经试验过的项目不必进行重复试验。

注：由于安全系数体现在各防爆型式中，当进行必要测量以验证设备与 GB/T 3836 中相关部分要求的符合性时，由于测量设备固有的高质量、定期校准，其测量不确定度不会产生重大不利影响，不必考虑。

26.2 试验配置

各项试验均应考虑安装说明书，在认为设备最不利的配置下进行。

26.3 在试验用爆炸性混合物中的试验

在爆炸性混合物中的试验应按照第 1 章列出的相关标准的规定进行。

注：一般来说，纯度 95%及以上的商业用气体和蒸气符合试验要求。试验室的温度、大气压力的正常变化和试验用爆炸性混合物湿度变化的影响可忽略不计。

26.4 外壳试验

26.4.1 试验顺序

26.4.1.1 金属外壳、外壳的金属部件和外壳的玻璃或陶瓷部件

对金属外壳、外壳的金属部件及外壳的玻璃或陶瓷部件应按以下顺序进行试验：

——抗冲击试验(见 26.4.2)；

——跌落试验，如果适用(见 26.4.3)；

——防护等级(IP)试验(见 26.4.5)；

——本文件要求的其他试验；

——相关专用防爆型式的其他试验。

试验应在每一种试验方法规定数量的样品上进行。

注：如果防护等级 IP 由除玻璃或陶瓷外的非金属密封材料提供，26.4.1.2 的要求适用。

26.4.1.2 非金属外壳或外壳的非金属部件

26.4.1.2.1 通则

非金属外壳或外壳的非金属部件应按以下顺序进行试验。附录 F 中的流程图提供了试验顺序的指南。

当非金属材料是玻璃或陶瓷时，26.4.1.2 的要求不适用。

26.4.1.2.2 Ⅰ类设备

试验应按下列要求在样品上进行：

——用四个样品进行试验。四个样品先进行耐热试验(见 26.8)，再进行耐寒试验(见 26.9)。然后其中的两个样品进行抗冲击试验(见 26.4.2)，试验在“上限试验温度”进行(见 26.7.2)。

另外两个样品也应进行抗冲击试验(见26.4.2),再进行跌落试验(如果适用)(见26.4.3),但在“下限试验温度”条件下进行(见26.7.2)。在安装和正常运行过程中预定开启的接合面,应按制造商说明书的要求打开后再闭合。接下来对四个样品全部进行外壳防护等级(IP)试验(见26.4.5),最后对四个样品进行专用防爆型式相关的试验。

——或者,可仅用两个样品进行试验。在这种情况下,两个样品都先进行耐热试验(见26.8),再进行耐寒试验(见26.9)。然后两个样品都进行抗冲击试验(见26.4.2),试验在“上限试验温度”进行(见26.7.2)。此后,两个样品也应进行抗冲击试验(见26.4.2),再进行跌落试验(如果适用)(见26.4.3),但在“下限试验温度”条件下进行(见26.7.2)。在安装和正常运行过程中预定开启的接合面,应按制造商说明书的要求打开后再闭合。接下来对两个样品都进行外壳防护等级(IP)试验(见26.4.5),最后对两个样品进行专用防爆型式相关的试验。在“上限试验温度”和“下限试验温度”处的试验的顺序可互换。

注:按照上述任一试验顺序进行热稳定性试验后,外壳内可能会出现冷凝水,在进行防护等级(IP)试验之前,需除掉冷凝水。

——两个样品承受耐油脂及润滑油试验(见26.11)、抗冲击试验(见26.4.2)、跌落试验(如果适用)(见26.4.3),接下来进行防护等级(IP)试验(如果适用)(见26.4.5),最后进行专用防爆型式相关的试验。

——两个样品承受耐矿用液压油试验(见26.11)、抗冲击试验(见26.4.2)、跌落试验(如果适用)(见26.4.3),接下来进行防护等级(IP)试验(如果适用)(见26.4.5),最后进行专用防爆型式相关的试验。

按上述试验程序及顺序进行试验,目的是证明当在使用中暴露于可能的极端温度和有害物质中时,非金属材料是否能保持第1章所列的专用防爆型式。为使试验项数降至最少,如果很显然一个样品上进行的试验没有损害样品,那么没有必要对每个样品进行所有的专用防爆型式试验。同样,如果在两个样品上同时进行暴露试验和防护验证试验,样品的数量也可减少。

26.4.1.2.3 Ⅱ类和Ⅲ类设备

用四个样品进行试验。四个样品先进行耐热试验(见26.8),再进行耐寒试验(见26.9)。然后其中的两个样品进行抗冲击试验(见26.4.2),试验在“上限试验温度”进行(见26.7.2)。另外两个样品也应进行抗冲击试验(见26.4.2),再进行跌落试验(如果适用)(见26.4.3),但在“下限试验温度”条件下进行(见26.7.2)。在安装和正常运行过程中预定开启的接合面,应按制造商说明书的要求打开后再闭合。接下来对四个样品全部进行外壳防护等级(IP)试验(见26.4.5),最后对四个样品进行专用防爆型式相关的试验。

或者,可仅用两个样品进行试验。在这种情况下,两个样品都先进行耐热试验(见26.8),再进行耐寒试验(见26.9)。然后两个样品都进行抗冲击试验(见26.4.2),试验在“上限试验温度”进行(见26.7.2)。此后,两个样品也应进行抗冲击试验(见26.4.2),再进行跌落试验(如果适用)(见26.4.3),但在“下限试验温度”条件下进行(见26.7.2)。在安装和正常运行过程中预定开启的接合面,应按制造商说明书的要求打开后再闭合。接下来对两个样品都进行外壳防护等级(IP)试验(见26.4.5),最后对两个样品进行专用防爆型式相关的试验。在“上限试验温度”和“下限试验温度”处的试验的顺序可互换。

注1:按照上述任一试验顺序进行热稳定性试验后,外壳内可能会出现冷凝水,在进行防护等级(IP)试验之前,需除掉冷凝水。

注2:当只使用两个样品且样品包含玻璃透明件时,每个样品的玻璃经受一次低温抗冲击试验和一次高温抗冲击试验,对每个样品的玻璃产生两次冲击。

注3:具有粘结接合面的外壳的玻璃部件经受冲击以确保玻璃和外壳间粘结剂的粘结性。玻璃不必同时经受高低温冲击,但玻璃不安装就位是无法试验粘结剂的。使用四样品代替两样品的方法可使玻璃件的抗冲击试验次数降至最少。

26.4.2 抗冲击试验

设备应承受质量为 1kg 的试验物体从高度 h 垂直落下所产生的冲击作用。根据设备的使用情况，对高度 h 的规定见表 15。试验物体应装有一个直径为(25±0.5)mm 的半球形淬火钢制冲头。

试验物体的直径不宜明显大于 25mm 的冲头，因此冲头与被试设备(被冲击)部位的接触不会受到限制。

如果试验物体使用导向管，导向管直径或压力释放孔应确保试验物体的运动不受试验物体下落所造成的空气压缩限制。

每次试验前应检查冲头表面是否完好。

试验应在一台装配完好的、准备投入使用的设备上进行，但当这样试验无法进行时(例如，对透明件进行试验)，则应将其相关部件移开，将无法直接试验的部件装在其本身的或类似的支架上进行试验。在提供的文件中有适当的理由时(见第 24 章)，允许该试验在空外壳上进行。

试验应至少在设备的两个样品上进行，见 26.4.1。每个样品应在两个不同位置各进行一次试验。对有玻璃透明件的设备，两次试验中只应有一次在玻璃上。

冲击点应选在被认为是最薄弱的部位，且在承受冲击部件的外侧。如果外壳用其他的外壳做保护，仅对保护外壳进行抗冲击试验。对有多种材料或关注区域的设备，可能需要考虑多于两个的样品或冲击位置，以充分评估设备的抗冲击性。

被试设备应固定在一个钢制基座上，当被试表面是平面时，冲击方向应垂直于这个平面，当被试表面不是平面时，冲击方向应垂直于冲击点所接触的切面。基座的质量最少应有 20kg 或被固定牢靠或埋在地下，例如浇注混凝土。试验装置示例参见附录 C。

在冲头冲击样品过程中，冲头可能会出现一次或多次的“反弹”，在其恢复静止之前，不应将其从样品表面移开。

当设备在制造商要求下承受相对较低机械危险的试验时，应标志符号“X”以表明其符合 29.3e)规定的特殊使用条件。

试验应在环境温度(20±5)℃下进行，材料数据显示其在规定环境温度范围内较低温度下能使抗冲击性能降低时除外。这种情况下，应按 26.7.2 的要求，在规定温度范围内下限温度进行试验。

注： 通常认为玻璃或陶瓷部件的抗冲击性能不受温度的不利影响。

当设备的外壳或外壳部件为除玻璃或陶瓷外的非金属材料制成时，包括旋转电机的非金属风扇罩和通风孔挡板，试验应按照 26.7.2 的规定，在上限温度和下限温度条件下进行。

表 15 抗冲击试验

项目	质量 $1_0^{+0.01}$ kg 重物的下落高度 $h_0^{+0.01}$ m			
设备类别	Ⅰ类		Ⅱ类或Ⅲ类	
机械危险程度	高	低	高	低
a) 外壳和外壳外部能撞击到的部件(透明件除外)	2	0.7	0.7[d]	0.4[b,d]
b) 保护网、保护罩、风扇罩、电缆引入装置	2	0.7	0.7	0.4[b]
c) 表面为 5000mm² 或更小，且由最小高度为 2mm 的独立突出边缘保护的便携式或移动式灯具或手电筒透明件[c]	0.7	0.4	0.4	b
d) 无保护网的便携式或移动式灯具或手电筒透明件，或表面超过 5000mm² 的透明件	2	0.7	0.7	b
e) 无保护网的透明件	0.7	0.4	0.4[d]	0.2[b,d]

表 15 抗冲击试验(续)

项目	质量 $1_{0}^{+0.01}$kg 重物的下落高度 $h_{0}^{+0.01}$ m			
设备类别	Ⅰ类		Ⅱ类或Ⅲ类	
机械危险程度	高	低	高	低
f) 由网孔为 625mm² ~ 2500mm² 保护网保护的透明件(试验时不带保护网)[a]	0.4	0.2	0.2	0.1[b]

[a] 网孔为 625mm² ~ 2500mm² 透明件的保护网能降低冲击危险，但不能阻止冲击。这些要求也适用于固定式、移动式或便携式灯具。

[b] Ⅱ类或Ⅲ类便携式或移动式灯具或手电筒应只对机械危险程度“高”进行试验。

[c] 作为外壳的一部分(不是透明件一部分)的突出边缘能降低冲击风险，但不能阻止冲击。

[d] 当设备的一个部件(如触摸板的非金属覆盖物)用于多种功能，例如作为透明区域也作为外壳的一部分，用包含最大区域的功能来确定适用哪种机械危险程度。

26.4.3 跌落试验

便携式或个体设备除进行 26.4.2 规定的抗冲击试验外，还应用类似手持的方式至少从 1m 的高度跌落到水平混凝土地面四次。样品的跌落试验位置应被认为是最不利的位置。

跌落试验应将可更换电池包连到设备上进行。

对于外壳不是由非金属材料制成的设备，试验应在(20±5)℃温度下进行，材料数据显示其在规定环境温度范围内较低温度下能使抗冲击性能降低时除外。这种情况下，应按 26.7.2 的规定在规定温度范围内的下限温度进行试验。

当设备的外壳或外壳部件为非金属材料时，试验应按 26.7.2 规定的下限环境温度进行。

26.4.4 合格判据

抗冲击试验和跌落试验产生的损伤不应使设备防爆型式失效。

设备轻微的损伤、表面漆皮的脱落、散热片或其他类似部件的破裂和小的凹陷均可忽略。

外风扇的保护罩和通风孔挡板经过试验后，不应出现位移或变形，以免引起与运动部件接触。

26.4.5 外壳防护等级(IP)

26.4.5.1 试验程序

当本文件或 GB/T 3836 的其他部分要求外壳具备防护等级时，试验程序应按照 GB/T 4208 的规定，旋转电机应按照 GB/T 4942.1 的规定。

当按照 GB/T 4208 的规定进行试验时：

——按 GB/T 4208 的规定，外壳应被视为“1 类外壳”；

——设备不应带电；

——如果适用，GB/T 4208 规定的介电试验应在 $(2U_n+1000)\times(1\pm10\%)$ Vr.m.s 电压下进行，施加时间为 10s~12s，式中 U_n 是设备的最高额定电压或内部电压。

注：“1 类外壳”的定义见 GB/T 4208。

第一个特征数字的评估为 6 及以下，意味着也符合所有较低的特征数值的要求。第二个特征数字的评估为 6 及以下，意味着也符合所有较低的特征数字的要求。第二个特征数值 7、8 或 9，不意味着符合特征数字 5 或 6。

按照 GB/T 4942.1 进行试验时，旋转电机不应通电。

26.4.5.2 合格判据

如果设备按照 GB/T 4208 的规定进行试验，则合格判据应按 GB/T 4208 的规定，制造商规定的合格判据比 GB/T 4208 更严格(如相关产品标准中的规定)时除外。在这种情况下，只要不对防爆产生不利的影响，应使用相关产品标准中的合格判据。

GB/T 4942.1 的合格判据应适用于旋转电机，此外，还应符合 GB/T 3836 相关防爆标准规定的条件。

如果爆炸性环境用设备的某项标准对 IP××规定有合格判据时，则应用此标准代替 GB/T 4208 或 GB/T 4942.1。

26.5 热试验

26.5.1 温度测定

26.5.1.1 通则

因设备可能有多种不同的使用位置，每种使用位置上的温度均应考虑。当测定的温度仅适用于某一特定的使用位置时，则应按 29.3e)标志符号“X”以表明这一特殊使用条件。

注 1：设备可能用于不可控位置时，此时“X”不适用。例如，矿灯可以在正常操作中未预见到的角度(垂直)下运行相当长的时间，可能出现温度过高的情况。

温度试验应在额定最高环境温度或低于额定最高环境温度的条件下进行，且结果应根据额定最高环境温度进行线性修正。本文件和有关防爆型式专用标准中规定的温度测量应在静止空气中进行。

测量用仪器仪表(温度计、热电偶等)和连接电缆的选择和布置，应使它们对设备的发热不产生明显的影响。

当温升的变化不超过 2K/h 时，则认为已达到最终稳定温度。如果工作温度或表面温度用 EPL Da 级要求的粉尘层或 EPL Db 级规定的粉尘层厚度来测定，当温升的变化不超过 1K/24h 时，则认为已达到最终稳定温度。

除非制造商已经规定了电源频率范围，可假定使用中电源频率和试验用电源频率的正常公差很小，忽略不计。

注 2：某些设备可能要求预备一些集成的温度敏感元件来限制温度。

26.5.1.2 工作温度

工作温度测定试验应在电气设备额定电压下进行，但不考虑故障。

应测定与防爆型式有关的任何部件的最热点的温度。

当输入电压不直接影响设备或 Ex 元件的温升时，例如接线端子或开关，试验电流应是额定电流的 100%。

当设备额定值是一个范围(例如 100V~250V 或 240V±24V)时，试验应在范围内的最高值或最低值下进行，以导致更高温升为准。

26.5.1.3 最高表面温度

测定最高表面温度的试验应在输入电压为设备额定电压 90%或 110%的最不利额定数据下进行，以达到最高表面温度为准。

对于电机，最高表面温度也可在 GB/T 755 规定的“A 区”内最不利的试验电压下测定。在这种情况下，应按 29.3e)标志符号“X”，特殊使用条件信息应包括表面温度测定是基于在“A 区”(GB/T 755)内运行，通常为额定电压的±5%。对于变频器控制的电机，测定最高表面温度时，试验电压的变化应施加于整个电机-变频器系统，即施加于变频器输入，而不是电机输入。关于电机温升试验的附加信息参见附录 E。

当输入电压不直接影响设备或 Ex 元件的温升时，例如接线端子或开关，试验电流应增加到额定电流的 110%。

在测定最高表面积温度时，除专用防爆型式规定的特定故障外，不考虑故障。

设备额定值是一个范围(例如 100V~250V 或 240V±24V)时，试验应在范围内最高值的 110%或最低值的 90%下进行，以导致更高温升为准。

除制造商已经规定了电源频率范围外，可假定使用中电源频率和试验用电源频率的正常公差很小，忽略不计。

注 1：由于变频器调整电压的特性，其输入电玉的变化对输出电压无直接影响。

对Ⅲ类 EPL Da 级电气设备，试验时电气设备的所有面被 200mm 粉尘层包围。温度测量应使用在(100±5)℃时测得的导热系数不大于 0.10W/(m·K)的试验粉尘进行。

注 2：可能用于本试验的符合导热系数的粉尘包括某些类型的木粉、可可粉、硅藻土、可膨胀聚苯乙烯珠等。

注 3：由于粉尘层的绝热性，大于数瓦特的功耗通常是不切实际的。

对用 5.3.2.3.2b)规定的粉尘层评定的Ⅲ类 EPL Db 级电气设备(最高表面温度标志前缀 $T_{规定粉尘层深度}$)，被试设备所有面应被厚度至少等于规定粉尘层厚度的粉尘层包围。温度测量应使用在(100±5)℃时测得的导热系数不大于 0.10W/(m·K)的试验粉尘。

对用 5.3.2.3.2c)规定的粉尘层，并用特殊使用条件中规定的特殊条件评定的Ⅲ类 EPL Db 级电气设备(最高表面温度标志前缀 T_L)，试验应按照规定的设备朝向，用设备将会保持的最大粉尘层进行，注意粉尘厚度并不统一。粉尘通过筛子或类似方法轻轻沉淀在表面上，无进一步的压实，直到不再堆积粉尘。温度测量应使用在(100±5)℃时测得的导热系数不大于 0.10W/(m·K)的试验粉尘。

测得的最高表面温度：

对于Ⅰ类电气设备不应超过 5.3.2.1 规定的值。

——对于承受型式试验确定最高表面温度的Ⅱ类电气设备，不应超过在电气设备上标志的温度或温度组别，但对于 T6、T5、T4 和 T3 组(或标志的温度≤200℃)应低 5K；对于 T2 组和 T1 组(或标志的温度>200℃)应低 10K。或者，对于承受例行试验确定最高表面温度的Ⅱ类电气设备，不应超过在电气设备上标志的温度或温度组别。

——对于Ⅲ类电气设备不应超过规定的值，见 5.3.2.3。

26.5.2 热剧变试验

灯具的玻璃透明罩和设备观察窗应承受热剧变试验，试验时使它们处在不低于最高工作温度下，用温度为(10±5)℃的水，通过直径为 1mm 的喷嘴对其喷水，不发生可见损坏。

注：经常用一个装有 10℃水的注射器(约 $10cm^3$)来施加"喷水"，喷水距离及喷水压力对试验结果没有太大影响。

26.5.3 小元件点燃试验(Ⅰ类和Ⅱ类)

26.5.3.1 通则

按 5.3.3a)规定的试验证明温度不应点燃可燃性混合物的小元件，其试验应在 26.5.3.2 规定的特定气体/空气混合物中进行。

26.5.3.2 试验程序

进行试验时，元件应：

——安装在拟使用的设备里，并保证试验用混合物与元件接触。或

——安装在保证试验结果有代表性的模型中。在这种情况下，模拟试验应考虑元件附近的设备的其他部件因通风和热效应可能影响混合物的温度和元件周围混合物的流动。

应在正常运行条件下，或在专用防爆型式标准中规定的故障条件下，表面温度达到最高值时对小元件进行试验。试验应持续到元件和周围部件达到热平衡或元件温度开始下降为止。在元件损坏引起温度下降时，应另加 5 个元件样品重新进行 5 次试验。如果在专用防爆型式标准规定的正常运行或故障状态条件下，一个以上元件的温度超过设备的温度组别，则所有被试元件应在其最高温度时进行试验。

5.3.3 要求的安全裕度应通过提高试验时的环境温度获得。如果可能，通过提高被试元件的温度，或其他邻近表面的温度获得。

对于Ⅰ类设备，试验混合物应为 6.2%~6.8%体积比的甲烷和空气的均匀混合物。

对于 T4 组混合物应是下列两者之一：

a） 22.5%~23.5%(体积分数)的二乙醚和空气的均匀混合物；

b） 在进行点燃试验时，通过使试验容器内少量二乙醚蒸发得到二乙醚和空气的混合物。

对于其他温度组别，应由检验机构决定选择合适的混合物。

如果试验期间没有出现点燃，应使用其他方法点燃混合物来验证可燃性混合物的存在。

26.5.3.3 合格判据

元件没有引起可燃性环境点燃，且试验混合物被证明是可燃的。

出现冷焰应看作是点燃。应通过目视或用热电偶测量温度判定是否出现点燃。

26.6 绝缘套管扭转试验

26.6.1 试验程序

连接件的绝缘套管在连接或拆卸时导体会受到扭矩作用，因此绝缘套管应承受扭转试验。

套管中的导电杆或套管，在安装时应承受表 16 的力矩作用。

表 16 对连接件用绝缘套管的螺栓所施加的力矩

与绝缘套管配合的螺栓规格	力矩 N·m
M4	2.0
M5	3.2
M6	5
M8	10
M10	16
M12	25
M16	50
M20	85
M24	130

注：其他规格螺栓的施加力矩可由以上数值绘成的曲线确定。此外，对于大于上述规格螺栓的施加力矩可通过曲线外推法得出。

26.6.2 合格判据

在安装中，导电杆承受力矩作用时，导电杆和绝缘套管均不应转动。

26.7 非金属外壳和外壳的非金属部件

26.7.1 通则

除26.1~26.6的有关试验外，非金属外壳也应满足26.8~26.15的要求。26.10~26.15的试验为独立试验，在不同样品上分别进行，样品不必进行26.4中的外壳试验。外壳的非金属部件应与整个外壳或外壳的代表性模型一起进行试验。

26.7.2 试验时的温度

当根据本文件或第1章所列防爆专用标准试验时，试验应根据最高和最低工作温度进行，试验温度应为：

——对于上限温度，最高工作温度(见5.2)提高10K~15K；

——对于下限温度，最低工作温度(见5.2)降低5K~10K。

26.8 耐热试验

耐热性能应通过与防爆型式完整性有关的非金属材料外壳或外壳的非金属部件来确定，进行表17的试验。

表17 耐热试验

EPL	工作温度 T_s	试验条件	替代试验条件
Ga Gb Da Db Ma Mb	$T_s \leqslant 70$℃	相对湿度(90±5)%、(T_s+20±2)℃(但不低于80℃)下672_{0}^{+30}h	
	70℃<$T_s \leqslant 75$℃	相对湿度(90±5)%、(T_s+20±2)℃下672_{0}^{+30}h	相对湿度(90±5)%、(90±2)℃下504_{0}^{+30}h。然后在(T_s+20±2)℃下干燥336_{0}^{+30}h
	T_s>75℃	相对湿度(90±5)%、(95±2)℃下336_{0}^{+30}h。然后在(T_s+20±2)℃下干燥336_{0}^{+30}h	相对湿度(90±5)%、(90±2)℃下504_{0}^{+30}h。然后在(T_s+20±2)℃下干燥336_{0}^{+30}h
Gc Dc	$T_s \leqslant 80$℃	相对湿度(90±5)%、(T_s+10±2)℃下672_{0}^{+30}h	
	80℃<$T_s \leqslant 85$℃	相对湿度(90±5)%、(T_s+10±2)℃下672_{0}^{+30}h	相对湿度(90±5)%、(90±2)℃下504_{0}^{+30}h。然后在(T_s+10±2)℃下干燥336_{0}^{+30}h
	T_s>85℃	相对湿度(90±5)%、(95±2)℃下336_{0}^{+30}h。然后在(T_s+10±2)℃下干燥336_{0}^{+30}h	相对湿度(90±5)%、(90±2)℃下504_{0}^{+30}h。然后在(T_s+10±2)℃下干燥336_{0}^{+30}h
T_s是5.2中定义的温度，不应包含26.7.2中规定的增加温度。			

在表17的试验结束后，进行试验的非金属材料外壳或外壳部件应在(20±5)℃、相对湿度(50±10)%下静置24_{0}^{48}h，然后进行耐寒试验(26.9)。

注1：表17试验数值包括了两种试验条件。第2列中的试验条件为本文件以前版本所使用，允许以前获得的试验结果继续有效。增加了第3列以允许在更容易达到的温度/湿度条件下进行试验，尽管延长了试验时间。

注2：通常认为，玻璃和陶瓷材料不受耐热性能试验的不利影响，因此不必进行试验。

注3：本文件不要求施加耐热试验各阶段的任何特定斜坡时间，该试验不是作为热冲击试验。

26.9 耐寒试验

耐寒性能应通过与防爆型式完整性有关的非金属材料外壳或外壳的非金属部件来确定，在与按照 26.7.2 规定的降低了的最低工作温度相应的环境温度下保持 24_{0}^{+2}h。

注：通常认为，玻璃和陶瓷材料不受耐寒性能试验的不利影响，因此不必进行试验。

26.10 耐紫外线(UV)试验

26.10.1 通则

对塑料材料，该试验应按 GB/T 1043(所有部分)的规定，在标准尺寸为(80±2)mm×(10±0.2)mm×(4±0.2)mm 的六根试棒上进行。试棒应按相关制造外壳的同等条件制成，这些条件在设备的试验报告中给出。

当由于非金属材料的性质，按照 GB/T 1043(所有部分)准备试验样品不可行时，允许进行替代试验，但在设备试验报告中注明理由。

对弹性体，试验应在六个样品上进行，可行时，使用 GB/T 6031 中试验方法 L、N、M 或 H 规定的标准样品。允许进行替代试验，但在设备试验报告中注明理由。

当由于弹性体的性质，按照 GB/T 6031 准备试验样品不实际时，或如果使用特殊弹性密封形状时，应采用按 GB/T 6031 中方法 CN、CM、CH 或 CL 的硬度测量。允许进行替代试验，但在设备试验报告中注明理由。

注：对塑料材料的试验通常具有破坏性，所以通常用六个未暴露的试棒或样品来测定材料的最初特性。

26.10.2 光暴露

试验通常应按 GB/T 16422.2 的规定，在一个使用氙灯和模拟太阳光过滤系统的暴光室中进行。样品应在干燥及黑标温度为(65±3)℃或黑板温度为(55±3)℃条件下，不循环暴光，时间应在 1000h 和 1025h 之间。

注：选择 65℃黑标温度是为了与在按照 GB/T 16422.2 特殊设计运行的设备内进行的试验兼容。选择 55℃黑板温度是为了保证与本文件以前版本的试验结果兼容。按照 GB/T 16422.2，两种条件几乎等同，但可能会有很小的差别，差别很小与试验目的无关。

26.10.3 合格判据

对塑料材料，判定标准是按 GB/T 1043(所有部分)规定的冲击弯曲强度。光照后的样品向光照面冲击弯曲强度应为光照前试棒弯曲强度的 50%及以上。对于光照试验前，由于不发生断裂不能测试冲击弯曲强度的塑料材料，光照试验后，不准许多于三根试棒断裂。允许使用替代合格判据，但在设备试验报告中注明理由。

对弹性体，判定标准是按 GB/T 6031 规定的硬度测量，试验方法与准备样品时选择的方法一致。暴光后六个样品暴光面上的平均硬度，用 GB/T 6031 规定的 IRHD 单元表述，变化不应超过光照前样品的 20%。允许使用替代合格判据，但在设备试验报告中注明理由。

26.11 Ⅰ类设备的耐化学试剂试验

非金属外壳和外壳的非金属部件应进行以下的耐化学试剂试验：

——油和润滑脂；

——矿用液压液。

相关试验应在四个外壳样品上进行，外壳应密封以防止试验液进入空腔内部。

——两个样品应放在温度为(50±2)℃，ASTM D5964 规定的 IRM 902 油中(24±2)h。

——另两个样品应放在温度为(50±2)℃，含水 35%的聚合水溶液构成的阻燃液压液(使用环境温度为-20℃-+60℃)中保持(24±2)h。

在试验结束时，外壳试样应从液体槽内取出，小心谨慎地擦干并放置在试验室内(24±2)h。然后每一个外壳试样应通过 26.4 规定的外壳试验。

当暴露于一种或多种化学试剂里后，如果一个或多个外壳试样未通过外壳的相关试验，则应在外壳上标志符号“X”，以表明符合 29.3e）规定的特殊使用条件，即在使用中不暴露于特殊化学剂中。

26.12 接地连续性

只要被试样品部位的尺寸与产品外壳的极限尺寸相同，制造外壳的材料可制成一个完整的外壳、外壳的一部分，或材料样品进行试验。

电缆引入装置应用直径为 20mm（标称）、黄铜（$CuZn_{39}Pb_3$或 $CuZn_{38}Pb_4$）制成的试棒代替，其公制螺纹符合国家标准的公差等级 6g，螺距按照 GB/T 17194 的规定为 1.5mm。在安装时试棒的长度应保证每一端至少有一扣螺纹露出，如图 8 所示。

与外壳一起使用的完整接地板或接地板部件应用于本试验。接地板上应提供用于试验的通孔，直径应在 22mm 至 23mm 之间。组装方法应保证试棒的螺纹不直接接触通孔内侧。

紧固螺母应用黄铜（$CuZn_{39}Pb_3$或 $CuZn_{38}Pb_4$）制造，公制螺纹符合国家标准的公差等级 6H，按照 GB/T 17194 的规定螺距为 1.5mm。螺母厚度应为 3mm（标称），平面尺寸最大值为 27mm。

所有部件按图 8 所示组装。依次施加到每对螺母上的力矩应为 10N·m（±10%）。

壳壁（或部分壳壁或试样）上的孔可以是光孔或与试棒相适合的螺纹攻丝孔。

在试样组装之后，应承受 26.8 规定的耐热性能试验。

随后，将试样放在温度至少为 80℃的空气箱中保持 336_0^{+30}h。

经过上述处理后，应在接地板之间通过 10A~20A 的直流电，测量它们之间的电压降，计算接地板之间或接地板部件之间的电阻。

如果接地板之间或接地板部件之间的电阻不超过 $5\times10^{-3}\Omega$，则用这种方式试验的非金属材料满足要求。

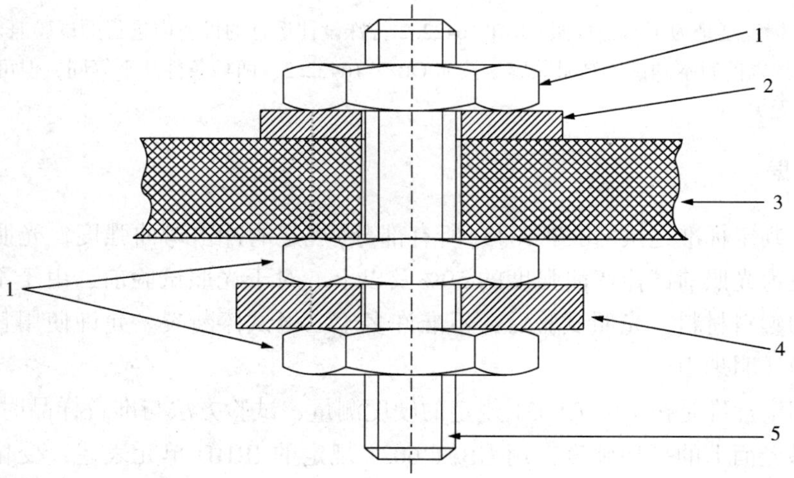

标引序号说明：

1——螺母；

2——接地板；

3——壳壁（非金属）；

4——接地板或接地板部件；

5——试棒。

图 8 接地连续性试验用试样的组装

26.13 非金属材料外壳部件的表面电阻测定

如果部件尺寸允许，则表面电阻测定应在外壳部件上进行，或在图 9 所示尺寸的矩形试件上进行。试件表面应干净，完好无损。在试件表面上用导电漆涂两条平行的电极，导电漆溶剂对表面电阻不应有明显影响。

试件应用蒸馏水擦净，然后用异丙基乙醇(或其他任何能与水混合且不影响试件或电极材料性能的溶剂)清洗，在干燥前再用蒸馏水清洗。不用手触摸，置于温度(23±2)℃和相对湿度(50±5)%或(30±5)%条件下24h，见7.4.2a)。试验应在同样的环境条件下进行。

在两极间应施加(500±10)V的直流电压，历时(65±5)s。

测定时的电压应足够稳定，使电压波动所产生的充电电流与流过试件的电流相比可忽略不计。

表面电阻等于施加在电极间的直流电压与流过两极间的总电流之比。

如果在500V直流试验电压时由于大电流而遇到困难，试验可进行以下修改。在电极间施加(10±0.5)V的直流测量电压，历时(15±5)s。如果电阻小于10MQ，测量电压应增至(100±5)V，历时(15±5)s。

单位为毫米

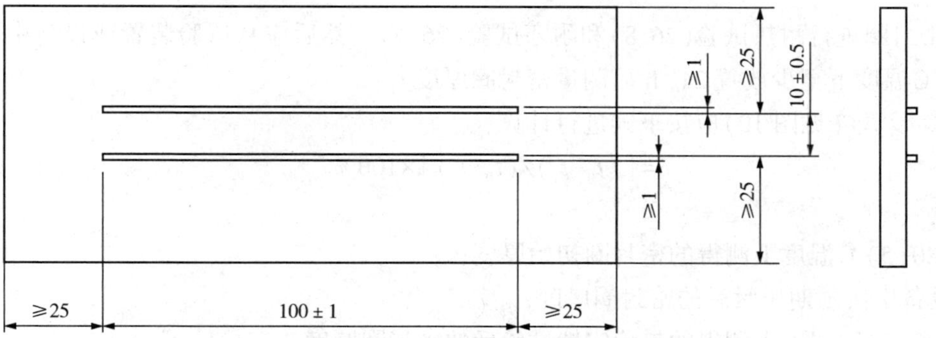

图9 涂导电漆电极的试件

26.14 电容测量

26.14.1 通则

试验应在完全组装好的电气设备样品上进行。样品不需要先进行过外壳试验。样品应放在温度为(20±2)℃和相对湿度为(50±5)%的气候调节室内至少1h。样品应放置在面积远超过试验样品面积的未接地金属板上。若样品需要支撑，可使用夹子或钳子(最好是塑料制成的)固定位置，但不应用手持。其他电气设备应尽可能远离样品。连接导线应尽可能短。样品的位置应使测量的裸露金属试验点尽可能接近未接地金属板，但不接触。然而，如果外部金属部件与内部金属部件有电气接触，则应在设备所有方向测量电容，以确保得到最大电容值。

宜避免表面氧化的金属板，因为可能导致错误的结果。

26.14.2 试验程序

应测量试验样品上每个裸露金属部件和金属板之间的电容。电容表的负极引线连接到未接地金属板，正极引线宜尽可能远离金属板。

可能需要使用电池供电的电容表来确保稳定的读数。

如果金属部件不易接近仪表引线，可在部件上插入螺钉来延长部件并制造试验点。螺钉不宜与内部金属部件有任何接触。

宜尽量减小杂散电容。其他电气设备宜尽可能远离。

电容测量的试验程序如下：

a) 将电容表的正极测量探针置于距离金属试验点3mm~5mm处，记录空气中杂散电容值至最接近的值(精确到pF)。

b) 将电容表的正极测量引线接触金属试验点，记录电容值至最接近的值(精确到pF)。

c) 计算步骤 a)和 b)测量值之差，并记录数值。

d) 每个试验点重复步骤 a)~c)两次。

e) 根据获得的三次测量值计算平均电容。

26.15 风扇额定值验证

应对风扇提供额定电压和规定的背压(如果有)。应测量最大功率、电流和转速，并应符合风扇的额定值。电机和风扇任何其他电气部件均不应超过额定值。

26.16 O 形弹性密封圈替换评定

在(20±5)℃温度下测量密封圈的厚度 t_0。然后在完整设备外壳中或试验装置中按预期压缩密封圈。

对压紧的密封圈进行耐热试验(26.8)和耐寒试验(26.9)。然后应从试验装置或设备中取出密封圈，在(20±5)℃温度下至少放置 24_{0}^{+2}h 后测量密封圈厚度 t_1。

压缩永久变形率 c(见图 10)应按下式进行计算：

$$c=[(t_0-t_1)/(t_0-t_s)]\times 100\%$$

式中：

t_0——在(20±5)℃温度下测得的密封圈初始厚度；

t_s——在设备中按预期压紧后的密封圈厚度；

t_1——在(20±5)℃温度下测得的热稳定性试验后的密封圈厚度。

注：压缩永久变形率描述了密封圈压缩后恢复到初始尺寸的能力。

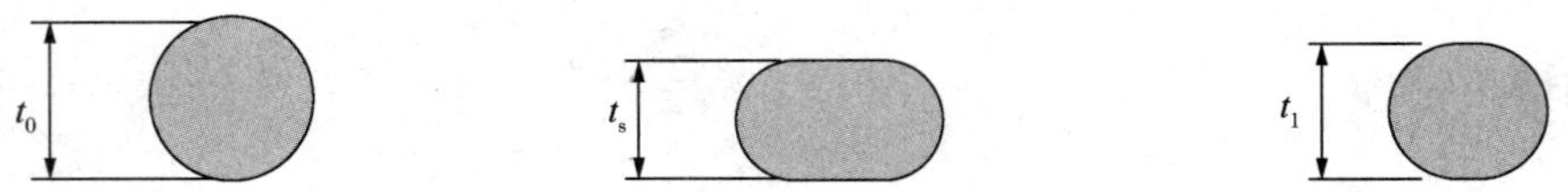

a) 初始厚度 b) 施加压缩 c) 压缩永久变形

图 10 O 形密封圈压缩永久变形

26.17 转移电荷试验

26.17.1 试验设备

需要用下列物品：

a) 耗散材料(例如未经处理的木材)制成的桌子或刚性板；

注 1：正确使用耗散桌子表面，确保了带电荷的表面上由于电荷束缚效应积聚强烈电荷。从桌面上拿起试样之后，电荷不再受桌面相反电荷的束缚，形成最佳放电条件。

b) 无饰面的摩擦电序正极端和负极端的材料制作的布料，布料有足够大面积以避免在摩擦过程中试样与试验人员手指接触，以及手套或其他平滑的天然皮革接触；

注 2：摩擦电序见 IEC TR 61340-1。

注 3：适合摩擦起电的正极材料，包括平滑的天然皮革、羊毛毡、雨衣用聚酰胺布料、棉花、毛皮。适合摩擦起电的负极材料，包括聚氨酯和聚乙烯桌布。

c) 单尖金属针电极或多针电极，与 30kV~70kV 高压电源的负极连接，用于电晕放电；

d) 用于测量电荷转移的下列设备或等效设备：

1) 直径(25±5)mm 抛光金属电极连接到示波器 50Ω 输入端，示波器至少 1G/s 采样速率、300MHz 带宽，至少 300MHz 带宽时环路接地并联电阻(0.25±0.05)Ω；或者

2) 直径(25±5)mm 抛光金属电极连接到(100±10)nF 接地电容器上，电容器与(15+2)kΩ 电阻并联，二者均接入电压表输入端，自动触发并保持最大值；或者

3） 直径(3±1)mm 抛光金属电极，插入直径(25±5)mm 接地空心球中一直径(5±1)mm 的光孔，连接到库仑计输入端的(100±10)nF 接地电容器上；

e） 用 PTFF 制作的扁平圆盘，厚度小于 3mm，面积大于 20000mm²，作为可高度起电的基准。

26.17.2 试验样品

应在完全组装好的产品试样上，或者具有相同制造参数的材料上进行试验。试验之前试样不应进行其他试验。试样可包含任何绝缘材料、导电材料或耗散材料组合。

由于电荷束缚效应(例如，由于内部导电部件)可能有助于防止危险放电，所以最好在完全组装好的产品上进行试验。

试样应在温度(23±2)℃、相对湿度(30±5)%的环境试验箱内处理至少 24h。

试样的表面应完好清洁。由于任何溶剂都会在表面上留下导电残留物，最好仅用刷子清洁表面。对于用特殊防静电剂处理的表面，这一点尤其重要。

表面上如果有指印或其他脏污，而且没有采用特殊防静电剂，则应用 2-丙醇(异丙醇)或其他不会影响试样和电极材料的溶剂清洁试样，然后在空气中干燥。随后试样应在温度(23±2)℃和相对湿度(25±5)%条件下处理至少 24h，其间不应再用裸手接触。

26.17.3 试验程序

如果制造商的说明书要求接地，导电部件在试验期间应接地。

按下列程序进行试验：

a） 应确认测量系统正确运行，例如，在校核过的静电电压表输入端，通过来自球形电极的约 50nC 的试验脉冲确认，静电电压表输入电容已知(如 10nF)、施加电压已知(如 5kV)。或者，在库仑计输入端(通常 100nF 输入电容)短时连接 1.5V 的电池(通常 1.65V)，应显示转移的电荷(通常 165nC)。

b） 用基准 PTFE 盘检查试验步骤 c)~k)，验证至少达到 100nC。

c） 用摩擦电序正极端材料摩擦试样，在远离试验人员方向，用中等力(约 40N)至少每秒摩擦一次。不应裸手接触试验表面。应持续摩擦(10±1)s，最后以重摩擦结束。

注 1：适合摩擦起电的正极材料，包括平滑的天然皮革、羊毛毡、雨衣用聚酰胺布料、棉花、毛皮。

d） 用尽量减小无意放电的方法将试样从桌面升起至少 20cm。

e） 将测量设备的球形电极慢慢移向试样，直至出现放电，使试样尽快放电。应特别注意：

1） 对大表面区域和小的导电体放电；

2） ⅡA 类在小于 2mm 的间隙放电、ⅡB 类在小于 1mm 的间隙放电、ⅡC 类在小于 0.5mm 的间隙放电，由于电极处的猝灭效应，点燃能力低于转移电荷的预期。

f） 从电极附近迅速移走试样。

g） 读出显示器上的数值，或者对记录的电流积分(水平设置通常为 40ns/div)，乘以已知的校准系数。

h） 重复试验 9 次。

i） 用一种摩擦电序负极端的材料摩擦，重复步骤 c)~h)。

注 2：适合摩擦起电的负极材料，包括聚氨酯和聚乙烯桌布。

j） 用第二种摩擦电序正极端的材料摩擦，重复步骤 c)~h)。

k） 用第三种材料重复步骤 c)~h)。或者，重复步骤 c)~h)，但用皮手套平滑的部分击打试样 5 次代替步骤 c)。

l） 检查试样中是否有导体支撑的绝缘部件被，或者是否有耗散部件或导电部件。如果是，继续步骤 o)，如果不是，进行步骤 m)。

注 3：这是保证不产生传播型刷形放电所必需的，传播型刷形放电易对测量设备造成损坏。

m) 把电晕电极放在稍高于试样的上方，进行小圆周运动使试样起电。如果是多针电极，不需要圆周运动。约 5s 后在仍施加高压的情况下使电极远离试样，以避免电荷从带电试样上返回电极上。

n) 继续步骤 d)～h)直到完成 10 次完整的试验。

o) 试验结束。

27 例行试验

对于设备的检查和试验，制造商还应进行第 1 章所列标准规定的例行试验。

28 制造商责任

28.1 符合文件

制造商应进行需要的检查和试验，以确保所生产的设备符合文件要求。

注 1：本条的目的不是要求 100%地检查部件，可采用统计的方法验证其符合性。

注 2：更多信息见 GB/T 3836.21。

28.2 防爆合格证

制造商对其制造的防爆产品应取得防爆合格证，确认设备符合本文件以及第 1 章所列其他适用部分和附加标准的要求。防爆合格证可针对 Ex 设备或 Ex 元件。

Ex 元件防爆合格证(合格证编号以符合"U"后缀区别)用于不完整的、在合并入 Ex 设备前需要进一步评定的设备部件。防爆合格证的限制条件中应包含正确使用 Ex 元件的必要信息。

Ex 元件防爆合格应说明其不是 Ex 设备防爆合格证。

取得防爆合格证的检验程序应符合附录 J 的规定。

28.3 对标志的责任

按第 29 章的要求对设备进行标志，制造商证明自己的责任如下：

——设备已按照与安全有关的相关标准要求制造；

——产品通过 28.1 规定的全部例行检查和例行试验，产品与文件相符。

29 标志

29.1 适用性

下列标志方法仅适用于符合第 1 章所列的有关专用防爆标准规定的 Ex 设备或 Ex 元件上，这一要求很重要。

29.2 标志位置

应在 Ex 设备外部主体部分的明显处设置标志，在 Ex 设备安装之前标志应能被很容易地看到。

注 1：标志宜设在 Ex 设备安装后易看到的位置。

注 2：如果标志设在 Ex 设备的移动部件上，在 Ex 设备内部可另设一相同标志，以便在安装和维护过程中避免与类似设备混淆。见 29.11 和 29.12 对小型和超小型设备和 Ex 元件的附加指南。

29.3 通则

标志应包含下列各项：

a） 制造商的名称或注册商标。

b） 制造商规定的产品型号标识。

c） 产品编号，但下列情况除外：

- 接线用的附件（电缆引入装置、封堵件、螺纹式管接头和绝缘套管）；
- 表面积有限的非常小的电气设备。

（产品的批号可代替产品编号）

d） 颁发防爆合格证的检验机构名称或标志，防爆合格证编号采用下列形式：两位数字的年份，随后是该年度防爆合格证顺序号，由四位数字组成，它们与年份之间用“.”分开。

e） 如果检验机构有必要说明特殊使用条件，则在防爆合格证编号后加上符号“X”。设备上可标志警告标志来代替所要求的符号“X”。设备上可标志对包含详细信息的具体说明文件的引用来代替所要求的“X”标志。

注1：其目的是特殊使用条件的要求及其他任何有关文件一起提供给用户。

f） 爆炸性气体环境用具体的Ex标志见29.4，爆炸性粉尘环境用具体的Ex标志见29.5。爆炸性气体环境用和爆炸性粉尘用的Ex标志应分开，不应组合在一起。

g） 按第1章所列有关防爆型式专用标准规定的附加标志。

注2：为适用不同行业电气设备制造安全标准的要求可增设附加标志。

29.4 爆炸性气体环境防爆标志

防爆标志应包括：

a） 符号Ex，表明Ex设备符合第1章所列专用标准的一个或多个防爆型式。

b） 所使用的各种保护等级符号：

- “da”：隔爆外壳（对于EPL Ga或Ma）；
- “db”：隔爆外壳（对于EPL Gb或Mb）；
- “dc”：隔爆外壳（对于EPL Gc）；
- “eb”：增安型（对于EPL Gb或Mb）；
- “ec”：增安型（对于EPL Gc）；
- “ia”：本质安全型（对于EPL Ga或Ma）；
- “ib”：本质安全型（对于EPL Gb或Mb）；
- “ic”：本质安全型（对于EPL Gc）；
- “ma”：浇封型（对于EPL Ga或Ma）；
- “mb”：浇封型（对于EPL Gb或Mb）；
- “mc”：浇封型（对于EPL Gc）；
- “nA”：无火花（对于EPL Gc）；
- “nC”：火花保护（对于EPL Gc）；
- “nR”：限制呼吸（对于EPL Gc）；
- “ob”：液浸型（对于EPL Gb或Mb）；
- “oc”：液浸型（对于EPL Gc）；
- “op is”：本质安全型光辐射（对于EPL Ga、Gb、Gc、Ma或Mb）；
- “op pr”：保护型光辐射（对于EPL Gb、Gc或Mb）；
- “op sh”：带联锁装置的光辐射（对于EPL Ga、Gb、Gc、Ma或Mb）；
- “pv”：正压型（对于EPL Gb或Gc）；
- “pxb”：正压型（对于EPL Gb或Mb）；
- “pyb”：正压型（对于EPL Gb）；
- “pzc”：正压型（对于EPL Gc）；

- “q”：充砂型（对于 EPL Gb 或 Mb）；
- “sa”：特殊型（对于 EPL Ga 或 Ma）；
- “sb”：特殊型（对于 EPL Gb 或 Mb）；
- “sc”：特殊型（对于 EPL Gc）。

c) 类别符号：

- Ⅰ类：煤矿瓦斯气体环境用 Ex 设备。
- ⅡA、ⅡB 或ⅡC 类：除煤矿瓦斯气体环境之外的其他爆炸性气体环境用 Ex 设备。

  当 Ex 设备仅使用在某一特定的气体中，则在符号Ⅱ后面的括号内写上气体的化学名称或分子式。

  当电气设备除适用于特殊设备类别外还使用在某一特定气体中时，化学分子式应加在类别符号的后边并用符号“+”分开，例如，“ⅡB+H_2”。

d) 对于Ⅱ类 Ex 设备，表示温度组别的符号。如果制造商希望给出两个温度组别之间的最高表面温度，也可仅用摄氏温度来标志该最高表面温度，或两者都标出，但在摄氏温度之后加括号，括号内是温度组别，例如，T1 或 350℃或 350℃（T1）。

对于最高表面温度超过 450℃ 的Ⅱ类 Ex 设备应用摄氏温度来标记最高表面温度，例如，600℃。

当Ⅱ类 Ex 设备有多个温度组别，例如对于多个环境温度范围，且标志上不可能包括全部信息时，或当存在外部热/冷源时（见 5.1.2）：

- 防爆合格证中应包含完整的温度组别信息，标志应按照 29.3e）包含符号“X”号以指明特殊使用条件；且
- 标志中应标出温度组别的范围，下限和上限用“…”隔开，例如，“T3…T6”。

用于特殊气体的Ⅱ类 Ex 设备，不必标出相应温度组别或最高表面温度。

Ex 设备电缆引入装置、Ex 设备封堵件和 Ex 设备螺纹式管接头不必标志温度组别或最高表面温度（摄氏温度）。

e) 适用的设备保护级别（EPL）“Ga”“Gb”“Gc”“Ma”或“Mb”。

注 1：Ex 设备上标志的 EPL 的可能比通常用于具体防爆型式的 EPL 的限制更严格，以说明设备的其他方面，如材料的限制。例如，当设备铝含量超出了 8.3 中允许值，Ex ia ⅡC T4 Gb。

f) 按照 5.1.1，适用时，标志应包括符号 T_a 或 T_{amb} 和环境温度范围，或按照 29.3e）包含符号“X”以指明这一特殊使用条件。如果 Ex 设备也标志用于爆炸性粉尘环境，且环境温度范围等级相同的，只需标出一个环境温度范围。

a)~e）要求的 Ex 标志应按在上述列项中给出的顺序标志，彼此之间应有小的间隔。

对于适合安装在危险场所的关联装置，如果危险场所的 Ex 设备内部提供有限能措施，保护等级和 EPL 的符号应用方括号括起来，例如，Ex db[ia Ga]ⅡC T4 Gb。当关联装置类别与设备的类别不同时，关联装置的类别应用方括号括起来，例如，Ex db[ia ⅡC Ga] ⅡB T4 Gb。

注 2：安装于隔爆外壳内的二极管安全栅是典型的例子。

对于适合安装在危险场所的关联装置，如果危险场所的 Ex 设备外部提供有限能措施，防爆型式的符号不用方括号括起来，例如，Ex db ia ⅡC T4 Gb。

注 3：用本质安全光电池连接到安全区的隔爆型灯是典型的例子。

对于不适合安装在危险场所的关联装置，符号 Ex 及保护等级和 EPL 的符号应用同一方括号括起来，例如，[Ex ia Ga]ⅡC。

对于既有关联装置又有本质安全装置，且不要求用户连接 Ex 设备的本质安全部分的设备，关联装置的标志不应出现，EPL 不同时除外。例如，Ex db ib ⅡC T4 Gb，而不是 Ex db ib[ib Gb]ⅡC T4 Gb，但是，如果 EPL 不同，则 Ex db ia[ia Ga]ⅡC T4 Gb 是正确的。

注 4：对于不适合安装在危险场所的关联装置，不包括温度组别。

对于适合安装在危险场所的 Ex 关联设备，Ex 关联设备保护等级和 EPL 的符号应用同一方括号括起来，例如，Ex db[pxb Gb]ⅡC T4 Gb。如果同时提供关联装置和 Ex 关联设备，保护等级和 EPL 的符号置于不同方括号中，例如，Ex db[ib Gb][pxb Gb]ⅡC T4 Gb。

对于不适合安装在危险场所的 Ex 关联设备，符号 Ex 及 Ex 关联设备保护等级和 EPL 的符号应用同一方括号括起来，例如，[Ex pxb Gb]。如果同时提供关联装置和 Ex 关联设备，保护等级和 EPL 的符号分别置于方括号中，例如，[Ex ib Gb][Ex pxb Gb]ⅡC。

当 Ex 关联设备和 Ex 设备的类别不同，还应标出设备类别，例如，Ex db：[ib ⅡC Gb][pxb Gb]ⅡB T4 Gb。

注 5：不用于安装在危险场所内的 Ex 关联设备将不包括温度组别。

29.5 爆炸性粉尘环境防爆标志

防爆标志应包括：

a) 符号 Ex，表明 Ex 设备符合第 1 章所列专用标准的一个或多个防爆型式。

b) 所使用的各种保护等级符号：

- “ia”：本质安全型(对于 EPL Da)；
- “ib”：本质安全型(对于 EPL Db)；
- “ic”：本质安全型(对于 EPL Dc)；
- “ma”：浇封型(对于 EPL Da)；
- “mb”：浇封型(对于 EPL Db)；
- “mc”：浇封型(对于 EPL Dc)；
- “op is”：本质安全型光辐射(对于 EPL Da、Db 或 Dc)；
- “op pr”：保护型光辐射(对于 EPL Db 或 Dc)；
- “op sh”：带联锁装置的光辐射(对于 EPL Da、Db 或 Dc)；
- “pxb”：正压型(对于 EPL Db)；
- “pyb”：正压型(对于 EPL Db)；
- “pzc”：正压型(对于 EPL Dc)；
- “sa”：特殊型(对于 EPL Da)；
- “sb”：特殊型(对于 EPL Db)；
- “sc”：特殊型(对于 EPL Dc)；
- “ta”：外壳保护型(对于 EPL Da)；
- “tb”：外壳保护型(对于 EPL Db)；
- “tc”：外壳保护型(对于 EPL Dc)。

c) 类别符号：

- ⅢA、ⅢB 或ⅢC 类，爆炸性粉尘环境用 Ex 设备。

d) 按照规定的 EPL，最高表面温度标志。

- 对 EPL Da，最高表面温度应用摄氏温度值及单位℃表示，200mm 的粉尘层厚度用下标表示(例如 T_{200}320℃)。因为不准许测定无粉尘层的 Da 级设备的最高表面温度，不能标志无粉尘层的最高表面温度。

注 1：超过 200mm 粉尘层厚度不会导致需要考虑的更高温升。

- 对无粉尘层试验的 EPL Db 和 EPL Dc，最高表面温度应用摄氏温度值及单位℃表示，前面加字母“T”(例如 T90℃)。
- 对 EPL Db，按照 5.3.2.3.2b)，适用时，除无粉尘层的标志外，还应用摄氏温度值和单位℃标出最高表面温度 $T_{最大粉尘层}$，规定的粉尘层厚度(单位为 mm)用下标表示(例如 T_{150} 320℃)。

- 对 EPL Db，按照 5.3.2.3.2c)，适用时，除无粉尘层的标志外，还应用摄氏温度值和单位℃标出最高表面温度 T_L，特定方向的粉尘层 L 用下标表示(例如 T_L 320℃)。

当Ⅲ类 Ex 设备有多个最高表面温度，如对于多个环境温度范围，且标志上不可能包括全部信息时，或当存在外部热/冷源时(见 5.1.2)：

- 防爆合格证中应包含完整的温度组别信息，标志应按照 29.3e)包含符号"X"以指明特殊使用条件；且
- 标志中应标出最高表面温度的范围，下限和上限用"…"隔开，例如，"T80℃…T195℃"。

Ex 设备电缆引入装置、Ex 设备封堵件和 Ex 设备螺纹式管接头不必标志最高表面温度。

e) 适用的设备保护级别(EPL)"Da"、"Db"或"Dc"。

注 2：Ex 设备上标志的 EPL 可能比通常用于具体防爆型式的 EPL 的限制更严格，以说明设备的其他方面，如材料限制。例如，当设备铝含量超出了 8.4 中允许值，Ex ia ⅢC T135℃Dc。

f) 按照 5.1.1，适用时，标志应包括符号 T_a 或 T_{amb} 和环境温度范围，或按照 29.3e)包括符号"X"以指明这一特殊使用条件。如果 Ex 设备也标志用于爆炸性气体环境，且环境温度范围等级相同，只需标出一个环境温度范围。

a)~e)要求的 Ex 标志应按在上述列项中给出的顺序标志，彼此之间应有小的间隔。

对于适合安装在危险场所的关联装置，如果危险场所的 Ex 设备内部提供有限能措施，保护等级和 EPL 的符号应用方括号括起来，例如，Ex tb[ia Da]ⅢC T100℃Db。当关联装置与 Ex 设备的类别不同时，关联装置的类别应用方括号括起来，例如，Ex tb[ia ⅢC Da]ⅢB T100℃Db。

注 3：安装于防尘外壳内的二极管安全栅是典型的例子。

对于适合安装在危险场所的关联装置，如果危险场所的 Ex 设备外部提供有限能措施，防爆型式的符号不用方括号括起来，例如，Ex ia tb ⅢC T100℃Db。

注 4：用本质安全光电池连接到安全区的防粉尘型灯是典型的例子。

对于不适合安装在危险场所的关联装置，符号 Ex 及保护等级和 EPL 的符号应用同一方括号括起来，例如，[Ex ia Da]ⅢC。

对于既有关联装置又有本质安全装置，且不要求用户连接设备的本质安全部分的设备，关联装置的标志不应出现，EPL 不同时除外。例如，Ex ib tb ⅢC T100℃Db，而不是 Ex ib tb [ib Db]ⅢC T100℃Db，但是，如果 EPL 不同，则 Ex ia tb[ia Da]ⅢC T100℃Db 是正确的。

注 5：对于不适合安装在危险场所的关联装置，不包括温度组别。

对于适合安装在危险场所的 Ex 关联设备，Ex 关联设备保护等级和 EPL 的符号应用同一方括号括起来，例如，Ex tb[pxb Gb]ⅢC T135℃Db。如果同时提供关联装置和 Ex 关联设备，保护等级和 EPL 的符号分别置于方括号中，例如，Ex tb[ib Db][pxb Db]ⅢC T135℃Db。

对于不适合安装在危险场所的 Ex 关联设备，Ex 符号及 Ex 关联设备保护等级和 EPL 的符号应用方括号括起来，例如，[Ex pxb Db]。如果同时提供关联装置和 Ex 关联设备，保护等级和 EPL 的符号显示在方括号中，例如，[Ex ib Db][Ex pxb Db]ⅢC。

当 Ex 关联设备和 Ex 设备的类别不同，还应标出设备类别，例如，Ex tb[ib ⅢC Db][pxb Db]ⅢB T135℃Db。

注 6：不用于安装在危险场所内的 Ex 关联设备将不包括温度组别。

29.6 混(复)合型防爆型式

当一台 Ex 设备的不同部分或 Ex 元件使用不同的防爆型式(或保护等级)时，防爆标志应包括所有所使用的防爆型式(或保护等级)符号，防爆型式的符号应按字母顺序排列，彼此之间应有小的间隔。当使用关联装置时，其防爆型式(或保护等级)的标志，包括适用时的方括号，应标在设备防爆型式(或保护等级)符号之后。

29.7 多种防爆型式

Ex 设备可设计制成不同的防爆型式，以便根据防爆型式的安装要求，选择合适的安装方式。例如设计成同时符合 Ex i 和 Ex d 或 Ex e 要求的 Ex 设备，可根据用户/安装单位的选型进行安装。

在这种情况下：

——除 Ex 设备电缆引入装置、Ex 设备封堵件和 Ex 设备螺纹式管接头之外，设备上应分开标志出每个相关的 Ex 标志，并且每个标志之前应留有空间，以便安装时在选择的 Ex 标志前做出标记。

——防爆合格证上应分别给出所有相关的 Ex 标志。

当防爆合格证上单独表示的每一个 Ex 标志仅用一个证书时，则不同 Ex 标志的相应标志、参数或技术规格的任何变更，都应清楚地表示出来，不应混淆。

当每一个 Ex 标志用一个单独的防爆合格证时，每个单独的 Ex 标志的所有相关参数或技术规格都应列在证书上。

29.8 使用两个独立 Gb 级防爆型式(保护等级)的 Ga 级设备

为了达到 EPL Ga 的保护级别，当同一设备采用两个独立的 EPL Gb 防爆型式时，Ex 标志应包括所使用的两种防爆型式(或保护等级)的符号，并用“+”相连。见 GB 3836.20。

29.9 边界墙

对拟安装在要求 EPL Ga 或 EPL Da 级的场所和较低危险的场所之间的边界墙内的设备，标志牌上应同时标志保护等级和 EPL，中间用“/”分隔，例如：

——Ex ia/db ⅡC T6 Ga/Gb，或(见 GB 3836.20)；

——Ex ia/tb ⅢC T85℃ Da/Db。

29.10 Ex 元件

按照第 13 章的规定，Ex 元件应标志明确，包括下列内容：

a) 制造商名称或注册商标；

b) 制造商规定的产品型号标识；

c) 符号 Ex；

d) 所使用的每一种防爆型式(或保护等级)符号；

e) 设备的 Ex 元件类别符号；

f) 颁发防爆合格证的检验机构名称或标志以及防爆合格证编号；

g) 符号“U”；

注 1：不用符号“X”。

h) 按第 1 章所列有关防爆型式专用标准规定的附加标志；

注 2：设备制造标准可能要求附加标志。

i) 如果适用，29.4 或 29.5 尽可能多的其他标志信息。

爆炸性气体环境和爆炸性粉尘环境用的 Ex 标志应分开，不应混用。

作为 Ex 元件的外壳的 Ex 标志不应标在外部。只有 a) 和 b) 的信息可标志在外部。内部标志不必是永久的。如果外壳(作为 Ex 元件)制造商也是设备防爆合格证的持有者，内部标志可省略，并且在 Ex 元件防爆合格证的限制条件中这样指明。

29.11 小型电气设备和 Ex 元件

对于小型 Ex 设备和 Ex 元件，由于体积有限，允许减少部分标志内容，但在 Ex 设备或 Ex 元件上至少标出下列内容：

a） 制造商名称或注册商标；

b） 制造商规定的产品型号标识。如果防爆合格证编号提供有具体的产品型号，则产品型号的符号允许缩写或省略；

c） 颁发防爆合格证的检验机构名称或标志以及防爆合格证编号；

d） 符号“X”（如果适用，仅 Ex 设备）或“U”（仅 Ex 元件）；

注：符号“X”和“U”不能同时使用。

e） 如果适用，29.4 或 29.5 尽可能多的其他标志信息。

29.12 超小型 Ex 设备和 Ex 元件

当 Ex 设备和 Ex 元件表面过小而没有标志空间时，允许将标志链接在 Ex 设备或 Ex 元件上。该标志应等同 29.3、29.4 和 29.5 的适用规定，并应设在靠近现场安装的 Ex 设备或 Ex 元件的标牌上。

29.13 警告标志

如果要求在设备上标出下列任何警告标志，表 18 中“警告”词之后规定的内容可用技术上等效的内容代替。多种警告内容可合并成一种等效的警告内容。

表 18 警告标志内容

项	对应条款	警告标志
a）	6.3	警告：断电后，延迟 Y 分钟方可开盖（“Y”分钟为延迟所需时间）
b）	6.3、23.12	警告：存在爆炸性环境时严禁打开
c）	18.2	警告：严禁负载操作
d）	18.2、18.4、21.2、21.3	警告：严禁带电开盖
e）	20.1	警告：严禁带电断开
f）	20.1	警告：只允许在非危险场所断开
g）	7.4.2e）、7.4.2f）、7.4.3d）	警告：潜在静电电荷危险——见使用说明书
h）	18.4、21.2、2.3	警告：盖子下面有带电部件——严禁接触

29.14 电池

按照 23.11 的规定，当用户需要更换外壳内的电池时，与允许正确更换有关的参数应清楚地永久性标在外壳上或外壳内，标志应包括电池制造商的名称和部件编号，或电化系统、标称电压和额定容量。

当使用可更换电池包时，在可更换电池包外部应标志下列内容：

——制造商名称；

——制造商给出的产品型号标识；

——“仅在……上使用”字样，其中“……”为预定使用设备的型号标识。

当使用可更换电池包时，应在 Ex 设备上标志“仅使用可更换电池包”字样，后跟可更换电池包制造商和制造商产品型号标识。

29.15 由变频器控制的电机

预期由变频器控制的电机应进行附加标志：

——“由变频器控制”；

——电机预定运行速度或频率范围；

——低压二电平变频器的最小开关频率；

注1：开关频率被认为是变频器的脉冲频率或载波频率。

注2：低压通常小于或等于1000V a.c.。

——转矩应用类型，例如变转矩、定转矩、恒功率，或者运行转矩极限；

——如适用，预定具体变频器的型号标识；

——如适用，预定变频器类型，如脉冲宽度调制(PWM)、多电平等。

29.16 标志示例

煤矿瓦斯气体环境用隔爆外壳“d”(EPL Mb)：

Ex db Ⅰ Mb

带本质安全型“i”(EPL Ga)输出电路的隔爆外壳Ex元件"d”(EPL Gb)，用于除煤矿瓦斯气体环境外的ⅡC级爆炸性气体环境(防爆合格证编号后加符号“U”)：

Ex db[ia Ga]ⅡC Gb

使用增安型“e”(EPL Gb)和正压外壳“px”型(EPL Gb)的设备，最高表面温度125℃，用于除煤矿瓦斯气体环境外的、点燃温度高于125℃的爆炸性气体环境，在防爆合格证中注明特殊使用条件(防爆合格证编号后加符号“X”)：

Ex eb pxb ⅡC 125℃(T4)Gb

使用隔爆外壳“d”(EPL Mb和Gb)和增安型“e”(EPL Mb和Gb)的设备，用于煤矿瓦斯气体环境和除煤矿瓦斯气体环境外的ⅡB级气体、点燃温度高于200℃的爆炸性气体环境：

Ex db eb Ⅰ Mb

Ex db eb ⅡB T3 Gb

使用增安型“e”(EPL Gb)的设备用于除煤矿瓦斯气体环境外的C级气体、点燃温度高于85℃的爆炸性气体环境：

Ex eb ⅡC T6 Gb

用于除煤矿瓦斯气体环境外的、仅存在氨气爆炸性气体环境用的隔爆外壳电气设备“d”(EPL Gb)：

Ex db(NH_3) Gb

用于具有导电性粉尘的爆炸性粉尘环境ⅢC等级浇封型设备“m”(EPL Da)，最高表面温度低于120℃：

Ex ma ⅢC T_{200} 120℃ Da

用于具有导电性粉尘的爆炸性粉尘环境ⅢC等级“i”(EPL Da)型设备，最高表面温度低于120℃：

Ex ia ⅢC T_{200} 120℃ Da

用于具有导电性粉尘的爆炸性粉尘环境ⅢC等级“p”(EPL Db)型设备，最高表面温度低于120℃：

Ex pxb ⅢC T120℃ Db

用于具有导电性粉尘的爆炸性粉尘环境ⅢC等级“t”(EPL Db)型设备，最高表面温度低于225℃，当用150mm的粉尘层试验时低于320℃：

Ex tb ⅢC T225℃ T_{150} 320℃ Db

用于具有导电性粉尘的爆炸性粉尘环境ⅢC等级“t”(EPL Db)型设备，扩大的环境温度范围在-40℃至+120℃之间时的最高表面温度低于175℃：

Ex tb ⅢC T175℃ Db

-40℃ ≤ T_{amb} ≤ +120℃

用于爆炸性气体环境用ⅡC等级浇封型设备“ma”(EPL Ga)，最高表面温度低于135℃和用于具有导电性粉尘的爆炸性粉尘环境ⅢC 等级浇封型设备“ma”(EPL Da)，最高表面温度低于120℃，一张防爆合格证：

Ex ma ⅡC T4 Ga

Ex ma ⅢC T_{200} 120℃ Da

用于爆炸性气体环境用ⅡC 等级浇封型设备“ma”(EPL Ga)，最高表面温度低于135℃和用于具有导电性粉尘的爆炸性粉尘环境ⅢC 等级浇封型设备“ma”(EPL Da)，最高表面温度低于120℃，两张独立的防爆合格证：

(第一张证书防爆标志) Ex ma ⅡC T4 Ga

(第二张证书防爆标志) Ex ma ⅢC T_{200} 120℃ Da

30 使用说明书

30.1 通则

制造商准备的使用说明书应至少包括下列细节：

a) 摘要重述设备标志的信息，序列号除外(见第29章)，和便于设备维护的适当补充信息(例如，进口商、修理单位地址等)。

b) 安全须知，即：

1) 现场装配
- 提供给用户的任何专业安装信息，如特殊装配顺序；
- 机械装配的信息，如管道连接。

2) 安装
- 除 GB/T 3836.15 给出的通用要求外的信息；
- 关于等电位联结、屏蔽接地或过电压保护的信息；
- 为参考压力大于2000kPa(Ⅱ类)或1333kPa(Ⅰ类)的接线腔选择隔爆引入装置的指南。

注：GB/T 3836.2 对隔爆引入装置的最低要求假定最大参考压力为2000kPa(Ⅱ类)或1333kPa(Ⅰ类)。其他装置的额定数据大于这些最小要求是可行的。

3) 调试和参数设置
- 加热装置的信息。

4) 设备/整个装置投入运行
- 防爆型式所要求的设备(首次)使用前的验证/测试信息，及进行这些验证/测试的顺序。
- 所用防爆型式特殊安装要求的详细信息。

5) 使用和设置
- 允许对设备能否在预期工作条件下，在预定场所安全使用做出决定的详细资料；
- 与指定用途有关的额定数据，如电气值、环境温度和压力、最高表面温度和其他限值；
- 提供给用户的信息，不只是给出参数，涉及增安型电机过载保护装置的需求或静电有关的具体要求。

6) 维护
- 除 GB/T 3836.16 给出的通用要求外的信息；
- 如清理、油位检查或再校准要求的信息；
- 防爆维护要求；

- 故障排除信息。

7） 修理

- 除 GB/T 3836.13 给出的通用要求外的信息；
- 与安装与移除部件/元件有关的信息；
- 备件的信息；
- 此类维修的文件要求；
- 重新启动设备需要的验证/测试信息。

8） 退出运行和拆除

- 关于固定机械部件以防止重启动或关于电气分离的信息。

9） 适用时，29.3e）规定的特殊使用条件

- 该信息不宜隐藏在文本内，而宜以显著的方式置于说明书中，经常是作为专门的一章；
- 对 Ex 元件，用限制条件代替特殊使用条件，见 13.5。

c） 适用时，附加使用信息，包括与经验表明可能发生的误用有关的详细信息。

d） 必要时，安全使用培训须知。

e） 必要时，可用于设备的工具的基本特征，如用于调整的特殊螺丝刀。

f） 声明设备所符合包括发布日期在内的标准名录。如果防爆合格证指出了证中包含的标准及其发布日期，则不要求标准名录，即使合格证不是说明书的一部分。

30.2 电池说明书

按照 23.11 的规定，如果用户需更换安装在外壳内的电池，与允许正确更换有关的参数应包括在说明书中，包括制造商的名称和部件编号，或电化学系统、标称电压和额定容量。当电池的更换预期仅在不存在爆炸性环境时进行，使用说明书应规定电池更换的程序。

按照 23.12 的规定，如果用户需要更换电池包，使用说明书应按照 29.14 包含与允许正确更换有关的参数，当电池包的更换预期仅在不存在爆炸性环境时进行时，使用说明书应规定电池包更换的程序。

30.3 电机说明书

对电机，除 30.1 要求的信息外，适用时，应准备以下附加信息：

——变频器供电电机的速度/转矩曲线。

——对带变频器进行型式试验的增安型电机，型式试验时的变频器的额定电机电流、加权电压总谐波失真（WTHD）或脉冲频率和直流侧电压，以便选择相似变频器。

注 1：该信息经常在表中提供，如表 19 所示。

表 19 型式试验变频器参数

转速	最小转速	基本转速	最大转速
电流	I_1	I_2	I_3
电压	U_1	U_2	U_3
加权电压总谐波失真	$WTHD_1$	$WTHD_2$	$WTHD_3$
加权电压总谐波失真可用脉冲频率和直流侧电压代替。			

——电机必要的过载及过热保护的选择和安装指南，包括推荐的报警和停机级别（包括多传感器输入的表决逻辑），如适用，绕组和轴承的温度探测指南。这可作为变频器提供的保护的补充。

——轴承试运行和维护的润滑要求。

——轴的允许轴向和径向载荷。

——额定条件下轴和壳体的热膨胀。

——制造商提供的防止轴承和轴中杂散循环电流保护的必要维护。

注 2：附录 H 提供了杂散循环电流和轴电压的附加信息。

——轴承的任何必要的振动保护，包括在运输、储存或备用中。

——基于运行条件的轴承维护和更换的指南。

30.4 通风扇说明书

对通风扇，除 30.1 要求的信息外，应按照 17.2.5 准备以下附加信息：

a) 最大和最小的空气流速(与表面温度和温度额定值有关)；

b) 需要时，背压(以控制风扇在额定范围内工作)；

c) 关于外部颗粒进入的任何限制(例如 IP 保护等级要求等，对管道入口按照 17.2.5)；

注：根据 6.1 的注，用于特别不利工作条件的风扇，例如喷漆室的风扇，需要用户和制造商协商合适的附加措施(例如，入口处使用过滤器)，以阻止风扇和管道里可能损害防爆性能的沉淀。

d) 使用的任何避免静电积聚的特殊接地措施。

30.5 电缆引入装置说明书

电缆引入装置应按照 A.5 提供附加信息。

附 录 A
(规范性)
电缆引入装置的附加要求

A.1 通则

本附录规定了电缆引入装置的结构、试验和标志的一般要求，它可被第1章所列标准补充或修改。

对电缆引入装置的要求也适用于电缆贯通装置。

电缆引入装置的非金属部件是与防爆型式有关的外壳非金属部件。见第7章。

注：引入装置所适用的电缆最小直径由制造商给出，按照GB/T 3836.15，用户宜确保所选用电缆的最小尺寸在考虑公差时大于或等于电缆密封圈所要求的数值。

本附录的要求也适用于可作为Ex设备或Ex元件取证的电缆贯通装置。假如电缆贯通装置包含一个法兰衬垫，且制造商的说明书规定安装方式应使安装之后法兰与外壳间的连接达到要求的防护等级，则电缆贯通装置仅可作为设备取证。该特殊衬垫应作为A.3.4中试验的部分。根据29.3e)，装置的防爆合格证应包含“X”以指明这一特殊使用条件，且这一关于安装后防护等级(IP)的特殊使用条件应在防爆合格证中规定。根据衬垫的结构形状和弹性，使用条件或说明书可能需要涉及引入装置所要连接的外壳达到的平整度或刚度。

符合GB/T 18616的金属软管组件能用来保护电缆免受损伤。当它们不造成以下失效时，可以作为电缆引入装置的一部分：

——电缆引入装置夹具；

——电缆引入装置密封；

——电缆引入装置固定。

在所有情况下，电缆引入装置在没有金属软管组件时应符合本文件的要求。

附录G提供了电缆引入装置试验的指导流程图。

A.2 结构要求

A.2.1 电缆密封

保证电缆和引入装置主体之间的电缆密封性可采用下列方法之一(见图A.1)：

——弹性密封圈；

——金属或复合密封圈；

——填料；

——其他合适的方法。

电缆密封圈可由单一材料或复合材料制成，其形状应适合于所用电缆。

注1：在选择密封圈的材料时，注意6.1注2。

注2：外壳的防爆型式也可取决于电缆的内部结构。

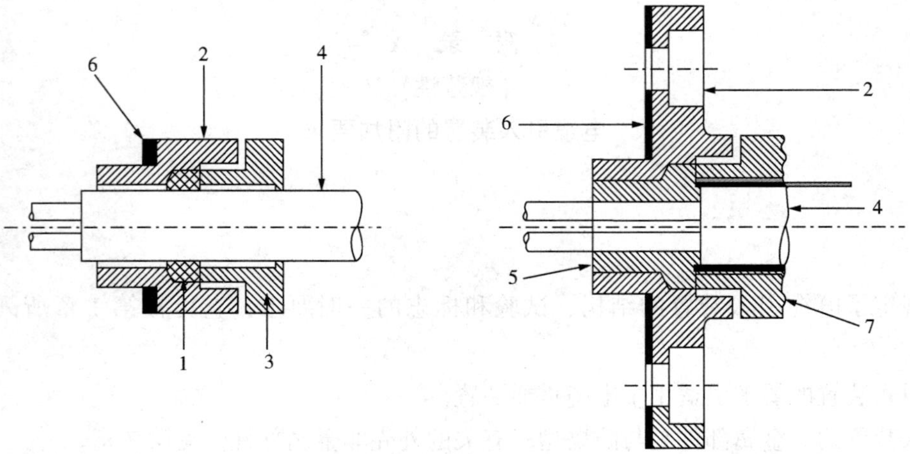

标引序号说明：

1——密封圈；

2——装置体；

3——压紧元件；

4——电缆；

5——填料；

6——密封垫(需要时)；

7——压紧填料元件。

图 A.1 电缆引入装置结构示意图

A.2.2 填料

填料所用材料应符合 7.1.2.4 粘结材料的规定。

A.2.3 夹紧措施

A.2.3.1 通则

电缆引入装置应能夹紧电缆，以防电缆受到的拉力传到连接件上。这种夹紧措施可通过电缆密封方法(见 A.2.1)或夹紧组件来实现。夹紧措施应符合 A.3 有关的型式试验要求。

A.2.3.2 Ⅱ类或Ⅲ类电缆引入装置

Ⅱ类或Ⅲ类用无夹紧组件的电缆引入装置，如果将 A.3 的规定降低到 25%进行夹紧试验合格，则应认为符合本附录要求。这种电缆引入装置应标志符号“X”以表明符合 29.3e)规定的特殊使用条件。特殊使用条件应规定用户应提供夹紧措施以防电缆受到的拉力传到连接件上。

A.2.4 电缆引入

A.2.4.1 尖锐棱角

电缆引入装置不应有损伤电缆的尖锐棱角。

A.2.4.2 进线口

可弯曲电缆进线口应有一个至少为 75°的圆弧，半径 R 至少为允许使用电缆最大直径的四分之一，但不必超过 3mm(见图 A.2)。

A.2.5 用工具拆卸

电缆引入装置安装之后，仅应通过工具才能拆卸下来。

A.2.6 固定

将电缆引入装置固定在设备外壳上的措施应能使电缆引入装置在承受 A.3 的夹紧机械强度试验

和抗冲击试验后保持不变。

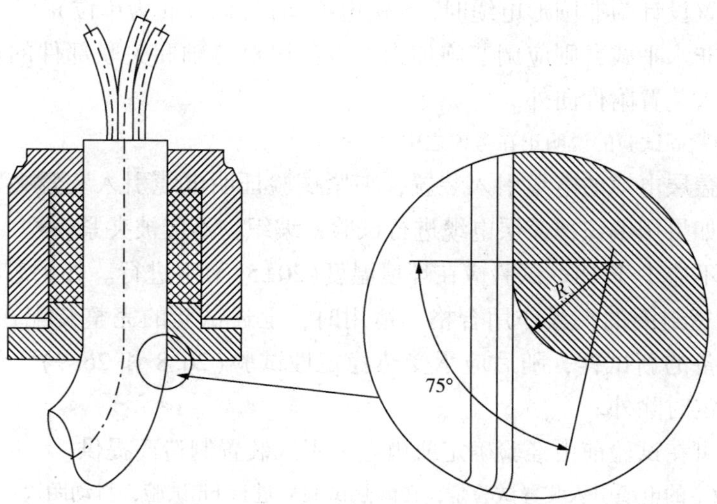

图 A.2 可弯曲电缆进线口圆角

A.2.7 防护等级

当电缆引入装置按照 A.5 要求的说明书装配到试验外壳上时，应能提供 A.3.4 规定的防护等级(IP)。

A.3 型式试验

A.3.1 非铠装电缆和带编织覆盖层电缆的夹紧试验

A.3.1.1 用密封圈夹紧的电缆引入装置

该夹紧试验应对每一类型的电缆引入装置的两个(容许最小和最大尺寸的)密封圈进行试验。

对于圆形电缆使用的弹性密封圈，应将每种密封圈装在一个清洁、干燥、抛光的不锈钢圆形芯轴上，且芯轴最大表面粗糙度 *Ra* 为 1.6μm，芯轴直径小于或等于电缆引入装置的制造商对密封圈所规定的电缆的最小直径。

对用于密封单独电缆或芯线的多孔密封圈，夹紧试验应用不锈钢芯轴对所描述的样品进行，且芯轴最大表面粗糙度 *Ra* 为 1.6μm，直径小于或等于被测芯线直径允许的最小值。两个样品分别为电缆引入装置制造商允许的最大芯线直径对应的最大芯线数量和最小芯线直径对应的最大芯线数量。

注 1：对多孔密封圈试验的说明正在考虑之中。

对于非圆形电缆，每一型号(尺寸、形状)的密封圈应安装在尺寸等于电缆引入装置制造商规定尺寸的清洁、干燥电缆试样上。或者，安装在一个清洁、干燥、抛光的不锈钢芯轴上，且芯轴最大表面粗糙度 *Ra* 为 1.6μm，尺寸小于或等于允许的最小电缆直径。

对于金属护套电缆，每一尺寸的密封圈应安装在护套材料和尺寸与电缆引入装置制造商规定一致的清洁、干燥的电缆试样上。

当使用金属密封圈时，应将每种密封圈装在清洁、干燥、抛光的圆形不锈钢芯轴上，芯轴的最大表面粗糙度 *Ra* 为 1.6μm 直径小于或等于电缆引入装置制造商对密封圈所规定的电缆的最小直径。

作为芯轴的替代，可使用制造商规定的具有相同尺寸的清洁、干燥电缆试样。宜注意该电缆此时是与防爆型式有关的非金属材料，且应符合 7.1.1 的要求。

把带芯轴或电缆的密封圈装入电缆引入装置，应对螺栓(压盘式)或螺母(压紧螺母式)施以力矩来压紧密封圈，以紧固芯轴或电缆。

当对电缆或芯轴施加以下拉力(以 N 为单位)时，密封圈应能紧固电缆或芯轴：

——电缆引入装置设计为圆形电缆时，20 倍芯轴或电缆直径（以 mm 为单位）；或

——电缆引入装置设计为非圆形电缆时，6 倍电缆周长（以 mm 为单位）。

如果拉力方向为非水平式，则应调节施加力的方法以对芯轴和关联部件的重量进行补偿。施加的拉力的方向应从引入装置附件向外。

注 2：对多孔密封圈紧固试验的说明正在考虑之中。

对于用带编织覆盖层电缆的电缆引入装置，夹紧试验证明电缆引入装置夹紧电缆的有效性，而不是编织物的强度。如果用编织覆盖层电缆进行试验，编织物不应被夹紧。

施加拉力的时间不应少于 1h。试验应在环境温度（20±5）℃下进行。如果芯轴或电缆样品位移量不超过 2mm，则认为密封圈的夹紧作用合格。适用时，上述试验的完整装配在一起的电缆和芯轴，或使用相同力矩值制备的新试样，随后应承受热稳定性试验（26.8 和 26.9）。最高工作温度应视为 75℃，制造商另有规定时除外。

上述提及的力矩可在试验前由经验确定或由电缆引入装置制造商提供。

注 3：本文件早期版本的电缆引入装置试验是，在耐热试验后进行 6h 试验，滑动距离不超过 6mm。本试验结果可作为 A.3.1.4 的基础。

注 4：75℃的工作温度是分支点和进线口温度的中间值。

注 5：仅使用金属密封圈和金属部件的电缆引入装置不要求热稳定性试验。

后续试验条件和合格判据按 A.3.1.4 的规定。

A.3.1.2 用填料夹紧的电缆引入装置

该装置夹紧试验应使用由不锈钢芯轴制备的试样进行，其中一个用直径大于或等于最大芯束外接圆直径的单个芯轴，另一个用代表电缆引入装置制造商规定的最大芯线数量的最大芯轴数量。

注 1：外接圆的直径代表芯束的直径。

按照电缆引入装置制造商规定准备的填料，填入有效空间内，待填料硬化符合制造商电缆引入装置说明书规定之后进行试验。

完整装配在一起的电缆和芯轴应承受热稳定性试验。最高工作温度应视为 75℃，制造商另有规定时除外。

注 2：75℃的工作温度是分支点和进线口温度的中间值。

施加以下拉力（以 N 为单位）时，填料应能防止芯轴松动；

——引入装置设计为圆形电缆时，20 倍预定电缆直径（以 mm 为单位）；或

——引入装置设计为非圆形电缆时，6 倍预定电缆周长（以 mm 为单位）。

如果拉力方向为非水平式，则应调节施加力的方法以对芯轴和关联部件的重量进行补偿。施加的拉力的方向应从引入装置附件向外。

对于用带编织覆盖层电缆的电缆引入装置，夹紧试验证明电缆引入装置夹紧电缆的有效性，而不是编织物的强度。如果电缆引入装置设计成编织物周围填满填料，则试验用填料与编织物的接触应最小化。

试验条件和合格判据按 A.3.1.4 的规定。

A.3.1.3 用夹紧装置夹紧的电缆引入装置

夹紧试验应在每种电缆引入装置夹紧组件类型和尺寸上进行。

夹紧装置应安装在一个不锈钢芯轴上，或安装在电缆引入装置制造商规定的装置容许直径的清洁、干燥的电缆样品上。

按电缆引入装置制造商的规定，夹紧组件与任何规定的密封圈和夹紧组件容许的最大尺寸的电缆一起装入电缆引入装置。把安装在密封套上的任何规定的密封圈拧紧，并紧固夹紧组件。试验程序应按 A.3.1.1 进行，然后按电缆引入装置制造商的规定用夹紧组件允许的最小尺寸的芯轴或电缆

重复试验。

对于用带编织覆盖层电缆的电缆引入装置，夹紧试验证明电缆引入装置夹紧电缆的有效性，而不是编织物的强度。如果用编织覆盖层电缆进行试验，编织物不应被夹紧。

A.3.1.4 夹紧试验

把按照 A.3.1.1～A.3.1.3 制备的试样安装在拉力试验机上，施以恒定拉力等于 A.3.1.1 或 A.3.1.2 规定的拉力。在施加规定的拉力前，引入装置可按制造商的说明书重新紧固。施力时间不应少于 6h，试验环境温度为(20±5)℃。如果芯轴或电缆样品位移量不超过 6mm，则认为该密封圈、填料或夹紧组件的夹紧作用合格。

注：螺栓或螺母上施加的力矩不必与 A.3.1.1 施加的初始力矩相同。

A.3.1.5 机械强度

夹紧试验之后，应对样品进行以下试验和检查：

a) 对于用密封圈或夹紧组件夹紧的电缆引入装置，机械强度试验应视具体情况对螺栓或螺母施以 A.3.1.4 所要求力矩 1.5 倍的力矩。然后应拆下电缆引入装置并检查元件。当未发现任何影响防爆型式的损坏时，电缆引入装置的机械强度应视为符合要求。密封圈的变形可忽略不计。

b) 对于非金属材料的电缆引入装置，如果由于螺纹暂时变形而使试验达不到规定力矩，但没有明显损坏，如果不用调整仍能达到 A.3.1.4 夹紧试验的要求，则认为该电缆引入装置合格。

c) 用填料压紧的电缆引入装置，拆除填料盖时应尽可能不损坏填料。打开检查，以填料无影响防爆性能的物理的或可见的损伤为合格。

A.3.2 铠装电缆的夹紧试验

A.3.2.1 通过密封套内集成装置夹紧铠装层的夹紧试验

A.3.2.1.1 通则

试验应使用每种类型和尺寸的密封套规定的最小尺寸的铠装电缆样品进行。与电缆尺寸相同的铠装可用于试验。铠装电缆样品应装入电缆引入装置的夹紧组件内。对螺栓(压盘式)或螺母(压紧螺母式)施以力矩来压紧夹紧组件，以防止铠装层滑动。这样确定的力矩应作为参考力矩使用。

施加以下拉力(以 N 为单位)时，夹紧组件应能防止铠装层滑动：

——对于Ⅰ类设备用铠装电缆，80 倍电缆直径(以 mm 为单位)；或

——对于Ⅱ类或Ⅲ类设备用铠装电缆，20 倍电缆直径(以 mm 为单位)。

注 1：上述提及的力矩值通常在试验前由经验确定或由电缆引入装置制造商提供。

如果拉力方向为非水平式，则应调节施加力的方法以对芯轴和关联部件的重量进行补偿。施加的拉力的方向应从引入装置附件向外。

完整装配在一起的电缆和芯轴应承耐受热稳定性试验。最高工作温度应视为 75℃，制造商另有规定时除外。

注 2：75℃的工作温度是分支点和进线口温度的中间值。

注 3：仅使用金属密封圈和金属部件的电缆引入装置不要求热稳定性试验。

A.3.2.1.2 夹紧试验

把试样安装在拉力试验机上，施以恒定拉力等于 A.3.2.1 规定的拉力，施力(120±10)s。试验应在环境温度为(20±5)℃下进行。

如果铠装部位的位移可忽略不计，则认为引入装置的夹紧作用合格。

A.3.2.1.3 机械强度

在螺栓或螺母上施加 A.3.2.1.2 规定的参考力矩 1.5 倍的力矩，然后把电缆引入装置拆开，当未观察到任何影响防爆型式的损坏时，认为机械强度合格。

A.3.2.2 不通过密封套内集成装置夹紧铠装层的夹紧试验

电缆引入装置应按 A.3.1 非铠装类型试验。

A.3.3 抗冲击试验

试验按 26.4.2 规定进行，每种类型和尺寸的电缆引入装置应安装最小尺寸的芯轴或电缆。

为了试验，电缆引入装置应固定在一个固定的钢板上或按制造商规定卡牢。用螺纹固定的电缆引入装置按照 A.3.1.4 或 A.3.2.1.2 夹紧试验中组装试样使用的力矩拧紧。

抗冲击试验装置示例见图 A.3。

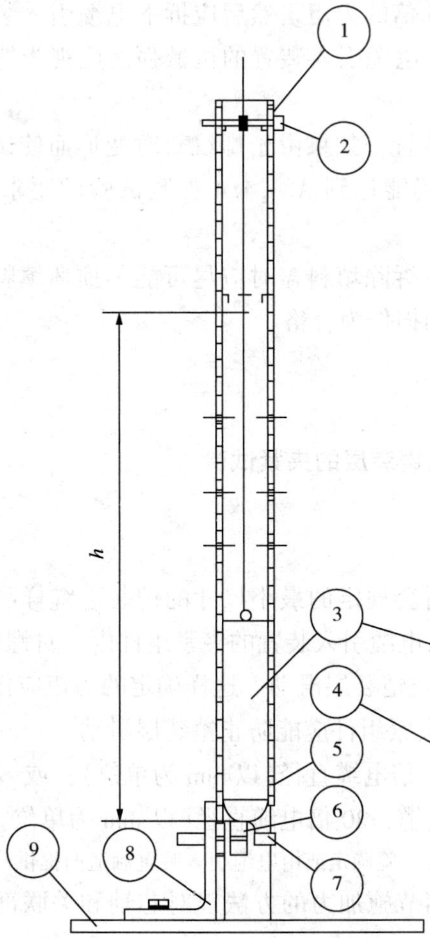

标引序号说明：

①——导管；	⑥——电缆引入装置；
②——释放销；	⑦——试验电缆；
③——钢质锤体 1kg	⑧——安装角；
④—Φ25mm 硬化钢锤头；	⑨—钢座(质量≥20kg)
⑤——导管；	h——坠落高度。

图 A.3 抗冲击试验装置示例

A.3.4 电缆引入装置的防护等级(IP)试验

在防护等级(IP)试验前，如适用，试样应经受热稳定性试验(26.8 和 26.9)和抗冲击试验(A.3.3)。试验按 GB/T 4208 的规定，每一种型式的电缆引入装置的试验应在电缆密封圈的不同允许尺寸下进行。

Ⅰ类：至少 IP54；

Ⅱ类：至少 IP54；

Ⅲ类(EPL Da)：至少 IP6X；

Ⅲ类(EPL Db)：至少 IP6X；

ⅢC 类(EPL Dc)：至少 IP6X；

ⅢA 或ⅢB 类(EPL Dc)：至少 IP5X。

对密封试验，每个密封圈安装在一个清洁、干燥的电缆试样上，或清洁、干燥、抛光的圆形不锈钢芯轴上，芯轴的最大表面粗糙度 *Ra* 为 1.6μm，直径等于电缆引入装置制造商对密封圈所规定的电缆的最小直径。为了试验，带电缆或芯轴的电缆引入装置应在固定到相应的外壳之后进行试验，保证密封套和外壳之间交接面的密封方法符合 A.5。

这些试验样品不必是经受 A.3.1.4 夹紧试验和 A.3.1.5 机械强度试验的相同试验样品。

A.4 标志

A.4.1 电缆引入装置标志

电缆引入装置应按 29.3 规定标志，且除非制造商另有规定，除其他相关防爆型式的标志外，还应包括“eb”保护等级的标志。当电缆引入装置有螺纹入口时，应标出螺纹型式和尺寸。

注 1：“eb”保护等级的电缆引入装置适用于：

——要求 EPL Gb 或 Gc 的所有应用，“d”型除外。

——要求“ia”保护等级所有应用。

见 GB/T 3836.15。

注 2：“d”型电缆引入装置的附加要求见 GB/T 3836.2。

注 3：“t”型电缆引入装置的附加要求见 GB/T 3836.31。

注 4：IP 等级要求因设备类别而异。见 A.3.4。

如果标志位置有限，可按 29.11 或 29.12 规定减少标志。

A.4.2 电缆密封圈标识

当电缆引入装置用密封圈可适用于多种电缆时，应标示出允许使用电缆的最小和最大直径(以 mm 为单位)。

当密封圈同金属垫圈一起使用时，同样可在金属垫圈上进行标示。

电缆密封圈应有明确标识，以便用户确定密封圈是否适合电缆引入装置。

当密封套和密封圈使用环境温度超出-20℃～+75℃时，标示出温度范围。

A.5 说明书

除 30.1 的要求外，电缆引入装置的说明书应至少包括以下内容：

a) 圆形电缆最小和最大直径。

b) 非圆形电缆和金属护套电缆的最小和最大尺寸。

c) 压紧元件的紧固过程，包括紧固力矩。

d) 对复合物填充密封套，填料安装细节。

e） 对复合物填充密封套，密封套拟允许的电缆的最大外接圆直径，和穿过复合物的最大芯线数量。

f） 对外壳引入孔：

——螺纹入口：

- 螺纹尺寸和公差等级；
- 外壳材料限制；
- 外壳壁厚度范围；
- 外壳界面密封方法；
- 外壳密封面最大粗糙度；
- 垂直度；
- 任何接地标签的允许使用和位置。

——光孔：

- 孔尺寸，包括公差；
- 外壳材料限制；
- 外壳壁厚度范围；
- 外壳界面密封方法；
- 外壳密封面最大粗糙度；
- 垂直度；
- 电缆引入装置固定细节；
- 任何接地标签的允许使用和位置。

注：对有拔模锥度的外壳，外表面的锪平面是一个使电缆引入装置和密封圈垂直于外壳壁安装的常用方法。

附 录 B
(规范性)
对 Ex 元件的要求

Ex 元件应符合表 B.1 所列相关条款的要求。

表 B.1 条款对 Ex 元件的适用性

章条号	适用(是/否)	备注
1~4(包括)	是	
5	否	应规定工作温度极限时除外
6.1	是	
6.2	否	
6.3	否	
6.4	否	
6.5	是	
6.6	是	
7.1	是	见[a]
7.2	是	见[a]
7.3	是	见[a]
7.4	是	如果是外部，见[a]
7.5	是	如果是外部，见[a]
8	是	
9.1	是	
9.2	是	仅为设备外壳
9.3	是	仅为设备外壳
9.4	是	仅为设备外壳
10	是	
11	是	
12	否	
13	是	
14	是	
15.1.1	是	仅为设备外壳
15.1.2	是	仅为设备外壳
15.2	是	
15.3	是	
15.4	是	仅为设备外壳
15.5	是	仅对接地或等电位联结
15.6	是	
15.7	是	仅为设备外壳
16	是	仅为设备外壳

表 B.1　条款对 Ex 元件的适用性(续)

章条号	适用(是/否)	备注
17.1	是	
17.2	否	电机外壳除外
17.3	是	
18	是	
19	否	
20	是	
21	是	
22.1	是	
22.2	否	
23	是	
24	是	
25	是	
26.1	是	
26.2	否	
26.3	是	
26.4	是	仅为设备外壳
26.5	是	
26.5.1	是	当需要定义工作温度时
26.5.2	是	
26.5.3	是	当使用“小元件”放松要求时
26.6	是	
26.7	是	当规定了最高表面温度时
26.8	是	
26.9	是	
26.10	是	仅为设备外壳
26.11	是	仅为Ⅰ类设备外壳
26.12	是	仅为设备外壳
26.13	是	仅为设备外壳
26.14	是	仅为设备外壳
26.15	否	
26.16	是	仅为设备外壳
26.17	是	仅为设备外壳
27	是	
28	是	
29.1	是	
29.2	是	在 Ex 元件上要求标志
29.3	否	

表 B.1 条款对 Ex 元件的适用性(续)

章条号	适用(是/否)	备注
29.4	是	见[b]
29.5	是	见[b]
29.6	是	
29.7	否	
29.8	是	
29.9	是	
29.10	是	
29.11	是	
29.12	是	
29.13	否	
29.14	是	
29.15	否	
29.16	否	
30	否	正确使用 Ex 元件的必要信息应包含在防爆合格证的限制条件中。可提供附加信息作为 Ex 元件合并入最终 Ex 设备的说明书

[a] 有必要考虑这些要求适用于置于其他外壳中的元件的情况。

[b] 温度组别不适用于 Ex 元件。

附 录 C
（资料性）
抗冲击试验装置示例

抗冲击试验装置示例见图C.1。

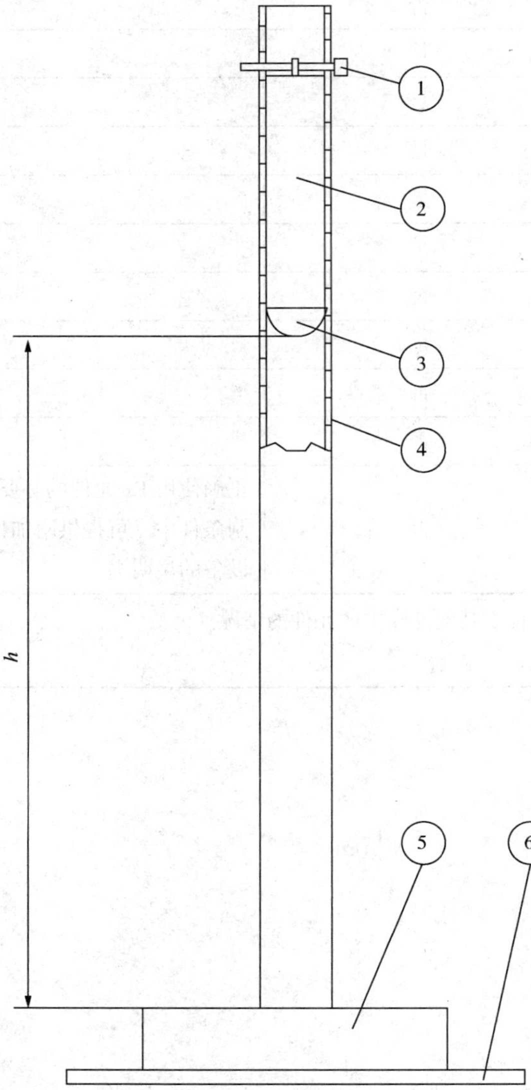

标引序号说明：

①——释放销；

②——钢质锤体1kg；

③——Φ25mm硬化钢锤头；

④——导管；

⑤——试样；

⑥——钢座（质量≥20kg）；

h——坠落高度。

图C.1 抗冲击试验装置示例

附 录 D
(资料性)
连接到变频器的电机

当电机连接到变频器以在不同转速和负载下运转时，有必要通过规定的转速和力矩范围确定带有变频器(和输出滤波器，如使用)电机的热性能。这需要通过结合型式试验和计算来完成。使用的具体方法在防爆型式专用标准中规定。

注1：由于安排精确的电机/变频器组合试验可能存在困难，经过特性比对可使用类似的变频器。

注2：在与制造商、用户和安装单位进行讨论中出现的一些其他因素也要考虑。这些因素包括由用户另外准备的输出滤波器或电抗器，变频器与电机之间电缆的长度，这两者都会影响电机输入电压，引起电机过热。

对于有些防爆型式，将有必要使用安全保护装置和传感器来限制温升。安全装置需要按照第24章和第30章分别在文件和说明书中规定。其有效性需要通过试验或计算验证。

注3：变频器高频次的通断可在绕组和电缆电路中导致快速上升时间电压应力，进一步形成潜在的点燃源。该应力的有害影响将根据防爆型式变化。在有些情况下，在变频器后加一个附加输出滤波器能减小绕组和电缆电路中的快速上升时间电压应力。

符合第24章的文件和第30章的说明书需包含与变频器一起使用所需的必要参数和条件。

杂散电流可能被引入与变频器连接的电机的轴和轴承中。宜采用以下一个或多个解决方法：

——在电机和变频器间使用合适的滤波器；

——使用防爆型式与预定EPL相适应的轴接地或等电位电刷；

——使用轴承和联轴器绝缘技术；

——等电位或接地电缆和电位平衡系统；

——对称配置的低压电缆(关于电缆的相导体和接地导体)，用作变频器和电机之间的供电导体；

——与电机设计相匹配的变频器拓扑结构，以尽量减小共模电压。

可采用有证明能消除共模电压的替代方法。

注4：更多信息见GB/T 21209和IEEE/PCIC-2002-08。

注5：这些杂散电流也可能被引入机械系统的其他部件。

注6：连接到变频器的电机的电缆电磁辐射可能足够干扰I类控制线电路的正常运行。

附 录 E
(资料性)
电机温升评估

尽管本附录是以电动机为背景，使用本附录概念的类似的方法可用于发电机。

注1：GB/T 3836.15 要求所有电机安装过载保护装置以提供过载和其他预期故障保护。一些保护等级，如"eb"通常要求一个附加 Ex 安全装置以将最高表面温度限制在标志的温度组别内。在一些情况，过载保护装置和 Ex 安全装置合并为一个单元。本文件描述的温升试验在电机不连接过载保护装置的情况下进行。

注2：相关标准可能要求考虑设备在爆炸风险方面的安全运行所要求的安全装置的性能。

如 GB/T 13002 所指出，电机典型预期故障包括如下方面。单一防爆型式的要求可能不包括以下所有预期故障：

——由以下原因引起的慢变化热过载：
- 通风管上堆积粉尘过多，绕组或机座冷却筋等部件上附着污垢等原因引起的通风或通风系统失效；
- 环境温度或冷却介质温度过高；
- 逐渐增加的机械过载；
- 断续工作制电机超出工作制运行；
- 电机电压长期欠压、过压或不平衡；
- 频率偏差。

——由以下原因引起的快变化热过载：
- 电机堵转；
- 断相；
- 非正常状态下起动，如惯量过大、电压太低、负载转矩异常大；
- 负载突然大幅度增加；
- 短时间内重复起动。

额定电压的最大容差(正或负)均会在定子或转子上引起最高表面温度，通常取决于下列条件：

——额定功率小于 5kW 的小型异步电机，在高于额定电压的条件下运行时，因为铁耗和磁化电流随着过电压下铁芯饱和而快速增加，通常出现最高表面温度。

——功率为 5kW~20kW 的异步电机受多种决定性能的因素的影响，没有具体设计的详细了解不可能预测最主要影响。

——超过 20kW 的异步电机，在低于额定电压的条件下运行时，因电流增加导致 I^2R 损耗的增加，通常出现最高表面温度。在这种情况下，这些损耗通常高于过电压引起的铁耗和磁化电流所引起的损耗。

注3：所示额定功率是一般参考值，取决于相应的铁芯磁化。

可使用 GB/T 21211 中详述的确定温度的替代方法。使用 GB/T 21211 中的方法时，最高表面温度的确定应包含 26.5.1 中±5%或±10%电源电压系数。

变频器连接电机的最大表面温升宜在最不利条件下，由下列试验方法之一来确定：

——专用变频器
- 电机宜用预定变频器进行试验；
- 如果变频器输出电压和输出电压波形谐波含量与±10%的输入电压变化有效独立，同时保持额定电机输入电流(速度所依赖的)和电压和频率比，输入电压±10%的正常变化不必施加。

注4：当变频器输入电压增加引起输出谐波谱变化(甚至当输出电压的标称正弦等效值保持恒定)，会由于谐波

效应和附加饱和损耗导致电机铁芯损耗增加。

——相似变频器

- 当有足够的信息判定相似性，则电机可用相似的变频器进行试验。通常视情况用附加安全系数来说明相似性；
- 如果变频器输出电压和输出电压波形谐波含量与±10%的输入电压变化有效独立，同时保持额定电机输入电流(速度所依赖的)和电压和频率比，输入电压±10%的正常变化不必施加。

注5：当变频器输入电压增加引起输出谐波谱变化(甚至当输出电压的标称正弦等效值保护恒定)，会由于谐波效应和附加饱和损耗导致电机铁芯损耗增加。

——正弦电压

- 电机不必使用相似变频器试验，但可在以下所有条件下用正弦电压试验：
- 预期负载扭矩与速度的平方成比例；
- 电机宜在额定速度下施加最大负载；
- 电机速度范围在最大额定速度的40%~100%；
- 宜用附加安全系数来说明由变频器控制时产生的附加损耗，安全系数为15%温升(单位K)，除非计算证明有其他安全系数。

——在正弦电压下试验的“d”、“p”(见注8)、“t”型防爆电机

- 提供合适的直接热保护传感器，通常在定子绕组中，有足够的裕度以检测和阻止转子轴承、轴承盖、轴伸端上出现过高温度。裕度可以通过试验或计算确定。传感器的强制连接和使用，与安全装置一起作为特殊使用条件。

当制造商、用户和检验机构(如果涉及)协商一致时，可用有合适安全系数的计算或替代试验来确定表面最高温度。计算宜基于前期建立的具有代表性的试验数据，并按照GB/T 21209。

为确定最高表面温度，需要确定变频器连接电机的最不利条件，可能包括以下内容：

——扭矩/转速特性[可变(平方定律)/线性/恒定转矩与速度之比]：

- 对用于可变转矩负载的电机，在最大额定转速下的最大功率下测定最高表面温度；
- 对用于线性负载和恒转矩负载的电机，至少在最小和最大转速下测定最高表面温度；
- 对用于复杂负载的电机，至少在转速-转矩曲线拐点处测定最高表面温度。

——恒功率

- 在最小和最大转速下，测定最高表面温度。

——电压降(电缆长度、滤波器、变频器)

- 在方案设计和调试过程中，需要考虑所有元件的电压降。因此，关于变频器、滤波器的电压降，沿电缆的电压降，以及系统配置和变频器输入电压的信息均需知道。制造商按第30章准备的说明书宜提供所有必要相关信息，便于计算/设置运行范围。

——变频器输出特性(dv/dt、开关频率)

- 低开关频率往往增加电机的温度。可能需要特殊使用条件以规定最小开关频率；
- 多电平变频器(3或更高)通常导致电机发热减少。

——冷却剂

- 用最小额定流量/最大额定冷却剂温度测定的最高表面温度；
- 可能需要特殊使用条件以规定冷却剂要求。

注6：运行中，转子温度可能明显比定子温度高。该问题的重要性随防爆型式不同。转子温度的测定对于“eb”“ec”或一些“pxb”保护等级的电机特别重要，但当热转子使这些高温转移到轴承、外部轴和密封件时，对“db”“pyb”“pzc”“tb”或“tc”保护等级也很重要。

注7：开关、脉冲和载波频率被认为具有相同的含意。

注8：保护等级“pxb”可能需要一个强制的冷却时间来使内部热元件冷却到标志的温度组别。

附 录 F
(资料性)
非金属外壳或外壳的非金属部件试验(26.4)的指导流程图

图F.1提供了最常见的设备实现所要求的外壳试验的概述。当制定专用设备试验程序时，需要特别注意适用要求的详细内容。

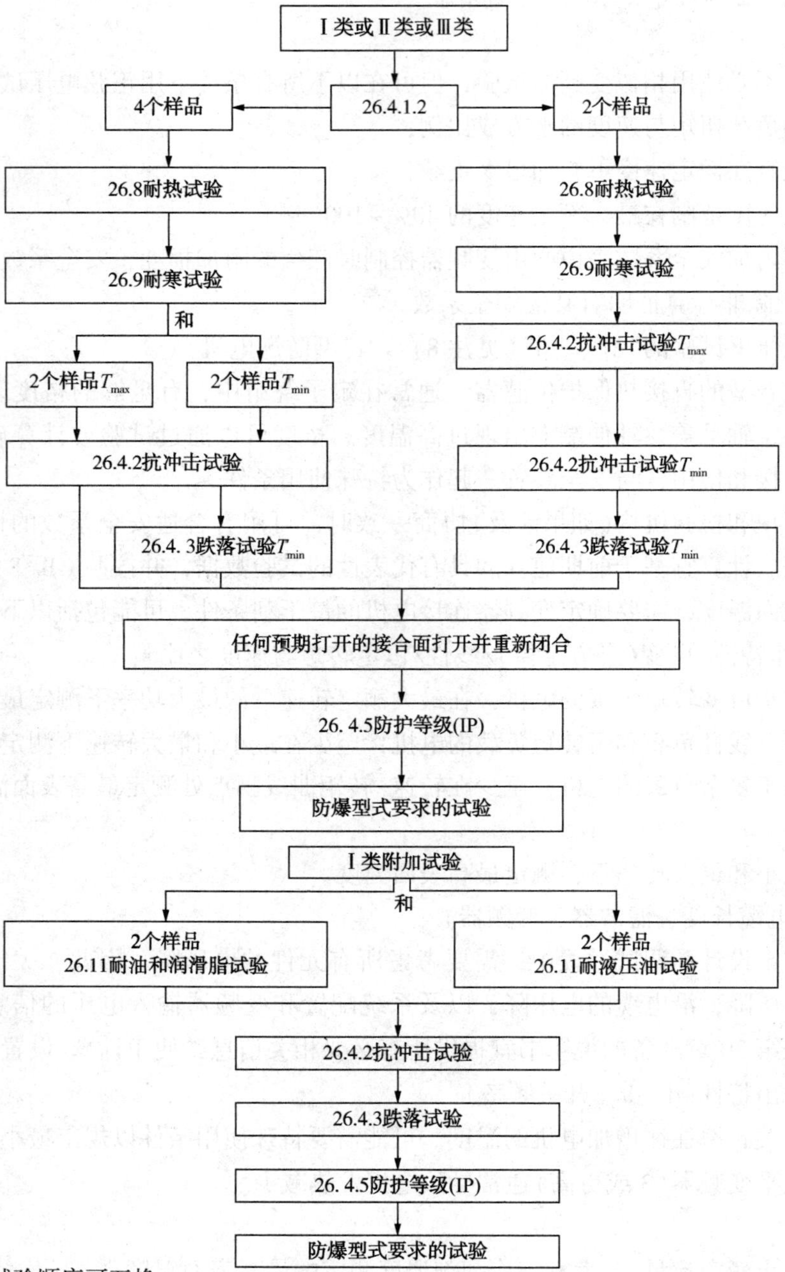

T_{min}和T_{max}处的试验顺序可互换。

图F.1 非金属外壳或外壳非金属部件试验流程图

附 录 G
(资料性)
电缆引入装置试验的指导流程图

图 G.1 提供了供参考的电缆引入装置试验流程图。

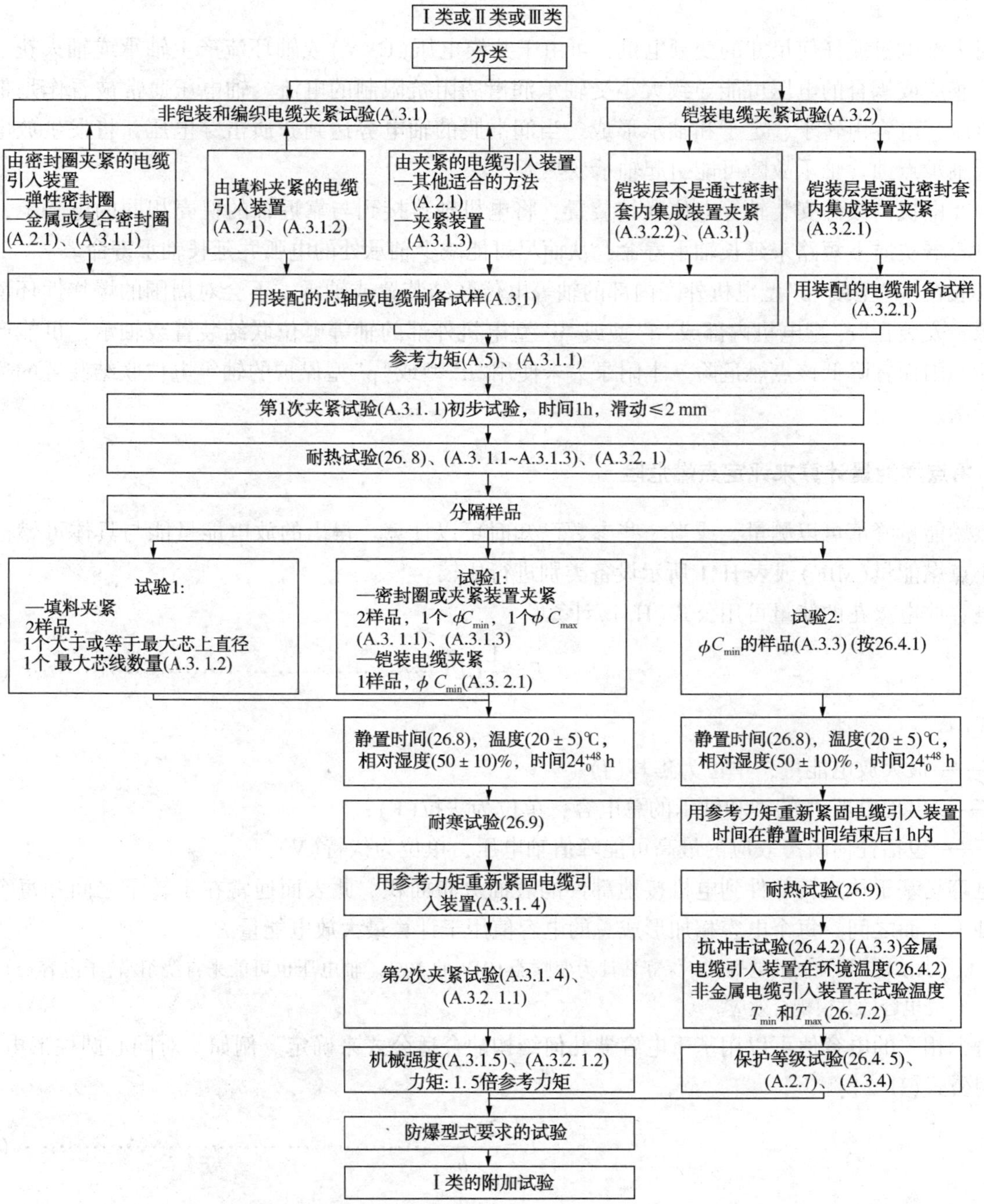

注：对每个试验阶段，组装的试验样品可能被拧紧或松开，如在试验板上。

说明：

ϕC_{min}——密封圈等于芯轴最小允许尺寸或直径；

ϕC_{max}——密封圈等于芯轴最大允许尺寸或直径；

T_{max}——最高试验温度(26.7.2)、(26.8)；

T_{min}——最低试验温度(26.7.2)、(26.9)。

图 G.1 电缆引入装置试验流程图

附　录　H
(资料性)
轴电压导致电机轴承或电刷火花放电能量计算

H.1　总则

对大型电机或任何尺寸的变频电机，可由于共模电压(CMV)或轴环流产生轴承或轴火花。在电机轴上感应或耦合的电压可能导致大小受铂承润滑膜阻抗限制的电流。轴电压通常被看作是带电电容的电压，电容由转子、定子和轴承形成。当润滑膜的轴电势达到介质击穿电压，将发生放电。放电引起轴承点蚀。轴承故障可能引起轴承变热。

可在电机内或外安装轴等电位联结装置，将电机轴连接到与靠近轴的机壳相同的电势上，以通过将电容器实质上短路来延长轴承寿命，从而尽可能减少轴承处的电弧并延长轴承寿命。

安装在“d”型或“p”型电机外壳内部的轴等电位联结装置或轴承，不会对周围的爆炸性环境产生点燃源。安装在“e”型电机内部或“d”型或“p”型电机外部的轴等电位联结装置或轴承，可能产生点燃危险，因而宜降低该点燃危险。本附录为未使用“d”型或“p”型保护的轴等电位联结装置的适用性提供指南。

H.2　用点燃能量计算来评定点燃危险

点燃能量峰值可以测量，或当一些参数已知时可以计算。得出的放电能量能与具体可燃性材料的最小点燃能量(MIE)或表H.1所示设备类别进行比较。

电容放电火花的能量可用公式(H.1)计算：

$$E=\frac{1}{2}CU^2 \qquad (\text{H.1})$$

式中：

E——最大放电能量，单位为焦耳(J)；

C——出现电压 U 的轴和轴承的总电容，单位为法拉(F)；

U——包括任何瞬态效应的最高可能峰值轴电压，单位为伏特(V)。

电容是基于从旋转部件到电机接地部件的表面分布面积。此表面通常在定转子之间和每个轴伸端的轴承表面之间。每个电容相加形成总的电容值用于计算最大放电能量 E。

注1：对由变频器控制的电机，U 保守估计为变频器CMV的10%。轴电压也可能来自绕组/转子电容与转子/机壳电容的共模耦合效应。

每个相关的电容值可以用基于电容器几何结构的合适公式来确定。例如，对同心圆柱形电容器，可使用公式(H.2)：

$$C=\frac{2\pi\varepsilon l}{\ln\frac{b}{a}} \qquad (\text{H.2})$$

式中：

C——电容，单位为法拉(F)；

ε——表面之间的除空气外的材料介电常数，单位为法拉每米(F/m)；

l——圆柱长度，单位为米(m)；

a^*——外径(OD)，单位为米(m)；

b^*——内径(ID)，单位为米(m)。

* 内径(ID)和外径(OD)为要计算电容C的电机部件的尺寸，如定子、转子、轴、端罩、轴承

等。二者也可以都用半径代替直径。

注 2：空气介电常数为 8.85×10^{-12}。对油或油脂，介电常数范围为 $18\times10^{-12}\sim25\times10^{-12}$。

当确定的最大放电能量 E 低于具体可燃性材料或表 H.1 所示具体设备类别的 MIE 时，点燃危险被有效地降低。对电容实际评定个案，宜使用图 H.1 所示的曲线。

表 H.1 最大允许能量

Ⅰ类	ⅡA 类	ⅡB 类	ⅡC 类	Ⅲ类
0.2mJ	0.2mJ	0.06mJ	0.02mJ	0.2mJ

H.3 确定旋转电机轴电压

已充分证实变频器输出电压含有可测量的共模(CMV)成分。CMV 在变频电机上产生轴电压。虽然 CMV 在特定时间段内均值趋向于零，出现的峰值偏移是值得注意的。

需要一个示波器和一个探针，探针用于通过安装小的导电刷以电气连接到旋转电机轴。探针的参考触头在机壳处接地。电机驱动器的脉冲宽度调制输出产生的轴电压和电流尖峰可能极其短暂，经常在微秒范围内。范围设置将需要考虑这些。

H.4 计算旋转电机电容"*C*"

电容 C 是基于从旋转部件到电机接地部件的表面分布面积。隔离这些金属部件的绝缘是空气(如定转子间隙)或润滑剂(如轴承油或油脂)。每个相关的电容值可以用基于旋转电机产生电容部分几何结构的合适公式来确定。

对旋转电机，电容可能在以下部件间产生：

a) 内轴承座和轴；

b) 外轴承座和轴；

c) 具有平面轴承的电机的轴和轴承；

d) 滚动轴承与每个滚珠接触的内外滚道；

e) 转子和定子；

f) 定子和机壳。

将需要从制造商获得旋转电机的详细几何结构，来为公式提供合适的尺寸。

每个相关的电容值可以用圆柱形部分的公式来确定，如公式(H.2)所示。套筒轴承的描述如图 H.1 所示。定转子间的间隙如图 H.2 所示。滚动轴承的描述如图 H.3 所示。对滚动轴承，总电容为滚动轴承每个部分电容计算值之和，如公式(H.3)所示。

$$C_b=\frac{N_b 4\varepsilon_r\varepsilon_0}{\frac{1}{R_b}-\frac{1}{R_b+R_c}} \quad\cdots\cdots\cdots\cdots\cdots\cdots\cdots\cdots\cdots\cdots\cdots\cdots \text{(H.3)}$$

式中：

C_b——轴承电容，单位为法拉(F)；

R_b——滚珠直径，单位为米(m)；

R_c——轴承径向间隙，单位为米(m)；

N_b——滚珠数量；

ε_0——真空介电常数，单位为法拉每米(F/m)；

ε_r——润滑剂相对介电常数。

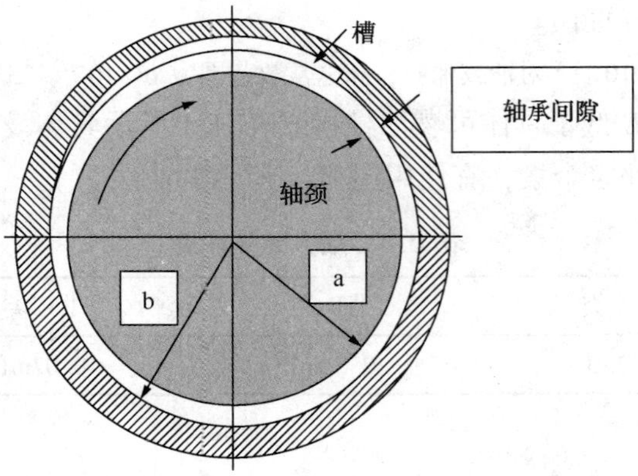

注 1：可能有圆柱形（均匀轴承间隙）或 2 页（椭圆）或 4 页套筒轴承。根据上面所说明的轴承类型，可以选择按比例减小间隙。

注 2：由于轴承间隙在正常运行时是不对称的，且轴不与轴承同心运行，在计算电容时通常考虑较低的轴-轴承间隙。

注 3：套筒轴承通常在壳体和托架之间有绝缘，且串联组合减小了总轴承电容。除用导体绕过绝缘电容的情况外，在计算总轴承电容时通常考虑这一绝缘。

图 H.1　套筒轴承轴颈和外部轴承壳之间轴承间隙的电容

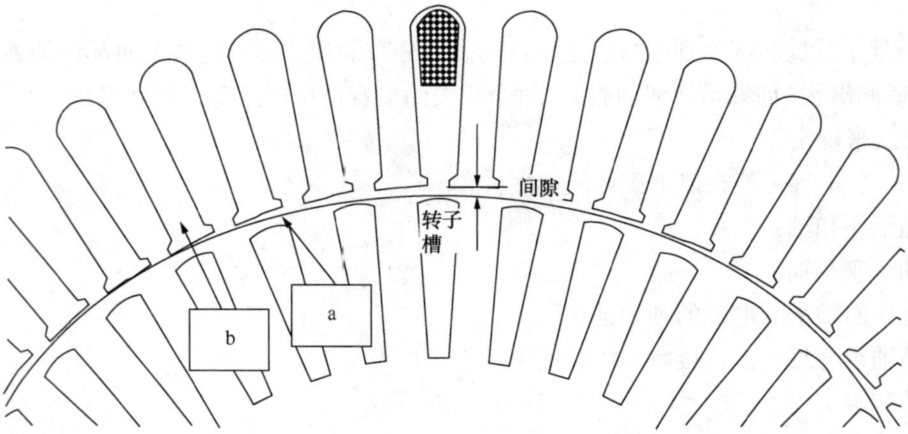

图 H.2　定子和转子之间的气隙

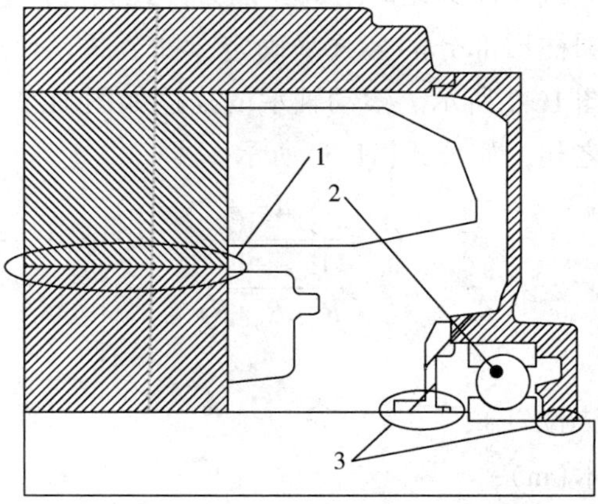

标引序号说明：

1——气隙；

2——轴承；

3——轴承盖。

图 H.3　形成从电机轴到地电容器的典型表面

H.5 计算旋转电机能量“*E*”

确定的旋转电机元件的每个电容值相加形成总电容值，用公式(H.1)来计算最大放电能量 E。

为了允许并确认危险场所的轴接地装置，计算的 MIE 需要低于表 H.1 对各自适用气体规定的值。

H.6 用参考曲线评定

评定时可使用图 H.4。通常，可用以下程序：

——确定最不利情况以获得所考虑的旋转电机的电压和电容；

——按图 H.4 中的参考曲线检查得出的电路的参数是否可接受。

最不利情况的电压和电容相交的曲线左侧的任何点，将不能点燃所示的材料类别。

如果试验优先于评定，可用火花试验装置对用于评定的电路进行试验。

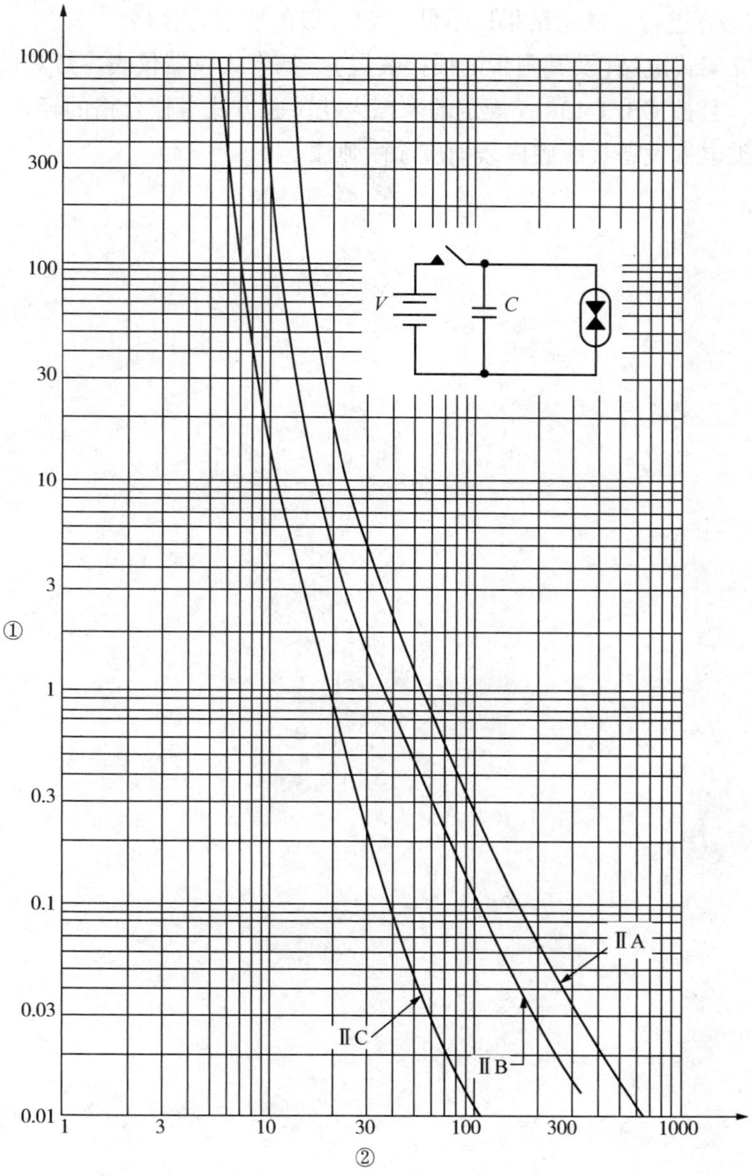

标引序号说明：

①——电容 C(μF)；

②——最小点燃电压 U(V)。

图 H.4 容性点燃曲线

附 录 I
(规范性)
I 类电气设备的特殊要求

I.1 I 类电气设备均应进行湿热试验，试验严酷等级应符合产品现行湿热带电工产品标准的规定：

——高压电气设备，+40℃，21d；

——低压电气设备，+40℃，12d；

——携带式电气设备，+40℃，6d。

湿热试验方法按照 GB/T 2423.4 的规定进行。

I.2 I 类电气设备塑料外壳应采用不燃或阻燃材料制成，其燃烧性能试验按 GB/T 11020 中规定的火焰垂直试样法(FV 法)进行。试验结果以不低于 FV2 级的要求为合格。

I.3 I 类手持式或支架式电钻(及其附带的插接装置)、携带式仪器仪表、灯具的外壳，可采用抗拉强度不低于 120MPa，且按 GB/T 13813 规定的摩擦火花试验方法考核合格的轻合金制成。

I.4 金属制成的 I 类电气设备接线腔内表面应涂耐弧漆。

附 录 J
(规范性)
取得防爆合格证的检验程序

J.1 制造商按本文件及第1章所列专用防爆型式标准试制的电气设备，均应送国家授权的质量监督检验机构按相应标准规定进行防爆检验，取得防爆合格证。对已取得“防爆合格证”的产品，其他制造商生产时仍应重新履行检验程序。

J.2 检验工作包括技术文件审查和样机检验两项内容。

J.3 技术文件审查应送下列资料：

a) 产品标准(或技术条件)；

b) 与防爆性能有关的产品图样(应签字完整，并装订成册)；

c) 产品使用维护说明书；

以上资料各一式两份，审查合格后由检验机构盖章，一份存检验机构，一份存送检单位。

d) 检验机构认为确保电气设备安全性所必需的其他资料。

J.4 样机检验应送下列样机及资料：

a) 提供符合合格图样的完整样机，其数量应满足试验的需要。检验机构认为必要时，有权留存样机；

b) 提供检验需要的零部件和必要的拆卸工具；

c) 有关检验报告；

d) 有关的工厂产品质量保证文件资料。

J.5 样机检验合格后，由检验机构发给“防爆合格证”，有效期为五年。

J.6 取得“防爆合格证”后的产品，当进行局部更改且涉及相应标准的有关规定时，应将更改的技术文件和有关说明一式两份送原检验机构重新审查，必要时进行送样检验，若更改内容不涉及相应标准的有关规定，应将更改的技术文件和说明送原检验机构备案。

J.7 采用新结构、新材料、新技术制造的电气设备，经检验合格后，发给“工业试用许可证”。取得“工业试用许可证”的产品，应经工业试用(按规定的时间、地点和台数进行)。由原检验机构根据所提供的工业试运行报告、本文件和专用标准的有关规定，发给“防爆合格证”后，方可投入生产。

J.8 对于既适用于Ⅰ类又适用于Ⅱ类和/或Ⅲ类的电气设备，应分别按Ⅰ类和Ⅱ类和/或Ⅲ类要求检验合格，取得防爆合格证。

J.9 检验机构有权对已发给“防爆合格证”的产品进行复查，当发现与原检验的产品质量不符且影响防爆性能时，应向制造单位提出意见，必要时撤销“防爆合格证”。

参 考 文 献

[1] GB/T 2900.5　电工术语　绝缘固体、液体和气体
[2] GB/T 2900.35　电工术语　爆炸性环境用设备
[3] GB/T 3836.4　爆炸性环境　第4部分：由本质安全型“i”保护的设备
[4] GB/T 3836.5　爆炸性环境　第5部分：由正压外壳“p”保护的设备
[5] GB/T 3836.6　爆炸性环境　第6部分：由液浸型“o”保护的设备
[6] GB/T 3836.7　爆炸性环境　第7部分：由充砂型“q”保护的设备
[7] GB/T 3836.8　爆炸性环境　第8部分：由“n”型保护的设备
[8] GB/T 3836.9　爆炸性环境　第9部分：由浇封型“m”保护的设备
[9] GB/T 3836.12　爆炸性环境　第12部分：可燃性粉尘物质特性　试验方法
[10] GB/T 3836.13　爆炸性环境　第13部分：设备的修理、检修、修复和改造
[11] GB 3836.14　爆炸性环境　第14部分：场所分类　爆炸性气体环境
[12] GB/T 3836.15　爆炸性环境备　第15部分：电气装置的设计、选型和安装
[13] GB/T 3836.16　爆炸性环境备　第16部分：电气装置的检查与维护
[14] GB/T 3836.17　爆炸性环境　第17部分：由正压房间“p”和人工通风房间“v”保护的设备
[15] GB/T 3836.18　爆炸性环境　第18部分：本质安全电气系统
[16] GB 3836.20　爆炸性环境　第20部分：设备保护级别(EPL)为Ga级的设备
[17] GB/T 3836.21　爆炸性环境　第21部分：设备生产质量体系的应用
[18] GB/T 3836.22　爆炸性环境　第22部分：光辐射设备和传输系统的保护措施
[19] GB/T 3836.26　爆炸性环境　第26部分：静电危害　指南
[20] GB/T 3836.28　爆炸性环境　第28部分：爆炸性环境用非电气设备　基本方法和要求
[21] GB/T 3836.31　爆炸性环境　第31部分：由防粉尘点燃外壳“t”保护的设备
[22] GB/T 3836.32　爆炸性环境　第32部分：电子控制火花时限本质安全系统
[23] GB/T 3836.33　爆炸性环境　第33部分：严酷工作条件用设备
[24] GB/T 3836.35　爆炸性环境　第35部分：爆炸性粉尘环境场所分类
[25] GB/T 5008.1　起动用铅酸蓄电池　第1部分：技术条件和试验方法
[26] GB/T 7403(所有部分)　牵引用铅酸蓄电池
[27] GB/T 13002　旋转电机　热保护
[28] GB/T 13259　高压钠灯
[29] GB/T 13337.1　固定型排气式铅酸蓄电池　第1部分：技术条件
[30] GB/T 14048.1　低压开关设备和控制设备　第1部分：总则
[31] GB/T 15142　含碱性或其他非酸性电解质的蓄电池和蓄电池组　方形排气式镉镍单体蓄电池
[32] GB/T 19518.1　爆炸性环境　电阻式伴热器　第1部分：通用和试验要求
[33] GB/T 19638.1　固定型阀控式铅酸蓄电池　第1部分：技术条件
[34] GB/T 19639.1　通用阀控式铅酸蓄电池　第1部分：技术条件
[35] GB/T 20936.1　爆炸性环境用气体探测器　第1部分　可燃气体探测器性能要求
[36] GB/T 20936.4　爆炸性环境用气体探测器　第4部分：开放路径可燃气体探测器性能要求
[37] GB/T 21209　用于电力传动系统的交流电机　应用导则
[38] GB/T 21211　等效负载和叠加试验技术　间接法确定旋转电机温升
[39] GB/T 22084.1　含碱性或其他非酸性电解质的蓄电池和蓄电池组——便携式密封单体蓄电池　第1部分：镉镍电池
[40] GB/T 22084.2　含碱性或其他非酸性电解质的蓄电池和蓄电池组——便携式密封单体蓄电池　第2部分：金属氢化物镍电池

[41] GB/T 22473　储能用铅酸蓄电池

[42] GB/T 23126　低压钠灯　性能要求

[43] GB/T 27000　合格评定　词汇和通用原则

[44] GB/T 28867　含碱性或其他非酸性电解质的蓄电池和蓄电池组　方形密封镉镍单体蓄电池组

[45] GB/T 30426　含碱性或其他非酸性电解质的蓄电池和蓄电池组　便携式锂电池和蓄电池组

[46] HJ 492　空气质量　词汇

[47] IEC 60622 Secondary cells and batteries containing alkaline or other non-acid electrolytes-Sealed nickel-cadmium prismatic rechargeable single cells

[48] IEC 60623 Secondary cells and batteries containing alkaline or other non-acid electrolytes-Vented nickel-cadmium prismatic rechargeable single cells

[49] IEC 60952(所有部分)　Aircraft batteries

[50] IEC TR 61340-1 Electrostatics-Part 1: Electrostatic phenomena-Principles and measurements

[51] IEC 61951-1 Secondary cells and batteries containing alkaline or other non-acid electrolytes-Secondary sealed cells and batteries for portable applications-Part 1: Nickel-Cadmium

[52] IEC 61951-2 Secondary cells and batteries containing alkaline or other non acid electrolytes-Secondary sealed cells and batteries for portable applications-Part 2: Nickel-metal hydride

[53] IEC 61960(所有部分)　Secondary cells and batteries containing alkaline or other non-acid electrolytes Secondary lithium cells and batteries for portable applications

[54] ANSI/UL 746B Polymeric Materials-Long-Term Property Evaluations

[55] CLC/TR 50427 Assessment of inadvertent ignition of flammable atmospheres by radio-frequency radiation-Guide

[56] IEEE/PCIC-2002-08 Inverter driven induction motor bearing current solutions, 49th Annual IEEE Petroleum and Chemical Industry Conference, 23-25 Sept. 2002, pp. 67-75, R. F. Schiferl, M. J. Melfi, J. S. Wang

[57] ITU-R BS. 561-2 Definitions of radiation in LF, MF and HF broadcasting bands

[58] Linden's Handbook of Batteries, Thomas Reddy, McGraw Hill Professional, ISBN-13978-0071624213

ICS 29.260.20
CCS K 35

中华人民共和国国家标准

GB/T 3836.15—2017
代替 GB 3836.15—2000和GB 12476.2—2010

爆炸性环境
第15部分：电气装置的设计、选型和安装

Explosive atmospheres—Part 15：
Electrical installations design,selection and erection

(IEC 60079-14:2007,Explosive atmospheres—
Part 14： Electrical installations design,selection and erection,MOD)

2017-12-29发布 2018-07-01 实施

中华人民共和国国家质量监督检验检疫总局
中国国家标准化管理委员会 发布

目　次

前　言

《爆炸性环境》分为以下部分：

——第1部分：设备通用要求；

——第2部分：由隔爆外壳"d"保护的设备；

——第3部分：由增安型"e"保护的设备；

——第4部分：由本质安全型"i"保护的设备；

——第5部分：由正压外壳"p"保护的设备；

——第6部分：由油浸型"o"保护的设备；

——第7部分：由充砂型"q"保护的设备；

——第8部分：由"n"型保护的设备；

——第9部分：由浇封型"m"保护的设备；

——第11部分：气体和蒸气物质特性分类 试验方法和数据；

——第13部分：设备的修理、检修、修复和改造；

——第14部分：场所分类　爆炸性气体环境；

——第15部分：电气装置的设计、选型和安装；

——第16部分：电气装置的检查与维护；

——第17部分：正压房间或建筑物的结构和使用；

——第18部分：本质安全电气系统；

——第19部分：现场总线本质安全概念(FISCO)；

——第20部分：设备保护级别(EPL)为Ga级的设备；

——第21部分：设备生产质量体系的应用；

——第22部分：光辐射设备和传输系统的保护措施；

——第23部分：用于瓦斯和/或煤尘环境的I类EPL Ma级设备。

……

本部分为《爆炸性环境》的第15部分。

本部分按照GB/T 1.1—2009给出的规则起草。

本部分代替GB 3836.15—2000《爆炸性气体环境用电气设备　第15部分：危险场所电气安装(煤矿除外)》和GB 12476.2—2010《可燃性粉尘环境用电气设备　第2部分：选型和安装》。与GB 3836.15—2000和GB 12476.2—2010相比，本次修订的主要变化有：

——增加了一些术语：有能力的机构(见3.1.1)、区域(见3.2.5)、0区(见3.2.6)，1区(见3.2.7)、2区(见3.2.8)、隔爆外壳(见3.3)、增安型(见3.4)、本质安全型"i"(见3.5.1)、电隔离(见3.5.3)、本质安全电路(见3.5.5)、本质安全电气系统(见3.5.6)、本质安全分支电路(见3.5.7)、正压外壳型(见3.7)、"n"型(见3.8)、油浸型(见3.9)、充砂型"q"(见3.10)、浇封型"m"(见3.11)、供电系统(见3.13)、设备(见3.14)；

——标准名称"爆炸性气体环境"改为"爆炸性环境"，将爆炸性气体环境和爆炸性粉尘环境合二为一；

——引入了设备保护级别(EPL)的概念(见附录I)；

——对从业人员的资质进行了规定(见附录F)；

——增加了超声波辐射设备、光辐射设备的选型和安装要求(见5.7、5.8和6.8)；

——删除了粉尘危险场所的爆炸预防要求(GB 12476.2—2010中的4.9)。

本部分使用重新起草法修改采用 IEC 60079-14：2007《爆炸性环境 第 14 部分：电气装置的设计、选型和安装》。

本部分与 IEC 60079-14：2007 相比，在结构上做了如下调整：

——增设 5.6.3.1 总则、5.7.1 总则、5.8.1 总则、5.8.3.1 总则、5.10.1 总则、5.14.1 总则、6.2.1 总则、6.3.2.1 总则、9.3.1 总则、11.1 总则、13.1 总则、后面各条编号顺延；

——将 13.3.5 中 1）和 2）调整为 13.4.5.1 和 13.4.5.2；

——删除了 13.4.1 标题“正压房间和分析室”，将 13.4.1.1 条号变为 13.5.1，13.4.1.2 条号变为 13.5.2；

——附录 B 删除“B.1 本质安全电路”不再设章。

本部分与 IEC 60079-14：2007 的主要技术差异如下：

——关于规范性引用文件、本部分做了具有技术性差异的调整，以适用我国的技术条件，调整的情况集中反映在第 2 章“规范性引用文件”中，具体调整如下：

• 用修改采用国际标准的 GB 4943.1 代替 IEC 60950（所有部分）；

• 用等同采用国际标准的 GB 3836.3—2010、GB 3836.6、GB 3836.7、GB 3836.9—2014、GB 3836.14—2014、GB/T 3836.16—2017、GB 3836.17—2007 GB 3836.19—2010、GB 3836.20—2010 分别代替 IEC 60079-17、IEC 60079-6、IEC 60079-5、IEC 60079-18、IEC 60079-10、IEC 60079-17、IEC/TR 60079-13、IEC 60079-27、IEC 60079-26，用修改采用国际标准的 GB 3836.1—2010、GB 3836.2—2010、GB 3836.4—2010、GB/T 3836.5—2017、GB 3836.8—2014、GB 3836.13—2013、GB/T 3836.18—2017、GB/T 3836.22—2017 分别代替 IEC 60079-0、IEC 60079-1、IEC 60079-11、IEC 60079-2、IEC 60079-15、IEC 60079-19、IEC 60079-25、IEC 60079-28；

• 用等同采用国际标准的 GB/T 12476.3—2017、GB 12476.4—2010、GB 12476.5—2013、GB 12476.6—2010、GB 12476.7—2010、GB 12476.8—2010 分别代替 IEC 60079-10-2、IEC 61241-11、IEC 61241-1、IEC 61241-18、IEC 61241-4、IEC 61241-2-1，用修改采用国际标准的 GB 12476.1—2013 代替 IEC 61241-0；

• 用等同采用国际标准的 GB/T 16895.21—2011 代替 IEC 60364-4-41；

• 用等同采用国际标准的 GB/T 21714.3—2015 代替 IEC 62305-3；

• 删除引用 IEC 60050-826 和 IEC 60364（所有部分）；

——将 4.3.2 对“无防爆合格证的设备”的规定修改为“除了在本质安全电路中按 GB 3836.4—2010 和 GB/T 3836.18—2017 标准规定，允许使用的简单设备之外，没有防爆合格证的设备不允许用于爆炸危险场所。”；

——对增安型“e”用于 1 区危险场所的限制，见表 3 中的注；

——考虑到目前国家标准仍然是 GB 3836 系列爆炸性气体环境用设备和 GB 12476 系列可燃性粉尘环境用设备两个标准体系并存阶段，20 区、21 区和 22 区用设备仍可按 GB 12476 系列标准规定的可燃性粉尘环境用设备；

——增加表 2“粉尘危险场所防爆型式选择”（见 5.3），后面各表编号顺延。

本部分做了下列编辑性修改：

——修改了标准名称；

——删除非规范性引用文件 ISO 10807、IEC 60079（所有部分）、IEC 61241（所有部分）、IEC 60079-29-1 和 IEC 60079-29-2 。

本部分由中国电器工业协会提出。

本部分由全国防爆电气设备标准化技术委员会（SAC/TC 9）归口。

本部分起草单位：南阳防爆电气研究所、国家防爆电气产品质量监督检验中心、中国石化工程建设有限责任公司、华荣科技股份有限公司、创正防爆电器有限公司、中海油安全技术服务有限公司、上海宝临防爆电器有限公司、新黎明科技股份有限公司。

本部分主要起草人：王军、张刚、王宗景、李书朝、王亚德、翁振克、郑振晓、刘凯、张玉大。

本部分所代替标准的历次版本发布情况为：

——GB 3836.15—2000；

——GB 12476.2—2006、GB 12476.2—2010。

引　言

降低可燃性物质爆炸危险的预防措施以下列三项原则为基础，三项原则应按照下列先后顺序：

1）替代；

2）控制；

3）缓解。

替代包括诸如用不燃或难燃性物质代替可燃性物质。

控制包括诸如：

a）减少可燃性物质的量；

b）避免或者减少释放；

c）控制释放；

d）防止形成爆炸性环境；

e）收集并密封释放物；和

f）避免点燃源。

注1：f)项除外，上述其他措施都是危险场所分类过程采取的措施。

缓解包括诸如：

1）减少暴露于爆炸性环境的人员数量；

2）提供避免爆炸传播的措施；

3）配备爆炸压力释放装置；

4）配备爆炸压力抑制装置；和

5）配备合适的个人防护设备。

注2：上述措施是考虑对危险造成的后果进行管理的措施。

采取了替代和控制a)~e)项原则之后，宜按照爆炸性环境出现的可能性，对仍然危险的场所划分区域(见GB 3836.14—2014或GB/T 12476.3—2017)。危险场所分类可与点燃结果评定一起进行，然后可以确定采取的设备保护级别，以及规定每种场所采取的适当的保护类型。

爆炸产生的前提是爆炸性环境和点燃源需要同时存在。采取保护措施的目的，是把电气装置成为点燃源的可能性降至可接受的程度。

通过精心设计电气安装方案，尽可能将多数电气设备安装在危险较低的场所或非危险场所。

当安装电气设备的场所内出现的可燃性气体、蒸气、薄雾或粉尘可能达到危险浓度和数量时，要采取保护措施，减少在正常运行或规定的故障条件下由于电弧、火花或热表面将其引燃而产生爆炸的可能性。

生产、加工、运输和存贮过程中多种类型的粉尘具有可燃性。如果粉尘与空气以适当的比例混合，在点燃时粉尘能够迅速燃烧并产生巨大的爆炸压力。在出现这类可燃性物质的场所，通常需要使用电气设备，因此必须采取适当的预防措施，确保所有这类设备有足够的保护，以减少点燃外部爆炸性环境的可能性。在电气设备中，潜在点燃源包括电弧、电火花、热表面和摩擦火花。

空气中的粉尘、飞絮、纤维达到危险数量的场所被划分为危险场所，并且按照危险等级被分为3个区域。

设备能够点燃可燃性粉尘的方式有下列几种：

• 电气设备表面温度高于相应粉尘的最低点燃温度引起点燃。这种类型，粉尘(无论是粉尘云还是粉尘层)点燃的温度与粉尘特性、粉尘层的厚度及热源的几何形状有关。

• 电气部件(如开关、触头、换向器、电刷及类似部件)产生的电弧或火花引起点燃。

- 集聚的静电电荷放电引起点燃。
- 辐射能量(如电磁辐射)引起点燃。
- 与设备有关的机械火花、摩擦火花引起点燃。

为了避免粉尘点燃危险：

- 能沉积粉尘或与粉尘云接触的表面，温度应低于本部分规定的温度限值。
- 任何产生电火花的部件或温度高于本部分规定的温度限值的部件：

——安装在能防止粉尘进入的外壳内，或

——限制电路的能量避免产生能够点燃可燃性粉尘的电弧、火花或温度。

- 避免任何其他点燃源。

危险场所用电气设备有多种防爆型式(GB 3836.1—2010)，本部分规定了爆炸性环境电气装置的设计、选择和安装的具体要求。

本部分是对其他相关国家标准，例如建筑物电气装置系列标准(对电气安装的要求)的补充。本部分也涉及 GB 3836.1—2010 有关防爆型式电气设备结构、试验和标志要求的相关标准。

本部分规定的前提是，电气设备按照其规定的特性正确安装、测试、维护和使用。

检查、维护和修理对控制危险场所的装置具有重要作用，关于这些方面的更多要求，用户应关注 GB 3836.13—2013 和 GB/T 3836.16—2017 的要求。

在任何工业装置中，无论其大小如何，除电气设备之外还可能有很多点燃源，也需采取预防措施保证安全，但是对这些方面的指南不属于本部分的内容。相关内容可见 GB 25285.1 和 GB 25285.2。

在 GB 12476.5—2013 中，对外壳保护型“tD”规定了两种不同的型式：A 型和 B 型，这两种型式具有相同的保护水平。

A 型和 B 型两种型式均可采用，采用哪种型式均不宜混淆这两种型式对设备的要求以及选型/安装的要求。它们使用了不同的方法，主要差别是：

A 型	B 型
性能要求	性能要求和规范性要求
最高表面温度是在相关粉尘层厚度为 5mm 的情况下测定，而且要求粉尘表面温度和点燃温度之间的安全裕度为 75℃	最高表面温度是在相关粉尘层厚度为 12.5mm 的情况下测定，而且要求粉尘表面温度和点燃温度之间的安全裕度为 25℃
通过在接合面采用弹性密封、在转轴或移动轴或主轴采用橡胶密封的方法达到要求的粉尘防护等级。根据 GB/T 4208 外壳防护等级(IP 代码)测定粉尘防护等级	通过规定接合面间的宽度和间隙，以及转轴和主轴在移动部件和静止部件之间规定长度和直径间隙的方法达到粉尘防护等级。根据热循环试验测定粉尘防护等级

爆炸性环境
第 15 部分：电气装置的设计、选型和安装

1 范围

《爆炸性环境》的本部分规定了与爆炸性环境相关的危险场所内电气装置的设计、选型和安装的具体要求。

当设备需要符合其他环境条件要求，如防水、防腐蚀时，需要采用其他的保护方法。采用的保护方法不应对外壳的完整性产生不利影响。

本部分的要求仅适用于在正常或接近正常的大气条件下使用的设备。对于其他条件，可能需要附加预防措施。例如，大多数可燃性材料和通常视为不可燃的多数材料在富氧条件下可能会剧烈的燃烧。在极端温度和压力下使用的设备可能也需要其他预防措施。这些预防措施不属于本部分的内容。

这些要求是对非危险场所电气装置安装要求的补充。

本部分适用于所有电气设备，包括固定式、便携式、移动式和个人式，这些设备无论是永久安装还是临时安装。

本部分适用于所有电压等级的装置。

本部分不适用于：

——煤矿瓦斯气体(甲烷)环境的电气装置；

注：本部分可用于除瓦斯气体(甲烷)之外含有其他爆炸性气体的煤矿井下的电气装置和煤矿地面上安装的电气装置。

——固有爆炸物质和炸药或自燃物质形成的粉尘(例如，炸药的制造和加工)环境；

——医疗室；

——由可燃性粉尘和爆炸性气体、蒸气或薄雾形成的异态混合物形成的危险场所的电气装置。本部分不考虑粉尘中可燃性或有毒性气体泄漏产生的危险。

2 规范性引用文件

下列文件对于本文件的应用是必不可少的。凡是注日期的引用文件，仅注日期的版本适用于本文件。凡是不注日期的引用文件，其最新版本(包括所有的修改单)适用于本文件。

GB/T 755　旋转电机 定额和性能(GB/T 755—2008，IEC 60034-1：2004，IDT)

GB/T 1408.1　固体绝缘材料电气强度试验方法　第 1 部分：工频下试验(GB/T 1408.1—2006，IEC 60243-1；1998，IDT)

GB 3836.1—2010　爆炸性环境　第 1 部分：设备　通用要求(IEC 60079-0：2007，MOD)

GB 3836.2—2010　爆炸性环境　第 2 部分：由隔爆外壳“d”保护的设备(IEC 60079-1：2007，MOD)

GB 3836.3—2010　爆炸性环境　第 3 部分：由增安型“e”保护的设备(IEC 60079-7：2006，IDT)

GB 3836.4—2010　爆炸性环境　第 4 部分：由本质安全型“i”保护的设备(IEC 60079-11：2006，MOD)

GB/T 3836.5—2017　爆炸性环境　第 5 部分：由正压外壳“p”保护的设备(IEC 60079-2：2009，MOD)

GB 3836.6 爆炸性气体环境电气设备 第6部分：油浸型“o”(GB 3836.6—2004，IEC 60079-6：1995，IDT)

GB 3836.7 爆炸性气体环境电气设备 第7部分：充砂型“q”(GB 3836.7—2004，IEC 60079-5：1997，IDT)

GB 3836.8-2014 爆炸性环境 第8部分：由“n”型保护的设备(IEC 60079-15：2010，MOD)

GB 3836.9—2014 爆炸性环境 第9部分：由浇封型“m”保护的设备(IEC 60079-18：2007，IDT)

GB 3836.13—2013 爆炸性环境 第13部分：电气设备的修理、大修、修复和改造(IEC 60079-19：2010，MOD)

GB 3836.14—2014 爆炸性环境 第14部分：场所分类 爆炸性气体环境(IEC 60079-10-1：2010，IDT)

GB/T 3836.16—2017 爆炸性环境 第16部分：电气装置的检查和维护(IEC 60079-17 ：2007，IDT)

GB 3836.17-2007 爆炸性气体环境电气设备 第17部分：正压保护的房间或建筑物的结构和使用(IEC/TR 60079-13：1982，IDT)

GB/T 3836.18—2017 爆炸性环境 第18部分：本质安全电气系统(IEC 60079-25：2010，MOD)

GB 3836.19—2010 爆炸性环境 第19部分：现场总线本质安全概念(FISCO)(IEC 60079-27：2003，IDT)

GB 3836.20—2010 爆炸性环境 第20部分：设备保护级别(EPL)为Ga级的设备(IEC 60079-26：2006，IDT)

GB/T 3836.22—2017 爆炸性环境 第22部分：光辐射设备和传输系统的保护措施(IEC 60079-28：2006 MOD)

GB/T 4208 外壳防护等级(IP代码)(GB/T 4208—2017，IEC 60529：2013，IDT)

GB 4793.1 测量、控制和实验室用电气设备的安全要求 第1部分：通用要求(GB 4793.1—2007，IEC 61010-1 ：2001，IDT)

GB/T 4942.1 旋转电机整体结构的防护等级(IP代码)分级(GB/T 4942.1—2006，IEC 60034-5：2000，IDT)

GB 4943.1 信息技术设备 安全 第1部分：通用要求(GB 4943.1—2011，IEC 60950-1：2005，MOD)

GB 12476.1-2013 可燃性粉尘环境用电气设备 第1部分：通用要求(IEC 61341-0：2004，MOD)

GB/T 12476.3—2017 可燃性粉尘环境用电气设备 第3部分：存在或可能存在可燃性粉尘场所的分类(IEC 60079-10-2：2009，IDT)

GB 12476.4—2010 可燃性粉尘环境用电气设备 第4部分：本质安全型“iD”(IEC 61241-11：2005，IDT)

GB 12476.5—2013 可燃性粉尘环境用电气设备 第5部分：外壳保护型“tD”(IEC 61241-1：2004，IDT)

GB 12476.6—2010 可燃性粉尘环境用电气设备 第6部分：浇封保护型“mD”(IEC 61241-18：2004，IDT)

GB 12476.7—2010 可燃性粉尘环境用电气设备 第7部分：正压保护型“pD”(IEC 61241-4：2001，IDT)

GB 12476.8—2010 可燃性粉尘环境用电气设备 第8部分：试验方法 确定粉尘最低点燃温度的方法(IEC 61241-2-1：1994，IDT)

GB/T 16895.21—2011 低压电气装置 第4-41部分：安全防护 电击防护(IEC 60364-4-41：2005，IDT)

GB/T 16927.1 高电压试验技术 第1部分：一般定义及试验要求(GB/T 16927.1—2011，IEC 60060-1：2006，MOD)

GB/T 18380.12 电缆和光缆在火焰条件下的燃烧试验 第12部分：单根绝缘电线电缆火焰垂直蔓延试验 1kW预混合型火焰试验方法(GB/T 18380.12—2008，IEC 60332-1-2：2004，IDT)

GB/T 19212.7 电源电压为1100V及以下的变压器、电抗器、电源装置和类似产品的安全 第7部分：安全隔离变压器和内装安全隔离变压器的电源装置的特殊要求和试验(GB/T 19212.7—2012，IEC 61558-2-6：2009，IDT)

GB/T 21714.3—2015 雷电防护 第3部分：建筑物的物理损坏和生命危险(IEC 62305-3：2010，IDT)

GB/T 29812 工业过程控制 分析小屋的安全(GB/T 29812—2013，IEC 61285：2004，IDT)

IEC 60079-16 爆炸性气体环境用电气设备 第16部分：人工通风保护的分析室[Electrical apparatus for explosive gas atmospheres—Part 16 : Artificial ventilation for the protection of analyzer (s) houses]

3 术语和定义

GB 3836.1—2010界定的以及下列术语和定义适用于本文件。

注：适用于爆炸性环境的其他术语和定义见GB/T 2900.35—2008。

3.1 通用 general

3.1.1

有能力的机构 competent body

能够证明具有对所涉及的安全方面进行评定所需要的相应技术知识和相关技能的个人或组织。

3.1.2

验证档案 verification dossier

显示电气设备和装置符合性的成套文件。

3.2 危险场所 hazardous areas

3.2.1

危险场所 hazardous areas

爆炸性环境出现或预期出现的数量足以要求对设备的结构、安装和使用采取专门预防措施的场所。

注：本部分中的场所是指三维的区域或空间。

3.2.2

非危险场所 non-hazardous area

爆炸性环境预期不会大量出现以至不要求对设备的结构、安装和使用采取专门预防措施的场所。

3.2.3

(爆炸性环境用电气设备的)类别 group (of an electrical equipment for explosive atmospheres)

与适用爆炸性环境有关的电气设备的分类。

注：爆炸性环境用电气设备分为三类：

——Ⅰ类：煤矿瓦斯气体(甲烷)环境用电气设备；

——Ⅱ类(可进一步再分类)：除煤矿瓦斯气体(甲烷)之外其他爆炸性气体环境用电气设备(见5.5)；

——Ⅲ类(可进一步再分类)：爆炸性粉尘环境用电气设备(见5.5)。

3.2.4

最高允许表面温度　maximum permissible surface temperature

实际工作中电气设备为避免引起点燃允许表面达到的最高温度。

注：无论是粉尘云或粉尘层，其最高允许的表面温度取决于粉尘类型，如果是粉尘层，取决于其厚度和施加的安全系数。详见5.6.3。

3.2.5

区域　zones

根据爆炸性环境出现的频次和持续时间将危险场所划分为不同的区。

3.2.6

0区　zone 0

可燃性物质以气体、蒸气或薄雾的形式与空气形成的爆炸性环境，连续出现或长期存在或频繁出现的场所。

3.2.7

1区　zone 1

可燃性物质以气体、蒸气或薄雾的形式与空气形成的爆炸性环境，在正常运行时偶尔出现的场所。

3.2.8

2区　zone 2

可燃性物质以气体、蒸气或薄雾的形式与空气形成的爆炸性环境，在正常运行时不可能出现，如果出现也仅是短时间存在的场所。

3.2.9

20区　zone 20

可燃性粉尘云在空气中形成的爆炸性环境，连续出现或长期存在或频繁出现的场所。

3.2.10

21区　zone 21

可燃性粉尘云在空气中形成的爆炸性环境，在正常运行时偶尔可能出现的场所。

3.2.11

22区　zone 22

可燃性粉尘云在空气中形成的爆炸性环境，在正常运行时不可能出现，如果出现也是短时间存在的场所。

3.3　隔爆外壳　flameproof enclosure

3.3.1

隔爆外壳“d”　flameproof enclosure “d”

电气设备的一种防爆型式、其外壳能够承受通过外壳任何接合面或结构间隙进入外壳内部的爆炸性混合物在内部爆炸而不损坏，并且不会引起外部由一种、多种气体或蒸气形成的爆炸性气体环境的点燃。

3.3.2

压力重叠　pressure-piling

由于在外壳的一个空腔或间隔内发生点燃，造成另一个空腔或间隔内被预压的气体混合物点燃时呈现的状态。

注：这可能导致比预期更高的最大压力。

3.4 增安型 increased safety

3.4.1

增安型"e" increased safety "e"

一种防爆型式，是指对电气设备采取一些附加措施，以提高其安全程度，防止在正常运行或规定的异常条件下产生危险温度、电弧和火花的可能性。

3.4.2

初始启动电流 initial starting current

I_A

交流电动机在静止状态或交流电磁铁衔铁处于最大空气间隙位置状态，从供电线路输入额定电压和额定频率时输入的最大电流有效值。

3.4.3

启动电流比 starting current ratio

I_A/I_N

初始启动电流 I_A 与额定电流 I_N 之比。

3.4.4

t_E时间 time t_E

交流转子或定子绕组在最高环境温度下达到额定运行温度后，从开始通过启动电流 I_A 直至温度上升到极限温度所需的时间。

3.5 本质安全型——通用 intrinsic safety——general

3.5.1

本质安全型"i" intrinsic safety "i"

电气设备的一种防爆型式，它将设备内部和暴露于潜在爆炸性环境的连接导线可能产生的电火花或热效应能量限制在不能产生点燃的水平。

注：由于实现本质安全的方法所决定，暴露在爆炸性环境中的电气设备及其与之互联的其他电气设备都要有合理结构。

3.5.2

本质安全设备 intrinsically safe apparatus

所有电路为本质安全电路的电气设备。

注：本质安全设备宜符合 GB 3836.4—2010 中"ia"、"ib"或"ic"等级的要求

3.5.3

电隔离 galvanic isolation

本质安全设备或关联设备内部，两个电路之间没有直接电气连接但可以传输信号或功率的结构。

注：电隔离通常利用电磁元件(变压器或继电器)或光耦合元件。

3.5.4

简单设备 simple apparatus

电气参数严格定义且符合使用电路本质安全性能的电气元件或结构简单的元件组合。

注：下列设备被认为是简单设备：

a) 无源元件，例如：开关、接线盒、电阻器和简单的半导体器件；

b) 有严格定义参数的储能元件，例如，当确定系统的整体安全时，考虑其参数值的电容器或电感器；

c) 可产生能量的元件，例如，热电偶和光电池，它们产生的电压不超过 1.5V、电流不超过 100mA 和功率不超过 25mW。

3.5.5

本质安全电路 intrinsically safe circuit

电路中所有设备为本质安全设备或简单设备的电路。

注：该电路中可能也包含关联设备。

3.5.6

本质安全电气系统 intrinsically safe electrical system

系统描述文件中规定的，拟用于爆炸性环境的电路或部分电路是本质安全电路的电气设备互连部分的组合。

3.5.7

本质安全分支电路 intrinsically safe sub-circuit

与另一部分或同一本质安全电路的其他部分电隔离的一部分本质安全电路。

3.6 本质安全参数 intrinsic safety parameters

3.6.1

最大外部电感与电阻比 maximum external inductance to resistance ratio

L_o/R_o

可以连接到电气设备外部的连接装置上，不会使本质安全性能失效的电感与电阻的最大比值。

3.7 正压外壳型 pressurization

3.7.1

正压外壳型“p” pressurization“p”

保持外壳内部保护气体的压力高于外部大气压力，以阻止外部爆炸性气体进入外壳内的防爆型式。

注：正压外壳型宜符合 GB/T 3836.5—2017 中“px”、“py”或“pz”的要求。

3.7.2

连续稀释(流动) continuous dilution(flow)

正压外壳换气之后，以规定速率连续供给保护气体，使其中的可燃性物质的浓度在任何潜在点燃源处均保持在爆炸极限之外(即：在稀释区域之外)。

注：稀释区域在内部释放源附近，可燃性物质浓度未被稀释到安全浓度范围的区域。

3.7.3

泄漏补偿 leakage compensation

保护气体流量足以补偿正压外壳及其管道中的任何泄漏。

3.7.4

静态正压保护 static pressurization

不添加保护气体而保持危险场所中正压外壳内正压值的保护方法。

3.8 “n”型 type of protection “n”

3.8.1

“n”型 type of protection “n”

电气设备的一种防爆型式，采用这种型式的电气设备，在正常运行时和一些规定的异常条件下，不能点燃周围的爆炸性气体环境。

注1：本防爆型式宜符合 GB 3836.8—2014 中“nA”、“nC”或“nR”的要求。

注2：此外，设备标准的要求是为了确保能引起点燃的故障不可能发生。

注3：规定的异常条件实例，如有破损光源的灯具。

3.8.2

限能设备　energy-limited apparatus

电路和元件的设计符合能量限制原理的电气设备。

3.8.3

关联限能设备　associated energy-limited apparatus

装有限能和非限能电路，且结构使非限能电路不能对限能电路产生不利影响的电气设备。

3.9

油浸型"o"　oil-immersion "o"

电气设备的一种防爆型式，将电气设备或电气设备的部件浸在保护液体中，使设备不能点燃液面之上或外壳外部的爆炸性气体环境。

3.10

充砂型"q"　powder filling"q"

电气设备的一种防爆型式，将能点燃爆炸性气体环境的导电部件固定在适当的位置上，且完全埋入填充材料中，防止点燃外部的爆炸性环境。

注：这种防爆型式不能阻止爆炸性气体进入设备和元件内被电路点燃。但是，由于填充材料内净空隙小，并且火焰通过填充材料内的通路时被熄灭，从而防止外部爆炸。

3.11

浇封型"m"　encapsulation "m"

电气设备的一种防爆型式，将可能点燃爆炸性混合物的火花或过热的部分封入复合物中，使它们在运行或安装条件下不能点燃爆炸性环境。

注：浇封型宜符合 GB 3836.9—2014 中"ma"、"mb"或"mc"的要求。

3.12

粉尘点燃外壳保护型"tD"　dust ignition protection type"tD"

将所有电气设备用外壳保护，避免点燃粉尘层或粉尘云的防爆型式。

3.13　供电系统 electrical supply systems

3.13.1

保护特低电压　protective extra-low voltage；PELV

在下列条件下，电力系统的电压不超过特低电压的值：

——在正常条件下，和

——在单一故障条件下，其他电路中的接地故障除外。

3.13.2

安全特低电压　safety extra-low voltage；SELV

在下列条件下，电力系统的电压不超过特低电压的值：

——在正常条件下，和

——在单一故障条件下，包括其他电路中的接地故障。

3.14　设备　equipment

3.14.1

固定式　fixed

设备固定在支架上，或固定在指定位置上。

3.14.2

移动式 transportable

不被人们携带、也不固定安装的设备。

3.14.3

便携式 portable

人员携带的设备。

3.14.4

个人式 personal

正常使用时由人的身体支持的设备。

4 总则

4.1 通用要求

为便于选择适当的电气设备以及进行适宜的电气装置设计，依据 GB 3836.14—2014，将含有气体、蒸气和薄雾的危险场所划分为 0 区、1 区和 2 区，依据 GB/T 12476.3—2017，将含有可燃性粉尘的危险场所划分为 20 区、21 区和 22 区。

电气设备宜尽可能安装在非危险场所，如不可能时，宜安装在危险最小的场所。

危险场所的电气装置也应符合非危险场所装置的相应要求。但仅有非危险场所的电气装置要求对危险场所来说是不够的。

电气设备及材料应在其功率、电压、电流、频率、工作制的定额范围，以及其他如果不符合可能会影响装置安全性能的特性值的定额范围内安装和使用。需要特别注意，应确保电压和频率与设备采用的供电系统相适应，并且温度组别由正确的电压、频率及其他参数确定。

危险场所内所有电气设备和电路的选择和安装应符合第 5 章~第 9 章的要求，及对特定防爆型式的补充要求(第 10 章~第 18 章)。

电气设备应按照文件规定进行安装。应确保可更换部件的型号和额定值正确无误。安装完成后，应按照 GB/T 3836.16—2017 对设备及安装进行初始检查。

装置的设计、设备和材料的安装应考虑便于检查和维护(GB/T 3836.16—2017)。

用于特殊环境中的设备和系统，例如研究、开发、小规模试验装置，在没有防爆设备时，如果在授权的专业机构监督下安装，不需要符合本部分的要求。但应符合下列的一项或多项条件：

——采取措施确保不形成爆炸性环境；

——采取措施确保设备在出现爆炸性环境时断电，例如，防止由热元件引起点燃；

——采取措施确保人员和环境不受燃烧或爆炸带来的危害。

另外，应由具备下列条件的人员书面写出所采取的措施：

——熟悉这些措施的要求和其他相关标准，以及在危险场所用电气设备和系统有关的操作规程；

——掌握进行评定需要的所有资料。

4.2 文件

必须确保任何安装符合相关证书的要求及本部分的要求，以及对安装的装置的其他要求。为达到这一要求，每套装置都应准备验证档案，并保存在安装现场，也可存放在其他地方。如果存放在其他地方，应在安装现场留一份说明，说明上述文件的管理者是谁、存放何处等，以便需要时可以随时得到副本。

为了正确安装或对现有装置进行增扩，除了非危险场所的安装要求之外，还需要下列有关资料或文件：

——场所分类文件(见 GB 3836.14—2014 与 GB/T 12476.3—2017)，显示包括危险场所分类和区域范围(如果是由可燃性粉尘导致的危险，粉尘层的最大允许厚度)的平面图；
——选择的点燃影响评定结果(见 5.3)；
——安装和连接说明书；
——带有特殊使用条件电气设备的文件，例如，防爆合格证号后缀有符号“X”的电气设备特殊使用条件的文件；
——本质安全系统的系统描述文件(见 12.2.5)；
——制造商/有资质人员的声明；
——确保设备正确安装的必要信息，由适合该项活动的负责人提供(见 GB 3836.1—2010 使用说明书)；
——进行检查所需的必要信息，例如，设备的清单和位置、备件、技术资料(见 GB/T 3836.16—2017)；
——有关计算的详细数据，例如，仪器或分析室换气率的计算；
——由用户或修理单位进行修理时，电气设备修理所必需的信息(见 GB 3836.13—2013)；
——适用时，与防爆电气设备类别或进一步分类相关的气体或蒸气分类；
——气体或蒸气的温度组别或点燃温度；
——外部影响和环境温度。

可燃性粉尘环境的附加要求：
——设备与使用场所和环境相适应的有关文件，如：温度范围、防爆型式、防护等级、防腐；
——材料特性，包括电阻率、可燃性粉尘云的最低点燃温度、可燃性粉尘层的最低点燃温度和可燃性粉尘云的最小点燃能量应做记录；
——布线系统类型及其布线方式平面图；
——电缆引入方式符合特定防爆型式要求的选择依据的记录；
——电路标识的图纸和一览表。

注：验证档案可用纸质文件或电子格式保存。也可根据相关规定(如果有)改变文件的保存方式。

4.3 设备的合格保证

4.3.1 有防爆合格证的设备

按照本部分的要求选择和安装设备时，依据 GB 3836 系列、GB 12476 系列、GB 20936 系列等标准取得防爆合格证的设备，符合在危险场所的使用要求。

4.3.2 无防爆合格证的设备

除了在本质安全电路中按 GB 3836.4—2010 和 GB/T 3836.18—2017 标准规定，允许使用的简单设备之外，没有防爆合格证的设备不允许用于爆炸危险场所。

4.3.3 修理过的设备、二手设备或备用设备的选择

当打算在新的装置中安装备用设备、二手设备或修理过的设备时，应在符合下列条件时才能使用：

a) 能够证实设备没有被改造，并且处于符合原始证书(包括任何修理或大修证书)规定的条件；和
b) 与项目有关的设备标准的任何变动不需要采取附加安全措施。

注1：采用的设备技术条件与现有装置不同时，可能会导致把装置误认为是“新”装置。

注2：如果设备有两种不同防爆型式的合格证(例如，本质安全设备和独立的隔爆型设备)，宜注意用于新场所的

防爆型式不受原来的安装及后续维护的影响。不同的防爆型式维护要求不同。上面的示例中：最初作为隔爆型安装的设备只能作为隔爆型设备使用，除非能够证明本安电路中原来安装的安全元件没有被诸如电源接线端子处的过压损坏，或者如果原来作为本质安全设备安装，则需要进行检查确保火焰通路没有遭到破坏，才能够作为隔爆型设备使用。

4.4 人员资质

本部分所涉及的装置的设计、设备的选型及安装，应当只能由经过专业培训的人进行，培训内容包括不同防爆型式的要求、安装实践、相关规章制度和场所划分的基本原理。人员的能力应与从事的工作类型相适宜(见附录 F)。

人员应定期进行适当的继续教育和培训。

注：可根据国家法规、行业标准或用户要求进行相关培训和评定，证明人员的能力。

5 设备选型(不包括电缆和导管)

5.1 资料要求

为了选择适用于爆炸危险场所的电气设备，需要下列资料：

——危险场所分类，适用时包括设备保护级别的要求；

——适用时，与电气设备类别和进一步分类相关的气体、蒸气或粉尘分级；

——有关的气体或蒸气的温度组别或引燃温度；

——可燃性粉尘云的最小引燃温度、可燃性粉尘层的最小引燃温度以及可燃性粉尘云的最小点燃能量；

——外部影响和环境温度。

建议将设备保护级别(EPL)的要求记录在场所分类图上。即使对后果不进行危险评定，该项要求也适用(见 5.3 和附录 I)。

5.2 区域

危险场所划分为不同的区域。分区不考虑潜在的爆炸后果。

注：本部分上一版以统计学为基础确定了区域的保护概念，即爆炸性环境出现得越频繁，防止点燃源出现的可能性要求的安全等级越高。

5.3 设备保护级别(EPL)与区域之间的关系

根据场所分类文件中对区域的标示，应遵循表 1 中 EPL 和区域的关系。

表 1 区域标示与适用的设备保护级别(EPL)

区域	设备保护级别(EPL)
0	Ga
1	Ga 或 Gb
2	Ga、Gb 或 Gc
20	Da
21	Da 或 Db
22	Da、Db 或 Dc

如果场所分类文件中确定了设备保护级别，应遵循设备选型的要求。

注 1：除了表 1 中给出的 EPL 和分区之间的关系，也可以根据危险情况决定 EPL，即考虑引燃的后果。在某些情况下，要求的EPL等级可能比表1确定的级别高，也可能允许比表1确定的EPL低。

注2：20区用设备相当于Da级设备，21区用设备相当于Db级设备，22区用设备相当于Dc级设备。

粉尘危险场所防爆型式选择见表2。

表2 粉尘危险场所防爆型式选择

粉尘类型	20区	21区	22区
非导电性粉尘	tD A20 tD B20 iaD maD	tD A20或tD A21 tD B20或tD B21 iaD或ibD maD或mbD pD	tD A20；tD A21或tD A22 tD B20；tD B21或tD B22 iaD或ibD maD或mbD pD
导电性粉尘	tD A20 tD B20 iaD maD	tD A20或tD A21 tD B20或tD B21 iaD或ibD maD或mbD pD	tD A20或tD A21或tD A22 tD B22 tD B20或tD B21 iaD或ibD maD或mbD pD
可燃性飞絮	tD A20 tD B20 iaD maD	tD A20或tD A21 tD B20或tD B21 iaD或ibD maD或mbD pD	tD A20或tD A21或tD A22 tD B22 tD B20或iD B21 iaD或ibD maD或mbD pD

5.4 根据EPL进行设备选型

5.4.1 EPL与防爆型式之间的关系

现有的防爆型式与EPL的对应关系见表3。

表3 防爆型式与EPL之间的关系

EPL	防爆型式	标志	依据标准
Ga	本质安全型	“ia”	GB 3836.4—2010
	浇封型	“ma”	GB 3836.9—2014
	分别符合EPL“Gb”要求的两种独立的防爆型式		GB 3836.20—2010
	光辐射设备和传输系统的保护		GB/T 3836.22—2017
Gb	隔爆外壳	“d”	GB 3836.2—2010
	增安型	“e”	GB 3836.3—2010
	本质安全型	“ib”	GB 3836.4—2010
	浇封型	“mb”	GB 3836.9—2014
	油浸型	“o”	GB 3836.6
	正压外壳型	“p”：“px”或“py”	GB/T 3836.5—2017
	充砂型	“q”	GB 3836.7
	现场总线本质安全概念(FISCO)		GB 3836.19—2010
	光辐射设备和传输系统的保护		GB/T 3836.22—2017

表3 防爆型式与EPL之间的关系(续)

EPL	防爆型式	标志	依据标准
Gc	本质安全型	“ic”	GB 3836.4—2010
	增安型	“e”	GB 3836.3—2010
	浇封型	“mc”	GB 3836.9—2014
	无火花型	“n”或“nA”	GB 3836.8—2014
	限制呼吸型	“nR”	GB 3836.8—2014
	限能型	“nL”	GB 3836.8—2014
	火花设备型	“nC”	GB 3836.8—2014
	正压外壳	“pz”	GB/T 3836.5—2017
	现场总线不点燃概念(FNICO)		GB 3836.19—2010
	光辐射设备和传输系统的保护		GB/T 3836.22—2017
Da	本质安全型	“iD”	GB 12476.4—2010
	浇封型	“mD”	GB 12476.6—2010
	外壳保护型	“tD”	GB 12476.5—2013
Db	本质安全型	“iD”	GB 12476.4—2010
	浇封型	“mD”	GB 12476.6—2010
	外壳防护型	“tD”	GB 12476.5—2013
	正压外壳型	“pD”	GB 12476.7—2010
Dc	本质安全型	“iD”	GB 12476.4—2010
	浇封型	“mD”	GB 12476.6—2010
	外壳防护型	“tD”	GB 12476.5—2013
	正压外壳型	“pD”	GB 12476.7—2010

*根据我国的实际情况，允许形成EPL Gb级的“e”型设备仅限于：

——在正常运行中不产生火花、电弧或危险温度的接线盒和接线箱，包括接线部分为“e”型，其他部分为“d”或“mb”型的电气产品；

——配置有合适热保护装置(见GB 3836.3—2010)的“e”型低压异步电动机(启动频繁和环境条件恶劣者除外)；

——“e”型荧光灯。

5.4.2 用于要求设备保护级别EPL Ga级或Da级场所的设备

如果设备分别标志EPL Ga或Da，或者采用表3列出的分别符合EPL Ga级或Da级要求的防爆型式，则电气设备和电路可用于要求EPL Ga级或Da级的场所。安装应符合本部分对相应防爆型式的要求。当依据GB 3836.20—2010将叠加型防爆型式标志为EPL Ga时，安装应同时符合本部分对采用的防爆型式的有关要求。

5.4.3 用于要求设备保护级别EPL Gb级或Db级场所的设备

如果设备分别标志EPL Ga级或Gb级及Da级或Db级，或者采用表3列出的分别符合EPL Ga级或Gb级及Da级或Db级要求的防爆型式，则电气设备可用于要求EPL Gb级或Db级的场所。安装应符合本部分对采用的防爆型式的要求。

当符合EPL Gb级或Db级要求的设备安装在仅要求分别为EPL Gb级或Db级设备的场所时，安装时应符合采用的所有防爆型式的要求，对专用防爆型式的补充要求有变化的除外。

5.4.4 用于要求设备保护级别 EPL Gc 级或 Dc 级场所的设备

如果设备上分别标志 EPL Ga 级或 Gb 级或 Gc 级和 Da 级或 Db 级或 Dc 级，或者采用表 3 列出的任一种防爆型式，则电气设备可用于要求 EPL Gc 级或 Dc 级的场所。安装应符合本部分对采用的防爆型式的有关要求。

当分别符合 EPL Ga 级或 Gb 级及 Da 级或 Db 级要求的设备安装在仅分别要求 EPL Gc 级或 Dc 级设备的场所时，安装应符合采用的所有防爆型式的要求，对专用防爆型式的补充要求有变化的除外。

5.5 根据设备类别选型

电气设备应按照表 4 的要求选型。

表 4　气体或蒸气或粉尘分类与设备类别之间的关系

场所气体/蒸气或粉尘分类	允许的设备类别
ⅡA	Ⅱ、ⅡA、ⅡB 或ⅡC
ⅡB	Ⅱ、ⅡB 或ⅡC
ⅡC	Ⅱ或ⅡC
ⅢA	ⅢA、ⅢB 或ⅢC
ⅢB	ⅢB 或ⅢC
ⅢC	ⅢC
注：粉尘场所用设备ⅢA，ⅢB 和ⅢC 的规定见 GB 3836.1—2010 中的 4.3。	

当电气设备标志适用于特定气体或蒸气时，没有经过有能力机构的全面评定、证明能够与其他气体或蒸气一起使用时，不能与其他气体或蒸气一起使用。

5.6 根据气体、蒸气或粉尘的引燃温度以及环境温度选型

5.6.1 总则

选择电气设备时，其最高表面温度不应超过可能出现的任何气体、蒸气或粉尘的引燃温度。

如果电气设备的标志中没有标示环境温度范围，则设备设计的使用温度范围为-20℃～+40℃。如果电气设备的标志中标示了环境温度范围，则设备应设计在该温度范围内使用。

如果环境温度超出温度范围，或者有其他因素影响环境温度，例如，工艺温度或受太阳辐射影响，应考虑对设备的影响并记录采取的措施。

注：电缆引入装置通常不标志温度组别或运行环境温度范围。电缆引入装置的额定工作温度，如果不标示，默认的工作温度范围为-20℃～+80℃。如果要求不同的工作温度，宜注意电缆引入装置及其关联部件应适合于此类用途。

5.6.2 气体或蒸气

电气设备上标志的温度组别符号的意义见表 5。

表 5　气体或蒸气的引燃温度与设备温度组别之间的关系

场所分类要求的温度组别	气体或蒸气的引燃温度/℃	允许的设备温度组别
T1	>450	T1～T6
T2	>300	T2～T6

表5 气体或蒸气的引燃温度与设备温度组别之间的关系(续)

场所分类要求的温度组别	气体或蒸气的引燃温度/℃	允许的设备温度组别
T3	>200	T3~T6
T4	>135	T4~T6
T5	>100	T5~T6
T6	>85	T6

5.6.3 粉尘

5.6.3.1 总则

粉尘层厚度增加时显示两个特性：最低点燃温度降低、隔热性增强。

由相关粉尘的最低点燃温度减去安全裕度确定出设备最高允许的表面温度，当按照 GB 12176.8—2010 规定的方法进行试验时，对粉尘云和厚度不大于 5mm 的粉尘层，防爆型式为“tD”的，采用 A 型；对其他所有防爆型式和厚度为 12.5mm 的“tD”防爆型式，采用 B 型。

当装置的粉尘层厚度大于上述值时，应根据粉尘层厚度和使用物料的所有特性确定最高表面温度。超厚粉尘层的示例参见附录 G。

5.6.3.2 存在粉尘云情况下的极限温度

设备的最高表面温度不应超过相关粉尘/空气混合物的最低点燃温度的 2/3：

$$T_{max} = 2/3 T_{CL}$$

式中：

T_{CL}——粉尘云的最低点燃温度，单位为摄氏度(℃)。

5.6.3.3 存在粉尘层时的极限温度

5.6.3.3.1 A 型和其他所有类型设备外壳粉尘层

——厚度不大于 5mm：

用 GB 12476.1—2013 中 23.4.4.1 规定的无尘试验方法试验时，设备的最高表面温度不应超过厚度 5mm 粉尘层的最低点燃温度减 75℃：

$$T_{max} = T_{5mm} - 75℃$$

其中，T_{5mm}是厚度 5mm 粉尘层的最低点燃温度。

——厚度 5mm~50mm：

当 A 型设备上有可能形成超过 5mm 的粉尘层时，最高允许的表面温度应降低。图 1 是在设备最低点燃温度超过 250℃时 5mm 的粉尘层加厚的情况下最高允许表面温度降低的示例，作为指南。

——厚度超过 50mm 的粉尘层：

见 5.6.3.4。

注：使用图中的信息之前宜参考 GB 12476.8—2010。

当厚度 5mm 的粉尘层点燃温度低于 250℃，或对图中应用情况有疑问时，应对设备进行试验验证，见 5.6.3.4。

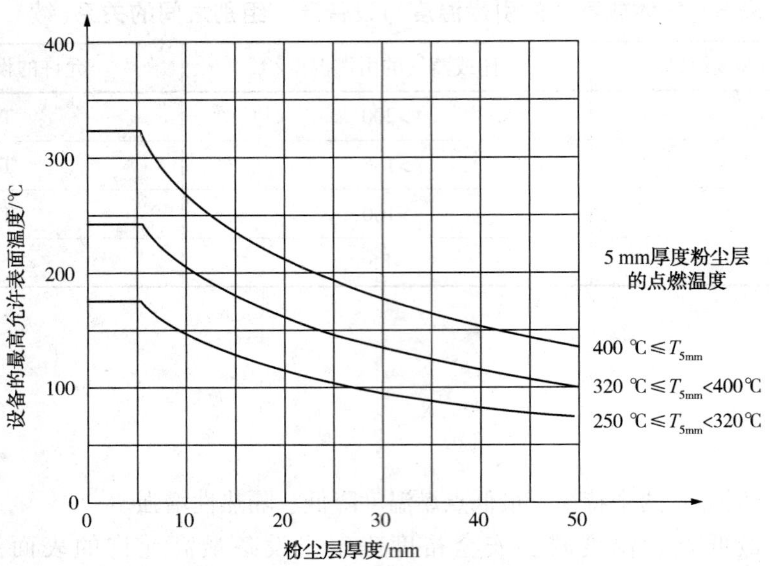

图 1　最高允许表面温度与粉尘层厚度之间的关系

5.6.3.3.2　粉尘层厚度 12.5mm 以下 B 型设备专用外壳

当设备按照 GB 12476.5—2013 中 8.2.2.2 规定的方法进行粉尘层试验时，对于厚度 12.5mm 的粉尘层，设备最高表面温度不应超过粉尘层最低点燃温度减 25℃：

$$T_{max}=T_{12.5mm}-25℃$$

其中，$T_{12.5mm}$是厚度 12.5mm 粉尘层的最低点燃温度。

注：根据本条款和 5.6.3.3.1 得出的 T_{max} 值被视为具有同等安全性。

5.6.3.4　不可避免的粉尘层

当设备的侧面和底部不可避免地形成粉尘层或设备完全湮没在粉尘中时，由于绝热效应可能要求较低的表面温度。可采用带或不带内在温控装置的功率限制系统满足这一特殊要求，应按照 GB 12476.1—2013 的要求测定温度。

对于粉尘层厚度超过 50mm 的 A 型外壳和所有其他设备，或仅对粉尘层厚度为 12.5mm 的 B 型外壳，设备最高表面温度可标示为最高表面温度 T_L，说明粉尘层允许厚度。当设备以 T_L 标示粉尘层温度时，应使用厚度 L 的可燃性粉尘层的点燃温度代替 T_{5mm}。设备在粉尘层厚度 L 时的最高表面温度 T_L应为可燃性粉尘的点燃温度减去至少 75℃。超厚粉尘层的示例参见附录 G。

5.6.3.5　最高允许表面温度

用 5.6.3.3 和 5.6.3.3.1 得出 A 型的最低值和 5.6.3.3 和 5.6.3.3.2 得出 B 型的最低值，确定所用设备的最高表面温度。

如果设备在 5.6.3.4 规定的条件下使用，应采用较低值。

5.7　粉尘环境用光辐射设备的选型

5.7.1　总则

在光谱范围内辐射的设备安装在危险场所时，本部分的所有相关要求，包括 5.7 的要求适用。

安装在危险场所之外，但辐射进入危险场所之内的设备，仅应符合 5.7 的规定。

5.7.2　点燃过程

光谱范围内的辐射，尤其在聚焦的情况下，能够成为粉尘云或粉尘层的点燃源。

例如，太阳光，若被某些物体(如凹镜、透镜等)聚焦在一点就可能引起点燃。

高强度光源的辐射，如照相机的闪光灯，在某些环境中会被粉尘颗粒大量吸收，而这些粉尘颗粒又会成为粉尘云或粉尘层的点燃源。

对于激光辐射(如信号传输设备、光学测距仪、测量仪、测远仪)，即使长距离未聚焦的能量或功率也会很高，也可能引起点燃。这主要是由激光束照在粉尘层上或环境中的粉尘颗粒吸收激光束使温度升高。极强的聚焦在聚焦点的温度可远远超过1000℃。

应考虑设备自身产生的辐射(如灯、电弧、激光等)也可能是点燃源。

5.7.3 20区或21区的安全措施

产生辐射的电气设备，如果按照对20区或21区的要求进行试验并取得防爆合格证，也可以使用。除此之外，即使在20区或21区产生辐射的全过程中极少出现的干扰情况下，还应保证可能进入或在20区或21区产生的辐射功率或辐射能量，在辐射横截面的任一点，均不应超过下列值：

——连续波激光或其他连续波源：$5mW/mm^2$ 或 35mW；和

——脉冲间隔至少5s的脉冲激光或脉冲光源：$0.1mJ/mm^2$。

脉冲间隔小于5s的辐射源视为连续光源。

5.7.4 22区的安全措施

可使用产生辐射的设备。但是，在正常运行时，辐射强度或辐射能量，对于连续辐射应不超过 $10mW/mm^2$ 或35mW，对于脉冲辐射应不超过 $0.5mJ/mm^2$。

5.8 粉尘环境用超声波设备的选型

5.8.1 总则

对于安装在危险场所之外，但辐射进入危险场所的设备，仅应符合5.8的要求。

安装在危险场所的超声波传输设备，应符合本部分所有相关的要求，以及5.8的要求。

5.8.2 点燃过程

当使用超声波时，声波转换器释放的大部分能量被固体或液体物料吸收。受影响的物料会被加热在某些极端情况下，可能将物料加热至温度超过其最低点燃温度。

5.8.3 安全措施

5.8.3.1 总则

以下考虑的事项仅涉及由音速能量产生的点燃危险。就安全而言，应首先考虑采用适当的电路元件，从压电陶瓷(在超声波设备中通常被用作转换器)中安全消除静电电荷。

5.8.3.2 20区或21区的安全措施

在20区或21区，只有在采取的工作方式由于音速功率低被认可适合在该区域使用时，才能使用超声波设备，超声波在其声场内的功率密度不应超过 $0.1W/cm^2$，持续声源频率不应超过10MHz，脉冲源能量不应超过 $2mJ/cm^2$。平均功率密度不应超过 $0.1W/cm^2$。

5.8.3.3 22区的安全措施

在22区，工作过程中使用普通超声波设备(例如：超声波治疗仪、诊断仪、脉冲芯片测试仪)时，由于自身使用超声波，如果声场内产生的功率密度不超过 $0.1W/cm^2$，且设备频率不超过

10MHz，则不需要采取特殊的安全措施防止点燃危险。

5.9 外部影响

电气设备的选型和/或安装应防止外部因素（例如：压力条件、化学作用、机械作用、振动、热、电气、潮湿、腐蚀）对防爆性能产生不利的影响。设备安装设计和设备选型时应考虑外部影响，采取的控制措施应有文件记录，并且存放在验证档案中。

注1：设备长时间潮湿及温度变化大时可能产生的危险宜引起注意。在这种情况下，设备宜配置适当的装置确保防止冷凝或排出冷凝液。

应采取预防措施，在不影响设计通风的情况下，防止异物垂直落入立式旋转电机的通风孔内。

如果电气设备在超出设计温度或压力条件以外的情况下运行，设备的完整性可能会受到影响。在这种情况下，应寻求更多的建议（见5.6）。

注2：工艺流体进入设备内可能造成的危险（例如：压力开关或屏蔽电动机泵）宜引起注意。在故障状态下（例如：薄膜或屏蔽破损），产生相当大的压力可能引起下列一项或所有情况发生，从而使液体可能泄漏到设备内部：

——设备外壳破裂；

——立即引燃的危险；

——液体沿着电缆或导管内部流动。

选择的设备宜能使工艺流体容器与电气设备可靠隔离（例如：在主要工艺界面采取一次密封，在设备内部采取二次密封以防一次密封失效）。如果上述措施不能实现，在设备上宜设置通孔（例如：通过适当的防爆通路、排液装置或呼吸装置），和/或布线系统宜密封防止液体流动。例如，也可以通过可见的泄漏、设备自显故障、可听见的声音或电子探测器等方法，显示一次密封出现故障。

布线系统可能的密封方法包括：沿电缆敷设路线采用特殊的密封接头，或电缆引入装置中对单个导体周围加密封，或采用矿物绝缘金属护套（MIMS）电缆、或沿电缆敷设线路采用环氧树脂接头。宜注意，采用电缆密封装置仅能减小蒸气传播率，可能还需要采取附加的稀释措施。采取的通风系统宜能使任何泄漏显示出来。

目前还没有电气设备过程密封国家标准，可遵循其他适用的标准，如GB 4793.1，该标准包括一些与工艺连接相关的信息。

注3：当制造商检验的外壳防护等级（IP代码）高于防爆型式要求的防护等级时（可能适用于不利的环境），外壳的防护等级宜与其场所要求的防护等级一致，或与防爆型式要求的防护等级一致，选二者之中要求较高者。如果设备的防护等级达不到要求，宜在验证档案中说明。

5.10 轻金属制造材料

5.10.1 总则

应特别注意外部结构中加入轻金属材料部件的位置，因为已充分证明这种材料在摩擦接触条件下易产生火花。

5.10.2 气体或蒸气

安装材料（例如：电缆托架、安装板、气候防护罩），按质量百分比：

——要求EPL Ga级的场所：

铝、镁、钛和锆的总含量不应大于10%，或

镁、钛和锆的总含量不应大于7.5%。

——要求EPL Gb级的场所：

镁和钛的总含量不应大于7.5%。

——要求EPL Gc级的场所：

无要求。

注：上述要求与 GB 3836.1—2010 对设备的要求一致。

5.10.3 粉尘

见附录 H。

5.11 移动式、便携式设备及个人装备

5.11.1 总则

根据使用要求和使用的灵活性，不同的场所可能要求使用移动式设备、便携式设备或个人装备。要求 EPL 级别较高的区域不应使用 EPL 级别较低的设备，另有保护措施的设备除外。但是在实践中，这样的限制可能难以执行——特别是对于便携式设备。因此，建议所有设备符合要求 EPL 级别最高的区域的要求。同样，设备类别和温度组别宜与设备使用场所可能遇到的所有气体、蒸气和粉尘相适宜。除非采取适当的预防措施，否则备用电池不应带入危险场所。

5.11.2 移动式设备和便携式设备——气体

与永久安装的设备不同，移动式设备或便携式设备只是临时在危险场所使用。这类设备可包括，例如：应急发电机、电焊机、工业提升车辆(铲车)、空气压缩机、电风扇或鼓风机、便携式电动工具、某些检测设备。

可能进入或带入危险场所的设备应具有适当的设备保护级别。如果在危险场所使用的移动式设备或便携式设备达不到常规要求的 EPL 级别，应执行文件规定的危险管理程序。该程序应包括适当的培训、程序和控制。发布的安全生产许可证应与使用设备引起的潜在引燃危险相适宜(参见附录 D)。

如果危险场所内有插头插座，应达到危险场所要求的 EPL 级别。或者，仅应按照安全生产程序通电或连接(参见附录 D)。

5.11.3 个人装备——气体

有时人员会无意间把电池或太阳能供电的个人装备带进危险场所。

普通的电子手表是典型的低压电子装置，根据过去的要求及现在 EPL 的要求进行过独立的评定，可用于危险场所。

所有其他由电池或太阳能供电的个人装备(包括带有计算器的电子手表)应符合下列条件之一：

a） 符合与 EPL 相适应获得认可的防爆型式的要求以及气体类别和温度组别要求；

b） 进行危险评定；

c） 按照安全生产程序带进危险场所。

注：个人电子设备用锂电池作为电源会增大危险，宜按照本条款的规定进行评定。

5.11.4 粉尘

普通工业用便携式设备不能在危险场所使用，对特定场所已进行评定确保在使用过程中不会出现潜在可燃性粉尘(“无尘”情况)的情况除外。如果在危险场所使用插头和插座，它们应适合于特定的区域，并且应有机械和/或电气联锁，防止在插入或拔出插头的过程中产生点燃源。或者，它们只宜在“无尘”情况下通电。

5.12 旋转电机的选型

5.12.1 总则

根据 GB/T 755，旋转电机的工作制分为 S1～S10。

选择旋转电机时，至少应考虑下列因素：

——工作制；

——电源电压和频率范围；

——被驱动设备的热传导(如：泵)；

——轴承及润滑油的寿命；

——热分级。

5.12.2 由变频器供电的电动机

通过变频器调整频率和电压供电的电动机，选型和安装时应考虑可能降低电动机接线端子电压的情况。其他危险也应考虑。

注1：变频器输出端的滤波器会引起机器接线端子电压下降。电压下降造成电动机电流增大，出现滑差，随之引起电动机定子和转子温度升高。在额定负载恒定条件下，这种温升可能很明显。

注2：变频电源供电的电动机的其他使用信息，可参考 GB/T 20161 和 GB/T 21209。主要注意事项包括电压频谱、电流及其附加损耗、过压影响、轴承电流和高频接地。

5.13 灯具

灯具的选择应考虑 EPL 等级、设备类别，如果可以使用不同功率的光源，应考虑温度组别变化的可能性。

注：低压钠灯不宜通过危险场所运输或在危险场所内安装，因为光源破裂产生的游离钠有点燃危险。

5.14 粉尘场所用插头和插座引出端

5.14.1 总则

插头和插座引出端不允许安装在要求 EPL Da 级的场所。

用于要求 EPL Db 级和 EPL Dc 级的场所时，应符合 GB 12476.1—2013 的要求及 5.14.2~5.14.4 要求。

注：用于 Ex“iD”的连接器不属于插头和插座引出端。

5.14.2 挠性连接

插头和插座引出端应与 9.3.4 规定的挠性连接的适当形式配合使用。

5.14.3 安装

无论插座内是否安装插头，插座引出端的安装都不应使粉尘进入插座。当防尘罩意外脱落时，为了减少粉尘进入，插座引出端的安装角度应与垂直线不超过 60°角，且开口向下。

5.14.4 场所

插座引出端的安装位置应使需要的软电线尽可能短。

6 防止危险(易燃)火花

6.1 带电部件的危险

为避免产生易引燃爆炸性环境的火花，应避免同本质安全部件或限能部件之外的其他裸露带电部件不慎接触。

6.2 外部暴露导电部件的危险

6.2.1 总则

限制框架或外壳的接地故障电流(大小和/或持续时间)，防止等电位连接导体电位提高，都是安全所必需的。

虽然不可能覆盖所有系统，下列要求适用于除本安电路或限能电路之外的、电压为 1000V a.c. r.m.s./1500V d.c. 的电气系统。

6.2.2 TN 型系统接地

如果采用 TN 型接地系统，在危险场所应为 TN-S 型(具有单独的中性线 N 和保护线 PE)，即在危险场所中，中性线与保护线不应连在一起或合并成一根导线。从 TN-C 转换到 TV-S 的任何部位，保护线应在非危险场所与等电位连接系统相连。

6.2.3 TT 型系统接地

如果采用 TT 型系统接地(电源接地与裸露导体部件接地分开)，应采用剩余电流装置进行保护。

注：接地电阻率高的地方，不允许使用这种系统。

6.2.4 IT 型系统接地

如果采用 IT 型系统接地(中性线与地隔离或经高阻抗接地)，应提供绝缘监控装置显示第一次接地故障。

注 1：如果第一次接地故障没有去除，随后出现同相位的故障则探测不到，这样可能会导致更危险的情况。

注 2：可能需要局部等电位连接，即附加等电位连接(见 GB/T 16895.21—2011)。

6.2.5 SELV 和 PELV 系统

安全特低电压系统(SELV)应符合 GB/T 16895.21—2011 第 414 章规定的要求。SELV 电路的带电部件不应对地连接、或与带电部件、或与构成其他电路一部分的保护导体连接。任何裸露导电部件可不接地，也可接地(例如，用于电磁兼容的裸露带电部件)。

保护特低电压系统(PELV)应符合 GB/T 16895.21—2011 第 414 章规定的要求。PELV 电路接地。任何裸露导电部件应连接到一个共用接地(以及电位均衡)系统。

SELV 和 PELV 用安全隔离变压器应符合 GB/T 19212.7 的要求。

6.2.6 电气隔离

对仅向一台设备供电的电源，电气隔离应符合 GB/T 16895.21—2011 第 413 章的规定。

6.2.7 危险场所上方

可能产生热颗粒或热表面的设备位于危险场所之上 3.5m 以内时，应全封闭或配置适当的保护罩或保护网，防止任何点燃源落入危险场所。

注：这些设备可包括：

——可能产生电弧、火花或炙热颗粒的熔断器；

——可能产生电弧、火花或炙热颗粒的开关；

——有滑动触头或电刷的电动机或发电机；

——可能产生电弧、火花或炙热颗粒的加热器、加热元件或其他设备；

——轴助设备，如所有放电型灯具的镇流器、电容器和启动开关；

——所有光源。

低压蒸气放电钠灯不应安装在危险场所上方。

6.3 等电位连接

6.3.1 总则

危险场所电气安装要求电位均衡。对于TN、TT和IT系统，所有裸露的外部导体部件应与等电位连接系统连接。等电位连接系统可包括保护线、金属导管、金属电缆护套、钢丝铠装和结构的金属部件，但不应包括中性导线。连接应牢固，防止自行松脱，并且应减少腐蚀，防止降低连接的有效性。

如果电缆的铠装层或屏蔽层仅在危险场所外部接地(如，在控制室内)，则该接地点应包括在危险场所的等电位联接系统中。

注：如果TN系统中的铠装层仅在危险场所外部接地，则危险场所内铠装层的末端可能产生危险火花，因此铠装层或屏蔽层宜像未使用的芯线一样处理(见9.6.3)。

如果裸露导电部件用金属相连的方式牢固地固定在结构件或管道上，且结构件或管道与等电位连接系统相连，则该部件不需要再与等电位连接系统相连。不属于本结构或电气安装件的外部导电部件，例如门框、窗框，如果没有电压转移，不需要与等电位连接系统相连。

带有夹紧装置(用于夹紧电缆编织层或铠装层)的电缆引入装置可用于等电位连接。

其他信息见GB/T 16895.21—2011中的411.3。

本质安全设备或限能设备的金属外壳不需要与等电位连接系统连接，但设备文件有规定或为防止静电电荷积聚有要求时除外。

阴极保护装置不应与等电位连接系统连接，专为此目的设计的系统除外。

注：运输工具和固定设备之间的等电位连接可能需要特殊结构，例如，用绝缘法兰连接管线的地方。

6.3.2 临时等电位连接

6.3.2.1 总则

临时等电位连接包括对移动项目，如线轴、运输工具及便携式设备为控制静电或电位均衡进行的接地联结。

建议临时等电位连接的最终连接宜满足下列条件之一：

a) 处于非危险场所；

b) 使用符合场所EPL要求的连接；

c) 利用文件化的程序使火花危险降至可接受的水平。

6.3.2.2 气体

临时等电位连接金属部件之间的电阻应小于1MΩ。导体和连接件应持久、灵活，并且应有足够的机械强度承受工作中的移动力。

6.3.2.3 粉尘

临时等电位连接的金属部件之间，电阻可大于相当于横截面$10mm^2$铜线的电阻。

注：临时等电位连接的实例包括便携式线轴或运输工具的等电位连接。

6.4 静电

6.4.1 气体

电气装置设计时，应采取措施将静电的影响降至安全水平。

注：长条形部件的直径或宽度及非金属层的厚度限值详见 GB 3836.1—2010 中的 7.4。

本条不适用于电缆。

非金属安装材料(如塑料包覆的电缆托架、塑料安装板、塑料防护装置)产生易燃火花的危险，应通过下列措施之一控制：

a) 选择适当的材料使部件的绝缘电阻不超过 1GΩ；

b) 按照表 6 的要求限制非金属部件的表面积。表面积定义如下：

——对于薄板材料，指裸露的面积(可起电)；

——对于弯曲物体，应为给出最大面积的物体突出部分；

——对于独立的非金属部件，如果用接地金属框架围住，面积应独立评定。

表 6　表面积限制

最大表面积/mm^2			
场所 EPL 要求	ⅡA 类场所	ⅡB 类场所	ⅡC 类场所
Ga	5000	2500	400
Gb	10000	10000	2000
Gc	10000	10000	2000

注：如果非金属材料外露面积用接地框架围住，表面积可增加至四倍。

6.4.2　粉尘

塑料材质设备的设计应能避免在正常使用时由传播型刷形放电引起的点燃危险，不能采用塑料材料覆盖导电材料实现这一要求。如果用塑料覆盖导电材料，应符合下列一项或多项要求：

a)　按照 GB 3836.1—2010 的要求试验时，表面电阻不大于 1GΩ；

b)　击穿电压不大于 4kV(按照 GB/T 1408.1 规定的方法通过绝缘材料的厚度测量)；

c)　金属部件上的外部绝缘厚度不小于 8mm；

注：在金属部件，如测量探头或类似元件上不小于 8mm 的外部绝缘不可能出现传播型刷形放电。当评定使用的或规定的最小绝缘厚度时，有必要允许正常使用出现的预期磨损。

d)　采用 GB 3836.1—2010 规定的试验方法限制可转移电荷；

e)　按照 GB 3836.1—2010 规定的试验方法试验时，测量电容不能存贮危险电荷。

6.5　雷电保护

在电气装置的设计中，应采取措施将雷电影响降至安全水平(见 GB/T 21714.3—2015 的附录 D)。12.3 中给出了安装在要求 EPL Ga 级场所内的 Ex“ia”设备防雷电的详细要求。

6.6　电磁辐射

在电气装置的设计中，应采取措施将电磁辐射的影响降至安全水平(见 GB 3836.1—2010)。

6.7　阴极保护金属部件

安装在危险场所中的阴极保护金属部件，是外部带电导电部件，尽管它们的负电位较低，也应被认为具有潜在危险(尤其使用外加电流系统时)。要求 EPL Ga 级或 Da 级场所的金属部件不应采用阴极保护，特别为此应用设计的部件除外。

阴极保护所要求的绝缘元件，例如，导管和托架中的绝缘元件，如果可能，宜安装在危险场所之外。

注：阴极保护宜参考有关标准规定。

6.8 光辐射引燃

在带有光辐射装置的设计中，应按照 GB/T 3836.22—2017 的要求采取措施，将光辐射影响降至安全水平。与可燃性粉尘有关的安全措施，见 5.7。

注：以灯光、激光、LED、光纤等形式出现的光辐射装置越来越广泛地用于通信、探测、传感和测量。材料加工常用高辐照度的光辐射。安装在爆炸性环境内或附近的设备，其光辐射常常会穿过爆炸性环境。根据光辐射的特点，可能会引燃周围的爆炸性环境。加或不加附加的吸收器可对引燃产生显著影响。

7 电气保护

本章要求不适用于本质安全电路和限能电路。

7.1 总则

应对线路进行保护，防止过载、短路和接地故障造成的有害影响。

所有电气设备应有保护，防止短路和接地故障造成的有害影响。

短路和接地故障保护装置在故障条件下应能防止自动合闸。

应采取措施防止在一相或多相缺失时多相电气设备(如三相电机)的运行引起过热。在电气设备动断电引起的危险比点燃本身引起的危险更大时，也可用报警装置代替自动断电，前提条件是报警装置能及时报警，便于立刻采取补救措施。

7.2 旋转电机

旋转电机除非能承受额定电压和频率条件下的连续启动电流，或对于发电机，能够承受短路电流且不会出现不允许的发热，否则应采取附加过载保护，过载保护装置应是：

a) 监控所有三相的电流延时保护装置，设定值不超过电机额定电流，在 1.20 倍设定电流时 2h 之内动作，在 10.5 倍设定电流时 2h 内不动作；或

b) 嵌入温度传感器直接控制温度；或

c) 其他等效装置。

7.3 变压器

应采取附加保护变压器过载，能够连续承受额定原边电压和频率下副边短路电流，而不会出现不允许的发热，或连接负载后不会发生过载的变压器除外。

7.4 电阻加热装置

为了限制异常接地故障和接地泄漏电流的热效应，除了过电流保护，还应安装下列附加保护装置：

a) TT 或 TN 型系统中，应使用额定剩余动作电流不超过 100mA 的剩余电流保护装置(RCD)。应优先选用额定剩余动作电流 30mA 的装置。

注 1：RCD 的更多信息见 GB/T 16916.1。

b) 在 IT 系统中，绝缘电阻在每伏额定电压下不超过 50Ω 时，应采用绝缘监控装置切断电源。

注 2：如果电阻加热装置(例如，电动机中的防冷凝加热器)安装在电气设备内通过安装方式保护，则不要求以上附加保护。

如果需要，应防止电阻加热装置出现过高的表面温度。有规定时，应按制造商的要求和有关文件的规定采取保护措施。通过传感器获得保护的地方，应为：

——电阻加热装置的温度或，其紧邻的环境温度；或

——周围温度以及一个或多个其他参数；或

——除了温度之外的其他两个或多个参数。

注3：参数的示例包括：等级、流量、电流、功率损耗。

如果要求温度保护装置，应独立于任何运行温度控制装置，并且能直接或间接断开电阻加热装置的电源，保护装置仅应由人工复位。

8 紧急断电和电气隔离

本章的要求不适用于本质安全电路和限能电路。

8.1 紧急断电

为了处理紧急情况，在危险场所之外合适的地点或位置，应有方便的方法切断危险场所的电源。

为防止其他危险必须连续运行的电气设备，不应安装在紧急断电电路中，应安装在单独的电路中。

注1：安装在常规开关柜中的开关装置通常配有紧急断电装置。

注2：紧急断电宜考虑包括中性线在内的所有电路供电导体的绝缘。

注3：宜根据位置分布、现场人员以及现场施工的性质对紧急断电的地点是否合适进行评定。

8.2 电气隔离

为保证作业安全，应对每一电路或一组电路采取适当的方法进行隔离(例如：隔离开关、熔断器和保险丝，包括所有中性线在内的所有电路导体。

每个隔离措施紧邻处应有标示，以便迅速识别出受控的电路或一组电路。

注：当未加保护的带电导体暴露于爆炸性环境的危险连续存在时，宜采取有效措施或程序防止设备恢复供电。

9 布线系统

9.1 总则

除本质安全电路和限能电路的安装不需要符合9.32~9.37的要求外，布线系统应完全符合本章的相关要求。

9.2 铝导体

除了本质安全电路和限能电路的安装之外，用铝作导体的地方，导体应采取适当的连接方法，且截面积至少为16mm^2。

连接应保证连接铝导体需要的附加措施不能减少规定的爬电距离和电气间隙。

注1：可根据电压等级和/或防爆型式的要求确定最小爬电距离和电气间隙。

注2：宜考虑预防电解腐蚀的措施。

9.3 电缆

9.3.1 总则

护套抗拉强度低的电缆(即通常所知的“易剥离”的电缆)，除非安装在导管中，否则不能用于危险场所。

9.3.2 固定布线用电缆

用于危险场所固定布线的电缆应与使用的环境条件相适宜。电缆应为：

a） 加热塑护套、热固护套或合成橡胶护套。电缆应为圆形、致密，如果有挤压层和填料，应防潮；或

b） 矿物绝缘金属护套电缆；或

c） 特殊电缆，如带有合适电缆引入装置的扁电缆。

注：外壳承受的环境温度和/或工作温度条件变化较大时，“抽吸”作用会使危险气体通过不很致密的电缆流动。同样，没有填充间隙或有吸湿填料(例如，纤维填料)的电缆，电缆末端在有足够分压的毛细作用或吸湿作用下，通过电缆的间隙会将可燃性液体传输到电缆终端排出。需要特别注意电子-气动转换器的使用以及用天然气作为气动介质的类似装置。当危险场所和非危险场所之间用这类电缆连接时，可能导致可燃性气体流动到设备内部，例如，控制室设备的内部。设备安装在0区或1区场所时(危险环境存在的可能性较大、持续时间较长)，这种情况可能最严重。如果很可能出现这些情况，宜使用电缆密封装置(在内部护套和单根导体之间密封)。使用电缆密封装置仅能降低蒸气传输的速率，可能还需要采取附加的稀释措施。

9.3.3 移动式设备和便携式设备用供电电缆

移动式和便携式电气设备使用的电缆应为具有加厚的氯丁橡胶或其他等效的合成橡胶护套电缆、具有加厚的坚韧橡胶护套电缆或具有同等坚固结构护套的电缆。导线应拧成股，并且横截面积最小为1.0mm^2。如需要接地保护(PE)导线，应以类似于其他导线的方式单独绝缘，并且应并入电源电缆护套中。

对移动式或便携式电气设备，如果电缆中使用金属挠性铠装或屏蔽层，则铠装或屏蔽层不应作为唯一的保护导线使用。电缆应适合电路保护布局，例如，当使用接地监控时，应包括所需的导线数量。如果设备需要接地，除接地导体(PE)之外，电缆还可包括接地的挠性金属屏蔽层。

对地电压不超过250V，额定电流不超过6A的便携式电气设备可采用：

——普通的氯丁橡胶或其他等效的合成橡胶护套电缆；

——普通的坚韧橡胶护套电缆；或

——含有同等坚固结构护套电缆。

对于承受强机械力作用的便携式电气设备，例如：手灯、脚踏开关、桶式喷雾泵等则不允许采用这些电缆。

9.3.4 粉尘环境用软连接

对于需要经常短距离移动的固定式设备(如导轨上的电机)，终端连接用电缆的布置应允许电缆必要的移动但不损伤电缆，或者也可采用适合移动式设备使用的电缆类型。当固定布线本身采用的电缆类型不适合必要的移动时，应采用有适当保护的接线盒连接固定布线与设备布线。若使用挠性金属管，金属管及其附件的结构应能避免由于使用对电缆造成的损坏。应保持适当接地和等电位连接，挠性管不应作为唯一的接地措施。挠性管不应有粉尘进入，且不应削弱其连接设备外壳的完整性。

9.3.5 软电缆

危险场所用软电缆应选用下列电缆：

——普通的坚韧橡胶护套软电缆；

——普通氯丁橡胶护套软电缆；

——加厚的坚韧橡胶护套软电缆；

——加厚的氯丁橡胶护套软电缆；

——与加厚橡胶护套软电缆耐用结构相当的塑料绝缘电缆。

注：电缆宜参考有关标准规定。

9.3.6 无护套单芯电线

无护套单芯线，除非安装在配电盘上、外壳或导管系统内，否则不应用作带电导体。

9.3.7 架空线

当带有非绝缘导体的高架布线向危险场所内的设备供电或提供通讯服务时，应在非危险场所内连接，然后通过电缆或导管继续向危险场所供电。

注：非绝缘导体不宜安装在上述危险场所上方。非绝缘导体包括的项目，如吊车局部绝缘的导电轨系统以及低压和特低压轨道系统。

9.3.8 防止损坏

电缆及其附件在安装时，应根据实际情况及其安装位置防止遭到机械损坏、腐蚀或化学影响(例如，溶剂的影响)，防止高温和紫外线辐射的影响(对于本质安全电路同见12.2.2.5)。

如果上述情况不能避免，应采取保护措施，例如安装在导管内，或者选择合适的电缆(例如：为了最大限度地降低遭到机械损坏的危险，可使用铠装电缆、屏蔽电缆、无缝铝护套电缆、矿物绝缘金属护套或半刚性护套电缆)。

如果电缆要承受振动，应设计成能承受振动但不会损坏的结构。

注1：在-5℃以下的温度条件下安装时，宜采取措施防止电缆护套或绝缘材料遭受损害。

注2：当电缆固定在设备或电缆托架上时，电缆槽的弯曲半径宜符合电缆制造商的要求，或至少为电缆直径的8倍，以防电缆遭到损坏。电缆的弯曲半径宜从电缆引入装置末端至少25mm处开始。

9.3.9 电缆表面温度

电缆的表面温度应不超过装置的温度组别。

注：当确认电缆有较高的工作温度(例如，105℃)时，该温度与电缆中铜的温度有关，与电缆护套的温度无关。由于热量散失，电缆温度不可能超过T6。当需要使用高温度电缆时，这些信息要在设备的证书或制造商的建议文件中说明。

9.3.10 火焰传播

用于设备外部固定布线的电缆，防止火焰传播的性能应符合GB/T 18380.12的试验要求，电缆埋在地下、放置在充砂槽/导管内或采取有其他防止火焰传播措施的情况除外。

注1：GB/T 18380.12确定使用的1kW的预混火焰是常规用途，规定的程序可能不适用于小的单体绝缘导体、或截面积小于0.5mm² 在试验完成之前导体熔化的电缆，或者在试验完成之前导线损坏的小的光纤电缆的测试，这些情况例外。在这些情况下，推荐使用GB/T 18380.22给出的程序。

注2：由于使用阻止火焰传播的绝缘导体或电缆，并且符合GB/T 18380.12的推荐要求，在所有安装条件下靠自身不足以阻止火焰传播，建议在传播危险高的地方，例如，长距离垂直敷设的电缆束，也应采取特殊的安装措施。不能认为由于电缆样品符合GB/T 18380.12推荐的性能要求，电缆束就符合要求。在这种情况下，可按照GB/T 18380系列标准的要求对垂直安装的束线或电缆进行垂直火焰蔓延试验进行验证。

9.3.11 设备的电缆连接

电气设备的电缆连接应保持相关防爆型式防爆性能的完整性。

当电缆引入装置的防爆合格证带有符号“X”时，电缆引入装置只能用于固定设备。如果另外需要夹紧装置防止电缆拔脱和扭转将力传递到外壳内的导体终端，应提供夹紧装置，并且放置在距电缆引入装置终端300mm以内的地方。

对于便携式设备，仅应使用不带“X”符号的引入装置。

选择的电缆引入装置和/或电缆应能减少电缆“冷变形”的影响。

注1：电缆使用的材料可能有“冷变形”特性。电缆的“冷变形”可描述为，在密封施加压缩力的地方，电缆引入装置中的密封件位移产生的压缩力大于阻止电缆护套变形的力，电缆护套发生移动。耐烟和/或耐火性能低的电缆通常会表现出明显的冷变形特性。冷变形会使电缆绝缘电阻降低，如果切实可行，宜尽量选择合适的电缆引入装置，防止电缆绝缘电阻降低。

锥形螺纹电缆引入装置不能用于不带螺纹孔压盘的外壳上。

注2：锥形螺纹包括 NPT 螺纹。

9.4 导管系统

导管系统宜遵循有关标准规定。

导管进入或离开危险场所的地方应配有导管密封装置，以防止气体或液体从危险场所传播到非危险场所。在密封装置和危险场所边界之间不应有连接器、耦合器或其他附件。

导管密封装置应在外护套四周密封，并且电缆应有效填充，或者在导管内单个导体周围密封。密封工艺应使其不收缩、不透水、不受危险场所内化学物质的影响。

如果外壳需要保持适当的防护等级(如 IP54)，应在紧邻外壳处配置有导管密封装置的导管。

导管所有螺纹连接处应用扳手紧固。

用导管系统作接地保护导体时，螺纹连接应适用于电路被熔断器或断路开关适当保护时承载的故障电流。

如果导管安装在腐蚀性场所内，导管材料应防腐，或者导管应有适当的防腐保护措施。

能导致电解腐蚀的金属组合应避免使用。

导管内可使用无护套的绝缘单芯或多芯电缆。但是，当导管内有三根或多根电缆时。电缆的总截面积，包括绝缘层应不超过导管总截面积的40%。

长距离布线的外壳应有适当的排液装置，以确保冷凝物的排放符合要求。另外，电缆绝缘应有适当的防水特性。

为了满足外壳防护等级的要求，除了采用密封装置之外，导管和外壳间还可能需要密封(例如，用密封垫圈或不沉淀油脂)。

注：如果导管是唯一的接地连续性措施，则密封宜不降低接地路径的有效性。

仅用于机械保护的导管(通常指“敞开”的导管系统)不需要符合本章的要求。但是，应采取预防措施在导管进入或离开危险场所的地方安装导管密封装置，防止导管移动或潜在爆炸性环境通过。

9.5 电缆和导管系统

9.5.1 EPL Ga 级

“ia”防爆型式安装用电缆的补充要求见第12章。按照 GB 3836.20—2010 用于其他防爆型式的电缆和导管的补充要求应符合文件规定的相关保护原理的要求。

9.5.2 EPL Da 级

对本质安全系统使用电缆的要求见 GB 12476.4—2010。

注：金属导管中的电缆，以及安装区域中适宜的防护技术采用的配件，宜符合国家标准的要求。

9.5.3 用于 EPL Gb、Gc、Db 和 Dc 级的电缆和导管系统

对有关防爆型式用电缆和导管系统的补充要求在第10章~第18章中给出。

9.6 安装要求

9.6.1 穿过危险区域的电路

电路经过非危险场所，穿过危险场所到另一个非危险场所时，危险场所内的布线系统应与线路的 EPL 要求相适应。

9.6.2 绞线终端的保护

如果使用多股绞线，尤其是细绞合导线，应保护绞线终端，防止绞线分散，例如，可用电缆套管或芯线端套，或靠端子的类型保护，不能仅靠焊接。

符合设备防爆型式的爬电距离和电气间隙不应因导线连接到端子的方法而减小。

9.6.3 未使用的芯线

本条的要求不适用于本质安全电路和限能电路(见12.2.2.5.3)。

危险场所内多芯电缆中未使用的芯线应接地，或者采用与防爆型式相适用的端接方式充分绝缘，不允许仅用胶带绝缘。

9.6.4 未使用的通孔

电气设备上未使用的电缆引入装置或导管引入装置通孔，应用与防爆型式相适应的封堵件堵塞。封堵件应符合GB 3836.1—2010的要求，并且只能借助工具才能拆除。

注：对本质安全电路中使用的封堵件的要求，见GB 3836.4—2010。

9.6.5 意外接触

除加热带之外，电缆金属铠装/护套与有可燃性气体、蒸气或液体的管道系统或设备之间应避免意外接触。电缆的非金属外护套提供的隔离通常足以避免这种意外接触。

9.6.6 连接

如果可行，危险场所内使用的电缆不宜有中间接头。当不能避免时，除了适合于机械、电的和环境情况外，连接应：

——在防爆型式与场所EPL要求相适应的外壳内进行；或

——按制造商的说明书，用环氧树脂、复合剂或用有热缩管或冷缩管的轴套进行密封，连接不能承受机械应力的情况除外。

除了隔爆型导管系统、本质安全电路以及限能电路中的导线连接之外，仅应通过压紧连接、牢固的螺钉连接、熔焊或钎焊方式进行导体连接。如果连结的导体用适当的机械方法连在一起后再进行焊接，这样连接处没有应力，这种情况允许焊接。

9.6.7 壁上的开孔

不同危险场所之间以及危险场所与非危险场所之间墙壁上穿过电缆和导管的开孔应充分密封，例如，用砂密封或砂浆密封以保持相关的场所划分。

9.6.8 可燃性物质的传播和聚集

利用线槽、导管、管道或电缆沟敷设电缆时，应采取预防措施防止可燃性气体、蒸气或液体从一个区域传播到另一个区域，并且防止电缆沟中可燃性气体、蒸气或液体集聚。

这些预防措施可包括通道、导管或管道的密封。对于电缆沟，可充分通风或充砂。导管及特殊情况下的电缆(如存在压力差)需要时应密封，防止液体或气体在导管或电缆护套内流动。

9.6.9 粉尘产生静电积聚

电缆走线的布置应使其避免粉尘通过产生的摩擦和静电积聚的影响，应采取措施防止电缆表面的粉尘堆积。

9.6.10 可燃性粉尘的堆积

电缆走线的布置宜使电缆上尽可能少堆积粉尘，且易于清扫。利用线槽、导管、管道或电缆沟敷设电缆时，宜采取措施防止可燃性粉尘通过或堆积在这些地方。如果电缆表面易形成粉尘层，并且影响空气的自由流通，尤其是粉尘的最小点燃温度较低时，应考虑降低电缆的载流容量。受粉尘层影响的任何布线系统应符合5.6.3.5的温度要求。

10 对隔爆外壳“d”的补充要求

10.1 总则

仅有Ex元件防爆合格证(带有符号“U”)的隔爆外壳不得安装，它们应与设备组装在一起取得设备防爆合格证。

设备不经重新评定不能改变设备的内部元件，因为忽视条件变化会导致压力重叠、温度组别变化或其他类似的可能使防爆合格证失效的情况。

标志用于特定气体的设备，或者标志设备类别和特定气体的设备，用于特定气体环境时，安装应符合对特定气体设备类别的要求。例如，标志“ⅡB+H_2”适用于氢气环境的设备，应按ⅡC设备安装。

10.2 固体障碍物

安装设备时，应注意防止隔爆接合面和任何不是设备一部分的固体障碍物(如钢架、墙、气候防护罩、安装板、管道或其他电气设备)之间的距离不小于表7的规定，试验证明隔离距离可以更小并有文件证明的情况除外。

表7 与危险场所气体组别有关的隔爆接合面与障碍物间的最小距离

气体分类	最小距离/mm
ⅡA	10
ⅡB	30
ⅡC	40

10.3 隔爆接合面的保护

应按照制造商的要求对隔爆接合面进行防腐保护。只有制造商的文件规定时才允许使用衬垫。隔爆接合面不能涂漆。

允许完全装配后(由用户)涂漆。隔爆接合面上涂油脂会减少油漆进入间隙内，但不能完全消除。如果制造商文件未提及接合面的保护，仅应使用没有挥发溶剂的非凝固性润滑脂或防腐剂。

注：硅基润滑脂通常适合此用途，但在气体探测器上须慎用。选择和使用这些材料时宜特别注意，不能过分强调确保其凝固性，以便随后能拆开隔爆接合面。

10.4 电缆引入系统

10.4.1 总则

电缆引入系统应符合设备标准及文件规定的所有要求。电缆引入装置应符合下列条件：

——与所使用电缆的类型相适应；

——保持相应的防爆型式；和

——符合9.3.11的要求。

当电缆经绝缘套管穿过作为设备一部分的外壳壁引入设备时(间接引入)，隔爆外壳外的绝缘套管部分应用符合GB 3836.1—2010规定的一种防爆型式保护。例如，套管暴露部分放在一个接线空腔内，该空腔可以是另一个隔爆型外壳，或者也可用增安型“e”保护。当接线空腔为Ex“d”时，电缆系统应符合 10.4.2 的要求，当接线空腔为 Ex“e”时，电缆系统应符合 11.3 的要求。

当电缆直接进入隔爆型设备时，电缆引入系统应符合 10.4.2 的要求。

注 1：如果出现故障会导致平面接合面附近的导体出现严重的电弧，则 Ex“d”隔爆外壳内宜避免使用铝导体。可以通过导体和端子绝缘提供充分的保护，防止故障发生，或者采用止口接合面或螺纹接合面的外壳提供充分的保护。

引入系统与隔爆外壳之间采用圆柱形螺纹电缆引入装置、螺纹式管接头或封堵件时可配备密封垫圈，但是配用垫圈之后，仍应满足螺纹啮合规定。螺纹啮合至少应为 5 扣满螺纹。可使用润滑脂，但应为非凝结性、不含金属、不易燃，并且要保持两边之间的接地。

当使用锥形螺纹时，连接件应用扳手紧固。

隔爆外壳上不应有多余的孔。

当螺纹引入装置孔或螺纹孔的尺寸与电缆引入装置不同时，应配备符合 GB 3836.2—2010 要求的隔爆型螺纹式管接头，并且符合上述螺纹啮合扣数规定。未使用的电缆引入装置孔应使用符合 GB 3836.2—2010 要求的封堵件堵塞。

注 2：标准绞合导体的绞线之间、电缆的单个芯线之间的间隙可能会有气体或蒸气流动，也可能会有火焰传播。可以采用特殊的电缆结构，减少气体流动量，阻止火焰传播。例如：使用压紧的绞线，在单个绞线之间密封以及挤压的垫层。

10.4.2 电缆引入装置的选择

电缆引入系统应满足下列条件之一：

a) 电缆引入装置符合 GB 3836.2—2010 的要求，并且当采用具体型号的电缆试样进行试验时，作为设备的一部分试验取得防爆合格证；

b) 若电缆符合 9.3.2a) 的致密要求，可以使用符合 GB 3836.2—2010 要求的隔爆型电缆引入装置，但应配用密封圈，并按照图 2 选择。

如果电缆引入装置符合 GB 3836.2—2010 的要求，并且用特定电缆试样进行试验，在外壳内多次点燃可燃性气体，在外壳外部没有出现点燃，则不必符合图 2 的要求。

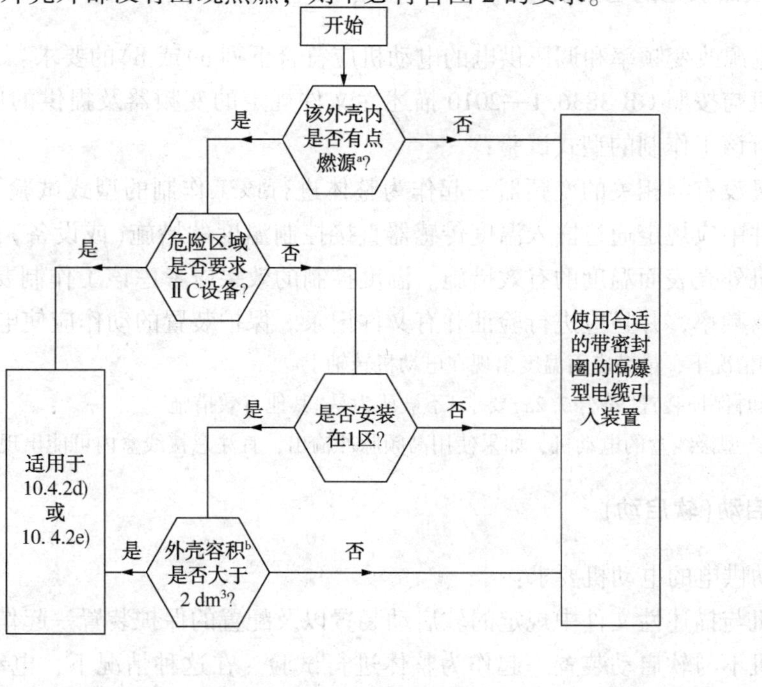

[a] 内部点燃源包括火花或正常运行条件下出现的能够引起点燃的设备表面温度。仅包括接线端子的外壳或间接引入外壳(见 10.4.1)认为不会成为内部点燃源。

[b] 术语“容积”定义见 GB 3836.2—2010。

图 2 符合 10.4.2b) 的电缆的隔爆外壳电缆引入装置选型图

c) 有塑料护套或无塑料护套的矿物绝缘金属护套电缆，具有相应的符合 GB 3836.2—2010 要求的隔爆型电缆引入装置。

d) 设备文件规定或者符合 GB 3836.2—2010 要求的隔爆型密封装置(例如，密封腔)，并且采用与所用电缆相适应的电缆引入装置。密封装置应有密封填料或其他允许填充在单个芯线周围的相应密封。密封装置应安装在靠近电缆引入设备的位置。

e) 在设备文件中规定，或者符合 GB 3836.2—2010 要求的隔爆型电缆引入装置，单个芯线周围用填料密封或弹性密封进行密封，或者采用其他等效密封措施。

10.5 导管系统

导管的隔爆型密封装置应：

a) 与设备一起提供，并且在设备文件中详细说明；或

b) 为设备文件规定的类型；或

c) 符合 GB 3836.2—2010 的要求；

导管密封装置应作为隔爆外壳的一部分，或者用尽可能少的配件直接安装在隔爆外壳引入装置孔或尽可能靠近隔爆外壳引入装置孔。

圆柱形螺纹导管密封装置可在装置和隔爆外壳之间配备密封垫圈，但是配备垫圈以后，应仍能达到适当的螺纹啮合扣数，螺纹啮合应至少为 5 扣满螺纹。二者之间可以使用合适的非凝结性润滑脂，但应保持二者之间的接地。

注 1：当根据制造商的说明书将导管密封装置直接安装或通过必需的配件固定在隔爆外壳上时，导管密封装置被视为直接安装在隔爆外壳上的引入装置。

注 2：通过标准绞合导线的绞线之间或电缆的单个芯线之间的间隙可能会出现气体或蒸气泄漏以及火焰传播。可采用特殊结构作为减少泄漏和防止火焰传播的措施，例如，压紧绞线、单根绞线密封、挤压垫层。

10.6 电动机

10.6.1 由变频器供电的电动机

通过变频电源改变频率和调压供电的电动机应符合下列 a)或 b)的要求：

a) 电动机与按照 GB 3836.1—2010 描述性文件规定的变频器及提供的保护装置一起，作为整体进行该工作制的型式试验；

b) 电动机没有与相关的变频器一起作为整体进行该工作制的型式试验。在这种情况下，电动机文件中应规定通过嵌入温度传感器直接控制温度的措施(或设备)，或者应提供其他限制电动机外壳表面温度的有效措施。温度控制的效果应考虑该工作制要求的功率、转速范围、转矩及频率，并且应进行验证并有文件记录。保护装置的动作应使电动机断电。

注 1：在某些情况下，最高表面温度出现在电动机转轴上。

注 2：电流延时保护装置[符合 7.2a)要求]不被认为是“其他有效措施”。

注 3：采用“e”型接线盒的电动机，如果使用高频脉冲输出，宜注意接线盒内可能出现的过压峰值和产生的高温。

10.6.2 降压启动(软启动)

使用软启动供电的电动机要求：

a) 电动机与描述性文件中规定的软启动装置以及配置的保护装置一起作为整体进行试验；或

b) 电动机不与软启动装置一起作为整体进行试验。在这种情况下，电动机文件中应规定通过嵌入温度传感器直接控制温度的措施(或设备)，或者应提供其他限制电动机外壳表面温度的有效措施，或者用转速控制器确保电动机运行不会超过表面温度。应对温度控制的有效性及合适的温升进行验证，并有文件记录。保护装置的动作应使电动机切断电源。

注 1：一般认为软启动可在短时间内使用。

注2：采用“e”型接线盒的电动机，如果使用高频脉冲输出软启动装置，宜注意接线盒内可能出现的过压峰值和产生的高温。

11 对增安型“e”的补充要求

11.1 总则

不应安装仅有 Ex 元件外壳证书(带有符号“U”)的增安型外壳。通常整体装配后应取得设备防爆合格证。

11.2 外壳的防护等级(见 GB/T 4942.1 和 GB/T 4208)

含有裸露带电部件的外壳，防护等级至少为 IP54，含有绝缘部件的外壳，防护等级至少为 IP44。安装在清洁环境中，由经过培训的人员定期维护的旋转电机(接线盒与裸露导电部件除外)，外壳防护等级至少为 IP20。使用限制应在电动机上标出。

11.3 布线系统

11.3.1 总则

电缆和导管应符合第 9 章的要求及下列对电缆引入装置和接线端子的补充要求。

如果制造商的文件允许，外壳上也可增加电缆引入装置孔。

注1：塑料外壳上的螺纹孔与外壳表面宜成直角(由于塑料外壳的浇铸方法，外壳壁可能有陷落角)。有角度的表面不允许用压盖和相关的配件插入孔中固定与表面成直角，这样会导致密封失效。

注2：不推荐塑料外壳上用锥形螺纹孔，因为在螺纹密封过程中产生的高应力可能会使外壳壁破裂。

11.3.2 电缆引入装置

增安型设备应采用与电缆型号相适应的电缆引入装置连接电缆。引入装置应符合 GB 3836.1—2010 的要求。

注1：为了满足防护等级的要求，电缆密封套和外壳之间可能也需要采取密封措施(例如，加密封垫圈或螺纹密封胶)。

注2：为满足至少 IP54 的要求，螺纹电缆引入装置与螺纹电缆引线板或外壳的接合厚度为 6mm 以上时，可以不在电缆引入装置和螺纹引线板或外壳间增加密封措施，但电缆引入装置的中心轴线须与电缆引线板或外壳表面垂直。

当使用矿物绝缘金属护套电缆时，应使用 Ex “e”矿物绝缘电缆密封装置满足爬电距离的要求。

电缆引入装置孔可装配符合 GB 3836.1—2010 要求的螺纹接头，以便安装连接装置或电缆引入装置。

外壳上未使用的引入装置孔应使用符合 GB 3836.1—2010 的封堵件封堵，并应保持 IP54 的防护等级，或者为所在位置要求的防护等级，选二者之中的较高要求。

11.3.3 接线端子

一些端子(如槽形端子)，可允许连接多根导体，如果多根导体连接在一个接线端子时，应注意保证每根导体都夹牢。

除非制造商文件允许，两个不同截面积的导体不应连接到一个端子上，但是可以先将单根导体用压紧套箍或制造商规定的其他方式夹紧，然后连接到一个端子上。

为了避免接线端子板上相邻导体间短路造成危险，每个导体的绝缘应连续到金属的接线端子为止。

注：如果使用单螺钉鞍形垫圈固定单芯导线，除非设备文件允许不用“U”型夹紧，否则导体围绕螺钉处宜弯成“U”形。

11.3.4 通用接线盒和分线盒中端子和导线的连接

应注意确保壳体内发热不会导致温度超过设备规定的温度组别。可以采取下列措施：

a）满足制造商给出的允许端子数量、导线尺寸和最大电流的规定；或

b）检查制造商提供的参数计算出的功率损耗是否小于额定最大功率损耗。

注1：外壳内部的导线长度应不超过外壳对角线的长度，这是进行型式试验和计算的基础。外壳中导线过长在最大允许电流条件下运行，可能会使内部温度升高超过温度组别。

注2：超过6根导线的导线束也可能使温度升高超过T6和/或对绝缘造成损坏，宜加以避免。

11.4 鼠笼感应电机

11.4.1 主控电源

为符合7.2项a)的要求，过载反时限延时保护装置不仅应监控电动机电流，而且应能使电动机堵转时在铭牌规定的t_E时间内断电，表明延时继电器或断路器的过载延时时间-启动电流比曲线应交用户。

曲线应显示在环境温度20℃下冷态启动电流比(I_A/I_N)3倍~8倍延时值，保护装置的动作时间应等于该延迟时间，误差为±20%。

△形连接绕组电机断相时的特性宜特别指出。与星形连接绕组电机不同，△形连接绕组电机特别是在运行期间断相可能探测不到，结果会使电机馈电线路电流不平衡，并导致电动机过热。低转矩负载△形连接绕组电动机启动时，在这种绕组故障条件下也能启动，因此故障可能在长时间内探测不到。因此，对于△形连接绕组电机，应提供相平衡保护，以便在出现过热之前探测到电机不平衡。

总之，连续工作制电动机，包括启动容易和不频繁启动的电动机，不会产生过热，可用过载反时限延时保护装置。承受困难启动条件或频繁启动的电动机，仅在采用合适的保护装置保证不超过极限温度时方可接受。

如果按上述要求正确选择过载反时限延迟保护装置，并且在电动机达到额定转速之前断开电机，则认为存在困难启动条件。这通常在总启动时间超过1.7t_E时出现这种情况。

注1：运行——若电动机的工作制不是S1(恒定负载条件下连续运行)，用户宜获得用于确定运行定义适用性的适当参数。

注2：启动——电动机的直接启动时间最好低于t_E时间，以便在启动期间，电动机的保护装置不会使电动机跳闸。如果启动时间超过t_E时间的80%，按照使用说明书的要求保持运行时与启动有关的限制条件宜由电动机制造商确定。

由于直接启动期间电压骤降，启动电流减小，运转时间增大。虽然电压降较小时，这些影响可以忽略，但在启动期间电压小于U_N的85%时，电动机制造商应确定启动时的相关限制条件。

制造商可以限定电动机的启动次数。

注3：保护继电器——符合“e”型要求的保护继电器，除了符合第7章的要求外，还宜：

a）监控每相电流；

b）对电动机满载条件提供及时的过载保护。

易启动和不频繁启动、工作制为S1的电机可用反时限延时过载保护继电器。如果是困难启动或者是频繁启动，选择的保护装置宜确保电机在声明的运行参数条件下不会超过极限温度。如果启动时间超过1.7t_E，反时延时继电器将会在启动期间使电机断电。

在某些情况下，例如，对S1以外的工作制，电动机可以与温度探测器和保护装置一起认证。如果是这种情况，可不确定t_E时间。

11.4.2 绕组温度传感器

为符合7.2b)的要求，绕组温度传感器及保护装置即使在电机堵转情况下也应能对电机提供足够的热保护。只有在电机文件规定时，才可以使用埋入式温度传感器控制电机的极限温度。

注：内置型温度传感器型式及保护装置型式宜在电机上标明。

11.4.3 额定电压大于1kV的电机

应考虑“定子绕组潜在放电危险评定——点燃危险系数”(见附录E)来选择额定电压1kV以上的电机。如果危险系数总和大于6，则应采用防冷凝空间加热器，并且应采取特殊措施确保启动时外壳内不含有爆炸性气体环境。

注1：如果电机在“特殊措施”条件下使用，按照GB 3836.1—2010的要求，防爆合格证中需加符号“X”。

注2：特殊措施可包括启动前通风，电机中采用固定式气体探测或制造商说明中规定的其他方法。

注3：在附录E的表中，关于“详细检查的时间间隔”用于表示定子绕组清理的时间间隔。宜理解为“全面检修(必要时拆卸和清扫)之间的时间间隔”，因为依据GB/T 3836.16—2017进行的详细检查通常不要求检查定子绕组。

11.4.4 由变频器供电的电动机

由变频器提供不同频率和电压的电动机应与变频器和保护装置作为整体进行工作制型式试验。通过变频器改变频率和电压供电的电动机应与变频器和保护装置一起作为整体，进行该工作制的型式试验。

11.4.5 降压启动(软启动)

使用软启动供电的电动机要求：

a) 电动机与描述性文件中规定的软启动装置以及配置的保护装置一起作为整体进行试验；或

b) 电动机不与软启动装置一起作为整体进行试验。在这种情况下，电动机文件中应规定通过嵌入温度传感器直接控制温度的措施(或设备)，或者应提供其他限制电动机外壳表面温度的有效措施，或者用转速控制器确保电动机运行不会超过表面温度。应对温度控制的有效性及合适的温升进行验证，并有文件记录。保护装置的动作应使电动机断电。

注1：一般认为软启动可以在短时间内使用。

注2：如果使用高频脉冲输出软启动装置，宜注意接线盒内可能出现的过压峰值和产生的高温。

11.5 灯具

要求温度组别为T5或T6，或者环境温度大于60℃的区域，不应使用采用荧光灯和电子镇流器的灯具。

注1：该限制最大限度地减少了光源使用寿命末期(EOL)影响的危险。

使用有导电涂层的非导电材料的光源(例如，双插脚，钨丝灯泡螺纹接口)，除非与设备一起试验，否则不能使用。

注2：该要求是为了适用于插脚或端点可能是有导电薄膜涂层的塑料或陶瓷的灯具。

12 对本质安全型“i”的补充要求

对“iD”的补充要求在考虑中。

12.1 引言

安装本质安全电路时应注意，其保护原理与其他防爆型式有着本质的差异。与其他所有防爆型式不同，其他防爆型式把电能限制在设计规定的安装系统内，从而不会点燃危险环境，而本质安全电路必须保护整体性能不受其他电源的干扰，使其即使在发生电路断路、短路或接地时也不会超过电路的安全能量极限值。

根据这一原理，本质安全电路电气安装规定的目的，就是要保持本质安全电路与其他电路隔离。除非另有说明，对本质安全电路的要求应适用于所有保护级别（“ia”、“ib”和“ic”）。

限能电路“nL”应符合本质安全电路“ic”的所有要求。

12.2 符合 EPL Gb 级或 Gc 级要求的装置

12.2.1 设备

在符合 EPL“Gb”要求的装置中，本质安全设备以及关联设备的本质安全部分应符合 GB 3836.4—2010 要求的至少“ib”等级。

在符合 EPL“Gc”要求的装置中，本质安全设备以及关联设备的本质安全部分应符合 GB 3836.4—2010 要求的至少“ic”等级。

简单设备不需标志，如果本质安全性能与它们有关，则应符合 GB 3836.1—2010 和 GB 3836.4—2010 的要求。

关联设备尽量安装在危险区域之外，如果安装在危险区域之内，应有符合第 5 章规定的其他相应防爆措施，用于关联设备可能出现点燃源的情况。

连接到关联设备非本质安全接线端子的电气设备所施加的电压，不应超过关联设备铭牌规定的电压 U_m。电源预期短路电流不应超过 1500A。

当预期短路电流存在较高故障水平时，可在上游用适当的熔断器或保护限制预期短路电流。

如果在关联设备上标记的 U_m 小于 250V 时，应依据下列方法之一进行安装：

a）如果 U_m 不大于 50V a.c. 或 120V d.c.，安装在 SELV 或 PELV 系统中；

b）通过符合 GB/T 19212.7 或技术上等效标准的安全隔离变压器进行安装；

c）直接连接到符合 GB 4943.1、GB 4793.1 或技术上等效标准的设备上；

d）直接由电池供电。

为防止未经授权的干扰和损坏，本质安全设备和关联设备（如，安全栅）的元件和布线应安装在防护等级至少为 IP20 的外壳内，设备文件要求更高防护等级的情况除外。如果其他方法能够提供类似的完整性能防止干扰和损坏（如，安装在通常锁住的控制室内固定的支架上），也可以使用。

构成本质安全系统一部分的所有设备，在合理可行的情况下，可以标志为本质安全系统的一部分。按照 12.2.2.6 的要求可以满足该项建议。

12.2.2 电缆

12.2.2.1 总则

本质安全电路用电缆的绝缘应能承受导体对地、导体对屏蔽和屏蔽对地至少为 500V a.c. 或 750V d.c. 的试验电压。爆炸危险场所内使用的每根导线的直径应不小于 0.1mm。本条款也适应于多股细导线的每股导线。

12.2.2.2 电缆的电气参数

对所有使用电缆（见 12.2.5）的电气参数（C_c 和 L_c）或（C_c 和 L_c/R_c）应依据 a）、b）或 c）来确定：

a）电缆制造商提供的最不利条件下的电气参数；

b）测量样品确定电气参数；

注：附录 C 详细说明了确定相关参数的方法。

c）2200pF/m 以及 1μH m 或 30μH /Ω，由两芯或三芯常规结构的电缆（有或没有屏蔽）互相连接。

如果使用 FISCO 或 FNICO 系统，电缆参数的要求应符合 GB 3836.19—2010 的要求。

12.2.2.3 导体屏蔽的接地

如果要求有屏蔽，除了下述 a）~c）外，屏蔽仅应在一点接地，通常在电路回路的非危险区域一端。本要求是为了防止在电路的一端与其他端之间地电位有电位差时，可能出现危险的屏蔽故障环路电流。

如果接地的本质安全电路在屏蔽电缆中，电路的屏蔽应在本质安全电路屏蔽的同一点上接地。

如果与地绝缘的本质安全电路或附属电路在屏蔽电缆中，屏蔽应在一点与等电位连接系统连接。特殊情况：

a） 如果有特殊原因（例如，屏蔽电阻高，或者另外要求屏蔽抗感应干扰）要求与屏蔽多点连接，可按图 3 要求布置，条件是：

——绝缘接地导线必须为耐用结构（通常不小于 $4mm^2$，但 $16mm^2$，对夹紧连接比较合适）；

——绝缘接地导线及屏蔽与电缆中所有其他导线和其他电缆铠装间的绝缘应能承受 500V 的绝缘试验；

——绝缘接地导线和屏蔽仅一点接地，该点应是绝缘接地导线接地点，同时也是屏蔽接地点，通常应在电缆的非危险区域端；

——绝缘接地导线须满足 9.3.8 的要求；

——和绝缘接地导线一起安装的电缆的电感/阻抗比（L/R）应确定，并应符合 12.2.5 的要求。

b） 如果通过有效的安装和维护，保证了电路各端（即危险区域和非危险区域之间）的等电位，那么，如果需要，电缆屏蔽在电缆两个终端均可接地，如有要求，可以在中间的任何点接地。

c） 如果总电容不超过 10nF，可通过小电容器（例如，1nF、1500V 陶瓷电容器）多点接地。

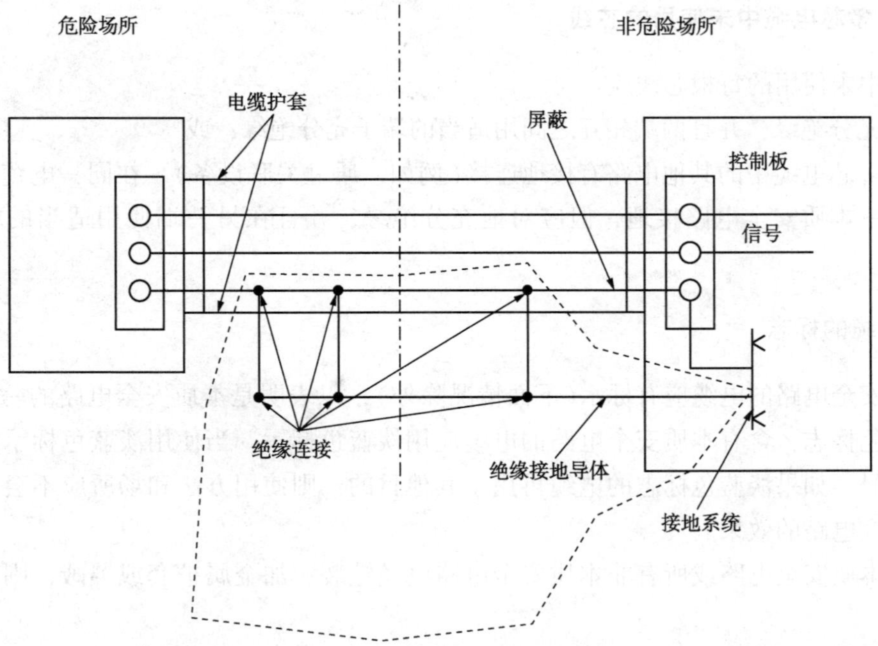

图 3 导电屏蔽接地

12.2.2.4 电缆铠装接地

每个布线的电缆终端均应通过电缆引入装置或等效装置将电缆的铠装连接在等电位系统上。在中间有接线盒或其他电气设备时，通常在这些中间点将铠装通过类似方法连接到等电位系统上。如果铠装不能在中间点上连接等电位系统，应注意确保所有敷设电缆铠装自始至终的电气连续性。

如果铠装在电缆引入点处等电位连接不可行，或者设计要求不允许这样，应注意避免铠装与等电位系统间可能存在的电位差产生点燃火花。任何情况下，铠装与等电位系统至少应有一个电气连接。用于将铠装对地隔离的电缆引入装置应安装在非危险区域或要求 EPL Gc 级的区域。

12.2.2.5 电缆和布线的安装

12.2.2.5.1 总则

有本质安全电路的装置安装方式应使本质安全性能不受外界电场或磁场的干扰，例如，由附近上方供电线路或单芯电缆大电流的影响。例如可通过屏蔽和/或绞合芯线或与电场或磁场保持足够距离来实现。

除 9.3.8 的电缆要求之外，危险区域和非危险区域中电缆的安装应确保本质安全电路电缆不能因疏忽而连接到非本质安全电路电缆上。可以通过下列方式实现：

a) 不同类型的电路电缆隔离；或
b) 电缆在布置时应防止机械损伤危险；或
c) 特定类型的电路使用铠装、金属护套或屏蔽电缆(例如，所有非本质安全电路使用铠装电缆，或所有本质安全电路铠装)。

12.2.2.5.2 导体

本质安全电路中的导体与非本质安全电路的导体不应使用同一电缆，12.4 允许的情况除外。

除非由绝缘材料中间层或接地金属隔板隔离，本质安全电路的导体与非本质安全电路的导体不应在同一个导线束或导管中，12.2.2.7 允许的情况除外。如果本质安全电路或非本质安全电路采用金属护套或屏蔽，则不要求隔离。

12.2.2.5.3 多芯电缆中未使用的芯线

多芯电缆中未使用的每根芯线应：

a) 对地充分绝缘，并且两端相互之间用适当的端子充分绝缘；或
b) 如果多芯电缆中的其他电路有接地连接(例如，通过关联设备)，在同一电缆中使用接地点将任一本质安全电路接地，但应对地充分绝缘，并且在另一端使用适当的端子相互充分绝缘。

12.2.2.6 电缆的标志

含有本质安全电路的电缆应有标示(下面情况除外)，以表明是本质安全电路的一部分。如果护套或表层用颜色标志，含有本质安全电路的电缆应用淡蓝色标示。当使用淡蓝色标示的电缆说明是本质安全电路时，如果淡蓝色标志的电缆再用于其他目的，则使用方法和场所应不会导致混淆或降低鉴别本质安全电路的效果。

如果所有本质安全电路或所有非本质安全电路电缆铠装、加金属护套或屏蔽，则本质安全电路不需要标示。

测量和控制箱内、开关、配电设备等内部，如果有蓝色中性导线，本质安全电路电缆与非本质安全电路电缆存在有混淆的危险，则应采取其他标志措施。这些措施包括：

——将导线组合到共用的浅蓝色线束中；
——标牌标明；
——清楚地布置和空间隔离。

12.2.2.7 含有多个本质安全电路的多芯电缆

本条款的要求是对 12.2.2.1~12.2.2.6 的补充。

多芯电缆可以含有多个本质安全电路。本质安全电路不能与非本质安全电路在同一多芯电缆中，12.4 的特殊应用除外。

导体绝缘的径向厚度应与导体的直径和绝缘的属性相适应。最小径向厚度为 0.2mm。

导体绝缘应能承受本质安全电路标称电压 2 倍的均方根交流试验电压，最低为 500V 的耐压试验。多芯电缆至少应能承受下列介电强度试验：

——500V a.c.(r.m.s.)或 750V d.c. 电压施加在铠装和/或屏蔽连接后与所有芯线连结后两者之间；

——1000V a.c.(r.m.s.)或 1500V d.c. 电压施加在一半芯线连接起来与另外一半芯线连接后的芯线束之间。本试验不适用于各电路有导电屏蔽的多芯电缆。

电压试验应按有关电缆标准规定的方法进行。如果没有这样的试验方法，应按照 GB 3836.4—2010 第 10 章的规定进行。

12.2.2.8 多芯电缆故障考虑

本质安全电路系统使用的多芯电缆中如果考虑出现故障，与使用电缆的类型有关。

——A 型：电缆符合 12.2.2.7 的要求，并且本质安全电路有导电屏蔽提供独立保护，防止电路间相互连接，屏蔽范围至少为表面积的 60%。不考虑电路间出现故障。

——B 型：电缆固定并提供有效保护防止损伤，符合 12.2.2.7 的要求。另外，电缆中电路的最高电压 U_o 不能超过 60V。不考虑电路间出现故障。

——其他：对于电缆满足 12.2.2.7 的要求，但没有 A 型或 B 型的附加要求，对“ia”或“ib”需考虑导体之间出现最多两个短路故障，并且导体之间同时出现最多四个开路故障。在等同的电路中，如果通过电缆的所有电路的火花点燃参数的安全系数是“ia”或“ib”保护等级要求值的四倍，则故障不必考虑。

12.2.3 本质安全电路终端

应采用下列 a)或 b)的方法之一，使本质安全电路终端与非本质安全电路的终端可靠地隔离：

a) 当采用间距隔离时，终端之间的间隙至少应为 50mm。应注意接线端子的排列及使用的布线方式，以防止一根导线断开造成电路之间的接触。

b) 当采用绝缘隔板或接地金属隔板隔离时，使用的隔板应延伸到外壳壁内 1.5mm，或者确保在隔板周围任一方向测量时，终端之间的最短距离应不小于 50mm。

连接到终端外部导体的裸露导电部件与接地金属或其他导电部件之间的间隙至少应为 3mm。

单独的本质安全电路现场布线接线端子中裸露导电部件之间的间隙，在连接的外部导体的裸露带电部件之间至少为 6mm。

本质安全电路的接线端子应这样标记。

注 1：该标志也可用颜色标记，如果用颜色标记，宜用淡蓝色。

用于连接外部本质安全电路的插头和插座，应与连接非本质安全电路的插头和插座分开，并且不能互换。在设备为外部连接配备有一个以上插头和插座时，并且它们之间互换会对防爆型式产生不利影响时，则应这样设置：即插头、插座不能互换，例如，锁住，或者配对的插头插座应能识别；例如，用标志或色标，使得在错配时易于发现(见 12.4)。

注 2：如果连接装置带有接地电路并且防爆型式与接地有关，则连接装置宜按照 GB 3836.4—2010 对接地导体、连接件和接线端子的相关要求设置。

12.2.4 本质安全电路的接地

本质安全电路应：

a）与地绝缘；或

b）连接在等电位导线上的一点，如果该等电位导线分布在本质安全电路安装的场所内。

安装方式应按照电路的功能要求，并且与制造商说明书的要求一致来选择。

如果一个电路电气隔离成多个分回路，并且每个分回路仅有一个接地点，则允许一个电路有一个以上的接地连接。

对于对地绝缘的本质安全电路，应注意静电放电引起的危险。通过大于 0.2MΩ 的电阻接地，例如，用于耗散静电电荷，此方法不视为接地。

如果由于安全需要，例如，安装没有电隔离的安全栅时，本质安全电路应接地。如果由于功能需要与地连接，也可以接地，例如，焊接的热电偶。如果本质安全设备不承受 GB 3836.4—2010 规定的 500V 交流有效值对地介电强度试验，可假定设备接地。

如果设备接地(例如，通过安装方法)，并且在设备和关联设备的接地连接点之间使用等电位连接导体，则不要求符合 a)或 b)的要求。这种情况宜由有能力的人员认真考虑，并且在任何情况下不宜用于没有电隔离进入要求 EPL Ga 级场所的电路。如果使用等电位连接导体，宜与场所相适用，铜线的横截面积至少 $4mm^2$，不用插头和插座永久安装，并且要有充分的机械保护，接线端子除 IP 等级之外，要符合增安型“e”的要求。

本质安全电路中，没有电隔离的安全栅(例如，齐纳安全栅)的接地端子应：

1）通过尽可能短的路径与等电位系统连接；或

2）仅对于 TN-S 系统，连接到完整性高的接地点的方法要确保主电源系统接地点连接阻抗应小于 1Ω。可通过与控制室内接地排连接，或者用单独的接地排连接来实现这一要求。

使用的导体应绝缘，防止可能在金属部件流动的故障电流流入地面，使导体对外接触(例如，控制板框架)。如果损坏的危险较大，还应有机械保护。

接地导体截面积应为：

——至少两根导体，每根导体额定负载都能承受能够连续通过的最大电流。每根导体为截面积至少为 $1.5mm^2$ 的铜导体；或

——至少一根导体为截面积至少 $4mm^2$ 的铜导体。

注：宜考虑有两个接地导体便于试验。

连接到安全栅输入端子的供电系统产生的预期短路电流，如果接地导体不能承受，则接地导体面积应增大，或者应另外增加导体。

如果通过接线盒实现接地，宜特别注意确保连接的连续性和完整性。

12.2.5 本质安全电路的检查

除非有系统证书对全部本质安全电路参数作出规定，否则应遵守本条款的全部规定。

12.2.5.1 总则

系统设计者应准备系统描述文件，对电气设备的项目和系统电气参数，包括互联布线的参数予以规定。

注：系统描述文件中确保安全所需的信息，没有明确规定提供方式，可包括几种形式，如图纸、清单、维护手册或类似文件。文件的准备和维护宜使与具体装置有关的所有信息易于获取。

安装本质安全电路时，最大允许电感、电容或 L/R 比以及表面温度不能超出规定值。应从关联设备文件或铭牌上获得允许值。

12.2.5.2 仅有一个关联设备的本质安全电路

电路的电容和电感存储有大量能量时，电容储存的能量会使电源对电感器的馈电效果加强。已知电缆的分布电容和电感与电感性元件或电容性元件的分布电感和电容相比易燃性较小。下面评定电缆参数的方法，仅适用于线性(电阻电流限制)电路，要考虑这些因素。

按照标牌或文件确定输出电压[U_o]、输出电流[I_o]、最大外部电容[U_o]、最大外部电感[L_o]，以及电源的最大外部电感/电阻比[L_o/R_o]。

把连接设备的输入电容[C_i]和输入电感[L_i]相加，再与系统中包括的任何简单设备的总电容和电感相加，确定连接到电路上的所有设备的有效总电容和有效总电感。

有效总电容和有效总电感之一或两者分别不大于 L_o 和 C_o 的 1%时，电源的 C_o 和 L_o 减去这些有效值确定互联电缆允许的电感和电容。如果有效总电容大于或等于 C_o 的 1%，允许用 L_o/R_o 比作为电缆参数使用。如果有效总电感大于 L_o的 1%，则必须按照 GB/T 3836.18—2017 重新计算电缆允许的 L/R 比。当允许使用 L_o/R_o比时，如果电缆的 L/R 比小于或等于允许的值，则不需要满足 L_o 要求。

当总电感和总电容分别都大于 L_o 和 C_o 的 1%时，C_o 和 L_o 的值宜除以 2。宜从这些缩小的值中减去有效总电容和有效总电感计算得出电缆电感和电容。在这些情况下不允许使用电缆的 L_o/R_o 参数。

测定电缆参数的指南在 12.2.2.2 中给出。

注：如果本质安全设备含有有效电感并且关联设备上标记有电感/电阻 L/R 值，宜参考 GB/T 3836.18—2017 本质安全系统的附录 D：电感参数的确定。

每个本质安全设备的允许输入电压 U_i、输入电流 I_i 及输入功率 P_i应分别大于或等于各自关联设备 U_o、I_o 及 P_o 的值。

对于简单设备，可从关联设备的 P_o 值确定最高温度得出温度组别。可用下列方法确定温度组别：

a) 参考表 8；或

b) 用以下公式计算：

$$T=P_oR_{th}+T_{amb}$$

式中：

T——表面温度，单位为摄氏度(℃)；

P_o——关联设备标志的功率，单位为瓦(W)；

R_{th}——热电阻，单位为开尔文每瓦(K/W)(元件制造商给出，表明使用的安装条件)；

T_{amb}——环境温度(通常为 40℃)，单位为摄氏度(℃)。

并参考表 5。

此外，表面积小于 1000mm^2 的元件(引线除外)，如果其表面温度不超过 150℃，可以视为 T5 组。

本质安全电路的设备类别与构成本质安全电路的电气设备的最低气体类别相同(例如，电路上有ⅡB 及ⅡC 类设备，则电路的类别为ⅡB)。

表 8 按照元件尺寸和环境温度评定 T4 组别

总表面积 S(引线除外)	T4 组的要求(以 40℃的环境温度为基础)
S<20mm^2	表面温度≤275℃
20mm^2≤S≤1000mm^2	表面温度≤200℃
20mm^2≤S	功率不超过 1.3W[a]

[a] 60℃环境温度时降至 1.2W，80℃环境温度时降至 1.0W。

本质安全电路中的接线盒及开关可以假定其温度组别为 T6。

12.2.5.3 多个关联设备的本质安全电路

如果本质安全电路含有多个关联设备，或者两个或多个本质安全电路互相连接，则应通过理论计算或者按照 GB 3836.4—2010 及 GB/T 3836.18—2017 的要求进行火花点燃试验，检查整个系统的本质安全性能。应确定设备类别、温度组别及保护等级。

应考虑从其他电路的电压和电流反馈到关联设备的危险。每个关联设备的额定电压和限流元件的额定值应不超过其他关联设备的 U_o 和 I_o 相应组合。

注 1：具有线性电流/电压特性的关联设备，计算依据见附录 A。非线性电流/电压特性的关联设备，可利用 GB/T 3836.18—2017 附录 C 的指南和/或宜寻求专家的建议。

注 2：如果已知本质安全电路关联设备的内部电阻 $R_i = U_o/I_o$[输出特性符合 GB/T 3836.18—2017 中附录 C 图 C.1a)的要求]，那么 GB/T 3836.18—2017 附录 B 给出的方法也可以使用。

12.3 符合 EPL Ga 级要求的安装

本质安全电路的安装应符合 12.2 的要求，下列特殊要求除外。

在要求 EPL Ga 级的场所安装有本质安全电路装置时，本质安全设备及关联设备应符合 GB 3836.4—2010 对“ia”等级的要求。电路(包括所有简单元件、简单电气设备、本质安全设备、关联设备和内部连接电缆的最大允许电气参数)应为“ia”等级。

优先采用本质安全电路与非本质安全电路之间有电隔离的关联设备。

在某些情况下，由于等电位连接系统中仅一个故障就能造成引燃危险，所以没有电隔离的关联设备仅应在接地布置符合 12.2.4 中 2)时方可使用，而且与安全区域端子相连的主电源设备通过双绕组变压器与主电源隔离，变压器初级线圈应由与额定值相适应、有足够熔断能力的熔断器保护。

注 1：如果本质安全电路有多个分电路，要求 EPL Ga 级分电路包括电隔离元件的场所，保护等级宜为“ia”级，但是不再要求 EPL Ga 级场所内的分电路，保护等级仅须“ib”或“ic”级即可。

注 2：可通过关联设备，或者通过 EPL Gb、Gc 级本质安全电路中或非危险场所中的电隔离设备实现隔离。

即使安装在要求 EPL Ga 级场所之外的简单设备也应在系统文件中提及，并且应符合 GB 3836.4—2010 规定的“ia”保护等级的要求。

如果由于功能原因要求电路接地，则应在要求 EPL Ga 级的场所之外进行接地连接，但是应尽可能接近 EPL Ga 级设备。

注 3：如果电路接地是电路操作中固有的，例如，通过接地热电偶或电导探针接地，则宜是唯一的接地连接，除非能够证明一个以上的接地连接不会引起故障。

如果部分本质安全电路安装在要求 EPL Ga 级的场所，使设备及其关联设备在要求 EPL Ga 的场所内有产生危险电位差的危险，例如，通过大气电流产生的电位差，则应在电缆的每个非接地等电位连接的芯线和现场结构件之间安装浪涌保护装置。应尽可能合理地接近、最好是距要求 EPL Ga 场所入口 1m 范围之内。这些场所的实例，如可燃性液体贮罐、废气处理装置和石化工程的蒸馏塔等。高危险的电位差通常与分散式装置和/或暴露的设备的位置有关，仅通过把电缆或储罐埋置地下不能减少高电位差造成的危险。

浪涌电流保护装置应能转移最小为 10kA 的峰值放电电流(按照 GB/T 16927.1，8/20μs 脉冲，10 次)。保护装置和现场结构件之间应至少用截面积相当于 $4mm^2$ 的铜导体连接。

浪涌电流保护装置的跳火电压应由用户和安装方面的专业人员来确定。

注 4：在本质安全电路中使用一个或多个低压冲击保护装置，改变了电路接地的方式。在设计本质安全系统时必须予以考虑。使用浪涌电流保护装置的详细指南见 GB/T 3836.18—2017。

要求 EPL Ga 级的场所内本质安全设备和浪涌电流保护装置之间的电缆应有防雷措施。

12.4 特殊应用

对一些特殊应用，例如，对电力电缆监测，使用本质安全原理的电路与供电电路在同一电缆内，这种情况要求对涉及的危险进行具体分析。

某些特殊情况下，如果本质安全电路符合 GB 3836.4—2010 的要求、非本安电路的保护符合 GB 3836 标准相应防爆型式的要求、且当其他电路通电时需要本安电路时，允许将本安电路与非本安电路用于同一个插头、插座组件中。

13 对正压外壳型"p"的补充要求

13.1 总则

不应安装仅有 Ex 原件外壳证书(带有符号"U")的正压型外壳。整套设备应有设备防爆合格证。

13.2 正压外壳型"p"

13.2.1 总则

除进行整体评定之外，应检查整套装置是否满足设备文件的要求和本部分的要求。

所需的保护类型"x"、"y"或"z"由场所的 EPL 要求以及外壳内是否含有能引燃的点燃源确定，见表 9。

表 9 保护类型的确定

(外壳内没有可燃性物质释放源)

EPL	外壳内含有点燃能力的设备	外壳内不含有点燃能力的设备
Gb	px 型	py 型
Gc	py 或 pz 型	无正压要求
注：GB/T 3836.5—2017 要求"py"型设备仅包括防爆型式为"d"、"e""i""m"、"nA"、"nC"、"o"或"q"的设备。		

没有防爆合格证的正压外壳上安装有防爆合格证的正压型控制系统时，不能认为防爆合格证也适用于正压外壳或其内部部件。

13.2.2 管道

所有管道及其连接的部件应能承受以下压力：

——正压设备制造商规定的正常运行时最大压力的 1.5 倍；或

——正压设备制造商规定的正压源(例如，风机)在关闭所有排气口时所能达到的最大压力。上述两种情况均应至少为 200Pa。

管道和连接部分采用的材料应不受保护气体和使用环境中可燃性气体或蒸气的不利影响。

保护气体入口的位置应设在非危险区，罐装保护气体除外。

管道位置宜尽可能设置在非危险区。如果管道通过危险区域且保护气体压力小于环境压力时，管道应不会泄漏。

保护气体管道出口宜设在非危险区，否则应考虑按表 10 安装能阻止火花和颗粒的装置(该装置用于防止能引燃的火花或颗粒吹出)。

注：在换气时管道出口可能会存在一个小的危险区。

表 10 阻挡火花和颗粒装置

管道出口区域的 EPL 要求	设备	
	A	B
Gb	要求[a]	要求[a]
Gc	要求	不要求
A：正常运行时可能产生具有点燃能力的火花或颗粒的设备。 B：正常运行时不产生具有点燃能力的火花或颗粒的设备。		
[a] 如果正压出现故障时内部设备的温度有点燃危险，应安装合适的保护装置，防止周围可燃性气体很快进入正压外壳内。		

用于供应保护气体的供压设备，如风机或压缩机，宜安装在非危险区。如果驱动电机和/或其控制设备位于供气管道内，或者不可避免要安装在危险区域内，则这些供压设备应有相应的防爆措施。

13.2.3 正压故障时采取的措施

13.2.3.1 总则

正压控制系统有时配有补偿装置或"维护开关"在失去正压时，例如，外壳门被打开时，允许正压外壳内部件仍然带电。

只有对具体位置进行了评定，确保在使用阶段不存在潜在爆炸性气体或蒸气("不含气"情况)，这类装置才能用于危险场所。如果在这些条件下运行时探测到有可燃性气体，正压外壳内部件宜立刻断电，并且重新换气后方可再次运行。

注：如果手动补偿时在该区域探测到可燃性气体，则重新恢复正压后只需对外壳重新进行吹扫即可。

13.2.3.2 无内部释放源的设备

如果装置含有无内部释放源的设备，在保护气体出现正压故障时，应满足表 11 的要求。

注：通过静压保护的正压外壳，如果失压，宜移动到非危险区域再充气。

如果使用静态正压，在压力损失时，压力监测设备应锁定，并且仅应在压力恢复后方可复位。

表 11 当保护气体出现正压故障时对无内部释放源设备采取的措施

EPL 要求	外壳内安装有无正压时不适应 EPL Gc 的设备	外壳内安装有无正压时适应 EPL Gc 的设备
Gb	报警并断电[a]	报警[b]
Gc	报警[b]	不采取措施
注：宜尽快在任何情况下的 24h 内恢复正压。在正压故障的这段时间内，宜采取措施避免可燃性气体进入外壳内。 如果正压型电气设备在出现正压故障时自动断电，即使在要求 EPL Gb 级的区域，也可无须另加安全报警装置。如果电源不是自动断开，例如，在要求 EPL Gc 级的区域，如果操作人员立即采取措施恢复正压或断开设备，建议至少要有报警。 符合外部场所 EPL 要求的正压外壳内的设备，在正压故障时不需要断电。但是，宜注意确保正压外壳内的设备中不会积聚可燃性物质，因为可燃性物质可能泄漏到正压外壳中，而正压外壳中可能有产生点燃能力的火花。		
[a] 如果自动断电会引起更大的危险，宜采取其他预防措施，例如，加倍供应保护气体。 [b] 如果报警，宜立即采取措施，例如，恢复整个系统供气。		

13.2.3.3 有内部释放源的设备

有内部释放源的设备应按照制造商说明书的要求进行安装。

应特别注意，内置系统需要的安全装置，例如，样品限流量计、压力调节器或管路阻火器，设备上并没有配置，这些宜由用户配置。

如果正压外壳内有内部系统，并且允许工艺介质或气体进入外壳，宜考虑正压气体泄漏到工艺系统的可能性及其影响。例如，如果内置系统中的低压工艺气体压力低于正压空气的压力，内置系统的任何泄漏通道会使空气进入工艺气体，并对工艺产生潜在的不利影响或危险。

如果保护气体发生故障，应报警并采取有效措施来维持系统的安全性。

在压力或流量出现故障时宜由用户决定采取的措施，并且至少要考虑下列情况：

——制造商的建议；

——内置系统的释放特性(例如，“无”、“有限制”或“无限制”)；

——内部释放的成分，例如，液体或气体及其可燃性限值；

——出现压力/流量故障时可燃性物质的供应是否自动切断；

——外壳内设备的特性，例如，易引燃，适合要求 EPL Gb 级或 Gc 级的场所，及其邻近释放源的距离；

——外部 EPL 要求，例如，Gb 级或 Gc 级；

——使用的保护气体的类型，例如，空气或惰性气体。对后一种情况，在压力损失后外壳宜重新换气，以恢复高浓度的惰性气体(或低浓度的氧气)来提供充分的保护；

——设备突然自动关机的影响。

如果试样气体的爆炸上限(UEL)很高，例如，大于 80%，或者即使在没有空气时气体能够产生放热反应，例如，环氧乙烷，则采用“泄漏补偿”技术用惰性气体不可能对外壳提供保护。如果流量很大能够将释放浓度稀释到低于爆炸下限(LEL)的 25%，或者达到不能进行分解的浓度水平，适宜采用利用空气或惰性气体的“连续流动”技术。

13.2.4 共用安全装置的多个正压外壳

对一个以上的正压外壳使用一个共用安全装置的要求见 GB/T 3836.5—2017。

13.2.5 换气

制造商规定的正压外壳最短换气时间，应加上制造商规定的管道单位体积最小附加换气时间乘以管道容积所得的时间。

在要求 EPL Gc 级的区域，如果外壳及其管道内部环境中的浓度远远低于爆炸下限(例如，爆炸下限的 25%)，则可以不进行换气。此外，可用气体探测器检查正压外壳内的气体是否是可燃气体。

13.2.6 保护气体

用作换气、正压及连续稀释的保护气体应为非可燃气体、无毒性气体，并且不含湿、油、粉尘、纤维、化学剂、可燃物或其他杂质，这些因素可能对设备整体性和运行产生危险或不利影响。通常使用空气，特别是当内部释放源是可燃性物质时，也可用惰性气体。保护气体中的含氧量按体积计不应比空气中的含氧量高。

如果用空气作为保护气体，气源应在非危险区，并且所处位置应能降低空气被污染的危险。应考虑 附近建筑物对空气流动产生的影响，以及对风向、风速变化产生的影响。

宜注意保持外壳入口处保护气体的温度不超过 40℃。在特殊情况下，温度可以更高，或者也可以要求较低温度，但应在正压外壳上标志出温度。

特别是在大型外壳中使用情性气体时，应采取措施防止出现窒息的危险。使用情性气体作为保护气体的正压外壳宜有标志，说明有危险，例如：

“警告——本外壳内含有情性气体可能有窒息危险！本外壳内同时含有可燃物质，暴露在空气中与空气混合时可能会在爆炸极限范围内。”

13.2.7 布线系统

必要时，为防止可燃性气体或蒸气通过扩散进入，或防止保护气体泄漏，布线系统应密封。

注1：不排除使用设备吹扫电缆槽或导管。

敷设电缆及电缆引入装置应符合第9章的要求以及制造商设备文件的要求。

注2：致密电缆、绝缘压盖和/或导管密封宜认为是密封方法。

13.3 电动机

13.3.1 由变频器供电的电动机

通过变频电源改变频率和电压供电的电动机应符合下列a)或b)的要求：

a) 电动机与按照GB 3836.1—2010描述性文件规定的变频器及提供的保护装置一起，作为整体进行该工作制的型式试验；

b) 电动机没有与相关的变频器一起作为整体进行该工作制的型式试验。在这种情况下，电动机文件中应规定通过嵌入温度传感器直接控制温度的措施（或设备），或者应提供其他限制电动机外壳表面温度的有效措施。温度控制的效果应考虑该工作制要求的功率、转速范围、转矩及频率，并且应进行验证并有文件记录。保护装置的动作应使电动机断电。

注1：在某些情况下，最高表面温度出现在电动机转轴上。

注2：电流延时保护装置[符合7.2a)要求]不被认为是“其他有效措施”。

注3：采用“e”型或“n”型接线盒的电动机，当使用高频脉冲输出变频器时，宜注意确保考虑到接线盒中可能会产生的任何过压峰值及较高的温度。

13.3.2 降低电压启动（软启动）

利用软启动电源的电动机要求：

a) 电动机与描述性文件中规定的软启动装置以及配置的保护装置一起作为整体进行试验；或

b) 电动机不与软启动装置一起作为整体进行试验。在这种情况下，电动机文件中应规定通过嵌入温度传感器直接控制温度的措施（或设备），或者应提供其他限制电动机外壳表面温度的有效措施，或者用速度控制装置确保电动机运行不会超过表面温度。应对温度控制的有效性及合适的温升进行验证，并有文件记录。保护装置的动作应使电动机断电。

注1：一般认为软启动可以在短时间内使用。

注2：当使用高频脉冲变频输出软启动时，宜注意确保考虑接线盒中可能会产生的任何过压峰值及较高的温度。

13.4 “pD”型

13.4.1 保护气体气源

在某些情况下，如果必须保持设备正常运行，可准备两种保护气源，以备在一个气源出现故障时有备用气源。每一个气源都应能独立保持保护气体供气要求的压力和供气速率。

如果外壳内的任何设备在压力降低时不适用于可燃性粉尘环境，应符合表12的规定。

表 12 外壳保护要求一览表

场所分类	外壳内设备类型	
	有点燃能力的设备	正常运行中没有点燃源的设备
20 区	“pD”不适用	“pD”不适用
21 区	13.4.2 适用	13.4.3 适用
22 区	13.4.3 适用	不要求“pD”

13.4.2 自动断电

应配置自动装置，在出现过压和/或保护气体流量低于规定的最低值时，切断设备的电源，并启动声音或可视警报。当自动切断电源可能危及装置的安全，并且有其他方式保证安全时，应持续提供声音或可视警报。直至恢复正压或采取了其他有效措施，包括已知的延迟断电。

13.4.3 报警

当内部压力或保护气体流量低于规定的最低值时，操作人员随即看到的信号应显示出压力损失。正压保护系统应尽快恢复，或者应手动切断电源。

13.4.4 共用保护气源

当不同的外壳共用一个保护气源时，如果总体保护考虑了整套装置可能出现的最不利条件，则几个外壳可以采取共用的保护措施。

如果共用保护装置，则在下列情况下打开门或盖不需要切断整套装置的供电电源或启动报警：

——在打开之前先切断特定设备的供电电源，部件由适当防爆型式保护时除外；

——共用保护装置继续监控本组内其他所有外壳内的压力；和

——随后给特定设备接通供电电源之前先进行适当的吹扫程序。

13.4.5 接通电源

13.4.5.1 对处于启动状态的设备或停机之后的设备供电之前，操作人员有责任确认进入设备外壳或相关管道的粉尘浓度不可能形成潜在粉尘危险。操作人员应考虑下列内容进行评定：

a) 需要充分的安全裕度；和

b) 形成危险时相应的爆炸性粉尘在空气中所占的浓度；和适用时，

c) 由于发热可能发生潜在点燃时粉尘层的厚度。

13.4.5.2 不使用工具可打开的门或盖应有连锁装置，当自动打开时所有没有其他保护方式保护的部件应切断供电电源。在门或盖再次关合之前应防止电源接通。

13.4.6 由变频器供电的电动机

通过改变频率和电压供电的 Ex pD 电动机应符合下列 a)或 b)的要求：

a) 电动机文件中应规定通过嵌入温度传感器直接控制温度的措施(或设备)，或者应提供其他限制电动机外壳表面温度的有效措施。保护装置的动作应使电动机断电。电动机不需要与变频器一起进行试验；

b) 电动机与文件规定的变频器及提供的保护装置一起作为整体进行该工作制的型式试验。

13.5 爆炸性气体环境用房间

13.5.1 正压房间

正压房间中电气装置的要求在 GB 3836.17—2007 中给出。

13.5.2 分析房室

分析室中电气装置的要求在 IEC 60079-16 和 GB/T 29812 中给出。

14 对"n"型设备的补充要求

14.1 总则

不应安装仅有 Ex 元件外壳证书的"n"型外壳(带符号"U")，整套设备应有设备防爆合格证。

"n"型电气设备的防爆型式分为 4 类：

——"nA"无火花设备；

——"nC"火花设备，触点用限制呼吸外壳之外其他类型的外壳保护，或为限能型；

——"nR"限制呼吸外壳；

——"nL"限能设备(见第 12 章)。

限能设备"nL"以及与关联限能设备的限能部件应符合 GB 3836.8—2014 的要求。

连接到"nL"限能电路的设备宜按照第 12 章规定的"ic"型防爆型式的要求进行安装。

"nL"防爆型式的设备可用于本质安全"ic"等级的电路中。

含有限能电路的设备应按照接线盒的防爆型式(例如，Ex "nA"、Ex "d"、Ex "c")的要求连接。

14.2 外壳的防护等级(见 GB/T 4942.1 和 GB/T 4208)

含有裸露带电部件的外壳及仅含有绝缘带电部件的外壳，防护等级分别要求至少为 IP 54 和 IP 44。

如果使用场所能够提供充分的保护，防止能够影响安全的固体外物或液体进入(例如，在室内)，则含有裸露带电部件和仅含有绝缘带电部件的外壳防护等级分别要求为 IP 4X 和 IP 2X。

如果接触固体外物或液体不会对设备造成损坏(例如，应力计、电阻式温度计、热电偶、限能设备等)，则不需要符合上述要求。

14.3 布线系统

14.3.1 总则

电缆和导管应按照第 9 章以及下列对电缆引入装置和接线端子的补充要求进行安装。

如果制造商文件允许，外壳上也可增加电缆引入装置孔。

注 1：塑料外壳上的螺纹孔与外壳表面宜成直角(由于塑料外壳的浇铸方法，外壳壁可能有陷落角)。有角度的表面不允许用压盖和相关的配件插入孔中固定，与表面成直角，这样会导致密封失效。

注 2：不推荐塑料外壳上用锥形螺纹孔，因为在螺纹密封过程中产生的高应力可能会使外壳壁破裂。

14.3.2 电缆引入装置

14.3.2.1 总则

连接"n"型设备的电缆应采用相适用的电缆引入装置有效连接。它们应符合 GB 3836.1—2010 的要求。

注 1：为了满足防护等级的要求，电缆引入装置和外壳之间可能需要进行密封(例如，使用密封垫圈或螺纹密封胶)。

注 2：为满足至少 IP 54 的要求，螺纹电缆引入装置与螺纹电缆引线板或外壳的接合厚度为 6mm 以上时，可以不在电缆引入装置和螺纹引线板或外壳间增加密封措施，但电缆引入装置的中心轴线须与电缆引线板或外壳表面垂直。

当使用矿物绝缘金属护套电缆时，应使用符合 GB 3836.1—2010 要求的矿物绝缘电缆密封装置满足爬电距离的要求。

电缆引入装置孔可装配符合 GB 3836.1—2010 要求的螺纹接头，与连接装置或电缆引入装置配合。

外壳上未使用的引入装置孔应使用符合 GB 3836.1—2010 的封堵件密封，并且应保持 IP 54 的防护等级，或者由所在位置要求的防护等级，二者之中的较高级别。

14.3.2.2 "nR"设备的电缆引入装置

限制呼吸外壳的密封应保持外壳限制呼吸的性能。

注 1：如果使用的电缆不属于防爆合格证和/或说明书规定的范围，并且不能有效填满时，可能需要用电缆引入装置或其他方法(例如，环氧树脂粘合、收缩管)，在电缆的单根导体周围密封，防止外壳泄漏。

注 2：电缆引入装置和外壳之间应安装合适的密封垫圈。导管和锥形螺纹需使用螺纹密封胶(见第 9 章)。

14.3.3 导体连接

一些端子(如槽形端子)，可允许连接多根导体，如果多根导体连接在一个接线端子上，应注意保证每根导体都夹牢。

除非制造商文件允许，两个不同截面积的导体不应连接到一个端子上，但是可以先将单根导体用压紧套箍或制造商规定的其他方式夹紧，然后连接到一个端子上。

为了避免接线端子板上相邻导体之间短路造成危险，每个导体的绝缘应连续到端子的金属部分为止。

注：如果使用单螺钉鞍形垫圈来固定单芯导线，除非设备文件允许不用"U"型夹紧，否则导体围绕螺钉处应弯"U"形。

14.4 电动机

14.4.1 额定电压大于 1kV 的电机

应考虑"定子绕组潜在放电危险评定——点燃危险系数"(见附录 E)来选择额定电压 1kV 以上、S1 或 S2 之外其他工作制的电机。如果危险系数总和大于 6，则应采用防冷凝空间加热器，并且应采取特殊措施确保启动时外壳内不含爆炸性气体环境。

注 1：如果电机在"特殊措施"条件下使用，按照 GB 3836.1—2010 的要求，防爆合格证书中要加符号"X"。

注 2：特殊措施可以包括启动前通风、电机中采用固定式气体探测器或制造商说明中规定的其他方法。

14.4.2 由变频器供电的电动机

通过变频器改变频率和电压供电的电动机要求：

a) 电动机按照 GB 3836.8—2014 的要求与特定变频器或参考输出电压和电流规定值选择的变频器一起进行试验；或

b) 电动机没有与相关的变频器一起作为整体进行该工作制的型式试验。在这种情况下，电动机文件中应规定通过嵌入温度传感器直接控制温度的措施(或设备)，或者应提供其他限制电动机外壳表面温度的有效措施。温度控制的效果应考虑该工作制要求的功率、转速范围、转矩及频率，并且应进行验证并有文件记录。保护装置的动作应使电动机断电。或者电动机按照 GB 3836.8—2014 计算确定温度组别。

14.4.3 降压启动(软启动)

利用软启动电源的电动机要求：

a) 电动机与描述性文件中规定的软启动装置以及配置的保护装置一起作为整体进行试验；或

b) 电动机不与软启动装置一起作为整体进行试验。在这种情况下，电动机文件中应规定通过嵌入温度传感器直接控制温度的措施(或设备)，或者应提供其他限制电动机外壳表面温度的有效措施，或者用速度控制装置确保电动机运行时不会超过表面温度。应对温度控制的有效性及合适的温升进行验证，并有文件记录。保护装置的动作应使电动机断电。

注：一般认为软启动在短时间内使用。

14.5 灯具

要求温度组别为T5或T6，或者环境温度大于60℃的区域，不应使用采用荧光灯和电子镇流器的灯具。

注1：该限制最大限度地减少了光源使用寿命末期(EOL)影响的危险。

使用有导电涂层的非导电材料的光源(例如，双插脚、钨丝灯泡螺纹接口)，除非与设备一起试验，否则不能使用。

注2：该要求是为了适用于近期设计的、插脚或触点可能是有导电薄膜涂层的塑料或陶瓷的光源。

15 对油浸型"o"的补充要求

油浸型设备应按照经检验发证机构批准的制造商的文件规定进行安装。

16 对充砂型"q"的补充要求

充砂型设备应按照经检验发证机构批准的制造商的文件规定进行安装。

17 对浇封型"m"的补充要求

浇封型设备应按照经检验发证机构批准的制造商的文件规定进行安装。

18 对外壳保护型"tD"的补充要求

18.1 A型和B型

本部分规定了两种不同的外壳保护类型，二者提供相同的防点燃保护水平。

18.2 A型

除了5.6.3.3.1的要求之外，下列设计要求和试验方法也适用。

- 外壳结构应符合GB 12476.5—2013规定的通用要求，见表13。

表13 A型尘密外壳

20区 21区 有导电性粉尘的22区	有非导电性粉尘的22区
IP 6X	IP 5X

18.3 B型

除了5.6.3.3.2的要求之外，下列的设计要求和试验方法也适用。

- 外壳结构应符合 GB 12476.5—2013 规定的通用要求，见表 14。

表 14　B 型尘密外壳

20 区	21 区 有导电性粉尘的 22 区	有非导电性粉尘的 22 区
GB 12476.5——2013 的 8.2.1.4 规定的尘密外壳。 GB 12476.5—2013 第 7 章规定的补充要求	GB 12476.5—2013 的 8.2.1.4 规定的尘密外壳。 GB 12476.5—2013 的第 7 章规定的补充要求	GB 12476.5—2013 的 8.2.1.5 规定的防尘外壳。 GB 12476.5—2013 第 7 章不适用

18.4　由变频器供电的电动机

通过改变频率电压供电的 Ex tD 电动机应符合下列 a）或 b）的要求：

a）电动机文件中应规定通过嵌入温度传感器直接控制温度的措施（或设备），或者应提供其他限制电动机外壳表面温度的有效措施。保护装置的动作应使电动机断电。电动机不需要与变频器一起进行试验。

b）电动机应与文件规定的变频器及提供的保护装置一起作为整体，进行此种工作制的型式试验。

附 录 A
（规范性附录）
具有一个以上线性电流/电压特性关联设备的本安电路的检查

A.1 总则

本质安全电路系统的电感和电容参数应按照 GB 3836.4—2010 规定的点燃曲线，利用故障条件下系统每个点的 U_o 和 I_o 值确定。GB 3836.4—2010 规定的故障应施加在整个本安系统上而不是单个电气设备上。

上述要求可通过以下计算程序来实现。

A.2 "ib"保护等级

即使所有关联设备为"ia"等级也应看作是"ib"等级。

注：降低保护等级是因为仅通过计算进行了评定而没有进行试验。

a) 利用关联设备上规定的 U_o 和 I_o 值确定系统的最高电压和电流（见附录 B）。

b) 检查系统最大电流（I_o）乘以 1.5 倍安全系数不超过 GB 3836.4—2010 规定的电阻电路点燃曲线中相应设备类别系统最高电压（U_o）得出的电流值。

c) 最大允许电感（L_o）是根据 GB 3836.4—2010 中规定的相应设备类别的电感点燃曲线，由系统最大电流（I_o）乘以 1.5 倍安全系数得出。

d) 最大允许电容（C_o）是根据 GB 3836.4—2010 中规定的电容电路的相应点燃曲线，由最高系统电压（U_o）乘以 1.5 倍安全系数得出。

e) 检查最大允许 C_o 和 L_o 值是否满足 12.2.5.2 的要求。

f) 检查 U_o、I_o 和 P_o（其中 $P_o = I_o U_o / 4$）是否满足 12.2.5.2 的要求。

g) 按照 12.2.5.2 的要求，考虑相应设备类别的点燃曲线，确定系统的设备类别。

h) 按照 12.2.5.2 的要求确定系统的温度组别（其中 $P_o = I_o U_o / 4$）。

A.3 "ic"保护等级

"ic"级保护等级也可用类似的计算方法。使用的安全系数应为 1。

附 录 B
(资料性附录)
具有一个以上线性电流/电压特性关联设备的本质安全电路系统最大电流和最高电压的测定方法(依据附录 A)

一个本质安全电路有二个或以上关联设备时(见 12.2.5.3),可采用下列实用的方法,根据文件或铭牌上标定的每个关联设备的 U_o、I_o 值确定本质安全电路在故障条件下新的最大系统电压和电流值。

依据关联设备的本质安全端子互相连接确定设备的 U_o 和 I_o 值,在正常运行情况下和故障条件下,宜考虑以下因素:

——仅电压相加;

——仅电流相加;或

——电压和电流都相加。

关联设备串联,并且本质安全电路与非本质安全电路间采用电隔离时(见图 B.1),无论电路的极性如何,仅可能电压相加。

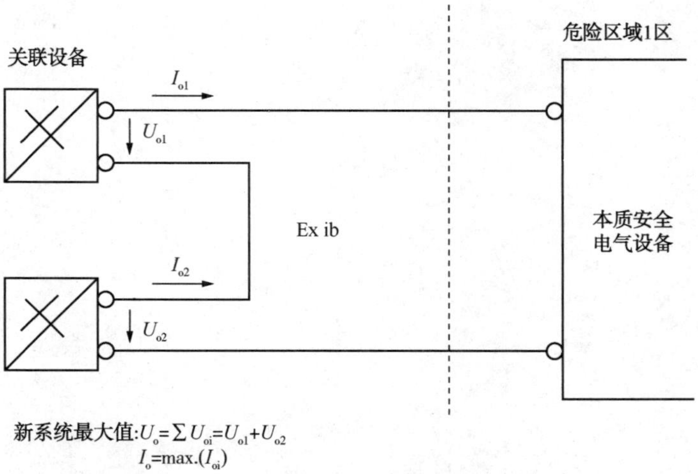

图 B.1 串联——电压相加

电源两极并联时,仅需电流相加(见图 B.2)。

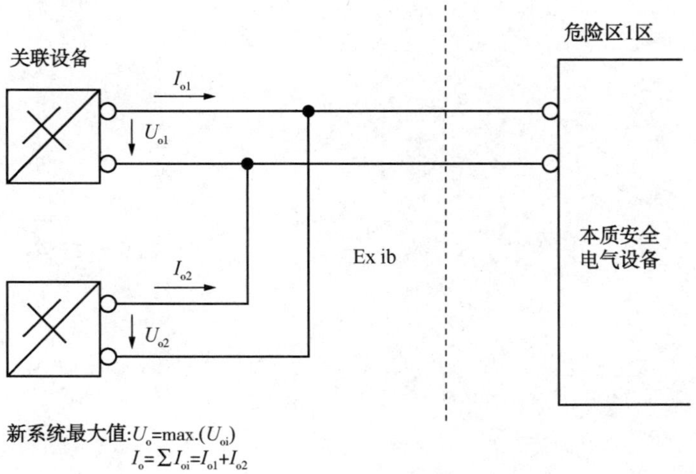

图 B.2 并联——电流相加

在所有其他情况下，电源极性可能进行任何互相连接(见图B.3)，必需根据具体情况的故障条件，考虑串联还是并联连接。这种情况下，必需分别考虑电压相加和电流相加。

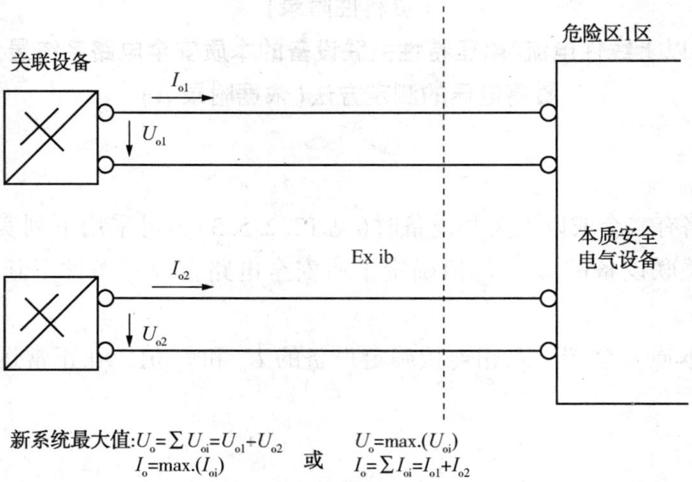

图 B.3　串联和并联——电压相加和电流相加

附 录 C
(资料性附录)
电缆参数的确定

C.1 测量

宜在测量设备工作频率为1kHz±0.1kHz、精度为±1%的条件下测量电缆的电感和电容。宜利用精度为±1%的直流设备测量电缆电阻。利用长度至少10m的代表性电缆样品测出的结果可以接受。宜在20℃~30℃的环境温度条件下进行测量。

注：当测量大电阻条件下的低电感值时，电感测量设备宜能正常运行。

如果可行，宜对电缆的单独终端开路和短路造成的所有可能的芯线组合进行测量。测出的最大电容、电感及 *L/R* 比宜作为电缆的参数使用。当有大量芯线时，仅宜利用会产生最大电感和电容值的芯线组合的代表性样品进行测量。

宜通过电缆的远距离终端开路，测量产生最大值的电线和屏蔽组合的电容，确定电缆的最大电容。例如，如果测量一个双线屏蔽电缆，那么在连接到屏蔽的一个芯线和其他芯线之间可能测出最大值。宜测量其他芯线和屏蔽组合确认该值，即最大电容。

宜通过两根相距最远的芯线，将远距离终端连接在一起测量最大电感。这条通路的直流电阻即用于计算电缆 *L/R* 比的电阻。

如果电缆是松散结构，弯曲并扭转电缆至少10次，电缆参数变化不宜超过2%。

进行这些测量时，能够将独立导体串联从而使电缆长度明显增加的故障组合不宜使用。当测量电容时，任何屏蔽层或未使用的芯线宜连接在一起，并且连接到被测电路的一端。

C.2 多芯电缆

如果特定本质安全电路或限能电路中使用的导体在多芯电缆中很容易识别出来，则仅宜考虑与这些特定导体有关的电缆参数。

C.2.1 A型多芯电缆

如果一个电路中使用的所有导体都在同一个屏蔽层内，仅宜考虑屏蔽层内导体的相互连接及导体与屏蔽层的连接。如果导体在一个以上的屏蔽层内，宜利用相关屏蔽层中的所有相关导体进行测量。

C.2.2 B型多芯电缆

当用于某一特定电路中的导体可以清晰地识别时，则仅宜对这些导体进行测量。如果不能清晰地识别时，应考虑特定本质安全电路中使用的所有可能的导体组合。

C.2.3 其他多芯电缆

本质安全系统有关的所有导体和任何屏蔽，由必须考虑的两个短路故障会造成互联时，宜进行测量。

如果相关的导体不能清晰地识别时，与三个互联电路相关的所有导体与屏蔽层的可能组合都宜进行试验。

C.3 现场总线本质安全概念(FISCO)

母线电缆的有效电容，由两个导体之间电容的每米电容 C' 得出，如果电缆有屏蔽，则每米附加电容也需要考虑。

电容的计算取决于总线电缆与屏蔽的电气连接。如果总线电路与接地屏蔽隔离，或者如果屏蔽均匀地排列在电源部件的正极和负极之间(现场总线对地平衡)，则不仅允许电容导体/导体，而且允许导体/屏蔽与屏蔽/导体的串联电容。可以用下列公式得出：

$$C' = C'_{导体/导体} + 0.5C'_{导体/屏蔽}$$

如果屏蔽与电源部件的一个电极相连，则得出下列关系：

$$C' = C'_{导体/导体} + C'_{导体/屏蔽}$$

附 录 D
(资料性附录)
爆炸性气体环境安全操作程序指南

在规定条件下执行安全操作程序，可允许在危险区域内使用点燃源。

特定场所经过评定后确保气体或蒸气不会出现，或者预期出现的量在规定的时间内不会达到可燃浓度，可以颁发安全操作许可证。该许可证可以规定进行连续的或周期性气体检测和/或在发生泄漏时采取的具体行动。

颁发安全操作许可证考虑的事项可包括：

a) 规定许可证的起始日期/时间；

b) 限定活动的场所；

c) 规定许可活动的种类(例如，柴油发电机、钻机)；

d) 测量并合理的记录测量值，确认任何可燃性气体或蒸气不会出现可燃浓度；

e) 规定抽样要求，确认可燃性气体或蒸气一直不会出现；

f) 控制可能存在的可燃性气体或液体释放源；

g) 规定紧急事件的应急方案；

h) 规定许可证的有效日期/时间。

注：与安全操作许可证有效应用有关的文件资料、培训、控制及使用等重要方面的要求不属于本部分的范围，宜参考有关标准规定。

附 录 E
（规范性附录）
定子绕组潜在放电危险评定——点燃危险系数

定子绕组潜在放电危险评定——点燃危险系数见表 E.1

表 E.1 定子绕组潜在放电危险评定——点燃危险系数

特征	数值	系数
额定电压	>11kV	6
	>6.6kV~11kV	4
	>3.3kV~6.6kV	2
	>1kV~3.3kV	0
运行中平均启动次数	>1/h	3
	>1/天	2
	>1/周	1
	≤1/周	0
绕组拆卸、清洗和检查周期	>10 年	3
	>5 年~10 年	2
	>2 年~5 年	1
	<2 年	0
防护等级(IP 代码)	<IP44[a]	3
	IP44 和 IP54	2
	IP55	1
	>IP55	0
环境条件	非常脏和潮湿[b]	4
	沿海户外[c]	3
	户外	1
	清洁干燥的室内	0

[a] 仅在清洁环境中由专业人员定期维护。

[b]“非常脏和潮湿”的场所包括可能受到喷水系统影响或海上露天甲板。

[c]暴露与含盐的环境。

附 录 F
(规范性附录)
负责人、操作人员和设计人员的知识、技能和资质

F.1 范围

本附录规定了本部分提及的人员应具备的知识、技能和资质。

F.2 知识和技能

F.2.1 负责人

“负责人”对防爆设备的设计、选型和安装所涉及的工艺过程负责，应至少具备下列条件：

a) 对相应的电气工程有总体了解；

b) 理解并且具有阅读和评定工程制图的能力；

c) 实际理解防爆原理和防爆技术；

d) 作业知识和理解防爆领域相关标准；

e) 质量保证的基础知识，包括审核原则、文件、测量和仪器校准的可溯源性。

此类人员应限于对从事选型和安装的有资质操作人员进行管理，如果不能保证他们的实际技能至少符合F.2.2的要求，则他们自己不能直接参与选型和安装工作。

F.2.2 操作人员(选型和安装)

操作人员完成其工作任务应具备下列条件：

a) 理解防爆的基本原理；

b) 理解防爆型式的基本原理和标志；

c) 理解设备设计中影响防爆性能的内容；

d) 理解防爆合格证和本部分的相关规定；

e) 总体理解GB/T 3836.16—2017规定的检查和维护要求；

f) 熟悉本部分涉及的设备选型和安装采用的特殊技术；

g) 理解工作许可制度及与防爆有关的安全隔离的重要性。

F.2.3 设计人员(设计和选型)

设计人员完成其工作任务应具备下列条件：

a) 熟练掌握防爆基本原理的知识；

b) 熟练掌握防爆型式基本原理和标志的知识；

c) 熟练掌握设备设计中影响防爆性能的内容；

d) 熟练掌握防爆合格证和本部分的相关规定；

e) 熟练掌握相关防爆型式准备和安装的实际技能；

f) 熟练掌握生产许可证制度的重要性及与防爆有关的安全隔离的详细知识；

g) 熟悉本部分涉及的设备选型和安装采用的特殊技术的详细知识；

h) 总体理解GB/T 3836.16—2017规定的检查和维护要求。

F.3 资质

F.3.1 概述

资质应与人员需要掌握的各种防爆技术适应。例如，有的人可能只胜任 Ex“i”设备的选型和安装，但不能完全胜任 Ex“d”开关装置或 Ex“e”电动机的选型和安装。在这种情况下，在文件体系中应限定人员的实际技能。

F.3.2 负责人

负责人应能提供资质证明，证明其达到 F.2.1 中规定的与防爆型式和/或所涉及的设备类型有关的知识和技能要求。

F.3.3 操作人员

操作人员应能提供资质证明，证明其达到 F.2.2 中规定的与防爆型式和/或所涉及设备类型有关的知识和技能要求。

他们还应提供文件证明有能力进行下列工作：

——使用并可得到 4.2 规定的文件；

——准备和安装相关防爆型式必需的实践经验；

——使用及起草 4.2 规定的安装记录。

F.3.4 设计人员

设计人员应能提供资质证明，证明其达到 F.2.3 中规定的与防爆型式和/或所涉及设备类型有关的知识和技能要求。

他们还应提供文件证明有能力进行下列工作：

——起草 4.2 规定的文件；

——按照 4.2 的规定起草提供给用户的设计者合格证；

——准备和起草相关防爆型式和系统有关设计细节所必需的实践经验；

——更新及起草 4.2 规定的安装记录。

F.4 评定

应按照国家规定、标准或用户要求的时间周期，对负责人、操作人员和设计人员的资质进行审核，以充分证明其具备下列条件：

a) 具备工作范围要求的必要技能；

b) 在规定的工作范围内能够发挥作用；

c) 有相关知识和理解巩固的能力。

附 录 G
(资料性附录)
超厚粉尘层示例

本附录提供了超厚粉尘层的四个示例[见图 G.1a)~d)]。

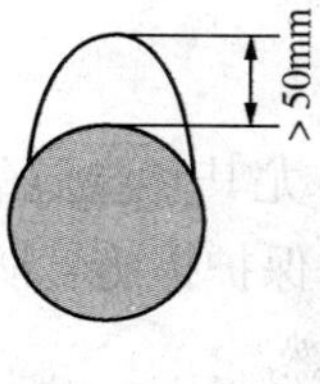

a)设备顶部超厚粉尘层

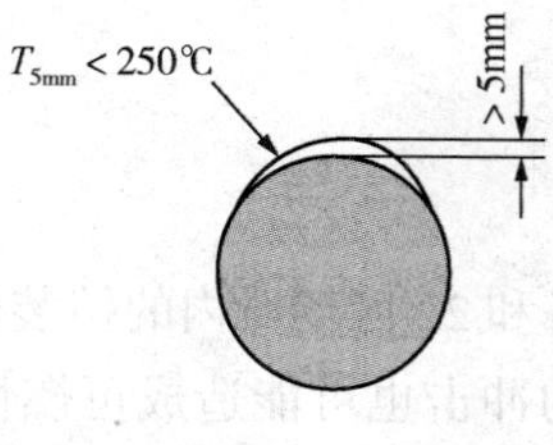

b)设备顶部低点燃温度粉尘形成的超厚粉尘层

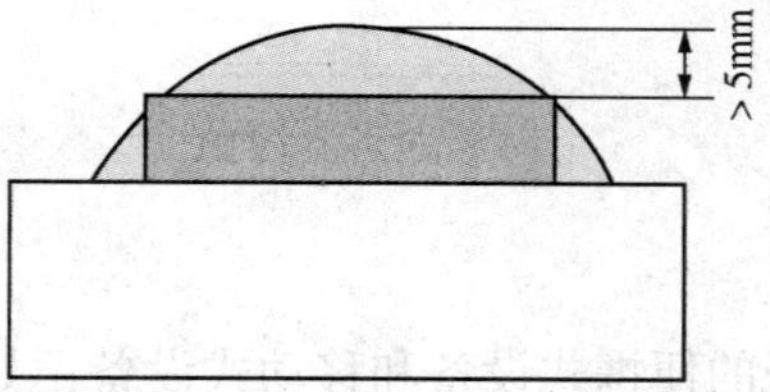

c)设备侧面的超厚粉尘层

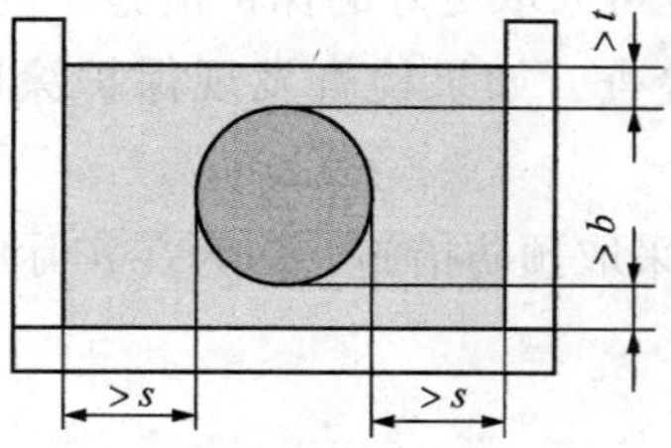

(通过实验研究限制 b、s 和 t 的尺寸)

d)完全浸没的设备

图 G.1 符合实验室试验要求的超厚粉尘层示例

附 录 H
(规范性附录)
轻金属及其合金的摩擦火花危险

H.1 总则

当轻金属或其合金与其他材料接触时，尤其是金属氧化生锈时，可产生易燃摩擦火花，因此在爆炸性环境可能存在的场所，应采取适当的保护措施，防止出现这种摩擦接触，因为这两种情况(爆炸性环境和摩擦火花)同时出现能够引起点燃。

应避免形成爆炸性环境，只要可行，设备应安装在不可能形成爆炸性环境的场所。

H.2 固定安装的设备

对固定安装的轻金属外壳电气设备和22区场所内的铠装铝或铝护套电缆，可不考虑摩擦火花危险，但在这些特定情况下，如果严重的冲击也可能造成可燃性物质释放的情况除外。这也同样适用于21区场所，如果冲击危险很高，应避免使用轻金属外壳或铝护套电缆。此类设备和电缆不应用于20区场所。

H.3 便携式和移动式设备

采用轻金属或轻金属合金外壳的便携式设备和移动式设备，如果没有采取防摩擦接触保护措施，不能进入危险场所，而采取特殊措施能够保证安全的情况除外。这些特殊措施可包括，在确保不出现爆炸性环境时的特殊生产许可，也可采取更好的保护措施，例如，设备涂覆合适的抗摩擦材料。

如果采用涂覆层，应定期仔细检查，如果检查发现保护涂层受损，能看到保护层下的材料时，则设备不应继续使用。

即使设备仅用于22区场所也应采取预防措施，因为在实际中很难防止将未保护的便携式设备带入更危险的场所。

H.4 风扇

轻金属风扇(例如，电动机风扇)可用于21区和22区场所的前提是，保护罩的设计结构使其不易变形，因为其他类型的故障，如轴承故障，很可能成为点燃源。如果用塑胶风扇或塑胶风扇罩，则应采用防静电材料。

附 录 I
(资料性附录)
用“设备保护级别”的方法对防爆设备进行危险评定的介绍

I.1 引言

本附录阐述了用“设备保护级别”(EPL)的方法对设备危险进行评定的概念。EPL概念的引入能够使现有的防爆设备选型有了替代方法。

I.2 历史背景

人们历来认为不是所有的防爆型式都能提供相同的等级，以确保不出现可能的点燃。GB 3836.15安装标准对具体的危险区域规定了具体的防爆型式，其选型依据是统计学原理，即爆炸性环境出现的可能性或频次越大，其要求的安全程度就越高，以避免点燃源可能形成点燃危险。

危险场所(通常不包括煤矿)根据危险程度划分区域，危险程度的界定是根据爆炸性环境出现的或然率。通常情况下，它既不考虑爆炸潜在的因果关系，也不考虑其他因素，如物料毒性，而真正的危险评定是要考虑所有因素的。

不同区域选择设备历来都是以防爆型式为基础，在有些情况下，防爆型式又可按其使用的区域划分为不同的保护等级，例如，本质安全型分为“ia”和“ib”保护等级，浇封型“m”标准中包括两个保护等级“ma”和“mb”。

过去，设备选型标准在设备的防爆型式和其可使用的区域之间已经形成了固定的关系。如先前所述，在IEC的防爆标准体系中还从未考虑过爆炸潜在的因果关系，而这一因果关系又确实存在。

为了弥补这一缺失，设备操作人员又常常凭直觉来判定将危险区域扩大(或限定)，典型的例子是将“1区型”船用设备安装于海上石油平台的2区，这样，即使是在完全出现非预期的气体长时间释放的情况下船用设备依然能防爆。另一方面，如果形成爆炸性气体的量小，而爆炸对生命和财产产生的危害可降低，那么，对于偏远的、安全可靠的业主来说，以“2区型”电动机驱动的小型泵站甚至在1区使用，可能是合理的。

随着GB 3836.20“0区用设备的附加要求”第一版的发布，情况就变得愈加复杂。在此之前，Ex ia等级的设备被视为唯一可用于0区的设备。

大家已经公认，根据内在的点燃危险识别和标志所有产品是有益的，这会更易于设备选型，适用时，能更适合用这种危险评定方法。

I.3 总则

已经引入了设备合格的危险评定方法，代替现有的、设备与危险区域之间规定的相对固定的方法。为方便起见，引入了设备保护级别体系，无论使用何种防爆型式，已经指明了设备内在的点燃危险。

规定的设备保护级别如I.3.1~I.3.3。

I.3.1 煤矿瓦斯气体环境(Ⅰ类)

I.3.1.1 EPL Ma

安装在煤矿甲烷爆炸性环境中的设备，具有“很高”的保护级别，该等级具有足够的安全性，使设备在正常运行、出现预期故障或罕见故障，甚至在气体突然出现设备仍带电的情况下均不可能成为点燃源。

注：典型的通讯电路和气体探测器将制成符合 Ma 的要求，例如，Ex ia 等级的电话电路。

I.3.1.2 EPL Mb

安装在煤矿甲烷爆炸性环境中的设备，具有“高”的保护级别，该等级具有足够的安全性，使设备在正常运行中或在气体突然出现和设备断电之间的时间内出现预期故障条件下不可能成为点燃源。

注：典型的Ⅰ类设备将制成符合 Mb 的要求，例如，Ex d 型电动机和开关。

I.3.2 气体(Ⅱ类)

I.3.2.1 EPL Ga

爆炸性气体环境用设备，具有“很高”的保护级别，在正常运行、出现预期故障或罕见故障时不是点燃源。

I.3.2.2 EPL Gb

爆炸性气体环境用设备，具有“高”的保护级别，在正常运行或预期故障条件下不是点燃源。

注：多数标准的保护概念提出设备在这一保护级别。

I.3.2.3 EPL Gc

爆炸性气体环境用设备，具有“一般”的保护级别，在正常运行中不是点燃源，也可采取一些附加保护措施，保证在点燃源预期经常出现的情况下(例如，灯具的故障)不会形成有效点燃。

注：Ex n 型将是该保护级别的典型设备。

I.3.3 粉尘(Ⅲ类)

I.3.3.1 EPL Da

爆炸性粉尘环境用设备，具有“很高”的保护级别，在正常运行或预期故障或罕见故障条件下不是点燃源。

I.3.3.2 EPL Db

爆炸性粉尘环境用设备，具有“高”的保护级别，在正常运行或出现预期故障条件下不是点燃源。

I.3.3.3 EPL Dc

爆炸性粉尘环境用设备，具有“一般”的保护级别，在正常运行过程中不是点燃源，也可采取一些附加保护措施，保证在点燃源预期经常出现的情况下(例如，灯具的故障)不会形成有效点燃。

对于大多数情况，由于特有的潜在爆炸因果关系，预定下列情况适用于危险区域使用的设备。(对煤矿瓦斯环境不宜接适用，因为区的概念通常不适用于煤矿)见表 I.1。

表 I.1 EPL 与区的传统对应关系

(没有附加危险评定)

设备保护级别	区
Ga	0
Gb	1
Gc	2
Da	20
Db	21
Dc	22

I.4 提供的防点燃保护

根据制造商为保护级别设立的运行参数，不同的设备保护级别必须能够起作用，见表 I.2。

表 I.2 提供的防点燃危险描述

提供的保护	设备保护级别 类别	保护特性	运行条件
很高	Ma Ⅰ类	两个单独保护措施或即使两个故障彼此单独出现依然安全	当出现爆炸性环境时设备依然运行
很高	Ga Ⅱ类	两个单独保护措施或即使两个故障彼此单独出现依然安全	在 0 区、1 区和 2 区设备依然运行
很高	Da Ⅲ类	两个单独保护措施或即使两个故障彼此单独出现依然安全	在 20 区、21 区和 22 区设备依然运行
高	Mb Ⅰ类	适合正常操作和严酷运行条件	当出现爆炸性环境时设备断电
高	Gb Ⅱ类	适合正常运行和经常出现干扰或正常考虑故障的设备	在 1 区和 2 区设备依然运行
高	Db Ⅲ类	适合正常运行和经常出现干扰或正常考虑故障的设备	在 21 区和 22 区设备依然运行
一般	Gc Ⅱ类	适合正常运行	在 2 区设备依然运行
一般	Dc Ⅲ类	适合正常运行	在 22 区设备依然运行

I.5 执行

新版 GB/T 3836.15(包含原来可燃性粉尘环境的要求)将引入 EPL 概念，在设备选型中可使用“危险评定”法代替传统方法，涉及的危险场所分类标准中同样也要引入 EPL 的概念。

附加标志和现有防爆型式的相关内容正在被引入下列修订的标准中：

- GB 3836.1(包含可燃性粉尘环境用设备)

- GB 3836.2
- GB 3836.3
- GB 3836.4(将包含可燃性粉尘环境用设备)
- GB/T 3836.5(将包含可燃性粉尘环境用设备)
- GB 3836.6
- GB 3836.7
- GB 3836.8
- GR 3836.9(将包含可燃性粉尘环境用设备)
- GB 3836.20
- GB/T 3836.22
- GB/T 3836.23

对于爆炸性气体环境用防爆型式 EPL 要求附加标志，对于爆炸性粉尘环境，仍按现行 GB 12476.1—2013 的规定进行标志。

参考文献

[1] GB/T 2900.35—2008 电工术语 爆炸性环境用设备
[2] GB/T 16916.1 家用和类似用途的不带过电流保护的剩余电流动作断路器(RCCB) 第1部分:一般规则
[3] GB/T 18380 电缆和光缆在火焰条件下的燃烧试验(所有部分)
[4] GB/T 20161 变频器供电的笼型感应电动机应用导则
[5] GB/T 21209 变频器供电笼型感应电动机设计和性能导则

ICS 13.230
C 67

中华人民共和国国家标准

GB 15577—2018
代替 GB 15577—2007

粉尘防爆安全规程

Safety regulations for dust explosion prevention and protection

2018-11-19 发布 2019-06-01 实施

国家市场监督管理总局
中国国家标准化管理委员会 发布

前　言

本标准的全部技术内容为强制性。

本标准按照 GB/T 1.1—2009 给出的规则起草。

本标准代替 GB 15577—2007《粉尘防爆安全规程》，与 GB 15577—2007 相比，主要技术变化如下：

——增加了"爆炸性粉尘环境""清理""除尘系统"三个术语和定义(见 3.2，3.9 和 3.10)；

——修改了"降低初始爆炸引起的破坏"和"二次爆炸的预防"，合并为"粉尘爆炸的控制"(见第 7 章，2007 年版的第 7 章、第 8 章)；

——删除了"通风除尘"(见 2007 年版的 6.6)；

——增加了"除尘系统"(见第 8 章)；

——删除了"清洁"(见 2007 年版的 8.3)；

——增加了"粉尘控制与清理"(见第 9 章)；

——增加了"检修"(见第 10 章)；

——修改了"个体防护和救援"，变更为"个体防护"(见第 11 章，2007 年版的第 9 章)。

本标准由中华人民共和国应急管理部提出并归口。

本标准起草单位：中钢集团武汉安全环保研究院有限公司、东北大学、广东金方圆安全技术检测有限公司、国家防爆设备质量监督检验中心(广东)。

本标准主要起草人：王志、李刚、钟圣俊、孟宪卫、王新华、乐有邦、吴晓煜、张倩倩。

本标准所替代标准的历次版本发布情况：

——GB 15577—1996、GB 15577—2007。

粉尘防爆安全规程

1 范围

本标准规定了粉尘防爆安全总则、粉尘爆炸危险场所的建(构)筑物的结构与布局、防止粉尘云与粉尘层着火、粉尘爆炸的控制、除尘系统、粉尘控制与清理、设备设施检修和个体防护。

本标准适用于粉尘爆炸危险场所的工程及工艺设计、生产加工、存储、设备运行与维护。

本标准不适用于煤矿井下、烟花爆竹、火炸药和强氧化剂的粉尘场所。

2 规范性引用文件

下列文件对于本文件的应用是必不可少的。凡是注日期的引用文件，仅注日期的版本适用于本文件。凡是不注日期的引用文件，其最新版本(包括所有的修改单)适用于本文件。

GB/T 3836.15 爆炸性环境 第15部分：电气装置的设计、选型和安装

GB/T 11651 个体防护装备选用规范

GB 12158 防止静电事故通用导则

GB 12476.1 可燃性粉尘环境用电气设备 第1部分：通用要求

GB/T 15605 粉尘爆炸泄压指南

GB/T 16758 排风罩的分类及技术条件

GB/T 17919 粉尘爆炸危险场所用收尘器防爆导则

GB/T 18154 监控式抑爆装置技术要求

GB/T 24626 耐爆炸设备

GB/T 25445 抑制爆炸系统

GB 50016 建筑设计防火规范

GB 50057 建筑物防雷设计规范

GB 50058 爆炸危险环境电力装置设计规范

3 术语和定义

下列术语和定义适用于本文件。

3.1

可燃性粉尘 combustible dust

在大气条件下能与气态氧化剂(主要是空气)发生剧烈氧化反应的粉尘、纤维或飞絮。

3.2

爆炸性粉尘环境 explosive dust atmosphere

在大气条件下，可燃性粉尘与气态氧化剂(主要是空气)形成的混合物被点燃后，能够保持燃烧自行传播的环境。

3.3

粉尘爆炸危险场所 area subject to dust explosion hazards

存在可燃性粉尘和气态氧化剂(主要是空气)的场所。

3.4

惰化 inerting

向有粉尘爆炸危险的场所充入惰性物质，使粉尘/空气混合物失去爆炸性的技术。

3.5

抑爆 explosion suppression

爆炸初始阶段，通过物理化学作用扑灭火焰，使未爆炸的粉尘不再参与爆炸的控爆技术。

3.6

隔爆 explosion isolation

爆炸发生后，通过物理化学作用扑灭火焰，阻止爆炸传播，将爆炸阻隔在一定范围内的技术。

3.7

泄爆 venting of dust explosion

围包体内发生爆炸时，在爆炸压力达到围包体的极限强度之前，使爆炸产生的高温、高压燃烧产物和未燃物通过围包体上预先设置的薄弱部位向无危险方向泄出，使围包体不致被破坏的控爆技术。

3.8

二次爆炸 subsequent explosion

发生粉尘爆炸时，初始爆炸的冲击波将未发生爆炸的沉积粉尘再次扬起，形成粉尘云，并被引燃而发生的连续爆炸。

3.9

清理 cleaning

采用不会引起扬尘的方式清除作业场所及设备设施沉积粉尘的作业。

3.10

除尘系统 dust collection system

由吸尘罩、风管、除尘器、风机及控制装置组成的用于捕集气固两相流中固体颗粒物的系统。

4 总则

4.1 企业应辨识所存在的粉尘爆炸危险场所，确定可燃性粉尘爆炸危险性以及粉尘爆炸危险场所的数量、位置、危险区域等，分析存在的粉尘爆炸危险因素，评估粉尘爆炸风险，并制定能消除或有效控制粉尘爆炸风险的措施。

4.2 企业应建立粉尘防爆相关安全管理制度(包括除尘系统管理等)和岗位安全操作规程，安全操作规程应包含防范粉尘爆炸的安全作业和应急处置措施等内容。

4.3 企业应根据本标准并结合自身工艺、设备、粉尘爆炸特性、爆炸防护措施及安全管理制度等制定粉尘防爆安全检查表，并定期开展粉尘防爆安全检查。企业应每季度至少检查一次，车间(或工段)应每月至少检查一次。

4.4 企业应开展粉尘防爆安全教育及培训，普及粉尘防爆安全知识和有关法规、标准，使员工了解本企业粉尘爆炸危险场所的危险程度和防爆措施；企业主要负责人、安全管理人员和粉尘爆炸危险岗位的作业人员及设备设施检维修人员应进行专项粉尘防爆安全技术培训，并经考试合格，方准上岗。

4.5 企业应编制粉尘爆炸事故应急预案，并定期开展应急演练。

4.6 通风除尘、粉尘爆炸预防及控制等安全设备设施应确保持续有效，未经企业安全管理部门或安全负责人批准，不应更换或停止使用。

4.7 粉尘爆炸危险场所的出入口、生产区域及重点危险设备设施等部位，应设置显著的安全警示标识标志。

4.8　粉尘爆炸危险区域应根据爆炸性粉尘环境出现的频繁程度和持续时间划分为 20 区、21 区和 22 区，分区应符合下列规定：

——20 区应为爆炸性粉尘环境持续地或长期地或频繁地出现的区域；

——21 区应为在正常运行时，爆炸性粉尘环境可能偶尔出现或故障状态下出现的区域；

——22 区应为在正常运行时，爆炸性粉尘环境一般不可能出现的区域，即使出现，持续时间也是短暂的。

5　建(构)筑物的结构与布局

5.1　存在粉尘爆炸危险的工艺设备或存在粉尘爆炸危险场所的建(构)筑物，不应设置在公共场所和居民区内，其防火间距应符合 GB 50016 的相关规定。

存在粉尘爆炸危险场所的建筑物宜为框架结构的单层建筑，其屋顶宜用轻型结构。如为多层建应采用框架结构。

5.2　存在粉尘爆炸危险场所的建筑物应设置符合 GB 50016 等要求的泄爆面积。

5.3　对涉及粉尘爆炸危险的工程及工艺设计，当有专门的国家标准时，应符合标准规定；存在粉尘爆炸危险的工艺设备宜设置在露天场所；如厂房内有粉尘爆炸危险的工艺设备，宜设置在建筑物内较高的位置，并靠近外墙。

5.4　梁、支架、墙及设备等应具有便于清洁的表面结构。

5.5　粉尘爆炸危险场所(区域)应设有符合 GB 50016 相关规定的安全出口，其中至少有一个直通室外的安全出口。

5.6　粉尘爆炸危险场所应设有安全疏散通道，疏散通道的位置和宽度应符合 GB 50016 的相关规定；安全疏散通道应保持畅通，疏散路线应设置应急照明和明显的疏散指示标志。

5.7　粉尘爆炸危险场所应严格控制区域内作业人员数量，不得设有休息室、会议室等人员密集场所，与其他厂房、员工宿舍等应不小于 GB 50016 规定的防火安全距离。

6　防止粉尘云与粉尘层着火

6.1　防止粉料自燃

6.1.1　具有自燃性的热粉料，贮存前应冷却到正常贮存温度。

6.1.2　在通常贮存条件下，大量贮存具有自燃性的散装粉料时，应对粉料温度进行连续监测；当发现温度升高或气体析出时，应采取使粉料冷却的措施。

6.1.3　对遇湿自燃的金属粉尘，其收集、堆放与贮存时应采取防水防潮措施。

6.2　防止明火与热表面引燃

6.2.1　粉尘爆炸危险场所不应存在明火。当需要进行动火作业时，应遵守下列规定：

——由安全生产管理负责人批准并取得动火审批作业证；

——动火作业前，应清除动火作业场所 10m 范围内的可燃粉尘并配备充足的灭火器材；

——动火作业区段内涉粉作业设备应停止运行；

——动火作业的区段应与其他区段有效分开或隔断；

——动火作业后应全面检查设备内外部，确保无热熔焊渣遗留，防止粉尘阴燃；

——动火作业期间和作业完成后的冷却期间，不应有粉尘进入明火作业场所。

6.2.2　与粉尘直接接触的设备或装置(如电机外壳、传动轴、加热源等)，其表面最高允许温度应低于相应粉尘的最低着火温度；

6.2.3 粉尘爆炸危险场所设备和装置的传动机构应符合下列规定：

——工艺设备的轴承应密封防尘并定期维护；有过热可能时，应设置轴承温度连续监测装置；

——使用皮带传动时应设置打滑监测装置；当发生皮带打滑时，应自动停机或发出声光报警信号；

——金属粉末干磨设备应设置温度监测装置，当金属粉末温度超过规定值时应自动停机。

6.3 防止电弧和电火花

6.3.1 粉尘爆炸危险场所建(构)筑物应按 GB 50057 中有关规定采取相应防雷措施。

6.3.2 当存在静电引燃危险时，除应符合 GB 12158 相关要求外，还应遵守下列规定：

——所有金属设备、装置外壳、金属管道、支架、构件、部件等，应采用防静电直接接地措施；不便或 工艺不准许直接接地的，可通过导静电材料或制品间接接地；

——直接用于盛装起电粉料的器具、输送粉料的管道(带)等，应采用金属或防静电材料制成；

——金属管道连接处(如法兰)，应进行防静电跨接；

——操作人员应采取防静电措施。

6.3.3 粉尘爆炸危险场所用电气设备应符合 GB 12476.1，GB/T 3836.15 的相关规定；应防止由电气设备或线路产生的过热及火花，防止可燃性粉尘进入产生电火花或高温部件的外壳内。

6.3.4 粉尘爆炸危险场所电气设计、安装应按 GB 50058 的有关规定执行。

6.4 防止摩擦、碰撞火花

6.4.1 粉尘爆炸危险场所设备和装置应采取防止发生摩擦、碰撞的措施。

6.4.2 在工艺流程的进料处，应设置能除去混入料中杂物的磁铁、气动分离器或筛子等防止杂物进入的设备或设施。

6.4.3 应采取有效措施防止铝、镁、钛、锆等金属粉末或含有这些金属的粉末与锈钢摩擦产生火花。

6.4.4 使用旋转磨轮和旋转切盘进行研磨和切割，应采用与动火作业相同的安全措施。

6.4.5 粉尘输送管道中存在火花等点火源时，如与木质板材加工用砂光机连接的除尘风管、纺织梳棉（麻)设备除尘风管等，应设置火花探测与消除火花的装置。

6.5 惰化

6.5.1 在生产或处理易燃粉末的工艺设备中，采取防止点燃措施后仍不能保证安全时，宜采用惰化技术。

6.5.2 对采用惰化防爆的工艺设备应进行氧浓度监测。

6.6 灭火

6.6.1 灭火应符合消防相关规定要求。应根据粉尘的物理化学性质，正确选用灭火剂。

6.6.2 不应采用引起粉尘飞扬的灭火措施和方法。

6.6.3 对于金属粉尘和与水接触可能产生爆炸性气体的粉尘，不应采用水基灭火器和水灭火。

7 粉尘爆炸的控制

7.1 一般要求

7.1.1 粉尘爆炸危险场所工艺设备的连接，如不能保证动火作业安全，其连接应设计为能将各设备方便的分离和移动。

7.1.2 在紧急情况下，应能及时切断所有动力系统的电源。

7.1.3 存在粉尘爆炸危险的工艺设备，应采用泄爆、抑爆和隔爆、抗爆中的一种或多种控爆方式，但不能单独采取隔爆。

7.2 抗爆

7.2.1 生产和处理能导致爆炸的粉料时，若无抑爆装置，也无泄压措施，则所有的工艺设备应采用抗爆设计，且能够承受内部爆炸产生的超压而不破裂。

7.2.2 各工艺设备之间的连接部分(如管道、法兰等)，应与设备本身有相同的强度；高强度设备与低强度设备之间的连接部分，应安装隔爆装置。

7.2.3 耐爆炸压力和耐爆炸压力冲击设备应符合 GB/T 24626 的相关要求。

7.3 泄爆

7.3.1 工艺设备的强度不足以承受其实际工况下内部粉尘爆炸产生的超压时，应设置泄爆口，泄爆口应朝向安全的方向，泄爆口的尺寸应符合 GB/T 15605 的要求。

7.3.2 对安装在室内的粉尘爆炸危险工艺设备应通过泄压导管向室外安全方向泄爆，泄压导管应尽量短而直，泄压导管的截面积应不小于泄压口面积，其强度应不低于被保护设备容器的强度。

7.3.3 不能通过泄压导管向室外泄爆的室内容器设备，应安装无焰泄爆装置。

7.3.4 具有内联管道的工艺设备，设计指标应能承受至少 0.1MPa 的内部超压。

7.4 抑爆

7.4.1 存在粉尘爆炸危险的工艺设备，宜采用抑爆装置进行保护。

7.4.2 如采用监控式抑爆装置，应符合 GB/T 18154 的要求。

7.4.3 抑爆系统设计和应用应符合 GB/T 25445 的要求。

7.5 隔爆

7.5.1 通过管道相互连通的存在粉尘爆炸危险的设备设施，管道上宜设置隔爆装置。

7.5.2 存在粉尘爆炸危险的多层建构筑物楼梯之间，应设置隔爆门，隔爆门关闭方向应与爆炸传播方向一致。

8 除尘系统

8.1 一般要求

8.1.1 不同类别的可燃性粉尘不应合用同一除尘系统。

8.1.2 粉尘爆炸危险场所除尘系统不应与带有可燃气体、高温气体或其他工业气体的风管及设备连通。

8.1.3 应按工艺分片(分区域)设置相对独立的除尘系统。

8.1.4 不同防火分区的除尘系统不应连通。

8.1.5 除尘系统的导电部件应进行等电位连接，并可靠接地，接地电阻应小于 100Ω；管道连接法兰应 采用跨接线。

8.1.6 除尘系统的启动应先于生产加工系统启动，生产加工系统停机时除尘系统应至少延时停机 10min，应在停机后将箱体和灰斗内的粉尘全部清除和卸出。

8.1.7 铝镁等金属粉尘禁止采用正压吹送的除尘系统；其他可燃性粉尘除尘系统采用正压吹送时，

应采取可靠的防范点燃源的措施。

8.1.8 铝镁等金属制品加工过程产生可燃性金属粉尘场所宜采用湿法除尘。

8.2 吸尘罩

8.2.1 所有产尘点均应装设吸尘罩并保证有足够的入口风量以满足作业岗位粉尘捕集要求。

8.2.2 吸尘罩设计应符合 GB/T 16758 等相关规定。

8.3 风管

8.3.1 风管应明铺，不应布置在地下、半地下建筑物(室)中。

8.3.2 风管应采用钢质材料制造，禁止采用干式巷道式构筑物作为除尘风道；风管的设计强度应不小于除尘器的设计强度。

8.3.3 风管中不应有粉尘沉积。

8.3.4 水平风管每间隔 6m 处宜设置清灰口或设置高压惰性气体吹刷喷头；风管非清理状态时清灰口应封闭，其设计强度应大于风管的设计强度。

8.4 除尘器

8.4.1 除尘器的安装、使用及维护应符合 GB/T 17919 的相关规定。

8.4.2 禁止采用干式静电除尘器和重力沉降室除尘。

8.4.3 除尘器宜布置在厂房建筑物外部。如干式除尘器安装在厂房内，应安装在厂房内的建筑物外墙 处的单独房间内，房间的间隔墙应采用耐火极限不低于 3h 的防火隔墙，房间的建筑物外墙处应开有泄 爆口，泄爆面积应符合 GB 50016 的要求。

8.4.4 袋式除尘器进、出风口应设置风压差监测报警装置，并记录压差数据；在风压差偏离设定值时监测装置应发出声光报警信号。

8.4.5 袋式除尘器不应采用机械振打方式，滤袋应采用阻燃及防静电的滤料制作，滤袋抗静电特性应符合 GB/T 17919 的要求。

8.4.6 干式除尘器应设置锁气卸灰装置，及时清卸灰仓内的积灰。

8.4.7 干式除尘器灰斗内壁应光滑。

8.4.8 干式除尘器应符合 7.1.3 规定。如采用泄爆装置，泄爆口应朝向安全区域，泄爆面积和泄爆装置参数应符合 GB/T 15605 的要求；泄爆方向无法满足安全要求的，应采用无焰泄爆装置。

8.4.9 对安装在室外的干式除尘器，其进风管上宜设置隔爆阀，其安装应能阻隔爆炸向室内传播。

8.4.10 湿式除尘系统水量、流速应能满足去除进入除尘器粉尘的要求，并设置液位、流速的连续监测 报警装置；应及时清除沉淀的泥浆，并保证水槽(箱)及水质过滤池(箱)无论除尘器处于开启或者停止状态，都要有良好的通风。

8.4.11 湿式除尘系统应采取防冻措施。

9 粉尘控制与清理

9.1 企业对粉尘爆炸危险场所应制定包括清扫范围、清扫方式、清扫周期等内容的粉尘清理制度。

9.2 生产、加工、储运可燃性粉尘的工艺设备应有防止粉尘泄漏的措施，工艺设备的接头、检查口、挡板、泄爆口盖等均应封闭严密。

9.3 不能完全防止粉尘泄漏的特殊地点(如粉料进出工艺设备处)，应采取有效的除尘措施。

9.4 所有可能沉积粉尘的区域(包括粉料贮存间)及设备设施的所有部位应进行及时全面规范清扫。

9.5 应根据粉尘特性采用不产生扬尘的清扫方法，不应使用压缩空气进行吹扫，宜采用负压吸尘方式清洁。

9.6 遇湿自燃的金属粉尘，不应采用洒水增湿方式清扫，清扫收集的粉尘应按规定处理。

10 检修

10.1 粉尘爆炸危险场所应制定设备设施检修安全作业制度和应急处置措施。检修作业应进行审批。

10.2 应定期对粉尘爆炸危险场所中的设备传动装置(齿轮、滑轮、胶带运输机托辊、轴承等)、润滑系统以及除尘系统、电气设备等进行检修维护。

10.3 抑爆、泄爆、隔爆及火花探测器等安全装置应定期进行检验检查和维护。

10.4 检修前，应停止所有设备运转，清洁检修现场地面和设备表面沉积的粉尘。检修部位与非检修部位应保持隔离，检修区域内所有的泄爆口处应无任何障碍物。

10.5 检修作业应采用防止产生火花的防爆工具，禁止使用铁质检修作业工具。

10.6 检修过程如涉及动火作业，应符合 6.2.1 规定，并应设专人监护，配置足够的消防器材。

10.7 应按照设备检修维护规程和程序作业，粉尘爆炸危险场所禁止交叉作业。

10.8 不应任意变更或拆除防爆设施，如有变更，应重新进行检测核算，直至符合相关规定要求。

11 个体防护

11.1 粉尘爆炸危险场所作业人员应按 GB/T 11651 的有关规定，使用个体劳动防护用品。

11.2 在工艺流程中使用惰性气体或可能释放出有毒气体的场所，应配备可保证作业人员安全的呼吸保护装置。

11.3 粉尘爆炸危险场所作业人员不应穿化纤类易产生静电的工作服。

ICS 13.100
C 52

GBZ

中华人民共和国国家职业卫生标准

GBZ 1—2010
代替GBZ 1—2002

工业企业设计卫生标准

Hygienic standards for the design of industrial enterprises

2010-01-22 发布　　2010-08-01 实施

中华人民共和国卫生部 发布

目　次

前　言

根据《中华人民共和国职业病防治法》制定本标准。

本标准是在GBZ 1—2002《工业企业设计卫生标准》基础上修订的，本标准除个别语句明确表示为 参照条款外均为强制性条款。自本标准实施之日起，GBZ 1—2002废止。

本标准与GBZ 1—2002相比主要修改如下：

a）调整了标准的适用范围，新增加了对事业单位和其他经济组织建设项目的卫生设计及职业病危害评价、建设项目施工期持续数年或施工规模较大、因特殊原因需要的临时性工业企业设计，以及工业园区总体布局等的规定；

b）增加及更新了规范性引用文件；

c）增加了工业企业卫生设计常用术语及定义；

d）调整了部分章节编排顺序及逻辑关系；

e）增加了建设项目可行性论证阶段、初步设计阶段及竣工验收阶段的职业卫生要求以及职业卫生专篇编制、职业卫生管理组织机构和人员编制要求等内容；

f）增加了在无法避开自然疫源地，或毗邻气体输送管道，或工业污染区进行工业企业选址时的职业卫生要求；

g）增加了工作场所职业危害预防控制的卫生设计原则；

h）增加了工作场所防尘、防毒的具体卫生设计要求：

——增加了除尘、排毒和空气调节设计的卫生学要求；

——细化了事故排风的卫生学设计；

——增加了毒物自动报警和检测报警装置的设计要求；

——增加了系统式局部送风时工作地点的温度和平均风速的规定；

i）适当调整了防暑、防寒的卫生学设计要求：

——空气调节厂房内不同湿度下的温度要求；

——冬季工作地点的采暖温度和辅助用室的采暖温度；

j）调整了防非电离辐射的卫生学设计要求：

——增加了大型极低频电磁场发射源选址、极低频电磁场发射源和电力设备选择以及新建电力设施的卫生学要求；

——调整了工频电磁场设备安装地址与居住区等区域距离的卫生学要求；

——增加了居住区等区域磁通量密度最高容许接触水平；

——增加了高电磁辐射作业劳动定员设计的卫生要求；

k）增加了采光、照明设计的具体要求；

l）增加了应急救援设计的具体要求；

——应急救援机构急救人员的人数配备；

——气体防护站装备参考配置；

——急救箱配置参考清单；

m）删除了已在GBZ 2.2—2007中包含的职业接触限值：

——车间内工作地点的夏季空气温度规定；

——工作地点噪声声级的卫生限值；

——局部振动强度卫生限值；

——工作地点微波辐射强度卫生限值；

——高频辐射强度卫生限值；

——工频高压电作业场所的电场强度限值；

——工作地点脉冲噪声声级的卫生限值；

——劳动强度分级；

n）删除了原 GBZ 1—2002 的规范性附录-附录 B：体力劳动强度分级方法；

o）增加了工业企业卫生防护距离标准，见规范性附录-附录 B；

p）特殊行业如制药、生物、食品加工等行业在遵守本标准基础上，还应根据行业特点制定符合本标准的配套标准。

本标准的附录 A、B 为规范性附录。

本标准由卫生部职业卫生标准专业委员会提出。

本标准由中华人民共和国卫生部批准。

本标准主要起草单位：中国疾病预防控制中心职业卫生与中毒控制所、中国疾病预防控制中心环境与健康相关产品安全所、复旦大学公共卫生学院、北京大学公共卫生学院、首都经济贸易大学、北京市疾病预防控制中心、上海市疾病预防控制中心、辽宁省疾病预防控制中心、中华全国总工会、山东省职业卫生与职业病防治研究院、河南省职业病防治研究所、辽宁省职业病防治院、鞍山钢铁集团公司劳动卫生研究所、中国纺织勘察设计协会、中国化学工业协会、中国石油和化工勘察设计协会、全国电力行业劳动环境检测监督总站。

本标准主要起草人：李涛、张敏、吴维皑、杜燮祎、邵强、徐伯洪、梁友信、戴自祝、王生、郭建中、王忠旭、李文捷、赵容、吕琳、吴世达、刘茁、余善法、李刚、刘晓延、邵华、林菡、王恩业、刘承彬、樊晶光、赵桂芹、王丹、金晔鑫、陈青松、张永。

本标准所代替标准的历次版本发布情况为：

——标准-101-56，GBJ 1-62，TJ 36-79，GBZ 1—2002。

工业企业设计卫生标准

1 范围

本标准规定了工业企业选址与总体布局、工作场所、辅助用室以及应急救援的基本卫生学要求。

本标准适用于工业企业新建、改建、扩建和技术改造、技术引进项目(以下统称建设项目)的卫生设计及职业病危害评价。

事业单位和其他经济组织建设项目的卫生设计及职业病危害评价、建设项目施工期持续数年或施工规模较大、因各种特殊原因需要的临时性工业企业设计，以及工业园区的总体布局等可参照本标准执行。

2 规范性引用文件

下列文件中的条款通过本标准的引用而成为本标准的条款。凡是注日期的引用文件，其随后所有的修改单(不包括勘误的内容)或修订版均不适用于本标准，然而，鼓励根据本标准达成协议的各方研究是否可使用这些文件的最新版本。凡是不注日期的引用文件，其最新版本适用于本标准。

GBZ 2.1　工作场所有害因素职业接触限值　第1部分：化学有害因素

GBZ 2.2　工作场所有害因素职业接触限值　第2部分：物理因素

GBZ 158　工作场所职业病危害警示标识

GBZ/T 194　工作场所防止职业中毒卫生工程防护措施规范

GBZ/T 195　有机溶剂作业场所个人职业病防护用品使用规范

GBZ/T 223　工作场所有毒气体检测报警装置设置规范

GB 3095　环境空气质量标准

GB 16297　大气污染物综合排放标准

GB/T 16758　排风罩的分类及技术条件

GB 18083　以噪声污染为主的工业企业卫生防护距离标准

GB/T 18664　呼吸防护用品的选择、使用与维护

GB 18871　电离辐射防护与辐射源安全基本标准

GB 50019　采暖通风与空气调节设计规范

GB/T 50033　建筑采光设计标准

GB 50034　建筑照明设计标准

GB 50073　洁净厂房设计规范

GB 50187　工业企业总平面设计规范

GBJ 87　工业企业噪声控制设计规范

3 术语和定义

下列术语和定义适用于本标准。

3.1　卫生标准　health standards

为实施国家卫生法律法规和有关卫生政策，保护人体健康，在预防医学和临床医学研究与实践

的基础上，对涉及人体健康和医疗卫生服务事项制定的各类技术规定。

3.2 工作场所 workplace

劳动者进行职业活动、并由用人单位直接或间接控制的所有工作地点。

3.3 工作地点 work site

劳动者从事职业活动或进行生产管理而经常或定时停留的岗位或作业地点。

3.4 职业性有害因素 occupational hazards

又称职业病危害因素，在职业活动中产生和(或)存在的、可能对职业人群健康、安全和作业能力造成不良影响的因素或条件，包括化学、物理、生物等因素。

3.5 职业接触限值 occupational exposure limits，OELs

劳动者在职业活动过程中长期反复接触，对绝大多数接触者的健康不引起有害作用的容许接触水平，是职业性有害因素的接触限制量值。化学有害因素的职业接触限值包括时间加权平均容许浓度、短时间接触容许浓度和最高容许浓度三类。物理因素职业接触限值包括时间加权平均容许限值和最高容许限值。

3.6 自然疫源地 natural infectious focus

某些传染病的病原体在自然界的野生动物中长期存在并造成动物间流行的地区。

3.7 卫生防护距离 hygienic buffer zone

从产生职业性有害因素的生产单元(生产区、车间或工段)的边界至居住区边界的最小距离。即在正常生产条件下，无组织排放的有害气体(大气污染物)自生产单元边界到居住区的范围内，能够满足国家居住区容许浓度限值相关标准规定的所需的最小距离。

3.8 全年(夏季)最小频率风向 annual (summer) minimum frequency of wind direction

全年(或夏季)各风向中频率出现最少的风向。

3.9 夏季主导风向 summer prevailing wind direction

累年夏季各风向中最高频率的风向。

3.10 粉尘 dust

能够较长时间悬浮于空气中的固体微粒。

3.11 生产性粉尘 industrial dust

在生产过程中形成的粉尘。按粉尘的性质分为：无机粉尘(inorganic dust，含矿物性粉尘、金属性粉尘、人工合成的无机粉尘)；有机粉尘(organic dust，含动物性粉尘、植物性粉尘、人工合成有机粉尘)；混合性粉尘(mixed dust，混合存在的各类粉尘)。

3.12 毒物 toxicant[toxic substance(s)]

在一定条件下，较低剂量能引起机体功能性或器质性损伤的外源性化学物质。

3.13 生产性毒物 industrial toxicant(toxic substance)

生产过程中产生或存在于工作场所空气中的各种毒物。

3.14 高温作业 work (job) under heat stress

在高气温、或有强烈的热辐射、或伴有高气湿相结合的异常气象条件下，WBGT 指数超过规定限值的作业。

3.15 寒冷环境 cold environment

环境温度、湿度、风速等负荷联合作用于人体，引起人体更多散热，导致人体发生冷应激反应的环境状态。

3.16 低温作业 work (job) under cold stress

平均气温≤5℃的作业。

3.17 噪声 noise

一切有损听力、有害健康或有其他危害的声响。

3.18 生产性噪声 industrial noise

在生产过程中产生的噪声。按噪声的时间分布分为连续声(continuous noise)和间断声(intermittent noise);声级波动<3dB(A)的噪声为稳态噪声(steady noise),声级波动≥3dB(A)的噪声为非稳态噪声;持续时间≤0.5s,间隔时间>1s,声压有效值变化≥40dB(A)的噪声为脉冲噪声(impulsive noise)。

3.19 振动 vibration

一个质点或物体在外力作用下沿直线或弧线围绕平衡位置来回重复的运动。

3.20 手传振动 hand-transmitted vibration

又称手臂振动(hand-arm vibration)或局部振动(segmental vibration),指生产中使用振动工具或接触受振动工件时,直接作用或传递到人手臂的机械振动或冲击。

3.21 全身振动 whole-body vibration

人体足部或臀部接触并通过下肢或躯干传导到全身的振动。

3.22 电离辐射 ionizing radiation

能使受作用物质发生电离现象的辐射,即波长<100nm的电磁辐射。

3.23 非电离辐射 non-ionizing radiation

波长>100nm不足以引起生物体电离的电磁辐射。

3.24 辅助用室 work-related welfare facilities

为保障生产经营正常运行、劳动者生活和健康而设置的非生产用房。

3.25 工效学 ergonomics

以人为中心,研究人、机器设备和工作环境之间的相互关系,实现人在生产劳动及其他活动中的健康、安全、舒适和高效的一门学科。

4 总则

4.1 工业企业建设项目的设计应贯彻《中华人民共和国职业病防治法》,坚持“预防为主,防治结合”的卫生工作方针,落实职业病危害“前期预防”控制制度,保证工业企业建设项目的设计符合卫生要求。

4.2 工业企业建设项目的设计应优先采用有利于保护劳动者健康的新技术、新工艺、新材料、新设备,限制使用或者淘汰职业病危害严重的工艺、技术、材料;对于生产过程中尚不能完全消除的生产性粉尘、生产性毒物、生产性噪声以及高温等职业性有害因素,应采取综合控制措施,使工作场所职业性有害因素符合国家职业卫生标准要求,防止职业性有害因素对劳动者的健康损害。

4.3 承担工业企业卫生设计的设计人员应了解职业卫生相关法律、法规、标准以及职业病防治知识,掌握建设项目使用和存在的职业性有害因素、危害的分布、毒作用特点和有关的预防控制技术。

4.4 可能产生职业病危害的建设项目,其职业病危害防护设施应与主体工程同时设计,同时施工,同时投入生产使用。在可行性论证阶段编制的可行性论证报告应包括职业卫生相关内容,并进行职业病危害预评价;在设计阶段编制的初步设计应包括职业卫生专篇,职业病危害严重的建设项目还应编制职业病危害防护设施设计专篇。

4.5 应根据工业企业生产性质和规模、职业病危害程度(强度)及劳动者人数等,兼顾工效学原理设计职业卫生管理组织机构及人员编制。人员编制可参考附录A表A.1。

4.6 项目预算设计应包括职业病防治经费。

5 选址、总体布局与厂房设计

5.1 选址

5.1.1 工业企业选址应依据我国现行的卫生、安全生产和环境保护等法律法规、标准和拟建工业企业建设项目生产过程的卫生特征及其对环境的要求、职业性有害因素的危害状况，结合建设地点现状与当地政府的整体规划，以及水文、地质、气象等因素，进行综合分析而确定。

5.1.2 工业企业选址宜避开自然疫源地；对于因建设工程需要等原因不能避开的，应设计具体的疫情综合预防控制措施。

5.1.3 工业企业选址宜避开可能产生或存在危害健康的场所和设施，如垃圾填埋场、污水处理厂、气体输送管道，以及水、土壤可能已被原工业企业污染的地区；建设工程需要难以避开的，应首先进行卫生学评估，并根据评估结果采取必要的控制措施。设计单位应明确要求施工单位和建设单位制定施工期间和投产运行后突发公共卫生事件应急救援预案。

5.1.4 向大气排放有害物质的工业企业应设在当地夏季最小频率风向被保护对象的上风侧，并应符合国家规定的卫生防护距离要求(参照附录B)，以避免与周边地区产生相互影响。对于目前国家尚未规定卫生防护距离要求的，宜进行健康影响评估，并根据实际评估结果作出判定。

5.1.5 在同一工业区内布置不同卫生特征的工业企业时，宜避免不同有害因素产生交叉污染和联合作用。

5.2 总体布局

5.2.1 平面布置

5.2.1.1 工业企业厂区总平面布置应明确功能分区，可分为生产区、非生产区、辅助生产区。其工程用地应根据卫生要求，结合工业企业性质、规模、生产流程、交通运输、场地自然条件、技术经济条件等合理布局。

5.2.1.2 工业企业总平面布置，包括建(构)筑物现状、拟建建筑物位置、道路、卫生防护、绿化等应符合 GB 50187 等国家相关标准要求。

5.2.1.3 工业企业厂区总平面功能分区原则应遵循：分期建设项目宜一次整体规划，使各单体建筑均在其功能区内有序合理，避免分期建设时破坏原功能分区；行政办公用房应设置在非生产区；生产车间及与生产有关的辅助用室应布置在生产区内；产生有害物质的建筑(部位)与环境质量较高要求的有较高洁净要求的建筑(部位)应有适当的间距或分隔。

5.2.1.4 生产区宜选在大气污染物扩散条件好的地段，布置在当地全年最小频率风向的上风侧；产生并散发化学和生物等有害物质的车间，宜位于相邻车间当地全年最小频率风向的上风侧；非生产区布置在当地全年最小频率风向的下风侧；辅助生产区布置在两者之间。

5.2.1.5 工业企业的总平面布置，在满足主体工程需要的前提下，宜将可能产生严重职业性有害因素的设施远离产生一般职业性有害因素的其他设施，应将车间按有无危害、危害的类型及其危害浓度(强度)分开；在产生职业性有害因素的车间与其他车间及生活区之间宜设一定的卫生防护绿化带。

5.2.1.6 存在或可能产生职业病危害的生产车间、设备应按照 GBZ 158 设置职业病危害警示标识。

5.2.1.7 可能发生急性职业病危害的有毒、有害的生产车间的布置应设置与相应事故防范和应急救援相配套的设施及设备，并留有应急通道。

5.2.1.8 高温车间的纵轴宜与当地夏季主导风向相垂直。当受条件限制时，其夹角不得<45°。

5.2.1.9 高温热源应尽可能地布置在车间外当地夏季主导风向的下风侧；不能布置在车间外的高温热源应布置在天窗下方或靠近车间下风侧的外墙侧窗附近。

5.2.2 竖向布置

5.2.2.1 放散大量热量或有害气体的厂房宜采用单层建筑。当厂房是多层建筑物时，放散热和有害气体的生产过程宜布置在建筑物的高层。如必须布置在下层时，应采取有效措施防止污染上层工作环境。

5.2.2.2 噪声与振动较大的生产设备宜安装在单层厂房内。当设计需要将这些生产设备安置在多层厂房内时，宜将其安装在底层，并采取有效的隔声和减振措施。

5.2.2.3 含有挥发性气体、蒸气的各类管道不宜从仪表控制室和劳动者经常停留或通过的辅助用室的空中和地下通过；若需通过时，应严格密闭，并应具备抗压、耐腐蚀等性能，以防止有害气体或蒸气逸散至室内。

5.3 厂房设计

5.3.1 厂房建筑方位应能使室内有良好的自然通风和自然采光，相邻两建筑物的间距一般不宜小于二者中较高建筑物的高度。

5.3.2 以自然通风为主的厂房，车间天窗设计应满足卫生要求：阻力系数小，通风量大，便于开启，适应不同季节要求，天窗排气口的面积应略大于进风窗口及进风门的面积之和。热加工厂房应设置天窗挡风板，厂房侧窗下缘距地面不宜高于1.2m。

5.3.3 高温、热加工、有特殊要求和人员较多的建筑物应避免西晒。厂房侧窗上方宜设置遮阳、遮雨的固定板(棚)，避免阳光直射，方便雨天通风。

5.3.4 产生噪声、振动的厂房设计和设备布局应采取降噪和减振措施。

5.3.5 车间办公室宜靠近厂房布置，但不宜与处理危险、有毒物质的场所相邻。应满足采光、照明、通风、隔声等要求。

5.3.6 空调厂房及洁净厂房的设计按 GB 50073 等有关现行国家标准执行。

6 工作场所基本卫生要求

6.1 防尘、防毒

6.1.1 优先采用先进的生产工艺、技术和无毒(害)或低毒(害)的原材料，消除或减少尘、毒职业性有害因素；对于工艺、技术和原材料达不到要求的，应根据生产工艺和粉尘、毒物特性，参照 GBZ/T 194 的规定设计相应的防尘、防毒通风控制措施，使劳动者活动的工作场所有害物质浓度符合 GBZ 2.1 要求；如预期劳动者接触浓度不符合要求的，应根据实际接触情况，参考 GBZ/T 195、GB/T 18664 的要求同时设计有效的个人防护措施。

6.1.1.1 原材料选择应遵循无毒物质代替有毒物质，低毒物质代替高毒物质的原则。

6.1.1.2 对产生粉尘、毒物的生产过程和设备(含露天作业的工艺设备)，应优先采用机械化和自动化，避免直接人工操作。为防止物料跑、冒、滴、漏，其设备和管道应采取有效的密闭措施，密闭形式应根据工艺流程、设备特点、生产工艺、安全要求及便于操作、维修等因素确定，并应结合生产工艺采取通风和净化措施。对移动的扬尘和逸散毒物的作业，应与主体工程同时设计移动式轻便防尘和排毒设备。

6.1.1.3 对于逸散粉尘的生产过程，应对产尘设备采取密闭措施；设置适宜的局部排风除尘设施对尘源进行控制；生产工艺和粉尘性质可采取湿式作业的，应采取湿法抑尘。当湿式作业仍不能满足卫生要求时，应采用其他通风、除尘方式。

6.1.2 产生或可能存在毒物或酸碱等强腐蚀性物质的工作场所应设冲洗设施；高毒物质工作场所墙壁、顶棚和地面等内部结构和表面应采用耐腐蚀、不吸收、不吸附毒物的材料，必要时加设保护层；车间地面应平整防滑，易于冲洗清扫；可能产生积液的地面应做防渗透处理，并采用坡向排水系统，其废水纳入工业废水处理系统。

6.1.3 贮存酸、碱及高危液体物质贮罐区周围应设置泄险沟(堰)。

6.1.4 工作场所粉尘、毒物的发生源应布置在工作地点的自然通风或进风口的下风侧；放散不同有毒物质的生产过程所涉及的设施布置在同一建筑物内时，使用或产生高毒物质的工作场所应与其他工作场所隔离。

6.1.5 防尘和防毒设施应依据车间自然通风风向、扬尘和逸散毒物的性质、作业点的位置和数量及作业方式等进行设计。经常有人来往的通道(地道、通廊)，应有自然通风或机械通风，并不宜敷设有毒液体或有毒气体的管道。

6.1.5.1 通风、除尘、排毒设计应遵循相应的防尘、防毒技术规范和规程的要求。

a) 当数种溶剂(苯及其同系物、醇类或醋酸酯类)蒸气或数种刺激性气体同时放散于空气中时，应按各种气体分别稀释至规定的接触限值所需要的空气量的总和计算全面通风换气量。除上述有害气体及蒸气外，其他有害物质同时放散于空气中时，通风量仅按需要空气量最大的有害物质计算。

b) 通风系统的组成及其布置应合理，能满足防尘、防毒的要求。容易凝结蒸气和聚积粉尘的通风管道、几种物质混合能引起爆炸、燃烧或形成危害更大的物质的通风管道，应设单独通风系统，不得相互连通。

c) 采用热风采暖、空气调节和机械通风装置的车间，其进风口应设置在室外空气清洁区并低于排风口，对有防火防爆要求的通风系统，其进风口应设在不可能有火花溅落的安全地点，排风口应设在室外安全处。相邻工作场所的进气和排气装置，应合理布置，避免气流短路。

d) 进风口的风量，应按防止粉尘或有害气体逸散至室内的原则通过计算确定。有条件时，应在投入运行前以实测数据或经验数值进行实际调整。

e) 供给工作场所的空气一般直接送至工作地点。放散气体的排出应根据工作场所的具体条件及气体密度合理设置排出区域及排风量。

f) 确定密闭罩进风口的位置、结构和风速时，应使罩内负压均匀，防止粉尘外逸并不致把物料带走。

g) 下列三种情况不宜采用循环空气：

——空气中含有燃烧或爆炸危险的粉尘、纤维，含尘浓度大于或等于其爆炸下限的25%时；

——对于局部通风除尘、排毒系统，在排风经净化后，循环空气中粉尘、有害气体浓度大于或等于其职业接触限值的30%时；

——空气中含有病原体、恶臭物质及有害物质浓度可能突然增高的工作场所。

h) 局部机械排风系统各类型排气罩应参照GB/T 16758的要求，遵循形式适宜、位置正确、风量适中、强度足够、检修方便的设计原则，罩口风速或控制点风速应足以将发生源产生的尘、毒吸入罩内，确保达到高捕集效率。局部排风罩不能采用密闭形式时，应根据不同的工艺操作要求和技术经济条件选择适宜的伞形排风装置。

i) 输送含尘气体的风管宜垂直或倾斜敷设，倾斜敷设时，与水平面的夹角应>45°。如必须设置水平管道时，管道不应过长，并应在适当位置设置清扫孔，方便清除积尘，防止管道堵塞。

j) 按照粉尘类别不同，通风管道内应保证达到最低经济流速。为便于除尘系统的测试，设计时应在除尘器的进出口处设可开闭式的测试孔，测试孔的位置应选在气流稳定的直管段，测试孔在不测试时应可以关闭。在有爆炸性粉尘及有毒有害气体净化系统中，宜设置连续自动检测装置。

k) 为减少对厂区及周边地区人员的危害及环境污染，散发有毒有害气体的设备所排出的尾气以及由局部排气装置排出的浓度较高的有害气体应通过净化处理设备后排出；直接排入大气的，应根据排放气体的落地浓度确定引出高度，使工作场所劳动者接触的落点浓度符合GBZ 2.1的要求，还应符合GB 16297和GB 3095等相应环保标准的规定。

l) 含有剧毒、高毒物质或难闻气味物质的局部排风系统，或含有较高浓度的爆炸危险性物质的局部排风系统所排出的气体，应排至建筑物外空气动力阴影区和正压区之外。

6.1.5.2 在生产中可能突然逸出大量有害物质或易造成急性中毒或易燃易爆的化学物质的室内作业场所，应设置事故通风装置及与事故排风系统相连锁的泄漏报警装置。

a) 事故通风宜由经常使用的通风系统和事故通风系统共同保证，但在发生事故时，必须保证能提供足够的通风量。事故通风的风量宜根据工艺设计要求通过计算确定，但换气次数不宜<12次/h。

b) 事故通风通风机的控制开关应分别设置在室内、室外便于操作的地点。

c) 事故排风的进风口，应设在有害气体或有爆炸危险的物质放散量可能最大或聚集最多的地点。对事故排风的死角处，应采取导流措施。

d）事故排风装置排风口的设置应尽可能避免对人员的影响：

——事故排风装置的排风口应设在安全处，远离门、窗及进风口和人员经常停留或经常通行的地点；

——排风口不得朝向室外空气动力阴影区和正压区。

6.1.5.3 在放散有爆炸危险的可燃气体、粉尘或气溶胶等物质的工作场所，应设置防爆通风系统或事故排风系统。

6.1.6 应结合生产工艺和毒物特性，在有可能发生急性职业中毒的工作场所，根据自动报警装置技术发展水平设计自动报警或检测装置。

6.1.6.1 检测报警点应根据 GBZ/T XX 的要求，设在存在、生产或使用有毒气体的工作地点，包括可能释放高毒、剧毒气体的作业场所，可能大量释放或容易聚集的其他有毒气体的工作地点也应设置检测报警点。

6.1.6.2 应设置有毒气体检测报警仪的工作地点，宜采用固定式，当不具备设置固定式的条件时，应配置便携式检测报警仪。

6.1.6.3 毒物报警值应根据有毒气体毒性和现场实际情况至少设警报值和高报值。预报值为 MAC 或 PC—STEL 的 1/2，无 PC—STEL 的化学物质，预报值可设在相应超限倍数值的 1/2；警报值为 MAC 或 PC—STEL 值，无 PC—STEL 的化学物质，警报值可设在相应的超限倍数值；高报值应综合考虑有毒气体毒性、作业人员情况、事故后果、工艺设备等各种因素后设定。

6.1.7 可能存在或产生有毒物质的工作场所应根据有毒物质的理化特性和危害特点配备现场急救用品，设置冲洗喷淋设备、应急撤离通道、必要的泄险区以及风向标。泄险区应低位设置且有防透水层，泄漏物质和冲洗水应集中纳入工业废水处理系统。

6.2 防暑、防寒

6.2.1 防暑

6.2.1.1 应优先采用先进的生产工艺、技术和原材料，工艺流程的设计宜使操作人员远离热源，同时根据其具体条件采取必要的隔热、通风、降温等措施，消除高温职业危害。

6.2.1.2 对于工艺、技术和原材料达不到要求的，应根据生产工艺、技术、原材料特性以及自然条件，通过采取工程控制措施和必要的组织措施，如减少生产过程中的热和水蒸气释放，屏蔽热辐射源，加强通风，减少劳动时间，改善作业方式等，使室内和露天作业地点 WBGT 指数符合 GBZ 2.2 的要求。对于劳动者室内和露天作业 WBGT 指数不符合标准要求的，应根据实际接触情况采取有效的个人防护措施。

6.2.1.3 应根据夏季主导风向设计高温作业厂房的朝向，使厂房能形成穿堂风或能增加自然通风的风压。高温作业厂房平面布置呈“L”型、“Ⅱ”型或“Ⅲ”型的，其开口部分宜位于夏季主导风向的迎风面。

6.2.1.4 高温作业厂房宜设有避风的天窗，天窗和侧窗宜便于开关和清扫。

6.2.1.5 夏季自然通风用的进气窗的下端距地面不宜>1.2m 以便空气直接吹向工作地点；冬季需要自然通风时，应对通风设计方案进行技术经济比较，并根据热平衡的原则合理确定热风补偿系统容量，进气窗下端一般不宜<4m；若<4m 时，宜采取防止冷风吹向工作地点的有效措施。

6.2.1.6 以自然通风为主的高温作业厂房应有足够的进、排风面积。产生大量热、湿气、有害气体的单层厂房的附属建筑物占用该厂房外墙的长度不得超过外墙全长的 30%，且不宜设在厂房的迎风面。

6.2.1.7 产生大量热或逸出有害物质的车间，在平面布置上应以其最长边作为外墙。若四周均为内墙时，应采取向室内送入清洁空气的措施。

6.2.1.8 热源应尽量布置在车间外面；采用热压为主的自然通风时．热源应尽量布置在天窗的下方；采用穿堂风为主的自然通风时，热源应尽量布置在夏季主导风向的下风侧；热源布置应便于采用各种有效的隔热及降温措施。

6.2.1.9 车间内发热设备设置应按车间气流具体情况确定，一般宜在操作岗位夏季主导风向的下风侧、车间天窗下方的部位。

6.2.1.10 高温、强热辐射作业，应根据工艺、供水和室内微小气候等条件采用有效的隔热措施，如水幕、隔热水箱或隔热屏等。工作人员经常停留或靠近的高温地面或高温壁板，其表面平均温度不应>40℃，瞬间最高温度也不宜>60℃。

6.2.1.11 当高温作业时间较长，工作地点的热环境参数达不到卫生要求时，应采取降温措施。

a）采用局部送风降温措施时，气流达到工作地点的风速控制设计应符合以下要求：

——带有水雾的气流风速为3m/s~5m/s，雾滴直径应<100μm；

——不带水雾的气流风速，劳动强度Ⅰ级的应控制在2m/s~3m/s，Ⅱ级的控制在3m/s~5m/s，Ⅲ级的控制在4m/s~6m/s。

b）设置系统式局部送风时，工作地点的温度和平均风速应符合表1的规定。

表1 工作地点的温度和平均风速

热辐射强度（W/m^2）	冬季		夏季	
	温度（℃）	风速（m/s）	温度（℃）	风速（m/s）
350~700	20~25	1~2	26~31	1.5~3
701~1400	20~25	1~3	26~30	2~4
1401~2100	18~22	2~3	25~29	3~5
2101~2800	18~22	3~4	24~28	4~6

注1：轻度强度作业时，温度宜采用表中较高值，风速宜采用较低值；重强度作业时，温度宜采用较低值，风速宜采用较高值；中度强度作业时其数据可按插入法确定。

注2：对于夏热冬冷（或冬暖）地区，表中夏季工作地点的温度，可提高2℃。

注3：当局部送风系统的空气需要冷却或加热处理时，其室外计算参数，夏季应采用通风室外计算温度及相对湿度；冬季应采用采暖室外计算温度。

6.2.1.12 工艺上以湿度为主要要求的空气调节车间，除工艺有特殊要求或已有规定者外，不同湿度条件下的空气温度应符合表2的规定。

表2 空气调节厂房内不同湿度下的温度要求（上限值）

相对湿度（%）	<55	<65	<75	<85	≥85
温度（℃）	30	29	28	27	26

6.2.1.13 高温作业车间应设有工间休息室。休息室应远离热源，采取通风、降温、隔热等措施，使温度≤30℃；设有空气调节的休息室室内气温应保持在24℃~28℃。对于可以脱离高温作业点的，可设观察（休息）室。

6.2.1.14 特殊高温作业，如高温车间桥式起重机驾驶室、车间内的监控室、操作室、炼焦车间拦焦车驾驶室等应有良好的隔热措施，热辐射强度应<700W/m^2，室内气温不应>28℃。

6.2.1.15 当作业地点日最高气温≥35℃时，应采取局部降温和综合防暑措施，并应减少高温作业时间。

6.2.2 防寒

6.2.2.1 凡近十年每年最冷月平均气温≤8℃的月数≥3个月的地区应设集中采暖设施，<2个月的地区应设局部采暖设施。当工作地点不固定，需要持续低温作业时，应在工作场所附近设置取暖室。

6.2.2.2 冬季寒冷环境工作地点采暖温度应符合表3要求。

表 3　冬季工作地点的采暖温度(干球温度)

体力劳动强度级别	采暖温度(℃)
Ⅰ	≥18
Ⅱ	≥16
Ⅲ	≥14
Ⅳ	≥12

注 1：体力劳动强度分级见 GBZ 2.2，其中Ⅰ级代表轻劳动，Ⅱ级代表中等劳动，Ⅲ级代表重劳动，Ⅳ级代表极重劳动。

注 2：当作业地点劳动者人均占用较大面积($50m^2$～$100m^2$)、劳动强度Ⅰ级时，其冬季工作地点采暖温度可低至 10℃，Ⅱ级时可低至 7℃，Ⅲ级时可低至 5℃。

注 3：当室内散热量<$23W/m^3$ 时，风速不宜>0.3m/s；当室内散热量≥$23W/m^3$时，风速不宜>0.5m/s。

6.2.2.3　采暖地区的生产辅助用室冬季室温宜符合表 4 中的规定。

表 4　生产辅助用室的冬季温度

辅助用室名称	气温(℃)
办公室、休息室、就餐场所	≥18
浴室、更衣室、妇女卫生室	≥25
厕所、盥洗室	≥14

注：工业企业辅助建筑，风速不宜>0.3m/s。

6.2.2.4　工业建筑采暖的设置、采暖方式的选择应按照 GB 50019，根据建筑物规模、所在地区气象条件、能源状况、能源及环保政策等要求，采用技术可行、经济合理的原则确定。

6.2.2.5　冬季采暖室外计算温度≤-20℃的地区，为防止车间大门长时间或频繁开放而受冷空气的侵袭，应根据具体情况设置门斗、外室或热空气幕。

6.2.2.6　设计热风采暖时，应防止强烈气流直接对人产生不良影响，送风的最高温度不得超过 70℃，送风宜避免直接面向人，室内气流一般应为 0.1m/s～0.3m/s。

6.2.2.7　产生较多或大量湿气的车间，应设计必要的除湿排水防潮设施。

6.2.2.8　车间围护结构应防止雨水渗透，冬季需要采暖的车间，围护结构内表面(不包括门窗)应防止凝结水汽，特殊潮湿车间工艺上允许在墙上凝结水汽的除外。

6.3　防噪声与振动

6.3.1　防噪声

6.3.1.1　工业企业噪声控制应按 GBJ 87 设计，对生产工艺、操作维修、降噪效果进行综合分析，采用行之有效的新技术、新材料、新工艺、新方法。对于生产过程和设备产生的噪声，应首先从声源上进行控制，使噪声作业劳动者接触噪声声级符合 GBZ 2.2 的要求。采用工程控制技术措施仍达不到 GBZ 2.2 要求的，应根据实际情况合理设计劳动作息时间，并采取适宜的个人防护措施。

6.3.1.2　产生噪声的车间与非噪声作业车间、高噪声车间与低噪声车间应分开布置。

6.3.1.3　工业企业设计中的设备选择，宜选用噪声较低的设备。

6.3.1.4　在满足工艺流程要求的前提下，宜将高噪声设备相对集中，并采取相应的隔声、吸声、消声、减振等控制措施。

6.3.1.5　为减少噪声的传播，宜设置隔声室。隔声室的天棚、墙体、门窗均应符合隔声、吸声的要求。

6.3.1.6　产生噪声的车间，应在控制噪声发生源的基础上，对厂房的建筑设计采取减轻噪声影响的措施，注意增加隔声、吸声措施。

6.3.1.7 非噪声工作地点的噪声声级的设计要求应符合表5的规定设计要求：

表5 非噪声工作地点噪声声级设计要求

地点名称	噪声声级 dB(A)	工效限值 dB(A)
噪声车间观察(值班)室	≤75	≤55
非噪声车间办公室、会议室	≤60	
主控室、精密加工室	≤70	

6.3.2 防振动

6.3.2.1 采用新技术、新工艺、新方法避免振动对健康的影响，应首先控制振动源，使手传振动接振强度符合 GBZ 2.2 的要求，全身振动强度不超过表6规定的卫生限值。采用工程控制技术措施仍达不到要求的，应根据实际情况合理设计劳动作息时间，并采取适宜的个人防护措施。

表6 全身振动强度卫生限值

工作日接触时间(t，h)	卫生限值(m/s^2)	工作日接触时间(t，h)	卫生限值(m/s^2)
$4<t\leq 8$	0.62	$0.5<t\leq 1.0$	2.40
$2.5<t\leq 4$	1.10	$t\leq 0.5$	3.60
$1.0<t\leq 2.5$	1.40		

6.3.2.2 工业企业设计中振动设备的选择，宜选用振动较小的设备。

6.3.2.3 产生振动的车间，应在控制振动发生源的基础上，对厂房的建筑设计采取减轻振动影响的措施。对产生强烈振动的车间应采取相应的减振措施，对振幅、功率大的设备应设计减振基础。

6.3.2.4 受振动(1Hz~80Hz)影响的辅助用室(如办公室、会议室、计算机房、电话室、精密仪器室等)，其垂直或水平振动强度不应超过表7中规定的设计要求。

表7 辅助用室垂直或水平振动强度卫生限值

接触时间(t，h)	卫生限值(m/s^2)	工效限值(m/s^2)
$4<t\leq 8$	0.31	0.098
$2.5<t\leq 4$	0.53	0.17
$1.0<t\leq 2.5$	0.71	0.23
$0.5<t\leq 1.0$	1.12	0.37
$t\leq 2.5$	1.8	0.57

6.4 防非电离辐射与电离辐射

6.4.1 产生工频电磁场的设备安装地址(位置)的选择应与居住区、学校、医院、幼儿园等保持一定的距离，使上述区域电场强度最高容许接触水平控制在4kV/m以下。

6.4.2 对有可能危及电力设施安全的建筑物、构筑物进行设计时，应遵循国家有关法律、法规要求。

6.4.3 在选择极低频电磁场发射源和电力设备时，应综合考虑安全性、可靠性以及经济社会效益；新建电力设施时，应在不影响健康、社会效益以及技术经济可行的前提下，采取合理、有效的措施以降低极低频电磁场的接触水平。

6.4.4 对于在生产过程中有可能产生非电离辐射的设备，应制定非电离辐射防护规划，采取有效的屏蔽、接地、吸收等工程技术措施及自动化或半自动化远距离操作，如预期不能屏蔽的应设计反射性隔离或吸收性隔离措施，使劳动者非电离辐射作业的接触水平符合 GBZ 2.2 的要求。

6.4.5　设计劳动定员时应考虑电磁辐射环境对装有心脏起搏器病人等特殊人群的健康影响。

6.4.6　电离辐射防护应按 GB 18871 及相关国家标准执行。

6.5　采光和照明

6.5.1　工作场所采光设计按 GB/T 50033 执行。

6.5.2　工作场所照明设计按 GB 50034 执行。

6.5.3　照明设计宜避免眩光，充分利用自然光，选择适合目视工作的背景，光源位置选择宜避免产生阴影。

6.5.3.1　照明设计宜采取相应措施减少来自窗户眩光，如工作台方向设计宜使劳动者侧对或背对窗户，采用百叶窗、窗帘、遮盖布或树木，或半透明窗户等。

6.5.3.2　应减少裸光照射或使用深颜色灯罩，以完全遮蔽眩光或确保眩光在视野之外，避免来自灯泡眩光的影响。

6.5.3.3　应采取避免间接眩光(反射眩光)的措施，如合理设置光源位置，降低光源亮度，调整工作场所背景颜色。

6.5.3.4　在流水线从事关键技术工作岗位间的隔板不应影响光线或照明。

6.5.3.5　应使设备和照明配套，避免孤立的亮光光区，提高能见度及适宜光线方向。

6.5.4　应根据工作场所的环境条件，选用适宜的符合现行节能标准的灯具。

6.5.4.1　在潮湿的工作场所，宜采用防水灯具或带防水灯头的开敞式灯具。

6.5.4.2　在有腐蚀性气体或蒸气的工作场所，宜采用防腐蚀密闭式灯具。若采用开敞式灯具，各部分应有防腐蚀或防水措施。

6.5.4.3　在高温工作场所，宜采用散热性能好、耐高温的灯具。

6.5.4.4　在粉尘工作场所，应按粉尘性质和生产特点选择防水、防高温、防尘、防爆炸的适宜灯具。

6.5.4.5　在装有锻锤、大型桥式吊车等振动、摆动较大的工作场所使用的灯具，应有防振和防脱落措施。

6.5.4.6　在需防止紫外线照射的工作场所，应采用隔紫灯具或无紫光源。

6.5.4.7　在含有可燃易爆气体及粉尘的工作场所，应采用防爆灯具和防爆开关。

6.6　工作场所微小气候

6.6.1　工作场所的新风应来自室外，新风口应设置在空气清洁区，新风量应满足下列要求：非空调工作场所人均占用容积<20m^{3}的车间，应保证人均新风量≥30m^3/h；如所占容积>20m^3 时，应保证人均新风量≥20m^3/h。采用空气调节的车间，应保证人均新风量≥30m^3/h。洁净室的人均新风量应≥40m^3/h。

6.6.2　封闭式车间人均新风量宜设计为 30m^3/h~50m^3/h。微小气候的设计宜符合表 8 的要求。

表 8　封闭式车间微小气候设计要求

参数	冬季	夏季
温度(℃)	20~24	25~28
风速(m/s)	≤0.2	≤0.3
相对湿度(%)	30~60	40~60
注：过渡季节微小气候计算参数取冬季、夏季差值。		

7　辅助用室基本卫生要求

7.1　一般规定

7.1.1　应根据工业企业生产特点、实际需要和使用方便的原则设置辅助用室，包括车间卫生用室(浴室、更/存衣室、盥洗室以及在特殊作业、工种或岗位设置的洗衣室)、生活室(休息室、就餐场所、厕所)、妇女卫生室，并应符合相应的卫生标准要求。

7.1.2　辅助用室应避开有害物质、病原体、高温等职业性有害因素的影响。建筑物内部构造应易于清扫，卫生设备便于使用。

7.1.3　浴室、盥洗室、厕所的设计，一般按劳动者最多的班组人数进行设计。存衣室设计计算人数应按车间劳动者实际总数计算。

7.1.4　工业园区内企业共用辅助用室的，应统筹考虑园区内各企业的特点。

7.2　车间卫生用室

7.2.1　应根据车间的卫生特征设置浴室、更/存衣室、盥洗室，其卫生特征分级见表9。

表9　车间卫生特征分级

<table>
<tr><th>卫生特征</th><th>1级</th><th>2级</th><th>3级</th><th>4级</th></tr>
<tr><td>有毒物质</td><td>易经皮肤吸收引起中毒的剧毒物质(如有机磷农药、三硝基甲苯、四乙基铅等)</td><td>易经皮肤吸收或有恶臭的物质，或高毒物质(如丙烯腈、吡啶、苯酚等)</td><td>其他毒物</td><td rowspan="3">不接触有害物质或粉尘，不污染或轻度污染身体(如仪表、金属冷加工、机械加工等)</td></tr>
<tr><td>粉尘</td><td></td><td>严重污染全身或对皮肤有刺激的粉尘(如碳黑、玻璃棉等)</td><td>一般粉尘(棉尘)</td></tr>
<tr><td>其他</td><td>处理传染性材料、动物原料(如皮毛等)</td><td>高温作业、井下作业</td><td>体力劳动强度Ⅲ级或Ⅳ级</td></tr>
<tr><td colspan="5">注：虽易经皮肤吸收，但易挥发的有毒物质(如苯等)可按3级确定。</td></tr>
</table>

7.2.2　**浴室**

7.2.2.1　车间卫生特征1级、2级的车间应设浴室；3级的车间宜在车间附近或厂区设置集中浴室；4级的车间可在厂区或居住区设置集中浴室。浴室可由更衣间、洗浴间和管理间组成。

7.2.2.2　浴室内一般按4个~6个淋浴器设一具盥洗器。淋浴器的数量，可根据设计计算人数按表10计算。

表10　每个淋浴器设计使用人数(上限值)

车间卫生特征	1级	2级	3级	4级
人数	3	6	9	12
注：需每天洗浴的炎热地区，每个淋浴器使用人数可适当减少。				

7.2.2.3　女浴室和卫生特征1级、2级的车间浴室不得设浴池。

7.2.2.4　体力劳动强度Ⅲ级或Ⅳ级者可设部分浴池，浴池面积一般可按1个淋浴器相当于$2m^2$面积进行换算，但浴池面积不宜<$5m^2$。

7.2.3　**更/存衣室**

7.2.3.1　车间卫生特征1级的更/存衣室应分便服室和工作服室。工作服室应有良好的通风。

7.2.3.2　车间卫生特征2级的更/存衣室，便服室、工作服室可按照同室分柜存放的原则设计，以避免工作服污染便服。

7.2.3.3　车间卫生特征3级的更/存衣室，便服室、工作服室可按照同柜分层存放的原则设计。更衣室与休息室可合并设置。

7.2.3.4　车间卫生特征4级的更/存衣柜可设在休息室内或车间内适当地点。

7.2.4　**盥洗设施**

7.2.4.1　车间内应设盥洗室或盥洗设备。接触油污的车间，应供给热水。盥洗水龙头的数量应根据设计计算人数按表 11 计算。

表 11 盥洗水龙头设计数量

车间卫生特征级别	每个水龙头的使用人数(人)
1、2	20~30
3、4	31~40

7.2.4.2 盥洗设施宜分区集中设置。厂房内的盥洗室应做好地面排水，厂房外的盥洗设施还宜设置雨篷并应防冻。

7.2.5 应根据职业接触特征，对易沾染病原体或易经皮肤吸收的剧毒或高毒物质的特殊工种和污染严重的工作场所设置洗消室、消毒室及专用洗衣房等。

7.2.6 低温高湿的重负荷作业如冷库和地下作业等，应设工作服干燥室。

7.3 生活用室

7.3.1 生活用室的配置应与产生有害物质或有特殊要求的车间隔开，应尽量布置在生产劳动者相对集中、自然采光和通风良好的地方。

7.3.2 应根据生产特点和实际需要设置休息室或休息区。休息室内应设置清洁饮水设施。女工较多的企业，应在车间附近清洁安静处设置孕妇休息室或休息区。

7.3.3 就餐场所的位置不宜距车间过远，但不能与存在职业性有害因素的工作场所相邻设置，并应根据就餐人数设置足够数量的洗手设施。就餐场所及所提供的食品应符合相关的卫生要求。

7.3.4 厕所不宜距工作地点过远，并应有排臭、防蝇措施。车间内的厕所，一般应为水冲式，同时应设洗手池、洗污池。寒冷地区宜设在室内。除有特殊需要，厕所的蹲位数应按使用人数设计。

7.3.4.1 男厕所：劳动定员男职工人数<100 人的工作场所可按 25 人设 1 个蹲位；>100 人的工作场所每增 50 人增设 1 个蹲位。小便器的数量与蹲位的数量相同。

7.3.4.2 女厕所：劳动定员女职工人数<100 人的工作场所可按 15 人设 1 个~2 个蹲位；>100 人的工作场所，每增 30 人，增设 1 个蹲位。

7.4 妇女卫生室

7.4.1 人数最多班组女工>100 人的工业企业，应设妇女卫生室。

7.4.2 妇女卫生室由等候间和处理间组成。等候间应设洗手设备及洗涤池。处理间内应设温水箱及冲洗器。冲洗器的数量应根据设计计算人数确定。人数最多班组女工人数为 100 人~200 人时，应设 1 具冲洗器，>200 人时，每增加 200 人增设 1 个。

7.4.3 人数最多班组女工人数为 40 人~100 人的工业企业，可设置简易的温水箱及冲洗器。

8 应急救援

8.1 生产或使用有毒物质的、有可能发生急性职业病危害的工业企业的劳动定员设计应包括应急救援组织机构(站)编制和人员定员。

8.1.1 应急救援机构(站)可设在厂区内的医务所或卫生所内，设在厂区外的应考虑应急救援机构(站)与工业企业的距离及最佳响应时间。

8.1.2 应急救援组织机构急救人员的人数宜根据工作场所的规模、职业性有害因素的特点、劳动者人数，按照 0.1%~5%的比例配备，并对急救人员进行相关知识和技能的培训。有条件的企业，每个工作班宜至少安排 1 名急救人员。

8.2 生产或使用剧毒或高毒物质的高风险工业企业应设置紧急救援站或有毒气体防护站。

8.2.1 紧急救援站或有毒气体防护站使用面积可参考附录 A 表 A.2。

8.2.2 有毒气体防护站的装备应根据职业病危害性质、企业规模和实际需要确定，并可参考附录 A

表 A.3 配置。

8.2.3　应根据车间(岗位)毒害情况配备防毒器具，设置防毒器具存放柜。防毒器具在专用存放柜内铅封存放，设置明显标识，并定期维护与检查，确保应急使用需要。

8.2.4　站内采暖、通风、空调、给水排水、电器、照明等配套设备应按相应国家标准、规范配置。

8.3　有可能发生化学性灼伤及经皮肤黏膜吸收引起急性中毒的工作地点或车间，应根据可能产生或存在的职业性有害因素及其危害特点，在工作地点就近设置现场应急处理设施。急救设施应包括：不断水的冲淋、洗眼设施；气体防护柜；个人防护用品；急救包或急救箱以及急救药品；转运病人的担架和装置；急救处理的设施以及应急救援通讯设备等。

8.3.1　应急救援设施应有清晰的标识，并按照相关规定定期保养维护以确保其正常运行。

8.3.2　冲淋、洗眼设施应靠近可能发生相应事故的工作地点。

8.3.3　急救箱应当设置在便于劳动者取用的地点，配备内容可根据实际需要参照附录 A 表 A.4 确定，并由专人负责定期检查和更新。

8.4　工业园区内设置的应急救援机构(站)应统筹考虑园区内各企业的特点，满足各企业应急救援的需要。

8.5　对于生产或使用有毒物质的、且有可能发生急性职业病危害的工业企业的卫生设计应制定应对突发职业中毒的应急救援预案。

附　录　A
（规范性附录）
正确使用说明

A.1　工业企业建设项目卫生设计的目的是贯彻《中华人民共和国职业病防治法》》坚持“预防为主，防治结合”的卫生工作方针，落实职业病危害源头控制的“前期预防”制度，保证工业企业建设项目的设计符合卫生要求。

A.2　本标准规定的适用范围涵盖了职业病防治法规定的所有用人单位，既包括企业，也包括事业单位和个体经济组织。施工期持续数年或施工规模较大，存在多种职业病危害及危害较大的建设项目或因施工等特殊需要的临时性工业企业设计，或工业园区的总体布局等可参照本标准执行。

A.3　工业企业建设项目卫生设计应遵循职业病危害的预防控制对策。职业病危害的预防控制对策包括对职业病危害发生源、传播途径、接触者三个方面的控制。发生源的控制原则及优先措施是：替代、改变工艺、密闭、隔离、湿式作业、局部通风及维护管理；传播途径的控制对策及优先措施是：清理、全面通风、密闭、自动化远距离操作、监测及维护管理；接触者的控制原则及优先措施是：培训教育、劳动组织管理、个体医学监护、配备个人防护用品以及维护管理等。

A.4　工业企业卫生设计人员应通过各种方式学习、熟悉职业卫生相关法律、法规、标准，了解职业病防治知识，根据职业病危害评价结果进行工业企业的卫生设计。

A.5　对本标准条文执行严格程度的用词，采用以下写法：

A.5.1　表示很严格，非这样做不可的用词：正面词一般采用“应”，反面词一般采用“不应”或“不得”。

A.5.2　表示一般情况下均应这样做，但硬性规定这样做有困难的用词：采用“应尽量”或“尽可能”。

A.5.3　表示允许有选择，在一定条件下，可以这样做的，采用“可”。

A.5.4　表示允许稍有选择。在条件许可时，首先应这样做的用词：正面词一般采用“宜”或“一般”反面词一般采用“不宜”。

A.5.5　条文中必须按指定的标准、规范或其他有关规定执行的写法为“按……执行”或“符合……要求”，非必须按所指定的标准、规范或其他规定执行的写法为“参照……”。

A.6　职业卫生管理组织机构和职业卫生管理人员设置或配备原则可参考表 A.1。

表 A.1　职业卫生管理组织机构和职业卫生管理人员设置或配备参考原则

职业病危害分类	劳动者人数	职业卫生管理组织机构及管理人员
严重	>1000 人	设置机构，配备专职人员>2 人
	300 人~1000 人	设置机构或配备专职人员≥2 人
	>300 人	设置机构或配备专职人员
一般危害	>300 人	配备专职人员
	<300 人	配备专职或兼职人员
轻微		可配备兼职人员

A.7　为区别于环境卫生选址要求，本标准的选址与总体布局卫生学要求突出了工业企业周边环境对劳动者健康的影响以及工业企业之间的相互影响，有关环境评价选址要求参见相关标准。

A.8　有关工作场所职业病危害因素强度（浓度）的卫生学要求分别在 GBZ 2.1、GBZ 2.2 和本标准中给出，GBZ 2.1、GBZ2.2 给出的工作场所职业病危害因素强度（浓度）限值称为工作场所职业接触限值，本标准暂时保留的部分物理因素强度暂称为卫生限值，并将在适当时机纳入 GBZ 2.1 或 GBZ 2.2。

A.9 规定产生工频电磁场设备安装地址(位置)周边居住区、学校、医院、幼儿园等区域的电场强度<4kV/m 是指该区域的最高容许接触水平，长期慢性的健康影响特别是致癌效应尚有待于进一步研究。

A.10 紧急救援站或有毒气体防护站使用面积可参见表 A.2。

表 A.2 紧急救援站或有毒气体防护站使用面积

职工人数(人)	最小使用面积(m^2)	职工人数(人)	最小使用面积(m^2)
<300	20	2001~3500	100
300~1000	30	3501~10000	120
1001~2000	60	>10000	200

A.11 有毒气体防护站的装备可参考表 A.3 配置。

表 A.3 有毒气体防护站装备参考配置表

装备名称	数量	备注
万能校验器	2台~3台	
空气或氧气充装泵	1台~2台	
天平	1台~2台	
采样器、胶管	按需要配备	
快速检测分析仪器(包括测爆仪、测氧仪和毒气监测仪)	按需要配备	
器材维修工具(包括台钳、钳工工具)	1套	
电话	2部	
录音电话	1部	
生产调度电话	1部	
对讲机	2对	
事故警铃	1只	
气体防护作业(救护)车	1辆~2辆	设有声光报警器，备有空气呼吸器、苏生器、安全帽、安全带、全身防毒衣、防酸碱胶皮衣裤、绝缘棒、绝缘靴、手套、被褥、担架、防爆照明等抢救用的器具
空气呼吸器	根据技术防护人员及驾驶员人数确定	
过滤式防毒面具	每人1套	

A.12 急救箱配备内容可根据工业企业规模、职业病危害性质、接触人数等实际需要参照表 A.4 确定。

表 A.4　急救箱配置参考清单

药品名称	储存数量	用途	保质(使用)期限
医用酒精	1瓶	消毒伤口	
新洁尔灭酊	1瓶	消毒伤口	
过氧化氢溶液	1瓶	清洗伤口	
0.9%的生理盐水	1瓶	清洗伤口	
2%碳酸氢钠	1瓶	处置酸灼伤	
2%醋酸或3%硼酸	1瓶	处置碱灼伤	
解毒药品	按实际需要	职业中毒处置	有效期内
脱脂棉花、棉签	2包、5包	清洗伤口	
脱脂棉签	5包	清洗伤口	
中号胶布	2卷	粘贴绷带	
绷带	2卷	包扎伤口	
剪刀	1个	急救	
镊子	1个	急救	
医用手套、口罩	按实际需要	防止施救者被感染	
烫伤软膏	2支	消肿/烫伤	
保鲜纸	2包	包裹烧伤、烫伤部位	
创可贴	8个	止血护创	
伤湿止痛膏	2个	淤伤、扭伤	
冰袋	1个	淤伤、肌肉拉伤或关节扭伤	
止血带	2个	止血	
三角巾	2包	受伤的上肢、固定敷料或骨折处等	
高分子急救夹板	1个	骨折处理	
眼药膏	2支	处理眼睛	有效期内
洗眼液	2支	处理眼睛	有效期内
防暑降温药品	5盒	夏季防暑降温	有效期内
体温计	2支	测体温	
急救、呼吸气囊	1个	人工呼吸	
雾化吸入器	1个	应急处置	
急救毯	1个	急救	
手电筒	2个	急救	
急救使用说明	1个		

附　录　B
(规范性附录)
工业企业卫生防护距离标准

B.1　为方便参阅工业企业卫生防护距离标准，本标准收集并汇总了国家相关标准要求。考虑到这些标准今后可能修订，本附录给出标准发布日期。

B.2　表中注日期的引用文件，其随后所有的修改单(不包括勘误的内容)或修订版均不适用于本标准。

B.3　卫生防护距离按所在地区近五年平均风速规定。

B.4　以噪声污染为主的工业企业卫生防护距离按标准 GB 18083 执行。

表 B.1　工业企业卫生防护距离标准(m)

企业类型		规模	风速(m/s)			标准
			<2	2~4	>4	
氯丁橡胶厂			2000	1600	1200	GB 11655—89
盐酸造纸厂			1000	800	600	GB 11654—89
黄磷厂			1000	800	600	GB 11656—89
铜冶炼厂(密闭鼓风炉型)			1000	800	600	GB 11657—89
聚氯乙烯树脂厂		<10000t/a	1000	800	600	GB 11658—89
		≥10000t/a	1200	1000	800	
铅蓄电池厂		<10000kVA	600	400	300	GB 11659—89
		≥10000kVA	800	500	400	
炼铁厂			1400	1200	1000	GB 11660—89
焦化厂			1400	1000	800	GB 11661—89
烧结厂			600	500	400	GB 11662—89
硫酸厂			600	600	400	GB 11663—89
钙镁磷肥厂			1000	800	600	GB 11664—89
普通过磷酸钙厂			800	600	600	GB 11665—89
小型氮肥厂	合成氨(万吨率)	<25000t/a	1200	800	600	GB 11666—89
		≥25000t/a	1600	1000	800	
水泥厂	年产水泥，$\times 10^4$t	$\geq 50\times 10^4$t/a	600	500	400	GB 18068—2000
		$<50\times 10^4$t/a	500	400	300	
硫化碱厂			600	500	400	GB 18069—2000
油漆厂			700	600	500	GB 18070—2000
氯碱厂	生产规模	<10000t/a	800	600	400	GB 18071—2000
		≥10000t/a	1000	800	600	
塑料厂	生产规模	<1000t/a	100	100	100	GB 18072—2000
炭素厂	年产石墨电极	>10000t/a	1000	800	600	GB 18073—2000
		≤10000t/a	800	600	500	

表 B.1　工业企业卫生防护距离标准(m)(续)

企业类型			规模	风速(m/s) <2	风速(m/s) 2~4	风速(m/s) >4	标准
内燃机厂				400	300	200	GB 18074—2000
汽车制造厂				500	400	300	GB 18075—2000
石灰厂				300	200	100	GB 18076—2000
石棉制品厂				300	300	200	GB 18077—2000
制胶厂	生产规模		<1500t/a	600	300	200	GB 18079—2000
			≥1500	700	500	400	
缫丝厂	缫丝规模		<5000 绪	200	150	100	GB 18080—2000
			≥5000 绪	250	200	150	
火葬场	年焚尸量		>4000 具	500	400	300	GB 18081—2000
			≤4000 具	700	600	500	
皮革厂	年制革		<20 万张	500	400	300	GB 18082—2000
			≥20 万张	600	500	400	
肉类联合加工厂	班屠宰量		<2000 头	700	500	400	GB 18078—2000
			≥2000 头	800	600	500	
炼油厂	原油含硫量(%)	年加工原油≥250 万吨	≥0.5	1500	1300	1000	GB 8195—87
			<0.5	1300	1000	800	
		年加工原油量<250 万吨	≥0.5	1300	1000	800	
			<0.5	1000	800	800	
煤制气厂	煤气储存量		<100t/d	2000			GB/T 17222—1998
			100~300t/d	3000			
			>300t/d	4000			

注 1：随后所有的修改单(不包括勘误的内容)或修订版均适用于本标准。

注 2：卫生防护距离按所在地近 5 年平均风速规定。

注 3："t/a"为"吨/年"，"t/d"为"吨/天"。

ICS 13.100
C 52

GBZ

中华人民共和国国家职业卫生标准

GBZ 2.1—2019
代替GBZ 2.1—2007

工作场所有害因素职业接触限值
第1部分：化学有害因素

Occupational exposure limits for hazardous agents in the workplace
—Part 1: Chemical hazardous agents

2019-08-27 发布　　2020-04-01 实施

中华人民共和国国家卫生健康委员会　发 布

前　言

本标准正文表1~表3中的职业接触限值为强制性的，其余为推荐性的。

根据《中华人民共和国职业病防治法》制定本标准。

GBZ 2《工作场所有害因素职业接触限值》分为两个部分：

——第1部分：化学有害因素；

——第2部分：物理因素。

本部分为GBZ 2的第1部分。

本部分按照GB/T 1.1—2009给出的规则起草。

本部分代替GBZ 2.1—2007《工作场所有害因素职业接触限值 第1部分：化学有害因素》。与GBZ 2.1—2007相比，除编辑性修改外主要技术变化如下：

——增加6项规范性引用文件：GBZ/T 300、GBZ/T 192、GBZ/T 295、GBZ/T 224、GBZ/T 225和GBZ/T 229.2；

——增加9个与职业接触相关的概念或定义；删除5个规范性引用文件中的术语；引进峰接触浓度概念并替代超限倍数；

——汇总增加近年来研制、修订的28种化学有害因素的职业接触限值；

——调整8种化学物质的中文或英文名称，以及8种物质的CAS号；

——增加16种物质的致敏标识、4种物质的皮肤标识、14种物质的致癌标识，调整7种物质的致癌标识；

——将一氧化氮接触限值并入二氧化氮的接触限值；

——明确列出制定接触限值时依据的不良健康效应；

——在第4章“卫生要求”中增加了职业接触生物限值(生物监测指标和接触限值)，对已发布的卫生行业标准职业接触生物限值及检测方法标准进行了确认，汇总并列出28种生物监测指标和接触限值。其中，增加近年审定通过的13种职业接触生物限值以及生物材料检测及生物监测质量要求；

——进一步完善了监测检测方法的相关要求；对分别制定有总粉尘和呼吸性粉尘PC-TWA的，明确了优先测定呼吸性粉尘的TWA的规定；

——增加了工作场所化学有害因素职业接触控制原则及要求；

——增加附录B，给出了新增限值的主要起草单位及主要起草人等信息；

——对附录A正确使用说明做了进一步的细化、完善。增加了职业性有害因素接触的控制原则及要点、行动水平以及职业接触等级分类及其控制、职业病危害作业分级管理原则等，将原标准附录A《正确使用说明》中的部分内容修订为标准正文。

本部分起草单位：中国疾病预防控制中心职业卫生与中毒控制所、复旦大学公共卫生学院、军事医学科学院、华中科技大学同济公共卫生学院、北京大学公共卫生学院、广东省职业病防治院等。

本部分主要起草人：李涛、张敏、闫慧芳、朱晓俊、陈青松、李文捷、徐伯洪、吴维皑、郑玉新、刘洪涛、周志俊、王生、谷京宇、丘创逸、杨磊、刘晓延、杜燮祎、邱兵、丁春光、王恩业、聂武、朱志良。

本部分所代替标准的历次版本发布情况：

——GBZ 2—2002；

——GBZ 2.1—2007。

工作场所有害因素职业接触限值
第1部分：化学有害因素

1 范围

本部分规定了工作场所职业接触化学有害因素的卫生要求、检测评价及控制原则。

本部分适用于工业企业卫生设计以及工作场所化学有害因素职业接触的管理、控制和职业卫生监督检查等。

2 规范性引用文件

下列文件对于本文件的应用是必不可少的。凡是注日期的引用文件，仅注日期的版本适用于本文件。凡是不注日期的引用文件，其最新版本(包括所有的修改单)适用于本文件。

GBZ 1 工业企业设计卫生标准

GBZ 159 工作场所空气中有害物质监测的采样规范

GBZ/T 160(所有部分) 工作场所空气有毒物质测定

GBZ/T 192(所有部分) 工作场所空气中粉尘测定

GBZ/T 224 职业卫生名词术语

GBZ/T 225 用人单位职业病防治指南

GBZ/T 229.2 工作场所职业病危害作业分级 第2部分：化学物

GBZ/T 295 职业人群生物监测方法 总则

GBZ/T 300(所有部分) 工作场所空气有毒物质测定

3 术语、定义和缩略语

GBZ/T 224界定的以及下列术语和定义适用于本文件。

3.1

化学有害因素 chemical hazardous agents

本部分所称化学有害因素包括工作场所存在或产生的化学物质、粉尘及生物因素。

3.2

职业接触 occupational exposure

劳动者在职业活动中通过呼吸道、皮肤黏膜等与职业性有害因素之间接触的过程。

3.3

不良健康效应 adverse health effects

机体因接触职业性有害因素而产生或出现的有害健康效应或毒作用效应。只有达到一定水平的接触，即过量的接触才会引起健康损害。

3.4

临界不良健康效应　critical adverse health effects

用于确定某种职业性有害因素容许接触浓度大小，即职业接触限值时所依据的不良健康效应。

3.5

职业接触限值　occupational exposure limits；OELs

劳动者在职业活动过程中长期反复接触某种或多种职业性有害因素，不会引起绝大多数接触者不良健康效应的容许接触水平。化学有害因素的职业接触限值分为时间加权平均容许浓度、短时间接触容许浓度和最高容许浓度三类。

注：改写 GBZ/T 224—2010，定义 5.1。

3.5.1

时间加权平均容许浓度　permissible concentration-time weighted average；PC-TWA

以时间为权数规定的 8h 工作日、40h 工作周的平均容许接触浓度。

3.5.2

短时间接触容许浓度　permissible concentration-short term exposure limit；PC-STEL

在实际测得的 8h 工作日、40h 工作周平均接触浓度遵守 PC-TWA 的前提下，容许劳动者短时间(15min)接触的加权平均浓度。

注：改写 GBZ/T 224—2010，定义 5.3。

3.5.3

最高容许浓度　maximum allowable concentration；MAC

在一个工作日内、任何时间、工作地点的化学有害因素均不应超过的浓度。

注：改写 GBZ/T 224—2010，定义 5.2。

3.6

峰接触浓度　peak exposures；PE

在最短的可分析的时间段内(不超过 15min)确定的空气中特定物质的最大或峰值浓度。对于接触具有 PC-TWA 但尚未制定 PC-STEL 的化学有害因素，应使用峰接触浓度控制短时间的接触。在遵守 PC-TWA 的前提下，容许在一个工作日内发生的任何一次短时间(15min)超出 PC-TWA 水平的最大接触浓度。

3.7

接触水平　exposure level

应用标准检测方法检测得到的劳动者在职业活动中特定时间段内实际接触工作场所职业性有害因素的浓度或强度。

注：改写 GBZ/T 224—2010，定义 2.22。

3.8

职业接触限值比值　ratio of occupational exposure level to OELs

劳动者接触某种职业性有害因素的实际接触水平与该因素相应职业接触限值的比值。

当劳动者接触两种以上化学有害因素时，每一种化学有害因素的实际测量值与其对应职业接触限值的比值之和，称为混合接触比值(ratio of mixed exposure)。

3.9

行动水平　action level

劳动者实际接触化学有害因素的水平已经达到需要用人单位采取职业接触监测、职业健康监护、职业卫生培训、职业病危害告知等控制措施或行动的水平，也称为管理水平（administration level）或管理浓度（administration concentration）。

化学有害因素的行动水平，根据工作场所环境、接触的有害因素的不同而有所不同，一般为该因素容许浓度的一半。

注：改写 GBZ/T 224—2010，定义 2.23。

3.10

生物监测　biological monitoring

系统地对劳动者的血液、尿等生物材料中的化学物质或其代谢产物的含量（浓度）、或由其所致的无害生物效应水平进行的系统监测，目的是评价劳动者接触化学有害因素的程度及其可能的健康影响。

注：改写 GBZ/T 224—2010，定义 6.1.2。

3.11

生物接触限值　biological exposure limits；BELs

针对劳动者生物材料中的化学物质或其代谢产物、或引起的生物效应等推荐的最高容许量值，也是评估生物监测结果的指导值。每周 5d 工作、每天 8h 接触，当生物监测值在其推荐值范围以内时，绝大多数的劳动者将不会受到不良的健康影响。又称生物接触指数（Biological Exposure Indices，BEIs）或生物限值（biological limit values，BLVs）。

注：改写 GBZ/T 224—2010，定义 5.9。

4　卫生要求

4.1　工作场所空气中化学有害因素的职业接触限值

工作场所空气中化学有害因素的职业接触限值见表 1。

表 1　工作场所空气中化学有害因素职业接触限值

序号	中文名	英文名	化学文摘号 CAS 号	OELs，mg/m³			临界不良健康效应	备注
				MAC	PC-TWA	PC-STEL		
1	安妥	ANTU	86-88-4	—	0.3	—	甲状腺效应；恶心	—
2	氨	Ammonia	7664-41-7	—	20	30	眼和上呼吸道刺激	—
3	2-氨基吡啶	2-Aminopyridine	504-29-0	—	2	—	中枢神经系统损伤；皮肤、黏膜刺激	皮
4	氨基磺酸铵	Ammonium sulfamate	7773-06-0	—	6	—	呼吸道、眼及皮肤刺激	—
5	氨基氰	Cyanamide	420-04-2	—	2	—	眼和呼吸道刺激；皮肤刺激	—
6	奥克托今	Octogen	2691-41-0	—	2	4	眼刺激	—
7	巴豆醛(丁烯醛)	Crotonaldehyde	4170-30-3	12	—	—	眼和呼吸道刺激；慢性鼻炎；神经功能障碍	—
8	百草枯	Paraquat	4685-14-7	—	0.5	—	呼吸系统损害；皮肤、黏膜刺激	—
9	百菌清	Chlorothalonil	1897-45-6	1	—	—	皮肤刺激、致敏；眼和呼吸道刺激	G2B，敏
10	钡及其可溶性化合物(按 Ba 计)	Barium and soluble compounds, as Ba	7440-39-3(Ba)	—	0.5	1.5	消化道刺激；低血钾	—
11	倍硫磷	Fenthion	55-38-9	—	0.2	0.3	胆碱酯酶抑制	皮
12	苯	Benzene	71-43-2	—	6	10	头晕、头痛、意识障碍；全血细胞减少；再障；白血病	皮，G1
13	苯胺	Aniline	62-53-3	—	3	—	高铁血红蛋白血症	皮
14	苯基醚(二苯醚)	Phenyl ether	101-84-8	—	7	14	上呼吸道和眼刺激	—
15	苯醌	Benzoquinone	106-51-4	—	0.45	—	眼、皮肤刺激	—
16	苯硫磷	EPN	2104-64-5	—	0.5	—	胆碱酯酶抑制	皮
17	苯乙烯	Styrene	100-42-5	—	50	100	眼、上呼吸道刺激；神经衰弱；周围神经症状	皮，G2B
18	吡啶	Pyridine	110-86-1	—	4	—	眼、呼吸道、皮肤刺激；神经衰弱及植物神经紊乱；肝、肾损害	—

表 1　工作场所空气中化学有害因素职业接触限值(续)

序号	中文名	英文名	化学文摘号 CAS 号	OELs，mg/m^3			临界不良健康效应	备注
				MAC	PC-TWA	PC-STEL		
19	苄基氯	Benzyl chloride	100-44-7	5	—	—	呼吸道炎症；皮肤、上呼吸道和眼刺激；肝肾损害	G2A
20	丙酸	Propionic acid	79-09-4	—	30	—	眼、皮肤和呼吸道刺激	—
21	丙酮	Acetone	67-64-1	—	300	450	呼吸道和眼刺激；麻醉；中枢神经系统损害	—
22	丙酮氰醇(按 CN 计)	Acetone cyanohydrin, as CN	75-86-5	3	—	—	呼吸道刺激；头痛；缺氧/紫绀	皮
23	丙烯醇	Allyl alcohol	107-18-6	—	2	3	眼和上呼吸道刺激	皮
24	丙烯腈	Acrylonitrile	107-13-1	—	1	2	中枢神经系统损害；下呼吸道刺激	皮，G2B
25	丙烯菊酯	allethrin	584-79-2	—	5	—	皮肤刺激；神经系统损害	—
26	丙烯醛	Acrolein	107-02-8	0.3	—	—	眼和上呼吸道刺激；肺水肿；肺气肿	皮
27	丙烯酸	Acrylic acid	79-10-7	—	6	—	皮肤、眼及呼吸道刺激	皮
28	丙烯酸甲酯	Methyl acrylate	96-33-3	—	20	—	眼、皮肤和呼吸道刺激；皮肤损害及过敏	皮，敏
29	丙烯酸正丁酯	*n*-Butyl acrylate	141-32-2	—	25	—	皮肤、眼和呼吸道刺激；麻醉	敏
30	丙烯酰胺	Acrylamide	79-06-1	—	0.3	—	中枢神经系统损害；周围神经系统损害	皮，G2A
31	草甘膦	Glyphosate	1071-83-6	—	5	—	肝、肾功能损伤	G2A
32	草酸	Oxalic acid	144-62-7	—	1	2	呼吸道、眼和皮肤刺激	—
33	抽余油(60℃～220℃)	Raffinate oil(60℃～220℃)	—	—	300	—	麻醉；眼、皮肤和呼吸道黏膜刺激；神经系统功能障碍；肝、肾、血液系统改变	—
34	重氮甲烷	Diazomethane	334-88-3	—	0.35	0.7	呼吸道刺激；中枢神经系统抑制	—
35	臭氧	Ozone	10028-15-6	0.3	—	—	刺激	—
36	o，o-二甲基-S-(甲基氨基甲酰甲基)二硫代磷酸酯(乐果)	o，o-dimethyl methylcarbamoylmethyl phosphorodithioate (Rogor)	60-51-5	—	1	—	胆碱酯酶抑制	皮

表 1　工作场所空气中化学有害因素职业接触限值(续)

序号	中文名	英文名	化学文摘号 CAS 号	OELs，mg/m^3			临界不良健康效应	备注
				MAC	PC-TWA	PC-STEL		
37	O，O-二甲基-(2，2，2-三氯-1-羟基乙基)磷酸酯(敌百虫)	(2,2,2-trichloro-1-hydroxyethyl) dim ethylphosphonate (Trichlorfon，Metrifonateor Dipterex)	52-68-6	—	0.5	1	胆碱酯酶抑制	—
38	N-3，4-二氯苯基-N`，N`-二甲基脲(敌草隆)	1,1-Dimethyl-3-(3,4-Dichlorophenyl)urea(Diuron)	330-54-1	—	10	—	呼吸道、眼、皮肤刺激；贫血	—
39	2，4-二氯苯氧基乙酸(2，4-滴)	2,4-Dicholrophenoxyacetic acid (2,4-D)	94-75-7	—	10	—	甲状腺效应、肾小管损伤	皮，G2B
40	二氯二苯基三氯乙烷(滴滴涕，DDT)	Dichlorodiphenyltrichl oroethane (D DT)	50-29-3	—	0.2	—	神经系统损害；肝肾损害；呼吸道、皮肤及眼刺激	G2A
41	碲及其化合物(不含碲化氢)(按 Te 计)	Tellurium and Compounds (except H_2Te), as Te	13494-80-9 (Te)	—	0.1	—	中枢神经系统损伤、肝损伤	—
42	碲化铋(按 Bi_2Te_3 计)	Bismuth telluride, as Bi_2Te_3	1304-82-1	—	5	—	呼吸道、眼、皮肤刺激；肝肾影响；贫血	—
43	碘	Iodine	7553-56-2	1	—	—	眼、上呼吸道和皮肤刺激	—
44	碘仿	Iodoform	75-47-8	—	10	—	中枢神经系统损害；眼、呼吸道刺激	—
45	碘甲烷	Methyl iodide	74-88-4	—	10	—	眼刺激；中枢神经系统损害	皮
46	叠氮酸蒸气	Hydrazoic acid vapor	7782-79-8	0.2	—	—	鼻、眼刺激；低血压	—
47	叠氮化钠	Sodium azide	26628-22-8	0.3	—	—	心脏损害；肺损伤	—
48	1，3-丁二烯	1,3-Butadiene	106-99-0	—	5	—	眼和呼吸道刺激；麻醉；神经衰弱；皮肤灼伤或冻伤	G1
49	2-丁氧基乙醇	2-butoxyethanol	111-76-2	—	97	—	刺激	—
50	丁烯	Butylene	25167-67-3	—	100	—	窒息、弱麻醉和弱刺激作用。液态丁烯皮肤冻伤	—
51	毒死蜱	Chlorpyrifos	2921-88-2	—	0.2	—	胆碱酯酶抑制	皮

表 1　工作场所空气中化学有害因素职业接触限值(续)

序号	中文名	英文名	化学文摘号 CAS 号	OELs，mg/m^3			临界不良健康效应	备注
				MAC	PC-TWA	PC-STEL		
52	对苯二胺	*p*-phenylene diamine	106-50-3	—	0.1	—	皮肤致敏、呼吸系统损伤	皮，敏
53	对苯二甲酸	Terephthalic acid	100-21-0	—	8	15	眼、皮肤、黏膜和上呼吸道刺激	—
54	对二氯苯	*p*-Dichlorobenzene	106-46-7	—	30	60	眼、皮肤、上呼吸道刺激；肝损害	G2B
55	对硫磷	Parathion	56-38-2	—	0.05	0.1	胆碱酯酶抑制	皮，G2B
56	对特丁基甲苯	*p*-Tert-butyltoluene	98-51-1	—	6	—	眼、上呼吸道刺激	—
57	对硝基苯胺	*p*-Nitroaniline	100-01-6	—	3	—	高铁血红蛋白血症；肝损害	皮
58	对硝基氯苯	*p*-Nitrochlorobenzene	100-00-5	—	0.6	—	皮肤致敏、皮炎；过敏性哮喘；肝损害	皮
59	多次甲基多苯基多异氰酸酯	Polymetylhlene polyphenyl isocyanate (PMPPI)	57029-46-6	—	0.3	0.5	皮肤、眼、呼吸道刺激；变态反应、哮喘	敏
60	二苯胺	Diphenylamine	122-39-4	—	10	—	上呼吸道、皮肤刺激；高铁血红蛋白血症；肝肾损害	—
61	二苯基甲烷二异氰酸酯	Diphenylmethane diisocyanate	101-68-8	—	0.05	0.1	眼、上呼吸道刺激；哮喘	敏
62	二丙二醇甲醚(2-甲氧基甲乙氧基丙醇)	Dipropylene glycol monomethyl ether ([2-Methoxymethylethoxy] propano, DPGMEl)	34590-94-8	—	600	900	轻度麻醉；中枢神经系统抑制	皮
63	二丙酮醇	Diacetone alcohol	123-42-2	—	240	—	眼、鼻、喉黏膜刺激；皮肤刺激	—
64	2-N-二丁氨基乙醇	2-N-Dibutylaminoethanol	102-81-8	—	4	—	眼和上呼吸道刺激；眼或皮肤灼伤	皮
65	二噁烷	1,4-Dioxane	123-91-1	—	70	—	上呼吸道和眼刺激；肝损害	皮，G2B
66	二噁英类化合物	Polychlorinated dibenzo-*p*-dioxins and polychlorinated dibenzofurans	1746-01-6	—	30 $pgTEQ/m^3$	—	致癌	G1
67	二氟氯甲烷	Chlorodifluoromethane	75-45-6	—	3500	—	中枢神经系统损害；心血管系统影响	—
68	二甲胺	Dimethylamine	124-40-3	—	5	10	眼、上呼吸道刺激；皮肤灼伤	—

表 1　工作场所空气中化学有害因素职业接触限值(续)

序号	中文名	英文名	化学文摘号 CAS 号	OELs，mg/m³			临界不良健康效应	备注
				MAC	PC-TWA	PC-STEL		
69	二甲苯(全部异构体)	Xylene(all isomers)	1330-20-7；95-47-6；108-38-3	—	50	100	呼吸道和眼刺激；中枢神经系统损害	—
70	N，N-二甲基苯胺	N,N-Dimethylanilne	121-69-7	—	5	10	高铁血红蛋白血症	皮
71	1，3-二甲基丁基乙酸酯(仲-乙酸己酯)	1,3-Dimethylbutyl acetate (sec-hexyl acetate)	108-84-9	—	300	—	眼、上呼吸道刺激；中枢神经系统抑制	—
72	二甲基二氯硅烷	Dimethyl dichlorosilane	75-78-5	2	—	—	呼吸道、眼及皮肤、黏膜强刺激	—
73	N，N-二甲基甲酰胺	N,N-Dimethylformamide(DMF)	68-12-2	—	20	—	眼和上呼吸道刺激；肝损害	皮，G2A
74	3，3-二甲基联苯胺	3,3-Dimethylbenzidine	119-93-7	0.02	—	—	眼和呼吸道刺激	皮，G2B
75	二甲基亚砜	Dimethyl sulfoxide	67-68-5	—	160	—	皮肤、黏膜刺激	皮
76	N，N-二甲基乙酰胺	N,N-Dimethyl acetamide，DMAC	127-19-5	—	20	—	致幻；呼吸道、皮肤刺激；神经衰弱	皮
77	二甲氧基甲烷	Dimethoxymethane(DMM)	109-87-5	—	3100	—	眼、黏膜刺激	—
78	二聚环戊二烯	Dicyclopentadiene	77-73-6	—	25	—	呼吸道和眼刺激；神经系统症状	—
79	二硫化碳	Carbon disulfide	75-15-0	—	5	10	眼及鼻黏膜刺激；周围神经系统损害	皮
80	1，1-二氯-1-硝基乙烷	1,1-Dichloro-1-nitroethane	594-72-9	—	12	—	上呼吸道刺激	—
81	1，3-二氯丙醇	1,3-Dichloropropanol	96-23-1	—	5	—	眼、黏膜、皮肤强刺激；呼吸道损害、中枢神经系统抑制；麻醉；溶血	皮；G2B
82	1，2-二氯丙烷	1,2-Dichloropropane	78-87-5	—	350	500	眼、皮肤、黏膜和呼吸道刺激；中枢神经系统抑制；肝肾损害	G1
83	1，3-二氯丙烯	1,3-Dichloropropene	542-75-6	—	4	—	上呼吸道、眼、皮肤刺激；肝肾损害	皮，G2B
84	二氯二氟甲烷	Dichlorodifluoromethane	75-71-8	—	5000	—	眼及上呼吸道刺激；心脏毒性；液体接触皮肤灼伤	—
85	二氯甲烷	Dichloromethane	75-09-2	—	200	—	碳氧血红蛋白血症；周围神经系统损害	G2A

表 1　工作场所空气中化学有害因素职业接触限值(续)

序号	中文名	英文名	化学文摘号 CAS 号	OELs, mg/m³			临界不良健康效应	备注
				MAC	PC-TWA	PC-STEL		
86	二氯乙炔	Dichloroacetylene	7572-29-4	0.4	—	—	眼和上呼吸道刺激；意识障碍及肝肾损害	—
87	1，2-二氯乙烷	1,2-Dichloroethane	107-06-2	—	7	15	中枢神经系统抑制；眼、呼吸道刺激；肺水肿；胃肠道刺激；肝肾损害	G2B
88	1，2-二氯乙烯(全部异构体)	1,2-Dichloroethylene (all isomers)	156-59-2；156-60-5；540-59-0	—	800	—	中枢神经系统损害；眼及上呼吸道刺激	—
89	二硼烷	Diborane	19287-45-7	—	0.1	—	上呼吸道和眼刺激；头痛	—
90	二缩水甘油醚	Diglycidyl ether	2238-07-5	—	0.5	—	眼和呼吸道刺激；麻醉作用	—
91	二硝基苯(全部异构体)	Dinitrobenzene (all isomers)	25154-54-5；528-29-0；99-65-0；100-25-4	—	1	—	高铁血红蛋白血症；眼损害	皮
92	二硝基甲苯	Dinitrotoluene	25321-14-6	—	0.2	—	高铁血红蛋白血症；生殖毒性	G2B(2，4-；2，6-)，皮
93	4，6-二硝基邻甲酚	4,6-Dinitro-o-cresol	534-52-1	—	0.2	—	基础代谢亢进；高热	皮
94	2，4-二硝基氯苯	2,4-Dinitrochlorobenzene	97-00-7	—	0.6	—	皮肤致敏；皮炎；支气管哮喘；肝损害	皮，敏
95	氮氧化物(一氧化氮和二氧化氮)	Nitrogen oxides (Nitric oxide, Nitrogen dioxide)	10102-43-9；10102-44-0	—	5	10	呼吸道刺激	—
96	二氧化硫	Sulfur dioxide	7446-09-5	—	5	10	呼吸道刺激	—
97	二氧化氯	Chlorine dioxide	10049-04-4	—	0.3	0.8	呼吸道刺激；慢性支气管炎	—
98	二氧化碳	Carbon dioxide	124-38-9	—	9000	18000	呼吸中枢、中枢神经系统作用；窒息	—
99	二氧化锡(按 Sn 计)	Tin dioxide, as Sn	18282-10-5	—	2	—	金属烟热；肺锡尘沉着症；皮炎	—
100	2-二乙氨基乙醇	2-Diethylaminoethanol	100-37-8	—	50	—	眼、皮肤、呼吸道刺激	皮
101	二乙烯三胺	Diethylene triamine	111-40-0	—	4	—	眼、皮肤、呼吸道刺激；哮喘；眼灼伤	皮
102	二乙基甲酮	Diethyl ketone	96-22-0	—	700	900	眼、呼吸道刺激；麻醉作用	—

表 1　工作场所空气中化学有害因素职业接触限值(续)

序号	中文名	英文名	化学文摘号 CAS 号	OELs，mg/m³			临界不良健康效应	备注
				MAC	PC-TWA	PC-STEL		
103	二乙烯基苯	Divinyl benzene	1321-74-0	—	50	—	眼、呼吸道黏膜刺激；麻醉作用	—
104	二异丁基甲酮	Diisobutyl ketone	108-83-8	—	145	—	刺激、麻醉作用	—
105	甲苯-2，4-二异氰酸酯(TDI)	Toluene-2,4-diisocyanate；Toluene-2,6-diisocyanate(TDI)	584-84-9	—	0.1	0.2	黏膜刺激和致敏作用；哮喘、皮炎	敏
106	二月桂酸二丁基锡	Dibutyltin dilaurate	77-58-7	—	0.1	0.2	肝胆损害；皮肤黏膜刺激；接触性皮炎	皮
107	钒及其化合物(按 V 计)五氧化二钒烟尘钒铁合金尘	Vanadium and compounds，as V Vanadium pentoxide fume dust Ferrovanadium alloy dust	7440-62-6(V) 1314-62-1 12604-58-9	— —	0.05 1	— —	呼吸系统损害 肝、肾损害；血液学毒性	G2B —
108	酚	Phenol	108-95-2	—	10	—	皮肤和黏膜强刺激；肝肾损害；溶血	皮
109	呋喃	Furan	110-00-9	—	0.5	—	麻醉、中枢神经系统抑制；黏膜刺激、皮炎、肝、肾损害	G2B
110	氟化氢(按 F 计)	Hydrogen fluoride，as F	7664-39-3	2	—	—	呼吸道、皮肤和眼刺激；肺水肿；皮肤灼伤；牙齿酸蚀症	—
111	氟及其化合物(不含氟化氢)(按 F 计)	Fluorides and compounds(except HF)，as F	—	—	2	—	眼和上呼吸道刺激；骨损害；氟中毒	—
112	锆及其化合物(按 Zr 计)	Zirconium and compounds，as Zr	7440-67-7(Zr)	—	5	10	局部刺激；皮疹；肺肉芽肿	—
113	镉及其化合物(按 Cd 计)	Cadmium and compounds，as Cd	7440-43-9(Cd)	—	0.01	0.02	肾损害	G1
114	汞-金属汞(蒸气)	Mercury metal(vapor)	7439-97-6	—	0.02	0.04	肾损害	皮
115	汞-有机汞化合物(按 Hg 计)	Mercury organic compounds，as Hg	—	—	0.01	0.03	中枢神经系统损害；肾损害	皮，G2B(甲基汞)
116	钴及其化合物(按 Co 计)	Cobalt and compounds，as Co	7440-48-4(Co)	—	0.05	0.1	上呼吸道刺激；皮肤黏膜损害；哮喘	G2B；敏
117	过氧化苯甲酰	Benzoyl peroxide	94-36-0	—	5	—	上呼吸道刺激；皮肤刺激和致敏	—
118	过氧化甲乙酮	Methyl ethyl ketone peroxide(MEKP)	1338-23-4	1.5	—	—	上呼吸道、眼和皮肤损害	皮

表 1　工作场所空气中化学有害因素职业接触限值(续)

序号	中文名	英文名	化学文摘号 CAS 号	OELs，mg/m^3			临界不良健康效应	备注
				MAC	PC-TWA	PC-STEL		
119	过氧化氢	Hydrogen peroxide	7722-84-1	—	1.5	—	上呼吸道和皮肤刺激；眼损伤	—
120	环己胺	Cyclohexylamine	108-91-8	—	10	20	上呼吸道和眼刺激；中枢神经系统兴奋	—
121	环己醇	Cyclohexanol	108-93-0	—	100	—	眼及上呼吸道刺激；中枢神经系统损害	皮
122	环己酮	Cyclohexanone	108-94-1	—	50	—	眼和上呼吸道刺激；中枢神经系统抑制；麻醉作用	皮
123	环己烷	Cyclohexane	110-82-7	—	250	—	眼、上呼吸道刺激；中枢神经系统损害；麻醉作用	—
124	环三次甲基三硝胺(黑索金)	Cyclonite (RDX)	121-82-4	—	1.5	—	肝损害	皮
125	环氧丙烷	Propylene oxide	75-56-9		5	—	眼和上呼吸道刺激	G2B
126	环氧氯丙烷	Epichlorohydrin	106-89-8	—	1	2	上呼吸道刺激；周围神经损害	皮，G2A
127	环氧乙烷	Ethylene oxide	75-21-8	—	2	—	皮肤、呼吸道、黏膜刺激；中枢神经系统损害	G1，皮
128	黄磷	Yellow phosphorus	7723-14-0	—	0.05	0.1	眼及呼吸道刺激；吸入性损伤；肝损害	—
129	邻-茴香胺 对-茴香胺	o-Anisidine; *p*-Anisidine	90-04-0; 104-94-9	—	0.5	—	高铁血红蛋白血症；神经衰弱和植物神经紊乱	G2B；皮(o-)
130	己二醇	Hexylene glycol	107-41-5	100	—	—	眼和上呼吸道刺激；麻醉	—
131	1，6-己二异氰酸酯	1,6-Diisocyantohexane (1，6-Hexamethylene diisocyanate)	822-06-0	—	0.03	—	眼及上呼吸道刺激；呼吸系统致敏	敏
132	己内酰胺	Caprolactam	105-60-2	—	5	—	眼、皮肤、上呼吸道刺激	—
133	2-己酮(甲基正丁基甲酮)	2-Hexanone (Methyl n-butyl ketone)	591-78-6	—	20	40	眼、鼻刺激；麻醉；周围神经病	皮
134	一甲胺	Monomethylamine	74-89-5	—	5	10	眼、皮肤和上呼吸道刺激	—
135	甲拌磷	Thimet	298-02-2	0.01	—	—	胆碱酯酶抑制	皮
136	甲苯	Toluene	108-88-3	—	50	100	麻醉作用；皮肤黏膜刺激	皮

表 1　工作场所空气中化学有害因素职业接触限值(续)

序号	中文名	英文名	化学文摘号 CAS 号	OELs，mg/m^3			临界不良健康效应	备注
				MAC	PC-TWA	PC-STEL		
137	N-甲苯胺 *o*-甲苯胺	*N*-Methyl aniline；*o*-Toluidine	100-61-8；95-53-4	—	2	—	高铁血红蛋白血症；中枢神经系统及肝、肾损害；神经衰弱	皮；G1 (*o*-)
138	甲醇	Methanol	67-56-1	—	25	50	麻醉作用和眼、上呼吸道刺激；眼损害	皮
139	甲酚(全部异构体)	Cresol(all isomers)	1319-77-3；95-48-7；108-39-4；106-44-5	—	10	—	眼、皮肤和上呼吸道刺激	皮
140	甲基丙烯腈	Methylacrylonitrile	126-98-7	—	3	—	中枢神经系统损害；眼和皮肤刺激	皮
141	甲基丙烯酸	Methacrylic acid	79-41-4	—	70	—	皮肤和眼刺激	—
142	甲基丙烯酸甲酯	Methyl methacrylate	80-62-6	—	100	—	眼、上呼吸道、皮肤刺激；肺功能改变	敏
143	甲基丙烯酸缩水甘油酯	Glycidyl methacrylate	106-91-2	5	—	—	上呼吸道、眼和皮肤刺激	—
144	甲基肼	Methyl hydrazine	60-34-4	0.08	—	—	上呼吸道刺激；眼刺激；肝损害	皮
145	甲基内吸磷	Methyl demeton	8022-00-2	—	0.2	—	胆碱酯酶抑制	皮
146	18-甲基炔诺酮(炔诺孕酮)	18-Methyl norgestrel	6533-00-2	—	0.5	2	类早孕反应及不规则出血；影响泌乳	—
147	甲基叔丁基醚	Methyl tert-butyl ether(MTBE)	1634-04-4	—	180	270	黏膜刺激；肝、肾损害	—
148	甲硫醇	Methyl mercaptan	74-93-1	—	1	—	肝损害	—
149	甲醛	Formaldehyde	50-00-0	0.5	—	—	上呼吸道和眼刺激	敏，G1
150	甲酸	Formic acid	64 -18-6	—	10	20	上呼吸道、眼和皮肤刺激	—
151	甲乙酮(2-丁酮)	Methyl ethyl ketone(2-Butanone)	78-93-3	—	300	600	眼、呼吸道刺激	—
152	2-甲氧基乙醇	2-Methoxyethanol	109-86-4	—	15	—	血液学效应；生殖效应	皮
153	2-甲氧基乙基乙酸酯	2-Methoxyethyl acetate	110-49-6	—	20	—	眼、黏膜和呼吸道刺激；血液学效应、生殖效应	皮
154	甲氧氯	Methoxychlor	72-43-5	—	10	—	肝损害；中枢神经系统损害	—

表 1　工作场所空气中化学有害因素职业接触限值(续)

序号	中文名	英文名	化学文摘号 CAS 号	OELs, mg/m^3			临界不良健康效应	备注
				MAC	PC-TWA	PC-STEL		
155	间苯二酚	Resorcinol	108-46-3	—	20	—	眼和皮肤刺激	—
156	焦炉逸散物(按苯溶物计)	Coke oven emissions, as benzene soluble matter	—	—	0.1	—	肺癌	G1
157	肼	Hydrazine	302-01-2	—	0.06	0.13	上呼吸道癌	皮，G2A
158	久效磷	Monocrotophos	6923-22-4	—	0.1	—	胆碱酯酶抑制	皮
159	糠醇	Furfuryl alcohol	98-00-0	—	40	60	上呼吸道和眼刺激	皮
160	糠醛	Furfural	98-01-1	—	5	—	上呼吸道和眼刺激	皮
161	考的松	Cortisone	53-06-5	—	1	—	抑制炎症反应和免疫反应	—
162	苦味酸(2，4，6-三硝基苯酚)	Picric acid(2,4,6-Trinitrophenol)	88-89-1	—	0.1	—	皮肤致敏、皮炎；眼刺激	—
163	癸硼烷	Decaborane	17702-41-9	—	0.25	0.75	肺损伤；心力减退；中枢神经系统中毒；肝肾损害；皮肤黏膜刺激	皮
164	联苯	Biphenyl	92-52-4	—	1.5	—	肺功能改变	—
165	邻苯二甲酸二丁酯	Dibutyl phthalate	84-74-2	—	2.5	—	睾丸损害；眼和上呼吸道刺激	—
166	邻苯二甲酸酐	Phthalic anhydride	85-44-9	1	—	—	上呼吸道、眼和皮肤刺激	敏
167	邻二氯苯	*o*-Dichlorobenzene	95-50-1	—	50	100	上呼吸道和眼刺激；肝损害	—
168	邻氯苯乙烯	*o*-Chlorostyrene	2039-87-4	—	250	400	中枢神经系统损害；周围神经病	—
169	邻氯苄叉丙二腈	*o*-Chlorobenzylidene malononitrile	2698-41-1	0.4	—	—	上呼吸道刺激；皮肤致敏	皮
170	邻仲丁基苯酚	*o*-sec-Butylphenol	89-72-5	—	30	—	上呼吸道、眼和皮肤刺激	皮
171	磷胺	Phosphamidon	13171-21-6	—	0.02	—	剧毒；皮肤、眼刺激	皮
172	磷化氢	Phosphine	7803-51-2	0.3	—	—	上呼吸道刺激；头痛；胃肠道刺激；中枢神经系统损害	—
173	磷酸	Phosphoric acid	7664-38-2	—	1	3	上呼吸道、眼和皮肤刺激	—

表 1　工作场所空气中化学有害因素职业接触限值(续)

序号	中文名	英文名	化学文摘号 CAS 号	OELs，mg/m^3			临界不良健康效应	备注
				MAC	PC-TWA	PC-STEL		
174	磷酸二丁基苯酯	Dibutyl phenyl phosphate	2528-36-1	—	3.5	—	胆碱酯酶抑制；上呼吸道刺激	皮
175	硫化氢	Hydrogen sulfide	7783-06-4	10	—	—	神经毒性；强烈黏膜刺激	—
176	硫酸钡(按 Ba 计)	Barium sulfate, as Ba	7727-43-7	—	10	—	机械刺激炎症反应；肺沉着症	—
177	硫酸二甲酯	Dimethyl sulfate	77-78-1	—	0.5	—	眼和皮肤刺激	皮，G2A
178	硫酸及三氧化硫	Sulfuric acid and sulfur trioxide	7664-93-9 7446-11-9	—	1	2	肺功能改变	G1
179	硫酰氟	Sulfuryl fluoride	2699-79-8	—	20	40	中枢神经系统损害；眼、皮肤、黏膜刺激	—
180	六氟丙酮	Hexafluoroacetone	684-16-2	—	0.5	—	睾丸损害；肾损害	皮
181	六氟丙烯	Hexafluoropropylene	116-15-4	—	4	—	肝肾及肺损害	—
182	六氟化硫	Sulfur hexafluoride	2551-62-4	—	6000	—	窒息	—
183	六六六(六氯环己烷)	Hexachlorocyclohexane	608-73-1	—	0.3	0.5	胆碱酯酶抑制；慢性中毒全身症状；黏膜、皮肤刺激	G2B
184	γ-六六六(γ-六氯环己烷)	γ-Hexachlorocyclohexane	58-89-9	—	0.05	0.1	胃肠不适、接触性皮炎、神经衰弱、末梢神经病及肝肾损害	皮，G1
185	六氯丁二烯	Hexachlorobutadiene	87-68-3	—	0.2	—	肾损害	皮
186	六氯环戊二烯	Hexachlorocyclopentadiene	77-47-4	—	0.1	—	上呼吸道刺激	—
187	六氯萘	Hexachloronaphthalene	1335-87-1	—	0.2	—	肝损害；氯痤疮	皮
188	六氯乙烷	Hexachloroethane	67-72-1	—	10	—	肝、肾损害	皮，G2B
189	氯	Chlorine	7782-50-5	1	—	—	上呼吸道和眼刺激	—
190	氯苯	Chlorobenzene	108-90-7	—	50	—	肝损害	—
191	氯丙酮	Chloroacetone	78-95-5	4	—	—	眼和上呼吸道刺激	皮
192	氯丙烯	Allyl chloride	107-05-1	—	2	4	眼和上呼吸道刺激；肝、肾损害	—
193	β-氯丁二烯	β-Chloroprene	126-99-8	—	4	—	上呼吸道和眼刺激	皮，G2B

表 1 工作场所空气中化学有害因素职业接触限值(续)

序号	中文名	英文名	化学文摘号 CAS 号	OELs, mg/m^3			临界不良健康效应	备注
				MAC	PC-TWA	PC-STEL		
194	氯化铵烟	Ammonium chloride fume	12125-02-9	—	10	20	眼和上呼吸道刺激	—
195	氯化汞(升汞)	Mercuric chloride	7487-94-7	—	0.025	—	中枢神经系统和周围神经系统损害；肾损害	—
196	氯化苦	Chloropicrin	76-06-2	1	—	—	眼刺激；肺水肿	—
197	氯化氢及盐酸	Hydrogen chloride and chlorhydric acid	7647-01-0	7.5	—	—	上呼吸道刺激	—
198	氯化氰	Cyanogen chloride	506-77-4	0.75	—	—	肺水肿；眼、皮肤和呼吸道刺激	—
199	氯化锌烟	Zinc chloride fume	7646-85-7	—	1	2	呼吸道刺激	—
200	氯甲醚	Chloromethyl methyl ether	107-30-2	0.005	—	—	肺癌	G1
201	氯甲烷	Methyl chloride	74-87-3	—	60	120	中枢神经系统损害；肝、肾损害；睾丸损害；致畸	皮
202	氯联苯(54%氯)	Chlorodiphenyl (54%Cl)	11097-69-1	—	0.5	—	上呼吸道刺激；肝损害；氯唑疮	皮，G2A
203	氯萘	Chloronaphthalene	90-13-1	—	0.5	—	氯痤疮；中毒性肝炎	皮
204	氯乙醇	Ethylene chlorohydrin	107-07-3	2	—	—	眼、上呼吸道刺激；中枢神经系统影响；皮肤红斑；脑、肺水肿；慢性影响全身症状、血压降低和消瘦等	皮
205	氯乙醛	Chloroacetaldehyde	107-20-0	3	—	—	上呼吸道和眼刺激	—
206	氯乙酸	Chloroacetic acid	79-11-8	2	—	—	上呼吸道刺激；心、肺、肝、肾及中枢神经损害；眼刺激或角膜灼伤、皮肤灼伤	皮
207	氯乙烯	Vinyl chloride	75-01-4	—	10	—	肝血管肉瘤；麻醉；昏迷、抽搐；皮肤损害；神经衰弱、肝损伤、消化功能障碍、肢端溶骨症	G1
208	α-氯乙酰苯	α-Chloroacetophenone	532-27-4	—	0.3	—	眼、呼吸道和皮肤刺激	—
209	氯乙酰氯	Chloroacetyl chloride	79-04-9	—	0.2	0.6	上呼吸道刺激	皮

表 1　工作场所空气中化学有害因素职业接触限值(续)

序号	中文名	英文名	化学文摘号 CAS 号	OELs，mg/m³			临界不良健康效应	备注
				MAC	PC-TWA	PC-STEL		
210	马拉硫磷	Malathion	121-75-5	—	2	—	胆碱酯酶抑制；上呼吸道刺激	皮，G2A
211	马来酸酐	Maleic anhydride	108-31-6	—	1	2	眼、上呼吸道和皮肤刺激	敏
212	吗啉	Morpholine	110-91-8	—	60	—	眼损害；上呼吸道刺激；支气管炎、肺炎、肺水肿；皮肤灼伤	皮
213	煤焦油沥青挥发物(按苯溶物计)	Coal tar pitch volatiles, as Benzene soluble matters	65996-93-2	—	0.2	—	肺癌	G1
214	锰及其无机化合物(按 MnO_2 计)	Manganese and inorganic compounds, as MnO_2	7439-96-5(Mn)	—	0.15	—	中枢神经系统损害	—
215	钼及其化合物(按 Mo 计) 钼，不溶性化合物 钼，可溶性化合物	Molybdenum and compounds, as Mo Molybdenum and insoluble compounds Molybdenum and soluble compounds	7439-98-(Mo) — —	 — —	 6 4	 — —	 — 下呼吸道刺激	 — —
216	内吸磷	Demeton	8065-48-3	—	0.05	—	胆碱酯酶抑制	皮
217	萘	Naphthalene	91-20-3	—	50	75	溶血性贫血；肝、肾损害；上呼吸道和眼刺激	皮，G2B
218	2-萘酚	2-Naphthol	135-19-3	—	0.25	0.5	皮肤强刺激；血液循环和肾损害；眼角膜损伤；接触性皮炎	—
219	萘烷	Decalin	91-17-8	—	60	—	皮肤黏膜刺激、麻醉作用；眼刺激；周围神经病；胃肠道影响	—
220	尿素	Urea	57-13-6	—	5	10	眼、皮肤和黏膜刺激	—
221	镍及其无机化合物(按 Ni 计) 金属镍与难溶性镍化合物 可溶性镍化合物	Nickel and inorganic compounds, as Ni Nickel metal and insoluble compounds Soluble nickel compounds	7440-02-0(Ni) —	 — —	 1 0.5	 — —	皮炎；尘肺病；肺损害；鼻癌；肺癌	G1(镍化合物)，敏 G2B(金属和合金)
222	铍及其化合物(按 Be 计)	Beryllium and compounds, as Be	7440-41-7(Be)	—	0.0005	0.001	铍过敏、铍病、肺癌	皮；G1

表 1　工作场所空气中化学有害因素职业接触限值(续)

序号	中文名	英文名	化学文摘号 CAS 号	OELs, mg/m^3			临界不良健康效应	备注
				MAC	PC-TWA	PC-STEL		
223	偏二甲基肼	Unsymmetric dimethylhydrazine	57-14-7	—	0.5	—	上呼吸道刺激；鼻癌	皮，G2B
224	铅及其无机化合物(按 Pb 计) 铅尘 铅烟	Lead and inorganic Compounds, as Pb Lead dust Lead fume	7439-92-1(Pb) — —	 — —	 0.05 0.03	 — —	中枢神经系统损害；周围神经损害；血液学效应	G2B(铅), G2A(铅的无机化合物)
225	氢化锂	Lithium hydride	7580-67-8	—	0.025	0.05	皮肤、眼和上呼吸道刺激	—
226	氢醌	Hydroquinone	123-31-9	—	1	2	眼损害、皮肤、黏膜腐蚀；中枢神经系统抑制；肝功能损害	—
227	氢氧化钾	Potassium hydroxide	1310-58-3	2	—	—	上呼吸道、眼和皮肤刺激	—
228	氢氧化钠	Sodium hydroxide	1310-73-2	2	—	—	上呼吸道、眼和皮肤刺激	—
229	氢氧化铯	Cesium hydroxide	21351-79-1	—	2	—	上呼吸道、皮肤和眼刺激	—
230	氰氨化钙	Calcium cyanamide	156-62-7	—	1	3	眼和上呼吸道刺激	—
231	氰化氢(按 CN 计)	Hydrogen cyanide, as CN	74-90-8	1	—	—	上呼吸道刺激；头痛；恶心；甲状腺效应	皮
232	氰化物(按 CN 计)	Cyanides, as CN	57-12-5	1	—	—	上呼吸道刺激；头痛；恶心；甲状腺效应	皮
233	氰戊菊酯	Fenvalerate	51630-58-1	—	0.05	—	皮肤、上呼吸道刺激；中枢神经和周围神经系统症状；眼、皮肤刺激	皮
234	全氟异丁烯	Perfluoroisobutylene	382-21-8	0.08	—	—	上呼吸道刺激；血液学效应	—
235	壬烷	Nonane	111-84-2	—	500	—	中枢神经系统损害	—
236	溶剂汽油	Solvent gasolines	—	—	300	—	上呼吸道和眼刺激；中枢神经系统损害	—
237	乳酸正丁酯	*n*-Butyl lactate	138-22-7	—	25	—	头痛；上呼吸道刺激	—
238	三氟化氯	Chlorine trifluoride	7790-91-2	0.4	—	—	眼和上呼吸道刺激；肺损害	—
239	三氟化硼	Boron trifluoride	7637-07-2	3	—	—	下呼吸道刺激；肺炎	—
240	三氟甲基次氟化物	Trifluoromethyl hypofluorite	373-91-1	0.2	—	—	—	—

表 1　工作场所空气中化学有害因素职业接触限值(续)

序号	中文名	英文名	化学文摘号 CAS 号	OELs，mg/m³			临界不良健康效应	备注
				MAC	PC-TWA	PC-STEL		
241	三甲苯磷酸酯(全部异构体)	Tricresyl phosphate (all isomers)	1330-78-5	—	0.3	—	中毒性神经病	皮
242	三甲基氯化锡	Trimethyltin chloride	1066-45-1	0.025	—	—	低血钾；中枢神经系统损伤	皮
243	1，2，3-三氯丙烷	1,2,3-Trichloropropane	96-18-4	—	60	—	肝、肾损害．眼和上呼吸道刺激	皮，G2A
244	三氯化磷	Phosphorus trichloride	7719-12-2	—	1	2	上呼吸道、眼和皮肤刺激	—
245	三氯甲烷(氯仿)	Trichloromethane(chloroform)	67-66-3	—	20	—	肝损害；胚胎/胎儿损害；中枢神经系统损害	G2B
246	三氯硫磷	Thiophosphoryl chloride	3982-91-0	0.5	—	—	眼、皮肤、黏膜和呼吸道强烈刺激	—
247	三氯氢硅	Trichlorosilane	10025-28-2	3	—	—	眼和上呼吸道刺激	—
248	三氯氧磷	Phosphorus oxychloride	10025-87-3	—	0.3	0.6	上呼吸道刺激	—
249	三氯乙醛	Trichloroacetaldehyde	75-87-6	3	—	—	皮肤、黏膜强烈刺激；接触性皮炎	G2A
250	1，1，1-三氯乙烷	1,1,1-trichloroethane	71-55-6	—	900	—	中枢神经系统损害；心律不齐；皮肤轻度刺激	—
251	三氯乙烯	Trichloroethylene	79-01-6	—	30	—	中枢神经系统损伤	G1，敏
252	三硝基甲苯	Trinitrotoluene	118-96-7	—	0.2	0.5	高铁血红蛋白血症；肝损害；白内障	皮
253	三溴甲烷	Tribromomethane	75-25-2	—	5	—	上呼吸道和眼部刺激；肝肾毒性	皮
254	三氧化铬、铬酸盐、重铬酸盐(按 Cr 计)	Chromium trioxide、chromate、dichromate，as Cr	1333-82-0；18540-29-9(六价铬)；7440-47-3(金属铬)(Cr)	—	0.05	—	皮肤过敏和溃疡；鼻腔炎症、坏死；肺癌	G1；敏
255	三乙基氯化锡	Triethyltin chloride	994-31-0	—	0.05	0.1	头痛、全身症状、窦性心动过缓；皮肤、黏膜刺激；神经衰弱	皮
256	杀螟松	Sumithion	122-14-5	—	1	2	胆碱酯酶抑制	皮
257	杀鼠灵(3-(1-丙酮基苄基)-4-羟基香豆素；华法林)	3-(A-acetonylbenzyl)4-hydroxycou marin(Warfarin)	81-81-2	—	0.1	—	抗凝血作用	—
258	砷化氢(胂)	Arsine	7784-42-1	0.03	—	—	强溶血作用；多发性神经炎	—

表 1　工作场所空气中化学有害因素职业接触限值(续)

序号	中文名	英文名	化学文摘号 CAS 号	OELs，mg/m^3			临界不良健康效应	备注
				MAC	PC-TWA	PC-STEL		
259	砷及其无机化合物(按 As 计)	Arsenic and inorganic compounds, as As	7440-38-2(As)	—	0.01	0.02	肺癌、皮肤癌	G1
260	石蜡烟	Paraffin wax fume	8002-74-2	—	2	4	上呼吸道刺激；恶心	—
261	十溴联苯醚	Decabromodiphenyl ether	1163-19-5	—	5	—	内分泌干扰；神经、生殖、肝毒性	—
262	石油沥青烟(按苯溶物计)	Asphalt (petroleum) fume, as benzene soluble matter	8052-42-4	—	5	—	上呼吸道刺激和眼刺激	G2B
263	双(巯基乙酸)二辛基锡	Bis(marcaptoacetate) dioctyltin	26401-97-8	—	0.1	0.2	皮肤致敏、中枢神经系统损害	—
264	双酚 A	Bisphenol A(BPA)	80-05-7	—	5	—	生殖影响；内分泌损害	—
265	双硫醒	Disulfiram	97 77 8	—	2	—	血管舒张；恶心	—
266	双氯甲醚	Bis(chloromethyl) ether	542-88-1	0.005	—	—	肺癌	G1
267	四氯化碳	Carbon tetrachloride	56-23-5	—	15	25	肝损害	皮，G2B
268	四氯乙烯	Tetrachloroet hylene	127-18-4	—	200	—	中枢神经系统损害	G2A
269	四氢呋喃	Tetrahydrofuran	109-99-9	—	300	—	上呼吸道刺激；中枢神经系统损害；肾损害	—
270	四氢化硅	Silicon tetrahydride	7803-62-5	—	6.6	—	眼、皮肤、呼吸道刺激	—
271	四氢化锗	Germanium tetrahydride	7782-65-2	—	0.6	—	溶血；肾损害	—
272	四溴化碳	Carbon tetrabromide	558-13-4	—	1.5	4	肝损害；眼、上呼吸道和皮肤刺激	—
273	四乙基铅(按 Pb 计)	Tetraethyl lead, as Pb	78-00-2	—	0.02	—	中枢神经系统损害	皮
274	松节油	Turpentine	8006-64-2	—	300	—	上呼吸道、皮肤刺激；中枢神经系统损害；肺损害	—
275	铊及其可溶性化合物(按 Tl 计)	Thallium and solublecompounds, as Tl	7440-28-0(Tl)	—	0.05	0.1	胃肠损害；周围神经病	皮
276	钽及其氧化物(按 Ta 计)	Tantalum and oxide, as Ta	7440-25-7(Ta)	—	5	—	上呼吸道刺激	—
277	碳酸钠	Sodium carbonate	497-19-8	—	3	6	上呼吸道、眼、皮肤刺激	—

表 1　工作场所空气中化学有害因素职业接触限值(续)

序号	中文名	英文名	化学文摘号 CAS 号	OELs，mg/m³			临界不良健康效应	备注
				MAC	PC-TWA	PC-STEL		
278	碳酰氯(光气)	Carbonyl chloride(Phosgene)	75-44-5	0.5	—	—	眼和上呼吸道刺激；肺损害	—
279	羰基氟	Carbonyl fluoride	353-50-4	—	5	10	下呼吸道刺激；骨损害	—
280	羰基镍(按 Ni 计)	Nickel carbonyl, as Ni	13463-39-3	0.002	—	—	化学性肺炎	G1
281	锑及其化合物(按 Sb 计)	Antimony and compounds, as Sb	7440-36-0(Sb)	—	0.5	—	皮肤和上呼吸道刺激	—
282	铜(按 Cu 计)铜尘铜烟	Copper, as Cu Copper dust Copper fume	7440-50-8 — —	— —	1 0.2	— —	呼吸道、皮肤刺激；胃肠道反应；金属烟热	— —
283	钨及其不溶性化合物(按 W 计)	Tungsten and insoluble compounds, as W	7440-33-7(W)	—	5	10	下呼吸道刺激	—
284	五氟一氯乙烷	Chloropentafluoroethane	76-15-3	—	5000	—	心律不齐；昏迷甚至死亡；冻伤	—
285	五硫化二磷	Phosphorus pentasulfide	1314-80-3	—	1	3	上呼吸道刺激	—
286	五氯酚及其钠盐	Pentachlorophenol and sodium salts	87-86-5	—	0.3	—	上呼吸道刺激；中枢神经系统损害；心脏损害；眼刺激	皮，G2B
287	五羰基铁(按 Fe 计)	Iron pentacarbonyl, as Fe	13463-40-6	—	0.25	0.5	肺水肿；中枢神经系统损害	—
288	五氧化二磷	Phosphorus pentoxide	1314-56-3	1	—	—	皮肤、眼及上呼吸道刺激；肺炎或肺水肿；齿、龈和下颌骨损害	—
289	戊醇	Amyl alcohol	71-41-0	—	100	—	眼、皮肤和上呼吸道刺激	—
290	戊烷(全部异构体)	Pentane(all isomers)	78-78-4 109-66-0 463-82-1	—	500	1000	周围神经病	—
291	硒化氢(按 Se 计)	Hydrogen selenide, as Se	7783-07-5	—	0.15	0.3	上呼吸道和眼刺激；恶心	—
292	硒及其化合物(按 Se 计)(不包括六氟化硒、硒化氢)	Selenium and compounds, as Se(excep thexafluoride, hydrogen selenide)	7782-49-2(Se)	—	0.1	—	眼和上呼吸道刺激	—

表 1　工作场所空气中化学有害因素职业接触限值(续)

序号	中文名	英文名	化学文摘号 CAS 号	OELs，mg/m^3			临界不良健康效应	备注
				MAC	PC-TWA	PC-STEL		
293	纤维素	Cellulose	9004-34-6	—	10	—	上呼吸道刺激	—
294	硝化甘油	Nitroglycerine	55-63-0	1	—	—	舒张血管	皮
295	硝基苯	Nitrobenzene	98-95-3	—	2	—	高铁血红蛋白血症	皮，G2B
296	1-硝基丙烷	1-Nitropropane	108-03-2	—	90	—	上呼吸道刺激；肝损害；眼刺激	—
297	2-硝基丙烷	2-Nitropropane	79-46-9	—	30	—	肝损害；肝癌	G2B
298	硝基甲苯(全部异构体)	Nitrotoluene(all isomers)	88-72-2； 99-08-1； 99-99-0	—	10	—	高铁血红蛋白血症	皮，G2A
299	硝基甲烷	Nitromethane	75-52-5	—	50	—	甲状腺效应；上呼吸道刺激；肺损害	G2B
300	硝基乙烷	Nitroethane	79-24-3	—	300	—	上呼吸道刺激；中枢神经系统损害；肝损害	G2B
301	辛烷	Octane	111-65-9	—	500	—	上呼吸道刺激	—
302	溴	Bromine	7726-95-6	—	0.6	2	呼吸道刺激、肺损害	—
303	溴化氢	Hydrogen bromide	10035-10-6	10	—	—	上呼吸道刺激	—
304	1-溴丙烷	1-Bromopropane(1-BP)	106-94-5	—	21	—	肝脏和胚胎/胎儿损害；神经毒性	G2B
305	溴甲烷	Methyl bromide	74-83-9	—	2	—	上呼吸道和皮肤刺激	皮
306	溴氰菊酯	Deltamethrin	52918-63-5	—	0.03	—	中枢神经和周围神经系统症状；眼、皮肤刺激	—
307	溴鼠灵	Brodifacoum	56073-10-0	—	0.002	—	抗凝血作用；经皮毒性	—
308	氧化钙	Calcium oxide	1305-78-8	—	2	—	上呼吸道刺激	—
309	氧化镁烟	Magnesium oxide fume	1309-48-4	—	10	—	黏膜刺激；金属烟热	—
310	氧化锌	Zinc oxide	1314-13-2	—	3	5	金属烟热	—
311	氧乐果	Omethoate	1113-02-6	—	0.15	—	胆碱酯酶抑制	皮
312	液化石油气	Liquified petroleum gas(L. P. G.)	68476-85-7	—	1000	1500	麻醉；植物神经功能紊乱；冻伤	—

表 1　工作场所空气中化学有害因素职业接触限值(续)

序号	中文名	英文名	化学文摘号 CAS 号	OELs，mg/m^3			临界不良健康效应	备注
				MAC	PC-TWA	PC-STEL		
313	一氧化碳	Carbon monoxide	630-08-0					
	非高原	not in high altitude area	—	—	20	30		—
	高原	In high altitude area	—	—	—	—	碳氧血红蛋白血症	—
	海拔 2000m~3000m	2000m~3000m	—	20	—	—		—
	海拔>3000m	>3000m	—	15	—	—		—
314	乙胺	Ethylamine	75-04-7	—	9	18	皮肤、眼刺激；眼损害	皮
315	乙苯	Ethyl benzene	100-41-4	—	100	150	上呼吸道及眼刺激；中枢神经系统损害	G2B
316	乙醇胺	Ethanolamine	141-43-5	—	8	15	眼和皮肤刺激	—
317	乙二胺	Ethylenediamine	107-15-3	—	4	10	皮肤、黏膜强刺激；肝、肾损害；皮肤和眼灼伤；哮喘	皮；敏
318	乙二醇	Ethylene glycol	107-21-1	—	20	40	上呼吸道和眼刺激	—
319	乙二醇二硝酸酯	Ethylene glycol dinitrate	628-96-6	—	0.3	—	血管舒张；头痛	皮
320	乙酐	Acetic anhydride	108-24-7	—	16	—	眼和上呼吸道刺激	—
321	N-乙基吗啉	N-Ethylmorpholine	100-74-3	—	25	—	上呼吸道刺激；眼损害	皮
322	乙基戊基甲酮	Ethyl amyl ketone	541-85-5	—	130	—	上呼吸道和眼刺激；中枢神经系统损害	—
323	乙腈	Acetonitrile	75-05-8	—	30	—	下呼吸道刺激	皮
324	乙硫醇	Ethyl mercaptan	75-08-1	—	1	—	上呼吸道刺激；中枢神经系统损害	—
325	乙醚	Ethyl ether	60-29-7	—	300	500	中枢神经系统损害；上呼吸道刺激	—
326	乙醛	Acetaldehyde	75-07-0	45	—	—	眼和上呼吸道刺激	G2B
327	乙酸	Acetic acid	64-19-7	—	10	20	上呼吸道和眼刺激；肺功能	—
328	乙酸丙酯	Propyl acetate	109-60-4	—	200	300	眼和上呼吸道刺激	—
329	乙酸丁酯	Butyl acetate	123-86-4	—	200	300	眼和上呼吸道刺激	—
330	乙酸甲酯	Methyl acetate	79-20-9	—	200	500	头痛；眼和上呼吸道刺激；眼神经损害	—

表 1　工作场所空气中化学有害因素职业接触限值(续)

序号	中文名	英文名	化学文摘号 CAS 号	OELs，mg/m³			临界不良健康效应	备注
				MAC	PC-TWA	PC-STEL		
331	乙酸戊酯(全部异构体)	Amyl acetate (all isomers)	628-63-7	—	100	200	眼、上呼吸道及皮肤刺激；消化道症状；贫血和嗜酸性粒细胞增多	—
332	乙酸乙烯酯	Vinyl acetate	108-05-4	—	10	15	上呼吸道、眼和皮肤刺激；中枢神经系统损害	G2B
333	乙酸乙酯	Ethyl acetate	141-78-6	—	200	300	上呼吸道和眼刺激	—
334	乙烯酮	Ketene	463-51-4	—	0.8	2.5	上呼吸道刺激；肺水肿	—
335	乙酰甲胺磷	Acephate	30560-19-1	—	0.3	—	胆碱酯酶抑制	皮
336	乙酰水杨酸(阿司匹林)	Acetylsalicylic acid(aspirin)	50-78-2	—	5	—	皮肤和眼刺激	—
337	2-乙氧基乙醇	2-Ethoxyethanol	110-80-5	—	18	36	男性生殖系损害；胚胎/胎儿损害	皮
338	2-乙氧基乙基乙酸酯	2-Ethoxyethyl acetate	111-15-9	—	30	—	男性生殖系损害	皮
339	钇及其化合物(按 Y 计)	Yttrium and compounds (as Y)	7440-65-5(Y)	—	1	—	肺纤维化	—
340	异丙胺	Isopropylamine	75-31-0	—	12	24	上呼吸道刺激；眼损害	—
341	异丙醇	Isopropyl alcohol (IPA)	67-63-0	—	350	700	眼和上呼吸道刺激；中枢神经系统损害	—
342	N-异丙基苯胺	N-Isopropylaniline	768-52-5	—	10	—	高铁血红蛋白血症	皮
343	异稻瘟净	Iprobenfos	26087-47-8	—	2	5	胆碱酯酶抑制	皮
344	异佛尔酮	Isophorone	78-59-1	30	—	—	眼、上呼吸道和皮肤刺激；中枢神经系统损害；全身不适；疲劳	—
345	异佛尔酮二异氰酸酯	Isophorone diisocyanate (IPDI)	4098-71-9	—	0.05	0.1	呼吸系统致敏	敏
346	异氰酸甲酯	Methyl isocyanate	624-83-9	—	0.05	0.08	上呼吸道刺激	皮
347	异亚丙基丙酮	Mesityl oxide	141-79-7	—	60	100	眼和上呼吸道刺激；中枢神经系统损害	—
348	铟及其化合物(按 In 计)	Indium and compounds, as In	7440-74-6(In)	—	0.1	0.3	肺炎、肺水肿；牙蚀症；全身不适	—
349	茚	Indene	95-13-6	—	50	—	肝、肾损害；上呼吸道刺激	—
350	莠去津	Atrazine	1912-24-9	—	2.0	—	血液、生殖和发育损害	

表 1　工作场所空气中化学有害因素职业接触限值(续)

序号	中文名	英文名	化学文摘号 CAS 号	OELs，mg/m^3			临界不良健康效应	备注
				MAC	PC-TWA	PC-STEL		
351	正丙醇	*n*-Propyl alcohol	71-23-8	—	200	300	上呼吸道和眼刺激；中枢神经系统抑制	—
352	正丁胺	*n*-Butylamine	109-73-9	15	—	—	头痛；上呼吸道和眼刺激	皮
353	正丁醇	*n*-Butyl alcohol	71-36-3	—	100	—	眼和上呼吸道刺激；中枢神经系统抑制	—
354	正丁基硫醇	*n*-Butyl mercaptan	109-79-5	—	2	—	上呼吸道刺激	—
355	正丁基缩水甘油醚	*n*-Butyl glycidyl ether	2426-08-6	—	60	—	睾丸损害	—
356	正丁醛	*n*-Butylaldehyde	123-72-8	—	5	10	眼及呼吸道刺激；麻醉；变态反应	—
357	正庚烷	*n*-Heptane	142-82-5	—	500	1000	中枢神经系统损害；上呼吸道刺激	—
358	正己烷	*n*-Hexane	110-54-3	—	100	180	周围神经系统损害；上呼吸道和眼刺激	皮

注 1：表 1 和表 2 的备注中有关(皮)、(敏)及(G1)、(G2A)、(G2B)的说明详见附录 A 中的 A.4、A.5 及 A.6。

注 2：TEQ：Toxic Equivalent Quantity，国际毒性当量。由于环境中的二噁英类物质主要以混合物的形式存在，在对二噁英类进行评价时，通常将各同类物折算成相当于 2，3，7，8-TCDD 的量来表示，称为毒性当量。

4.2　工作场所空气中粉尘的职业接触限值

工作场所空气中粉尘的职业接触限值见表 2。

表 2　工作场所空气中粉尘职业接触限值

序号	中文名	英文名	化学文摘号 CAS 号	PC-TWA，mg/m^3		临界不良健康效应	备注
				总尘	呼尘		
1	白云石粉尘	Dolomite dust	—	8	4	尘肺病	—
2	玻璃钢粉尘	Fiberglass reinforced plastic dust	—	3	—	尘肺病；呼吸道、皮肤刺激	—
3	茶尘	Tea dust	—	2	—	哮喘	—

表 2　工作场所空气中粉尘职业接触限值(续)

序号	中文名	英文名	化学文摘号 CAS 号	PC-TWA, mg/m^3		临界不良健康效应	备注
				总尘	呼尘		
4	沉淀 SiO_2(白炭黑)	Precipitated silica dust	112926-00-8	5	—	上呼吸道及皮肤刺激	—
5	大理石粉尘(碳酸钙)	Marble dust	(1317-65-3)	8	4	眼、皮肤刺激；尘肺病	—
6	电焊烟尘	Welding fume	—	4	—	电焊工尘肺	G2B
7	二氧化钛粉尘	Titanium dioxide dust	13463-67-7	8	—	下呼吸道刺激	G2B
8	沸石粉尘	Zeolite dust	—	5	—	尘肺病，；肺癌	G1
9	酚醛树脂粉尘	Phenolic aldehyde resin dust	—	6	—	上呼吸道刺激	—
10	工业酶混合尘	Industrial enzyme-containing dust	—	2	—	皮肤、眼、上呼吸道刺激	敏
11	谷物粉尘(游离 SiO_2 含量 <10%)	Grain dust(free SiO_2<10%)	—	4	—	上呼吸道刺激；尘肺；过敏性哮喘	敏
12	硅灰石粉尘	Wollastonite dust	13983-17-0	5	—	—	—
13	硅藻土粉尘(游离 SiO_2 含量 <10%)	Diatomite dust(free SiO_2<10%)	61790-53-2	6	—	尘肺病	—
14	过氯酸铵粉尘	Ammonium Perchlorate	7790-98-9	8	—	肺间质纤维化	—
15	滑石粉尘(游离 SiO_2 含量<10%)	Talc dust (free SiO_2<10%)	14807-96-6	3	1	滑石尘肺	—
16	活性炭粉尘	Active carbon dust	64365-11-3	5	—	尘肺病	—
17	聚丙烯粉尘	Polypropylene dust	—	5	—	—	—
18	聚丙烯腈纤维粉尘	Polyacrylonitrile fiber dust	—	2	—	肺通气功能损伤	—
19	聚氯乙烯粉尘	Polyvinyl chloride (PVC) dust	9002-86-2	5	—	下呼吸道刺激；肺功能改变	—
20	聚乙烯粉尘	Polyethylene dust	9002-88-4	5	—	呼吸道刺激	—
21	铝尘	Aluminum dust:					
	铝金属、铝合金粉尘	Metal & alloys dust	7429-90-5	3	—	铝尘肺；眼损害；黏膜、皮肤刺激	—
	氧化铝粉尘	Aluminium oxide dust		4	—		—

表 2　工作场所空气中粉尘职业接触限值(续)

序号	中文名	英文名	化学文摘号 CAS 号	PC-TWA，mg/m^3 总尘	PC-TWA，mg/m^3 呼尘	临界不良健康效应	备注
22	麻尘（游离 SiO_2 含量<10%）	Flax, jute and ramie dust (free SiO_2<10%)					
	亚麻	Flax	—	1.5	—	棉尘病	—
	黄麻	Jute	—	2	—		—
	苎麻	Ramie	—	3	—		—
23	煤尘(游离 SiO_2 含量<10%)	Coal dust(free SiO_2<10%)	—	4	2.5	煤工尘肺	—
24	棉尘	Cotton dust	—	1	—	棉尘病	—
25	木粉尘(硬)	Wood dust	—	3	—	皮炎、鼻炎、结膜炎；哮喘、外源性过敏性肺炎；鼻咽癌等	G1；敏
26	凝聚 SiO_2 粉尘	Condensed silica dust	—	1.5	0.5	—	—
27	膨润土粉尘	Bentonite dust	1302-78-9	6	—	鼻、喉、肺、眼刺激；支气管哮喘	—
28	皮毛粉尘	Fur dust	—	8	—	过敏性肺泡炎；支气管哮喘	敏
29	人造矿物纤维绝热棉粉尘(玻璃棉、矿渣棉、岩棉)	Man-made mineral fiber insulation wools (Glass wool, Slag wool, Rock wool)	—	5	—	质量浓度：皮肤和眼刺激	—
				1f/mL	—	纤维浓度：呼吸道不良健康效应	—
30	桑蚕丝尘	Mulberry silk dust	—	8	—	眼和上呼吸道刺激；肺功能损伤	—
31	砂轮磨尘	Grinding wheel dust	—	8	—	轻微致肺纤维化作用	—
32	石膏粉尘	Gypsum dust	10101-41-4	8	4	上呼吸道、眼和皮肤刺激；肺炎等	—
33	石灰石粉尘	Limestone dust	1317-65-3	8	4	眼、皮肤刺激；尘肺	—
34	石棉(石棉含量>10%)	Asbestos(Asbestos>10%)					
	粉尘	dust	1332-21-4	0.8	—	石棉肺；肺癌、间皮瘤	G1
	纤维	Asbestos fibre		0.8f/mL	—		

表 2　工作场所空气中粉尘职业接触限值(续)

序号	中文名	英文名	化学文摘号 CAS 号	PC-TWA，mg/m^3		临界不良健康效应	备注
				总尘	呼尘		
35	石墨粉尘	Graphite dust	7782-42-5	4	2	石墨尘肺	—
36	水泥粉尘(游离 SiO_2 含量<10%)	Cement dust (free SiO_2<10%)	—	4	1.5	水泥尘肺	—
37	炭黑粉尘	Carbon black dust	1333-86-4	4	—	炭黑尘肺	G2B
38	碳化硅粉尘	Silicon carbide dust	409-21-2	8	4	尘肺病；上呼吸道刺激	—
39	碳纤维粉尘	Carbon fiber dust	—	3	—	上呼吸道、眼及皮肤刺激	—
40	矽尘 10%≤游离 SiO_2 含量≤50% 50%<游离 SiO_2 含量≤80% 游离 SiO_2 含量>80%	Silica dust 10%≤free SiO_2≤50% 50%<free SiO_2≤80% free SiO_2>80%	14808-60-7	 1 0.7 0.5	 0.7 0.3 0.2	矽肺	G1(结晶型)
41	稀土粉尘(游离 SiO_2 含量<10%)	Rare-earth dust (free SiO_2<10%)	—	2.5	—	稀土尘肺；皮肤刺激	—
42	洗衣粉混合尘	Detergent mixed dust	—	1	—	皮肤、眼和上呼吸道刺激；致敏	敏
43	烟草尘	Tobacco dust	—	2	—	鼻咽炎；肺损伤	—
44	萤石混合性粉尘	Fluorspar mixed dust	—	1	0.7	矽肺	—
45	云母粉尘	Mica dust	12001-26-2	2	1.5	云母尘肺	—
46	珍珠岩粉尘	Perlite dust	93763-70-3	8	4	眼、皮肤、上呼吸道刺激	—
47	蛭石粉尘	Vermiculite dust	—	3	—	眼、上呼吸道刺激	—
48	重晶石粉尘	Barite dust	7727-43-7	5	—	眼刺激；尘肺	—
49	其他粉尘[a]	Particles not otherwise regulated	—	8	—	—	—

表中列出的各种粉尘(石棉纤维尘除外)，凡游离 SiO_2 等于或高于 10%者，均按矽尘职业接触限值对待。

a 指游离 SiO_2 低于 10%，不含石棉和有毒物质，而未制定职业接触限值的粉尘。

4.3 工作场所空气中生物因素的职业接触限值

工作场所空气中生物因素的职业接触限值见表3。

表3 工作场所空气中生物因素职业接触限值

序号	中文名	英文名	化学文摘号 CAS号	OELs			临界不良健康效应	备注
				MAC	PC-TWA	PC-STEL		
1	白僵蚕孢子	Beauveria bassiana	—	6×10^{7} 孢子数/m^3	—	—	—	—
2	枯草杆菌蛋白酶	Subtilisins	1395-21-7；9014-01-1	—	15ng/m^3	30ng/m^3	—	敏
3	工业酶	Industrial enzyme	—	—	1.5μg/m^3	3μg/m^3	肺功能下降	敏

4.4 生物监测指标和职业接触生物限值

生物监测指标和职业接触生物限值见表4。

表4 生物监测指标和职业接触生物限值

序号	接触的化学有害因素		生物监测指标		职业接触生物限值	采样时间
	中文名	英文名	中文名	英文名		
1.	苯	Benzene	尿中苯巯基尿酸	S-phenylmercapturic acid in urine(S-PMA)	47μmol/mol Cr(100 μg/g Cr)	工作班后
			尿中反-反式粘糠酸	t, t-muconic acid(tt-MA) in Urine	2.4 mmol/mol Cr(3.0 mg/g Cr)	工作班后
2.	苯乙烯	Styrene	尿中苯乙醇酸加苯乙醛酸	Mandelic acid plus phenylglyoxylic acid in urine	295mmol/mol Cr(400mg/g Cr)	工作班末
					120mmol/mol Cr(160mg/g Cr)	下一工作班前
3.	丙酮	Acetone	尿中丙酮	Acetone in urine	50mg/L	工作班末
4.	草甘膦	Glyphosate	尿中草甘膦	Glyphosate in urine	0.6mg/L	工作班末

表 4　生物监测指标和职业接触生物限值(续)

序号	接触的化学有害因素		生物监测指标		职业接触生物限值	采样时间
	中文名	英文名	中文名	英文名		
5.	1,3-丁二烯	1,3-Butadiene	尿中1,2-双羟基-4-(N-乙酰半胱胺酸)丁烷	1,2-bis-hydroxy-4-(N-acetylcysteine)butane(DHBMA) in urine	2.9mg/g Cr	工作班末
6.	二甲苯	Xylene	尿中甲基马尿酸	Methylhippuric acids in urine	0.3g/g Cr 或 0.4g/L	工作班末
7.	N,N-二甲基甲酰胺	N,N-Dimethylformamide	血中N-甲基氨甲酰血红蛋白加合物(NMHb)	N- methylcarbyl hemoglobin adduct	135nmol/g Hb	持续接触4个月后任意时间
8.	N,N-二甲基乙酰胺	N,N - Dimethylacetamide	尿中N-甲基乙酰胺	N-Methylacetamide in urine	20.0mg/g Cr	工作周末的班末
9.	二氯甲烷	Dichloromethane	尿中二氯甲烷	Dichloromethane in urine	0.3mg/L	工作班末
10.	二硫化碳	Carbon disulfide	尿中2-硫代噻唑烷-4-羧酸	2 - Thiothiazolidine - 4 - carboxylic acid (TTCA) in urine	1.5mmol/mol Cr(2.2mg/g Cr)	工作班末或接触末
11.	酚	Phenol	尿中总酚	Total phenol in urine	150mmol/mol Cr(125mg/g Cr)	工作周末的班末
12.	氟及其无机化合物	Fluorides and its inorganic compounds	尿中氟	Fluorides in urine	42mmol/mol Cr(7mg/g Cr)	工作班后
					24mmol/mol Cr(4mg/g Cr)	工作班前
13.	镉及其无机化合物	Cadmium and inorganic compounds	尿中镉	Cadmium in urine	5μmol/mol Cr(5μg/g Cr)	不做严格规定
			血中镉	Cadmium in blood	45nmol/L(5μg/L)	不做严格规定
14.	汞及其无机化合物	Mercury and inorganic compounds	尿中总汞	Total inorganic mercury in urine	20μmol/mol Cr(35μg/g Cr)	接触6个月后工作班前
15.	甲苯	Toluene	尿中马尿酸	Hippuric acid in urine	1mol/mol Cr(1.5g/g Cr)	工作班末(停止接触后)
					11mmol/L(2.0g/L)	
			终末呼出气甲苯	Toluene in End-Exhaled Air	20mg/m^3	工作班末(停止接触后15min~30min)
					5mg/m^3	工作班前

表 4　生物监测指标和职业接触生物限值(续)

序号	接触的化学有害因素		生物监测指标		职业接触生物限值	采样时间
	中文名	英文名	中文名	英文名		
16.	甲苯二异氰酸酯	toluene diisocyanate, TDI	尿中甲苯二胺	Toluenediamine(2, 4-TDA) in urine	1μmol/mol Cr	工作班末
17.	可溶性铬盐	Soluble Chromate	尿中总铬	Total Chromium in urine	65μmol/mol Cr(30μg/g Cr)	接触一个月后工作周末的班末
18.	铅及其化合物	Lead and compounds	血中铅	Lead in blood	2.0μmol/L(400μg/L)	接触三周后的任意时间
19.	三氯乙烯	Trichloroethylene	尿中三氯乙酸	Trichloroacetic acid in urine	0.3mmol/L(50mg/L)	工作周末的班末
20.	三硝基甲苯	Trinitrotoluene	血中4-氨基-2, 6-二硝基甲苯-血红蛋白加合物	Hemoglobin Adducts of 4-Amino-2, 6-Dinitrotoluene in Blood	200ng/g Hb	接触4个月后任意时间
21.	四氯乙烯	Tetrachloroethylene	血中四氯乙烯	Tetrachloroethylene in blood	0.3mg/L	工作周末的班前
22.	锑及其化合物	Antimony and its compounds	尿中锑	Antimony in urine	85μg/L	工作班末
23.	五氯酚	Pentachlorophenol	尿中总五氯酚	Total pentachlorophenol in urine	0.64mmol/mol Cr(1.5mg/g Cr)	工作周末的班末
24.	1-溴丙烷	1-Bromopropane	尿中1-溴丙烷	1-Bromopropane in urine	20ug/L	工作班后
25.	一氧化碳	Carbon monoxide	血中碳氧血红蛋白	Carboxyhemoglobin in blood	5% HbCO	工作班末
26.	乙苯	Ethyl benzene	尿中苯乙醇酸加苯乙醛酸	Mandelic acid and phenylglyoxylic acid(MA and PGA) in urine	0.8g/g Cr	工作班末
27.	有机磷酸酯类农药	Organophosphate insecticides	全血胆碱酯酶活性(校正值)	cholinesterase activity of Whole blood (correction value)	原基础值或参考值的70%	开始接触后3个月内，任意时间
					原基础值或参考值的50%	持续接触3个月后，任意时间
28.	正己烷	n-Hexane	尿中2, 5-已二酮	2, 5-Hexanedione in urine	35.0μmol/L(4.0mg/L)	工作班后

注：Cr，肌酐英文名称 Creatinine 的缩写

5 监测检测原则要求

5.1 工作场所空气中有害物质的采样按 GBZ 159 执行。
5.2 工作场所空气中化学有害因素和粉尘的检测按 GBZ/T 160、GBZ/T 300 和 GBZ/T 192 执行。若无相应的检测方法，可参考国内、外公认的检测方法，但应纳入质量控制程序。
5.3 对分别制定有总粉尘和呼吸性粉尘容许浓度的粉尘，应优先选择测定呼吸性粉尘的接触浓度。
5.4 与 BELs 相配套的生物材料中有害物质及其代谢物或效应指标的测定按照 GBZ/T 295 执行。

6 工作场所化学有害因素职业接触控制原则及要求

6.1 化学有害因素控制的优先原则

6.1.1 对工作场所化学有害因素接触的控制，应根据工作场所职业病危害实际情况，按照 GBZ 1 的要求采取综合控制措施。
6.1.2 消除替代原则。优先采用有利于保护劳动者健康的新技术、新工艺、新材料、新设备，用无害替代有害、低毒危害替代高毒危害的工艺、技术和材料，从源头控制劳动者接触化学有害因素。
6.1.3 工程控制原则。对生产工艺、技术和原辅材料达不到卫生学要求的，应根据生产工艺和化学有害因素的特性，采取相应的防尘、防毒、通风等工程控制措施，使劳动者的接触或活动的工作场所化学有害因素的浓度符合卫生要求。
6.1.4 管理控制原则。通过制定并实施管理性的控制措施，控制劳动者接触化学有害因素的程度，降低危害的健康影响。
6.1.5 个体防护原则。当所采取的控制措施仍不能实现对接触的有效控制时，应联合使用其他控制措施和适当的个体防护用品；个体防护用品通常在其他控制措施不能理想实现控制目标时使用。
6.1.6 在评估预防控制措施的合理性、可行性时，还应综合考虑职业病危害的种类以及为减少风险而需要付出的成本。

6.2 职业接触控制要点

6.2.1 在制定职业接触控制措施时应充分考虑所有可能发生接触的途径，包括经呼吸道吸入、皮肤吸收和经口摄入。
6.2.2 采取的控制措施应具有针对性，能有效防止该有害因素可能引起的健康危害。
6.2.3 应选择最有效和最可靠的控制措施，避免有害因素的泄漏或尽可能使其播散最小化。
6.2.4 应定期检查和评估所有控制措施的相关要素，并保持其持续有效。
6.2.5 应将工作中可能产生的化学有害因素以及采取的对应控制措施告知所有相关的劳动者，并对其进行职业病防治知识培训。
6.2.6 应确保所采取的控制措施不会威胁劳动者的健康和生命。

6.3 工作场所化学有害因素职业接触控制要求

6.3.1 劳动者接触制定有 MAC 的化学有害因素时，一个工作日内，任何时间、任何工作地点的最高接触浓度（maximum exposure concentration，C_{ME}）不得超过其相应的 MAC 值。
6.3.2 劳动者接触同时规定有 PC-TWA 和 PC-STEL 的化学有害因素时，实际测得的当日时间加权平均接触浓度（exposure concentration of time weighted average，C_{TWA}）不得超过该因素对应的 PC-TWA 值，同时一个工作日期间任何短时间的接触浓度（exposure concentration of short term，C_{STE}）不得超过其对应的 PC-STEL 值。

6.3.3 劳动者接触仅制定有 PC-TWA 但尚未制定 PC-STEL 的化学有害因素时，实际测得的当日 C_{TWA}不得超过其对应的 PC-TWA 值；同时，劳动者接触水平瞬时超出 PC-TWA 值 3 倍的接触每次不得超过 15min，一个工作日期间不得超过 4 次，相继间隔不短于 1h，且在任何情况下都不能超过 PC-TWA 值的 5 倍。

6.3.4 对于尚未制定 OELs 的化学有害因素的控制，原则上应使绝大多数劳动者即使反复接触该因素也不会损害其健康。用人单位可依据现有信息、参考国内外权威机构制定的 OELs，制定供本用人单位使用的卫生标准，并采取有效措施控制劳动者的接触。

6.4 控制措施

劳动者接触化学有害因素的浓度超过行动水平时，用人单位应参照 GBZ/T 225 的要求采取包括防尘、防毒等工程控制措施、工作场所有害因素监测、职业健康监护、职业病危害告知、职业卫生培训等技术及管理控制措施。行动水平不作为确定接触职业病危害作业的劳动者的岗位津贴的依据。

6.5 化学有害因素职业接触水平及其分类控制

6.5.1 按照劳动者实际接触化学有害因素的水平可将劳动者的接触水平分为 5 级，与其对应的推荐的控制措施见表 5。

表 5 职业接触水平及其分类控制

接触等级	等级描述	推荐的控制措施
0(≤1%OEL)	基本无接触	不需采取行动
Ⅰ(>1%，≤10%OEL)	接触极低，根据已有信息无相关效应	一般危害告知，如标签、SDS 等
Ⅱ(>10%，≤50%OEL)	有接触但无明显健康效应	一般危害告知，特殊危害告知，即针对具体因素的危害进行告知
Ⅲ(>50%，≤OEL)	显著接触，需采取行动限制活动	一般危害告知、特殊危害告知、职业卫生监测、职业健康监护、作业管理
Ⅳ(>OEL)	超过 OELs	一般危害告知、特殊危害告知、职业卫生监测、职业健康监护、作业管理、个体防护用品和工程、工艺控制
注：作业管理包括对作业方法、作业时间等制定作业标准，使其标准化；改善作业方法；对作业人员进行指导培训以及改善作业条件或工作场所环境等。		

6.5.2 工作场所化学物的职业病危害作业分级管理见 GBZ/T 229.2。

7 正确使用本部分的说明

正确使用本部分的说明见附录 A。

附　录　A
（规范性附录）
正确使用本部分的说明

A.1　制定工作场所化学有害因素职业接触限值的目的

A.1.1　职业接触限值是职业性有害因素的接触限制量值。制定工作场所化学有害因素职业接触限值的目的是指导用人单位采取预防控制措施，避免劳动者在职业活动过程中因过度接触化学有害因素而导致不良健康效应。

A.1.2　工作场所化学有害因素职业接触限值是用人单位评价工作场所卫生状况、劳动者接触化学有害因素程度以及防护措施控制效果的重要技术依据，是实施职业健康风险评估、风险管理及风险交流的重要工具，也可作为设定工作场所职业病危害报警值的参考值。

A.1.3　工作场所化学有害因素职业接触限值也是职业卫生监督管理部门实施职业卫生监督检查、职业卫生技术服务机构开展职业健康风险评估以及职业病危害评价的重要技术依据。

A.2　不同类型职业接触限值的正确运用

A.2.1　在评价工作场所职业卫生状况或劳动者个人接触水平时，应正确运用 PC-TWA、PC-STEL 或 MAC，并按照有关标准的规定进行空气采样、监测。

A.2.2　PC-TWA 是评价劳动者接触水平和工作场所职业卫生状况的主要指标。职业病危害控制效果评价、定期的职业病危害评价、系统接触评估，或因生产工艺、原材料、设备等发生改变需要对工作场所职业病危害程度重新进行评估时，尤应着重进行 *TWA* 的检测、评价。

A.2.2.1　个体检测是测定 *TWA* 的比较理想的方法，能较好地反映劳动者个体实际接触水平和工作场所卫生状况，是评价化学有害因素职业接触的主要检测方法。

A.2.2.2　定点检测也是测定 *TWA* 的一种方法，主要反映工作场所空气中化学有害因素的浓度，也反映劳动者的个体接触水平。应用定点检测方法测定 *TWA* 时，应采集一个工作日内某一工作地点、各时段的样品，按各时段的持续接触时间与其测得的相应浓度乘积之和除以 8，得出一个工作日的接触化学有害因素的时间加权平均接触浓度（C_{TWA}）。可按公式（A.1）计算。

$$C_{TWA}=\frac{C_1T_1+C_2T_2+\cdots\cdots+C_nT_n}{8} \qquad (A.1)$$

式中：

C_{TWA}　——8h 时间加权平均接触浓度，单位为毫克每立方米（mg/m^3）；

8　——一个工作日的标准工作时间，单位为小时（h）；工作时间>1h 但<8h 者，原则上仍以 8h 计；

C_1，$C_2\cdots\cdots C_n$　——T_1，$T_2\cdots\cdots T_n$ 时间段测得的相应空气中化学有害因素的浓度；

T_1，$T_2\cdots\cdots T_n$　——C_1，$C_2\cdots\cdots C_n$ 浓度下劳动者相应接触的时间。

示例 1：

乙酸乙酯的 PC-TWA 为 $200mg/m^3$，劳动者接触状况为：$400mg/m^3$，接触 3h；$60mg/m^3$，接触 2h；$120mg/m^3$，接触 3h。代入上述公式：

$C_{TWA}=(400mg/m^3\times3h+60mg/m^3\times2h+120mg/m^3\times3h)/8=210mg/m^3$，>$200mg/m^3$，超过该物质的 PC-TWA。

示例 2：

同样是乙酸乙酯，若劳动者接触状况为：$300mg/m^3$，接触 2h；$200mg/m^3$，接触 2h；$180mg/m^3$，接触 2h；不接

触，2h。代入上述公式：

C_{TWA} = (300mg/m³×2h+200mg/m³×2h+180mg/m³×2h+0mg/m³×2h)/8 = 170mg/m³，<200mg/m³，则未超过该物质的 PC-TWA。

A.2.3 劳动者在不同时间段接触化学有害因素的 TWA 水平在 PC-TWA 值上下波动，这种波动因物质的不同容许波动的范围而有所不同。为限制劳动者在一个工作日内短时间过高浓度的接触，保护劳动者即使短时间接触这些因素也不会发生急性毒性作用，对化学有害因素制定了相应的 PC-STEL。

A.2.3.1 小于或等于 PC-STEL 的短时间持续接触不会导致刺激，慢性或不可逆性组织损伤，依赖剂量-率的毒性效应，以及麻醉程度足以导致事故率升高、损害自救能力或大幅降低工作效率。

A.2.3.2 PC-STEL 主要用于以慢性毒性作用为主但同时具有急性毒性作用的化学物质，是与 PC-TWA 相配套的短时间接触限值，可视为对 PC-TWA 的补充。在对制定有 PC-STEL 的化学有害因素进行评价时，应同时使用 PC-TWA 和 PC-STEL 两种类型的限值。即使一个工作日内的 C_{TWA} 符合卫生要求，C_{STE} 也不应超过其对应的 PC-STEL 值，且在 PC-TWA 值以上至 PC-STEL 之间的接触不应超过 15min，每个工作日接触该种水平的次数不应超过 4 次，相继接触的间隔时间不应短于 60min。

如果实际测得的当日 C_{TWA} 已经超过 PC-TWA，则没必要使用 PC-STEL 防止这些效应。

A.2.3.3 在对制定有 PC-STEL 的化学物质进行监测和评价时，应通过现场卫生学调查了解浓度波动情况，在浓度最高的时段按采样规范和标准检测方法进行采样和检测。

A.2.4 一次大量接触有害物质可能增加某些疾病的风险，仅依靠长时间平均接触的监测数据，可能会掩盖峰的漂移值，为了控制这种健康效应，对于具有 PC-TWA 但尚未制定 PC-STEL 的化学有害因素，使用峰接触浓度控制短时间的最大接触，目的是防止在一个工作日内在 PC-TWA 若干倍时的瞬时高水平接触导致的快速发生的急性不良健康效应。

A.2.4.1 峰接触浓度与 PC-STEL 相似，都反映 15min 的接触。对于那些制定有 PC-TWA 但尚未制定 PC-STEL 的化学有害因素，劳动者当日的 C_{TWA} 水平应控制在 PC-TWA 范围以内，同时，一个工作日内任何在 PC-TWA 水平以上的短时间接触都应当符合峰接触浓度的控制要求。

A.2.4.2 良好的设计和工业卫生措施可以确保工艺过程控制在可接受范围之内。变异程度过大，意味工艺没有得到很好的控制，应采取措施重新加以控制。控制较高水平的接触旨在鼓励尽可能减少工艺中的变异，以确保劳动者得到相应的保护。

A.2.4.3 对峰接触浓度须应用本部分做出评价，但当可以运用 PC-STEL 或 MAC 时，则优先使用 PC-STEL 或 MAC。

A.2.4.4 峰接触浓度检测对应短时间接触浓度。

A.2.5 MAC 是针对那些具有明显刺激、窒息或中枢神经系统抑制作用，可导致严重急性健康损害的化学物质而制定的在任何情况下都不容许超过的最高容许接触限值。一般情况下，设有 MAC 的化学物质均无 PC-TWA 或 PC-STEL。

在对规定有 MAC 的化学物质进行监测和评价时，应在了解生产工艺过程的基础上，根据不同工种和工作地点采集能够代表最高瞬间浓度的空气样品进行检测。

A.2.6 职业接触限值的计算单位以毫克每立方米(mg/m³)表示，与 *ppm* 的换算按式(A.2)进行。

$$C=\frac{ppm\times MW}{24.05} \qquad \text{(A.2)}$$

式中：

C ——毫克每立方米(mg/m³)；

ppm ——百万分比浓度；

MW ——测定物质的分子量；

24.05 ——20℃，101.3KPa 下 1mol 气体的体积。

A.3 混合接触的控制

A.3.1 大多数物质的 OELs 是针对单一化合物或含有一个共同元素或根的物质制定的，也有少数的

OELs 涉及复杂的混合物或化合物。实际上，劳动者经常在一个工作班的工作中使用含有若干种物质的混合材料或在工作中同时或先后使用某种物质而接触两种或两种以上的混合物。对于同时接触两种或两种以上化学物质时，应科学评估混合接触的健康影响。

A.3.2 对所有类型的混合接触的评估，都需要先对劳动者接触的每一种化学有害因素进行评估，以确保每一种因素都能遵守相应的 OELs，对每种因素的接触都有足够的控制，再根据毒理学资料确定相互作用的类型，基于相互作用类型对混合接触进行评价。

A.3.2.1 当工作场所存在两种或两种以上化学有害因素时，若缺乏联合作用的毒理学资料，应分别测定各化学有害因素的浓度，按公式(A.3)计算每个因素的接触限值比值，并按各个因素对应的 OELs 进行评价。

$$\frac{C_1}{PC\text{-}TWA_1}\leqslant 1;\ \frac{C_2}{PC\text{-}TWA_2}\leqslant 1;\ \frac{C_n}{PC\text{-}TWA_n}\leqslant 1 \qquad (A.3)$$

式中：

C_1，C_2……C_n ——所测得的各化学有害因素的浓度；

$PC\text{-}TWA_1$，$PC\text{-}TWA_2$……$PC\text{-}TWA_n$ ——各化学有害因素对应的容许浓度限值。

据此计算出的接触限值比值≤1 时，表示该物质的接触水平未超过接触限值，符合卫生要求；反之，当接触限值比值>1 时，表示该物质的接触水平已超过接触限值，不符合卫生要求。

A.3.2.2 当两种或两种以上有毒物质共同作用于同一器官、系统或具有相似的毒性作用，或已知这些物质可产生相加作用时，应按公式(A.4)计算混合接触比值(I)。当 $I\leqslant 1$ 时，表示未超过 OELs，符合卫生要求；反之，当 $I>1$ 时，表示超过 OELs，则不符合卫生要求。

$$I=\frac{C_1}{PC\text{-}TWA_1}+\frac{C_2}{PC\text{-}TWA_2}+\cdots\cdots\frac{C_n}{PC\text{-}TWA_n}\cdots\cdots\leqslant 1 \qquad (A.4)$$

式中：

C_1，C_2……C_n ——所测得的各化学物质的浓度；

$PC\text{-}TWA_1$，$PC\text{-}TWA_2$……$PC\text{-}TWA_n$ ——各化学物质对应的容许浓度限值。

示例：

实际测得的某工作场所化学有害因素 C_{TWA} 如下：丙酮 120mg/m^3，环己酮 10mg/m^3，甲乙酮 100mg/m^3；测定的 C_{STE} 如下：丙酮 225mg/m^3，甲乙酮 400mg/m^3。丙酮的 PC-TWA、PC-STEL 分别为 300mg/m^3 和 450mg/m^3；环己酮的 PC-TWA 为 50mg/m^3；甲乙酮的 PC-TWA 和 PC-STEL 分别为 300mg/m^3、600mg/m^3。对其混合接触进行评价。

三种物质的临界不良健康效应均为上呼吸道刺激，可视为相加作用；丙酮还有中枢神经系统损害。评价结果如下：

I_{TWA} = 120/300+10/50+100/300 = 0.4+0.2+0.33 = 0.93；I_{STE} = 225/450+0+400/600 = 0.5+0+0.67 = 1.17。

8h 混合接触比值<1，没有超过 OELs；短时间混合接触比值>1，超出 OELs。

A.3.2.3 当工作场所中存在两种或两种以上化学物质并具有公认的协同作用和增强作用时，应采取更严格的控制措施。

A.3.3 应尽可能避免在接触的混合物中含有标注为“癌”和“敏”的化学物，对这些物质应采取可行措施控制其接触。

A.4 经皮吸收

A.4.1 制定 OELs 的前提是假定劳动者的接触途径主要为吸入接触。但是，许多化学物质除通过吸入接触外，还可通过皮肤、黏膜和眼睛直接接触蒸气、液体和固体，经完整的皮肤吸收而引起全身效应。对这些化学物质标注“皮”的标识(如有机磷酸酯类化合物，芳香胺，苯的硝基、氨基化合物等)，旨在提示即使该化学有害因素的空气浓度≤PC-TWA 值，劳动者接触这些物质仍有可能通过皮肤接触而引起过量的接触。患有皮肤病或皮肤破损时可明显影响皮肤吸收。

A.4.2 对于那些标有“皮”的标识且 OELs 较低的物质，在接触高浓度，特别是在皮肤大面积、长时间接触的情况下，需采取特殊的预防措施以避免或减少皮肤的直接接触。当难以准确定量其接触程度时，也必需采取措施预防皮肤的大量吸收。

A.4.3 对化学物质标注“皮”时，并未考虑该化学物质引起的刺激和致敏作用，对那些可引起刺激或腐蚀效应但没有全身毒性的化学物质原则上不标注“皮”的标识。

A.5 致敏作用

A.5.1 对化学物质标注“敏”的标识，是指已有的人或动物资料证实该物质可能具有致敏作用，但并不表示确定该物质 PC-TWA 值大小依据的临界不良健康效应是致敏作用，也不表示致敏作用是制定其 PC-TWA 值的唯一依据。未标注“敏”标识的物质并不表示该物质没有致敏能力，只反映目前尚缺乏科学证据或尚未定论。

A.5.2 对化学物质标注“敏”的标识，旨在保护劳动者避免诱发致敏效应，但不保护那些已经致敏的劳动者。使用“敏”的标识不能明显区分所致敏的器官系统。

A.5.3 避免接触致敏物及其结构类似物，可减少个体过敏反应的发生。接触致敏物，即使浓度很低，易感个体也可能产生疾病症状，对某些敏感的个体，防止其特异性免疫反应的唯一方法是完全避免接触致敏物及其结构类似物，应通过工程控制措施和个人防护用品有效地减少或消除接触。

A.5.4 只有很少的人会因为接触而产生致敏，应通过上岗前职业健康检查筛检出易感人群。对工作中接触已知致敏物的劳动者，应进行教育和培训(如检查潜在的健康效应、安全操作规程及应急知识)。应定期进行职业健康监护，尽早发现特异易感者，并及时调离接触。

A.6 致癌作用

A.6.1 致癌性标识按国际癌症组织(IARC)分级，并作为参考性资料。化学物质的致癌性证据来自于流行病学、毒理学和机理研究。IARC 根据化学物对人致癌性的证据，将潜在化学致癌性物质分类为：对人致癌(G1)、对人可能致癌(G2A)、对人可疑致癌(G2B)、尚不能分类为对人致癌(G3)和可能对人无致癌性(G4)。根据实际情况，本部分采纳 IARC 的致癌性分级标识 G1、G2A、G2B 并在备注栏内分别标注，作为职业病危害预防控制的参考。

A.6.2 对于标有致癌性标识以及有可能损伤基因的化学物质，应采取最先进的技术措施与个人防护，以减少接触机会，尽可能保持最低的接触水平。

A.7 不同工时制度职业接触的评价

A.7.1 工作场所化学有害因素 OELs 是基于标准工时制度(每天工作 8h、每周 40h 工作制)制定的。对于以周为周期综合计算工作时间的工时制度的职业接触宜以周评价为主；对以月、季、年为周期综合计算工作时间的工时制度的职业接触宜以日评价为主。

A.7.2 对于每日接触时间超过 1h 但不足 8h 或每周工作时间不足 40h 的，以 8h 或 40h TWA 进行评价。对于每日接触时间不足 1h 的，可根据作业的实际情况和化学物质的特性参照该物质的 MAC 或 PC-STEL 进行评价。

A.7.3 当每日工作时间超过 8h 或每周工作时间超过 40h 时，由于长时间工作可能会导致有害物质的吸收增加，恢复时间减少而导致代谢不完全，甚至使体内有害物质累积而可能引起不良健康效应。因此，对工作时间超过标准工时制的，应根据工作时间的延长和恢复时间的减少调整长时间工作的 PC-TWA 值。实际应用时可参考 Brief 和 Scala 模型。

长时间工作 OEL=标准限值×折减因子(Reduction Factor，RF)。应根据不同情况，使用相应公式

计算 *RF*。

A.7.3.1　如每天工作超过 8h，可应用公式(A.5)进行日接触调整：

$$RF=\frac{8}{h}\times\frac{24-h}{16} \quad\cdots\cdots\cdots\cdots (A.5)$$

式中：

h——每天实际工作时间，单位为小时(h)。

A.7.3.2　如每周工作超过 5d 和超过 40h 时，可应用公式(A.6)进行周接触调整：

$$RF=\frac{40}{h}\times\frac{168-h}{128} \quad\cdots\cdots\cdots\cdots (A.6)$$

式中：

h——每周实际工作时间，单位为小时(h)。

A.7.4　在对长时间工作的 PC-TWA 值进行调整时，原则上只对规定有 PC-TWA 的物质进行标化，对 MAC 或 PC-STEL、具有刺激性和臭味的物质，以及单纯刺激性、安全或健康风险极低、生物半衰期少于 4h 或技术上实施困难的物质原则上不进行调整。

A.8　生物监测与职业接触生物限值

A.8.1　生物监测是对接触化学有害因素的劳动者的血液、尿等生物样品中该有害物质的浓度、代谢物浓度，或者是对能够预测、预警且又必须预防的效应及其程度的测定，是评估劳动者接触和健康风险的方法之一，是对通过空气采样进行接触评估的补充。

A.8.1.1　生物监测指标可分为接触指标和效应指标的监测：

——接触指标监测。对接触个体生物样品中化学物质和/或其代谢产物浓度进行的测定，可确定机体吸收的程度，如血铅、尿砷含量的测定；

——效应指标监测。对接触引起的机体生理、生化效应强度进行的测定，如血中胆碱酯酶、血锌原卟啉等的测定。

A.8.1.2　生物样品的采集时间应遵守本部分表 4 所规定的时间。对于非常规工作班制，不建议对 BELs 做任何调整或使用校正因子。

A.8.2　BELs 是为发现和评价劳动者潜在健康危害而制定的参考指南值。理论上，BELs 更能反映劳动者接触化学有害因素的吸收剂量，是与所接触的化学有害因素相关的生物指标参考值。

A.8.2.1　大多数 BELs 是基于与 OELs 的相关性制定的，一些 BELs(如铅)的制定依据则与不良健康效应的发生有关。

A.8.2.2　在制定 BELs 时考虑了毒物代谢动力学(toxicokinetic)和毒物动力学(toxicodynamic)的信息，有关毒物代谢、分布、蓄积、排泄以及效应的知识有助于更有效地使用 BELs。如果劳动者接触时间差别较大，在评价生物接触水平时则应考虑该因素的毒物动力学和毒效学资料。

A.8.2.3　BELs 值既不是安全浓度和危险浓度之间的严格界限，也不是毒性的指标，不能明确区分有害与无害接触，个体样本中测定物的浓度超过 BEL 并不意味健康风险增加。制定了 BEL 并不意味必须要进行生物监测。

A.8.2.4　对于非特异性的职业接触，生物监测结果并不能区分职业接触和非职业接触以及接触水平。BEL 并不用于不良健康效应的测量或职业病的诊断。

A.9　应用 OELs 时需要注意的事项

A.9.1　工作场所化学有害因素 OELs 是基于科学性和可行性制定的工作场所职业病危害控制指南，是健康劳动者在特定时间内容许接触某种浓度的危害物且风险很小的容许剂量，所规定的限值不能理解为“安全”与“不安全”的精确界限。

A.9.1.1　由于在确定工作场所化学有害因素 OELs 时，所依据的健康效应类型因物质不同而异，某些物质 OELs 的确定依据的是明确的健康损害，而有一些物质 OELs 的确定则是依据不适、刺激或中枢神经系统抑制等效应，因此，不能简单地将 2 种不同化学物质的 OELs 作为毒性比较的指标用以判断化学物质的毒性等级。

A.9.1.2　工作场所化学有害因素 OELs 主要用于正常工作条件的职业接触。劳动强度、温热条件、放射线、气压等往往会增强有害物质的健康影响。因此，应用 OELs 时需要注意工作条件的影响。为了尽可能减少非正常条件下任何因素的影响，应适当使用检测、报警和应对措施。

A.9.1.3　对有害物质的易感性因人而异。即使接触水平在容许浓度以下，也有可能出现不适、使当前的健康异常状况进一步恶化，或者不能防止职业病发生等情况。因此，在观察到劳动者出现某些健康异常时，不能只以超过 OELs 为理由就作为职业病诊断与鉴定的唯一依据。

A.9.1.4　工作场所化学有害因素 OELs 只适用于职业人群，不适于评估或控制非职业性接触。

A.9.2　生物材料中的化学物或其代谢产物，或生物效应是反映个体可能“吸收”某种化学物的指标之一，通过生物监测可间接反映劳动者接触化学物的量，有助于检测和测量化学物通过呼吸道以及经皮肤或消化道的吸收、评估机体负荷、在缺乏其他接触测量数据时推断既往的接触、检测劳动者的非职业性接触，测试个人防护用品和工程控制效果以及监测作业实施状况。对于通过其他途径(通常经过皮肤)进入机体并有可能造成明显吸收的化学物质尤应运用生物监测。

A.9.2.1　如果对从不同场合获得的劳动者样本的测定结果持续超过其 BELs，或同一工作场所和班组的一组劳动者的样本检测结果绝大多数超过 BELs，应进行职业卫生调查、评估，以寻求测定值过高的合理的解释，并采取相应的行动以减少接触。在可能的条件下，应排除可能存在的、与作业相关的因素，采取措施以减少接触的影响。

A.9.2.2　受个体生活习惯(如生理波动、个体差异、吸烟或饮酒等)、工作条件、工作时间、皮肤吸收、防护用品的使用、接触工作场所以外的有害因素等的影响，生物监测值与工作场所有害因素接触浓度有时并不一定显示很好的相关性。即使劳动者某个具体的生物指标超过了相应的 BEL，也不能不作分析就下结论认定其健康影响是因为过度接触所致。相反，一些敏感个体的生物监测值低于 BEL 时也可能会受到伤害。因此，在应用生物监测结果评价劳动者潜在健康危害时，应综合分析工作场所职业性有害因素接触水平、防护状况以及劳动者个体健康状况，不能仅凭是否超过 BEL 就评价劳动者的不良健康影响或诊断职业病。

A.9.2.3　具体样本的生物测定可能受生物材料变异性的影响，这种变异可由各种因素引起，如摄入液体、高温、过重的体力负荷、用药等可能造成生物材料的浓缩或稀释，从而影响测定结果。

A.9.2.4　由于样品中测定物的浓度容易发生变化，因此不应依赖单一样本的测定结果。管理行动通常不应依据单次独立的测定，而应依据多次采样测定或重复样本的分析。如果有充分理由确信劳动者发生了明显的接触，可以根据一次高浓度的检测结果使劳动者脱离接触。反之，检测结果低于 BEL 并不一定表示没有健康危险。

A.9.2.5　由于诸多原因，空气监测和生物监测的结果可能并不一致，包括但并不限于与工作有关的因素和方法学因素，如：

a) 劳动者的生理学结构和健康状况，如身体结构、饮食(水和脂肪摄入)、代谢、体液组成、年龄、性别、妊娠、用药以及疾病状况；
b) 职业接触因素，如工作强度和持续时间、皮肤接触、温度和湿度、同时接触其他化学物以及其他工作习惯；
c) 非职业接触因素，如社区和家庭空气污染物、水和食物成分、个人卫生、吸烟、饮酒和用药、接触日常用品或因业余爱好或其他工作场所造成化学物质的接触；
d) 方法学因素，包括样本采集和保存过程中的污染或变质，以及选用的分析方法的偏差；

e) 与劳动者呼吸带有关的空气监测仪器的位置；

f) 粒径分布和生物利用度；

g) 个人防护装置的不同效果。

A.9.3 本部分应在职业卫生专业技术人员指导下使用。

附　录　B
（资料性附录）
新增职业接触限值的主要起草单位及主要起草人

本部分汇总增加了近年来研制、修订的28种工作场所空气中化学有害因素职业接触限值。其中，化学有害因素24种、粉尘3种、生物因素1种。汇总增加近年来审定通过的13种职业接触生物限值。各职业接触限值的检测方法分别见GBZ/T 160和GBZ/T 300系列。

新增工作场所空气中化学有害因素职业接触限值的主要起草单位及主要起草人见表B.1。

表B.1　新增工作场所空气中化学有害因素职业接触限值的主要起草单位及主要起草人

序号	立项名称	化学有害因素名称	主要起草单位	主要起草人
1.	碲及其化合物职业接触限值	碲及其化合物（不含碲化氢）（按Te计）	中国疾病预防控制中心职业卫生与中毒控制所，中国合格评定国家认可中心	谢广云、吕京、贺锡雯、崔涛
2.	工作场所空气中草甘膦的职业接触限值及测定方法	草甘膦	江苏省疾病预防控制中心、南京医科大学、中国疾病预防控制中心职业卫生与中毒控制所、山东省职业卫生与职业病防治研究院、扬州市疾病预防控制中心、镇江市疾病预防控制中心	朱宝立、张锋、许建宁、王全凯、曹文东、张红兵、邵华、张志虎、蔡翔、窦建瑞、姜方平、葛琴娟、谢石、钱海洋
3.	工作场所空气中烯丙菊酯职业接触限值	丙烯菊酯	中国疾病预防控制中心职业卫生与中毒控制所、河北联合大学公共卫生学院	李斌、关维俊、肖经纬、庞淑兰、邢彩虹、王海华、李忠生、孟会林、崔涛、鱼涛、王茜、白玉萍、陈刚
4.	工作场所空气中过氯酸铵粉尘容许浓度	过氯酸铵粉尘	华中科技大学同济医学院公共卫生学院、中国航天科工集团六院四十六所、大连大化集团有限责任公司医院、中国航天科工集团内蒙古航天医院、湖北襄阳新东方化工有限责任公司医院	彭开良、赵素丽、邵元鹏、赵培枫、吕新民、李艳萍、巫丰宏
5.	工作场所空气中工业酶及测定方法	工业酶混合尘工业酶	复旦大学公共卫生学院、中国疾病预防控制中心职业卫生与中毒控制所、珠海市疾病预防控制中心、河北省卫生监督所、昆山市疾病预防控制中心、诺维信（中国）投资有限公司	梁友信、雷玲、朱菊一、郑玉新、黄文燕、练海泉、张博、施健、崔军
6.	多溴联苯醚的职业接触限值和测定方法	十溴联苯醚	湖北省疾病预防控制中心、华中科技大学同济医学院公共卫生学院、山东省职业病防治院	史廷明、闻胜、陈卫红、孙刚涛、刘家发、王景江、陈明、李永刚、邵华、单永乐
7.	二噁英职业接触限值和测定方法	二噁英类化合物	华中科技大学同济医学院公共卫生学院、中国疾病预防控制中心职业卫生与中毒控制所、湖北省疾病预防控制中心、十堰市东风职业病防治中心	陈卫红、张敏、史廷明、王丽华、祁成、闻胜、翁少凡

表 B.1 新增工作场所空气中化学有害因素职业接触限值的主要起草单位及主要起草人(续)

序号	立项名称	化学有害因素名称	主要起草单位	主要起草人
8.	甲硅烷的职业接触限值及测定方法	四氢化硅	湖北省疾病预防控制中心、华中科技大学同济医学院公共卫生学院、武汉市职业病防治院	史廷明、夏颖、古娜利、陈卫红、邵生文、闻胜、杨晓琳、易桂林
9.	过氧化甲乙酮职业接触限值及测定方法	过氧化甲乙酮	天津市疾病预防控制中心、江苏省疾病预防控制中心	赵淑岚、刘静、张万超、张明、杨雪莹、李梅莉、张巧耘
10.	工作场所空气中杀鼠灵职业接触限值及测定方法	杀鼠灵(3-(1-丙酮基苄基)-4-羟基香豆素)	中国疾病预防控制中心职业卫生与中毒控制所、江苏省疾病预防控制中心、江苏省宿迁市疾病预防控制中心、江苏省泗阳县疾病预防控制中心	许建宁、付朝晖、王全凯、刘黎、俞文兰、谢广云、李军延、张恒东、周新亚、姚成宜、何仁伟、丁绪高、张桂平
11.	工作场所空气中三甲基氯化锡职业接触限值及测定方法	三甲基氯化锡	广东省职业病防治院、广东省清远市疾病预防控制中心、广东省清远市清新县疾病预防控制中心、中山大学公共卫生学院、广东省中山市疾病预防控制中心、广东省东莞市常平医院、浙江省医学科学院、广东省医学实验动物中心	吴邦华、唐小江、杨爱初、黄汉林、康利莎、李南春、张晋昕、王国彬、谢玉璇、赖关朝、林忠宁、葛怡琛、阮小林、睢罡、武昕、戎伟丰、黄明、郑少银、胡建辉、单金华、钱亚玲、任雪峰、李小亮、李来玉
12.	工作场所空气中双酚 A 职业接触限值及测定方法	双酚 A	复旦大学公共卫生学院、巴陵石化公司职业病防治所	周志俊、任东升、何永华、邬春华、常秀丽、李国宏、谢美意
13.	工作场所空气中溴鼠灵职业接触限值和测定方法	溴鼠灵	中国疾病预防控制中心职业卫生与中毒控制所、河北省疾病预防控制中心、山东省职业卫生与职业病防治研究院、江苏省疾病预防控制中心、江苏省宿迁市疾病预防控制中心	许建宁、付朝晖、王全凯、俞文兰、张恒东、李建国、邵华、周新亚、谢广云、刘黎
14.	工作场所空气中人造矿物纤维绝热棉(玻璃棉、岩棉、矿渣棉)职业接触限值及检测方法	人造矿物纤维绝热棉粉尘(玻璃棉、矿渣棉、岩棉)	中国疾病预防控制中心职业卫生与中毒控制所、镇江市疾病预防控制中心、江苏省疾病预防控制中心、南京市栖霞区疾病预防控制中心、上海市疾病预防控制中心、北京市疾病预防控制中心、华中科技大学同济医学院公共卫生学院、中国绝热节能材料协会	李涛、朱晓俊、陈永青、张敏、徐岚、葛琴娟、刘丽萍、张恒东、韩恩龙、韩磊、贾晓东、王如刚、杨磊、张德信、许妍
15.	工作场所空气中二甲氧基甲烷职业接触限值及测定方法	二甲氧基甲烷	深圳市龙岗区疾病预防控制中心、广东省职业病防治院、深圳市疾病预防控制中心、四川省疾病预防控制中心	林琳、刘渠、张茂棠、李刚、于碧鲲、陈浩、丁鸿、崔鹏、朱志峰、陈伟峰、陈青松、陈卫、杜洪凤
16.	工作场所空气中乙二醇丁醚职业接触限值及其测定方法	2-丁氧基乙醇	天津市疾病预防控制中心、江苏省疾病预防控制中心、兵器工业卫生研究所	赵淑岚、张健、封琳敏、张万超、刘静、王延让、李小娟、周长美、唐虹、时作龙、赵琼、汪冀

表 B.1　新增工作场所空气中化学有害因素职业接触限值的主要起草单位及主要起草人(续)

序号	立项名称	化学有害因素名称	主要起草单位	主要起草人
17.	工作场所空气中甲基叔丁基醚职业接触限值及测定方法	甲基叔丁基醚	广东省职业病防治院、广东省深圳市职业病防治院、中国石油化工股份有限公司广州分公司、中国石油化工股份有限公司茂名分公司职业病防治所	吴邦华、黄汉林、戎伟丰、阮小林、赖关朝、黄珊红、杨爱初、谢玉璇、越飞、吴川、朱燕群、何嘉恒、崔凡、陈慧峰
18.	工作场所空气中1-溴丙烷职业接触限值及检测方法	1-溴丙烷	复旦大学公共卫生学院、无锡市疾病预防控制中心、宜兴市疾病预防控制中心	周志俊、徐甫、常秀丽、邬春华、李卫华、秦宏、丁道正
19.	工作场所空气中2，4-滴的职业接触限值	2，4-二氯苯氧基乙酸（2，4-滴）	中国疾病预防控制中心职业卫生与中毒控制所、辽宁省疾病预防控制中心、江苏省疾病预防控制中心、山东省职业卫生与职业病防治研究院、北京市劳动保护科学研究所、河北省疾病预防控制中心	谭枫、许建宁、王全凯、宁康、朱钰玲、谢广云、温亚男、张恒东、龚伟、邵华、唐仕川、李建国、付朝晖、张志虎、韩磊、张锋、谢韬、秦振顺、赵春香、余冉、李欢欢
20.	工作场所空气中二甲基亚砜的职业接触限值及测定方法	二甲基亚砜	湖北省疾病预防控制中心、华中科技大学同济医学院公共卫生学院、宜昌市疾病预防控制中心	史廷明、江中发、邵生文、罗苹、张海、卫婷婷、黄健、姚永祥、毛燕妮、闻胜、陈卫红、徐勇、余青、杨勇
21.	作业场所空气中对苯二胺职业接触限值及测定方法	对苯二胺	天津市疾病预防控制中心、浙江省疾病预防控制中心、江苏省疾病预防控制中心、无锡市第八人民医院、上海市疾病预防控制中心、天津市东丽区疾病预防控制中心、天津市北辰区疾病预防控制中心、浙江省台州市疾病预防控制中心	张明、张美辨、刘静、刘保峰、曾强、赵淑岚、樊琳、方兴林、朱宝立、缪荣明、周利红、张露新、顾文奎、谢红卫、方家阳
22.	工作场所空气中苯醌的职业接触限值及测定方法	苯醌	山东省职业卫生与职业病防治研究院、中国疾病预防控制中心职业卫生与中毒控制所、江苏省疾病预防控制中心、北京市劳动保护科学研究所、河北省疾病预防控制中心、辽宁省疾病预防控制中心	张志虎、门金龙、陈学磊、谭枫、许建宁、潘兴富、王全凯、唐仕川、付朝晖、张恒东、张锋、李建国、秦振顺、宁康、孟潇、张梦萍、邵华
23.	工作场所三溴甲烷接触限值及测定方法	三溴甲烷	江苏省疾病预防控制中心、南京医科大学、江苏省淮安市疾病预防控制中心、江苏省淮安市淮安区疾病预防控制中心	朱宝立、龚伟、李小娟、刘炘、吕中明、韩磊、丁恩民、陈晓敏、王海军
24.	工作场所空气中莠去津的职业接触限值及测定方法	莠去津	中国疾病预防控制中心、中国疾病预防控制中心职业卫生与中毒控制所、江苏省疾病预防控制中心、山东省职业卫生与职业病防治研究院、河北省疾病预防控制中心、辽宁省疾病预防控制中心、中国农药工业协会	谭枫、许建宁、谢广云、温亚男、王全凯、张志虎、邬薇、张恒东、张锋、曹承宇、齐武、秦振顺、赵春香、宁康、谢涛、刘红梅

已发布职业接触生物限值标准的主要起草单位及主要起草人见表B.2。

表B.2　已发布职业接触生物限值标准的主要起草单位及主要起草人

序号	原标准名称	生物监测指标	主要起草单位	主要起草人
1.	WS/T 110—1999 职业接触甲苯的生物限值	尿中马尿酸、终末呼出气甲苯	北京医科大学劳动卫生教研室、杭州市职业病防治院	沈惠麒、胡宣扬
2.	WS/T 111—1999 职业接触三氯乙烯的生物限值	尿中三氯乙酸	北京市劳动卫生职业病防治研究所	王顺珍、赵素娟、陈震阳
3.	WS/T 112—1999 职业接触铅及其化合物的生物限值	血中铅	中国预防医学科学院劳动卫生与职业病研究所	吴宜群、汤晓勇、李春玲、唐瑾
4.	WS/T 113—1999 职业接触镉及其化合物的生物限值	尿中镉、血中镉	中国预防医学科学院劳动卫生与职业病研究所、株洲冶炼厂职工医院	黄金祥、赵阳、任振斌
5.	WS/T 114—1999 职业接触一氧化碳生物限值	血中碳氧血红蛋白	中国预防医学科学院劳动卫生与职业病研究所	黄明芳、高青
6.	WS/T 115—1999 职业接触有机磷酸酯类农药的生物限值	全血胆碱酯酶活性(校正值)	上海医科大学劳动卫生教研室	薛寿征、周志俊
7.	WS/T 239—2004 职业接触二硫化碳的生物限值	尿中2-硫代噻唑烷-4-羧酸	浙江大学医学院公共卫生系劳动卫生与环境卫生研究所	简乐、陈茼
8.	WS/T 240—2004 职业接触氟及其无机化合物的生物限值	尿中氟	复旦大学劳动卫生教研室	贾晓东、金泰廙
9.	WS/T 241—2004 职业接触苯乙烯的生物限值	尿中苯乙醇酸加苯乙醛酸	北京大学公共卫生学院、福州晋安区卫生防疫站、齐鲁石油化工公司职业病防治所	沈惠麒、沈波、聂兴田
10.	WS/T 242—2004 职业接触三硝基甲苯的生物限值	血中4-氨基-2,6-二硝基甲苯-血红蛋白加合物	中国疾病预防控制中心职业卫生与中毒控制所、辽宁辽阳153医院	郑玉新、刘玉瑛、王雅文、王强、庞朝强
11.	WS/T 243—2004 职业接触正己烷的生物限值	尿中2,5-己二酮	深圳市疾病预防控制中心	庄志雄、黄先青、何家禧
12.	WS/T 264—2006 职业接触五氯酚的生物限值	尿中总五氯酚	天津市卫生防病中心	王延让、杨雪莹、李建国、张健、李浩、张昊、赵淑岚
13.	WS/T 265—2006 职业接触汞的生物限值	尿中总汞	中国疾病预防控制中心职业卫生与中毒控制所、上海市职业病医院	朱秋鸿、黄金祥、孙道远、闵珍、张福钢
14.	WS/T 266—2006 职业接触可溶性铬盐的生物限值	尿中总铬	北京大学公共卫生学院、山东省济南市疾病预防控制中心	贾光、张济、刘岚铮、沈惠麒
15.	WS/T 267—2006 职业接触酚的生物限值	尿中总酚	上海市化工职业病防治院、宝钢集团上海梅山有限公司卫生防疫站	王洁、李思惠、金惜雯、朱毅贞、舒佩玲

新增职业接触生物限值的主要起草单位及主要起草人见表 B.3。

表 B.3 新增职业接触生物限值的主要起草单位及主要起草人

序号	立项名称/原标准名称	生物监测指标	主要起草单位	主要起草人
1.	职业接触草甘膦生物限值及测定方法	尿中草甘膦	江苏省疾病预防控制中心、南京医科大学、中国疾病预防控制中心职业卫生与中毒控制所、山东省职业卫生与职业病防治研究院、扬州市疾病预防控制中心、镇江市疾病预防控制中心、南京市职业病防治院、昆山市疾病预防控制中心	朱宝立、张锋、刘炘、许建宁、张志虎、朱道建、窦建瑞、姜方平、葛琴娟、谢石、潘丽萍、沈欢喜
2.	职业接触二甲基甲酰胺的生物限值及血中N-甲基氨甲酰加合物的气相色谱-质谱测定方法	血中N-甲基氨甲酰血红蛋白加合物（NMHb）	浙江省医学科学院、浙江医院、苏州市疾病预防控制中心、杭州市西湖区疾病预防控制中心	钱亚玲、徐承敏、路艳艳、柴剑荣、张幸、陈伟国、唐红芳、阮征、刘强、刘丹华、王晗、朱海豹、潘吉、吴昊、孙川、李涛、张海娟、沈利明
3.	职业接触锑及其化合物的生物限值及尿中锑的原子荧光光谱法测定方法	尿中锑	武汉市职业病防治院、武汉华中科技大学同济医学院公共卫生学院和广西壮族自治区职业病防治院	宋为丽、黄忠科、张裕曾、李小萍、易桂林、郑丹、徐晓丽、王敏、江金凤、陈志亮、付小蕾
4.	职业接触溴丙烷的生物限值及测定方法	尿中1-溴丙烷	无锡市第八人民医院（无锡市职业病防治医院）、天津市疾病预防控制中心、江苏省疾病预防控制中心、复旦大学公共卫生学院、北京大学公共卫生学院、江苏省宜兴市瑞济医院	缪荣明、朱宝立、杨德一、张明、高峰、周志俊、王生、周长美、丁帮梅、吴为民、尤德宏、孙先锋
5.	职业接触1，3-丁二烯的生物限值	尿中1，2-双羟基-4-（N-乙酰半胱胺酸）-丁烷（DHBMA）	山东省疾病预防控制中心、复旦大学公共卫生学院、山东省职业卫生与职业病防治研究院、中国石化股份有限公司齐鲁分公司环境和职业卫生监测站	程学美、周景洋、孔凡玲、赵敬、侯宏卫、夏昭林、张霞、聂兴田、李仁波、陈欢、杨绪廷、潘祥凯
6.	职业接触丙酮的生物限值	尿中丙酮	武汉科技大学医学院、湖北中医药大学、十堰市职业病防治院	宋世震、梅勇、叶方立、周婷、吴磊、孙丹陵、姚群峰、许兵、孙荣斌、卢星星
7.	职业接触二氯甲烷的生物限值	尿中二氯甲烷	天津市疾病预防控制中心、江苏省无锡市第八人民医院、广东省深圳市龙岗区疾病预防控制中心、天津市职业病防治院	曾强、张明、杨德一、缪荣明、刘渠、赵淑岚、刘保峰、刘静、于碧鲲、崔鹂、张万超、宋文利
8.	职业接触二甲苯的生物接触限值	尿中甲基马尿酸	武汉市职业病防治院、武汉科技大学医学院、湖北省疾病预防控制中心	宋为丽、梅勇、王敏、江金凤、陈振龙、张玲、黄忠科、毛革诗、邵生文
9.	职业接触乙苯的生物接触限值	尿中苯乙醇酸加苯乙醛酸	天津市疾病预防控制中心、天津市医药科学研究所、天津市职业病防治院	张明、杨德一、王倩、赵淑岚、刘保峰、李建国、刘静、宋文利

表 B.3 新增职业接触生物限值的主要起草单位及主要起草人(续)

序号	立项名称/原标准名称	生物监测指标	主要起草单位	主要起草人
10.	甲苯二异氰酸酯的生物接触限值及检测方法	尿中甲苯二胺(2,4-TDA)	天津市疾病预防控制中心、江苏省无锡市职业病防治院、深圳市职业病防治院、深圳市宝安区疾病预防控制中心	杨德一、王延让、刘保峰、缪荣明、赵欣、张明、谢玉璇、朱志良、赵淑岚、张万超、任婕、刘静
11.	尿中N-甲基乙酰胺生物限值及气相色谱测定方法	尿中N-甲基乙酰胺	浙江省医学科学院、上海市疾病预防控制中心、杭州市萧山区疾病预防控制中心、江苏省如东市疾病预防控制中心	钱亚玲、唐红芳、张幸、贾晓东、寿卫国、路艳艳、吴昊、徐承敏、柴剑荣、周连芳、蒋兆强、汪国权、陈淑林、冒明健
12.	职业接触四氯乙烯的生物限值	血中四氯乙烯	上海市疾病预防控制中心、上海市宝山区疾病预防控制中心、上海市普陀区疾病预防控制中心、上海市化工职业病防治院	贾晓东、刘美霞、杨凤、胡训军、李传奇、汪国权、沈朝烨、蒋志宏、刘武忠、秦景香、沈福荣、吴玉霞、谢禾
13.	职业接触苯尿中苯巯基尿酸生物限值	尿中苯巯基尿酸	武汉科技大学医学院、湖北省疾病预防控制中心、荆门市疾病预防控制中心	宋世震、梅勇、陈醒觉、姚永祥、叶玉杰、胡霞敏、叶方立、郑中华

ICS 13.100
C 52

GBZ

中华人民共和国国家职业卫生标准

GBZ/T 223—2009

工作场所有毒气体检测报警装置设置规范

Specification of setting monitoring and alarming devices for toxic gas in the workplace

2009-11-18 发布 2010-06-01 实施

中华人民共和国卫生部 发布

前 言

根据《中华人民共和国职业病防治法》制定本标准。

本标准的附录 A、附录 B 为资料性附录。

本标准由卫生部职业卫生标准专业委员会提出。

本标准由中华人民共和国卫生部批准。

本标准主要起草单位：中国疾病预防控制中心职业卫生与中毒控制所。

本标准主要起草人：张敏、李涛、马瑞岭、徐伯洪、吴维皑、杜燮祎。

工作场所有毒气体检测报警装置设置规范

1 范围

本标准规定了工作场所有毒气体检测报警点和报警值的确定，以及检测报警仪的选型、安装、管理、维护等的要求和方法。

本标准适用于工作场所有毒气体检测报警装置的设置、使用和管理。

2 规范性引用文件

下列文件中的条款通过本标准的引用而成为本标准的条款。凡是注日期的引用文件，其随后所有的修改单(不包括勘误的内容)或修订版均不适用于本标准，然而，鼓励根据本标准达成协议的各方研究是否可使用这些文件的最新版本。凡是不注日期的引用文件，其最新版本适用于本标准。

GBZ 2.1 工作场所有害因素职业接触限值 第1部分：化学有害因素

GBZ/T 205 密闭空间有害气体直读式仪器检测规范

GB 3836.1 爆炸性气体环境用电气设备 第1部分：通用要求(eqv IEC 60079-0：1998)

GB 3836.15 爆炸性气体环境用电气设备 第15部分：危险场所电气安装(煤矿除外)

GB 12358 作业环境气体检测报警仪通用技术要求

GB 50058 爆炸和火灾危险环境电力装置设计规范

3 术语、定义和缩略语

3.1 术语和定义

下列术语和定义适用于本标准。

3.1.1

有毒气体检测报警装置 monitoring and alarming devices for toxic gas

用于检测和(或)报警工作场所空气中有毒气体的装置和仪器，由探测器和报警控制器组成，具有有毒气体自动检测与报警功能，常用的有固定式、移动式和便携式检测报警仪。

3.1.2

探测器 detectors

由采样装置、传感器和前置放大电路组成的气体检测部件。

3.1.3

探测器的选择性 selectivity of detectors

探测器对某种或某些气体产生响应的能力。

3.1.4

报警控制器 alarm controller

接收并处理探测器输出信号，具有显示、报警或控制功能的电器仪表。

3.1.5

标定 calibration

标定就是利用高精度的标准物对检测仪进行定度的过程，从而确立检测仪输出量和输入量之间的对应关系，也叫作校准。

3.1.6

检测范围　detection range

检测报警仪在规定条件下，能够检测出被测有毒气体的浓度范围。

3.1.7

报警值　alarm point

根据有关法规标准和现场情况，检测报警仪预先设定的报警浓度值。

3.1.8

响应时间　response time

在规定条件下，从探测器接触被测气体到稳定指示值的时间，通常指读取达到稳定指示值90%的时间(T90)。

3.1.9

释放源　releasing source

可能泄漏、挥发和扩散有毒气体的设施或场所。

3.1.10

释放点　releasing site

在释放源中可能释放有毒气体的部位或地点。

3.1.11

检测报警点　detecting and alarming site

实施有毒气体检测报警的位置(地点)。

3.1.12

超限倍数　excursion limit

对未制定PC-STEL的化学有害因素，在符合8h时间加权平均容许浓度的情况下，任何一次短时间(15min)接触的浓度均不应超过的PC-TWA的倍数值。

3.2　缩略语

下列缩略语适用于本标准。

MAC　Maximum Allowable Concentration　最高容许浓度

PC-STEL　Permissible Concentration-Short Term Exposure Limit　短时间接触容许浓度

PC-TWA　Permissible Concentration-Time Weighted Average　时间加权平均容许浓度

ECD　Electro Chemistry Detector　电化学检测器

FID　Flame Ionization Detector　火焰离子化检测器

PID　Photoionization Detector　光离子化检测器

MOS　Metallic Oxide Semiconductor detector　金属氧化物半导体检测器

4　有毒气体检测报警点的确定

4.1　确定原则

4.1.1　存在或使用、生产有毒气体，并可能导致劳动者发生急性职业中毒的工作场所，应设立有毒气体检测报警点，主要指可能释放高毒、剧毒气体的工作场所，或可能大量释放或易于聚集的其他有毒气体的工作场所。

4.1.2　检测报警点应设在可能释放有毒气体的释放点附近，如输送泵、压缩机、阀门、法兰、加料口、采样口、储运设备的排水口、有毒液体装卸口或可能溢出口、有毒气体填充口以及有毒物质设备易损告部位等处。另外，与有毒气体释放源场所相关联并有人员活动的沟道、排污口以及易聚集有毒气体的死角、坑道等也宜设置检测报警点。

4.1.3 确定检测报警点时要考虑被检测物质的理化特性、毒性、易燃易爆性、气象条件、生产条件、职业卫生状况及可能造成事故的严重程度等，实现有效报警。

4.1.4 已知空气中有毒气体浓度经常或持续超过报警设定值的特殊场所，可不设立固定式有毒气体检测报警点。如因工作需要进入作业场所，有关人员应配备便携式有毒气体检测报警仪及有效的个体防护用品。

4.1.5 一般情况，应设置有毒气体检测报警仪的场所，宜采用固定式，当没有必要或不具备设置固定式的条件时，应配置移动式或便携式检测报警仪。另外，安全巡检和事故检查也宜使用便携式检测报警仪。

4.1.6 密闭空间有毒气体检测报警点的确定参照 GBZ/T 205 的规定执行。

4.2 设置方法

4.2.1 "室内"检测报警点设在与有毒气体释放点距离 1m 以内；若有毒气体的密度大于空气密度时，检测报警点的位置应低于释放点；反之，应高于释放点。

4.2.2 "室外"检测报警点设在与有毒气体释放点距离 2m 以内；检测报警点一般设在常年主导风向下风向的位置；若有毒气体的密度大于空气密度时，检测报警点的位置应低于释放点；反之，应高于释放点。

4.2.3 "室内"或"室外"的同一场所有多个距离较近的释放点时，一个检测报警点可同时覆盖两个以上的同种气体的释放点，但要符合 4.2.1 和4.2.2 的要求。

4.2.4 工作场所虽无有毒气体释放点，但临近释放点一旦释放有毒气体，可能扩散并导致人员急性职业损伤的，应设检测报警点，检测报警点设在有毒气体可能的入口处或人员经常活动处。

4.2.5 设置检测报警点时，要根据 4.1 的检测报警点的确定原则和现场情况进行评估，认定其合理性。

5 有毒气体报警值的设定

5.1 设定原则

5.1.1 报警值设定应遵循安全、科学、可行的原则，确保现场劳动者及时响应，采取应急救援措施，消除异常情况，保证人身安全。

5.1.2 爆炸性有毒气体的报警值，一般以毒性的要求设定。

5.2 报警值的设定方法

5.2.1 报警值分级设定，可设预报、警报、高报 3 级，不同级别的报警信号应有明显差异。用人单位应根据有毒气体的毒性及现场情况，至少设定警报值和高报值两级，或者设定预报值和警报值两级。

5.2.2 预报值为 GBZ 2.1 所规定的 MAC 的1/2 或 PC-STEL 的 1/2，无 PC-STEL 的物质，为超限倍数值的 1/2。预报提示该场所可能发生有毒气体释放，应对相关设备进行检查，采取有效的预防控制措施。

5.2.3 警报值为 GBZ 2.1 所规定的 MAC 或PC-STEL 值，无PC-STEL 的物质，为超限倍数值。警报提示该工作场所空气中有毒气体已达到或超过国家职业卫生标准，应立即寻查释放点，采取相应的防止释放、通风排风和人员防护等措施。

5.2.4 高报值可根据有毒气体及其毒性、人员情况、事故后果、工艺和设备以及气象条件等，企业综合考虑现场各种因素后确定。高报提示该场所有毒气体大量释放，已达到危险程度，应迅速启动应急救援预案，做好工作人员的防护和相关人群的疏散。

6 有毒气体检测报警仪的选用

6.1 选用原则

6.1.1 根据工作场所需要监测、报警的有毒气体，选择合适的有毒气体检测报警仪。

6.1.2 有毒气体检测报警仪的检测范围、检测和报警精度、选择性和使用寿命等应满足检测报警要求。探测器应具有抗中毒损坏的能力。

6.1.3 根据有毒气体释放源和释放点的环境、工作条件选择适宜的有毒气体检测报警仪。

6.1.4 根据劳动者作业的活动方式，选择不同结构形式的有毒气体检测报警仪。

6.1.4.1 劳动者经常活动的有毒工作场所，宜设置固定式有毒气体检测报警仪。

6.1.4.2 劳动者短时间活动的有毒气体工作场所，宜设置移动式有毒气体检测报警仪。

6.1.4.3 不便安装固定式或移动式检测报警仪，或者劳动者临时性活动的有毒气体工作场所，或发生事故应急条件下，宜配备便携式有毒气体检测报警仪。

6.2 功能和质量要求

6.2.1 检测报警仪对有毒气体的检测应有选择性，能抵抗非检测气体的干扰，可提供准确可靠的指示和报警。

6.2.2 探测器能覆盖一定的监测区域，对此区域内释放的有毒气体，可实现有效监测报警。

6.2.3 探测器应对环境温湿度变化有自动补偿；对机械性损坏、雨水和风沙等侵害有防护措施；还应有防电磁干扰功能，避免信号失真。

6.2.4 检测报警仪应有调零、标定和故障报警等可靠性保障功能。

6.2.5 检测报警仪的报警方式能使劳动者及时响应，必要时可联动控制装置。

6.2.6 检测报警仪应符合 GB 12358 的要求；用于防爆场所的仪器应符合 GB 50058 和 GB 3836.1 的要求，其他部件和传输导线等，应符合其相关的标准规范的要求。

6.2.7 在规定的标定时间间隔内，检测报警仪的各项技术指标应符合要求。

6.3 探测器的选用方法

6.3.1 应对工作场所有毒气体进行全面识别和评估，根据评估结果选择合适的探测器，并确保人身安全。

6.3.2 常见无机有毒气体首选 ECD；挥发性有机污染物多选 PID 或 FID；气体泄漏的监测可选用 MOS。具体选用方法参见附录 A。

6.3.3 在工作场所空气中含有两种以上有毒气体时，应综合考虑有毒气体的毒性、释放速度、释放量选择探测器。必要时，也可选择几种探测器同时检测报警。

6.3.4 对于以混合物形式存在的挥发性有机蒸气等有毒气体，气体组成明确时，也可选择无选择性探测器检测混合气体总量，并作为其中职业接触限值最低的有毒气体来设置报警值。

6.3.5 易燃易爆场所应选用防爆型探测器。

6.4 报警控制器的选用要求

6.4.1 报警控制器应与探测器匹配，能接收和处理有毒气体检测信号，实现检测信号的显示、报警，也可有控制、数据存储和信号传输功能。

6.4.2 报警信号可以保持，并能手动消除。只有经过确认采取处理措施后，才允许人工停止报警。

6.4.3 多点式报警控制器，在多个检测报警回路之间应具有独立工作功能，以避免互相影响。并能识别每路报警信号的位号。

6.4.4 报警控制器应有断线、探测器失效和电源欠压等故障诊断报警功能，其报警信号应区别于有毒气体的报警信号。

6.4.5 报警控制器宜独立于生产工艺控制仪表，配置在有人员值守的位置。

7 有毒气体检测报警仪的管理和维护

7.1 运行

7.1.1 确保有毒气体检测报警仪的正常运行，并做好运行记录，包括检测报警运行是否正常，维修日期和内容等。

7.1.2 检测报警仪的零点漂移超出其检测误差值时，应在确认无被测气体输入探测器的情况下，调整零点，使其处于零气体的检测状态。

7.2 标定

7.2.1 检测报警仪按生产厂家的规定时间和程序定期进行标定。

7.2.2 标定方法应规范化。标定零值和报警值两个标定点，使用的被测气体的标准混合气体(或代用气体)应符合要求，其浓度的误差(不确定度)小于被标仪器的检测误差。

7.2.3 便携式气体检测报警仪在使用前宜进行标定。

7.2.4 做好标定记录，包括标定时间和标准气规格和标定点等。

7.3 维护

7.3.1 专人负责对检测报警仪进行定期检查和维护，记录异常情况和处理措施及结果。

7.3.2 探测器的传感器已达到使用寿命或损坏不能正常使用时，应及时更换。

7.4 计量检定

按计量要求对检测报警仪定期检定。

7.5 报废更新

7.5.1 探测器的传感器应按说明书规定的使用寿命或无法正确标定时应及时更换。

7.5.2 检测报警仪应按其电子器件使用寿命的期限，整机更新。

7.5.3 由于使用不当或者恶劣环境的影响，确认检测报警仪损坏不能修复使用时，需要及时报废更新。

7.6 档案

7.6.1 检测报警仪的原始资料及时存档，包括名称、型号、传感器类型及其寿命，主要技术指标以及出厂和安装时间及安装位置等。

7.6.2 检测报警仪的运行记录、标定记录、维护记录和计量检定资料等都应及时存档。

附 录 A
(资料性附录)
有毒气体检测报警仪的选用

A.1 有毒气体检测报警仪的选用

有毒气体包括毒性气体和易挥发物质的蒸气，其检测报警仪的选用参见表 A.1。

表 A.1 有毒气体检测报警仪的选用推荐表

序号	有毒气体	警报值 MAC (mg/m³)	警报值 PC-STEL (mg/m³)	检测报警仪的探测器	检测误差 (%F.S.)	响应时间 (s)	探测器的选择性
1	一氧化碳	—	30.	ECD 或 MOS	≤5	≤30	有
2	二氧化氮	—	10	ECD	≤5	≤30	有
3	二氧化硫	—	10	ECD	≤5	≤60	有
4	氨	—	30	ECD、PID、FID	≤5	≤160	EID 有，PID 和 FID 无
5	丙烯腈	—	2	ECD、MOS	≤5	≤60	有
6	异氰酸甲酯	—	0.08	ECD、FID	≤5	≤60	有
7	肼	—	0.13	PID、FID	≤5	≤5	无
8	二异氰酸甲苯酯	—	0.2	PID、FID	≤5	≤5	无
9	二氧化氯	—	0.8	ECD	≤5	≤60	有
10	环氧氯丙烷	—	2	PID、FID	≤5	≤5	无
11	丙烯醇	—	3	PID、FID	≤5	≤5	无
12	氯丙烯	—	4	PID、FID	≤5	≤5	无
13	丁醛	—	10	PID、FID	≤5	≤5	无
14	二甲胺	—	10	PID、FID	≤5	≤5	无
15	二硫化碳	—	10	PID、FID	≤5	≤5	无
16	乙二胺	—	10	PID、FID	≤5	≤5	无
17	苯	—	10	PID、FID	≤5	≤5	无
18	乙醇胺	—	15	PID、FID	≤5	≤5	无
19	乙酸乙烯酯	—	15	PID、FID	≤5	≤5	无
20	乙胺	—	18	PID、FID	≤5	≤5	无
21	环己胺	—	20	PID、FID	≤5	≤5	无
22	甲酸	—	20	PID、FID	≤5	≤5	无
23	甲醇	—	50	PID、FID	≤5	≤5	无
24	萘	—	75	PID、FID	≤5	≤5	无
25	甲苯	—	100	PID、FID	≤5	≤5	无
26	邻二氯苯	—	100	PID、FID	≤5	≤5	无
27	苯乙烯	—	100	PID、FID	≤5	≤5	无
28	二甲苯	—	100	PID、FID	≤5	≤5	无

表 A.1 有毒气体检测报警仪的选用推荐表(续)

序号	有毒气体	警报值		检测报警仪的探测器	检测误差(%F.S.)	响应时间(s)	探测器的选择性
		MAC(mg/m^3)	PC-STEL(mg/m^3)				
29	乙苯	—	150	PID、FID	≤5	≤5	无
30	正己烷	—	180	PID、FID	≤5	≤5	无
31	乙酸戊酯	—	200	PID、FID	≤5	≤5	无
32	乙酸甲酯	—	200	PID、FID	≤5	≤5	无
33	乙酸丁酯	—	300	PID、FID	≤5	≤5	无
34	乙酸乙酯	—	300	PID、FID	≤5	≤5	无
35	乙酸丙酯	—	300	PID、FID	≤5	≤5	无
36	丙酸	—	300	PID、FID	≤5	≤5	无
37	丙酮	—	450	PID、FID	≤5	≤5	无
38	乙醚	—	500	PID、FID	≤5	≤5	无
39	丁酮	—	600	PID、FID	≤5	≤5	无
40	异丙醇	—	700	PID、FID	≤5	≤5	无
41	砷化氢(胂)	0.03	—	PID	≤5	≤5	无
42	甲基肼	0.08	—	PID、FID	≤5	≤5	无
43	磷化氢	0.3	—	PID、ECD	≤5	≤5	无
44	丙烯醛	0.3	—	PID、FID	≤5	≤5	无
45	甲醛	0.5	—	ECD、FID	≤5	≤5	有
46	碘	1	—	PID	≤5	≤5	无
47	氯气	1	—	ECD、MOS	≤5	≤60	有
48	氟化氢	2	—	ECD	≤5	≤60	有
49	苄基氯	5	—	PID、FID	≤5	≤5	无
50	氯化氢及盐酸	7.5	—	ECD	≤5	≤60	有
51	巴豆醛	12	—	PID、FID	≤5	≤5	无
52	正丁胺	15	—	PID、FID	≤5	≤5	无
53	乙醛	45	—	PID、FID	≤5	≤5	无
54	硫化氢	10	—	ECD、MOS	≤5	≤60	有
55	一氧化氮	—	—	ECD	≤5	≤60	有
56	氢氰酸	1	—	ECD	≤5	≤60	有

注1：ECD：电化学探测器；PID：光离子化探测器；FID：火焰离子化探测器；MOS：金属氧化物半导体探测器；F.S.：仪器的全量程。

注2：可燃和有毒气体共存的情况下，可燃、有毒检测报警装置同时设置。

注3：为保证仪器的检测报警精度，检测量程不宜大于警报值的10倍，对于大量程的仪器，也要按警报值的10倍作量程计算误差。

注4：本表所列探测器(或其传感器)适用于固定式、移动式和便携式仪器，应根据现场需要选择探测器及其仪器的不同结构形式。

注5：本表所列技术指标是探测器所能达到的指标，也可选更高指标的仪器。

注6：也可选用本表以外其他符合要求的检测报警仪。

附 录 B
(资料性附录)
固定式有毒气体检测报警仪的安装

B.1 探测器的安装

B.1.1 探测器的安装及其要求

B.1.1.1 在爆炸性气体环境的危险场所，探测器的安装应符合 GB 3836.15 的要求。

B.1.1.2 探测器应按 4.2 确定的检测报警点安装，其安装方位应考虑避免油类和其他液体的喷溅；便于其传感器接收被测气体；周围应留出半径为 50cm 的安装和维修空间。

B.1.1.3 通常采取抱管式安装，安装的支撑管选用直径为 50mm 左右的钢管，采用双管箍固定，确保安装牢固。

B.1.1.4 壁挂式安装时，墙壁应有足够的强度，用膨胀螺栓固定，确保安装牢固。

B.1.1.5 传感器应朝下垂直于地面安装。

B.1.1.6 使用其他电气附件时，应遵照相关电气设备安装标准。

B.1.2 探测器安装注意事项

B.1.2.1 探测器不得在超出探测器给定技术条件(温度、湿度、大气压力等)的环境中使用。环境温度超标时，应保持探测器的温度，并对被测空气进行降温预处理：环境湿度超过仪器允许的相对湿度范围时，应对被测空气进行除湿、滤水等预处理。

B.1.2.2 高粉尘环境中使用的探测器，应增加除尘装置。

B.1.2.3 室外露天安装的探测器应考虑安装防水、防雨和防晒装置。

B.1.2.4 检测管道内气体时，应将被检测气体引出后再进行检测，必要时应考虑加装除尘、保温(加热或冷却)、除油、除湿、减压装置(或泵吸)等措施。

B.1.2.5 探测器应安装在无强冲击、无强振动、无强电磁场干扰的场所。

B.2 报警控制器的安装和供电要求

B.2.1 壁挂式报警控制器的安装及其要求

B.2.1.1 室内安装的砖结构或混凝土结构墙壁的强度必须能够支撑 50kg 以上的重物。

B.2.1.2 控制器的安装高度建议为控制器显示窗中心线距离地面 1.7m 左右。

B.2.1.3 贴墙安装报警控制器时，用膨胀螺栓将安装背板牢固固定在墙面上，再将主机挂装到安装背板上。

B.2.2 盘装式报警控制器宜安装在控制柜中，建议安装高度为 1.7m。

B.2.3 报警控制器电源应配备独立的空气开关，应有备用电源。

B.2.4 报警控制器控制的外部设备供电电流大于 200mA 或供电电压高于 220VAC 时，应使用中间继电器。

B.3 报警控制器和探测器的连接和防爆

B.3.1 报警控制器与探测器连接的 RVVP 型屏蔽护套线的屏蔽层应与控制器外壳连接，线径应按照信号传送距离选择。

B.3.2 电缆线应采用钢管单独穿线敷设，不得与其他电缆线混用钢管。

B.3.3　保护电缆线通过的钢管的所有接头、接口、螺纹连接处应有良好的密封。

B.3.4　电缆线接头处应保证屏蔽层完整，电缆线进入探测器后方可去掉多余的屏蔽层，并与探测器有良好连接。

B.3.5　电缆线与接线端子的连接应保证0.8cm~1.5cm的接头，通过挂锡或冷轧端子方式牢固连接在接线端子上。

B.3.6　接线时应保证探测器内线路板无移位和松动。

B.3.7　防爆型探测器接口处的密封应满足GB 12358的要求。

B.3.8　本安型探测器的安全栅应安装在尽量靠近报警控制器的非防爆区域。

B.3.9　探测器和报警控制器安全接地导线应选用≥4mm^{2}绝缘导线，接地电阻应≤4Ω。

ICS 13.100
C 57

GBZ

中华人民共和国国家职业卫生标准

GBZ 125—2009
代替GBZ 125—2002,GBZ 137—2002

含密封源仪表的放射卫生防护要求

Radiological protection requirements for gauges containing sealed radioactive source

2009-10-26 发布　　2010-02-01 实施

中华人民共和国卫生部 发布

目　次

前　言

根据《中华人民共和国职业病防治法》制定本标准。

本标准全文强制。

本标准代替GBZ 125—2002《含密封源仪表的卫生防护标准》、GBZ 137—2002《含密封源仪表的卫生防护监测规范》。自实施之日起，GBZ 125—2002和GBZ 137—2002同时废止。

本标准与GBZ 125—2002、GBZ 137—2002相比，主要修改如下：

——将GBZ 125—2002、GBZ 137—2002合并为本标准；

——"电离辐射标志"等有关内容，引用GB 18871；

——增加了放射源安全的相关要求和事故应急要求等。

本标准的附录A是规范性附录，附录B和附录C是资料性附录。

本标准由卫生部放射卫生防护标准专业委员会提出。

本标准由中华人民共和国卫生部批准。

本标准起草单位：北京市疾病预防控制中心。

本标准主要起草人：李雅春、王时进、孔玉侠。

本标准所代替标准的历次版本发布情况为：

——GB 16368—1996；

——GBZ 125—2002；

——GBZ 137—2002；

——WS/T 185—1999。

含密封源仪表的放射卫生防护要求

1 范围

本标准规定了源容器和含密封放射源(以下简称“密封源”)的检测仪表的放射防护与安全要求，以及放射防护检验和检查要求。

本标准适用于基于粒子注量测量的含密封源的检测仪表(以下简称检测仪表)，包括料位计、密度计、湿度计、核子秤等。

2 规范性引用文件

下列标准中的条款通过本标准的引用而成为本标准的条款。凡是注日期的引用文件，其随后所有的修改单(不包括勘误的内容)或修订版本均不适用于本标准，然而，鼓励根据本标准达成协议的各方研究是否可使用这些文件的最新版本。凡不注日期的引用文件，其最新版本适用于本标准。

GB 4075　密封放射源一般要求和分级

GB 11806　放射性物质安全运输规程

GB 14052　安装在设备上的同位素仪表的辐射安全性能要求

GB 18871　电离辐射防护与辐射源安全基本标准

GBZ 128　职业性外照射个人监测规范

GBZ/T 208　基于危险指数的放射源分类

3 术语和定义

下列术语和定义适用于本标准。

3.1 源容器　radioactive source container

放置密封源使其处于正确的几何位置，并提供足够的屏蔽防护，以使周围辐射水平低于规定值的容器。源容器上还可设置控制有用线束通和断的源闸以及辐射状态指示器等。

3.2 有用线束　useful beam

通过源容器的窗、光栏、圆锥孔或其他形状准直器件的辐射。

4 对源容器的放射防护要求

4.1 用于支持和容纳密封源的部件应做到既能牢固、可靠的固定密封源，又便于密封源的装拆。

4.2 在不同的使用条件下，检测仪表中源容器的安全性能应符合 GB 14052 的相应要求。

4.3 源容器应有能防止未经授权的人员进行密封源安装与拆卸操作的结构与部件，例如具有由外表面不可直接视见的隐式组装结构，或具有使用特殊的专用工具时才能组装、拆卸源容器的零部件、安全锁等。

4.4 当源容器设有限束器、源闸时，应满足下列要求：

a）当透射式检测仪表探测器处于距密封源最远使用位置时，以密封源为中心的有用线束的立体角不应超出无屏蔽体探测器或探测器的屏蔽体；

b）源闸在“开”、“关”状态的相应位置应可分别锁定，并有明显的“开”、“关”状态指示；

c）如果源闸为遥控或伺服控制的，则遥控电路或伺服控制电路发生故障时，源闸应自动关闭；

d）安装在物料传送带旁侧的源容器的源闸：在传送带运行时，应自动开启；在传送带停止运行时，应自动关闭；

e）上述 c，d 两项，当源闸自动关闭意外故障时，应有手动关闭源闸的设施。

4.5 邻近密封源的部件应选用散射线、韧致辐射少且耐辐照的材料。

4.6 源容器的生产厂家应给出容器中可装载密封源的核素和最大活度。

4.7 检测仪表在不同场所使用时，见附录 A 所标示的位置的周围剂量当量率应满足表 1 的要求。

表 1 不同使用场所对检测仪表外围辐射的剂量控制要求

检测仪表使用场所	下列不同距离[2)]的周围剂量当量率 $\dot{H}^*$ 控制值，μSv/h	
	5cm	100cm
对人员的活动范围不限制	$\dot{H}^*<2.5$	$\dot{H}^*<0.25$
在距源容器外表面 1m 的区域内很少有人停留	$2.5\leq\dot{H}^*<25$	$0.25\leq\dot{H}^*<2.5$
在距源容器外表面 3m 的区域内不可能有人进入或放射工作场所设置了监督区[1)]	$25\leq\dot{H}^*<250$	$2.5\leq\dot{H}^*<25$
只能在特定的放射工作场所使用，并按控制区、监督区[1)]分区管理	$250\leq\dot{H}^*<1000$	$25\leq\dot{H}^*<100$

1) 监督区边界剂量率为 2.5μSv/h。

2) 距测最头或源部件及探头表面的距离，详见附录 A 图 A.1~图 A.5。

4.8 源容器外表面应有牢固的标牌并清晰地标明下列内容：

a）符合 GB 18871 规定的电离辐射标志；

b）制造厂家、出厂日期、产品型号和系列号；

c）核素的化学符号和质量数、密封源的活度及活度的测量日期；

d）符合 GB 14052 规定的检测仪表的类别和安全性能等级的代号。

5 检测仪表的放射防护与安全要求

5.1 生产和销售要求

5.1.1 检测仪表中的密封源的质量应符合GB 4075 的要求。在满足工作需求的条件下，应选用活度低、贯穿能力弱、放射毒性低的密封源。

5.1.2 当需要以远距离控制的方式把密封源输送到源容器外部时，检测仪表应：

a）具有在控制台和源容器上醒目显示密封源工作状态的指示部件；

b）配有监视密封源工作状态的剂量测量仪器。

5.1.3 检测仪表生产厂家应按 GB 14052 规定的密封源容器安全性能进行产品的型式试验和出厂检验，应向用户提供产品出厂检验合格的证件。

5.1.4 检测仪表的随机文件应包括：

a）检测仪表技术特性的文件中应列出与 4.2、4.6~4.8 有关的内容与技术数据；

b）检测仪表检验（含本标准表 2 不同类检验与检查项目）合格的证明文件；

c）有关密封源和源容器安装、拆卸、检修、运输、贮存及退役、放射事故预防、异常事件应急处置、检测仪表使用许可证件办理等放射防护方面的注意事项；

d）给出检测仪表在工作状态时相应于2.5μSv/h周围剂量当量率辐射区范围的等剂量曲线图或表。

5.1.5 在许可的范围内生产与销售，建立生产与销售检测仪表和其密封源的台账，按国家法规建立管理制度(见附录B)。

5.2 贮存要求

密封源、含密封源的源容器的贮存，检修检测仪表时含密封源的源容器的临时存放应满足下列要求：

a）具有防盗、防火、防爆、防腐蚀、防潮湿的贮存条件；按安全保卫审管要求设置防盗锁等安全措施；

b）由经授权的专人管理，建立收贮台账和定期清点制度；建立领取、借出收回登记和安全状态检查、剂量测量制度；

c）具有屏蔽防护措施，使非放射工作人员可能到达的任何位置上的周围剂量当量率小于2.5μSv/h；

d）密封源存放处应设有醒目的“电离辐射警告标志”(见GB 18871)。

5.3 使用要求

5.3.1 在许可的范围内使用检测仪表和其密封源，建立台账，按国家法规建立管理制度(见附录B)。

5.3.2 新购入的检测仪表应按本标准进行放射防护与安全验收检验。

5.3.3 检测仪表的固定使用场所，源容器应安装牢固、可靠，应采取安保措施防止丢失密封源，阻止人员进入源容器与受检物之间的有用线束区域。

5.3.4 涉及密封源的安装、检查、维修的操作人员必须熟悉源容器的结构，掌握放射防护技能，取得放射工作人员资格证书，并得到操作授权。

5.3.5 在监督区内的放射工作人员、各类检测仪表放射源换装和检测仪表涉源维修时的放射工作人员，应按GBZ 128进行个人剂量监测。

5.3.6 退役的密封源应按放射性危险物品严格管理，退回生产厂家或转送退役源保管部门，并有永久的档案。

5.3.7 在检测仪表的源容器场所的醒目位置设置清晰的“电离辐射警告标志”(见GB 18871)。

5.4 运输要求

密封源、含密封源的源容器的运输应遵守GB 11806的要求。

5.5 事故应急要求

5.5.1 对检测仪表及其使用的密封源，应根据其可能发生的放射事故风险，按GBZ/T 208判断危险指数和相应的放射源危险分类，为事故应急准备提供依据。主要的检测仪表的危险分类列于附录C。

5.5.2 根据生产、使用、贮存密封源和检测仪表的情况及可能发生的放射事故的风险，按国家规定的放射事故分类要求，制定相应的放射事故应急预案，做好应急准备。

5.5.3 发生放射源丢失、失控以及其他放射事故时，应立即启动本单位的应急预案，采取应急措施，保护好事故现场，防止事故进一步扩大，并立即向当地辐射安全监管部门报告。

5.5.4 配合监管部门处置放射事故，直至消除事故的危险状况，并做好事故结案。

6 放射防护检验和检查

6.1 检验检查项目

检测仪表的放射防护性能检验检查项目要求列于表2。

表2　检测仪表的放射防护性能检验检查项目和要求

项　　目	条款序号	验收检验	常规检验
源容器的结构和工作状态指示	4.4；5.1.2	直观检验	直观检验
源闸的工作	4.4b)、c)、d)、e)	循环操作10次	循环操作10次
源容器的标牌检查	4.8	√	√
仪表的随机文件检查	5.1.4	√	×
源容器的安装场所检查	4.4a)；5.3.3；5.3.7	√	√
密封源在贮存位置时源容器的外围剂量和2.5μSv/h剂量边界	4.7	√	×
密封源在工作位置时源容器的外围剂量和2.5μSv/h剂量边界	4.7；5.1.4d)	√	见注2

注1：表中“√”表示应检验，“×”表示不需检验。

注2：仪表固定安装时，每年至少一次；仪表移动应用时，逐次检验。

6.2　对源容器的检查

6.2.1　查验源容器和检测仪表生产厂家的随机文件及检测仪表用户保存的牛产厂家随机文件，该文件应表明源容器的安全性能符合GB 14052的要求。

6.2.2　对用户使用的检测仪表源容器工作状态指示的检验，采取直观查验，至少每年查验一次。

6.3　检测仪表外围辐射剂量的测量仪器与方法

6.3.1　测量仪器应适合待测射线的辐射类型、能量和辐射水平；具有计量检定证书，并在检定证书有效期内使用。

6.3.2　密封源在贮存位置(源闸关闭)时，源容器外围辐射剂量测量点如下：

a) 用测量仪器在源容器表面巡测，找到最高辐射剂量位置；

b) 以密封源为坐标原点，有用线束中心轴方向为Z轴，垂直于Z轴平面内任选相也垂直的X、Y轴(a项探测出的最高剂量点处于其中一轴)。在X、Y、Z轴线的正负方向上，距源容器表面5cm和100cm的位置上进行测量；

c) 源容器和探测器位于待测物两侧的透射式仪表，在有用线束轴上，源容器和探头的相邻表面之间的距离小于或等于10cm时，不必在二者之间的区域内测量。当该距离大于10cm时，进行测量(见附录A图A.6)；

6.3.3　密封源在工作位置(源闸开启)时，源容器外围辐射剂量的测量，应：

a) 对透射式仪表(被检测体处于密封源和探测器之间的仪表)，在无待测物的条件下测量；

b) 对反散射式仪表(密封源和探测器处于被检测体同侧的仪表)，在有待测物的条件下测量。测量点应包括：附录A各图所示位置；预计剂量较高的位置；人员可近距离接触辐射源的位置；人员停留时间长的位置等；

c) 确定相应于$\dot{H}^*(10)$为2.5μSv/h的等剂量边界位置。

6.3.4　距6.3.2所述边界外5cm处的测量，所记录的周围剂量当量率应是10cm^{2}面积上的读数平均值，并相应于$\dot{H}^*(0.07)$。距6.3.2所述边界外100cm处的测量和6.3.3c)的测量，所记录的周围剂量当量率应是100cm^{2}面积上的读数平均值，并相应于$\dot{H}^*(10)$。

6.3.5　测量点与边界的距离应以防护剂量测量仪器探测器的中心位置计量。距6.3.2所述边界外5cm处的检测，当测量仪器的探测器头的体积较大时，可以防护剂量仪器的探头贴近仪表相应表面位置进行近似测量。

6.3.6　对于含中子源的仪表，应使用中子和γ辐射测量仪分别进行测量，其周围剂量当量率应是中子和伴随γ辐射两者的周围剂量当量率之和。

6.4 测置记录与结果计算

6.4.1 测量记录

应按实验室认证或认可要求，建立规范的测量记录表，并按规范填写测量结果。

6.4.2 周围剂量当量率计算

由测读值按下式计算测点的周围剂量当量率：

$$\dot{H}^* = \frac{(A_a - A_0)}{f_1} \times f_2 \quad \cdots\cdots (1)$$

式中：

$\dot{H}^*$——测点周围剂量当量率；

A_a ——测点处的稳定读出值或重复测读的平均值；

A_0 ——本底测读的平均值(在远离源容器处测读，通常连续测读 5 次)；

f_1 ——能量响应因子；

f_2 ——测量仪器刻度因子，由计量检定证书给出。

6.5 评价

6.5.1 按 4.8d) 中的安全性能等级代号评价测量结果与源容器标牌上标注的剂量率的一致性。

6.5.2 按 4.7 表 1 评价检测仪表使用场所的适宜性。

附　录　A
（规范性附录）
源容器外围的周围剂量当量率测量区示意图

A.1　检测仪表的源容器外围的周围剂量当量率测量区示意图（图A.1～图A.5）

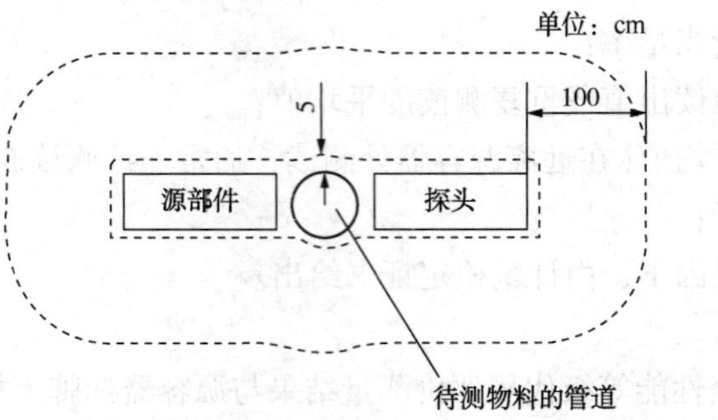

图A.1　密度计源容器外围的周围剂量当量率测量区示意图

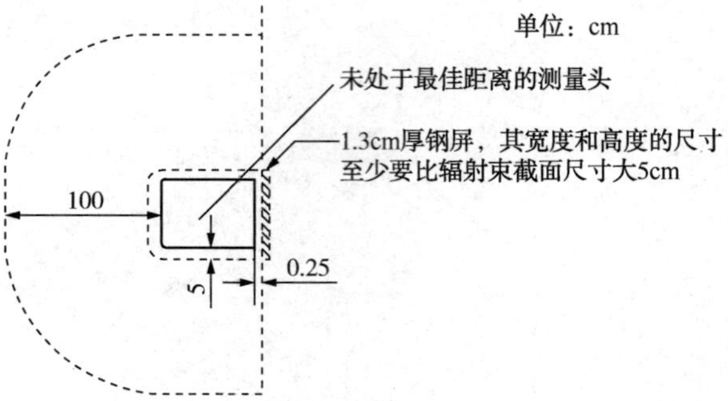

图A.2　料位计源容器外围的周围剂量当量率测量区示意图

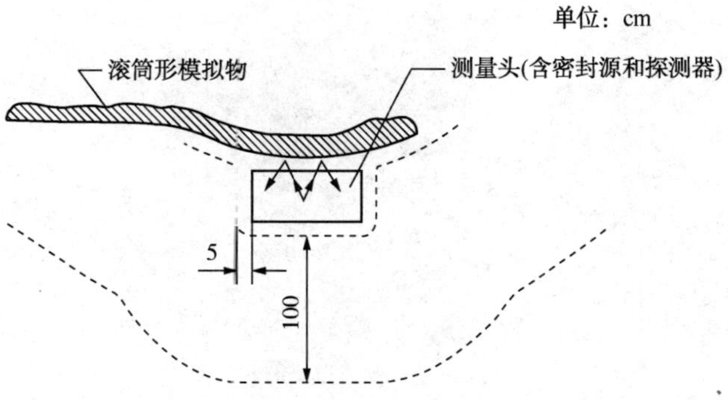

图A.3　β.γ反散射式测量仪表源容器外围的周围剂量当量率测量区示意图

单位：cm

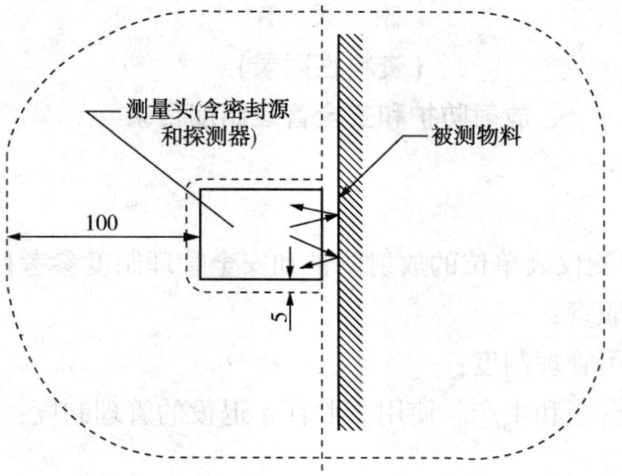

图 A.4　表面反散射式测量仪表源容器外围的周围剂量当量率测量区示意图

单位: cm

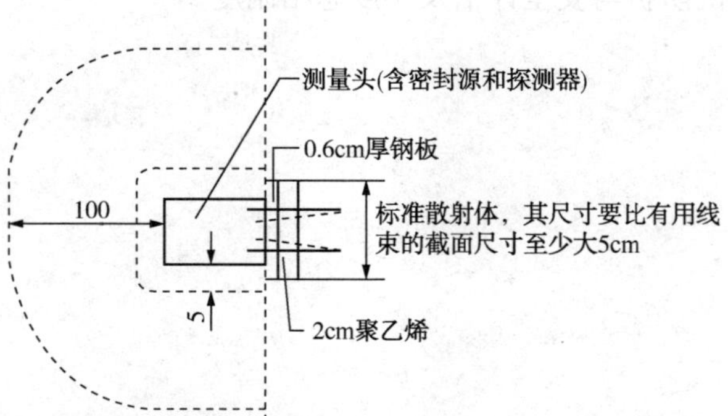

图 A.5　反散射式中子测量仪表外围的周围剂量当量率测试区示意图

A.2　透射式检测仪表探头与源容器相邻表面之间的距离小于、等于或大于 10cm 时，源闸“开”或“关”状态下，源容器外围的周围剂量当量率测量区等距离轮廓线示意图，如图 A.6 所示。

单位：cm

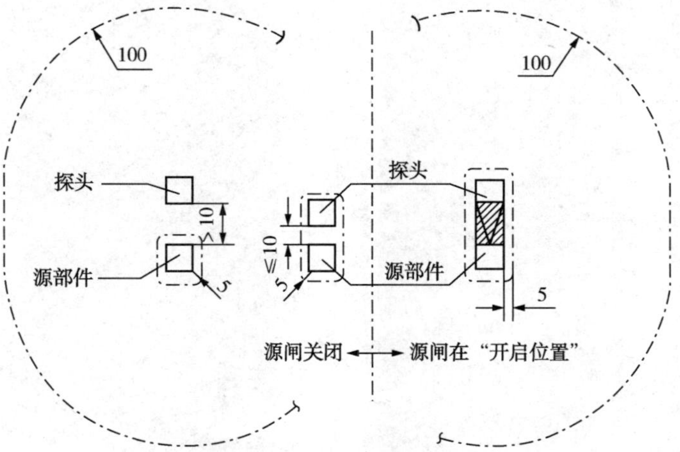

图 A.6　等距离轮廓线示意图

附　录　B
（资料性附录）
放射防护和安全管理制度目录

B.1　生产和使用含密封源检测仪表单位的放射防护和安全管理制度参考目录如下：

1）放射防护管理组织及职责；

2）放射源和检测仪表许可管理制度；

3）放射源和检测仪表的台账和生产、使用、贮存、退役的管理制度；

4）放射工作人员管理制度；

5）安全操作、维护和安全检查制度；

6）装置、场所和人员剂量监测制度；

7）放射事故应急处理预案；

8）放射源和检测仪表的防护与安全评估及年度总结制度。

附 录 C
(资料性附录)
常见含密封源检测仪表所用密封源的危险分类

C.1 常见含密封源检测仪表所用密封源的放射性核素、活度典型值及其危险分类见表 C.1(按照 GBZ/T 208 给出3):

表 C.1 某些含密封源检测仪表所用密封源的放射性核素、活度及类别

实践	放射性核素	使用量,A(TBq)			危险活度,D/TBq	A/D 指数			候选类别[2]			IAEA 类别[1]
		Ma	Mi	Ty		Ma	Mi	Ty	Ma	Mi	Ty	
料位计	^{137}Cs	1.9E−1	3.7E−2	1.9E−1	1E−1	1.9E+0	3.7E−1	1.9E+0	3	4	3	3
	^{60}Co	3.7E−1	3.7E−3	1.9E−1	3E−2	1.2E+1	1.2E−1	6.2E+0	2	4	3	
核子秤	^{137}Cs	1.5E+0	1.1E−4	1.1E−1	1E−1	1.5E+1	1.1E−3	1.1E+0	2	5	3	3
	^{252}C	1.4E−3	1.4E−3	1.4E−3	2E−2	6.8E−2	6.8E−2	6.8E−2	4	4	4	
螺旋管道测量仪	^{137}Cs	1.9E−1	7.4E−2	7.4E−2	1E−1	1.9E+0	7.4E−1	7.4E−1	3	4	4	3
测井源	^{241}Am/Bc	8.5E−1	1.9E−2	7.4E−1	6E−2	1.4E+1	3.1E−1	1.2E+1	2	4	2	3
	^{137}Cs	7.4E−2	3.7E−2	7.4E−2	1E−1	7.4E−1	3.7E−1	7.4E−1	4	4	4	
	^{252}Cf	4.1E−3	1.0E−3	1.1E−3	2E−2	2.0E−1	5.0E−2	5.6E−2	4	4	4	
测厚仪	^{83}Kr	3.7E−2	1.9E−3	3.7E−2	3E+1	1.2E−3	6.2E−5	1.2E−3	5	5	5	4
	^{90}Sr	7.4E−3	3.7E−4	3.7E−3	1E+0	7.4E−3	3.7E−4	3.7E−3	5	5	5	
	^{241}Am	2.2E−2	1.1E−2	2.2E−2	6E−2	3.7E−1	1.9E−1	3.7E−1	4	4	4	
	^{147}Pm	1.9E−3	7.4E−5	1.9E−3	4E+1	4.6E−5	1.9E−6	4.6E−5	5	5	5	
	^{244}Cm	3.7E−2	7.4E−3	1.5E−2	5E−2	7.4E−1	1.5E−1	3.0E−1	4	4	4	
料位计	^{241}Am	4.4E−3	4.4E−4	2.2E−3	6E−2	7.4E−2	7.4E−3	3.7E−2	4	5	4	4
	^{137}Cs	2.4E−3	1.9E−3	2.2E−3	1E−1	2.4E−2	1.9E−2	2.2E−2	4	4	4	
湿度仪	^{241}Am/Be	3.7E−3	1.9E−3	1.9E−3	6E−2	6.2E−2	3.1E−2	3.1E−2	4	4	4	4
密度计	^{137}Cs	3.7E−4	3.0E−4	3.7E−4	1E−1	3.7E−3	3.0E−3	3.7E−3	5	5	5	4
湿度计密度计	^{241}Am/Be	3.7E−3	3.0E−4	1.9E−3	6E−2	6.2E−2	4.9E−3	3.1E−2	4	5	4	4
	^{137}Cs	4.1E−4	3.7E−5	3.7E−4	1E−1	4.1E−3	3.0E−4	3.7E−3	5	5	5	
	^{226}Ra	1.5E−4	7.4E−5	7.4E−5	4E−2	3.7E−3	1.9E−3	1.9E−3	5	5	5	
	^{252}Cf	2.6E−6	1.1E−6	2.2E−6	2E−2	1.3E−4	5.6E−5	1.1E−4	5	5	5	

[1] Ma、Mi、Ty 分别指最大值、最小值、典型值。

[2] 候选类别为按国家环保部《放射源分类办法》确定的类别。

[3] 取自 GBZ/T 208 引用的 IAEA EPR-D-VALUES 2006 b。

UDC

中华人民共和国国家标准

P　　GB/T 50087—2013

工业企业噪声控制设计规范

Code for design of noise control of industrial enterprises

2013-11-29 发布　　2014-06-01 实施

中华人民共和国住房和城乡建设部
中华人民共和国国家质量监督检验检疫总局　联合发布

前　言

本规范是根据住房和城乡建设部《关于印发〈2009年工程建设标准规范制订、修订计划〉的通知》(建标〔2009〕88号)的要求，由北京市劳动保护科学研究所会同有关单位在原国家标准《工业企业噪声控制设计规范》GBJ 87—85的基础上修订而成。

在修订过程中编制组进行了广泛深入的调查研究，认真总结实践经验，参考有关国际标准和国外先进标准，并在广泛征求意见的基础上修改完善，最后经审查定稿。

本规范共分8章，主要技术内容是：总则、术语、工业企业噪声控制设计限值、工业企业总体设计中的噪声控制、隔声设计、消声设计、吸声设计、隔振降噪设计等。

本规范修订的主要技术内容是：1. 增加了脉冲噪声限值内容；2. 对各类工作场所的噪声限值作了适当修改；3. 对噪声与振动控制措施有关条文进行了修改。

本规范由住房和城乡建设部负责管理，由北京市劳动保护科学研究所负责日常管理和具体技术内容的解释。执行过程中如有意见或建议，请寄送北京市劳动保护科学研究所(地址：北京市西城区陶然亭路55号，邮政编码：100054)。

本规范主编单位：北京市劳动保护科学研究所

本规范参编单位：中国科学院声学研究所
中国建筑科学研究院
中国建筑设计研究院
中国环境科学研究院
国家建筑材料工业标准定额总站
北京市疾病预防控制中心
北京城建科技促进会
华北科技学院
北京绿创声学工程股份有限公司
中材装备集团有限公司
天津水泥工业设计研究院有限公司

本规范主要起草人员：张　斌　魏志勇　徐　民　王蓓蓓
秦　勤　邵　斌　户文成　李贤徽
宋瑞祥　佟小朋　刘碧龙　张　翔
张付奎　张国宁　施敬林　吕　琳
王建明　程根银　耿晓音　郭宇春
吴　涛　岳润清

本规范主要审查人员：程明昆　林　杰　陈克安　方庆川
李志远　黄　莹　刘达德　陆凤华
宋运学　肖建民　叶　宏

目　次

Contents

1 总 则

1.0.1 为防止工业企业噪声的危害，保障职工的身体健康，保证安全生产与正常工作，保护环境，制定本规范。

1.0.2 本规范适用于工业企业的新建、改建、扩建与技术改造工程的噪声控制设计。

1.0.3 工业企业的新建、改建和扩建工程的噪声控制设计应与工程设计同时进行。

1.0.4 工业企业噪声控制设计，应对生产工艺、操作维修、降噪效果、技术经济性进行综合分析。

1.0.5 对于生产过程和设备产生的噪声，应首先从声源上进行控制，以低噪声的工艺和设备代替高噪声的工艺和设备；如仍达不到要求，则应采用隔声、消声、吸声、隔振以及综合控制等噪声控制措施。

1.0.6 对于采取相应噪声控制措施后其噪声级仍不能达到噪声控制设计限值的车间及作业场所，应采取个人防护措施。

1.0.7 工业企业噪声控制设计除应符合本规范外，尚应符合国家现行有关标准的规定。

2 术 语

2.0.1 工作场所 workplace

劳动者进行职业活动并由用人单位直接或间接控制的所有工作地点。

2.0.2 脉冲噪声 impulsive noise

具有声压猝增特征的噪声，持续时间不大于 1s

2.0.3 A 声级 A-weighted sound pressure level

用 A 计权网络测得的声压级。

2.0.4 C 声级 C-weighted sound pressure level

用 C 计权网络测得的声压级。

2.0.5 倍频带声压级 octave band sound pressure level

频带宽度为 1 倍频程时的声压级，基准声压为 2×10^{-5}Pa。

2.0.6 噪声敏感建筑物 noise-sensitive buildings

指医院、学校、机关、科研单位、住宅等需要保持安静的建筑物。

2.0.7 对噪声敏感的企业 noise-sensitive enterprise

内部工作性质或使用状况要求安静的企业。

2.0.8 噪声控制专用设备 equipment specified for noise control

专门为控制噪声而设计、生产或制造的设备。

2.0.9 高噪声设备 high noise equipment

辐射噪声对工作环境或生活环境产生明显影响的设备。

2.0.10 隔声 sound insulation

利用隔声材料和隔声结构阻挡声能的传播，把声源产生的噪声限制在局部范围内，或在噪声的环境中隔离出相对安静的场所。

2.0.11 透射系数 transmission coefficient

在给定频率的条件下，通过材料后透射的声能量与入射的声能量之比。

2.0.12 扩散声场 diffuse sound field

能量密度均匀、在各个传播方向作无规分布的声场。

2.0.13 声桥 sound bridge

在双层或多层隔声结构中两层间的刚性连接物、声能以振动的方式通过它在两层中传播。

2.0.14 声阱 sound lock

具有大量声能吸收的小室或走廊，其用途是使室内两边可以相通但声耦合很小，从而提高两个分隔室的隔声能力。

2.0.15 消声器 muffler

具有吸声衬里或特殊形状的气流管道，可有效地降低气流中的噪声。

2.0.16 吸声 sound absorption

声波通过某种介质或射到某介质表面时，声能减少或转换为其他能量的过程。

2.0.17 隔振 vibration isolation

利用弹性支撑降低系统对外加激励起响应的能力。在稳定状态时，隔振用传递比的倒数表示。

2.0.18 插入损失 insertion loss

在插入噪声控制设备前后，某一测点位置的声压级差。

3 工业企业噪声控制设计限值

3.0.1 工业企业内各类工作场所噪声限值应符合表3.0.1的规定。

表3.0.1 各类工作场所噪声限值

工作场所	噪声限值[dB(A)]
生产车间	85
车间内值班室、观察室、休息室、办公室、实验室、设计室室内背景噪声级	70
正常工作状态下精密装配线、精密加工车间、计算机房	70
主控室、集中控制室、通信室、电话总机室、消防值班室，一般办公室、会议室、设计室、实验室室内背景噪声级	60
医务室、教室、值班宿舍室内背景噪声级	55

注：1 生产车间噪声限值为每周工作5d，每天工作8h等效声级；对于每周工作5d，每天工作时间不是8h，需计算8h等效声级；对于每周工作日不是5d需计算40h等效声级；

2 室内背景噪声级指室外传入室内的噪声级。

3.0.2 工业企业脉冲噪声C声级峰值不得超过140dB。

3.0.3 工业企业厂界噪声限值应符合现行国家标准《工业企业厂界环境噪声排放标准》GB 12348的有关规定。

4 工业企业总体设计中的噪声控制

4.1 一般规定

4.1.1 工业企业总体设计中的噪声控制应包括厂址选择、总平面设计、工艺、管线设计与设备选择以及车间布置中的噪声控制。

4.1.2 工业企业噪声控制设计应包括可行性研究报告中噪声控制部分的编写、初步设计说明书中噪声控制部分的编写、施工图设计中各种噪声控制设施的设计以及建设项目竣工后，对于未能满足噪声控制设计目标要求的部分修改与补充设计。

4.2 厂址选择

4.2.1 产生高噪声的工业企业，其厂址选择应符合所在区域总体城乡规划和工业布局的要求，且不宜在噪声敏感建筑物集中区域选择厂址。

4.2.2 产生高噪声的工业企业的厂址，应位于城镇居民集中区的当地常年夏季最小频率风向的上风侧；对噪声敏感的工业企业的厂址，应位于周围主要噪声源的当地常年夏季最小频率风向的下风侧。

4.2.3 对噪声敏感的企业，厂址不宜选择在高噪声环境区域中，并应远离交通干线、飞机场及主要航线。

4.2.4 工业企业的厂址选择，应利用天然缓冲地域。

4.3 总平面设计

4.3.1 工业企业的总平面布置，在满足工艺流程要求的前提下，应符合下列规定：

1 结合功能分区与工艺分区，应将生活区、行政办公区与生产区分开布置，高噪声厂房与低噪声厂房分开布置。工业企业内的主要噪声源宜相对集中，并宜远离厂内外要求安静的区域；

2 主要噪声源及生产车间周围，宜布置对噪声不敏感的、高大的、朝向有利于隔声的建筑物、构筑物。在高噪声区与低噪声区之间，宜布置仓库、料场等；

3 对于室内要求安静的建筑物，其朝向布置与高度应有利于隔声。

4.3.2 工业企业的立面布置，应利用地形、地物隔挡噪声；主要噪声源宜低位布置，对噪声敏感的建筑宜布置在自然屏障的声影区中。

4.3.3 工业企业厂区内交通运输设计，在满足各种使用功能要求的前提下，应符合下列规定：

1 厂区内主要交通运输线路不宜穿过噪声敏感区；

2 在厂区内交通运输线路两侧布置生活、行政设施等建筑物，应与其保持适当距离；

3 在噪声敏感区布置道路，宜采用尽端式布置。

4.3.4 当工业企业总平面设计中采用本规范第 4.3.1～4.3.3 条措施后，仍不能达到噪声设计标准时，应采取噪声控制措施或在各厂房、建筑物之间设置必要的防护距离。

4.4 工艺、管线设计与设备选型

4.4.1 工业企业的工艺设计，在满足生产要求的前提下，应符合下列规定：

1 应减少冲击性工艺；

2 块状物料输送应降低落差；

3 应采用减少向空中排放高压气体的工艺；

4 采用操作机械化和运行自动化的设备工艺，宜远距离监视操作。

4.4.2 工业企业的管线设计，在满足工艺要求的前提下，应符合下列规定：

1 应降低管道内的流速，管道截面不宜突变，管道连接宜采用顺流走向；

2 管线上阀门宜选用低噪声产品；

3 管道与振动强烈的设备连接，应采用柔性连接；

4 振动强烈的管道的支撑，不宜采用刚性连接；

5 辐射强噪声的管道，宜布置在地下或采取隔声、消声处理措施。

4.4.3 工业企业设计中的设备选型，宜选用噪声较低、振动较小的设备。主要噪声源设备的选择，应收集和比较同类型设备的噪声指标后综合确定。

4.4.4 工业企业设计中的设备选型应包括噪声控制专用设备。

4.5 车间布置

4.5.1 在满足工艺流程要求的前提下，高噪声设备宜相对集中，并宜布置在车间的一隅。当对车间环境仍有明显影响时，则应采取隔声等控制措施。

4.5.2 振动强烈的设备不宜设置在楼板或平台上。

4.5.3 设备布置时，应预留配套的噪声控制专用设备的安装和维修所需的空间。

5 隔声设计

5.1 一般规定

5.1.1 将噪声控制在局部空间范围内的场合应进行隔声设计。

5.1.2 对声源进行的隔声设计，可采用隔声罩或声源所在车间采取隔声围护的结构形式；对噪声传播途径进行的隔声设计，可采用隔声屏障的结构形式；对接收者进行的隔声设计，可采用隔声间的结构形式。必要时也可同时采用上述几种结构形式。

5.1.3 对车间内独立的强噪声源，在满足操作、维修及通风冷却等要求的情况下，根据隔声罩的插入损失，采用相应形式的隔声罩。隔声罩插入损失可按表 5.1.3 的规定选取。

表 5.1.3 隔声罩的插入损失

隔声罩结构形式	插入损失[dB(A)]
固定密封型	30~40
活动密封型	15~30
局部开敞型	10~20
带有通风散热消声器的隔声罩	15~25

5.1.4 声源所在车间采取的隔声围护结构可根据隔声量要求，按本规范第 5.1.7 条的规定进行设计。

5.1.5 对人员多、强噪声源分散的大车间，可设置隔声屏障或带有生产工艺孔洞的隔墙，将车间在平面上划分为几个不同强度的噪声区域。隔声屏障的设计插入损失可在 10dB(A)~20dB(A)范围内选取；对高频声源，隔声屏障的设计插入损失可选取较高值。

5.1.6 当不宜对声源作隔声处理，且操作管理人员不定期停留在设备附近时，应在设备附近设置控制、监督、观察、休息用的隔声间。隔声间的设计插入损失，可在 20dB(A)~50dB(A)的范围内选取。

5.1.7 组合隔声构件的隔声量设计宜符合下式规定：

$$S_{G_1}\tau_1 = S_{G_2}\tau_2 = \cdots\cdots = S_{G_i}\tau_i \qquad (5.1.7)$$

式中：S_{G_i}——某一构件的面积(m^2)；

τ_i——与构件 S_{Gi} 对应的透射系数。

5.1.8 隔声设计应防止孔洞与缝隙的漏声。对于构件的拼装节点、电缆孔、管道的通过部位等声通道，应进行密封或消声处理设计。

5.2 隔声设计程序和方法

5.2.1 隔声设计应按下列步骤进行：

1 由声源特性和受声点的声学环境估算受声点的各倍频带声压级和 A 声级；

2 确定受声点各倍频带的允许声压级和允许 A 声级；

3 计算各倍频带和 A 声级所需隔声量；

4 选择适当的隔声结构与构件。

5.2.2 受声点各倍频带的声压级估算应符合下列规定：

1 当室内只有一个声源时，估算受声点各倍频带的声压级，应首先查找、估算或测量声源中心频率为 125Hz~4000Hz 的 6 个倍频带的声功率级，然后根据声源特性和声学环境，按下列公式计算：

$$L_P = L_W + 10 \cdot \lg\left(\frac{Q}{4\pi r^2} + \frac{4}{R}\right) \tag{5.2.2-1}$$

$$R = \frac{S\overline{\alpha}}{1-\overline{\alpha}} = \frac{A}{1-\overline{\alpha}} \tag{5.2.2-2}$$

$$\overline{\alpha} = \frac{\sum S_i \alpha_i}{\sum S_i} \tag{5.2.2-3}$$

式中：L_P——受声点各倍频带声压级(dB)；

L_W——声源各倍频带声功率级(dB)；

Q——声源指向性因素；当声源位于室内几何中心时，$Q=1$；当声源位于室内地面中心或某一墙面中心时，$Q=2$；当声源位于室内某一边线中点时，$Q=4$；当声源位于室内某一角落时，$Q=8$；

r——声源至受声点的距离(m)；

R——房间常数(m^2)；

S——房间内总表面积(m^2)；

$\overline{\alpha}$——房间内某个倍频带的平均吸声系数；

S_i——房间内某一表面积(m^2)；

α_i——房间内与 S_i 对应的吸声系数；

A——房间内某个倍频带的总吸声量(m^2)。

2 当有多个声源时，可分别求出各声源在受声点产生的声压级，然后按声压级的合成法则计算受声点各倍频带的声压级。

5.2.3 受声点各倍频带的允许声压级应根据本规范第 3.0.1 条规定的噪声限值计算或按表 5.2.3-1 取值。倍频带允许声压级应按下列公式计算：

$$L_{Pa} = a + bNR \tag{5.2.3-1}$$

$$NR = L_A - 5 \tag{5.2.3-2}$$

式中：L_{Pa}——各倍频带允许声压级(dB)；

NR——噪声评价数；

a、b——与各倍频带声压级有关的常数，按表 5.2.3-2 的规定确定；

L_A——噪声限值。

表 5.2.3-1 倍频带允许声压级

噪声限值[aB(A)]	倍频带允许声压级(dB)							
	63	125	250	500	1000	2000	1000	8000
85	99	92	86	83	80	78	76	71
80	95	87	82	78	75	73	71	69
75	91	83	77	73	70	68	66	61
70	87	79	72	68	65	62	61	59
65	83	74	68	63	60	57	55	54
60	79	70	63	58	55	52	50	49
55	75	66	59	54	50	47	45	44
50	71	61	54	49	45	42	40	38

表 5.2.3-2 与各倍频带声压级有关的常数

倍频程中心频率(Hz)	a(dB)	b(dB)
63	35.5	0.790
125	22.0	0.870
250	12.0	0.930
500	4.8	0.974
1000	0	1.000
2000	-3.5	1.015
4000	-6.1	1.025
8000	-8.0	1.030

5.2.4 受声点各倍频带所需隔声量应按下式计算：

$$TL_a = L_P - L_{pa} + 5 \tag{5.2.4}$$

式中：TL_a——各倍频带所需隔声量(dB)。

5.2.5 隔声结构与隔声构件的设计应满足各倍频带所需隔声量的要求。

5.2.6 隔声罩的结构设计应有足够的吸声衬面，各倍频带的插入损失应满足所需隔声量的要求，可按下式计算：

$$IL = TL_0 + 10 \cdot \lg \frac{A}{S_Z} \tag{5.2.6}$$

式中：IL——各倍频带的插入损失(dB)；

TL_0——隔声构件各倍频带的固有隔声量(dB)；

A——隔声罩内各倍频带的总吸声量(m^2)；

S_Z——隔声构件的透声面积(m^2)。

5.2.7 对声源所处车间为近似扩散声场的情况，隔墙或窗户各倍频带所需隔声量，可按下式计算：

$$TL_a = L_{P1} - L_{P2} - 1 \tag{5.2.7}$$

式中：L_{P1}——车间内部各倍频带的声压级(dB)；

L_{P2}——车间外部各倍频带的允许声压级(dB)。

5.3 隔声结构的选择与设计

5.3.1 设计隔声结构应收集隔声构件固有隔声量的实测数据。

5.3.2 单层隔声结构的设计应符合下列规定：

1 应使被控制噪声源的峰值频率处于结构的共振频率和吻合频率之间；

2 可选用复合隔声结构。

5.3.3 双层隔声结构的设计应符合下列规定：

1 隔声结构的共振频率应低于被控制噪声源的峰值频率；空气层的厚度不宜小于50mm；

2 隔声结构的吻合频率不宜出现在中频段；双层结构各层的厚度不宜相同，或采用不同刚度，或加阻尼；

3 双层结构间的连接应减少出现声桥；

4 双层结构间宜填充多孔吸声材料。

5.3.4 隔声门窗的设计与选用应符合下列规定：

1 在满足隔声要求的前提下应选用定型产品；

2 应防止缝隙漏声，同时门扇和窗扇的隔声性能应与缝隙处理的严密性相适应；

3 对采用单层隔声门不能满足隔声要求的情况，可设计有两道隔声门的声阱；声阱的内壁面，应具有较高的吸声性能；两道门宜错开布置；

4 对采用单层隔声窗不能满足隔声要求的情况，可设计双层或多层隔声窗；

5 特殊情况可设计专用的隔声门窗。

5.3.5 隔声间的设计应符合下列规定：

1 对隔声要求高的隔声间，宜采用以实心砖等建筑材料为主的隔声结构；必要时，墙体与屋盖可采用双层结构，门窗等隔声构件宜采用有两道隔声门的声阱与多层隔声窗；

2 隔声间的组合隔声量可按下列公式计算：

$$TL = 10 \cdot \lg \frac{1}{\bar{\tau}} \tag{5.3.5-1}$$

$$\bar{\tau} = \frac{\sum S_{G_i}\tau_i}{\sum S_{G_i}} \tag{5.3.5-2}$$

式中：TL——隔声间的组合隔声量(dB)；

$\bar{\tau}$——隔声间的平均透射系数。

3 所有的散热通风以及工艺孔洞，均应设有消声器．其消声量应与隔声间的隔声量相当。

5.3.6 隔声罩的设计应符合下列规定：

1 隔声罩宜采用带有阻尼层的钢板制作，阻尼层厚度宜为金属板厚的1倍~3倍；

2 隔声罩内壁面与机械设备间应留有一定的空间，各内壁面与设备的空间距离宜大于100mm；

3 隔声罩的内侧面应设吸声层；

4 隔声罩所有的散热通风、排烟以及生产工艺孔洞，均应设有消声器，其消声量应与隔声罩的隔声量相当；

5 应防止隔声罩振动向外辐射噪声。

5.3.7 隔声屏障的设置应靠近声源或接收者。室内设置隔声屏障时，应在室内安装吸声体。

6 消声设计

6.1 一般规定

6.1.1 降低空气动力机械辐射的空气动力性噪声或噪声源隔声围护结构散热通风口、工艺孔洞等辐射出的噪声应进行消声设计。

6.1.2 在空间允许的情况下，消声器装设位置应符合下列规定：

1 空气动力机械进(排)气口敞开的，应在靠近进(排)气口处装设进(排)口消声器；

2 空气动力机械进(排)气口均不敞开的，但管道隔声差，且管道经过空间的噪声不能满足要求时，应装设消声器；

3 噪声源隔声围护结构孔洞辐射噪声的，应在孔洞处装设消声器。

6.1.3 消声器的插入损失，应根据消声设计要求确定。

6.1.4 消声器引起的压力损失应控制在设备正常运行许可的范围内。

6.1.5 消声器产生的气流再生噪声对环境的影响不得超过该环境允许的噪声级。

6.1.6 消声器中气流速度应符合下列规定：

1 空调系统主管道消声器内气流速度不宜大于10m/s；

2 鼓风机、压缩机、燃气轮机的进、排气消声器内气流速度不宜大于30m/s；

3 内燃机进、排气消声器内气流速度不宜大于50m/s；

4 高压排气放空消声器内气流速度不宜大于60m/s。

6.1.7 消声器应坚固耐用，并应满足防潮、防火、防腐、耐高温、耐油污等要求。

6.2 消声设计程序和方法

6.2.1 消声设计应按下列步骤进行：

1 确定噪声源的各倍频带声功率级；

2 根据噪声源位置、噪声控制点(1个或若干个)位置，两者间的噪声传播路径特性以及控制点所在位置的房间特性(或室外环境特性)，预测噪声控制点的各倍频带声压级和A声级；

3 根据噪声控制点允许的倍频带声压级(或A声级)限值，得到控制点的各倍频带声压级(或A声级)超标量；

4 根据超标量确定消声器各倍频带所需的插入损失，并选定满足要求的消声器；

5 根据选定消声器的插入损失和气流再生噪声数值，重新进行步骤2的计算，检查控制点的声压级，控制点的声压级应满足限值的要求；

6 当所选消声器不能满足要求，再根据超标量调整消声器的选型，重复进行步骤2的计算，直至满足要求。

6.2.2 噪声源中心频率为63Hz~8000Hz的8个倍频带的声功率级，应由噪声源设备制造商提供，当设备制造商不能提供，可通过测量、估算或查找资料等方法确定。

6.2.3 消声器的装设位置应根据辐射噪声的部位和传播噪声的途径，按本规范第6.1.2条的规定选定。

6.2.4 噪声控制点各倍频带的允许声压级应根据本规范第3.0.1条规定的噪声限值，按本规范公式(5.2.3)计算或按表5.2.3-1取值.

6.2.5 噪声控制点的预测声压级，可按本规范公式(5.2.2)计算，传播路径上各部件的插入损失和气流再生噪声，应根据各部件制造商提供的资料以及国家现行有关标准进行计算。

6.2.6 消声器的类型应根据噪声频谱特性、所需插入损失、气流再生噪声、空气动力性能以及防潮、防火、防腐蚀等特殊使用要求确定。

6.2.7 消声器的型号选择应根据定型消声器的性能参数确定，也可自行设计符合要求的消声器。

6.2.8 消声器产生的气流再生噪声有影响时，应降低气流速度或简化消声器结构。

6.3 消声器的选择与设计

6.3.1 当噪声呈中高频宽带特性时，消声器的类型可采用阻性形式。阻性消声器的静态消声量，可按下式计算：

$$M=\frac{\varphi(\alpha_0)Pl}{S_X} \tag{6.3.1}$$

式中：M——消声器内无气流情况下的消声量(dB)；

$\varphi(\alpha_0)$——消声系数，由法向吸声系数α_0决定，可按表6.3.1的规定确定；

P——消声器通道内吸声材料的饰面周长(m)；

l——消声器的有效长度(m)；

S_X——消声器通道截面积(m^2)。

表6.3.1 消声系数

α_0	0.10	0.20	0.30	0.40	0.50	0.60	0.70	0.80	0.90~1.00
$\varphi(\alpha_0)$	0.10	0.20	0.40	0.55	0.70	0.90	1.00	1.20	1.50

6.3.2 设计阻性消声器应防止高频失效的影响，其上限截止频率可按下式计算：

$$f=1.85\frac{c}{D} \tag{6.3.2}$$

式中：f——上限截止频率；

c——声速，常温常压下可取 340m/s；

D——消声器通道截面的当量直径（m）。

6.3.3 阻性消声器结构形式的选择应符合下列规定：

1 当量直径不大于 300mm 时，可选用直管式消声器；

2 当量直径大于 300mm 时，可选用片式或折板式消声器，片间距宜取 100mm~200mm，折板式消声器消声片的弯折应满足视线不能透过的要求，折角角度不宜大于 20°；

3 消声通道可采用正弦波形、流线形或菱形的结构形式，其弯折角度应满足视线不能透过的要求；

4 气流流速较低的通风管道系统，可采用迷宫式消声器，消声器的小室宜为 3 个~5 个，消声器内的气流速度宜小于 5m/s；

5 对风量不大、风速不高的通风空调系统，可选用消声弯头，消声弯头内的气流速度宜小于 8m/s。

6.3.4 当噪声呈明显低中频脉动特性时，或气流通道内不宜使用阻性吸声材料时，消声器的类型可选用扩张室式。扩张室式消声器的设计应符合下列规定：

1 扩张室式消声器的消声量，可用增加扩张比的方法提高，其消声频率特性，可用改变室长的方法来调节；

2 将几个扩张室串联使用来增大消声量时，各室长度不应相等；

3 应在室内插入长度分别等于室长的 1/2 与 1/4 的内接管，内接管宜采用穿孔率不小于 30% 的穿孔管连接起来；

4 扩张室式消声器的内管管道直径超过 400mm 时，宜采用多管式。

6.3.5 当噪声呈低中频特性时，消声器的类型可采用共振式，共振式消声器的设计应符合下列规定：

1 单通道共振式消声器，其通道直径不宜超过 250mm，对大流量系统可采用多通道，每个通道的宽度可取 100mm~200mm；

2 共振式消声器的腔长、宽、深尺寸均宜小于共振频率波长的 1/3，穿孔应集中在共振腔中部均匀分布，穿孔部分长度不宜超过共振频率波长的 1/12。

6.3.6 对于下列情形，消声器的类型可选择微穿孔或微缝金属板式：

1 消声器不宜使用多孔吸声材料而又需要在宽频带范围内具有比较高的消声量；

2 消声器需在温度高、湿度大和流速高介质条件下使用。

6.3.7 高压排气放空噪声的消声设计，宜采用节流减压、小孔喷注及节流减压小孔喷注复合等排气放空消声器，排气放空消声器的设计应符合下列规定：

1 节流减压消声器的节流级数，应根据驻压比确定，宜取 2 级~5 级，对超高压的情况，也可多至 8 级；

2 小孔喷注消声器的孔径宜为 1mm~3mm，孔中心距应大于孔径的 5 倍，总开孔面积应大于原排气口面积的 1.5 倍~2 倍；

3 节流减压小孔喷注复合消声器可由 1 级~2 级节流减压加 1 级小孔喷注组成。

7 吸声设计

7.1 一般规定

7.1.1 当原有吸声较少、混响声较强的各类车间厂房进行降噪处理时．应进行吸声设计。

7.1.2 吸声处理的降噪量可按表 7.1.2 的规定估算。

表 7.1.2 吸声处理的降噪量

车间厂房类型	一般车间厂房	混响很严重的车间厂房	几何形状特殊（声聚焦）混响极严重的车间厂房
降噪量[dB(A)]	3~5	6~10	11~12

7.1.3 吸声设计中应合理地确定吸声处理面积。

7.1.4 吸声设计应满足防火、防潮、防腐、防尘等工艺与安全卫生要求；同时还应满足通风、采光、照明及装修要求，为吸声材料设置的埋件，应满足施工方便、坚固耐用的要求。

7.2 吸声设计程序和方法

7.2.1 吸声设计应按下列步骤进行：

1 确定吸声处理前室内的各倍频带的声压级和总的 A 声级；

2 确定降噪地点的各倍频带允许声压级和允许总的 A 声级，计算所需吸声降噪量；

3 确定吸声处理前的室内平均吸声系数；

4 计算吸声处理后应有的室内平均吸声系数；

5 确定吸声材料的类型、数量与安装方式。

7.2.2 车间厂房吸声处理前中心频率为 125Hz~4000Hz 的 6 个倍频带的声压级和 A 声级，可实测或按本规范公式(5.2.2)计算。

7.2.3 降噪地点各倍频带的允许声压级应根据本规范第 3.0.1 条规定的噪声限值，按本规范公式(5.2.3)计算或按表 5.2.3-1 取值。所需吸声降噪量可将室内吸声处理前的声压级减去允许声压级得出。

7.2.4 吸声处理前的室内平均吸声系数，可通过测量房间混响时间或计算求得。

7.2.5 吸声处理后应有的室内平均吸声系数，可根据所需降噪量和吸声处理前的室内平均吸声系数，按下式计算：

$$\overline{\alpha}_2 = \overline{\alpha}_1 \cdot 10^{\frac{\Delta L_P}{10}} \tag{7.2.5}$$

式中：ΔL_P——吸声降噪量(dB)；

$\overline{\alpha}_1$——吸声处理前的室内平均无规入射吸声系数；

$\overline{\alpha}_2$——吸声处理后应有的室内平均无规入射吸声系数。

注：公式(7.2.5)适用于 $\overline{\alpha}_2 \leqslant 0.5$ 的场合。

7.2.6 吸声构件的种类、数量与安装方式，应根据吸声处理后所需的室内平均吸声系数的要求，按本规范第 7.3 节的规定确定。

7.2.7 吸声设计的效果，可采用吸声降噪量及室内工作人员的主观感觉效果来评价。吸声降噪量应通过实测吸声处理前后室内相应位置的噪声水平来求得，也可通过测量混响时间求得。

7.3 吸声构件的选择与设计

7.3.1 吸声构件的设计与选择应符合下列规定：

1 吸声材料的吸声系数可由制造商提供，当制造商不能提供，可通过测量、估算或查找资料等方法确定；

2 中高频噪声的吸声降噪设计，可采用常规成型吸声板，密度较小或薄的玻璃棉板等多孔吸声材料，需要时可设置穿孔板等护面材料；

3 宽频带噪声的吸声降噪设计，可在材料背后设置空气层或增加多孔吸声材料的厚度、面密度；

4 低频噪声的吸声降噪设计，可采用穿孔板共振吸声结构，为增加吸声频带宽度，可在共振腔内填充适量的多孔吸声材料；

5 室内湿度较高或有清洁要求的吸声降噪设计，可采用薄膜覆面的多孔吸声材料或单、双层微穿孔板等吸声结构。

7.3.2 吸声处理方式的选择应符合下列规定：

1 所需吸声降噪量较高、房间面积较小的吸声设计，宜对屋顶、墙面同时进行吸声处理；

2 所需吸声降噪量较高、车间面积较大时，车间吸声体面积宜取房间屋顶面积的40%或室内总表面积的15%，对于扁平状大面积车间的吸声设计，可只对屋顶吸声处理；

3 声源集中在车间局部区域而噪声影响整个车间的吸声设计，应在声源所在区域的屋顶及墙面作局部吸声处理，且宜同时设置隔声屏障；

4 吸声降噪设计宜采用空间吸声体的方式；空间吸声体宜靠近声源。

8 隔振降噪设计

8.0.1 当对产生较强振动或冲击，引起固体传声及振动辐射噪声的动力设备进行噪声控制时，应进行隔振降噪设计。

8.0.2 隔振降噪设计的目标值应根据本规范第3.0.1条规定的噪声限值确定。

8.0.3 对于楼板上的隔振系统，其楼下房间内的降噪量可按下式估算：

$$\Delta L_P \approx \Delta L_V \approx 20 \cdot \lg \frac{1}{T} \tag{8.0.3}$$

式中：ΔL_P——隔振前、后楼下房间内声压级的改变量(dB)；

ΔL_V——隔振前、后楼板振动速度级的改变量(dB)；

T——隔振系统的传递率。

8.0.4 隔振降噪设计应按现行国家标准《隔振设计规范》GB 50463的有关规定执行。

引用标准名录

1 《隔振设计规范》GB 50463

2 《工业企业厂界环境噪声排放标准》GB 12348

中华人民共和国国家标准

工业企业噪声控制设计规范

GB/T 50087—2013

条 文 说 明

修 订 说 明

《工业企业噪声控制设计规范》GB/T 50087—2013 经住房和城乡建设部 2013 年 11 月 29 日第 237 号公告批准、发布。

本规范是在《工业企业噪声控制设计规范》GBJ 87—85 的基础上修订而成，上一版的主编单位是北京市劳动保护科学研究所，参加单位是中国建筑科学研究院、中国科学院声学研究所、上海民用建筑设计院、上海化工设计院、冶金工业部重庆钢铁设计研究院、冶金工业部北京钢铁设计研究总院、机械工业部设计研究总院、电子工业部第十一设计研究院、航空工业部第四规划设计研究院、化学工业部第四设计院、中国环境科学研究院，主要起草人是：方丹群、陈潜、孙家其、孙凤卿、董金英、吴大胜、张敬凯、陈道常、章奎生、徐之江、梁其和、穆惕乾、周光源、杨臣钧、肖净岚、李芳年、陈律华、朱汝州、刘惠媛、江珍泉、冯瑀正、封根泉、虞仁兴、戚丹。本次修订的主要技术内容是：1. 增加了脉冲噪声限值内容；2. 各类工作场所的噪声限值作了适当的调整；3. 对噪声与振动控制措施有关条文进行了修改。

本规范修订过程中，编制组根据近年来收集到的对工业企业噪声控制设计方面的意见，综合考虑工业企业噪声的现状、社会经济的发展水平、噪声控制技术的发展水平，并在广泛征求意见的基础上，最后经审查定稿。

为便于广大设计、施工、科研等单位有关人员在使用本规范时能正确理解和执行条文规定，《工业企业噪声控制设计规范》编制组按章、节、条顺序编制了本规范的条文说明，对条文规定的目的、依据以及执行中需注意的有关事项进行了说明。但是，本条文说明不具备与规范正文同等的法律效力，仅供使用者作为理解和把握规范规定的参考。

目　次

1 总　则

1.0.1 随着我国经济、科技的发展，工业企业数量越来越多，噪声源不断增多，这使得工业企业引起的噪声问题日益突出，要求降低噪声、改善工业企业内外声环境的呼声日益强烈。因此建设工业企业时，必须将噪声控制作为一个重要因素加以考虑。

1.0.2 在我国工程建设实践中，除了新建、改建和扩建工程外，还存在着大量的技术改造工程项目。技术改造工程的设计，虽然具有不同于新建、改建、扩建工程的许多特点，但在噪声控制设计的基本原则及隔声、消声、吸声、隔振等设计程序上，没有本质的差异。因此，本规范的规定也适用于技术改造项目。

1.0.3 解决工业企业噪声问题应该从规划设计、厂址选择、总平面设计、车间布置以及噪声控制等多方面采取措施，并且应该在各个设计阶段加以考虑。如果项目建成后再解决噪声问题，不仅所需的经费可能比在设计阶段就考虑解决噪声问题要多很多，而且还受到许多已不可改变的条件限制，从而难以达到最佳的降噪效果。

为了改善工业企业内外的声环境，减少后期解决噪声问题的难度和降低费用，新建、改建和扩建工程的噪声控制设计应与工程设计同步进行。需要项目建成后再确定是否采取降噪措施的建设项目，在设计时应考虑预留噪声控制措施占用的空间和建筑结构需要承受的载荷。

噪声控制设计宜有噪声控制专业技术人员参与设计工作，主要是由于工业企业噪声控制方面的工作量大、要求高，由专业的噪声控制工程技术人员来负责这项工作，将使工业企业的噪声控制效果更有保证。

1.0.4 噪声控制设计原则上应满足各方面的要求，这也是评价噪声控制设计好坏的主要依据。如隔声罩，如果设置得不适当，确实可能影响操作、妨碍工艺流程和影响设备散热等；又如在噪声源多且分散的车间采取吸声降噪措施，可能花费很大降噪效果却很小。因此噪声控制设计应兼顾生产工艺、操作维修、降噪效果和技术经济性等各个方面。

必须全面地理解噪声控制的技术经济性。噪声控制措施并不是消极手段，国内外不少降噪技术对于降低能耗、增加机器出力，都有有益的作用；在许多场合，声源辐射噪声的降低往往意味着机械效率的提高；降噪手段往往还减少设备机体及建筑物的振动，从而延长建筑与设备的使用寿命；降噪能保障劳动者的健康，保障工作正常进行，避免事故，改善环境，则是无形节约。

1.0.5 控制噪声有三种技术手段：从声源上根治噪声，在噪声传播途径上控制噪声，噪声接收者的防护。

在声源上根治噪声，减少噪声的发射，比起形成噪声后再采取控制措施．不仅更为有效，而且可以节省费用。如有些低噪声风机比普通风机噪声低 10dB(A)以上，且低噪声风机增加的费用远小于普通风机采取噪声控制所需费用。因此，本规范的规定体现了声源降噪优先的原则。

对于采用低噪声工艺和设备仍然不能满足噪声限值的情况，尚应采取其他噪声控制措施。

1.0.6 对织布车间、飞机制造维修车间的铆接工段等噪声源多且分散的作业场所，在目前阶段尚无行之有效的技术手段，或因代价昂贵而无法推广，其噪声级难于降低到噪声限值以下。本条的规定实际上给出的是这种特殊情况下的变通途径。应当注意，适用本条规定的只是极少数的特例，而且是目前技术条件不能达到标准的场合。

2 术　语

本规范中的术语，只是为了说明本规范中有关项目的物理意义，而不追求术语的全部完整定义。其中，部分术语按《声学名词术语》GB/T 3947—1996 给出，部分术语参考有关环境、卫生标准和习惯上常用的词汇编写。

2.0.1 参考《工业企业设计卫生标准》GBZ 1—2010 给出。

2.0.2 参考《声学环境噪声的描述、测量和评价第 1 部分：基本参量和评价方法》GB/T 3222.1—2006 给出。

2.0.8 噪声控制专用设备通常包括：消声器、隔声屏障、隔声罩、隔声间、空间吸声体、隔振元件、阻尼材料等。

3 工业企业噪声控制设计限值

3.0.1 生产车间的噪声限值为噪声职业接触限值，噪声职业接触限值指劳动者在职业活动过程中长期反复接触，对绝大多数接触者的健康不引起有害作用的噪声容许接触水平。本条的规定主要指工业企业内人员直接暴露在高噪声环境(生产车间)下的噪声接触限值。噪声职业接触限值的规定主要依据是国内外有关标准。

1 国外有关标准

国外标准中噪声职业接触限值见表 1。

表 1 国外噪声职业接触限值

国家或地区	8h 噪声限值 [dB(A)]	交换率 [dB(A)]	噪声限值最大值 [dB(A)]	脉冲噪声峰值限值
阿根廷(1979)	90		110	
澳大利亚(2004)	85			140dB(C)
巴西(2003)	85			
加拿大(联邦)(1985)	87	3	120	
智利(1999)	85	5	115	140dB(线性)
芬兰(2006)*	87			200Pa
法国(2006)	87			140dB(C)
德国(2007)	85	3		137dB(C)
匈牙利(1993)	85		125	
印度(1989)	90	3	115	140dB(线性)
以色列(1984)	85	3	115	140dB(线性)
意大利(1990)	90			140dB(200Pa)
荷兰(2011)*	87			200Pa
新西兰(1995)	85	3		140dB(线性)
挪威(2006)	85			130dB(C)
西班牙(2006)*	87			140dB(C)
瑞典(2005)*	85		115	135dB(C)
英国(2005)*	87	3		140dB(C)
美国(OSHA 1981)	90	5	115	140dB(线性)
美国(ACGIH 2010)	85	3	139	140dB(C)
马来西亚(1989)	90		115	140dB(线性)
爱沙尼亚(2007)	85			137dB(C)
欧盟(2003)*	87			140dB(C)
日本(2010)	85	3	100	120dB(A)
新加坡(1997)	85	3	140dB(A)	
南非(2002)	85			135dB(A)(线性)

注：* 该国家或地区现实行 2003/10/EC 标准。

2 国内有关标准

中华人民共和国国家职业卫生标准《工作场所有害因素职业接触限值 第2部分：物理因素》GBZ 2.2—2007规定：每周工作5d，每天工作8h，稳态噪声限值为85dB(A)，非稳态噪声等效声级的限值为85dB(A)；每周工作5d，每天工作不是8h，需计算8h等效声级，限值为85dB(A)；每周工作日不是5d，需计算40h等效声级，限值为85dB(A)。工作场所噪声职业接触限值见表2。

表2 工作场所噪声职业接触限值

接触时间	接触限值[dB(A)]	备　注
5d/w，=8h/d	85	非稳态噪声测量(或计算)8h等效声级
5d/w，≠8h/d	85	计算8h等效声级
≠5d/w	85	计算40h等效声级

从上述标准来看，国外8h噪声限值基本在85dB(A)~90dB(A)之间，交换率为3dB或5dB，《工作场所有害因素职业接触限值 第2部分：物理因素》GBZ 2.2—2007规定8h噪声限值定为85dB(A)，交换率为3dB。

原规范GBJ 87—85规定8h噪声限值为90dB(A)，交换率为3dB。当时编制组根据工业噪声对人体健康影响的研究得出结论，从保护职工健康说，8h噪声限值定为85dB(A)是好的，但综合当时我国工业状况、经济费用的现实可能性以及当时卫生系统提出的新建企业噪声标准值宜定为90dB(A)的建议，经过反复磋商认为在当时90dB(A)的标准限值是合适的。鉴于《工作场所有害因素职业接触限值 第2部分：物理因素》GBZ 2.2—2007规定8h噪声限值为85dB(A)，近年来我国工业企业噪声控制技术水平越来越高，各种新材料、新工艺以及新技术得到了应用，对大部分噪声已可进行控制，同时我国的经济已得到了极大的发展，具备了提高标准限值的财力保证，因此为了更好地保护工人的健康，确定8h噪声限值为85dB(A)，交换率为3dB。

对于连续噪声和脉冲噪声共存的工作场所，8h噪声限值85dB(A)的规定仍然适用，吴琨等《两个参数评价汽车制造业脉冲噪声作业达标率的比较》(职业与健康，2008年6月第24卷第12期)在接触频次为100次/d~10000次/d的情况下，经常出现车间内噪声值大于85dB(A)，而产生噪声污染的脉冲噪声作业岗位的声压级峰值反而低于《工作场所有害因素职业接触限值第2部分：物理因素》GBZ 2.2—2007所规定的接触限值，车间内噪声评价虽然超标，但脉冲噪声岗位反而达标。因此在连续噪声与脉冲噪声共存在的环境中，选择8h噪声限值能够更确切地反映工人实际接触的噪声，为此本噪声接触限值适用于连续噪声和脉冲噪声共存的工作场所。

工业企业内其他各类工作场所噪声限值是对工业企业内这些工作场所产生的噪声的总体控制要求。这些工作场所内部噪声源产生的噪声超过限值的情况，原则上也应采取噪声控制措施使其满足要求。

本次修订对原规范GBJ 87—85中高噪声车间设置的值班室、观察室、休息室的2类噪声限值(无电话通信要求和有电话通信要求)调整为1类(有电话通信要求)噪声限值，主要考虑目前这些场所基本存在电话通信需要。对其他工作场所噪声限值未作调整。

3.0.2 工业脉冲噪声引起的生物学效应究竟符合等能量学说还是等效应学说，目前争议仍较大，同时脉冲噪声对听觉器官的损伤与峰值声压级、持续时间、日接触次数、噪声频率等均有相关性。中华人民共和国国家职业卫生标准《工作场所有害因素职业接触限值 第2部分：物理因素》GBZ 2.2—2007规定的工作场所脉冲噪声职业接触限值见表3。

表 3　工作场所脉冲噪声职业接触限值

工作日接触脉冲次数(n，次)	声压级峰值限值[dB(A)]
$n \leqslant 100$	140
$100<n \leqslant 1000$	130
$1000<n \leqslant 10000$	120

《工作场所有害因素职业接触限值　第 2 部分：物理因素》GBZ 2.2—2007 标准中只有声压级峰值和日接触次数 2 个参数，存在一定的局限性，此外声压级峰值限值采用 A 计权峰值也值得商榷。国际上只有加拿大对脉冲噪声的接触次数进行了规定，在交换率为 5dB 的情况下与《工作场所有害因素职业接触限值　第 2 部分：物理因素》GBZ 2.2—2007 标准中规定的数值是一致的，但其采用的是线性声压级峰值，在交换率是 3dB 的情况下，脉冲噪声计入连续性噪声测量等效声级。

但许多研究表明，对于占人群很小一部分的特别敏感的人来说，即使是一次剧烈的噪声也可以引起永久性听力损伤。大多数国家都已明确规定一次剧烈噪声或脉冲的声级峰值应小于或等于 140dB(C 计权或线性峰值)，这和它们怎样被计入 8h 暴露噪声无关。从现阶段的科学证据来看，这项附加的限值可能不是严格必要的，但它应当是审慎的。因此确定脉冲噪声 C 计权声压级峰值限值为 140dB。

3.0.3　按有关法律的规定，现行《工业企业厂界环境噪声排放标准》GB 12348 具有强制性执行的效力。

4　工业企业总体设计中的噪声控制

4.1　一般规定

4.1.1　本条规定了工业企业总体设计中噪声控制的要求。

工业企业总体设计中的噪声控制，不限于通常意义上的总平面设计、总图设计等；它包括了除常规噪声控制技术措施隔声、消声、吸声、隔振等外的大部分内容，实际上工业企业噪声控制设计是贯穿于从厂址选择、车间布置、设备选型到管线设计的整个工程设计全过程中的。正确进行总体设计，可以从根本上经济而有效地减少工业企业的噪声源，降低对周围环境的干扰’并极大减少噪声控制工程设计的工作量。

4.1.2　本条规定了工业企业噪声控制设计的内容。

建设项目可行性研究报告涉及规划、厂址选择、工艺、总平面布置等内容，是这些内容出现的源头，而这些内容在降低噪声源影响的方面有重要作用，因此在可行性研究阶段注意噪声问题将使噪声源影响降低到最小程度。

初步设计必须有环境保护篇章和职业卫生安全专篇，以确保环境影响评价报告、职业卫生安全预评价报告及相关部门的审批意见所列各项要求或措施得到落实。

在实际情况中，可行性研究报告和初步设计过程对噪声问题不够重视，因此本条作了关于编写噪声控制部分的规定。

本条还规定了在建设工程竣工后对噪声控制要作必要的修改与补充设计，这是因为：在目前的技术水平下，由于某些计算公式的近似性、加工工艺的不尽理想以及材料性能的不稳定，有时噪声控制的实际效果会偏离设计的预想。

4.2　厂址选择

4.2.1　本条规定的目的是确保区域规划的实现和厂界噪声满足本规范第 3 章的规定。

4.2.2 噪声沿顺风方向和逆风方向传播，由于声线弯折方向的不同，会有很大的差异。为使居住区受到的影响最小，应使工业企业处在城镇居民集中区的最小频率风向的上风侧。由于建筑物室内噪声污染程度同建筑物的门窗开闭状况关系很大，夏季是受噪声干扰最严重的季节，故作了关于夏季的规定。

4.2.3 本条规定的目的是为内部工作性质或使用状况要求安静的工业企业创造较安静的外部声环境。交通干线指铁路、高速公路、一级公路、二级公路、城市快速路、城市主干路、城市次干路、城市轨道交通线路、内河航道等。

4.2.4 尽管《工业企业厂界环境噪声排放标准》GB 12348 对厂界噪声排放限值已作了明确的规定，但在工业企业厂址附近利用天然缓冲地域仍是必要的，为此作了本条规定。

天然缓冲地域是指厂址附近在近期或远期都不会设置噪声敏感建筑物的天然隔离带，诸如沙石荒滩、宽阔水面、农田森林、山岳丘陵等。

4.3 总平面设计

4.3.1 设立本条的原则是闹静分离。高噪声厂房指内部噪声对外部环境产生明显影响的厂房（如高炉、空压机站、锻压车间、发动机试验台站等）。第 3 款规定的意思是：要求安静的建筑物，门窗不要面向噪声源；其排列应使建筑多数面积位于较安静的区域中；其高度的设计不宜使其暴露在许多强声源的直达声场中。

4.3.2 本条规定“主要噪声源宜低位布置”，包括从地形上和从楼层上两方面的考虑。低位布置可以有效地缩小污染范围。

4.3.3 本条规定的目的是缩小噪声影响的范围和受干扰的人数。道路尽端式布置指端尽头不与其他道路相连或相交的道路。

4.3.4 本条作了采取噪声控制措施或保持必要防护距离的原则规定。由于噪声源对外干扰的程度取决于多方面的因素，因此本规范不能做出防护距离设计的具体数值。

在工业企业采取噪声控制措施，投资规模往往较大；建筑物间拉大间距，往往占用土地较多。因此，选择此项措施需慎重，应优先考虑总平面设计中的其他措施。

4.4 工艺、管线设计与设备选型

4.4.1 本条列举的几种工艺设计降噪声方法，是由工程实践中总结而得的。

关于减少高压排气的典型例子是电厂锅炉升炉时采用滑参数运行。操作机械化，运行自动化，实现远距离监视操作，对于噪声控制而言有两方面的意义。一是操作人员远离声源从而降低了接触的噪声级；二是为设置隔声罩、物料输送消声通道等设施创造条件。

4.4.2 本条规定的目的是降低管道系统的空气动力性噪声，主要是降低湍流噪声。同时隔绝管道振动引起的固体声的传播。

4.4.3 许多设备制造厂家并不提供其产品的噪声指标，这给设备选型造成了困难。本条仅对主要噪声源设备作出了相应的原则性规定，这是从现状出发来考虑的。主要噪声源设备，指对工业企业噪声水平起决定作用的设备。

4.4.4 噪声控制专用设备近年来在我国已获得迅速的发展。许多消声器、隔声罩、吸声体等，已可选用定型产品而不必自行设计制造。相关产品的选用，可参阅有关的产品手册等资料。

4.5 车 间 布 置

4.5.1 本条规定的目的一是为了降低车间某些区域的噪声，二是为了便于控制噪声传播，如对高噪声设备整体安装隔声罩或设置隔声屏障等。也可根据情况为值班人员设置隔声间。

4.5.2 振动强烈的设备一般噪声辐射强且容易导致固体传声。当设计多层厂房时，这类设备宜布置于底层或开有生产工艺孔洞的地下室内。如工艺要求必须设置在楼板或平台上，则应采取隔振措施，同时应考虑隔振措施的附加载荷，平台是指厂房内因工艺需要设置的钢结构或混凝土结构的易于引起固体传声的平面设施。

4.5.3 本条规定包含两层意思：一是设计中已采取控制措施，配用的噪声控制设备自然应留有必要的空间；二是设计中虽然没有采取控制措施，但预计将来有可能要增加噪声控制设施的，也应预留必要的空间。在现有企业的技术改造工程中，常常出现由于强噪声源周围空间所限而无法进行噪声控制的实例。噪声控制设施的维修，往往为人所忽视。许多大型噪声控制设施，维修时需要拆卸放置到附近的空位上操作，因此也必须留有空间。

5 隔声设计

5.1 一般规定

5.1.1 本条规定了隔声设计的要求。

5.1.2 只有首先确定隔声的结构形式，才能进而选择隔声构件与材料，因此本条从声源、传播途径和接收者三个方面对隔声的结构形式作出了规定。

从声源着手，可使用较少的材料将噪声控制在较小的范围内，因而技术经济效果较好。根据我国工程的实际经验，各类隔声罩大概能隔绝噪声 10dB(A)~40dB(A)。

从传播途径着手，只对受直达声危害较大的区域有显著的效果，隔声屏障可以是轻质结构，也可以是墙体、路堑、土堤、房屋建筑等。

从接收者着手，使用的材料也较少，但噪声控制的有效范围要小得多。其优点是未对声源设备的运行、操作、监视、检修增加任何妨碍物。

隔声设计有时也可以同时采用几种措施，因此如何使生产工艺、隔声效果、技术经济性几方面都比较合理，必须要作方案的比选。

5.1.3 隔声罩的插入损失数值，是由工程实践中归纳总结出的。固定密封型隔声罩是指各组合部件均不可经常开启或装卸的密封性良好的隔声罩。活动密封型隔声罩是指密封性良好，但为操作或检修需要留有易于启闭的门窗的隔声罩。局部开敞式隔声罩是指由于结构所限，或为装配、通风散热、检修所需而局部未加封闭的隔声罩。

5.1.5 对于车间大、工人多和强噪声源分散的复杂情况，必须对整个车间的噪声分布与操作工人分布的情况进行详细的分析，确定如何划分噪声强弱不同的几个区域，再分别进行噪声控制。

5.1.7 本条规定体现的是等传声量的原则。隔声设计若不符合此项原则，其结果是或者某一部分成为漏声的主要通道，或者某一部分使用隔声性能过高的材料，从而增加不必要的经济投入。

5.1.8 隔声构件在设计中基本是没有缝隙的，然而实际制造出的隔声构件大多存在缝隙，主要是由于加工工艺所引起。合理周密的设计，可以尽量减少加工工艺引起的缝隙漏声。由于构件的拼装节点、电缆孔、管道的通过部位等的漏声容易被忽略，因此规定了针对这些部位应作密封或消声处理设计。

5.2 隔声设计程序和方法

5.2.1 本条规定了隔声设计的步骤，即各阶段的先后顺序。

5.2.2 声压级的合成法则计算公式为：

$$L_P = 10 \cdot \lg \sum_i (10^{0.1L_{Pi}}) \tag{1}$$

5.2.4 隔声设计 5dB 裕量是根据隔声设施加工过程不可避免地会有孔隙漏声，以及固体声隔绝不良的效应而提出的。

5.2.7 本条是考虑了隔声设计5dB裕量后的结果。

5.3 隔声结构的选择与设计

5.3.1 隔声构件固有隔声量的实测数据应用在隔声结构设计时更为准确，在无法得到实测数据的情况下，隔声构件的固有隔声量也可按质量定律的经验公式进行估算。

5.3.2 噪声源的峰值频率位于结构的共振频率或吻合频率时，将极大地降低隔声结构的隔声量，一般共振频率与吻合频率之间频带范围较宽，设计时使噪声源的峰值频率位于隔声结构的共振频率和吻合频率之间是可能的，为此作了本规定。

薄板的发声主要是由弯曲振动引起的，对于弯曲振动的薄板，在离开中立轴较远的板面上有较大的切形变，因此采用一种黏滞性高阻尼材料牢固地贴附在板面上，对于薄板的减振降噪有明显的作用，如果在阻尼层上再贴上一层金属板，会增加阻尼层的能量消耗，从而增加轻质结构的隔声量，因此为了提高单层轻质隔声结构的隔声量，可选用复合隔声结构。

5.3.3 双层结构的隔声量不仅与双层结构的面密度有关．还与空气层有关。在空气层厚度小于50mm时，其附加隔声量较小，为此对空气层厚度作了规定；隔声结构共振频率与吻合频率的规定是为了避免共振频率与吻合频率处隔声量降低而作的规定；声桥是指双层结构之间有固体的刚性连接，这种刚性连接将使一层结构的振动能量通过刚性连接直接传递到另一层结构，从而降低结构的整体隔声量，为此作了本规定；实际测量表明在空气层填充多孔吸声材料将增加构件的隔声量。

5.3.4 本条规定是针对工程实践提出的。现有的定型产品无法满足隔声要求，可设计专用的隔声门窗。

5.3.6 阻尼层是为了消除隔声罩薄金属板及其他轻质材料的共振和吻合效应，可采取在板面紧贴或喷涂一层阻尼材料。常用的阻尼材料有沥青基阻尼、橡胶基阻尼、油性阻尼涂料、发泡材料等。隔声罩内留有必要的空间，主要目的是减少驻波效应。

5.3.7 隔声屏障靠近声源或接收者设置，是为了增加绕射声与直达声的声程差，从而提高其插入损失值。室内设置隔声屏障，在室内应作相应的吸声处理，否则由于墙壁和顶棚的反射会形成混响声场，隔声屏障的作用就会明显减弱，从理论上讲，如室内墙壁、顶棚以及隔声屏障表面的吸声系数趋于零时，室内隔声屏障的降噪量等于零。

6 消声设计

6.1 一般规定

6.1.1 本条规定了消声设计的要求。

消声设计除用于降低空气动力性噪声外，还用于降低机体辐射噪声。如：鼓风机房如有较好的隔声性能，机房内又不需操作人员，由于机房需要设置进风口，而进风口辐射的噪声对机房外环境造成影响时，就需要设计安装进风消声器，消声器的消声量原则上应与机房隔声量相匹配。

6.1.2 本条规定是根据调查中发现的许多消声器由于安装部位不合理而影响消声器性能发挥状况而提出的。

6.1.3~6.1.5 消声器性能的三个主要评价指标是：消声量（插入损失）、压力损失和气流再生噪声。三者必须兼顾，统一考虑。

消声器长度增加到一定程度时，由于气流再生噪声等原因，消声量不再随长度增加而线性增加，同时消声量的过高要求往往导致消声器构造的复杂，从而提高压力损失和气流再生噪声，影响消声器的使用，因此，消声器的消声量应根据实际消声要求确定，不宜盲目追求过高的消声量。

压力损失是指消声器内存在给定平稳气流时，消声器进口端与出口端平均全压之差。气流再生噪声是指气流在管道或消声器中产生的噪声，其大小与气流速度和气流经过管道或消声器的压降有关，它会降低消声器的功用甚至使之完全失效。

6.1.6 消声器中气流的速度直接影响本规范第 6.1.3~6.1.5 条所述的三个指标。气流速度增加，消声量会下降，压力损失会按平方律增加，而气流再生噪声的功率则以六次方律增加。因此，必须将气流速度限制在一定值以下。本条规定的气流速度限制值，是在实践经验基础上提出的。

6.1.7 本条规定了除上述三项性能指标之外的对消声器的其他要求。

6.2 消声设计程序和方法

6.2.1 本条规定了消声设计的步骤，即各阶段的先后顺序；第 4 款所指满足要求的消声器，不仅指插入损失满足要求，而且其压力损失也在设备正常运行许可的范围内。

6.2.2 关于倍频带声功率级确定的范围，本条就一般情形规定中心频率为 63Hz~8000Hz 的 8 个倍频带；对于设备制造商提供的数据存在疑问的情况，也可通过测量、估算或查找资料等方法确定。

6.2.5 对于控制点在室外情况，房间常数 $R\to\infty$。

6.3 消声器的选择与设计

6.3.1 阻性消声器的计算公式是国内外工程实践中最常用的公式。虽然这一公式仍有其不够准确之处，但它还是可以对消声器设计给出最基本的指导。

6.3.2 上限截止频率是指管道或消声器内出现非平面效应的频率。

当通道截面为圆形时，D 为通道直径，当通道截面为矩形时(边长为 a、h)，D 可按下式计算：

$$D=1.13\sqrt{ah} \tag{2}$$

6.3.3 当量直径的选择，除了流量之外主要考虑的因素是高频失效。针对穿孔金属面板后敷设玻璃布的吸声护面，片式消声器的阻力系数可取 0.8，折板式消声器的阻力系数可取 1.5~2.5，声流式消声器的阻力系数可在折板式消声器和片式消声器之间选取。

6.3.4~6.3.6 对于抗性和微穿孔板消声器的设计，本规范根据实践经验总结出若干原则。

6.3.7 对节流减压、小孔喷注消声器的有关参数所作的规定，是根据国内有关单位的设计经验提出的。

7 吸声设计

7.1 一般规定

7.1.1 本条规定了吸声设计的要求。

由于吸声处理只能降低混响声，不能降低直达声，因此对离声源较近的地点降噪效果就不大明显。如织布车间，由于织布机分布在整个车间，各处都有相当强的直达声，因而吸声处理对于工人操作位置的降噪声效果不甚明显，大多数工程实践只得到 2dB(A)~3dB(A)的降噪声量。离声源较远的地点通常混响声就会起较大的作用，因而吸声处理可望获得较好的降噪效果。“远”与“近”的分界线为直达声场与混响声场的影响相等的位置，一般称为“混响半径”，可按下式计算：

$$r_0=0.14\sqrt{RQ} \tag{3}$$

式中：R——房间常数(m^2)；

Q——声源指向性因数。

吸声处理通常需要较多的材料和投资，降噪量通常也只有 4dB(A)~10dB(A)左右；不像隔声、消声等措施能够较容易地获得20dB(A)以上的降噪量。但是，对于某些混响严重的厂房车间，由于工艺流程与操作条件的限制，不适用于采用其他控制措施时，吸声处理仍是一种现实有效的噪声控制手段，同时也应认识到尽管采取吸声处理降噪量小，但对改善车间混响场内工作人员的主观感受仍有较大的作用。

7.1.2 本条所列的降噪效果，是根据我国实践经验总结的。所称“几何形状特殊(声聚焦)混响极严重的车间厂房”，是指像拱顶结构的情形。

7.1.3 吸声降噪效果主要取决于房间的声学条件。未作吸声处理前的房间平均吸声系数越大(或混响很小)，表明原有室内声吸收越多，室内声能量可以被进一步吸收的部分就越小，降噪效果就越不显著。

降噪量取决于吸声处理前后的平均吸声系数比(或总吸声量比)。使平均吸声系数由0.04提高到0.3，可获9dB的降噪量；而若由0.3提高到0.5，则只能再增加2dB的降噪量。

7.1.4 本条规定了除降噪效果外对吸声设计的其他要求。

7.2 吸声设计程序和方法

7.2.1 本条规定了吸声设计的步骤，即各阶段的先后顺序。

7.2.2 具备类比条件的应优先采用实测数据。

7.2.4 吸声处理前室内的平均吸声系数优先采用测量房间混响时间的方法求得。

吸声处理前的室内平均吸声系数可由房间各部分表面积与其吸声系数求得：

$$\bar{\alpha}=\frac{S_1\alpha_1+S_2\alpha_2+\cdots+S_n\alpha_n}{S_1+S_2+\cdots+S_n} \tag{4}$$

测量混响时间后计算平均吸声系数使用下列公式：

当 $\bar{\alpha}<0.2$ 时，$T=0.16V/(\overline{S\alpha})$ (5)

当 $\bar{\alpha}>0.2$ 且 V 不太大时，$T=0.16V/[-S\ln(1-\bar{\alpha})]$ (6)

当 $\bar{\alpha}>0.2$ 且 V 较大时，$T=0.16V/\{[-S\ln(1-\bar{\alpha})]+4mV\}$ (7)

7.2.5 公式的适用范围说明如下：

室内声压级计算公式：$L_P=L_W+10\lg\left(\frac{Q}{4\pi r^2}+\frac{4}{R}\right)$ (8)

对于混响声为主的场合，$\frac{Q}{4\pi r^2}\ll\frac{4}{R}$，因此

$$\Delta L_P=L_{P1}-L_{P2}=10\cdot\lg\frac{R_2}{R_1} \tag{9}$$

$R=\frac{\overline{S\alpha}}{1-\bar{\alpha}}=\frac{A}{1-\bar{\alpha}}$，则

$$\Delta L_P=10\cdot\lg\left(\frac{\bar{\alpha}_2}{\bar{\alpha}_1}\cdot\frac{1-\bar{\alpha}_1}{1-\bar{\alpha}_2}\right) \tag{10}$$

通常认为 $\bar{\alpha}_1\leqslant0.1$，若 $\bar{\alpha}_2\leqslant0.5$，则可认为 $\bar{\alpha}_1\bar{\alpha}_2\ll\bar{\alpha}_1$、$\bar{\alpha}_2$，于是：

$$\Delta L_P=10\cdot\lg(\bar{\alpha}_2/\bar{\alpha}_1) \tag{11}$$

$$\bar{\alpha}_2=\bar{\alpha}_1\cdot10^{\frac{\Delta L_P}{10}} \tag{12}$$

因此本规范给出的计算公式，是在 $\bar{\alpha}_1$、$\bar{\alpha}_2$ 较小的条件下的近似公式，故作了适用条件限制。

7.2.7 吸声设计效果采用室内工作人员的主观感觉效果来评价，主要是考虑到有些吸声降噪设计客观降噪量较小，但室内工作人员却感觉到噪声环境得到了较大改善，因此尽管该评价是主观的、定

性的，但对于吸声降噪设计来说具有现实的意义，因此也列为一种评价方法。

对于吸声降噪量，通常采用“插入损失法”来测量，即测量吸声处理前后室内相应测点的A声级及中心频率为125Hz~4000Hz的6个倍频带声压级差。这种方法受测点位置影响较大，选择测点必须考虑与声源的距离，测量结果必须标注测点位置。

采用混响时间法测量降噪效果，应注意混响时间的概念是建立在声场充分扩散的条件下的。室内吸声处理后，声场扩散条件变差，测量结果就会与实际有误差。扁平形或狭长形的房间，都不适用于使用混响时间法测量。

7.3 吸声构件的选择与设计

7.3.1 对于吸声材料制造商提供的数据存在疑问的情况，也可通过测量、估算或查找资料等方法确定。

条文中未对吸声材料的密度进行规定，设计中可根据设计要求和经济性要求选用，中高频噪声的吸声降噪设计，采用密度较小或薄的玻璃棉板等多孔吸声材料主要是指采用密度较小或薄的玻璃棉板已可满足吸声要求，从技术经济性角度考虑采用密度较小或薄的玻璃棉板等多孔吸声材料是可行的，并非指密度越小或薄的玻璃棉板中高频吸声效果越好。工程实践中经验表明，吸声常用玻璃棉密度为24kg/m^3、48kg/m^{3}等。

多孔材料后设置空气层或增加吸声材料厚度和密度，可提高多孔吸声材料在低频的吸声性能，有利于展宽吸声频带。

薄膜覆面的多孔材料在原理上把多孔材料吸声同薄膜共振吸声结合起来，实践上具备了防尘、防湿及安装简便等特点。

微穿孔板吸声结构的使用，应注意其正入射吸声系数与混响室法吸声系数的差异。与多孔材料的情形不同，微穿孔板吸声结构的混响室法吸声系数不一定大于正入射吸声系数。

穿孔护面板的穿孔率大于20%时，对吸声性能没有影响。为增加低频吸声性能，可适当减少穿孔率，但不宜小于10%。

7.3.2 板状空间吸声体的面积比取值，系根据上海工业建筑设计院和北京劳动保护科学研究所进行的混响室正交实验研究结果确定的(见表4)。工业实践亦表明，取房间屋顶40%左右的面积比，可获得较好的技术经济效果。对于层高较高、墙面面积相对较大的情形，宜采用取室内总面积的15%的规定。

原则上讲，空间吸声体离声源近些效果较好，但吸声体悬挂高度在实际工程中尚需依车间大小、层高、天车走行等条件决定。

表4 混响室正交实验研究结果

面积比(%)	12.5	25	37.5	50	100
降噪量[dB(A)]	3.7	5.7	7.1	7.3	9.2

8 隔振降噪设计

8.0.1 本条规定了隔振降噪设计的要求。本规范涉及的隔振降噪设计主要是从噪声控制的角度考虑的。

8.0.2 本规范是为降低噪声而考虑隔振设计的，因此，隔振降噪设计是否合乎要求要按噪声是否达到要求来衡量。

8.0.3 振动设备产生的噪声不仅受设备本身影响，同时还受管道走向、管道阀门、管道支撑及压力等影响，是系统整体的影响；确定系统整体降噪量是很困难的，但为了确定隔振参量有必要给出一个降噪量估算公式，为此作了本规定。

振动速度级是指振动速度与基准速度之比的以 10 为底的对数乘以 20。基准速度 $V_0 = 10^{-9}$ m/s。传递率是指振动系统在稳态受迫振动中，响应幅值与激励幅值的无量纲比值。它可以是力、位移、速度或加速度的比。

8.0.4 尽管《隔振设计规范》GB 50463 是适用于对生产、工作及建筑物的周围环境产生的有害振动影响的设备的主动隔振和对周围环境振动反应敏感或受环境振动影响而不能正常使用的设备的被动隔振，但主动隔振是降低振动设备引起固体传声及振动辐射噪声的主要措施，为此作了本规定。

ICS 91.200
P 72
备案号：J1778-2014

SH

中华人民共和国石油化工行业标准

SH/T 3551—2013

石油化工仪表工程施工质量验收规范

Specification for quality inspeltion and acceptance of instrumentation engineering in petrochemical industry

2013-10-17 发布 2014-03-01 实施

中华人民共和国工业和信息化部 发布

目　次

Contents

前　言

根据中华人民共和国工业和信息化部《2009 年第一批工业行业标准制修订计划》(工信厅科〔2009〕104 号)的要求，规范编制组经广泛调查研究，认真总结实践经验，参考有关国际标准和国外先进标准，并在广泛征求意见的基础上，制定本规范。

本规范共分 15 章和 1 个附录。

本规范的主要技术内容是：施工准备、取源部件的安装质量检查、仪表校验、综合控制系统调试、仪表设备安装质量检验、仪表线路的安装、测量管道的安装、仪表气源管道和信号管道的安装、仪表伴热系统的安装、仪表系统试验、工程验收。

本规范由中国石油化工集团公司负责管理，由中国石油化工集团公司施工技术宁波站负责日常管理，由中石化第十建设有限公司负责具体技术内容的解释。执行过程中如有意见和建议，请寄送日常管理单位和主编单位。

本规范日常管理单位：中国石油化工集团公司施工技术宁波站

通讯地址：浙江省宁波市科技园区院士路 660 号

邮政编码：315103

电　　话：0574-87975406

传　　真：0574-87974566

本规范主编单位：中石化第十建设有限公司

通讯地址：山东省淄博市临淄区建设路 29 号

邮政编码：255438

本规范参编单位：中石化宁波工程有限公司

本规范主要起草人员：王　笑　张媛媛　赵德源　王发兵　张同科

本规范主要审查人员：吕铁英　葛春玉　刘小平　黄继强　徐伟清　孙开祥　柴福义　胡同印　潘树海　王珍珠　赵永登　高福祥　范培贞　张　达　陈备跃　黄全荣　林志权

本规范首次发布。

石油化工仪表工程施工质量验收规范

1 范围

本规范规定了石油化工自动化仪表工程的施工质量验收要求。

本规范适用于新建、改扩建的石油化工自动化仪表工程的施工质量验收。

2 规范性引用文件

下列文件对于本规范的应用是必不可少的。凡是注日期的引用文件，仅注日期的版本适用于本规范。凡是不注日期的引用文件，其最新版本(包括所有的修改单)适用于本规范。

GB 50093 自动化仪表工程施工验收规范

GB 50517 石油化工金属管道工程施工质量验收规范

SH/T 3503 石油化工建设工程项目交工技术文件规定

SH/T 3521 石油化工仪表工程施工技术规程

3 总则

3.1 本规范应按设计文件及仪表产品技术文件的要求进行检查验收，修改设计应有设计单位的文件确认。设计未作出规定的部分，应执行本规范。

3.2 仪表工程的取源部件施工质量应按设计文件的专业界面规定检查验收。取源部件专业界面见附录A。

3.3 仪表工程中的焊接作业，应符合 GB 50517 和石化行业相关标规准定。

3.4 仪表工程中的脱脂作业，应执行 GB 50093 规定。

4 施工准备

4.1 施工技术准备

4.1.1 施工单位应具备相应的资质，建立技术、质量、HSE 管理体系，并应对施工全过程实行质量控制。

检查方法：现场核查相关人员、资料。

4.1.2 检查仪表工程开工条件。

检查方法：查设计图纸，查施工技术文件，现场检查并核查相关人员、资料、设备。

4.1.3 施工单位在冬季、雨期进行施工时，应制定冬季、雨期施工技术和安全措施，保证施工质量。

检查方法：现场检查施工方案。

4.1.4 施工单位应做好文明施工，遵守有关环境保护的法律、法规，采取有效措施控制施工现场的各种粉尘、废气、废弃物以及噪声、振动等对环境造成的污染和危害。

检查方法：现场检查 HSE 管理计划书。

4.1.5 施工单位应遵守有关施工安全、劳动保护、防火、防毒的法律、法规，应配备相应的设备、器具和标志等，并应根据工程安全技术特点，提出安全技术措施，确保工程安全实施。

检查方法：现场检查三级入厂教育记录，施工技术、管理文件。

4.2 施工现场准备

4.2.1 仪表工程施工应有临时设施和预制场地。

检查方法：现场实地检查。

4.3　仪表设备及材料的检验和保管

4.3.1　仪表设备的开箱检验和外观检查，应按照设计“仪表索引表”、“仪表规格书”、装箱单逐项清点，并填写设备开箱检验记录。

检查方法：检查设备开箱检验记录。

4.3.2　仪表材料的常规检验和外观检查，应按设计“材料一览表”检查报验项目，并填写“仪表材料报验单”。

检查方法：检查“仪表材料报验单”。

4.3.3　仪表盘、柜、箱的开箱检查应符合下列要求：

a）表面平整，内外表面漆层完好；

b）外形尺寸和安装尺寸符合设计要求。

检查方法：检查设备开箱检验记录。

4.3.4　仪表管道安装前，应对仪表组合件进行检验。

检查方法：检查“仪表材料报验单”。

4.3.5　仪表用于设计压力等于或大于 10MPa 铬钼合金钢螺柱和螺母，每批抽检 5%。且不少于 10 件数量采用光谱分析对其检查，并做好标识。

检查方法：检查“仪表材料抽样检验报告”。

5　取源部件的安装质量检查

5.1　温度取源部件

5.1.1　温度取源部件的安装在能准确反映被测介质温度的位置。不宜选在阀门等阻力部件的附近和介质流速呈死角处以及振动较大的地方。在工艺管道上的安装应符合下列规定：

a）与工艺管道垂直安装时，取源部件轴线应与工艺管道轴线垂直相交；

b）在工艺管道的拐弯处安装时，宜逆着介质流向，取源部件轴线应与工艺管道轴线相重合；

c）与工艺管道倾斜安装时，宜逆着介质流向，取源部件轴线应与工艺管道轴线相交；

d）取源部件需安装在扩大管上时，扩大管的安装应符合设计文件的规定。设计文件无规定时，扩大管直径应 $DN \geqslant 80$。

检查方法：现场实物目测、实测检查。

5.1.2　热电偶取源部件的安装位置应远离强磁场。

检查方法：现场实物检查。

5.2　压力取源部件

5.2.1　压力取源部件与温度取源部件在同一管段上时，应安装在温度取源部件的上游侧。

检查方法：现场实物检查。

5.2.2　压力取源部件的端部不应超出工艺设备或管道的内壁，取压孔与取源部件均应无毛刺。

检查方法：现场实物检查。

5.2.3　当检测带有灰尘、固体颗粒或沉淀物等混浊介质的压力时，在垂直和倾斜的设备和管道上，取源部件应倾斜向上安装。在水平的管道上宜顺流束成锐角安装。

检查方法：现场实物检查。

5.2.4　带测量引线的压力取源部件在水平和倾斜的工艺管道上安装时，取压点的方位应符合下列规定：

a）测量气体压力时，在工艺管道的上半部与工艺管道的垂直中心线成 0°~45°夹角的范围内，见图 5.2.4-a）；

b）测量液体压力时，在工艺管道的下半部与工艺管道的水平中心线成 0°~45°夹角的范围内，见图 5.2.4-b）；

c）测量蒸汽压力时，在工艺管道的上半部与工艺管道的水平中心线成0°~45°夹角的范围内，以及下半部与工艺管道水平中心线成0°~45°夹角的范围内，见图5.2.4-c）。

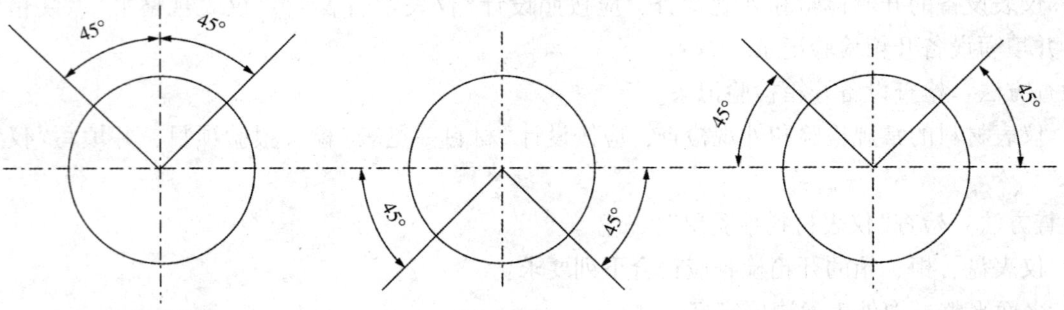

图5.2.4　压力测量取压口的方位

检查方法：现场实物目测检查。

5.2.5　在砌筑体上安装取压部件时，取压管周围应用耐火纤维填塞严密，然后用耐火泥浆封堵。

检查方法：现场实物检查。

5.3　流量取源部件

5.3.1　安装前应对流量节流件的外观及节流孔直径进行检查和测量，孔板、喷嘴入口边缘及内壁应光滑无毛刺，无划痕及可见损伤，并做好记录，其质量应符合设计文件和国家现行标准的有关规定。

检查方法：现场实物测量检查、记录检查。

5.3.2　流量取源部件上、下游直管段的最小长度，应按设计文件规定，并符合产品技术文件的有关要求。

检查方法：现场实测检查。

5.3.3　孔板、喷嘴、文丘里管和均速管应安装在被测介质完全充满的管道上，上下游直管段的最小长度，应符合设计文件规定，若设计文件无明确规定时，应按SH/T 3521规定执行。

检查方法：现场实物量测检查。

5.3.4　差压流量测量节流装置的安装应符合下列规定：

a）节流件应在工艺管道吹（洗）扫后安装；

b）孔板的锐边或喷嘴的曲面侧应迎向被测介质的流向。

检查方法：现场实物检查孔板+/-符号标志。

5.3.5　在规定的最小直管段范围内，流量取源部件直管段内表面应清洁、无凹坑和突出物，且不得设置其他取源部件或检测元件。安装节流件的密封垫片的内径不应小于管道的内径，夹紧后不得突入管道内壁。在节流件的下游侧安装温度计时，温度计与节流件间的直管距离不应小于5倍工艺管道内径。

检查方法：现场实物量测检查。

5.3.6　夹紧节流件用的法兰的安装应符合下列规定：

a）对焊法兰与工艺管道焊接后，内管口应与法兰密封面平齐；

b）法兰面应与工艺管道轴线相垂直，垂直度允许偏差为1°；

c）法兰应与工艺管道同轴，同轴度允许偏差不得超过公式(5.3.6)规定。

$$S \leqslant 0.015D(1/\beta - 1) \quad (5.3.6)$$

式中：

S——同轴度允许偏差；

D——工艺管道内径；

β——工作状态下节流件的内径与工艺管道内径之比。

检查方法：游标卡尺、水平尺、吊锤现场实物检查。

5.3.7 节流装置在水平和倾斜的工艺管道上安装时，取压口的方位应符合下列规定：

a）测量气体流量时，在工艺管道的上半部与工艺管道的垂直中心线成0°~45°夹角的范围内，见图5.2.4a）；

b）测量液体流量时，在工艺管道的下半部与工艺管道的水平中心线成0°~45°夹角的范围内，见图5.2.4b）；

c）测量蒸汽流量时，在工艺管道的上半部与工艺管道水平中心线成0°~45°夹角的范围内，见图5.2.4c）。

检查方法：现场实物检查。

5.3.8 孔板或喷嘴采用单独钻孔的角接取压时，应符合下列规定：

a）取压口轴线与孔板各相应端面之间的间距等于取压口本身直径的1/2或取压口本身宽度的1/2，这样，取压口贯穿管壁处与孔板端面齐平；

b）连接环室与二次装置的取压口是管壁取压口，在贯穿处是圆形的，取压孔的直径宜为4mm~10mm；

c）取压孔的轴线，宜与工艺管道轴线垂直相交，但在任何情况下都应在垂直线的3°之内。

检查方法：游标卡尺现场实物检查，检查交工技术文件记录。

5.3.9 孔板采用法兰取压时、应符合下列规定：

a）上、下游侧取压孔的轴线分别与孔板上、下游侧端面间的距离如下：

1）当$\beta>0.6$且$D<150$mm时，为25.4mm±0.5mm；

2）当$\beta>0.6$且150mm≤D≤1000mm时，为25.4mm±1mm；

3）当$\beta\leq0.6$时，为25.4mm±1mm。

b）取压孔的轴线，应与工艺管道轴线垂直相交，但在任何情况下都应在垂直线的3°之内。

检查方法：游标卡尺现场实物检查，检查交工技术文件记录。

5.3.10 孔板采用D和$D/2$取压时，应符合下列规定：

a）上游侧取压孔的轴线与孔板上游侧端面间的距离应等于$D\pm0.1D$；下游侧取压孔的轴线与孔板上游侧端面间的距离，当$\beta\leq0.6$时，为$0.5D\pm0.02D$；当$\beta>0.6$时，为$0.5D\pm0.01D$；

b）取压孔的轴线，应与工艺管道轴线尽可能垂直相交，但在任何情况下都应在垂直线的3°之内。

检查方法：游标卡尺现场实物检查，检查交工技术文件记录。

5.3.11 用均压环取压时，取压孔应在同一截面上均匀设置，且上、下游侧取压孔的数量应相等。

检查方法：游标卡尺、角度尺，现场实物测量检查。

5.4 物位取源部件

5.4.1 物位取源部件的安装位置，应选在物位变化灵敏，且不使检测元件受到物料冲击的地方。

检查方法：现场实物检查。

5.4.2 双室平衡容器的安装应符合下列规定：

a）安装前应复核制造尺寸，检查内部管道的严密性；

b）应垂直安装，垂直度≤2%。

检查方法：游标卡尺、水平尺、吊锤现场实物测量检查。

5.4.3 单室平衡容器宜垂直安装，垂直度≤2%，并应符合安装标高。

检查方法：吊锤、米尺现场实物检查。

5.4.4 玻璃板、浮筒应垂直安装，垂直度≤2%，且法兰间距符合设备要求。

检查方法：吊锤、米尺现场实测检查。

5.5 分析取源部件

5.5.1 在水平和倾斜的工艺管道上安装的分析取源部件，其安装方位应符合本规范5.2.4条的规定。

5.5.2 被分析的气体内含有固体或液体杂质时，取源部件的轴线与水平线之间的仰角应大于15°。

检查方法：角度尺现场实物测量检查。

6　仪表校验

6.1　一般规定

6.1.1　仪表设备安装和投用前应进行检查、校准和试验。

检查方法：现场设备检查。

6.1.2　仪表调校室应检查其环境条件。

检查方法：标准温度计、湿度计现场检查，核查标准仪器、仪表相关标定证书资料。

6.1.3　仪表调校人员应持有有效的资格证书。

检查方法：现场检查并核查相关人员证书。

6.1.4　仪表校验合格后，应及时填写校验记录，数据真实、字迹清晰，并由校验人、质量检查员、技术负责人签认，注明校验日期，表体贴上校验合格证标签(带有仪表位号)等，不合格品应作退库处理。

检查方法：现场抽查校验记录，现场复核。

6.1.5　综合控制系统试验应由施工单位、建设单位、监理单位、设计单位参加完成。

检查方法：现场试验，抽查校验记录现场复核。

6.2　温度检测仪表

6.2.1　双金属(数显)温度计、压力式温度计应进行示值校验，校验点不应少于两点，若有一点不合格，则应作不合格处理。工艺有特别要求的温度计，应作四个刻度点的校验。

检验方法：温度校准仪、微型恒温油槽现场抽检，检查校验记录，现场复核。

6.2.2　热电偶、热电阻一般可在常温下对元件进行检测，不进行热电性能试验。

检验方法：检查出厂合格证。

6.2.3　温度变送器、一体化温度变送器应对变送器进行精度校验。

检验方法：检查校验记录。

6.2.4　带微处理器(CPU)的智能温度变送器，应对模拟输出信号进行精度校验。

检验方法：现场检查，检查校验记录。

6.2.5　现场总线温度变送器，应对 A\D 转换模块信号进行精度校验，检查存贮器组态参数。

检验方法：检查校验记录。

6.2.6　带微处理器(CPU)的智能温度调节器模拟输入/输出信号应进行精度校验。

检验方法：仪器现场检查，检查校验记录。

6.3　压力检测仪表

6.3.1　压力/真空(AP)/差压(数字显示)仪表、压力/差压/绝压(AP)变送器的精度校验，校验点宜为五点，压力仪表校验合格后应加标识。

检验方法：检查校验记录。

6.3.2　压力/差压开关精度校验，按设计规定校准报警输出值，消除死区。

检验方法：检查校验记录。

6.3.3　带微处理器(CPU)的智能压力/差压变送器(4mA～20mA)，应对变送器模拟输出信号进行精度校验。检查下列存贮器组态参数：

a) 工程单位；

b) 测量范围上、下限；

c) 输出方式(线性、开方、小信号切除)；

d) 输出报警；

e) 阻尼时间常数；

f) 量程范围代码；

g）仪表位号；

h）轮询地址；

i）校验日期登录。

检验方法：检查校验记录。

6.3.4 现场总线压力/差压变送器，应对 A/D 转换模块信号进行精度校验，检查存贮器组态参数：

检验方法：检查校验记录。

6.4 流量检测仪表

6.4.1 双波纹管差压流量计、差压式流量计应作精度校验，当无差压时，示值与零点的偏差不得超过基本误差的一半。附加积算机构的双波纹管差压计，应进行积算精度检查。

检验方法：检查校验记录。

6.4.2 流量计应有出厂合格证、检定证书在有效期内，应通电或通气检查各部件工作应正常，检定合格报告过期时，应送检，重新计量标定。

检验方法：现场检查合格证、检定报告。

6.4.3 数字显示流量仪应作精度校验，并通过正面键盘操作功能检查：

a）输入(PV 值开方、小信号切除)信号；

b）小数点设置；

c）传感器的修正功能；

d）传感器故障处理；

e）报警(继电器触点开关，常开+常闭)：输出；

f）AO 输出(瞬时流量)；

g）SSR/SSC 驱动输出；

h）量程上、下限；

i）非线性修正；

j）阻尼时间常数；

k）MODBUS 通讯数据：通讯协议、串接口、波特率、奇偶校验位、通讯地址等。

检验方法：过程认证校准仪，现场逐项检查，检查校验记录。

6.4.4 带微处理器(CPU)的智能流量调节器应进行精度校验，并通过正面键盘操作作下列功能检查：

a）多种模拟量输入信号(PV)功能选择，精度校验(电流、电压、脉冲、频率量)；

b）阻尼时间常数；

c）就地/远程/自动选择；

d）启动、停止、清零功能；

e）输出方式(线性化、开方、小信号切除)；

f）报警输出；

g）模拟量输出(PID 控制)校验；

h）数学补偿模型；

i）批量控制功能；

j）在线手动标定功能；

k）温度补偿+压力补偿功能；

l）流量积算；

m）MODBUS 通讯数据：通讯协议、串接口、波特率、奇偶校验位、通讯地址等。

检验方法：信号发生器、数字式万用表、秒表、过程认证校准仪，现场逐项检查，检查校验记录。

6.4.5 智能超声波流量计主机应依据设计文件通过正面键盘操作进行功能及参数检查：

a）管道外径；

b）管壁厚度；

c）管材；

d）衬材参数(包括衬里厚度和衬材声速)；

e）流体类型；

f）探头类型(主机支持多种不同探头)；

g）探头安装方式；

h）信号强度；

i）总传输时间，时差(时差的波动应小于±20%)；

j）传输时间比(传输比应为100±3)；

k）瞬时(PV值)/累积(日，月，年)流量单位/量程；

l）阻尼时间常数；

m）输出方式(线性化、开方、小信号切除)；

n）温/压补偿AI输入；

o）累积器倍乘因子；

p）累积器清零；

q）定时器/计数器；

r）恢复出厂设置；

s）AO、脉冲、频率输出；

t）开关输出报警；

u）日期时间；

v）电子序列号、版本号；

w）MODBUS通讯数据：通讯协议、串接口、波特率、奇偶校验位、通讯地址等。

检验方法：现场逐项检查。

6.5 物位检测仪表

6.5.1 外浮筒式液位/界面变送器、调节器宜用水校法校验。输出和输入信号应按介质密度进行换算，换算方法应按SH/T 3521—2013第5章浮筒液面变送器的规定执行。

检验方法：现场水介质模拟检查，直尺、数字式万用表，检查校验记录。

6.5.2 内浮球式液位变送器/控制器应进行精度校验，校验点宜为五点。

检验方法：现场模拟检查，数字式万用表、过程认证校准仪，检查校验记录。

6.5.3 液位/料位开关应检查微动开关/干簧管触点动作输出。

检验方法：数字万用表现场抽查，检查校验记录。

6.5.4 放射性同位素物位计的校验应按产品技术文件的要求进行。

检验方法：检查校验记录。

6.5.5 智能超声波物位计通电后液晶显示面板及状态指示灯工作应正常，参数设置/开关应符合工艺测量要求：

a）开机/复位/失效等状态；

b）物位值(PV)/空位值/温度值显示；

c）高限/低限继电器(DO)状态输出；

d）检测截止距离(小信号处理)；

e）超声波强度；

f）声速调整；

g）门限电平；

h）微误差校正；

i) MODBUS 通讯数据：通讯协议、串接口、波特率、奇偶校验位、通讯地址等。

检验方法：现场模拟试验检查，检查校验记录。

6.5.6 智能雷达(导波/脉冲)液位计，通电后液晶显示面板及状态指示灯工作应正常，参数设置/开关应符合工艺测量要求：

a) 零点/量程；

b) 虚假回波滤除/修正；

c) 测量介质常数(固态/液体)；

d) 输出电流正反向选择；

e) 信噪比；

f) MODBUS 通讯数据：通讯协议、串接口、波特率、奇偶校验位、通讯地址等。

检验方法：现场模拟，检查，并检查校验记录。

6.5.7 单法兰/双法兰液位变送器检查应符合本规范 6.3.1 条规定。

6.5.8 现场总线物位仪表检查应符合本规范 6.3.3 条、6.3.4 条、6.3.5 条规定。

6.6 气动/电动单元组合仪表

6.6.1 气动仪表校验前，应检查校验连接管道，并应通入 0 .1MPa(G)的空气，作气密性检查。仪表及管道应无泄漏。

检验方法：现场观测检查。

6.6.2 气动压力/差压变送器、基地式调节器应进行精度校验，检查要求：

a) 沿增大及减小方向分别输入 0、25%、50%、75%、100%的输入信号，输出应分别为 20kPa、40kPa、60kPa、80kPa、100kPa，基本误差及变差应符合被校仪表的精度要求；

b) 调节器的测量针和给定针的同步误差不大于基本误差的绝对值；

c) 控制点误差宜采用开环试验，校验点数宜为五点，允许误差应符合精度要求；

d) 调节器 PID 试验宜为五点。

检验方法：现场逐项检查，检查校验记录。

6.6.3 可编程调节器/控制器应进行下列检查：

a) 通电检查，电源、保护电池、液晶/等离子显示面板、发光二极管及其他状态灯工作正常；

b) 自诊断测试功能，人机接口(编程器、通讯器或 PC 机)功能，在线、离线调试功能、组态功能、存储功能；

c) 参数值设置，运算功能模块(温度、压力补偿、比率计算、线性化等)连接图，控制模块(PID 控制、串级控制、选择控制)功能，输入/输出模块(数字滤波、自动←→手动/硬 手动无扰动切换、逻辑 DI/DO 继电器)功能，通讯(波特率、奇偶校验位、优先级、通讯地址)功能。

检验方法：信号发生器、过程校准仪，现场逐项检查，检查校验记录。

6.7 执行器

6.7.1 调节阀体的耐压强度试验项目。可对制造厂产品合格证和试验报告进行验证。联锁事故切断阀应作耐压强度试验，可参考 SH/T 3521 规程，不应有可见的泄漏现象。

检验方法：见证抽查，检查试验记录。

6.7.2 调节阀阀芯的泄漏量试验项目。应对制造厂产品合格证和试验报告进行验证。现场可抽检 5%的调节阀，参考 SH/T 3521 规程作泄漏量试验，发现问题按比例扩大试验数量。不合格产品作退库处理。

检验方法：见证抽查，检查试验记录。

6.7.3 调节阀/切断阀应进行行程、灵敏度试验，偏差应符合产品技术文件的规定。

检验方法：抽查试验记录。

6.7.4 现场总线调节阀应作行程试验，检查下列存贮器组态参数：

a) AO(模拟输出)；

b）PID（比例加积分加微分控制）；

c）ML（手动加载）；

d）BG（偏置/增益）；

e）RA（比例）；

f）ARTH（计算）。

检验方法：现场通讯器、标准数字式万用表、现场总线测试仪，面板按钮、磁棒、H1 网段 PC 机现场逐项检查，检查校验记录。

6.7.5 现场总线调节阀检查，应作行程试验，检查下列存贮器组态参数（指功能模块的参数）：

a）行程选择（直行程/角行程）；

b）D/A 输出转换功能；

c）气源压力单位；

d）启动时间；

e）流量特性（线性/等比/快开）；

f）增益；

g）开关时间；

h）阀位输出；

i）自诊断功能。

检验方法：面板按钮、磁棒、网段 PC 机现场逐项检查，检查校验记录。

6.8 机械量检测监视仪表

6.8.1 机械量检测监视仪表校验。

检验方法：检查设备开箱检验记录。

6.8.2 涡流传感型轴位移、轴振动、轴转速探头均应作间隙/输出电压特性试验，试验时探头应与同一位号的延长电缆、前置放大器成套进行试验。

检验方法：微位移试验仪，精密数字万用表现场检查，检查校验记录。

6.8.3 磁致伸缩位移检测器应作传感器线性、重复性、分辨率试验。

检验方法：位移试验仪，精密数字万用表现场检查，检查校验记录。

6.8.4 转速显示仪的校验可用低频信号发生器作为脉冲信号源，检查下列参数：

a）采样齿数设定；

b）速度比系数；

c）加速度显示；

d）超速报警输出；

e）模拟输出。

检验方法：微位移试验仪，精密数字万用表现场检查，检查校验记录。

6.9 在线分析仪表

6.9.1 在线分析仪表外观检查。

检验方法：现场检查设备开箱检验记录/出库单记录、出厂试验报告。

6.9.2 在线分析仪表应按产品技术文件进行精度、灵敏度和重复性等性能试验，分析系统检查如下：

a）采样系统（预处理系统）；

b）分析单元；

c）控制程序；

d）数据处理、输出、显示。

检验方法：检查记录。

6.9.3 可燃性/有毒性气体检测仪表应进行下列检查和校验：

a）可燃性/有毒气体检测报警：可燃气体设定值≤25%LEL，误差≤±25%设定值；有毒气体设定值≤1TLV，误差≤±25%设定值；

b）指示误差：

可燃气体的指示范围为0~100%LEL时，±5%LEL；

有毒气体的指示范围为0~3TLV时，±10%指示值；指示范围高于3TLV时，±10%量程值；

c）报警响应时间：

可燃气体检测扩散式<30s，吸入式<20s；

有毒气体检测扩散式<60s，吸入式<30s。

检验方法：检查记录。

6.9.4 酸度计/pH计/电导仪作如下检查和校验：

a）PV值精度校验；

b）电导池常数应进行复查和标定；

c）自动温度补偿功能；

d）电极类型设定；

e）报警功能设定。

检验方法：检查记录。

7 控制系统调试

7.1 一般规定

7.1.1 上电前应进行下列检查：

a）室内照明、空调系统、接地系统、消防系统投用；

b）机柜间、操作室环境，专用电缆、接地系统、电源及硬件连接；

c）调试计划、调试方案；

d）检查电气/仪表专业接口继电器柜接线；

e）检查现场仪表端子柜接线。

检验方法：现场检查、资料检查。

7.1.2 上电应进行下列检查：

a）电源、CPU卡、通讯卡、控制器卡、存贮器卡、I/O卡、编程器等状态指示正常；

b）人机接口检查测试；

c）自诊断测试系统的状态及功能，调出梯形图或程序清单，进行检查、核对；

d）工艺参数的整定值。

检验方法：依据设计图纸、随机资料现场逐项检查，检查出厂试验报告/调试记录。

7.2 可编程控制系统（PLC）

7.2.1 系统I/O点分配检查，分别进行模拟量输入、数字量输入，模拟量输出、数字量输出回路检查，满足设计精度要求，负荷宜为60%~80%。

检验方法：信号发生器、过程认证校准仪，设计图纸、随机资料现场检查，检查试验报告/调试记录。

7.2.2 中央处理器（CPU）冗余检查测试。

检验方法：现场试验检查，检查出厂试验报告/调试记录。

7.2.3 通讯卡、网络冗余检查测试。

检验方法：现场试验检查，检查出厂试验报告/调试记录。

7.2.4 备用电池保护功能检查测试。

检验方法：现场试验检查，内存程序不应丢失，系统快速恢复。

7.2.5 系统软件及应用软件备份应包括下列内容：

a）操作系统软件备份；

b）逻辑控制组态软件备份；

c）操作、报警、报表、流程图组态备份。

检验方法：现场检查备份媒体，保证电子资料完整，重新下载系统可再生恢复。

7.2.6 SIS 系统应作如下功能检查：

a）安全仪表单一现场仪表回路试验；

b）安全仪表冗余和表决配置（二取一、二取二、三取二）现场仪表逐台回路试验；

c）安全仪表输入回路旁路开关试验；

d）安全仪表逻辑、顺控逻辑试验；

e）最终执行元件试验；

f）最终执行器试验；

g）状态反馈元件（如：位置开关、运行、停止、起动等反馈信号）试验；

h）最终执行器“复位”试验；

i）事件顺序记录（SER）功能试验。

检验方法：检查记录。

7.3 分散控制系统（DCS）

7.3.1 上电前/后对 DCS 硬件检查符合本规范第 7.1.1 条规定。

7.3.2 DCS 硬件设备检查：

a）工程师站向各台设备下装系统软件、应用组态软件及数据库，能正常启动系统；

b）检查系统网络状态画面，各节点设备运行正常；

c）局域网通讯冗余功能；

d）控制站冗余功能；

e）I/O 及冗余 I/O 点分配检查；

f）SOE 功能 I/O 点时间标签确认。

检验方法：现场逐项检查，更换故障卡件，检查出厂试验报告/调试记录。

7.3.3 DCS 单回路/串级/复杂回路试验，检查输入点、输出点、控制点、运算点、细目显示、组显示、流程图、报警、汇总。

检验方法：检查回路试验报告/调试记录。

7.3.4 逻辑控制回路、顺控、预置关系检查。

检验方法：检查记录。

7.3.5 MODBUS 串行接口数据点检查：

a）数值型（Numeric）量，包括整数、浮点数；

b）布尔（Flag）量，即标志位；

c）字符型（Text）量；

d）串行通讯发生故障时，DCS 故障提示信息及报警打印功能。

检验方法：现场检查试验报告/调试记录。

7.3.6 控制/控制组画面检查，根据 DCS 流程图画面设计原则，满足工艺操作要求。

检验方法：现场逐项检查。

7.3.7 报表检查（班表、日报、月报、年报），满足工艺操作要求。

检验方法：现场检查报表拷贝。

7.3.8 系统软件及应用软件备份。

检验方法：现场检查备份硬盘或媒体，重新下装可快速恢复系统。

7.4 现场总线系统（FCS）

7.4.1 主系统实现的 DCS 功能检查符合本规范第 7.3 条规定。

7.4.2 检查网络/网段的阻抗、电容、电源、信号电平、噪声电平应符合下列规定：

a）+、-信号线阻抗：310kΩ<阻抗<330kΩ，电容 0.8μF～1.2μF；

b）信号线、排流线、屏蔽线对地阻抗≥20MΩ，电容<300nF；

c）信号电平 150mV～700mV；

d）噪声电平<100mV；

e）网段供电电源：25V DC≤电源≤29V DC。

检验方法：现场逐项检查，逐个网段检测。

7.4.3 主系统的现场总线功能检查，检查出厂试验报告/调试记录，主要确认下列项目：

a）现场总线设备自动寻址；

b）网段/DCS 切换操作(现场总线设备在离线、备用、待机、调试和不匹配状态)；

c）现场总线设备调试、运行、维护和诊断；

d）调整参数、运行模式、报表、报警和确认数据；

e）单回路调试、变送器量程切换、调零和阀门定位器设置、行程；

f）满足工艺操作要求。

检验方法：根据设计文件，现场逐项检查。

7.4.4 现场总线变送器 AI 信号失效(控制算法、通讯)检查，确认下列项目：

a）保持最后有效值；

b）输出信号为零；

c）满量程输出；

d）满足工艺操作要求。

检验方法：根据设计文件，现场逐项检查。

7.4.5 现场总线调节阀 PID 输入信号失效(控制算法、通讯、ESD、掉电和线路局部短路)检查，阀门应处于指定位置，确认下列项目：

a）自动切换至手动操作；

b）全开；

c）全关；

d）保持最后位置；

e）固定开度；

f）满足工艺操作要求。

检验方法：现场逐项检查。

7.4.6 现场总线与 DCS 控制模式检查，确认下列项目：

a）自动/DCS/手动操作切换；

b）本地/远程给定切换；

c）满足工艺操作要求。

检验方法：现场逐项检查。

7.4.7 现场总线与 DCS 组合串级控制模式检查确认下列项目：

a）DCS 主调节器输出跟踪调节阀 PID(副调节器)给定值；

b）现场总线副调节器手动/自动，其给定跟踪输出值。

检验方法：现场逐项检查，根据设计文件，满足工艺操作要求。

7.4.8 现场总线 PID 给定值上、下限锁定功能检查，满足工艺操作要求。

检验方法：现场检查。

7.4.9 现场总线 PID 输出限幅保护功能检查，确认下列项目限幅保护应禁止积分作用：

a）输出处于量程高限或低限；

b）输出处于锁定状态；

c）副调节器 PID 给定值处于锁定状态；

d）输出处于“手动”状态；

e）给定跟踪输出状态；

f）满足工艺操作要求。

检验方法：现场逐项检查。

7.5　数据采集与监视控制系统（SCADA）

7.5.1　全线各站控（SCS）系统的 DCS、PLC 控制功能检查，符合本规范第 7.3 条规定。

7.5.2　SCADA 系统功能检查：

a）实时/历史服务器冗余测试；

b）网段/域控测试；

c）GPS 时间同步测试；

d）E-SERVER（web 服务器）、防火墙工作测试；

e）与场站服务器/PLC 数据交换测试；

f）与 RTU 通讯；

g）与第三方应用软件和建设单位应用软件的数据交换测试；

h）满足工艺操作要求，并应符合 SH/T 3503 规定。

检验方法：现场逐项检查。

7.5.3　调控中心（CDS）与全线各站控（SCS）的数据交换和控制功能检查，符合本规范第 7.3 条规定。

7.5.4　SCADA 全局性中控功能检查：

a）数据采集和处理；

b）调度和操作命令；

c）显示动态工艺流程；

d）报警和事件管理；

e）历史数据的采集、归档和趋势显示；

f）报表生成和打印；

g）标准组态用软件和建设单位生成的用软件的执行；

h）输油/气过程离线模拟及对操作人员进行培训的功能；

i）全线压力和流量调节；

j）远程仪表和站控系统的故障诊断和分析；

k）网络监视及管理；

l）主/备通信通道的自动切换；

m）贸易结算管理；

n）全线紧急关断；

o）管线泄漏检测；

p）电力系统监控；

q）腐蚀（阴极保护）检测；

r）满足工艺操作要求，符合 SH/T 3503 规定。

检验方法：现场逐项检查。

7.5.5　远程终端控制（RTU）单元主要功能检查：

a）工业级 TCP/IP 交换机功能检查符合本规范第 7.4.4 条规定；

b）采集状态量（DI/DO）/数据量（AI/AO）/数字量（脉冲、频率）发送；

c）接收并执行遥控及反馈信号；

d）程序自恢复；

e）设备自诊断/自调；

f）通道监视；

g）接收并执行 GPS 时钟同步功能；

h）采集事件顺序记录（SOE 时间标签）并发送；

i）就地显示功能；

j）与 GPRS、CDMA、扩频、微波、卫星、载波等设备的通讯；

k）资料符合 SH/T 3503 规定。

检验方法：依据设计图纸、随机资料现场逐项检查，试验报告/调试记录。

7.5.6 多路流量计算机系统依据设计文件、组态配置工作单，应进行通道测试，并通过正面键盘操作功能及参数检查：

a）模拟量 AI（mV、V、mA、A、RTD）校验；

b）模拟量（AO）D/A 转换器诊断；

c）数字量（脉冲、频率）DI/DO 诊断；

d）系统时钟（后备电池保护）；

e）自诊断和 Watch Dog 功能；

f）累积器清零；

g）MODBUS 通讯数据：通讯协议、串接口、波特率、奇偶校验位、通讯地址等。

检验方法：现场逐项检查，检查组态记录。

8 仪表设备安装质量检验

8.1 一般规定

8.1.1 仪表设备安装前应单体调校和试验，应符合本规范第 6 章规定，设计文件规定需要脱脂的仪表，应脱脂合格后安装。

检验方法：检查记录。

8.1.2 现场仪表的安装应符合下列要求：

a）光线充足，操作和维护方便；不应影响通行、工艺设备和管道的操作和维护；

b）显示仪表应安装在便于观察示值的位置；

c）需要安装测量管道的仪表设备应在满足使用条件下尽量靠近取压点；仪表设备箭头应与工艺介质流向一致；

d）采用空调设备的就地控制室应封闭良好；

e）集中或成排安装的仪表，应布置整齐、美观；

f）检测元件应安装在能真实反映输入变量的位置；

g）在工艺设备和管道上安装的仪表应按设计文件确定的位置安装，安装材料应符合设计文件要求，仪表设备上所示安装方向应与工艺管道及仪表流程图（P&ID）一致；

h）带毛细管的仪表设备安装时，毛细管应敷设在角钢或管槽内，弯曲半径不应小于 50mm；

i）仪表设备上接线盒按防爆等级配置防爆密封配件、防爆终端接头，引入口不应朝上，当不可避免时，应采取防水密封措施。

检验方法：现场观测检查。

8.2 仪表盘、柜、箱和操作台安装

8.2.1 基础型钢底座制成后应进行除锈、防腐处理。

检验方法：现场观察检查。

8.2.2 仪表盘、柜、操作台的型钢底座应在地面二次抹面前安装完毕，其上表面宜高出地面（包括防静电地板）3mm~5mm 或齐平，安装固定应牢固。

检验方法：直尺现场观测检查。

8.2.3 盘、箱、柜与基础型钢之间应采用镀锌或不锈钢螺栓连接。

检验方法：现场观察检查。

8.2.4 单个安装的仪表盘、箱、柜和操作台，应符合下列要求：

a）固定牢固；

b）垂直度允许偏差为1.5mm/m；

c）水平度允许偏差为1mm/m。

检验方法：直尺、吊锤现场观察检查。

8.2.5 安装成排的仪表盘、箱、柜、操作台，应符合表8.2.5要求。

表8.2.5 成排仪表盘、箱、柜、操作台的安装检验

项次	项目	允许偏差/mm	检验方法
1	基础型钢平面位置	≤10	尺量检查
2	基础型钢的标高	±1	用水准仪与直尺检查
3	基础型钢弯曲度	1/1000、全长≤5	用水准仪与直尺检查
4	基础型钢上下平面水平度	1/1000、全长≤5	用水准仪与直尺检查
5	成排柜(箱)顶高差	≤5	用水准仪与直尺检查
6	成排相邻柜(箱)顶高差	≤2	用水准仪与直尺检查
7	成排全部柜(箱)面不平度	≤5	拉线检查
8	成排相邻柜(箱)面不平度	≤1	拉线检查
9	柜(箱)之间接缝	≤2	用塞尺检查
10	柜(箱)垂直度	≤1.5/1000	用坠线与直尺检查

检查方法：现场检查。

8.2.6 仪表盘、柜、操作台之间及盘、柜、操作台内各设备构件之间的连接应牢固，紧固件应为防锈材料。安装固定不应采用焊接方式。

检验方法：现场观察检查和用扳手试紧。

8.2.7 仪表盘、柜表面、内部设备标识正确、齐全。

检验方法：现场观察检查。

8.3 就地仪表盘、箱安装

8.3.1 仪表箱、保温箱、保护箱的安装应符合下列规定：

a）固定牢固；

b）垂直度允许偏差为3mm，当箱的顶部高度（以支架底板为基准）大于1.2m时，垂直度允许偏差为4mm；

c）水平度允许偏差为3mm；

d）保温箱、保护箱底距地面或操作平面宜为600mm，表箱支架应牢固可靠，并应作防腐处理；

e）成排安装时应整齐美观。

检验方法：直尺、水准仪、吊锤现场检查。

8.3.2 就地接线箱安装时，到各检测点的距离应适当，箱体中心距操作平面的高度宜为1.2m~1.5m。

检验方法：直尺、水准仪、吊锤现场检查。

8.4 温度仪表安装

8.4.1 接触式温度检测仪表（热电偶、热电阻、双金属温度计、压力式温度计等）的测温元件端部应涂抹导热填料，安装在能准确反映被测介质温度的位置。

检验方法：现场观察检查。

8.4.2 双金属温度计安装时，刻度盘面应便于观察。

检验方法：现场观察检查。

8.4.3 表面温度计的感温面应与被测对象表面紧密接触，固定牢固。

检验方法：塞尺，现场检查。

8.4.4 水平安装的测温元件，若插入深度较长或安装在高温设备中时，应有防弯曲措施。

检验方法：现场观察检查。

8.4.5 温度二次仪表的安装，应核对分度号，热电偶应用相应分度号的补偿导线。

检验方法：现场检查温度显示仪表、热电偶型号、补偿电缆分度号。

8.5 压力仪表安装

8.5.1 安装在高压设备和管道上的压力表，在操作岗位附近，宜距地面 1.8m 以上，或在仪表正面加保护罩。

检验方法：米尺现场实测检查。

8.5.2 被测介质压力波动大时，压力仪表应采取缓冲措施。

检验方法：依据单机试车操作情况，现场测试检查。

8.5.3 测量低压的压力表或变送器的安装高度，宜与取压点的高度一致。

检验方法：现场目测检查。

8.5.4 爆破片应背离人行通道的方向安装。

检验方法：按照规格书工艺条件，现场检查。

8.6 流量仪表安装

8.6.1 转子流量计应安装垂直管道上，并且管道的应力不应作用在仪表上，垂直度允许偏差为2mm/m，被测介质的流向应自下而上，上游直管段的长度应大于 5 倍工艺管道内径。

检验方法：米尺、吊锤现场观测检查。

8.6.2 差压计或差压变送器的正负压室应与孔板、喷嘴上的+/-符号相对应，安装位置还应符合下列规定：

a）测量气体压力时，仪表变送器宜高于取压点；

b）测量液体或蒸汽压力时，仪表变送器宜低于取压点。

检验方法：现场实物目测检查。

8.6.3 涡轮、涡街流量计应安装水平管道上，上、下游直管段的长度应符合设计文件要求，若设计文件无明确规定时，应按 SH/T 3521—2013 附录 A 的规定执行，前置放大器与变送器间的距离涡轮流量不宜大于 3m；涡街流量计不宜大于 20m，信号线应使用屏蔽线。

检验方法：米尺，现场观测检查。

8.6.4 电磁流量计（变送器）应安装在水平管道或垂直管道上，并应符合下列规定：

a）在垂直的管道上安装时，被测介质的流向应自下而上；在水平的管道上安装时，不应安装在工艺管道最高水平管段上，两个测量电极不应在管道的正上方和正下方位置；

b）流量计上、下游直管段的长度应符合设计文件的要求，若设计文件无明确规定时，应按 SH/T 3521—2013 附录 A 的规定执行；

c）流量计外壳、被测介质及工艺管道三者应连成等电位；

d）当管道公称直径大于 300mm 时，应加专用支撑；

e）周围有强磁场时，应采取防干扰措施。

检验方法：便携式数字万用表、米尺，现场观测检查。

8.6.5 容积式流量计的安装应符合下列规定：

a）流量计宜安装在水平的管道上，若需垂直安装时，被测介质的流向应自下而上；

b）流量计的刻度盘应处于垂直平面内。

检验方法：直尺、水平仪，现场观测检查。

8.6.6 质量流量计安装应符合下列规定：

a）安装在振动场所的流量计，出入口宜用减振高压金属挠性软管与工艺管道连接，流量计应安装在水平管道上，矩型箱体管、U 型箱体管应处于垂直平面内，且工艺介质为气体时，箱体管应处于工艺管道的上方，工艺介质为液体时，箱体管应处于工艺管道的下方。表体应固定在金属支架上；

b）流量计的转换器应安装在不受振动、常温、干燥的环境中；

c）垂直安装流量管应将流量管垂直固定。水平安装同样将流量管固定，且不要倾斜。防止管中流体气泡、沉淀物堆积，产生虚假流量。

检验方法：直尺、水平仪，现场观测检查。

8.6.7 靶式流量计的靶板中心应与管道轴线同心，靶面应迎着介质流向且与管道轴线垂直，上、下游直管段的长度应符合设计文件要求，若设计文件无明确规定时，应按 SH/T 3521—2013 附录 A 的规定执行。

检验方法：现场目测检查。

8.6.8 插入式超声流量计、管段式超声流量计、外夹式超声流量安装传感器计应用直尺、水平仪做现场实物检查。

a）安装点直管段要求一般为前 10 倍管径，后 5 倍管径。当流速低于 3m/s 时，直管段可减少至前 5 倍管径，后 3 倍管径；直管段部分表面平滑、无腐蚀锈斑、圆度较好；

b）应选液体向上(或斜向上)流动的竖直管路，其次是水平管路，尽量避开液体向下(或斜向下)流动的管路，防止液体不满管；

c）测量点不要选在管路走向的最高点，防止管路内因有气泡聚集而造成测量不正常；

d）水平管路测量点换能器探头的位置应选在自水平线±45°范围以内，避开管路顶部气泡，被测介质管道内壁不应有影响测量精度的结垢层或涂层。

检验方法：直尺、水平仪，现场观测检查。

8.6.9 阿纽巴流量计安装应符合下列规定：

a）阿纽巴流量计有四个孔的一侧应迎着被测介质的流动方向；

b）阿纽巴取源部件的轴线应与管道轴线垂直相交；

c）不同介质、水平管道安装阿纽巴取源部件取压方向如图 8.6.9 所示；

d）阿纽巴流量计两侧直管段长度应符合设计文件的要求，若设计文件无明确规定时，应符合 SH/T 3521—2013 附录 A 的规定。

检验方法：现场检查取样阀+/-符号、流向标志。

8.6.10 楔式流量计安装，取压法兰口宜垂直向上安装。

检验方法：现场目测检查。

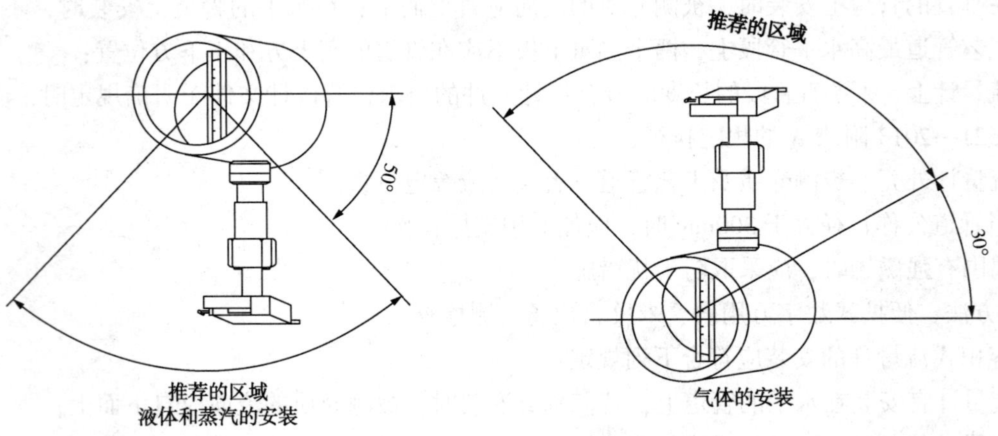

图 8.6.9 水平管道安装

8.7 物位仪表安装

8.7.1 内/外浮筒液面计及浮球液面计安装高度应使正常液位或分界液位处于浮筒中心，浮球液位仪表的法兰接管应保证浮球能在全量程范围内自由活动，外浮筒及采用导向管或其他导向装置时，外浮筒、导向管或导向装置应垂直安装；并应保证导向管内液流畅通，便于操作和维修。其垂直度允许偏差为 2mm/m。

检验方法：游标卡尺、水平仪、吊锤现场实物检查。

8.7.2 钢带液面计安装浮子的导向钢丝应安装牢固、垂直拉紧，不得扭曲或打结。钢带应处于导管中心且沿滑轮滑动自如，钢带导管垂直度允许偏差为 0.5mm/m。

检验方法：游标卡尺、吊锤现场实物检查。

8.7.3 超声波/雷达/射频导纳物位计安装时，其传感器中轴线应垂直于被测物的表面，从容器安装口至容器底部范围内不应有结构性障碍物。探测器及保护管应按设计文件和制造厂要求进行安装，法兰接管宜为 30mm~50mm。

检验方法：游标卡尺、吊锤现场实物检查。

8.7.4 玻璃板/玻璃管液面计应安装在便于观察和检修拆卸的位置，如果和浮筒液面计并用，安装时应使两者的液位指示同时处于便于观察的方向。液面计安装应垂直，其垂直度允许偏差为 5mm/m。

检验方法：游标卡尺、水平仪、吊锤现场实物检查。

8.7.5 测量固体颗粒料位计的探测器应远离下落物料或加保护罩。探测器与转换器间的距离不宜大于 3m。

检验方法：游标卡尺、吊锤现场实物检查。

8.7.6 采用差压变送器测量液位时，其安装高度不应高于下部取压口，但采用双法兰式差压变送器、吹气法及利用低沸点液体汽化传递压力的方法测量液位时可不受此限。

检验方法：现场实物检查。

8.7.7 磁致伸缩液位计的杆式传感器探棒末端距罐底 0.5mm~2mm，防止测杆弯曲、冲击。

检验方法：游标卡尺、吊锤现场实物检查。

8.7.8 放射性物位仪表安装前应编写专项施工方案并实施。

检验方法：检查专项施工方案及实施情况。

8.7.9 称重式物位计的安装应符合本规范第 8.9.2 条的规定。

8.8 在线分析及气体检测仪表安装

8.8.1 分析仪表取源部件安装应符合本规范第 5.6 条的规定。

8.8.2 取样和预处理装置的安装作如下检查：

a）分析取样管道敷设前应先将管子、阀门、配件、各设备组件清洗干净，保证无油、无锈、无有机物、无杂质；

b）分析取样管道的敷设路径应安排合理、尽量短，取样系统部件应尽量少，以保证试样的正确传递和处理；

c）前置采样器与预处理器分析仪表之间宜采用一体化电伴热(蒸汽伴热)管缆，样品汽化/干燥宜采用蒸汽或热水，样品换热、制冷处理系统应控制在凝固、自聚温度以下；

d）分析取样管道应整齐布置，过滤、分离、静电除尘、水洗后的气体、废液及分析后样品送入排放总管，或返回工艺管道低压侧，或排放到安全地点，有毒气体应按设计文件规定的位置排放。

检验方法：现场目测检查。

8.8.3 分析小屋安装应符合本规范第 8.3 条的规定，并作如下检查：

a）配备通风、换气、空气过滤、报警装置可定时工作，保持室内空气新鲜；

b）样品预处理器、载气、标准气、零点/量程气、驱动气安装固定室外，取样器、前置减压系统就近安装在工艺管线附近；

c）接地应符合本规范第 10.3.1 条的规定。

检验方法：接地电阻测试仪，现场实测检查，其他逐项目测检查。

8.8.4 可燃性/有毒气体检测仪表的检测器探头/变送器的安装位置应根据所测气体密度确定，并符合下列要求：

a）用于检测密度大于空气的气体检测器应安装在距地面 0.3m～0.6m 的位置；

b）用于检测密度小于空气的气体检测器应安装在可能泄漏区域的上方位置高出释放源所在高度 0.5m～2m，水平距离小于 5m 以内或根据设计文件要求确定；

c）检测与空气分子量接近且极易与空气混合的有毒气体（如一氧化碳和氰化氢）时，检测器应安装于距释放源上下 1m 的高度范围内；有毒气体比空气稍轻时，检测器安装于释放源上方，有毒气体比空气稍重时，检测器安装于释放源下方，检测器距释放源的水平距离不宜超过 1m。

检验方法：米尺，现场观测检查。

8.8.5 pH 计/酸度计/电导仪探头（电导池）安装应作如下检查：

a）通过电极的待测系统水样流速应该保持相对稳定，温度恒定；

b）电极应完全浸入电导池溶液中，且电极表面不应积聚气泡、脏污；

c）电极插头防止受潮；

d）pH 电极安装前将电极放入 5%的稀 HCl 溶液中浸泡 30min，然后拿出冲洗干净，装回测量点。

检验方法：现场实物检查及资料检查。

8.9 机械量监测仪表安装

8.9.1 测量位移、振动、速度等机械量的仪表安装应符合下列规定：

a）测量探头安装应在机械安装完毕、被测机械部件处于工作位置时进行，探头的定位应按产品技术文件和机械设备制造厂技术文件的要求确定和固定；

b）测量探头与前置放大器间的连接应用专用同轴电缆，该同轴电缆的阻抗应与前置放大器和探头相匹配；

c）测量探头安装时不得损坏探头上专用同轴电缆，并应固定牢固。

检验方法：现场检查。

8.9.2 电阻应变式称重仪表的安装应符合下列规定：

a）负荷传感器的安装和承载应在称重容器及其所有部件和连接件的安装完成后进行；

b）负荷传感器的安装呈垂直状态，保证传感器的主轴线与加荷轴线相重合，使倾斜负荷和偏心负荷的影响减至最小。各个传感器的受力应均匀；

c）称重容器与外部的连接应为软连接；

d）传感器（贴片孔区域）的支承面及地面均应平滑，不得有灰尘、锈蚀、擦伤、磨损及杂物。

检验方法：现场检查。

8.9.3 测力仪表的安装应是被测力均匀作用到传感器受力面上。

检验方法：水平仪、内/外卡尺，现场检查。

8.9.4 电子皮带秤的安装地点距落料点的距离应符合产品技术文件的规定，秤架应安装在皮带张力稳定、无负荷冲击的位置，安装应符合下列规定：

a）称重托辊与相邻的 2 组～3 组托辊等高、等距，误差为 3mm～5mm；

b）秤架称量托辊及托辊组准直性允许误差要求 0.5mm～1mm；

c）称重托辊为正误差值，即比相邻托辊高 0.3mm～0.5mm。

检验方法：现场检查。

8.10 执行器安装

8.10.1 执行机构宜垂直安装，与工艺阀门固定牢固，操作时无晃动，安装位置应便于观察、操作和维护，不妨碍通行，执行机构与操作手轮的“开”和“关”的方向应一致，并有标志。

检验方法：现场观察检查。

8.10.2 带定位器的执行机构和调节阀，应将定位器固定在调节阀支架上，并便于观察和维修。定位器的反馈连杆与调节阀阀杆接触要紧密牢固，位置指示器应与实际开度相符，全开/全关动作平稳、线性。

检验方法：通气、通电现场观察检查。

8.10.3 电磁阀安装应牢固。连接正确、动作灵活。

检验方法：扳手试紧，现场观察检查。

8.11 过程控制系统安装

8.11.1 过程控制系统安装前，施工单位应会同监理、建设单位或总承包单位检查控制室和机房，共同确认安装前应具备下列条件：

a）机柜基础型钢已安装完毕；

b）室内装饰工程已施工完毕，室内杂物清理干净；

c）空调系统安装调试完毕，已处于正常运转状态，室内温度、湿度均达到系统要求；

d）室内照明已全部施工完毕，投入正常运行；

e）接地极及接地系统总线已施工完毕，接地电阻符合设计文件规定；

f）控制室已具备封闭式管理条件，室内附属公用设施已完备；

g）卫生清扫工具、吸尘器、灭火器具及防鼠器具等已准备就绪。

检验方法：现场检查。

8.11.2 设备开箱检验除应符合本规范第4.3条要求。

检验方法：现场检查。

9 仪表线路的安装

9.1 一般规定

9.1.1 仪表线路安装所用的材料应符合本规范第4.3条的规定。

9.1.2 电缆/电线敷设前，应进行外观和绝缘、导通检查，并用500V兆欧表测量绝缘电阻，其电阻值应≥5MΩ。

检验方法：500V兆欧表、数字式万用表，现场检查试验记录。

9.1.3 线路进入室外的盘、柜、箱时，应从底部或侧面进入，并按防爆等级检查。

检验方法：现场目视检查。

9.1.4 在线路的终端处，应加标志牌。地下埋设的线路，应有明显的标识。

检验方法：现场目视检查。

9.2 支架的制作与安装

9.2.1 制作支架时，应将材料矫正、平直，切口处不应有卷边和毛刺。制作好的支架应牢固、平正、尺寸准确，并按设计文件要求及时除锈、涂防锈漆。

检验方法：现场检查。

9.2.2 电缆槽、保护管安装时，金属支架之间的间距不宜大于2m。

检验方法：现场检查。

9.2.3 300mm以上的电缆槽宜采用型钢托架，在拐弯处、伸缩缝两侧、终端处及其他需要的位置应设置支架。

检验方法：直尺，水平仪，现场逐项检查。

9.2.4 电缆直接明敷时，水平方向支架间距宜为0.8m，垂直方向宜为1.2m。

检验方法：米尺，现场实测检查。

9.3 电缆槽/桥架安装

9.3.1 电缆槽/桥架及其配件应选用制造厂的标准产品，应符合本规范第4.3条的规定。

9.3.2 电缆槽底板应有漏水孔，孔距≤1500mm，孔径为ϕ5 mm~ϕ10mm。

检验方法：现场目视检查。

9.3.3 电缆槽安装应保持横平竖直、排列整齐，底部接口应平整无毛刺。成排电缆槽安装时，弯曲部分弧度应一致。电缆槽变标高时，底板、侧板不应出现锐角和毛刺，电缆槽安装直线长度超过50m时，宜采取热膨胀补偿措施。

检验方法：现场目视检查。

9.3.4 电缆槽的开孔，应采用机械加工方法，不得用电焊和气焊切割。保护管引出口的位置应在电缆槽高度的2/3左右。当电缆直接从开孔处引出时，应采取适当措施保护电缆。开孔后，边缘应打磨光滑，并及时作防腐处理。

检验方法：直尺，现场观测检查。

9.3.5 电缆槽/桥架垂直段大于2m时，应在垂直段上、下端槽内增设固定电缆用的支架。当垂直段大于4m时，还应在其中部增设支架。

检验方法：现场目视检查。

9.4 保护管的安装

9.4.1 保护管应选用镀锌钢管，管内宜敷设单根电缆，敷设多根电缆时占空比系数宜大于0.40。

检验方法：游标卡尺，现场检查。

9.4.2 保护管弯制应采用弯管机冷弯法，不应有显著的变形，内壁应清洁、无毛刺，管口应光滑、无锐边。弯制保护管时，应符合下列规定：

a）弯成角度不应小于90°；

b）弯曲半径应符合下列要求：当穿无铠装的电缆且明敷设时，不应小于保护管外径的6倍；当穿铠装电缆以及埋设于地下或混凝土内时，不应小于保护管外径的10倍；

c）保护管弯曲处不应有凹陷、裂缝和明显的弯扁；

d）单根保护管的直角弯不得超过2个。

检验方法：游标卡尺、直尺，现场检查。

9.4.3 保护管的直线长度超过30m或弯曲角度的总和超过270°时，中间应加装穿线盒或活接头。

检验方法：现场检查。

9.4.4 当保护管直线长度超过30m，且沿塔、槽、加热炉或过建筑物伸缩缝时，应采取热膨胀补偿措施(金属软管或U型弯)。

检验方法：米尺，现场观测检查。

9.4.5 保护管之间及保护管与连接件之间，应采用螺纹连接。管端螺纹的有效长度应大于管接头长度的1/2，并保持管道的电气连续性。当钢管埋地敷设时，宜采用套管焊接，管子对口应处于套管的中心位置，对口应光滑，焊接应牢固，焊口应严密，并应做防腐处理。

检验方法：现场检查。

9.4.6 暗配保护管应按最短距离敷设，在抹面或浇灌混凝土之前安装，埋入墙或混凝土的深度与其表面的净距离应大于15mm，外露的管端应加木塞封堵或用塑料布包扎保护螺纹。

检验方法：现场巡回检查。

9.4.7 埋地保护管与公路、铁路交叉时，管顶埋入深度应大于1m，与排水沟交叉时，管顶离沟底净距离应大于0.5m，并延伸出路基或排水沟外1m以上。保护管与地下管道交叉时，与管道的净距离应大于0.5m，过建筑物墙基应延伸出散水坡外0.5m。

检验方法：检查隐蔽工程记录。

9.4.8 保护管引出地面的管口宜高出地面200mm；当从地下引入落地式仪表盘(箱)内时，管口宜高出地面50mm，多根保护管引入时，应排列整齐，管口标高一致。

检验方法：直尺、游标卡尺现场检查。

9.5 电缆敷设

9.5.1 电缆敷设前应检查方案、路由环境条件、绝缘、导通、电阻等准备工作。

检验方法：500V 兆欧表、数字式万用表，现场检查。检查试验报告。

9.5.2 在同一电缆槽内的不同信号、不同电压等级和本质安全防爆系统的电缆，应用金属隔板隔离，并按设计文件的规定分类、分区敷设。

检验方法：检查电缆敷设方案，现场目视检查。

9.5.3 明敷设的信号电缆与具有强电场和强磁场电气设备之间的净距离宜大于 1.5m，当屏蔽电缆穿金属保护管以及在电缆槽内敷设时应大于 0.8m。

检验方法：米尺，现场检查。

9.5.4 本安线路与非本安线路在电缆沟中敷设时，间距应大于 50mm。

检验方法：现场检查。

9.5.5 电缆直接埋地敷设时，其上下应铺 100mm 厚的砂子，砂子上面盖一层砖或混凝土护板，覆盖宽度要超过电缆边缘两侧 50mm。电缆埋设深度应大于 700mm。

检验方法：现场抽查，检查隐蔽工程记录。

9.5.6 仪表电缆与电力电缆交叉时，宜成直角；平行敷设时，两者之间的距离符合设计文件规定。

检验方法：现场检查电气动力线路路由。

9.5.7 电缆敷设后，两端应制作电缆头。

检验方法：现场检查。

9.6 光缆敷设

9.6.1 光缆材料应符合本规范第 4.3.2 条的规定。

9.6.2 光缆在地下敷设时，应敷设在保护管(束)内，保护管(束)标识桩和电缆井的布置和施工应符合设计文件的规定。光缆敷设前，应对保护管(束)和电缆井内进行清理，达到清洁畅通。

检验方法：现场目视抽查，检查隐蔽工程记录。

9.6.3 光纤连接前应对光纤进行测试，1550nm 波长损耗≤0.22dB/km，1310nm 波长损耗≤0.35dB/km。

检验方法：OTDR 光缆测试仪、光功率计，逐芯测试光缆，现场检查测试记录。

9.6.4 光缆熔接应符合下列要求：

a）光纤连接应按照光缆熔接工艺规程进行操作，采用专用熔接设备进行 A/B 端顺序熔接；

b）光纤熔接时，应按光纤色标排列顺序一一对应连接，并做好标识；

c）光纤熔接操作中应防止损伤或折断光纤；

d）在光纤熔接后应对光纤进行测试损耗≤0.25dB/km；

e）整个光纤熔接过程作业应连续完成，不得中断，接头损耗≤0.05dB；

f）光缆外护层内铠装层与大地间绝缘电阻，在光缆浸水 24 小时后测试，不小于 2MΩ。

检验方法：OTDR 光缆测试仪、熔接机、光功率计、500V 兆欧表现场逐项测试检查。

9.7 补偿导线(电缆)敷设

9.7.1 补偿导线(电缆)材料应符合本规范第 4.3.2 条的规定。

9.7.2 补偿导线(电缆)敷设前应盘测绝缘电阻，高温补偿导线试验应采用 500V 兆欧表进行，其电阻值≥0.5MΩ，其他符合本规范第 9.5.1 条。

检验方法：现场电缆测试检查，检查电缆绝缘测试记录。

9.7.3 补偿导线(电缆)应穿保护管或在电缆槽内敷设，不得直接埋地敷设。

检验方法：现场目视检查。

9.8 防爆

9.8.1 安装在爆炸危险环境的仪表、仪表线路、电气设备及材料，其规格型号及安装方式应符合设计文件规定，防爆设备应有铭牌和防爆标志，并在铭牌上标明国家授权的部门所发给的防爆合格证编号。

检验方法：现场检查核对“设备开箱检验记录”，“仪表材料报验单”。

9.8.2 防爆仪表设备接入电缆时，应采用防爆终端接头或 Y 型防爆密封配件加填料进行封固，外壳上多余的孔应做防爆密封，弹性密封圈的每孔应密封单根电缆。

检验方法：现场检查。

9.8.3 当电缆槽或电缆沟通过不同等级的爆炸危险区域的分隔间壁时，在分隔间壁处应做充填密封。

检验方法：现场分别检查设计分区，检查隔离位置充填料。

9.8.4 安装在不同等级爆炸危险区域的保护管，应保持良好的电气连续性，分界处应用防爆阻火器件和密封组件隔离，并做好充填密封。

检验方法：现场检查。

9.8.5 采用正压通风的防爆仪表盘(箱)带阻火器的通风管应保持畅通，且不宜安装切断阀；安装后应保证盘(箱)内能维持不低于设计文件规定的压力；当设有低压力联锁或报警装置时，其动作应准确、可靠。

检验方法：现场U型管测试仪表盘内微压。

9.8.6 防爆仪表和电气设备，除本质安全型外，应有“电源未切断不得打开”的标志。

检验方法：现场检查。

9.8.7 本质安全型仪表的安装和线路敷设，除应符合本规范第9.8.1条、第9.8.4条和第9.8.5条的规定外，应与非本安系统隔离。

检验方法：现场检查。

9.9 仪表盘、箱、柜内配线

9.9.1 仪表盘、箱、柜内配线前，电缆/导线作绝缘、导通试验，绝缘电阻值≥5MΩ。

检验方法：500V兆欧表逐根测试，现场检查试验记录。

9.9.2 仪表盘、柜、箱内多股软线应采用压接专用端子接入，各对信号线按照设计文件的规定，进行标识。

检验方法：现场检查。

9.9.3 仪表盘、柜、箱盘内配线，同一个接线端子上的连接芯线不应超过两根。

检验方法：现场逐一检查。

9.9.4 本安仪表与非本安仪表的接线端子应分开设置，两者的信号线应采用不同汇线槽敷设。

检验方法：现场检查。

10 接地工程

10.1 一般规定

10.1.1 石油化工仪表系统中采用的设备、材料，应符合国家现行技术标准的规定，并符合本规范4.3.2条的规定。

10.1.2 仪表系统保护接地电阻值小于等于4Ω；屏蔽接地和工作接地小于等于10Ω。

检验方法：检查测试记录。

10.2 接地线的敷设

10.2.1 室内总接地板应与接地装置(包括接地网和自然接地体)在不同的两点相连接。

10.2.2 接地线敷设应符合下列要求：

a) 支架间的距离，在水平直线部分宜为0.5m~1.5m，垂直部分宜为1.5m~3m，转弯部分宜为0.3m~0.5m；

b) 接地线沿建筑物墙壁水平敷设时，离地面距离为250mm~300mm，接地线与建筑物墙壁间的间隙宜为10mm~15mm。

检验方法：米尺，直尺现场观测检查。

10.2.3 接地线应避免从利用建筑物钢筋作为雷电引下线的柱子附近引入。

检验方法：现场目视检查。

10.2.4 接地线的绝缘护套颜色应符合设计文件要求，设计文件没有规定时，应选用黄绿相间颜色。

检验方法：现场目视检查。

10.2.5 接地线的截面积应符合设计文件和制造厂的规定，当设计文件和制造厂无规定时，一般接地连线 $1mm^2 \sim 4mm^2$，机柜间接地分支线 $4mm^2 \sim 16mm^2$，机柜至接地干线汇流排应大于 $10mm^2 \sim 25mm^2$，接地总干线汇流排接至电气接地装置应大于 $16mm^2 \sim 50mm^2$。

检验方法：现场检查。

10.3 控制室/机柜室内仪表系统的接地连接

10.3.1 各类接地连接导线两端应采用镀锡铜端子压接，铜(或不锈钢)螺栓固定。

检验方法：现场观察检查和扳手试紧。

10.3.2 所有接地的导体、电线、电缆应宜短，敷设宜为直线路径，并应采用专用槽板敷设，避免不同系统电缆混合、平行敷设。不得弯曲、保留多余导线或将导线盘成环状。

检验方法：现场观察检查。

10.3.3 控制室/机柜室内的仪表工作接地排、保护接地排、联合接地排、总线接地排应设在易于施工、检查和维护的位置，并应设置明显标志。

检验方法：现场观察检查。

10.3.4 控制室/机柜室仪表电缆槽入口处应单独设置汇流排，并与之作等电位连接，汇流排直接接入室外电气接地装置。

检验方法：现场观察检查。

10.3.5 接地干线应穿绝缘管(PVC 管、PE 热缩管)敷设。直到与接地装置的连接点。

检验方法：现场观察检查。

10.3.6 通向室外接地装置的连接点或与电气接地网的连接点应设置明显的标志。

检验方法：现场观察检查。

10.4 屏蔽电缆接地

10.4.1 单层屏蔽电缆的屏蔽层应在机柜室仪表盘柜侧单端接地；铠装电缆的铠装金属层应两端接地；内屏蔽层机柜室侧单端接地；分屏蔽层机柜室侧及现场接线箱两端接地；多对单层屏蔽电缆备用芯线和电缆屏蔽层应在机柜室同一侧接地。

检验方法：现场/机柜侧检查。

10.4.2 现场仪表设备端电缆的信号屏蔽层应用 PE 热缩管作绝缘处理，同一回路的屏蔽层应具有可靠的电气连续性，不应浮空或重复接地。

检验方法：数字式万用表、500V 兆欧表，现场检查。

10.4.3 经过中间接线箱的屏蔽电缆应在接线箱内用端子将两端电缆的屏蔽线连接起来，不同的屏蔽层应分别连接，不应混接。

检验方法：数字式万用表，现场接线箱逐个检查。

10.4.4 电缆槽、电缆保护钢管应在控制室入口处，连接到单独设置的接地母排上。铠装屏蔽电缆的铠装金属、双层屏蔽电缆的外屏蔽层应在机柜侧连接到接地母排上。

检验方法：数字式万用表，机柜室逐点检查。

10.5 浪涌保护器(SPD)接地

10.5.1 浪涌保护器应安装在被保护设备的前端，并与其他电气设备保持一定距离。

检验方法：现场目视检查。

10.5.2 导线连接的浪涌保护器其两端接地线的总长度不应超过 0.5m。

检验方法：米尺，现场目测检查。

10.5.3 直流电源回路的浪涌保护器接地端导线宜 $\geq 6mm^2$。

检验方法：现场检查。

10.5.4 信号线路浪涌保护器的接地端导线宜 $\geq 2.5mm^2$ 聚氯乙烯绝缘多股铜线与等电位接地端子板

连接。

检验方法：数字式万用表、500VDC 兆欧表，现场检查。

10.6 仪表系统接地

10.6.1 用电仪表的外壳、仪表盘、柜、箱、盒和电缆槽、保护管、支架、底座等正常不带电的金属部分，由于绝缘破坏而有可能带电者，均应做保护接地。对于供电电压低于 36V 的就地仪表、开关等，当设计文件无特殊要求时，可不做保护接地。

检验方法：现场检查。

10.6.2 在非爆炸危险区域的金属盘、板上安装的按钮、信号灯、继电器等小型低压电器的金属外壳，当与已接地的金属盘、板接触良好时，可不做保护接地。

检验方法：现场检查。

10.6.3 仪表保护接地系统应接到低压电气设备的保护接地网，连接应牢固可靠，接地良好，不应串联接地。

检验方法：现场检查。

10.6.4 在建筑物上安装的电缆槽及电缆保护管，可重复接地。

检验方法：现场观察检查。

10.6.5 仪表及控制系统应做工作接地，工作接地包括信号回路接地和屏蔽接地，以及特殊要求的本质安全接地，接地系统的连接方式应符合设计文件的规定。

检验方法：现场检查。

10.6.6 仪表及过程控制系统的信号回路接地和屏蔽接地应共用电气接地装置。

检验方法：现场检查。

10.6.7 本质安全回路本身除设计文件有特殊规定外，不应接地。当采用二极管安全栅时，其接地应与直流电源的公共端相连。

检验方法：现场检查。

10.6.8 单独设置仪表专用接地系统时，如设计文件或制造厂未规定时，应符合下列规定：

a）仪表系统保护接地电阻值小于等于 4Ω；

b）屏蔽接地和工作接地小于等于 10Ω；

c）本质安全回路接地和其他仪表接地电阻应符合产品技术文件的要求。

检查方法：现场检查。

10.6.9 接地系统施工时，应及时做好隐蔽工程记录。

检验方法：检查资料。

11 测量管道的安装

11.1 一般规定

11.1.1 仪表管道支架的制作安装应符合本规范 9.2 条规定，并应符合仪表管道坡度的要求，支架间距宜符合表 11.1.1 的规定：

表 11.1.1 支架间距

测量管道材质	支架间距/m	
	水平安装	垂直安装
钢管	1.0~1.5	1.5~2.0
铜管、铝管、塑料管及管缆	0.5~0.7	0.7~1.0

检验方法：米尺，现场观测检查。

11.1.2 仪表测量管道应采用管卡固定在支架上。当管道与支架间有相对运动时，应在管道与支架间加木块或软垫。

检验方法：现场检查。

11.1.3 不锈钢管固定时，不应与碳钢材料直接接触。

检验方法：现场检查。

11.1.4 测量管道引入仪表盘、柜、箱时，其引入孔处应密封。

检验方法：现场检查。

11.2 测量管道安装

11.2.1 测量管道在满足测量要求的前提下，敷设路径不宜大于15m。

检验方法：米尺，现场目测检查。

11.2.2 无腐蚀性和黏度较小介质的压力、差压、流量、液位测量管道的敷设应符合下列要求：

a）测量液体压力时，变送器宜低于取压点，测量气体时则相反；

b）测量蒸汽或液体流量时，宜选用节流装置高于差压仪表的方案，测量气体流量时则相反；

c）测量流量安装的两只平衡容器隔离器，应保持在同一个水平线上，平衡容器入口管水平允许偏差为2mm；

d）垂直工艺管道上流量测量管道的取压引出方式见图11.2.2。当介质为液体时，负压管应向下倾斜，见图11.2.2a)；介质为蒸汽时，正压管向上倾斜，见图11.2.2b)；

e）常压工艺设备液位测量管道接至变送器正压室，带压工艺设备液位测量时，一般选用工艺设备下部取压管接至变送器正压室，上部与变送器负压室连接。

检验方法：直尺、水平仪、吊锤现场逐项检查。

11.2.3 测量管道水平敷设时，应根据不同介质测量要求分别按1/10~1/12坡度敷设。

检验方法：水平仪，现场检查。

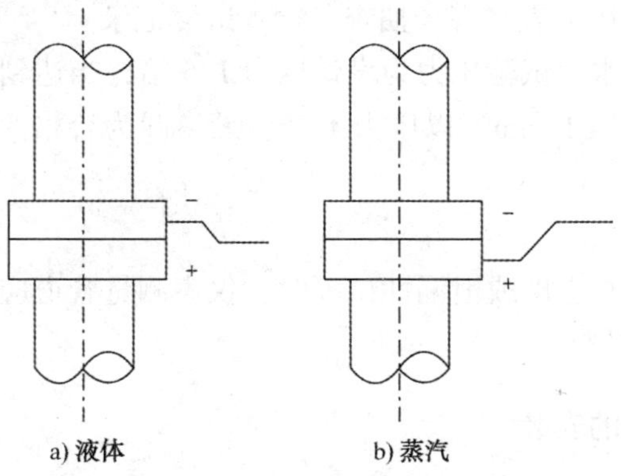

图11.2.2 垂直工艺管道上流量测量管道的取压引出方式

11.2.4 测量管道在穿过墙体、平台或楼板时，应安装保护管(罩)。

检验方法：现场检查。

11.2.5 测量差压用的正压管及负压管应敷设在环境温度相同的地方。

检验方法：便携式红外线温度测试仪，现场巡视检查。

11.2.6 测量管道与工艺设备、管道或建筑物表面之间的距离宜大于50mm。与易燃、易爆介质的工艺管道热表面的距离宜大于150mm，且不宜平行敷设在其上方。当工艺设备和管道需要隔热时，应适当增加距离。

检验方法：直尺，现场检查。

11.2.7 高黏度介质、挥发较强的液体、气相易凝介质应检查隔离罐及排放措施。

检验方法：核查设计文件，现场检查。

11.2.8 吹洗管道的限流孔板尺寸应符合设计文件要求。

检验方法：游标卡尺，检查检验记录，现场抽查。

11.3 有毒、高温高压、可燃介质测量管道安装

11.3.1 管道组成件应按相应标准进行表面质量检查和尺寸抽样检查，尺寸应符合制造标准，尺寸抽检数量应为每批5%，且不少于一件。

检验方法：检查仪表材料抽样检验报告。内/外卡尺，现场抽查。

11.3.2 管道阀门安装前，宜对阀体进行液压强度试验，试验压力为公称压力1.5倍，5min无泄漏为合格。

检验方法：检查试验记录，现场抽查。

11.3.3 管道、阀体、应随工艺管线作同步气密试验，并做记录。

检验方法：现场检查。

11.3.4 *DN*>25的高压测量管道焊口宜做射线检测。

检验方法：检查射线检测记录。

11.3.5 *DN*≤15的高压测量管道可不进行表面无损检测，承插焊接部位宜做着色检查。

检验方法：检查无损检测记录。

11.3.6 高压管、管件、法兰、阀门、紧固件的螺纹部分，应抹二硫化钼等防咬合剂，螺栓应露出螺母2扣~3扣。

检验方法：现场巡视检查和扳手试紧。

11.3.7 高压、耐腐蚀特殊合金钢测量管道应按工艺焊接评定要求施焊，宜委托工艺管道专业焊接。

检验方法：检查焊接工艺评定。

11.4 测量管道试验

11.4.1 气压试验宜用净化空气或氮体，试验压力为设计压力的1.15倍，试验时应逐步缓慢升压，达到试验压力后，稳压10min，再将试验压力降至设计压力，停压5min，以发泡剂检验不泄漏为合格。

检验方法：试压泵、标准压力表，现场抽查，检查试压记录。

11.4.2 液压试验应选用清洁水，试验压力为设计压力1.5倍，当达到试验压力后，稳压10min，再将试验压力降至设计压力，停压10min，以压力不降、无渗漏为合格。管道材质为奥氏体不锈钢时，水的氯离子含量不得超过50mg/L。

检验方法：检查试压记录。

11.4.3 当工艺系统规定进行真空度或泄漏性试验时，仪表测量管道应随同工艺系统一起进行试验。

检验方法：现场检查。

12 仪表气源管道和信号管道的安装

12.1 气源管道

12.1.1 气源管道的管径可根据供气点确定，参见表12.1.1，特殊供气点的供气点数，应由设计另行确定。

表12.1.1 供气系统配管管径选取范围表

气源管径	*DN*15	*DN*20	*DN*25	*DN*40	*DN*50	*DN*65	*DN*80
供气点数	1~4	5~15	16~25	26~60	61~150	151~250	251~500

检验方法：核对设计文件，现场检查。

12.1.2 气源管道宜采用镀锌钢管或不锈钢管，镀锌钢管应用螺纹连接，拐弯处应采用弯头，且连接处应密封。缠绕密封带或涂抹密封胶时，不应使其进入管内。

检验方法：现场巡视检查。

12.1.3 气源管道直线距离≥50m、分支管应适当加装活接头，便于管道拆卸、维修。

检验方法：米尺，现场观测检查。

12.1.4 气源管道末端和集液处应安装排污阀，排污管口应远离仪表、电气设备。排污阀与地面之间应留有操作空间。

检验方法：直尺，现场观测检查。

12.1.5 气源进入仪表前，应加过滤减压装置，且应垂直安装。

检验方法：核对设计文件，现场巡视检查。

12.1.6 集中过滤减压时，减压装置前后的气源管道上应装有压力表和安全阀，分散过滤减压时，在减压装置后应装压力表。

检验方法：核对设计文件，现场巡视检查。

12.1.7 气动信号管道应采用 ϕ6mm ~ ϕ12mm 紫铜管(缆)、不锈钢管或聚乙烯管、尼龙管。

检验方法：核对设计文件。

12.1.8 金属气动信号管道弯曲半径不得小于管子外径的 3 倍，弯制后，应无裂纹、凹陷、皱折、椭圆等现象。

检验方法：现场目测检查。

12.2 气源管道的压力试验与吹扫

12.2.1 气源管道压力试验，应采用空气或氮气，并应执行本规范第 11.4.1 条规定。

12.2.2 气源系统安装完毕后应进行吹扫。

检验方法：标准压力表、净化风、白色靶板，现场逐项检查。

13 仪表伴热系统的安装

13.1 蒸汽、热水伴热

13.1.1 伴热管道通过液位计、测量管道的阀门、冷凝器、隔离器等附件时，应加装活接头。

检验方法：核对设计文件，现场巡视检查。

13.1.2 重伴热的伴热管道与测量管道应紧密相贴；轻伴热的伴热管道与测量管道之间不应直接接触，可用一层 PE 电缆护套加以间隔。

检验方法：现场检查。

13.1.3 伴热管道应采用镀锌铁丝、镀锌钢丝或不锈钢丝与测量管道捆扎在一起，捆扎间距宜为 800mm，固定时不应过紧，应能自由伸缩。

检验方法：现场抽查。

13.1.4 供汽点应设在整个蒸汽伴热管的最高点，管道不能有“U”形弯，应在最低点设置排放阀。

检验方法：核对设计文件，现场检查。

13.1.5 供汽管道应保持一定坡度。回水管道应保持一定坡度。

检验方法：水平仪、直尺，现场目测检查。

13.1.6 伴热管道安装后，应进行水压试验，试验压力为设计压力 1.5 倍。

检验方法：试压泵、标准压力表，现场逐点检查。

13.2 电伴热

13.2.1 电伴热用的器材应按本规范第 4.3.2 条规定。用于危险区域应有与现场安全等级相符合防爆合格证。

13.2.2 电伴热安装前应进行外观和绝缘检查。外观应无破损、扎孔和缺陷，其绝缘电阻值 ≥100MΩ。

检验方法：500V 兆欧表、数字式万用表，现场测试检查。

13.2.3 电伴热线宜每隔 100mm 用专用的绑带固定，在管道弯曲、分支等处尚应增加固定点，弯曲半径宜大于 10 倍。

检验方法：米尺，现场抽查。

13.2.4 多根电伴热线的分支应在分线盒内连接，在电伴热线接头处及电伴热线末端均应涂刷专用密封绝缘材料。

检验方法：现场逐点检查。

14 仪表系统试验

14.1 一般规定

14.1.1 仪表在投入运行前，应进行系统试验。

检验方法：检查试验/调试记录。

14.2 检测与调节系统试验

14.2.1 检测系统的回路试验不得少于0、50%、100%三点，并符合SH/T 3503规定。

检验方法：检查试验报告/调试记录。

14.2.2 调节系统的回路试验应按单回路、复杂控制回路、现场总线控制回路分别试验，并符合SH/T 3503规定。

检验方法：检查试验报告/调试记录。

14.3 报警系统试验

14.3.1 系统中的压力开关、温度开关、物位开关、流量开关及各种仪表的附加报警机构等信号输入元件，应根据设计文件提出的设定值进行参数整定。

检验方法：核对设计文件，现场逐点检查。

14.3.2 报警系统试验检查，根据设计“报警设定一览表”，仿真工艺过程AI、DI输入信号逐项试验，并符合SH/T 3503规定。

检验方法：核对设计文件，现场逐项检查，检查试验报告/调试记录。

14.4 联锁保护系统和程序控制系统试验

14.4.1 SIS系统和顺控系统应根据设计“逻辑图”/“因果关系表”进行试验检查，并符合SH/T 3503规定。

检验方法：核对设计文件，现场逐项检查，检查试验报告/调试记录。

14.4.2 机泵/阀门均应在“手动/自动”“就地/远程”状态分别检查试验，机泵开停或阀门的开关动作、声光信号、动作时间等。

检验方法：电气/工艺/机械专业共同现场检查、确认。

14.4.3 电动机驱动的机组，作无负荷试验时，试验检查启动、运行、停车。

检验方法：现场逐台设备检查、确认。

14.4.4 汽轮机机组，作联锁和静态试验时检查启动、运行、正常/紧急停车。

检验方法：工艺/机械专业共同现场检查、确认。

14.4.5 大型机组“控制油”“润滑油”“密封油”的SIS系统，在各系统正常运行的情况下，试验检查机组启动条件、停车联锁。

检验方法：工艺/机械/电气专业共同现场检查、确认。

15 工程验收

15.1 仪表单台设备的校准和试验合格，且调试记录完整。

检验方法：检查调试记录。

15.2 仪表工程中的取源部件、仪表管道、仪表线路、仪表供电、供气和供液系统、仪表设备和装置的安装检查完毕，并符合设计文件、产品技术文件及本规范的规定。

检验方法：核对设计文件，现场巡视检查。

15.3 仪表工程的回路试验、安全联锁试验进行完毕，并符合设计文件和本规范的规定时，即可开通投入运行。

检验方法：核对设计文件，检查试验报告/调试记录。

15.4 仪表系统经单表投运、单机试车、局部联动试车后，即为无负荷试车运行合格，即可中间交工，办理中间交工手续，仪表设备管理责任转交建设单位。

检验方法：检查“三查四定”整改项目，现场逐项检查。

15.5 仪表工程经投料试车 72h 连续正常运行后，即为负荷试车运行合格，施工单位应向建设单位正式办理交工验收手续。

检验方法：查验交工手续。

15.6 工程验收申报按下列规定：

a）申报工程主要部位（CCR、大型机组）验收，施工单位应提前 24h 向监理和建设单位书面提出；

b）申报中间交工验收，施工单位应预先 10 个工作日向监理和建设单位书面提出；

c）申报正式交工验收，经投料试车 48h 连续正常运行后，施工单位应 10 个工作日内向设计、监理、质量监督和建设单位书面提出；

d）申报竣工验收，建设单位组织。

检验方法：查验交工手续。

附　录　A
(资料性附录)
仪表和其他专业的界面

仪表和其他专业的界面见表A.1、表A.2、表A.3、表A.4、表A.5、表A.6、表A.7、表A.8、表A.9、表A.10、表A.11。

表A.1　流量计界面

流量计	安装图	仪表专业负责准备	工艺管道专业负责准备	施工范围
孔板（法兰取压）	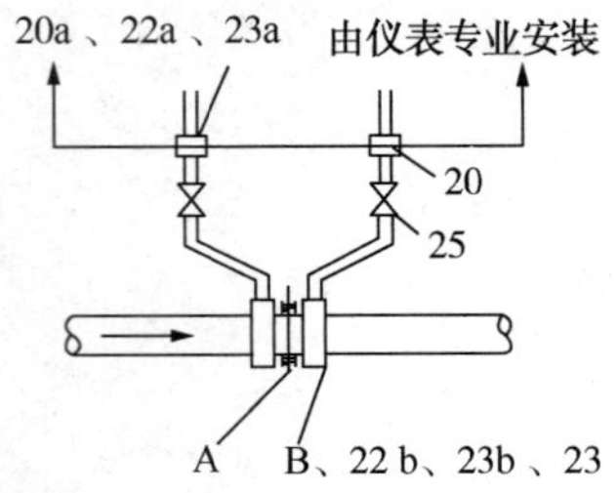	A　孔板 B　孔板法兰 20a　法兰(二次侧) 22a、22b　螺栓及螺母 23a　垫片 23b　孔板用环形垫片	从孔板法兰到第一法兰20为止 25　阀门 20　法兰 23　垫片(孔板用环形垫片除外) **注：**使用螺纹型或法兰型阀门的场合到第一阀为止	第一法兰的二次侧以后由仪表专业施工，其他由工艺管道专业施工
孔板（管道取压）	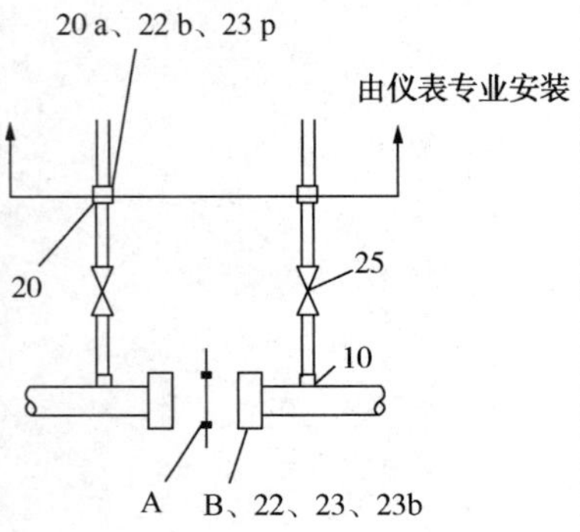	A　孔板 20a　法兰(二次侧) 22a　螺栓及螺母 23a　垫片 23b　孔板用环形垫片	从主管道到第一法兰20为止 25　阀门 20　法兰 10　焊接型管箍 22　螺栓及螺母 23　垫片(孔板用环形垫片除外) B　孔板法兰 **注：**使用螺纹型或法兰型阀门的场合到第一阀为止	第一法兰的二次侧以后由仪表专业施工，其他由工艺管道专业施工
文丘里管	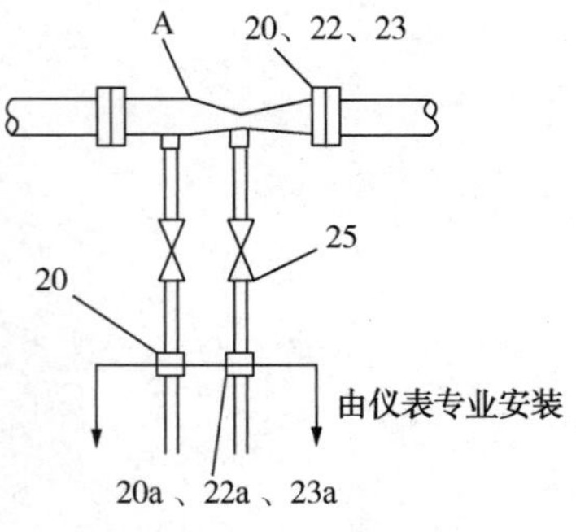	A　文丘里管 20a　法兰(二次侧) 22a　螺栓及螺母 23a　垫片	从文丘里管到第一法兰20为止 25　阀门 20　法兰 22　螺栓及螺母 23　垫片 **注：**使用螺纹型或法兰型阀门的场合到第一阀为止	第一法兰的二次侧以后由仪表专业施工
面积式流量计	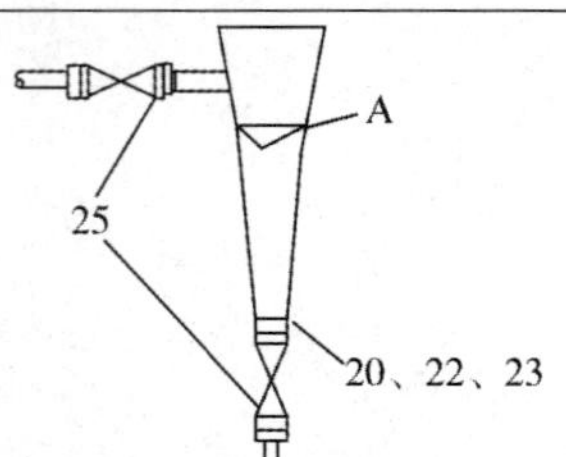	A　仪表本体	20　法兰 22　螺栓及螺母 23　垫片 25　阀门	由工艺管道专业施工

表 A.1　流量计界面（续）

流量计	安装图	仪表专业负责准备	工艺管道专业负责准备	施工范围
容积式流量计（带温度补偿器）	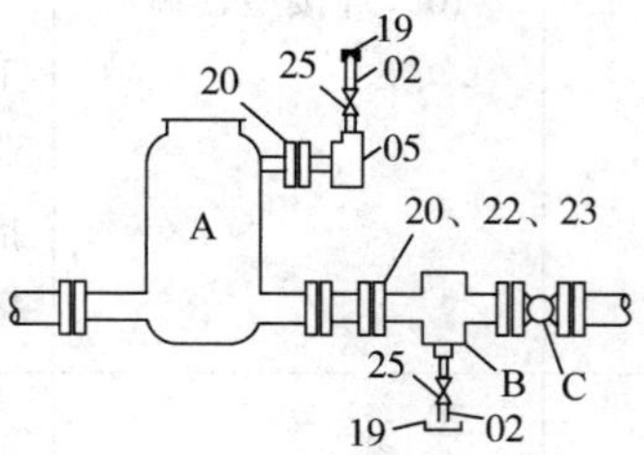	A　气体分离器 B　过滤器 C　流量计	20　法兰 22　螺栓及螺母 23　垫片 25　阀门 19　管帽 02　短管 05　弯头	由工艺管道专业施工
内藏孔板差压变送器	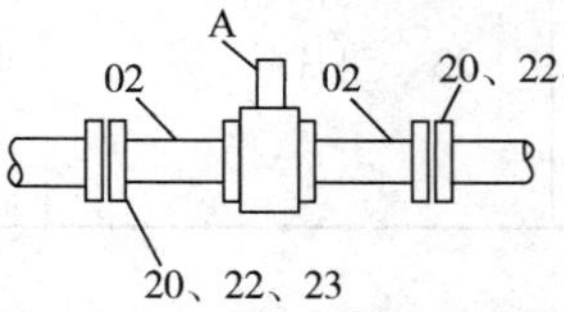	A　仪表	20　法兰 22　螺栓及螺母 23　垫片 02　短管	由工艺管道专业施工

表 A.2　压力仪表界面

压力仪表	安装图	仪表专业负责准备	工艺管道专业负责准备	施工范围
压力表	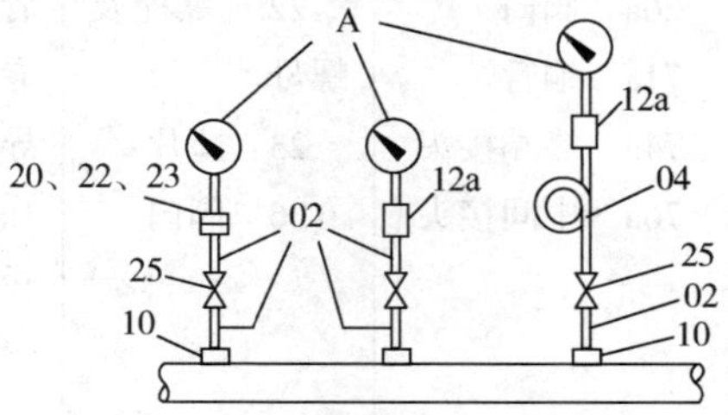	A　仪表 12a　压力表接头脉动阻尼器	02　短管 04　冷凝圈 10　焊接型管箍 20　法兰 22　螺栓及螺母 23　垫片 25　阀门	第一法兰的二次侧以后由仪表专业施工，其他由工艺管道专业施工
压力表	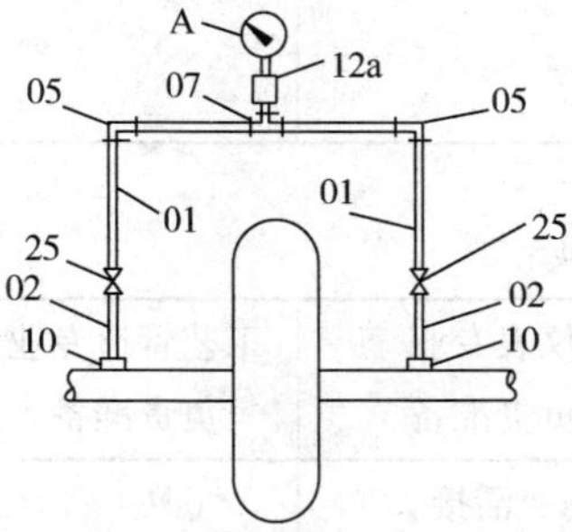	A　仪表 12a　压力表接头脉动阻尼器	02　短管 05　弯头 07　三通 10　焊接型管箍 25　阀门 01　管子	第一法兰的二次侧以后由仪表专业施工，其他由工艺管道专业施工
压力变送器（压力表除外）	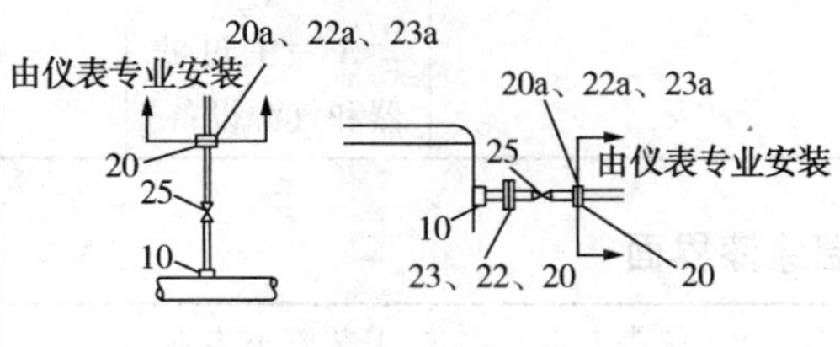	20a　法兰（二次侧） 22a　螺栓及螺母 23a　垫片	从主管或设备到第一法兰 20 之间 20　法兰 22　螺栓及螺母 23　垫片 25　阀门 10　焊接型管箍 **注：**使用螺纹型或法兰型阀门的场合到第一阀为止	第一法兰的二次侧以后由仪表专业施工，其他由工艺管道专业施工

表 A.3 温度仪表界面

温度计	安装图	仪表专业负责准备	工艺管道专业负责准备	施工范围
螺纹连接式	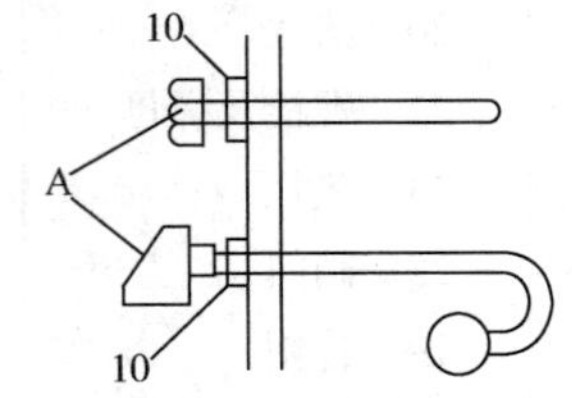	测温元件 A 保护管	10 焊接型管箍	保护管由工艺管道专业安装（包括外壳的焊接）
法兰连接式	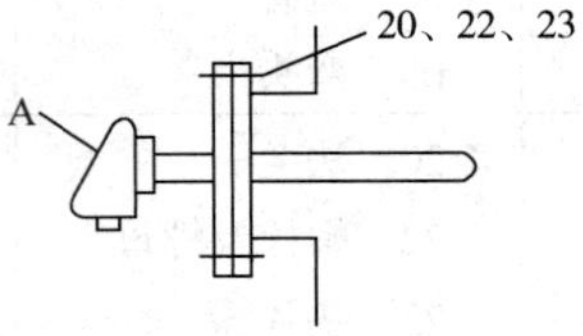	测温元件 A 保护管	20 法兰 22 螺栓及螺母 23 垫片	保护管由工艺管道专业施工

表 A.4 蒸汽伴热及夹套界面

蒸汽伴热及夹套	安装图	仪表专业负责准备	工艺管道专业负责准备	施工范围
蒸汽伴热及夹套	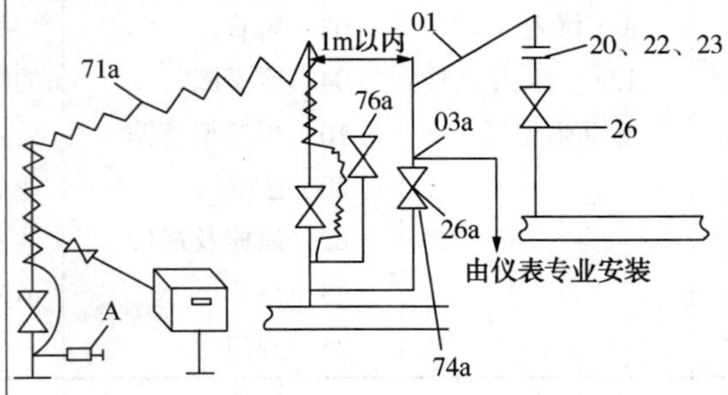	A 疏水器 03a 异径接头 26a 阀门 71a 铜管 74a 终端接头 76a 中间接头	01 导管 20 法兰 22 螺栓及螺母 23 垫片 26 阀门	在蒸汽伴热施工时，蒸汽管由工艺管道专业施工到距导压管取压口1m以内。异径接头以后由仪表专业施工 **注：**有无蒸汽伴热要记入规格书

表 A.5 气源界面

气源	安装图	仪表专业负责准备	工艺管道专业负责准备	施工范围
气源	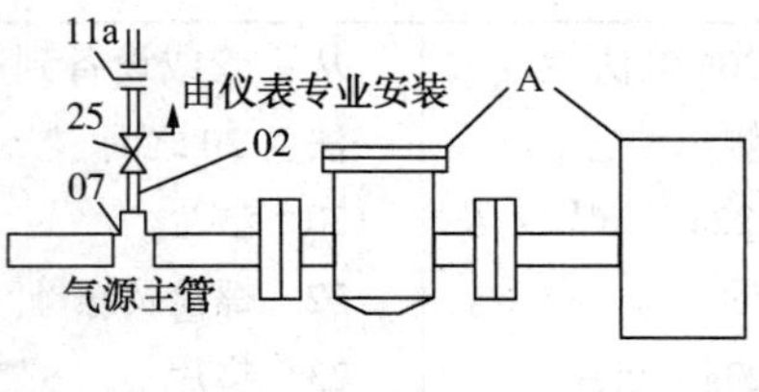	11a 活接头	气源主管 07 三通 25 阀门 02 短管 A 主过滤器和气源设备	第一阀门25以后随仪表施工

表 A.6 保温涂漆界面

保温涂漆	安装图	仪表专业负责准备	工艺管道专业负责准备	施工范围
保温涂漆	1. 仪表施工范围内的管道、设备等的保温，全部由工艺管道专业施工。 **注：**把有无保温记入规格书。 2. 仪表专业施工范围内的管道、设备等的涂漆，仅是防锈漆由仪表专业施工			

表 A.7　液面计界面

液面计	安装图	仪表专业负责准备	工艺管道专业负责准备	施工范围
LG、LC（浮筒式或浮球式）	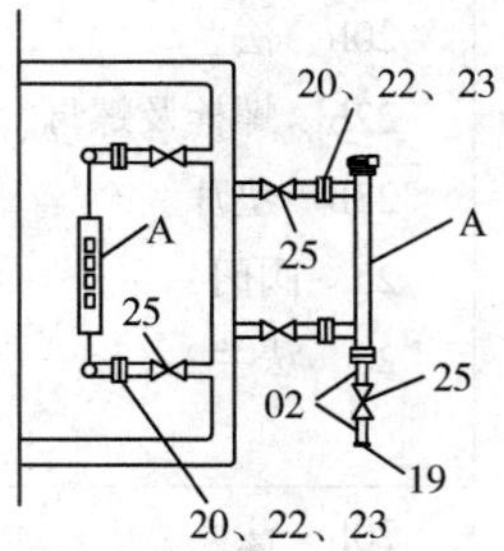	A　仪表 浮筒式或浮球式液面计	仪表本体除外 20　法兰 22　螺栓及螺母 23　垫片 25　阀门 19　管帽 02　短管	
差压式（导压管）	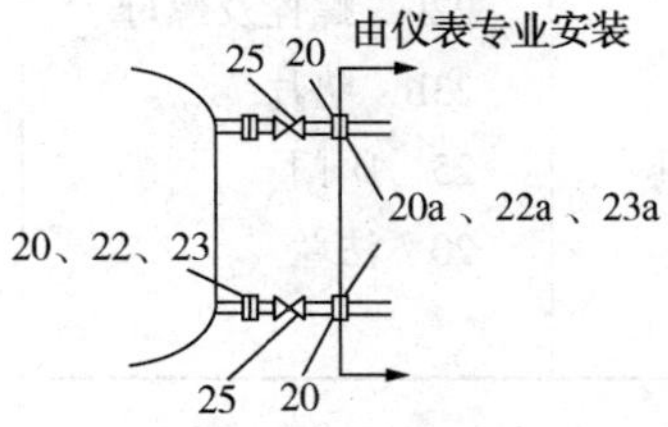	20a　法兰（二次侧） 22a　螺栓及螺母 23a　垫片	从设备到第一法兰20之间 20　法兰 22　螺栓及螺母 23　垫片 25　阀门	第一法兰的二次侧以后由仪表专业施工
差压式（法兰）	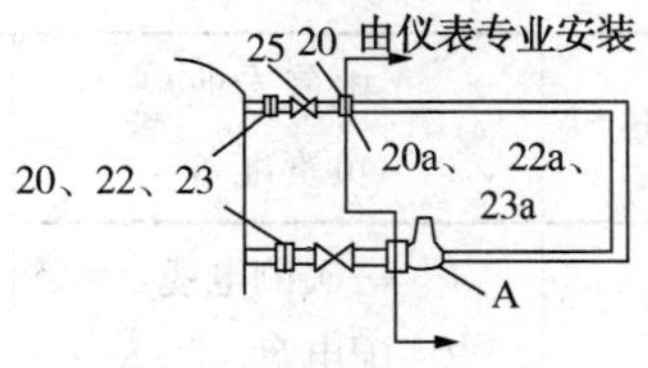	A 仪表 20a　法兰（二次侧） 22a　螺栓及螺母 23a　垫片	从设备到第一法兰20之间 20　法兰 22　螺栓及螺母 23　垫片 25　阀门	第一法兰的二次侧以后由仪表专业施工，其他由工艺管道专业施工
浮子式	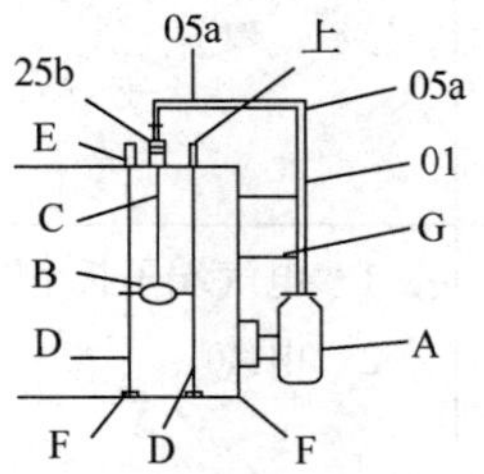	A　仪表 B　浮子 C　条带 D　钢丝 E　导向旋钮 F　钩 05a　弯头 25b　制动阀门	01　引架 G　支架	由工艺管道专业施工，但条带的安装由仪表专业施工

表 A.8　调节阀界面

调节阀	安装图	仪表专业负责准备	工艺管道专业负责准备	施工范围
调节阀	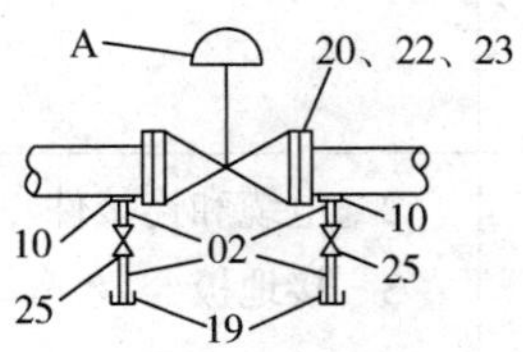	A　调节阀	19　管帽 20　法兰 22　螺栓及螺母 23　垫片 25　排水阀 02　短管 10　焊接型管箍	由工艺管道专业施工
自力阀	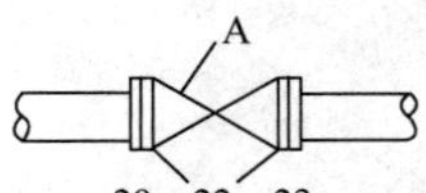	A　减压阀	20　法兰 22　螺栓及螺母 23　垫片	由工艺管道专业施工

表 A.8 调节阀界面(续)

调节阀	安装图	仪表专业负责准备	工艺管道专业负责准备	施工范围
自力阀（单压）	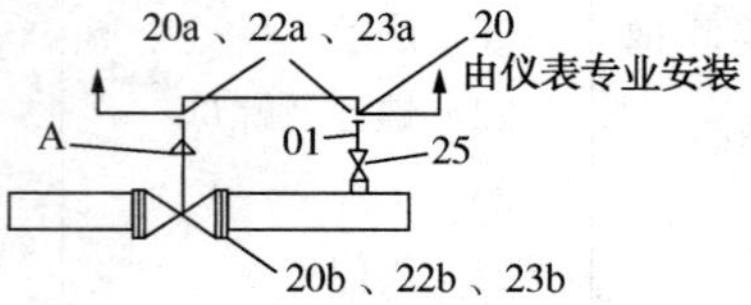	A 自力阀 01 导压管 20a 法兰 22a 螺栓及螺母 23a 垫片	20b 法兰 22b 螺栓及螺母 23b 垫片 25 阀门 20 法兰	仅导压管由仪表专业施工
自力阀（差压）	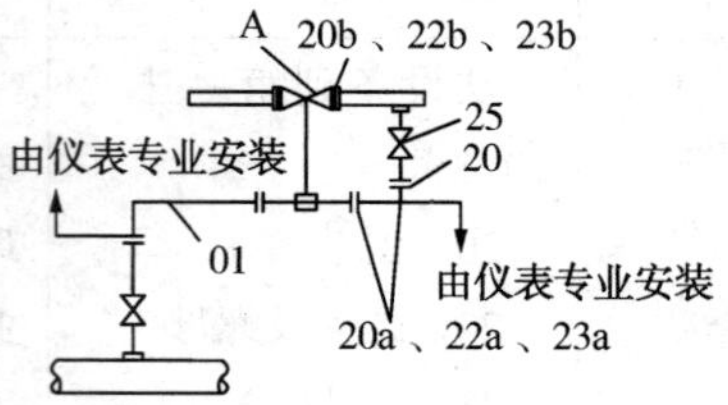	A 自力阀 01 导压管 20a 法兰 22a 螺栓及螺母 23a 垫片	20b 法兰 22b 螺栓及螺母 23b 垫片 25 阀门 20 法兰	仅导压管由仪表专业施工

表 A.9 配线界面

配线	安装图	仪表专业负责准备	电气专业负责准备	施工范围
电源（控制室内）	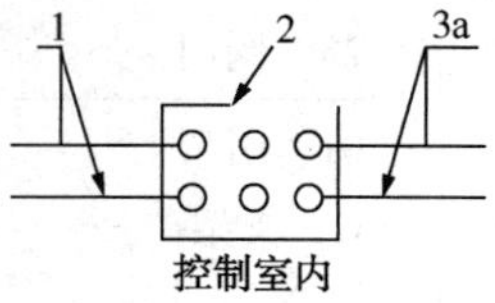	3a 二次侧电缆	1 一次侧电缆 2 配电盘	配电盘的一次侧接线由电气专业施工
信号（控制室内）	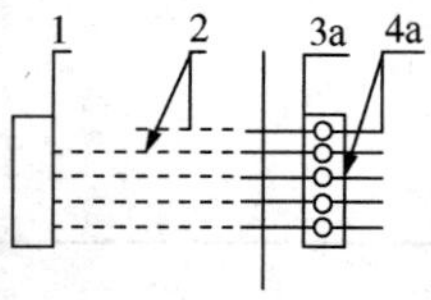	3a 仪表端子板(仪表盘上) 4a 电缆	1 电气端子板 2 电缆	仪表端子与电气端子间的配线由电气专业施工
信号（控制回路）	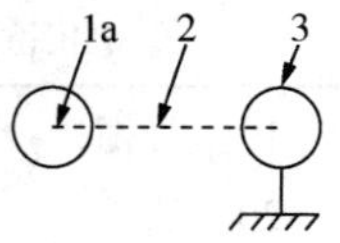	1a 仪表	2 电缆 3 电气设备(开关台等)	仪表和电气设备之间由电气专业施工
安全接地	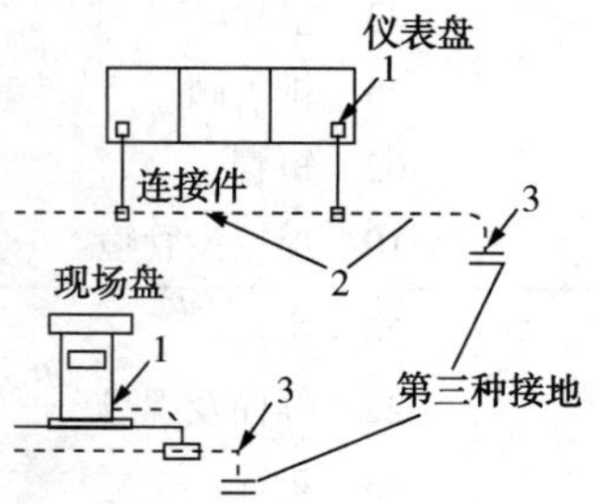	1 接地端子	2 电缆和连接件 3 接地极	接地由电气专业施工

表 A.10　仪表盘界面

仪表盘	安装图	仪表专业负责准备	土建专业负责准备	施工范围
仪表盘	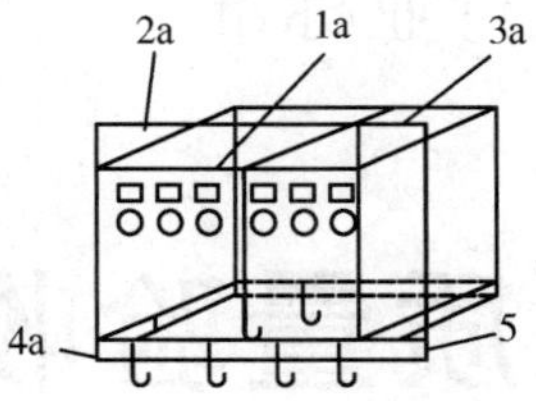	1a　仪表盘 2a　填充仪表盘 3a　终极仪表盘 4a　槽钢底座	5　地脚螺栓	槽钢的安装土建专业施工
现场仪表盘	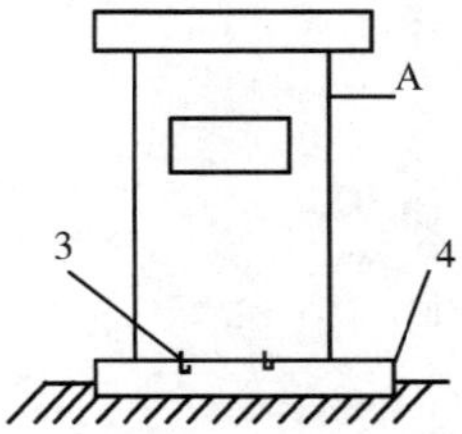	A　现场盘	3 地脚螺栓 4 混凝土基础	混凝土基础、地脚螺栓由土建专业施工，仪表盘由仪表专业施工

表 A.11　电缆主径路界面

电缆主径路	安装图	仪表专业负责准备	土建专业负责准备	施工范围
电缆槽	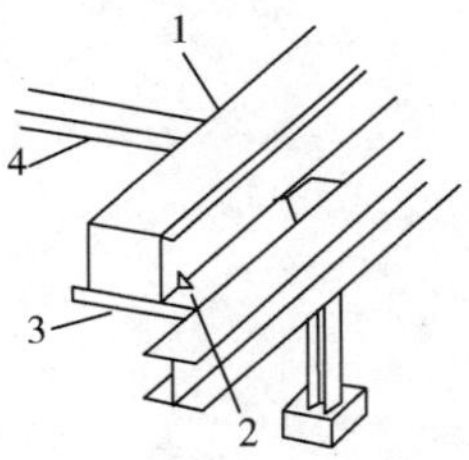	1　电缆槽 2　定位块 3　小型支架	4　钢结构	电缆槽和定位块由仪表专业施工
电缆沟	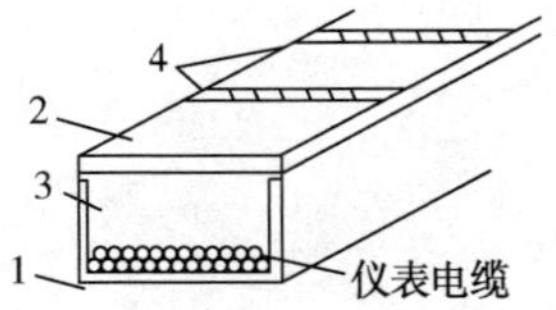	3　砂	1　混凝土电缆沟 2　混凝土盖 4　抹砂浆	以下由仪表专业施工： 砂子垫底→电缆敷设→砂子充填→装电缆沟盖

中华人民共和国石油化工行业标准

石油化工仪表工程施工质量验收规范

SH/T 3551—2013

条 文 说 明

2013 北 京

目 次

石油化工仪表工程施工质量验收规范

5 取源部件的安装质量检查

5.1 一般规定

5.1.1 石油化工仪表取源部件安装及质量检验，一般设计专业界面应由工艺设备、管道安装专业负责，质量检验标准应符合其工艺设计要求，仪表质量检验人员应对其进行复查，保证取源部件安装的合理性和测量的准确性。

5.2 温度取源部件

5.2.2 热电偶取源部件的安装位置应远离强磁场，强磁场主要指动力电缆、高压电机等。

6 仪表校验

6.2 温度检测仪表

本节温度仪表分为检测元件和变送器两部分，对检测元件不做校验，它的合格与否现场条件下无法判定，需在一级实验室条件下鉴定。变送器部分需要信号发生器对其校验。

6.5 物位检测仪表

6.5.2 本条液位变送器/控制器主要指：浮球、磁浮子、重锤、钢带、伺服、静压、磁致伸缩位移传感器。

8 仪表设备安装质量检验

8.7 物位仪表安装

8.7.8 放射性物位仪表安装前，作业人员进入施工现场前的身体检查时，一般由医务人员给施工中作业人员佩发放射性剂量仪，注意安装现场设置的警示标志，保证其防护监测区的范围大于等于30m，作业完成后，由医务人员检查放射性计量仪的累计量，作业人员保存好自己的医疗档案，并告知本人其有效剂量当量在一次事件中不大于100mSv(10rem)，一生中不大于250mSv(25rem)。

8.8 在线分析及气体检测仪表安装

8.8.5 pH电极不可长时间保存，极易老化，一般正常保管期为6个月即失效，在线使用寿命为12个月左右。

11 测量管道的安装

11.4 测量管道试验

仪表专业施工时，图纸上一般没有明显的试验压力参考值，可以借用管道设计图，也可参考操作压力换算试验压力：

操作压力 P	设计压力
$P \leq 1.8$MPa	$P+0.18$MPa
1.8MPa$<P\leq 4.0$MPa	$P\times 1.1$
$P>4.0$MPa	$P+0.4$MPa
$P>8.0$MPa	$P\times 1.05$

一般设计压力取值操作压力1.1倍，就可以满足压力测验要求。

13 仪表伴热系统的安装

13.1 蒸汽、热水伴热

13.1.7 同11.4。

UDC

中华人民共和国国家标准

P GB 50093—2013

自动化仪表工程施工及质量验收规范

Code for construction and quality acceptance
of automation instrumentation engineering

2013-01-28 发布 2013-09-01 实施

中华人民共和国住房和城乡建设部
中华人民共和国国家质量监督检验检疫总局 联合发布

前　言

本规范是根据住房和城乡建设部《关于印发〈2010 年工程建设标准制订、修订计划〉的通知》（建标〔2010〕43 号）的要求，由全国化工施工标准化管理中心站、中国化学工程第十一建设有限公司会同有关单位对国家标准《自动化仪表工程施工及验收规范》GB 50093—2002 和《自动化仪表工程施工质量验收规范》GB 50131—2007 进行合并修订而成。

本规范在修订过程中，规范编制组经广泛的调查研究，认真总结实践经验，参考有关国家标准和国外先进标准，并在广泛征求意见的基础上，修订本规范。

本规范共分 13 章和 2 个附录。主要技术内容是：总则、术语、基本规定、仪表设备和材料的检验及保管、取源部件安装、仪表设备安装、仪表线路安装、仪表管道安装、脱脂、电气防爆和接地、防护、仪表试验、工程交接验收等。

本规范修订的主要技术内容是：

1. 将国家标准《自动化仪表工程施工及验收规范》GB 50093—2002 和《自动化仪表工程施工质量验收规范》GB 50131—2007 合并，将名称修改为《自动化仪表工程施工及质量验收规范》，质量验收的规定调整到各相应章节中。
2. 删除了原规范中符合产品技术文件要求的相关内容。
3. 增加了仪表施工安全技术、监视和测量设备的相关规定。
4. 提高了成排设置仪表盘（柜、箱）安装、仪表接地安装质量检验的抽检比例。
5. 增加了放射性仪表、分析仪表设备施工前检验及保管规定。
6. 增加了重锤料位计、雷达物位计等物位计取源部件安装的施工及质量验收规定。
7. 增加了质量流量计、雷达液位计等仪表设备安装的施工及质量验收规定，增补了仪表接线箱安装相关规定。
8. 增加了光缆敷设和连接的施工和质量验收规定，增补了铝合金电缆桥架安装相关规定。
9. 增加了低温管道施工及质量验收和真空管道压力试验的规定。
10. 删除了使用四氯化碳脱脂剂脱脂的规定。
11. 增加了中间接线箱内屏蔽层连接的施工和质量验收规定，增补了本质安全电路分支接线相关规定。
12. 增加了可编程序控制器、分散控制系统、现场总线控制系统试验和质量验收规定。
13. 增加了自动化仪表分项工程质量验收记录表格的规定。

本规范中以黑体字标志的条文为强制性条文，必须严格执行。

本规范由住房和城乡建设部负责管理和对强制性条文的解释，由中国工程建设标准化协会化工分会负责日常管理，由中国化学工程第十一建设有限公司负责具体技术内容的解释。本规范执行过程中如有意见或建议，请寄送中国化学工程第十一建设有限公司（地址：河南省开封市汴京路 53 号，邮政编码：475002），以便今后修订时参考。

本规范主编单位、参编单位、参加单位、主要起草人和主要审查人：

主 编 单 位：中国化学工程第十一建设有限公司
全国化工施工标准化管理中心站

参 编 单 位：中油吉林化建工程有限公司
中国石化集团第十建设公司
中国二十冶集团有限公司
中国化学工程第九建设公司

西北电力建设第一工程公司
中国核工业二三建设有限公司
陕西化建工程有限责任公司
中国化学工程第四建设有限公司
参 加 单 位：杭州和利时自动化有限公司
主要起草人：王丙强　毛仲德　刘俊成　李先微　郭淑霞
孙兆龙　张响应　林志权　胡广杰　贺小锋
赵宏昌　李彦海　肖克元　颜祖清　芦　天
主要审查人：范　辉　贾立志　舒小华　王一士　檀贵兵
田志群　马战友　季荛根　寇尚民　李群富
张孝孝　王治俭　张忠仁　杨　永　边金柱

目　　次

Contents

1 总　　则

1.0.1 为提高自动化仪表工程施工技术和管理水平，统一自动化仪表工程施工质量验收方法，确保工程质量，制定本规范。

1.0.2 本规范适用于自动化仪表工程的施工及质量验收。

1.0.3 本规范不适用于制造、贮存、使用爆炸物质的场所以及交通工具、矿井井下等自动化仪表安装工程。

1.0.4 自动化仪表工程的施工应符合设计文件及本规范的规定。

1.0.5 当需要修改设计文件及材料代用时，应经原设计单位同意，并应出具相关文件。

1.0.6 直接安装在设备和管道上的仪表和仪表取源部件，应按设计文件对专业分工和分界的规定进行施工。

1.0.7 自动化仪表工程所采用的设备和材料应符合国家现行有关标准的规定，并应具有产品质量证明文件。

1.0.8 自动化仪表工程中的焊接施工应符合现行国家标准《现场设备、工业管道焊接工程施工规范》GB 50236、《现场设备、工业管道焊接工程施工质量验收规范》GB 50683 和《钢结构工程施工质量验收规范》GB 50205 的规定。

1.0.9 自动化仪表工程的施工和质量验收除应符合本规范外，尚应符合国家现行有关标准的规定。

2 术　　语

2.0.1 自动化仪表　automation instrumentation

对被测变量和被控变量进行测量和控制的仪表装置和仪表系统的总称。

2.0.2 测量　measurement

以确定量值为目的的一组操作。

2.0.3 控制　control

为达到规定的目标，在系统上或系统内的有目的的活动。

2.0.4 现场仪表　field instrument

安装在现场控制室外的仪表，一般在被测对象和被控对象附近。

2.0.5 检测仪表　detecting and measuring instrument

用以确定被测变量的量值或量的特性、状态的仪表。

2.0.6 传感器　transducer

接受输入变量的信息，并按一定规律将其转换为同种或别种性质输出变量的装置。

2.0.7 转换器　converter

接受一种形式的信号并按一定规律转换为另一种信号形式输出的装置。

2.0.8 变送器　transmitter

输出为标准化信号的传感器。

2.0.9 显示仪表　display instrument

显示被测量值的仪表。

2.0.10 控制仪表　control instrument

用以对被控变量进行控制的仪表。

2.0.11 执行器　actuator

在控制系统中通过其机构动作直接改变被控变量的装置。

2.0.12 检测元件　sensor

测量链中的一次元件，它将输入变量转换成宜于测量的信号。

2.0.13 取源部件 tap

在被测对象上为安装连接检测元件所设置的专用管件、引出口和连接阀门等元件。

2.0.14 检测点 measuring point

对被测变量进行检测的具体位置，即检测元件和取源部件的现场安装位置。

2.0.15 控制系统 control system

通过精密制导或操纵若干变量以达到既定状态的系统。仪表控制系统由仪表设备装置、仪表管线、仪表动力和辅助设施等硬件，以及相关的软件所构成。

2.0.16 综合控制系统 comprehensive control system

采用数字技术、计算机技术和网络通信技术，具有综合控制功能的仪表控制系统。

2.0.17 仪表管道 instrumentation piping

仪表测量管道、气动和液动信号管道、气源管道和液压管道的总称。

2.0.18 测量管道 measuring piping

从检测点向仪表传送被测物料或通过中间介质传递测量信号的管道。

2.0.19 信号管道 signal piping

用于传送气动或液动控制信号的管道。

2.0.20 气源管道 air piping

为气动仪表提供气源的管道。

2.0.21 仪表线路 instrumentation line

仪表电线、电缆、补偿导线、光缆和电缆桥架、电缆导管等附件的总称。

2.0.22 电缆桥架 cable tray

由托盘、托槽或梯架的直线段、非直线段、附件及支吊架等组合构成，用以敷设和支撑电缆的结构系统。

2.0.23 电缆导管 cable conduit

用以在其内部敷设和保护电缆电线，便于导入或拉出电缆电线的管子。

2.0.24 回路 loop

在控制系统中，一个或多个相关仪表与功能的组合。

2.0.25 防爆电气设备 explosion-protected electrical apparatus

在规定条件下不会引起周围爆炸性环境点燃的电气设备。

2.0.26 危险区域 hazardous area

爆炸性环境大量出现或预期可能大量出现，以致要求对电气设备的结构、安装和使用采取专门措施的区域。

2.0.27 本质安全电路 intrinsically-safe circuit

在规定的条件下，包括正常工作和规定的故障条件下，产生的任何电火花和任何热效应均不能点燃规定的爆炸性气体环境的电路。

2.0.28 关联设备 associated electrical apparatus

内装能量限制电路和非能量限制电路，且在结构上使非能量限制电路不能对能量限制电路产生不利影响的电气设备。

3 基本规定

3.1 施工技术准备

3.1.1 自动化仪表工程施工组织设计和施工方案应已批准。对复杂、关键的安装和试验工作应编制施工技术方案。

3.1.2 自动化仪表工程施工前，施工单位应参加施工图设计文件会审。

3.1.3 自动化仪表工程施工中的安全技术措施，应符合本规范及国家现行有关标准的规定。

3.1.4 自动化仪表工程施工前，应对施工人员进行技术交底。

3.1.5 监视和测量设备应按规定的时间间隔或在使用前进行校准和(或)验证。

3.2 质量管理

3.2.1 施工现场应有健全的质量管理体系、质量管理制度和相应的施工技术标准。

3.2.2 自动化仪表工程应对施工过程进行质量控制，并应按工序和质量控制点进行检验。

3.2.3 自动化仪表专业与相关专业之间，应进行施工工序交接检验。

3.2.4 自动化仪表工程的工程划分、质量控制点确定、质量检验和验收记录表格，均应在施工方案或质量计划中明确。

3.2.5 自动化仪表工程质量验收应在施工单位自检合格的基础上进行。

3.2.6 检验项目的质量应按主控项目和一般项目进行检验和验收。

3.3 施工质量验收的划分

3.3.1 仪表工程施工质量验收应按单位工程、分部工程和分项工程划分。

3.3.2 单位工程应由分部工程组成。当一个单位工程中仅有仪表分部工程时，该分部工程应为单位工程。

3.3.3 分部工程应由分项工程组成。同一单位工程中的仪表工程，应为一个分部工程。

3.3.4 分项工程的划分应符合下列要求：

1 当仪表工程为厂区、车间、站区、单元等单位工程中的分部工程时，应按仪表类别和安装工作内容划分为仪表盘柜箱安装、仪表设备安装、仪表试验、仪表线路安装、仪表管道安装、脱脂、接地、防护等。

2 主控制室的仪表分部工程应划分为盘柜安装、电源设备安装、仪表线路安装、接地、系统硬件和软件试验等。

3 仪表回路试验和系统试验应划入主控制室仪表分部工程。

4 在大中型民用建筑工程中，应按楼层、跨间或区间划分分项工程，线路安装和仪表试验可单独划分为分项工程。

5 对小型工程，可划分为现场仪表及线路管道安装、控制室仪表安装、仪表试验等分项工程。

6 当大中型机组、设备由制造厂成套供应且作为一个分部工程时，其配套的仪表和控制系统安装、试验可划分为一个分项工程。

3.4 检验数量

3.4.1 本节所规定的检验数量抽检比例，在特殊情况下可增加检验数量。

3.4.2 用于高温、低温、高压、易燃、易爆、有毒、有害物料的取源部件安装，计量、安全监测报警和联锁系统的取源部件安装，应全部检验。其他取源部件应按温度、压力、流量、物位、分析等用途分类各抽检 30%，且不得少于 1 件。

3.4.3 用于高温、低温、高压、易燃、易爆、有毒、有害物料的仪表设备安装，计量、安全监测报警和联锁系统的仪表设备安装，应全部检验。其他仪表设备应按类型各抽检 30%，且不得少于 1 台(件)。

3.4.4 单独设置的仪表盘、柜、箱安装，应抽检 20%，且不得少于 1 台。成排设置的仪表盘、柜、箱安装，应抽检 30%，且不得少于 1 排。

3.4.5 仪表电源设备的安装应全部检验。

3.4.6 爆炸和火灾危险区域外的仪表线路安装应按系统抽检 30%。

3.4.7 用于高温、低温、高压、易燃、易爆、有毒、有害物料的仪表管道安装，计量、安全监测报警和联锁系统的仪表管道安装，应全部检验。其他仪表管道应按系统抽检30%。

3.4.8 脱脂工程应全部检验。

3.4.9 爆炸和火灾危险区域内的仪表安装工程应全部检验。

3.4.10 仪表接地安装工程应全部检验。

3.4.11 隔离与吹洗防护工程应全部检验。

3.4.12 防腐、绝热、伴热工程应按系统抽检30%。

3.4.13 用于高温、低温、高压、易燃、易爆、有毒、有害物料的仪表设备单台校准和试验，应全部检验。计量、安全监测报警和联锁系统的仪表单台校准和试验，应全部检验。其他仪表的单台校准和试验应按系统抽检30%，且不得少于1台(件)。

3.4.14 仪表电源设备的试验应全部检验。

3.4.15 综合控制系统的试验应全部检验。

3.4.16 仪表回路试验和系统试验应全部检验。

3.5 验收方法和质量合格标准

3.5.1 质量验收工作应按分项工程、分部工程、单位工程依次进行。

3.5.2 质量检验应在施工过程中进行。

3.5.3 分项工程的质量验收工作应在检验项目质量检验和验收工作完毕后进行。

3.5.4 分部工程、单位工程的质量验收工作应在分项工程质量验收完毕后逐级进行。

3.5.5 质量检验和验收的依据应为设计文件、国家现行有关标准和本规范。

3.5.6 质量检验和验收可采用工程项目统一确定的记录表格。

3.5.7 分项工程质量验收合格应符合下列要求：

1 分项工程所含的检验项目中，主控项目和一般项目应全部合格。

2 分项工程的质量控制资料应齐全。

3 分项工程质量验收记录应按本规范附录A填写。

4 分项工程质量验收记录应包括章节一般规定中相应质量验收内容。

3.5.8 分部工程质量验收合格应符合下列要求：

1 分部工程所含分项工程的质量应全部合格。

2 分部工程的质量控制资料应齐全。

3 分部工程质量验收记录，应按现行国家标准《工业安装工程施工质量验收统一标准》GB 50252中附录C的规定填写。

3.5.9 单位工程质量验收合格应符合下列要求：

1 当单位工程仅由仪表工程组成时，该仪表工程的质量验收应即为单位工程的质量验收。

2 当单位工程由仪表工程和其他专业工程组成时，仪表工程应作为一个分部工程参加该单位工程的质量验收。

3 单位工程所含分部工程应全部合格。

4 单位工程的质量控制资料应齐全。

5 单位工程质量验收记录和单位工程质量控制资料检查记录，应按现行国家标准《工业安装工程施工质量验收统一标准》GB 50252中附录D、附录E的相关规定填写。

3.5.10 质量检验不合格时，应及时处理，经处理后的工程应按下列规定进行验收：

1 返工后检验合格，可作为合格验收。

2 返修后满足安全使用要求，可按返修方案和协商文件进行验收。

3 返修后仍不能满足安全使用要求，严禁验收。

4 仪表设备和材料的检验及保管

4.1 仪表设备和材料的检验及保管

4.1.1 仪表设备和材料到达现场后，应进行检验或验证。

4.1.2 仪表设备和材料的开箱外观检查应符合下列要求：

1 包装和密封应良好。

2 型号、规格、材质、数量与设计文件的规定应一致，并应无残损和短缺。

3 铭牌标志、附件、备件应齐全。

4 产品的技术文件和质量证明书应齐全。

4.1.3 仪表盘、柜、箱的开箱检查除应符合本规范第4.1.2条规定外，尚应符合下列规定：

1 表面应平整，内外表面涂层应完好。

2 外形尺寸和安装孔尺寸，盘、柜、箱内的所有仪表、电源设备及其所有部件的型号、规格，应符合设计文件的规定。

4.1.4 放射性仪表的开箱检查除应符合本规范第4.1.2条规定外，尚应符合下列规定：

1 放射源标识应完整、牢固、清晰。

2 放射源应处于关闭锁定状态。

4.1.5 分析仪表的开箱检查除应符合本规范第4.1.2条规定外，尚应符合下列规定：

1 分析仪表配套的试验标准样品名称、数量、样品浓度应符合设计文件的规定。

2 试验样品应包装完好、无泄漏。

4.1.6 仪表设备的性能试验应符合本规范第12章的规定。

4.1.7 检验不合格的仪表设备和材料不得使用，并应做好标识和隔离。

4.1.8 仪表设备和材料检验合格后，应按要求的保管条件进行保管，标识应明显清晰。

4.1.9 施工过程中，对已安装的仪表设备和材料应进行保护。

4.2 质量验收

4.2.1 仪表设备和材料检验质量验收应符合表4.2.1的规定。

表4.2.1 仪表设备和材料检验质量验收

序号	检验项目	检验内容	检验方法
1	主控项目	仪表设备和材料应具有产品技术文件和质量证明文件，特性数据应符合设计文件的规定	检查产品技术文件和质量证明文件
2		仪表设备铭牌标志应清晰牢固，附件、备件应符合设计文件规定	观察检查，清点设备备件
3		仪表盘、柜、箱内仪表、电源设备及部件的型号、规格应符合设计文件规定	观察检查，核对内部仪表设备数据
4		放射性仪表的放射源应处于锁闭状态，锁定装置安全可靠	仪器检查，观察检查
5		分析仪表配套的试验标准样品，数量和浓度应符合设计文件的规定，并应包装良好，无泄漏	观察检查，核对标准样品数量和浓度标识
6		仪表设备和材料按保管条件分区、分类保管	观察检查

续表

序号	检验项目	检验内容	检验方法
7	一般项目	仪表设备和材料数量、标识、几何尺寸应符合设计文件的规定，并应无残损或短缺，标识应清晰完整	观察检查和用尺测量检查

5 取源部件安装

5.1 一般规定

5.1.1 取源部件的结构尺寸、材质和安装位置应符合设计文件规定。

5.1.2 设备上的取源部件应在设备制造的同时安装，管道上的取源部件应在管道预制、安装的同时安装。

5.1.3 在设备或管道上安装取源部件的开孔和焊接工作，必须在设备或管道的防腐、衬里和压力试验前进行。

5.1.4 在高压、合金钢、有色金属设备和管道上开孔时，应采用机械加工的方法。

5.1.5 对易受损坏的取源部件，安装时应采取防护措施。

5.1.6 在砌体和混凝土浇筑体上安装的取源部件，应在砌筑或浇筑的同时埋入，埋设深度、露出长度应符合设计和工艺要求。当无法同时安装时，应预留安装孔。安装孔周围应按设计文件规定的材料填充密实、封堵严密。

5.1.7 安装取源部件，不应在焊缝及其边缘上开孔及焊接。

5.1.8 当设备及管道有绝热层时，安装的取源部件应露出绝热层外。

5.1.9 取源阀门与设备或管道的连接不宜采用卡套式接头。

5.1.10 取源部件安装完毕，应与设备和管道同时进行压力试验。

5.2 温度取源部件

5.2.1 在管道上安装温度取源部件，应符合下列要求：

1 与管道相互垂直安装时，取源部件轴线应与管道轴线垂直相交。

2 与管道呈倾斜角度安装时，宜逆着物料流向，取源部件轴线应与管道轴线相交。

3 在管道的拐弯处安装时，宜逆着物料流向，取源部件轴线应与工艺管道轴线相重合。

5.2.2 取源部件安装在扩大管上时，扩大管的安装方式应符合设计文件的规定。

5.3 压力取源部件

5.3.1 压力取源部件的安装位置应选在被测物料流束稳定的位置。

5.3.2 压力取源部件与温度取源部件在同一管段上时，应安装在温度取源部件的上游侧。

5.3.3 压力取源部件的端部不应超出设备或管道的内壁。

5.3.4 当检测带有灰尘、固体颗粒或沉淀物等混浊物料的压力时，在垂直和倾斜的设备和管道上，取源部件应倾斜向上安装，在水平管道上宜顺物料流束成锐角安装。

5.3.5 在水平和倾斜的管道上安装压力取源部件时，取压点的方位应符合下列要求：

1 测量气体压力时，应在管道的上半部。

2 测量液体压力时，应在管道的下半部与管道的水平中心线成0°~45°夹角的范围内。

3 测量蒸汽压力时，应在管道的上半部，以及下半部与管道水平中心线成0°~45°夹角的范围内。

5.4 流量取源部件

5.4.1 流量取源部件上、下游直管段的最小长度应符合设计文件的规定。

5.4.2 孔板、喷嘴和文丘里管上、下游直管段的最小长度，当设计文件无规定时，应符合本规范附录B的规定。

5.4.3 在规定的直管段最小长度范围内，不得设置其他取源部件或检测元件，直管段管子内表面应清洁，并应无凹坑和凸出物。

5.4.4 在节流件的上游安装温度计时，温度计与节流件间的直管段距离应符合下列规定：

1 当温度计插套或套管直径小于或等于0.03D(D为管道内径)时，不应小于5D。

2 当温度计插套或套管直径在0.03D和0.13D之间时，不应小于20D。

5.4.5 在节流件的下游安装温度计时，温度计与节流件间的直管段距离不应小于管道内径的5倍。

5.4.6 节流装置在水平和倾斜的管道上安装时，取压口的方位应符合下列规定：

1 测量气体流量时，应在管道的上半部。

2 测量液体流量时，应在管道的下半部与管道的水平中心线成0°~45°夹角的范围内。

3 测量蒸汽流量时，应在管道的上半部与管道水平中心线成0°~45°夹角的范围内。

5.4.7 孔板或喷嘴采用单独钻孔的角接取压时，应符合下列规定：

1 上、下游侧取压孔轴线，分别与孔板或喷嘴上、下游侧端面间的距离，应等于取压孔直径的1/2。

2 取压孔的直径宜为4mm~10mm，上、下游侧取压孔的直径应相等。

3 取压孔的轴线应与管道的轴线垂直相交。

5.4.8 孔板采用法兰取压时，应符合下列规定：

1 上、下游侧取压孔的轴线分别与上、下游侧端面间的距离，当直径比大于0.60且直径小于150mm时，应为(25.40±0.50)mm；当直径比小于或等于0.60或直径比大于0.60且直径大于或等于150mm和小于或等于1000mm时，应为(25.40±1.00)mm。

2 取压孔的直径宜为6mm~12mm之间，上、下游侧取压孔的直径应相等。

3 取压孔的轴线，应与管道的轴线垂直相交。

5.4.9 孔板采用D和$D/2$取压时，应符合下列规定：

1 上游侧取压孔的轴线与孔板上游侧端面间的距离应等于D±0.10D；下游侧取压孔的轴线与孔板上游侧端面间的距离，当直径比小于或等于0.60时，应等于0.50D±0.02D；当直径比大于0.60时，应等于0.50D±0.01D。

2 取压孔的轴线应与管道轴线垂直相交。

3 上、下游侧取压孔的直径应相等。

5.4.10 采用均压环取压时，取压孔应在同一截面上均匀设置，且上、下游侧取压孔的数量应相等。

5.4.11 皮托管、文丘里式皮托管和均速管等流量检测元件的取源部件的轴线，应与管道轴线垂直相交。

5.5 物位取源部件

5.5.1 物位取源部件的安装位置，应选在物位变化灵敏，且检测元件不应受物料冲击的部位。

5.5.2 内浮筒液位计和浮球液位计采用导向管或其他导向装置时，导向管或导向装置应垂直安装，导向管内液流应畅通。

5.5.3 双室平衡容器的安装应符合下列规定：

1 安装前应复核制造尺寸。

2 应垂直安装，中心点应与正常液位相重合。

5.5.4 单室平衡容器宜垂直安装，安装标高应符合设计文件的规定。

5.5.5 补偿式平衡容器安装固定时，应设置防止因被测容器的热膨胀而被损坏的措施。

5.5.6 安装浮球式液位仪表的法兰短管应使浮球能在全量程范围内自由活动。

5.5.7 电接点水位计的测量筒应垂直安装，筒体零水位电极的中轴线与被测容器正常工作时的零水位线应处于同一高度。

5.5.8 静压液位计取源部件的安装位置应远离液体进、出口。

5.5.9 重锤料位计取源部件的安装位置应在容器中心与侧壁之间，并应垂直安装。

5.5.10 雷达、超声波、射频导纳物位计的取源部件位置应使检测元件与被测对象区域内无遮挡物，并应远离物料进、出口。

5.6 分析取源部件

5.6.1 分析取源部件应安装在压力稳定、能灵敏反映真实成分变化和取得具有代表性的分析样品的位置。取样点的周围不应有层流、涡流、空气渗入、死角、物料堵塞或非生产过程的化学反应。

5.6.2 在水平或倾斜的管道上安装分析取源部件时，安装方位应符合本规范第 5.3.5 条的规定。

5.6.3 被分析的气体内含有固体或液体杂质时，取源部件的轴线与水平线之间的仰角应大于 15°。

5.7 质量验收

5.7.1 取源部件安装一般规定质量验收应符合表 5.7.1 的规定。

表 5.7.1 取源部件安装一般规定质量验收

序号	检验项目	检验内容	检验方法
1	主控项目	取源部件的结构尺寸、材质和安装位置应符合设计文件的规定	检查合格证、质量证明书，核对设计文件
2		在设备或管道上安装取源部件的开孔和焊接工作，应符合本规范第 5.1.3 条的规定	检查施工记录
3	一般项目	取源部件安装完毕后，应随同设备和管道进行压力试验	检查压力试验记录
4		在砌体和混凝土浇筑体上安装的取源部件，埋入深度、露出长度应符合设计文件的规定，安装孔周围应用设计文件要求的材料填充密实、封堵严密	观察检查

5.7.2 在管道上安装温度取源部件，质量验收应符合本规范第 5.2.1 条的规定。

检验项目：主控项目。

检验方法：观察检查，用尺测量检查。

5.7.3 压力取源部件质量验收应符合表 5.7.3 的规定。

表 5.7.3 压力取源部件质量验收

序号	检验项目	检验内容	检验方法
1	主控项目	压力取源部件的安装位置应在介质流束稳定的位置	观察检查，核对设计文件
2		压力取源部件与温度取源部件在同一管段上时，应安装在温度取源部件的上游侧	观察检查
3		压力取源部件的端部不应超出设备或管道的内壁	在安装同时观察检查
4		当检测带有灰尘、固体颗粒或沉淀物等混浊物料的压力时，取源部件的安装应符合本规范第 5.3.4 条的规定	观察检查
5		在水平和倾斜管道上安装压力取源部件时，取压点的方位应符合本规范第 5.3.5 条的规定	

5.7.4 流量取源部件质量验收应符合表 5.7.4 的规定。

表 5.7.4 流量取源部件质量验收

序号	检验项目	检验内容	检验方法
1	主控项目	流量取源部件上、下游直管段的最小长度，应符合设计文件的规定	观察检查，检查施工记录
2		在规定的直管段最小长度范围内，不得设置其他取源部件或检测元件，直管段管子内表面应清洁，无凹坑和凸出物	
3		在节流件的上游安装温度计时，温度计与节流件间的直管段距离应符合本规范第 5.4.4 条的规定	用尺测量检查，检查施工记录
4		在节流件的下游安装温度计时，温度计与节流件间的直管段距离应符合本规范第 5.4.5 条的规定	用尺测量检查
5		节流装置在水平和倾斜的管道上安装时，取压口的方位应符合本规范第 5.4.6 条的规定	观察检查，检查施工记录
6		孔板或喷嘴采用单独钻孔的角接取压时，应符合本规范第 5.4.7 条的规定	检查施工记录
7		孔板采用法兰取压时，应符合本规范第 5.4.8 条的规定	
8		孔板采用 D 和 $D/2$ 取压时，应符合本规范第 5.4.9 条的规定	
9		采用均压环取压时，取压孔的位置和数量应符合本规范第 5.4.10 条的规定	观察检查
10		皮托管、文丘里式皮托管和均速管等流量检测元件取源部件的轴线，应与管道轴线垂直相交	观察检查，用尺测量检查

5.7.5 物位取源部件质量验收应符合表5.7.5的规定。

表5.7.5 物位取源部件质量验收

<table>
<tr><th>序号</th><th>检验项目</th><th>检验内容</th><th>检验方法</th></tr>
<tr><td>1</td><td rowspan="10">主控项目</td><td>物位取源部件的安装位置，应符合本规范第5.5.1条的规定</td><td>观察检查</td></tr>
<tr><td>2</td><td>内浮筒液位计和浮球液位计采用导向管或其他导向装置时，导向管或导向装置应垂直安装，导向管内液流应畅通</td><td>观察检查，用尺测量检查</td></tr>
<tr><td>3</td><td>双室平衡容器的安装，应符合本规范第5.5.3条的规定</td><td>观察检查，检查施工记录</td></tr>
<tr><td>4</td><td>单室平衡容器宜垂直安装，安装标高应符合设计文件的规定</td><td>观察检查，检查施工记录</td></tr>
<tr><td>5</td><td>补偿式平衡容器的安装，应符合本规范第5.5.5条的规定</td><td rowspan="2">观察检查</td></tr>
<tr><td>6</td><td>安装浮球式液位仪表的法兰短管应使浮球能在全量程范围内自由活动</td></tr>
<tr><td>7</td><td>电接点水位计的测量筒应垂直安装，筒体零水位电极的中轴线与被测容器正常工作时的零水位线应处于同一高度</td><td>观察检查，测量检查</td></tr>
<tr><td>8</td><td>静压液位计取源部件的安装位置应远离液体进、出口</td><td>观察检查</td></tr>
<tr><td>9</td><td>重锤料位计取源部件的安装位置，应符合本规范第5.5.9条的规定</td><td>观察检查，测量检查</td></tr>
<tr><td>10</td><td>雷达、超声波、射频导纳物位计取源部件的安装，应符合本规范第5.5.10条的规定</td><td>观察检查</td></tr>
</table>

5.7.6 分析取源部件质量验收应符合表5.7.6的规定。

表5.7.6 分析取源部件质量验收

<table>
<tr><th>序号</th><th>检验项目</th><th>检验内容</th><th>检验方法</th></tr>
<tr><td>1</td><td rowspan="3">主控项目</td><td>分析取源部件的安装位置，应符合本规范第5.6.1条的规定</td><td>观察检查，用尺测量检查</td></tr>
<tr><td>2</td><td>在水平或倾斜的管道上安装分析取源部件时，安装方位应符合本规范第5.3.5条的规定</td><td>观察检查</td></tr>
<tr><td>3</td><td>被分析的气体内含有固体或液体杂质时，取源部件的轴线与水平线之间的仰角应大于15°</td><td>观察检查，用尺测量检查</td></tr>
</table>

6 仪表设备安装

6.1 一般规定

6.1.1 现场仪表的安装位置应符合设计文件的规定，当设计文件未规定时，应符合下列规定：

1 光线应充足，操作和维护应方便。

2 仪表的中心距操作地面的高度宜为 1.20m~1.50m。

3 显示仪表应安装在便于观察示值的位置。

4 仪表不应安装在有振动、潮湿、易受机械损伤、有强电磁场干扰、高温、温度变化剧烈和有腐蚀性气体的位置。

5 检测元件应安装在能真实反映输入变量的位置。

6.1.2 在设备和管道上安装的仪表应按设计文件规定的位置安装。

6.1.3 仪表安装前应按设计文件核对其位号、型号、规格、材质和附件。

6.1.4 安装过程中不应敲击、震动仪表。仪表安装后应牢固、平正。仪表与设备、管道或构件的连接及固定部位应受力均匀，不应承受非正常的外力。

6.1.5 设计文件规定需要脱脂的仪表，应经脱脂检查合格后安装。

6.1.6 直接安装在管道上的仪表，宜在管道吹扫后安装。当与管道同时安装时，在管道吹扫前应将仪表拆下。

6.1.7 直接安装在设备或管道上的仪表安装完毕应进行压力试验。

6.1.8 仪表接线箱(盒)在施工过程中应及时封闭盖及引入口。

6.1.9 仪表接线箱(盒)应采取密封措施，引入口不宜朝上。

6.1.10 对仪表和仪表电源设备进行绝缘电阻测量时，应有防止弱电设备及电子元件被损坏的措施。

6.1.11 仪表铭牌和仪表位号标识应齐全、牢固、清晰。

6.1.12 仪表毛细管的敷设应有保护措施，其弯曲半径不应小于 50mm，周围温度变化剧烈时应采取隔热措施。

6.1.13 现场总线仪表的安装除应符合本规范第 6.1.2 条~第 6.1.12 条的规定外，尚应符合下列规定：

1 仪表线路连接应为并联方式。

2 每条总线上的仪表数量、总线的最大距离应符合设计文件规定。

6.1.14 核辐射式仪表安装前应编制具体的安装方案，安装中的安全防护措施应符合国家现行有关放射性同位素工作卫生防护标准的规定。在安装现场应有明显的警戒标识。

6.2 仪表盘、柜、箱

6.2.1 仪表盘、柜、操作台的安装位置和平面布置，应按设计文件施工。现场仪表箱、保温箱和保护箱的位置，应符合设计文件规定，且应安装在光线充足、通风良好和操作维修方便的位置。

6.2.2 仪表盘、柜、操作台的型钢底座的制作尺寸，应与盘、柜、操作台相符，其直线度允许偏差应为 1mm/m；当型钢底座长度大于 5m 时，全长允许偏差应为 5mm。

6.2.3 仪表盘、柜、操作台的型钢底座安装时，上表面应保持水平，其水平度允许偏差应为 1mm/m；当型钢底座长度大于 5m 时，全长水平度允许偏差应为 5mm。

6.2.4 仪表盘、柜、操作台的型钢底座应在地面施工完成前安装找正，其上表面宜高出地面。型钢底座应进行防腐处理。

6.2.5 仪表盘、柜、操作台安装在振动场所，应按设计文件规定采取防振措施。

6.2.6 仪表盘、柜、箱安装在多尘、潮湿、有腐蚀性气体或爆炸和火灾危险环境，应按设计文件规定选型，并应采取密封措施。

6.2.7 仪表盘、柜、操作台之间及盘、柜、操作台内各设备构件之间的连接应牢固，用于安装的紧固件应为防锈材料。安装固定不应采用焊接方式。

6.2.8 单独的仪表盘、柜、操作台的安装应符合下列规定：

1 固定应牢固。

2 垂直度允许偏差应为 1.50mm/m。

3 水平度允许偏差应为1mm/m。

6.2.9 成排的仪表盘、柜、操作台的安装，除应符合本规范第6.2.8条的规定外，尚应符合下列规定：

1 同一系列规格相邻两盘、柜、操作台的顶部高度差不得大于2mm。

2 当同一系列规格盘、柜、操作台间的连接处超过两处时，顶部高度差不得大于5mm。

3 相邻两盘、柜、操作台接缝处正面的平面度偏差不得大于1mm。

4 当盘、柜、操作台间的连接处超过5处时，正面的平面度偏差不得大于5mm。

5 相邻两盘、柜、操作台之间的接缝的间隙不得大于2mm。

6.2.10 仪表箱、保温箱、保护箱的安装应符合下列规定：

1 固定应牢固。

2 垂直度允许偏差应为3mm，当箱的高度大于1.20m时，垂直度允许偏差应为4mm。

3 水平度的允许偏差应为3mm。

4 成排安装时应整齐美观。

6.2.11 仪表盘、柜、操作台、箱在搬运和安装过程中，不得有变形和表面涂层损伤。

6.2.12 仪表盘、柜、操作台、箱在安装及加工过程中应采用机械加工方法加工。

6.2.13 现场接线箱的安装应符合下列规定：

1 周围环境温度不宜高于45℃。

2 与各检测点的距离应适当，箱体中心距操作地面的高度宜为1.20m~1.50m。

3 不应影响操作、通行和设备维修。

4 接线箱应密封并应标明编号，箱内接线应标明线号。

5 不锈钢材质的接线箱固定时，不得与碳钢材料直接接触。

6.3 温度检测仪表

6.3.1 水银温度计、双金属温度计、压力式温度计、热电阻、热电偶等接触式温度检测仪表的测温元件应安装在能准确反映被测对象温度的部位。

6.3.2 在多粉尘的部位安装测温元件，应采取防止磨损的保护措施。

6.3.3 测温元件安装在易受被测物料强烈冲击的位置，应按设计文件规定采取防弯曲措施。

6.3.4 表面温度计的感温面与被测对象表面应紧密接触，并应固定牢固。

6.3.5 压力式温度计的温包应全部浸入被测对象中。

6.4 压力检测仪表

6.4.1 现场安装的压力表不应固定在有强烈振动的设备或管道上。

6.4.2 测量低压的压力表或变送器的安装高度，宜与取压点的高度一致。

6.4.3 测量高压的压力表安装在操作岗位附近时，宜距操作面1.80m以上，或在仪表正面加设保护罩。

6.5 流量检测仪表

6.5.1 节流件的安装应符合下列要求：

1 安装前应进行外观检查，孔板的入口和喷嘴的出口边缘应无毛刺、圆角和可见损伤，并应按设计数据和制造标准规定测量验证其制造尺寸。

2 安装前应进行清洗，清洗时不应损伤节流件。

3 流件必须在管道吹洗后安装。

4 节流件的安装方向，应使流体从节流件的上游端面流向节流件的下游端面。孔板的锐边或喷嘴的曲面侧应迎着被测流体的流向。

5 在水平和倾斜的管道上安装的孔板或喷嘴，当有排泄孔流体为液体时，排泄孔的位置应在管道的正上方；流体为气体或蒸气时，排泄孔的位置应在管道的正下方。

6 环室上有“+”号的一侧应在被测流体流向的上游侧。当用箭头标明流向时，箭头的指向应与被测流体的流向一致。

7 节流件的端面应垂直于管道轴线，其允许偏差应为1°。

8 安装节流件的密封垫片的内径不应小于管道的内径，夹紧后不得突入管道内壁。

9 节流件应与管道或夹持件同轴，其轴线与上、下游管道轴线之间的不同轴线误差应符合下式的规定：

$$e_x \leqslant \frac{0.0025D}{0.1+2.3\beta^4} \tag{6.5.1}$$

式中：e_x——轴线误差；

D——管道内径；

β——工作状态下节流件的内径与管道内径之比。

6.5.2 差压计或差压变送器正负压室与测量管道的连接应正确，引压管倾斜方向、坡度和隔离器、冷凝器、沉降器、集气器的安装，均应符合设计文件的规定。

6.5.3 转子流量计应安装在无振动的管道上，其中心线与铅垂线间的夹角不应超过2°，垂直安装时被测流体流向应自下而上，上游直管段长度不宜小于管子直径的2倍。

6.5.4 靶式流量计靶的中心应与管道轴线同心，靶面应迎着流向且与管道轴线垂直，上、下游直管段长度应符合设计文件的规定。

6.5.5 涡轮流量计信号线应使用屏蔽线，上、下游直管段的长度应符合设计文件的规定，前置放大器与变送器间的距离不宜大于3m。

6.5.6 涡街流量计信号线应使用屏蔽线，上、下游直管段的长度应符合设计文件的规定，放大器与流量计分开安装时，放大器与流量计的距离不应超过20m。

6.5.7 电磁流量计的安装应符合下列规定：

1 流量计外壳、被测流体和管道连接法兰之间应连接为等电位，并应接地。

2 在垂直的管道上安装时，被测流体的流向应自下而上，在水平的管道上安装时，两个测量电极不应在管道的正上方和正下方位置。

3 流量计上游直管段长度和安装支撑方式应符合设计文件的规定。

6.5.8 椭圆齿轮流量计的刻度盘面应处于垂直平面内。椭圆齿轮流量计和腰轮流量计在垂直管道上安装时，管道内流体流向应自下而上。

6.5.9 超声波流量计上、下游直管段长度应符合设计文件的规定。对于水平管道，换能器的位置应在与水平直线成45°夹角的范围内。被测管道内壁不应有影响测量精度的结垢层或涂层。

6.5.10 均速管流量计的安装应符合下列规定：

1 总压测孔应迎着流向，其角度偏差不应大于3°。

2 检测杆应通过并垂直于管道中心线，其偏离中心的偏差、与轴线不垂直的偏差均不应大于3°。

3 流量计上、下游直管段的长度应符合设计文件的规定。

6.5.11 质量流量计的安装应符合下列要求：

1 应安装于被测流体完全充满的管道上。

2 宜安装于水平管道上。测量气体时，箱体管应置于管道上方；测量液体时，箱体管应置于管道下方。

3 在垂直管道上被测流体为液体时，流体的流向应自下而上。

4 支撑安装方式应符合设计文件的规定。

6.6 物位检测仪表

6.6.1 浮力式液位计的安装高度应符合设计文件规定。

6.6.2 浮筒液位计的安装应使浮筒呈垂直状态，垂直度允许偏差应为2mm/m。浮筒中心应处于正常操作液位或分界液位的高度。

6.6.3 钢带液位计的导向管应垂直安装，钢带应处于导向管的中心并应滑动自如。

6.6.4 用差压计或差压变送器测量液位时，仪表安装高度不应高于下部取压口。当用双法兰差压变送器、吹气法及利用低沸点液体汽化传递压力的方法测量液位时，可不受本条规定限制。

6.6.5 核辐射式物位计的安装应符合本规范第6.1.14条的规定。

6.6.6 称重式物位计的安装应符合本规范第6.7.1条的规定。

6.6.7 超声波物位计的安装应符合下列要求：

1 不应安装在进料口的上方。

2 传感器宜垂直物料表面。

3 在信号波束角内不应有遮挡物。

4 物料的最高物位不应进入仪表的盲区。

6.6.8 雷达物位计不应安装在进料口的上方，传感器应垂直物料表面。

6.6.9 音叉物位计的两个平行叉板应与地面垂直安装，叉体不应受到强烈冲击。

6.6.10 射频导纳物位计不应安装在进料口的上方，传感器的中心探杆和屏蔽层与容器壁（或安装管）不得接触，应绝缘良好。安装螺纹（或法兰）与容器应连接牢固、电气接触良好。

6.7 机械量检测仪表

6.7.1 电阻应变式称重仪表的安装应符合下列要求：

1 负荷传感器的安装和承载应在称重容器及其所有部件和连接件的安装完成后进行。

2 负荷传感器的安装应呈垂直状态，传感器的主轴线应与加荷轴线相重合，各个传感器的受力应均匀。

3 当有冲击性负荷时应按设计文件规定采取缓冲措施。

4 称重容器与外部的连接应为软连接。

5 水平限制器的安装应符合设计文件的规定。

6 传感器的支承面及底面均应平滑，不得有锈蚀、擦伤及杂物。

6.7.2 测力仪表的安装应使被测力均匀作用到传感器受力面上。

6.7.3 测量位移、振动、速度等机械量的仪表安装应符合下列要求：

1 测量探头的安装应在机械安装完毕、被测机械部件处于工作位置时进行，探头的定位应按产品说明书和机械设备制造厂技术文件的要求确定和固定。

2 涡流传感器测量探头与前置放大器之间的连接应使用专用同轴电缆，该电缆的阻抗应与探头和前置放大器相匹配。

3 安装中应保护探头和专用电缆不受损伤。

6.7.4 电子皮带秤的安装位置与落料点的距离应符合设计文件的规定，秤架应安装在皮带张力稳定、无负荷冲击的位置，秤内活动部件不得有卡涩现象。

6.7.5 测宽仪、测厚仪、平直度检测仪检测装置的安装应符合设计文件的规定，台架应水平。核辐射式仪表的安装应符合本规范第6.1.14条的规定。

6.8 成分分析和物性检测仪表

6.8.1 分析取样系统的预处理装置应单独安装，并宜靠近传送器。

6.8.2 被分析样品的排放管应直接与排放总管连接，总管应引至室外安全场所，其集液处应有排液装置。

6.8.3 湿度计测湿元件不应安装在热辐射、剧烈振动、油污和水滴的位置，当不能避开时，应采取防护措施。

6.8.4 可燃气体检测器和有毒气体检测器的安装位置应根据所检测气体的密度确定。其密度大于空气密度时，检测器应安装在距地面200mm～300mm的位置；其密度小于空气密度时，检测器应安装在泄漏区域的上方。

6.9 其他检测仪表

6.9.1 核辐射式密度计的安装应符合本规范第6.1.14条的规定。

6.9.2 噪声测量仪表的传声器的安装位置应有防止外部磁场、机械冲击和风力干扰的措施。

6.9.3 安装辐射式火焰探测器时，其探头上的小孔应对准火焰，并应采取防止炽热空气和炽热材料辐射进入探头的措施。

6.10 执 行 器

6.10.1 控制阀的安装位置应便于观察、操作和维护。

6.10.2 执行机构应固定牢固，操作手轮应处在便于操作的位置。

6.10.3 安装用螺纹连接的小口径控制阀时，应装有可拆卸的活动连接件。

6.10.4 执行机构的机械传动应灵活，并应无松动和卡涩现象。

6.10.5 执行机构连杆的长度应能调节，并应使调节机构在全开到全关的范围内动作灵活、平稳。

6.10.6 当调节机构随同工艺管道产生热位移时，执行机构与调节机构的相对位置应保持不变。

6.10.7 气动及液动执行机构的连接管道和线路应有伸缩余度，不得妨碍执行机构的动作。

6.10.8 液动执行机构的安装位置宜低于控制器。当高于控制器时，液动执行机构和控制器间最大的高度差不应超过10m，且管道的集气处应有排气阀，靠近控制器处应有止回阀或自动切断阀。

6.10.9 电磁阀的进出口方位应安装正确。安装前应检查线圈与阀体间的绝缘电阻。

6.11 控制仪表和综合控制系统

6.11.1 控制室内安装的各类控制、显示、记录仪表和辅助单元以及综合控制系统，在开箱和搬运中不应有剧烈震动和灰尘、潮气进入设备。

6.11.2 综合控制系统设备安装前应具备下列条件：

1 基础底座应安装完毕。

2 地板、顶棚、内墙、门窗应施工完毕。

3 空调系统应已投入运行。

4 供电系统及室内照明应施工完毕并已投入运行。

5 接地系统应已施工完毕，接地电阻应符合设计文件的规定。

6.11.3 综合控制系统安装就位后应达到产品要求的供电条件、温度和湿度，并应保持室内清洁。

6.11.4 在插件的检查、安装、试验过程中应有防止静电的措施。

6.12 仪表电源设备

6.12.1 安装电源设备前应检查其外观及技术性能，并应符合下列要求：

1 继电器、接触器和开关的触点，接触应紧密可靠，动作应灵活，并应无锈蚀、损坏。

2 固定和接线用的紧固件、接线端子应完好无损，且应无污物和锈蚀。

3 防爆电气设备及附件的密封垫、填料函应完整、密封。

4 设备的电气绝缘性能、输出电压值、熔断器的容量应符合设计文件的规定。

5 设备的附件应齐全。

6.12.2 现场仪表供电箱的规格型号和安装位置应符合设计文件的规定。设备不宜安装在高温、潮湿、多尘、爆炸及火灾危险、腐蚀作用、振动或干扰其附近仪表等的位置。

6.12.3 现场仪表供电箱的箱体中心距操作地面的高度宜为1.20m～1.50m，成排安装时应排列整齐、美观。

6.12.4 电源设备的安装应牢固、整齐、美观，设备位号、端子标号、用途标识、操作标识等应完整无缺。

6.12.5 检查，清洗或安装电源设备时，不得损伤设备的绝缘、内部接线和触点部分。设备上已密封的可调部位不得启封，当必需启封时，启封后应重新密封并做好记录。

6.12.6 盘柜内安装的电源设备及配电线路，两带电导体间，导电体与裸露的不带电导体间，电气间隙和爬电距离应符合下列规定：

1 额定电压不大于60V的线路，电气间隙和爬电距离不得小于3mm。

2 额定电压大于60V且不大于300V的线路，电气间隙不得小于5mm，爬电距离不得小于6mm。

3 额定电压大于300V且不大于500V的线路，电气间隙不得小于8mm，爬电距离不得小于10mm。

6.12.7 强、弱电的端子应分开布置。

6.12.8 金属供电箱应有明显的接地标识，接地线连接应牢固可靠。

6.12.9 供电系统送电前，系统内所有的开关均应置于断开位置，并应检查熔断器的容量。在仪表工程安装和试验期间，所有供电开关和仪表的通电断电状态都应有显示或警示标识。

6.13 质量验收

6.13.1 仪表设备安装一般规定质量验收应符合表6.13.1的规定。

表6.13.1 仪表设备安装一般规定质量验收

序号	检验项目	检验内容	检验方法
1	主控项目	现场仪表的安装位置应符合本规范第6.1.1条的规定	核对设计文件和观察检查
2		仪表的安装应牢固、平正，不应承受非正常外力	观察检查
3		设此文件规定需要脱脂的仪表，应经脱脂检查合格后安装	核对设计文件，检查脱脂记录
4		直接安装在设备或管道上的仪表安装完毕应进行压力试验	检查施工和压力试验记录
5		仪表毛细管的敷设应有保护措施，其弯曲半径不应小于50mm	观察检查
6		核辐射式仪表在安装现场应有明显的警戒标识	
7	一般项目	仪表接线箱(盒)应采取密封措施，引入口不宜朝上	
8		仪表铭牌和仪表位号标识应齐全、牢固、清晰	

6.13.2 仪表盘、柜、箱质量验收应符合表6.13.2的规定。

表6.13.2 仪表盘、柜、箱质量验收

序号	检验项目	检验内容	检验方法
1	主控项目	仪表盘、柜、操作台的安装位置和平面布置应符合设计文件的规定	核对设计文件，观察检查
2		现场仪表箱、保温箱和保护箱的位置应符合设计文件的规定	
3		仪表盘、柜、操作台之间及盘、柜、操作台内各设备构件之间的连接应牢固，用于安装的紧固件应为防锈材料；安装固定不应采用焊接方式	检查施工记录，观察检查
4		仪表盘、柜、操作台、箱应无安装变形和表面涂层损伤	观察检查
5	一般项目	仪表盘、柜、操作台的型钢底座的制作应符合本规范第6.2.2条的规定	用拉线和尺量检查
6		仪表盘、柜、操作台的型钢底座的安装应符合本规范第6.2.3条的规定	用拉线、尺和水平尺测量检查
7		单独的仪表盘、柜、操作台的安装应符合本规范第6.2.8条的规定	
8		成排的仪表盘、柜、操作台的安装应符合本规范第6.2.8条和第6.2.9条的规定	
9		仪表箱、保温箱、保护箱的安装应符合本规范第6.2.10条的规定	观察检查，用尺和水平尺测量检查
10		接线箱应密封并应标明编号，箱内接线应标明线号	观察检查
11		不锈钢材质的接线箱固定时，不得与碳钢材料直接接触	

6.13.3 温度检测仪表质量验收应符合表6.13.3的规定。

表6.13.3 温度检测仪表质量验收

序号	检验项目	检验内容	检验方法
1	主控项目	表面温度计的感温面与被测对象表面应紧密接触，并应固定牢固	观察检查
2		压力式温度计的温包应全部浸入被测对象中	

6.13.4 压力检测仪表质量验收应符合表 6.13.4 的规定。

表 6.13.4 压力检测仪表质量验收

序号	检验项目	检验内容	检验方法
1	主控项目	安装在操作岗位附近，测量高压的压力表，宜距操作面 1.80m 以上，或在仪表正面加设保护罩	观察检查
2		现场安装的压力表不应固定在有强烈振动的设备或管道上	
3	一般项目	测量低压的压力表或变送器的安装高度，宜与取压点的高度一致	

6.13.5 流量检测仪表质量验收应符合表 6.13.5 的规定。

表 6.13.5 流量检测仪表质量验收

序号	检验项目	检验内容	检验方法
1	主控项目	节流件安装前应进行外观检查，应无损伤，并应按设计数据测量验证其制造尺寸	观察检查，检查施工记录
2		水平和倾斜的管道上安装的孔板或喷嘴，排泄孔的位置应符合本规范第 6.5.1 条第 5 款的规定	观察检查
3		节流件上“+”号的一侧应在被测流体流向的上游侧，当用箭头标明流向时，箭头的指向应与被测流体的流向一致	
4		差压计或差压变送器正负压室与测量管道的连接应正确	观察检查、核对设计文件和尺量检查
5		转子流量计、靶式流量计、涡轮流量计、涡街流量计、超声波流量计、均速管流量计等流量计，上、下游直管段长度应符合设计文件的规定	观察检查和尺量检查
6		电磁流量计的安装应符合本规范第 6.5.7 条的规定	观察检查
7		椭圆齿轮流量计的刻度盘面应处于垂直平面内；椭圆齿轮流量计和腰轮流量计在垂直管道上安装时，管道内流体流向应自下而上	
8		质量流量计的安装应符合本规范第 6.5.11 条的规定	

6.13.6 物位检测仪表质量验收应符合表6.13.6的规定。

表6.13.6 物位检测仪表质量验收

序号	检验项目	检验内容	检验方法
1	主控项目	浮筒液位计的安装应使浮筒呈垂直状态，垂直度允许偏差为2mm/m；浮筒中心应处于正常操作液位或分界液位的高度	观察检查
2		钢带液位计的导向管应垂直安装，钢带应处于导向管的中心并滑动自如	
3		超声波物位计的安装应符合本规范第6.6.7条的规定	观察检查和尺量检查
4		雷达物位计不应安装在进料口的上方，传感器应垂直物料表面	观察检查
5		音叉物位计的两个平行叉板应与地面垂直安装	
6		射频导纳物位计的安装应符合本规范第6.6.10条的规定	观察检查、用仪器检查

6.13.7 机械量检测仪表质量验收应符合表6.13.7的规定。

表6.13.7 机械量检测仪表质量验收

序号	检验项目	检验内容	检验方法
1	主控项目	电阻应变式称重仪表的安装应符合本规范第6.7.1条的规定	检查施工记录和观察检查
2		测量位移、振动、速度等机械量仪表的安装应符合本规范第6.7.3条的规定	观察检查
3		测宽仪、测厚仪、平直度检测仪检测装置台架的安装应水平	观察检查，用尺测量检查
4	一般项目	电子皮带秤的安装位置与落料点的距离应符合设计文件的规定	观察检查

6.13.8 成分分析和物性检测仪表质量验收应符合表6.13.8的规定。

表6.13.8 成分分析和物性检测仪表质量验收

序号	检验项目	检验内容	检验方法
1	主控项目	分析取样系统预处理装置应单独安装，并宜靠近传感器	观察检查
2		被分析样品的排放管应直接与排放总管连接，总管应引至室外安全场所，其集液处应有排液装置	
3		可燃气体检测器和有毒气体检测器的安装位置应符合本规范第6.8.4条的规定	
4	一般项目	湿度计测湿元件的安装位置有热辐射、剧烈振动、油污和水滴时，应采取相应的防护措施	

6.13.9 其他检测仪表质量验收应符合表 6.13.9 的规定。

表 6.13.9 其他检测仪表质量验收

序号	检验项目	检验内容	检验方法
1	主控项目	辐射式火焰探测器的安装应符合本规范第 6.9.3 条的规定	观察检查
2	一般项目	噪声测量仪表传声器的安装位置应有防止外部磁场、机械冲击和风力干扰的措施	

6.13.10 执行器质量验收应符合表 6.13.10 的规定。

表 6.13.10 执行器质量验收

序号	检验项目	检验内容	检验方法
1	主控项目	执行机构的安装应符合本规范第 6.10.1 条和 6.10.2 条的规定	观察检查
2		执行机构的机械传动应灵活，并应无松动和卡涩现象；执行机构连杆的长度应能调节	
3		气动及液动执行机构的连接管道和线路应有伸缩余度	
4		电磁阀的进、出口方位应安装正确；线圈与阀体间的绝缘电阻应符合设计文件的规定	观察检查和检查绝缘试验记录
5	一般项目	用螺纹连接的小口径控制阀的安装，应装有可拆卸的活动连接件	观察检查

6.13.11 控制仪表和综合控制系统、仪表电源设备质量验收应符合表 6.13.11 的规定。

表 6.13.11 控制仪表和综合控制系统、仪表电源设备质量验收

序号	检验项目	检验内容	检验方法
1	主控项目	接地系统的接地电阻应符合设计文件的规定	检查接地电阻测试记录
2		电源设备的安装应牢固、整齐、美观，并应检查技术性能	观察检查和检查施工记录
3		金属供电箱应有明显的接地标识，接地线连接应牢固可靠	观察检查
4	一般项目	现场仪表供电箱的箱体中心距操作地面的高度宜为1.20m~1.50m	
5		电源设备的设备位号、端子标号、用途标识、操作标识等应完整无缺	

7 仪表线路安装

7.1 一般规定

7.1.1 仪表电气线路的敷设，除应符合本章规定外，还应符合现行国家标准《电气装置安装工程电缆线路施工及验收规范》GB 50168 和《1kV 及以下配线工程施工与验收规范》GB 50575 的有关规定。

7.1.2 电缆电线敷设前，应进行外观检查和导通检查，并应用直流 500V 兆欧表测量绝缘电阻，100V 以下的线路采用直流 250V 兆欧表测量绝缘电阻，其电阻值不应小于 5MΩ；当设计文件有特殊规定时，应符合设计文件的规定。

7.1.3 线路应按最短路径集中敷设，并应横平竖直、整齐美观，不宜交叉。敷设线路时，线路不应受到损伤。

7.1.4 线路不得敷设在易受机械损伤、腐蚀性物质排放、潮湿、强磁场和强静电场干扰的位置。

7.1.5 线路不得敷设在影响操作和妨碍设备、管道检修的位置，应避开运输、人行通道和吊装孔。

7.1.6 当线路周围环境温度超过 65℃时，应采取隔热措施。当线路附近有火源时，应采取防火措施。

7.1.7 线路不宜敷设在高温设备和管道的上方，也不宜敷设在具有腐蚀性液体的设备和管道的下方。

7.1.8 线路与绝热的设备和管道绝热层之间的距离应大于 200mm，与其他设备和管道表面之间的距离应大于 150mm。

7.1.9 线路从室外进入室内时，应有防水和封堵措施。

7.1.10 线路进入室外的盘、柜、箱时，宜从底部进入，并应有防水密封措施。

7.1.11 线路的终端接线处以及经过建筑物的伸缩缝和沉降缝处，应留有余度。

7.1.12 电缆不应有中间接头，当需要中间接头时，应在接线箱或接线盒内接线，接头宜采用压接；当采用焊接时，应采用无腐蚀性的焊药。补偿导线应采用压接。同轴电缆和高频电缆应采用专用接头。

7.1.13 敷设线路时，不宜在混凝土梁、柱上凿安装孔。敷设在有防腐蚀层的建筑物和构筑物上时，不应损坏防腐蚀层。

7.1.14 线路敷设完毕，应进行校线和标号，并应按本规范第 7.1.2 条的规定测量电缆电线的绝缘电阻。

7.1.15 测量电缆电线的绝缘电阻时，必须将已连接上的仪表设备及部件断开。

7.1.16 在线路的终端处，应加标志牌。地下埋设的线路，应设置明显标识。

7.2 支架制作与安装

7.2.1 制作支架时，应将材料矫正、平直，切口处不得有卷边和毛刺。制作好的支架应牢固、平正。

7.2.2 安装支架应符合下列要求：

1 在允许焊接的金属结构上和混凝土构筑物的预埋件上，应采用焊接固定。

2 在混凝土上，宜采用膨胀螺栓固定。

3 在不允许焊接支架的管道上，宜采用 U 形螺栓或卡子固定。

4 在允许焊接支架的金属设备和管道上，可采用焊接固定。当设备、管道与支架不是同一种材质或需要增加强度时，应预先焊接一块与设备、管道材质相同的加强板后，再在上面焊接支架。

5 支架不得与高温或低温管道直接接触。

6 支架应固定牢固、横平竖直、整齐美观。在同一直线段上的支架间距应均匀。

7 支架安装在有坡度的电缆沟内或建筑结构上时，其安装坡度应与电缆沟或建筑结构的坡度相同。支架安装在有弧度的设备或结构上时，安装弧度应与设备或结构的弧度相同。

7.2.3 电缆桥架及电缆导管安装时，金属支架的位置和支架之间的间距应符合设计文件的规定。当设计文件未规定时，电缆桥架及电缆导管的金属支架间距宜为 1.50m~3.00m。在拐弯处、终端处及其他需要的位置应设置支架。

7.2.4 直接敷设电缆的支架间距，当水平敷设时宜为 0.80m；当垂直敷设时宜为 1.00m。

7.3 电缆桥架安装

7.3.1 电缆桥架安装前，应进行外观检查。电缆桥架的内、外表面应平整，内部应光洁、无毛刺，尺寸应准确，配件应齐全。

7.3.2 电缆桥架不宜采用焊接连接。当需要焊接时，应焊接牢固，且不应有明显的焊接变形。

7.3.3 电缆桥架采用螺栓连接和固定时，应采用平滑的半圆头螺栓，螺母应在电缆桥架的外侧，固定应牢固。

7.3.4 电缆桥架的安装应横平竖直，并应排列整齐。电缆桥架的上部与建筑物和构筑物之间应留有便于操作的空间。垂直排列的电缆桥架拐弯时，其弯曲弧度应一致。

7.3.5 桥架之间、桥架与仪表盘柜和仪表箱之间、桥架与盖板之间、盖板之间的连接处，应接合严密。槽式电缆桥架的端口宜封闭。

7.3.6 电缆桥架安装在工艺管架上时，宜在管道的侧面或上方。对于高温管道，不得平行安装在管道上方。

7.3.7 托盘、托槽式电缆桥架的开孔应采用机械加工方法。

7.3.8 托盘、托槽式电缆桥架应有排水孔。

7.3.9 当电缆桥架垂直段大于2m时，应在垂直段上、下端桥架内增设固定电缆用的支架。当垂直段大于4m时，应在其中部增设支架。

7.3.10 当钢制电缆桥架的直线长度大于30m、铝合金或玻璃钢电缆桥架的直线长度大于15m时，宜采取热膨胀补偿措施。

7.3.11 当金属电缆桥架采用断开连接时，应保持桥架接地的连续性。

7.3.12 当铝合金电缆桥架在钢制支吊架上固定时，应采取防电化腐蚀的措施。

7.4 电缆导管安装

7.4.1 电缆导管不得有变形或裂缝，其内部应清洁、无毛刺，管口应光滑、无锐边。

7.4.2 当埋设于混凝土内时，钢管外壁不应涂刷涂料。

7.4.3 电缆导管弯管的加工制作应符合下列规定：

1 电缆导管弯曲后的角度不应小于90°。

2 电缆导管的弯曲半径，不应小于所穿入电缆的最小允许弯曲半径。

3 电缆导管弯曲处不应有凹陷、裂缝和明显的弯扁，且弯扁程度不应大于管外径的10%。

4 单根电缆导管的直角弯不宜超过2个。

7.4.4 当电缆导管的直线长度超过30m或弯曲角度的总和超过270°时，应在中间加装穿线盒。

7.4.5 当电缆导管的直线长度超过30m、沿炉体敷设或经过建筑物伸缩缝时，应采取下列热膨胀措施之一：

1 根据现场情况，弯管形成自然补偿。

2 增加一段软管。

3 在两管连接处预留间距，外套套管单端固定。

7.4.6 电缆导管的两端管口应带护线帽。

7.4.7 金属电缆导管的连接应符合下列规定：

1 采用螺纹连接时，管端螺纹长度不应小于管接头长度的1/2。

2 埋设时宜采用套管焊接，连接时应两管口对准，管子的对口处应处于套管的中心位置；套管长度不应小于电缆导管外径的2.2倍，焊接应牢固，焊口应严密，并应做防腐处理。

3 镀锌管及薄壁管应采用螺纹连接或套管紧定螺栓连接，不得采用熔焊连接。

4 在有粉尘、液体、蒸汽、腐蚀性或潮湿气体进入管内的位置敷设的电缆导管，其两端管口应密封。

7.4.8 电缆导管与检测元件或现场仪表之间，宜用挠性管连接，应设有防水弯。与现场仪表箱、接线箱、接线盒等连接时应密封，并应固定牢固。

7.4.9 埋设的电缆导管应选最短途径敷设，埋入墙或混凝土内时，与表面的净距离不得小于15mm。

7.4.10 电缆导管应排列整齐、固定牢固。当用管卡或U形螺栓固定时，固定点间距应均匀。

7.4.11 当电缆导管有可能受到雨水或潮湿气体浸入时，应在最低点采取排水措施。

7.4.12 穿墙保护套管或保护罩两端延伸出墙面的长度，不应大于30mm。

7.4.13 当电缆导管穿过楼板时，应有预埋件；当需在楼板或钢平台开孔时，不得切断楼板内的钢筋或平台钢梁。

7.4.14 当埋设的电缆导管引出地面时，管口宜高出地面200mm，并应有防水、防尘措施；当从地下引入落地式仪表盘、柜、箱时，宜高出盘、柜、箱内地面50mm。

7.5 电缆、电线及光缆敷设

7.5.1 敷设仪表电缆时的环境温度不应低于下列温度值：

1 塑料绝缘电缆0℃。

2 橡皮绝缘电缆-15℃。

7.5.2 敷设电缆应合理安排，不宜交叉。敷设时，不应使电缆在支架上及地面摩擦、拖拉。固定时，松紧应适当。

7.5.3 塑料绝缘、橡皮绝缘多芯控制电缆的弯曲半径，不应小于其外径的10倍。电力电缆的弯曲半径应符合现行国家标准《电气装置安装工程电缆线路施工及验收规范》GB 50168的有关规定。

7.5.4 当仪表电缆与电力电缆交叉敷设时，宜成直角；当平行敷设时，其相互间的距离应符合设计文件规定。

7.5.5 在电缆桥架内，交流电源线路和仪表信号线路应用金属隔板隔开敷设。

7.5.6 当电缆沿支架敷设时，应绑扎固定牢固。

7.5.7 明敷设的仪表信号线路与具有强磁场和强静电场的电气设备之间的净距离宜大于1.50m；当采用屏蔽电缆或穿金属电缆导管以及金属槽式电缆桥架内敷设时，宜大于0.80m。

7.5.8 电缆在隧道或沟道内敷设时，应敷设在支架上或电缆桥架内。

7.5.9 电缆敷设后，两端应做电缆头。

7.5.10 当制作电缆头时，绝缘带应干燥、清洁、无折皱、层间无空隙；当抽出屏蔽接地线时，不应损坏绝缘；在潮湿或有油污的位置，应采取防潮、防油措施。

7.5.11 综合控制系统和数字通信线路的电缆敷设应符合设计文件的规定。

7.5.12 补偿导线应穿电缆导管或在电缆桥架内敷设，不得直接埋地敷设。

7.5.13 当补偿导线与测量仪表之间不采用切换开关或冷端温度补偿器时，宜将补偿导线和仪表直接连接。

7.5.14 当对补偿导线进行中间或终端接线时，不得接错极性。

7.5.15 仪表信号线路、仪表供电线路、安全联锁线路、补偿导线及本质安全型仪表线路和其他特殊仪表线路，应分别采用各自的电缆导管。

7.5.16 光缆敷设应符合下列要求：

1 光缆敷设前应进行外观检查和光纤导通检查。

2 光缆的弯曲半径不应小于光缆外径的15倍。

3 光缆敷设时，光缆应由绕盘上方放出，并应保持松弛弧形，光缆敷设过程中应无扭结现象发生。

4 光缆敷设时，在线路的拐弯处、电缆井内以及终端处，应预留适当的长度，并应有标识。

5 光缆敷设完毕，光缆端头应做密封防潮处理，不得浸水。

6 光缆线路中间不宜有接头。

7.5.17 光缆连接应符合下列要求：

1 光纤连接前应根据接头位置预留足够长度。

2 光纤连接环境应整洁，光缆各连接部件、工具及材料应清洁。

3 光纤连接前和光纤连接后均应对光纤进行测试。

4 光纤连接应采用专用设备进行熔接。

5 光纤连接时，应按光纤排列顺序对应连接，并应标识清晰。

6 光纤连接应连续作业。

7 光纤连接操作中不得损伤、折断光纤。

8 室外光缆接头套(管、箱)应按设计文件规定进行密封，并应标识清晰。

7.6 仪表线路配线

7.6.1 从外部进入仪表盘、柜、箱内的电缆电线，应在其导通检查及绝缘电阻检查合格后再进行配线。

7.6.2 仪表盘、柜、箱内的线路宜敷设在汇线槽内，在小型接线箱内可明线敷设。当明线敷设时，电缆电线束应采用由绝缘材料制成的扎带扎牢，扎带间距宜为100mm~200mm。

7.6.3 仪表的接线应符合下列规定：

1 接线前应校线，线端应有标号。

2 剥绝缘层时不应损伤芯线。

3 电缆与端子的连接应均匀牢固、导电良好。

4 多股芯线端头宜采用接线端子，电线与接线端子的连接应压接。

7.6.4 仪表盘、柜、箱内的线路不得有接头，其绝缘保护层不得有损伤。

7.6.5 仪表盘、柜、箱接线端子两端的线路，均应按设计图纸标号。标号应正确、字迹清晰且不易褪色。

7.6.6 接线端子板的安装应牢固。当端子板在仪表盘、柜、箱底部时，距离基础面的高度不宜小于250mm。当端子板在顶部或侧面时，与盘、柜、箱边缘的距离不宜小于100mm。多组接线端子板并排安装时，其间隔净距离不宜小于200mm。

7.6.7 剥去外部护套的橡皮绝缘芯线及屏蔽线，应加设绝缘护套。

7.6.8 当导线与接线端子板、仪表、电气设备等连接时，应留有余量。

7.6.9 备用芯线应接在备用端子上，或按使用的最大长度预留，并应按设计文件规定标注备用线号。

7.7 质量验收

7.7.1 仪表线路安装一般规定质量验收应符合表7.7.1的规定。

表7.7.1 仪表线路安装一般规定质量验收

序号	检验项目	检验内容	检验方法
1	主控项目	电缆电线的绝缘电阻试验应采用500V兆欧表测量，100V以下的线路采用250V兆欧表测量，电阻值不应小于5MΩ	检查电缆绝缘试验记录
2		当线路周围环境温度超过65℃或线路附近有火源时，线路敷设应符合本规范第7.1.6条的规定	观察检查
3	一般项目	线路应横平竖直、整齐美观、固定牢固，不宜交叉	
4		线路敷设位置应符合本规范第7.1.4条、第7.1.5条、第7.1.7条、第7.1.8条的规定	观察检查、用尺测量检查

续表

序号	检验项目	检验内容	检验方法
5	一般项目	线路从室外进入室内时应有防水和封堵措施；线路进入室外的盘、柜、箱时宜从底部进入，并应有防水密封措施	观察检查
6		线路终端接线处、建筑物伸缩缝和沉降缝处，应留有余量	
7		电缆不应有中间接头；当需要中间接头时，接头形式应符合本规范第7.1.12条的规定	观察检查和检查施工记录
8		线路敷设完毕，芯线和线路标识应符合本规范第7.1.14条、第7.1.16条的规定	观察检查

7.7.2 支架制作与安装质量验收应符合表7.7.2的规定

表7.7.2 支架制作与安装质量验收

序号	检验项目	检验内容	检验方法
1	主控项目	支架的材质、规格、结构形式应符合设计文件的规定	观察检查
2		支架的安装应符合本规范第7.2.2条的规定	
3	一般项目	电缆桥架及电缆导管安装时，金属支架的位置和支架之间的间距应符合本规范第7.2.3条的规定	观察检查，用尺测量检查
4		直接敷设电缆的支架间距应符合本规范第7.2.4条的规定	

7.7.3 电缆桥架安装质量验收应符合表7.7.3的规定

表7.7.3 电缆桥架安装质量验收

序号	检验项目	检验内容	检验方法
1	主控项目	电缆桥架安装前，外观检查应符合本规范第7.3.1条的规定	观察检查
2		金属电缆桥架断开连接时，应保持接地的连续性	
3	一般项目	电缆桥架的安装应横平竖直，并应排列整齐；连接处应对合严密；成排拐弯时弧度应一致	
4		电缆桥架采用螺栓连接时，应符合本规范第7.3.3条的规定	
5		电缆桥架的开孔应采用机械方法	
6		电缆桥架垂直敷设时，桥架内部电缆支架应符合本规范第7.3.9条的规定	观察检查和用尺测量
7		铝合金电缆桥架在钢制支架固定时，应符合本规范第7.3.12条的规定	观察检查

7.7.4 电缆导管安装质量验收应符合表7.7.4的规定。

表7.7.4 电缆导管安装质量验收

序号	检验项目	检验内容	检验方法
1	主控项目	电缆导管的外观应符合本规范第7.4.1条的规定	观察检查
2	一般项目	电缆导管敷设应排列整齐，固定应牢固	
3		电缆导管的弯曲应符合本规范第7.4.3条第1款、第3款的规定	
4		金属电缆导管采用螺纹连接时，管端螺纹长度不应小于管接头长度的1/2	
5		埋地敷设的电缆导管应符合本规范第7.4.7条第2款和第7.4.14条的规定	
6		电缆导管在有粉尘、液体、蒸汽、腐蚀性或潮湿气体进入管内的位置敷设时，应符合本规范第7.4.7条第4款的规定	
7		电缆导管与检测元件或就地仪表之间，与现场仪表箱、接线箱、接线盒连接时，应符合本规范第7.4.8条的规定	
8		当电缆导管可能受到雨水或潮湿气体浸入时，应符合本规范第7.4.11条的规定	

7.7.5 电缆、电线、光缆敷设质量验收应符合表7.7.5的规定。

表7.7.5 电缆、电线、光缆敷设质量验收

序号	检验项目	检验内容	检验方法
1	主控项目	电缆、电线、光缆的型号、规格应符合设计文件的规定	检查电缆、光缆敷设记录
2		电缆应排列整齐，固定时应松紧适当；绝缘层应无损坏	观察检查
3		光缆敷设前的检查应符合本规范第7.5.16条第1款的规定	检查施工测试记录
4		光缆连接应符合本规范第7.5.17条的规定	检查光缆敷设和接续测试记录
5	一般项目	塑料绝缘、橡皮绝缘多芯控制电缆的弯曲半径应符合本规范第7.5.3条的规定	观察检查
6		仪表电缆与电力电缆交叉或平行敷设时应符合本规范7.5.4条的规定	
7		在电缆桥架内，交流电源线路和仪表信号线路敷设应符合本规范7.5.5条的规定	
8		明敷设的仪表信号线路与具有强磁场和强静电场的电气设备之间的距离，应符合本规范7.5.7条的规定	观察检查和尺量检查
9		电缆终端应有适当余量，敷设后两端应做电缆头	观察检查
10		光缆敷设应符合本规范第7.5.16条第2款~第6款的规定	

7.7.6 仪表线路的配线质量验收应符合表7.7.6的规定。

表7.7.6 仪表线路配线质量验收

序号	检验项目	检验内容	检验方法
1	主控项目	接线应正确、牢固；线端应有标号	观察检查
2	一般项目	仪表盘、柜、箱内的线路敷设和接线应符合本规范第7.6.2条和第7.6.4条的规定	
3		多股线芯端头宜采用接线端子压接	
4		备用芯线接线应符合本规范第7.6.9条的规定	

8 仪表管道安装

8.1 一般规定

8.1.1 仪表工程中金属管道的施工，除应符合本规范的规定外，还应符合现行国家标准《工业金属管道工程施工规范》GB 50235的有关规定。

8.1.2 仪表管道安装前应将内部清扫干净，管端应临时封闭。需要脱脂的管道应经过脱脂合格后再安装。

8.1.3 仪表管道的型号、规格、材质应符合设计文件的规定。

8.1.4 仪表管道埋地敷设时，必须经试压合格和防腐处理后再埋入。直接埋地的管道连接时必须采用焊接，并应在穿过道路、沟道及进出地面处设置保护套管。

8.1.5 仪表管道在穿墙和过楼板处，应加装保护套管或保护罩，管道接头不应在保护套管或保护罩内。当管道穿过不同等级的爆炸危险区域、火灾危险区域和有毒场所的分隔间壁时，保护套管或保护罩应密封。

8.1.6 仪表管道不宜安装在妨碍检修、易受机械损伤、腐蚀和振动的位置。

8.1.7 金属管道的弯制宜采用冷弯，并宜一次弯成。管子弯制后，应无裂纹和凹陷。

8.1.8 高压钢管的弯曲半径宜大于管子外径的5倍，其他金属管的弯曲半径宜大于管子外径的3.5倍，塑料管的弯曲半径宜大于管子外径的4.5倍。

8.1.9 仪表管道应采用机械方法切割，管口应平整光滑，并应无毛刺、裂纹、凸凹或缩口。

8.1.10 高压管道分支时应采用三通连接，三通的材质应与管道材质相同。

8.1.11 仪表管道连接时，其轴线应一致。

8.1.12 直径小于13mm的铜管和不锈钢管，宜采用卡套式接头连接，也可采用承插法或套管法焊接连接。

8.1.13 当仪表管道与仪表设备连接时，应连接严密，且不得使仪表设备承受机械应力。

8.1.14 当仪表管道成排安装时，应排列整齐，间距应均匀一致。

8.1.15 仪表管道应采用可拆卸的管卡固定在支架上。当管子与支架间有经常性的相对运动时，应在管道与支架间加木块或软垫。

8.1.16 仪表管道支架的制作与安装，除应符合本规范第7.2节的规定外，还应符合仪表管道安装坡度的要求。支架的间距宜符合下列规定：

1 钢管水平安装时宜为1.00m~1.50m；垂直安装时宜为1.50m~2.00m。

2 铜管、铝管、塑料管及管缆水平安装时宜为0.50m~0.70m；垂直安装时宜为0.70m~1.00m。

8.1.17 不锈钢管固定时，不应与碳钢材料直接接触。不锈钢管与支架、固定卡子之间宜加设隔离垫板。

8.1.18 仪表管道阀门应安装在便于操作和维护的位置。

8.1.19 仪表管道焊接时，不得损伤仪表设备。

8.2 测量管道

8.2.1 测量管道的敷设应符合设计文件的规定，并应按最短路径敷设。

8.2.2 当测量管道水平敷设时，应根据不同的物料和测量要求，设置1：10～1：100的坡度，其倾斜方向应能排除测量管道中积聚的气体或冷凝液。当无法满足时，应在管道的集气处安装排气装置、在集液处安装排液装置。

8.2.3 当测量管道与高温设备、管道连接时，应采取热膨胀补偿措施。

8.2.4 测量差压的正压管和负压管应安装在环境温度相同的位置。

8.2.5 当测量管道与玻璃管微压计连接时，应采用软管。管道与软管的连接处，应高出仪表接头150mm～200mm。

8.2.6 测量管道与设备、工艺管道或建筑物表面之间的距离不得小于50mm。测量油类及易燃易爆物质的管道与热表面之间的距离不得小于150mm，且不应平行敷设在其上方。

8.2.7 低温管道敷设应采取膨胀补偿措施。

8.2.8 低温管及合金管下料切断后，必须移植原有标识。薄壁管、低温管及钛管，严禁使用钢印做标识。

8.3 气动信号管道

8.3.1 气动信号管道应采用紫铜管、不锈钢管或聚乙烯、尼龙管。

8.3.2 气动信号管道不宜有中间接头。当需设置中间接头连接时，应采用卡套式中间接头。管道终端应配装活动连接件。

8.3.3 气动信号管道应汇集成排敷设。

8.3.4 管缆的敷设应符合下列要求：

1 外观不应有明显的变形和损伤。

2 施工环境温度不应低于材料规定的最低环境温度。

3 敷设时，不应受机械损伤。

4 敷设后，应留有余量。

5 分支处宜设接管箱，接管箱的位置应便于维修。

8.4 气源管道

8.4.1 气源管道采用镀锌钢管时，应采用螺纹连接，拐弯处应采用弯头管件，连接处应密封。当缠绕密封带或涂抹密封胶时，不得使其进入管内。当采用无缝钢管时，应焊接连接，焊接时焊渣不得落入管内。

8.4.2 供气管道宜架空敷设，不宜在地表面或埋地敷设，并应避开高温、易受机械损伤、腐蚀、强烈振动及工艺管道或设备物料排放口等位置。

8.4.3 控制室内的气源总管的连续坡度不应小于1：500，并应在集液处安装排污阀，排污管口应远离仪表、电气设备和线路。装在过滤器下面的排污阀与地面间，应留有便于操作的空间。

8.4.4 气源系统的配管应整齐美观，其末端和集液处应有排污阀。水平干管上的支管引出口，应设置在干管的上方。

8.4.5 气源总管上引出的干管宜安装气源切断阀，并应符合设计文件的规定。

8.4.6 气源系统安装完毕后应进行吹扫，并应符合下列要求：

1 吹扫前，应将控制室气源的入口、支管的入口和接至各用气设备的过滤减压阀进口断开并敞口，应先吹总管，再吹干管、支管及接至各仪表的管道。

2 吹扫气应使用合格的仪表空气。

3 排出的吹扫气应用涂白漆的木制靶板检验，1min 内板上无铁锈、尘土、水分或其他杂物时，可判为吹扫合格。

8.4.7 气源装置使用前，应按设计文件规定整定气源压力值。

8.5 液压管道

8.5.1 液压管道压力不大于 1.6MPa 的液压控制系统的安装应符合本节的规定。

8.5.2 油压管道不应平行敷设在高温设备和管道的上方，与热表面绝热层的距离应大于 150mm。

8.5.3 供液系统用的过滤器安装前，应清洗干净。进口与出口方向不得装错，排污阀与地面间应留有便于操作的空间。

8.5.4 供液系统内的止回阀或闭锁阀，在安装前应进行清洗、检查和试验。

8.5.5 液压泵的自然流动回液管的坡度不应小于 1∶10，当回液落差较大时，应在集液箱之前安装一个水平段或 U 形弯管。

8.5.6 当回液管道的各分支管与总管连接时，支管应顺回液流动方向与总管成锐角连接。

8.5.7 贮液箱的安装位置应低于回液集管，回液集管与贮液箱上回液接头间的最小高差宜为 0.30m～0.50m。

8.5.8 贮液箱应设置呼吸阀。液压管道的集气处应设置放空阀，放空管的上端应向下弯曲 180°。

8.5.9 接至液压控制器的液压管道，不得有环形弯和曲折弯。

8.5.10 当液压控制器与供液管和回流管连接时，应采用耐压挠性管。

8.5.11 供液系统应进行清洗，并应按设计文件规定进行检查、调整和试验。

8.6 盘、柜、箱内仪表管道

8.6.1 仪表管道应敷设在不妨碍操作和维修的位置。

8.6.2 当仪表管道引入安装在有爆炸和火灾危险、有毒、有害及有腐蚀性物质环境的仪表盘、柜、箱时，其管道引入孔处应密封。

8.6.3 仪表管道宜汇集成排敷设，应整齐、美观，并应固定牢固。

8.6.4 仪表管道与仪表线路应分开敷设。

8.7 管道试验

8.7.1 仪表管道在试验前应进行检查，并应符合下列要求：

1 安装完毕的仪表管道系统，不得有漏焊、错接等现象。

2 当试验前有冲洗及吹扫要求时，应已完成冲洗及吹扫。

3 试验所用介质、工器具应已准备完善。

4 试验方案应已经批准，并应已进行技术和安全交底。

5 压力试验前，对不允许超压的仪表设备应已隔离。

8.7.2 仪表管道的压力试验应采用液体为试验介质。仪表气源管道、气动信号管道或设计压力小于或等于 0.6MPa 的仪表管道，宜采用气体作为试验介质。

8.7.3 当用水进行液压试验时，应使用洁净水。当对奥氏体不锈钢管道进行试验时，水中氯离子含量不得超过 25mg/L。试验后应将液体排净。当在环境温度 5℃以下进行试验时，应采取防冻措施。

8.7.4 气压试验介质应使用空气或氮气。

8.7.5 液压试验的压力应为设计压力的 1.5 倍。当达到试验压力后，应稳压 10min，再将试验压力降至设计压力，稳压 10min，应无压降，并应无渗漏。

8.7.6 气压试验的压力应为设计压力的 1.15 倍，试验时应逐步缓慢升压，达到试验压力后，应稳压 10min，再将试验压力降至设计压力，应稳压 5min，采用发泡剂检验应无泄漏。

8.7.7 真空管道压力试验应采用 0.2MPa 气压试验压力。达到试验压力后，稳压 15min，采用发泡剂检验应无泄漏。

8.7.8 测量和输送易燃易爆、有毒、有害介质的仪表管道，必须进行管道压力试验和泄漏性试验。

8.7.9 当工艺系统规定要求进行真空度或泄漏性试验时，其内的仪表管道系统应与工艺系统一起进行试验。

8.7.10 当采用气体压力试验时，试验温度严禁接近管道材料的脆性转变温度。

8.7.11 压力试验用的压力表应经检定合格，其准确度不得低于 1.6 级，刻度满度值应为试验压力的 1.5 倍~2.0 倍。

8.7.12 在压力试验过程中，如发现泄漏现象，应泄压后再修理。修复后，应重新试验。

8.7.13 压力试验合格后，宜在管道的另一端泄压，检查管道不得堵塞，并应拆除用于压力试验的临时堵头或盲板。

8.8 质量验收

8.8.1 仪表管道安装一般规定质量验收应符合表 8.8.1 的规定。

表 8.8.1 仪表管道安装一般规定质量验收

序号	检验项目	检验内容	检验方法
1	主控项目	仪表管道的型号、规格、材质应符合设计文件的规定	核对设计文件、检查质量证明文件
2		需要脱脂的仪表管道应经过脱脂合格	观察检查、检查脱脂施工记录
3		埋地敷设的仪表管道安装应符合本规范第 8.1.4 条的规定	观察、见证检查，检查施工记录
4		在穿越墙体和楼板处的仪表管道，应加装保护套管或保护罩，保护套管或保护罩内应无接头	观察检查
5		穿过不同等级的爆炸危险区域、火灾危险区域和有毒场所的分隔间壁时，应加装保护套管或保护罩，并应做好密封	
6		仪表管道的焊接应符合现行国家标准《现场设备、工业管道焊接工程施工规范》GB 50236 的有关规定	观察检查，着色检查
7		仪表管道与设备连接时，仪表设备不应承受其他机械应力	拆卸后观察，连接试验
8		仪表管道连接装配应正确、齐全	观察检查
9		仪表管道连接轴线应一致	用尺测量检查

续表

序号	检验项目	检验内容	检验方法
10	一般项目	管子内部应清洁、畅通	观察检查
11		仪表管道安装位置应不妨碍检修，应不易受机械损伤，环境应无腐蚀和振动	
12		管子表面应无裂纹、伤痕、重皮；金属管道弯制后应无裂纹和凹陷	
13		管子的弯曲半径应符合本规范第8.1.8条的规定	用尺测量检查
14		高压管道分支时应采用三通连接，三通的材质应与管道材质相同	观察检查
15		管道成排安装时，排列应整齐，间距应均匀	
16		管道应使用管卡固定且牢固	
17		仪表管道支架的制作与安装，应符合本规范第7.2节和第8.1.16条的规定	观察检查，用尺测量检查
18		不锈钢管道固定时，与碳钢之间应无直接接触	观察检查
19		仪表管道阀门应便于操作和维护	

8.8.2 测量管道质量验收应符合表8.8.2的规定。

表8.8.2 测量管道质量验收

序号	检验项目	检验内容	检验方法
1	主控项目	测量管道的敷设路径应符合设计文件的规定	观察检查，核对设计文件
2		测量管道水平敷设时，应根据不同的物料及测量要求，设置1∶10~1∶100的坡度，其倾斜方向应能满足排除气体或冷凝液要求	观察检查，用尺测量检查
3		当坡度达不到要求时，在管道的集气处应安装排气装置，在集液处应安装排液装置	观察检查，用尺测量检查
4		测量管道与高温设备及管道连接时，膨胀补偿措施应满足最大工况下膨胀量要求	
5		低温管道敷设应采取膨胀补偿措施	
6		低温管道、合金管道的材质应符合设计文件的规定，管子标识应符合本规范第8.2.8条的规定	观察检查，核查合金材质现场复查报告、低温管道出厂低温冲击试验报告

续表

序号	检验项目	检验内容	检验方法
7	一般项目	测量管道应符合最短路径敷设的原则	用尺测量检查
8		测量差压的正、负压管道环境温度应相同	观察检查
9		测量管道与工艺设备、管道和建筑物之间的距离不应小于 50mm	观察检查，用尺测量检查
10		测量油类的仪表管道与热表面的距离不应小于 150mm	
11		测量易燃、易爆物质的仪表管道与热表面的距离不应小于 150mm	
12		测量管道与微压计之间软管连接处应高于仪表接头 150mm~200mm	用尺测量检查

8.8.3 气动信号管道质量验收应符合表 8.8.3 的规定。

表 8.8.3 气动信号管道质量验收

序号	检验项目	检验内容	检验方法
1	一般项目	气动信号管道材质应符合设计文件的规定	核查设计文件
2		气动信号管道有中间接头时，应采用卡套式接头	观察检查
3		管道终端连接件应便于拆装	
4		管缆安装在拐弯、中间接头、终端处应留有一定余量	
5		管缆安装应无损伤，固定牢固，装配正确	
6		管缆敷设应平直，管缆不应承受额外机械应力	

8.8.4 气源管道质量验收应符合表 8.8.4 的规定。

表 8.8.4 气源管道质量验收

序号	检验项目	检验内容	检验方法
1	主控项目	镀锌钢管的气源管道应采用螺纹连接；无缝钢管的气源管道应采用焊接连接	观察检查
2		镀锌钢管的气源管道拐弯处应使用弯头连接	
3		镀锌钢管的气源管道螺纹连接处应密封良好	试压检查
4		气源管道连接处缠绕密封带或涂抹密封胶时，不应使密封材料进入管内	观察检查
5		气源管道系统安装完毕的吹扫应符合本规范第 8.4.6 条的规定	观察检查，检查吹扫记录
6		气源装置使用前，已按设计文件规定整定气源压力值	观察检查，核查设计文件

续表

序号	检验项目	检验内容	检验方法
7	一般项目	气源管道的敷设路径应符合本规范第 8.4.2 条的规定	观察检查
8		控制室内气源总管坡度不应小于 1∶500	
9		控制室内气源总管积液处应有排污阀，排污管口应远离仪表、电气设备和线路	
10		管道敷设整齐美观，水平干管上的支管引出口应在干管的上方	
11		气源总管引出的干管宜加装气源切断阀	核查设计文件，观察检查

8.8.5 液压管道质量验收应符合表 8.8.5 的规定。

表 8.8.5 液压管道质量验收

序号	检验项目	检验内容	检验方法
1	主控项目	油压管道不得平行敷设在高温设备和管道上方，与热表面绝热层的距离应大于 150mm	观察检查，用尺测量检查
2		供液系统用的过滤器、止回阀安装前，应检查并清洗干净	检查施工记录
3		供液系统过滤器、止回阀进口与出口方向的安装应正确	观察检查
4		供液系统排污阀与地面间应留有便于操作的空间	
5		供液系统内的止回阀或闭锁阀，在安装前应进行试验	核查试验记录
6		自然流动回液管的坡度不应小于 1∶10	尺测检查
7		分支管与总管的连接，应顺介质流向成锐角	观察检查
8		供液系统的压力试验，应符合本规范第 8.7 节的规定	检查试验记录
9		供液系统投入前应进行清洗、检查和试验，各管阀部件的压力调整项目应符合设计文件的规定	观察检查，检查施工记录，核对设计文件
10	一般项目	贮液箱的安装位置应低于回液集管，回液集管与贮液箱上的回液接头间的最小高差为 0.30m～0.50m	观察检查，用尺测量检查
11		接至液压控制器的液压管道，应无环形弯和曲折弯	观察检查
12		液压管道的集气处应设置放空阀，放空管上端应向下弯曲 180°	
13		贮液箱应设置呼吸阀	
14		液压控制器与供液管和回流管连接时，应采用耐压挠性管	

8.8.6 盘、柜、箱内管道质量验收应符合表 8.8.6 的规定。

表 8.8.6 盘、柜、箱内管道质量验收

序号	检验项目	检验内容	检验方法
1	主控项目	爆炸和火灾危险、有毒及有腐蚀性物质环境盘、柜、箱的仪表管道引入孔应符合本规范第 8.6.2 条的规定	观察检查
2	一般项目	仪表管道成排敷设应整齐、美观、固定牢固	
3		仪表管道不应妨碍操作和维修	
4		仪表管道与仪表线路不得直接接触或绑固在一起，应分开敷设	

8.8.7 管道试验质量验收应符合表8.8.7的规定。

表8.8.7 管道试验质量验收

<table>
<tr><th>序号</th><th>检验项目</th><th>检验内容</th><th>检验方法</th></tr>
<tr><td>1</td><td rowspan="10">主控项目</td><td>水压试验介质应使用洁净水，奥氏体不锈钢管道进行试验时，水中氯离子含量不得超过25mg/L</td><td>检查试压记录</td></tr>
<tr><td>2</td><td>在环境温度5℃以下进行试验时，应采取防冻措施</td><td rowspan="2">检查试压记录</td></tr>
<tr><td>3</td><td>气压试验介质应使用空气或氮气</td></tr>
<tr><td>4</td><td>仪表管道液压试验应符合本规范第8.7.5条的规定</td><td rowspan="3">试压过程见证、检查试压记录</td></tr>
<tr><td>5</td><td>仪表管道气压试验应符合本规范第8.7.6条的规定</td></tr>
<tr><td>6</td><td>真空管道压力试验应符合本规范第8.7.7条的规定</td></tr>
<tr><td>7</td><td>测量和输送易燃易爆、有毒有害介质的仪表管道试验应符合本规范第8.7.8条的规定</td><td rowspan="3">检查试压记录</td></tr>
<tr><td>8</td><td>工艺管道规定进行真空度或泄漏性试验时，工艺管道内的仪表管道试验应符合本规范第8.7.9条的规定</td></tr>
<tr><td>9</td><td>气体压力试验时，试验温度应符合本规范第8.7.10条的规定</td></tr>
<tr><td>10</td><td>压力试验用的压力表应经检定合格，准确度不应低于1.6级，刻度满度值应为试验压力的1.5倍~2.0倍</td><td>检查压力表检定记录</td></tr>
<tr><td>11</td><td>一般项目</td><td>管道试验完毕，应恢复完好，并应畅通、无堵塞</td><td>观察检查</td></tr>
</table>

9 脱 脂

9.1 一般规定

9.1.1 需要脱脂的仪表、控制阀、管子和其他管道组成件，应按设计文件的规定脱脂。

9.1.2 用于脱脂的有机溶剂含油量不应大于50mg/L。含油量较大的溶剂可先用于粗脱脂，再用合格的溶剂进行精脱脂。含油量大于350mg/L的溶剂应进行脱油处理，并应经检验合格后再作为脱脂剂。

9.1.3 设计文件未规定脱脂溶剂时，可按下列要求选用脱脂溶剂：

1 金属件的脱脂应选用工业用二氯乙烷、四氯乙烯。

2 黑色金属和有色金属的脱脂应选用工业用三氯乙烯。

3 铝制品的脱脂应选用10%的氢氧化钠溶液。

4 工作物料为浓硝酸的仪表、控制阀、管子和其他管道组成件的脱脂应选用65%的浓硝酸。

9.1.4 脱脂溶剂不得混合使用，且不得与浓酸、浓碱接触。

9.1.5 当采用二氯乙烷、四氯乙烯和三氯乙烯脱脂时，脱脂件应干燥、无水分。

9.1.6 接触脱脂件的工具、量具及仪器应经脱脂合格后再使用。

9.1.7 脱脂合格的仪表、控制阀、管子和其他管道组成件应封闭保存，并应加设标识；安装时严禁被油污染。

9.1.8 制造厂脱脂合格并封闭的仪表及附件，安装时可不再脱脂，但应进行外观检查，当有油迹或有机杂质时，应重新脱脂。

9.1.9 脱脂合格后的仪表和仪表管道，在压力试验及仪表校准、试验时，应使用不含油脂的介质。

9.1.10 脱脂溶剂应妥善保管，脱脂后废液的处理应符合环境保护要求。

9.1.11 脱脂应在室外通风处或有通风装置的室内进行。施工中应采取穿戴防护用品等安全措施。

9.2 脱脂方法

9.2.1 有明显锈蚀的管道部位，应先除锈再脱脂。

9.2.2 易拆卸的仪表、控制阀和管道组成件脱脂时，应将需脱脂的部件、附件及填料拆下放入脱脂溶剂中浸泡，浸泡时间应为1h~2h。

9.2.3 当不易拆卸的仪表脱脂时，可采用灌注脱脂溶剂的方法，脱脂剂的灌注量应为仪表组件内部空间的2/3~3/4，灌注后浸泡时间不应小于2h。

9.2.4 管子脱脂可采用在脱脂槽内浸泡的方法，浸泡时间应为1h~1.5h。

9.2.5 采用擦洗法脱脂时，应使用不易脱落纤维的布或丝绸，不得使用棉纱。脱脂后，脱脂件上严禁附着纤维。

9.2.6 当用氢氧化钠溶液脱脂时，应将溶液加热至60℃~90℃，应浸泡脱脂件30min，再用水冲洗后将脱脂件放入15%的硝酸溶液中中和，并应用清水洗净风干。

9.2.7 经脱脂的仪表、控制阀、管子和其他管道组成件，应进行自然通风或用清洁无油、干燥的空气或氮气吹干。当允许用蒸汽吹洗时，可用蒸汽吹洗。

9.3 脱脂件检查

9.3.1 仪表、控制阀和管道组成件脱脂后，应检验合格。

9.3.2 符合下列规定之一的情况应视为检验合格：

1 当用清洁干燥的白滤纸擦洗脱脂件表面时，纸上应无油迹。

2 当用紫外线灯照射脱脂表面时，应无紫蓝荧光。

3 当用蒸汽吹洗脱脂件时，应将颗粒度小于1mm的数粒纯樟脑放入蒸汽冷凝液内，樟脑在冷凝液表面应不停旋转。

4 当用浓硝酸脱脂时，浓硝酸中所含有机物的总量不应超过0.03%。

9.4 质量验收

9.4.1 脱脂质量验收应符合表9.4.1的规定。

表9.4.1 脱脂质量验收

序号	检验项目	检验内容	检验方法
1	主控项目	脱脂剂的选择应符合设计文件的规定，当设计文件未规定时，脱脂剂的选择应符合本规范第9.1.3条的规定	检查施工记录
2		用二氯乙烷、四氯乙烯和三氯乙烯脱脂时，脱脂件应干燥、无水分	观察检查
3		接触脱脂件的工具、量具及仪器应经脱脂合格后再使用	
4		脱脂合格的仪表、控制阀、管子和其他管道组成件的保存，应符合本规范第9.1.7条的规定	观察检查和检查脱脂记录
5		有明显锈蚀的管道部位，应先除锈再脱脂	观察检查
6		采用擦洗法脱脂时，应符合本规范第9.2.5条的规定	
7		仪表、管子、控制阀和管道组成件脱脂后应进行检查，检查结果应符合本规范第9.3.2条的规定	检查脱脂记录

10 电气防爆和接地

10.1 爆炸和火灾危险环境的仪表装置施工

10.1.1 爆炸和火灾危险环境的仪表装置施工，除应符合本规范规定外，还应符合现行国家标准《电气装置安装工程爆炸和火灾危险环境电气装置施工及验收规范》GB 50257 的规定。

10.1.2 安装在爆炸危险环境的仪表、仪表线路、电气设备及材料，其规格型号必须符合设计文件的规定。防爆设备必须有铭牌和防爆标识，并应在铭牌上标明国家授权的机构颁发的防爆合格证编号。

10.1.3 当防爆仪表和电气设备引入电缆时，应采用防爆密封圈密封或用密封填料进行封固，外壳上多余的孔应做防爆密封，弹性密封圈的一个孔应密封一根电缆。

10.1.4 采用正压通风的防爆仪表盘(箱)的通风管应畅通，且不宜安装切断阀；盘(箱)内应能维持不应低于设计文件规定的压力；当设有低压力联锁或报警装置时，其动作应准确、可靠。

10.1.5 当电缆桥架或电缆沟道通过不同等级的爆炸危险区域的分隔间壁时，在分隔间壁处必须做充填密封。

10.1.6 安装在爆炸危险区域的电缆导管应符合下列要求：

1 电缆导管之间及电缆导管与接线箱(盒)、穿线盒之间，应采用螺纹连接，螺纹有效啮合部分不应少于 5 扣，螺纹处应涂电力复合脂，不得使用麻、绝缘胶带、涂料等，并应用锁紧螺母锁紧，连接处应保证良好的电气连续性。

2 当电缆导管穿过不同等级爆炸危险区域的分隔间壁时，分界处电缆导管和电缆之间、电缆导管和分隔间壁之间应做充填密封。

3 当电缆导管与仪表、检测元件、电气设备、接线箱连接时，或进入仪表盘、柜、箱时，应安装防爆密封管件，并应充填密封。

10.1.7 本质安全型仪表的安装和线路敷设，除应符合本规范第 10.1.2 条、第 10.1.5 条和第 10.1.6 条第 2 款的规定外，还应符合下列要求：

1 本质安全电路和非本质安全电路不得共用一根电缆或穿同一根电缆导管。

2 当采用芯线无分别屏蔽的电缆或无屏蔽的导线时，两个及其以上不同回路的本质安全电路，不得共用同一根电缆或穿同一根电缆导管。

3 本质安全电路及其附件应有蓝色标志。

4 当本质安全电路与非本质安全电路在同一电缆桥架或同一电缆沟道内敷设时，应采用接地的金属隔板或绝缘板隔离，或分开排列敷设，其间距应大于 50mm，并应分别固定牢固。

5 当本质安全电路与非本质安全电路共用一个接线箱时，本质安全电路与非本质安全电路接线端子之间应采用接地的金属板隔开。

6 仪表盘、柜、箱内的本质安全电路与关联电路或其他电路的接线端子之间的间距，不得小于 50mm；当间距不符合要求时，应采用高于端子的绝缘板隔离。

7 当仪表盘、柜、箱内的本质安全电路敷设配线时，应与非本质安全电路分开，应采用有盖汇线槽或绑扎固定，线束固定点应靠近接线端。

8 本质安全电路中的安全栅、隔离器等关联设备的安装位置，应在安全区域一侧或置于另一环境相适应的防爆设备内，需接地的关联设备应有可靠接地。

9 当采用屏蔽电缆电线时，屏蔽层不得接到安全栅的接地端子上。

10 本质安全电路内的接地线和屏蔽连接线应有绝缘层。

11 本质安全电路不得受到其他线路的强电磁感应和强静电感应，线路的长度和敷设方式应符合设计文件的规定。

12 本质安全型仪表及本质安全关联设备，必须有国家授权的机构颁发的产品防爆合格证，其型号、规格的替代，必须经原设计单位确认。

13 本质安全电路的分支接线应设在增安型防爆接线箱(盒)内。

10.1.8 当对爆炸危险区域的线路进行连接时，必须在设计文件规定采用的防爆接线箱内接线。接线必须牢固可靠、接地良好，并应有防松和防拔脱装置。

10.1.9 用于火灾危险环境的装有仪表及电气设备的箱、盒等，应采用金属或阻燃材料制品，电缆和电缆桥架应采用阻燃材料制品。

10.2 接 地

10.2.1 供电电压高于36V的现场仪表的外壳，仪表盘、柜、箱、支架、底座等正常不带电的金属部分，均应做保护接地。

10.2.2 供电电压不高于36V的现场仪表开关等，当设计文件无特殊要求时，可不做保护接地。

10.2.3 在非爆炸危险区域的金属盘、板上安装的按钮、信号灯、继电器等小型低压电器的金属外壳，当与已接地的金属盘、板接触良好时，可不做保护接地。

10.2.4 仪表保护接地系统应接到电气工程低压电气设备的保护接地网上，连接应牢固可靠，不应串联接地。

10.2.5 保护接地的接地电阻值应符合设计文件的规定。

10.2.6 在建筑物上安装的电缆桥架和电缆导管可重复接地。

10.2.7 仪表及控制系统应做工作接地，工作接地应包括信号回路接地和屏蔽接地，以及特殊要求的本质安全电路接地，接地系统的连接方式和接地电阻值应符合设计文件的规定。

10.2.8 各仪表回路应只有一个信号回路接地点。

10.2.9 信号回路的接地点应在显示仪表侧，当采用接地型热电偶和检测元件已接地的仪表时，在显示仪表侧不应再接地。

10.2.10 仪表电缆电线的屏蔽层应在控制室仪表盘柜侧接地，同一回路的屏蔽层应有可靠的电气连续性，不应浮空或重复接地。

10.2.11 铠装电缆的铠装两端应进行保护接地。

10.2.12 在中间接线箱内，主电缆分屏蔽层应用端子将对应的二次电缆屏蔽层进行连接，不同的屏蔽层应分别连接，不应混接，并应绝缘。

10.2.13 当有防干扰要求时，多芯电缆中的备用芯线应在一点接地，屏蔽电缆的备用芯线与屏蔽层，应在同一侧接地。

10.2.14 仪表盘、柜、箱内各回路的各类接地，应分别由各自的接地支线引至接地汇流排或接地端子板，由接地汇流排或接地端子板引出接地干线，再与接地总干线和接地极相连。各接地支线、汇流排或端子板之间在非连接处应相互绝缘。

10.2.15 仪表及控制系统的工作接地、保护接地应共用接地装置。

10.2.16 接地系统的连线应采用铜芯绝缘电线或电缆，并应采用镀锌螺栓紧固。仪表盘、柜、箱内的接地汇流排应采用铜材，并应采用绝缘支架固定。接地总干线与接地体之间应采用焊接。

10.2.17 当控制室、机柜室内的接地干线采用扁钢时，应进行绝缘，并应绝缘到接地装置连接点。

10.2.18 本质安全电路本身除设计文件有特殊规定外，不应接地。当采用二极管安全栅时，其接地应与直流电源的公共端相连。

10.2.19 接地线的标识颜色应采用绿、黄两色或绿色。

10.2.20 防静电接地应符合设计文件的规定。

10.2.21 仪表控制系统、仪表控制室等应按设计文件的规定采取防雷措施。

10.3 质量验收

10.3.1 爆炸和火灾危险环境仪表装置质量验收应符合表 10.3.1 的规定。

表 10.3.1 爆炸和火灾危险环境仪表装置质量验收

<table>
<tr><th>序号</th><th>检验项目</th><th>检验内容</th><th>检验方法</th></tr>
<tr><td>1</td><td rowspan="13">主控项目</td><td>安装在爆炸危险环境的仪表、仪表线路、电气设备及材料，应符合本规范第 10.1.2 条的规定</td><td>观察检查，核对标志和合格证</td></tr>
<tr><td>2</td><td>防爆仪表和电气设备电缆的引入应符合本规范第 10.1.3 条的规定</td><td rowspan="12">观察检查</td></tr>
<tr><td>3</td><td>本质安全电路和非本质安全电路不得共用一根电缆或同穿一根电缆导管</td></tr>
<tr><td>4</td><td>采用芯线无分别屏蔽的电缆或无屏蔽的导线时，两个及其以上不同回路的本质安全电路的敷设，应符合本规范第 10.1.7 条第 2 款的规定</td></tr>
<tr><td>5</td><td>本质安全电路与非本质安全电路在同一电缆桥架或同一电缆沟道内的敷设，应符合本规范第 10.1.7 条第 4 款的规定</td></tr>
<tr><td>6</td><td>本质安全电路与非本质安全电路共用一个接线箱时，接线应符合本规范第 10.1.7 条第 5 款的规定</td></tr>
<tr><td>7</td><td>仪表盘、柜、箱内的本质安全电路与关联电路或其他电路的接线端子之间的间距，应符合本规范第 10.1.7 条第 6 款的规定</td></tr>
<tr><td>8</td><td>电缆导管之间及电缆导管与接线箱(盒)、穿线盒之间连接，应符合本规范第 10.1.6 条第 1 款的规定</td></tr>
<tr><td>9</td><td>电缆桥架或电缆沟道通过不同等级的爆炸危险区域的分隔间壁时，应符合本规范第 10.1.5 条的规定</td></tr>
<tr><td>10</td><td>仪表盘、柜、箱内的本质安全电路敷设配线，应符合本规范第 10.1.7 条第 7 款的规定</td></tr>
<tr><td>11</td><td>电缆导管穿过不同等级爆炸危险区域的分隔间壁时，应符合本规范第 10.1.6 条第 2 款的规定</td></tr>
<tr><td>12</td><td>电缆导管与仪表、检测元件、电气设备、接线箱连接，或进入仪表盘、柜、箱，应符合本规范第 10.1.6 条第 3 款的规定</td></tr>
<tr><td>13</td><td>对爆炸危险区域的线路连接，应符合本规范第 10.1.8 条的规定</td></tr>
</table>

10.3.2 接地质量验收应符合表 10.3.2 的规定。

表 10.3.2 接地质量验收

<table>
<tr><th>序号</th><th>检验项目</th><th>检验内容</th><th>检验方法</th></tr>
<tr><td>1</td><td rowspan="4">主控项目</td><td>现场仪表的外壳、仪表盘、柜、箱、支架、底座等正常不带电的金属部分的保护接地，应符合本规范第 10.2.1 条的规定</td><td>观察检查</td></tr>
<tr><td>2</td><td>仪表及控制系统的工作接地，应符合本规范第 10.2.7 条的规定</td><td>观察检查施工记录</td></tr>
<tr><td>3</td><td>仪表回路应只有一个信号回路接地点</td><td>观察检查</td></tr>
<tr><td>4</td><td>保护接地的接地电阻应符合设计文件的规定</td><td>观察检查施工记录</td></tr>
</table>

续表

序号	检验项目	检验内容	检验方法
5	主控项目	信号回路的接地点应符合本规范第 10.2.9 条的规定	观察检查
6		铠装电缆的铠装两端应接至保护接地	
7		仪表及控制系统的工作接地、保护接地应共用接地装置	
8		中间接线箱内主电缆分屏蔽层与二次电缆屏蔽层的连接，应符合本规范第 10.2.12 条的规定	
9		仪表盘、柜、箱内各回路的各类接地与接地干线和接地极的连接，应符合本规范第 10.2.14 条的规定	
10	一般项目	仪表保护接地系统应接到电气工程的保护接地网上，连接应牢固可靠，不应串联接地	
11		接地系统的连线应符合本规范第 10.2.16 条的规定	
12		控制室、机柜室内的接地干线采用扁钢时，扁钢间应进行绝缘	
13		接地线的颜色应采用绿、黄两色或绿色	

11 防 护

11.1 隔离与吹洗

11.1.1 当采用膜片隔离时，膜片式隔离器的安装位置宜紧靠检测点。

11.1.2 隔离容器应垂直安装，成对隔离器的安装标高应一致。

11.1.3 当采用隔离管充注隔离液隔离时，测量管和隔离管的配管，应使隔离液充注方便、贮存可靠。

11.1.4 隔离液的选用应符合下列要求：

1 与被测物质不应发生化学反应。

2 与被测物质不应相互混合和溶解。

3 与被测物质的密度相差宜大，分层应明显，且应具有良好流动性。

4 当工作环境温度变化时，挥发和蒸发应小，应不黏稠、不凝结。

5 仪表和测量管道应无腐蚀。

11.1.5 当采用吹洗法隔离时，吹洗介质的入口应接近检测点。吹洗和冲液介质应符合下列要求：

1 应清洁无污物。

2 与被测物质不应发生化学反应。

3 不应污染被测物质。

4 冲液介质应无腐蚀性，在节流减压之后不应发生相变。

5 吹洗流体的压力应高于被测物质的压力。

11.2 防腐、绝热

11.2.1 仪表管道、支架、仪表设备底座、电缆桥架、电缆导管、固定卡等外表面防腐蚀涂层的涂刷应符合设计文件的规定。

11.2.2 涂料的施工应符合下列要求：

1 涂刷前应清除表面的铁锈、焊渣、毛刺和污物。

2 涂料的施工环境温度宜为 10℃～35℃。

3 多层涂刷时，应在涂膜完全干燥后再涂下一层。

4 涂层应均匀，并应无漏涂。

5 面层涂料颜色应符合设计文件的规定。

11.2.3 仪表管道焊接部位的涂刷应在管道系统压力试验后进行。

11.2.4 仪表绝热工程可与设备和管道的绝热工程同时进行，并应符合设计文件和现行国家标准《工业设备及管道绝热工程施工规范》GB 50126 的有关规定。

11.2.5 仪表绝热工程的施工应在测量管道、伴热管道压力试验或通电合格及防腐工程完工后进行。

11.2.6 仪表管道的绝热层厚度应符合设计文件的规定。

11.2.7 测量低温的仪表、管道及管道支架等均应保冷，不得外露。

11.3 伴 热

11.3.1 当伴热方式为重伴热时，伴热管道应与仪表及仪表测量管道直接接触。当伴热方式为轻伴热时，伴热管道与仪表及仪表管道不应直接接触，并应加以隔离。碳钢伴热管道与不锈钢管道不应直接接触。

11.3.2 当伴热管通过被伴热的液位计、仪表管道阀门、隔离器等附件时，宜设置活接头。

11.3.3 当采用蒸汽伴热时，应符合下列要求：

1 蒸汽伴热管应单独供汽，伴热系统之间不应串联连接。

2 伴热管的集液处应有排液装置。

3 伴热管的连接宜焊接，固定不应过紧，应能自由伸缩。接汽点应在蒸汽管的顶部。

11.3.4 当采用热水伴热时，应符合下列要求：

1 热水伴热管应单独供水，伴热系统之间不应串联连接。

2 伴热管的集气处应有排气装置。

3 伴热管的连接宜焊接，应能自由伸缩，固定不应过紧。接水点应在热水管的底部。

11.3.5 当采用电伴热时，应符合下列要求：

1 电热线在敷设前，应进行外观和绝缘检查，其绝缘电阻值不应小于 1MΩ。

2 电热线应均匀敷设，并应固定牢固。

3 敷设电热线时不应损坏绝缘层。

4 仪表管道系统各部件的伴热应无遗漏。

11.4 质量验收

11.4.1 隔离与吹洗质量验收应符合表 11.4.1 的规定。

表 11.4.1 隔离与吹洗质量验收

序号	检验项目	检验内容	检验方法
1	主控项目	膜片式隔离器的安装位置宜紧靠检测点	观察检查
2		隔离容器应垂直安装，成对隔离容器的标高应一致	测量检查

11.4.2 防腐、绝热质量验收应符合表 11.4.2 的规定。

表 11.4.2 防腐、绝热质量验收

序号	检验项目	检验内容	检验方法
1	主控项目	仪表管道涂刷涂料前，应清除表面的铁锈、焊渣、毛刺和污物	观察检查
2	一般项目	仪表管道、支架、仪表设备底座、电缆桥架、电缆导管、固定卡等外表面防腐蚀涂层的涂刷，应符合设计文件的规定	
3		仪表管道焊接部位的涂刷，应在管道系统压力试验后进行	观察检查，检查施工记录
4		仪表管道的绝热层厚度应符合设计文件的规定	观察检查
5		测量低温仪表、管道及管道支架等均应保冷，不得外露	

11.4.3 伴热质量验收应符合表 11.4.3 的规定。

表 11.4.3 伴热质量验收

序号	检验项目	检验内容	检验方法
1	主控项目	当采用蒸汽伴热时，应符合本规范第 11.3.3 条的规定	观察检查
2		当采用热水伴热时，应符合本规范第 11.3.4 条的规定	
3		当采用电伴热时，应符合本规范第 11.3.5 条的规定	观察检查，检查绝缘记录
4	一般项目	重伴热的伴热管道应与仪表及仪表测量管道直接接触，轻伴热的伴热管线与仪表及仪表管道不应直接接触，并应加以隔离	观察检查

12 仪表试验

12.1 一般规定

12.1.1 仪表在安装和使用前应进行检查、校准和试验。

12.1.2 仪表安装前的校准和试验应在室内进行。试验室应具备下列条件：

1 室内应清洁、安静、光线充足，并应无振动、无对仪表及线路的电磁场干扰。

2 室内温度宜为 10℃～35℃。

12.1.3 仪表试验的电源电压应稳定。交流电源及 60V 以上的直流电源电压波动范围应为±10%。60V 以下的直流电源电压波动范围应为±5%。

12.1.4 仪表试验的气源应清洁、干燥，露点应低于最低环境温度 10℃以上。气源压力应稳定。

12.1.5 仪表工程在系统投用前应进行回路试验。

12.1.6 仪表回路试验的电源和气源宜由正式电源和气源供给。

12.1.7 用于仪表校准和试验的标准仪器仪表，应具备有效的计量检定合格证明，其基本误差的绝对值不宜超过被校准仪表基本误差绝对值的 1/3。

12.1.8 仪表校准和试验的条件、项目、方法应符合设计文件的规定。

12.1.9 施工现场不具备校准条件的仪表，可对检定合格证明的有效性进行验证。

12.1.10 设计文件规定禁油和脱脂的仪表在校准和试验时，必须按其规定进行。

12.1.11 单台仪表的校准点应在仪表全量程范围内均匀选取，不应少于 5 点。当进行回路试验时，仪表校准点不应少于 3 点。

12.2 单台仪表校准和试验

12.2.1 指针式显示仪表的校准和试验应符合下列要求：

1 面板应清洁，刻度和字迹应清晰。

2 指针在全标度范围内移动应平稳、灵活。其示值误差、回程误差应符合仪表准确度的规定。

3 在规定的工作条件下倾斜或轻敲表壳后，指针位移应符合仪表准确度的规定。

12.2.2 数字式显示仪表的示值应清晰、稳定，在测量范围内其示值误差应符合仪表准确度的规定。

12.2.3 指针式记录仪表的校准和试验应符合下列要求：

1 指针在全标度范围内的示值误差和回程误差应符合仪表准确度的规定。

2 记录机构的画线或打印点应清晰，打印纸移动应正常。

3 记录纸上打印的号码或颜色应与切换开关及接线端子上标识的编号一致。

12.2.4 积算仪表的准确度应符合设计文件的规定。

12.2.5 变送器、转换器应进行输入输出特性试验和校准，其准确度应符合设计文件的规定，输入输出信号范围和类型应与铭牌标识、设计文件规定一致，并应与显示仪表配套。

12.2.6 温度检测仪表的校准试验点不应少于2点。直接显示温度计的示值误差应符合仪表准确度的规定。热电偶和热电阻可在常温下对元件进行检测，可不进行热电性能试验。

12.2.7 压力、差压变送器的校准和试验除应符合本规范第12.2.5条的规定外，还应按设计文件和使用要求进行零点、量程调整和零点迁移量调整。

12.2.8 现场不具备校准条件的流量检测仪表，应对制造厂的产品合格证和有效的检定证明进行验证。

12.2.9 开关量仪表校准和试验应按设计文件规定的整定值进行校准试验。

12.2.10 浮筒式液位计可采用干校法或湿校法校准。干校挂重质量的确定、湿校试验介质密度的换算，均应符合产品设计使用状态的要求。

12.2.11 贮罐液位计、料面计可在安装完成后，直接模拟物位进行校准。

12.2.12 称重仪表及其传感器可在安装完成后，直接均匀加载标准重量进行校准。

12.2.13 测量位移、振动、转速等机械量的仪表，可使用专用试验设备进行校准和试验。

12.2.14 分析仪表的显示仪表部分应按本节第12.2.1条、第12.2.2条的规定进行校准。分析仪表的检测、传感、转换等性能的试验和校准，以及对试验用标准样品的要求，均应符合设计文件的规定。

12.2.15 单元组合仪表、组装式仪表等应对各单元分别进行试验和校准，其性能要求和准确度应符合设计文件的规定。

12.2.16 控制仪表的显示部分应按本节第12.2.1条、第12.2.2条的规定进行校准，仪表的控制点误差，比例、积分、微分作用，信号处理及各项控制、操作性能，均应按设计文件规定进行检查、试验、校准和调整，并应进行有关组态模式设置和调节参数预整定。

12.2.17 控制阀和执行机构的试验应符合下列要求：

1 阀体压力试验和阀座密封试验等项目，可对制造厂出具的产品合格证明和试验报告进行验证，对事故切断阀应进行阀座密封试验。

2 应进行膜头、缸体泄漏性试验以及行程试验。

3 事故切断阀和设计规定全行程时间的阀门，应进行全行程时间试验。

4 执行机构在试验时应调整到设计文件规定的工作状态。

12.2.18 现场总线仪表应用总线通信器检查设备内部参数。

12.2.19 单台仪表校准和试验应填写校准和试验记录；仪表上应有试验状态标识和位号标识；仪表需加封印和漆封的部位应加封印和漆封。

12.3 仪表电源设备试验

12.3.1 电源设备的带电部分与金属外壳之间的绝缘电阻，当采用500V兆欧表测量时，不应小于5MΩ。

12.3.2 电源设备应进行输出特性检查。

12.3.3 不间断电源应进行自动切换性能试验。

12.4 综合控制系统试验

12.4.1 综合控制系统在回路试验和系统试验前应在控制室内对系统本身进行试验。试验项目应包括组成系统的各操作站、工程师站、控制站、个人计算机和管理计算机、总线和通信网络等设备的硬件和软件的有关功能试验。

12.4.2 综合控制系统的试验应在本系统安装完毕，且供电、照明、空调等有关设施均已投入运行的条件下进行。

12.4.3 综合控制系统的试验应按批准的试验方案进行。

12.4.4 综合控制系统的硬件试验项目应包括下列内容：

1 应进行盘柜和仪表装置的绝缘电阻测量。

2 应进行接地系统检查和接地电阻测量。

3 应进行电源设备和电源插卡各种输出电压的测量和调整。

4 应对系统中全部设备和全部模块插卡的通电状态进行检查。

5 应对系统中单独的显示、记录、控制、报警等仪表设备进行单台校准和试验。

6 应通过直接信号显示和软件诊断程序，对装置内的模块插卡、控制和通信设备、操作站、控制站、计算机及其外部设备等进行状态检查。

7 应进行输入、输出模块插卡的校准和试验。

12.4.5 综合控制系统的软件试验项目应包括下列功能：

1 系统显示、运算处理、操作、控制、报警功能的检查试验。

2 系统诊断、维护功能的检查试验。

3 系统冗余功能的检查试验。

4 系统总线、网络通信功能的检查试验。

5 系统记录、打印、拷贝等功能的检查试验。

6 与工程有关的组态数据的检查确认。

7 控制方案、控制和联锁程序的检查。

12.4.6 可编程序控制器应进行下列试验：

1 应模拟输入条件进行逻辑、控制功能试验，同时应检测逻辑控制输出。

2 具有模拟量控制的系统，应进行模拟量输入和模拟量输出试验，同时应进行运算、控制功能试验。

12.4.7 分散控制系统应进行下列试验：

1 应进行系统通信功能试验。

2 应进行系统操作画面功能试验。

3 应模拟输入进行运算功能、控制功能、报警联锁功能试验，在操作站应查看对应功能显示，同时应测量相应控制输出值。

4 应进行系统冗余功能、断电恢复功能试验。

5 系统报表打印、拷贝、历史数据查询等功能试验。

6 工程师站操作、维护、修改功能检查试验。

12.4.8 现场总线控制系统应进行下列试验：

1 应进行系统通信线路检查，通信功能检查试验，总线地址分配检查。

2 应进行总线系统供电检查试验。

3 应进行系统操作画面功能试验。

4 应模拟现场总线设备进行系统运算、控制、报警联锁功能检查试验，应进行操作画面试验。

5 应进行系统冗余功能检查试验。

6 应进行系统报表、打印、历史数据查询等功能检查试验。

7 应进行工程师站操作、维护、修改功能检查试验。

12.5 回路试验和系统试验

12.5.1 回路试验应在系统投入运行前进行，试验前应具备下列条件：

1 回路中的仪表设备、装置和仪表线路、仪表管道应安装完毕。

2 组成回路的各仪表的单台试验和校准应已经完成。

3 仪表配线和配管应经检查确认正确完整，配件附件齐全。

4 回路的电源、气源和液压源应已能正常供给，并应符合仪表运行的要求。

12.5.2 回路试验应根据现场情况和回路的复杂程度，按回路位号和信号类型合理安排。回路试验应做好试验记录。

12.5.3 综合控制系统可先在控制室内与现场线路相连的输入输出端为界进行回路试验，再与现场仪表连接进行整个回路的试验。

12.5.4 检测回路的试验应符合下列要求：

1 在检测回路的信号输入端输入模拟被测变量的标准信号，回路的显示仪表部分的示值误差，不应超过回路内各单台仪表允许基本误差平方和的平方根值。

2 温度检测回路可在检测元件的输出端向回路输入电阻值或毫伏值模拟信号。

3 现场不具备模拟被测变量信号的回路，应在其可模拟输入信号的最前端输入信号进行回路试验。

12.5.5 控制回路的试验应符合下列规定：

1 控制器和执行器的作用方向应符合设计文件要求。

2 通过控制器或操作站的输出向执行器发送控制信号，检查执行器的全行程动作方向和位置应正确。执行器带有定位器时应同时试验。

3 当控制器或操作站上有执行器的开度和起点、终点信号显示时，应同时进行检查和试验。

12.5.6 报警系统的试验应符合下列要求：

1 系统中有报警信号的仪表设备，包括各种检测报警开关、仪表的报警输出部件和接点，应根据设计文件规定的设定值进行整定。

2 在报警回路的信号发生端模拟输入信号，检查报警灯光、音响和屏幕显示应正确。报警点整定后宜在调整器件上加封记。

3 报警的消音、复位和记录功能应正确。

12.5.7 程序控制系统和联锁系统的试验应符合下列要求：

1 程序控制系统和联锁系统有关装置的硬件和软件功能试验应已完成，系统相关的回路试验应已完成。

2 系统中的各有关仪表和部件的动作设定值，应根据设计文件规定进行整定。

3 联锁点多、程序复杂的系统，可先分项、分段进行试验，再进行整体检查试验。

4 程序控制系统的试验应按程序设计的步骤逐步检查试验，其条件判定、逻辑关系、动作时间和输出状态等均应符合设计文件规定。

5 在进行系统功能试验时，可采用已试验整定合格的仪表和检测报警开关的报警输出接点直接发出模拟条件信号。

6 系统试验中应与相关的专业配合，共同确认程序运行和联锁保护条件及功能的正确性，并应对试验过程中相关设备和装置的运行状态和安全防护采取必要措施。

12.6 质量验收

12.6.1 仪表试验一般规定质量验收应符合表 12.6.1 的规定。

表 12.6.1　仪表试验一般规定质量验收

序号	检验项目	检验内容	检验方法
1	主控项目	仪表在安装和使用前外观应无损坏，性能符合设计文件的规定	检查仪表检定、校准和试验记录
2		仪表工程投用前应符合本规范第 12.1.5 条的规定	检查回路试验记录
3		规定禁油和脱脂的仪表的校准，应符合本规范第 12.1.10 条的规定	检查仪表检定、校准和试验记录、施工记录
4	一般项目	仪表校准和试验用的标准仪器仪表应具备有效的计量检定合格证明；其基本误差的绝对值不宜超过被校准仪表基本误差绝对值的 1/3	检查标准仪器仪表的计量检定证书
5		单台仪表校准点，应在仪表全量程范围内均匀选取 5 点，回路试验时，仪表校准点不应少于 3 点	检查仪表检定、校准和试验记录
6		不具备现场校准条件的仪表，应对检定合格证的有效性进行验证	检查仪表出厂合格证和计量检定证书

12.6.2　单台仪表校准和试验质量验收应符合表 12.6.2 的规定。

表 12.6.2　单台仪表校准和试验质量验收

序号	检验项目	检验内容	检验方法
1	主控项目	指针式显示仪表校准和试验应符合本规范第 12.2.1 条、第 12.2.3 条的规定	检查仪表检定、校准和试验记录
2		变送器、转换器应进行输入输出特性校准和试验；输入输出信号范围和类型应与铭牌标识、设计文件规定一致；零点迁移量应符合设计文件的规定	
3		温度检测仪表的校准试验点不应少于 2 点；直接显示温度计的被检示值应符合仪表准确度的规定；热电偶和热电阻可在常温下检测其完好状态	
4		在线流量检测仪表应对制造厂产品合格证和有效的检定证明进行验证	检查制造厂产品合格证和检定证书
5		浮筒式液位计干校挂重质量的确定或湿校试验介质密度的换算，均应符合设计使用状态的要求，校准结果应符合设备准确度的规定	检查仪表检定、校准和试验记录
6		储罐液位计、料面计可在安装完成后直接模拟物料进行就地校准，校准结果应符合设备准确度的规定	
7		称重仪表及传感器可在安装完成后直接均匀加载标准重量进行就地校准，校准结果应符合设备准确度的规定	
8		测量位移、振动等机械量的仪表，应用专用试验设备进行校准试验，探头性能符合设计文件的规定	
9		分析仪表校准和试验应符合本规范第 12.2.14 条的规定	

续表

序号	检验项目	检验内容	检验方法
10	主控项目	控制仪表的显示仪表部分应按本规范显示仪表的规定进行验收。仪表的控制点误差、比例、积分、微分作用，信号处理及各项控制性能、操作性能均应按设计文件的规定进行检查、试验、校准和调整，组态模式应设置合理，调节参数应整定准确	检查仪表检定、校准和试验记录
11		控制阀和执行机构的试验应符合本规范第12.2.17条的规定	检查试验记录
12		总线型仪表参数设置应符合设计文件的规定	
13		数字式显示仪表的示值应清晰、稳定，在测量范围内示值误差应符合仪表准确度的规定	检查仪表检定、校准和试验记录
14		指针式记录仪表的记录机构的画线或打点应清晰，打印纸移动应正常；记录纸上打印的号码或颜色应与切换开关及接线端子上标识的编号应一致；测量范围内示值误差应符合仪表准确度的规定	
15		带报警装置的报警点应设置准确、输出接点通断正确、动作可靠	
16		积算仪表的准确度应符合设计文件的规定，批量控制积算仪表的设定值应准确、动作可靠	
17	一般项目	仪表面板应清洁	观察检查
18		单台仪表校准和试验，应及时填写校准和试验记录；仪表上应有试验状态标识和位号标志；仪表需加封印和漆封的部位应加封印和漆封	观察、检查记录

12.6.3 仪表电源设备试验质量验收应符合表12.6.3的规定。

表12.6.3 仪表电源设备试验质量验收

序号	检验项目	检验内容	检验方法
1	主控项目	电源设备的带电部分与金属外壳之间的绝缘电阻，采用500V兆欧表测量，不应小于5MΩ	检查试验记录
2		电源输出稳压电压及带负载能力应符合设计文件的规定	观察和检查试验记录
3		不间断电源应进行自动切换性能试验，并应符合设计文件的规定	检查试验记录

12.6.4 综合控制系统试验质量验收应符合表12.6.4的规定。

表12.6.4 综合控制系统试验质量验收

序号	检验项目	检验内容	检验方法
1	主控项目	综合控制系统的硬件试验应符合本规范第12.4.4条的规定	检查试验记录
2		综合控制系统的软件试验应符合本规范第12.4.5条的规定	
3		可编程序控制器试验应符合本规范第12.4.6条的规定	
4		分散控制系统试验应符合本规范第12.4.7条的规定	
5		现场总线控制系统试验应符合本规范第12.4.8条的规定	
6	一般项目	综合控制系统设备安装应牢固，线路接线应准确、牢固可靠	观察检查、检查安装记录

12.6.5 回路试验和系统试验质量验收应符合表 12.6.5 的规定。

表 12.6.5 回路试验和系统试验质量验收

序号	检验项目	检验内容	检验方法
1	主控项目	在检测回路的信号输入端输入模拟被测变量的标准信号，回路的显示仪表部分的示值误差，不应超过回路内各单台仪表允许基本误差平方和的平方根值	检查回路试验记录
2		温度检测回路可在检测元件的输出端向回路输入电阻值或毫伏值模拟信号	
3		控制回路通过控制器或操作站的输出向执行器发送控制信号，检查执行器执行机构的全行程动作方向和位置应正确	
4		控制回路执行器带有定位器时应同时试验	检查回路试验记录
5		控制回路当控制器或操作站上有执行器的开度和起点、终点信号显示时，应同时检查试验开度和起点、终点信号的正确性	
6		报警系统中有报警信号的仪表设备，检测报警开关，仪表的报警输出点，应根据设计文件规定的设定值进行整定	检查系统试验记录
7		在报警回路的信号发生端模拟输入信号，检查报警灯光、音响和屏幕显示应正确	
8		报警的消音、复位和记录功能应正确	
9		程序控制系统和联锁系统有关装置的硬件和软件功能试验应已完成，系统相关的回路试验应已完成	
10		程序控制系统和联锁系统中的各有关仪表和部件的动作设定值，应根据设计文件规定进行整定	
11		程序控制系统的试验应按程序设计的步骤逐步检查试验，其条件判定、逻辑关系、动作时间和输出状态等应符合设计文件的规定	
12		联锁控制系统的联锁条件和输入输出功能应符合设计文件的规定	
13	一般项目	回路中仪表设备、装置的安装应牢固、正确	检查安装记录
14		组成回路的各仪表的单台试验和校准已经完成，应符合设计文件的规定	检查试验记录
15		仪表线路和仪表管路经检查应正确完整、配件附件齐全	检查安装记录
16		回路的电源、气源和液压源应能正常供给并符合仪表运行的要求	

13 工程交接验收

13.1 交接验收条件

13.1.1 设计文件范围内仪表工程的取源部件，仪表设备和装置，仪表管道，仪表线路，仪表供电、供气、供液系统，均应按设计文件和本规范的规定安装完毕，仪表单台设备应校准和试验合格。

13.1.2 仪表工程的回路试验和系统试验，应按设计文件和本规范的规定进行，并应经试验合格。

13.1.3 仪表工程应连续开通投入运行48h，并应运行正常。

13.2 交接验收

13.2.1 仪表工程具备交接试验条件后，应办理交接验收手续。

13.2.2 交接验收时，应提交下列文件：

1 工程竣工图。

2 设计修改文件和材料代用文件。

3 隐蔽工程记录。

4 安装和质量验收记录。

5 绝缘电阻测量记录。

6 接地电阻测量记录。

7 仪表管道脱脂、压力试验记录。

8 仪表设备和材料的产品质量证明文件。

9 仪表校准和试验记录。

10 回路试验和系统试验记录。

11 仪表设备交接记录。

13.2.3 因客观条件限制未能全部完成的工程，可办理工程交接验收手续，并应提交未完工程项目明细表。未完工程的施工安排，应按合同的规定进行。

附录A 自动化仪表分项工程质量验收记录

表A 自动化仪表分项工程质量验收记录

<table>
<tr><td>分项工程名称</td><td colspan="3"></td><td>检验批数</td><td></td></tr>
<tr><td>施工单位</td><td></td><td>项目经理</td><td></td><td>项目技术负责人</td><td></td></tr>
<tr><td>分包单位</td><td></td><td>分包单位负责人</td><td></td><td>分包单位技术负责人</td><td></td></tr>
<tr><td>序号</td><td colspan="2">检验项目</td><td>施工单位检验结果</td><td colspan="2">建设(监理)单位验收结论</td></tr>
<tr><td>1</td><td rowspan="8">主控项目</td><td></td><td></td><td colspan="2">□合格　□不合格</td></tr>
<tr><td>2</td><td></td><td></td><td colspan="2">□合格　□不合格</td></tr>
<tr><td>3</td><td></td><td></td><td colspan="2">□合格　□不合格</td></tr>
<tr><td>4</td><td></td><td></td><td colspan="2">□合格　□不合格</td></tr>
<tr><td>5</td><td></td><td></td><td colspan="2">□合格　□不合格</td></tr>
<tr><td>6</td><td></td><td></td><td colspan="2">□合格　□不合格</td></tr>
<tr><td>7</td><td></td><td></td><td colspan="2">□合格　□不合格</td></tr>
<tr><td>8</td><td></td><td></td><td colspan="2">□合格　□不合格</td></tr>
<tr><td>9</td><td rowspan="8">一般项目</td><td></td><td></td><td colspan="2">□合格　□不合格</td></tr>
<tr><td>10</td><td></td><td></td><td colspan="2">□合格　□不合格</td></tr>
<tr><td>11</td><td></td><td></td><td colspan="2">□合格　□不合格</td></tr>
<tr><td>12</td><td></td><td></td><td colspan="2">□合格　□不合格</td></tr>
<tr><td>13</td><td></td><td></td><td colspan="2">□合格　□不合格</td></tr>
<tr><td>14</td><td></td><td></td><td colspan="2">□合格　□不合格</td></tr>
<tr><td>15</td><td></td><td></td><td colspan="2">□合格　□不合格</td></tr>
<tr><td>16</td><td></td><td></td><td colspan="2">□合格　□不合格</td></tr>
<tr><td colspan="3">质量控制资料</td><td></td><td colspan="2">□符合　□不符合</td></tr>
<tr><td colspan="3">施工单位质量检验员：

施工单位专业技术质量负责人：

年　月　日</td><td colspan="3">建设(监理)单位验收结论

专业技术负责人
(监理工程师)：

年　月　日</td></tr>
</table>

附录B 节流装置所要求的最短直管段长度

B.0.1 孔板所要求的最短直管段长度宜符合表B.0.1的规定。

表B.0.1 孔板所要求的最短直管段长度

直径比β	孔板的上游(入口)侧																								孔板的下游(出口)侧	
	单个90°弯头任一平面上两个90°弯头(S>30D)		同一平面上两个90°弯头S形结构(30D≥S>10D)		同一平面上两个90°弯头S形结构(10D≥S)		互成垂直平面上两个90°弯头(30D≥S≥5D)		互成垂直平面上两个90°弯头(5D>S)		带或不带延伸部分的单个90°三通斜接90°弯头		单个45°弯头同一平面上两个45°弯头		同心渐缩管(在1.5D~3D长度内由2D变为D)		同心渐缩管(在D~2D长度内由0.5D变为3D)		全孔球阀或闸阀全开		突然对称收缩		温度计插套或套管直径≤0.03D		管件(2栏~11栏)和密度计套管	
1	2		3		4		5		6		7		8		9		10		11		12		13		14	
—	A	B	A	B	A	B	A	B	A	B	A	B	A	B	A	B	A	B	A	B	A	B	A	B	A	B
β≤0.20	6	3	10	*	10	*	19	18	34	17	3	*	7	*	5	*	6	*	12	6	30	15	5	3	4	2
0.40	16	3	10	*	10	*	44	18	50	25	9	3	30	9	5	*	12	8	12	6	30	15	5	3	6	3
0.50	22	9	18	10	22	10	44	18	75	34	19	9	30	18	8	5	20	9	12	6	30	15	5	3	6	3
0.60	42	13	30	18	42	18	44	18	65	25	29	18	30	18	9	5	26	11	14	7	30	15	5	3	7	3.5
0.67	44	20	44	18	44	20	44	20	60	18	36	18	44	18	12	6	28	14	18	9	30	15	5	3	7	3.5
0.75	44	20	44	18	44	22	44	20	75	18	44	18	44	18	13	8	36	18	24	12	30	15	5	3	8	4

注：1 表中数值以管道内径 D 的倍数表示。

2 A栏为“零附加不确定度”的数值，B栏为“0.5%附加不确定度”的数值。

3 $\beta=0.6$ 和互成垂直平面上两个90°弯头，当 $S<2D$，$Re_D>2\times10^6$ 时，A栏值应为 $95D$。

4 温度计插套或套管直径 $0.03D\sim0.13D$ 时，A栏值为“20”，B栏值为“10”。

5 *栏目前尚无较短直管段的数据。

6 S 是上游弯头弯曲部分的下游端到下游弯头弯曲部分的上游端测得的两个弯头之间的间隔。

B.0.2 喷嘴和文丘里喷嘴所要求的最短直管段长度宜符合表 B.0.2 的规定。

表 B.0.2 喷嘴和文丘里喷嘴所要求的最短直管段长度

直径比β	一次装置上游(入口)侧																				一次装置下游(出口)侧	
	单个90°弯头或三通(仅从一个支管流出		同一平面上两个或多个90°弯头		不同一平面上两个或多个90°弯头		渐缩管(在1.5D~3D长度内由2D变为D)		渐扩管(在D~2D长度内由0.5D变为D)		球形阀全开		全孔球阀或闸阀全开		突然对称收缩		直径≤0.03D的温度计插套或套管		直径在0.03D~0.13D之间的温度计插套或套管		各种管件(2栏~8栏)	
1	2		3		4		5		6		7		8		9		10		11		12	
—	A	B	A	B	A	B	A	B	A	B	A	B	A	B	A	B	A	B	A	B	A	B
0.20	10	6	14	7	34	17	5	*	16	8	18	9	12	6	30	15	5	3	20	10	4	2
0.25	10	6	14	7	34	17	5	*	16	8	18	9	12	6	30	15	5	3	20	10	4	2
0.30	10	6	16	8	34	17	5	*	16	8	18	9	12	6	30	15	5	3	20	10	5	2.5
0.35	12	6	16	8	36	18	5	*	16	8	18	9	12	6	30	15	5	3	20	10	5	2.5
0.40	14	7	18	9	36	18	5	*	16	8	20	10	12	6	30	15	5	3	20	10	6	3
0.45	14	7	18	9	38	19	5	*	17	9	20	10	12	6	30	15	5	3	20	10	6	3
0.50	14	7	20	10	40	20	6	5	18	9	22	11	12	6	30	15	5	3	20	10	6	3
0.55	16	8	22	11	44	22	8	5	20	10	24	12	14	7	30	15	5	3	20	10	6	3
0.60	18	9	26	13	48	24	9	5	22	11	26	13	14	7	30	15	5	3	20	10	7	3.5
0.65	22	11	32	16	54	27	11	6	25	13	28	14	16	8	30	15	5	3	20	10	7	3.5
0.70	28	14	36	18	62	31	14	7	30	15	32	16	20	10	30	15	5	3	20	10	7	3.5
0.75	36	18	42	21	70	35	22	11	38	19	36	18	24	12	30	15	5	3	20	10	8	4.0
0.80	46	23	50	25	80	40	30	15	54	27	44	22	30	15	30	15	5	3	20	10	8	4.0

注：1 表中数值以管道内径 D 的倍数表示。
2 A 栏为“零附加不确定度”的数值，B 栏为“0.5%附加不确定度”的数值。
3 * 栏目前尚无较短直管段的数据。

B. 0. 3 经典文丘里管所要求的最短直管段长度宜符合表 B. 0. 3 的规定

表 B. 0. 3 经典文丘里管所要求的最短直管段长度

直径比 β	单个 90°弯头		同一平面或不同平面上两个或多个 90°弯头		渐缩管(在 2.3D 长度内由 1.33D 变为 D)		渐扩管(在 2.5D 长度内由 0.67D 变为 D)		渐缩管(在 3.5D 长度内由 3D 变为 D)		渐扩管(在 D 长度内由 0.75D 变为 D)		全孔球阀或闸阀全开	
1	2		3		4		5		6		7		8	
—	A	B	A	B	A	B	A	B	A	B	A	B	A	B
0. 30	8	3	8	3	4	*	4	*	2. 5	*	2. 5	*	2. 5	*
0. 40	8	3	8	3	4	*	4	*	2. 5	*	2. 5	*	2. 5	*
0. 50	9	3	10	3	4	*	5	4	5. 5	2. 5	2. 5	*	3. 5	2. 5
0. 60	10	3	10	3	4	*	6	4	8. 5	2. 5	3. 5	2. 5	4. 5	2. 5
0. 70	14	3	18	3	4	*	7	5	10. 5	2. 5	5. 5	3. 5	5. 5	3. 5
0. 75	16	8	22	8	4	*	7	6	11. 5	3. 5	6. 5	4. 5	5. 5	3. 5

注：1 表中数值以管道内径 D 的倍数表示。直管段应从最近的弯头弯曲部分的下游端或从渐缩管或渐扩管的弯曲或圆锥部分的下游端测量到经典文丘里管的上游取压口平面。

2 A 栏为“零附加不确定度”的数值，B 栏为“0. 5%附加不确定度”的数值。

3 * 栏目前尚无较短直管段的数据。

4 下游直管段长度为 4 倍喉部直径的长度。

引用标准名录

《工业设备及管道绝热工程施工规范》GB 50126
《电气装置安装工程电缆线路施工及验收规范》GB 50168
《钢结构工程施工质量验收规范》GB 50205
《工业金属管道工程施工规范》GB 50235
《现场设备、工业管道焊接工程施工规范》GB 50236
《工业安装工程施工质量验收统一标准》GB 50252
《电气装置安装工程爆炸和火灾危险环境电气装置施工及验收规范》GB 50257
《1kV 及以下配线工程施工与验收规范》GB 50575
《现场设备、工业管道焊接工程施工质量验收规范》GB 50683

中华人民共和国国家标准

自动化仪表工程施工及质量验收规范

GB 50093—2013

条 文 说 明

修订说明

《自动化仪表工程施工及质量验收规范》GB 50093—2013，经住房和城乡建设部 2013 年 1 月 28 日以第 1630 号公告批准发布。

本规范是对《自动化仪表工程施工及验收规范》GB 50093—2002 和《自动化仪表工程施工质量验收规范》GB 50131—2007 进行合并修订而成的。2002 版《自动化仪表工程施工及验收规范》的主编单位是全国化工施工标准化管理中心站，参编单位是中国化学工程第四建设公司、中国石化集团第十建设公司、中国第二十二冶金建设公司、中国化学工程第九建设公司、南阳防爆电气研究所，主要起草人是张同兴、毛仲德、颜祖清、闫长森、高秋克、侯志文、张刚。2007 版《自动化仪表工程施工质量验收规范》的主编单位是全国化工施工标准化管理中心站，参编单位是中国化学工程第四建设公司、中冶京唐建设有限公司、中国石化集团第十建设公司、中国化学工程第九建设公司，主要起草人是毛仲德、颜祖清、侯志文、闫长森、高秋克。

本规范修订过程中，编制组进行了广泛的调查研究，总结了我国自动化仪表工程施工工艺、质量控制、工程质量验收的实践经验，同时参考了国外先进技术法规、技术标准。

为便于广大设计、施工、科研、学校等单位有关人员在使用本标准时能正确理解和执行条文规定，《自动化仪表工程施工及质量验收规范》编制组按章、节、条顺序编制了本标准的条文说明，对条文规定的目的、依据以及执行中需注意的有关事项进行了说明，还着重对强制性条文的强制性理由做了解释。但是，本条文说明不具备与标准正文同等的法律效力，仅供使用者作为理解和把握标准规定的参考。

目　　次

1 总 则

1.0.2、1.0.3 这两条规定了本规范的适用范围和不适用范围。本规范在原规范的基础上，归纳总结了各行业自动化仪表工程施工及质量验收的经验，对共同适用的部分作了统一的规定，同时也兼顾了有关行业的特点。

1.0.4 经过批准的设计文件和国家现行的标准是工程施工的基本依据，是必须严格执行的。对于更新换代比较快的自动化仪表产品，当设计文件和国家现行标准中没有规定具体安装要求时，可参照产品使用说明书中要求执行。

1.0.5 施工单位无权修改已经过批准的设计文件。由于工程项目在工艺设计、操作、现场条件等方面出现的特殊问题，以及仪表设备材料新产品的出现，有可能需要修改设计文件。此时，施工单位可对设计文件和材料代用提出建议，经设计单位确认后，施工单位应按修改后的设计文件要求施工。

1.0.6 在设备、管道上安装仪表和取源部件，由设计文件对专业分界作出明确规定，便于处理有关专业的分工和配合问题。

1.0.7 本条文强调为保证工程质量，首先应保证工程使用的设备和材料的质量。产品应符合设计文件和有关国家标准的规定，并应有完整的产品质量证明文件。产品技术文件应注明所执行的有关标准，并有安装使用说明。

1.0.8 仪表工程中的取源部件、仪表管道及直接与设备或管道连接的仪表等，都直接接触物料，与设备或管道的焊接要求一致。因此，本规范在焊接方面未作另外的规定。焊接工作应符合现行国家标准《现场设备、工业管道焊接工程施工规范》GB 50236、《现场设备、工业管道焊接工程施工质量验收规范》GB 50683 和《钢结构工程施工质量验收规范》GB 50205 的有关规定。

1.0.9 自动化仪表工程的施工和质量验收除应符合本规范外，还应该符合国家现行有关标准的规定。这些标准有：《工业安装工程施工质量验收统一标准》GB 50252、《工业金属管道工程施工规范》GB 50235、《工业金属管道工程施工质量验收规范》GB 50184、《现场设备、工业管道焊接工程施工规范》GB 50236、《现场设备、工业管道焊接工程施工质量验收规范》GB 50683、《钢结构工程施工质量验收规范》GB 50205、《工业设备及管道绝热工程施工规范》GB 50126、《工业设备及管道绝热工程施工质量验收规范》GB 50185、《电气装置安装工程电缆线路施工及验收规范》GB 50168、《电气装置安装工程接地装置施工及验收规范》GB 50169、《电气装置安装工程爆炸和火灾危险环境电气装置施工及验收规范》GB 50257、《1kV 及以下配线工程施工与验收规范》GB 50575、《建筑电气工程施工质量验收规范》GB 50303 等。

2 术 语

本章部分术语参照了有关现行国家标准中的术语，尽量与其他国家标准保持一致。对本章中未列出的术语和定义，可查阅如《仪器仪表基本术语》GB/T 13983 和《工业过程测量和控制 术语和定义》GB/T 17212，以及质量管理体系、电气防爆等有关国家标准。

2.0.1 自动化仪表在国内外文献中也表述为过程测量控制仪表，自动化仪表通常简称为仪表，如仪表工程、仪表专业等。仪表也经常指单独的用于检测和控制的仪表设备和装置。

2.0.3 除控制作用本身外，控制可包括监视和安全保护。

2.0.4 现场仪表也称为就地仪表、基地仪表，考虑到与现场总线控制系统的中文名称一致，采用了现场仪表作为术语。安装在现场仪表盘上时称为现场盘仪表。

2.0.5 检测仪表可以具有检出、传感、测量、变送、信号转换、显示等功能。用于测量的仪表也称为测量仪表(measuring instrument)。用于确定量的存在但不需提供量值的仪表也称为检出器(detector)。

2.0.9 显示仪表的显示方式可以采用指针、数字和文字、符号、图形等，显示仪表有时也称为指示仪表(indicating instrument)。

2.0.10 控制仪表可以具有信号转换、运算、记录、显示、操作、控制、执行、监视和保护等功能。控制器(controller)有时也称为调节器。

2.0.11 执行器有控制阀、执行机构和电磁阀等。控制阀(control valve)有时也称为调节阀，是自动操作控制物流的阀门，区别于手动阀、自力止回阀等普通阀门。

2.0.14 检测点有时也称为取源点。它在设备图、管道图或布置图上有尺寸、方位或坐标等标注。

2.0.15 仪表控制系统有检测系统、控制和调节系统、报警系统、联锁系统和综合控制系统等。

2.0.16 综合控制系统是以计算机控制为核心的各类控制系统的一个总称，它包括分散控制系统(Distributed Control System，DCS)、可编程序控制器(Programmable Logic Controller，PLC)、现场总线控制系统(Field Bus Control System，FCS)、工业控制计算机(Industrial Personal Computer，IPC)和计算机集成制造系统等。综合控制系统与管理系统共同组成综合自动化系统。

2.0.18 由产品整体制造成直接与仪表相连的毛细管等密封管道，是仪表设备的组成部分。

2.0.19 信号管道有时也称为控制管道(control piping)。

2.0.21 仪表线路可分别称为仪表电气线路、信号线路、控制线路、通信线路等。

2.0.22 为了和相关国家标准一致，将原规范术语电缆槽修改为电缆桥架。电缆桥架有托盘、托槽和梯架等型式。在仪表盘、柜、箱内敷设配线用的小型线槽称为汇线槽。

2.0.23 为了和相关国家标准一致，将原规范术语保护管修改为电缆导管。电缆导管也称为导管、保护管。

2.0.25 有关电气防爆的术语参照了国家标准《电工术语　爆炸性环境用设备》GB/T 2900.35—2008、《爆炸性环境　第1部分：设备　通用要求》GB 3836.1—2010等的有关条文。

防爆电气设备也称为爆炸性环境用电气设备。国家标准《爆炸性环境　第1部分：设备　通用要求》GB 3836.1—2010将电气设备定义为“全部或部分利用电能的设备”，包括用电的仪表设备和有仪表线路的盘、柜、箱、接线盒等。爆炸性环境用的电气设备划分为不同的类别和不同的防爆型式。

2.0.26 本条文是对危险区域的定义，在有的国家标准中称为危险场所。根据国家标准《爆炸性气体环境用电气设备　第14部分：危险场所分类》GB 3836.14—2000，按照爆炸性气体环境出现的频率和持续时间，把危险场所分为0区、1区和2区。国家标准《可燃性粉尘环境用电气设备　第3部分：存在或可能存在可燃性粉尘的场所分类》GB 12476.3—2007，按照爆炸性粉尘环境出现的频率和持续时间，将危险场所分为20区、21区、22区。国家标准《爆炸和火灾危险环境电力装置设计规范》GB 50058—1992，火灾危险环境按照火灾事故发生的可能性和后果，以及危险程度及物质状态的不同，将危险区域划分为21区、22区、23区。

2.0.27、2.0.28 这两条有关电气防爆的术语参照了国家标准《电工术语　爆炸性环境用设备》GB/T 2900.35—2008、《爆炸性环境　第1部分：设备　通用要求》GB 3836.1—2010等的有关条文。

3 基本规定

3.1 施工技术准备

3.1.1 施工组织设计和施工方案的编制及实施对控制工程进度、质量、安全、成本起着重要作用。

施工组织设计中通常都包括了仪表工程的内容，仪表工程可编制施工方案。仪表工程施工方案包括下列内容：

（1）编制说明。

（2）工程概况和工程特点。

（3）主要施工方法、关键操作法及施工程序。

（4）施工进度计划。

（5）劳动力计划。

（6）执行的技术标准、规范、规程和主要质量指标。

（7）施工技术措施、质量保证措施。

（8）施工安全措施。

（9）施工机具计划。

（10）临时设施计划。

（11）安全危险因素、环境因素及相应的控制措施。

3.1.2 工程设计交底和设计会审一般由建设单位、设计单位、监理单位和施工单位共同参加，施工单位技术人员应预先熟悉图纸。设计质量是保证工程质量的前提，进行施工图设计会审有利于提高施工准备工作的质量，提前发现和解决问题，减少返工和设计修改造成的损失。

设计会审包括下列内容：

（1）检查设计文件的完整情况和设计深度。.

（2）核查控制流程图、系统图、回路图、平面布置图、设备一览表、安装图等在相应仪表的位号、型号、规格、材质、位置等设计中的一致性。

（3）核查系统原理图与接线图的一致性。

（4）核查仪表专业提出的盘柜基础、预埋件、预留孔等条件在土建设计图中的相应位置、尺寸、数量上的符合性。

（5）核查仪表设备和取源部件在设备图、管道图中相应位号的型号、规格、材质、位置上的符合性。

（6）核查仪表设备、仪表管道、仪表线路的安装位置与有关专业设施在空间布置上的合理性。

（7）核查仪表控制系统相互之间，仪表专业与电气专业相互之间在供电、接地、联锁、信号等相关设计中的要求的一致性及连接的正确性。

（8）核对仪表材料数量。

（9）检查设计漏项。

3.1.3 本规范以施工技术要求和质量标准为主，有关施工安全技术应遵守现行的安全技术标准。如：《手持式电动工具的管理、使用、检查和维修安全技术规程》GB 3787、《手持式电动工具的安全　第一部分：通用要求》GB 3883.1、《个体防护装备选用规范》GB/T 11651、《可移动式电动工具的安全　第一部分：通用要求》GB 13960.1、《消防安全标志设置要求》GB 15630、《建设工程施工现场供用电安全规范》GB 50194、《建筑施工高处作业安全技术规范》JGJ 80 等。

3.1.4 技术交底包括工程施工任务的具体内容和安排，以及有关施工工艺、方法、质量、安全、工作程序和记录表格方面的要求。工程需要时，还应进行技术培训。

3.2 质量管理

3.2.1 施工现场的质量管理体系是施工单位质量管理体系的重要部分。质量管理体系的建立、健全、运行和改进，是施工单位控制和保证工程质量的基础。

3.2.2 仪表工程需要使用的工程技术标准，包括仪表专业和相关专业的标准。对施工过程按照工序和质量控制点进行检验，是工程实践证明行之有效的方法和重要措施。质量控制点按照其重要程度可划分为重要（A级，由施工单位、项目质量部门、监理单位或建设单位共同检查）、次要（B级，由施工单位、项目质量部门共同检查）、一般（C级，由施工单位检查）等三个级别。

3.2.3 仪表专业与相关专业之间存在工序交接，应进行工序交接检验。

3.2.5 施工单位的自行检查记录是与建设单位（监理单位）共同验收的基础。

3.2.6 区分主控项目和一般项目，主要是为了突出过程控制和质量检查验收的重点内容。

3.3 施工质量验收的划分

3.3.1 工程划分与工程的规模、类型有关。在大中型工业建筑安装项目中，一个单位工程一般是独立建筑物、构筑物、厂区内的全部安装工程。在大中型民用建筑项目中，一个单位工程一般是独立建筑物、构筑物内的全部建筑安装工程。

3.3.4 本条规定了分项工程的划分原则。

对于工业建筑安装项目，本规范对安装工作将仪表类别和安装工序内容结合起来划分，将试验工作按仪表和系统类别划分，便于过程控制和检验。

大中型机组、设备由制造厂成套供应时，其配套的仪表和控制系统安装、试验工作相对独立和集中，划分为一个分项工程便于过程控制和检验。

由于工程项目的规模、类型、工期、承包方式等具体内容差别很大，分项工程划分可以根据项目的特点确定。小型工程的仪表总台件数和回路数一般在100以内，工期短，其分项工程划分可以合并简化。

3.4 检验数量

3.4.1 检验只是质量管理的一个环节，抽查具有风险。本规范有关检查数量抽查比例的规定，适用于一般仪表工程的检验。对危险部位和危险区域的仪表设备和系统，以及用于监控关键工艺参数、计量核算的仪表设备和系统，要求全部检验，对一般仪表工程的检验数量规定了抽查比例。鉴于有的工程项目中可能存在本规范未提到的对特定仪表设备和系统的特殊要求，此时可以根据具体情况增加检验数量。

抽样方法应按本规范的规定，同时还应兼顾抽样的代表性、分布性。

工作原理、用途、安装方法相同或相似的仪表可划分为同一类型。

3.4.2、3.4.3、3.4.7、3.4.13 对高温、低温、高压、易燃、易爆、有毒、有害物料的检测和控制系统安装质量进行严格检验，是保证质量和安全的重点。对高温、低温、高压、易燃、易爆、有毒、有害物料的界定，可参照有关国家法规、标准，以及行业管理的有关规定。

3.4.4 控制盘柜是自动化仪表工程关键设备，本次修订提高了成排设置的仪表盘、柜、箱安装抽检比例，由原来的5%提高到30%。

3.4.6 仪表线路包括仪表电气线路和仪表光缆。

3.4.10 仪表接地安装工程是仪表工程中的主要分项工程，本次修订提高了接地安装工程抽检比例，由原来的抽检50%提高到100%。

3.5 验收方法和质量合格标准

3.5.2 施工过程包括了从仪表开始安装到交工前的试验期间的全部工序。本规范所指的检验并不是过程控制和施工人员自己的检查工作，而是由施工单位、监理单位、建设单位质量检验和质量管理人员进行的质量检验，一般均在工序完成后，或与交工验收工作结合进行。本规范中，不少项目的检查方法为检查施工记录。对于压力试验、脱脂、回路试验和系统试验的检验等重要项目，本规范均要求全部检验，检验方法为检查施工试验记录，而不再重复抽查试验。因此，必须保证记录的正确和真实性。对于上述检验项目，质量检验人员可在工序过程中同时检查或同时检验确认。

观察检查是指检验人员用感官观察，包括用手接触检查对象后的简单动作进行检查。

3.5.3 分项工程的质量检验评定是质量检验评定工作的基础。

3.5.7 分项工程、分部工程、单位工程的质量评定结果分为合格和不合格。

依据国家标准《工业安装工程施工质量验收统一标准》GB 50252—2010 规定，分项工程合格为分项工程所含的检验项目均应符合合格质量的规定，且分项工程的质量控制资料应齐全。

质量检验除了对施工成果实物进行检验外，施工操作工艺和施工记录也属于质量检验内容。

施工操作的依据为设计文件、施工规范、操作规程、产品技术文件等。

施工记录为正式的表格和文字，应正确，清晰、完整地填写和签字。

分项工程质量验收记录应包括章节一般规定中相应质量验收内容，以免遗漏验收记录。

3.5.10 当分项工程质量不符合本规范时，经过返工后检验合格，可作为合格验收；经过返修后满足安全使用要求的，按照返修方案和协商文件进行验收；对于工程存在严重的缺陷，经返修后仍不能满足安全使用要求的，严禁验收，并对其作了强制性规定。

4 仪表设备和材料的检验及保管

4.1 仪表设备和材料的检验及保管

4.1.1 施工前对设备、材料的检验和验证属于施工准备工作范围，不同于对供应商提供货物的商品检验。设备、材料作为商品的检验，应按照专门的标准和有关合同、协议进行。施工前对设备、材料的检验或验证要求全部进行，有关规定在现行国家标准《质量管理体系　要求》GB/T 19001 中有详细描述，并由建设单位、监理单位、施工单位和产品制造厂家对检验和验证的程序、职责分工等达成协议。

4.1.2~4.1.6 设备及材料的制造质量反映在外观、结构尺寸和性能等方面，均应符合设计文件的规定，并符合产品应执行的国家标准，它直接影响着工程质量。不符合国家法规、标准，不符合设计文件规定，不能保证安装后工程质量的产品不得使用。

放射性仪表的放射源对人体有危害，要求到货的放射源处于封闭状态，放射源的门锁应该关闭。

分析仪的标准试验样品有腐蚀、有毒、有害，为安全使用标准样品，要求在开箱检查时，标准样品的包装应完好无泄漏，样品上标明的数据和设计文件一致。

4.1.7 为保证工程质量，严禁使用检验不合格的仪表设备和材料。

4.1.8 不妥善的保管可能造成设备材料的损伤和短缺。

4.1.9 在整个施工过程中，应对现场已安装的仪表设备及材料加以保护，通过文明施工和采取有效措施，防止损坏、脏污、丢失等现象发生。

5 取源部件安装

5.1 一 般 规 定

5.1.2 设备和管道上取源部件的安装位置和安装要求由仪表工程专业设计提出条件，由设备和管道工程专业设计文件予以规定，并由设备和管道专业安装，仪表专业配合施工。这样有利于保证工程安装质量，符合设备和管道施工过程控制的要求。

5.1.3 本条是强制性条文，当设备和管道防腐、衬里完毕后，在其上开孔及焊接取源部件，必然会破坏防腐或衬里层。在压力试验后再开孔或焊接必然将铁屑、焊渣溅落设备或管道内，焊缝也可能不合格，可能产生的缺陷将会直接影响工程安全运行。

5.1.4 本条规定是为了避免材质发生变化，保证合金钢及有色金属管道和设备不受损坏和保证开孔质量。

5.1.5 本条规定是为了确保取源部件安装后正常发挥作用，避免取源部件结构损坏造成取源信号失真，取源部件不能正常工作。

5.1.6 安装在耐火材料砌筑体上的取源部件，有时无法与砌筑体同时埋入，若不预留安装孔，将无法保证取源部件安装质量。取源部件通过预留孔安装后，周围要用耐火材料填塞密实，并封堵严密，以确保取源部件正常工作，并使耐材砌筑体发挥应有的功能。

5.1.7 根据国家标准《工业金属管道工程施工规范》GB 50235—2010 的规定：不宜在管道焊缝及其边缘上开孔。

5.1.8 为了避免低温给设备和管道带来影响，确保设备和管道正常工作，凡需绝热的设备和管道，均应将取源部件安装后露出绝热，层外，便于施工质量检查和生产运行维护。

5.1.9 取源阀门与设备或管道之间的连接处，是一个关键的部位，在此不使用卡套式接头，有利于保证连接质量，便于维护和检修。

5.2 温度取源部件

5.2.1 本条规定是为保证测温元件能插入到管道内物料流束的中心区域，测量到物料的真实温度。

5.2.2 当管道直径不能满足温度计测温深度时，设计文件应规定安装扩大管。

5.3 压力取源部件

5.3.1~5.3.3 被测物料流束脉动时，会造成测量压力不稳定和不准确，同时容易损坏仪表。

5.3.4 本条规定是为防止灰尘等杂质进入到测量管道或仪表内，造成堵塞管道或仪表，影响仪表正常工作。

5.3.5 对于气体物料应使气体内的少量凝结液能顺利流回管道，而不致流入测量管道及仪表而造成测量误差。

对于液体物料应使液体内析出的少量气体能顺利流回管道，而不致进入测量管道及仪表而导致测量不稳定；同时还应防止管道底部的固体杂质进入测量管道及仪表。

对于蒸汽物料，应保持测量管道内有稳定的冷凝液，同时也要防止管道底部的固体杂质进入测量管道和仪表。

5.4 流量取源部件

5.4.2~5.4.5 测量流量时，要保持物料流束平稳，不受到阻力部件的扰乱。节流件前后的直管段及其内壁要求及节流件前后温度计与节流件的距离均引自现行国家标准《用安装在圆形截面管道中的差压装置测量满管流体流量　第 1 部分：一般原理和要求》GB/T 2624.1、《用安装在圆形截面管道中的差压装置测量满管流体流量　第 2 部分：孔板》GB/T 2624.2、《用安装在圆形截面管道中的差压装置测量满管流体流量　第 3 部分：喷嘴和文丘里喷嘴》GB/T 2624.3、《用安装在圆形截面管道中的差压装置测量满管流体流量　第 4 部分：文丘里管》GB/T 2624.4。

D 为管道内径，计算节流件直径比的管道 *D* 值应为上游取压口的上游 0.5*D* 长度范围内的内径平均值。

5.4.6 当流体为蒸汽时，测量管道中实际上是液相物质。为了保证冷凝器内的液面高度稳定，多余的冷凝液应能流回管道，取压口安装在管道上半部是合理的。

5.4.7~5.4.9 角接取压、法兰取压、*D* 和 *D*/2 取压三种取压方式及其规定均引自现行国家标准《用安装在圆形截面管道中的差压装置测量满管流体流量　第 1 部分：一般原理和要求》GB/T 2624.1、《用安装在圆形截面管道中的差压装置测量满管流体流量　第 2 部分：孔板》GB/T 2624.2、《用安装在圆形截面管道中的差压装置测量满管流体流量　第 3 部分：喷嘴和文丘里喷嘴》GB/T 2624.3、《用安装在圆形截面管道中的差压装置测量满管流体流量　第 4 部分：文丘里管》GB/T 2624.4。

5.4.10　在测量大直径管道内的流量时，特别是液体物料，管内壁四周的压力可能分布不均匀，此时必须取管内同一截面上四周的平均压力，才能保证测量的准确度。

5.4.11　这几种流量检测元件的检测原理，都是利用测量管道内流体流动时所造成的动压力与静压力之差来测得管道内流体流量大小的。为了测得准确的动压力和静压力，检测元件的安装必须与流束呈垂直状态，即与管道轴线垂直并通过其中心，为此首先应从取源部件的安装质量上来得到保证。

5.5　物位取源部件

5.5.1　对某些易受物料冲击的取源部件，可以设置防护件。

5.5.2　导向管或导向装置垂直安装能保证浮筒或浮球上、下移动时不与导向管或导向装置发生摩擦，能在其内部自由活动。

5.5.3　双室平衡容器是用差压法的原理来测量液位的，其制造尺寸必须与差压仪表相配套，而且必须保证其两个室之间的严密性，否则就不能产生差压。

5.5.4　用差压法测量密闭容器内易蒸发液体的液位时，为避免在仪表负压侧测量管道内积聚被测液体的冷凝液而造成测量误差，因此利用单室平衡容器预先在其内灌满被测液体，然后再用调整差压仪表内的迁移机构的方法将此预加的液柱补偿掉，这样以后的测量就不会再受到被测液体冷凝液的影响了。所以单室平衡容器的安装标高应使容器内预先加入的被测液体的液柱产生的压力与设计文件规定的差压仪表测量范围相符合。同时，为了便于灌注液体和美观，单室平衡容器宜垂直安装。

5.5.5　补偿式平衡容器一般用于测量高温高压设备的液位。高温设备在运行时，会受热膨胀。而补偿式平衡容器较重，不能以取源管作为支持件，需要作支架固定。此时，应考虑到设备膨胀时，不致损坏平衡容器。

5.5.6　原规范中该条文为强制性条文，本次修订主要考虑安装浮球式液位仪表的法兰短管应保证浮球能在全量程范围内自由活动，即使有一点偏差，也不会影响浮球式液位仪表的使用功能，因此，本条不作强制性规定。

5.5.9　因重锤料位计取源部件检测的物料为固体物料，为确保取源部件检测的信号不失真，其安装位置应在仓体中心与侧壁之间，且悬挂重锤的钢索与部件法兰短管之间应垂直安装。

5.5.10　雷达、超声波物位计是通过雷达、超声波发射的波束反射来取得测量的反馈信号，因此检测元件与被测对象区域内的波束不能被遮挡。

5.6　分析取源部件

5.6.3　本条规定是为了防止对烟气等取样时带有水分和固体杂质。

6　仪表设备安装

6.1　一 般 规 定

6.1.1　仪表工程设计中对仪表的安装位置常用平面布置图表示，管道、设备专业工程设计和有关制造厂图纸对仪表或仪表取源部件的安装位置也有相应的规定，但有些仪表的具体安装方位、坐标需在施工中现场确定。

6.1.2　设备和管道上的仪表或仪表取源部件的位置，一般都表示在设备制造安装图和管道轴测图上，并且有明确的专业分工界限。仪表专业应与其他专业共同会审图纸并在施工中相互配合。

6.1.3 仪表安装前应按设计文件核对仪表设备的位号、型号、规格、材质和附件，避免安装错误。本章规定了各类仪表、仪表盘柜和仪表电源设备的安装要求。由于新型仪表和专用仪表的种类繁多，发展快，本规范仅对常用的仪表设备的安装作出规定。本规范中未列出的仪表设备的安装可按照产品技术文件的要求和参照本章中类似仪表的安装规定。

6.1.4 无论仪表专业还是其他专业，都应将仪表设备作为重点保护，防止在搬运和安装工作中因强烈震动和强行组装使仪表受到损坏或仪表性能受到影响。

6.1.6 为避免吹扫管道时损坏仪表元件，在无旁路管道时，可先拆下仪表，或用一短管按照仪表配管尺寸代替仪表配管，管道吹扫完成后再正式安装仪表。

6.1.7 直接安装在设备或管道上的仪表进行压力试验，应符合现行国家标准《工业金属管道工程施工规范》GB 50235 的规定。

6.1.8、6.1.9 防止油、水、灰尘和杂物进入盒内。仪表接线箱(盒)包括现场接线箱，接线盒，仪表设备本体接线盒。

6.1.10 绝缘电阻应符合设计文件的规定。弱电设备及电子元件不能承受绝缘测试仪器所施加的电压，在测试绝缘时应有相应的安全措施，例如将强弱电路分开，拔下插件，短接部分线路等，测试绝缘后予以恢复。

6.1.11 仪表位号由工程设计规定，当制造厂未在铭牌上标注仪表位号时，应在安装前加上位号标志。

6.1.12 毛细管容易被机械外力损伤，故规定了最小弯曲半径，以及采取保护措施。

6.1.13 每条总线上的仪表数量和总线的最大距离应由设计文件确定，当设计文件未具体明确时，可参照产品技术文件确定。

6.1.14 本条为强制性条文。核辐射式仪表的安装特别要注意安全防护工作，因此要求编制具体的安装方案，包括对运输、安装人员、特殊工具、方法的要求和采取相应的防护措施，防护要求符合现行国家标准《电离辐射防护与辐射源安全基本标准》GB 18871。

6.2 仪表盘、柜、箱

6.2.1 仪表盘柜的位置应由设计图纸确定，现场仪表箱的位置取决于现场仪表的安装位置，一般需在现场根据仪表特点及周围设备管线等空间和环境情况具体确定。

6.2.2~6.2.4 规定基础型钢的安装要求是为了保证盘柜的安装牢固美观，设计会审和施工中均应与土建结构专业配合。具体的施工方法应与不同的地面设计方案相协调。型钢上表面高出地面的尺寸通常做法为0~20mm，可由现场决定，本规范未作具体规定。

6.2.7 装置的改造可能需要移动和更换盘柜，因此不应采用焊接方法固定。

6.2.8、6.2.9 考虑到运输和安装工作可能产生的影响，在现行国家标准《工业自动化仪表盘、柜、台、箱》GB/T 7353 的规定基础上，本规范进行了小的调整。为保证仪表盘柜的安装质量，首先应保证仪表盘柜的制造质量，同时要防止安装中的变形。成排的仪表盘柜是指同一制造厂同一规格的系列盘柜。

6.2.10 仪表箱的安装要求主要是牢固和美观，其底部标高、支托和固定方式需根据现场情况确定。

6.2.12 在仪表盘、柜、箱上进行焊接特别是气焊气割会造成变形和油漆损坏，同时也可能对仪表设备及线路造成损坏。因修改等原因必须在盘、柜、箱上加工时，可采用手工或轻便的机械加工。

6.3 温度检测仪表

6.3.2 粉尘的冲刷会对测温元件保护套管造成磨损和损坏，应采取加装角铁等保护措施，防止粉尘直接冲刷套管。

6.3.3 测温元件在高温部位应先考虑垂直安装。水平安装较长的测温元件或在高温区安装测温元件都易发生弯曲现象，应采取支撑固定等防弯曲措施。

6.3.5 压力式温度计根据测温元件温包内所充填介质的热膨胀来测量温度，温包如不全部浸入被测对象则会因受热面积减小产生测量误差。毛细管内的介质也会因热胀冷缩影响测量系统内的压力，因此要保持其恒温。

6.4 压力检测仪表

6.4.1 强烈振动会影响压力仪表的正常检测功能，造成损坏和失灵，可将表适当移远或采取减振措施。

6.4.2 测量低压时，对于压力表或变送器与取压点之间的高度差所造成的测量管道内的液柱压力，应考虑其对测量数值的影响。

6.4.3 高压的范围可按照有关压力容器和压力管道监察的现行国家标准中的规定来确定。保护罩的结构和制作固定方法可由设计单位和建设单位确定。

6.5 流量检测仪表

6.5.1 本条是关于节流件安装的规定。

3 本款是强制性条款，为防止节流件在管道吹洗过程中受到损伤，节流件必须在管道吹洗后安装。

6.5.2 差压计或差压变送器的安装方式，应由设计明确规定。

6.5.3~6.5.11 转子流量计上游直管段的长度对测量影响不大。各类流量计的上下游直管段长度应在产品技术文件中说明，由设计文件作出规定，按设计文件施工。安装位置和流体流向的规定是为了符合仪表使用要求和保证测量精度。对流量计上下游直管段的通常要求如下：

转子流量计，上游不小于5倍管径，下游无要求；

靶式流量计，上游不小于5倍管径，下游不小于3倍管径；

涡轮流量计，上游不小于5倍~20倍管径，下游不小于3倍~10倍管径；

涡街流量计，上游不小于10倍~40倍管径，下游不小于5倍管径；

电磁流量计，上游不小于5倍~10倍管径，下游不小于5倍管径；

超声波流量计，上游不小于10倍~50倍管径，下游不小于5倍管径；

容积式流量计，无要求；

孔板，上游不小于5倍~80倍管径，下游不小于2倍~8倍管径；喷嘴，上游不小于5倍~80倍管径，下游不小于4倍管径；文丘里管、弯管、楔形管，上游不小于5倍~30倍管径，下游不小于4倍管径；

均速管，上游不小于3倍~25倍管径，下游不小于2倍~4倍管径；

孔板、喷嘴和文丘里管的上下游直管段要求详见本规范附录B。

6.6 物位检测仪表

6.6.2 浮筒安装高度应由设计文件确定。

6.6.7 在信号波束角内安装其他设备会对信号产生干扰。物料进入仪表的盲区会使测量产生错误。

6.6.9 叉体的两个平行叉板与地面垂直，是为了保证物料能容易地从叉板之间流出。

6.6.10 射频导纳物位计传感器的中心探杆和屏蔽层与容器壁(或安装管)不得接触，应绝缘良好。安装螺纹(或法兰)与容器应连接牢固，并应电气接触良好。对于大量程或有搅拌的场合，传感器需要支撑或地锚固定，但固定端要与传感器绝缘。

6.7 机械量检测仪表

6.7.1 为了保证负荷传感器不因安装中的过载和撞击造成损坏，对安装程序和要求作了规定。安装中可以使用千斤顶和临时垫块支撑容器就位，调整好位置后再安置负荷传感器。传感器就位前应完成底座的焊接工作。为保证测量准确，称重过程中不应有容器及被称重物料重量以外的附加力的作用，因此，称重对象以外的管线或结构等与容器之间的连接应采用挠性连接件等软连接方法。

6.7.3 条文中规定的这类仪表中典型的有旋转机械的轴位移、振动和转速监测系统，仪表的安装、试验应与机械的安装、试验密切配合。有的测量探头需测试其性能曲线，以保证探头测量范围在性能曲线的直线段内，此工作应在安装固定探头前做好。

6.7.5 测宽仪、测厚仪、平直度检测装置，在金属、非金属的板材、带材等连续生产线工程中是比较重要的仪表，有光电式、超声波式、核辐射式等。测宽仪和带坯头形状检测装置安装前应对安装台架进行水平校正，确认宽度检测箱台架的外形尺寸、螺栓孔径、孔距等，宽度检测箱与轧线中心线、扫描摄像机与辊道距离的误差，均应符合产品技术文件的要求。核辐射式测厚仪和凸度检测装置安装作业应符合有关放射性同位素工作卫生防护的国家标准的规定。平直度检测装置的台架、激光源、行扫描摄像机、附属装置安装应符合设计文件规定和产品技术文件要求。

6.8 成分分析和物性检测仪表

6.8.1、6.8.2 本规范仅对一般分析仪表取样预处理和样品排放作了规定。

6.8.3 湿度是气体水蒸气的含量。本条规定是为了保证测湿元件的正常测量条件。

6.9 其他检测仪表

6.9.1~6.9.3 这三条中的仪表不属于通常所说的温度、压力、流量、物位、机械量、成分分析和物性检测仪表范围，故列为其他检测仪表。

6.10 执 行 器

6.10.1、6.10.2 控制阀的安装位置一般都在管道专业的施工图上标注并由管道专业安装，仪表专业予以配合。

6.10.6 本条规定是为了保证当工艺管道产生热位移时，不损坏控制机构和执行机构。

6.10.8 为保证控制系统管道内充满液体和液体内的气体能够顺利排出，液动执行机构的安装位置宜低于控制器。

6.11 控制仪表和综合控制系统

6.11.1~6.11.3 综合控制系统中普遍采用了电子、通信和计算机等技术领域中的元件、线路和设备。这些规定是为了保证综合控制系统对贮存和工作环境的要求，并有利于仪表装置的安全和防护，有利于保证安装及试验质量，便于施工管理。当正式空调、消防设施不能投用时，可以设置临时设施。

6.11.4 人体或物体所带静电可能损坏被触及到的某些电子元器件，应避免这种情况发生。可采用防静电包装和使用防护用具进行操作。

6.12 仪表电源设备

6.12.1 仪表电源设备包括电气对仪表的供电系统及仪表装置本身的电源系统，例如电源盘柜、电源箱、供配电线路以及相应的开关、变压器、稳压器、整流器、保护和监测设备等，有的由电气专业安装。除本节的规定外，一般的电气安装和试验工作还应依据现行国家标准《电气装置安装工程低压电器施工及验收规范》GB 50254 中有关低压电器、蓄电池等部分的规定。

6.12.2 供电箱的规格型号和安装位置应由设计文件确定，在施工中仍应注意现场特殊的环境条件。

6.12.6 本条文引自现行国家标准《电气装置安装工程盘、柜及二次回路接线施工及验收规范》GB 50171 中对二次回路的电气间隙和爬电距离的规定，以保持一致。

6.12.7 强弱电的端子排应分别设置，如需共用端子排，相互之间应用空端子隔开。

6.12.9 本条规定是为了保证在安装、试验和运行过程中的人身安全及设备安全。

7 仪表线路安装

7.1 一般规定

7.1.2 仪表用电缆、电线，虽然其绝大部分的工作电压值不高，但工作中的检测、控制信号大多数为毫伏、毫安级，为了使信号在通过线路时，只有极小的漏电量，以保证其准确度，所以对电缆电线绝缘性能的要求是比较高的。在多雨潮湿的区域，虽然气候对电缆、电缆的绝缘有较大的影响，但只要不破坏绝缘层，其各芯线之间以及芯线对护套间的绝缘电阻值，一般都可以高于5MΩ。至于特殊要求的电缆、电线，其绝缘电阻值应按设计文件和产品说明书的规定进行检查。

7.1.6 本条是强制性条文，为保证线路在运行过程中的安全，避免因环境影响而损坏线路所作的规定。橡皮和塑料绝缘电缆的有关产品标准中规定当电缆长期工作温度超过65℃时，应采用隔热措施。

7.1.8 规定线路与绝热的设备、管道之间的距离是为了维修方便。

7.1.11 终端余度是为了便于施工和维修。建筑物的伸缩缝和沉降缝处留出的补偿余度，是为了避免线路受损伤。

7.1.12 线路的中间接头太多，会影响线路工作的可靠性，一般不应有中间接头。但是有时线路太长或在中间分支，不可避免要有中间接头。遇到这种情况时，应该将接头放在接线盒内，以便于维修。为了避免酸性等焊药腐蚀线路，因此在焊接时应采用无腐蚀性焊药。

7.1.13 为了不破坏混凝土构件的强度，本条规定不宜在混凝土梁柱上凿安装孔。但安装较小的膨胀螺栓除外。

7.1.15 本条是强制性条文，测量电缆电线的绝缘电阻时，将已连接上的仪表设备及部件断开，是防止在测量绝缘电阻时仪表及部件受到损伤。

7.2 支架制作与安装

7.2.2 本条规定了固定支架的一些具体方法和原则，其目的是为了既保证安装质量又便于施工。在设备或管道上安装支架时要考虑到保证运行安全，又不能破坏设备和管道原有强度和材质的性能。

7.2.3 安装电缆桥架及电缆导管时，其支架之间的距离主要决定于电缆桥架和电缆导管本身的强度。这方面的因素很多，如电缆桥架和电缆导管的规格，以及电缆桥架内电缆的多少等都要考虑。本条中规定电缆桥架及电缆导管安装时，金属支架之间的间距应符合设计文件规定。当设计文件未规定时，电缆桥架和电缆导管的金属支架间距宜为1.50m~3.00m。在拐弯处、终端处及其他需要的位置应设置支架。施工时可以根据现场具体情况适当增大和减小支架间距。

7.2.4 电缆直接敷设在支架上的做法在生产装置中很少采用。电缆用支架间的距离，主要是考虑电缆敷设后没有明显的弯曲变形来决定的。本条参考了现行国家标准《电气装置安装工程电缆线路施工及验收规范》GB 50168中的有关规定。

7.3 电缆桥架安装

7.3.2 电缆桥架具有镀锌或其他防腐保护层，一般情况下都采用螺栓连接，以利于美观、防护和保证安装质量。

7.3.8 为了防止水或其他液体积聚在电缆桥架托盘、托槽内，损坏电缆绝缘层或进入仪表盘，因此在电缆桥架托盘、托槽底部应有排水孔。

7.3.10 本条依据现行国家标准《电气装置安装工程电缆线路施工及验收规范》GB 50168中的有关规

定，钢制电缆桥架的直线长度超过30m、铝合金或玻璃钢电缆桥架的直线长度超过15m时，宜采取热膨胀补偿措施，电缆桥架施工时按规定设置伸缩缝或采用伸缩连接板。

7.3.11 金属电缆桥架敷设时，一般为连续无间断；当断开连接时，应采用相应的跨接线，保持桥架接地的连续性。

7.3.12 本条依据现行国家标准《电气装置安装工程电缆线路施工及验收规范》GB 50168中的有关规定制定。

7.4 电缆导管安装

7.4.3 为了保证顺利地将电缆或电线穿入电缆导管内，不会损伤电缆或电线而制定本条。

7.4.4 加装穿线盒有利于穿线、维修和防止导线受到损伤。

7.4.7 对电缆导管连接的方法和要求作出规定，是为了使电缆导管起到保护电缆和减少干扰的作用。

7.4.8 为了防止灰尘、水或其他液体进入检测元件或现场仪表，可采用挠性管连接，有些工程也有电缆导管与检测元件或现场仪表采用断开连接，电缆进入检测元件或现场仪表时采用密封件。

7.4.12 当电缆穿过墙壁时，为了保护电缆，应在墙内埋入一段保护套管或防护罩。为土建施工的方便，保护套管或保护罩伸出墙面的长度不应大于30mm。

7.5 电缆、电线及光缆敷设

7.5.1、7.5.3 这两条依据国家标准《电气装置安装工程电缆线路施工及验收规范》GB 50168的规定制定。

7.5.5 分类、分隔都是为了减少各种不同信号、不同电压等级线路的相互干扰。

7.5.8 本条规定是为了电缆的运行安全和便于维修。

7.5.9 制作电缆头的作用，主要是通过密封电缆头保护电缆不被潮气等有害气体侵入而损坏芯线绝缘。

7.5.12 补偿导线的外包绝缘层较电缆要简单得多，因此容易遭受机械损伤。将补偿导线穿在电缆导管内或敷设在电缆桥架内，可以起到保护作用。

7.5.13 本条规定为防止补偿导线和电线在连接处产生热电势，造成测量误差。

7.5.14 正负极性接错，将在回路中引入附加电势，造成测量误差增大。

7.5.15 电缆导管分开可防止线路之间的相互干扰及不同线路的互相混触，保证线路正常运行。

7.5.16、7.5.17 这两条规定为新增的光缆敷设和光缆连接的一些主要要求。

7.6 仪表线路配线

7.6.2 为了避免金属扎带与接线端子等碰触造成危险，故规定扎带采用绝缘材料。

7.6.3~7.6.9 这七条是为了保证接线质量和便于安装维修所作的规定。

备用芯线的编号应标注设计文件所编的线号，当设计文件未对备用芯线编号时，应在现场编号并记录在施工图上。

8 仪表管道安装

8.1 一般规定

8.1.2 施工中应防止杂物进入仪表管道内部而引起堵塞，防止在施工期间因保管或防护不当造成严重锈蚀，防止冲洗时积存物堵塞阀芯。

8.1.4 本条为强制性条文。埋地管道若未经试压检验，当发生渗漏缺陷时不易被发现。试压记录中应描述埋地部分管道的连接方式。在穿过道路、沟道处埋设保护套管便于仪表管道检修维护。进出地面处加保护套管可减弱其周围回填土沉降等不利因素引起对仪表管道的破坏。

8.1.5 穿越楼板加设保护套可防止楼面积水沿仪表管道漏下，利于管道自由膨胀。不同等级爆炸危险区域、火灾危险区域和有毒场所之间的保护套间隙封堵能隔断气体通过，并具有一定机械强度。设计规定对隔离密封措施有特殊要求的，应予满足。

8.1.6 仪表管道安装位置应满足附近设备检修空间要求。无法避开检修空间时，应做到仪表管道拆卸量最小且拆装方式简单可靠，尽量避免拆装时的动火作业。

8.1.7 冷弯次数增加，会降低材料弯曲处的强度，增加其裂纹倾向。

8.1.8 高压钢管壁厚较大的，弯曲半径倍数应适当增加。铝管的弯制半径宜大一些，以防止弯瘪管子。本条参照现行国家标准《工业金属管道工程施工规范》GB 50235 中对金属管道弯曲半径的规定。

8.1.9 仪表管道应采用割管器、金属机械切割等工具切割，不能使用火焊切割或多次弯折方式折断，要求管口平整光滑，以便于管口的对接。焊接连接的钢管管口应按照有关焊接规范的要求在切割后加工坡口。

8.1.10 高压仪表管道的三通、四通件不得采用直接在管子上割孔或磨孔后焊接制作，避免加工过程对管子的强度造成损伤，也可避免加工的成品材料强度达不到设计要求。

8.1.11 管道连接装配时，应确保其通流部分轴线对正。

8.1.12 卡套式接头应符合现行国家标准的规定；承插法焊接件应符合现行国家标准《锻制承插焊和螺纹管件》GB/T 14383 的规定。仪表管道连接应便于检修拆装并保证其连接强度、密封性能符合要求。

8.1.13 仪表管道与设备连接应保证接头处密封垫受压均匀，防止因外部机械应力损伤仪表设备组件，防止仪表接口处的丝扣损坏，防止接头的颈部应力集中而发生断裂。管道及接头连接装配应在无轴向以外机械应力下完成。

8.1.14 多层排列的管道及固定卡子宜整齐，或错落有致。本条主要强调成排管道敷设的整体观感质量。

8.1.15 仪表管道固定时不能直接将管子点焊在支架上。固定卡子便于管道检修拆卸。当管道在运行中存在长期振动或摩擦移动时易造成管道损伤。

8.1.16 对测量管道支架制作、固定、管道坡度、支架间距作了指导性规定。

8.1.17 不锈钢管与碳钢材料直接接触会使碳元素扩散到不锈钢材料中而发生金属晶间腐蚀。保护垫板材料选择时要考虑管道工作温度影响。可根据需要选用不锈钢、PVC 等摩擦系数较小、不含碳素的材料或柔性材料。

8.1.18 阀门距离地面高度应便于操作，安装在取源附近的阀门尽可能靠近检修平台或通道等布置，以便于操作和维护。

8.1.19 仪表管道焊接时，把仪表设备与管道连接处临时拆开，可防止焊接电流通过仪表设备金属体、连接螺纹、阀门阀芯、金属密封垫等处，避免仪表设备的电路部分、管道附件等发生电焊击伤，或因焊接热传导损伤仪表设备。

8.2 测量管道

8.2.1 仪表测量管道的长度过长会加大测量迟滞。测量管道应在设计规定的长度范围内尽可能短地敷设。

8.2.2 测量管道的坡度要求是为防止管内流体发生液塞、气塞现象而作的规定。

8.2.3 高温设备及管道运行时的热膨胀位移量可参考工艺管道的设计计算数据并留足够余量。高温测量仪表管道在排污时，管子会有较大的轴向膨胀，需防止膨胀应力损伤管道及支架。

8.2.4 不同环境温度会引起正负压管中液体介质密度出现差异，增加测量误差。

8.2.5 软管连接为防止玻璃管微压计受到额外机械拉力，连接处高于仪表接头为防止测量压力波动时仪表内的液体冲入测量管道内。

8.2.6 仪表管道与周围设备、管道、建筑物表面保持适当距离以方便检修操作及绝热工程施工。本条规定的距离指绝热外表面或无绝热设计的管道外表面与周围设备、工艺管道或建筑物表面的距离。高温测量管道与电伴热带也应保持适当距离，防止测量管道排污时管子过热而损伤电伴热设施。油类及易燃易爆测量管道如发生渗漏或在检修拆卸时管内残存物料滴落在高温管道上易引发火灾。

8.2.7 低温金属管道投运时会发生冷缩现象。

8.2.8 本条为强制性条文。在施工中，为防止低温及合金管道因材质或检验状态标识缺失而发生材料用错现象，必须保证每一件低温管子或合金管子上均有正确且明显的标识，以供使用者或检查者随时核实。薄壁管、低温管及钛管在使用钢印作标记时，易造成材料变形或裂纹，降低管子局部强度，易造成泄漏。

8.3 气动信号管道

8.3.1 气动信号管道不宜选用易生锈、易老化、易产生内部脱落杂物的材料或管子，避免长期运行杂质进入气动元件引起堵塞。

8.3.2 气动信号管道的安装应满足拆装检修方便的要求，保证接头处复装时密封良好。本条规定不宜有中间接头，是为了减少可能的泄漏点。

8.3.4 管缆敷设时应保护管缆的内外层不受损伤，并便于维修。对施工环境温度的要求，参照管缆材料特性及制造厂技术文件中有关要求确定。聚氯乙烯材料使用温度范围一般要求在-15℃~55℃范围。对于尼龙或塑料管缆，特别应注重机械损伤，确保接头处的密封良好。

8.4 气源管道

8.4.1 气源管道材质不应使用易发生内部锈蚀的材料。镀锌管安装若采用焊接连接，会破坏局部镀锌防腐层。进入的密封带和焊渣不易吹扫出去，易留在管壁或管子内部。本条规定是为了保证仪表空气的清洁。

8.4.2 靠近地表安装时气源管道易受到意外的机械损伤。埋入地下的气源管道投入使用时，若发生漏气不易发现，且影响气动仪表的可靠运行。

8.4.3 气源总管的疏水设施做到可靠、方便，管道坡度宜利于疏水，排污阀门便于操作，排污时防止将水喷到电气或仪表设备上。

8.4.4 本条规定利于气源管道中冷凝液的排出，防止干管中冷凝液进入支管。

8.4.5 本条规定为在气源系统增加用气设备或检修停气时能缩小影响设备运行的范围。

8.4.6 本条规定吹扫作业应按合理顺序进行。吹扫完毕应进行检查。

8.4.7 本条规定整定压力按照设计文件规定进行。

8.5 液压管道

8.5.1 压力大于1.6MPa的液压控制系统管道安装应依据相关的现行国家标准的规定。

8.5.2 本条规定为防止上方漏油滴在高温管道上引起火灾。

8.5.3 系统设备安装前及冲洗后均应对滤网等可能积聚杂物的部件进行检查和清洗。止回阀、过滤器等附件方向不可装反，排污阀安装应能保证检修拆卸及连接临时排污管所需的空间。

8.5.4 供液系统内的止回阀或闭锁阀，安装前应进行清洗以保证管道系统洁净，安装前试验以验证阀门动作灵活、密封面严密。

8.5.5 回流管应保证回流畅通。落差较大时应考虑采取缓冲措施。

8.5.6 尽量减少回流管组成件的内部流动阻力。

8.5.7 高差保证回流液顺利流回贮液箱。

8.5.8 管道系统及集液箱中的气体应能方便排出，且排气时防止伤人和污染环境。

8.5.9 液压管道中环形弯、曲折弯等增加了液体流动的阻力。

8.5.10 耐压挠性管可减少振动传导，也可补偿设备的位移对金属管道和接头的损伤。

8.5.11 供液系统施工完后保证内部清洁，各控制组件应能正常动作，进行系统清洗、调整和试验。

8.6 盘、柜、箱内仪表管道

8.6.1 仪表盘、柜、箱内的管子布置应便于观看仪表面板的显示信息，保证仪表检查、维护所需的空间。

8.6.2 本条为强制性条文。引入孔处应采取密封及隔离措施，是为了防止爆炸和火灾危险环境的危险气体进入盘柜箱内部，防止环境中的腐蚀性气体或其他有害性物质进入盘柜箱内部，产生危险和造成仪表故障。也应对仪表管路在盘柜箱穿板处进行可靠密封和隔离。有防爆要求的，应符合有关设计文件和防爆规范的规定。

8.6.3 可对盘内管道进行施工设计，使盘内管道布局整体美观、操作维护便利。

8.6.4 仪表管道布置应不影响电气线路的检修，同时预防管道短时通过高温介质时损伤仪表电气线路。

8.7 管道试验

8.7.1 本条对仪表管道试压前的主要检查内容及试验条件作了规定，设计文件规定有其他要求的，应予执行。

8.7.3 对压力试验用水的水质、水温符合材料特性的要求，试验完后及时排水。压力试验介质既要考虑成本和方便，也要防止试验介质对系统设备及管道产生腐蚀破坏。

8.7.4 气压试验介质不允许使用有腐蚀性、强氧化性气体，防止气体对系统设备及管道的腐蚀。

8.7.5 液压试验如有设计文件规定，则应按设计文件规定选择试验压力值，试验压力不能超过工艺管道设计压力的1.5倍。本条和本节的第8.7.6条、第8.7.7条依据现行国家标准《工业金属管道工程施工规范》GB 50235—2010，并结合仪表管道的特点制定。

8.7.6 气压试验过程中应逐步缓慢升压，确保安全。

8.7.7 真空仪表管道及不宜进行水压试验的低压仪表管道的压力试验方法按本条规定。

8.7.8 本条为强制性条文。依据现行国家标准《工业金属管道工程施工规范》GB 50235—2010中第8.6.6条第1款的规定。测量和输送易燃易爆、有毒有害介质的仪表管道，如因施工质量缺陷导致泄漏，可能会引起较严重的环境污染事件或人身伤害或中毒事件，故必须进行管道压力试验或泄漏性试验以确保在投入使用前验证其严密性。

8.7.9 可随工艺系统一起进行严密性或泄漏性试验的仪表管道不需单独进行试验。

8.7.10 本条为强制性条文。依据现行国家标准《工业金属管道工程施工规范》GB 50235—2010中第8.6.1条第2款、《压力管道规范　工业管道　第5部分：检验与试验》GB/T 20801.5—2006第9.1.4条的规定，对低温环境下气体试验时的温度作了规定，应预防压力试验时的管道材料因低温脆性转变而发生危及人身或设备安全的事件。

8.7.11 本条依据现行国家标准《工业金属管道工程施工规范》GB 50235—2010的规定。

8.7.12 本条为压力试验中保证施工安全的规定。

8.7.13 试压完成后，应及时恢复管道系统的连接，并拆除用于试压的临时堵头和盲板，避免影响管道的投用。

9 脱　　脂

9.1 一 般 规 定

9.1.1 有些物料(如氧气、浓硝酸等)遇到油脂易燃烧或爆炸，为了生产安全，凡是与这些物料接触的仪表、控制阀和管道组成件都必须把油污清洗干净，并经检验合格后，再安装使用。

9.1.2 根据设计文件的脱脂要求和脱脂剂产品质量的规定，对于粗脱脂和脱脂溶剂含油量进行了规定。

9.1.3 选用脱脂溶剂应考虑的因素有：脱脂要求的严格程度和脱脂剂的去油能力；不腐蚀脱脂件；脱脂后的副产物容易从脱脂件上清除；脱脂溶剂的毒性、可燃性、挥发性及成本等。

9.1.4 脱脂溶剂混合产生的复杂反应可能导致火灾或爆炸事故发生。

9.1.5 在有水的情况下，二氯乙烷和三氯乙烯，四氯乙烯能分解出盐酸，有腐蚀作用。

9.1.7 本条是强制性条文，合格的脱脂件应该密闭保存，并做好标识，防止安装过程中二次污染，在投入使用中产生危险。

9.1.10、9.1.11 这两条是为保证安全而规定的。

9.2 脱 脂 方 法

9.2.1 本条规定是为了保证脱脂质量。

9.2.2~9.2.4 对易拆卸的仪表、控制阀、管道组成件和不易拆卸的仪表，以及仪表用管子内表面的脱脂，规定了一般的方法。目的是要将油污清洗干净，保证脱脂的质量。

9.2.5 本条为强制性条文，要求保证脱脂件的清洁。

9.3 脱脂件检查

9.3.2 在现场可根据脱脂对象构造特点、操作难易程度和检验效果，选用检验方法。

10 电气防爆和接地

10.1 爆炸和火灾危险环境的仪表装置施工

10.1.1 本规范对爆炸危险环境中仪表装置的仪表设备和线路安装的规定，与相应防爆电气设备和线路安装在电气施工规范中的要求一致。

10.1.2 本条为强制性条文，强调了对用在防爆工程上的仪表、电气设备和材料的质量要求，是仪表安装工程质量的基本保证，不符合防爆质量要求的仪表在使用过程中易发生爆炸或火灾等安全事故。

10.1.3 爆炸危险环境的气体可顺着未密封的电缆芯线周围的空隙进入仪表箱、接线箱和仪表、电气设备的内部，从而发生爆炸或火灾事故。

10.1.5、10.1.6 这两条是关于隔离密封的规定，其目的是使爆炸性混合物或火焰隔离断开，以防止其扩散到其他部分或其他区域。第10.1.5条和第10.1.6条第2款为强制性条款。

10.1.7 在操作和运行的过程中，本质安全和非本质安全电路系统的导电部分互相接触，会造成能量混触，为了避免这种现象的发生，本条在第1、4、5、6、7款中作了规定。

安全栅和隔离器等是本质安全关联设备，用以将本质安全系统和非本质安全系统隔离，因此第8款中规定它们必须安装在安全区域。

本条第10款是为了防止短路火花和多点接地而作的规定。

本条第12款为强制性条款，强调了本质安全型仪表及其关联设备的质量要求，型号规格的替代必须经原设计单位确认。

本条第13款为强制性条款，规定了本质安全电路的分支接线应设在增安型防爆接线箱(盒)内。

10.1.8 本条为强制性条文，规定了爆炸危险区域的线路连接，确保线路的连接点不会在爆炸危险区域产生电火花而发生爆炸或火灾事故。

10.1.9 本条为强制性条文，金属制品和阻燃制品不会着火燃烧，防止火灾损毁仪表、电缆、电线。

10.2 接　　地

10.2.1 本条为强制性条文，当供电电压高于36V时，属于危险电压。用电仪表的外壳、仪表盘、柜、箱、盒、支架、底座等正常不带电的金属部分，由于意外情况有可能带危险电压，导致对人身和设备产生危险，所以应做保护接地。

10.2.7、10.2.15 由于各类计算机控制系统的制造厂家和工程设计单位对接地系统的接地方式和接地电阻的规定不相同，对接地极的独立设置或公用的规定也不相同，因此接地系统施工应按工程设计文件的规定进行。根据电气等电位联结原则，仪表与控制系统，包括综合控制系统的接地，应与电气系统的接地装置做等电位联结。自动化仪表系统接地与电子计算机系统、信息装置的接地要求类似，有关国家标准和国际标准对此作出的规定可以作为参考。

10.2.8 本条规定避免因电位差而产生干扰信号。

10.2.13 由于曾有过因雷击而损坏仪表的情况，将电缆备用芯线都在一点接地，就可以不使备用芯线起到天线的作用，从而减少干扰与雷击的可能性。

10.2.14 由于接地电阻的存在，各种接地系统就有可能在接地母线上存在不同的对地电位，形成接地线之间的电位差，这个电位差产生一个电流信号流过接地线，就会在系统产生干扰。为了避免这种干扰，就规定了各接地支线、汇流排或端子板之间在非连接处应彼此绝缘。

10.2.18 参见第10.2.7、10.2.15条的条文说明。一般情况下，本质安全电路本身不接地，二极管安全栅属于接地型安全栅。

10.2.21 防雷装置和防雷接地按照设计文件规定施工，防雷措施包括：

(1) 外部保护措施，将绝大部分雷电流直接引入大地泄散，防损坏仪表控制系统。

(2) 内部保护措施，防止沿电源线、数据线、信号线侵入的雷电波危害设备；内部防雷装置的主要技术措施是屏蔽、分流、等电位、接地、合理布线、重要设备的安放位置等，用来减小和防止雷电流在需防护空间所产生的电磁效应。

(3) 过电压保护措施，限制被保护设备上的雷电过电压幅值。

11 防　　护

11.1 隔离与吹洗

11.1.2 成对安装的隔离器标高不一致会造成测量误差。原规范此条为强制性条款，根据强制性条文原则规定，此次修订将该条文取消强制性要求。

11.1.4 因为隔离液直接与被测物料相接触，根据被测物料的物理及化学性质来选用合适的隔离液。

11.2 防腐、绝热

11.2.1 仪表碳钢管道的外表面要涂刷防腐蚀涂层，奥氏体不锈钢等其他仪表管道外表面是否需要进行涂刷涂层应符合设计文件的规定。本条规定还包括对原有防腐层的材料因施工中加工、焊接等原因失去防腐层后所进行的补防腐工作。

11.2.2 根据防腐蚀相关国家标准规定，本规范对涂料的施工环境温度从5℃～40℃，修订为10℃～35℃。

11.2.3 焊接部位是主要泄漏部位之一，所以本条文规定焊接部位在压力试验前不应涂刷，以便于发现焊接部位的泄漏。

11.2.5 本条规定了仪表绝热工程的施工应在电伴热通电合格后进行。

11.2.6 本条规定了仪表管道的绝热层厚度应符合设计文件规定。

11.2.7 本条规定了测量低温仪表、管道及管道支架等均应保冷。

11.3 伴　　热

11.3.1 重伴热还是轻伴热是由设计文件规定的。将轻伴热误作为重伴热，会使有些沸点较低的物料由于测量管道过热而蒸发成气体，造成测量误差。

11.3.2 设置活接头便于被伴热仪表、仪表管道的阀门、隔离器等附件的拆卸。

11.3.3、11.3.4 这两条的第1款单独供汽、供水是为了保证热源供应可靠。

11.3.5 本次修订取消了原规范中仪表箱内的电伴热管、板应安装在仪表箱的底部或后壁上的内容，仪表箱内的电伴热管、板具体安装位置应根据箱内位置决定。增加了仪表管道系统各部件的伴热应无遗漏的要求。

12 仪表试验

12.1 一般规定

12.1.1 对仪表在安装和使用前检查、校准和试验，目的在于发现仪表产品质量问题和运输、贮存中产生的损坏和缺陷。需检定的仪表按照相关法规的要求和合同规定，委托具有检定资质资格的单位进行检定。

12.1.2 较重的执行器等可在室内库房等场地试验。一般仪表的试验室应根据现场条件设置，可以利用永久建筑设施。本条文规定了试验室的基本条件。综合控制系统的试验环境要求见本规范第12.4.2条。

12.1.5 本条为强制性条文。回路试验是对仪表性能、仪表管道和仪表线路连接正确性的全面试验，其目的在于对仪表和控制系统的设计质量、设备材料质量和安装质量进行全面的检查，确认仪表工程质量符合生产运行使用要求。

12.1.7 本条对标准仪器仪表的基本误差提出的要求是比较高的。由于目前工程选用的一些仪表准确度较高，在选择试验用的标准仪器仪表时，至少应保证其准确度比被校准仪表高一个等级。

12.1.9 施工现场也包括控制室和试验室。

12.1.10 本条为强制性条文。禁油和脱脂的仪表在校准和试验时，对校准仪器仪表和仪表设备按安全防护和产品说明要求，以及设计文件规定进行脱脂。

12.2 单台仪表校准和试验

12.2.1～12.2.5 这五条对指针式、数字式显示仪表，记录仪、变送器等典型仪表应做的单台校准和试验要求做了一般性的规定。单台仪表的性能、质量取决于制造质量。

12.2.6 热电阻、热电偶的热电性能主要依靠其材质来保证，在常温下可采用普通电测仪表检测出正常或损坏状态，可不进行热电性能试验。

12.2.8 根据多年来工程项目的通常做法和实际条件，对现场不具备校准和试验条件的项目，可对制造厂出具的产品合格证、试验检测报告和检定证明进行验证。

12.2.18 应确定总线仪表地址唯一性，读取记录仪表位号，设备ID号，地址等。

12.3 仪表电源设备试验

12.3.2 仪表用稳压电源设备(独立的仪表用电源)的试验，输出电压及特性进行测量和调整。盘柜内的仪表电源单元只需对其输出电压进行测量和调整。

12.3.3 本条规定是为了保证外部停电时，不间断电源能正常供电。

12.4 综合控制系统试验

12.4.1 对系统本身进行试验时，可在机柜的输入端输入模拟现场信号，在输出端检测系统的输出信号。

12.4.4~12.4.8 经过多年发展，分散控制系统(DCS)、可编程序控制器(PLC)、现场总线控制系统(FCS)、工业计算机控制系统(IPC)和管理控制一体化系统等的功能特点已经相互交叉接近，经常共同组成一个过程控制和管理系统。对综合控制系统的试验，根据综合控制系统的特点，以及多年来在DCS、PLC、FCS和各类计算机控制系统施工中的实际经验和一般施工程序，提出了对综合控制系统进行试验的一般性要求。综合控制系统产品种类多，控制系统规模和工程规模也有差别，施工中应根据合同规定，按设计文件规定和项目特点编制技术方案，安排检验和试验工作。

12.4.4 本条对综合控制系统的硬件试验项目作出了一般性规定，应结合控制系统的特点，进行硬件检查。在检查过程中应避免因操作手段不当给计算机设备带来损坏。

12.4.5 本条对综合控制系统的软件功能试验作出了一般性规定，包括系统软件、应用软件、系统程序、系统组态、控制方案等的检查试验。

12.4.6 PLC与DCS的功能特点已经没有严格的区分。有些具有逻辑控制功能的PLC也具备了模拟控制功能，DCS也具有强大的逻辑处理能力，现场试验检查的方法也具有相同之处，本条只规定了对可编程逻辑控制功能的试验检查和对模拟、运算控制功能试验检查。

12.4.7 本条对DCS功能试验作出了规定，在对DCS硬件检查合格，系统程序装载完毕后，应该对DCS系统功能进行检查试验，在系统的输入端加载输入，检查系统运算、控制功能，在操作站核对相应显示数据，同时在输出端检查控制系统的输出值。对系统的冗余、通信、保护、打印、数据查询功能也应该检查试验。

12.4.8 FCS采用高可靠性、智能化的现场控制系统，根据FCS系统核心是总线协议，其基础是数字智能现场设备，本质为信息处理现场化这些要点，对FCS试验检查作了一般规定，特别是通信系统线路检查、通信功能检查、地址分配检查，总线供电电压检查。

12.5 回路试验和系统试验

12.5.1~12.5.3 在设计文件中，回路和回路中的仪表设备均标有由代号、符号和编号组成的位号，并有各回路的回路图。根据回路图并结合工程项目现场特点可以合理安排仪表回路试验和系统试验计划，对试验进度和试验质量可以按照试验记录进行检查和控制。

12.5.7 本条是对程序控制系统和联锁控制系统的一般试验要求。由于安全仪表系统(Safety Instrumentation System，SIS)主要为过程控制系统中的报警和联锁部分，本规范未对其试验要求单独列条，其系统试验应按照设计文件的要求，编制技术方案，对系统中的检测、报警联锁动作和控制执行功能，进行全面试验。

13 工程交接验收

13.1 交接验收条件

13.1.1 仪表系统在安装完成后，即可按设计文件的要求进行回路试验和系统试验。

13.1.2 经系统检查线路管道连接无误，质量符合规范要求，系统内各个仪表及回路的工作性能、功能和动作程序方面均符合设计文件的规定，表明仪表系统可以开通投入运行，或配合装置工程进行运行试验。

13.1.3 仪表开通投入运行后，仪表设备和仪表系统已经对检测和控制对象起到了应有的作用。连续48h的正常运行指仪表工程本身的投入运行时间。由于仪表的负荷与生产装置的负荷概念不同，本规范未采用仪表无负荷试运行和负荷试运行的表述，而是分别表述为仪表工程的回路试验和系统试验及仪表工程的开通投入运行。

13.2 交接验收

13.2.2 工程交工文件和记录表格的格式，可根据各行业的有关规定，以及合同要求来选定。